T0280658

Lexikon der Mathematik: Band 3

Guido Walz
(Hrsg.)

Lexikon der Mathematik: Band 3

Inp bis Mon

2. Auflage

Herausgeber
Guido Walz
Mannheim, Deutschland

ISBN 978-3-662-53501-1 ISBN 978-3-662-53502-8 (eBook)
DOI 10.1007/978-3-662-53502-8

Die Deutsche Nationalbibliothek verzeichnet diese Publikation in der Deutschen Nationalbibliografie; detaillierte bibliografische Daten sind im Internet über http://dnb.d-nb.de abrufbar.

Springer Spektrum

Planung: Iris Ruhmann
Redaktion: Prof. Dr. Guido Walz

Gedruckt auf säurefreiem und chlorfrei gebleichtem Papier

Springer Spektrum ist Teil von Springer Nature
Die eingetragene Gesellschaft ist Springer-Verlag GmbH Germany
Die Anschrift der Gesellschaft ist: Heidelberger Platz 3, 14197 Berlin, Germany

Autorinnen und Autoren im 3. Band des *Lexikon der Mathematik*

Prof. Dr. Sir Michael Atiyah, Edinburgh
Prof. Dr. Hans-Jochen Bartels, Mannheim
PD Dr. Martin Bordemann, Freiburg
Dr. Andrea Breard, Paris
Prof. Dr. Martin Brokate, München
Prof. Dr. Rainer Brück, Dortmund
Prof. Dr. H. Scott McDonald Coxeter, Toronto
Dipl.-Ing. Hans-Gert Dänel, Pesterwitz
Dr. Ulrich Dirks, Berlin
Dr. Jörg Eisfeld, Gießen
Prof. Dr. Dieter H. Erle, Dortmund
Prof. Dr. Heike Faßbender, München
Dr. Andreas Filler, Berlin
Prof. Dr. Robert Fittler, Berlin
Prof. Dr. Joachim von zur Gathen, Paderborn
PD Dr. Ernst-Günter Giessmann, Berlin
Dr. Hubert Gollek, Berlin
Prof. Dr. Barbara Grabowski, Saarbrücken
Prof. Dr. Andreas Griewank, Dresden
Dipl.-Math. Heiko Großmann, Münster
Prof. Dr. Wolfgang Hackbusch, Kiel
Prof. Dr. K. P. Hadeler, Tübingen
Prof. Dr. Adalbert Hatvany, Kuchen
Dr. Christiane Helling, Berlin
Prof. Dr. Dieter Hoffmann, Konstanz
Prof. Dr. Heinz Holling, Münster
Hans-Joachim Ilgauds, Leipzig
Dipl.-Math. Andreas Janßen, Stuttgart
Dipl.-Phys. Sabina Jeschke, Berlin
Prof. Dr. Hubertus Jongen, Aachen
Prof. Dr. Josef Kallrath, Ludwigshafen/Rh.
Dr. Uwe Kasper, Berlin
Dipl.-Phys. Akiko Kato, Berlin
Dr. Claudia Knütel, Hamburg
Dipl.-Phys. Rüdeger Köhler, Berlin
Dipl.-Phys. Roland Kunert, Berlin
Prof. Dr. Herbert Kurke, Berlin
AOR Lutz Küsters, Mannheim
PD Dr. Franz Lemmermeyer, Heidelberg
Prof. Dr. Burkhard Lenze, Dortmund
Uwe May, Ückermünde
Prof. Dr. Günter Mayer, Rostock
Prof. Dr. Klaus Meer, Odense (Dänemark)
Prof. Dr. Günter Meinardus, Neustadt/Wstr.
Prof. Dr. Paul Molitor, Halle
Prof. Dr. Helmut Neunzert, Kaiserslautern
Dipl.-Inf. Ines Peters, Berlin
Dr. Klaus Peters, Berlin
Prof. Dr. Gerhard Pfister, Kaiserslautern
Dipl.-Math. Peter Philip, Berlin
Prof. Dr. Hans Jürgen Prömel, Berlin
Dr. Dieter Rautenbach, Aachen
Dipl.-Math. Thomas Richter, Berlin
Prof. Dr. Thomas Rießinger, Frankfurt
Prof. Dr. Heinrich Rommelfanger, Frankfurt

Prof. Dr. Robert Schaback, Göttingen
PD Dr. Martin Schlichenmaier, Mannheim
Dr. Karl-Heinz Schlote, Altenburg
Dr. Christian Schmidt, Berlin
PD Dr.habil. Hans-Jürgen Schmidt, Potsdam
Dr. Karsten Schmidt, Berlin
Prof. Dr. Uwe Schöning, Ulm
Dr. Günter Schumacher, Karlsruhe
PD Dr. Günter Schwarz, München
Dipl.-Math. Markus Sigg, Freiburg
Dipl.-Phys. Grischa Stegemann, Berlin
Prof. Dr. Stefan Theisen, Golm
Prof. Dr. Lutz Volkmann, Aachen
Dr. Johannes Wallner, Wien
Prof. Dr. Guido Walz, Mannheim
Prof. Dr. Ingo Wegener, Dortmund
Prof. Dr. Bernd Wegner, Berlin
Prof. Dr. Ilona Weinreich, Remagen
Prof. Dr. Dirk Werner, Berlin
PD Dr. Günther Wirsching, Eichstätt
Prof. Dr. Jürgen Wolff v. Gudenberg, Würzburg
Prof. Dr. Helmut Wolter, Berlin
Dr. Frank Zeilfelder, Mannheim
Dipl.-Phys. Erhard Zorn, Berlin

Hinweise für die Benutzer

Gemäß der Tradition aller Großlexika ist auch das vorliegende Werk streng alphabetisch sortiert. Die Art der Alphabetisierung entspricht den gewohnten Standards, auf folgende Besonderheiten sei aber noch explizit hingewiesen: Umlaute werden zu ihren Stammlauten sortiert, so steht also das „ä“ in der Reihe des „a“ (nicht aber das „ae“!); entsprechend findet man „ß“ bei „ss“. Griechische Buchstaben und Sonderzeichen werden entsprechend ihrer deutschen Transkription einsortiert. So findet man beispielsweise das α unter „alpha“. Ein Freizeichen („Blank“) wird *nicht* überlesen, sondern gilt als „Wortende“: So steht also beispielsweise „a priori“ *vor* „Abakus“. Im Gegensatz dazu werden Sonderzeichen innerhalb der Worte, insbesondere der Bindestrich, „überlesen“, also bei der Alphabetisierung behandelt, als wären sie nicht vorhanden. Schließlich ist noch zu erwähnen, daß Exponenten ebenso wie Indizes bei der Alphabetisierung ignoriert werden.

input, Eingabe von Daten.

Zur automatischen Verarbeitung von Daten ist es nötig, die Daten einem Rechner zur Verfügung zu stellen. Die Übertragung von Informationen in einen Rechner nennt man input.

input layer, ↗Eingabeschicht.

input neuron, ↗Eingabe-Neuron.

Instabilitätszone, nach Arnold diejenige Teilmenge einer ↗Energiehyperfläche eines gestörten integrablen Systems, die außerhalb der invarianten Tori (↗invarianter Torus, Satz über) liegt.

Falls der Phasenraum des Systems vierdimensional ist, so verbleibt jede Integralkurve in der Instabilitätszone zwischen zwei invarianten Tori. Für höherdimensionale Phasenräume ist dies jedoch im allgemeinen nicht mehr der Fall.

Institute for Advanced Study, eine private Institution, die die Förderung und Unterstützung der Grundlagenforschung zur Aufgabe hat.

Das Institut ist in Princeton beheimatet und wurde 1930 gegründet. Es hat kein formales Ausbildungsprogramm, keinen vorgeschriebenen Vorlesungszyklus und keine Laboratorien bzw. andere Experimentiereinrichtungen. Es bietet hervorragenden Wissenschaftlern aus aller Welt die Möglichkeit, frei von anderen Verpflichtungen ihre Forschungen durchzuführen. Deshalb gibt es weder vertraglich gebundene Forschungsaufträge noch formale Bindungen an andere Bildungseinrichtungen. Jedoch bestehen sehr gute Beziehungen zur Universität Princeton und einigen nahe gelegenen Instituten. Die Finanzierung erfolgt vor allem aus privaten Stiftungen und Spenden sowie aus staatlichen Zuschüssen. Das Institut besteht zur Zeit aus fünf Abteilungen (Schulen): für historische Studien, für Mathematik, für Naturwissenschaften, für Sozialwissenschaften und für theoretische Biologie. Jede Abteilung verfügt über einen kleinen Stamm von fest angestellten Mitgliedern und über etwa 180 zeitweilige Mitglieder, die meist für ein Jahr an das Institut berufen werden. Unter ihnen befanden sich zahlreiche Nobelpreisträger bzw. Träger der ↗Fields-Medaille und anderer hoher wissenschaftlicher Auszeichnungen. Das Institute for Advanced Study ist wegen seiner einzigartigen Forschungsatmosphäre und der Möglichkeit zur Zusammenarbeit mit zahlreichen bedeutenden Gelehrten als eine führende Forschungseinrichtung in aller Welt sehr geschätzt. Gegenwärtig (2000) gehören E. Bombieri, J. Bourgain, P. Deligne, R. P. Langlands, R. D. MacPherson, T. Spencer und A. A. Wigderson sowie A. Selberg und A. Borel als Emeriti der mathematischen Abteilung als ständige Mitglieder an.

Intaktwahrscheinlichkeit, Begriff aus der ↗Zuverlässigkeitstheorie.

Die Intaktwahrscheinlichkeit ist ein Synonym für die Überlebenswahrscheinlichkeit, siehe auch ↗Ausfallwahrscheinlichkeit.

Integer-Programmierung, andere Bezeichnung für die ↗ganzzahlige Optimierung.

Integrabilität, Eigenschaft einer Funktion.

Integrabilität einer in einer offenen Menge $D \subset \mathbb{C}$ stetigen Funktion $f: D \to \mathbb{C}$ bedeutet beispielsweise, daß f eine Stammfunktion F in D besitzt, d. h. F ist eine in D ↗holomorphe Funktion mit $F'(z) = f(z)$ für alle $z \in D$. In diesem Fall nennt man f integrabel in D.

Es gilt das folgende Integrabilitätskriterium.

Es sei $D \subset \mathbb{C}$ eine offene Menge und $f: D \to \mathbb{C}$ eine in D stetige Funktion. Dann sind folgende Aussagen äquivalent:

(a) *Es ist f integrabel in D.*

(a) *Für jeden in D rektifizierbaren, ↗geschlossenen Weg γ gilt $\int_\gamma f(z)\,dz = 0$.*

Ist f integrabel in D, so ist f holomorph in D. Jedoch ist nicht jede in D holomorphe Funktion integrabel in D. Zum Beispiel ist $f(z) = \frac{1}{z}$ holomorph in $D = \mathbb{C} \setminus \{0\}$, aber nicht integrabel in D. Ist $D = G$ ein einfach zusammenhängendes ↗Gebiet, so ist jede in G holomorphe Funktion integrabel in G.

Integrabilitätsbedingung für ein Hyperebenenfeld, die ↗Frobeniussche Integrabilitätsbedingung für das Unterbündel der Kodimension 1 des Tangentialbündels einer differenzierbaren Mannigfaltigkeit, das durch ein ↗Hyperebenenfeld definiert wird.

Die Hyperebenenfelder, die einer ↗Kontaktmannigfaltigkeit M zugrundeliegen, erfüllen die Integrabilitätsbedingung nicht.

integrabler geodätischer Fluß, ein geodätischer Fluß, der ein ↗integrables Hamiltonsches System auf dem ↗Kotangentialbündel einer Riemannschen Mannigfaltigkeit bildet.

integrables Hamiltonsches System, zur Verdeutlichung auch vollständig integrables Hamiltonsches System genannt, ein ↗Hamiltonsches System auf einer ↗symplektischen Mannigfaltigkeit M der Dimension $2n$, für das es n funktional unabhängige ↗Integrale der Bewegung $F_1, \ldots, F_n$ gibt, die untereinander alle bzgl. der Poisson-Klammer kommutieren.

Für gegebene reelle Zahlen $a_1, \ldots, a_n$ ist dann jede Niveaufläche

$$\{m \in M | F_1(m) = a_1, \ldots, F_n(m) = a_n\}$$

invariant unter den Flüssen des Systems und der ↗Hamilton-Felder der Integrale der Bewegung. In der Nähe jeder regulären Niveaufläche lassen sich die n Integrale lokal zu ↗Darboux-Koordinaten $(Q_1, \ldots, Q_n, F_1, \ldots, F_n)$ ergänzen, in denen die

Dynamik des Hamilton-Feldes die einfache Form

$$\frac{dQ_i}{dt} = \frac{\partial H}{\partial F_i}(F), \qquad \frac{dF_i}{dt} = 0$$

annimmt.

Fast alle Hamiltonschen Systeme sind nicht integrabel. Trotzdem bilden bestimmte integrable Systeme wie das ↗Kepler-System in der Himmelsmechanik oder der ↗Harmonische Oszillator eine wichtige Grundlage für Näherungen (↗Kolmogorow-Arnold-Moser, Satz von).

integrables Unterbündel, ↗ Frobeniussche Integrabilitätsbedingung.

Integral, ↗Existenz des Integrals, ↗Integrabilität, ↗Integralrechnung, ↗Integration von Funktionen, ↗Integrationsregeln, ↗Integrationstheorie.

Integral der Bewegung, für ein gegebenes dynamisches System jede reellwertige C^∞-Funktion, die längs der Integralkurven des dem System zugrundeliegenden Vektorfeldes konstant ist.

Integral von Regelfunktionen, ↗Regelfunktionen, Integral von.

Integralabschätzung, Abschätzung des Betrags (bzw. der Norm) eines Integrals nach oben durch eine Funktion des Integrationswegs und des Integranden, etwa beim ↗Kurvenintegral durch das Produkt aus der Kurvenlänge und dem Maximum des Integranden auf dem Träger der Kurve.

Speziell spricht man auch von Integralabschätzung bei einer Abschätzung des Integrals durch eine „Norm" des Integranden, d. h. (unter geeigneten Voraussetzungen) einer Ungleichung der Gestalt $|\int f(x)\,dx| \leq \|f\|$ für integrierbare Funktionen f (↗Integralnorm). Eine solche Abschätzung zeigt, daß das Integral als lineare Funktion des Integranden bzgl. $\|\ \|$ stetig ist, und ihre Gültigkeit für „einfache Funktionen" f (z. B. Treppenfunktionen) ist Grundlage der ↗Integralfortsetzung. Die Dreiecksungleichung für Integrale liefert z. B. für $-\infty < a < b < \infty$ und den Raum $\mathfrak{E}$ der reellwertigen Treppenfunktionen auf $[a, b]$ mit dem elementaren Integral $i : \mathfrak{E} \to \mathbb{R}$

$$|i(h)| \leq i(|h|) = \|h\|_L = \|h\|_R \leq \|h\|_S$$

für $h \in \mathfrak{E}$ mit der (skalierten) Supremumsnorm $\|\ \|_S$, der Riemann-Norm $\|\ \|_R$ und der Lebesgue-Norm $\|\ \|_L$. Diese sind für $f : [a, b] \to \mathbb{R}$ wie folgt definiert:

$$\|f\|_S = (b-a)\sup\left\{|f(x)| \mid x \in [a,b]\right\},$$

$$\|f\|_R = \inf\left\{i(h) \mid \mathfrak{E} \ni h \geq |f|\right\} \quad (\inf\emptyset = \infty),$$

$$\|f\|_L = \inf\left\{\sup_{n\in\mathbb{N}} i(h_n) \mid \mathfrak{E}^+ \ni h_n \uparrow\geq |f|\right\}$$

$$(\text{d. h. } 0 \leq h_1 \leq h_2 \leq \cdots \leq \sup_{n\in\mathbb{N}} h_n \geq |f|).$$

Integralfortsetzung bzgl. $\|\ \|_S$ führt zum Integral von Regelfunktionen, bzgl. $\|\ \|_R$ zum Riemann-Integral und bzgl. $\|\ \|_L$ zum Lebesgue-Integral, die sich auf ähnliche Weise auch in wesentlich allgemeineren Ausgangssituationen einführen lassen.

Integralcosinus, ↗Integralcosinusfunktion.

Integralcosinusfunktion, *Integralcosinus*, die für $x > 0$ durch

$$\mathrm{Ci}(x) = -\int_x^\infty \frac{\cos t}{t}\,dt$$

$$= \gamma + \ln x - \int_0^x \frac{1-\cos t}{t}\,dt$$

definierte Funktion $\mathrm{Ci} : (0,\infty) \to \mathbb{R}$, wobei γ die ↗Eulersche Konstante ist.

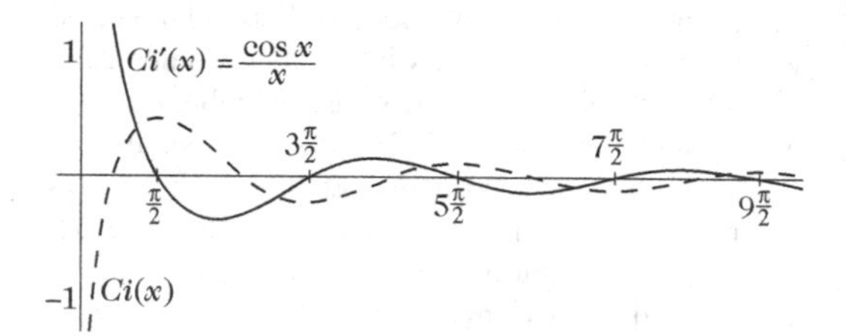

Integralcosinusfunktion

Für $x > 0$ gilt

$$\mathrm{Ci}(x) = \gamma + \ln x + \sum_{n=1}^\infty \frac{(-1)^n}{(2n)\,(2n)!}x^{2n}.$$

Die Funktion Ci ist zu einer in der geschlitzten Ebene $\mathbb{C}^- = \mathbb{C} \setminus (-\infty, 0]$ ↗holomorphen Funktion fortsetzbar. Bezeichnet Log den Hauptzweig des Logarithmus, so ist $\mathrm{Ci}\,z - \mathrm{Log}\,z$ zu einer ↗ganz transzendenten Funktion fortsetzbar. Für $z \in \mathbb{C}^-$ gilt

$$\mathrm{Ci}(z) = \gamma + \mathrm{Log}\,z - \int_0^z \frac{1-\cos t}{t}\,dt$$

$$= \gamma + \mathrm{Log}\,z + \sum_{n=1}^\infty \frac{(-1)^n}{2n\cdot(2n)!}z^{2n}.$$

Integraldarstellung der Beta-Funktion, ↗ Beta-Funktion.

integrale Bezier-Fläche, veraltete Bezeichnung für eine polynomiale (also nicht rationale) ↗Bézier-Fläche.

integrale Bezier-Kurve, veraltete Bezeichnung für eine polynomiale (also nicht rationale) ↗Bézier-Kurve.

integrale B-Splinefläche, veraltete Bezeichnung für eine polynomiale (also nicht rationale) ↗B-Splinefläche.

integrale B-Splinekurve, veraltete Bezeichnung für eine polynomiale (also nicht rationale) ↗B-Splinekurve.

Integralexponentialfunktion, die für $x \in \mathbb{R} \setminus \{0\}$ durch

$$\mathrm{Ei}(x) = \int_{-\infty}^{x} \frac{e^t}{t}\,dt = -\int_{-x}^{\infty} \frac{e^{-t}}{t}\,dt$$

definierte Funktion $\mathrm{Ei} : \mathbb{R} \setminus \{0\} \to \mathbb{R}$. Für $x > 0$ ist $\int_{-\infty}^{x} \frac{e^t}{t}\,dt$ als der Cauchy-Hauptwert des Integrals zu verstehen, also

$$\mathrm{Ei}(x) = \lim_{\varepsilon \downarrow 0} \left(\int_{-\infty}^{-\varepsilon} \frac{e^t}{t}\,dt + \int_{\varepsilon}^{x} \frac{e^t}{t}\,dt \right).$$

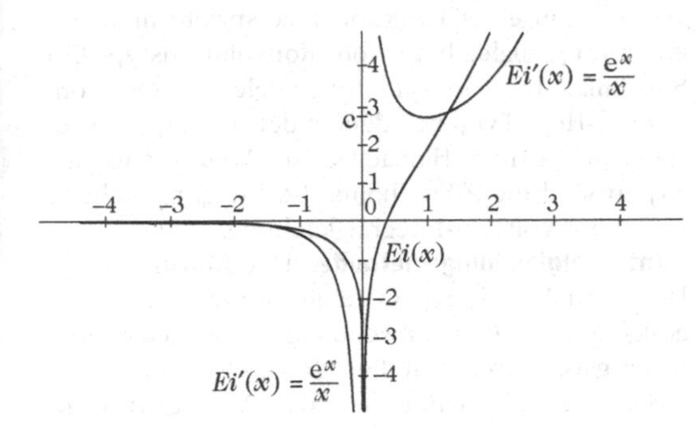

Integralexponentialfunktion

Für $x \in \mathbb{R} \setminus \{0\}$ gilt

$$\mathrm{Ei}(x) = \gamma + \ln|x| + \sum_{n=1}^{\infty} \frac{x^n}{n \cdot n!},$$

wobei γ die ↗Eulersche Konstante ist. Für $x \to \infty$ hat man die asymptotische Darstellung

$$\mathrm{Ei}(-x) \approx \frac{e^{-x}}{x} \sum_{n=0}^{\infty} (-1)^n \frac{n!}{x^n}.$$

Die Integralexponentialfunktion ist durch $\mathrm{Ei}(x) = \mathrm{Li}(e^x)$ für $x < 0$ bzw. $\mathrm{Ei}(\ln x) = \mathrm{Li}(x)$ für $0 < x < 1$ mit der ↗Integrallogarithmusfunktion Li verbunden.

Die Funktion Ei ist zu einer in der geschlitzten Ebene $\mathbb{C}^- = \mathbb{C} \setminus (-\infty, 0]$ ↗holomorphen Funktion fortsetzbar. Bezeichnet Log den Hauptzweig des Logarithmus, so ist $\mathrm{Ei}\, z - \mathrm{Log}\, z$ zu einer ↗ganz transzendenten Funktion fortsetzbar. Für $z \in \mathbb{C}^-$ gilt die Reihenentwicklung

$$\mathrm{Ei}\, z = \gamma + \mathrm{Log}\, z + \sum_{n=1}^{\infty} \frac{z^n}{n \cdot n!}.$$

Integralfläche, lokale Untermannigfaltigkeit F einer differenzierbaren Mannigfaltigkeit M, deren Tangentialräume mit vorgegebenen Unterräumen des Tangentialbündels von M übereinstimmen.

Jede Integralkurve eines dynamischen Systems ist ein Beispiel einer eindimensionalen Integralfläche. Blätterungen von M in Integralflächen werden oft durch integrable Unterbündel des Tangentialbündels von M erzeugt, vgl. ↗Frobeniussche Integrabilitätsbedingung.

Integral-Flow-Theorem, ↗ Netzwerkfluß.

Integralformel von Gauß-Bonnet, eine Beziehung zwischen der ↗Gesamtkrümmung einer Fläche $\mathcal{F}$, der ↗geodätischen Krümmung κ_g ihrer Randkurve $\mathcal{C}$, und ihrem Geschlecht g.

Das Geschlecht g einer geschlossenen Fläche $\mathcal{F}$ läßt sich anschaulich als Anzahl der ‚Löcher' von $\mathcal{F}$ beschreiben. Damit gilt:

Es sei $\mathcal{F}$ eine reguläre Fläche des $\mathbb{R}^3$ mit einer glatten Randkurve $\mathcal{C}$, dO ihr Oberflächenelement (↗Flächeninhalt) und ds das Bogenelement von $\mathcal{C}$. Dann gilt

$$\int_{\mathcal{F}} k\,dO + \oint_{\mathcal{C}} \kappa_g\,ds = 2\pi.$$

Als Folgerung daraus erhält man für eine geschlossene Fläche von Geschlecht g:

$$\int_{\mathcal{F}} k\,dO = 2\pi(1-g).$$

Dabei ist $\mathcal{C}$ beim Berechnen des Kurvenintegrals so zu durchlaufen, daß die Fläche zur Linken liegt.

Dieses Resultat wurde zuerst im Jahre 1848 von O. Bonnet publiziert. Vermutlich kannte es Gauß aber schon vorher.

Integralfortsetzung, Erweiterung eines auf einer Teilmenge $\mathfrak{E}$ eines Funktionenraums $\mathfrak{F}$ gegebenen elementaren Integrals i unter Beibehaltung von Eigenschaften wie Linearität und (in Spezialfällen) Monotonie auf einen größeren Bereich integrierbarer Funktionen $\mathfrak{I} \subset \mathfrak{F}$, der möglichst $\mathfrak{E}$ als dichte Teilmenge enthalten soll.

Die Menge $\mathfrak{E}$, auch Menge der einfachen Funktionen genannt, kann beispielsweise ein Raum von Treppenfunktionen oder ein Raum stetiger Funktionen mit kompaktem Träger sein. Eine einheitliche und elegante Behandlung auch sehr allgemeiner Fälle ist möglich, wenn man solch eine Erweiterung als stetige Fortsetzung von i bezüglich einer auf $\mathfrak{F}$ gegebenen (bzw. geeignet definierten) Norm-ähnlichen Abbildung $\|\ \| : \mathfrak{F} \to [0, \infty]$ betrachtet (↗Integralnorm, ↗Integrationstheorie), wobei folgender Fortsetzungssatz bzw. einfache Verallgemeinerungen desselben benutzt werden können: Ist $\mathfrak{F}$ ein Vektorraum und $\|\ \| : \mathfrak{F} \to [0, \infty]$ eine Pseudonorm (d. h. $\|\ \|$ hat die Eigenschaften einer

Halbnorm mit dem Unterschied, daß auch der Wert ∞ zugelassen ist), $\mathfrak{E}$ ein Unterraum von $\mathfrak{F}$, $\mathfrak{B}$ ein Banachraum und $i : \mathfrak{E} \to \mathfrak{B}$ linear und stetig bzgl. $\| \; \|$, dann gibt es eine eindeutige stetige Fortsetzung $\bar{i} : \mathfrak{I} \to \mathfrak{B}$ von i auf den Abschluß $\mathfrak{I}$ von $\mathfrak{E}$ bzgl. $\| \; \|$. $\mathfrak{I}$ ist ein Unterraum von $\mathfrak{F}$, und $\bar{i}$ ist linear. Die Stetigkeit von i bzgl. $\| \; \|$ ist insbesondere gegeben, wenn eine ↗Integralabschätzung $|i(f)| \leq \|f\|$ für $f \in \mathfrak{E}$ möglich ist. Dann gilt auch $|\bar{i}(f)| \leq \|f\|$ für $f \in \mathfrak{I}$.

Auf ganz ähnliche Weise ist mit Hilfe eines Fortsetzungssatzes für sesquilineare Abbildungen die Erweiterung elementarer Quadratintegrale, d. h. gewisser sesquilinearer Abbildungen auf dem Produkt zweier Räume geeigneter einfacher Funktionen, auf größere Funktionenräume quadratintegrierbarer Funktionen möglich.

Integralfranchise, spezielle Form für den ↗Selbstbehalt in der Rückversicherung.

Integralgeometrie, die Geometrie der Mengen eines Raumes, für die ein gegenüber einer gewissen Transformationsgruppe invariantes Maß gegeben ist.

Beispielsweise kann jeder Menge in der euklidischen Ebene als Maß ihr Flächeninhalt zugeordnet werden, der invariant gegenüber der Gruppe der Bewegungen ist.

Integralgleichung, Gleichung, in der eine zu bestimmende Funktion in einem Integral auftritt. Man unterscheidet lineare Integralgleichungen, bei denen die zu bestimmende Funktion linear auftritt, und nichtlineare.

Integralgleichungen wurden zuerst Beginn des 19. Jahrhunderts (Abel) intensiver untersucht. Entscheidende Fortschritte wurde zum Beginn des 20. Jahrhunderts insbesondere durch Fredholm, Hilbert und E. Schmidt erzielt und führten dabei u. a. zur Entwicklung der ↗Funktionalanalysis.

Am besten untersucht sind lineare Integralgleichungen, die im folgenden betrachtet werden.

Seien $D \subset \mathbb{R}^n$, $k : D \times D \to \mathbb{R}$, $f : D \to \mathbb{R}$, $\varphi : D \to \mathbb{R}$, und $A : D \to \mathbb{R}$. Die Integralgleichung

$$A(x)\varphi(x) - \int_D k(x,y)\,\varphi(y)\,dy \;=\; f(x) \qquad (1)$$

heißt

- Integralgleichung erster Art für $A(x) = 0$ $(x \in D)$
- Integralgleichung zweiter Art für $A(x) = \text{const.}$ $(= 1)$ $(x \in D)$, bzw.
- Integralgleichung dritter Art, falls keiner der beiden ersten Fälle zutrifft.

Ist die rechte Seite $f(x)$ konstant gleich Null, spricht man von einer homogenen, andernfalls von einer inhomogenen Integralgleichung. Die Funktion k wird dabei als Kern der Integralgleichung (Integralkern) bezeichnet. Man kann (1) auch mit Hilfe des ↗Integraloperators $K : C^0(D) \to C^0(D)$,

$$(K\varphi)(x) := \int_D k(x,y)\,\varphi(y)\,dy$$

als

$$A(x)\varphi(x) - (K\varphi)(x) = f(x)$$

schreiben. Oftmals wird dabei ein Parameter λ eingeführt, und die Integralgleichung $A(x)\varphi(x) - \lambda(K\varphi)(x) = f(x)$ betrachtet.

Man unterscheidet weiter je nach der Form des Integralkerns verschiedene Typen: Ist der Integralkern reell und symmetrisch, d. h., gilt $k(x,y) = k(y,x)$, so spricht man von einer Integralgleichung mit symmetrischem Kern. Sie wurden zuerst von Hilbert und anschließend von E. Schmidt untersucht, nach denen ihre Theorie Hilbert-Schmidt-Theorie heißt. Wird durch den Integralkern eine Faltung (Konvolution) definiert, d. h. gilt $k(x,y) = g(x-y)$ mit einer Funktion g, so spricht man von einer Integralgleichung vom Konvolutionstyp. Ein Spezialfall hiervon sind Integralgleichungen vom Wiener-Hopf-Typ, bei denen der Integrationsbereich die positive Halbachse ist. Weitere wichtige Typen sind die ↗Fredholmsche Integralgleichung und die ↗Volterra-Integralgleichung.

Integralgleichungsmethode, Überführung einer Differentialgleichung in eine äquivalente Integralgleichung und Anwendung eines geeigneten Lösungsverfahrens auf diese Integralgleichung.

Beispielsweise kann man das Anfangswertproblem $y'(x) = f(x,y)$, $y(0) = \eta$, in die äquivalente Gestalt

$$y(x) = \eta + \int_0^x f(t, y(t))dt$$

bringen und diese (unter entsprechenden Voraussetzungen an f) durch die Iteration

$$\begin{aligned} y_0(x) &:= \eta, \\ y_{n+1}(x) &:= \int_0^x f(t, y_n(t))dt, \; n = 0, 1, 2, \ldots \end{aligned}$$

lösen. Ebenso kann man für Randwertprobleme (gewöhnlicher oder partieller Differentialgleichungen) mit Hilfe der ↗Greenschen Funktion eine äquivalente Integralgleichung herleiten.

Die Integralgleichungsmethode hat in der Theorie der Randelementmethoden neue Bedeutung erlangt. Dort wird ein Ansatz über ein Rand- oder Oberflächenintegral gewählt, was zu einer Reduktion der Dimension des Definitionsbereichs um eine Einheit führt. Die Integralgleichung selbst wird dann durch Diskretisierung des Integrationsbereiches näherungsweise gelöst.

Integralkern, ↗Integralgleichung.

Integralkriterium, genauer Reihen-Integral-Vergleichskriterium, die Aussage

$$\int_K^\infty f(x)\,dx \text{ konvergent} \iff \sum_{n=K}^\infty f(n) \text{ konvergent}$$

unter der Voraussetzung, daß $f: [K,\infty) \longrightarrow [0,\infty)$ antiton ist (für ein $K \in \mathbb{N}$).

Sie ergibt sich unmittelbar aus der Abschätzung

$$f(n) \geq \int_n^{n+1} f(x)\,dx \geq f(n+1) \quad (\mathbb{N} \ni n \geq K)$$

durch (endliche) Summation und Grenzwertbildung.

Hieraus liest man beispielsweise ganz einfach ab: Die Reihe

$$\sum_{n=1}^\infty \frac{1}{n^\alpha}$$

ist konvergent für $\alpha > 1$ und divergent für $\alpha \leq 1$.

Integralkurve, Lösungskurve einer gewöhnlichen Differentialgleichung.

Es sei

$$F(x, y, y', \ldots, y^{(n)}) = 0$$

eine gewöhnliche Differentialgleichung mit der unbekannten Funktion y. Ist dann y eine n-fach differenzierbare Funktion auf einem Intervall I, die die Gleichung

$$F(x, y(x), y'(x), \ldots, y^{(n)}(x)) = 0$$

erfüllt, so heißt y eine Lösung oder auch ein Integral der Differentialgleichung. Der Funktionsgraph der Funktion y heißt eine Integralkurve der Gleichung.

Integrallogarithmus, ↗Integrallogarithmusfunktion.

Integrallogarithmusfunktion, *Integrallogarithmus*, ist für $x > 1$ definiert durch

$$\operatorname{Li} x := \int_0^x \frac{dt}{\log t}.$$

Dabei ist das Integral im Sinne des Cauchyschen Hauptwertes zu verstehen, d. h.

$$\int_0^x \frac{dt}{\log t} = \lim_{\varepsilon\to 0} \left(\int_0^{1-\varepsilon} \frac{dt}{\log t} + \int_{1+\varepsilon}^x \frac{dt}{\log t} \right).$$

Die Funktion Li ist zu einer in der geschlitzten Ebene $\mathbb{C} \setminus (-\infty, 1]$ ↗holomorphen Funktion fortsetzbar. Es besteht ein Zusammenhang zur ↗Integralexponentialfunktion, und zwar $\operatorname{Li} z = \operatorname{Ei} \operatorname{Log} z$, wobei Log den Hauptzweig des Logarithmus bezeichnet. Manche Autoren schreiben statt $\operatorname{Li} z$ auch $\operatorname{li} z$.

Integralmannigfaltigkeit, Untermannigfaltigkeit M eines Systems von Differentialformen p-ter Ordnung ω_i^p $(0 \leq p \leq \dim M, 1 \leq i \leq \mu_p)$, wenn für alle p jeder p-dimensionale Unterraum E_p des ↗Tangentialraumes $T_x M$ die Gleichung

$$\omega_i^p(E_p) = 0 \quad \text{für alle} \quad x \in M$$

erfüllt.

Integral-Mittel, Maßzahlen holomorpher Funktionen.

Die Integral-Mittel einer in der offenen Einheitskreisscheibe $\mathbb{E}$ ↗holomorphen Funktion f sind definiert durch

$$I_p(r, f) := \frac{1}{2\pi} \int_0^{2\pi} |f(re^{it})|^p\,dt.$$

Dabei ist $p \in \mathbb{R}$ und $0 < r < 1$. Im Fall $p < 0$ kann es vorkommen, daß das Integral ein uneigentliches ist und nicht existiert.

Integral-Mittel spielen eine wichtige Rolle bei der Definition des ↗Hardy-Raums H^p für $p > 0$ und in der Theorie der in $\mathbb{E}$ ↗schlichten Funktionen.

Für solche Funktionen wird das Wachstum von f oder f' für $|z| \to 1$ häufig mit Hilfe der Integral-Mittel gemessen. Es gilt z. B. folgender Satz.

Es sei f eine schlichte Funktion in $\mathbb{E}$, $0 \leq \alpha \leq 2$, und mit einer Konstanten $C > 0$ gelte

$$|f(z)| \leq \frac{C}{(1-|z|)^\alpha}, \quad z \in \mathbb{E}. \tag{1}$$

Dann existiert für $p > \frac{1}{\alpha}$ eine Konstante $M = M_p > 0$ derart, daß

$$I_p(r, f) \leq \frac{M}{(1-r)^{\alpha p - 1}}, \quad 0 < r < 1.$$

Weiter gilt $f \in H^p$ für $0 < p < \frac{1}{\alpha}$.

Da (1) mit $\alpha = 2$ für jede schlichte Funktion in $\mathbb{E}$ gilt, erhält man

$$I_p(r, f) \leq \frac{M}{(1-r)^{2p-1}}, \quad 0 < r < 1$$

für $p > \frac{1}{2}$ und $f \in H^p$ für $0 < p < \frac{1}{2}$.

Für eine schlichte Funktion f in $\mathbb{E}$ und $p \in \mathbb{R}$ sei

$$\beta_f(p) = \limsup_{r\to 1} \frac{\log I_p(r, f')}{\log \frac{1}{1-r}}.$$

Es ist also $\beta_f(p)$ die kleinste Zahl derart, daß zu jedem $\varepsilon > 0$ eine Konstante $M > 0$ existiert mit

$$I_p(r, f') \leq \frac{M}{(1-r)^{\beta_f(p)+\varepsilon}}.$$

Es ist β_f eine stetige und konvexe Funktion von p,

und es gilt

$$\beta_f(p+q) \leq \begin{cases} \beta_f(p)+3q, & \text{falls } q>0, \\ \beta_f(p)+|q|, & \text{falls } q<0. \end{cases}$$

Für die Funktion

$$f(z) = \left(\frac{1+z}{1-z}\right)^{\alpha}$$

mit $1 < \alpha \leq 2$ gilt

$$\beta_f(p) = \begin{cases} (\alpha+1)p-1 & \text{für } p > \frac{1}{\alpha+1}, \\ (\alpha-1)|p|-1 & \text{für } p < -\frac{1}{\alpha-1}, \\ 0 & \text{sonst}. \end{cases}$$

Dieses Beispiel zeigt, daß die Abschätzungen im folgenden Satz bestmöglich sind.

Es sei f eine schlichte Funktion in $\mathbb{E}$ und $p \geq \frac{2}{5}$. Dann ist $\beta_f(p) \leq 3p-1$.

Ist zusätzlich f sternförmig, ist also $f(\mathbb{E})$ ein ↗Sterngebiet bezüglich $f(0)$, so gilt

$$\beta_f(p) \leq \begin{cases} 3p-1 & \textit{für } p > \frac{1}{3}, \\ |p|-1 & \textit{für } p < -1, \\ 0 & \textit{sonst}. \end{cases}$$

Für beliebige Werte von p gilt folgendes Ergbnis.

Es sei f eine schlichte Funktion in $\mathbb{E}$ und $p \in \mathbb{R}$. Dann gilt

$$\begin{aligned} \beta_f(p) &\leq p - \tfrac{1}{2} + \sqrt{4p^2 - p + \tfrac{1}{4}} \\ &< \begin{cases} 3p^2 + 7p^3 & \textit{für } p > 0, \\ 3p^2 & \textit{für } p < 0. \end{cases} \end{aligned}$$

Weiter gilt $\beta_f(-1) < 0,601$.

Umgekehrt existiert eine schlichte Funktion f in $\mathbb{E}$ mit $\beta_f(-1) > 0,109$ und $\beta_f(p) \geq 0,117p^2$ für hinreichend kleine Werte von $|p|$.

Die sog. Brennan-Vermutung besagt, daß

$$\beta_f(p) \leq |p|-1, \quad p \leq -2.$$

Sie ist äquivalent zu $\beta_f(-2) \leq 1$. Bekannt ist bisher nur

$$\beta_f(p) < |p| - 0,399, \quad p \leq -1.$$

Integralnorm, eine Abbildung

$$\| \ \| : \mathfrak{P}(\mathfrak{R}) \longrightarrow [0,\infty] \qquad \text{mit}$$

$\|0\| = 0$ und der ‚endlichen Subadditivität'

$$\psi \leq \sum_{\nu=1}^{n} \psi_\nu \Longrightarrow \|\psi\| \leq \sum_{\nu=1}^{n} \|\psi_\nu\|$$

(für jedes $n \in \mathbb{N}$ und $\psi, \psi_\nu \in \mathfrak{P}$) für eine nichtleere Menge $\mathfrak{R}$ und

$$\mathfrak{P} = \mathfrak{P}(\mathfrak{R}) := \{\psi \mid \psi : \mathfrak{R} \longrightarrow [0,\infty]\}.$$

Die endliche Subadditivität ist äquivalent zu Isotonie und Dreiecksungleichung (zusammen).

Eine solche Abbildung heißt *starke Integralnorm*, wenn statt der endlichen Subadditivität die ‚abzählbare Subadditivität' (σ-Subadditivität)

$$\psi \leq \sum_{\nu=1}^{\infty} \psi_\nu \Longrightarrow \|\psi\| \leq \sum_{\nu=1}^{\infty} \|\psi_\nu\|$$

gilt, aus der natürlich die endliche Subadditivität folgt.

Integralnormen ermöglichen – über stetige Fortsetzung (↗Integralfortsetzung, ↗Integralabschätzung) – einen eleganten, durchsichtigen und leistungsfähigen Zugang zu sehr allgemeinen Integralbegriffen.

Zu einer Integralnorm $\| \ \|$ auf $\mathfrak{P}$ betrachtet man – meist wieder mit dem gleichen Symbol bezeichnet – für auf $\mathfrak{R}$ definierte reellwertige (oder allgemeinere) Funktionen f stets die durch

$$\|f\| := \| |f| \|$$

definierte normähnliche Abbildung $\| \ \|$ auf dem entsprechenden Funktionenraum.

Für $-\infty < a < b < \infty$ und den Raum $\mathfrak{E}$ der reellwertigen Treppenfunktionen auf $[a,b]$ mit dem elementaren Integral $i : \mathfrak{E} \longrightarrow \mathbb{R}$ zum Beispiel hat man

$$|i(h)| \leq i(|h|) = \|h\|_L = \|h\|_R \leq \|h\|_S$$

für $h \in \mathfrak{E}$ mit den Integralnormen $\| \ \|_S$ (Supremumsnorm), $\| \ \|_R$ (Riemann-Norm) und $\| \ \|_L$ (Lebesgue-Norm). Diese sind für $\psi \in \mathfrak{P}([a,b])$ wie folgt definiert:

$$\|\psi\|_S := (b-a) \sup\left\{\psi(x) \mid x \in [a,b]\right\},$$

$$\|\psi\|_R := \inf\left\{ i(h) \mid \mathfrak{E} \ni h \geq \psi \right\} \quad (\text{mit } \inf\emptyset := \infty),$$

$$\|\psi\|_L := \inf\left\{ \sup_{n\in\mathbb{N}} i(h_n) \mid \mathfrak{E}^+ \ni h_n \uparrow \geq \psi \right\}$$

($\mathfrak{E}^+ \ni h_n \uparrow \geq \psi$ bedeutet dabei

$h_n \in \mathfrak{E} \wedge 0 \leq h_1 \leq h_2 \leq \cdots \leq \sup_{n\in\mathbb{N}} h_n \geq \psi$).

Integralfortsetzung bzgl. $\| \ \|_S$ führt zum Integral von Regelfunktionen, bzgl. $\| \ \|_R$ zum Riemann-Integral und bzgl. $\| \ \|_L$ zum Lebesgue-Integral, die sich alle auf ähnliche Weise auch in wesentlich allgemeineren Ausgangssituationen einführen lassen.

$\| \ \|_S$ und $\| \ \|_L$ sind starke Integralnormen. Für solche hat man ganz allgemein u. a. die Vollständigkeit von $(\mathfrak{P}, \| \ \|)$ und die Charakterisierung von $\| \ \|$-Konvergenz durch Cauchy-Konvergenz und f. ü.-Konvergenz einer geeigneten Teilfolge.

Der – zunächst wohl ungewohnt erscheinende – Verzicht auf die Forderung der Homogenität in der

Definition von Integralnormen hat zwei Gründe: Einmal tritt eine derartige Integralnorm auf, wenn man im Rahmen der Maß- und Wahrscheinlichkeitstheorie die ‚Konvergenz dem Maße nach' (‚stochastische Konvergenz') mit Hilfe einer Maßnorm untersucht. Zum anderen ist natürlich die Einsicht wichtig, daß fast alle Überlegungen der Integrationstheorie die Forderung der Homogenität gar nicht benötigen. Man erkennt, daß man alles anstatt mit linearen Räumen sogar für geeignete Gruppen durchführen kann.

Schon beim Vorliegen einer schwächeren Eigenschaft für eine starke Integralnorm als der Additivität (auf geeigneten Teilmengen $\mathfrak{C}'$ von $\mathfrak{P}$), der *Halbadditivität*, ist die Gewinnung *aller* starken Konvergenzsätze (Levi, Fatou und Lebesgue) möglich. Dies tritt schon bei den p-Normen $\| \ \|_p$ auf, die (für $1 < p < \infty$) halbadditiv, jedoch nicht additiv sind. Auch innerhalb der Funktionalanalysis führen die ‚orthogonalen Maße' der Spektraltheorie auf derartige Integralnormen. Eine Integralnorm $\| \ \|$ heißt dabei auf $\mathfrak{C}'$ *halbadditiv*, wenn für eine Folge von Funktionen (φ_n) in $\mathfrak{C}'$ aus

$$\sup_k \left\| \sum_{n=1}^{k} \varphi_n \right\| < \infty$$

stets folgt

$$\|\varphi_n\| \longrightarrow 0 .$$

Etwa die Supremumsnorm ist zwar stark, aber offenbar nicht halbadditiv.

[1] Bichteler, K.: Integration theory (with special attention to vector measures). Springer-Verlag Berlin, 1973.

[2] Hoffmann, D.; Schäfke, F.-W.: Integrale. B.I.-Wissenschaftsverlag Mannheim, 1992.

[3] Kaballo, W.: Einführung in die Analysis III. Spektrum Akademischer Verlag, 1999.

Integraloperator, ein Operator der Form

$$f \mapsto \int_a^b K(x,t) f(t) dt ,$$

wobei K ein fest gegebener Kern ist.

Integralrechnung, Teilgebiet der ↗Analysis, das sich mit der ↗Integration von Funktionen beschäftigt.

Grundproblem der Integralrechnung ist die Inhaltsbestimmung nicht notwendig geradlinig berandeter Figuren, worunter sowohl die Bestimmung des Flächeninhalts ebener Figuren als auch des Volumens von Körpern fällt. Schon die alten Griechen berechneten viele solcher Flächen und Volumina mit der ↗Exhaustionsmethode durch „Ausschöpfen", doch entscheidend vorangebracht wurde die Integralrechnung – wie die Analysis überhaupt – erst durch Isaac Newton sowie Gottfried Wilhelm Leibniz, auf den das Zeichnen $\int$ für das Integral, angelehnt an „S" wie in „Summe", zurückgeht.

Ob eine gegebene Funktion integrierbar ist, hängt vom zugrundegelegten Integralbegriff ab. Für einen Einstieg in die Analysis wird meist das leicht verständliche Riemann-Integral benutzt, doch für viele Anwendungen benötigt man das umfassendere Lebesgue-Integral, für das leistungsfähige Konvergenzsätze über die Vertauschbarkeit der Integration mit anderen Grenzprozessen gelten, wie etwa der Satz von Lebesgue. Gemäß dem schon von Leibniz gefundenen ↗Fundamentalsatz der Differential- und Integralrechnung entspricht die Integration stetiger Funktionen dem Aufsuchen von ↗Stammfunktionen. Die Integration ist für diese Funktionenklasse also gewissermaßen die Umkehrung der Differentiation und die Integralrechnung das Gegenstück zur ↗Differentialrechnung. Kurvenintegrale bzw. Wegintegrale werden letztlich meist durch Zurückführung auf gewöhnliche Integrale über reelle Intervalle ausgerechnet, also ebenfalls über Stammfunktionen ausgewertet. Auch Integrale über mehrdimensionale Integrationsbereiche, wie sie bei Oberflächenintegralen und Volumenintegralen anfallen, berechnet man in der Regel durch Zurückführung auf Integrale über eindimensionale Integrationsbereiche mittels ↗iterierter Integration. Für mehrdimensionale Integrale hat man ferner den Integralsatz von Gauß und den Integralsatz von Stokes.

Die ↗Integrationstheorie befaßt sich mit Verallgemeinerungen der Integralbegriffe der reellen Analysis.

Integralsinus, ↗Integralsinusfunktion.

Integralsinusfunktion, *Integralsinus*, die für $x \in \mathbb{R}$ durch

$$\mathrm{Si}(x) = \int_0^x \frac{\sin t}{t} dt = \frac{\pi}{2} - \int_x^\infty \frac{\sin t}{t} dt$$

definierte ungerade Funktion $\mathrm{Si} : \mathbb{R} \to \mathbb{R}$.

Für $z \in \mathbb{C}$ ist durch

$$\mathrm{Si}(z) := \int_0^z \frac{\sin t}{t} dt ,$$

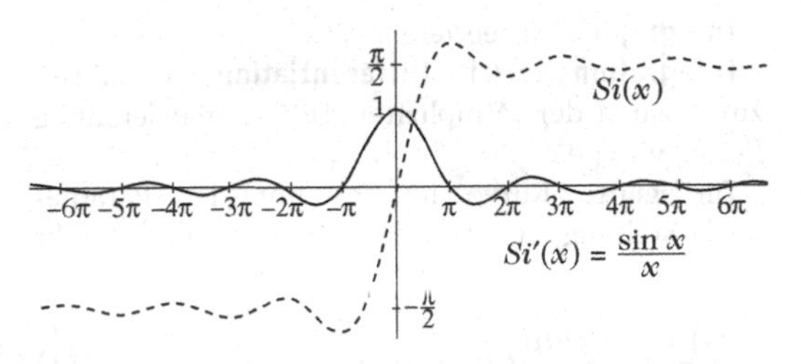

Integralsinusfunktion

wobei über die Verbindungsstrecke von 0 nach z integriert wird, eine Fortsetzung der Integralsinusfunktion definiert, die mit dem gleichen Namen bezeichnet wird. Dabei ist zu beachten, daß der Integrand an 0 eine ↗hebbare Singularität besitzt.

Die (fortgesetzte) Funktion Si ist eine ↗ganz transzendente Funktion, und die Taylor-Reihe mit Entwicklungspunkt 0 lautet

$$\mathrm{Si}(z) = \sum_{n=0}^{\infty} \frac{(-1)^n}{(2n+1)\cdot(2n+1)!} z^{2n+1} .$$

Integral-Transformation, Abbildungsvorschrift, die einer (reell- oder komplexwertigen) Funktion f eine neue Funktion F zuordnet durch ein Integral der Form

$$F(x) = \int_{-\infty}^{\infty} K(x,y) f(y)\, dy$$

mit einer Funktion K, dem sog. Kern der Integral-Transformation, falls das Integral existiert. Für die wichtigsten Integral-Transformationen vergleiche: ↗Fourier-Transformation, ↗Gauß-Transformation, ↗Hankel-Transformation, ↗Hilbert-Transformation, ↗Laplace-Transformation.

Für die Anwendung ist es wichtig, daß diese Abbildungsvorschrift zwischen geeigneten ↗Funktionenräumen bijektiv ist, sodaß eine Umkehrformel existiert. Damit können Probleme nach einer Integral-Transformation leichter gelöst werden, und die Lösung des ursprünglichen Problems ergibt sich durch Anwendung der Umkehrformel. Beispielsweise kann die Laplace-Transformation verwendet werden, um lineare Differentialgleichungen in algebraische Gleichungen umzuwandeln, wobei einige Rechenregeln (↗Laplace-Transformation) helfen (siehe auch ↗Integralgleichungsmethode).

Integralungleichung, eine ↗Ungleichung, die ein Integral enthält.

Integrand, eine zu integrierende Funktion, also die Funktion f in Integralen etwa der Art

$$\int^{x} f(t)\, dt, \qquad \int_a^b f(x)\, dx \quad \text{und} \quad \int_M f(\mathfrak{x})\, d\mathfrak{x} .$$

Integraph, ↗ Integriergerät.

Integration durch Differentiation, Verfahren zur Lösung der ↗impliziten Differentialgleichung $F(x, y, y') = 0$.

Die glatte Kurve im $\mathbb{R}^2$ mit der Parameterdarstellung $(x(p), y(p))$ besitzt im Punkt $(x(p), y(p))$, $\dot{x}(p) \neq 0$ die Steigung p, wenn

$$\frac{\dot{y}(p)}{\dot{x}(p)} = \frac{dy/dp}{dx/dp}(p) = p . \tag{1}$$

Dann ist die Kurve genau dann Lösungskurve der Differentialgleichung $F(x, y, y') = 0$, wenn

$$F(x, y, \dot{y}/\dot{x}) = F(x(p), y(p), p) \equiv 0 . \tag{2}$$

Durch Differenzieren der Gleichung $F(x, y, p) = 0$ nach p erhält man

$$F_x(x, y, p)\dot{x}(p) + F_y(x, y, p)\dot{y}(p) + F_p(x, y, p) = 0 .$$

Diese Gleichung ergibt zusammen mit Gleichung (1) die folgenden Differentialgleichungen für $x(\cdot)$ und $y(\cdot)$:

$$\dot{x} = \frac{dx}{dp} = -\frac{F_p}{F_x + pF_y} \quad ; \quad \dot{y} = \frac{dy}{dp} = \frac{pF_p}{F_x + pF_y} .$$

Löst man dieses System, so erhält man Lösungen von (2) mit $p = y'$ als Parameter.

Integration elementarer Funktionen, bezieht sich auf Klassen von Funktionen, für die Stammfunktionen explizit angebbar sind, wie etwa bei der ↗Integration rationaler Funktionen, gewisser algebraischer und gewisser transzendenter Funktionen.

Nach dem ↗Fundamentalsatz der Differential- und Integralrechnung ist die Integration weitgehend zurückgeführt auf die Bestimmung von ↗Stammfunktionen. Oft gelingt dabei eine Zurückführung auf die Integration rationaler Funktionen; dies wiederum kann – prinzipiell – systematisch, also ohne besondere Kunstgriffe, durchgeführt werden (↗Integration rationaler Funktionen).

Welche Funktionen man als elementar bezeichnet, ist gewiß Konvention. Man vergleiche hierzu ↗elementare Funktion.

Nach den Ausführungen zur ↗Integration rationaler Funktionen haben zumindest alle rationale Funktionen elementare Funktionen als Stammfunktionen. Andererseits besitzen viele elementare Funktionen – etwa die durch $\exp(-x^2)$ und $\frac{\sin x}{x}$ gegebenen Funktionen – keine elementaren Stammfunktionen. Dies ist kein rein „akademisches" Problem, sondern es tritt beispielsweise schon bei der Berechnung von Ellipsenbögen auf.

Integration rationaler Funktionen, Verfahren, welches es prinzipiell gestattet, zu jeder rationalen Funktion systematisch – also ohne besondere Kunstgriffe – eine Stammfunktion zu finden.

Es seien P und Q Polynome (Q nicht konstant 0) und

$$R(x) := \frac{P(x)}{Q(x)} \quad \big(x \in D_R := \{x \in \mathbb{R} \,|\, Q(x) \neq 0\}\big).$$

Bekannt ist: Es existieren Polynome P_0, P_1, Q_1 mit $\operatorname{ord} P_1 < \operatorname{ord} Q_1$ derart, daß

$$R(x) = P_0(x) + \frac{P_1(x)}{Q_1(x)} .$$

Da für jedes Polynom P_0 sofort eine Stammfunktion angegeben werden kann, kann ohne Einschränkung angenommen werden, daß schon $\operatorname{ord} P < \operatorname{ord} Q$ gilt („echter (Polynom-)Bruch"). Nach dem ↗Fundamentalsatz der Algebra weiß man für den Nenner Q:

Es sei Q (reelles) Polynom mit $\operatorname{grad} Q =: n \geq 1$ *und Leitkoeffizient* 1.

Dann läßt sich $Q(x)$ darstellen als Produkt

$$(x-\alpha_1)^{k_1} \cdots (x-\alpha_r)^{k_r} \times \left[(x-\beta_1)^2+\gamma_1^2\right]^{m_1} \cdots \left[(x-\beta_s)^2+\gamma_s^2\right]^{m_s}$$

mit

$r,\, s \in \mathbb{N}_0,\ k_\varrho,\ m_\sigma \in \mathbb{N},\ \alpha_\varrho,\ \beta_\sigma,\ \gamma_\sigma \in \mathbb{R},\ \gamma_\sigma > 0,$

α_ϱ *und* $(\beta_\sigma, \gamma_\sigma)$ *jeweils paarweise verschieden und*

$$k_1 + \cdots + k_r + 2\,(m_1 + \cdots + m_s) = n\,.$$

Damit gewinnt man die folgende Darstellung für $R(x)$:

$$\left[\frac{a_{1,1}}{x-\alpha_1} + \cdots + \frac{a_{1,k_1}}{(x-\alpha_1)^{k_1}}\right] + \cdots + \left[\frac{a_{r,1}}{x-\alpha_r} + \cdots + \frac{a_{r,k_r}}{(x-\alpha_r)^{k_r}}\right]$$
$$+ \left[\frac{2b_{1,1}(x-\beta_1)+c_{1,1}}{(x-\beta_1)^2+\gamma_1^2} + \cdots + \frac{2b_{1,m_1}(x-\beta_1)+c_{1,m_1}}{\left((x-\beta_1)^2+\gamma_1^2\right)^{m_1}}\right]$$
$$+ \cdots +$$
$$+ \left[\frac{2b_{s,1}(x-\beta_s)+c_{s,1}}{(x-\beta_s)^2+\gamma_s^2} + \cdots + \frac{2b_{s,m_s}(x-\beta_s)+c_{s,m_s}}{\left((x-\beta_s)^2+\gamma_s^2\right)^{m_s}}\right]$$

mit geeigneten reellen Zahlen $a_{\varrho,\kappa}$, $b_{\sigma,\mu}$ *und* $c_{\sigma,\mu}$.

Diese Darstellung heißt Partialbruchzerlegung (von R). Die Berechnung einer Stammfunktion von R ist damit reduziert auf die Berechnung von Stammfunktionen zu Funktionen des Typs

$$\frac{1}{(x-\alpha)^k} \quad (\alpha \in \mathbb{R}, k \in \mathbb{N})\,, \text{ und}$$

$$\frac{2b(x-\beta)+c}{\left((x-\beta)^2+\gamma^2\right)^m} \quad (m \in \mathbb{N}; b, c, \beta \in \mathbb{R}, \gamma > 0)$$

(↗Integration von Partialbrüchen).

Den eleganteren „komplexen Weg" findet man beispielsweise ausgeführt in [1].

[1] Kaballo, W.: Einführung in die Analysis I. Spektrum Akademischer Verlag Heidelberg, 1996.

Integration stochastischer Prozesse, ↗stochastische Integration.

Integration über unbeschränkte Gebiete, wird in Verallgemeinerung der ↗Integration über unbeschränkte Intervalle durchgeführt, indem man das Integrationsgebiet $M \subset \mathbb{R}^n$ mit einer Folge beschränkter aufsteigender Mengen $M_k \subset M$ annähert und gemäß ↗Gebietskonvergenz das Integral $\int_M f(x)\,dx$ als Grenzwert der Integrale $\int_{M_k} f(x)\,dx$ erhält.

Integration über unbeschränkte Intervalle, naheliegende Erweiterung der Integration nach Riemann für gewisse Funktionen, bei denen das Integrationsintervall nicht beschränkt ist.

Das „eigentliche" Riemann-Integral $\int_a^b f(x)\,dx$ ist nur für den Fall definiert, daß das Integrationsintervall $[a, b]$ und der Integrand f auf $[a, b]$ beschränkt sind. Der Wunsch, dem Symbol $\int_a^b f(x)\,dx$ auch für unbeschränkte Integrationsintervalle oder unbeschränkte Integranden in gewissen Fällen eine Bedeutung zukommmen zu lassen, führt ganz allgemein zu ↗uneigentlichen Integralen.

Ein Beispiel: Das „Integral" $\int_0^\infty \frac{1}{1+x^2}\,dx$ existiert – als eigentliches Riemann-Integral – nicht, da das Integrationsintervall unbeschränkt ist. Für $0 < T < \infty$ existiert aber

$$\int_0^T \frac{1}{1+x^2}\,dx = \arctan T - \arctan 0 = \arctan T\,.$$

Die rechte Seite strebt gegen $\frac{\pi}{2}$ für $T \to \infty$. Es liegt dann nahe, den Integralbegriff so zu erweitern, daß

$$\int_0^\infty \frac{1}{1+x^2}\,dx = \frac{\pi}{2}$$

gilt.

Geometrisch bedeutet dies, daß auch speziellen unbeschränkten Flächen ein Flächeninhalt zugeordnet werden kann.

Integration unbeschränkter Funktionen, naheliegende Erweiterung der Integration nach Riemann für gewisse unbeschränkte Funktionen.

Das „eigentliche" Riemann-Integral $\int_a^b f(x)\,dx$ ist nur für den Fall definiert, daß das Integrationsintervall $[a, b]$ und der Integrand f auf $[a, b]$ beschränkt sind. Der Wunsch, dem Symbol $\int_a^b f(x)\,dx$ auch für unbeschränkte Integrationsintervalle oder unbeschränkte Integranden in gewissen Fällen eine Bedeutung zukommmen zu lassen, führt ganz allgemein zu ↗uneigentlichen Integralen. Ein Beispiel: Das „Integral" $\int_0^1 \frac{1}{\sqrt{1-x^2}}\,dx$ existiert – als eigentliches Riemann-Integral – nicht, da der Integrand (bei 1) unbeschränkt ist. Für $0 < a < 1$ existiert aber

$$\int_0^a \frac{1}{\sqrt{1-x^2}}\,dx = \arcsin a - \arcsin 0 = \arcsin a\,.$$

Die rechte Seite strebt gegen $\frac{\pi}{2}$ für $a \to 1$. Es liegt dann nahe, den Integralbegriff so zu erweitern, daß

$$\int_0^1 \frac{1}{\sqrt{1-x^2}}\,dx = \frac{\pi}{2}$$

gilt. Geometrisch bedeutet dies, daß auch speziellen unbeschränkten Flächen ein Flächeninhalt zugeordnet werden kann. Auch bei Integration über einen Bereich $M \subset \mathbb{R}^n$ nähert man im Fall einer unbeschränkten Funktion $f : M \to \mathbb{R}$ den Integrationsbereich M durch aufsteigende Mengen $M_k \subset M$ an, auf denen f beschränkt ist, und erhält gemäß ↗Gebietskonvergenz das Integral $\int_M f(x)\,dx$ als Grenzwert der Integrale $\int_{M_k} f(x)\,dx$.

Integration von Funktionen, wesentlicher Gegenstand der ↗Integralrechnung, nämlich das Bestimmen etwa des Riemann-Integrals oder des Lebesgue-Integrals einer integrierbaren Funktion. Gemäß dem ↗Fundamentalsatz der Differential- und Integralrechnung entspricht die Integration stetiger Funktionen dem Aufsuchen von ↗Stammfunktionen. Die ↗Grundintegrale, also Stammfunktionen der grundlegenden Funktionen der Analysis, lassen sich unmittelbar angeben und sind in der Tabelle von Stammfunktionen zusammengefaßt. Die Integration vieler komplizierterer Funktionen, etwa auch die ↗Integration rationaler Funktionen, ist mit Hilfe der ↗Integrationsregeln möglich. Integrale über mehrdimensionale Integrationsbereiche berechnet man meist durch Zurückführung auf Integrale über eindimensionale Integrationsbereiche mittels ↗iterierter Integration.

Integration von Partialbrüchen, Gewinnung von Stammfunktionen zu Funktionen, die bei der Reduktion rationaler Funktionen auftreten (↗Integration rationaler Funktionen), d. h. Funktionen folgenden Typs:

$$\frac{1}{(x-\alpha)^k} \quad (\alpha \in \mathbb{R}, k \in \mathbb{N}),$$

$$\frac{2b(x-\beta)+c}{\left((x-\beta)^2+\gamma^2\right)^m} \quad (m \in \mathbb{N}; b, c, \beta \in \mathbb{R}, \gamma > 0).$$

Für die erste Funktion hat man eine Stammfunktion durch $\ln|x-\alpha|$, falls $k = 1$, und

$$\frac{1}{1-k}\,\frac{1}{(x-\alpha)^{k-1}}$$

sonst.

Der zweite Typ wird umgeformt zu

$$\underbrace{b\int^x \frac{2(t-\beta)}{\left((t-\beta)^2+\gamma^2\right)^m}\,dt}_{=:A} + \underbrace{c\int^x \left((t-\beta)^2+\gamma^2\right)^{-m}\,dt}_{=:B}.$$

Mit

$$\varphi(t) := (t-\beta)^2+\gamma^2,$$

also $\varphi'(t) = 2(t-\beta)$, erhält man

$$A = \int^{\varphi(x)} \frac{1}{s^m}\,ds,$$

wozu man eine Stammfunktion sofort angeben kann.

Mit $\varphi(t) := (t-\beta)/\gamma$, also $\varphi'(t) = 1/\gamma$, ergibt sich für den zweiten Anteil:

$$B = \frac{1}{\gamma^{2m}}\int^x \frac{1}{\left(\left(\frac{t-\beta}{\gamma}\right)^2+1\right)^m}\,dt = \frac{1}{\gamma^{2m-1}}\int^{\varphi(x)} \frac{1}{(s^2+1)^m}\,ds,$$

dieser ist also zurückgeführt auf die Form

$$\int^x (1+t^2)^{-m}\,dt.$$

Hier kennt man für $m = 1$ (mit arctan) eine Stammfunktion. Für den allgemeinen Fall gewinnt man über ↗partielle Integration die Rekursionsformel

$$\int^x (1+t^2)^{-(m+1)}\,dt = \frac{1}{2m}x(1+x^2)^{-m} + \frac{2m-1}{2m}\int^x (1+t^2)^{-m}\,dt.$$

Integrationsregeln, Vorschriften für das Arbeiten mit Integralen.

Dazu zählen – für bestimmtes und unbestimmtes Integral (Stammfunktionen) – zunächst die trivialen Regeln der *Linearität* und die *Additivität bezüglich der Intervallgrenzen:*

Für ein Intervall J in $\mathbb{R}$, $f, g : J \longrightarrow \mathbb{R}$ stetig und $\alpha \in \mathbb{R}$ gilt:

$$\int^x (\alpha f+g)(t)\,dt = \alpha\int^x f(t)\,dt + \int^x g(t)\,dt.$$

In Worten: Man erhält eine Stammfunktion zu $\alpha f + g$, indem man eine Stammfunktion F zu f und eine Stammfunktion G zu g sucht und dann $\alpha F + G$ bildet. (Der Beweis ist unmittelbar durch die Linearität der Differentiation gegeben.) Entsprechend für das bestimmte Integral:

Für $a, b \in \mathbb{R}$ mit $a < b$, über $[a, b]$ integrierbaren reellwertigen Funktionen f und g und $\alpha \in \mathbb{R}$ gilt

$$\int_a^b (\alpha f+g)(t)\,dt = \alpha\int_a^b f(t)\,dt + \int_a^b g(t)\,dt.$$

Weiterhin gilt:

Für $a, b, c \in \mathbb{R}$ mit $a < b < c$ ist eine auf $[a, c]$ definierte reellwertige Funktion f genau dann über $[a, c]$ integrierbar, wenn sie über $[a, b]$ und über $[b, c]$ integrierbar ist. Es gilt dann:

$$\int_a^c f(x)\,dx = \int_a^b f(x)\,dx + \int_b^c f(x)\,dx \qquad (1)$$

Setzt man noch

$$\int_a^a f(x)\,dx := 0$$

und

$$\int_d^e f(x)\,dx = -\int_e^d f(x)\,dx$$

für $-\infty < e < d < \infty$, so gilt (1) für beliebige a, b, c in $\mathbb{R}$.

Neben diesen trivialen Regeln sind vor allem hilfreich die ↗partielle Integration und die ↗Substitutionsregeln: Für Intervalle I, J, eine stetige Funktion $f : I \longrightarrow \mathbb{R}$ und eine stetig differenzierbare Funktion $\varphi : J \longrightarrow I$ gilt:

$$\int^x f(\varphi(t))\,\varphi'(t)\,dt = \int^{\varphi(x)} f(s)\,ds$$

Dies liest man aus der ↗Kettenregel einfach ab. Man merkt sich diese Regel in der Form: $s := \varphi(t)$, $\frac{ds}{dt} = \varphi'(t)$. „Läuft" t bis x, dann läuft $s = \varphi(t)$ bis $\varphi(x)$.

Manchmal ist es günstiger, anders zu substituieren:

In einem Intervall, in dem φ' konstantes Vorzeichen hat (dazu genügt, daß φ' dort keine Nullstelle hat), ist φ umkehrbar. Mit der zugehörigen Umkehrfunktion ψ gilt

$$\psi'(\varphi(t)) = \frac{1}{\varphi'(t)},$$

und die o. a. Regel lautet dann (für ψ statt φ sowie s und t vertauscht):

$$\int^x f(\psi(s))\,\psi'(s)\,ds = \int^{\psi(x)} f(t)\,dt.$$

Wertet man dies an der Stelle $\varphi(x)$ statt x aus, so erhält man

$$\int^{\varphi(x)} f(\psi(s))\,\psi'(s)\,ds = \int^x f(t)\,dt.$$

Integrationstheorie

D. Hoffmann

Die folgenden Ausführungen skizzieren – als Alternative zu den sonst oft dargestellten Möglichkeiten – einen modernen und leistungsfähigen Zugang zu Integralen. Dabei werden zunächst der angestrebte Allgemeinheitsgrad motiviert, dann der vorgestelle Zugang von anderen – mehr klassischen – Überlegungen abgegrenzt und schließlich einige ‚highlights' hervorgehoben. Wenn ich dabei vertrete, daß man Integrale *so* einführen sollte, dann beziehe ich mich auf die Situation, daß frühzeitig – wie etwa beim Mathematik- oder Physikstudium an einer Universität heute in der Regel gegeben – elementare metrisch-topologische Grundbegriffe eingeführt sind und mehr als nur ein Integralbegriff benötigt wird.

Integrationsprobleme treten in vielen Bereichen der Mathematik und ihrer Anwendungen auf, z. B.:

- Bestimmung von Längen, Flächen, Volumina
- Umkehrung der Differentiation
- Lösung von Differentialgleichungen
- Wahrscheinlichkeitstheorie und Statistik, Funktionalanalysis

In der reellen und komplexen Analysis, der Funktionalanalysis, der Wahrscheinlichkeitsrechnung und Statistik sowie nicht zuletzt in der Theoretischen Physik spielen eine Reihe verschiedenartiger Integralbegriffe eine wesentliche Rolle. Dies sind etwa schon in den Anfängen der Analysis – eindimensional, danach mehrdimensional – *Integral von Regelfunktionen, Riemann-Integral, uneigentliches Riemann-Integral,* dann etwas später das wesentlich leistungsfähigere *Lebesgue-Integral.*

Daneben sind an vielen Stellen verschiedenartige *Stieltjes-Integrale* unverzichtbar und, damit eng zusammenhängend, die *Kurvenintegrale.* Die Reihe setzt sich fort mit Integralbegriffen der Funktionalanalysis für vektorwertige Funktionen und/oder Inhalte, speziell den *Spektralintegralen.*

Schließlich spielen in anderer Richtung eine wesentliche Rolle das *Bourbaki-Integral* und das *Haar-Integral* auf lokalkompakten Hausdorff-Räumen bzw. entsprechenden topologischen Gruppen.

Wenn man häufiger mit Integrationstheorie in Berührung kommt, so ‚leidet' man – vielleicht mehr noch als in vielen anderen Bereichen – unter der Vielzahl z. T. sehr spezieller und sich oft gegenseitig ignorierender Zugänge. Viele sind dabei allein deshalb kompliziert, weil schon die Theorie, die verallgemeinert wird, unangemessen kompliziert ist; und manche Probleme bereiten zusätzliche Mühe nur deshalb, weil der Ansatz ungeschickt ist.

Die Darstellung in [1] trägt all diesen Gesichtspunkten Rechnung und bietet dabei wesentliche Vorteile an Durchsichtigkeit, Einfachheit und Allgemeinheit, und zwar sowohl in mehr elementaren Bereichen als auch bei fortgeschrittenen Überlegungen.

Motivation

Zur Motivation möchte ich an bekannte, ganz einfache Dinge anknüpfen und beschreibe deshalb zunächst die Grundsituation, die etwa bei der Einführung eines Integrals im ersten Semester einer Hochschulausbildung vorliegt:

Zu $-\infty < a < b < \infty$ betrachten wir mit

$$\mathbb{S} := \{\langle\alpha, \beta\rangle \mid a \leq \alpha \leq \beta \leq b\}$$

die Menge der Teilintervalle von $[a, b]$. Dabei bezeichnet $\langle\alpha, \beta\rangle$ ein beliebiges Intervall mit den Endpunkten α und β. Weiter sei

$$\mathfrak{E} := \left\{\sum_{\nu=1}^{n} \chi_{i_\nu} \alpha_\nu \,\middle|\, i_\nu \in \mathbb{S},\ \alpha_\nu \in \mathbb{R};\ n \in \mathbb{N}\right\}$$

die Menge der *„Treppenfunktionen"* oder *„einfachen Funktionen"*, wobei χ_{i_ν} die *„charakteristische Funktion"* der Menge i_ν (in der Grundmenge $[a, b]$) bezeichnet. Mit $\mu : \mathbb{S} \longrightarrow [0, \infty)$, definiert durch $\mu(\langle\alpha, \beta\rangle) := \beta - \alpha$, der Länge des Intervalls $\langle\alpha, \beta\rangle \in \mathbb{S}$, sei

$$i(h) := \int_a^b h(x)\,dx := \sum_{\nu=1}^{n} \mu(i_\nu)\,\alpha_\nu$$

das *elementare Integral* von $h = \sum_{\nu=1}^{n} \chi_{i_\nu} \alpha_\nu \in \mathfrak{E}$ gebildet. (Zur Rechtfertigung ist dabei zunächst zu zeigen, daß $i(h)$ wohldefiniert, der Wert also unabhängig von der speziellen Darstellung von h ist.)

Eigenschaften:

$\emptyset \neq \mathbb{S} \subset \mathbb{P}([a, b])$ ($\mathbb{P}$ die Potenzmenge) mit

(1) $A, B \in \mathbb{S} \Longrightarrow A \cap B \in \mathbb{S}$,

(2) $A, B \in \mathbb{S} \Longrightarrow \exists n \in \mathbb{N}\ \exists A_1, \ldots, A_n \in \mathbb{S}$

$$A \setminus B = \biguplus_{\nu=1}^{n} A_\nu,$$

(3) $\mu : \mathbb{S} \longrightarrow [0, \infty)$ ist *„endlich-additiv"*, d. h. für beliebiges $n \in \mathbb{N}$ gilt:

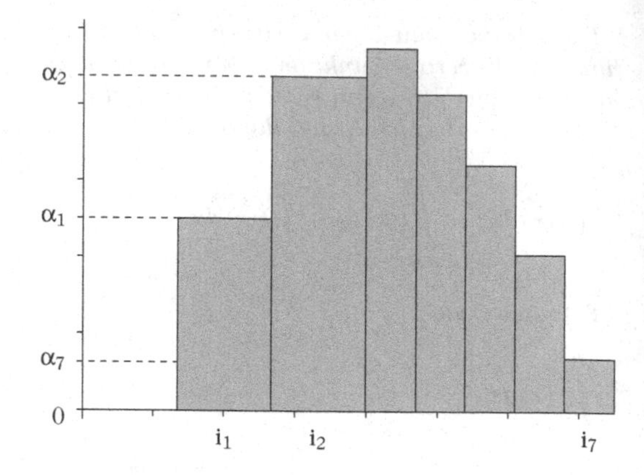

Elementares Integral

$$A, A_1, \ldots, A_n \in \mathbb{S} \ \wedge\ A = \biguplus_{\nu=1}^{n} A_\nu$$

$$\Longrightarrow\ \mu(A) = \sum_{\nu=1}^{n} \mu(A_\nu),$$

(4) $\mathfrak{E}$ ist *Unterraum* von $\mathfrak{F}([a, b], \mathbb{R})$, der Menge aller reellwertigen Funktionen auf $[a, b]$, und $i : \mathfrak{E} \longrightarrow \mathbb{R}$ ist *linear* und *positiv*, damit *isoton* (*„elementares Integral"*).

Die Forderungen (1) (diese ist *nicht* wesentlich!) und (2) abstrahieren genau das, was z. B. bei Intervallen, Rechtecken und Quadern gegeben ist (vgl. Abbildung), und was sich zudem bei der Produktbildung überträgt, sie sind ‚produktiv'.

Solche Systeme heißen *„Semi-Ringe"* bzw. *„Prä-Ringe"*, wenn nur (2) verlangt wird. Sie erfassen viele Gegebenheiten, die keine Ringe, Algebren usw. sind; zudem sind Ringe, Algebren usw. eben nicht ‚produktiv'! Baut man die Integrationstheorie direkt von Prä-Ringen ausgehend auf, so wird ‚das Leben' leichter, denn man muß nur sehr wenig nachweisen, und μ ist dort in natürlicher Weise gegeben.

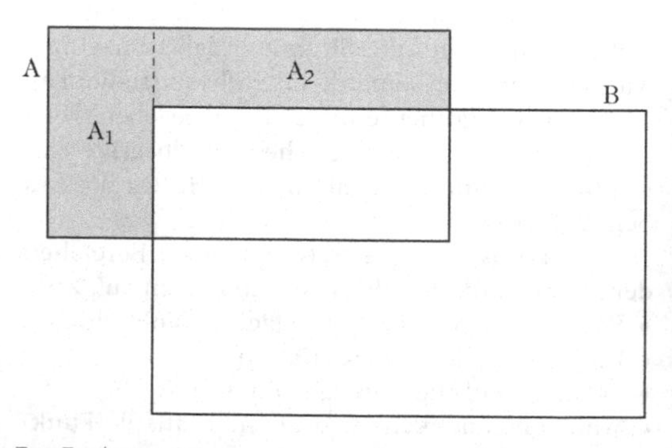

Zur Forderung (2)

Hier gesucht:

$\mathbb{S} \subset \mathbb{M} \subset \mathbb{P}([a,b])$ *(meßbare Mengen)*,

$\mathfrak{E} \subset \mathfrak{I} \subset \mathfrak{F}([a,b],\mathbb{R})$ *(integrierbare Funktionen)*,

$\overline{\mu} : \mathbb{M} \longrightarrow [0,\infty[$ mit $\overline{\mu}/\mathbb{S} = \mu$

(Maß bzw. *Inhalt)*,

$\overline{\imath} : \mathfrak{I} \longrightarrow \mathbb{R}$ mit $\overline{\imath}/\mathfrak{E} = i$ *(Integral)*

und – neben (1) – (4) für $(\mathbb{M}, \overline{\mu}, \mathfrak{I}, \overline{\imath})$ – möglichst ‚*schönen*' Eigenschaften.

Dabei ist ein *einheitliches Prinzip für verschiedene Erweiterungsmöglichkeiten* wünschenswert.

Einfache Möglichkeiten

Im ersten Semester etwa:

Riemann-Integral: Vorteil: anschaulich, Nachteile: Bereich nicht ‚vollständig', ‚keine' ‚Konvergenzsätze', für manche Zwecke zu wenig Funktionen

oder

Integral von Regelfunktionen (gleichmäßige Limites von Treppenfunktionen) Vorteil: ‚vollständig', Nachteile: noch weniger Funktionen, wenig ‚Konvergenzsätze'; Übertragung aufs Mehrdimensionale macht Schwierigkeiten.

Allgemeinere Ausgangssituationen

Einfachste Verallgemeinerung: (für $n \in \mathbb{N}$)

$[a,b]$ $\rightsquigarrow$ $\emptyset \neq \mathfrak{R} \subset \mathbb{R}^n$, also z.B. auch $(-\infty, \infty)$,
$\rightsquigarrow$ mehrdimensionale Analysis

$\mathbb{S}$ $\rightsquigarrow$ {n-dimensionale Quader}

μ $\rightsquigarrow$ Produkt der Kantenlängen eines n-dimensionalen Quaders

Weitere Verallgemeinerung:

$[a,b]$ $\rightsquigarrow$ beliebige (nicht-leere) Menge (Flächen, Körper, Grundmenge eines Wahrscheinlichkeitsraums, ...)

$\mathbb{S}$ $\rightsquigarrow$ Mengensystem (mit einfachen Eigenschaften) (Intervalle, Rechtecke, Quader, Oberflächenstücke, ...):
$\rightsquigarrow$ *„Prä-Ringe"* oder *„Semi-Ringe"*

Welche Werte betrachtet man zweckmäßig für μ*?:*

μ mit Wertebereich $[0,\infty)$:

Länge, Fläche, Volumen, Anzahl ($\rightsquigarrow$ *Reihenlehre, beliebige Grenzwertbildungen* einbeziehbar), Wahrscheinlichkeiten, Massen, Punkt- (oder Dirac-) Maße

μ mit Wertebereich $\mathbb{R}$:

Stieltjes-Integrale:

$\mu(\langle\alpha,\beta\rangle) := g(\beta) - g(\alpha)$

elektrische Ladungen; *„signierte Maße"* bzw. *„signierte Inhalte"*.

Allgemeinerer Wertebereich für μ:

Arbeit: ⟨Kraft, Weg⟩ $\rightsquigarrow$ $\mathfrak{L}(\mathbb{R}^3,\mathbb{R})$,
dann naheliegend $\mathfrak{L}(\mathbb{R}^k,\mathbb{R}^\ell)$

Spektralintegrale $\rightsquigarrow$ $\mathfrak{L}(\mathfrak{B}_1,\mathfrak{B}_2)$
($\mathfrak{B}_\nu$ Banachräume; zunächst Hilberträume)

(Mit $\mathfrak{L}(\mathfrak{B}_1,\mathfrak{B}_2)$ werden die linearen Abbildungen von $\mathfrak{B}_1$ in $\mathfrak{B}_2$ bezeichnet.)

Wertebereich für Funktionen allgemeiner als $\mathbb{R}$:

Vektorwertige Funktionen mit allgemeinem Definitionsbereich. Hier ist der mögliche Allgemeinheitsgrad nicht ausgeschöpft: Topologische Gruppen oder Uniforme Halbgruppen sind ebenfalls möglich.

Verschiedene Zugänge zum klassischen Lebesgue-Integral

1. Zunächst (relativ aufwendig!) Erweiterung von $(\mathbb{S},\mu)$ (*Maßerweiterung*), dann damit von $\mathfrak{E}$ und schließlich von i (*Integralerweiterung*).
2. D-Integral (Radonmaße): Grundmenge Topologischer Raum, Integral für stetige Funktionen ‚elementar'.
3. Wesentlich vorteilhafter: *Sofort* Integralerweiterung, Methode: Über *Integralnormen*. Die Maßerweiterung gibt es dann als Abfallprodukt gratis dazu!

Sonst werden meist erst *im nachhinein* der Raum der integrierbaren Funktionen als topologischer Abschluß ‚einfacher' Funktionen und das Integral als stetige Fortsetzung erkannt; in [1] wird dies gleich zu Beginn als Definition genommen und dann gewinnbringend genutzt. Dort findet man eine umfassende Darstellung, die jedoch – aus didaktischen Gründen – den möglichen Allgemeinheitsgrad nicht ganz ausschöpft.

Allgemeine Einführung eines Integralbegriffs

Bei der Einführung eines Integralbegriffs ist stets die folgende Situation gegeben: Man hat bereits ein *„elementares Integral"*, d.h. eine meist in natürlicher Weise erklärte lineare Abbildung auf einem Bereich *„einfacher Funktionen"*; der entscheidende Punkt ist nun, eine ‚vernünftige' Fortsetzung dieses elementaren Integrals auf einen möglichst umfassenden Bereich *„integrierbarer"* Funktionen zu finden. Die o.g. Darstellung macht deutlich, daß es sich – bei den eingangs genannten wichtigsten Integral-Begriffen – stets um einen einfachen Prozess *„stetiger Fortsetzung"* handelt, wobei sich die Stetigkeit auf eine in bestimmtem Sinne ‚geeignete' metrisch-topologische Struktur bezieht, die durch eine leicht zu erklärende *„Integralnorm"* $\| \ \|$ gegeben ist. Es handelt sich hier um eine (vorweg) für alle Funktionen erklärte ‚messende Größe, die wesentliche Eigenschaften einer Norm hat, etwa die Dreiecksungleichung, andererseits jedoch in bestimmter Weise zu dem gegebenen elementaren Integral und damit meist mit Hilfe dieses Integrals gebildet wird; dies erklärt die gewählte Bezeichnung. Die wichtigsten Integralbegriffe werden so mit einer einheitlichen und zugleich sehr einfachen Methode, dem *Fortsetzungsprinzip,* gewonnen: Durch

Fortsetzung elementarer Integrale mittels geeigneter Integralnormen.

Dieses einfache Prinzip erweist sich als erstaunlich leistungsfähig und vielfältig einsetzbar. Ein nahezu triviales *Vergleichsprinzip* ermöglicht dabei den Vergleich verschiedener Fortsetzungen.

Entwicklung und Vorteile dieser Idee

Die Idee, den Erweiterungsprozeß *so* zu gestalten, findet man in Ansätzen und in Spezialfällen seit etwa 1950 bei verschiedenen Autoren – Stone (1948/49), G. Aumann (1952), Kirsch (1952), McShane (1965), Monna (1970, Analyse non-archimedienne) und Bichteler (1973). In weitestgehender und konsequentester Weise ist dies von F.-W. Schäfke und Schülern (u. a. D. Hoffmann, H. Volkmer und H. Weber) seit etwa 1970 in einem sehr allgemeinen Rahmen untersucht worden. Die geschilderte ‚moderne' Auffassung von Integraldefinitionen ist naheliegend, dennoch aber – wohl aus historischen Gründen – kaum verbreitet. Die Darstellung in [1] verwendet sie – im Gegensatz zu Ansätzen an anderen Stellen – konsequent von den Diskussionen der einfachsten Integrale an bis hin zu tieferliegenden Aspekten. Sie macht deutlich, daß diese Methodik auch in elementaren Bereichen und bekannten Gebieten gegenüber manchem Gewohnten wesentliche Vorteile bietet. Das geht so weit, daß gelegentlich an die Stelle seitenlanger Überlegungen im üblichen Rahmen kurze und rasch einsichtige Schlüsse von wenigen Zeilen treten; dies, ohne daß man dafür mit Komplikationen an anderer Stelle bezahlen müßte. Speziell im Bereich der Lebesgueschen Maß- und Integrationstheorie erscheint das Integral als das (Einfache und) Primäre, während die Maßtheorie sekundär, quasi ein Nebenergebnis, wird. Die präsentierte Methode ist zugkräftig und – ohne Abstriche an Einfachheit für den speziellen Fall – weit verallgemeinerungsfähig: Die vektorwertige Situation kann problemlos einbezogen werden.

Diese Überlegungen sind – neben ihrer weittragenden Allgemeinheit – auf Grund ihrer Einfachheit und Durchsichtigkeit auch in besonderem Maße zur Einführung von Integralen in den Grundvorlesungen geeignet. Denn auch in einfachsten Spezialfällen bieten diese Ideen – bei dann gegebenen Vereinfachungen – noch wesentliche methodische Vorteile.

Vorteile der Methode im einzelnen

- Bei diesem Zugang nicht benötigte (bekannte) Größen erhält man hier im nachhinein sehr leicht: $\mathbb{M} := \{A \subset \mathfrak{R} : \chi_A \in \mathfrak{I}\}$ (meßbare Mengen).
- $\overline{\mu}$ Fortsetzung eines Inhaltes (Maßes) als Spezialfall der Integral-Erweiterung.
- Ist die Integralnorm stark (d. h. abzählbar subadditiv), auf $\mathfrak{E}$ endlich und halbadditiv – eine sehr wichtige Abschwächung von ‚additiv' –, so ist $\overline{\mu}$ schwaches Maß.
- Das äußere Maß μ^* ergibt sich direkt über die Integralnorm (sonst Umweg über *Carathéodory-Erweiterung).*
- $\overline{\mu}$ ist die eindeutige stetige Fortsetzung von μ auf $\mathbb{M} = \overline{R(\mathbb{S})}^{\delta}$, wobei δ über μ^* der symmetrischen Differenz gebildet ist.
- Einfache Charakterisierung von Vollständigkeit und der Gültigkeit von Konvergenzsätzen (Levi, Lebesgue, Fatou).
- Verallgemeinerungsfähig auf vektorwertige bzw. operatorwertige Situation (nicht erst Theorie für klassische Maße, dann ‚stetiges Hochziehen').
- Lokale Version: Verallgemeinert uneigentliches absolut konvergentes Riemann-Stieltes-Integral und umfaßt etwa die Integrale von Dunford/Schwartz, Wiechert und Günzler.
- $\mathfrak{L}_p$-Theorie ergibt sich mit recht geringem Beweisaufwand in weitgehender Allgemeinheit.
- Für vektorwertige Inhalte ist die optimale Norm σ nicht notwendig additiv, liefert im allgemeinen mehr integrierbare Funktionen als das Integral bezüglich der Totalvariation und ist außerdem noch bildbar, wenn keine endliche Totalvariation vorliegt.
- Die Theorie ermöglicht einen durchsichtigen und eleganten Zugang zu „orthogonalen Inhalten". Das sind Hilbertraum-wertige Inhalte (endlich-additive Abbildungen) μ, die auf disjunkten Mengen orthogonale Werte annehmen. Diese haben Anwendungen in Funktionalanalysis, Physik und insbesondere in der Stochastik. Es gibt einen engen Bezug zu dem klassischem Inhalt v, definiert durch: $v(A) := |\mu(A)|^2$:
  1. *Die Lebesgue-Norm zu μ stimmt überein mit der 2-Norm zu v;*
  2. *die bezüglich der Lebesgue-Norm zu μ integrierbaren Funktionen sind genau die Funktionen aus dem Raum $\mathfrak{L}_2$ zu v;*
  3. *für je zwei derartige Funktionen f, g gilt* $(\overline{\iota_\mu}(f), \overline{\iota_\mu}(g)) = \overline{\iota_v}(f \cdot \overline{g})$.

Einordnung anderer „bilinearer" Theorien:

Skalare Funktionen und vektorwertige Maße und – getrennt davon – vektorwertige Funktionen und skalarwertige Maße (Inhalte): Dunford/Schwarz, Münster (1974)

Schwache Integrale: (De Wilde (1968), Lewis (1970), Debiève (1973), Edwards, ...)

Vektorwertige Funktionen bezüglich vektorwertiger Inhalte:

Günzler (1971), Bichteler (1970; hier wird einschränkend verlangt: $\sup \|\psi_n\| = \| \sup \psi_n \|$), Wiechert (1969), Bartle (1956)

Speziell: Dinculeanu (1967), Bogdanowicz (1956), Dobrakov (1969), Wilhelm (1974), Brooks/Dinculeanu (1976)

In dieser allgemeinen Situation – Integrale vektorwertiger Funktionen bezüglich vektorwertiger Inhalte – findet man meist, anders als in [1], keine „angepaßte" Theorie. Die Überlegungen werden stattdessen auf $|\mu|$ (Variation, Semi-Variation) bezogen und dann ‚stetig hochgezogen'. Dies grenzt dann in wichtigen Fällen den Bereich integrierbarer Funktionen unnötig ein. Zudem ist hierzu erst einmal die skalare Theorie vorweg erforderlich!

Literatur

[1] Hoffmann, D./Schäfke, F.-W.: Integrale. B.I.-Wissenschaftsverlag Mannheim, 1992.

[2] Kaballo, W.: Einführung in die Analysis III. Spektrum Akademischer Verlag Heidelberg, 1999.

Integrator, ↗ Integriergerät.

integrierender Faktor, ↗ Eulerscher Multiplikator.

Integriergerät, *Integraph*, *Integrator*, mechanisches Gerät, das entweder zu einer gegebenen Funktion $f(x)$ die Integralkurve

$$F(x) = \int_{x_0}^{x} f(\xi)d\xi ,$$

oder die Lösungskurve einer gewöhnlichen Differentialgleichung aufzeichnet.

Die Kurven liegen graphisch vor und werden mit dem Fahrstift abgefahren. Als Integriermechanismen dienen Schneidenrad, Meßrollen bzw. Integrierrollen, Reibradgetriebe oder Kugelmechanismen.

Integrierrollen sind Rollen mit einem balligen Rand, deren Lauffläche mit einer mikroskopisch feinen Riffelung versehen ist, und die bei Verschiebung in Achsrichtung nur gleiten und bei Verschiebung senkrecht zur Achse sich nur drehen. Die Ablesung erfolgt an einer hundertteiligen Meßtrommel mit einer Genauigkeit von einer tausendstel Umdrehung.

Das Schneidenrad ist eine scharfkantige Rolle, die nur auf der Schnittgeraden ihrer Ebene mit der Unterlage abrollen kann. Sie kann sich aber um eine senkrecht zur Zeichenebene stehende Achse durch ihren Auflagepunkt drehen und ist auf einem Hilfsarm verschiebbar.

Der Gonellasche Integriermechanismus ist ein Reibradgetriebe und besteht aus einer Scheibe, die sich proportional der Abszisse der zu integrierenden Kurve dreht, und einem Reibrad, das auf dieser Scheibe abrollt und so geführt wird, daß seine Ebene stets einen der Ordinate der zu integrierenden Kurve proportionalen Abstand vom Scheibenmittelpunkt hat.

Die hier angeführten Integriermechanismen werden auch bei Planimetern benutzt. Die Genauigkeit all dieser Geräte wird für praktische Belange als ausreichend angegeben, Größenordnung etwa 1%. Die meisten dieser Geräte wurden in den Jahren von 1840 bis 1940 entwickelt und konstruktiv verbessert. Inzwischen wurden sie durch Computer verdrängt.

Integrimeter, ein ↗ Integriergerät zur Bestimmung des Wertes von Integralen $\int ydx$ bzw. $\int rd\phi$ (Grundintegrimeter) oder $\int y^n dx$ bzw. $\int r^n d\phi$ (Potenzintegrimeter). Beim Befahren der Kurve kann der Wert von Punkt zu Punkt an der Meßrolle abgelesen werden. Eine vollständige Umfahrung wie beim Planimeter ist nicht erforderlich.

Integritätsbereich, ein Ring ohne ↗ Nullteiler, ↗ Integritätsring.

Integritätsring, *Integritätsbereich*, ein kommutativer Ring mit Einselement ohne Nullteiler, z. B. der Ring $\mathbb{Z}$ der ganzen Zahlen.

In jedem Integritätsring R gilt die Kürzungsregel für $x, y, z \in R$ mit $x \neq 0$:

$$xy = xz \quad \Rightarrow \quad y = z.$$

Man benötigt dies, um zu zeigen, daß die auf der Menge der Paare $\{(x, y) \in R \times R : y \neq 0\}$ definierte Äquivalenzrelation

$$(a, b) \sim (c, d) \quad \Leftrightarrow \quad ad = bc$$

mit den aus der Bruchrechnung bekannten Rechenarten Addition

$$(a, b) + (c, d) = (ad + bc, bd)$$

und Multiplikation

$$(a, b) \cdot (c, d) = (ac, bd)$$

verträglich ist. Analog zum Übergang vom Integritätsring $\mathbb{Z}$ der ganzen Zahlen zum Körper $\mathbb{Q}$ der rationalen Zahlen (Brüche) läßt sich so zu jedem Integritätsring sein Quotientenkörper definieren.

Integro-Differentialgleichung, eine Gleichung, die sowohl die Ableitung einer zu bestimmenden

Funktion, als auch ein Integral enthält, in dessen Integrand diese Funktion auftritt.

Treten nur gewöhnliche Ableitungen der unbekannten Funktion auf, spricht man von einer gewöhnlichen Integro-Differentialgleichung, treten partielle Ableitungen auf, von einer partiellen Integro-Differentialgleichung.

Nach dieser sehr allgemeinen Auffassung sind ↗gewöhnliche Differentialgleichungen und ↗Integralgleichungen spezielle Integro-Differentialgleichungen. Man spricht jedoch von Integro-Differentialgleichungen im allgemeinen nur, falls die Ableitungen der unbekannten Funktion sowie ihr Beitrag zum Integranden in nicht-trivialer Weise auftreten.

Interferenz, die Überlagerung von Wellen unterschiedlichen Typs.

Je nach Phasenlage kommte es dabei zur Verstärkung oder Abschwächung der Wellenintensität, da sich nicht Intensitäten, sondern die Einzelamplituden linear überlagern. Hauptanwendungsgebiet ist die Optik, es sind besonders die Newtonschen Ringe bekannt.

intermediäre Jacobische, eine spezielle ↗Jacobische Varietät.

Für kompakte Kählermannigfaltigkeiten X sei F die Hodge-Filtration auf $H^{2q-1}(X, \mathbb{C})$ (↗Hodge-Struktur), und $\bigwedge_q$ das Bild von $H^{2q-1}(X, \mathbb{Z})$ in $H^{2q-1}(X, \mathbb{C})$.

Dann ist

$$J_q(X) = H^{2q-1}(X, \mathbb{Z})/F^q H^{q-1}(X, \mathbb{Z}) + \bigwedge_q$$

ein komplexer Torus ($q = 1, \dots, n = \dim X$). Für $q = 1$ erhält man $\mathrm{Pic}^0(X)$ (die Picard-Varietät), für $q = n = \dim X$ die Albanese-Varietät (↗Albanese-Abbildung) von X.

Für $q = 2, \dots, n-1$ heißen die $J_q(X)$ intermediäre Jacobische.

intermediate Logik, auch super-intuitionistische Logik genannt, ist eine Logik, die zwischen der klassischen und der intuitionistischen Logik angesiedelt ist (↗Logik).

Die intermediate Logik ist eine Entwicklungsrichtung vor allem im Rahmen der ↗Aussagenlogik. Es wird eine beliebige konsistente Menge von aussagenlogischen Ausdrücken (↗konsistente Formelmenge) betrachtet, die alle Axiome des intuitionistischen Aussagenkalküls enthält und abgeschlossen ist bezüglich des ↗modus ponens und der Substitution von ↗Aussagenvariablen durch aussagenlogische Ausdrücke.

Es wird versucht, die Idee von der intuitionistischen Wahrheit vom Standpunkt der klassischen Mathematik aus zu interpretieren.

intern definierbare Menge, ↗ Nichtstandard-Analysis.

interne Formel, ↗ interne Mengenlehre.

interne Menge, ↗interne Mengenlehre, ↗ Nichtstandard-Analysis.

interne Mengenlehre, *IST* (engl. Internal Set Theory), von E. Nelson stammende Erweiterung der Zermelo-Fraenkelschen Mengenlehre (mit Auswahlaxiom) ZFC, im Hinblick auf eine axiomatische Formulierung der ↗Nichtstandard-Analysis.

Dafür hat Nelson (1977) ein zusätzliches einstelliges Grundprädikat $st(x)$ in die Sprache erster Stufe der Mengenlehre eingeführt, welches gerade die Standard-Mengen auszeichnen soll. Formeln, welche st nicht enthalten, heißen interne Formeln; solche, die st enthalten heißen externe Formeln. Die ursprünglichen Axiome von ZFC werden weiterhin nur für interne Formeln gefordert.

Die neuen (externen) Axiome(nschemata) verwenden die Abkürzungen $\forall^{st}z\Phi$ bzw. $\exists^{st}z\Phi$ für die auf st relativierten Quantoren

$$\forall z(st(z) \Rightarrow \Phi) \text{ bzw. } \exists z(st(z) \wedge \Phi).$$

Transferaxiom:

$$\forall^{st}y_1 \cdots \forall^{st}y_n[\forall^{st}xP(x, y_1, \cdots, y_n) \Longrightarrow \forall xP(x, y_1, \cdots, y_n)]$$

für jede interne Formel P.

In Worten: Eine interne Aussage $P(x, y_1, \cdots, y_n)$ mit Standard-Parametern $y_1, \cdots, y_n$ gilt für alle x genau dann, wenn sie für alle Standard-Mengen x gilt.

Axiom vom idealen Punkt:

$$\forall^s tx\exists y\forall z\{z \in x \wedge |x| \in \mathbb{N} \wedge st(|x|) \wedge P(y, z)\} \Longleftrightarrow \exists Y\forall^{st}zP(Y, z)$$

für jede interne Formel P. Dabei ist $|x|$ die Mächtigkeit von x.

In Worten: Eine interne zweistellige Relation $P(y, z)$, welche für jede endliche Standard-Menge x von Elementen z durch ein Element y erfüllbar ist, in dem Sinne, daß $P(y, z)$ gilt für alle $z \in x$, wird sogar für alle Standard-Elemente z gleichzeitig durch ein geeignetes Element Y erfüllt.

In P können weitere hier nicht sichtbare freie Variablen vorkommen.

Axiom der Standard-Mengenbildung:

$$\forall^{st}y\exists^{st}z\forall^{st}x[x \in z \Longleftrightarrow x \in y \wedge \Phi(x)]$$

für beliebige interne oder externe Formeln Φ, die noch weitere Variablen haben können.

In Worten: Aus jeder Standard-Menge y läßt sich mit jeder Formel Φ eine Standard-Teilmenge $z \subseteq y$ aussondern.

Nelson hat bewiesen, daß IST eine konservative Erweiterung (↗Axiomatische Mengenlehre) von ZFC ist und aufgezeigt, wie die Nichtstandard-Analysis damit entwickelt werden kann.

Eine Modifikation von IST erhält man dadurch, daß man nur beschränkte Quantoren zuläßt. Als

Modelle erweisen sich z. B. die Superstrukturen $V(\mathbb{R}^*)$ (↗Nichtstandard-Analysis).

[1] Cutland, N.(Hrsg.): Nonstandard Analysis and its Applications. Cambridge University Press Cambridge UK, 1988.

[2] Richter, M.M.: Ideale Punkte, Monaden und Nichtstandard-Methoden. Friedr. Vieweg & Sohn Braunschweig, 1982.

internes Definitionsprinzip, ↗ Nichtstandard-Analysis.

Interpolation, Konstruktion einer Funktion, die in einer endlichen Anzahl von Punkten, den sogenannten Stützstellen, vorgegebene Werte annimmt.

Die genaue Aufgabenstellung lautet: Vorgegeben seien die Stützstellen $x_0, \dots, x_n$ und zugehörige Werte $y_0, \dots, y_n$. Aus einer gegebenen Funktionenmenge V bestimme man ein $v \in V$, das die Interpolationseigenschaft

$$v(x_j) = y_j \quad \text{für } j = 0, \dots, n$$

besitzt.

In dieser Form handelt es sich um die Lagrange-Interpolation (Vorgabe von Funktionswerten allein). Werden zusätzlich noch Werte der Ableitung vorgegeben, so spricht man von ↗Birkhoff-Interpolation oder ↗Hermite-Interpolation.

In den meisten Fällen wählt man V als einen linearen Raum, und hier wiederum meist als den Raum der Polynome vom Grad n (↗Interpolationspolynom). In diesem Fall ist die Lösung der obigen Interpolationsaufgabe immer eindeutig. Allgemein bezeichnet man einen linearen Raum V mit dieser Eigenschaft auch als Interpolationsraum oder ↗Haarschen Raum.

Man betrachtet jedoch auch zunehmend das Problem der ↗Spline-Interpolation, bei der die Lösung bzw. eindeutige Lösung der Interpolationsaufgabe nicht immer möglich ist.

Stammen die zu interpolierenden Werte y_j von einer anderen Funktion f her, d. h., gilt $y_j = f(x_j)$ für $j = 0, \dots, n$, so macht es Sinn, den Abstand zwischen f und v, den ↗Interpolationsfehler, zu untersuchen.

Die Interpolation ist ein wichtiges Teilgebiet der numerischen Mathematik und wird in den meisten Lehrbüchern zu diesem Thema ausführlich behandelt, siehe z. B. [1], [2] oder [3].

[1] Hämmerlin, G.; Hoffmann, K.-H.: Numerische Mathematik. Springer-Verlag Berlin, 1989.

[2] Schaback, R.; Werner. H.: Numerische Mathematik. Springer-Verlag Berlin, 1992.

[3] Stoer, J.: Einführung in die Numerische Mathematik I. Springer-Verlag Berlin, 1979.

Interpolationsfehler, Abstand zwischen einer gegebenen Funktion f und der sie interpolierenden, also durch ↗Interpolation bestimmten, Funktion p.

Der Interpolationsfehler läßt sich umso besser abschätzen, je glatter die Ausgangsfunktion f ist. Als instruktives Beispiel geben wir hier den folgenden Satz über den Fehler bei der Interpolation einer Funktion durch Polynome in einer reellen Variabeln an (↗Interpolationspolynom).

Es sei $f \in C^{n+1}[a, b]$ und p das Polynom n-ten Grades, das f in den $n+1$ Punkten $x_0, \dots, x_n$ des Intervalls $[a, b]$ interpoliert.

Dann gilt in jedem Punkt $x \in [a, b]$ die Darstellung

$$f(x) - p(x) = \frac{\Omega(x)}{(n+1)!} \cdot f^{(n+1)}(z(x))$$

mit einem von x abhängigen Punkt $z(x)$ und

$$\Omega(x) = (x - x_0)(x - x_1) \cdots (x - x_n) .$$

Ähnliche Aussagen gibt es für allgemeinere Situationen, etwa ↗Hermite-Interpolation, Interpolation mit Spline-Funktionen oder auch Funktionen in mehreren Variablen.

Häufig ist man nicht unbedingt an expliziten Darstellungen des Fehlers in jedem Punkt des Intervalls interessiert, sondern an einer betragsmäßigen Abschätzung des Fehlers. In der Situation des Satzes gewinnt man dann die Beziehung

$$\|f(x) - p(x)\| \leq \frac{(b-a)^{n+1}}{(n+1)!} \cdot \|f^{(n+1)}\|$$

in der Maximumnorm.

[1] Nürnberger, G.: Approximation by Spline Functions. Springer-Verlag Heidelberg/Berlin, 1989.

[2] Schaback, R.; Werner. H.: Numerische Mathematik. Springer-Verlag Berlin, 1992.

Interpolationspolynom, eindeutige Lösung des Problems der ↗Interpolation vorgegebener Werte $y_0, \dots, y_n$ in den ↗Stützstellen $x_0, \dots, x_n$ durch Polynome.

Es existiert genau ein Polynom p höchstens n-ten Grades, das die Interpolationsaufgabe

$$p(x_j) = y_j \quad \text{für } j = 0, \dots, n$$

löst. Dieses bezeichnet man als Interpolationspolynom.

Mit Hilfe der Lagrange-Polynome L_i^n kann das Interpolationspolynom explizit angegeben werden, es gilt

$$p(x) = \sum_{i=0}^{n} y_i L_i^n(x).$$

Je nach Erfordernis kann das Interpolationspolynom aber auch in anderer Form dargestellt werden (↗Gaußsche Interpolationsformel, ↗Newtonsche Interpolationsformeln).

Ist man nicht am Interpolationspolynom in seiner Gesamtheit, sondern nur an seinen Werten in wenigen Punkten interessiert, so kann man diese mit Hilfe des Algorithmus von Aitken-Neville berechnen, ohne das Polynom bestimmen zu müssen.

[1] Hämmerlin, G.; Hoffmann, K.-H.: Numerische Mathematik. Springer-Verlag Berlin, 1989.

[2] Schaback, R.; Werner. H.: Numerische Mathematik. Springer-Verlag Berlin, 1992.

[3] Stoer, J.: Einführung in die Numerische Mathematik I. Springer-Verlag Berlin, 1979.

Interpolationsraum, ↗Haarscher Raum.

Interpolationssatz für holomorphe Funktionen, lautet:

Es sei $D \subset \mathbb{C}$ eine offene Menge und (z_k) eine Folge paarweise verschiedener Punkte in D, die in D keinen Häufungspunkt besitzt. Weiter sei jedem z_k eine Zahl $m(k) \in \mathbb{N}_0$ und Zahlen $w_{0,k}, w_{1,k}, \dots, w_{m(k),k} \in \mathbb{C}$ zugeordnet. Dann exisitiert eine in D ↗holomorphe Funktion f derart, daß $f^{(n)}(z_k) = w_{n,k}$ für alle $n = 0, 1, \dots, m(k)$ und $k \in \mathbb{N}$.

Ist (z_k) wie im obigen Satz gewählt, so existiert insbesondere zu jeder Folge (w_k) in $\mathbb{C}$ eine in D holomorphe Funktion f mit $f(z_k) = w_k$ für alle $k \in \mathbb{N}$. Falls die Folge (w_k) beschränkt ist, so stellt sich die Frage, ob auch die Funktion f beschränkt gewählt werden kann. Im Spezialfall $D = \mathbb{E} = \{z \in \mathbb{C} : |z| < 1\}$ wurde diese Frage von Carleson geklärt. Zur Formulierung des Ergebnisses ist folgende Definition notwendig. Eine Folge (z_k) in $\mathbb{E}$ heißt gleichmäßig separiert, falls eine Konstante $\delta > 0$ existiert mit

$$\prod_{\substack{j=1 \\ j\neq k}}^{\infty} \left| \frac{z_k - z_j}{1 - \bar{z}_j z_k} \right| \geq \delta$$

für alle $k \in \mathbb{N}$. Eine solche Folge erfüllt dann insbesondere die Bedingung $\sum_{n=1}^{\infty}(1 - |z_k|) < \infty$. Damit gilt folgender Satz.

Es sei (z_k) eine Folge paarweise verschiedener Punkte in $\mathbb{E}$. Dann sind folgende beiden Aussagen äquivalent:

(a) *Zu jeder beschränkten Folge (w_k) in $\mathbb{C}$ existiert eine in $\mathbb{E}$ beschränkte, holomorphe Funktion f mit $f(z_k) = w_k$ für alle $k \in \mathbb{N}$.*

(b) *Die Folge (z_k) ist gleichmäßig separiert.*

Eine Folge (z_k) in $\mathbb{E}$ ist sicher dann gleichmäßig separiert, wenn eine Konstante $c \in (0, 1)$ existiert mit

$$1 - |z_{k+1}| \leq c(1 - |z_k|)$$

für alle $k \in \mathbb{N}$. Gilt zusätzlich $0 \leq z_1 < z_2 < z_3 < \cdots$, so ist die diese Bedingung auch notwendig. Zum Beispiel ist die Folge (z_k) mit $z_k = 1 - c^k$ für $k \in \mathbb{N}$ und $c \in (0, 1)$ gleichmäßig separiert.

Interpolationstheorie auf Banachräumen, Teilgebiet der ↗Funktionalanalysis.

Ziel dieser Interpolationstheorie ist es, „zwischen" zwei Banachräumen X_0 und X_1 liegende Räume X zu finden, so daß lineare Operatoren, die simultan X_0 stetig nach X_0 und X_1 stetig nach X_1 abbilden, auch X stetig nach X abbilden. Die „Zwischen"-Relation ist hier nicht im mengentheoretischen Sinn zu verstehen, da z. B. $L^p(\mathbb{R}^d)$ als Raum „zwischen" $L^1(\mathbb{R}^d)$ und $L^\infty(\mathbb{R}^d)$ interpretiert wird.

Der hier verwendete Begriff der Interpolation ist also zu unterscheiden von dem üblicherweise im Sinne von ↗Interpolation von Daten oder Funktionswerten verwendeten.

Seien X_0 und X_1 Banachräume mit Normen $\|.\|_0$ und $\|.\|_1$, die stetig in einen Hausdorffschen topologischen Vektorraum E eingebettet sind; man spricht dann von einem verträglichen Paar von Banachräumen. Beispielsweise bilden $(L^1(\mathbb{R}^d), L^\infty(\mathbb{R}^d))$ mit der Einbettung in den Distributionenraum $\mathcal{D}'(\mathbb{R}^d)$ ein verträgliches Paar. Man betrachtet die Vektorräume $X_0 \cap X_1$ und

$$X_0 + X_1 = \{x \in E : \exists x_j \in X_j \text{ mit } x = x_0 + x_1\},$$

die mit den Normen

$$\begin{aligned} \|x\|_{X_0 \cap X_1} &= \max\{\|x\|_0, \|x\|_1\}, \\ \|x\|_{X_0 + X_1} &= \inf\{\|x_0\|_0 + \|x_1\|_1 : \\ &\qquad x = x_0 + x_1, \ x_j \in X_j\} \end{aligned}$$

zu Banachräumen werden.

Es sei X ein weiterer Banachraum mit stetigen Einbettungen

$$X_0 \cap X_1 \hookrightarrow X \hookrightarrow X_0 + X_1;$$

solch ein Raum wird Zwischenraum (engl. intermediate space) genannt. Sei ferner $T : X_0 + X_1 \to X_0 + X_1$ eine lineare Abbildung, die X_0 stetig in X_0 und X_1 stetig in X_1 überführt; es ist also

$$\begin{aligned} \|T : X_0 \to X_0\| &=: M_0 < \infty, \\ \|T : X_1 \to X_1\| &=: M_1 < \infty. \end{aligned}$$

Gilt stets für solch einen Operator $T(X) \subset X$ (T ist dann automatisch ein stetiger Operator von X nach X), heißt X ein Interpolationsraum zwischen X_0 und X_1. Ein Interpolationsraum heißt exakt, wenn

$$\|T : X \to X\| \leq \max\{M_0, M_1\}.$$

Genauso nennt man für verträgliche Paare (X_0, X_1) und (Y_0, Y_1) ein Paar von Zwischenräumen X, Y ein Interpolationspaar, wenn

$$\begin{aligned} &\|T : X_0 \to Y_0\| < \infty, \ \|T : X_1 \to Y_1\| < \infty \\ &\Rightarrow \quad \|T : X \to Y\| < \infty, \end{aligned}$$

und analog zum obigen Fall lautet die Definition eines exakten Interpolationspaars.

Klassische Interpolationssätze sind die Sätze von Riesz-Thorin und Marcinkiewicz; ein Spezialfall des ersteren ist die Aussage, daß L^p ein exakter Interpolationsraum zwischen L^1 und L^∞ ist.

Abstrakte Interpolationsmethoden, die diese Sätze verallgemeinern, sind die ↗komplexe Interpolationsmethode und die ↗reelle Interpolationsmethode; diese liefern jeweils eine Skala von exakten Interpolationspaaren.

[1] Bennett, C.; Sharpley, R.: Interpolation of Operators. Academic Press London/Orlando, 1988.

[2] Bergh, J.; Löfström, J.: Interpolation Spaces. Springer Berlin/Heidelberg/New York, 1976.

Interpretation, inhaltliche Deutung, beispielsweise der Ausdrücke einer formalisierten Sprache (↗elementare Sprache, ↗Prädikatenkalkül).

Für eine formalisierte Sprache L werden zunächst die Grundzeichen von L interpretiert, d. h., ihnen wird eine gewisse Bedeutung gegeben und entsprechend der zugrundegelegten Sprache wird anschließend diese Bedeutung induktiv auf Terme, Ausdrücke und Aussagen von L fortgesetzt. In der klassischen zweiwertigen ↗Aussagenlogik z. B. werden die Funktoren $\neg$, $\wedge$, $\vee$, $\leftarrow$, $\leftrightarrow$ der Reihe nach als Negation, Konjunktion, Alternative, Implikation, Äquivalenz interpretiert und den Aussagenvariablen durch eine Belegung Wahrheitswerte zugeordnet, sodaß ein Ausdruck bei einer Belegung wahr oder falsch wird.
Zur Interpretation einer elementaren Sprache benötigt man zunächst eine nichtleere Menge A (den sog. Individuenbereich), die als Trägermenge einer ↗algebraischen Struktur $\mathcal{A}$ dient. Die aussagenlogischen Funktoren $\neg$, $\wedge$, $\vee$, $\leftarrow$, $\leftrightarrow$ werden wie im Falle der Aussagenlogik interpretiert. Die Symbole $\exists$, $\forall$, $=$ sind der Reihe nach als ↗Existenzquantor, ↗Allquantor bzw. als Identität zu verstehen. Desweiteren werden den Relations- und Funktionszeichen aus L Relationen bzw. Funktionen entsprechender Stellenzahl über A zugeordnet, und die Individuenzeichen sind durch fixierte Elemente aus A zu interpretieren. Die Individuenvariablen dürfen genau die Elemente aus A als Werte annehmen. Induktiv wird die Interpretation der Grundzeichen von L auf Terme, Ausdrücke und Aussagen in L erweitert. Dadurch ist es möglich, in der formalen Sprache L Aussagen über die entsprechende algebraische Struktur $\mathcal{A}$ zu formulieren. Häufig sagt man auch, daß die Stuktur $\mathcal{A}$ eine Interpretation der Sprache L ist, falls $\mathcal{A}$ und L die gleiche Signatur besitzen.

Intervall, Teilmenge I einer totalen Ordnung $(M, \leq)$, beispielsweise $(\mathbb{R}, \leq)$, mit folgender Zusammenhangseigenschaft:

$$\forall a, b \in I \ \forall x \in M \quad (a \leq x \leq b \ \Rightarrow \ x \in I)\,.$$

Insbesondere sind also die leere Menge $\emptyset$ und M selbst Intervalle.

Es seien $-\infty$ und ∞ zwei nicht in M enthaltene Objekte. Die Ordnung von M wird durch die Vereinbarung $-\infty < x < \infty$ für $x \in M$ fortgesetzt auf $\overline{M} := M \cup \{-\infty, \infty\}$. Die für $\ell, r \in \overline{M}$ durch

$$\begin{aligned}
[\ell, r] &:= \{x \in \overline{M} \mid \ell \leq x \leq r\} \\
(\ell, r] &:= \{x \in \overline{M} \mid \ell < x \leq r\} \\
[\ell, r) &:= \{x \in \overline{M} \mid \ell \leq x < r\} \\
(\ell, r) &:= \{x \in \overline{M} \mid \ell < x < r\}
\end{aligned}$$

definierten Mengen sind Intervalle in $\overline{M}$, und diejenigen davon, die $-\infty$ und ∞ nicht enthalten, sind Intervalle in M. Jedes Intervall I in $\overline{M}$ oder M ist von einer dieser Formen, nämlich mit $\ell = \inf I$ und $r = \sup I$. ℓ heißt jeweils linker Randpunkt und r rechter Randpunkt des Intervalls, und die im Intervall enthaltenen Punkte, die verschieden von den Randpunkten sind, also gerade die Punkte in (ℓ, r), nennt man ↗innere Punkte des Intervalls. Es gilt $[a, a] = \{a\}$ und $(a, a) = [a, a) = (a, a] = \emptyset$ für $a \in \overline{M}$. Ferner ist $[-\infty, \infty] = \overline{M}$ und $(-\infty, \infty) = M$. Intervalle der Form $[\ell, r]$ heißen abgeschlossen, Intervalle $(\ell, r]$ links halboffen, Intervalle $[\ell, r)$ rechts halboffen und Intervalle (ℓ, r) offen.

Mittels der offenen Intervalle definiert man die ↗Intervalltopologie auf M.

Es sei noch erwähnt, daß man den Begriff des Intervalls üblicherweise auf die reellen Zahlen bezieht, was aber im gerade geschilderten Sinne kein „Muß" ist. Ist beispielsweise $(V, \leq)$ eine Halbordnung, so nennt man die Menge $[a, b]$ aller Elemente x aus V mit $a \leq x \leq b$ für $a, b \in V$ Intervall einer Halbordnung.

Intervall einer Halbordnung, ↗Intervall.

Intervall-Anfangswertproblem, Zusammenfassung aller Anfangswertprobleme

$$\left\{ \begin{aligned} y' &= f(x, y), \\ y(x_0) &= y^{(0)}, \end{aligned} \right. \tag{1}$$

für die $y^{(0)}$ in einem gegebenen ↗Intervallvektor $\mathbf{y}^{(0)}$ liegt. Dabei ist $f : D \to \mathbb{R}^n$, $D \subseteq \mathbb{R}^{n+1}$ offen, $\{x_0\} \times \mathbf{y}^{(0)} \subseteq D$. Ist (1) für jedes $y^{(0)} \in \mathbf{y}^{(0)}$ auf einem gegebenen Intervall $[x_0, x_e]$ eindeutig lösbar, so sucht man in jedem Punkt $x = x_k$ eines Gitters $x_0 < x_1 < \ldots < x_e$ nach einer Intervalleinschließung der Wertemenge $y(x; x_0, \mathbf{y}^{(0)}) \subseteq \mathbb{R}^n$ aller Lösungen von (1) an der Stelle x mit $y^{(0)} \in \mathbf{y}^{(0)}$ (↗Lösungsverifikation bei Anfangswertproblemen mit gewöhnlichen Differentialgleichungen). Ist f stetig differenzierbar, so kann man aus dieser Einschließung leicht eine Einschließung an jeder beliebigen Stelle $x \in [x_0, x_e]$ konstruieren.

Mit Intervall-Anfangswertproblemen lassen sich auch Fragestellung erfassen, bei denen die Parameter nur ungenau bekannt sind, etwa mit Toleranzen behaftete Meßwerte (siehe auch ↗Intervallmethode für Anfangswertprobleme).

[1] Bauch, H. et al.: Intervallmathematik. B.G. Teubner Leipzig, 1987.

Intervallarithmetik, das „Rechnen" mit Intervallen in der im folgenden beschriebenen Art und Weise.

In einer geordneten Menge $(M, \leq)$ sei ein Intervall durch

$$\mathbf{a} = [\underline{a}, \overline{a}] = \{a \in M | \underline{a} \leq a \leq \overline{a}\}$$

definiert. $\mathbb{I}M = \{[\underline{a}, \overline{a}] | \underline{a} \leq \overline{a}\}$ bezeichne die Menge der Intervalle über M. $\mathbb{IR}$ bezeichnet also die abgeschlossenen, beschränkten reellen Intervalle.

Die arithmetischen Operationen $\circ \in \{+, -, \cdot, /\}$ werden für reelle Intervalle durch

$$\mathbf{a} \circ \mathbf{b} = \diamond\{a \circ b | a \in \mathbf{a}, b \in \mathbf{b}\} \qquad (1)$$

eingeführt. Dabei bezeichnet $\diamond$ die Intervall-Hülle, das kleinste umfassende Intervall. Die Division $\circ = /$ ist nicht definiert, falls $0 \in \mathbf{b}$.

Ferner gilt

$$-\mathbf{a} = \diamond\{-a | a \in \mathbf{a}\}. \qquad (2)$$

Neben den arithmetischen Operationen werden auch ↗Intervall-Standardfunktionen definiert.

Formeln (1) und (2) sind die Grundlage für die ↗Einschließungseigenschaft der Intervallarithmetik.

Die rechts stehenden Mengen sind wieder Intervalle, d. h. $\diamond$ ist in diesem Fall die Identität, und es gelten folgende Formeln zur Berechnung:

$$\begin{aligned}
[\underline{a}, \overline{a}] + [\underline{b}, \overline{b}] &= [\underline{a} + \underline{b}, \overline{a} + \overline{b}] \\
[\underline{a}, \overline{a}] - [\underline{b}, \overline{b}] &= [\underline{a} - \overline{b}, \overline{a} - \underline{b}] \\
[\underline{a}, \overline{a}] \cdot [\underline{b}, \overline{b}] &= [\min(\underline{a} \cdot \underline{b}, \underline{a} \cdot \overline{b}, \overline{a} \cdot \underline{b}, \overline{a} \cdot \overline{b}), \\
&\quad \max(\underline{a} \cdot \underline{b}, \underline{a} \cdot \overline{b}, \overline{a} \cdot \underline{b}, \overline{a} \cdot \overline{b})] \\
[\underline{a}, \overline{a}] / [\underline{b}, \overline{b}] &= [\min(\underline{a}/\underline{b}, \underline{a}/\overline{b}, \overline{a}/\underline{b}, \overline{a}/\overline{b}), \\
&\quad \max(\underline{a}/\underline{b}, \underline{a}/\overline{b}, \overline{a}/\underline{b}, \overline{a}/\overline{b})], \\
&\quad \text{falls } 0 \notin [\underline{b}, \overline{b}]
\end{aligned}$$

Bei Multiplikation und Division lassen sich durch Fallunterscheidung Operationen einsparen.

In $\mathbb{IR}$ gelten die folgenden algebraischen Gesetze.

1. *$(\mathbb{IR}, +)$ ist eine kommutative Halbgruppe mit Einselement $[0, 0]$, es gilt eine Kürzungsregel.*

$$\mathbf{a} + \mathbf{b} = \mathbf{c} + \mathbf{b} \Rightarrow \mathbf{a} = \mathbf{c}.$$

2. *$(\mathbb{IR}, \cdot)$ ist eine kommutative Halbgruppe mit Einselement $[1, 1]$.*
3. *Inverse Elemente existieren im allgemeinen nicht. Es gilt $0 \in \mathbf{a} - \mathbf{a}$, $1 \in \mathbf{a}/\mathbf{a}$. $\mathbb{IR}$ ist nullteilerfrei.*
4. *Es gilt das Subdistributivgesetz:*

$$(\mathbf{a} + \mathbf{b}) \cdot \mathbf{c} \subseteq \mathbf{a} \cdot \mathbf{c} + \mathbf{b} \cdot \mathbf{c}.$$

Gleichheit gilt beispielsweise für $\mathbf{c} \in \mathbb{R}$.

Die Definition der Intervallarithmetik läßt sich auf allgemeine, geordnete Mengen übertragen, man vergleiche ↗komplexe Intervallarithmetik sowie den Artikel über ↗Intervallrechnung.

[1] Alefeld, G.; Herzberger, J.: Einführung in die Intervallrechnung. BI-Wissenschaftsverlag Mannheim, 1974.

Intervallauswertung einer Funktion, Berechnung eines Intervalls $\mathbf{f}(\mathbf{x})$ aus einem Funktionsausdruck $f(x)$ einer stetigen Funktion $f : D \subseteq \mathbb{R} \to \mathbb{R}$, der nur aus x, endlich vielen Konstanten, endlich vielen Operationen $+, -, *, /$ und endlich vielen Standardfunktionen zusammengesetzt ist. Dabei wird in $f(x)$ die Variable x durch das reelle kompakte Intervall $\mathbf{x} \subseteq D$ ersetzt, und ebenso sämtliche Verknüpfungen und Standardfunktionen durch ihre Intervallentsprechung.

Eine Erweiterung auf mehrere Variablen oder Funktionsausdrücke, die Parameter enthalten, ist offensichtlich.

Die Intervallauswertung hängt vom Funktionsausdruck ab. Es kann vorkommen, daß sie nicht definiert ist. So gilt für $f_1(x) = \frac{1}{x \cdot x + 2}$ zwar $\mathbf{f}_1([-1, 1]) = [1/3, 1]$, aber $\mathbf{f}_1([-2, 2])$ ist wegen $[-2, 2] \cdot [-2, 2] = [-4, 4]$ nicht definiert.

Dagegen erhält man für den Funktionsausdruck $f_2(x) = \frac{1}{x^2 + 2}$, der dieselbe Funktion beschreibt, nun $\mathbf{f}_2([-1, 1]) = [1/3, 1/2]$ und $\mathbf{f}_2([-2, 2]) = [1/6, 1/2]$.

Die Intervallauswertung $\mathbf{f}(\mathbf{x})$ enthält den Wertebereich $\{f(x) | x \in \mathbf{x}\}$ (↗ Einschließungseigenschaft der Intervallrechnung) und erfüllt die Teilmengeneigenschaft

$$\mathbf{y} \subseteq \mathbf{x} \Rightarrow \mathbf{f}(\mathbf{y}) \subseteq \mathbf{f}(\mathbf{x})$$

(↗Inklusionsmonotonie).

Intervall-Cholesky-Verfahren, Durchführung des Cholesky-Verfahrens mit Intervallen unter Verwendung der ↗Intervallarithmetik zur Einschließung der symmetrischen Lösungsmenge eines ↗Intervall-Gleichungssystems durch einen ↗Intervallvektor $\mathbf{x} = (\mathbf{x}_i)$.

Ist $\mathbf{A} = (\mathbf{a}_{ij})$ eine $(n \times n)$-↗Intervallmatrix, die mit ihrer Transponierten übereinstimmt, und ist $\mathbf{b} = (\mathbf{b}_i)$ ein ↗Intervallvektor mit n Komponenten, so erhält man $\mathbf{x} = \mathbf{ICh}(\mathbf{A}, \mathbf{b})$ aus

$$\left.\begin{aligned}
\mathbf{l}_{jj} &= \left(\mathbf{a}_{jj} - \sum_{k=1}^{j-1} \mathbf{l}_{jk}^2\right)^{\frac{1}{2}} \\
\mathbf{l}_{ij} &= \left(\mathbf{a}_{ij} - \sum_{k=1}^{j-1} \mathbf{l}_{ik}\mathbf{l}_{jk}\right) / \mathbf{l}_{jj}, \\
& \qquad i = j+1, \dots n
\end{aligned}\right\} j = 1, \dots, n;$$

$$\mathbf{y}_i = \left(\mathbf{b}_i - \sum_{j=1}^{i-1} \mathbf{l}_{ij}\mathbf{y}_j\right) / \mathbf{l}_{ii}, \qquad i = 1, \dots, n;$$

$$\mathbf{x}_i = \left(\mathbf{y}_i - \sum_{j=i+1}^{n} \mathbf{l}_{ji}\mathbf{x}_j\right) / \mathbf{l}_{ii}, \quad i = n, \dots, 1$$

mit $\mathbf{a}^2 = \{a^2 | a \in \mathbf{a}\}$ und $\mathbf{a}^{1/2} = \{\sqrt{a} | a \in \mathbf{a}\}$ für Intervalle $\mathbf{a}$.

Das Verfahren ist genau dann durchführbar, wenn $0 \notin \mathbf{l}_{ii}$ für $i = 1, \ldots n$ gilt.

Notwendig, aber nicht hinreichend hierfür ist die positive Definitheit aller symmetrischen Matrizen $A \in \mathbf{A}$; hinreichend ist z. B., daß $\mathbf{A}$ eine ↗H-Matrix mit $\underline{a}_{ii} > 0$ für $i = 1, \ldots, n$ ist.

Intervallerweiterung, Funktion im Raum der Intervalle, die durch Ersetzen der reellen Parameter einer reellen Funktion durch Intervalle der reellen Achse entsteht (↗Intervallrechnung).

Sei $f : D \subset \mathbb{R}^n \to \mathbb{R}^m$ eine stetige Funktion und $\mathbb{IR}^n$ bzw. $\mathbb{IR}^m$ Vektorräume über den reellen Intervallen $\mathbb{IR}$. Ferner bezeichne $\mathbb{I}(D)$ die Menge $\{A \in \mathbb{IR}^n | A \subset D\}$ der Intervalle in D. Eine Abbildung $F : \mathbb{I}(D) \to \mathbb{IR}^m$ heißt Intervallerweiterung der Funktion f, falls

$$\forall X \in \mathbb{I}(D) : f(X) \subseteq F(X).$$

Eine Intervallerweiterung entsteht z. B. dadurch, daß man in einer Rechenvorschrift für f alle reellen Operationen durch Intervallrechenoperationen ersetzt.

Zumeist fordert man für eine Intervallerweiterung auch die Inklusionsisotonie

$$\forall X, Y \in \mathbb{I}(D) : X \subset Y \Rightarrow F(X) \subset F(Y)$$

und eine stetige Abhängigkeit vom Durchmesser $d(X)$ des Intervalls X:

$$\forall \varepsilon > 0 : \exists \delta > 0 : \forall X \in \mathbb{I}(D) : \\ d(X) < \delta \Rightarrow d(F(X)) < \varepsilon.$$

Intervallfunktion, ↗Boolesche Funktion $I_{k,j}^{(n)}$ für Zahlen $k, j, n \in \mathbb{N}$ und $k \leq j \leq n$ mit

$$I_{k,j}^{(n)} : \{0,1\}^n \to \{0,1\}$$

$$I_{k,j}^{(n)}(\alpha_1, \ldots, \alpha_n) = 1 \iff k \leq \sum_{i=1}^{n} \alpha_i \leq j.$$

Intervallfunktionen sind total symmetrische Boolesche Funktionen. Sie werden zur Darstellung beliebiger total symmetrischer Boolescher Funktionen benutzt. In diesem Zusammenhang ist eine maximale Intervallfunktion einer total symmetrischen Booleschen Funktion f eine Intervallfunktion $I_{k,j}^{(n)}$, für die

$$I_{k,j}^{(n)}(\alpha) \leq f(\alpha)$$

für alle $\alpha \in \{0,1\}^n$ gilt, und die maximal in dem Sinne ist, daß weder die Intervallfunktion $I_{k-1,j}^{(n)}$ noch die Intervallfunktion $I_{k,j+1}^{(n)}$ komponentenweise kleiner gleich f ist. Es gilt der Satz:

Jede total symmetrische Boolesche Funktion läßt sich eindeutig als ↗Disjunktion maximaler Intervallfunktionen darstellen.

Die ↗Primimplikanten einer Intervallfunktion $I_{k,j}^{(n)} : \{0,1\}^n \to \{0,1\}$ sind die ↗Booleschen Monome über den Variablen $x_1, \ldots, x_n$, die genau aus k positiven und $n - j$ negativen ↗Booleschen Literalen bestehen.

Jedes Minimalpolynom von $I_{k,j}^{(n)}$ besteht aus genau

$$\max\{\binom{n}{k}, \binom{n}{n-j}\}$$

Primimplikanten.

[1] Wegener, I.: Effiziente Algorithmen für grundlegende Funktionen. B.G. Teubner Verlag Stuttgart, 1989.

Intervall-Gauß-Algorithmus, Durchführung des Gaußschen Algorithmus mit Intervallen unter Verwendung der ↗Intervallarithmetik zur Einschließung der Lösungsmenge eines ↗Intervall-Gleichungssystems durch einen ↗Intervallvektor $\mathbf{x} = (\mathbf{x}_i)$.

Ist $\mathbf{A} = (\mathbf{a}_{ij}^{(1)})$ eine $(n \times n)$- ↗Intervallmatrix und ist $\mathbf{b} = (\mathbf{b}_i^{(1)})$ ein ↗Intervallvektor mit n Komponenten, so erhält man $\mathbf{x} = \mathbf{IGA}(\mathbf{A}, \mathbf{b})$ aus

$$\mathbf{a}_{ij}^{(k+1)} = \begin{cases} \mathbf{a}_{ij}^{(k)} & \text{falls } i \leq k \\ \mathbf{a}_{ij}^{(k)} - \frac{\mathbf{a}_{ik}^{(k)}}{\mathbf{a}_{kk}^{(k)}} \mathbf{a}_{kj}^{(k)} & \text{falls } k < i, j \\ 0 & \text{sonst,} \end{cases}$$

$$\mathbf{b}_i^{(k+1)} = \begin{cases} \mathbf{b}_i^{(k)} & \text{falls } i \leq k \\ \mathbf{b}_i^{(k)} - \frac{\mathbf{a}_{ik}^{(k)}}{\mathbf{a}_{kk}^{(k)}} \mathbf{b}_k^{(k)} & \text{falls } i > k, \end{cases}$$

$$k = 1, \ldots, n-1;$$

$$\mathbf{x}_i = \left(\mathbf{b}_i^{(n)} - \sum_{j=i+1}^{n} \mathbf{a}_{ij}^{(n)} \mathbf{x}_j\right) / \mathbf{a}_{ii}^{(n)}, \ i = n, \ldots, 1.$$

Eine Pivotisierung ist hier noch nicht berücksichtigt. Eine optimale Pivotstrategie ist unbekannt.

Das Verfahren ist genau dann durchführbar, wenn $0 \notin \mathbf{a}_{kk}^{(k)}$ für $k = 1, \ldots, n$ gilt.

Notwendig, aber nicht hinreichend hierfür ist die Durchführbarkeit des Gaußschen Algorithmus für alle Matrizen $A \in \mathbf{A}$; hinreichend ist z. B., daß $\mathbf{A}$ eine ↗H-Matrix ist.

Intervall-Gleichungssystem, Zusammenfassung aller linearen Gleichungssysteme $Ax = b$, für die A in einer gegebenen ↗Intervallmatrix $\mathbf{A}$ und b in einem gegebenen ↗Intervallvektor $\mathbf{b}$ liegen. Formale Schreibweise:

$$\mathbf{A}x = \mathbf{b}. \qquad (1)$$

Hierbei wird nicht nach einem Vektor x gesucht, der (1) auf der Basis der ↗Intervallarithmetik algebraisch erfüllt, sondern nach der Lösungsmenge

$$S = \{x | \exists A \in \mathbf{A}, b \in \mathbf{b} : Ax = b\}.$$

Wegen des ↗ Oettli-Prager-Kriteriums ist S in jedem Orthanten als Schnitt endlich vieler Halbräume darstellbar. Insbesondere ist S für eine reguläre Intervallmatrix $\mathbf{A}$ in jedem Orthanten ein konvexes Polytop.

Aufgrund der im allgemeinen aufwendigen Berechnung von S sucht man nach einer Einschließung durch einen ↗ Intervallvektor, die man z. B. mit dem ↗ Intervall-Gauß-Algorithmus oder mit dem ↗ Krawczyk-Verfahren erhält.

Bei einigen Problemstellungen ist man nur an linearen Gleichungssystemen mit symmetrischer Koeffizientenmatrix $A \in \mathbf{A}$ interessiert. Die zugehörige symmetrische Lösungsmenge

$$S_{\text{sym}} = \{x | \exists A \in \mathbf{A}, b \in \mathbf{b} : A = A^T \text{ und } Ax = b\}$$

ist für eine reguläre Intervallmatrix in jedem Orthanten als Schnitt endlich vieler Mengen darstellbar, die jeweils durch eine Hyperebene oder eine Quadrik berandet werden.

Zur Einschließung von S_{sym} durch einen Intervallvektor kann das ↗ Intervall-Cholesky-Verfahren oder eine Modifikation des ↗ Krawczyk-Verfahrens verwendet werden.

Intervallgraph, ein ↗ Graph mit folgender Eigenschaft.

Ein Graph G mit der Eckenmenge $E(G)$ und der Kantenmenge $K(G)$ ist genau dann ein Intervallgraph, wenn eine Menge $\{I_u | u \in E(G)\}$ abgeschlossener reeller Intervalle existiert, so daß genau dann $I_u \cap I_v \neq \emptyset$ gilt, wenn $uv \in K(G)$ ist.

Ohne große Mühe zeigt man, daß Intervallgraphen chordal sind (↗ chordaler Graph). Darüber hinaus lassen sich die Intervallgraphen folgendermaßen charakterisieren.

Ein Graph G ist genau dann ein Intervallgraph, wenn er keinen induzierten Kreis der Länge 4 enthält, und wenn der Komplementärgraph $\overline{G}$ transitiv orientierbar ist.

Intervall-Hülle, kleinste Obermenge einer gegebenen Menge M reeller Zahlen (Vektoren, Matrizen, Funktionen), die ein reelles kompaktes Intervall (↗ Intervallvektor, ↗ Intervallmatrix, ↗ Funktionenschlauch) ist.

Die Intervall-Hülle von M wird mit $\diamond M$ bezeichnet. Es gilt die Aussage:

Es ist

$$\diamond M = \bigcap_{\mathbf{a} \in \mathbb{I},\ \mathbf{a} \supseteq M} \mathbf{a},$$

wobei $\mathbb{I}$ die Menge aller reellen kompakten Intervalle (n-komponentigen Intervallvektoren, $(m \times n)$-Intervallmatrizen) bezeichnet.

Intervall-Lipschitz-Bedingung, definierende Bedingung der Lipschitz-Stetigkeit einer Intervall-Funktion $\mathbf{f} : \{\mathbf{x} | \mathbf{x} \subseteq \mathbf{a}\} \to \mathbb{IR}$ bzgl. des ↗ Hausdorff-Abstands q.

Sie ist erfüllt auf dem reellen kompakten Intervall $\mathbf{a}$, wenn

$$q(\mathbf{f}(\mathbf{x}), \mathbf{f}(\mathbf{y})) \leq \gamma q(\mathbf{x}, \mathbf{y}) \tag{1}$$

für alle kompakten Intervalle $\mathbf{x}, \mathbf{y} \subseteq \mathbf{a}$ gilt. Dabei ist $\gamma \geq 0$ eine nur von $\mathbf{a}$ abhängige Konstante. Eine entsprechende Eigenschaft läßt sich auch für ↗ Intervallvektoren und ↗ Intervallmatrizen formulieren. Gegebenenfalls ist $q(\cdot, \cdot)$ in (1) durch $\|q(\cdot, \cdot)\|_\infty$ mit der Maximumsnorm $\| \cdot \|_\infty$ zu ersetzen.

Ist $\mathbf{f}(\mathbf{x})$ für alle $\mathbf{x} \subseteq \mathbf{a}$ die ↗ Intervallauswertung einer Funktion $f : \mathbf{a} \to \mathbb{R}$, so erfüllt die hierdurch definierte Intervall-Funktion $\mathbf{f}$ fast immer eine Intervall-Lipschitz-Bedingung.

Aus der Intervall-Lipschitz-Bedingung folgt insbesondere die Lipschitzstetigkeit. Anwendungen finden sich u. a. bei Intervall-Methoden für nichtlineare Gleichungen.

intervallmäßige Auswertung einer Funktion, ↗ Intervallauswertung einer Funktion.

Intervallmatrix, *Matrixintervall*, Matrix $\mathbf{A} = (\mathbf{a}_{ij})$ mit reellen kompakten Intervallen $\mathbf{a}_{ij} = [\underline{a}_{ij}, \overline{a}_{ij}]$ als Komponenten.

Die Menge aller $(m \times n)$-Intervallmatrizen wird häufig mit $\mathbb{IR}^{m \times n}$ bezeichnet.

Sofern es die Problemstellung erfordert, sind auch komplexe Intervalle als Komponenten zugelassen (↗ komplexe Intervallarithmetik).

Mit $\underline{A} = (\underline{a}_{ij})$, $\overline{A} = (\overline{a}_{ij})$ und

$$A = (a_{ij}) \leq B = (b_{ij}) \;\Leftrightarrow\; a_{ij} \leq b_{ij} \text{ für alle } i, j$$

gilt

$$\mathbf{A} = \{A | \underline{A} \leq A \leq \overline{A}\} = [\underline{A}, \overline{A}].$$

Dies rechtfertigt das Synonym Matrixintervall.

Intervallmethode für Anfangswertprobleme, Verfahren zur genäherten Lösung von Anfangswertaufgaben mit gleichzeitiger Berechnung von Fehlerschranken mit Hilfe der ↗ Intervallrechnung. Solche Schranken können unter anderem durch Verwendung der ↗ Fehlerdifferentialgleichung, einer sogenannten Schrankeniteration oder durch Einschließung des lokalen Diskretisierungsfehlers eines „klassischen" Diskretisierungsverfahrens gewonnen werden.

Zu beachten ist in diesem Zusammenhang der sogenannte wrapping-Effekt, der zu einer unvermeidlichen Vergröberung der Fehlerschranken während der zeitlichen Integration führt, bedingt durch die achsenparallele Intervalleinschließung. Abhilfe schaffen hierbei mitgeführte Koordinatentransformationen.

[1] Bauch, H. et al.: Intervallmathematik. B.G. Teubner, Leipzig, 1987.

Intervall-Newton-Operator, ↗ Intervall-Newton-Verfahren.

Intervall-Newton-Verfahren, Verfahren der ↗Intervallrechnung zum Nachweis der Existenz und Eindeutigkeit bzw. der Nichtexistenz einer Nullstelle x^* in einem reellen kompakten Intervall $\mathbf{x}^{(0)} = [\underline{x}^{(0)}, \overline{x}^{(0)}] \subseteq D$ einer stetig differenzierbaren Funktion $f : D \subseteq \mathbb{R} \to \mathbb{R}$. Ist $\mathbf{f'}(\mathbf{x})$ die ↗Intervallauswertung von f' über $\mathbf{x} \subseteq \mathbf{x}^{(0)}$, und gilt

$$0 \notin \mathbf{f'}(\mathbf{x}^{(0)}),$$

so heißt

$$\mathbf{N}(\tilde{x}, \mathbf{x}) = \tilde{x} - \frac{f(\tilde{x})}{\mathbf{f'}(\mathbf{x})}, \ \tilde{x} \in \mathbf{x},$$

Intervall-Newton-Operator und die Iteration

$$\mathbf{x}^{(k+1)} = \mathbf{N}(\tilde{x}^{(k)}, \mathbf{x}^{(k)}) \cap \mathbf{x}^{(k)}, \ k = 0, 1, \dots, \quad (1)$$

Intervall-Newton-Verfahren. Dabei ist das Verfahren abzubrechen, wenn der Durchschnitt leer ist. Als $\tilde{x}$ wählt man häufig den Mittelpunkt von $\mathbf{x}$.

Unter den genannten Voraussetzungen gilt der folgende Satz:

a) Gilt $\mathbf{N}(\tilde{x}, \mathbf{x}) \subseteq \mathbf{x}$ *für ein* $\mathbf{x} \subseteq \mathbf{x}^{(0)}$*, so besitzt* f *in* $\mathbf{x}$ *eine Nullstelle, die in* $\mathbf{x}^{(0)}$ *eindeutig ist.*

b) f *besitzt in* $\mathbf{x}^{(0)}$ *genau dann keine Nullstelle, wenn der Durchschnitt in (1) nach endlich vielen Schritten leer wird.*

c) Besitzt f *in* $\mathbf{x}^{(0)}$ *eine Nullstelle* x^**, so ist diese dort eindeutig, der Durchschnitt in (1) wird nie leer, die Iterierten* $\mathbf{x}^{(k)}$ *sind für jedes* $k \in \mathbb{N}_0$ *definiert und konvergieren im Sinn der ↗Hausdorff-Metrik* q *gegen* x^**. Genügt* $\mathbf{f'}$ *auf* $\mathbf{x}^{(0)}$ *einer ↗Interval-Lipschitz-Bedingung, so erfolgt die Konvergenz quadratisch, d. h.*

$$q(\mathbf{x}^{(k+1)}, x^*) \leq \gamma q(\mathbf{x}^{(k)}, x^*)^2, \ k = 0, 1, \dots, \quad (2)$$

mit einer Konstanten $\gamma > 0$.

Ist

$$0 \in \mathbf{f'}(\mathbf{x}^{(0)}) = [\underline{s}^{(0)}, \overline{s}^{(0)}], \ \underline{s}^{(0)} \neq \overline{s}^{(0)}$$

und $f(\tilde{x}^{(0)}) > 0$, so bildet man, sofern existent, die Intervalle

$$\mathbf{y}^{(1)} = [\underline{x}^{(0)}, \tilde{x}^{(0)} - f(\tilde{x}^{(0)})/\overline{s}^{(0)}]$$

und

$$\mathbf{z}^{(1)} = [\tilde{x}^{(0)} - f(\tilde{x}^{(0)})/\underline{s}^{(0)}, \overline{x}^{(0)}].$$

(Im Fall $f(\tilde{x}^{(0)}) < 0$ vertausche man die Rollen von $\underline{s}^{(0)}$ und $\overline{s}^{(0)}$. Existiert eines der beiden Intervalle nicht, führe man die folgenden Betrachtungen nur für das andere durch.) Da jede Nullstelle von f aus $\mathbf{x}^{(0)}$ in $\mathbf{y}^{(1)} \cup \mathbf{z}^{(1)}$ liegen muß, kann man das Intervall-Newton-Verfahren auf beide Intervalle getrennt anwenden. Besitzt f in $\mathbf{x}^{(0)}$ nur endlich viele Nullstellen x_i^*, $i = 1, \dots, n$, für die überdies $f'(x_i^*) \neq 0$ gilt, und besitzt auch f' höchstens endlich viele Nullstellen in $\mathbf{x}^{(0)}$, so ist die Voraussetzung $0 \notin \mathbf{f'}(\mathbf{y}^{(1)})$ bzw. $0 \notin \mathbf{f'}(\mathbf{z}^{(1)})$ wegen $\mathbf{y}^{(1)} \subset \mathbf{x}^{(0)}$ und $\mathbf{z}^{(1)} \subset \mathbf{x}^{(0)}$ möglicherweise für eines oder gar beide Teilintervalle erfüllt und die Aussagen des Satzes für das entsprechende Teilintervall gültig. Gegebenenfalls zerlege man weiter. Besitzt f in $\mathbf{x}^{(0)}$ eine mehrfache Nullstelle x^{**}, so liefert das Verfahren nicht unbedingt eine enge Einschließung von x^{**}. Man betrachte z. B. $f(x) = x^2$, $\mathbf{x}^{(0)} = [-1, 1]$, $\tilde{x}^{(k)} = \overline{x}^{(k)}$ im Gegensatz zu $f(x) = x^2$, $\mathbf{x}^{(0)} = [0, 1]$, $\tilde{x}^{(k)} = \overline{x}^{(k)}$. Hier kann eine Aufteilung von $\mathbf{x}^{(0)}$ in mehrere Teilintervalle $\mathbf{x}_i^{(0)}$, $i = 1, \dots, m$, weiterhelfen, über denen man die Intervallauswertung von f bildet. Gilt $0 \notin \mathbf{f}(\mathbf{x}_k^{(0)})$ für ein Teilintervall $\mathbf{x}_k^{(0)}$, so enthält es wegen der ↗Einschließungseigenschaft der Intervallrechnung sicher keine Nullstelle von f und braucht fortan nicht weiter betrachtet zu werden.

Das Intervall-Newton-Verfahren läßt sich auch auf stetig differenzierbare Funktionen $f : D \subseteq \mathbb{R}^n \to \mathbb{R}^n$ übertragen. Dazu braucht man die Intervallauswertung $\mathbf{f'}(\mathbf{x})$ über $\mathbf{x} \subseteq \mathbf{x}^{(0)} \subseteq D$ der Funktionalmatrix f' und den Intervallvektor $\mathbf{IGA}(\mathbf{f'}(\mathbf{x}), f(\tilde{x}))$ aus dem ↗Intervall-Gauß-Algorithmus. Der Interval-Newton-Operator lautet dann

$$\mathbf{N}(\tilde{x}, \mathbf{x}) = \tilde{x} - \mathbf{IGA}(\mathbf{f'}(\mathbf{x}), f(\tilde{x})), \ \tilde{x} \in \mathbf{x},$$

das Intervall-Newton-Verfahren ist durch (1) definiert. Der Satz oben gilt analog, wenn man die Existenz von $\mathbf{IGA}(\mathbf{f'}(\mathbf{x}^{(0)}))$ voraussetzt und bei b), c) zusätzlich $\varrho(|I - \mathbf{IGA}(\mathbf{f'}(\mathbf{x}^{(0)})) \cdot \mathbf{f'}(\mathbf{x}^{(0)})|) < 1$ fordert. Außerdem ist in (2) auf beiden Seiten $q(\cdot, \cdot)$ durch $\|q(\cdot, \cdot)\|_\infty$ zu ersetzen. Dabei bezeichnet $\| \cdot \|_\infty$ die Maximumsnorm, $\varrho(\cdot)$ den Spektralradius, $| \cdot |$ den Betrag einer Intervallgröße und $\mathbf{IGA}(\mathbf{f'}(\mathbf{x}^{(0)}))$ die Intervallmatrix, deren i-te Spalte mit $\mathbf{IGA}(\mathbf{f'}(\mathbf{x}^{(0)}), e^{(i)})$ übereinstimmt ($e^{(i)}$ i-te Spalte der Einheitsmatrix $I \in \mathbb{R}^{n \times n}$). Ohne die zusätzliche Voraussetzung folgt bei c) im allgemeinen nur noch $x^* \in \lim_{k \to \infty} \mathbf{x}^{(k)}$.

Intervallrechnung

G. Mayer und J. Wolff v. Gudenberg

Die Intervallrechnung stellt ein Teilgebiet der numerischen Mathematik dar, das sich mit dem Nachweis von Lösungen eines mathematischen Problems beschäftigt und gleichzeitig Unter- und Oberschranken für diese Lösungen liefert. Man spricht in diesem Zusammenhang von Lösungsverifikation, ↗Verifikationsnumerik, validiertem Rechnen, selbst validierenden Verfahren, Lösungsnachweis mit Schrankengarantie, ↗Einschließungsverfahren, ↗E-Methoden.

Eine Grundphilosophie der Intervallrechnung besteht darin, alle möglichen Fehler in die Betrachtung mit einzubeziehen. Hierzu gehören Modellierungsfehler (etwa durch Meß- oder Einstellungsungenauigkeiten), Verfahrensfehler (wie Diskretisierungsfehler oder Fehler durch die Approximation von Funktionen durch einfachere Funktionen, etwa durch Polynome), Darstellungsfehler (bei der Umwandlung eines Dezimalbruchs in einen Dualbruch), Rundungsfehler (beim Rechnen mit endlicher Genauigkeit auf einem Computer), Abbruchfehler (beim Ersetzen eines Folgengrenzwerts durch das k-te Folgenglied, etwa bei einem Iterationsverfahren). Dies führt zu einer Klassifikation der Einschließungsverfahren

a) nach der Art der Ausgangsdaten (Punktgrößen / toleranzbehaftete Größen),
b) nach der Anzahl der Rechenschritte (unendlich viele / nur endlich viele erlaubt),
c) nach der Art der Darstellung und Rechnung (exakt / gerundet).

Dabei versteht man unter toleranzbehafteten Ausgangsdaten solche, die innerhalb gewisser Grenzen (= Toleranzen) von einem mittleren Wert abweichen dürfen, also Intervalle sind im Gegensatz zu Punktgrößen (Punktintervall). In der Intervallrechnung geht man davon aus, daß sich alle Fehler letzten Endes mit Hilfe kompakter Intervalle (auch Funktionsintervalle; ↗Funktionenschlauch) einschließen lassen. Für reelle kompakte Intervalle werden eine ↗Intervallarithmetik und ↗Intervall-Standardfunktionen bereitgestellt, die grundlegend für die ↗Inklusionsmonotonie und die ↗Einschließungseigenschaft der Intervallrechnung sind. Dabei definiert man die Verknüpfungen und Funktionen so, daß sie in die entsprechenden Verknüpfungen und Standardfunktionen der Analysis übergehen, wenn man sie auf Punktintervalle $[a, a]$ anwendet und diese mit den zugehörigen Zahlen a identifiziert.

Arithmetik und Standardfunktionen lassen sich unter Erhalt der Inklusionsmonotonie und der Einschließungseigenschaft sowie unter Berücksichtigung von Darstellungs- und Rundungsfehlern auf einem Rechner implementieren (↗Maschinenintervallarithmetik) und bilden dann die Voraussetzung dafür, daß der Computer mit geeigneten Verfahren der Verifikationsnumerik (meist in Zusammenspiel mit Fixpunktsätzen) den gewünschten Lösungsnachweis alleine durchführen kann („Beweisen mit dem Computer"). Die Aussagen, die der Rechner am Ende eines Verifikationsalgorithmus über die Existenz, die Eindeutigkeit und die Einschließung einer Lösung macht, sind dabei mathematisch korrekt.

Die meisten Verfahren der Intervallrechnung zielen darauf ab, neben dem Lösungsnachweis eine *möglichst enge* Einschließung dieser Lösung zu liefern. Als Hilfsmittel für die Beurteilung der Einschließungsgüte können bei toleranzbehafteten Problemen sogenannte ↗Inneneinschließungen dienen. Liegen die Ausgangsdaten dagegen als Punktgrößen vor, ist der Durchmesser der einschließenden Intervalle ein Gradmesser. Ist er sehr klein, stimmen (außer in Sonderfällen) die führenden Ziffern von Unter- und Oberschranke überein. Diese Ziffern sind dann dieselben für den eingeschlossenen Lösungswert („Zifferngarantie").

Zur Konstruktion effizienter Verifikationsverfahren genügt es in der Regel nicht, die herkömmlichen Verfahren der numerischen Mathematik zu kopieren und alle Zahlen durch Intervalle zu ersetzen. Es sind vielmehr Anpassungen vorzunehmen oder vollständig neue Algorithmen zu entwickeln. Zwar stellen der ↗Intervall-Gauß-Algorithmus und das ↗Intervall-Cholesky-Verfahren Übertragungen der bekannten direkten Verfahren zur Lösung linearer Gleichungssysteme dar, bei Iterationsverfahren wie dem ↗Intervall-Newton-Verfahren kommt jedoch mit der Durchschnittsbildung noch eine Operation hinzu, die in den traditionellen numerischen Verfahren im allgemeinen nicht verwendet wird. Hierdurch lassen sich ineinandergeschachtelte Einschließungen der Lösung berechnen oder Aussagen über die Nichtexistenz einer Nullstelle in einem vorgegebenen Bereich machen. Die Einschließung des Wertebereichs einer hinreichend glatten reellwertigen Funktion über einem reellen kompakten Intervall etwa mit Hilfe einer ↗Intervallauswertung oder einer ↗zentrierten Form spielt in den Verifikationsalgorithmen eine wesentlich größere Rolle als bei den übrigen Verfahren der Numerik. Dahinter steckt die bereits erwähnte Einschließungseigenschaft der Intervallrechnung, die in vielen Algorithmen im Verbund mit einer guten Lösungsnäherung und der sogenannten ↗ε-Inflation u. a. dafür sorgt, daß die Selbstabbildungseigenschaft in Fixpunktsätzen rechnerisch nachgewiesen werden kann. Algorithmen zur Lösungsverifikation bei linearen bzw. nichtlinearen Gleichungssystemen, beim Eigenwertproblem, beim Singulärwertproblem, bei gewöhnlichen und bei partiellen Differentialgleichungen basieren auf dieser Strategie (↗Krawczyk-Verfahren, ↗Lösungsverifikation bei linearen Gleichungssystemen, ↗Lösungsverifikation bei nichtlinearen Gleichungssystemen, ↗Lösungsverifikation bei quadratischen Gleichungssystemen, ↗Lösungsverifikation beim algebraischen Eigenwertproblem, ↗Lösungsverifikation beim inversen Eigenwertproblem, ↗Lösungsverifikation beim Singulärwertproblem, ↗Lösungsverifikation bei Anfangswertproblemen mit gewöhnlichen Differentialgleichungen, ↗Lösungsverifikation bei Randwertproblemen mit gewöhnlichen Differentialgleichungen, ↗Lösungsverifikation bei partiellen Differentialgleichungen).

Mehr auf einem Gebietszerlegungs- und Ausschlußprinzip beruhen die Verfahren zur ↗Lösungsverifikation in der globalen Optimierung, wenngleich auch hier die Wertebereichseinschließung eine zentrale Rolle einnimmt.

Literatur

[1] Alefeld, G.; Herzberger, J.: Einführung in die Intervallrechnung. BI Wissenschaftsverlag Mannheim, 1974.

[2] Kearfott, R.B.: Rigorous Global Search: Continuous problems. Kluwer Dordrecht, 1996.

[3] Moore, R.E.: Interval Analysis. Prentice Hall Englewood Cliffs, 1966.

[4] Neumaier, A.: Interval Methods for Systems of Equations. Cambridge University Press, 1990.

Intervallschachtelung, eine Folge

$$X_1 \supseteq X_2 \supseteq \cdots$$

von abgeschlossenen Mengen eines vollständigen metrischen Raums, bei der der Durchmesser der beteiligten X_k für $k \to \infty$ gegen Null konvergiert. Es gibt dann genau einen (eingeschachtelten) Punkt $\bar{x}$ des Raums, der in allen Mengen X_k liegt.

Das Standardbeispiel hierfür ist natürlich der Fall der reellen Intervalle, woher auch die Bezeichnung stammt.

intervallskalierte Variable, ↗Skalentypen.

Intervall-Standardfunktionen, hinsichtlich der ↗Intervallauswertung besonders ausgezeichnete Funktionen.

Während für Funktionen i. allg. durch die Intervallauswertung eine Überschätzung berechnet wird, verlangt man für die am häufigsten auftretenden Standardfunktionen eine möglichst scharfe Einschließung des Wertebereichs.

Ist f eine Standardfunktion und $\mathbf{x} \subseteq D(f)$ ein Intervall, so ist durch

$$\mathbf{f}(\mathbf{x}) = \diamond\{f(x)|x \in \mathbf{x}\} \qquad (1)$$

die entsprechende Intervall-Standardfunktion erklärt. Dabei bezeichnet $\diamond$ die Intervall-Hülle, das kleinste umfassende Intervall.

In der reellen Intervallarithmetik betrachtet man die folgenden Standardfunktionen: x^k für ganzzahliges k, die Quadratwurzel, Exponential- und Logarithmusfunktionen, die trigonometrischen Funktionen und ihre Inversen sowie die Hyperbelfunktionen und ihre Inversen.

Da diese Funktionen stückweise monoton sind, läßt sich Formel (1) verwirklichen. So kann z. B. $\mathbf{x}^k = \{x^k|x \in \mathbf{x}\}$ durch $[\underline{x}, \overline{x}]^k = [\underline{x}^k, \overline{x}^k]$ für ungerades $k > 0$ und $[\underline{x}, \overline{x}]^k = [\langle\mathbf{x}\rangle^k, |\mathbf{x}|^k]$ für gerades $k > 0$ effizient bestimmt werden. $\langle\mathbf{x}\rangle$ und $|\mathbf{x}|$ bezeichnen hierbei ↗Betragsminimum bzw. den Betrag von $\mathbf{x}$.

Ist $\mathbf{x} \not\subseteq D(f)$ so ist die Intervall-Standardfunktion nicht definiert. In der sog. strikt einschließenden erweiterten Intervallarithmetik gilt das jedoch nicht, hier wird (1) direkt umgesetzt.

Intervalltopologie, mit der Menge der offenen ↗Intervalle als Basis gebildete Topologie auf einer total geordneten Menge.

Man beachte, daß der Durchschnitt zweier offener Intervalle leer oder wieder ein offenes Intervall ist. In der Intervalltopologie sind die offenen Intervalle gemäß Definition offene Mengen, und die abgeschlossenen Intervalle sind abgeschlossene Mengen.

Von einem topologischen Raum sagt man, er lasse sich total anordnen, wenn man auf ihm eine totale Ordnungsrelation so definieren kann, daß die zugehörige Intervalltopologie mit der Topologie des Raums übereinstimmt.

Intervallvektor, *Vektorintervall*, Vektor $\mathbf{x} = (\mathbf{x}_i)$ mit reellen kompakten Intervallen $\mathbf{x}_i = [\underline{x}_i, \overline{x}_i]$ als Komponenten.

Die Menge aller Intervallvektoren mit n Komponenten wird häufig mit $\mathbb{IR}^n$ bezeichnet.

Sofern es die Problemstellung erfordert, sind auch komplexe Intervalle als Komponenten zugelassen (↗komplexe Intervallarithmetik).

Mit $\underline{x} = (\underline{x}_i)$, $\overline{x} = (\overline{x}_i)$ und

$$x = (x_i) \le y = (y_i) \Leftrightarrow x_i \le y_i \text{ für alle } i$$

gilt

$$\mathbf{x} = \{x|\underline{x} \le x \le \overline{x}\} = [\underline{x}, \overline{x}] .$$

Dies rechtfertigt das Synonym Vektorintervall.

intuitive Mengenlehre, ↗ naive Mengenlehre.

Invariante, eine Eigenschaft, die bei bestimmten Abbildungen unverändert bleibt.

So ist zum Beispiel die Summe der Quadrate $x_1^2 + x_2^2 + \cdots + x_n^2$ invariant gegenüber allen möglichen Permutationen der n Elemente $x_1, \ldots, x_n \in \mathbb{R}$.

Hat man als Grundmenge den dreidimensionalen Raum, so sind sowohl Längen als auch Winkelgrößen invariant in bezug auf Bewegungen im Raum. Dagegen sind in bezug auf Ähnlichkeitstransformationen nur die Winkelgrößen invariant, nicht aber die Längen.

In der ↗Invariantentheorie studiert man die Invarianten bezüglich einer gegebenen Transformationsgruppe. Im frühen zwanzigsten Jahrhundert ging die Invariantentheorie allerdings auf in bestimmten Teilen der abstrakten Algebra.

invariante Differentialform, im differentialgeometrischen Sprachgebrauch z. B. das Bogenelement von Kurven oder das Oberflächenelement (↗Flächeninhalt) von regulären Flächen.

Mit dem Zusatz invariant wird die Tatsache betont, daß sich diese Differentialformen bei Übergang von einem Koordinatensystem zu einem anderen so transformieren, daß die Integrale, mit denen Bogenlänge und Flächeninhalt berechnet werden, ihren Wert nicht ändern (↗Invarianz der Bogenlänge, ↗Invarianz des Flächeninhalts).

Invariante Maße auf Julia-Mengen

R. Brück

Unter einem invarianten Maß auf einer ↗Julia-Menge $\mathcal{J}$ einer rationalen Funktion f versteht man ein Wahrscheinlichkeitsmaß μ auf $\mathcal{J}$ derart, daß für jede μ-meßbare Menge $E \subset \mathcal{J}$ gilt

$$\mu(f^{-1}(E)) = \mu(E).$$

Aus allgemeinen Resultaten der Funktionalanalysis folgt, daß stets ein invariantes Maß auf $\mathcal{J}$ existiert. Zur genaueren Erläuterung sei $\mathfrak{B}$ die σ-Algebra der Borel-Mengen von $\mathcal{J}$ und $M(\mathcal{J})$ die Menge aller Wahrscheinlichkeitsmaße auf dem meßbaren Raum $(\mathcal{J}, \mathfrak{B})$. Für $z \in \widehat{\mathbb{C}}$ sei δ_z das im Punkt z konzentrierte Dirac-Maß, d. h. für $E \subset \widehat{\mathbb{C}}$ gilt $\delta_z(E) = 1$, falls $z \in E$, und $\delta_z(E) = 0$, falls $z \notin E$. Es gilt $\delta_z \in M(\mathcal{J})$ für alle $z \in \mathcal{J}$. Weiter ist $M(\mathcal{J})$ eine konvexe Menge. Die schwach-$*$-Topologie auf $M(\mathcal{J})$ ist die schwächste Topologie auf $M(\mathcal{J})$ derart, daß für jedes $\varphi \in C(\mathcal{J})$ die Abbildung $\Phi_\varphi : M(\mathcal{J}) \to \mathbb{C}$ mit $\Phi_\varphi(\mu) = \int_{\mathcal{J}} \varphi \, d\mu$ stetig ist. Dabei ist $C(\mathcal{J})$ der Raum aller stetigen Funktionen $\varphi : \mathcal{J} \to \mathbb{C}$. Mit dieser Topologie ist $M(\mathcal{J})$ ein kompakter topologischer Raum.

Die Menge $M(\mathcal{J},f) \subset M(\mathcal{J})$ aller invarianten Maße ist nicht leer, kompakt und konvex. Es ist μ ein Extremalpunkt von $M(\mathcal{J},f)$ genau dann, wenn μ ein ergodisches Maß ist, d. h. für alle $B \in \mathfrak{B}$ mit $f^{-1}(B) = B$ gilt $\mu(B) = 0$ oder $\mu(B) = 1$. Die Menge aller dieser Maße sei $E(\mathcal{J},f)$. Ein invariantes Maß μ auf $\mathcal{J}$ kann auch als invariantes Maß $\hat{\mu}$ auf $\widehat{\mathbb{C}}$ mit $\operatorname{supp} \hat{\mu} \subset \mathcal{J}$ aufgefaßt werden, wenn man für $E \subset \widehat{\mathbb{C}}$ setzt

$$\hat{\mu}(E) := \begin{cases} \mu(E \cap \mathcal{J}), & \text{falls } E \cap \mathcal{J} \neq \emptyset, \\ 0, & \text{falls } E \cap \mathcal{J} = \emptyset. \end{cases}$$

Dabei ist $\operatorname{supp} \hat{\mu}$ der Träger von $\hat{\mu}$, d. h. die Menge aller $z \in \widehat{\mathbb{C}}$ derart, daß für jede offene Umgebung U von z gilt $\hat{\mu}(U) > 0$.

Zur Konstruktion eines solchen Maßes sei f eine rationale Funktion vom Grad $d \geq 2$ und $\mathcal{E}(f)$ die Menge aller $z_0 \in \widehat{\mathbb{C}}$ derart, daß

$$\bigcup_{n=1}^{\infty} \{ \zeta \in \widehat{\mathbb{C}} : f^n(\zeta) = z_0 \}$$

eine endliche Menge ist. Dabei bezeichnet f^n die n-te ↗iterierte Abbildung von f. Die Menge $\mathcal{E}(f)$ enthält höchstens zwei Elemente. Ist z. B. f ein Polynom, so ist $\infty \in \mathcal{E}(f)$, und für $f(z) = z^d$ gilt $\mathcal{E}(f) = \{0, \infty\}$. Für $a \in \widehat{\mathbb{C}}$ und $n \in \mathbb{N}$ sei

$$\mu_n^a := \frac{1}{d^n} \sum_{f^n(z)=a} \delta_z .$$

Summiert wird hier über alle $z \in \widehat{\mathbb{C}}$ mit $f^n(z) = a$, wobei die Vielfachheit der ↗a-Stelle z zu berücksichtigen ist. Dann ist μ_n^a ein Wahrscheinlichkeitsmaß auf $\widehat{\mathbb{C}}$. Es existiert ein nur von f abhängiges Wahrscheinlichkeitsmaß μ_f auf $\widehat{\mathbb{C}}$ derart, daß die Folge (μ_n^a) für jedes $a \in \widehat{\mathbb{C}} \setminus \mathcal{E}(f)$ schwach gegen μ_f konvergiert für $n \to \infty$. Schwache Konvergenz bedeutet dabei, daß für jede Borel-Menge $E \subset \widehat{\mathbb{C}}$ mit $\mu_f(\partial E) = 0$ gilt

$$\lim_{n \to \infty} \mu_n^a(E) = \mu_f(E) . \qquad (1)$$

Für den Träger von μ_f gilt $\operatorname{supp} \mu_f = \mathcal{J}$, und μ_f ist ein invariantes Maß auf $\mathcal{J}$. Definiert man für $n \in \mathbb{N}$

$$\nu_n := \frac{1}{d^n + 1} \sum_{f^n(\zeta)=\zeta} \delta_\zeta ,$$

wobei über alle $\zeta \in \widehat{\mathbb{C}}$ mit $f^n(\zeta) = \zeta$ summiert wird, so ist ν_n ein Wahrscheinlichkeitsmaß auf $\widehat{\mathbb{C}}$, und die Folge (ν_n) konvergiert ebenfalls schwach gegen μ_f für $n \to \infty$.

Invariante Maße spielen eine wichtige Rolle bei der Untersuchung von Julia-Mengen rationaler Funktionen (siehe auch ↗Iteration rationaler Funktionen). Um dies näher zu erläutern, sind einige Vorbereitungen notwendig. Dazu sei im folgenden f stets eine rationale Funktion vom Grad $d \geq 2$ und $\mathcal{J}$ die Julia-Menge von f. Weiter sei μ ein invariantes Maß auf $\mathcal{J}$ und $\mathfrak{B}$ die σ-Algebra, auf der μ definiert ist. Zur einfacheren Formulierung einiger Ergebnisse sei vorausgesetzt, daß $\infty \notin \mathcal{J}$. Viele der folgenden Überlegungen gelten auch für invariante Maße auf $\widehat{\mathbb{C}}$, was jedoch nicht gesondert erwähnt wird, da dies in der Regel aus dem Zusammenhang hervorgeht.

Eine (meßbare) Zerlegung ξ von $\mathcal{J}$ ist eine Teilmenge von $\mathfrak{B}$ mit $A \cap B = \emptyset$ für alle $A, B \in \xi$ mit $A \neq B$ und $\bigcup\{A : A \in \xi\} = \mathcal{J}$. Auf der Menge aller Zerlegungen von $\mathcal{J}$ wird eine Ordnungsrelation $\leq$ eingeführt durch $\xi \leq \eta$, falls jede Menge $A \in \xi$ eine Vereinigung von Mengen aus η ist. Jede Familie $\{\xi_j : j \in I\}$ (wobei I eine beliebige Indexmenge ist) von Zerlegungen von $\mathcal{J}$ besitzt ein Supremum $\bigvee_{j\in I} \xi_j$ und ein Infimum $\bigwedge_{j\in I} \xi_j$, d. h. für alle $k \in I$ gilt

$$\bigwedge_{j\in I} \xi_j \leq \xi_k \leq \bigvee_{j\in I} \xi_j ,$$

und sind ξ, η Zerlegungen von $\mathcal{J}$ mit $\xi \leq \xi_k \leq \eta$ für alle $k \in I$, so gilt $\xi \leq \bigwedge_{j\in I} \xi_j$ und $\bigvee_{j\in I} \xi_j \leq \eta$. Die Zerlegung ε, die nur einelementige Mengen enthält, ist die größte Zerlegung von $\mathcal{J}$, während die triviale Zerlegung $\nu = \{\mathcal{J}\}$ die kleinste Zerlegung von $\mathcal{J}$ ist. Sind $\xi_1, \dots, \xi_n$ endliche Zerlegungen von $\mathcal{J}$, d. h. jedes ξ_j enthält nur endlich viele Elemente, so ist auch $\bigvee_{j=1}^{n} \xi_j$ eine endliche Zerlegung von $\mathcal{J}$.

Die Entropie einer endlichen Zerlegung $\xi = \{A_1, \dots, A_k\}$ von $\mathcal{J}$ ist definiert durch

$$H_\mu(\xi) := -\sum_{j=1}^{k} \mu(A_j) \log \mu(A_j) .$$

Es gilt $0 \leq H_\mu(\xi) \leq \log k$ und $H_\mu(\xi) = \log k$ genau dann, wenn $\mu(A_j) = \frac{1}{k}$ für $j = 1, \dots, k$. Weiter sei

$$h_\mu(f, \xi) := \lim_{n\to\infty} \frac{1}{n} H_\mu\Bigg(\bigvee_{j=0}^{n-1} f^{-j}(\xi)\Bigg),$$

wobei $f^{-j}(\xi) = \{f^{-j}(A_1), \dots, f^{-j}(A_k)\}$ eine endliche Zerlegung von $\mathcal{J}$ ist und $f^{-j}(E) = \{z \in \widehat{\mathbb{C}} : f^j(z) \in E\}$ für $E \subset \widehat{\mathbb{C}}$. Die Folge auf der rechten Seite ist monoton wachsend und daher konvergent, wobei der Grenzwert eventuell ∞ ist. Schließlich ist die Entropie von f definiert durch

$$h_\mu(f) := \sup_\xi h_\mu(f, \xi) ,$$

wobei das Supremum über alle endlichen Zerlegungen ξ von $\mathcal{J}$ gebildet wird. Es gilt $0 \leq h_\mu(f) \leq \infty$ und $h_\mu(f^n) = n h_\mu(f)$ für alle $n \in \mathbb{N}_0$. Man nennt noch f exakt bezüglich μ, falls $\bigwedge_{n=0}^{\infty} f^{-n}(\varepsilon) = \nu$.

Für $\varphi \in C(\mathcal{J}, \mathbb{R})$, d. h. $\varphi \colon \mathcal{J} \to \mathbb{R}$ stetig, sei

$$\begin{aligned} P(f, \varphi) &:= \sup_{\mu\in M(\mathcal{J}, f)} \left(h_\mu(f) + \int_{\mathcal{J}} \varphi \, d\mu \right) \\ &= \sup_{\mu\in E(\mathcal{J}, f)} \left(h_\mu(f) + \int_{\mathcal{J}} \varphi \, d\mu \right) . \end{aligned}$$

Die Abbildung $P(f, \cdot) \colon C(\mathcal{J}, \mathbb{R}) \to \mathbb{R} \cup \{\infty\}$ mit $\varphi \mapsto P(f, \varphi)$ heißt der topologische Druck von f. Weiter heißt

$$\begin{aligned} h(f) := P(f, 0) &= \sup_{\mu\in M(\mathcal{J}, f)} h_\mu(f) \\ &= \sup_{\mu\in E(\mathcal{J}, f)} h_\mu(f) \end{aligned}$$

die topologische Entropie von f. Man kann zeigen, daß $h(f) = \log d$.

Ein Maß $\mu \in M(\mathcal{J}, f)$ heißt Gibbs-Maß bezüglich φ, falls

$$P(f, \varphi) = h_\mu(f) + \int_{\mathcal{J}} \varphi \, d\mu .$$

Die Menge aller dieser Maße sei $M_\varphi(\mathcal{J}, f)$. Ein Gibbs-Maß bezüglich 0 heißt Maß maximaler Entropie, und die Menge dieser Maße wird mit $M_{\max}(\mathcal{J}, f)$ bezeichnet, d. h. $M_{\max}(\mathcal{J}, f) = M_0(\mathcal{J}, f)$. Es kann vorkommen, daß $M_\varphi(\mathcal{J}, f) = \emptyset$, jedoch gilt folgender Satz.

(i) *Es ist $M_\varphi(\mathcal{J}, f)$ eine konvexe Menge.*

(ii) *Ist $M_\varphi(\mathcal{J}, f) \neq \emptyset$, so sind die Extremalpunkte von $M_\varphi(\mathcal{J}, f)$ genau die ergodischen Maße. Insbesondere enthält dann $M_\varphi(\mathcal{J}, f)$ ergodische Maße.*

(iii) *Ist f expandierend auf $\mathcal{J}$ und φ Hölder-stetig, so existiert genau ein Gibbs-Maß μ_φ bezüglich φ, dieses ist ergodisch, und es gilt $\operatorname{supp} \mu_\varphi = \mathcal{J}$. Weiter ist f exakt bezüglich μ_φ.*

(iv) *Es existiert genau ein Maß μ_0 maximaler Entropie, und dieses ist ergodisch. Weiter gilt $\mu_0 = \mu_f$, wobei μ_f das oben konstruierte Maß mit der Eigenschaft* (1) *ist.*

Dabei heißt f expandierend auf $\mathcal{J}$, falls es Konstanten $C > 0$ und $\lambda > 1$ gibt mit $|(f^n)'(z)| \geq C\lambda^n$ für alle $z \in \mathcal{J}$ und $n \in \mathbb{N}$. Eine hierzu äquivalente Bedingung ist, daß die ↗Fatou-Menge von f nur ↗Böttcher- oder ↗Schröder-Gebiete enthält und alle ↗kritischen Punkte von f in $\mathcal{F}$ liegen. Solche Funktionen heißen auch hyperbolisch.

Für $E \subset \mathbb{C}$ und $\varepsilon > 0$ heißt eine Menge von beliebig vielen offenen Kreisscheiben B_j vom Durchmesser $d_j < \varepsilon$ eine ε-Überdeckung von E, falls $E \subset \bigcup_j B_j$. Ist $\delta > 0$, so sei

$$\ell_\delta(E, \varepsilon) := \inf \sum_j d_j^\delta ,$$

wobei das Infimum über alle ε-Überdeckungen von E genommen wird. Es ist $\ell_\delta(E,\varepsilon)$ eine monton fallende Funkton von ε, und daher existiert der Grenzwert

$$\ell_\delta(E) := \lim_{\varepsilon\to 0} \ell_\delta(E,\varepsilon) \in [0,\infty].$$

Hierdurch wird ein Borel-Maß ℓ_δ auf $\mathbb{C}$ definiert. Es heißt das Hausdorff-Maß mit Exponent δ. Zu jeder Menge $E \subset \mathbb{C}$ existiert eine eindeutig bestimmte Zahl $\delta(E)$ mit $\ell_\delta(E) = 0$ für $\delta > \delta(E)$ und $\ell_\delta(E) = \infty$ für $\delta < \delta(E)$. Diese Zahl heißt Hausdorff-Dimension von E. Man schreibt $\dim_{\mathrm{H}} E = \delta(E)$. Elementare Eigenschaften der Hausdorff-Dimension sind:

(a) Für jede Menge $E \subset \mathbb{C}$ gilt $0 \le \dim_{\mathrm{H}} E \le 2$.

(b) Ist E eine höchstens abzählbare Menge, so ist $\dim_{\mathrm{H}} E = 0$.

(c) Gilt $E \subset F$, so gilt $\dim_{\mathrm{H}} E \le \dim_{\mathrm{H}} F$.

(d) Ist E eine zusammenhängende Menge mit mindestens zwei Punkten, so ist $\dim_{\mathrm{H}} E \ge 1$. Ist E speziell ein rektifizierbarer Weg, so ist $\dim_{\mathrm{H}} E = 1$, und $\ell_1(E)$ ist die Länge von E.

(e) Ist E eine nicht-leere offene Menge, so ist $\dim_{\mathrm{H}} E = 2$, und $\frac{\pi}{4}\ell_2(E)$ ist das zwei-dimensionale Lebesgue-Maß von E.

Diese Überlegungen lassen sich auf Mengen $E \subset \widehat{\mathbb{C}}$ übertragen, wenn man statt der Euklidischen Metrik in $\mathbb{C}$ die chordale Metrik in $\widehat{\mathbb{C}}$ benutzt.

Die Borel-Dimension eines beliebigen Maßes μ auf $\widehat{\mathbb{C}}$ ist definiert durch

$$\dim \mu := \inf\{\dim_{\mathrm{H}} E : E \subset \widehat{\mathbb{C}}\ \mu(\widehat{\mathbb{C}} \setminus E) = 0\}.$$

Ist μ invariant, so existiert der Grenzwert

$$\chi_\mu(z) := \lim_{n\to\infty} \tfrac{1}{n} \log|(f^n)'(z)| \in [-\infty,\infty)$$

für μ-fast alle $z \in \widehat{\mathbb{C}}$. Die Zahl $\chi_\mu(z)$ heißt charakteristischer Exponent von μ. Falls μ zusätzlich ergodisch ist, so hängt χ_μ nicht von z ab, und es gilt

$$h_\mu(f) = \max\{\chi_\mu, 0\} \dim \mu$$

und

$$\dim \mu = \lim_{\varepsilon\to 0} \frac{\log \mu(B_\varepsilon(z))}{\log \varepsilon}$$

für μ-fast alle $z \in \widehat{\mathbb{C}}$. Ist $h_\mu(f) > 0$, so gilt $\chi_\mu > 0$, $\operatorname{supp}\mu \subset \mathcal{J}$ und $\dim \mu > 0$. Wählt man für μ das Maß maximaler Entropie, so gilt

$$h_\mu(f) = h(f) = \log d \ge \log 2 > 0,$$

und daher folgt

$$\dim_{\mathrm{H}} \mathcal{J} \ge \dim \mu > 0.$$

Ist f expandierend auf $\mathcal{J}$, so besitzt die Gleichung

$$P(f, -\delta \log|f'|) = 0$$

genau eine Lösung δ. Es gilt $\delta = \dim_{\mathrm{H}} \mathcal{J}$, $0 < \dim_{\mathrm{H}} \mathcal{J} < 2$ und $0 < \ell_\delta(\mathcal{J}) < \infty$. Weiter ist ℓ_δ quasi-invariant und f exakt bezüglich ℓ_δ. Dabei heißt ein Maß μ auf $\widehat{\mathbb{C}}$ quasi-invariant, falls $\mu(f^{-1}(E)) = 0$ genau dann, wenn $\mu(E) = 0$. Zum Beispiel ist auch das Lebesgue-Maß auf $\widehat{\mathbb{C}}$ quasi-invariant.

Ein konformes Maß mit Exponent $\delta > 0$ ist ein Maß μ auf $\mathcal{J}$ mit

$$\mu(f(A)) = \int_A |f'|^\delta \, d\mu$$

für alle μ-meßbaren Mengen $A \subset \mathcal{J}$. Ist f expandierend auf $\mathcal{J}$, so ist das normalisierte Hausdorff-Maß ℓ_δ auf $\mathcal{J}$ (d. h. das Hausdorff-Maß wird auf $\mathcal{J}$ eingeschränkt und so normiert, daß $\ell_\delta(\mathcal{J}) = 1$) das eindeutig bestimmte konforme Wahrscheinlichkeitsmaß mit Exponent $\delta = \dim_{\mathrm{H}} \mathcal{J}$ auf $\mathcal{J}$. Das Gibbs-Maß μ_δ bezüglich $\varphi_\delta = -\delta \log|f'|$ ist äquivalent zu ℓ_δ, d. h. für $E \subset \mathcal{J}$ gilt $\mu_\delta(E) = 0$ genau dann, wenn $\ell_\delta(E) = 0$.

Ist f expandierend auf $\mathcal{J}$ und besteht die Fatou-Menge von f aus genau zwei Zusammenhangskomponenten, so ist $\mathcal{J}$ eine ↗Jordan-Kurve. Weiter ist $\mathcal{J}$ entweder eine Kreislinie oder $1 < \dim_{\mathrm{H}} \mathcal{J} < 2$. Man nennt Kurven $\Gamma \subset \mathbb{C}$ mit $\dim_{\mathrm{H}} \Gamma > 1$ auch fraktale Kurven. Ist speziell

$$f(z) = f_\varepsilon(z) = z^2 + \varepsilon,$$

wobei ε im Innern der Hauptkardioide der Mandelbrot-Menge liegt, so hängt $\delta(\varepsilon) = \dim_{\mathrm{H}} \mathcal{J}(f_\varepsilon)$ reell analytisch von $|\varepsilon|$ ab. Genauer gilt für hinreichend kleine ε

$$\delta(\varepsilon) = 1 + \frac{|\varepsilon|^2}{4\log 2} + c(\varepsilon),$$

wobei

$$\lim_{\varepsilon\to 0} \frac{c(\varepsilon)}{\varepsilon^2} = 0.$$

Für $\varepsilon = 0$ ist $\mathcal{J}(f_\varepsilon)$ die Einheitskreislinie, während $\mathcal{J}(f_\varepsilon)$ für $\varepsilon \ne 0$ eine fraktale Jordan-Kurve ist.

Abschließend sei U ein vollständig invariantes stabiles Gebiet von f, d. h. $f(U) = f^{-1}(U) = U$. Dann ist $\partial U = \mathcal{J}$, und das ↗harmonische Maß ω_U^a ist für jedes $a \in U$ ein invariantes Maß auf $\mathcal{J}$. Ist speziell f ein Polynom, so existiert ein vollständig invariantes stabiles Gebiet $U = \mathcal{A}(\infty)$ von f, das den Punkt ∞ enthält. In diesem Fall stimmt das harmonische Maß ω_U^∞ mit dem Maß maximaler Entropie überein, und es gilt $\dim \omega_U^\infty = 1$.

invariante Menge, Teilmenge $A \subset M$ für ein ↗dynamisches System (M, G, Φ), falls $\Phi_t(A) \subset A$ für alle $t \in G$ gilt. A heißt positiv (negativ) invariant, falls $\Phi_t(A) \subset A$ für alle $t \in G^+$ $(t \in G^-)$ gilt.

Aus dem sog. Poincaré-Bendixson-Theorem folgt für invariante Mengen:

Sei ein dynamisches System (M, G, Φ) gegeben. Jede nichtleere kompakte invariante Teilmenge $A \subset M$ enthält einen Fixpunkt oder einen Grenzzykel.

Beispiele invarianter Mengen sind Fixpunkte, periodische Orbits, ↗α-Limesmengen und ↗ω-Limesmengen.

[1] Hirsch, M.W.; Smale, S.: Differential Equations, Dynamical Systems, and Linear Algebra. Academic Press Orlando, 1974.

invariante Untergruppe, andere Bezeichnung für Normalteiler.

Es sei G eine Gruppe und H eine Untergruppe. Dann heißt H invariante Untergruppe von G, wenn H Normalteiler von G ist (siehe auch ↗Faktorgruppe).

Ist G abelsch, so ist jede Untergruppe ein Normalteiler. Eine nichtabelsche Gruppe heißt Hamiltonsche Gruppe, wenn in ihr jede Untergruppe Normalteiler ist. Die bekannteste Hamiltonsche Gruppe ist die multiplikative Gruppe der 8 Einheitsquaternionen.

invariante zufällige Größe, eine zufällige Größe, die sich unter einer gegebenen Transformation nicht ändert.

Ist $(\Omega, \mathfrak{A}, P)$ ein Wahrscheinlichkeitsraum und T eine auf diesem Raum wirkende maßtreue Transformation, so heißt eine auf $(\Omega, \mathfrak{A}, P)$ definierte zufällige Größe X invariant unter T, wenn $X(T(\omega)) = X(\omega)$ für alle $\omega \in \Omega$ gilt. Sie heißt fast invariante zufällige Größe, wenn diese Gleichheit nur für alle ω außerhalb einer P-Nullmenge besteht.

Invariantensystem, in der Differentialgeometrie der Flächen und Kurven im $\mathbb{R}^3$ eine Menge $\mathcal{S} = \{S_1, \dots, S_n\}$ von ↗differentiellen Invarianten.

Das Invariantensystem heißt unabhängig, wenn sich keine der Invarianten S_i durch die anderen Invarianten und deren Ableitungen ausdrücken läßt. $\mathcal{S}$ heißt vollständig, wenn die Flächen bzw. Kurven durch die S_i bis auf Kongruenz bestimmt sind. Bogenlänge, Krümmung und Windung sind ein unabhängiges Invariantensystem für die Menge der allgemein gekrümmten Kurven.

Nach dem ↗Fundamentalsatz der Kurventheorie ist dieses Invariantensystem auch vollständig. Ebenso bilden nach dem ↗Fundamentalsatz der Flächentheorie die durch die erste und zweite Gaußsche Fundamentalform gegebenen Invarianten ein vollständiges Invariantensystem für die regulären Flächen.

Unter einer Wirkung einer Gruppe G auf einer Menge M versteht man eine Abbildung $(g, x) \in G \times M \to gx \in M$ mit $h(gx) = (hg)x$ und $ex = e$ für $x \in M$, $h, g \in G$ und das das Einselement $e \in G$. Als Orbit eines Punktes $x \in M$ bezeichnet man die Menge $Gx = \{gx | g \in G\}$ aller Bilder von x unter der Wirkung der Gruppenelemente. Die Menge ist dann die disjunkte Vereinigung aller Orbits. Die Menge aller Orbits wird als Faktorraum M/G bezeichnet.

Im Zusammenhang mit Gruppenwirkungen ist ein Invariantensystem im allgemeinen Verständnis eine Menge von invarianten Funktionen, d. h., von Funktionen $f : M \in \mathbb{R}$ mit $f(gx) = f(x)$ für alle $(g, x) \in G \times M$. Ein solches Invariantensystem $\mathcal{S} = \{f_1, \dots, f_n\}$ heißt vollständig, wenn aus der Gleichheit $f_i(x) = f_i(y)$ der Invarianten für $i = 1, \dots, n$ die Gleichheit $Gx = Gy$ der Orbits folgt. Wenn man das Invariantensystem $\mathcal{S}$ als Abbildung $\tilde{f} : M/G \to \mathbb{R}^n$ des Faktorraumes M/G in $\mathbb{R}^n$ ansieht, die einem Orbit Gx den Punkt $(f_1(x), \dots, f_n(x))^\top \in \mathbb{R}^n$ zuordnet, so ist genau dann $\mathcal{S}$ vollständig, wenn $\tilde{f}$ injektiv ist.

Invariantentheorie

G. Pfister

Die Invariantentheorie entwickelte sich in der Mitte des 19. Jahrhunderts beim Studium der Operation der Gruppe $SL_n(\mathbb{C})$ auf homogenen Polynomen in n Veränderlichen vom Grad d. Sie ist verbunden mit den Namen Cayley, Sylvester und Clebsch.

In vielen expliziten Fällen wurden Fundamentalsysteme von Invarianten, d. h. minimale Erzeugendensysteme des Rings der Invarianten, gefunden. Die Entwicklung gipfelte in Arbeiten von Hilbert und Gordon und schließlich in dem bekannten 14. Hilbertschen Problem. Hier hat Hilbert selbst für die Gruppe $G = SL_m(\mathbb{C})$ einen Beitrag geliefert. Er benutzte folgende Eigenschaft: Sei $\varrho : G \to Gl_n(\mathbb{C})$ eine lineare Darstellung und $U \subseteq \mathbb{C}^n$ ein invarianter Unterraum, dann gibt es einen invarianten Unterraum U', so daß $U \oplus U' = \mathbb{C}^n$ ist. Gruppen mit dieser Eigenschaft nennt man heute reduktive Gruppen.

Die Untersuchung der Operation von $SL_2(\mathbb{C})$ auf den binären quadratischen Formen ($SL_2(\mathbb{C})$ operiert hier auf dem Vektorraum $\{ax^2 + bxy + cy^2 \mid a, b, c \in \mathbb{C}\}$ durch die Substitution $x \rightsquigarrow \alpha x + \beta y$, $y \rightsquigarrow \gamma x + \delta y$ mit $\left(\begin{smallmatrix}\alpha & \beta \\ \gamma & \delta\end{smallmatrix}\right) \in SL_2(\mathbb{C})$) hat wahrscheinlich die älteste Geschichte und geht zurück bis auf Lagrange und Gauß (Disquisitiones Arithmeticæ). Bei dieser Operation ist die Diskriminante $D = b^2 - ac$ invariant (wie man leicht nachrechnen kann), und es zeigt sich, daß der Ring der invarianten Funktionen $\mathbb{C}[a, b, c]^{SL_2(\mathbb{C})} = \mathbb{C}[D]$ von der Diskriminante erzeugt wird.

Aus der linearen Algebra kennt man die Operation der Gruppe $GL_2(\mathbb{C})$ auf dem Vektorraum der (2×2)-Matrizen $A \rightsquigarrow AXA^{-1}$, die zur Jordanschen Normalform führt. Die invarianten Funktionen werden hier von der Spur und der Determinante erzeugt: $\mathbb{C}[x_{11}, x_{12}, x_{21}, x_{22}]^{Gl_2(\mathbb{C})} = \mathbb{C}[x_{11} + x_{22}, x_{11}x_{22} - x_{12}x_{21}]$.

Ein weiteres Beispiel ist der bekannte Satz über symmetrische Polynome: Jedes symmetrische Polynom $P \in K[x_1, \ldots, x_n]$ läßt sich als Polynom $P = H(\sigma_1, \ldots, \sigma_n)$ in den elementarsymmetrischen Polynomen σ_i, definiert durch $T^n + \sigma_1 T^{n-1} + \cdots + \sigma_n = \prod_{i=1}^{n}(T - x_i)$, schreiben. In der Sprache der Invariantentheorie heißt das

$$K[x_1, \ldots, x_n]^{S_n} = K[\sigma_1, \ldots, \sigma_n],$$

S_n die Permutationsgruppe. Allgemeiner ist der Ring der invarianten Funktionen $K[x_1, \ldots, x_n]^G$ für eine endliche Gruppe G endlich erzeugt (Emmy Noether).

Ein schönes (zu Beginn des 20. Jahrhunderts bewiesenes) Resultat ist der Satz von Weizenboeck: Sei $G \subseteq Gl_n(K)$ eine eindimensionale algebraische Untergruppe, K ein Körper der Charakteristik 0, dann ist der Ring der invarianten Funktionen $K[x_1, \ldots, x_n]^G$ endlich erzeugt. Wenn z. B.

$$G = \left\{ \begin{pmatrix} 1 & 0 & 0 \\ t & 1 & 0 \\ \frac{1}{2}t^2 & t & 1 \end{pmatrix} \middle| \; t \in K \right\}$$

ist, dann ist

$$K[x_1, x_2, x_3]^G = K[x_1, x_1x_3 - \tfrac{1}{2}x_2^2].$$

Die Invariantentheorie spielt naturgemäß eine wichtige Rolle beim Studium von Modulproblemen. Ein grundlegender Satz von Rosenlicht sagt: Sei G eine algebraische Gruppe, die auf der algebraischen Varietät X algebraisch operiert, dann existiert eine nichtleere, offene G–stabile Menge $U \subseteq X$, so daß der geometrische Quotient von U nach X existiert.

Ein Höhepunkt ist sicher Mumfords Geometrische Invariantentheorie. Erwähnt sei hier das folgende Resultat: Sei G eine affine reduktive algebraische Gruppe, die auf dem affinen Schema $X = \mathrm{Spec}(A)$ algebraisch operiert, dann ist $\mathrm{Spec}(A) \to \mathrm{Spec}(A^G)$ ↗kategorialer Quotient. Sei $U = \{x \in X \mid \mathrm{Orbit}(x)$ ist abgeschlossen und von maximaler Dimension $\}$, dann existiert eine offene Menge $W \subseteq \mathrm{Spec}(A^G)$, so daß $U \to W$ ↗geometrischer Quotient ist.

Für nicht reduktive Gruppen sind solche Untersuchungen schwieriger, weil der Ring der invarianten Funktionen A^G nicht endlich erzeugt sein muß. Hier sei folgendes Resultat erwähnt: Sei G eine affine unipotente algebraische Gruppe, die auf dem affinen Schema $X = \mathrm{Spec}(A)$ algebraisch operiert, dann sind die folgenden Bedingungen äquivalent:

1. $H^1(G, X) = 0$.
2. $\mathrm{Spec}(A) \to \mathrm{Spec}(A^G)$ ist trivialer geometrischer Quotient ($A = A^G[x_1, \ldots, x_r]$).
3. Die Operation ist eine freie Gruppenoperation und A ist eine treuflache A^G–Algebra.

Im Rahmen der ↗Computeralgebra wurden in den letzten Jahren Algorithmen zur Berechnung des Rings der invarianten Funktionen insbesondere für endliche Gruppen implementiert.

Literatur

[1] Mumford, D; Fogarty, J.; Kirwan, F.: Geometric Invariant Theory. Springer Heidelberg/Berlin, 1994.

---

invarianter Torus, Satz über, lautet:

Wenn ein ungestörtes, d. h. ↗integrables Hamiltonsches System nichtentartet ist, verschwinden für eine hinreichend kleine Hamiltonsche Störung die meisten invarianten sog. nichtresonanten Tori nicht, sondern sie werden nur ein wenig deformiert, so daß im Phasenraum des gestörten Systems ebenfalls invariante Tori auftreten, die überall dicht mit Phasenkurven ausgefüllt sind, welche die Tori bedingt periodisch umwickeln, wobei die Anzahl der Frequenzen gleich der halben Dimension des Phasenraums ist.

Diese invarianten Tori bilden die Mehrheit in dem Sinne, daß das Maß des Komplements ihrer Vereinigung klein ist, wenn die Störung klein ist.

Dieser Satz beruht auf Arbeiten von Kolmogorow (1954), Arnold (1963) und Moser (1967), und wird auch oft KAM-Theorem genannt. Er hat viele Anwendungen in der Mechanik, besonders in der Himmelsmechanik, und zeigt, daß das Vorhandensein quasiperiodischer Lösungen (vgl. den Ansatz der ↗Lindstedtschen Reihe) nicht unbedingt an die Integrabilität des Systems geknüpft sein muß.

invarianter Unterraum, ein ↗Unterraum $U \subseteq V$ eines ↗Vektorraumes V über $\mathbb{K}$, für den gilt:

$$F(U) \subseteq U \qquad (1)$$

(F ein ↗Endomorphismus auf V); man nennt U dann auch invariant unter F, oder auch noch präziser F-invarianter Unterraum.

Der Durchschnitt F-invarianter Unterräume eines Vektorraumes V ist wieder ein F-invarianter Unterraum von V, ebenso die Summe endlich vieler F-invarianter Unterräume von V.

Ist der Unterraum U invariant unter F, so auch unter $f(F)$ für jedes Polynom f über $\mathbb{K}$. Durch $U \to U$; $u \mapsto f(F)(u)$ ist dann ein Endomorphismus auf U gegeben. Stets ist $\mathrm{Ker}(f(F))$ ein F-invarianter Unterraum von V.

Der Durchschnitt aller F-invarianten Unterräume des Vektorraumes V, die ein festes Element $v_0 \in V$ enthalten, ist der bzgl. Inklusion kleinste F-invariante Unterraum, der v_0 enthält, er ist gegeben durch die Menge aller $f(F)(v_0)$, wobei f alle Polynome über $\mathbb{K}$ durchläuft; eine Basis dieses Unterraumes ist gegeben durch

$$(v_0, F(v_0), F^2(v_0), \ldots, F^{n-1}(v_0))$$

mit einem geeigneten $n \in \mathbb{N}$.

Ist $U \subseteq V$ ein F-invarianter Unterraum des Endomorphismus $F : V \to V$ auf dem endlich-dimensionalen Vektorraum V, so ist das charakteristische Polynom von $F|U : U \to U; u \mapsto F(u)$ ein Teiler des charakteristischen Polynoms von F.

Eindimensionale F-invariante Unterräume des Vektorraumes V gibt es genau dann, wenn ein $0 \neq v \in V$ existiert mit $F(v) = \lambda v$ für ein $\lambda \in \mathbb{K}$. ↗Eigenräume zu einem Endomorphismus φ sind stets φ-invariant.

Der von den linear unabhängigen Vektoren $v_1, \ldots, v_r$ aufgespannte Unterraum $\mathrm{Span}\{v_1, \ldots, v_r\}$ des n-dimensionalen Vektorraumes V ist genau dann invariant unter dem Endomorphismus $F : V \to V$, wenn F bzgl. einer Basis $(v_1, \ldots, v_r, b_{r+1}, \ldots, b_n)$ von V durch eine $(n \times n)$-Matrix $A = (\alpha_{ij})$ mit $\alpha_{ij} = 0$ für $i \in \{r+1, \ldots, n\}$ und $j \in \{1, \ldots, r\}$ dargestellt wird. Ist $U := \mathrm{span}\{b_1, \ldots, b_{n_1}\}$ ein F-invarianter Unterraum des Vektorraumes V mit der Basis $b = (b_1, \ldots, b_n)$, und ist U' ein Unterraum mit $V = U \oplus U'$, so wird F bezüglich b durch die $(n \times n)$-Matrix

$$\begin{pmatrix} A & C \\ 0 & A' \end{pmatrix}$$

beschrieben, wobei $A = (a_{ij})$ die $(n_1 \times n_1)$-Matrix mit

$$F(b_j) = \sum_{i=1}^{n_1} a_{ij} b_i \quad (1 \leq j \leq n_1)$$

bezeichnet, und $C = (c_{ij})$ bzw. $A' = (a'_{ij})$ die $(n_1 \times n - n_1)$- bzw. die $(n - n_1 \times n - n_1)$-Matrix mit

$$F(b_j) = \sum_{i=1}^{n_1} c_{ij} b_i + \sum_{i=n_1+1}^{n} a'_{ij} b_i \quad (n_1 + 1 \leq j \leq n).$$

Ist V direkte Summe der F-invarianten Unterräume $U_1, \ldots, U_m$ ($V = U_1 \oplus \cdots \oplus U_m$) mit den Basen $b_1 = (b_{11}, \ldots, b_{n_1 1}), \ldots, b_m = (b_{1m}, \ldots, b_{n_m m})$, so wird F bezüglich $b = (b_{11}, \ldots, b_{n_1 1}, \ldots, b_{n_m m})$ durch die Matrix

$$\begin{pmatrix} A_1 & & \\ & \ddots & \\ & & A_m \end{pmatrix}$$

beschrieben, wobei A_i ($1 \leq i \leq m$) die Abbildung $F_i : U_i \to U_i$; $u \mapsto F(u)$ bezüglich b_i beschreibt (siehe oben).

Es muß noch darauf hingewisen werden, daß die Bezeichnungsweise in der Literatur nicht ganz einheitlich ist; manche Autoren definieren die Invarianz eines Unterraums als die Eigenschaft von F, jedes Element des Unterraums auf sich selbst abzubilden (es genügt natürlich, dieses für eine Basis des Unterraums zu fordern). Die Mehrheit würde jedoch diese Eigenschaft (die natürlich viel stärker ist als (1)) als „elementeweise Invarianz" bezeichnen.

invariantes Integral auf einer Gruppe, Integral auf einer Gruppe, das rechts- oder linksinvariant ist.

Es sei G eine Gruppe. Ein auf G definiertes Integral $\int$ heißt linksinvariant, falls für jede integrierbare Funktion $f(x)$ und jedes $s \in G$ auch die Funktion $f(s \cdot x)$ integrierbar ist und die Beziehung $\int f(x)dx = \int f(s \cdot x)dx$ gilt. Das Integral heißt rechtsinvariant, falls für jede integrierbare Funktion $f(x)$ und jedes $s \in G$ auch die Funktion $f(x \cdot s)$ integrierbar ist und die Beziehung $\int f(x)dx = \int f(x \cdot s)dx$ gilt.

invariantes Mustererkennungsnetz, ein ↗Mustererkennungsnetz, das in der Lage ist, ein gegebenes (geringfügig verfälschtes) ↗Muster der im Lern-Modus präsentierten Trainingswerte im Ausführ-Modus unabhängig von einer (oder mehreren) eventuell vorgenommenen speziellen Transformation(en) des Musters korrekt zu identifizieren.

In der Praxis häufig vorkommende Transformationen sind z. B. (Phasen-)Verschiebungen, Drehungen oder Größenänderungen.

Invarianz, ↗Invariante, ↗Invariantentheorie.

Invarianz der Bogenlänge, die Eigenschaft der Bogenlängenfunktion, von zufällig gewählten Parameterdarstellungen der Kurve, die zu ihrer Berechnung dienen, unabhängig zu sein.

Die Invarianz der ↗Bogenlänge $\mathcal{L}_{t_0,t_1}(\alpha)$ einer Kurve α in einer Riemannschen Mannigfaltigkeit, gemessen zwischen zwei Kurvenpunkten, die den Parametern t_0 und t_1 entsprechen, gegenüber Parametertransformationen bedeutet in genauer Formulierung folgendes: Ist α auf einem Intervall $(a, b) \subset \mathbb{R}$ mit $a < t_0 < t_1 < b$ definiert und $\tau : (a_1, b_1) \to (a, b)$ eine bijektive differenzierbare Abbildung von einem anderen Intervall auf (a, b) mit $\tau'(s) \neq 0$, und setzt man

$$\beta(s) = \alpha(\tau(s)), \; s_0 = \tau^{-1}(t_0), \; s_1 = \tau^{-1}(t_1),$$

so gilt

$$\mathcal{L}_{t_0,t_1}(\alpha) = \mathcal{L}_{s_0,t_1}(\beta).$$

Invarianz des Flächeninhalts, die Tatsache, daß der mit Hilfe einer Parameterdarstellung als Doppelintegral des Oberflächenelements berechnete ↗Flächeninhalt nicht von der Wahl dieser Parameterdarstellung abhängt.

Invarianz erzeugender Funktionen, die im folgenden Satz von A.Weinstein (1972) zum Ausdruck kommende Tatsache.

Für eine gegebene kanonische Transformation (Q, P) des $\mathbb{R}^{2n}$, die den Ursprung als Fixpunkt hat, betrachte man die Poincarésche erzeugende Funktion (↗erzeugende Funktion einer kanonischen Transformation) S in kanonischen ↗Darboux-Koordinaten (q, p), die am Ursprung verschwindet, und deren Differential dS in einer geeigneten offenen Umgebung des Ursprungs identisch mit der 1-Form $(1/2)\sum_{i=1}^{n}\big((Q_i(q,p) - q_i)(dP_i(q,p) + dp_i) - (P_i(q,p) - p_i)(dQ_i(q,p) + dq_i)\big)$ ist.
Falls die Linearisierung von (Q, P) am Ursprung nicht -1 als Eigenwert hat, so gibt es für jedes weitere System von Darboux-Koordinaten (q', p') einen (i. allg. nicht symplektischen) Diffeomorphismus Φ des Definitionsbereichs von S auf den von S' und eine reelle Zahl c so, daß gilt:

$$S' \circ \Phi = S + c.$$

Invarianzprinzip, ↗Grenzwertsatz, funktionaler.

inverse Abbildung, ↗inverse Funktion, ↗Umkehrabbildung.

inverse Filtration, auch inverse Filtrierung, antitone Familie $(\mathfrak{A}_t)_{t\in I}$ mit $I = \mathbb{N}_0$ oder $I = \mathbb{R}_0^+$ von σ-Algebren $\mathfrak{A}_t \subseteq \mathfrak{A}$ in einem meßbaren Raum $(\Omega, \mathfrak{A})$.

Die Familie $(\mathfrak{A}_t)_{t\in I}$ ist also genau dann eine inverse Filtration, wenn für alle $s, t \in I$ die Beziehung

$$s \le t \Rightarrow \mathfrak{A}_t \subseteq \mathfrak{A}_s$$

gilt. Inverse Filtrationen spielen eine Rolle beim Studium von an eine Filtration $(\mathfrak{A}_t)_{t\in J}$, $J = -\mathbb{N}_0$ oder $J = \mathbb{R}_0^-$ adaptierten stochastischen Prozessen $(X_t)_{t\in J}$, bei denen die Parametermenge J als negative Zeit interpretiert wird. Durch die Transformation $t \to -t$ wird der Prozeß $(X_t)_{t\in J}$ in den Prozeß $(X_{-t})_{t\in I}$ mit Parametermenge $I = -J$ überführt. Die Familie $(\mathfrak{A}_{-t})_{t\in I}$ ist dann eine inverse Filtration. Entgegen des von der Bezeichnung suggerierten Eindrucks ist eine inverse Filtration keine Filtration.

inverse Funktion, *inverse Abbildung*, die Umkehrfunktion $f^{-1} : Y \to X$ zu einer bijektiven Funktion $f : X \to Y$, wobei X und Y nicht-leere Mengen seien.

$G := \{f : X \to X \,|\, f \text{ bijektiv}\}$ bildet mit der Komposition $\circ$ von Abbildungen eine Gruppe $(G, \circ)$, und zu $f \in G$ ist das inverse Element zu f bzgl. $\circ$ gerade die inverse Funktion f^{-1}. In Spezialfällen, z. B. $X \subset \mathbb{R}^n$, kann man zu Funktionen, die keine Umkehrfunktion besitzen, weil sie nicht injektiv sind, oft ↗lokale Umkehrfunktionen, also inverse Funktionen geeigneter Einschränkungen der Funktionen, betrachten.

inverse Funktion, Satz über die, ↗inverse lineare Abbildung, Satz über die.

inverse Galois-Theorie, behandelt das im folgenden dargestellte Problem.

Es sei eine endliche Gruppe G gegeben. Gibt es Körperpaare $(\mathbb{L}, \mathbb{K})$ (wenn ja, welche) derart, daß $\mathbb{L}$ eine Galoissche Körpererweiterung von $\mathbb{K}$ mit Galois-Gruppe $Gal(\mathbb{L}/\mathbb{K}) \cong G$ ist? Oder, in äquivalenter Formulierung: Gibt es Polynome über einem Körper $\mathbb{K}$, deren Galoisgruppe isomorph zu G ist (↗Galois-Theorie), und wenn ja, welche?

Die Antwort hängt in wesentlicher Weise von dem Grundkörper $\mathbb{K}$ ab. Aus der Theorie der Riemannschen Flächen folgt, daß jede endliche Gruppe als Galois-Gruppe über dem Körper $\mathbb{C}(t)$ der komplexen rationalen Funktionen zu realisieren ist. Von speziellem Interesse ist der Fall $\mathbb{K} = \mathbb{Q}$.

Auch heute (2000) ist noch nicht bekannt, ob jede endliche Gruppe als Galois-Gruppe über $\mathbb{Q}$ realisierbar ist. Einige klassische Ergebnisse hierzu sind, daß die abelschen Gruppen, die symmetrischen Gruppen S_n, die alternierenden Gruppen A_n und die auflösbaren Gruppen realisiert werden können. In den letzten 20 Jahren des 20. Jahrhunderts wurden viele der einfachen endlichen Gruppen realisert. Teilweise sind die Polynome explizit bekannt. Für eine Überblick über den Stand des Wissens sei auf [1] verwiesen.

[1] Malle, G., Matzat, B.H.: Inverse Galois theory. Springer-Verlag Heidelberg/Berlin, 1999.

inverse Iteration, ein iteratives Verfahren zur Bestimmung eines Eigenvektors x zu einem Eigenwert

λ einer Matrix $A \in \mathbb{R}^{n\times n}$, wenn man bereits eine Näherung μ an den Eigenwert λ kennt.

Man berechnet dabei, ausgehend von einem beliebigen Startvektor $x_0, x_0 \neq 0$, und einer Näherung μ an den Eigenwert λ, die Folge von Vektoren

$$y_{m+1} = (A - \mu I)^{-1} x_m \quad \text{und}$$
$$x_{m+1} = y_{m+1} / ||y_{m+1}|| \, .$$

Die inverse Iteration ist also gerade die ↗Potenzmethode, angewendet auf $(A - \mu I)^{-1}$. Die Folge der $\{y_m\}_{m\in\mathbb{N}}$ konvergiert sehr schnell gegen einen Eigenvektor von A zur Eigenwertnäherung μ.

Die explizite Berechnung von $(A - \mu I)^{-1}$ ist nicht erforderlich. Stattdessen löst man das lineare Gleichungssystem $(A - \mu I)y_{m+1} = x_m$. Da sich in diesem Gleichungssystem nur die rechten Seiten, nicht aber die Koeffizientenmatrizen mit m ändern, ist es vorteilhaft, einmal die ↗LR-Zerlegung von $A - \mu I$ zu berechnen: $P(A - \mu I) = LR$. Dann erhält man die Lösung y_{m+1} aus den beiden gestaffelten Gleichungssystemen $Lz = Px_m$ und $Ry_{m+1} = z$. Die Eigenwertnäherung μ wird häufig mittels des ↗QR-Algorithmus berechnet, dann hat man A typischerweise in oberer ↗Hessenberg-Form vorliegen. L ist dann sehr dünn besetzt, denn in jeder Spalte von L sind höchstens 2 Elemente ungleich Null. R ist eine obere Dreiecksmatrix. Das Auflösen der gestaffelten Gleichungssysteme erfordert daher nur wenig Aufwand.

Typischerweise beendet man die Iteration, wenn $||d_{m+1}||$ klein genug ist, wobei

$$d_{m+1} = x_{m+1} - \tau_{m+1} x_m$$

und

$$\tau_{m+1} = \operatorname{sgn}(x_{m+1})_i / \operatorname{sgn}(x_m)_i$$

für die maximale Komponente $(x_m)_i$ des Vektors x_m. Man setzt dann

$$\lambda = \mu + \frac{1}{\tau_{m+1} ||y_{m+1}||}$$

und $z = x_{m+1}$.

Die beschriebene Grundform der inversen Iteration stammt von Wielandt und wird daher oft als Vektoriteration von Wielandt bezeichnet. Man kann das Verfahren der inversen Iteration so modifizieren, daß man neben dem Eigenvektor zur Eigenwertnäherung μ gleichzeitig eine Verbesserung der Eigenwertnäherung μ selbst erhält.

Der Ansatz der inversen Iteration läßt sich modifizieren, um mehrere Eigenvektoren gleichzeitig zu berechnen. Dazu startet man die Iteration statt mit einem einzelnen Startvektor x_0 mit einer Startmatrix $X_0 \in \mathbb{C}^{n\times p}$, um den zu p Eigenwertnäherungen $\mu_1, \mu_2, \ldots, \mu_p$ gehörigen Eigenraum zu bestimmen. Dies führt auf ↗Unterraum-Iterationsmethoden.

inverse lineare Abbildung, Satz über die, Aussage über die Stetigkeit der inversen Abbildung einer stetigen linearen Abbildung.

Es seien V und W ↗Banachräume und $f : V \to W$ eine lineare stetige Abbildung.

Dann gilt: Ist f bijektiv, so ist auch die inverse Abbildung f^{-1} stetig.

Der Satz über die inverse Abbildung ist eine direkte Folgerung aus dem Satz von der offenen Abbildung.

inverse Matrix, die zu einer ↗regulären $(n \times n)$-Matrix A über $\mathbb{K}$ eindeutig gegebene $(n \times n)$-Matrix A^{-1} über $\mathbb{K}$ mit der Eigenschaft

$$AA^{-1} = I_n;$$

dabei bezeichnet I_n die $(n \times n)$-Einheitsmatrix.

Die Matrix A^{-1} wird dann als invers zu A bezeichnet. Gilt $AA^{-1} = I_n$, so gilt auch $A^{-1}A = I_n$; die Relation „ist invers zu" ist also symmetrisch, d. h. ist A invers zu B, so ist auch B invers zu A. Repräsentiert die Matrix A einen ↗Automorphismus $\phi : V \to V$ auf einem n-dimensionalen $\mathbb{K}$-Vektorraum V bezüglich einer ↗Basis b von V, so repräsentiert A^{-1} den zu ϕ inversen Automorphismus ϕ^{-1} bezüglich b.

Die inverse Matrix $(A_1A_2 \cdots A_m)^{-1}$ des (regulären) Produktes von m regulären $(n \times n)$-Matrizen $A_1 \ldots A_m$ ist gegeben durch

$$(A_1 \cdots A_m)^{-1} = A_m^{-1} \cdots A_1{}^{-1}.$$

Um die Matrix A^{-1} zu berechnen, überführt man beispielsweise A mit Hilfe einer Folge ↗elementarer Zeilenumformungen in die Einheitsmatrix; wendet man dieselbe Folge elementarer Zeilenumformungen auf die Einheitsmatrix an, so erhält man A^{-1}.

Eine andere Möglichkeit zur „Inversion von Matrizen" ist die folgende: Bezeichnet α_{ji} die Adjunkte des Elementes a_{ij}, so ist die inverse Matrix A^{-1} der regulären Matrix $A = ((a_{ij}))$ gegeben durch

$$A^{-1} = \frac{1}{\det A} \cdot ((\alpha_{ji}))\,,$$

wobei $((\alpha_{ji}))$ die aus den Adjunkten gebildete Matrix bezeichnet.

Eine $(n \times n)$-Matrix A ist genau dann invertierbar (d. h. ihre inverse Matrix A^{-1} existiert), wenn sie Rgn hat, was genau dann gilt, wenn ihre Determinante nicht verschwindet.

Die invertierbaren $(n \times n)$-Matrizen über $\mathbb{K}$ beschreiben bzgl. fest gewählter Basen gerade die Isomorphismen zwischen n-dimensionalen $\mathbb{K}$-Vektorräumen.

Statt „inverse Matrix" verwendet man gelegentlich auch den Begriff Kehrmatrix.

inverse Ordnung, die Umkehrung einer gegebenen Ordnung in folgendem Sinne:

Ist R eine Ordnung, dann ist die inverse Ordnung definiert durch

$$R^\star := \{(b, a) : (a, b) \in R\}.$$

$R^\star$ ist wiederum eine Ordnung. Ein typisches Beispiel ist die zu „$\leq$" ↗inverse Ordnungsrelation „$\geq$".

inverse Ordnungsrelation, eine ↗Ordnungsrelation auf einer Menge, die eine andere Ordnungsrelation „umkehrt":

Ist „$\leq$" eine Ordnungsrelation auf der Menge M, so besteht die zu „$\leq$" inverse Ordnungsrelation „$\geq$" aus allen $(a, b) \in M \times M$, für die gilt, daß $b \leq a$.

Es gilt also $a \geq b$ genau dann, wenn $b \leq a$ gilt.

inverse Polnische Notation, klammerfreie, aber dennoch eindeutige Notation arithmischer, logischer und anderer Ausdrücke.

Operanden und Operationssymbole werden in linearer Folge notiert, eine n-stellige Operation bezieht sich immer auf die n unmittelbar davor stehenden Operanden.

Ein Beispiel: Der Ausdruck $a \cdot -(b + c) + d$ (mit $-$ als Vorzeichenwechsel) wird in inverser Polnischer Notation als $a\ b\ c\ +\ -\ \cdot\ d\ +$ notiert. Die Notation verlangt eine eindeutige Zuordnung von Stelligkeiten zu den Symbolen, kann also z. B. nicht die gemischte Verwendung des Zeichens $-$ als einstellige (Inversion) und zweistellige (Subtraktion) Operation tolerieren.

Die Notation ist in der Informatik aufgegriffen worden, da sich die lineare Notation direkt in Rechenschritte umsetzen läßt: Ein notierter Operand wird zuoberst in einen Kellerspeicher eingekellert, eine notierte Operation wird auf die obersten Kellerelemente angewendet (die dabei entfernt werden), während das Operationsergebnis neu eingekellert wird. Am Ende der Berechnung steht der Wert des Ausdrucks als einziger Wert im Keller.

inverse Probleme, Fragestellung im Zusammenhang mit sogenannten ↗schlecht gestellten Aufgaben.

Da sich diese einem klassischen Lösungsweg verschließen aufgrund der extremen Empfindlichkeit bezüglich Änderungen in den Problemdaten, kehrt sich die Fragestellung um und richtet sich nach Methoden zur Verschärfung der Problemstellung selbst, um die Instabilitäten in den Griff zu bekommen. Für systematische Verfahren hierzu siehe ↗Regularisierungsverfahren.

inverse Relation, *Umkehrrelation*, eine ↗Relation, die das „Gegenstück" zu einer gegebenen Relation ist, siehe etwa ↗inverse Ordnungsrelation.

inverser Homomorphismus, im Zusammenhang mit Sprachoperationen gebräuchliche Konstruktion.

Ist τ eine ↗ε-freie Substitution, dann wird durch die Anwendung des inversen Homomorphismus die Sprache

$$\tau^{-1}(L) = \{w \mid \tau(w) \in L\}$$

definiert.

Ist z. B. das Alphabet $\sigma = \{a, b, c\}$, $L = \{abb, aab\}$ und $\tau(a) = ab$, $\tau(b) = a$, $\tau(c) = b$, so ist

$$\tau^{-1}(L) = \{ac, ba, bbc, bcc\}.$$

Die Anwendung inverser Homomorphismen entspricht der Ersetzung eines Musters $(\tau(x))$ durch ein einzelnes Zeichen (x) und realisiert also einen Abstraktionsprozeß.

inverser Limes, ↗projektiver Limes.

inverser Operator, zu einem bijektiven linearen Operator $T : X \to Y$ zwischen Vektorräumen der eindeutig bestimmte Operator $S : Y \to X$ mit $ST = \mathrm{Id}_X$, $TS = \mathrm{Id}_Y$.

Es gilt der Satz vom inversen Operator:

Sind X und Y Banach- oder Fréchet-Räume und ist T stetig, so ist auch S stetig.

inverser Verband, Inverses eines Verbandes im Sinne der Ordnungen (↗inverse Ordnung). Der inverse Verband eines Verbandes ist wieder ein Verband.

Inverses, zu einem gegebenen Element a dasjenige Element a^{-1}, das a auf das Einselement rückführt.

Genauer: Es sei M eine Menge mit einer Verknüpfung $\circ : M \times M \to M$ mit Einselement e. Ist $a \in M$ ein Element, so heißt $(a^{-1})_l$ ein Linksinverses von a, falls

$$(a^{-1})_l \circ a = e$$

und $(a^{-1})_r$ ein Rechtsinverses von a, falls

$$a \circ (a^{-1})_r = e.$$

Besitzt a genau ein Links- und genau ein Rechtsinverses und sind beide gleich, so nennt man dieses Element Inverses a^{-1} von a.

Zumeist verwendet man den Begriff „Inverses" für das inverse Element bezüglich der Gruppenoperation. Wird die Gruppe additiv geschrieben, heißt das inverse Element manchmal auch „entgegengesetztes Element".

inverses Supermartingal, auf einem mit einer inversen Filtration $(\mathfrak{A}_t)_{t\in I}$, $I = \mathbb{N}_0$ oder $I = \mathbb{R}_0^+$, versehenen Wahrscheinlichkeitsraum $(\Omega, \mathfrak{A}, P)$ definierter reeller stochastischer Prozeß $(X_t)_{t\in I}$ mit den Eigenschaften, daß für jedes $t \in I$ die Zufallsvariable X_t $\mathfrak{A}_t$-$\mathfrak{B}(\mathbb{R})$-meßbar und integrierbar ist, und P-fast sicher die Bedingung

$$E(X_t|\mathfrak{A}_s) \leq X_s \qquad \text{für alle } s \geq t$$

erfüllt ist. Dabei bezeichnet $\mathfrak{B}(\mathbb{R})$ die σ-Algebra der Borelschen Mengen von $\mathbb{R}$.

Inverse Submartingale bzw. inverse Martingale werden entsprechend definiert, indem man in $E(X_t|\mathfrak{A}_s) \leq X_s$ das Symbol $\leq$ durch $\geq$ bzw. $=$ ersetzt.

Ist $J = -\mathbb{N}_0$ oder $J = \mathbb{R}_0^-$ und $(Y_t)_{t\in J}$ ein Supermartingal bezüglich der Filtration $(\mathfrak{A}_t)_{t\in J}$, so ist $(Y_{-t})_{t\in I}$ ein inverses Supermartingal bezüglich der inversen Filtration $(\mathfrak{A}_{-t})_{t\in I}$ mit $I = -J$.

inverses Theorem, vor allem innerhalb der ↗Approximationstheorie übliche Bezeichnung für Sätze, die, ausgehend vom Verhalten der Folge der ↗Minimalabweichungen bei Approximation einer Funktion, Aussagen über deren Glattheit machen.

Ein typisches Resultat in dieser Richtung ist der folgende Satz von S.N.Bernstein, der gleichzeitig eines der ältesten inversen Theoreme darstellt.

Zu gegebener Funktion f existiere für jedes $\lambda \in \mathbb{R}$ eine Konstante $K = K_\lambda > 0$ so, daß die Minimalabweichung $E_n(f)$ bei Approximation von f durch Polynome vom Grad n auf einem Intervall $[a, b]$ der Abschätzung

$$E_n(f) \leq K \cdot n^{-\lambda}$$

genügt. Dann ist f im Innern von (a, b) unendlich oft differenzierbar.

Die Bezeichnung invers leitet sich in diesem Fall aus der Tatsache her, daß der Satz eine Umkehrung entsprechender Resultate von Jackson (↗Jackson-Sätze) darstellt.

[1] Meinardus, G.: Approximation von Funktionen und ihre numerische Behandlung. Springer-Verlag, Heidelberg, 1964.

Inversion am Kreis, eine Spiegelung am Kreis.

Es sei K ein Kreis in der Ebene mit dem Mittelpunkt M und dem Radius r. Ist P ein beliebiger Punkt in der Ebene, so betrachtet man die Gerade MP zwischen M und P. Auf dieser Geraden gibt es einen Punkt Q mit der Eigenschaft, daß $|MQ| \cdot |MP| = r^2$ ist. Dann nennt man die Punkte P und Q invers zueinander. Die Abbildung $P \to Q$ heißt die Inversion oder auch Spiegelung am Kreis.

Von besonderer Bedeutung in der Funktionentheorie ist die ↗Inversion an der Einheitskreislinie.

Inversion an der Einheitskreislinie, eine spezielle ↗Inversion am Kreis, nämlich die Abbildung $f: \mathbb{C}^* \to \mathbb{C}^*$ mit $f(z) = 1/\bar{z}$ für $z \in \mathbb{C}^* = \mathbb{C} \setminus \{0\}$.

Sie vermittelt eine ↗konforme Abbildung von $\mathbb{C}^*$ auf $\mathbb{C}^*$, wobei $\dot{\mathbb{E}} = \{z \in \mathbb{C} : 0 < |z| < 1\}$ konform auf $\Delta = \{z \in \mathbb{C} : |z| > 1\}$ und Δ konform auf $\dot{\mathbb{E}}$ abgebildet wird. Die Einheitskreislinie $\mathbb{T}$ wird bijektiv auf sich abgebildet. Außerdem gilt $f^{-1} = f$. Die Fixpunkte von f sind ± 1.

Für $z \in \mathbb{C}^*$ kann man den Bildpunkt $f(z)$ mit Zirkel und Lineal konstruieren. Dazu sei zunächst $|z| < 1$. Man zeichnet den Strahl S von 0 durch z nach ∞ und konstruiert eine Gerade L durch z senkrecht zu S. In einem der beiden Schnittpunkte von L mit $\mathbb{T}$ errichtet man die Tangente T an $\mathbb{T}$. Der Schnittpunkt von T mit S sei z^*. Schließlich wird z^* noch an der reellen Achse gespiegelt, und man erhält $f(z)$.

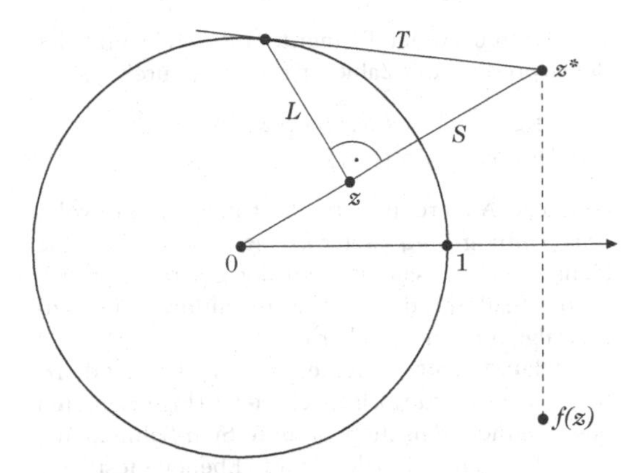

Inversion an der Einheitskreislinie

Ist $|z| > 1$, so wird z zunächst an der reellen Achse gespiegelt, wodurch man den Punkt $\bar{z}$ erhält. Man zeichnet die Strecke S von 0 nach $\bar{z}$ und konstruiert eine der beiden Tangenten von $\bar{z}$ an $\mathbb{T}$. Vom Schnittpunkt dieser Tangente mit $\mathbb{T}$ fällt man das Lot auf die Strecke S und erhält $f(z)$.

Für $|z| = 1$ gilt $f(z) = \bar{z}$, d. h. z muß nur an der reellen Achse gespiegelt werden.

Inversion von Matrizen, ↗inverse Matrix.

Inversionsordnung, von der sog. Vorordnung

$$f \trianglelefteq g :\Longleftrightarrow E(f) \subseteq E(g)$$

für alle $f, g \in B(N, \{1, 2, \ldots, n\})$ auf der Menge $B(N, \{1, 2, \ldots, n\})$ aller bijektiven Abbildungen $N \to \{1, 2, \ldots, n\}$ induzierte Ordnung.

Invers-Isotonie, ↗Isotonie.

inversive Ebene, ↗Möbiusebene.

Inversor, führt mechanisch die Spiegelung an einem Grundkreis mit dem Radius a aus (↗Inversion am Kreis).

Involution, eine konjugiert-lineare Abbildung $x \mapsto x^*$ auf einer Algebra über $\mathbb{C}$, die $x^{**} = x$ und $(xy)^* = y^*x^*$ für alle x und y erfüllt.

Handelt es sich um eine Banach-Algebra und gilt zusätzlich $\|x^*\| = \|x\|$ für alle x, spricht man von einer isometrischen Involution.

Auf der Banach-Algebra aller beschränkten Operatoren auf einem Hilbertraum ist $T \mapsto T^*$ (= der zu T adjungierte Operator), und auf der mit dem Faltungsprodukt ausgestatteten Banach-Algebra $L^1(\mathbb{R})$ ist $f \mapsto f^*$, $f^*(t) = \overline{f(-t)}$, jeweils eine isometrische Involution.

inzidente Kanten, ↗ Graph.

Inzidenzalgebra, algebraische Struktur der im folgenden beschriebenen Art.

Es sei $P_<$ eine lokal-endliche Ordnung, K ein Körper der Charakteristik 0 und

$$\mathbb{A}_K(P) := \{f : P^2 \to K : x \not\leq y \Rightarrow f(x,y) = 0\}.$$

Die Summe zweier Elemente aus $\mathbb{A}_K(P)$ und das Skalarprodukt mit Zahlen $r \in K$ wird durch

$$(f+g)(x,y) := f(x,y) + g(x,y),$$
$$(rf)(x,y) := rf(x,y)$$

definiert. Außerdem betrachtet man die Konvolution (Faltung) $f \star g$ zweier Elemente aus $\mathbb{A}_K(P)$. Die Menge $\mathbb{A}_K(P)$ zusammen mit der Operationen Addition, Skalarprodukt und Konvolution heißt Inzidenzalgebra von $P_<$ (über K).

Inzidenzaxiome, Axiome, welche die Inzidenz- bzw. Verknüpfungseigenschaften (Eigenschaften des Einander-Angehörens und Sich-Schneidens) von Punkten, Geraden und Ebenen festlegen (↗Axiome der Geometrie, ↗Inzidenzstruktur).

Inzidenzfunktion, Element einer ↗Inzidenzalgebra.

Inzidenzgeometrie, ↗endliche Geometrie, ↗Inzidenzstruktur.

Inzidenzliste, ↗ Graph.

Inzidenzmatrix, eine Matrix, die eine endliche ↗Inzidenzstruktur $(\mathcal{P}, \mathcal{B}, I)$ beschreibt.

Ist $\mathcal{P} = \{P_1, \dots, P_n\}$ und $\mathcal{B} = \{B_1, \dots, B_m\}$, so ist die Inzidenzmatrix die $(n \times m)$-Matrix $((a_{ij}))$ mit

$$a_{ij} = \begin{cases} 1 & \text{falls } P_i \text{ und } B_j \text{ inzident sind,} \\ 0 & \text{sonst.} \end{cases}$$

Inzidenzstruktur, auch Inzidenzgeometrie genannt, Modell der ↗Inzidenzaxiome.

Wird eine Geometrie nur durch Inzidenzaxiome beschrieben, so gibt es noch sehr viele Möglichkeiten, was unter Begriffen wie „Punkt", „Gerade" und „Ebene" verstanden werden kann, die zum Teil mit der üblichen geometrischen Vorstellung dieser Begriffe wenig gemein haben, da viele ihrer Eigenschaften erst durch die anderen ↗Axiome der Geometrie festgelegt werden. Eine sehr einfache (ebene) Inzidenzstruktur ist z. B. durch die folgenden Definitionen der Begriffe „Punkt" und „Gerade" gegeben:

Es sei $\mathcal{P} = \{A, B, C\}$ eine beliebige dreielementige Menge. Die Elemente von $\mathcal{P}$ seien Punkte, alle zweielementigen Teilmengen von $\mathcal{P}$ Geraden:

$$\mathcal{G} := \{\{A,B\}, \{A,C\}, \{B,C\}\} \quad .$$

Für diese Definition der Menge $\mathcal{P}$ der Punkte und der Menge $\mathcal{G}$ der Geraden gelten tatsächlich die Inzidenzaxiome I 1 und I 2 der Ebene (siehe ↗Axiome

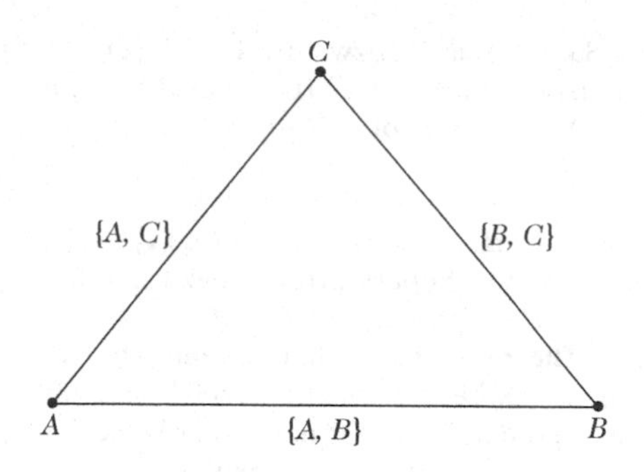

der Geometrie), unabhängig davon, welcher Art die Elemente der Ausgangsmenge sind.

Allgemein ist also eine Inzidenzstruktur ein Tripel $(\mathcal{P}, \mathcal{B}, I)$, wobei

- $\mathcal{P}$ eine endliche Menge ist, deren Elemente *Punkte* genannt werden,
- $\mathcal{B}$ eine endliche Menge ist, deren Elemente *Blöcke* genannt werden,
- $I \subseteq \mathcal{P} \times \mathcal{B}$ eine Relation ist, die sog. Inzidenzrelation.

Ist $(P, B) \in I$, so sagt man, der Punkt P ist mit dem Block B inzident.

Häufig wird der Block $B \in \mathcal{B}$ mit der Punktmenge $\{P \in \mathcal{P} \mid (P,B) \in I\}$ identifiziert. In diesem Falle ist $\mathcal{B}$ eine Menge von Teilmengen von $\mathcal{P}$, und anstelle von $(P,B) \in I$ schreibt man $P \in B$ und sagt, der Punkt P ist in dem Block B enthalten.

Falls je zwei Punkte in höchstens einem Block enthalten sind (↗partieller linearer Raum), so werden die Elemente von B auch als Geraden bezeichnet. In anderen Zusammenhängen sagt man an Stelle von „Block" auch „Ebene", „Kreis" etc.

Sind $(\mathcal{P}, \mathcal{B}, I)$ und $(\mathcal{P}', \mathcal{B}', I')$ Inzidenzstrukturen, so heißt eine Abbildung $\phi : \mathcal{P} \cup \mathcal{B} \to \mathcal{P}' \cup \mathcal{B}'$ Isomorphismus, falls die Einschränkungen $\phi|\mathcal{P} : \mathcal{P} \to \mathcal{P}'$ und $\phi|\mathcal{B} : \mathcal{B} \to \mathcal{B}'$ bijektiv sind, und falls $(P,B) \in I$ genau dann gilt, wenn $(\phi(P), \phi(B)) \in I'$ ist. Oft wird ϕ auch eine Kollineation genannt.

Inzidenzstrukturen werden auch als Rang-2-Geometrien bezeichnet. Verallgemeinerungen erhält man, wenn man mehr als zwei Mengen von Objekten betrachtet, etwa Punkte, Geraden und Ebenen.

Der Untersuchung von Inzidenzstrukturen widmet sich die ↗endliche Geometrie.

Ionescu-Tulcea, Satz von, folgender ohne topologische Voraussetzungen auskommender Satz über die Fortsetzung von Maßen auf das Produkt abzählbar vieler meßbarer Räume und die Existenz zufälliger Folgen.

Es sei $(\Omega_n, \mathfrak{A}_n)_{n \in \mathbb{N}}$ eine Folge beliebiger meßbarer Räume und $\Omega = \prod_{n \geq 1} \Omega_n$ sowie $\mathfrak{A} = \otimes_{n \geq 1} \mathfrak{A}_n$. Weiterhin mögen auf $(\Omega_1, \mathfrak{A}_1)$ das Wahrscheinlich-

keitsmaß P_1 und für jedes $n > 1$ ein Wahrscheinlichkeitskern κ_n vom Produkt $(\prod_{i=1}^{n-1}\Omega_i, \otimes_{i=1}^{n-1}\mathfrak{A}_i)$ nach $(\Omega_n, \mathfrak{A}_n)$ gegeben sein. Dann existiert auf $(\Omega, \mathfrak{A})$ genau ein Wahrscheinlichkeitsmaß P, so daß die Gleichung

$$P(\{(\omega_j)_{j\geq 1} \in \Omega : \omega_1 \in A_1, \dots, \omega_n \in A_n\}) = P_n(A_1 \times \dots \times A_n)$$

für jedes $n \in \mathbb{N}$ und alle $A_i \in \mathfrak{A}_i$, $i = 1, \dots, n$ erfüllt ist, wobei die rechte Seite durch

$$P_n(A_1 \times \dots \times A_n) := \int_{A_1}\int_{A_2}\dots\int_{A_n} \kappa_n(\omega_1, \dots, \omega_{n-1}, d\omega_n) \dots \kappa_2(\omega_1, d\omega_2)P_1(d\omega_1)$$

definiert ist. Weiterhin existiert eine Folge $(X_n)_{n\in\mathbb{N}}$ von auf $(\Omega, \mathfrak{A}, P)$ definierten Zufallsvariablen mit

$$P(\{\omega \in \Omega : X_1(\omega) \in A_1, \dots, X_n(\omega) \in A_n\}) = P_n(A_1 \times \dots \times A_n)$$

für alle $n \in \mathbb{N}$ und alle $A_i \in \mathfrak{A}_i$, $i = 1, \dots, n$.

irrationale Zahl, eine nicht-rationale reelle Zahl, also eine reelle Zahl, die nicht als Bruch in der Form $\frac{p}{q}$ mit $p, q \in \mathbb{Z}$ darstellbar ist.

Die Existenz irrationaler Zahlen wurde nach heutigem Wissensstand erstmals von dem pythagoräischen Philosophen Hippasos von Metapont anhand des ↗Goldenen Schnitts nachgewiesen.

Irrationalität von e, eine der im zahlentheoretischen Sinne markantesten Eigenschaften der Zahl ↗e.

Die Irrationalität wurde 1737 von Leonhard Euler erkannt, da die regelmäßige Kettenbruchentwicklung von e nicht abbricht. Sie kann aber auch wie folgt elementar bewiesen werden:

Für natürliche Zahlen N gilt $N!\,e = A_N + B_N$ mit

$$A_N = \sum_{n=0}^{N} \frac{N!}{n!}, \quad B_N = \sum_{n=N+1}^{\infty} \frac{N!}{n!},$$

wobei A_N ganz ist, aber B_N und damit $N!\,e$ wegen

$$0 < B_N < \frac{1}{N+1}\sum_{n=0}^{\infty}\left(\frac{1}{N+2}\right)^n = \frac{N+2}{(N+1)^2} < 1$$

für kein N ganz sein kann.

Irrationalität von π und π^2, eine der im zahlentheoretischen Sinne markantesten Eigenschaften der Zahl ↗π.

Die Irrationalität von π selbst wurde schon von Aristoteles behauptet, aber erst 1761 von Johann Heinrich Lambert bewiesen, indem er mittels einer Kettenbruchdarstellung der Tangensfunktion zeigte, daß $\tan x$ für alle rationalen $x \neq 0$ irrational ist, und $x = \frac{\pi}{4}$ setzte. 1794 zeigte Adrien-Marie Legendre auch die Irrationalität von π^2 und vermutete die Transzendenz von π.

1947 veröffentlichte Ivan Niven einen elementaren Beweis für die Irrationalität von π: Wäre $\pi = \frac{a}{b}$ mit natürlichen Zahlen a und b, so nähmen für $n \in \mathbb{N}$ das Polynom

$$f(x) = \frac{1}{n!}x^n(a - bx)^n$$

und seine Ableitungen $f'(x), \dots, f^{(2n)}(x)$ für $x \in \{0, \pi\}$ ganzzahlige Werte an. Mit

$$F(x) := \sum_{\nu=0}^{n}(-1)^\nu f^{(2\nu)}(x)$$

wäre daher

$$\int_0^\pi f(x)\sin x\,dx = \left[F'(x)\sin x - F(x)\cos x\right]_0^\pi = F(\pi) + F(0)$$

ganzzahlig. Wegen

$$0 < f(x)\sin x < \frac{1}{n!}\pi^n a^n$$

für $0 < x < \pi$ ist das Integral aber positiv und wird für hinreichend große n beliebig klein.

Ähnlich ist auch die Irrationalität von π^2 zu zeigen. Es ist aber beispielsweise nicht bekannt, ob $\ln\pi$ rational oder irrational ist.

irredundantes Boolesches Polynom, ein ↗Boolesches Polynom $p = m_1 \vee \dots \vee m_q$ mit der Eigenschaft, daß das Entfernen eines beliebigen ↗Booleschen Monoms m_i $(i \in \{1, \dots, q\})$ zu einem Booleschen Polynom

$$p' = m_1 \vee \dots, \vee m_{i-1} \vee m_{i+1} \vee \dots \vee m_q$$

führt, das eine ↗Boolesche Funktion $\phi(p')$ beschreibt, welche verschieden ist von der durch p beschriebenen Booleschen Funktion $\phi(p)$.

Ist ein Boolesches Polynom nicht irredundant, so spricht man von einem redundanten Booleschen Polynom.

Irreduzibilität, andere Bezeichnung für Unzerlegbarkeit.

In vielen Bereichen der Mathematik treten Größen auf, bei denen man an der Frage interessiert ist, ob sie sich nach bestimmten Kriterien zerlegen lassen. So stellt sich beispielsweise bei einem Polynom p die Frage, ob es in bezug auf die Multiplikation zerlegt werden kann. Ist eine solche Zerlegung nicht möglich, so spricht man von Irreduzibilität oder Unzerlegbarkeit. Ist zum Beispiel R ein Integritätsbereich, so heißt ein Polynom $p \in R[Y]$ genau dann irreduzibel, wenn p keine Einheit ist, und in jeder Zerlegung $p(x) = q(x) \cdot r(x)$ einer der beiden Teiler eine Einheit von R ist (↗irreduzibles Polynom).

Diese Definition läßt sich auch in voller Allgemeinheit auf die Irreduzibilität in Integritätsbereichen übertragen. Ist R ein Integritätsbereich, so heißt ein Element $q \in R\backslash\{0\}$ irreduzibel, falls q keine Einheit ist und für jede Zerlegung $q = a \cdot b$ von q in Elemente von R einer der beiden Teiler eine Einheit von R ist.

irreduzible analytische Teilmenge eines komplexen Raumes, Begriff in der Funktionentheorie auf komplexen Räumen.

Eine Teilmenge A eines komplexen Raumes $(X, {}_X\mathcal{O})$ heißt analytische Menge, wenn es zu jedem $z \in X$ eine Umgebung U von z und Funktionen $f_1, ..., f_r \in {}_X\mathcal{O}(U)$ gibt so, daß $A \cap U = N(U; f_1, ..., f_r)$ (Nullstellenmenge der Familie $(f_1, ..., f_r)$ auf U). A heißt reduzibel, wenn es eine Darstellung $A = A_1 \cup A_2$ mit eigentlichen analytischen Teilmengen A_j in A gibt. Andernfalls heißt A irreduzibel.

irreduzible Darstellung, *irreduzible Gruppendarstellung*, eine nicht reduzible Darstellung T einer Gruppe G.

Sei $T : G \longrightarrow \mathrm{GL}(V)$ eine Darstellung der Gruppe G über dem Vektorraum V, d. h. T ist ein ↗Gruppenhomomorphismus von G in die Gruppe $\mathrm{GL}(V)$ der linearen Abbildungen von V in sich.

T heißt irreduzibel, wenn es keinen von $\{0\}$ und V verschiedenen linearen Teilraum W von V gibt, so daß für jedes $g \in G$ gilt: $T(g)W \subset W$.

Ist diese Bedingung nicht erfüllt, heißt T reduzibel, und W wird invarianter Teilraum von V genannt.

Bei der Klassifikation von Darstellungen einer Gruppe genügt es, sich auf die irreduziblen Darstellungen zu beschränken, da die reduziblen aus den irreduziblen zusammengesetzt werden können.

irreduzible Gruppendarstellung, ↗irreduzible Darstellung.

irreduzible Menge, in bezug auf Summenbildung unzerlegbare Menge.

Es seien $\mathbb{N}_0$ die Menge der nichtnegativen ganzen Zahlen und $A_1, ..A_N \subseteq \mathbb{N}_0$. Dann bezeichnet man die Menge

$$\sum_{i=1}^{n} A_i = A_1 + \cdots + A_n = \left\{ \sum_{i=1}^{n} a_i | \; a_i \in A_i \right\}$$

als Summenmenge der A_i. Eine Menge $M \subseteq \mathbb{N}_0$ heißt dann irrduzibel, wenn sie nur die triviale Darstellung als Summenmenge besitzt, das heißt:

$$M = \{a\} + M_1, 0 \leq a \leq m.$$

Dabei bezeichnet m die kleinste in M vorkommende Zahl (siehe auch ↗Irreduzibilität).

irreduzibler reduzierter komplexer Raum, Verallgemeinerung der algebraischen Zerlegung eines monischen Polynoms P in Potenzen irreduzibler Polynome, der eine geometrische Zerlegung der Nullstellenmenge von P in irreduzible Komponenten entspricht.

Sei X ein reduzierter komplexer Raum. $S(X)$ bezeichne die Menge der singulären Punkte von X, dies ist eine analytische Teilmenge von X, die nirgends dicht ist. Wenn Z' eine Zusammenhangskomponente von $X\backslash S(X)$ ist, dann ist der Abschluß Z von Z' in X eine irreduzible analytische Teilmenge von X, die man als eine irreduzible Komponente von X bezeichnet. Der Raum X ist die lokal endliche Vereinigung seiner irreduziblen Komponenten, und jeder Keim Z_a ist eine Vereinigung von Primkomponenten von X_a. Es gilt folgender Satz.

Wenn ein zusammenhängender reduzierter komplexer Raum in jedem Punkt irreduzibel ist, dann ist X irreduzibel.

irreduzibler topologischer Raum, topologischer Raum, der sich nicht durch endlich viele abgeschlossene echte Unterräume überdecken läßt, bzw. in dem der Durchschnitt von zwei nichtleeren offenen Mengen nicht leer ist.

irreduzibler Vektorraum, ein ↗Vektorraum V, der sich bzgl. eines gegebenen ↗Endomorphismus $F : V \to V$ nicht als direkte Summe zweier F-invarianter Unterräume (↗invarianter Unterraum) U_1 und U_2 von V darstellen läßt.

irreduzibles Idempotent, unzerlegbares idempotentes Element.

Es seien R ein Ring und $a \in R$ ein ↗idempotentes Element. Dann heißt a ein irreduzibles Idempotent, wenn man a nicht als Summe zweier orthogonaler Idempotente schreiben kann. Dabei heißen zwei Idempotente a_1, a_2 zueinander orthogonal, wenn $a_1 \cdot a_2 = a_2 \cdot a_1 = 0$ gilt.

irreduzibles Polynom, ein Polynom P im Polynomenring R, das keine echten Teiler hat, d. h. $p = a \cdot b$ impliziert, daß a oder b eine Einheit in R ist.

Im Polynomenring über einen Körper sind die Einheiten die von Null verschiedenen Konstanten.

Die Eigenschaft, irreduzibel zu sein, hängt vom Grundkörper ab. So ist über dem Körper der reellen Zahlen das Polynom $x^2 + 1$ irreduzibel, über den komplexen Zahlen jedoch nicht, denn hier gilt

$$x^2 + 1 = (x + i)(x - i).$$

irreduzibles Ringelement, ein Ringelement r mit der Eigenschaft: $r = ab$ impliziert a oder b ist invertierbar und r ist nicht invertierbar.

Im Ring der ganzen Zahlen sind die Primzahlen irreduzible Elemente. Allgemeiner sind Primelemente irreduzibel.

Irregularität einer Fläche, in moderner Terminologie die Zahl $q = \dim H^1(X, \mathcal{O}_X)$ einer glatten projektiven algebraischen Fläche oder einer kompakten 2-dimensionalen komplexen Mannigfaltigkeit. Ist X eine Kähler-Mannigfaltigkeit, so ist $q = \frac{1}{2}b_1$, wobei b_1 die erste Betti-Zahl ist.

Irrfahrt, *zufällige Irrfahrt*, Bezeichnung für eine Folge $(X_n)_{n\in\mathbb{N}_0}$ von auf einem Wahrscheinlichkeitsraum $(\Omega, \mathfrak{A}, P)$ definierten Zufallsvariablen mit der Eigenschaft, daß die sogenannten Sprünge $Z_n := X_n - X_{n-1}$, $n \geq 1$, unabhängig und identisch verteilt sind.

Die Zufallsvariable X_n wird als Position oder Zustand eines sich bewegenden Teilchens zum Zeitpunkt n und der Sprung Z_n als die Orts- oder Zustandsveränderung zwischen den Zeitpunkten $n-1$ und n aufgefaßt. Sind die X_n reell, so spricht man von einer eindimensionalen Irrfahrt, falls sie Werte in $\mathbb{R}^d$ annehmen, entsprechend von einer mehrdimensionalen Irrfahrt. Weiterhin bezeichnet man Irrfahrten, bei denen die Sprünge mit positiver Wahrscheinlichkeit nur die Werte -1 oder 1 annehmen, als einfache Irrfahrten, wobei gelegentlich aber auch $P(Z_n = 0) > 0$ zugelassen wird. Irrfahrten sind spezielle Markow-Ketten und im Falle $E(|Z_1|) < \infty$ Sub- bzw. Supermartingale.

Irrtumswahrscheinlichkeit, die Wahrscheinlichkeit, sich bei statistischen Schluß- und Prüfverfahren zu irren.

Speziell wird der Begriff Irrtumswahrscheinlichkeit zur Beurteilung der Güte von Hypothesentests und zur Beurteilung der Güte von ↗ Bereichsschätzungen verwendet.

Bei einer auf der Basis einer Stichprobe berechneten Bereichsschätzung für einen unbekannten Parameter mit der Überdeckungswahrscheinlichkeit α ist die Irrtumswahrscheinlichkeit gerade gleich $1 - \alpha$, d. h., die Irrtumswahrscheinlichkeit ist die Wahrscheinlichkeit, mit der der berechnete Bereich den gesuchten unbekannten Parameter nicht enthält. Bei statistischen Hypothesentests zum Prüfen einer Hypothese H_0 gegen eine Alternative H_1 unterscheidet man zwei Fehlerarten, den sogenannten ↗ Fehler erster Art:

Entscheidung gegen H_0, obwohl H_0 gilt,

und den ↗ Fehler zweiter Art:

Entscheidung für H_0, obwohl H_0 nicht gilt.

Der Begriff Irrtumswahrscheinlichkeit wird dabei speziell für die Wahrscheinlichkeit des Fehlers erster Art verwendet.

isochrones Pendel, ein Pendel, dessen Schwingungsdauer im Gegensatz zum gewöhnlichen Fadenpendel nicht von der Größe des Pendelausschlages abhängt.

Ein Beispiel ist das 1673 von Chr. Huygens erfundene Zykloidenpendel, bei dem der Pendelfaden auf beiden Seiten einer gemeinen Zykloide anliegt, deren Spitze mit dem Aufhängepunkt des Pendels zusammenfällt. Der schwingende Massepunkt am Ende des Pendels beschreibt demzufolge eine ↗ Evolvente der Zykoide. Dieser Eigenschaft verdankt die gemeine Zykloide den Beinamen Tautochrone.

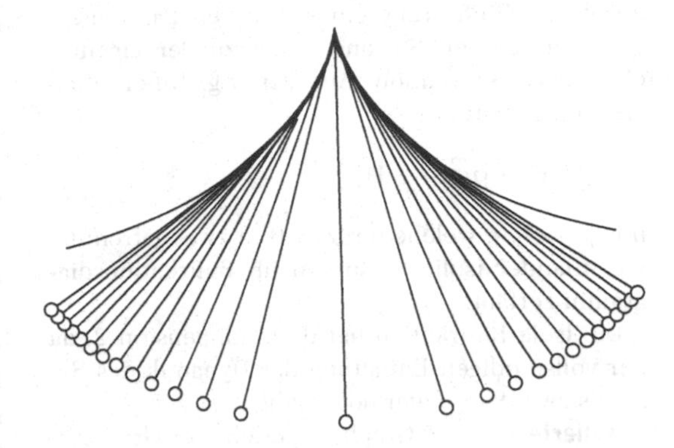

Bei einem isochronen Pendel liegt der Faden einer Zykloide an.

isoenergetische Nichtentartung, für ein ↗ integrables Hamiltonsches System auf einer ↗ symplektischen Mannigfaltigkeit, dessen ↗ Hamilton-Funktion H durch n Wirkungsvariablen $I = (I_1, \ldots, I_n)$ in der Form $H = h(I)$ ausgedrückt werden kann, die Eigenschaft, daß für jede reelle Zahl E die Abbildung von $\mathbb{R}^n$ in den $(n-1)$-dimensionalen reellprojektiven Raum, die durch

$$I \mapsto [(\partial h/\partial I_1)(I), \ldots, (\partial h/\partial I_n)(I)]$$

definiert wird, auf jeder Energiehyperfläche $h^{-1}(E)$ nichtentartet ist.

isoenergetische Reduktion, Untersuchung der Normalform eines Hamiltonschen Systems auf einer ↗ Energiehyperfläche in der Nähe einer periodischen Bahn.

Isogenie, ein endlicher surjektiver Morphismus von ↗ Gruppenschemata.

Isokline, für die Differentialgleichung $y' = f(x, y)$ die Menge der Punkte, denen dieselbe Steigung im Richtungsfeld zugeordnet ist.

Anders ausgedrückt sind die Isoklinen diejenigen Kurven, auf denen $f(x, y)$ konstant ist. Das Richtungsfeld ist bereits festgelegt, wenn die Isoklinen gezeichnet und die Richtungen angegeben sind, die den (Punkten der einzelnen) Isoklinen zugeordnet sind.

Isola-Bifurkation, eine ↗ Bifurkation, die durch eine Differentialgleichung des Typs

$$\dot{x} = x^2 - \mu^2(\mu + 1)$$

mit $x, \mu \in \mathbb{R}$ beschrieben wird, welche Fixpunkte bei $x_{1,2} = \pm\sqrt{\mu+1}$ ($\mu > -1$) hat. Bei $\mu = -1$ ensteht eine Sattel-Knoten-Bifurkation, bei $\mu = 0$ eine transkritische Bifurkation.

Das System umfaßt also sowohl die Sattel-Knoten-Bifurkation als auch die transkritische Bifurkation mit quadratischen Nichtlinearitäten. Die Untersuchung der struktuellen Stabilität des Systems durch die Einführung eines weiteren Parameters χ, einer kleinen Störung, führt zu der eigentlichen Isola-Bifurkation. Aus der o. g. Differentialgleichung ensteht

$$\dot{x} = x^2 - [\mu^2(\mu + 1)]\chi$$

mit $\chi \to +0$, welche für $\chi < 0$ in zwei getrennte, voneinander isolierte Kurven im Bifurkationsdiagramm zerfällt.

Die Isola-Bifurkation hat die Kodimension 2, da zur vollständigen Entfaltung der Dynamik des Systems zwei Parameter notwendig sind.

isolierte Ecke, ↗ Graph, ↗ gerichteter Graph.

isolierte Singularität, zu einer ↗holomorphen Funktion f ein Punkt $z_0 \in \mathbb{C}$ derart, daß f in einer punktierten Kreisscheibe

$$\dot{B}_r(z_0) = \{z \in \mathbb{C} : 0 < |z - z_0| < r\},$$

$r > 0$ holomorph ist.

Ist z_0 eine isolierte Singularität von f, so ist die ↗Laurent-Entwicklung

$$f(z) = \sum_{n=-\infty}^{\infty} a_n(z - z_0)^n$$

von f mit Entwicklungspunkt z_0 in $\dot{B}_r(z_0)$ konvergent. Der Punkt z_0 heißt

1. hebbare Singularität von f, falls $a_n = 0$ für alle $n < 0$,
2. Polstelle (oder Pol) von f, falls ein $m < 0$ existiert derart, daß $a_m \neq 0$ und $a_n = 0$ für alle $n < m$,
3. wesentliche Singularität von f, falls $a_n \neq 0$ für unendlich viele $n < 0$.

isolierter Fixpunkt, ein Fixpunkt x_0, beispielsweise eines ↗dynamischen Systems (M, G, Φ), für den eine Umgebung $U(x_0)$ existiert, in der außer x_0 kein anderer Fixpunkt liegt. So sind z. B. ↗hyperbolische Fixpunkte isoliert.

Isometrie, *isometrische Abbildung*, normerhaltende lineare Abbildung zwischen normierten Räumen.

Es seien V und W normierte Räume und $T : V \to W$ eine lineare Abbildung. Dann heißt T Isometrie, falls für alle $x \in V$ gilt:

$$||T(x)|| = ||x||.$$

Jede Isometrie zwischen normierten Räumen ist stetig.

isometrische Abbildung, ↗Isometrie, ↗längentreue Abbildung.

isometrische Flächen, ↗aufeinander abwickelbare Flächen.

isometrischer Hilbertaum, ein ↗Hilbertraum, der zu einem gegebenen Hilbertraum isometrisch ist.

Es seien H_1 und H_2 Hilberträume mit den Skalarprodukten $\langle , \rangle_1$ und $\langle , \rangle_2$. Dann sind H_1 und H_2 zueinander isometrisch, falls es eine Abbildung $T : H_1 \to H_2$ gibt, so daß gilt:

$$\langle x - y, x - y\rangle_1 = \langle T(x) - T(y), T(x) - T(y)\rangle_2$$

für alle $x, y \in H_1$. Das bedeutet, daß T die Abstände zweier Punkte unverändert läßt.

isomorphe Automaten, ↗Automaten mit gleichem Übergangs- und Akzeptierungsverhalten.

Zwei Automaten heißen isomorph, falls ihre Ein- und/oder Ausgabealphabete gleich sind und es eine bijektive Abbildung zwischen ihren Zustandsmengen gibt, so daß die Bilder der Anfangszustände des einen Automaten genau die Anfangszustände des anderen Automaten sind, die Bilder der Folgezustände eines Zustandes z bei Eingabe eines Zeichens x genau die Folgezustände des Bildes von z bei Eingabe von x sind, die Ausgaben des ersten Automaten in z (bei x) genau die Ausgaben des zweiten Automaten beim Bild von z (und x) sind, sowie die Bilder der Akzeptierungszustände des ersten Automaten genau die Akzeptierungszustände des zweiten Automaten sind.

Enthält ein Automatenmodell nicht alle genannten Konzepte, schwächt sich die Isomorphiebedingung entsprechend ab. Isomorphe Automaten haben identische Funktionalität.

isomorphe Banachräume, ↗Isomorphie von Banachräumen.

isomorphe binäre Entscheidungsgraphen, ↗binäre Entscheidungsgraphen $G_1 = (V_1, E_1, index_1)$ und $G_2 = (V_2, E_2, index_2)$, zu denen es eine bijektive Abbildung $\varrho : V_1 \to V_2$ gibt, die den Eigenschaften (1), (2) und (3) für jeden Knoten $v_1 \in V_1$ genügt:

(1) $\varrho(v_1)$ ist genau dann ein innerer Knoten von G_2, wenn v_1 ein innerer Knoten von G_1 ist.

(2) $index_1(v_1) = index_2(\varrho(v_1))$.

(3) Ist v_1 ein innerer Knoten, so gilt

$$\varrho(low(v_1)) = low(\varrho(v_1))$$
$$\varrho(high(v_1)) = high(\varrho(v_1)),$$

wobei $low(v)$ den low-Nachfolgerknoten (↗binärer Entscheidungsgraph) und $high(v)$ den $high$-Nachfolgerknoten des Knotens v darstellt.

isomorphe Graphen ↗ Graphenhomomorphismus.

isomorphe Gruppen, zwei Gruppen G_1 und G_2, zwischen denen es einen eineindeutigen ↗Gruppenhomomorphismus gibt.

Es seien G_1 und G_2 Gruppen. Dann heißt eine Abbildung $f : G_1 \to G_2$ ein Gruppenhomomorphismus, falls $f(a \cdot b) = f(a) \cdot f(b)$ für alle $a, b \in G_1$ gilt. Ist zusätzlich f ein bijektiver Homomorphismus, so nennt man f einen Isomorphismus. In diesem Fall sind G_1 und G_2 zueinander isomorphe Gruppen.

Beispiel: Die Gruppe der Rotationen um einen festen Punkt Q in der euklidischen Ebene ist isomorph zur additiven Gruppe der reellen Zahlen modulo 2π. Der Gruppenhomomorphismus besteht darin, daß der Rotation der entsprechende Drehwinkel zugeordnet wird.

isomorphe Hilberträume, ↗Isomorphie von Hilberträumen.

isomorphe *L*-Strukturen, ↗*L*-Strukturen gleicher Signatur (↗algebraische Struktur), für die es eine Bijektion zwischen den Trägermengen der Strukturen gibt, welche funktionen- und relationentreu ist.

Sei L eine ↗elementare Sprache der Signatur $\sigma := (F_\sigma, R_\sigma, C_\sigma)$ und $\mathcal{A} = \langle A, F^A, R^A, C^A \rangle$, $\mathcal{B} = \langle B, F^B, R^B, C^B \rangle$ seien L-Strukturen mit $F^A := \{f_i^A : i \in I\}$, $F^B := \{f_i^B : i \in I\}$, $R^A := \{R_j^A : j \in J\}$, $R^B := \{R_j^B : j \in J\}$ und $C^A := \{c_k^A : k \in K\}$, $C^B := \{c_k^B : k \in K\}$. Weiterhin sei $f : A \to B$ eine Bijektion. Dann ist f ein Isomorphismus zwischen $\mathcal{A}$ und $\mathcal{B}$, wenn folgende Bedingungen erfüllt sind:

1. Für jede n-stellige Funktion $f_i^A \in F^A$ und alle $a_1, \dots, a_n \in A$ gilt
$$f(f_i^A(a_1, \dots, a_n)) = f_i^B(f(a_1), \dots, f(a_n)).$$
2. Für jede m-stellige Relation $R_j \in R^A$ und alle $a_1, \dots, a_m \in A$ gilt:
$$R_j(a_1, \dots, a_m) \Leftrightarrow R_j^B(f(a_1), \dots, f(a_m)).$$
3. Für jedes $k \in K$ gilt: $f(c_k^A) = c_k^B$.

In diesem Fall heißen $\mathcal{A}$ und $\mathcal{B}$ isomorphe L-Strukturen.

isomorphe Ringe, Ringe, zwischen denen ein ↗Ringisomorphismus existiert.

isomorphe Vektorräume, ↗Isomorphie von Vektorräumen.

Isomorphie von Banachräumen, Existenz eines linearen bijektiven Operators $\Phi : X \to Y$ zwischen Banachräumen so, daß Φ und Φ^{-1} stetig sind.

Φ ist also ein linearer Homöomorphismus. (Tatsächlich ist die Stetigkeit von Φ^{-1} nach dem Satz von der offenen Abbildung eine Konsequenz der Stetigkeit von Φ.) Gilt zusätzlich sogar $\|\Phi(x)\| = \|x\|$ für alle $x \in X$, heißen X und Y isometrisch isomorph.

Nach dem Struktursatz von Fischer-Riesz sind ℓ^2 und $L^2[0,1]$ isometrisch isomorph, und ℓ^∞ und $L^\infty[0,1]$ sind isomorph, aber nicht isometrisch isomorph. Für die übrigen Werte von p sind ℓ^p und $L^p[0,1]$ nicht isomorph.

Ein quantitatives Maß der Isomorphie von Banachräumen ist der ↗Banach-Mazur-Abstand.

Isomorphie von Hilberträumen, Existenz eines linearen bijektiven Operators $\Phi : H \to K$ zwischen Hilberträumen, der skalarprodukterhaltend ist, d. h.

$$\langle \Phi(x), \Phi(y) \rangle_K = \langle x, y \rangle_H \qquad \forall x, y \in H. \tag{1}$$

Durch Polarisierung sieht man, daß (1) äquivalent ist zur Isometrie, d. h.

$$\|\Phi(x)\|_K = \|x\|_H \qquad \forall x \in H. \tag{2}$$

Der Struktursatz von Fischer-Riesz besagt, daß jeder Hilbertraum zu einem $\ell^2(I)$-Raum (↗Hilbertraum) als Hilbertraum isomorph ist.

Isomorphie von Vektorräumen, meist mit $\cong$ bezeichnete Äquivalenzrelation auf der Menge der ↗Vektorräume über einem Körper $\mathbb{K}$.

Dabei gilt $V \cong U$ genau dann, falls ein ↗Isomorphismus $f : V \to U$ existiert; U und V werden in diesem Fall als isomorph bezeichnet.

Zwei endlichdimensionale Vektorräume über demselben Körper $\mathbb{K}$ sind genau dann isomorph, falls sie gleiche Dimension besitzen. Unendlichdimensionale Vektorräume müssen nicht isomorph sein.

Isomorphiesatz, Bezeichnung für den folgenden Satz aus der Linearen Algebra:

Sei V ein ↗Vektorraum über $\mathbb{K}$, und seien U_1 und U_2 Unterräume von V.

Dann sind die $\mathbb{K}$-Vektorräume $U_1/(U_1 \cap U_2)$ und $(U_1 + U_2)/U_2$ isomorph:

$$U_1/(U_1 \cap U_2) \cong (U_1 + U_2)/U_2$$

(↗Isomorphie von Vektorräumen).

Isomorphismus, bijektive ↗lineare Abbildung $f : U \to V$ zwischen zwei Mengen, meist Vektorräumen U und V.

Die Hintereinanderausführung $gf : U \to W$ zweier Isomorphismen $f : U \to V$ und $g : V \to W$ ist wieder ein Isomorphismus; ebenso die Umkehrabbildung $f^{-1} : V \to U$.

Eine lineare Abbildung $f : U \to V$ ist genau dann ein Isomorphismus, wenn sie eine beliebige Basis von U auf eine Basis von V abbildet. Zwischen zwei endlich-dimensionalen Vektorräumen (↗Dimension eines Vektorraumes) über demselben Körper existiert genau dann ein Isomorphismus, wenn die Räume gleiche Dimension besitzen. Bzgl. fest gewählter Basen $(u_1, \dots, u_n)$ von U und $(v_1, \dots, v_n)$ von V wird ein Isomorphismus durch eine ↗reguläre $(n \times n)$ Matrix beschrieben und umgekehrt; die Isomorphismen zwischen n-dimensionalen Vektorräumen entsprechen bzgl.

fest gewählter Basen also umkehrbar eindeutig den regulären $(n \times n)$-Matrizen. Eine lineare Abbildung zwischen zwei endlich-dimensionalen Vektorräumen ist genau dann bijektiv, d. h. ein Isomorphismus, wenn sie injektiv und surjektiv ist.

Beispiele: (1) Ist $B = (b_i)_{i \in I}$ eine Basis des $\mathbb{K}$-Vektorraumes V, so ist V isomorph zu $\mathbb{K}^I$. Ein Isomorphismus ist gegeben durch

$$f : V \to \mathbb{K}^I;\ v = \sum_{i \in I} \alpha_i b_i \mapsto (\alpha_i)_{i \in I}.$$

(2) Ist die Abbildung $F : U \to V$ linear, ist $(u_1, \dots, u_m, w_1, \dots, w_n)$ eine Basis von U mit $\langle u_1, \dots, u_m \rangle = \operatorname{Ker} F$, und bezeichnet W den von $w_1, \dots, w_n$ aufgespannten Unterraum von U, so ist durch die Abbildung $F|_W : W \to \operatorname{Im} F;\ w \mapsto F(w)$ ein Isomorphismus gegeben.

Neben der hier beschriebenen (und in der Praxis am häufigsten auftretenden) Isomorphie von Vektorräumen existiert der Begriff des Isomorphismus auch in anderen Bereichen, siehe etwa ↗Isomorphismus von Kategorien; fundamental ist dabei immer die Tatsache, daß es sich um eine eineindeutige Beziehung zwischen zwei Strukturen handelt.

Isomorphismus von Kategorien, ein ↗Funktor $T : \mathcal{C} \to \mathcal{D}$ von der ↗Kategorie $\mathcal{C}$ nach $\mathcal{D}$, der auf den Objekten und Morphismen jeweils eine Bijektion ist.

Äquivalent hierzu ist die Existenz eines Funktors $S : \mathcal{D} \to \mathcal{C}$, mit dem die Hintereinanderausführungen $S \circ T$ und $T \circ S$ jeweils die Identitätsfunktoren auf den Kategorien ergeben. Gilt letzteres bis auf sog. natürliche Transformationen, so nennt man die Kategorien äquivalent. Isomorphe Kategorien sind immer äquivalent.

isoperimetrisches Problem, die Aufgabe, für Klassen von Kurven einer Ebene mit gegebenem Umfang diejenige Kurve zu finden, die den größten Flächeninhalt einschließt.

Es sei M die Menge der ebenen, rektifizierbaren und einfach geschlossenen Kurven γ einer gegebenen Länge L. Dann besteht das isoperimetrische Problem darin, die Kurve aus der Menge M zu suchen, für die der Flächeninhalt des von der Kurve umschlossenen Bereichs maximal wird. Das Problem wird gelöst durch den Kreis vom Radius $\frac{L}{2\pi}$.

Für alle n-Ecke (mit festem $n \in \mathbb{N}$, $n \geq 3$) gegebenen Umfangs ist das regelmäßige n-Eck dasjenige mit dem größten Flächeninhalt. Falls als Klasse von Kurven die Menge der glatten Kurven der (x, y)-Ebene betrachtet wird, so kann das isoperimetrische Problem für einen gegebenen Umfang U folgendermaßen formuliert werden: Man finde einen Kurve mit der Parameterdarstellung $x = x(t)$, $y = y(t)$ (für $t \in [t_1, t_2]$), für die $x(t_1) = x(t_2)$ und $y(t_1) = y(t_2)$ gilt und die keine weiteren Punkte doppelt enthält, mit

$$U = \int_{t_1}^{t_2} \sqrt{\left(\frac{dx}{dt}\right)^2 + \left(\frac{dy}{dt}\right)^2}\, dt,$$

so, daß

$$A = \frac{1}{2} \int_{t_1}^{t_2} \left(x\frac{dy}{dt} - y\frac{dx}{dt} \right) dt$$

maximal wird.

Isophote, Menge derjenigen Punkte einer beleuchteten Fläche, in denen Winkel zwischen Fläche und Lichtstrahl konstant ist.

Ist die Fläche r-dimensional, so sind die Isophoten im generischen Fall $(r-1)$-dimensional, und ihre Differenzierbarkeitsklasse ist um 1 geringer als die der Fläche. In der Abbildung erkennt man am Knick der Isophoten deutlich die Stellen der Krümmungsunstetigkeit der abgebildeten Fläche.

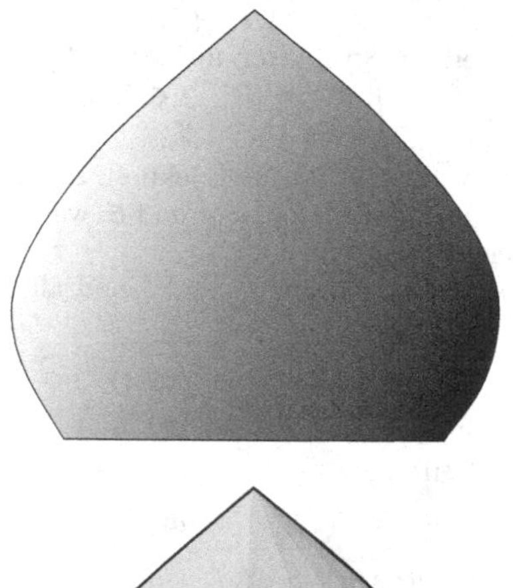

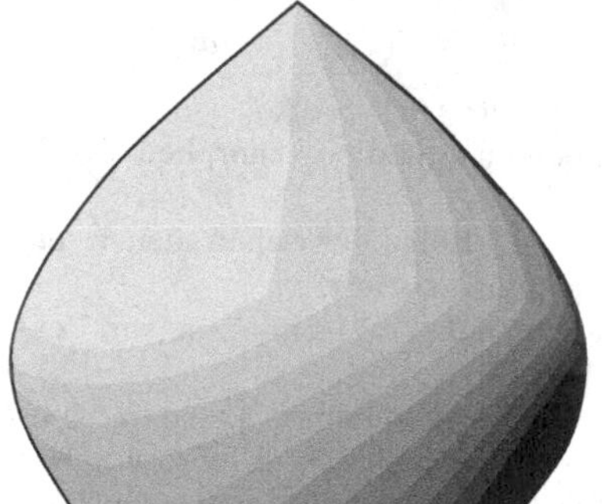

Isophoten

Isospin, Analog zum Spin gebildete Größe, die eine interne Rotation im Raum der Elementarteilchen beschreibt.

Der Spin entspricht Rotationen im dreidimensionalen Raum, der Isospin ist mathematisch dasselbe, nur bezogen auf einen internen Raum. Für beide lassen sich entsprechende Quantenzahlen finden. Nach dem Modell von Heisenberg und Iwanenko unterscheiden sich das Proton und das Neutron gerade um ihren Isospin-Wert.

isotherme Parameterdarstellung, ↗konforme Parameterdarstellung.

isotone Abbildung, eine ↗Abbildung, die eine gegebene Ordnung erhält, ↗Isotonie, ↗Monotonie von Funktionen.

isotone Folge, ↗Isotonie, ↗Monotonie von Folgen.

isotone Funktion, ↗Isotonie, ↗Monotonie von Funktionen.

Isotonie, Eigenschaft einer Folge, einer Abbildung, oder ganz allgemein eines Operators $T : M \to N$ der geordneten Menge $\{M, <\}$ in die ebenfalls geordnete Menge $\{N, <<\}$. Der Operator heißt isoton, falls

$$\forall x, y \in M : \; x < y \;\Rightarrow\; Tx << Ty.$$

Der Operator heißt antiton, falls

$$\forall x, y \in M : \; x < y \;\Rightarrow\; Ty << Tx.$$

Der Operator heißt invers-isoton, falls

$$\forall x, y \in M : \; Tx << Ty \;\Rightarrow\; x < y.$$

Isotopie, spezielle Form der Homotopie.

Es seien X und Y topologische Räume und $f, g : X \to Y$ stetige Abbildungen. Dann heißt f homotop zu g, wenn es eine stetige Abbildung $H : X \times [0, 1] \to Y$ gibt, so daß gilt:

$$H(x, 0) = f(x) \text{ und } H(x, 1) = g(x)$$

für alle $x \in X$. Die Abbildung H heißt dann Homotopie zwischen f und g. Definiert man weiterhin die Abbildung H_t durch $H_t(x) = H(x, t)$, so heißen f und g isotop, falls H_t für alle $t \in [0, 1]$ ein Homöomorphismus auf $H_t(X)$ ist. In diesem Fall nennt man H eine Isotopie.

isotrop, ↗Isotropie, ↗lichtartig.

isotrope Dielektrika, ↗ Dielektrika, deren elektrische Eigenschaften unabhängig von der räumlichen Richtung sind.

isotrope Untermannigfaltigkeit, Untermannigfaltigkeit einer ↗symplektischen Mannigfaltigkeit, für die jeder Tangentialraum in seinem Schieforthogonalraum enthalten ist.

Isotropie, allgemein die Richtungsunabhängigkeit einer Eigenschaft.

Speziell heißt das:

1. Bei optischen Materialien: Die Lichtgeschwindigkeit im Medium ist richtungsunabhängig, damit ist auch der Brechungsindex richtungsunabhängig.

2. In der Speziellen Relativitätstheorie: Die Größe der Grenzgeschwindigkeit c ist unabhängig von der räumlichen Richtung; historisch war diese Eigenschaft wichtig, um die Existenz eines Äthers ausschließen zu können.

3. In der Kosmologie: Die Eigenschaft eines Weltmodells, invariant gegenüber räumlichen Drehungen zu sein.

Für eine Riemannsche Mannigfaltigkeit V_n der Dimension $n > 1$ unterscheidet man mehrere Arten von Isotropie: punktweise, lokale und globale Isotropie.

Ist $x \in V_n$, dann heißt V_n in x (lokal) isotrop, wenn es zu je zwei in x befindlichen Vektoren v^i, w^i gleicher Länge eine (lokale) Isometrie gibt, die x als Fixpunkt hat und v^i in w^i überführt.

V_n heißt isotrop, wenn V_n zu jedem $x \in V_n$ in x isotrop ist.

Es gibt Beispiele von Riemannschen Mannigfaltigkeiten V_n, die nicht isotrop sind, obwohl sie für jedes $x \in V_n$ in x lokal isotrop sind (siehe auch ↗Isotropiegruppe).

Isotropiegruppe, eine Gruppe konformer Abbildungen.

Die Isotropiegruppe eines ↗Gebietes $G \subset \mathbb{C}$ zu $a \in G$ ist die Gruppe aller ↗konformen Abbildungen f von G auf G mit $f(a) = a$. Sie wird mit $\mathrm{Aut}_a G$ bezeichnet und ist eine Gruppe bezüglich der Komposition $\circ$ von Abbildungen. Es ist $\mathrm{Aut}_a G$ eine Untergruppe von $\mathrm{Aut}\, G$, der ↗Automorphismengruppe des Gebietes G.

Die Abbildung $\sigma : \mathrm{Aut}_a G \to \mathbb{C}^* = \mathbb{C}\setminus\{0\}$ definiert durch $\sigma(f) := f'(a)$ ist ein Homomorphismus der Gruppe $\mathrm{Aut}_a G$ in die multiplikative Gruppe $\mathbb{C}^*$.

Einige Beispiele:

(a) Jedes $f \in \mathrm{Aut}_a \mathbb{C}$ ist von der Form $f(z) = uz + a(1-u)$ mit einem $u \in \mathbb{C}^*$. Daher ist $\sigma : \mathrm{Aut}_a \mathbb{C} \to \mathbb{C}^*$ ein Isomorphismus.

(b) Für $f \in \mathrm{Aut}_a \mathbb{C}^*$ gilt $f(z) = z$ oder $f(z) = a^2/z$ für $z \in \mathbb{C}^*$. Daher ist $\sigma : \mathrm{Aut}_a \mathbb{C}^* \to \mathbb{C}^*$ injektiv, und die Bildgruppe $\sigma(\mathrm{Aut}_a \mathbb{C}^*)$ ist die zyklische Gruppe $\{1, -1\}$ der Ordnung 2.

(c) Jedes $f \in \mathrm{Aut}_0 \mathbb{E}$ ist von der Form $f(z) = \alpha z$ mit einem $\alpha \in \mathbb{C}$, $|\alpha| = 1$. Daher ist $\sigma : \mathrm{Aut}_0 \mathbb{E} \to \mathbb{C}^*$ injektiv, und die Bildgruppe $\sigma(\mathrm{Aut}_0 \mathbb{E})$ ist die Kreisgruppe $S^1 = \{z \in \mathbb{C} : |z| = 1\}$.

(d) Für $m \in \mathbb{N}$ sei $\zeta := e^{2\pi i/m}$ und

$$\widehat{\mathbb{E}} := \mathbb{E} \setminus \left\{ \frac{1}{2}, \frac{1}{2}\zeta, \frac{1}{2}\zeta^2, \dots, \frac{1}{2}\zeta^{m-1} \right\}.$$

Dann ist jedes $f \in \mathrm{Aut}_0 \widehat{\mathbb{E}}$ von der Form $f(z) = \zeta^\mu z$ für ein $\mu \in \{0, 1, \dots, m-1\}$. Daher ist $\sigma : \mathrm{Aut}_0 \widehat{\mathbb{E}} \to \mathbb{C}^*$ injektiv, und die Bildgruppe $\sigma(\mathrm{Aut}_0 \widehat{\mathbb{E}})$ ist die zyklische Gruppe

$$\{1, \zeta, \zeta^2, \dots, \zeta^{m-1}\}$$

der Ordnung m.

Allgemein gilt folgender Satz.

(1) *Es sei $G \neq \mathbb{C}$ ein einfach zusammenhängendes Gebiet und $a \in G$. Dann ist σ: $\text{Aut}_a G \to \mathbb{C}^*$ injektiv, und die Bildgruppe $\sigma(\text{Aut}_a G)$ ist die Kreisgruppe S^1.*

(2) *Es sei G ein mehrfach zusammenhängendes Gebiet und $a \in G$. Dann ist σ: $\text{Aut}_a G \to \mathbb{C}^*$ injektiv, und die Bildgruppe $\sigma(\text{Aut}_a G)$ ist eine endliche zyklische Untergruppe von S^1.*

IST, ↗interne Mengenlehre.

Item bezüglich LR(*k*), Regel einer kontextfreien Grammatik mit (üblicherweise durch einen Punkt markierten) Zerlegung der rechten Regelseite.

Aus der Regel $[A, aBc]$ können also die Items $[A, .aBc]$, $[A, a.Bc]$, $[A, aB.c]$ sowie $[A, aBc.]$ gebildet werden. Für das kanonische LR(k)-Verfahren (↗LR(k)-Grammatik) wird außerdem eine Menge J von k-elementigen Terminalzeichenreihen, die sog. Vorausschaumenge, aufgenommen (dann notiert z. B. als $[A, a.Bc; J]$). Dann heißt der Teil vor dem Semikolon Kern des Items.

Items charakterisieren Situationen im Verlauf der ↗Bottom-up-Analyse. Dabei beschreibt der Teil vor dem Punkt auf der rechten Regelseite die Situation an der Spitze des Analysekellers. Der zweite Teil der rechten Seite beschreibt eine im noch nicht gelesenen Teil der Eingabe erwartete Satzform, die, falls vorgefunden, zu einem ↗Reduktionsschritt mit der dem Item zugrundeliegenden Grammatikregel führen würde. Die Vorausschaumenge J spezifiziert, daß ein solcher Reduktionsschritt nur dann sinnvoll (d. h. einer erfolgreichen Reduktion der Eingabe zum Startsymbol dienlich) ist, wenn die auf die erkannte rechte Regelseite folgenden k Eingabezeichen in J enthalten sind.

Iteration, die wiederholte Durchführung des immer gleichen Prozesses, meist einer Funktion.

Eingesetzt als konstruktives Verfahren führt dies zu einem ↗Iterationsverfahren. Beispielsweise kann man Iteration nutzen als Konstruktionsmethode von Funktionen aus einer gegebenen Funktion. Seien hierzu f Funktion, $f^1(x) := f(x)$ und $f^n(x) := f(f^{n-1}(x))$ $(n \in \mathbb{N})$. Für alle $n \in \mathbb{N}$ heißt dann der Übergang von f nach f^n Iteration.

Iteration rationaler Funktionen

R. Brück

Die Theorie der Iteration rationaler Funktionen untersucht das Verhalten einer rekursiv definierten Folge

$$z_{n+1} = f(z_n)$$

für $n \to \infty$ in Abhängigkeit vom Startwert z_0, wobei f eine rationale Funktion ist. Die Theorie wurde um 1920 von den französischen Mathematikern Pierre Fatou und Gaston Julia unabhängig voneinander begründet. Dabei wird die Riemannsche Zahlenkugel $\widehat{\mathbb{C}}$ (siehe ↗Kompaktifizierung von $\mathbb{C}$) in zwei Mengen zerlegt, die heute ihre Namen tragen. Die Fatou-Menge ist, grob gesagt, diejenige Menge von Startwerten z_0 derart, daß geringe Änderungen von z_0 keinen Einfluß auf das Verhalten von (z_n) haben. Für die übrigen Startwerte, die die Julia-Menge bilden, verhält sich (z_n) chaotisch.

Mehr als 60 Jahre nach diesen fundamentalen Arbeiten bekam die Thematik durch die Ankündigung der Lösung eines zentralen Problems durch Sullivan wieder neuen Auftrieb. Dieser wurde durch die Möglichkeiten der modernen Computergrafik, eindrucksvolle Bilder von Julia-Mengen zu produzieren, noch verstärkt.

Grundlegende Definitionen. Es sei f eine rationale Funktion vom Grad d. Es wird f immer als stetige Funktion von $\widehat{\mathbb{C}}$ auf $\widehat{\mathbb{C}}$ betrachtet, genauer als ↗eigentliche meromorphe Abbildung von $\widehat{\mathbb{C}}$ auf $\widehat{\mathbb{C}}$ vom Abbildungsgrad d. Dabei ist die Stetigkeit bezüglich der Topologie von $\widehat{\mathbb{C}}$ zu verstehen. Auch sämtliche topologische Aussagen beziehen sich im folgenden immer auf diese Topologie. Für $n \in \mathbb{N}$ wird die n-te ↗iterierte Abbildung von f mit f^n bezeichnet, wobei noch $f^0(z) = z$ gesetzt wird. Dann ist f^n wieder eine rationale Funktion vom Grad d^n.

Die Fatou-Menge $\mathcal{F} = \mathcal{F}(f)$ von f ist definiert als die Menge aller $z \in \widehat{\mathbb{C}}$ derart, daß die Folge (f^n) in einer Umgebung von z eine ↗normale Familie bildet. Das Komplement $\widehat{\mathbb{C}} \setminus \mathcal{F}$ von $\mathcal{F}$ heißt Julia-Menge von f und wird mit $\mathcal{J} = \mathcal{J}(f)$ bezeichnet. Offensichtlich ist $\mathcal{F}$ eine offene und $\mathcal{J}$ eine kompakte Menge. Es gilt $\mathcal{F} \cap \mathcal{J} = \emptyset$ und $\mathcal{F} \cup \mathcal{J} = \widehat{\mathbb{C}}$. Die Fatou-Menge besitzt also höchstens abzählbar viele Zusammenhangskomponenten, und diese heißen stabile Gebiete von f. In der älteren Literatur heißt die Fatou-Menge oft auch Normalitätsmenge und wird mit $\mathcal{N}$ bezeichnet, während die Julia-Menge mit $\mathcal{F}$ bezeichnet wird und Nichtnormalitätsmenge heißt. Fatou hat die Menge $\mathcal{F}$ zum Ausgangspunkt seiner Untersuchungen gewählt.

Zwei rationale Funktionen f und g heißen konjugiert, falls eine ↗Möbius-Transformation M existiert mit $g = M \circ f \circ M^{-1}$. Man schreibt dann

$f \sim g$. Dadurch wird eine Äquivalenzrelation auf der Menge aller rationalen Funktionen definiert. Ist $f \sim g$, so gilt $g^n = M \circ f^n \circ M^{-1}$ und daher $\mathcal{F}(g) = M(\mathcal{F}(f))$ und $\mathcal{J}(g) = M(\mathcal{J}(f))$. Jedes quadratische Polynom kann man zu einem Polynom der Form $z^2 + c$ mit $c \in \mathbb{C}$ konjugieren; ebenso zu einem Polynom der Form $\lambda z + z^2$ mit $\lambda \in \mathbb{C}$. Ist $\infty \in \mathcal{J}(f)$ und $\mathcal{J}(f) \neq \widehat{\mathbb{C}}$, so existiert stets eine zu f konjugierte Funktion g mit $\infty \notin \mathcal{J}(g)$.

Ist $E \subset \widehat{\mathbb{C}}$ eine nicht leere Menge, so heißt

$$O^+(E) := \{f^n(z) : z \in E\,,\ n \in \mathbb{N}_0\}$$

der Orbit oder die Bahn von E. Für $z_0 \in \widehat{\mathbb{C}}$ schreibt man statt $O^+(\{z_0\})$ kurz $O^+(z_0)$, und jeder Punkt $f^n(z_0) \in O^+(z_0)$ mit $n \in \mathbb{N}$ heißt ein Nachfolger von z_0. Die Menge $O^+(z_0)$ wird oft auch als Folge aufgefaßt. Weiter heißt

$$O^-(E) := \bigcup_{n=1}^{\infty} f^{-n}(E)$$

der Rückwärtsorbit von E; dabei ist

$$f^{-n}(E) = \{z \in \widehat{\mathbb{C}} : f^n(z) \in E\}.$$

Jeder Punkt aus $O^-(z_0)$ heißt ein Vorgänger von z_0. Schließlich nennt man $O^+(E) \cup O^-(E)$ den großen Orbit von E.

Eine zentrale Rolle spielen die ↗Fixpunkte oder allgemeiner die periodischen Punkte von f. Dabei heißt $\zeta \in \widehat{\mathbb{C}}$ ein periodischer Punkt von f mit der Periode $p \in \mathbb{N}$, falls ζ ein Fixpunkt von f^p aber kein Fixpunkt von f^n für $1 \leq n < p$ ist. Dann heißt die Menge

$$\alpha := \{\zeta, f(\zeta), \ldots, f^{p-1}(\zeta)\}$$

ein Zyklus der Länge p oder kurz p-Zyklus. Alle Elemente von α sind periodische Punkte von f mit der Periode p. Die 1-Zyklen von f sind gerade die Fixpunkte von f. Der Multiplikator $\lambda = \lambda(\alpha)$ ist definiert als der Multiplikator des Fixpunktes ζ von f^p. Er hängt nur von α aber nicht von der speziellen Wahl des periodischen Punktes in α ab. Sind f und g konjugiert, d. h. $g = M \circ f \circ M^{-1}$, und ist α ein p-Zyklus von f mit Multiplikator λ, so ist $M(\alpha)$ ein p-Zyklus von g mit Multiplikator λ. Schließlich heißt ein Punkt $\zeta \in \widehat{\mathbb{C}}$ präperiodisch, falls $f^m(\zeta)$ für ein $m \in \mathbb{N}_0$ ein periodischer Punkt von f ist. Äquivalent dazu ist, daß der Orbit $O^+(\zeta)$ eine endliche Menge ist. Ist ζ präperiodisch, aber nicht periodisch, so heißt ζ auch strikt präperiodisch.

Die Zyklen α von f werden wie folgt in Klassen eingeteilt. Man nennt α

(i) superattraktiv, falls $\lambda = 0$,
(ii) attraktiv oder anziehend, falls $0 < |\lambda| < 1$,
(iii) indifferent oder neutral, falls $|\lambda| = 1$,
(iv) abstoßend oder repulsiv, falls $|\lambda| > 1$.

Man überlegt sich leicht, daß (super)attraktive Zyklen stets in $\mathcal{F}$ und abstoßende Zyklen in $\mathcal{J}$ liegen. Indifferente Zyklen können sowohl in $\mathcal{F}$ als auch in $\mathcal{J}$ liegen. Sie werden daher nochmals genauer klassifiziert. Gilt $(\lambda(\alpha))^m = 1$ für ein $m \in \mathbb{N}$, so heißt α ein rational indifferenter Zyklus oder ein Leau-Zyklus. Diese Zyklen liegen immer in $\mathcal{J}$. Falls $(\lambda(\alpha))^m \neq 1$ für alle $m \in \mathbb{N}$, so heißt α ein irrational indifferenter Zyklus. Gilt zusätzlich $\alpha \subset \mathcal{F}$, so heißt α ein Siegel-Zyklus, andernfalls ein Cremer-Zyklus.

Ein Punkt $z_0 \in \widehat{\mathbb{C}}$ heißt kritischer Punkt von f, falls $f'(z_0) = 0$ oder z_0 eine mehrfache Polstelle von f ist. Die Menge aller dieser Punkte wird mit $\mathcal{C}(f)$ bezeichnet. Insgesamt besitzt f genau $2d - 2$ kritische Punkte, wobei die ↗Nullstellenordnung der Nullstellen von f' zu berücksichtigen und eine k-fache Polstelle von f $(k-1)$-fach zu zählen ist. Ist f ein Polynom mit $d \geq 2$, so ist ∞ ein $(d-1)$-facher kritischer Punkt und ein superattraktiver Fixpunkt von f.

Eine Menge $E \subset \widehat{\mathbb{C}}$ heißt invariant, falls $f(E) \subset E$, und rückwärts invariant, falls $f^{-1}(E) \subset E$. Hat E beide Eigenschaften, so heißt E vollständig invariant. Dann gilt $f(E) = f^{-1}(E) = E$. Ein Gebiet $G \subset \widehat{\mathbb{C}}$ heißt hyperbolisch, falls das Komplement $\widehat{\mathbb{C}} \setminus G$ mindestens drei Punkte enthält.

Iteration von Möbius-Transformationen. Für konstante Funktionen und die Abbildung id mit $\mathrm{id}(z) = z$ gilt trivialerweise $\mathcal{F} = \widehat{\mathbb{C}}$. Nun sei M eine Möbius-Transformation mit $M \neq \mathrm{id}$. Dann besitzt M höchstens zwei Fixpunkte in $\widehat{\mathbb{C}}$. Hat M genau einen Fixpunkt ζ, so gilt $\mathcal{F} = \widehat{\mathbb{C}} \setminus \{\zeta\}$ und $\mathcal{J} = \{\zeta\}$. Sind ζ und ω zwei verschiedene Fixpunkte von M, so können zwei Fälle eintreten:

(i) Es ist ζ attraktiv und ω abstoßend. Dann ist $\mathcal{F} = \widehat{\mathbb{C}} \setminus \{\omega\}$ und $\mathcal{J} = \{\omega\}$.
(ii) Beide Fixpunkte sind indifferent. Dann ist $\mathcal{F} = \widehat{\mathbb{C}}$ und $\mathcal{J} = \emptyset$.

Mit diesen Ergebnissen ist die Iteration rationaler Funktionen vom Grad $d \leq 1$ vollstängig abgehandelt und im folgenden wird stets $d \geq 2$ vorausgesetzt.

Eigenschaften der Julia-Menge. Die Julia-Menge $\mathcal{J}$ ist stets nicht leer und perfekt, d. h. jeder Punkt von $\mathcal{J}$ ist ein Häufungspunkt von $\mathcal{J}$. Insbesondere enthält $\mathcal{J}$ überabzählbar viele Elemente. Die Julia- und die Fatou-Menge sind immer vollständig invariant. Weiter gilt $\mathcal{J}(f) = \mathcal{J}(f^p)$ und $\mathcal{F}(f) = \mathcal{F}(f^p)$ für jedes $p \in \mathbb{N}$.

Sind f und g vertauschbare Funktionen, d. h. $f \circ g = g \circ f$, so gilt $\mathcal{J}(f) = \mathcal{J}(g)$ und $\mathcal{F}(f) = \mathcal{F}(g)$. Ist $G \subset \widehat{\mathbb{C}}$ ein hyperbolisches Gebiet und invariant, so ist $G \subset \mathcal{F}$. Für eine kompakte Menge $K \subset \widehat{\mathbb{C}}$ mit mindestens drei Punkten, die rückwärts invariant ist, gilt $\mathcal{J} \subset K$, d. h. $\mathcal{J}$ ist die kleinste kompakte rückwärts invariante Menge. Die Julia-Menge $\mathcal{J}$ ist entweder nirgends dicht in $\widehat{\mathbb{C}}$ (d. h. $\mathcal{J}$ enthält keine inneren Punkte) oder es gilt $\mathcal{J} = \widehat{\mathbb{C}}$. Der letzte Fall kann tatsächlich eintreten, wie ein Beispiel von Lattès (1918) zeigt:

$$f(z) = \frac{(z^2+1)^2}{4z(z^2-1)}.$$

Weiter unten wird ein einfaches hinreichendes Kriterium zur Konstruktion solcher Beispiele behandelt.

Eine wichtige Rolle spielt die sog. Ausnahmemenge von f. Ist $G \subset \widehat{\mathbb{C}}$ ein Gebiet mit $G \cap \mathcal{J} \neq \varnothing$, so enthält die Menge $\mathcal{E}(G) := \widehat{\mathbb{C}} \setminus O^+(G)$ höchstens zwei Elemente. Es gilt $\mathcal{E}(G) \subset \mathcal{F}$, und falls $\mathcal{E}(G) = \varnothing$, so existiert ein $m \in \mathbb{N}$ mit

$$\widehat{\mathbb{C}} = G \cup f(G) \cup \cdots \cup f^m(G).$$

Diese Menge hängt nicht von G sondern nur von f ab. Sie heißt Ausnahmemenge von f und wird mit $\mathcal{E} = \mathcal{E}(f)$ bezeichnet. Jeder Punkt in $\mathcal{E}$ heißt ein Ausnahmepunkt von f. Ist f ein Polynom, so ist ∞ ein Ausnahmepunkt von f. Enthält $\mathcal{E}$ genau einen Punkt, so ist f konjugiert zu einem Polynom. Falls $\mathcal{E}$ genau zwei Punkte enthält, so ist f konjugiert zu $g(z) = z^d$ oder zu $h(z) = z^{-d}$. Schließlich ist jeder Ausnahmepunkt von f ein superattraktiver periodischer Punkt der Periode 1 oder 2.

Für jedes $a \in \widehat{\mathbb{C}} \setminus \mathcal{E}$ ist $\mathcal{J}$ im Abschluß des Rückwärtsorbits von a enthalten, d. h. $\mathcal{J} \subset \overline{O^-(a)}$. Ist $a \in \mathcal{J}$, so gilt sogar $\mathcal{J} = \overline{O^-(a)}$. Für den Orbit von a ist diese Aussage im allgemeinen nicht gültig. Jedoch gibt es eine dichte Teilmenge B von $\mathcal{J}$ mit $\mathcal{J} = \overline{O^+(a)}$ für jedes $a \in B$.

Abstoßende Zyklen von f liegen stets in $\mathcal{J}$. Genauer gilt folgender zentrale Satz:

Die Julia-Menge $\mathcal{J}(f)$ ist der Abschluß der abstoßenden Zyklen von f.

Julia hat diese Aussage als Definition für die Menge $\mathcal{J}$ gewählt und hieraus die Theorie aufgebaut. Als Folgerung erhält man, daß die Julia-Menge selbstähnlich ist, d. h. zu jedem Gebiet $G \subset \widehat{\mathbb{C}}$ mit $G \cap \mathcal{J} \neq \varnothing$ gibt es ein $n_0 = n_0(G) \in \mathbb{N}$ mit $f^n(G \cap \mathcal{J}) = \mathcal{J}$ für alle $n \geq n_0$. Besonders interessant ist, daß man für G eine beliebig kleine Kreisscheibe wählen darf. Außerdem ist in einem solchen Gebiet G keine Teilfolge von (f^n) eine normale Familie. Schließlich ist $\mathcal{J}$ entweder eine zusammenhängende Menge, oder sie besitzt überabzählbar viele Zusammenhangskomponenten. Weitere Eigenschaften von Julia-Mengen werden im Laufe des Artikels behandelt.

Eigenschaften stabiler Gebiete. Ist U ein stabiles Gebiet von f, so ist auch $f(U)$ ein stabiles Gebiet von f. Für jede Vereinigung U_0 von stabilen Gebieten, die rückwärts invariant ist, gilt $\partial U_0 = \mathcal{J}$. Ist insbesondere U ein vollständig invariantes stabiles Gebiet, so ist $\partial U = \mathcal{J}$, und alle weiteren stabilen Gebiete sind einfach zusammenhängend. Falls $\mathcal{F} \neq \varnothing$, so ist die Anzahl stabiler Gebiete entweder 1, 2 oder unendlich. Es existieren höchstens zwei vollständig invariante stabile Gebiete. Falls es genau zwei gibt, so ist jedes einfach zusammenhängend und enthält genau $d-1$ kritische Punkte von f.

Beispiel 1. Es sei $P(z) = a_d z^d + a_{d-1} z^{d-1} + \cdots + a_1 z + a_0$ ein Polynom mit $a_d \neq 0$ und $d \geq 2$. Dann ist ∞ ein superattraktiver Fixpunkt von P und liegt in einem stabilen Gebiet $\mathcal{A}(\infty)$ von P. Wählt man

$$R > |a_d|^{-1} + 1 + |a_{d-1}| + \cdots + |a_0|$$

und setzt $\Delta_R := \{z \in \widehat{\mathbb{C}} : |z| > R\}$, so gilt $\overline{\Delta}_R \subset \mathcal{A}(\infty)$, $P(\overline{\Delta}_R) \subset \Delta_R$ und $\mathcal{A}(\infty) = O^-(\Delta_R)$. Weiter gilt $P^n \to \infty$ $(n \to \infty)$ kompakt in $\mathcal{A}(\infty)$. Schließlich ist $\mathcal{A}(\infty)$ vollständig invariant und $\mathcal{J} = \partial\mathcal{A}(\infty)$. Jedes stabile Gebiet $U \neq \mathcal{A}(\infty)$ ist einfach zusammenhängend.

Die Menge $\mathcal{K} = \mathcal{K}(f) = \widehat{\mathbb{C}} \setminus \mathcal{A}(\infty)$ ist eine kompakte Menge in $\mathbb{C}$ und heißt ausgefüllte Julia-Menge von P. Es ist $\mathcal{K}$ die Menge aller $z \in \mathbb{C}$ derart, daß die Folge $(P^n(z))$ beschränkt ist.

Beispiel 2. Es sei $f(z) = z^d$. Dann gilt $f^n(z) = z^{d^n}$. Man erhält sofort $f^n \to 0$ $(n \to \infty)$ kompakt in $\mathbb{E} = \{z \in \mathbb{C} : |z| < 1\}$ und $f^n \to \infty$ $(n \to \infty)$ kompakt in $\Delta = \widehat{\mathbb{C}} \setminus \overline{\mathbb{E}}$. Die Fatou-Menge besteht also aus den beiden stabilen Gebieten $\mathbb{E}$ und $\Delta = \mathcal{A}(\infty)$, und es gilt $\mathcal{J} = \mathbb{T} = \partial\mathbb{E}$.

f besitzt die superattraktiven Fixpunkte $0 \in \mathbb{E}$ und $\infty \in \Delta$ sowie den abstoßenden Fixpunkt $1 \in \mathcal{J}$. Die kritischen Punkte von f sind 0 und ∞.

Für $g(z) = z^{-d}$ gilt ebenfalls $\mathcal{J} = \mathbb{T}$. In diesem Fall ist $\alpha = \{0, \infty\}$ ein superattraktiver 2-Zyklus. Es gilt $g(\mathbb{E}) = \Delta$ und $g(\Delta) = \mathbb{E}$.

Beispiel 3. Es sei T_d das Tschebyschew-Polynom 1. Art vom Grad $d \geq 2$. Dann gilt $\cos(dz) = T_d(\cos z)$. Zum Beispiel ist $T_2(z) = 2z^2 - 1$ und $T_3(z) = 4z^3 - 3z$. Es folgt $(T_d)^n(\cos z) = \cos(d^n z)$, und hieraus erhält man $\mathcal{J} = [-1, 1]$. Daher gilt $\mathcal{F} = \mathcal{A}(\infty) = \widehat{\mathbb{C}} \setminus [-1, 1]$.

Newtonverfahren. Es sei p ein Polynom vom Grad $d \geq 2$. Zur näherungsweisen Bestimmung der Nullstellen von p kann man das ↗Newtonverfahren benutzen. Dies führt auf die Iteration der rationalen Funktion vom Grad d

$$F(z) = z - \frac{p(z)}{p'(z)}.$$

Man nennt F auch die zu p gehörige Newton-Funktion. Es ist $z_0 \in \mathbb{C}$ eine Nullstelle von p genau dann, wenn z_0 ein Fixpunkt von F ist. Ist z_0 eine einfache Nullstelle von p, d. h. $p'(z_0) \neq 0$, so ist z_0 ein superattraktiver Fixpunkt von F. Hat z_0 die

Nullstellenordnung $m \geq 2$, so ist z_0 ein attraktiver Fixpunkt von F mit Multiplikator $\lambda(z_0) = 1 - \frac{1}{m}$. Ist z_0 eine Nullstelle von p und $U(z_0)$ die Menge aller $z \in \mathbb{C}$ derart, daß $(F^n(z))$ gegen z_0 konvergiert, so ist $U(z_0)$ eine Vereinigung von stabilen Gebieten, die rückwärts invariant ist. Daher gilt $\partial U(z_0) = \mathcal{J}(F)$. Weiter ist $\infty \in \mathcal{J}(F)$.

Ist zum Beispiel $p(z) = z^2 - 1$, so ist $F(z) = \frac{1}{2}\left(z + \frac{1}{z}\right)$ und man erhält $\mathcal{J}(F) = \{iy : y \in \mathbb{R}\} \cup \{\infty\}$. Es gilt $\lim_{n\to\infty} F^n(z) = 1$ für $\operatorname{Re} z > 0$ und $\lim_{n\to\infty} F^n(z) = -1$ für $\operatorname{Re} z < 0$. Für $p(z) = z^3 - 1$ sieht $\mathcal{J}(F)$ wesentlich komplizierter aus. In diesem Fall ist $\mathcal{F}(F)$ eine Vereinigung von drei disjunkten offenen Mengen $U(z_1)$, $U(z_2)$, $U(z_3)$, die alle den gleichen Rand $\mathcal{J}(F)$ haben, wobei z_1, z_2, z_3 die Nullstellen von p sind.

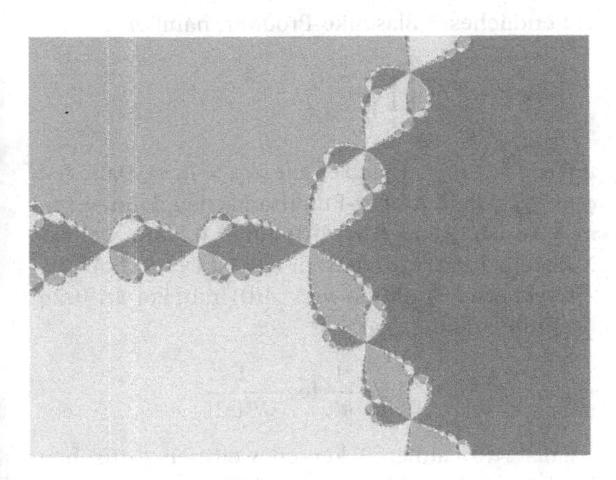

Newtonverfahren für $z^3 - 1$

Klassifikation stabiler Gebiete. Ist U ein stabiles Gebiet von f, so ist auch $f^n(U)$ für jedes $n \in \mathbb{N}$ ein stabiles Gebiet von f. Es gibt daher drei Möglichkeiten dafür, wie sich U unter Iteration verhält. Man nennt U

(i) periodisch, falls $f^p(U) = U$ für ein $p \in \mathbb{N}$,

(ii) präperiodisch, falls $f^m(U)$ für ein $m \in \mathbb{N}_0$ periodisch ist,

(iii) wandernd, falls $f^m(U) \neq f^n(U)$ für alle $m, n \in \mathbb{N}_0$ mit $m \neq n$.

Gilt speziell $f(U) = U$, so heißt U ein Fixgebiet oder ein invariantes stabiles Gebiet. Präperiodische Gebiete, die nicht periodisch sind, nennt man auch strikt präperiodisch. Ist U periodisch und $p \in \mathbb{N}$ mit $f^p(U) = U$ minimal gewählt, so sind $U, f(U), \ldots, f^{p-1}(U)$ paarweise disjunkt und bilden daher einen Zyklus der Länge p. Insbesondere ist jedes dieser Gebiete ein Fixgebiet von f^p.

Ist $\zeta \in \widehat{\mathbb{C}}$ ein (super)attraktiver Fixpunkt von f, so ist das stabile Gebiet $\mathcal{A}(\zeta)$, das ζ enthält, ein Fixgebiet von f und heißt lokales attraktives Becken von ζ. Die Menge $\mathcal{A}^*(\zeta) := \mathcal{A}(\zeta) \cup O^-(\mathcal{A}(\zeta))$ heißt attraktives Becken von ζ. Ist allgemeiner $\alpha = \{\zeta = f^0(\zeta), f(\zeta), \ldots, f^{p-1}(\zeta)\}$ ein (super)attraktiver p-Zyklus von f, so existieren paarweise disjunkte stabile Gebiete $U_0, U_1, \ldots, U_{p-1}$ mit $f^j(\zeta) \in U_j$ für $j = 0, 1, \ldots, p-1$, und $\mathcal{A}(\alpha) = U_0 \cup U_1 \cup \cdots \cup U_{p-1}$ heißt lokales attraktives Becken von α. Jedes U_j ist ein periodisches stabiles Gebiet von f. Die Menge $\mathcal{A}^*(\alpha) := \mathcal{A}(\alpha) \cup O^-(\mathcal{A}(\alpha))$ heißt attraktives Becken von α.

Es war lange Zeit unklar, ob es überhaupt wandernde Gebiete gibt bis Sullivan 1982 folgenden Satz ankündigte.

Ist f eine rationale Funktion vom Grad $d \geq 2$, so enthält die Fatou-Menge von f keine wandernden Gebiete.

Ein vollständiger Beweis wurde 1985 veröffentlicht. Dieser benutzt als wesentliches Hilfsmittel die Theorie der quasikonformen Abbildungen.

Fatou-Cremer-Klassifikation. Die periodischen stabilen Gebiete einer rationalen Funktion f können vollständig klassifiziert werden. Es zeigt sich, daß es nur fünf Arten gibt. Wegen $\mathcal{F}(f) = \mathcal{F}(f^p)$ für jedes $p \in \mathbb{N}$ kann man sich dabei auf die Klassifikation der Fixgebiete U beschränken. Zunächst erfolgt eine Grobeinteilung. Es ist U entweder

(i) ein Fatou-Gebiet, d. h. (f^n) ist in U kompakt konvergent gegen einen Fixpunkt $\zeta \in \overline{U}$, oder

(ii) ein Rotationsgebiet, falls keine der Grenzfunktionen von (f^n) in U konstant ist.

Die Fatou-Gebiete können weiter unterteilt werden, was bereits durch Fatou vorgenommen wurde. Ein Fatou-Gebiet U mit Fixpunkt ζ ist entweder

(a) ein Böttcher-Gebiet, d. h. $\zeta \in U$ ist ein superattraktiver Fixpunkt von f, oder

(b) ein Schröder-Gebiet, d. h. $\zeta \in U$ ist ein attraktiver Fixpunkt von f, oder

(c) ein Leau-Gebiet, d. h. $\zeta \in \partial U$ ist ein Fixpunkt mit Multiplikator $\lambda(\zeta) = 1$.

Ein Leau-Gebiet nennt man auch lokales parabolisches Becken. Das stabile Gebiet $\mathcal{A}(\infty)$ eines Polynoms ist stets ein Böttcher-Gebiet. Ist p ein Polynom und F die zugehörige Newton-Funktion, so liefern die einfachen Nullstellen von p Böttcher-Gebiete von F, während die mehrfachen Nullstellen von p in Schröder-Gebieten von F liegen. Das quadratische Polynom $f(z) = z + z^2$ besitzt ein Leau-Gebiet mit Fixpunkt 0. Es ist nicht schwer, ein Polynom zu konstruieren, das Böttcher-, Schröder und Leau-Gebiete besitzt.

Ebenso können die Rotationsgebiete weiter unterteilt werden, was 1932 von Cremer durchgeführt wurde. Ein Rotationsgebiet U ist entweder

(d) eine Siegel-Scheibe, d. h. U ist einfach zusammenhängend und enthält einen irrational indifferenten Fixpunkt, oder

(e) ein Arnold-Herman-Ring, d. h. U ist zweifach zusammenhängend.

In beiden Fällen ist f eine ↗konforme Abbildung von U auf sich. Dabei können Arnold-Herman-Ringe bei Polynomen nicht auftreten. Cremer und Julia vermuteten zunächst, daß es gar keine Rotationsgebiete gibt. Dies wurde jedoch später widerlegt, worauf weiter unten noch eingegangen wird.

Es erhebt sich die Frage, wieviele Zyklen periodischer Gebiete überhaupt vorkommen können. Dazu sei $n_{\text{(super)attr}}$ die Anzahl der (super)attraktiven Zyklen und n_{indiff} die Anzahl der indifferenten Zyklen. (Dabei ist zu beachten, daß in n_{indiff} neben der Anzahl der Leau- und Siegel-Zyklen auch die der Cremer-Zyklen enthalten ist.) Bereits Fatou zeigte

$$n_{\text{(super)attr}} + n_{\text{indiff}} \le 4(d-1)\,.$$

Bezeichnet n_{AH} noch die Anzahl von Zyklen, die aus Arnold-Herman-Ringen bestehen, so zeigte Sullivan

$$n_{\text{(super)attr}} + n_{\text{indiff}} + n_{\text{AH}} \le 8(d-1)\,.$$

Schließlich fand Shishikura 1987 die scharfe Abschätzung

$$n_{\text{(super)attr}} + n_{\text{indiff}} + 2n_{\text{AH}} \le 2(d-1)$$

und

$$n_{\text{AH}} < d-1\,.$$

Im folgenden werden die einzelnen Arten von Fixgebieten und das Verhalten der Folge (f^n) in ihnen genauer beschrieben.

Böttcher-Gebiete. Es sei f eine rationale Funktion mit einem superattraktiven Fixpunkt an $\zeta = 0$ und $\mathcal{A}(0)$ das zugehörige Böttcher-Gebiet. Dann besitzt f eine Potenzreihenentwicklung um 0 der Form

$$f(z) = az^k + a_1 z^{k+1} + \cdots,$$

wobei $a \in \mathbb{C}^*$ und $k \ge 2$. Böttcher hat 1904 die Funktionalgleichung

$$\phi \circ f = a(\phi)^k \tag{1}$$

betrachtet und sie durch Iteration gelöst. Dabei bedeutet $(\phi)^k$ die k-te Potenz der (unbekannten) Funktion ϕ. Die Gleichung (1) besitzt eine holomorphe Lösung ϕ in einer offenen Kreisscheibe $B_r(0) \subset \mathcal{A}(0)$, die durch die Normierung $\phi(0) = 0$ und $\phi'(0) = 1$ eindeutig bestimmt ist. Sie wird gegeben durch

$$\phi(z) = z \lim_{n\to\infty} \sqrt[k^n]{\frac{f^n(z)}{z^{k^n} a^{1+k+\cdots+k^{n-1}}}}\,,$$

wobei der ↗Hauptzweig der Wurzel zu nehmen ist. Die Funktion ϕ heißt auch Böttcher-Funktion. Sie bildet eine Umgebung $U \subset \mathcal{A}(0)$ von 0 konform auf eine offene Kreisscheibe B mit Mittelpunkt 0 ab. Wegen (1) gilt

$$(\phi \circ f \circ \phi^{-1})(z) = az^k\,, \quad z \in B\,, \tag{2}$$

d. h., f agiert auf U wie $z \mapsto az^k$ auf B. Die Gleichung (2) nennt man auch lokale Konjugation. Weiter gilt $f\colon \mathcal{A}(0) \xrightarrow{(k+m):1} \mathcal{A}(0)$ für ein $m \in \mathbb{N}_0$, d. h. f ist eine eigentliche meromorphe Abbildung von $\mathcal{A}(0)$ auf $\mathcal{A}(0)$ vom Abbildungsgrad $k+m$. Schließlich ist $\mathcal{A}(0)$ entweder einfach oder unendlichfach zusammenhängend.

Ist $\mathcal{A}(0)$ einfach zusammenhängend, so existiert eine konforme Abbildung ψ von $\mathcal{A}(0)$ auf $\mathbb{E}$ mit $\psi(0) = 0$. Dann ist $h := \psi \circ f \circ \psi^{-1}\colon \mathbb{E} \xrightarrow{(k+m):1} \mathbb{E}$ ein endliches ↗Blaschke-Produkt, nämlich

$$h(z) = e^{i\alpha} z^k \prod_{j=1}^{m} \frac{z - a_j}{1 - \bar{a}_j z}\,,$$

mit $\alpha \in \mathbb{R}$, $|a_j| < 1$, und es gilt $\psi \circ f = h \circ \psi$. Daher ist $\phi = \frac{\psi}{\psi'(0)}$ die Böttcher-Funktion genau dann, wenn $m = 0$, d. h. wenn f in $\mathcal{A}(0)$ außer 0 keine weitere Nullstelle besitzt. In diesem Fall ist es möglich, die ↗Greensche Funktion von $\mathcal{A}(0)$ mit Pol an 0 zu bestimmen, und zwar gilt

$$g_{\mathcal{A}(0)}(z, 0) = \lim_{n\to\infty} \frac{1}{k^n} \log \frac{1}{|f^n(z)|}\,.$$

Falls $\mathcal{A}(0)$ außer 0 keinen weiteren kritischen Punkt von f enthält, so ist $\mathcal{A}(0)$ einfach zusammenhängend. Dann bildet die Böttcher-Funktion ϕ das Gebiet $\mathcal{A}(0)$ konform auf die offene Kreisscheibe $B_\varrho(0)$ ab, wobei $\varrho = |a|^{1/(1-k)}$. Diese Bedingung ist jedoch nur hinreichend, denn das Polynom $P(z) = z^2 - z^3$ besitzt das einfach zusammenhängende Böttcher-Gebiet $\mathcal{A}(0)$, und dieses enthält die kritischen Punkte $z = 0$ und $z = \frac{2}{3}$.

Es sei $P(z) = a_d z^d + a_{d-1} z^{d-1} + \cdots + a_1 z + a_0$ ein Polynom mit $d \ge 2$ und $a_d \ne 0$. Dann ist ∞ ein superattraktiver Fixpunkt von P, das Böttcher-Gebiet $\mathcal{A}(\infty)$ ist vollständig invariant, und es gilt $\mathcal{J}(P) = \partial\mathcal{A}(\infty)$. Die Greensche Funktion von $\mathcal{A}(\infty)$ mit Pol an ∞ ist gegeben durch

$$\begin{aligned} g_{\mathcal{A}(\infty)}(z, \infty) &= \lim_{n\to\infty} \frac{1}{d^n} \log |P^n(z)| \\ &= \log|z| + \frac{1}{d-1} \log|a_d| + \varepsilon(z)\,, \end{aligned}$$

wobei $\lim\limits_{z\to\infty} \varepsilon(z) = 0$.

Für Polynome sind folgende Aussagen äquivalent:

(a) Das Böttcher-Gebiet $\mathcal{A}(\infty)$ ist einfach zusammenhängend.

(b) Die Julia-Menge ist zusammenhängend.
(c) Die Böttcher-Funktion ϕ bildet $\mathcal{A}(\infty)$ konform auf $\{w \in \widehat{\mathbb{C}} : |w| > |a_d|^{1/(1-d)}\}$ ab.
(d) $P'(z) \neq 0$ für alle $z \in \mathcal{A}(\infty) \setminus \{\infty\}$.

Schröder-Gebiete. Es sei f eine rationale Funktion mit einem attraktiven Fixpunkt an $\zeta = 0$ und $\mathcal{A}(0)$ das zugehörige Schröder-Gebiet. Dann besitzt f eine Potenzreihenentwicklung um 0 der Form

$$f(z) = \lambda z + a_2 z^2 + \cdots,$$

wobei $0 < |\lambda| < 1$. Dann wird die Funktionalgleichung

$$\phi \circ f = \lambda \phi \tag{3}$$

betrachtet, die erstmals von Schröder (1871) behandelt wurde. Sie besitzt eine in $\mathcal{A}(0)$ holomorphe Lösung ϕ, die durch die Normierung $\phi(0) = 0$ und $\phi'(0) = 1$ eindeutig bestimmt ist. Diese Funktion ϕ heißt auch Kœnigs-Funktion, da dieser 1884 die Existenz nachwies. Sie wird gegeben durch

$$\phi(z) = \lim_{n\to\infty} \frac{f^n(z)}{\lambda^n}$$

und bildet $\mathcal{A}(0)$ auf $\mathbb{C}$ ab. Weiter existiert ein einfach zusammenhängendes Gebiet G mit $\overline{G} \subset \mathcal{A}(0)$, das durch ϕ konform auf eine offene Kreisscheibe B mit Mittelpunkt 0 abgebildet wird. Wählt man G maximal, so enthält ∂G einen kritischen Punkt z_0 von f, der nicht präperiodisch ist. Schließlich ist $\mathcal{A}(0)$ entweder einfach oder unendlichfach zusammenhängend. Wegen (3) gilt

$$(\phi \circ f \circ \phi^{-1})(z) = \lambda z, \quad z \in B,$$

d. h., f agiert auf G wie $z \mapsto \lambda z$ auf B.

Leau-Gebiete. Es sei f eine rationale Funktion mit Fixpunkt $\zeta = 0$ und $f'(0) = 1$, d. h. die Potenzreihenentwicklung von f um 0 hat die Form

$$f(z) = z(1 - az^s + \cdots),$$

wobei $a \in \mathbb{C}^*$ und $s \in \mathbb{N}$. Dann besitzt f genau s Leau-Gebiete $\mathcal{L}_1, \ldots, \mathcal{L}_s$ mit Randpunkt 0 und $f^n \to 0$ $(n \to \infty)$ kompakt in $\mathcal{L}_k$ für $k = 1, \ldots, s$. Die Menge $\{\mathcal{L}_1, \ldots, \mathcal{L}_s\}$ nennt man auch die Leau-Blume mit Zentrum 0. Jedes Leau-Gebiet $\mathcal{L}_k$ enthält ein sog. invariantes attraktives Blütenblatt P_k und einen kritischen Punkt von f, der nicht präperiodisch ist. Für P_k gilt $f(\overline{P}_k) \subset P_k \cup \{0\}$. Weiter ist $0 \in \partial P_k$, und P_k wird von einer stückweise glatten ↗Jordan-Kurve berandet, die an 0 zwei Halbtangenten mit den Winkeln $((2k \pm 1)\pi - \alpha)/s$ hat, wobei $\alpha = \operatorname{Arg} a$. Außerdem ist P_k symmetrisch zu dem Strahl von 0 nach ∞ mit Winkel $(2k\pi - \alpha)/s$. Die sog. Abelsche Funktionalgleichung

$$\phi \circ f = \phi + 1 \tag{4}$$

besitzt in P_k eine holomorphe Lösung ϕ_k mit $\lim_{z\to 0} z^s \phi_k(z) = a$. Diese Funktion heißt auch Abelsche Funktion. Sie existiert in ganz $\mathcal{L}_k$ und bildet $\mathcal{L}_k$ auf $\mathbb{C}$ ab. Weiter wird P_k durch ϕ_k konform auf eine Halbebene $H_k = \{w \in \mathbb{C} : \operatorname{Re} w > c_k\}$ mit einem $c_k \in \mathbb{R}$ abgebildet. Wegen (4) gilt

$$(\phi_k \circ f \circ \phi_k^{-1})(z) = z + 1, \quad z \in H_k,$$

d. h., f agiert auf P_k wie $z \mapsto z + 1$ auf H_k. Schließlich ist $\mathcal{L}_k$ entweder einfach oder unendlichfach zusammenhängend.

Nun sei $\zeta = 0$ ein rational indifferenter Fixpunkt von f, d. h. $f'(0) = \lambda$ und $\lambda^m = 1$ für ein $m \in \mathbb{N}_0$, wobei m minimal gewählt wird. Dann existiert eine Leau-Blume mit Zentrum 0 bestehend aus t Leau-Gebieten $\mathcal{L}_1, \ldots, \mathcal{L}_t$ von f^m und $t = qm$ mit $q \in \mathbb{N}$. Jedes Leau-Gebiet $\mathcal{L}_k$ enthält ein unter f^m invariantes Blütenblatt und f permutiert $\mathcal{L}_1, \ldots, \mathcal{L}_t$ zyklisch. Mindestens ein $\mathcal{L}_k$ enthält einen kritischen Punkt von f.

Siegel-Scheiben. Es sei f eine rationale Funktion und $\mathcal{S}(\zeta)$ eine Siegel-Scheibe von f mit Fixpunkt $\zeta \in \mathbb{C}$. Es gilt dann $f'(\zeta) = \lambda = e^{2\pi i\alpha}$ mit einem $\alpha \in \mathbb{R} \setminus \mathbb{Q}$, und ζ heißt auch Zentrum von $\mathcal{S}(\zeta)$. Da $\mathcal{S}(\zeta)$ einfach zusammenhängend ist, existiert eine konforme Abbildung ψ von $\mathcal{S}(\zeta)$ auf $\mathbb{E}$ mit $\psi(\zeta) = 0$. Für ψ gilt dann $(\psi \circ f \circ \psi^{-1})(z) = e^{2\pi i\alpha} z$ für $z \in \mathbb{E}$. Es ist also f eine konforme Abbildung von $\mathcal{S}(\zeta)$ auf sich und zwar eine sog. konforme Drehung von $\mathcal{S}(\zeta)$ mit Zentrum ζ und Winkel $2\pi\alpha$.

Während das Verhalten der Folge (f^n) in Siegel-Scheiben hiermit vollständig beschrieben ist, ist es relativ schwierig, deren Existenz nachzuweisen. Diese hängt eng mit der Lösbarkeit der Schröderschen Funktionalgleichung $\phi \circ f = \lambda\phi$ zusammen, wobei jetzt $|\lambda| = 1$, d. h. $\lambda = e^{2\pi it}$ mit einem $t \in \mathbb{R}$ sei. Folgende beiden Aussagen sind äquivalent:

(a) Die Folge (f^n) ist in einer Umgebung von ζ eine normale Familie.
(b) Die Schrödersche Funktionalgleichung besitzt in einer Umgebung von ζ eine Lösung ϕ, die durch die Normierung $\phi(\zeta) = 0$ und $\phi'(\zeta) = 1$ eindeutig bestimmt ist.

Besitzt also f eine Siegel-Scheibe $\mathcal{S}(\zeta)$, so erfüllt die konforme Abbildung ψ von $\mathcal{S}(\zeta)$ auf $\mathbb{E}$ mit $\psi(\zeta) = 0$ die Schröder-Gleichung, und es gilt $\phi = \frac{\psi}{\psi'(\zeta)}$. Die Funktion ϕ wird gegeben durch

$$\phi(z) = \lim_{n\to\infty} \frac{1}{n} \sum_{j=1}^{n} \frac{f^j(z) - \zeta}{z^j}.$$

Mit der obigen Äquivalenzaussage ist also das Problem der Existenz von Siegel-Scheiben umformuliert worden. In dieser Form ist es unter dem Namen Zentrumproblem bekannt. Die Lösbarkeit hängt eng mit zahlentheoretischen Eigenschaften der irrationalen Zahl t zusammen. Eine irrationale Zahl $t \in (0,1)$ erfüllt eine Diophantische Bedingung der Ordnung $\kappa \geq 2$, falls es eine Konstante $\delta = \delta(t) > 0$ gibt mit $|t - p/q| \geq \delta/q^\kappa$ für alle p, $q \in \mathbb{N}$. Man schreibt in diesem Fall $t \in D_\kappa$. Die Vereinigungsmenge $\bigcup_{\kappa \geq 2} D_\kappa$ heißt Menge der Diophantischen Zahlen oder Siegel-Zahlen. Ein Satz von Liouville besagt, daß jede irrationale algebraische Zahl $t \in (0,1)$ vom Grad κ (d. h. t ist Nullstelle eines Polynoms mit ganzzahligen Koeffizienten vom minimalen Grad κ) in D_κ liegt. Es gilt daher $\sqrt[\kappa]{2} \in D_\kappa$. Man kann zeigen, daß fast alle irrationalen Zahlen Siegel-Zahlen sind, d. h. die Menge der Siegel-Zahlen in $(0,1)$ hat das Lebesgue-Maß 1. Ein Satz von Siegel (1942) besagt nun, daß die Schrödersche Funktionalgleichung für jede Siegel-Zahl lösbar ist, womit die Existenz von Siegel-Scheiben schließlich gesichert ist. Das einfachste Beispiel eines Polynoms mit einer Siegel-Scheibe ist $P(z) = e^{i\pi\sqrt{2}} z + z^2$.

Andererseits hat Cremer (1927) mit Hilfe von Kettenbruchentwicklungen gezeigt, daß eine überabzählbare dichte Menge $E \subset (0,1) \setminus \mathbb{Q}$ mit folgender Eigenschaft existiert: Ist $t \in E$, $\lambda = e^{2\pi i t}$, $d \geq 2$ und $P(z) := \lambda z + a_2 z^2 + \cdots + a_{d-1} z^{d-1} + z^d$, so ist 0 ein Häufungspunkt von periodischen Punkten von P. Insbesondere besitzt die Schrödersche Funktionalgleichung keine Lösung.

Arnold-Herman-Ringe. Es sei f eine rationale Funktion und $\mathcal{R}$ ein Arnold-Herman-Ring von f. Da $\mathcal{R}$ zweifach zusammenhängend ist, existiert eine konforme Abbildung ψ von $\mathcal{R}$ auf einen Kreisring $\mathbb{A}_r = \{z \in \mathbb{C} : 1 < |z| < r < \infty\}$. Für ψ gilt dann $(\psi \circ f \circ \psi^{-1})(z) = e^{2\pi i \alpha} z$ für $z \in \mathbb{A}_r$. Es ist also f eine konforme Abbildung von $\mathcal{R}$ auf sich, und zwar eine sog. konforme Drehung um den Winkel $2\pi\alpha$, wobei aber kein Zentrum vorhanden ist. Die Zahl $\lambda = e^{2\pi i \alpha}$ nennt man auch Rotationszahl. Das Verhalten der Folge (f^n) ist hiermit wieder vollständig beschrieben.

Die Existenz von Arnold-Herman-Ringen ist noch schwieriger nachzuweisen als die von Siegel-Scheiben. Um die einfachste Möglichkeit kurz zu skizzieren, wird die rationale Funktion

$$f(z) = e^{2\pi i \alpha} z^2 \frac{z - a}{1 - \bar{a} z}$$

mit $|a| > 1$ und $\alpha \in \mathbb{R} \setminus \mathbb{Q}$ betrachtet. Wählt man $|a| > 3$, so ist f ein Homöomorphismus von $\mathbb{T}$ auf $\mathbb{T}$. Weiter existiert ein zweifach zusammenhängendes Gebiet $U \subset \mathbb{C}$ mit $0 \notin U$ und $\mathbb{T} \subset U$, in dem f injektiv ist. Herman (1979) hat mit Hilfe eines Satzes von Arnold (1965) über die Lösbarkeit einer gewissen Funktionalgleichung gezeigt, daß man α und a derart wählen kann, daß f einen Arnold-Herman-Ring $\mathcal{R}$ mit $\mathbb{T} \subset \mathcal{R}$ besitzt. Es existieren sogar überabzählbar viele $\alpha \in (0,1)$, zu denen man ein geeignetes a wählen kann.

Kritische Punkte. Eine wichtige Rolle spielt die Menge $\mathcal{C}$ der kritischen Punkte von f sowie die kritische Grenzmenge $\mathcal{C}^+$, die aus allen Häufungspunkten des Orbits $O^+(\mathcal{C})$ besteht. Aus den bisherigen Ausführungen erhält man sofort folgenden Satz:

Es sei f eine rationale Funktion vom Grad $d \geq 2$ und $\{U_0, U_1, \ldots, U_{p-1}\}$ mit $p \in \mathbb{N}$ ein Zyklus von Böttcher-, Schröder- oder Leau-Gebieten von f. Dann gilt $U_j \cap \mathcal{C} \neq \emptyset$ für ein $j \in \{0, 1, \ldots, p-1\}$.

Für Siegel-Scheiben bzw. Arnold-Herman-Ringe U von f ist zwar $U \cap \mathcal{C} = \emptyset$, es gilt aber folgende Aussage:

Es sei f eine rationale Funktion vom Grad $d \geq 2$ und $\{U_0, U_1, \ldots, U_{p-1}\}$ mit $p \in \mathbb{N}$ ein Zyklus von Siegel-Scheiben oder Arnold-Herman-Ringen von f. Dann gilt $\partial U_j \subset \mathcal{C}^+$ für alle $j = 0, 1, \ldots, p-1$.

Weiterhin gilt:

Es sei f eine rationale Funktion vom Grad $d \geq 2$ und α ein Cremer-Zyklus. Dann gilt $\alpha \subset \mathcal{C}^+$.

Diese Ergebnisse über kritische Punkte können dazu benutzt werden, rationale Funktionen mit $\mathcal{J} = \widehat{\mathbb{C}}$ zu konstruieren. Sind nämlich alle kritischen Punkte z_0 von f strikt präperiodisch, so gilt $\mathcal{J} = \widehat{\mathbb{C}}$. Zum Beispiel ist dies der Fall für $f(z) = \left(1 - \frac{2}{z}\right)^2$, denn die kritischen Punkte sind $z_1 = 2$ (Nullstelle von f') und $z_2 = 0$ (zweifache Polstelle), und es gilt $2 \mapsto 0 \mapsto \infty \mapsto 1 \mapsto 1$. Das oben erwähnte Beispiel von Lattès ist vom gleichen Typ.

Ist P ein Polynom, so ist $\mathcal{F} \neq \emptyset$, da $\mathcal{A}(\infty) \subset \mathcal{F}$. Erfüllen jedoch die endlichen kritischen Punkte von P die obige Voraussetzung, so ist $\mathcal{J}$ zusammenhängend und stimmt mit der ausgefüllten Julia-Menge überein; insbesondere ist $\mathcal{F} = \mathcal{A}(\infty)$ ein einfach zusammenhängendes Gebiet. In diesem Fall ist also $\mathcal{J}$ ein ↗Dendrit. Ein Beispiel für ein solches Polynom ist $P(z) = z^2 + i$, denn für den einzigen endlichen kritischen Punkt $z_0 = 0$ gilt $0 \mapsto i \mapsto -1 + i \mapsto -i \mapsto -1 + i$.

Ist f eine rationale Funktion, $\infty \notin \mathcal{J}$ und $\mathcal{J} \cap \mathcal{C}^+ = \emptyset$, so ist f expandierend auf $\mathcal{J}$, d. h. es existieren Konstanten $\delta > 0$ und $\kappa > 1$ mit

$$|(f^n)'(z)| \geq \delta \kappa^n \qquad \text{(E)}$$

für alle $n \in \mathbb{N}$ und $z \in \mathcal{J}$. Im Fall $\infty \in \mathcal{J}$ ist diese Bedingung an den Polstellen von f und an $z = \infty$ geeignet zu modifizieren. Ist umgekehrt f expandierend auf $\mathcal{J}$, so gilt $\mathcal{J} \cap \mathcal{C}^+ = \emptyset$. Eine rationale Funktion mit einer (und damit beiden) dieser Eigenschaften nennt man hyperbolisch. Falls f hyperbolisch und $\mathcal{F}$ ein Gebiet ist, so erhält man aus (E), daß $\mathcal{J}$ total unzusammenhängend ist, d. h. jede Zusammenhangskomponente ist einpunktig. Solche Mengen nennt man auch Cantor-Mengen. Für Polynome gilt dies zum Beispiel, falls $\mathcal{C} \subset \mathcal{A}(\infty)$. Insbesondere ist diese Bedingung erfüllt für die quadratischen Polynome $f(z) = z^2 + c$ mit $|c| > 2$.

Eine Cantor-Menge: Julia-Menge des Polynoms $z^2 - \frac{153}{200} + \frac{3}{25}i$.

Ein bisher ungelöstes Problem ist, ob die Julia-Menge eine Nullmenge (bezüglich des zweidimensionalen Lebesgue-Maßes) ist, sofern $\mathcal{F} \neq \emptyset$. Ist $\mathcal{F} \neq \emptyset$, so liegen für fast alle $z \in \mathcal{J}$ die Häufungspunkte des Orbits $O^+(z)$ in $\mathcal{C}^+$. Hieraus ergibt sich folgender Satz.

Es sei f eine rationale Funktion und $\overline{O^+(\mathcal{C})} \cap \mathcal{J}$ eine endliche Menge. Dann ist entweder $\mathcal{J} = \widehat{\mathbb{C}}$ oder $\mathcal{J}$ eine Nullmenge. Insbesondere ist $\mathcal{J}$ für jede hyperbolische Funktion eine Nullmenge.

Geometrie der Julia-Menge. Julia-Mengen sind bis auf „wenige" Ausnahmen sehr komplizierte Mengen. Für $f(z) = z^d$ ist $\mathcal{J} = \mathbb{T}$. Dies gilt allgemeiner auch für gewisse Blaschke-Produkte

$$B(z) = \lambda \prod_{k=1}^{d} \frac{z - a_k}{1 - \bar{a}_k z},$$

wobei $|\lambda| = 1$ und $a_k \in \mathbb{E}$. Dann sind $\mathbb{E}$ und Δ invariante Gebiete, also $\mathbb{E} \cup \Delta \subset \mathcal{F}$ und $\mathcal{J} \subset \mathbb{T}$. Es gibt drei mögliche Fälle:

(1) B besitzt einen (super)attraktiven Fixpunkt $\zeta \in \mathbb{E}$. Dann sind $\mathbb{E}$ und Δ vollständig invariant, $\mathcal{J} = \mathbb{T}$ und B hyperbolisch.

(2) B besitzt einen (super)attraktiven Fixpunkt $\zeta \in \mathbb{T}$. Dann ist $\mathcal{F}$ ein Gebiet und B hyperbolisch, also $\mathcal{J}$ eine Cantor-Menge.

(3) B besitzt einen indifferenten Fixpunkt $\zeta \in \mathbb{T}$. Dann ist $B'(\zeta) = 1$ und somit ζ Zentrum einer Leau-Blume, bestehend aus ein oder zwei Leau-Gebieten. Im ersten Fall ist $\mathcal{J}$ eine Cantor-Menge und im zweiten gilt $\mathcal{J} = \mathbb{T}$.

Für die Tschebyschew-Polynome T_d gilt nach Beispiel 3 $\mathcal{J} = [-1, 1]$, während man für die ↗Koebe-Funktion $k(z) = z/(1-z)^2$ erhält: $\mathcal{J} = [0, \infty]$. Diese Beispiele sind in einem gewissen Sinne die einzigen Funktionen, deren Julia-Menge eine glatte Kurve ist, wie der folgende Satz zeigt.

Es sei U ein Fixgebiet der rationalen Funktion f.

(a) Ist ∂U eine analytische ↗Jordan-Kurve, so ist ∂U eine Kreislinie und f konjugiert zu einem Blaschke-Produkt.

(b) Ist ∂U ein analytischer ↗Jordan-Bogen, so ist $\mathcal{J} = \partial U$ ein Kreisbogen in $\widehat{\mathbb{C}}$, und es gilt $f \circ h = h \circ B$ mit einem Blaschke-Produkt B und einer rationalen Funktion h vom Grad 2. Die Funktion h bildet $\mathbb{E}$ und Δ konform auf U ab.

Zum Beispiel gilt für $f = T_d$

$$h(z) = \tfrac{1}{2}\left(z + \tfrac{1}{z}\right), \quad B(z) = z^d.$$

Für Polynome gilt speziell:

Es sei P ein Polynom vom Grad $d \geq 2$ und $\mathcal{J}$ ein Jordan-Bogen. Dann ist P konjugiert zum Tschebyschew-Polynom T_d oder $-T_d$ und daher $\mathcal{J}$ eine Strecke in $\mathbb{C}$.

Im allgemeinen müssen Julia-Mengen keine Kurven sein, denn ist zum Beispiel $f(z) = \lambda z + z^2$ und 0 ein irrational indifferenter Fixpunkt, aber nicht Zentrum einer Siegel-Scheibe von f, so kann man zeigen, daß $\mathcal{J} = \partial\mathcal{A}(\infty)$ keine Kurve ist. Andererseits gilt:

Es sei U ein einfach zusammenhängendes Böttcher- oder Schröder-Gebiet der rationalen Funktion f und jeder kritische Punkt von f in $\mathcal{J}$ strikt präperiodisch. Dann ist ∂U eine Kurve. Ist U sogar vollständig invariant, so ist $\mathcal{J} = \partial U$ eine Kurve.

Diese Kurve kann jedoch eine sehr komplizierte Struktur haben. Falls nämlich $\mathcal{J}$ eine Kurve ist, so ist diese entweder eine Jordan-Kurve oder jeder Punkt ein Doppelpunkt, d. h. wird mindestens

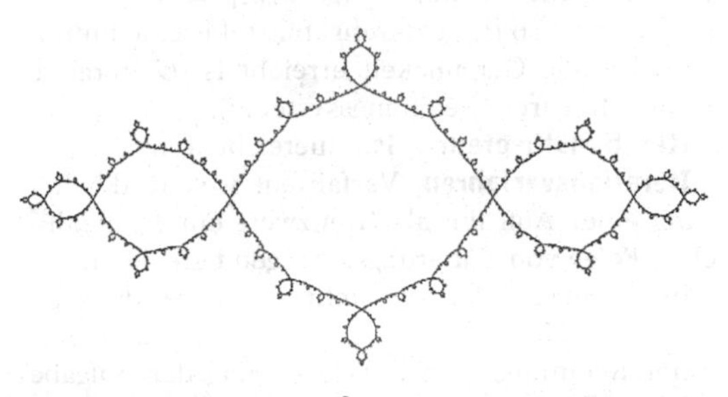

Julia-Menge des Polynoms $z^2 - 1$

zweimal „durchlaufen“. Ein Beispiel hierfür ist das Polynom $P(z) = z^2 - 1$. Weiter gilt:

Die Fatou-Menge der rationalen Funktion f bestehe aus zwei vollständig invarianten stabilen Gebieten, von denen mindestens eines ein Böttcher- oder Schröder-Gebiet ist. Dann ist $\mathcal{J}$ eine Jordan-Kurve. Sind beide Böttcher- oder Schröder-Gebiete, so ist $\mathcal{J}$ sogar eine ↗quasikonforme Kurve.

Ist speziell $f = P$ ein Polynom, so enthält $\mathcal{F}$ das Böttcher-Gebiet $\mathcal{A}(\infty)$ und $\mathcal{J} = \partial\mathcal{A}(\infty)$. Dann erhält man aus den obigen Aussagen:

(a) *Ist P hyperbolisch und $\mathcal{J}$ zusammenhängend, so ist $\mathcal{J}$ eine Kurve.*

(b) *Ist jeder kritische Punkt von f in $\mathcal{J}$ strikt präperiodisch und $\mathcal{J}$ zusammenhängend, so ist $\mathcal{J}$ eine Kurve.*

(c) *Besitzt f genau ein stabiles Gebiet $U \neq \mathcal{A}(\infty)$, so ist $\mathcal{J}$ eine Jordan-Kurve. Ist U ein Böttcher- oder Schröder-Gebiet, so ist $\mathcal{J}$ eine quasikonforme Kurve.*

Das Polynom $P(z) = z + z^2$ besitzt genau ein stabiles Gebiet $U \neq \mathcal{A}(\infty)$, und dieses ist ein Leau-Gebiet mit Fixpunkt 0. Also ist $\mathcal{J}$ eine Jordan-Kurve. Diese besitzt am Punkt 0 eine Spitze. Der Rückwärtsorbit $O^-(0)$ ist eine dichte Menge in $\mathcal{J}$, und $\mathcal{J}$ besitzt an jedem dieser Punkte eine Spitze. Daher ist $\mathcal{J}$ keine quasikonforme Kurve.

Dynamik in der Julia-Menge. Für $f(z) = z^2$ gilt $\mathcal{J} = \mathbb{T}$ und $f(e^{2\pi it}) = e^{2\cdot 2\pi it}$. Schreibt man t als Dualzahl $t = 0, \tau_1\tau_2\tau_3\ldots$ mit $\tau_k \in \{0, 1\}$ und $\sigma_k = \tau_k + 1$, so kann man die Dynamik von f auf $\mathcal{J}$ symbolisch durch den Shift-Operator

$$(\sigma_1\sigma_2\sigma_3\ldots) \mapsto (\sigma_2\sigma_3\sigma_4\ldots)$$

in dem Symbolraum $\Sigma_2 = \{1, 2\}^{\mathbb{N}}$ aller Folgen (σ_k) mit $\sigma_k \in \{1, 2\}$ beschreiben.

Nun sei allgemeiner f eine rationale Funktion vom Grad $d \geq 2$ und $\Sigma = \Sigma_d := \{1, 2, \ldots, d\}^{\mathbb{N}}$. Führt man auf Σ die Metrik

$$d(\sigma, \tau) := \sum_{k=1}^{\infty} \frac{|\sigma_k - \tau_k|}{d^k}$$

ein, so wird Σ zu einem kompakten, total unzusammenhängenden metrischen Raum. Ist f hyperbolisch, so existiert eine stetige Abbildung $\Phi_f : \Sigma \to \mathcal{J}$ mit $\Phi_f \circ S = f \circ \Phi_f$, wobei $S: \Sigma \to \Sigma$ mit $(\sigma_1\sigma_2\sigma_3\ldots) \mapsto (\sigma_2\sigma_3\sigma_4\ldots)$ der Shift-Operator ist. Im allgemeinen ist Φ_f nicht bijektiv, denn sonst wäre Φ_f wegen der Kompaktkeit von Σ und $\mathcal{J}$ ein Homömorphismus und somit $\mathcal{J}$ eine Cantor-Menge. Dies ist jedoch der Fall, wenn zusätzlich $\mathcal{F}$ ein Gebiet ist.

Weitere Eigenschaften der Julia-Menge sind unter dem gleichnamigen Stichwort, sowie unter ↗Ergodentheorie auf Julia-Mengen und ↗invariante Maße auf Julia-Mengen zu finden. Besonderes Interesse hat die Iteration quadratischer Polynome $f(z) = z^2 + c$ gefunden. Hierfür ist von entscheidender Bedeutung, ob der Paramater c in der ↗Mandelbrot-Menge liegt oder nicht. Daher wird das Thema unter diesem Stichwort abgehandelt.

Literatur

[1] Beardon, A.F.: Iteration of Rational Functions. Springer-Verlag New York, 1991.

[2] Steinmetz, N.: Rational Iteration. Walter de Gruyter Berlin, 1993.

Iterationsmatrix, eine Matrix, mit deren Hilfe man eine Iteration zur Lösung linearer Gleichungssysteme durchführt.

Bei der numerischen Lösung linearer Gleichungssysteme $Ax = b$ verwendet man oft iterative Verfahren, die auf einer festen Iterationsmatrix M beruhen. Ausgehend von einem Startvektor $x_0 \in \mathbb{R}$ werden dann die Iterationen $x_{m+1} = Mx_m + c_m$ mit $c_m \in \mathbb{R}^n$ so lange durchgeführt, bis eine hinreichend große Genauigkeit erreicht ist (↗Iterative Lösung linearer Gleichungssysteme).

Iterationstheorem, ↗Parametertheorem.

Iterationsverfahren, Verfahren, welche die Lösung einer Aufgabe als Grenzwert einer unendlichen Folge von Näherungslösungen berechnen.

Im Gegensatz dazu versteht man unter direkten Verfahren Methoden, welche (bei rundungsfehlerfreier Rechnung) die exakte Lösung der Aufgabe nach endlich vielen Schritten berechnen.

Bei einigen Problemen, z. B. bei der Lösung von Eigenwertproblemen, müssen stets Iterationsverfahren zur numerischen Lösung eingesetzt werden, da man diese Probleme i. allg. nicht direkt lösen kann.

Bei anderen Problemen, z. B. der Lösung von linearen Gleichungssystemen $Ax = b$, lassen sich direkte oder iterative Verfahren einsetzen. Dabei verändern Verfahren zur ↗direkten Lösung linearer Gleichungssysteme typischerweise die gegebene Koeffizientenmatrix A und transformieren das ursprüngliche Problem in ein einfacher zu lösendes. Bei der ↗iterativen Lösung linearer Gleichungssysteme wird die Koeffizientenmatrix A nicht verändert; hier besteht ein Iterationsschritt häufig in der Ausführung einer Matrix-Vektor-Multiplikation. Während direkte Verfahren zumindest theoretisch die exakte Lösung des Problems berechnen, sind bei Iterationsverfahren Fragen der Konvergenz und Konvergenzgeschwindigkeit von Bedeutung.

Von besonderem Interesse in der ↗Numerischen Mathematik ist das Iterationsverfahren für Fixpunkte, worunter man ein Iterationsverfahren zur Berechnung eines Fixpunktes versteht, das auf dem ↗Banachschen Fixpunktsatz beruht; siehe auch ↗iterierte Abbildungen.

Abschließend noch Bemerkungen zum Verhalten eines Iterationsverfahrens zur Lösung einer Fixpunktgleichung $T(x) = x$ in der Nähe des Fixpunktes. Es seien $M \subseteq \mathbb{R}^n$ und $T : M \to \mathbb{R}^n$ eine Abbildung. Ist x^* ein Fixpunkt von T, so verwendet man zur näherungsweisen Bestimmung des Fixpunktes oft das iterative Verfahren $x_{m+1} = T(x_m)$ mit einer fest gewählten Startnäherung x_0. Das Lösungsverhalten des Verfahrens in der Nähe des Fixpunktes kann man dann durch die Beschreibung der Ordnung des Verfahrens angeben. Gibt es eine Konstante c und ein $p \in \mathbb{N}$, so daß gilt:

$$||x^{m+1} - x^*|| \leq c \cdot ||x^m - x^*||^p ,$$

mit $0 \leq c < 1$ für $p = 1$ und $0 \leq c$ für $p > 1$, so heißt das durch T erzeugte Verfahren ein Verfahren der Ordnung p, sofern man mit einem x_0 aus einer passenden Umgebung von x^* startet.

Jedes Verfahren p-ter Ordnung konvergiert lokal, das heißt, es gibt eine Umgebung U von x^*, so daß für jedes $x_0 \in U$ die zugehörige Iterationsfolge $x_{m+1} = T(x_m)$ gegen x^* konvergiert.

Iterative Lösung linearer Gleichungssysteme

H. Faßbender

Unter der iterativen Lösung linearer Gleichungssysteme $Ax = b$ mit $A \in \mathbb{R}^{n\times n}$, $b \in \mathbb{R}^n$ versteht man Verfahren, welche die Lösung als Grenzwert einer unendlichen Folge von Näherungslösungen berechnen; im Gegensatz dazu versteht man unter einer ↗direkten Lösung linearer Gleichungssysteme Verfahren, welche (bei rundungsfehlerfreier Rechnung) die exakte Lösung nach endlich vielen Schritten berechnen. Dabei verändern direkte Verfahren typischerweise die gegebene Koeffizientenmatrix und transformieren das ursprüngliche Problem in ein einfacher zu lösendes. Iterative Verfahren berechnen sukzessive Näherungslösungen an die gesuchte Lösung. Ein Iterationsschritt besteht häufig in der Ausführung einer Matrix-Vektor-Multiplikation. Während direkte Verfahren zumindest theoretisch die exakte Lösung des Problems berechnen, sind bei iterativen Verfahren Fragen der Konvergenz und Konvergenzgeschwindigkeit von Bedeutung.

Die klassischen Iterationsverfahren beruhen auf dem Umschreiben des linearen Gleichungssystems $Ax = b$ in eine Fixpunktgleichung

$$x = Tx + f$$

mit einer geeigneten Matrix $T \in \mathbb{R}^{n\times n}$ und einem Vektor $f \in \mathbb{R}^n$. Ist die Fixpunktgleichung eindeutig lösbar, so wählt man einen Startvektor $x^{(0)} \in \mathbb{R}^n$ und bildet die Folge

$$x^{(k+1)} = Tx^{(k)} + f$$

für $k = 1, 2, \ldots$. Sind alle Eigenwerte von T betragsmäßig kleiner als 1, dann konvergiert diese Folge gegen die Lösung x der Gleichung $Ax = b$. Eine Fixpunktgleichung der Form $x = Tx + f$ erhält man dabei aus $Ax = b$ typischerweise aus einer Zerlegung von A in

$$A = B - C ,$$

$B, C \in \mathbb{R}^{n\times n}$, B nichtsingulär, denn dann ist $(B - C)x = b$, bzw.

$$x = B^{-1}Cx + B^{-1}b .$$

Man erhält also ein System $x = Tx + f$ mit $T = B^{-1}C$ und $f = B^{-1}b$. Die prominentesten Vertreter dieser Iterationsverfahren sind das ↗Jacobi-Verfahren, das ↗Gauß-Seidel-Verfahren und das ↗SOR-Verfahren.

Die Konvergenzgeschwindigkeit einer Fixpunktiteration hängt von den Eigenwerten von T ab. Nur wenn alle Eigenwerte von T betragsmäßig kleiner als 1 sind, d. h. wenn

$$\varrho(T) = \max\{|\lambda|, \lambda \text{ Eigenwert von } T\} < 1 ,$$

tritt Konvergenz ein. Je kleiner $\varrho(T)$ ist, desto schneller ist die Konvergenz. Falls $\varrho(T)$ nahe bei 1 ist, so ist die Konvergenz recht langsam und man kann versuchen, mittels ↗Relaxation oder polynomieller Konvergenzbeschleunigung aus der gegebenen Fixpunktiteration eine schneller konvergierende herzuleiten.

Moderne Iterationsverfahren sind häufig Krylow-Raum-basierte Verfahren. Dabei wird, ausgehend von einem (beliebigen) Startvektor $x^{(0)}$, eine Folge von Näherungsvektoren $x^{(k)}$ an die gesuchte Lösung x gebildet. $x^{(k)}$ wird dazu aus einem verschobenen Krylow-Raum

$$\{x^{(0)}\} + \mathcal{K}_k(B, r^{(0)})$$

mit

$$\mathcal{K}_k(B, r^{(0)}) = \{r^{(0)}, Br^{(0)}, B^2 r^{(0)}, \ldots, B^{k-1} r^{(0)}\}$$

und $r^{(0)} = b - Ax^{(0)}$ so gewählt, daß eine Bedingung der Art

$$b - Ax^{(k)} \perp \mathcal{L}_k$$

erfüllt ist. Die verschiedenen Versionen von Krylow-Raum-Verfahren unterscheiden sich in der Wahl der Matrix B und des k-dimensionalen Raums $\mathcal{L}_k$.

Das älteste Verfahren dieser Klasse ist das konjugierte Gradientenverfahren, welches lineare Gleichungssysteme $Ax = b$ mit symmetrisch positiv definiten Matrizen $A \in \mathbb{R}^{n \times n}$ löst. Die nächste Näherung $x^{(k)}$ wird so gewählt, daß $x^{(k)}$ den Ausdruck

$$(x - x^{(k)})^T A (x - x^{(k)})$$

über dem verschobenen Krylow-Raum

$$\{x^{(0)}\} + \mathcal{K}_k(A, r^{(0)})$$

minimiert. Pro Iterationsschritt wird lediglich eine Matrix-Vektor-Multiplikation benötigt; die Matrix A selbst bleibt unverändert. Das Verfahren ist daher insbesondere für große, sparse Koeffizientenmatrizen A geeignet. Zur Berechnung der k-ten Iterierten wird lediglich Information aus dem $(k-1)$-ten Schritt benötigt. Informationen aus den Schritten $1, 2, \ldots, k-2$ muß nicht gespeichert werden. Theoretisch ist bei exakter Rechnung spätestens nach n Schritten die gesuchte Lösung $x^{(n)}$ berechnet. Doch aufgrund von Rundungsfehlern ist dies in der Praxis i. a. nicht der Fall. Man setzt das Verfahren einfach solange fort, bis $x^{(k)}$ eine genügend gute Näherung an die gesuchte Lösung x ist, d. h. bis $b - Ax^{(k)}$ klein genug ist. Das Konvergenzverhalten wird wesentlich durch die Konditionszahl (Kondition) der Matrix A bestimmt. Hat A eine kleine Kondition, so wird das konjugierte Gradientenverfahren in der Regel schnell konvergieren. Hat A aber eine große Kondition, tritt Konvergenz häufig nur sehr langsam ein. Um dieses Problem zu beheben, kann man versuchen, das Gleichungssystem $Ax = b$ in ein äquivalentes Gleichungssystem $\widetilde{A}\widetilde{x} = \widetilde{b}$ zu überführen, für welches das Iterationsverfahren ein besseres Konvergenzverhalten hat. Diese Technik wird ↗Vorkonditionierung genannt und kann die Konvergenz des konjugierten Gradientenverfahrens erheblich verbessern.

Ein wesentlicher Punkt bei der Herleitung des konjugierten Gradientenverfahrens ist die Restriktion auf symmetrisch positiv definite Matrizen. Um das konjugierte Gradientenverfahren für beliebige (unsymmetrische oder symmetrische, nicht positiv definite) Matrizen zu verallgemeinern, wurden zahlreiche Ansätze vorgeschlagen. So ist z. B. das lineare Gleichungssystem $Ax = b$ mit beliebiger $(n \times n)$-Matrix A äquivalent zu dem linearen Gleichungssystem

$$A^T A x = A^T b,$$

dessen Koeffizientenmatrix $A^T A$ symmetrisch positiv definit ist. Wendet man nun das konjugierte Gradientenverfahren auf $A^T A x = A^T b$ an, so erhält man das CGNR-Verfahren (Conjugate Gradient applied to Normal equations minimizing the Residual), welches die Iterierte $x^{(k)}$ so berechnet, daß

$$(b - Ax^{(k)})^T (b - Ax^{(k)})$$

über

$$\{x^{(0)}\} + \mathcal{K}_k(A^T A, A^T r^{(0)})$$

minimiert wird. Bei diesem Verfahren bestimmt die Kondition von $A^T A$ im wesentlichen die Konvergenzrate. Da die Kondition von $A^T A$ das Quadrat der Kondition von A sein kann, wird das CGNR-Verfahren schon für Matrizen A mit nicht allzu großer Kondition nicht gut konvergieren.

Weitere Varianten unterscheiden sich hauptsächlich in der Wahl des Krylow-Raums und der Minimierungsaufgabe. So minimiert das GCR-Verfahren (Generalized Conjugate Residual)

$$(b - Ax^{(k)})^T (b - Ax^{(k)})$$

über

$$\{x^{(0)}\} + \mathcal{K}_k(A, r^{(0)}).$$

Hier hat man nicht das Problem der eventuell großen Kondition von $A^T A$, dafür benötigt man aber zur Berechnung der k-ten Iterierten Informationen aus allen vorangegangenen Schritten, d. h. mit wachsendem k wird mehr und mehr Speicherplatz benötigt. Darüberhinaus kann das GCR-Verfahren zusammenbrechen, ohne eine Lösung des linearen Gleichungssystems zu berechnen. Dieses Problem kann man durch Wahl einer geeigneten Basis für den Krylow-Raum $\mathcal{K}_k(A, r^{(0)})$ beheben.

Dies führt dann auf das ↗GMRES-Verfahren (Generalized Minimal RESidual), welches nicht zusammenbrechen kann und die minimale Anzahl von Matrix-Vektor-Multiplikationen zur Minimierung von

$$(b - Ax^{(k)})^T (b - Ax^{(k)})$$

über einem gegebenen Krylow-Raum benötigt. Die benötigte orthogonale Basis des $\mathcal{K}_k(A, r^{(0)})$ wird mittels des ↗Arnoldi-Verfahrens berechnet.

Zwei weitere, häufig verwendete Varianten beruhen statt auf dem Arnoldi-Verfahren zur Berechnung einer orthogonalen Basis eines Krylow-Raums auf dem unsymmetrischen ↗Lanczos-Verfahren. Das ↗BiCG-Verfahren (BiConjugate Gradient-Verfahren) und das ↗QMR-Verfahren (Quasi Minimal Residual-Verfahren) können allerdings zusammenbrechen, sodaß hier sogenannte look-ahead-Methoden angewendet werden sollten, um diese Verfahren stets durchführen zu können.

In der Literatur existieren zahlreiche weitere Varianten von Krylow-Raum-basierten Verfahren. Jedes dieser Verfahren hat gewisse Vor- und Nachteile, für jedes Verfahren lassen sich Beispiele finden, für welche das jeweilige Verfahren besonders gut oder besonders schlecht geeignet ist. Eine allgemeine Regel, welches Verfahren wann angewendet werden sollte, gibt es (noch) nicht.

Literatur

[1] Deuflhard, P. und Hohmann, A.: Numerische Mathematik, Band 1. de Gruyter, 1993.

[2] Golub, G.H. und van Loan, C.F.: Matrix Computations. Johns Hopkins University Press, 1996.

[3] Hackbusch, W.: Iterative Lösung großer schwachbesetzer Gleichungssysteme. B.G. Teubner Stuttgart, 1993.

[4] Saad, Y.: Iterative Methods for Sparse Linear Systems. The Pws Series in Computer Science, 1996.

[5] Schwarz, H.R.: Numerische Mathematik. B.G. Teubner Stuttgart, 1993.

[6] Stoer, J. und Bulirsch, R.: Numerische Mathematik I und II. Springer Heidelberg/Berlin, 1994/1991.

---

iterierte Abbildungen, wiederholt angewandte Abbildungen.

Genauer sind iterierte Abbildungen wie folgt definiert: Es sei $G \subset \mathbb{C}$ ein Gebiet, $f: G \to G$ eine ↗innere Abbildung, $f^1 := f$ und $f^{n+1} := f^n \circ f = f \circ f^n$ für $n \in \mathbb{N}$, wobei $\circ$ die Komposition von Abbildungen bezeichnet.

Dann heißt f^n die n-te Iterierte von f. Sie ist ebenfalls eine innere Abbildung von G in G. Weitere gebräuchliche Bezeichnungen sind $f^{[n]}$ oder $f^{\circ n}$. Man definiert oft noch $f^0(z) := z$ für $z \in G$.

Von Interesse ist das Verhalten der Folge (f^n) für $n \to \infty$. Die Situation ist besonders einfach, falls f einen (super)attraktiven Fixpunkt in G besitzt. Es gilt folgender Satz.

Es sei $G \subset \mathbb{C}$, $f \in \operatorname{Hol} G$ und $\zeta \in G$.

(1) *Gilt $f(\zeta) = \zeta$ und $|f'(\zeta)| < 1$, so existiert ein Gebiet $\widehat{G} \subset G$ derart, daß $\zeta \in \widehat{G}$ und die Folge (f^n) in $\widehat{G}$ kompakt konvergent gegen die konstante Funktion ζ ist. Enthält $\mathbb{C} \setminus G$ mindestens zwei verschiedene Punkte, so gilt diese Aussage in ganz G.*

(2) *Ist umgekehrt die Folge (f^n) in G kompakt konvergent gegen die konstante Funktion ζ, so gilt $f(\zeta) = \zeta$ und $|f'(\zeta)| < 1$.*

Falls die Folge (f^n) in G kompakt gegen eine nicht-konstante Grenzfunktion konvergiert, so gilt bereits $f(z) = z$ für alle $z \in G$. Eine weitere wichtige Aussage liefert ein Satz von Cartan (↗Cartan, Satz von, über Automorphismen).

Im Spezialfall $G = \mathbb{E} = \{z \in \mathbb{C} : |z| < 1\}$ gelten die folgenden genaueren Aussagen.

Es sei $f \in \operatorname{Hol} \mathbb{E}$.

(1) *Besitzt f keinen Fixpunkt in $\mathbb{E}$, so ist (f^n) in $\mathbb{E}$ kompakt konvergent gegen eine konstante Grenzfunktion u mit $|u| = 1$.*

(2) *Besitzt f genau einen Fixpunkt $\zeta \in \mathbb{E}$, und ist $f \notin \operatorname{Aut} \mathbb{E}$, so ist (f^n) in $\mathbb{E}$ kompakt konvergent gegen die konstante Grenzfunktion ζ.*

Die Aussage (1) ist auch unter dem Namen Satz von Denjoy-Wolff bekannt.

Der Fall, daß f mindestens zwei verschiedene Fixpunkte in $\mathbb{E}$ besitzt, ist uninteressant, da dann bereits $f(z) = z$ für alle $z \in \mathbb{E}$ gilt. Ist $f \in \operatorname{Aut} \mathbb{E}$ und besitzt f genau einen Fixpunkt $\zeta \in \mathbb{E}$, so ist die Folge $(f^n(z))$ für kein $z \in \mathbb{E} \setminus \{\zeta\}$ konvergent.

iterierte Integration, Zurückführen eines Integrals über einen mehrdimensionalen Bereich auf ein ↗Mehrfachintegral und letztlich auf eindimensionale Integration.

Dabei wird der Satz von Fubini benutzt, der in einer einfachen Form lautet: Sind I und J abgeschlossene reelle Intervalle, ist $f : I \times J \to \mathbb{R}$ Riemann- oder Lebesgue-integrierbar, und existiert $g(x) := \int_J f(x,y)\,dy$ für alle $x \in I$, dann ist $g : I \to \mathbb{R}$ Riemann- bzw. Lebesgue-integrierbar und es gilt

$$\int_{I\times J} f(x,y)\,d(x,y) = \int_I g(x)\,dx = \int_I \left(\int_J f(x,y)\,dy \right) dx\,.$$

Eine weitere Aussage über die Existenz iterierter Lebesgue-Integrale ist der Satz von Tonelli, der in einer einfachen Fassung besagt: Sind I und J reelle Intervalle, ist $f : I \times J \to \mathbb{R}$ meßbar, und existiert mindestens eines der iterierten Lebesgue-Integrale

$$\int_I \left(\int_J |f(x,y)|\,dy \right) dx\,, \quad \int_J \left(\int_I |f(x,y)|\,dx \right) dy\,,$$

dann ist f Lebesgue-integrierbar, und die beiden iterierten Lebesgue-Integrale von f existieren und sind gleich dem Integral von f:

$$\int_I \left(\int_J f(x,y)\,dx \right) dy = \int_{I\times J} f(x,y)\,d(x,y) = \int_J \left(\int_I f(x,y)\,dy \right) dx .$$

Der Satz von Fichtenholz ist ein ähnliches Kriterium für die Vertauschbarkeit bei iterierter Riemann-Integration: Sind I und J abgeschlossene reelle Intervalle, ist $f : I \times J \to \mathbb{R}$ beschränkt, existiert $\int_J f(x,y)\,dy$ für alle $x \in I$ und $\int_I f(x,y)\,dx$ für alle $y \in J$, dann existieren die beiden iterierten Riemann-Integrale von f und sind gleich.

Benutzt wird iterierte Integration z. B. beim Berechnen von Flächen oder Volumina mittels Mehrfachintegralen, insbesondere auch bei Verwendung ↗krummliniger Koordinaten. Das ↗Cavalieri-Prinzip und die ↗Guldin-Regeln beruhen ebenfalls auf iterierter Integration.

Man spricht auch von iterierter Integration, wenn eine Funktion einer Variablen mehrfach integriert wird, d. h. wenn man etwa für eine stetige Funktion $f : [a,b] \to \mathbb{R}$, wobei $-\infty < a < b < \infty$ sei, mittels $\mathrm{I}f(x) := \int_a^x f(x_1)\,dx_1$ den Integraloperator I definiert und damit für $n \in \mathbb{N}$

$$\mathrm{I}^n f(x) = \int_a^x \int_a^{x_1} \cdots \int_a^{x_{n-1}} f(x_n)\,dx_n \ldots dx_1$$

betrachtet. Zur Verallgemeinerung von D^n, des zur Bildung höherer Ableitungen iterierten Differentialoperators D, setzt man $\mathrm{D}^{-n} := \mathrm{I}^n$ für $n \in \mathbb{N}$. In der ↗gebrochenen Analysis wird D^q auch für nichtganzzahlige q definiert.

iterierter Kern, durch wiederholte (iterierte) Integration definierte Kernfunktion.

Es sei $K_1(x,t)$ der Kern der Integralgleichung

$$y(x) = \lambda \cdot \int_a^b K_1(x,t) y(t) dt + f(x) .$$

Dann heißen die Funktionen $K_n(x,t)$, definiert durch

$$K_n(x,t) = \int_a^b K_1(x,u) K_{n-1}(u,t) du,$$

die iterierten Kerne von K_1.

iterierter Logarithmus, ↗Gesetz vom iterierten Logarithmus.

Itô, Kiyosi, japanischer Mathematiker, geb. 7.9.1915 Hokusei-cho (Japan), gest. 10.11.2008 Kyoto.

Itô studierte bis 1938 an der Universität in Tokyo. Von 1943 bis 1952 arbeitete er an der Universität von Nagoya und von 1952 bis 1979 an der Universität Kyoto. Dazwischen war er zu Forschungsaufenthalten am Institute for Advanced Study in Princeton, an der Universität Aarhus und an der Cornell University. Von 1979 bis 1985 war er Professor an der Universität Gakushuin.

Itôs Hauptarbeitsgebiet sind stochastische Differentialgleichungen. Er untersuchte unendlich teilbare stochastische Prozesse, stochastische Differentiale (Itôsche stochastische Differentialgleichung) und Diffusionsprozesse. Er ist Editor des „Encyclopedic Dictionary of Mathematics".

Itô-Formel, die oft als verallgemeinerte Substitutionsformel der stochastischen Analysis aufgefaßte Gleichung im folgenden Satz, benannt nach K. Itô, der sie als erster für den Spezialfall der ↗Brownschen Bewegung bewiesen hat.

Es sei $(\Omega, \mathfrak{A}, P)$ *ein Wahrscheinlichkeitsraum und* $(\mathfrak{A}_t)_{t\in[0,\infty)}$ *eine Filtration in* $\mathfrak{A}$*, welche die üblichen Voraussetzungen erfüllt. Weiterhin sei* $(X_t)_{t\in[0,\infty)}$ *ein stetiges Semimartingal bezüglich* $(\mathfrak{A}_t)_{t\in[0,\infty)}$*, und* $f : \mathbb{R} \to \mathbb{R}$ *eine zweimal stetig differenzierbare Funktion.*

Dann ist $(f(X_t))_{t\in[0,\infty)}$ *ein stetiges Semimartingal, und es gilt P-fast sicher für alle* $0 \le t < \infty$ *die Gleichung*

$$f(X_t) - f(X_0) = \int_0^t f'(X_s) dX_s + \frac{1}{2} \int_0^t f''(X_s) d[X]_s ,$$

wobei $([X]_t)_{t\in[0,\infty)}$ *die quadratische Variation von* $(X_t)_{t\in[0,\infty)}$ *bezeichnet.*

Dabei handelt es sich beim ersten Integral auf der rechten Seite der Gleichung um ein stochastisches

Integral, während das zweite Integral als Lebesgue-Stieltjes-Integral aufgefaßt werden kann. Oft wird die Itô-Formel auch in der Form

$$df(X_t) = f'(X_t)dX_t + \frac{1}{2}f''(X_t)d[X]_t$$

für $0 \leq t < \infty$ angegeben, die man als Kettenregel der stochastischen Analysis bezeichnet. Es handelt sich hierbei allerdings lediglich um eine suggestive Schreibweise für die Gleichung im obigen Satz. Einige Autoren interpretieren die Itô-Formel auch als Verallgemeinerung des Hauptsatzes der Differential- und Integralrechnung für die stochastische Analysis.

Iversen, Satz von, funktionentheoretische Aussage, die wie folgt lautet:

Es sei f eine transzendente ↗meromorphe Funktion in $\mathbb{C}$ und $w_0 \in \widehat{\mathbb{C}}$ derart, daß $f(z) \neq w_0$ für alle $z \in \mathbb{C}$. Dann ist w_0 ein asymptotischer Wert von f.

Dabei heißt $w_0 \in \widehat{\mathbb{C}}$ ein asymptotischer Wert von f, falls es einen Weg $\gamma : [0, \infty) \to \mathbb{C}$ gibt mit $\gamma(t) \to \infty$ $(t \to \infty)$ und $f(\gamma(t)) \to w_0$ $(t \to \infty)$. Es kann mehrere Wege mit dieser Eigenschaft geben. Jeden solchen Weg nennt man einen asymptotischen Weg.

Ist speziell f eine ↗ganz transzendente Funktion, so erfüllt $w_0 = \infty$ die Voraussetzungen des Satzes von Iversen und ist somit ein asymptotischer Wert von f. Nach dem großen Satz von Picard für meromorphe Funktionen gibt es höchstens drei Werte, die die Voraussetzungen des Satzes erfüllen. Es können jedoch mehr als drei asymptotische Werte existieren, und es gibt sogar ganz transzendente Funktionen, für die jeder Wert $w_0 \in \widehat{\mathbb{C}}$ ein asymptotischer Wert ist.

Ivory, Satz von, lautet:

Eine endliche Masse, die auf der Oberfläche des Ellipsoids $E := \{\vec{x} := (x, y, z) \in \mathbb{R}^3 | (x/a)^2 + (y/b)^2 + (z/c)^2 = 1\}$ $(a, b, c > 0)$ mit einer sog. homöoiden Dichte $\sigma(\vec{x}) = C((x/a^2)^2 + (y/b^2)^2 + (z/c^2)^2)^{-1/2}\mu$ (wobei $\vec{x} \in E$, $C \in \mathbb{R} \setminus \{0\}$ und μ das auf dem Ellipsoid induzierte Euklidische Flächenelement bezeichnet) verteilt ist, zieht innere Punkte nicht an, jedoch äußere Punkte so, als ob genau dieselbe Masse mit homöoider Dichte auf einem kleineren konfokalen Ellipsoid verteilt ist.

Hierbei handelt es sich um die Lösung der Laplace-Gleichung $\Delta V = -4\pi\sigma$ im $\mathbb{R}^3$ (im Sinne von Distributionen, wobei der Träger von σ identisch mit E ist) mit geeigneten Randbedingungen, wobei das Schwerefeld durch den negativen Gradienten von V gegeben ist. Im Spezialfall einer Kugeloberfläche reduziert sich der obige Satz auf den Satz von Newton.

Iwasawa-Zerlegung, Zerlegung eines Elementes von $SL(n, \mathbb{R}) =: G$, der Gruppe der reellen $(n \times n)$-Matrizen mit Determinante 1.

Sei $K = SO(n, \mathbb{R})$, N die Menge der obere Dreiecksmatrizen mit den Einträgen 1 in der Diagonalen, und

$$A := \left\{ \begin{array}{l} diag\,(\lambda_1, \ldots, \lambda_n) : \lambda_i > 0 \text{ für} \\ i = 1, \ldots, n, \ \prod_{i=1}^{n} \lambda_i = 1 \end{array} \right\}.$$

Dann gilt $G = KAN$, d. h., zu jedem $g \in G$ existieren eindeutige Elemente $k \in K$, $a \in A$, $n \in N$ so, daß $g = kan$.

Jackson-Sätze, Typus von Aussagen in der ↗Approximationstheorie, die die ↗Minimalabweichung bei der Approximation mit Polynomen oder trigonometrischen Polynomen mit Hilfe der Glattheit der zu approximierenden Funktion ausdrücken, indem sie die Minimalabweichung nach oben abschätzen.

Als ein typisches Beispiel, das jedoch zahlreiche Verallgemeinerungen und Übertragungen besitzt, geben wir folgenden Satz an.

Es sei $f \in C[a, b]$. Mit $\omega(f; \delta)$ bezeichnen wir den Stetigkeitsmodul von f, und mit $\varrho_n(f)$ die Minimalabweichung bei der Approximation von f durch Polynome höchstens n-ten Grades auf $[a, b]$ in der Maximumnorm. Dann gilt die Abschätzung

$$\varrho_n(f) \leq C^* \cdot \omega(f; (b-a)/n)$$

mit der Konstanten

$$C^* = 1 + \frac{\pi^2}{2} < 6.$$

Als Korollar aus diesem Satz erhält man für unendlich oft differenzierbare Funktionen folgendes Resultat:

Ist, unter den Voraussetzungen des obigen Satzes, $f \in C^\infty[a, b]$, so gilt

$$\lim_{n\to\infty} n^j \cdot \varrho_n(f) = 0 \quad \text{für alle } j \in \mathbb{N}.$$

Weitergehende Informationen findet man in der Literatur, beispielsweise [1].

[1] Meinardus, G.: Approximation von Funktionen und ihre numerische Behandlung. Springer-Verlag, Berlin/Heidelberg, 1964.

Jackson-Ungleichungen, die zentralen Ungleichungen in den ↗Jackson-Sätzen.

Jacobi, Carl Gustav Jacob, deutscher Mathematiker, geb. 10.12.1804 Potsdam, gest. 18.2.1851 Berlin.

Der Sohn eines jüdischen Bankiers studierte in Berlin, wobei er sich schwer zwischen Philologie und Mathematik entscheiden konnte. Das Mathematikstudium gab ihm wenig, seine Kenntnisse erwarb er vorwiegend im Selbststudium. Im Jahre 1824 legte er das Staatsexamen für Lehrer an höheren Schulen ab, 1825 promovierte er bei gleichzeitiger Habilitation in Berlin. Der junge Privatdozent hielt 1825/26 die ersten Vorlesungen über Differentialgeometrie an einer deutschen Universität. Diese Vorlesungen sind später als Beginn der allgemeinen Neugestaltung des Universitätsunterrichts bezeichnet worden. Als Dozent ging Jacobi 1826 nach Königsberg. Durch die Einflußnahme von Gauß, Bessel und von Humboldt wurde er dort 1827 außerordentlicher und 1829 ordentlicher Professor.

Jacobi hatte bereits 1825 sein Prinzip der Reihenumformung gefunden und über periodische Funktionen gearbeitet, ehe er sich der Theorie der elliptischen Funktionen zuwandte. Im Wettstreit mit Abel entwickelte er ihre Theorie („Fundamenta nova functionum ellipticarum", 1829).

Dafür auch international mit höchsten wissenschaftlichen Auszeichnungen geehrt, arbeitete Jacobi danach in unglaublicher Vielseitigkeit über Thetafunktionen, Variationsrechnung, Dynamik, totale und partielle Differentialgleichungen, analytische Mechanik, Himmelsmechanik, und Determinantentheorie. Er forschte über kubische Reste, algebraische Eliminationstheorie und analytische Geometrie.

In Königsberg revolutionierte Jacobi den mathematischen Universitätsunterricht. Er setzte 1834 die Eröffnung eines mathematisch-physikalischen Seminars durch, trug in den Vorlesungen neueste Forschungsergebnisse vor und bildete und förderte eine große Anzahl später sehr bedeutender Mathematiker („Königsberger Schule"). Seit 1839 war Jacobi schwer erkrankt (Diabetes mellitus), erklärte sich aber die Krankheitssymptome durch Überarbeitung und das Königsberger Klima. Erst 1844 wurde ihm gestattet, Königsberg zu verlassen. Er ließ sich in Berlin nieder. Als Akademiemitglied hielt er an der Universität noch gelegentlich Vorlesungen. Er beschäftigte sich mit historischen Fragen von Mathematik und Astronomie und mischte sich in die Tagespolitik ein. Wegen seines Engagements für die Märzrevolution 1848 war er Repressalien ausgesetzt, und nur Humboldt konnte das Weggehen Jacobis aus Berlin verhindern.

Jacobi, Theorem von, eine zentrale funktionentheoretische Aussage, die wie folgt lautet:

Für $q, z \in \mathbb{C}$ mit $|q| < 1$ und $z \neq 0$ gilt

$$\sum_{n=-\infty}^{\infty} q^{n^2} z^n =$$

$$\prod_{n=1}^{\infty} [(1-q^{2n})(1+q^{2n-1}z)(1+q^{2n-1}z^{-1})] .$$

Die ↗Laurent-Reihe

$$J(z,q) := \sum_{n=-\infty}^{\infty} q^{n^2} z^n$$

ist für jedes $q \in \mathbb{C}$, $|q| < 1$ in $\mathbb{C}^* = \mathbb{C} \setminus \{0\}$ konvergent und daher $J(\cdot, q)$ eine in $\mathbb{C}^*$ ↗holomorphe Funktion.

Das Theorem von Jacobi liefert eine Produktdarstellung für diese Funktion. Sie heißt auch Jacobische Tripel-Produkt-Identität. Die Funktion J hängt mit der Theta-Funktion

$$\vartheta(\tau, z) = \sum_{n=-\infty}^{\infty} e^{\pi i n^2 \tau + 2\pi i n z}$$

zusammen, es gilt nämlich

$$\vartheta(\tau, z) = J(e^{2\pi i z}, e^{\pi i \tau})$$

für $\tau, z \in \mathbb{C}$ mit $\operatorname{Im} \tau > 0$.

Jacobi-Chasles, Satz von, lautet:

Die tangentialen Geraden in allgemeiner Lage an eine ↗Geodätische einer vorgegebenen Quadrik M im n-dimensionalen euklidischen Raum ($n > 2$) berühren in allen Punkten der Geodätischen außer M noch $n-2$ zu ihr konfokale Quadriken, die für alle Punkte der Geodätischen ein und dieselben sind.

Der obige Satz liefert eine geometrische Konstruktion für $n-2$ Erhaltungssätze für den ↗geodätischen Fluß auf einer generischen Quadrik im $\mathbb{R}^n$ und damit den wichtigsten Schritt für den Beweis der Integrabilität des geodätischen Flusses.

Jacobi-Determinante, *Funktionaldeterminante*, die Determinante der ↗Jacobi-Matrix $J_f(x)$ einer an der Stelle x, die innerer Punkt von $G \subset \mathbb{R}^n$ sei, mit einer partiell differenzierbaren Funktion $f: G \to \mathbb{R}^n$.

Ist f an der Stelle x differenzierbar, so ist $f'(x) = J_f(x)$ genau dann invertierbar, wenn $\det J_f(x) \neq 0$ gilt. Die Jacobi-Determinante kann daher etwa bei der Untersuchung der Existenz ↗impliziter Funktionen benutzt werden.

Ist speziell $D \subset \mathbb{C}$ eine offene Menge, $z_0 \in D$ und $f = u + iv: D \to \mathbb{C}$ eine an z_0 ↗komplex differenzierbare Funktion, so erhält man aufgrund der Cauchy-Riemann-Gleichungen die Darstellung

$$\begin{aligned}\det J_f(z_0) &= \det \begin{pmatrix} u_x(z_0) & u_y(z_0) \\ v_x(z_0) & v_y(z_0) \end{pmatrix} \\ &= u_x(z_0)v_y(z_0) - u_y(z_0)v_x(z_0) \\ &= (u_x(z_0))^2 + (u_y(z_0))^2 = |f'(z_0)|^2 .\end{aligned}$$

Jacobi-Identität, in jeder Lie-Algebra gültige Identität.

Seien a, b, c Elemente einer ↗Lie-Algebra mit dem Lie-Produkt $[\ ,\ ]$. Dann gilt

$$[a,[b,c]] + [b,[c,a]] + [c,[a,b]] = 0 .$$

In Kurzform schreibt man dafür auch $[a,[b,c]] + cycl. = 0$, dabei bezeichnet "*cycl.*" die zyklischen Vertauschungen.

Jacobi-Matrix, *Funktionalmatrix*, an der Stelle $x = (x_1, \dots, x_n)$, die innerer Punkt von $G \subset \mathbb{R}^n$ sei, einer dort partiell differenzierbaren Funktion $f = (f_1, \dots, f_m): G \to \mathbb{R}^m$, die Matrix der ↗partiellen Ableitungen der Komponentenfunktionen $f_1, \dots, f_m: G \to \mathbb{R}$, d. h. die Matrix

$$J_f(x) = \begin{pmatrix} \frac{\partial f_1}{\partial x_1}(x) & \dots & \frac{\partial f_1}{\partial x_n}(x) \\ \vdots & & \vdots \\ \frac{\partial f_m}{\partial x_1}(x) & \dots & \frac{\partial f_m}{\partial x_n}(x) \end{pmatrix} .$$

Ist f an der Stelle x differenzierbar, so existieren alle partiellen Ableitungen $\frac{\partial f_\mu}{\partial x_\nu}(x)$, und es gilt $f'(x) = J_f(x)$, jedoch folgt aus der Existenz aller partiellen Ableitungen an der Stelle x nicht einmal die Stetigkeit von f an der Stelle x, wie das Beispiel $\varphi: \mathbb{R}^2 \to \mathbb{R}$ mit

$$\varphi(x,y) = \begin{cases} \dfrac{xy}{x^2+y^2} & , (x,y) \neq (0,0) \\ 0 & , (x,y) = (0,0) \end{cases}$$

zeigt.

Daß man die Jacobi-Matrix $J_f(x)$ bilden kann, heißt also nicht unbedingt, daß f an der Stelle x differenzierbar ist. Es gilt aber:

Existieren alle partiellen Ableitungen $\frac{\partial f_\mu}{\partial x_\nu}$ in einer Umgebung des Punktes x, und sind sie in x stetig, so ist f an der Stelle x differenzierbar (und es ist $f'(x) = J_f(x)$).

Jacobi-Polynome, ein System orthogonaler Polynome $\{P_n^{(\alpha,\beta)}\}$ auf dem Intervall $[-1,1]$, definiert durch die Gewichtsfunktion

$$h(x) = (1-x)^\alpha (1+x)^\beta$$

mit $\alpha, \beta \in \mathbb{R}$, $\alpha, \beta > -1$.

Die Darstellung mittels der Rodrigues-Formel lautet

$$P_n^{(\alpha,\beta)}(x) = \frac{(-1)^n}{n!2^n}(1-x)^{-\alpha}(1+x)^{-\beta} \frac{d^n}{dx^n}\Big[(1-x)^\alpha(1+x)^\beta(1-x^2)^n\Big].$$

$P_n^{(\alpha,\beta)}$ genügt der Differentialgleichung

$$(1-x^2)y'' + [\beta - \alpha - (\alpha+\beta+2)x]y' + n(n+\alpha+\beta+1)y = 0.$$

Spezialfälle sind beispielsweise die Legendre-Polynome (1. Art) ($\alpha = \beta = -\frac{1}{2}$) und die Gegenbauer-Polynome ($\alpha = \beta$).

Jacobi-Rotationsmatrix, eine orthogonale Matrix der Form

$$G_{ij}(\alpha) = I + (\cos\alpha - 1)(e_ie_i^T + e_je_j^T) + \sin\alpha(e_ie_j^T - e_je_i^T),$$

wobei $I = (e_1\ e_2\ \dots\ e_n)$ die Einheitsmatrix sei.

$G_{ij}(\alpha)$ ist also von der Gestalt

$$\begin{pmatrix} 1 &&&&&&&&& \\ & \ddots &&&&&&&& \\ && 1 &&&&&&& \\ &&& \cos\alpha &&&& \sin\alpha && \\ &&&& 1 &&&&& \\ &&&&& \ddots &&&& \\ &&&&&& 1 &&& \\ &&& -\sin\alpha &&&& \cos\alpha && \\ &&&&&&&& 1 & \\ &&&&&&&&& \ddots \\ &&&&&&&&&& 1 \end{pmatrix}.$$

↑ i−te Spalte ↑ j−te Spalte

Geometrisch beschreibt $G_{ij}(\alpha)$ eine Drehung um den Winkel α in der von den Einheitsvektoren e_i und e_j aufgespannten Ebene. Mit Hilfe dieser Matrizen können einzelne Elemente in Vektoren oder Matrizen eliminiert werden.

Multipliziert man einen Vektor y von vorne mit $G_{ij}(\alpha)$, so ändern sich in $x = G_{ij}(\alpha)y$ nur die Elemente

$$x_i = \cos\alpha y_i + \sin\alpha y_j$$

und

$$x_j = -\sin\alpha y_i + \cos\alpha y_j,$$

für alle anderen Einträge von x gilt $x_k = y_k$.

Den Winkel α kann man nun so wählen, daß in x der j-te Eintrag Null wird:

$$\cot\alpha = \frac{y_i}{y_j}.$$

Da man den Winkel α selbst nicht benötigt, sondern nur $\cos\alpha$ und $\sin\alpha$, setzt man sofort

$$\sin\alpha = \frac{y_j}{\sqrt{y_i^2+y_j^2}}, \quad \cos\alpha = \frac{y_i}{\sqrt{y_i^2+y_j^2}}.$$

Die tatsächliche Berechnung sollte allerdings anders erfolgen. Bezeichne dazu $c = \cos\alpha$ und $s = \sin\alpha$. Ist eine Komponente, etwa y_j, betraglich viel größer als die andere, so daß

$$(|y_i|^2 + |y_j|^2) \approx |y_j|^2,$$

so wird $c \approx 1$, und es geht wesentliche Information verloren. Besser ist, numerisch gesehen, die folgende Berechnung: Falls $|y_j| \geq |y_i|$, so berechne

$$\tau := \frac{y_i}{y_j}, \quad c := \frac{1}{\sqrt{1+\tau^2}}, \quad s := c\tau,$$

andernfalls berechne

$$\tau := \frac{y_j}{y_i}, \quad s := \frac{1}{\sqrt{1+\tau^2}}, \quad c := s\tau.$$

Dadurch vermeidet man zugleich auch Exponentenüberlauf.

Führt man eine Ähnlichkeitstransformation einer Matrix A mit einer Matrix $G_{ij}(\alpha)$ durch, so ändern sich aufgrund der speziellen Struktur von $G_{ij}(\alpha)$ nur die Zeilen und Spalten i und j von A, alle anderen Einträge bleiben unverändert. Je nachdem, ob die Rotation verwendet wird, um ein Element in den vier Kreuzungspunkten dieser Zeilen und Spalten zu eliminieren (d. h. um a_{ii}, a_{ij}, a_{ji} oder a_{jj} zu eliminieren) oder um ein anderes Element in den Zeilen oder Spalten i oder j zu eliminieren, unterscheidet man zwischen einer Jacobi-Rotation und einer Givens-Rotation. Im ↗Jacobi-Verfahren zur Lösung des Eigenwertproblems werden stets Matrixelemente a_{ij} und a_{ji}, also Elemente im Kreuzungsbereich der veränderten Zeilen und Spalten, eliminiert. Givens-Rotationen verwendet man typischerweise bei der Reduktion einer Matrix A auf obere Hessenberg-Form im Rahmen des QR-Algorithmus; dabei muß darauf geachtet werden daß das zu vernullende Elemente nicht im Kreuzungsbereich der veränderten Zeilen und Spalten liegt.

Die Matrizen G_{ij} können nur zur Elimination einzelner Elemente reeller Vektoren oder Matrizen verwendet werden. Für eine komplexe Variante einer Jacobi- bzw. Givens-Matrix G_{ij} ersetzt man die 4 Elemente, in denen sich G_{ij} von der Einheitsmatrix unterscheidet, also die Teilmatrix

$$\begin{pmatrix} \cos\alpha & \sin\alpha \\ -\sin\alpha & \cos\alpha \end{pmatrix},$$

durch

$$\begin{pmatrix} c & \bar{s} \\ -s & c \end{pmatrix}$$

mit $c^2 + |s|^2 = 1$ und $c \in \mathbb{R}$.

Jacobische Differentialgleichung, Differentialgleichung der Form

$$\frac{dx}{dy} = \frac{Axy + By^2 + ax + by + C}{Ax^2 + Bxy + \alpha x + \beta y + \gamma}.$$

Sie ist ein Spezialfall der ↗Darbouxschen Differentialgleichung.

Mit folgendem Algorithmus erhält man die Lösungen: Zuerst finde man durch Substitution eine partikuläre Lösung der Form $y = px + q$. Durch die Transformation

$$\xi = \frac{x}{px - y + q}, \quad \eta = \frac{y}{px - y + q},$$

ergibt sich dann eine zu einer homogenen Differentialgleichung reduzierbare Gleichung.

Jacobische elliptische Funktionen, ↗elliptische Funktionen mit jeweils zwei einfachen Polen in ihrem Fundamentalbereich. Leider finden sich vielfältige Konventionen bei der Definition dieser Funktionen, hier soll größtenteils [1] gefolgt werden.

Seien κ und κ' zwei reelle Zahlen mit $\kappa^2 + \kappa'^2 = 1$. Man nennt κ auch den Modul, κ' das Komplement des Moduls. Man definiere nun die Viertelperioden K und K′ durch

$$\mathrm{K} := \int_0^{\pi/2} \frac{d\vartheta}{(1 - \kappa^2 \sin^2 \vartheta)},$$

$$\mathrm{K}' := \int_0^{\pi/2} \frac{d\vartheta}{(1 - \kappa'^2 \sin^2 \vartheta)}.$$

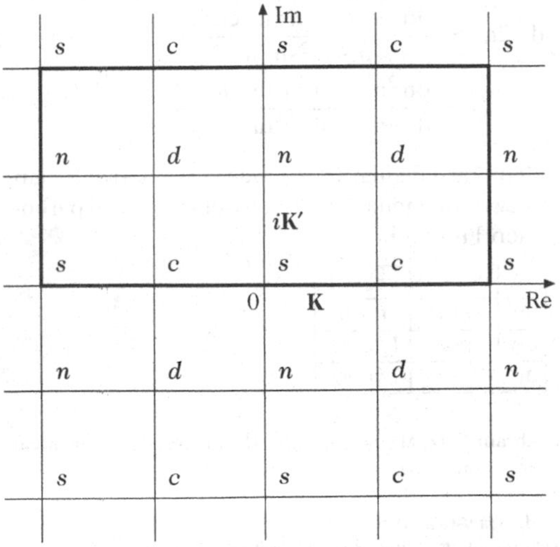

		Im		
s	c	s	c	s
n	d	n	d	n
		iK′		
s	c	s	c	s
		0 K		Re
n	d	n	d	n
s	c	s	c	s

Argand-Diagramm mit dem Fundamentalbereich von sn.

Die Zahlen K′ und iK′ spannen in der komplexen Zahlenebene das Rechteckgitter

$$\Gamma := n\mathrm{K} + im\mathrm{K}' \quad (n, m \in \mathbb{Z})$$

auf. Die Eckpunkte dieses Gitters sollen nun gemäß der Abbildung mit den Buchstaben s, c, d und n versehen werden; hierbei ensteht dann das sog. Argand-Diagramm.

Die Jacobi-Funktion pq, wobei p und q jeweils einen der Buchstaben s, c, d und n vertritt, ist diejenige elliptische Funktion, die

- einfache Nullstellen an den Punkten p und einfache Pole an den Punkten q im Argand-Diagramm besitzt, und
- die Perioden 4K und 4iK′ sowie $2(p - q)$ besitzt.

Dadurch ist die Funktion pq bereits eindeutig definiert. Will man die Abhängigkeit vom Modul κ betonen, so schreibt man auch pq $(z|\kappa)$ statt pq (z).

Historisch wurden die Jacobischen elliptischen Funktionen allerdings anders eingeführt. Man vergleiche hierzu das Stichwort ↗Amplitudinisfunktion.

Normalerweise kommt man mit einem Satz von drei elementaren Funktionen, sn, cn und dn aus, denn für die restlichen Funktionen findet man folgende Zusammenhänge:

$$\mathrm{cd} = \tfrac{\mathrm{cn}}{\mathrm{dn}} \quad \mathrm{dc} = \tfrac{\mathrm{dn}}{\mathrm{cn}} \quad \mathrm{ns} = \tfrac{1}{\mathrm{sn}}$$

$$\mathrm{sd} = \tfrac{\mathrm{sn}}{\mathrm{dn}} \quad \mathrm{nc} = \tfrac{1}{\mathrm{cn}} \quad \mathrm{ds} = \tfrac{\mathrm{dn}}{\mathrm{sn}}$$

$$\mathrm{nd} = \tfrac{1}{\mathrm{dn}} \quad \mathrm{sc} = \tfrac{\mathrm{sn}}{\mathrm{cn}} \quad \mathrm{cs} = \tfrac{\mathrm{cn}}{\mathrm{sn}}$$

Gelegendlich findet man die Funktion dn auch als Δ bezeichnet.

Wie jede elliptische Funktion lassen sich auch die Funktionen sn, cn und dn durch die ↗Weierstraßsche $\wp$-Funktion oder auch durch Weierstraßsche σ-Funktionen ausdrücken. Bezeichnet man die Perioden der $\wp$-Funktion mit ω und ω', definiert ferner

$$\omega_1 := \omega, \quad \omega_2 := \omega + \omega', \quad \omega_3 := \omega', \quad e_i := \wp(\omega_i),$$

und wählt

$$\kappa^2 := \frac{e_2 - e_3}{e_1 - e_3}, \quad \kappa'^2 = \frac{e_1 - e_2}{e_1 - e_3},$$

und

$$u := (e_1 - e_3)^{1/2} z,$$

so gilt:

$$\begin{aligned} \mathrm{sn}\,(u, \kappa) &= \frac{(e_1 - e_3)^{1/2}}{(\wp(z) - e_3)^{1/2}} \\ &= (e_1 - e_3)^{1/2} \frac{\sigma(z)\sigma(\omega_3)}{\sigma(\omega_3 - z)} e^{-\eta_3 z} \end{aligned}$$

$$\operatorname{cn}(u,\kappa) = \frac{(\wp(z)-e_1)^{1/2}}{(\wp(z)-e_3)^{1/2}} = \frac{\sigma(\omega_1 - z)\sigma(\omega_3)}{\sigma(\omega_3 - z)\sigma(\omega_1)} e^{-\eta_3 z + \eta_1 z},$$

$$\operatorname{dn}(u,\kappa) = \frac{(\wp(z)-e_2)^{1/2}}{(\wp(z)-e_3)^{1/2}} = \frac{\sigma(\omega_2 - z)\sigma(\omega_3)}{\sigma(\omega_3 - z)\sigma(\omega_1)} e^{-\eta_3 z + \eta_2 z}.$$

Dabei ist $\eta_i := \zeta(\omega_i)$ und ζ die Weierstraßsche ζ-Funktion. Die Vorzeichen der Wurzeln sind hierbei durch die angegebenen Gleichungen bereits definiert. Diese Ausdrücke, die zuweilen auch als Definition der Jacobischen elliptischen Funktionen verwendet werden, haben auch den Vorteil, für komplexe Moduln κ anwendbar zu sein.

Perioden, Nullstellen und Pole der Jacobischen elliptischen Funktionen findet man gemäß der Definition durch das Argand-Diagramm. Hier eine Zusammenfassung der Perioden in Tabellenform:

Funktion	Perioden	
sn	4K	$2iKK'$
cn	4K	$2K + 2iK'$
dn	2K	$4iK'$

Die Nullstellen der Jacobi-Funktionen liegen wie folgt ($n, m \in \mathbb{Z}$):

Funktion	Nullstellen
sn	$2mK + 2inK'$
cn	$(2m+1)K + 2inK'$
dn	$(2m+1)K + (2n+1)iK'$

Die folgende Tabelle gibt Aufschluß über die Pole und die Residuen an diesen Polen:

Fkt.	Pole	Residuen
sn	$2mK + (2n+1)K'$	$(-1)^m/\kappa$
cn	$2mK + (2n+1)K'$	$(-1)^{m+n}/i\kappa$
dn	$2mK + (2n+1)\omega'$	$(-1)^{n+1}i$

Die Jacobischen Funktionen sn, cn und dn erfüllen auch untereinander einfache Relationen. Am einfachsten sieht man dies in der Darstellung als Umkehrfunktionen elliptischer Integrale:

$$\operatorname{cn}^2 + \operatorname{sn}^2 = 1, \quad \operatorname{dn}^2 + \kappa^2 \operatorname{sn}^2 = 1$$
$$\operatorname{dn}^2 - \kappa^2 \operatorname{cn}^2 = \kappa'^2$$
$$\operatorname{sn}' = \operatorname{cn}\operatorname{dn}, \quad \operatorname{cn}' = -\operatorname{sn}\operatorname{dn}$$
$$\operatorname{dn}' = -\kappa^2 \operatorname{sn}\operatorname{cn}.$$

Quadriert man nun die letzten drei Beziehungen, so erhält man die Differentialgleichungen der Jacobischen elliptischen Integrale:

$$\begin{aligned}
\operatorname{sn}'^2 &= (1-\operatorname{sn}^2)(1-\kappa^2\operatorname{sn}^2),\\
\operatorname{cn}'^2 &= (1-\operatorname{cn}^2)(\kappa^2\operatorname{cn}^2+\kappa'^2),\\
\operatorname{dn}'^2 &= (1-\operatorname{dn}^2)(\operatorname{dn}^2-\kappa'^2),\\
\operatorname{sn}'' &= -\operatorname{sn}(\operatorname{dn}^2+\kappa^2\operatorname{cn}^2),\\
\operatorname{cn}'' &= -\operatorname{cn}(\operatorname{dn}^2-\kappa^2\operatorname{sn}^2),\\
\operatorname{dn}'' &= -\kappa^2\operatorname{dn}(\operatorname{cn}^2-\operatorname{sn}^2).
\end{aligned}$$

Die Additionstheoreme für die Jacobischen elliptischen Funktionen erhält man z. B. aus den Additionstheoremen der Weierstraßschen $\wp$-Funktion. So gilt:

$$\operatorname{sn}(u+v) = \frac{\operatorname{sn}u\cdot\operatorname{cn}v\cdot\operatorname{dn}v + \operatorname{sn}v\cdot\operatorname{cn}u\cdot\operatorname{dn}u}{1-\kappa^2\operatorname{sn}^2u\cdot\operatorname{sn}^2v},$$

$$\operatorname{cn}(u+v) = \frac{\operatorname{cn}u\cdot\operatorname{cn}v - \operatorname{sn}u\cdot\operatorname{dn}u\cdot\operatorname{sn}v\cdot\operatorname{dn}v}{1-\kappa^2\operatorname{sn}^2u\cdot\operatorname{sn}^2v},$$

$$\operatorname{dn}(u+v) = \frac{\operatorname{dn}u\cdot\operatorname{dn}v - \kappa^2\operatorname{sn}u\cdot\operatorname{cn}u\cdot\operatorname{sn}v\cdot\operatorname{cn}v}{1-\kappa^2\operatorname{sn}^2u\cdot\operatorname{sn}^2v}.$$

Im allgemeinen läßt sich jede Jacobische elliptische Funktion $\operatorname{pq}(u+v)$ durch eine rationale Funktion in $\operatorname{pq}(u)$ und $\operatorname{pq}(v)$ ausdrücken. Spezialfälle dieser Relationen sind die Verdoppelungsformeln:

$$\operatorname{sn}2u = 2\frac{\operatorname{sn}u\cdot\operatorname{dn}u\cdot\operatorname{dn}u}{1-\kappa^2\operatorname{sn}^4u} = 2\frac{\operatorname{sn}u\cdot\operatorname{cn}u\cdot\operatorname{dn}u}{\operatorname{cn}^2u+\operatorname{sn}^2u\cdot\operatorname{dn}^2u},$$

$$\operatorname{cn}2u = \frac{\operatorname{cn}^2u-\operatorname{sn}^2u\cdot\operatorname{dn}^2u}{1-\kappa^2\operatorname{sn}^4u} = \frac{\operatorname{cn}^2u-\operatorname{sn}^2u\cdot\operatorname{dn}^2u}{\operatorname{cn}^2u+\operatorname{sn}^2u\cdot\operatorname{dn}^2u},$$

$$\operatorname{dn}2u = \frac{\operatorname{dn}^2u-\kappa^2\operatorname{sn}^2u\cdot\operatorname{cn}^2u}{1-\kappa^2\operatorname{sn}^4u} = \frac{\operatorname{dn}^2u+\operatorname{cn}^2u(\operatorname{dn}^2u-1)}{\operatorname{dn}^2u-\operatorname{cn}^2u(\operatorname{dn}^2u-1)}$$

In den Spezialfällen $\kappa^2 = 0$ oder $\kappa^2 = 1$ erhält man die gewöhnlichen trigonometrischen oder hyperbolischen Funktionen:

	$\kappa^2 = 0$	$\kappa^2 = 1$
sn	sin	tanh
cn	cos	1/cosh
dn	1	1/cosh

[1] Abramowitz, M.; Stegun, I.A.: Handbook of Mathematical Functions. Dover Publications, 1972.

[2] Erdélyi, A.: Higher Transcendential Functions, vol. 2. McGraw-Hill, 1953.

[3] Tricomi, F.: Elliptische Funktionen. Akadem. Verlagsgesellschaft Leipzig, 1948.

Jacobische elliptische Koordinaten, orthogonale Koordinaten im $\mathbb{R}^n$, $n > 1$, die zu einem vorgegebenen Ellipsoid mit paarweise verschiedenen Hauptachsen $a_1, \ldots, a_n$ folgendermaßen konstruiert werden: Die n Wurzeln $(\lambda_1, \ldots, \lambda_n)$ der Gleichung

$$\frac{x_1^2}{a_1^2 - \lambda} + \cdots + \frac{x_n^2}{a_n^2 - \lambda} = 1$$

bilden die offene Teilmenge aller derjenigen Punkte $x = (x_1, \ldots, x_n)$, die nicht senkrecht auf einer der Hauptachsen stehen, diffeomorph in den $\mathbb{R}^n$ ab und werden als Jacobische elliptische Koordinaten bezeichnet.

Geometrisch gesprochen gehen durch jeden Punkt der obigen offenen Teilmenge genau n zum Ellipsoid konfokale, paarweise sich senkrecht schneidende Quadriken, die den Hyperflächen konstanter Werte $\lambda_1, \ldots, \lambda_n$ entsprechen.

Jacobische Funktionaldeterminante, auch einfach *Funktionaldeterminante* genannt, ältere Bezeichnungsweise für die ↗Jacobi-Determinante.

Jacobische Tripel-Produkt-Identität, ↗ Jacobi, Theorem von.

Jacobische Varietät, spezielle Varietät.

Für glatte algebraische Kurven X stimmen $\mathrm{Pic}^0(X)$ (Picardschema) und die Albanese-Varietät (↗Albanese-Abbildung) überein, und werden bezeichnet als $J(X)$ (Jacobische (Varietät) von X). Dies ist eine haupt-polarisierte abelsche Varietät, die auf algebraischem Wege über beliebigen Grundkörpern konstruiert werden kann.

Eine Charakterisierung ist wie folgt: Sei ein Punkt $0 \in X$ fixiert, dann ist für jedes k-Schema S

$$\mathrm{Hom}(S, J(X)) = \{\lambda \in \mathrm{Pic}\,(X \times S) \mid \lambda \mid 0 \times S \text{ trivial und } \deg(\lambda \mid X \times \{s\}) = 0 \text{ für alle } s \in S\}.$$

In diesem Sinne existiert $J(X)$ auch für singuläre algebraische Kurven, ist jedoch dann keine abelsche Varietät, sondern nur ein kommutatives algebraisches Gruppenschema der Dimension $\dim H^1(X, \mathcal{O}_X)$.

Jacobisches Kriterium, ein Kriterium für die Regularität eines Ringes.

Es sei

$$I = (f_1, \ldots, f_m) \subset K[x_1, \ldots, x_n]$$

ein Ideal, K ein Körper der Charakteristik 0. Sei P ein zu I assoziiertes Primideal und $Q \supseteq P$ ein Primideal. Dann ist der ↗lokale Ring

$$K[x_1, \ldots, x_n]_Q / IK[x_1, \ldots, x_n]_Q$$

ein regulärer Ring genau dann, wenn

$$\mathrm{Rang}\left(\left(\frac{\partial f_i}{\partial x_j} \text{ modulo } Q\right)\right) = \mathrm{Höhe}(P)$$

gilt.

Für den Spezialfall, daß $P = I$ und $Q = (x_1 - a_1, \ldots, x_n - a_n)$ ist, bedeutet das geometrisch: Der Punkt $\underline{a} = (a_1, \ldots, a_n) \in V(I)$, wobei

$$V(I) = \{b \in K^n \mid f(b) = 0 \text{ für alle } f \in I\},$$

ist regulär (oder glatt) genau dann, wenn

$$\begin{aligned} \mathrm{Rang}\left(\frac{\partial f_i}{\partial x_j}(\underline{a})\right) &= n - \dim(V(I)) \\ &= n - \dim(K[x_1, \ldots, x_n]/I) \end{aligned}$$

ist.

Jacobisches Problem, lautet wir folgt:

Sind $f_1, \ldots, f_n$ Polynome in n Unbestimmten $X_1, \ldots, X_n$ über einem Körper k, erhält man einen Morphismus

$$f : \mathbb{A}_k^n \longrightarrow \mathbb{A}_k^n .$$

Das Jacobische Problem besteht nun in der (bis heute ungelösten) Frage, ob f ein Isomorphismus ist, wenn $\det(\partial f_i / \partial X_j) = 1$ gilt.

Jacobi-Symbol, eine nützliche Verallgemeinerung des ↗Legendre-Symbols auf ungerade Moduln m, die nicht unbedingt Primzahlen sind.

Ist

$$m = p_1^{\alpha_1} p_2^{\alpha_2} \cdots p_r^{\alpha_r}$$

die Primfaktorenzerlegung von m, so setzt man für ganze Zahlen n mit $\mathrm{ggT}(n, m) = 1$:

$$\left(\frac{n}{m}\right) := \left(\frac{n}{p_1}\right)^{\alpha_1} \left(\frac{n}{p_2}\right)^{\alpha_2} \cdots \left(\frac{n}{p_r}\right)^{\alpha_r},$$

wobei rechts die Legendre-Symbole stehen.

Jacobi-Transformation, eine Integral-Transformation der Form $f \mapsto F_n^{(\alpha,\beta)}$,

$$F_n^{(\alpha,\beta)} := \int_{-1}^{1} P_n^{(\alpha,\beta)}(x) f(x)\, dx \quad (n \in \mathbb{N}_0, \alpha, \beta > 0)$$

mit den Jacobi-Polynomen $P_n^{(\alpha,\beta)}$.

Die inverse Jacobi-Transformation ist gegeben durch die Formel

$$f(x) = \sum_{n=0}^{\infty} \left(\frac{n!(\alpha + \beta + 2n + 1)\Gamma(\alpha + \beta + n + 1)}{2^{(\alpha+\beta+1)}\Gamma(\alpha + n + 1)\Gamma(\beta + n + 1)} \right.$$

$$\left. (1 - x)^\alpha (1 + x)^\beta P_n^{(\alpha,\beta)}(x) F_n^{(\alpha,\beta)} \right) \quad (x \in (-1, 1)),$$

falls die Reihe konvergiert.

Jacobi-Verfahren, *Gesamtschrittverfahren*, einfaches iteratives Verfahren zur Lösung eines linearen Gleichungssystems $Ax = b$, mit einer Matrix

$A \in \mathbb{R}^{n \times n}$, deren Diagonaleinträge alle ungleich Null sind.

Zerlegt man die Matrix A in die Summe des unteren Dreieckes L

$$L = \begin{pmatrix} 0 & 0 & \cdots & \cdots & 0 \\ a_{21} & 0 & \cdots & \cdots & 0 \\ a_{31} & a_{32} & \ddots & 0 & \\ \vdots & \vdots & \ddots & \ddots & \vdots \\ a_{n1} & a_{n2} & \cdots a_{n,n-1} & 0 & \end{pmatrix},$$

des oberen Dreieckes R

$$R = \begin{pmatrix} 0 & a_{12} & a_{13} & \cdots & a_{1n} \\ 0 & 0 & a_{23} & \cdots & a_{2n} \\ \vdots & \vdots & \ddots & \ddots & \vdots \\ \vdots & \vdots & & \ddots & a_{n-1,n} \\ 0 & 0 & \cdots & \cdots 0 & \end{pmatrix},$$

und der Diagonalmatrix

$$D = \operatorname{diag}(a_{11}, a_{22}, \ldots, a_{nn})$$

in

$$A = L + D + R,$$

dann lautet die Fixpunktiteration des Jacobi-Verfahrens

$$Dx^{(k+1)} = -(L+R)x^{(k)} + b,$$

bzw. für $i = 1, 2, \ldots, n$

$$x_i^{(k+1)} = \left(b_i - \sum_{j=1}^{i-1} a_{ij} x_j^{(k)} - \sum_{j=i+1}^{n} a_{ij} x_j^{(k)} \right) / a_{ii}.$$

Man verwendet hier bei der Berechnung einer neuen Komponente der Näherungslösung nicht die bereits verfügbaren neuen Komponenten des Iterationsschritts. Es wird z. B. $x_1^{(k)}$ bei der Berechnung von $x_2^{(k+1)}$ verwendet, obwohl $x_1^{(k+1)}$ schon bekannt ist. Modifiziert man das Jacobi-Verfahren so, daß man stets die bereits berechneten neuen Komponenten direkt verwendet, erhält man das ↗Gauß-Seidel-Verfahren.

Das Jacobi-Verfahren konvergiert u. a. für strikt diagonaldominante Matrizen A, d. h. für Matrizen A mit

$$|a_{ii}| > \sum_{j=1, j \neq i}^{n} |a_{ij}|.$$

Jacobi-Verfahren zur Lösung des Eigenwertproblems, eines der ältesten Verfahren zur Lösung des vollständigen Eigenwertproblems bei symmetrischen Matrizen $A \in \mathbb{R}^{n \times n}$.

Das Jacobi-Verfahren transformiert A mittels einfacher orthogonaler Ähnlichkeitstranformationen auf Diagonalgestalt. Auf der Diagonalen stehen dann die Eigenwerte, das Produkt der Ähnlichkeitstransformationen liefert die Information über die zugehörigen Eigenvektoren.

Das Jacobi-Verfahren berechnet eine orthogonale Matrix U, für die U^TAU Diagonalgestalt hat, als unendliches Produkt von ↗Jacobi-Rotationsmatrizen $G_{ij}(\alpha)$.

Man setzt $A_0 = A$ und iteriert für $k = 0, 1, \ldots$:

1. Wähle ein Pivotpaar (i_k, j_k), $1 \le i_k < j_k \le n$.
2. Bestimme α_k so, daß in

   $G_{i_k j_k}(\alpha_k) A_k G_{i_k j_k}(\alpha_k)^T$

   das Element in der Position (i_k, j_k) verschwindet.
3. Setze $A_{k+1} = G_{i_k j_k}(\alpha_k) A_k G_{i_k j_k}(\alpha_k)^T$.

Wegen der Symmetrie verschwindet in A_{k+1} auch das Element in Position (j_k, i_k). Diese Nullen bleiben in der weiteren Iteration nicht erhalten.

Verschiedene Varianten des Jacobi-Verfahrens unterscheiden sich hinsichtlich der Vorschrift zur Bestimmung der Pivotpaare:

- Beim klassichen Jacobi-Verfahren wird in jedem Schritt das betragsmäßig größte Nebendiagonalelement von A_k eliminiert, man spricht hier auch von der Maximum-Strategie. Die Suche nach dem jeweils maximalen Element ist recht aufwendig.
- Bei den zyklischen Jacobi-Verfahren werden z. B. zeilenweise nacheinander alle Elemente unterhalb der Diagonalen zur Elimination gewählt, also z. B.

  $(2, 1), (3, 1), (3, 2), (4, 1)(4, 2)(4, 3),$
  $(5, 1), \ldots, (n, 1), \ldots, (n, n-1).$

  Ebenso ist jede Permutation dieser Reihenfolge möglich.

Im Intervall $(\frac{\pi}{4}, \frac{\pi}{4}]$ gibt es genau einen Winkel α_k, welcher in $G_{i_k j_k}(\alpha_k) A_k G_{i_k j_k}(\alpha_k)^T$ das Element in der Position (i_k, j_k) annulliert. Wählt man stets diesen Winkel, so läßt sich für alle erwähnten Varianten des Jacobi-Verfahrens zeigen, daß die Matrixfolge $(A_k)_{k \in \mathbb{N}}$ gegen eine Diagonalmatrix konvergiert. Die Folge der orthogonalen Matrizen $(U_k)_{k \in \mathbb{N}}$,

$$U_k = G_{i_k j_k}(\alpha_k) G_{i_{k-1} j_{k-1}}(\alpha_{k-1}) \cdots G_{i_0 j_0}(\alpha_0),$$

welche man durch Aufmultiplizieren der Ähnlichkeitstransformationen erhält, konvergiert gegen eine orthogonale Matrix von Eigenvektoren. Die Konvergenz ist asymptotisch quadratisch. Das Verfahren ist heute insbesondere aufgrund seiner leichten Adaption für Parallelrechner beliebt.

Es existieren zahlreiche Vorschläge, das Jacobi-Verfahren für das nichtsymmetrsiche Eigenwertproblem zu verallgemeinern.

Jacobsthalsche Summe, für eine ungerade Primzahl p und beliebige $t \in \mathbb{Z}$ definierte Summe über gewisse ↗ Legendre-Symbole, nämlich

$$T_p(t) = \sum_{k=1}^{p-1} \left(\frac{k(k^2 - t)}{p} \right).$$

Die Jacobsthalschen Summen kann man dazu benutzen, die Anzahl $Q_p(3)$ der Tripel aufeinanderfolgender quadratischer Reste modulo p, die aus natürlichen Zahlen $< p$ bestehen, zu bestimmen: Es ist

$$Q_p(3) = \frac{1}{8}\left(p + T_p(1) - 11 - 4 \cdot (-1)^{(p-1)/4}\right),$$

falls $p \equiv 1 \bmod 4$, und

$$Q_p(3) = \left\lfloor \frac{p}{8} \right\rfloor,$$

falls $p \equiv 3 \bmod 4$.

Außerdem gilt $|T_p(1)| \leq 2\sqrt{p}$ für $p \equiv 1 \bmod 4$. Für große Primzahlen p gewinnt man damit die Abschätzung

$$Q_p(3) = \frac{p}{8} + O(\sqrt{p}).$$

James, Satz von, Aussage über die Charakterisierung schwach kompakter Teilmengen von Banachräumen.

Eine beschränkte, schwach abgeschlossene Teilmenge eines reellen Banachraums X ist genau dann schwach kompakt, wenn jedes Funktional $x' \in X'$ auf A sein Supremum annimmt.

Dieses ist die tiefliegendste Charakterisierung schwach kompakter Mengen in Banachräumen. Der Beweis ist insbesondere im nicht-separablen Fall höchst verwickelt.

[1] Holmes, R. B.: Geometric Functional Analysis and Its Applications. Springer Berlin/Heidelberg/New York, 1975.

James-Steinsche Schätzung, ↗ Steinsche Schätzung.

japanische Mathematik, Bezeichnung für die im folgenden näher definierte Entwicklung der mathematischen Wissenschaften im japanischen Raum.

Der Ausdruck *wasan*, der wörtlich übersetzt „japanische Mathematik“ bedeutet, bezeichnet eine mathematische Tradition, die während des Feudalregimes der Tokugawa (1600–1868) einen großen Aufschwung erlebte. Sie war stark geprägt durch einige wenige alte chinesische Schriften, die japanische Gelehrte via Korea und portugiesischer Jesuitenmissionare während des 17. Jahrhunderts in Form von Neuauflagen entdeckten. Die chinesischen Werke zur Mathematik und Kalenderrechnung stammten vorwiegend aus dem 13. Jahrhundert, der Blütezeit dieser Wissenschaften in China (↗ Chinesische Mathematik). Die ersten Publikationen von Mathematikmanualen in japanischer Sprache, das „Buch zur Teilung“ (1622) von Môri Shigeyoshi und die „Schätzung der Oberflächen und Volumina“ (1622) von Momokawa Chihei spiegelten die Interessen der Händler, Handwerker und Samurai von niederem Rang wider.

Das 1627 erstmals veröffentlichte „Jinkôki“ (wörtl. Unabänderliche Abhandlung) von Yoshida Mitsuyoshi (1598–1672) war das beliebteste Manual der Edo-Zeit und trug wesentlich zur schnellen Verbreitung der Arithmetik im 17. Jahrhundert in Japan bei. Weitere Manuale lieferten grundlegende Algorithmen zur Wurzelziehung oder zur Lösung algebraischer Gleichungen. Wesentliche Veränderungen erfuhr die *wasan*-Tradition durch die Beiträge von Seki Takakazu (?–1708) und von Takebe Katahiro (1664–1739) im Bereich der Algebra bzw. der Trigonometrie.

Eine in der Edo-Zeit weit verbreitete Tradition bestand auch in der Aufzeichnung vorwiegend geometrischer Probleme auf hölzernen Votivtafeln (jap. *sangaku*), die in Schreinen und Tempeln nicht nur zur Herausforderung anderer Geometer, sondern auch zum Dank an die Götter für die Entdeckung eines Theorems aufgehängt wurden. Eine erste Sammlung von sangaku-Aufgaben, „Vor dem Tempel aufgehängte Mathematische Aufgaben“ (jap. *Shimpeki Sampo*), wurde 1789 von dem Mathematiker Kagen Fujita publiziert. In Japan sind heute noch ca. 820 solcher Tafeln erhalten.

Im Unterschied zur Medizin und Astronomie erlebte die *wasan*-Tradition keine Erschütterung durch die Öffnung Japans und die Einführung westlicher Wissenschaften im 18. Jahrhundert. Ohne den Rahmen dieser Tradition in Frage zu stellen wurde sie bis ins 19. Jahrhundert fortgeführt, obgleich bereits zahlreiche Kontakte zur westlichen Mathematik bestanden.

Erst durch den Beschluß der neuen Regierung Meiji 1872, in Grundschulen westliche Mathematik zu lehren, erfolgte der allmähliche Zusammenbruch ihrer Grundmauern. Eines der Hauptprobleme in der Assimilation westlicher Mathematik war dabei die Findung eines Konsens zur Kreation einer einheitlichen wissenschaftlichen Terminologie, für die das „Komittee zur Festlegung übersetzter Terminologie“ (jap. *sûgaku yakugokai*) der 1877 gegründeten Mathematischen Gesellschaft in Tokyo verantwortlich war.

[1] Fukagawa, H.; Pedoe, D.: Japanese Temple Geometry Problems. Charles Babbage Research Centre Winnipeg, 1989.
[2] Horiuchi, A.: Les mathématiques japonaises à l'époque dEdo. Librairie Philosophique J. Vrin (Mathesis), Paris, 1994.

[3] Mikami, Y.: The Development of Mathematics in China and Japan. Teubner (Abhandlungen zur Geschichte der Mathematischen Wissenschaften mit Einschluss ihrer Anwendungen begruendet von Moritz Cantor) Leipzig, 1913.

japanischer Ring, in moderner Notation auch Nagata-Ring, ein Noetherscher Ring A so, daß für jedes Primideal $\wp \subset A$ folgendes gilt:

Ist L eine endliche Erweiterung des Quotientenkörpers von $A/\wp$, dann ist der ganze Abschluß von $A/\wp$ in L endlich über $A/\wp$.

Diese Ringe wurden von Nagata untersucht und von ihm pseudo-geometrische Ringe genannt, weil alle Ringe, die aus der algebraischen Geometrie kommen (Restklassenringe von Polynomenringen über Körpern und deren Lokalisierungen), diese Eigenschaft haben. Bei Grothendieck wurden diese Ringe universell japanisch genannt.

Jensen-konvexe Funktion, ↗mittelpunktkonvexe Funktion.

Jensen-Konvexitätsungleichungen, Ungleichungen für konvexe Funktionen, die zurückgehen auf die 1906 von Johan Ludvig William Valdemar Jensen veröffentlichte Ungleichung

$$f\left(\sum_{t=1}^{n} \alpha_t x_t\right) \le \sum_{t=1}^{n} \alpha_t f(x_t) \qquad (1)$$

für konvexe Funktionen $f: I \to \mathbb{R}$ auf einem Intervall $I \subset \mathbb{R}$, Gewichte $\alpha_1, \dots, \alpha_n \in [0, \infty)$ mit $\sum_{t=1}^{n} \alpha_t = 1$, und $x_1, \dots, x_n \in I$.

Bei streng konvexem f und $\alpha_1, \dots, \alpha_n > 0$ gilt in (1) genau dann Gleichheit, wenn $x_1 = \dots = x_n$. Man erhält diese Ungleichung durch Induktion über n aus der Konvexitätsbedingung.

Die entsprechende Ungleichung für Integrale lautet

$$f\left(\int_T \alpha(t)x(t)\,dt\right) \le \int_T \alpha(t)f(x(t))\,dt \qquad (2)$$

für $T \subset \mathbb{R}$, eine Gewichtsfunktion $\alpha: T \to [0, \infty)$ mit $\int_T \alpha(t)\,dt = 1$ und $x: T \to I$, die Existenz der Integrale vorausgesetzt. Verzichtet man auf die Normierung der Gewichte und fordert nur $\sum_{t=1}^{n} \alpha_t > 0$ bzw. $\int_T \alpha(t)\,dt > 0$, so nehmen (1) und (2) die Gestalt

$$f\left(\frac{\sum_{t=1}^{n} \alpha_t x_t}{\sum_{t=1}^{n} \alpha_t}\right) \le \frac{\sum_{t=1}^{n} \alpha_t f(x_t)}{\sum_{t=1}^{n} \alpha_t} \qquad (3)$$

bzw.

$$f\left(\frac{\int_T \alpha(t)x(t)\,dt}{\int_T \alpha(t)\,dt}\right) \le \frac{\int_T \alpha(t)f(x(t))\,dt}{\int_T \alpha(t)\,dt} \qquad (4)$$

an. Durch Übergang von f zu $-f$ erhält man entsprechende Ungleichungen ($\ge$ statt $\le$) auch für konkave Funktionen. Physikalisch interpretiert besagen (3) und (4), daß bei einer Massenverteilung α auf einer durch die Funktion x beschriebenen konvexen Kurve der Massenschwerpunkt oberhalb oder auf der Kurve liegt, wobei durch (3) diskrete und durch (4) kontinuierliche Massenverteilungen beschrieben werden.

Aus den Jensen-Konvexitätsungleichungen läßt sich eine Vielzahl anderer Ungleichungen der Analysis, wie z. B. die allgemeine ↗Konvexitätsungleichung und die ↗Ungleichungen für Mittelwerte, herleiten. Aus (2) erhält man mit $\alpha(t) = 1$, $f = \exp$ die Ungleichung

$$\exp\left(\int_0^1 x(t)\,dt\right) \le \int_0^1 \exp(x(t))\,dt$$

für integrierbare $x: [0, 1] \to \mathbb{R}$, und daraus für $g: [0, 1] \to (0, \infty)$ mit integrierbarem $\ln g$

$$\exp\left(\int_0^1 \ln g(t)\,dt\right) \le \int_0^1 g(t)\,dt\,,$$

was als Entsprechung zur Ungleichung zwischen geometrischem und arithmetischem Mittel gedeutet werden kann.

Die Konvexitätsungleichungen lassen sich leicht verallgemeinern auf $\mathbb{R}$-wertige Funktionen auf Vektorräumen (insbesondere $\mathbb{R}^n$) sowie auf allgemeinere Konvexitäts- und (für (2) und (4)) Integralbegriffe.

Jensensche Formel, Formel (1) im folgenden Satz.

Es sei f eine in $\mathbb{E} = \{z \in \mathbb{C} : |z| < 1\}$ holomorphe Funktion mit $f(0) \neq 0$. Weiter sei $0 < r < 1$, und $a_1, \dots, a_n$ seien die Nullstellen von f in $B_r(0) = \{z \in \mathbb{C} : |z| < r\}$, wobei jede Nullstelle so oft aufgeführt wird wie ihre ↗Nullstellenordnung angibt. Dann gilt

$$\log|f(0)| + \sum_{k=1}^{n} \log \tfrac{r}{|a_k|} = \frac{1}{2\pi} \int_0^{2\pi} \log|f(re^{it})|\,dt\,. (1)$$

Dabei steht rechts ein uneigentliches Integral, falls f auf $\partial B_r(0)$ Nullstellen besitzt.

Jensen-Ungleichung, die Ungleichung

$$\left(\sum_{t=1}^{n} x_t^s\right)^{\frac{1}{s}} \le \left(\sum_{t=1}^{n} x_t^r\right)^{\frac{1}{r}}$$

für $x_1, \dots, x_n \in [0, \infty)$ und $0 < r \le s < \infty$, und die sich daraus für Folgen (x_k) nicht-negativer Zahlen ergebende Ungleichung

$$\left(\sum_{t=1}^{\infty} x_t^s\right)^{\frac{1}{s}} \le \left(\sum_{t=1}^{\infty} x_t^r\right)^{\frac{1}{r}},$$

die mit der Vereinbarung $\infty^\alpha = \infty$ für $\alpha \in (0, \infty)$ auch im Fall bestimmt divergenter Reihen gelten.

Diese Ungleichungen führen zu Ungleichungen für die Normen $\| \ \|_p$ auf den Räumen $\ell^p(n)$ und ℓ^p für $p \geq 1$: Für $1 \leq r \leq s \leq \infty$ gilt $\|x\|_s \leq \|x\|_r$ für $x \in \ell^r(n)$ bzw. $x \in \ell^r$ (man beachte $\ell^r \subset \ell^s$). Die Jensen-Ungleichung für Integrale ist mit Hilfe der Hölder-Ungleichung zu beweisen und lautet

$$\left(\frac{1}{\mu(T)} \int_T x(t)^r \, dt\right)^{\frac{1}{r}} \leq \left(\frac{1}{\mu(T)} \int_T x(t)^s \, dt\right)^{\frac{1}{s}}$$

für $x : T \to [0, \infty)$ und $0 < r \leq s < \infty$, wobei $T \subset \mathbb{R}^N$ sei mit $\mu(T) = \int_T dt \in (0, \infty)$, die Existenz der Integrale vorausgesetzt.

Allgemeiner gilt: Ist $(X, \mathcal{A}, \mu)$ ein Maßraum mit $0 < \mu(X) < \infty$, und ist $0 < r \leq s < \infty$, dann gilt $L^s(X) \subset L^r(X)$, und für $f \in L^s(X)$ ist

$$\mu(X)^{-\frac{1}{r}} \|f\|_r \leq \mu(X)^{-\frac{1}{s}} \|f\|_s .$$

Man vergleiche zu diesem Themenkreis auch die Stichwörter ↗Jensen-Ungleichung für bedingte Erwartungen, ↗Jensen-Ungleichung für Lebesgue-Integrale, sowie ↗Jensen-Konvexitätsungleichungen.

Jensen-Ungleichung für bedingte Erwartungen, Ungleichung (1) im folgenden Satz.

Sei X eine auf dem Wahrscheinlichkeitsraum $(\Omega, \mathfrak{A}, P)$ definierte Zufallsvariable mit Werten in einem offenen Intervall $I \subseteq \mathbb{R}$ und ϕ eine auf I definierte konvexe reelle Funktion.

Sind X und $\phi \circ X$ integrierbar, d. h. die Integrale $\int |X| dP$ und $\int |\phi \circ X| dP$ endlich, so gilt für jede σ-Algebra $\mathfrak{C} \subseteq \mathfrak{A}$ P-fast sicher die Ungleichung

$$\phi(E(X|\mathfrak{C})) \leq E(\phi \circ X|\mathfrak{C}) \qquad (1)$$

für die bedingten Erwartungen $E(\phi \circ X|\mathfrak{C})$ und $E(X|\mathfrak{C})$. Insbesondere liegt $E(X|\mathfrak{C})$ P-fast sicher in I.

Da bedingte Erwartungen Zufallsvariablen sind, ist die Jensen-Ungleichung für bedingte Erwartungen also eine Ungleichung zwischen Abbildungen und nicht zwischen reellen Zahlen.

Jensen-Ungleichung für Lebesgue-Integrale, Ungleichung (1) in folgendem Satz:

Es sei $(\Omega, \mathcal{A}, \mu)$ ein ↗Maßraum mit $\mu(\Omega) = 1$, $I \subseteq \mathbb{R}$ ein Intervall, $f : \Omega \to I$ μ-integrierbar und $\phi : I \to \mathbb{R}$ konvex.

Dann ist $\int f d\mu \in I$, $\int \phi \circ f d\mu$ existiert, und es gilt

$$\phi\left(\int f d\mu\right) \leq \int \phi \circ f d\mu . \qquad (1)$$

Jentzsch, Satz von, folgende Aussage aus der Funktionentheorie.

Es sei $f(z) = \sum_{k=0}^{\infty} a_k z^k$ eine Potenzreihe mit Konvergenzkreis $B_R(0)$, $0 < R < \infty$, und $s_n(z) = \sum_{k=0}^{n} a_k z^k$, $n \in \mathbb{N}_0$ die n-te Partialsumme von f. Weiter sei N_n die Menge der Nullstellen von s_n in $\mathbb{C}$, $N := \bigcup_{n=0}^{\infty} N_n$ und Q die Menge der Häufungspunkte von N in $\mathbb{C}$.

Dann gilt

$$\partial B_R(0) \subset Q .$$

Bezeichnet $N(f)$ die Menge der Nullstellen von f in $B_R(0)$, so folgt aus dem Satz von Hurwitz über holomorphe Funktionenfolgen, daß

$$Q \cap B_R(0) = N(f) .$$

Diese Aussage gilt auch für $R = \infty$.

Jet, ↗k-Jet.

***j*-Funktion**, einer ↗elliptischen Kurve auf folgende Weise zugeordnete Invariante.

Es sei k der Grundkörper. Wenn seine Charakteristik $\neq 2$ und $\neq 3$ ist, so läßt sich die Kurve so in $\mathbb{P}^2$ einbetten, daß sie in affinen Koordinaten durch eine Gleichung

$$y^2 = x^3 + ax + b$$

definiert ist. Dann ist

$$j = 1728 \frac{4a^3}{4a^3 + 27b^2} .$$

Zu jedem j gibt es bis auf Isomorphie genau eine Kurve mit j als Invariante. Diese Invariante hat folgende Eigenschaft: Wenn S Noethersches Schema ist und $X \xrightarrow{\varphi} S$ ein glatter eigentlicher Morphismus, dessen geometrische Fasern elliptische Kurven sind, so gibt es genau einen Morphismus $j : S \longrightarrow \mathbb{A}^1_{\mathbb{Z}}$, der in geometrischen Punkten von S die j-Invariante der entsprechenden Faser ist. Dieser Morphismus ist mit dem in der Abbildung skizzierten Basiswechsel verträglich (d. h. der zu $X'|S'$ gehörige Morphismus ist $j \circ f$).

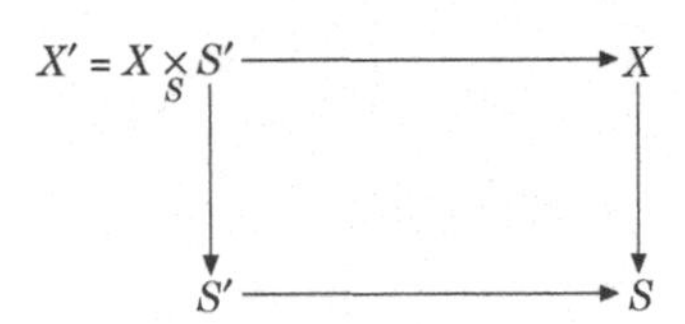

Analoges gilt in der analytischen Kategorie. Hier hat man insbesondere die analytische Familie

$$X = \mathbb{C} \times \mathfrak{H}/\mathbb{Z}^2 \xrightarrow{\pi} \mathfrak{H} = \text{obere Halbebene},$$

wobei $\mathbb{Z}^2$ durch $(z, \tau) + (a, b) = (z + a + b\tau, \tau)$ auf $\mathbb{C} \times \mathfrak{H}$ operiert.

Fasern sind die zu den Gittern $\mathbb{Z} + \mathbb{Z}\tau$ gehörigen elliptischen Kurven $\mathbb{C}/\mathbb{Z} + \mathbb{Z}\tau$, die mittels der Weierstraßschen $\wp$-Funktionen durch

$$z \mapsto (\wp(z) : \wp'(z) : 1)$$

in $\mathbb{P}^2$ eingebettet werden, mit einer Gleichung

$$y^2 = 4x^3 - g_2(\tau)x - g_3(\tau) .$$

Hier ist

$$j(\tau) = 1728\frac{g_2(\tau)^3}{g_2(\tau)^3 - 27g_3(\tau)^2} .$$

Dies ist eine Modulfunktion, d. h. insbesondere invariant unter der Wirkung der Gruppe $SL_2(\mathbb{Z})$ auf $\mathfrak{H}$ (durch gebrochen lineare Transformationen). Sie besitzt deshalb eine Fourier-Entwicklung (wegen $j(\tau+1) = j(\tau)$), diese hat ganzzahlige Koeffizienten (daher der Faktor $1728 = 12^3$), und mit $q = e^{2\pi i\tau}$ ist der Anfang der Fourier-Entwicklung gleich

$$j^{(\tau)} = \frac{1}{q} + 744 + 19684q + 21493760q^2 + \cdots$$

Für elliptische Flächen $X \xrightarrow{\pi} B$ ist j zunächst außerhalb der Menge der kritischen Werte von π definiert. Bemerkenswert ist, daß sich j zu einer meromorphen Funktion auf die Kurve bzw. Riemannsche Fläche B fortsetzen läßt.

Joachimsthal, Ferdinand, Mathematiker, geb. 9.3.1818 Goldberg (Zlotyra, Polen), gest. 5.4.1861 Breslau (Wroclaw).

Joachimsthal besuchte die Schule in Liegnitz (heute Legnica, Polen), wo er von Kummer unterrichtet wurde. Ab 1836 studierte er in Berlin bei Dirichlet und Steiner und später in Königsberg bei Jacobi und Bessel. Er promovierte 1840 in Halle. Nach der Habilitation 1845 in Berlin war er dort bis 1853 Privatdozent, dann wurde er als Professor nach Halle berufen und arbeitet ab 1856 an der Universität Breslau.

In Berlin hielt Joachimsthal sehr hoch angesehene Vorlesungen über analytische Geometrie, Analysis, Flächentheorie und Variationsrechnung, Statistik und theoretische Mechanik. Zu seinen Hörern zählten auch Eisenstein, Dirichlet, Steiner und Borchardt.

Seine Forschungsarbeiten befaßten sich mit Flächentheorie und Differentialgeometrie. Er verwendete Matrizen und Determinanten zur kompakten Darstellung von Gleichungen in der Geometrie.

Joachimsthal, Satz von, Aussage aus der Geometrie, die wie folgt lautet:

Liegt eine Kurve im Durchschnitt $\mathcal{F}_1 \cap \mathcal{F}_2$ zweier regulärer Flächen $\mathcal{F}_1, \mathcal{F}_2 \subset \mathbb{R}^3$, und ist der Winkel, unter dem sich $\mathcal{F}_1$ und $\mathcal{F}_2$ schneiden, konstant, so ist die gegebene Kurve genau dann ↗Krümmungslinie auf $\mathcal{F}_1$, wenn sie Krümmungslinie auf $\mathcal{F}_2$ ist.

Aus diesem Satz folgt u. a., daß die Schnittkurven der Flächen eines dreifach orthogonalen Flächensystems (↗Flächensystem, dreifach orthogonales) im $\mathbb{R}^3$ Krümmungslinien auf diesen Flächen sind.

Die Meridiane und Breitenkreise einer Rotationsfläche $\mathcal{F} \subset \mathbb{R}^3$ ergeben sich als Durchschnitte von $\mathcal{F}$ mit Ebenen des $\mathbb{R}^3$, die die Rotationsachse enthalten bzw. zu ihr orthogonal sind. Nach dem Satz von Joachimsthal sind sie also Krümmungslinien auf $\mathcal{F}$.

John, Satz von, Aussage über den ↗Banach-Mazur-Abstand $d(X_n, \ell^2(n))$ eines n-dimensionalen normierten Raums X_n zum euklidischen Raum $\ell^2(n)$:

Es gilt

$$d(X_n, \ell^2(n)) \leq \sqrt{n} .$$

Der Satz gestattet folgende geometrische Umformulierung:

Es sei $K \subset \mathbb{R}^n$ ein konvexer symmetrischer Körper mit nicht leerem Inneren, und es sei $E \subset K$ das (eindeutig bestimmte) Ellipsoid maximalen Volumens, das in K enthalten ist, das sog. John-Ellipsoid. Dann gilt $K \subset \sqrt{n}E$.

Im nichtsymmetrischen Fall muß $\sqrt{n}$ durch n ersetzt werden.

[1] Pisier, G.: The Volume of Convex Bodies and Banach Space Geometry. Cambridge University Press Cambridge, 1989.

John-Ellipsoid, ↗ John, Satz von.

John-Nirenberg-Raum, ↗BMO-Raum.

Johnson-Jackson-Algorithmus, eine Methode aus der Klasse der Verzweigungsverfahren, die der Behandlung gewisser Schedulingprobleme dient.

Man behandelt damit die optimale Auslastung zweier Maschinen, die gemäß diverser Präferenzvorschriften Produkte bearbeiten sollen.

Jones, Vaughan Frederick Randal, neuseeländischer Mathematiker, geb. 31.12.1952 Gisborne (Neuseeland).

Nach dem Schulbesuch in Cambridge (Neuseeland) und Auckland begann Jones 1970 ein Mathematikstudium an der Universität Auckland, das er 1973 mit dem Master-Grad und einer Auszeichnung abschloß. Die Auszeichnung ermöglichte ihm einen Forschungsaufenthalt in der Schweiz, den er nach kurzer Assistententätigkeit 1974 an der École de Physique in Genf antrat. 1976 wechselte er zur École Mathématique, an der er 1979 promovierte. Nach Assistenzprofessuren an der Universität von Kalifornien in Los Angeles (1980/81) und der Universität von Pennsylvania in Philadelphia (1981–1984) wurde er 1985 zum Professor der Mathematik an der Universität von Kalifornien in Berkeley berufen.

Anknüpfend an die Arbeiten von A. Connes beschäftigte sich Jones mit der Klassifikation der Typ II1-Faktoren von von Neumann-Algebren, bewies ein Index-Theorem und entdeckte dabei 1984 eine überraschende Beziehung zwischen den von Neumann-Algebren und der ↗Knotentheorie. Die dabei auftretende polynomiale Invariante, das sogenannte Jones-Polynom, konnte er wenig später so verallgemeinern, daß es auch das Alexander-Polynom als Spezialfall umfaßt. Er erkannte die Bedeutung des Polynoms für das Studium von Zopfgruppen sowie des Verschlingungstyps und deckte überraschende Relationen zwischen dem Polynom und der statistischen Mechanik, speziell der Yang-Baxter-Gleichung auf. Der zum Beweis des Index-Theorems konstruierte Algebrenturm bildete die Basis für neue Erkenntnisse im Studium von Quantengruppen und in der Darstellungstheorie von Lie-Algebren sowie über Dynkin-Diagramme.

Jones, der schon frühzeitig andere Mathematiker an seinen neuen Ideen und Resultaten teilhaben ließ, wurde für seine Leistungen mehrfach ausgezeichnet. 1990 erhielt er in Kyoto die ↗Fields-Medaille für den Zusammenhang, den er zwischen diesen Teilgebieten der Mathematik aufgezeigt hatte, und für die Anwendungen seiner Arbeiten in der statistischen Physik.

Jones-Polynom, ↗Knotentheorie.

Jordan, Camille Marie Ennemond, französischer Mathematiker, geb. 5.1.1838 Croix-Rousse (heute zu Lyon gehörend), gest. 21.1.1922 Mailand.

Der Sohn eines Ingenieurs studierte in Paris, wurde zum Bergbauingenieur ausgebildet und promovierte 1861. Jordan war ab 1873 an der École Polytechnique tätig und erhielt dort 1876 eine Professur. Gleichzeitig war er ab 1883 Titularprofessor am College de France. Er war ab 1895 Vizepräsident und ab 1916 Präsident der Akademie der Wissenschaften zu Paris.

Jordan war sehr vielseitig. Er arbeitete zu algebraischen Problemen, hauptsächlich zur Gruppentheorie. Sein Hauptwerk dazu, „Traité des substitutions" (1870), trug wesentlich zum Verständnis und zur Würdigung der ↗Galois-Theorie bei. Er stellte darin die bekannten Resultate über Gruppen zusammen, leitete den Jordan-Hölderschen Satz über Kompositionsreihen her und konnte so feststellen, ob eine gegebene Gleichung durch Radikale lösbar ist oder nicht. Er untersuchte spezielle Matrizen, algebraische Formen und lineare Gruppen endlicher Ordnung.

Ein zweites Arbeitsgebiet Jordans war die reelle Analysis. Seine Untersuchungen bildeten einen Ausgangspunkt zur Herausbildung der Theorie der reellen Funktionen. Er führte den Begriff „Funktion von beschränkter Schwankung" ein und zeigte seine Beziehung zu monoton wachsenden Funktionen (Jordan-Zerlegung). Er entwickelte ein Kriterium für die Konvergenz der Fourierreihe einer periodischen Funktion. Sein „Cours d'Analyse" (1882–1887) war ein Standardwerk der Analysis.

Auf topologischem Gebiet untersuchte er Polyeder, bewies den ↗Jordanschen Kurvensatz und führte den Begriff der Homotopie ein. Jordan beschäftigte sich auch intensiv mit Kristallographie, Wahrscheinlichkeitsrechnung und gelegentlich mit der Anwendung der Mathematik auf technische Probleme.

Jordan, Ernst Pascqual Wilhelm, deutscher Physiker, geb. 18.10.1902 Hannover, gest. 31.7.1980 Hamburg.

1921–1924 studierte Jordan in Berlin und Göttingen, wo er 1924 bei M. Born promovierte und anschließend als Privatdozent wirkte. 1929 wechselte er an die Universität Rostock, 1944 nach Berlin und schließlich 1947 nach Hamburg.

Jordan war Mitbegründer der Quantenmechanik. Er arbeitete besonders an deren statistischer Deutung und der Anwendung in der Biologie. Er war um algebraische Verallgemeinerungen des Formalismus der Quantenmechanik bemüht und beschäftigte sich in diesem Zusammenhang mit Ringen und Algebren (↗Jordan-Algebra). Er war ebenfalls an der Entwicklung der Quantenelektrodynamik und an kosmologischen Interpretationen der Relativitätstheorie beteiligt.

Jordan-Algebra, ist eine (nicht notwendig assoziative) Algebra J, in der die beiden Bedingungen

$$ab = ba \quad \text{und} \quad (a^2b)a = a^2(ba)$$

für alle $a, b \in J$ gelten.

Historisch traten sie zuerst in der axiomatischen Formulierung der Quantenmechanik auf. Sie sind aber in vielen anderen Bereichen zu finden. Ein Beispiel wird wie folgt gegeben: Ausgehend von einer assoziativen Algebra A über einem Körper $\mathbb{K}$ mit Charakteristik $\neq 2$ wird die Jordan-Multiplikation $\circ$ definiert durch

$$a \circ b := \frac{ab + ba}{2} .$$

Durch $\circ$ trägt A eine Jordan-Algebrenstruktur.

Die endlich-dimensionalen einfachen Jordan-Algebren über einem algebraisch abgeschlossenen Körper der Charakteristik $\neq 2$ wurden von Jacobson [1] klassifiziert.

[1] Jacobson, N.: Jordan algebras. Amer. Math. Soc., 1968.

Jordan-Basis, ↗Jordansche Normalform.

Jordan-Block, ↗Jordan-Kästchen.

Jordan-Bogen, ein Weg $\gamma : [0,1] \to \mathbb{C}$ derart, daß für alle $t_1, t_2 \in [0,1]$ mit $t_1 < t_2$ gilt

$$\gamma(t_1) \neq \gamma(t_2).$$

Es ist also γ ein Homöomorphismus von $[0,1]$ auf $\gamma([0,1])$.

Ein Jordan-Bogen γ heißt analytisch, falls ein ↗Gebiet $G \subset \mathbb{C}$ mit $[0,1] \subset G$ und eine in G schlichte Funktion f existiert derart, daß

$$f([0,1]) = \gamma([0,1])$$

(↗Jordan-Kurve).

Jordan-Dedekind-Bedingung, *Jordan-Dedekindsche Kettenbedingung*, Bedingung an eine ↗Halbordnung.

Die Halbordnung $(V, \leq)$ erfüllt die Jordan-Dedekind-Bedingung genau dann, wenn für beliebige Elemente $a, b \in V$ mit $a \leq b$ alle maximalen ↗Teilketten des Intervalls $[a, b]$ gleiche Größe haben.

Sind zudem für alle $a, b \in V$ diese Teilketten endlich, so heißt V Menge von lokal endlicher Länge.

Eine andere Formulierung der Bedingung ist:

Alle maximalen Ketten zwischen denselben Endpunkten haben dieselbe (endliche) Länge.

Für ein Element $a \in P$ wird die gemeinsame Länge aller maximalen $(0, a)$-Ketten (↗(a, b)-Kette) der Rang von a benannt. Besitzt $P_<$ auch ein Einselement, so heißt die gemeinsame Länge aller maximalen $(a, 1)$-Ketten der Korang von a.

Jordan-Dedekindsche Kettenbedingung, ↗Jordan-Dedekind-Bedingung.

Jordan-Hölder, Satz von, wichtige Aussage in der Gruppentheorie.

Es sei G eine Gruppe mit neutralem Element e und

$$\{e\} \subsetneq H_1 \subsetneq H_2 \subsetneq \cdots \subsetneq H_r \subsetneq G \tag{1}$$

eine Kette von Untergruppen so, daß für alle i H_i Normalteiler in H_{i-1} ist und die Faktorgruppe H_{i-1}/H_i nur die trivialen Normalteiler besitzt.

Ist dann

$$\{e\} \subsetneq N_1 \subsetneq N_2 \subsetneq \cdots \subsetneq N_s \subsetneq G \tag{2}$$

eine weitere Kette dieses Typs, so folgt $r = s$, und die Faktorgruppen H_{i-1}/H_i sind bis auf Permutation der Indizes eindeutig bestimmt.

Jordan-Inhalt, ↗ Jordan-meßbare Menge.

Jordan-Kästchen, *elementarer Jordan-Block*, *Jordan-Block*, eine $(p \times p)$-Matrix $A = (a_{ij})$ über $\mathbb{K} = \mathbb{R}$ oder $\mathbb{C}$, bei der alle Einträge auf der Hauptdiagonalen gleich sind, bei der in der Nebendiagonalen oberhalb der Hauptdiagonalen lauter Einsen stehen, und die sonst nur Nullen als Einträge aufweist.

Die Matrix A ist also explizit von folgender Gestalt:

$$A = \begin{pmatrix} \lambda & 1 & & \\ & \ddots & \ddots & \\ & & \ddots & 1 \\ & & & \lambda \end{pmatrix}$$

mit $\lambda \in \mathbb{K}$.

Ein Jordan-Kästchen hat für $\lambda = 0$ den Rang $p-1$, ansonsten Rang p. Das charakteristische Polynom eines Jordan-Kästchens zerfällt über $\mathbb{K}$ in Linearfaktoren, λ ist der einzige Eigenwert. Seine ↗algebraische Vielfachheit ist p, seine ↗geometrische Vielfachheit 1.

Jordan-Kästchen spielen eine zentrale Rolle bei der ↗Jordanschen Normalform einer Matrix.

Jordan-Kurve, ein einfach geschlossener Weg $\gamma : [0,1] \to \mathbb{C}$, d. h. es gilt $\gamma(0) = \gamma(1)$ und $\gamma(t_1) \neq \gamma(t_2)$ für alle $t_1, t_2 \in [0,1)$ mit $t_1 < t_2$.

Ein Weg $\gamma : [0,1] \to \mathbb{C}$ ist eine Jordan-Kurve genau dann, wenn es einen Homöomorphismus der Einheitskreislinie $\mathbb{T} = \{z \in \mathbb{C} : |z| = 1\}$ auf $\gamma([0,1])$ gibt.

Eine Jordan-Kurve γ heißt analytisch, falls ein ↗Gebiet $G \subset \mathbb{C}$ mit $\mathbb{T} \subset G$ und eine in G schlichte Funktion f existiert derart, daß

$$f(\mathbb{T}) = \gamma(\mathbb{T})$$

(↗Jordan-Bogen).

Jordan-Maß, ↗Jordan-meßbare Menge.

Jordan-meßbare Menge, zentraler Begriff in der Maßtheorie.

Es seien I_j, $j = 1, \dots, n$, Intervalle in $\mathbb{R}^d$ und $|I_j|$ ihr Volumen. Eine Menge $A \subseteq \mathbb{R}^d$ heißt Jordan-meßbar, wenn sie beschränkt ist, und wenn $\sup\{|I_1| + \cdots + |I_n| \,|\, \mathring{I}_i \cap \mathring{I}_j = \emptyset$ für alle $i \neq j$, $I_j \subseteq A$ für alle $j, n \in \mathbb{N}\} = \inf\{|I_1| + \cdots + |I_n| \,|\, \bigcup_{j=1}^{n} I_j \supseteq A, n \in \mathbb{N}\} =: \mu(A)$.

$\mu(A)$ heißt dann Jordan-Inhalt oder Jordan-Maß der Jordan-meßbaren Menge A. Das Mengensystem $\mathcal{R}$ der Jordan-meßbaren Teilmengen von $\mathbb{R}^d$ ist ein Mengenring in $\mathbb{R}^d$ und μ ein Inhalt auf $\mathcal{R}$.

Falls $A \subseteq \mathbb{R}^d$ beschränkt ist, ist A genau dann Jordan-meßbar, falls für das Lebesgue-Maß λ

$$\lambda(\mathring{A}) = \lambda(\bar{A})$$

gilt. In diesem Fall ist $\mu(A) = \lambda(\mathring{A})$. Jedoch ist nicht jede beschränkte Lebesgue-meßbare Menge Jordan-meßbar.

Falls $f : [a, b] \to \mathbb{R}_+$ eine reelle Funktion ist, und

$$O(f) := \{(x, y) \in \mathbb{R}^2 | x \in [a, b], 0 \leq y \leq f(x)\}$$

die Ordinatenmenge von f bezeichnet, dann ist f Riemann-integrierbar genau dann, wenn $O(f)$ Jordan-meßbar ist. In diesem Fall gilt

$$\int_a^b f(x)dx = \mu(O(f)).$$

Jordansche Normalform, Form einer quadratischen ↗Matrix über einem Körper $\mathbb{K}$, bei der längs der ↗Hauptdiagonalen lauter ↗Jordankästchen angeordnet sind, und die ansonsten nur Nullen als Einträge aufweist.

Es handelt sich also um eine Blockdiagonalmatrix aus lauter Jordan-Kästchen (↗Blockmatrix).

Zu jedem Endomorphismus φ eines endlich-dimensionalen Vektorraumes V, dessen charakteristische und minimalen Polynome in lineare Polynome faktorisiert werden können, existiert eine Basis von V, bzgl. der die φ repräsentierende Matrix Jordansche Normalform aufweist (man spricht dann von einer Jordan-Basis).

Man nennt eine solche Matrix auch Jordan-Matrix; auf der Hauptdiagonalen einer φ repräsentierenden Jordan-Matrix stehen gerade die Eigenwerte von φ. Bis auf die Anordnung der Jordan-Kästchen ist die Jordansche Normalform eindeutig bestimmt.

Jordanscher Block, in der Klassifikation quadratischer Hamilton-Funktionen im $\mathbb{R}^{2n}$ nach dem Satz von Williamson ein irreduzibler Block in der ↗Jordanschen Normalform des zugehörigen linearen Hamiltonschen Vektorfeldes.

Jordanscher Kurvensatz, eine der ältesten topologischen Grundaussagen.

Eine einfach geschlossene Kurve γ in $\mathbb{R}^2$ bzw. $\mathbb{C}$ zerlegt die Ebene in zwei Komponenten, eine beschränkte und eine unbeschränkte, und ist ihr gemeinsamer Rand.

Jordan-Zerlegung (eines Endomorphismus), Zerlegung eines Endomorphismus $\varphi : V \to V$ eines endlich-dimensionalen Vektorraumes V in einen nilpotenten Endomorphismus φ_n (d. h. $\exists\, m \in \mathbb{N}$ mit $(\varphi_n)^m = 0$) und einen halbeinfachen Endomorphismus φ_h (d. h. es gibt eine Basis von V bzgl. der die φ_h repräsentierende ↗Matrix Diagonalgestalt hat):

$$\varphi = \varphi_n + \varphi_h .$$

Diese Zerlegung ist durch φ eindeutig bestimmt; φ_n bzw. φ_h werden als der nilpotente bzw. der halbeinfache Anteil von φ bezeichnet.

Jordan-Zerlegung (eines Maßes), Zerlegung eines endlichen signierten Maßes.

Es sei μ ein endliches signiertes Maß auf einer ↗σ-Algebra $\mathcal{A}$ in einer Menge Ω, und $\Omega = \Omega^+ \cup \Omega^-$ die Hahn-Zerlegung (↗Hahnscher Zerlegungssatz).

Dann gilt für die Maße μ^+ und μ^-, definiert durch

$$\mu^+(A) := \mu(A \cup \Omega^+)$$

und

$$\mu^-(A) := \mu(A \cup \Omega^-)$$

für alle $A \in \mathcal{A}$, daß $\mu = \mu^+ - \mu^-$. Diese Zerlegung heißt Jordan-Zerlegung von μ und ist minimal in dem Sinn, daß, wenn $\mu = \mu_1 - \mu_2$ eine beliebige Zerlegung von μ in zwei Maße μ_1 und μ_2 ist, stets $\mu^+ \leq \mu_1$ und $\mu^- \leq \mu_2$ ist.

Joukowski, Nikolai Jegorowitsch, *Shukowski, Nikolai Jegorowitsch*, russischer Physiker und Mathematiker, geb. 17.1.1847 Orechowo, gest. 17.3.1921 Moskau.

1868 beendete Joukowski sein Studium an der Moskauer Universität und wurde Lehrer. Zunächst unterrichtete er an einem Gymnasium, später an der Technischen Hochschule. 1872 wurde er Dozent für analytische Mechanik, ab 1886 war er als Professor tätig.

Joukowski gründete 1918 in Moskau das Zentrale Aero-Hydrodynamische Institut und beschäftigte sich mit Forschungen auf dem Gebiete der Aerodynamik und insbesondere mit Umströmungen von Körpern. Er leistete wichtige theoretische Beiträge bei der Konstruktion von Flugzeugen, bei der Hydraulik und der Mechanik. Im Zusammenhang mit der Entwicklung von Tragflächenformen befaßte er sich mit partiellen Differentialgleichungen und deren näherungsweisen Lösung. Hier wendete er in umfangreichem Maße Methoden der Funktionentheorie an (↗Joukowski-Abbildung).

Joukowski-Abbildung, definiert durch

$$J(z) := \frac{1}{2}\left(z + \frac{1}{z}\right)$$

für $z \in \mathbb{C}^* = \mathbb{C} \setminus \{0\}$.

Es ist J eine in $\mathbb{C}^*$ ↗holomorphe Funktion mit

$$J'(z) = \frac{1}{2}\left(1 - \frac{1}{z^2}\right).$$

Daher ist $J'(z) \neq 0$ für $z \in \mathbb{C}^* \setminus \{1, -1\}$, d. h. J ist eine in $\mathbb{C}^* \setminus \{1, -1\}$ lokal schlichte Funktion.

Von besonderem Interesse sind die Abbildungseigenschaften von J. Für $r > 0$ sei

$$C_r := \{z \in \mathbb{C} : |z| = r\}.$$

Ist $r > 1$, so wird die Kreislinie C_r bijektiv auf die Ellipse E_r mit Brennpunkten ± 1 und Halbachsen

$$a = \frac{1}{2}\left(r + \frac{1}{r}\right), \quad b = \frac{1}{2}\left(r - \frac{1}{r}\right)$$

abgebildet. Ebenso wird die Kreislinie $C_{1/r}$ bijektiv auf die Ellipse E_r abgebildet. Das Bild der Einheitskreislinie C_1 ist das Intervall $[-1, +1]$, wobei für $z \in C_1$ mit $\operatorname{Im} z > 0$ gilt $J(z) = J(\bar{z})$.

Schließlich wird eine Halbgerade $\{\varrho e^{it} : \varrho > 0\}$ für $t \in (0, 2\pi)$, $t \notin \left\{\pm\frac{\pi}{2}, \pi\right\}$ bijektiv auf einen Ast der Hyperbel

$$\frac{u^2}{\cos^2 t} - \frac{v^2}{\sin^2 t} = 1$$

mit den Brennpunkten ± 1 abgebildet.

Aus den obigen Abbildungseigenschaften von J folgt, daß der punktierte Einheitskreis $\{z \in \mathbb{C} : 0 < |z| < 1\}$ und das Äußere des Einheitskreises $\{z \in \mathbb{C} : |z| > 1\}$ jeweils konform auf die geschlitzte Ebene $\mathbb{C} \setminus [-1, +1]$ abgebildet werden.

Die Joukowski-Abbildung (bzw. die durch sie vermittelte Joukowski-Transformation) spielt in der Aerodynamik (z. B. bei der Umströmung von Tragflächen) eine wichtige Rolle, denn durch diese Transformation wird die Strömung um elliptische Zylinder, ebene und gekrümmte Platten oder tragflächenähnliche Profile aus einfacheren Strömungsbildern abgeleitet.

Um dies zu präzisieren sei C eine Kreislinie mit Mittelpunkt ih, $h > 0$, durch den Punkt $+1$. Das Äußere von C wird durch J konform auf das Komplement des Kreisbogens durch die Punkte $+1$, ih, -1 abgebildet. Ist

$$S = \{(1 - r) + irh : r \geq 0\}$$

der Strahl von $+1$ nach ∞ durch den Punkt ih und C' eine Kreislinie mit Mittelpunkt $(1-r_0)+ir_0h \in S$, $r_0 > 1$, durch den Punkt $+1$ (d. h. die Kreislinien C und C' berühren sich im Punkt $+1$ und besitzen dort die gleiche Tangente), so wird C' auf ein tragflügelartiges Profil abgebildet. Ein solches Profil nennt man Joukowski-Profil oder auch Joukowski-Kutta-Profil.

Joukowski-Bedingung, die Behauptung, daß sich bei vorgegebenem Anstellwinkel eines umströmten Körpers mit scharfer hinterer Kante, der quer zur Strömungsrichtung liegt, die Zirkulation so einstellt, daß der Abriß der Grenzschicht an der Kante erfolgt (↗Kutta-Joukowski-Auftriebsfomel).

Joukowski-Theorem, Aussage über den Auftrieb, der auf eine ebene Kaskade von „Tragflächen" wirkt (↗Kutta-Joukowski-Auftriebsformel).

Dabei versteht man unter einer ebenen Kaskade eine unendliche, periodische Anordnung von Profilen, die durch Parallelverschiebung entlang einer Geraden a (der Achse der Kaskade) um die Länge l auf sich abgebildet wird.

$\mathfrak{v}_1$ sei die Anström- und $\mathfrak{v}_2$ die Abströmgeschwindigkeit in großer Entfernung vom Profil, und $\mathfrak{v}_m$ durch $\frac{1}{2}(\mathfrak{v}_1 + \mathfrak{v}_2)$ gegeben. Die Dichte des strömenden Mediums werde mit ϱ bezeichnet. $\mathfrak{k}$ ist ein auf der Strömungsebene senkrecht stehender Einheitsvektor, der durch eine Drehung um 90° im Uhrzeigersinn in die Richtung von $\mathfrak{v}_1$ gebracht werden kann. Schließlich ist Γ die Zirkulation, hier durch $(\mathfrak{v}_{2a} - \mathfrak{v}_{1a})l$ gegeben, wobei die Differenz der Strömungsgeschwindigkeitskomponenten in Richtung der Kaskade eingeht. Dann ist der Auftrieb

$$\mathfrak{A} = \varrho \Gamma \mathfrak{v}_m \times \mathfrak{k}.$$

Joukowski-Transformation, die durch die ↗Joukowski-Abbildung vermittelte Transformation.

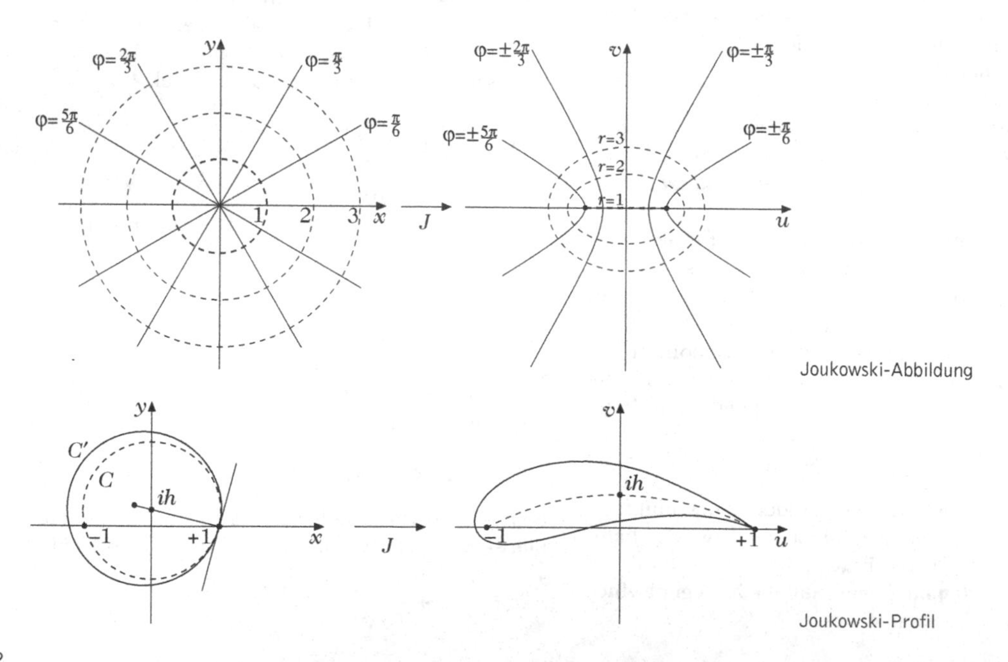

Joukowski-Abbildung

Joukowski-Profil

Joukowski-Tschaplygin-Bedingung, *Joukowski-Tschaplygin-Hypothese*, die Behauptung, daß aus der unendlichen Vielzahl von möglichen Strömungen hinter einem Profil mit scharfer Kante die Strömung realisiert wird, deren Geschwindigkeit an der Kante endlich ist.

Joukowski-Tschaplygin-Hypothese, ↗Joukowski-Tschaplygin-Bedingung.

Joulesche Wärme, durch Stromfluß erzeugte Wärme.

Der Stromfluß durch einen elektrischen Leiter ist (abgesehen von Supraleitung) mit Wärmeerzeugung durch elektrischen Widerstand verbunden; diese wird Joulesche Wärme genannt.

Julia, Gaston Maurice, französischer Mathematiker, geb. 3.2.1893 Sidi Bel Abbès (Algerien), gest. 19.3.1978 Paris.

Julia begann 1911 ein Studium an der École Normale in Paris und wurde vor Abschluß desselben 1914 zum Kriegsdienst einberufen. Am 25.1.1915 wurde er schwer verwundet und verlor seine Nase, sodaß er für den Rest seines Lebens eine Gesichtsmaske tragen mußte.

Während seines Krankenhausaufenthalts setzte er seine mathematischen Studien fort. Später lehrte er als Professor an der École Polytechnique und der Sorbonne in Paris. Aus dem von ihm 1933–1939 geleiteten Seminar ging die Bourbaki-Schule hervor.

Bereits 1918 publizierte er eine Arbeit über die ↗Iteration rationaler Funktionen, in der er u. a. eine genaue Beschreibung der Menge aller Punkte z der komplexen Ebene gab, für die die n-te Iteration $f^n(z)$ der rationalen Funktion f beschränkt bleibt, wenn n gegen Unendlich geht. Die Bedeutung dieser sog. Julia-Mengen wurde erst in den 70er Jahren nach Mandelbrots Entdeckung der fraktalen Mengen erkannt.

Weitere bedeutende Ergebnisse Julias zur Funktionentheorie waren 1924 die Verschärfung des großen Satzes von Picard über das Verhalten einer analytischen Funktion in der Umgebung einer isolierten Singularität zum Satz von Julia, sowie die Einführung des Begriffs der Richtungswertverteilung. Aus seinem zweiten Forschungsgebiet, der Funktionalanalysis und deren Anwendung in der mathematischen Physik, sind die Studien über abgeschlossene Operatoren im Hilbertraum hervorzuheben, die u. a. zur Definition und Untersuchung der Julia-Operatoren und der Julia-Mannigfaltigkeiten führten.

Julia, Satz von, ist eine Verschärfung des großen Satzes von Picard und lautet:

Es sei $z_0 \in \mathbb{C}$ und f eine in

$$\dot{B}_R(z_0) = \{ z \in \mathbb{C} : 0 < |z - z_0| < R \}$$

↗holomorphe Funktion, die an z_0 eine wesentliche Singularität besitzt. Dann existiert ein $t_0 \in [0, 2\pi)$ derart, daß f in jedem Kreissektor

$$\{ z_0 + re^{it} : |t - t_0| < \varepsilon,\ 0 < r < \varepsilon \},$$

$0 < \varepsilon < R$ jeden Wert $a \in \mathbb{C}$ mit höchstens einer Ausnahme unendlich oft annimmt.

Für jedes solche t_0 heißt e^{it_0} eine Julia-Richtung und der Strahl $\{ z_0 + re^{it_0} : r > 0 \}$ eine Julia-Linie von f. Als Folgerung erhält man:

Es sei f eine ↗ganz transzendente Funktion. Dann existiert ein $t_0 \in [0, 2\pi)$ derart, daß f in jedem Winkelraum $\{ re^{it} : |t - t_0| < \varepsilon,\ r > 0 \}$, $\varepsilon > 0$, jeden Wert $a \in \mathbb{C}$ mit höchstens einer Ausnahme unendlich oft annimmt.

Auch in diesem Fall heißt e^{it_0} eine Julia-Richtung und der Strahl $\{ re^{it_0} : r > 0 \}$ eine Julia-Linie von f. Einige Beispiele:

(a) $f(z) = e^z$ besitzt zwei Julia-Richtungen, nämlich $e^{\pm i\pi/2} = \pm i$. Der Wert $a = 0$ wird nicht angenommen.

(b) $f(z) = \sin z$ und $f(z) = \cos z$ besitzen zwei Julia-Richtungen, nämlich $e^{i0} = 1$ und $e^{i\pi} = -1$.

(c) $f(z) = e^{z^2}$ besitzt vier Julia-Richtungen, nämlich $e^{i\pi/4}, e^{3i\pi/4}, e^{5i\pi/4}, e^{7i\pi/4}$.

(d) $f(z) = \cos\sqrt{z}$ besitzt eine Julia-Richtung, nämlich $e^{i0} = 1$.

Es gibt ganz transzendente Funktionen f derart, daß jede Richtung eine Julia-Richtung von f ist.

Julia-Menge, Nichtnormalitätsmenge der Folge (f^n) der Iterierten einer rationalen Funktion f.

Genauer ist die Julia-Menge $\mathcal{J}$ von f die Menge aller $z \in \widehat{\mathbb{C}}$ derart, daß die Folge (f^n) in keiner offenen Umgebung von z eine normale Familie ist. Es ist also $\mathcal{J} = \widehat{\mathbb{C}} \setminus \mathcal{F}$ das Komplement der ↗Fatou-Menge $\mathcal{F}$ von f in $\widehat{\mathbb{C}}$ und daher stets eine kompakte Menge in $\widehat{\mathbb{C}}$. Es kann vorkommen, daß $\mathcal{J} = \widehat{\mathbb{C}}$.

Manchmal findet man auch die folgende, i.w. zu obiger äquivalente Definition des Begriffs:

Sei $f : \mathbb{C} \to \mathbb{C}$ ein komplexes Polynom mit Grad größer als eins. Dann heißt der Rand der Menge

$$\{ z \in \mathbb{C} \mid \text{Die Folge } \{|f^k(z)|\}_{k \ge 0} \text{ ist beschränkt} \}$$

Julia-Menge $J(f)$ von f, wobei f^k die k-te Iterierte von f bezeichnet.

Ausführliche Informationen sind unter dem Stichwort ↗Iteration rationaler Funktionen zu finden.

Jung, Satz von, lautet:

Es sei M eine Menge im n-dimensionalen Raum mit Durchmesser $d_M(n)$ (↗Durchmesser einer Menge).

Dann ist M enthalten in einer Kugel vom Radius

$$r = d_M(n) \cdot \sqrt{\frac{n}{2(n+1)}}\ .$$

K, Abkürzung für „Kilo“, also Tausend.

In den Computerwissenschaften bezeichnet man damit meist die Größe K(ilo)Byte, also

$$2^{10} = 1024\,\text{Byte}\,.$$

Kac-Moody-Algebren, eine wichtige Klasse von unendlichdimensionalen Lie-Algebren.

Sie werden ausgehend von einer verallgemeinerten Cartan-Matrix konstruiert. Eine verallgemeinerte Cartan-Matrix ist eine ganzzahlige $(n \times n)$-Matrix $A = (a_{ij})_{i,j=1,\dots,n}$ mit
1. $a_{ii} = 2, \quad i = 1, \dots, n,$
2. $a_{ij} \leq 0, \quad$ für $i \neq j$, und
3. $a_{ij} = 0 \implies a_{ji} = 0.$

Die zugeordnete abgeleitete Kac-Moody-Algebra $\mathfrak{g}'(A)$ wird erzeugt von $3n$ Erzeugenden e_i, f_i, h_i, $i = 1, \dots, n$, mit den Relationen

$$[h_i, h_j] = 0,\ [e_i, f_i] = h_i,\ [e_i, f_j] = 0\ (i \neq j),$$
$$[h_i, e_j] = a_{ij}e_j,\ [h_i, f_j] = -a_{ij}f_j,$$
$$(\operatorname{ad} e_i)^{1-a_{ij}}e_j = 0,\ (\operatorname{ad} f_i)^{1-a_{ij}}f_j = 0,\ (i \neq j)\,.$$

Sei die Matrix A vom Rang r, und sei sie durch Permutation bereits in die Form gebracht worden, daß die ersten r Zeilen linear unabhängig sind. Dann wird die volle Kac-Moody-Algebra $\mathfrak{g}(A)$ erhalten durch Hinzufügen von $n-r$ weiteren Elementen $d_j, j = r+1, \dots, n$, den Derivationen, mit

$$[d_j, h_i] = 0, \quad [d_j, d_k] = 0,$$
$$[d_j, e_i] = \delta_{j,i}e_i, \quad [d_j, f_i] = -\delta_{j,i}f_i,$$

für $i = 1, \dots, n$ und $j, k = r+1, \dots, n$.

Die Klasse der Kac-Moody-Algebren zerfällt in mehrere Teilklassen. Für unzerlegbare Matrizen A sind die wichtigsten Klassen die folgenden:

(1) Besitzt die Matrix A positive Determinante, so ist die Kac-Moody-Algebra eine endlichdimensionale einfache Lie-Algebra.

(2) Existiert eine nichtsinguläre Diagonalmatrix D derart, daß DA symmetrisch und positiv semidefinit, jedoch nicht definit ist, so erhält man eine affine Kac-Moody-Algebra. Der Rang der Matrix A ist in diesem Fall notwendig gleich $n-1$.

(3) Existiert eine nichtsinguläre Diagonalmatrix D derart, daß DA symmetrisch und vom indefiniten Typ ist, so erhält man eine hyperbolische Kac-Moody-Algebra.

Die affinen Kac-Moody-Algebren kann man noch weiter unterscheiden in die ungetwisteten (auch affine Lie-Algebren genannt) und die getwisteten. Jede affine (ungetwistete) Lie-Algebra lässt sich über die zentrale Erweiterung $\widehat{\mathfrak{g}}'$ der Schleifenalgebra ausgehend von einer endlichdimenensionalen einfachen Lie-Algebra $\mathfrak{g}$ mit normalisierter Killing-Form $(.|.)$ erhalten. Sie ist als Vektorraum gegeben durch

$$\widehat{\mathfrak{g}}' = \mathfrak{g} \otimes \mathbb{C}[t, t^{-1}] \oplus \mathbb{C}c\,,$$

wobei $\mathbb{C}[t, t^{-1}]$ den Ring der Laurent-Polynome bezeichnet. Die Lie-Struktur ist gegeben durch

$$[x \otimes t^n, y \otimes t^m] := [x, y] \otimes t^{n+m} + n(x|y)\delta_{n,-m} \cdot c\,,$$
$$[x \otimes t^n, c] = 0\,.$$

Um die volle affine Kac-Moody-Algebra $\widehat{\mathfrak{g}}$ zu erhalten, ist noch eine Derivation d hinzufügen, für die gilt

$$[d, c] = 0, \quad [d, x \otimes t^n] = n(x \otimes t^n)\,.$$

[1] Kac, V.G.: Infinite dimensional Lie algebras. Cambridge University Press , 1990.

Kähler, Erich, deutscher Mathematiker, geb. 16.1.1906 Leipzig, gest. 31.5.2000 Hamburg.

Kähler studierte von 1924 bis 1928 in Leipzig Mathematik, Astronomie und Physik. 1928 promovierte er, und 1930 habilitierte er sich. 1929 arbeitete er als Assistent in Königsberg (Kaliningrad) und war von 1929 bis 1935 am Hamburger Mathematischen Seminar. 1936 ging er wieder nach Königsberg, erhielt 1947 eine Professur in Leipzig, war von 1958 bis 1964 in Berlin und ab 1964 in Hamburg tätig.

Nach Arbeiten zum 3- bzw. n-Körperproblem befaßte sich Kähler mit der Funktionentheorie und der Differentialgeometrie. Er führte die Begriffe der Kählerschen Mannigfaltigkeit und der Kähler-Metrik ein, die sich als ein wichtiges Werkzeug in der Mathematik erwiesen haben.

In seinem Werk „Geometrie arithmetica“ versuchte er, eine Synthese aus Artihmetik, algebraischer Geometrie und Funktionentheorie zu finden. Sein Ziel war es, Philosophie und Erkenntnistheorie mathematisch zu fassen.

Kähler-Einstein-Metrik, spezielle ↗Kähler-Metrik.

Sei X eine kompakte ↗Kählersche Mannigfaltigkeit. Die Bilder der ↗Chern-Klassen von X (d. h. des Tangentialbündels) in $H^*(X, \mathbb{R})$ lassen sich durch die Krümmung F des Levi-Civita-Zusammenhanges ausdrücken. Insbesondere ist

$$\gamma_1 = \frac{\sqrt{-1}}{2\pi} Tr(F)$$

eine 2-Form, die die erste Chern-Klasse repräsentiert. (Für Kählersche Mannigfaltigkeiten hängt γ_1 mit der Ricci-Krümmung zusammen durch

$Ric(v, w) = -2\pi\sqrt{-1}\gamma_1(v, Jw)$.)

γ_1 heißt die zur Kähler-Metrik oder Kähler-Form gehörige erste Chern-Form.
Die Kähler-Metrik heißt Kähler-Einstein-Metrik, wenn γ_1 proportional zur Kähler-Form ist.

Indem man eventuell die Kähler-Metrik um einen konstanten Faktor abändert, führt das auf die Fälle:
(i) γ_1 ist Kähler-Form,
(ii) $\gamma_1 = 0$,
(iii) $-\gamma_1$ ist Kähler-Form.

Da γ_1 die erste Chern-Klasse von K_X^{-1} ist, bedeutet dies im Falle (i) bzw. (iii), daß K_X^{-1} bzw. K_X ↗ampel ist, also X eine ↗Fano-Varietät bzw. ↗algebraische Varietät vom allgemeinen Typ (↗Kodaira-Dimension). Es gelten folgende Theoreme:

(1) (Calabi, Yau): *Sei X kompakte Kählersche Mannigfaltigkeit und φ die Kähler-Form. Zu jeder reellen 2-Form γ, die die erste Chern-Klasse in $H^2(X, \mathbb{R})$ repräsentiert, gibt es genau eine Kählerform in der de Rham Kohomologie-Klasse $[\varphi]$ von φ mit γ als zugehöriger 1-ter Chern-Form.*

(2) (Aubin, Yau): *Jede kompakte komplexe Mannigfaltigkeit mit amplem kanonischen Bündel besitzt eine bis auf Homothetie eindeutig bestimmte Kähler-Einstein-Metrik.*

Im Falle $c_1(X) = 0$ (in $H^2(X, \mathbb{R})$) gibt es also Kähler-Einstein-Metriken, und es gilt:

(3) (Bogomolov, Beauville, Kobayashi): *Bis auf eine endliche unverzweigte Überlagerung ist eine kompakte Kählersche Mannigfaltigkeit X mit $c_1(X) = 0$ (in $H^2(X, \mathbb{R})$) Produkt eines komplexen Torus (↗Klassifikation von Flächen) mit ↗Calabi-Yau-Mannigfaltigkeiten und holomorph symplektischen Mannigfaltigkeiten.*

Holomorph symplektische Mannigfaltigkeiten sind hier kompakte einfach zusammenhängende Mannigfaltigkeiten mit einer nirgends entarteten holomorphen 2-Form.

Im Falle von Fano-Varietäten gibt es im allgemeinen keine Kähler-Einstein-Metrik. Eine notwendige Bedingung für die Existenz von Kähler-Einstein-Metriken ist, daß die Lie-Algebra holomorpher Vektorfelder auf X eine reduktive Lie-Algebra ist.

Kähler-Form, ↗Kähler-Metrik, ↗Kählersche Mannigfaltigkeit.

Kähler-Metrik, Hermitesche Metrik mit der Eigenschaft, daß es für jedes z eine Umgebung U von z und eine Funktion $F : U \to \mathbb{R}$ gibt mit

$$\frac{i}{2} h_{j\bar{k}}(z)\, dz^j \otimes dz^{\bar{k}} = \partial\bar{\partial}F .$$

$\partial\bar{\partial}F$ heißt dann Kähler-Form (der Kähler-Metrik).

Kähler-Potential, auf einer gegebenen ↗Kählerschen Mannigfaltigkeit M lokal definierte komplexwertige C^∞-Funktion F, für die gilt: $\partial\bar{\partial}F = \omega$, wobei ω die Kähler-Form von M und ∂ bzw. $\bar{\partial}$ den holomorphen bzw. antiholomorphen Anteil der äußeren Ableitung auf M bezeichnet.

Kähler-Potentiale gibt es in einer geeigneten offenen Umgebung jedes Punktes von M.

Kählersche Mannigfaltigkeit, differenzierbare Mannigfaltigkeit M, die sowohl eine komplexe Struktur I als auch eine Riemannsche Metrik g, die Kählersche Metrik oder Kähler-Metrik trägt, wobei beide Strukturen kompatibel sind in dem Sinne, daß

1. $g(IX, IY) = g(X, Y)$ gilt für alle Vektorfelder X, Y, und
2. I bezüglich des Levi-Civita-Zusammenhanges von g kovariant konstant ist.

Man nennt das Paar (I, g) die Kählersche Struktur von M.

Die Kähler-Form $\omega(X, Y) := g(IX, Y)$ ist stets eine ↗symplektische 2-Form, sodaß Kählersche Mannigfaltigkeiten zu den ↗symplektischen Mannigfaltigkeiten gehören. Beispiele sind $\mathbb{C}^n$ und die komplex-projektiven Räume. Jede komplexe Untermannigfaltigkeit einer Kählerschen Mannigfaltigkeit wird automatisch Kählersch mit der induzierten Riemannschen Metrik. Wichtige Beispiele hierfür sind alle regulären projektiven Varietäten.

Jede ↗koadjungierte Bahn M einer kompakten Lie-Gruppe G ist mit mindestens einer homogenen Kähler-Struktur versehen. Dies führt zu dem Satz von A.Borel, A.Weil und R.Bott, daß man jede irreduzible Darstellung von G in geometrischer Weise in holomorphen Schnitträumen von holomorphen homogenen komplexen Geradenbündeln über M realisieren kann. Umgekehrt ist jede homogene kompakte Kählersche Mannigfaltigkeit eine koadjungierte Bahn einer kompakten Lie-Gruppe, was eine Klassifikation erlaubt (A.Borel, 1954).

Kompakte Kählersche Mannigfaltigkeiten unterliegen starken topologischen Einschränkungen: Ihre $2k$-ten de Rhamschen Kohomologiegruppen sind verschieden von 0 für $2k \leq \dim M$, und ihre $(2k+1)$-ten de Rhamschen Kohomologiegruppen sind geradedimensional. Die Hopf-Fläche $S^3 \times S^1$, die sich als Quotient aus $\mathbb{C}^2 \setminus \{0\}$ ergibt, ist eine komplexe Mannigfaltigkeit, die aber weder symplektisch noch Kählersch sein kann. Ferner gibt es eine vierdimensionale kompakte symplektische Mannigfaltigkeit, deren erste de Rhamsche Kohomologiegruppe dreidimensional ist, und die ebenfalls nicht Kählersch sein kann (W.Thurston, 1976).

[1] Griffiths, P.; Harris, J.: Principles of Algebraic Geometry. Wiley New York, 1978.
[2] Kobayashi, S.; Nomizu, K.: Foundations of Differential Geometry, vol II. Wiley New York, 1969.

Kählersche Struktur, eine ↗fast Hermitesche Mannigfaltigkeit (M, J, g), deren fundamentale 2-

Form Φ geschlossen ist (↗Hermitesche Struktur).

M wird dann eine ↗Kählersche Mannigfaltigkeit genannt. Um zu betonen, daß die fast komplexe Struktur J von M nicht integrabel zu sein braucht, spricht man auch von *fast Kählerschen Strukturen* und reserviert die Bezeichnung Kählersche Struktur für Hermitesche Strukturen auf komplexen Mannigfaltigkeiten.

Kahn, Satz von, ↗ Listenfärbung.

Kakutani, Alternative von, auch Kakutani-Dichotomie genannt, der Sachverhalt, daß für die Verteilungen P_X und P_Y von zwei auf einem Wahrscheinlichkeitsraum $(\Omega, \mathfrak{A}, P)$ definierten Folgen $X = (X_n)_{n\in\mathbb{N}}$ und $Y = (Y_n)_{n\in\mathbb{N}}$ unabhängiger reeller Zufallsvariablen mit der Eigenschaft, daß P_{Y_n} für alle $n \in \mathbb{N}$ absolut stetig bezüglich P_{X_n} ist, entweder $P_Y \ll P_X$ oder $P_X \perp P_Y$ gilt. Es ist also entweder P_Y absolut stetig bezüglich P_X, oder die beiden Verteilungen sind singulär.

Kakutani, Fixpunktsatz von, Satz über die Existenz von Fixpunkten mengenwertiger Abbildungen:

Es sei K eine kompakte konvexe nicht leere Teilmenge eines lokalkonvexen Raums, und es sei $T : K \to 2^K$ eine mengenwertige Abbildung, die jedem Punkt $x \in K$ eine nicht leere, abgeschlossene und konvexe Teilmenge von K zuordnet.

T sei halbstetig von oben, d. h.

$$\{x \in K : T(x) \cap A \neq \emptyset\}$$

ist für alle abgeschlossenen Teilmengen $A \subset K$ abgeschlossen. Dann besitzt T einen Fixpunkt, also einen Punkt x_0 mit $x_0 \in T(x_0)$.

Eine Variante ist der Fixpunktsatz von Bohnenblust-Karlin:

Sei M eine abgeschlossene konvexe nicht leere Teilmenge eines Banachraums, und es sei $T : M \to 2^M$ eine mengenwertige Abbildung, die jedem Punkt $x \in M$ eine nicht leere, abgeschlossene und konvexe Teilmenge von M zuordnet. T sei halbstetig von oben, und $\bigcup_{x\in M} T(x)$ sei relativ kompakt. Dann besitzt T einen Fixpunkt.

[1] Zeidler, E.: Nonlinear Functional Analysis and Its Applications I. Springer Berlin/Heidelberg/New York, 1986.

Kakutani, Shizuo, japanischer Mathematiker, geb. 28.8.1911 Osaka, gest. 17.8.2004 New Haven (Connecticut).

Kakutani studierte an der Tohoku Universität und der Universität Osaka, promovierte 1941 und ging 1940–1942 an das Institute for Advanced Study in Princeton, lehrte ab 1942 an der Universität in Osaka und ab 1949 an der Yale University in New Haven.

Kakutani arbeitete auf dem Gebiet der Funktionalanalysis (Fixpunktsatz von Kakutani) und der mathematischen Statistik.

Kakutani, verallgemeinerter Fixpunktsatz von, Erweiterung des Fixpunktsatzes von Kakutani (↗Kakutani, Fixpunktsatz von).

Es seien X ein lokalkonvexer Raum, $D \subseteq X$ beschränkt, $F : \overline{D} \to 2^X\setminus\{\emptyset\}$ oberhalb stetig und eine strikte γ-Kontraktion, das heißt, für das Kuratowskische Maß der Nichtkompaktheit oder das Kugelmaß der Nichtkompaktheit γ gelte $\gamma(FB) \leq k\gamma(B)$ für alle $B \subseteq \overline{D}$ und ein geeignetes $k < 1$. Weiterhin sei Fx abgeschlossen und konvex für alle $x \in \overline{D}$. Falls D kompakt und konvex ist und $F(D) \subseteq D$ gilt, ist die Menge der Fixpunkte von F nicht leer, in Zeichen: $Fix(F) \neq \emptyset$.

Kalkül, üblicherweise gebraucht als Abkürzung für ↗Aussagenkalkül.

Kalotte, ↗Kugelabschnitt.

Kammersystem, eine Menge C, deren Elemente Kammern genannt werden, zusammen mit einer Menge von Äquivalenzrelationen $\{\overset{i}{\sim} \mid i \in I\}$ auf C.

Ist (X, Δ) ein numerierter ↗simplizialer Komplex mit Indexmenge I, so ist die Menge C der Kammern zusammen mit den Nachbarschaftsrelationen

$$C_1 \overset{i}{\sim} C_2 \iff \mathrm{Typ}(C_1 \cap C_2) = I \setminus \{i\}$$

ein Kammersystem. Umgekehrt läßt sich jedem Kammersystem ein numerierter Komplex zuordnen.

KAM-Theorem, ↗ Kolmogorow-Arnold-Moser, Satz von.

Kanal, ↗Informationstheorie, ↗Kanalmodell.

Kanalmodell, mathematische Beschreibung der Art und Weise der Beeinflussung einer Nachrichtenübertragung.

Bei der Beschreibung eines Kommunikationssystems werden Informationen aus einer Quelle zu einem Empfänger übermittelt und sind dabei Störungen unterworfen. Diese Störungen sind beispielsweise in einem diskreten Modell beschreibbar.

Ein diskreter Kanal ist ein Tripel (X, Y, M) aus einer Menge X von Zeichen des Senders, einer Menge Y von Zeichen des Empfängers, und einer Matrix M von Übergangswahrscheinlichkeiten $m_{x,y} = P(y|x)$ des Empfangs des Zeichens y, wenn das Zeichen x gesendet wurde. Wenn diese Wahrscheinlichkeiten nur von x und y und nicht vom Zeitpunkt der Übertragung oder von den in der Vergangenheit übertragenen Zeichen abhängt, spricht man auch von einem gedächtnislosen Kanal.

Bei einem total gestörten Kanal ist $P(y_1|x) = P(y_2|x)$ für alle x, y_1 und y_2, das empfangene Zeichen y_i ist dann unabhängig vom gesendeten x (Bayessche Formel). Bei einem ungestörten ist für alle y die Wahrscheinlichkeit $P(y|x)$ für genau einen Wert x von Null verschieden, aus jedem empfangenen Zeichen y kann man demnach das gesendete x zweifelsfrei ableiten. Der symmetrische binäre Kanal wird durch $X = Y = \{0, 1\}$ und

$$m_{0,0} = m_{1,1} = 1 - p\,,$$

$$m_{0,1} = m_{1,0} = p$$

beschrieben, in dem mit Wahrscheinlichkeit p ein gesendetes Zeichen verändert wird.

Kano, Satz von, gibt eine hinreichende Bedingung für die Existenz von fast-regulären Faktoren in einem regulären Multigraphen.

Ein Faktor F eines Multigraphen G, dessen Zusammenhangskomponenten k- oder $(k+1)$-regulär sind ($k \in \mathbb{N}_0$), heißt k-fast-regulär. Durch Anwenden des (g,f)-Faktor-Satzes von L.Lovász (↗Faktortheorie) präsentierte M.Kano 1986 folgende interessante Ergänzung zum I. Satz von Petersen (↗Faktortheorie) für den Fall von regulären Multigraphen ungeraden Grades.

Ist G ein r-regulärer Multigraph, so besitzt G einen k-fast-regulären Faktor für alle ganzen Zahlen k mit

$$0 \le k \le (2r)/3 - 1\,.$$

Darüber hinaus konstruierte Kano r-reguläre Graphen, die für

$$r - \sqrt{r+1} < k \le r - 2$$

keinen k-fast-regulären Faktor besitzen. Der Fall

$$(2r)/3 \le k \le r - \sqrt{r+1}$$

ist bis heute noch ungeklärt.

kanonisch, einer gegebenen Situation oder Problemstellung am besten angepaßt.

kanonische Abbildung, manchmal auch natürliche Abbildung genannt, die ↗Abbildung

$$k : M \to M/R, \quad x \mapsto [x],$$

die jedem Element x der mit der ↗Äquivalenzrelation R versehenen Menge M seine Äquivalenzklasse $[x]$ zuordnet.

kanonische Abbildung von Kurven, Abbildung glatter ↗algebraischer Kurven in den zugehörigen projektiven Raum.

Für komplette glatte algebraische Kurven X vom Geschlecht $g \ge 2$ ist der Raum der holomorphen 1-Formen $H^0\left(X, \Omega^1_{X/k}\right)$ g-dimensional, und die Formen haben keine gemeinsame Nullstelle auf X.

Daher erhält man einen Morphismus

$$\varphi : X \longrightarrow \mathbb{P}\left(H^0\left(X, \Omega^1_{X/k}\right)\right) \cong \mathbb{P}^{g-1}\,.$$

In Koordinaten ist das die Abbildung

$$x \mapsto (\varphi_0(x) : \cdots : \varphi_{g-1}(x))\,,$$

wenn $\varphi_0, \ldots, \varphi_{g-1}$ eine Basis von $H^0\left(X, \Omega^1_{X/k}\right)$ ist.

Für $g = 2$ ist dies eine Doppelüberlagerung von $\mathbb{P}^1$ mit 6 Verzweigungspunkten, und für $g \ge 3$ ist dies im allgemeinen eine abgeschlossene Einbettung, in speziellen Fällen ist das Bild jedoch eine glatte rationale Kurve, also $\mathbb{P}^1 \subset \mathbb{P}^{g-1}$ (eingebettet durch die $(g-1)$-te Veronese-Einbettung), und φ ist eine Doppelüberlagerung von $\mathbb{P}^1$ mit $(2g+2)$ Verzweigungspunkten. Solche Kurven heißen hyperelliptisch, ein affines Modell hyperelliptischer Kurven wird durch die ebenen Kurven mit einer Gleichung der Form $y^2 = f(x)$, wobei $f(x)$ ein Polynom vom Grad $2g+1$ (ohne mehrfache Nullstellen) ist, gegeben.

Als Basis von $H^0\left(X, \Omega^1_{X/k}\right)$ kann man z. B. die Formen

$$\varphi_j = x^j \frac{dx}{y}, \quad j = 0, 1, \ldots, g-1\,,$$

wählen.

kanonische Basis, die aus den Einheitsvektoren

$$\begin{pmatrix} 1 \\ 0 \\ 0 \\ \vdots \\ 0 \end{pmatrix}, \begin{pmatrix} 0 \\ 1 \\ 0 \\ \vdots \\ 0 \end{pmatrix}, \ldots, \begin{pmatrix} 0 \\ 0 \\ 0 \\ \vdots \\ 1 \end{pmatrix}$$

bestehende Basis des ↗arithmetischen Vektorraumes $\mathbb{K}^n$ über dem Körper $\mathbb{K}$.

kanonische Bilinearform, die durch

$$V^* \times V \to \mathbb{K};\; (f, v) \mapsto f(v)$$

definierte Bilinearform auf der sogenannten kanonischen Paarung $V^* \times V$ (V^* bezeichnet den aus den Linearformen des $\mathbb{K}$-Vektorraumes V bestehenden Dualraum zu V).

kanonische Darstellung Boolescher Funktionen, Darstellung ↗Boolescher Funktionen, die eindeutig ist.

Die bekanntesten kanonischen Darstellungen Boolescher Funktionen sind die ↗disjunktive Normalform, die ↗konjunktive Normalform und die ↗Ring-Summen-Expansion.

Für eine feste Variablenordnung (↗geordneter binärer Entscheidungsgraph) sind ↗reduzierte geordnete binäre Entscheidungsgraphen ebenfalls eine kanonische Darstellung Boolescher Funktionen.

Kanonische Darstellungen werden eingesetzt im Rahmen der Verifikation kombinatorischer Schaltkreise (↗Schaltkreisverifikation).

kanonische Einbettung eines Banachraumes in seinen Bidualraum, die durch

$$\big(i_X(x)\big)(x') = x'(x) \qquad (x \in X,\ x' \in X')$$

definierte Abbildung $i_X : X \to X''$ eines Banachraums X in seinen ↗Bidualraum.

Nach dem Satz von Hahn-Banach (↗Hahn-Banach-Sätze) ist i_X stets isometrisch. Ist i_X surjektiv, nennt man X reflexiv.

kanonische 1-Form, ausgezeichnete 1-Differentialform ϑ auf dem ↗Kotangentialbündel T^*M einer beliebig gegebenen differenzierbaren Mannigfaltigkeit M, die jedem Tangentialvektor W an ein Element α in T^*M die reelle Zahl

$$\vartheta_\alpha(W) := \alpha(T_\alpha \pi W)$$

zuordnet, wobei $\pi : T^*M \to M$ die Bündelprojektion bedeute.

In einer Bündelkarte $(q_1, \dots, q_n, p_1, \dots, p_n)$ von T^*M, die aus einer Karte $(q_1, \dots, q_n)$ von M konstruiert wurde, nimmt ϑ die lokale Form $\sum_{i=1}^n p_i dq_i$ an.

kanonische Entwicklung, die Darstellung der ersten Glieder der Taylorreihe einer differenzierbaren Kurve $\alpha(s)$ im $\mathbb{R}^3$ durch deren Krümmung $\kappa(s)$ und $\tau(s)$.

Ist s der Parameter der Bogenlänge auf $\alpha(s)$ und $\mathfrak{t}, \mathfrak{n}, \mathfrak{b}$ das ↗begleitende Dreibein, so gilt nach den ↗Frenetschen Formeln

$$\begin{aligned} \alpha'(s) &= \mathfrak{t}(s), \\ \alpha''(s) &= \mathfrak{t}'(s) = \kappa(s)\,\mathfrak{n}(s), \\ \alpha'''(s) &= \kappa'(s)\,\mathfrak{n}(s) + \kappa(s)\,\mathfrak{n}'(s) \\ &= -\kappa^2(s)\mathfrak{t} + \kappa'(s)\,\mathfrak{n}(s) + \kappa(s)\,\tau(s)\mathfrak{b}(s). \end{aligned}$$

In die Taylorreihe $\alpha(s+h) = \alpha(s) + h\alpha''(s) + h/2!\,\alpha''(s) + h^3/3!\,\alpha'''(s) + \cdots$ eingesetzt und nach den Vektoren $\mathfrak{t}(s)$, $\mathfrak{n}(s)$, $\mathfrak{b}(s)$ des begleitenden Dreibeins geordnet ergibt das die kanonische Entwicklung

$$\alpha(s+h) = \alpha(s) + \left(h - \frac{\kappa^2(s)}{6}h^3\right)\mathfrak{t}(s) + \left(\frac{\kappa(s)}{2}h^2 + \frac{\kappa'(s)}{6}h^3\right)\mathfrak{n}(s) + \frac{\kappa(s)\tau(s)}{6}h^3\,\mathfrak{b}(s) + \varrho_3(s,h),$$

in der das Restglied $\varrho_3(s,h)$ eine Vektorfunktion ist, die für $h \to 0$ schneller als h^3 gegen Null geht.

kanonische Feldquantisierung, derjenige Zugang zur Quantenfeldtheorie, in dem die Analogie zur Quantenmechanik besonders deutlich wird: Das Feld wird (z. B. durch Fouriertransformation) so in Komponenten zerlegt, daß jede Komponente wie ein materielles Teilchen wirkt, und die Heisenbergsche Orts-Impulsunschärfe genau dann gleich $\hbar$ ist, wenn sich beide Größen auf dasselbe Teilchen beziehen. (Alle anderen Paare von Größen lassen sich dann gleichzeitig exakt messen.)

kanonische Filtration, manchmal auch als assoziierte Filtrierung bezeichnet, die für einen auf dem Wahrscheinlichkeitsraum $(\Omega, \mathfrak{A}, P)$ definierten stochastischen Prozeß $(X_t)_{t\in I}$ durch $\mathfrak{A}_t := \sigma(X_s : s \le t)$ definierte Filtration $(\mathfrak{A}_t)_{t\in I}$, wobei I eine mittels einer Relation $\le$ total geordnete Menge und $\sigma(X_s : s \le t)$ für jedes $t \in I$ die von den Zufallsvariablen X_s mit Index $s \le t$ erzeugte σ-Algebra bezeichnet. Die Filtration $(\mathfrak{A}_t)_{t\in I}$ wird als die zu $(X_t)_{t\in I}$ gehörige kanonische Filtration bezeichnet. Der Prozeß $(X_t)_{t\in I}$ ist der Filtration $(\mathfrak{A}_t)_{t\in I}$ adaptiert.

kanonische Form, spezielle Form eines linearen Programms. Probleme der linearen Optimierung schreibt man oft in Form eines linearen Programms

$$\min p \cdot x, \ \text{NB}\ A \cdot x = b \text{ für } x_1 \ge 0, ..., x_n \ge 0.$$

Dabei ist A eine $(m \times n)$-Matrix, $p \in \mathbb{R}^n$ und $b = (b_1, ..., b_m)^t$ mit $b_1 \ge 0, ..., b_m \ge 0$. Gesucht ist dabei ein $x = (x_1, ..., x_n)^t$ mit $x_1 \ge 0, ..., x_n \ge 0$, das den Nebenbedingungen genügt und die Zielfunktion minimiert. Man sagt, das lineare Programm sei in kanonischer Form, wenn es m Variablen $x_{i_1}, ..., x_{i_m}$ gibt, die in jeweils genau einer Gleichung mit dem Koeffizienten 1 und in allen übrigen mit dem Koeffizienten 0 vorkommen, und wenn jede Gleichung eine solche Variable mit dem Koeffizienten 1 enthält. In diesem Fall läßt sich die Matrix A so umordnen, daß die m-reihige Einheitsmatrix als Untermatrix auftritt. Eine solche Darstellung der Matrix A ist von Bedeutung für die Durchführung des Simplexalgorithmus.

kanonische Garbe, Garbe der holomorphen p-Formen.

Ist X ein komplexer Raum, dann wird die Garbe ${}_X\Omega^p := \overset{\Lambda^p T' X}{X}\mathcal{O}$ der holomorphen p-Formen, wobei $p = \dim X$, als kanonische Garbe bezeichnet.

kanonische Kommutatorrelationen, für ein physikalisches System mit f Freiheitsgraden die Vertauschungsrelationen zwischen den Operatoren, die nach der Quantenmechanik den Paaren kanonischer Variabler p_i und q^i $(i = 1, \ldots, f)$ zugeordnet werden. Sie lauten (↗Kommutator)

$$[q^i, q^j] = [p_i, p_j] = 0, \quad [p_i, q^j] = \frac{h}{2\pi i}\delta_i^j$$

(δ_i^j ist das Kronecker-Symbol, $i, j = 1, \ldots, f$).

Die Nichtvertauschbarkeit von Operatoren, die den einen Zustand des physikalischen Systems nach der klassischen Physik bestimmenden Variablen zugeordnet werden, ist der wesentliche Zug der Quantentheorie. Sie führt u. a. zu der ↗Heisenbergschen Unschärferelation.

kanonische Primfaktorzerlegung, die eindeutige Darstellung einer natürlichen Zahl n als Produkt von Primzahlpotenzen

$$n = p_1^{\alpha_1} p_2^{\alpha_2} \cdots p_k^{\alpha_k},$$

wobei $p_1 < \ldots < p_k$ die Primfaktoren von n bezeichnen, und $\alpha_1, \ldots, \alpha_k \in \mathbb{N}$ die entsprechenden Vielfachheiten. Manchmal notiert man die kanonische Primfaktorenzerlegung auch in der Form

$$n = \prod_p p^{\nu_p(n)},$$

wobei sich das Produkt über alle Primzahlen p erstreckt. In diesem Fall gilt $\nu_p(n) \in \mathbb{N}_0$, wobei $\nu_p(n) > 0$ nur für endlich viele Primzahlen p gilt.

kanonische Transformation, ↗symplektische Abbildung, die ein lokaler Diffeomorphismus ist.

Kanonische Transformationen wurden historisch gesehen zwischen offenen Teilmengen des $(\mathbb{R}^{2n}, \sum_{i=1}^n dq_i \wedge dp_i)$ in der Form $(q, p) = (q_1, \ldots, q_n, p_1, \ldots, p_n) \mapsto (Q_1(q, p), \ldots, Q_n(q, p), P_1(q, p), \ldots, P_n(q, p)) =: (Q(q, p), P(q, p))$ definiert, wobei die Invarianz der symplektischen 2-Form folgende Bedingungsgleichung annimmt:

$$\sum_{i=1}^n dq_i \wedge dp_i = \sum_{i=1}^n dQ_i(q, p) \wedge dP_i(q, p).$$

Diese Gleichung läßt sich in verschiedener Weise in der Form $d\phi = 0$ schreiben, wobei ϕ eine geeignete 1-Form ist.

kanonische Zerlegung eines Operators, Zerlegung eines Operators in zwei Operatoren.

Es sei T ein abgeschlossener Operator in einem Hilbertraum. Dann gibt es partiell isometrische Operatoren V_1, V_2 und positiv selbstadjungierte Operatoren S_1, S_2, so daß gilt: $T = V_1 S_1 = S_2 V_2$. Man nennt diese Zerlegung kanonische Zelegung des Operators T.

Während $S_1 = \sqrt{T^*T}$ und $S_2 = \sqrt{TT^*}$ gilt, sind V_1 und V_2 durch die Bedingung eindeutig bestimmt, daß V_1 den Nullraum von T und V_2^* das orthogonale Komplement des Bildes von T auf die Null abbildet.

kanonische 2-Form, ausgezeichnete ↗symplektische 2-Form ω auf dem ↗Kotangentialbündel T^*M einer beliebig gegebenen differenzierbaren Mannigfaltigkeit M, die durch

$$\omega := -d\vartheta$$

definiert ist, wobei ϑ die ↗kanonische 1-Form bedeutet.

In einer Bündelkarte $(q_1, \ldots, q_n, p_1, \ldots, p_n)$ von T^*M, die aus einer Karte $(q_1, \ldots, q_n)$ von M konstruiert wurde, nimmt ω die lokale Form $\sum_{i=1}^n dq_i \wedge dp_i$ an.

kanonischer Homomorphismus, Homomorphismus in einen Quotientenraum. Es seien G eine Gruppe und N ein Normalteiler von G. Versieht man die Menge der Nebenklassen G/N von G bezüglich N mit der Multiplikation $(aN) \cdot (bN) = (a \cdot b)N$, so wird G/N mit dieser Multiplikation zu einer Gruppe. Weiterhin ist die Abbildung $f : G \to G/N$, definiert durch $f(a) = aN$, ein Gruppenhomomorphismus, den man den kanonischen Homomorphismus, manchmal auch den kanonischen Epimorphismus, nennt.

kanonisches Bilinearsystem, spezielles ↗Bilinearsystem, das sich auf die linearen Funktionen auf einem Vektorraum V bezieht.

Es seien V ein reeller oder komplexer Vektorraum und V^* der Raum aller linearen Abbildungen $f : V \to \mathbb{R}$ bzw. $f : V \to \mathbb{C}$. Weiterhin sei $V^+ \subseteq V^*$ ein beliebiger Untervektorraum von V^*. Dann wird durch

$$\langle x, x^+ \rangle = x^+(x) \quad \text{für } x \in V, x^+ \in V^*$$

eine ↗Bilinearform definiert, die man auch die kanonische Bilinearform nennt.

Das durch diese Bilinearform definierte Bilinearsystem (V, V^+) heißt kanonisches Bilinearsystem.

kanonisches Skalarprodukt, das durch

$$\langle v, v' \rangle := \sum_{i=1}^n v_i v_i'$$

definierte Skalarprodukt auf dem ↗arithmetischen Vektorraum $\mathbb{R}^n$ $(v = (v_1, \ldots, v_n)^t, v' = (v_1', \ldots, v_n')^t \in \mathbb{R}^n)$.

Das kanonische Skalarprodukt auf dem $\mathbb{C}^n$ ist gegeben durch $(v = (v_1, \ldots, v_n)^t, v' = (v_1', \ldots, v_n')^t \in \mathbb{C}^n)$:

$$\langle v, v' \rangle := \sum_{i=1}^n v_i \overline{v_i'}.$$

Kante, ↗ Graph.

Kanten-Automorphismengruppe, die Gruppe der Kanten-Automorphismen eines (unbezeichneten) Baumes bezüglich ihrer Komposition.

Kantenfärbung

L. Volkmann

Es sei G ein ↗Graph und $K(G)$ die Kantenmenge von G. Dann nennt man eine Abbildung $h : K(G) \to \{1, 2, \ldots, k\}$ mit der Eigenschaft, daß $h(l_1) \neq h(l_2)$ für alle inzidenten Kanten l_1 und l_2 aus $K(G)$ gilt, *Kantenfärbung* oder genauer *k-Kantenfärbung* von G, und der Graph G heißt *k-kantenfärbbar*. Besitzt der Graph G eine k-Kantenfärbung, aber keine $(k-1)$-Kantenfärbung, so heißt k *chromatischer Index* von G, in Zeichen $k = \chi'(G)$.

Färbt man jede Kante eines Graphen mit einer anderen Farbe, so führt das zu einer Kantenfärbung, womit die Existenz des chromatischen Index gesichert ist. Bezeichnet man mit $\Delta(G)$ den Maximalgrad eines Graphen G, so erhält man unmittelbar

$$\Delta(G) \leq \chi'(G) \leq |K(G)|,$$

und D.König hat 1916 gezeigt, daß alle ↗bipartiten Graphen B die untere Schranke annehmen, d. h., es gilt immer (sogar für bipartite Multigraphen) $\chi'(B) = \Delta(B)$. Im Jahre 1949 hat C.E.Shannon die bessere obere Schranke $\chi'(G) \leq 3\Delta(G)/2$ für beliebige Graphen G gegeben.

Der Begriff der Kantenfärbung ist einer der ältesten in der Graphentheorie. Er wurde schon 1880 von P.G. Tait eingeführt, der nachgewiesen hat, daß die Länder einer normalen und 3-regulären ↗Landkarte L genau dann mit 4 Farben gefärbt werden können, wenn L eine 3-Kantenfärbung besitzt.

Ist h eine k-Kantenfärbung von G und K_i die Menge aller Kanten von G mit der Farbe i, so nennen wir K_i *Farbenklasse*. Damit ist jede Farbenklasse ein Matching von G, und es gilt

$$\bigcup_{i=1}^{k} K_i = K(G)$$

mit $K_i \cap K_j = \emptyset$ für alle $1 \leq i < j \leq k$. Daher liefert jede k-Kantenfärbung eine Zerlegung der Kantenmenge in k kantendisjunkte Matchings. Umgekehrt kann natürlich durch jede solche Zerlegung eine Kantenfärbung definiert werden.

Trotz der angegebenen Beziehungen zur Landkartenfärbung und Matchingtheorie hat sich die Kantenfärbung zu einer eigenständigen Disziplin innerhalb der Graphentheorie entwickelt. Dies ist auf die zentralen Resultate von V.G.Vizing aus den sechziger Jahren des 20. Jahrhunderts zurückzuführen. Sein berühmtestes Ergebnis, Satz von Vizing (1964) genannt, liefert eine erstaunlich scharfe obere Schranke für den chromatischen Index.

Ist G ein Graph, so gilt

$$\Delta(G) \leq \chi'(G) \leq \Delta(G) + 1.$$

Damit teilt der Satz von Vizing die Graphen hinsichtlich ihres chromatischen Index in zwei Klassen ein. Ein Graph G heißt *Klasse 1-Graph* oder *Klasse* 1, falls $\chi'(G) = \Delta(G)$ ist, anderenfalls heißt G *Klasse 2-Graph* oder *Klasse* 2. Die Frage, welche Graphen Klasse 1 und welche Klasse 2 sind, nennt man heute *Klassifizierungsproblem*. Die Bedeutung und Schwierigkeit dieses Problems wird offensichtlich, wenn man sich vergegenwärtigt, daß seine Lösung nach dem oben genannten Ergebnis von Tait den ↗Vier-Farben-Satz implizieren würde. Darüber hinaus wurde 1981 von I. Holyer die *NP*-Vollständigkeit des Klassifizierungsproblems nachgewiesen, sogar für kubische Graphen.

Obwohl dieses Problem im wesentlichen ungelöst ist, kann man sagen, daß Klasse 2-Graphen relativ selten auftreten. Denn in dem folgenden Sinne haben P. Erdös und R.J. Wilson 1977 gezeigt, daß fast alle Graphen Klasse 1 sind.

Ist $P(n)$ die Wahrscheinlichkeit dafür, daß ein Zufallsgraph der Ordnung n Klasse 1 ist, so gilt

$$\lim_{n\to\infty} P(n) = 1.$$

Reguläre Graphen sind genau dann Klasse 1, wenn sie eine 1-Faktorisierung besitzen. Beispiele von Klasse 1-Graphen sind die bipartiten Graphen und die vollständigen Graphen gerader Ordnung. Dagegen sind reguläre Graphen ungerader Ordnung, reguläre Graphen gerader Ordnung mit einer Artikulation und der sog. Petersen-Graph Klasse 2.

Um mehr über Klasse 2-Graphen zu erfahren, hat man die sogenannten kantenkritischen Graphen eingeführt. Ein zusammenhängender Klasse 2-Graph G heißt *kantenkritisch*, falls für jede Kante $k \in K(G)$ die Ungleichung

$$\chi'(G - k) < \chi'(G)$$

gilt. Es ist recht leicht zu sehen, daß ein kantenkritischer Graph keine Artikulation besitzt. Bezeichnen wir für eine Ecke v eines Graphen G mit $d_G^*(v)$ die Anzahl der mit v adjazenten Ecken maximalen Grades, so hat das zentrale Ergebnis über kantenkritische Graphen, das Vizing 1965 entdeckt hat, und weltweit den Namen *Vizings Adjazenz Lemma* trägt, die folgende Form:

Sind v und w zwei adjazente Ecken in einem kantenkritischen Graphen G, und ist $d_G(w)$ der Grad der Ecke w, so gilt

$$d_G^*(v) \geq \max\{2, \Delta(G) - d_G(w) + 1\}.$$

Damit besitzt jeder kantenkritische Graph mindestens drei Ecken maximalen Grades. Darüber hinaus hat Vizing in der gleichen Arbeit gezeigt, daß ein Klasse 2-Graph G für jedes $p = 2, 3, \dots, \Delta(G)$ einen kantenkritischen Teilgraphen H_p mit $\Delta(H_p) = p$ besitzt. Aus den letzten beiden Ergebnissen folgt unmittelbar, daß jeder Graph mit höchstens zwei Ecken maximalen Grades Klasse 1 ist.

Als weitere Anwendung der kantenkritischen Graphen hat Vizing 1965 noch bewiesen, daß alle ↗planaren Graphen G vom Maximalgrad $\Delta(G) \geq 8$ Klasse 1 sind. In dieser Arbeit äußerte er die nach wie vor ungelöste Vermutung, daß sogar die planaren Graphen G mit $\Delta(G) \geq 6$ Klasse 1 sind. Im Fall $3 \leq \Delta \leq 5$ gibt es sowohl planare Klasse 1-Graphen als auch planare Klasse 2-Graphen G mit $\Delta(G) = \Delta$.

Unter Ausnutzung des Vizingschen Adjazenz Lemmas ist es A.G. Chetwynd und A.J.W. Hilton 1985 gelungen, alle Graphen mit genau drei Ecken maximalen Grades zu klassifizieren.

Ein zusammenhängender Graph G mit genau drei Ecken maximalen Grades ist dann und nur dann Klasse 2, wenn G von ungerader Ordnung $n = 2p + 1$ ist, und die Kantenmenge des Komplementärgraphen $\overline{G}$ aus einem $(p - 1)$-elementigen Matching besteht.

Mit viel höherem Aufwand haben Chetwynd und Hilton auch die Graphen mit genau vier Ecken maximalen Grades klassifiziert.

Möchte man das Klassifizierungsproblem bei beliebig vorgegebener Anzahl der Ecken maximalen Grades lösen, so benötigt man zusätzlich eine Minimalgradbedingung, damit die zur Verfügung stehenden Hilfsmittel und Methoden Früchte tragen. Die diesbezüglich besten Ergebnisse gehen auf T. Niessen und L.Volkmann (1990) und K.H. Chew (1996) zurück, von denen wir hier nur das am einfachsten zu formulierende von Niessen und Volkmann vorstellen wollen.

Es sei G ein Graph der Ordnung $2p$ mit genau ζ Ecken maximalen Grades.

Erfüllt der Minimalgrad $\delta(G)$ die Bedingung

$$\delta(G) \geq p + \zeta - 2,$$

so ist G Klasse 1.

Literatur

[1] Chartrand, G.; Lesniak, L.: Graphs and Digraphs. Chapman and Hall London, 1996.

[2] Volkmann, L.: Fundamente der Graphentheorie. Springer Wien New York, 1996.

Kantenfolge, ↗ Graph.

Kantengraph, (engl. *"linegraph"*), zu einem ↗Graphen G die Menge $L(G)$, die als Eckenmenge die Kantenmenge $K(G)$ besitzt, und in der $k, l \in K(G) = E(L(G))$ genau dann als Ecken adjazent sind, wenn sie als Kanten in G inzident sind.

Ist $k = uv$ eine Kante des Graphen G, so gilt

$$d_{L(G)}(k) = d_G(u) + d_G(v) - 2$$

für den Grad der Ecke k im Kantengraphen $L(G)$.

Sind zwei Graphen isomorph, so sind natürlich auch ihre Kantengraphen isomorph. Im Jahre 1932 zeigte H.Whitney, daß auch die Umkehrung fast immer richtig ist.

Besitzen zwei ↗zusammenhängende Graphen G und H isomorphe Kantengraphen, so sind auch G und H isomorph, es sei denn, der eine ist der vollständige Graph K_3 und der andere der vollständige ↗bipartite Graph $K_{1,3}$.

kantenkritischer Graph, ↗ Kantenfärbung.

Kantenmenge, ↗ Graph.

Kantenüberdeckungszahl, ↗ Eckenüberdeckungszahl.

Kantenunabhängigkeitszahl, ↗ Eckenüberdeckungszahl.

Kantenzug, ↗ Graph.

Kantenzusammenhangszahl, ↗ k-fach kantenzusammenhängender Graph.

Kantorowitsch, Leonid Witaljewitsch, russischer Mathematiker und Ökonom, geb. 19.1.1912 St. Petersburg, gest. 7.4.1986 Moskau.

Kantorowitsch studierte an der Leningrader Universität. 1930 promovierte er dort auf mathematischem Gebiet. 1934 bis 1960 war er Professor in Leningrad, 1961 bis 1971 hatte er den Lehrstuhl für Mathematik und Ökonomie der Sibirischen Abteilung der Akademie der Wissenschaften der UdSSR inne. 1971 bis 1976 arbeitete er am Institut für Systemforschung beim Staatlichen Komitee für Wissenschaft und Technik der UdSSR.

Kantorowitsch erwarb sich große Verdienste bei der Anwendung mathematischer Methoden auf ökonomische Fragestellungen. So war er einer der ersten, die die Methode der linearen Optimierung auf derartige Probleme anwandten. Mit seinen Arbeiten hat er die lineare Optimierung, die numerische Mathematik und die Entwicklung der Rechentechnik wesentlich beeinflußt. 1975 erhielt er den Nobelpreis für Wirtschaftswissenschaften.

Bekannt sind auch seine Arbeiten aus den 30er Jahren zur Funktionalanalysis und zur Theorie halbgeordneter Räume.

Kapazität, *logarithmische Kapazität*, eine Maßzahl für eine beschränkte Borel-Menge der folgenden Art.

Die Kapazität einer beschränkten Borel-Menge $E \subset \mathbb{C}$ ist definiert durch $\operatorname{cap} E := e^{-v(E)}$, wobei

$$v(E) := \inf\{ I[\mu] : \mu \in \mathcal{M}(E) \}.$$

Dabei ist $\mathcal{M}(E)$ die Menge aller Wahrscheinlichkeitsmaße auf E und

$$I[\mu] := \iint_{E \times E} \log \frac{1}{|w - z|} \, d\mu(w) \, d\mu(z)$$

das Energieintegral bezüglich μ. Es kann vorkommen, daß $I[\mu] = \infty$ für alle $\mu \in \mathcal{M}(E)$, d. h. $v(E) = \infty$. In diesem Fall setzt man $\operatorname{cap} E := 0$. Andererseits gilt für $w, z \in E$ stets

$$\log \frac{1}{|w - z|} \geq \log \frac{1}{\operatorname{diam} E}$$

und daher

$$v(E) \geq \log \frac{1}{\operatorname{diam} E} > -\infty,$$

wobei $\operatorname{diam} E = \sup\{ |\omega - \zeta| : \omega, \zeta \in E \}$ der Durchmesser von E ist. Hieraus folg sofort $\operatorname{cap} E \leq \operatorname{diam} E$.

Im folgenden Satz sind wichtige Eigenschaften der Kapazität zusammengestellt.

Die Funktion $E \mapsto \operatorname{cap} E$, die jeder beschränkten Borel-Menge $E \subset \mathbb{C}$ ihre Kapazität zuordnet, hat folgende Eigenschaften:

(a) *Für $a \in \mathbb{C}$ gilt $\operatorname{cap}\{a\} = 0$.*

(b) *Sind a, $b \in \mathbb{C}$ und $f : \mathbb{C} \to \mathbb{C}$ definiert durch $f(z) = az + b$, $z \in \mathbb{C}$, so gilt $\operatorname{cap} f(E) = |a| \operatorname{cap} E$.*

(c) *Ist $E_1 \subset E_2$, so gilt $\operatorname{cap} E_1 \leq \operatorname{cap} E_2$.*

(d) *Es gilt*

$$\operatorname{cap} E \geq \sqrt{\frac{m_2(E)}{\pi e}},$$

wobei $m_2(E)$ das zweidimensionale Lebesgue-Maß von E bezeichnet.

(e) *Es gilt*

$$\operatorname{cap} E = \sup\{ \operatorname{cap} K : K \subset E, K \text{ kompakt} \}.$$

(f) *Ist (K_n) eine Folge kompakter Mengen in $\mathbb{C}$ mit $\operatorname{cap} K_n = 0$ für alle $n \in \mathbb{N}$ und ist $K = \bigcup_{n=1}^{\infty} K_n$ eine kompakte Menge, so gilt $\operatorname{cap} K = 0$.*

(g) *Ist $K \subset \mathbb{C}$ eine kompakte Menge und $\operatorname{cap} E = 0$, so ist K total unzusammenhängend, d. h. jede Zusammenhangskomponente von K besteht aus nur einem Punkt.*

Ist $K \subset [0, 1]$ das Cantorsche Diskontinuum, so ist K total unzusammenhängend und $m_1(K) = 0$, wobei m_1 das eindimensionale Lebesgue-Maß bezeichnet. Andererseits gilt $\operatorname{cap} K \geq 3^{-4} > 0$.

Für kompakte Mengen $K \subset \mathbb{C}$ stimmt die Kapazität von K mit dem ↗transfiniten Durchmesser von K überein. Hierdurch werden maßtheoretische mit geometrischen Eigenschaften von K miteinander verknüpft und eine Berechnungsmethode für $\operatorname{cap} K$ geliefert. Ist $G \subset \mathbb{C}$ die unbeschränkte Zusammenhangskomponente von $\mathbb{C} \setminus K$, so ist ∂G eine kompakte Menge, und es gilt $\operatorname{cap} K = \operatorname{cap} \partial G$.

Einige Beispiele:

(a) Ist K eine abgeschlossene Kreisscheibe vom Radius $R > 0$, so gilt $\operatorname{cap} K = \operatorname{cap} \partial K = R$. Ist B ein abgeschlossener Kreisbogen auf ∂K der Länge ϑR, $0 \leq \vartheta \leq 2\pi$ so gilt $\operatorname{cap} B = R \sin(\vartheta/4)$.

(b) Ist K eine abgeschlossene Strecke der Länge L, so gilt $\operatorname{cap} K = L/4$.

(c) Ist K eine Ellipse mit Halbachsen $a > 0$ und $b > 0$, so gilt $\operatorname{cap} K = (a + b)/2$.

(d) Ist $p(z) = z^n + a_1 z^{n-1} + \cdots + a_n$, $n \in \mathbb{N}$, $R > 0$ und $K = \{ z \in \mathbb{C} : |p(z)| \leq R \}$, so gilt $\operatorname{cap} K = \sqrt[n]{R}$.

(e) Es sei K eine kompakte, zusammenhängende Menge und $G \subset \widehat{\mathbb{C}}$ die Zusammenhangskomponente von $\widehat{\mathbb{C}} \setminus K$, die ∞ enthält. Weiter sei f die ↗konforme Abbildung von $\{ w \in \mathbb{C} : |w| > 1 \} \cup \{\infty\}$ auf G mit $f(\infty) = \infty$ und $\varrho := f'(\infty) > 0$. Dann gilt $\operatorname{cap} K = \varrho$.

(f) Es sei K eine kompakte Menge und $f : K \to \mathbb{C}$ eine Funktion derart, daß $|f(w) - f(z)| \leq |w - z|$ für alle $w, z \in K$. Dann gilt $\operatorname{cap} f(K) \leq \operatorname{cap} K$.

(g) Es sei γ eine rektifizierbare ↗Jordan-Kurve oder ein ↗Jordan-Bogen. Weiter sei K eine kompakte Teilmenge von γ der Bogenlänge $|K|$. Dann gilt $\operatorname{cap} K \geq |K|/4$.

(h) Ist K eine kompakte, zusammenhängende Menge, so gilt $\operatorname{cap} K \geq \frac{1}{4} \operatorname{diam} K$.

Der Begriff der Kapazität spielt eine wichtige Rolle in der Potentialtheorie und in der Theorie der konformen Abbildungen. Zum Beispiel gilt folgender Satz.

Es sei f eine in $\mathbb{E} = \{ z \in \mathbb{C} : |z| < 1 \}$ ↗schlichte Funktion. Dann existiert eine kompakte Menge $K \subset \mathbb{T} = \partial\mathbb{E}$ mit $\operatorname{cap} K = 0$ derart, daß für alle

$\zeta \in \mathbb{T} \setminus K$ *der radiale Grenzwert*

$$f^*(\zeta) := \lim_{r \to 1} f(r\zeta) \in \mathbb{C}$$

existiert.

Allgemeiner versteht man unter einer Kapazität auch eine Mengenfunktion mit folgenden speziellen Eigenschaften.

Es sei Ω eine Menge und $\mathcal{M} \subseteq \mathcal{P}(\Omega)$ ein durchschnitt- und vereinigungstabiles Mengensystem in Ω mit $\emptyset \in \mathcal{M}$. Eine Mengenfunktion $\mu : \mathcal{P}(\Omega) \to \overline{\mathbb{R}}$ heißt $\mathcal{M}$-Kapazität, falls μ isoton und stetig von unten ist, und wenn für alle antitonen Folgen $(M_n | n \in \mathbb{N}) \subseteq \mathcal{M}$ mit $M := \bigcap_{n\in\mathbb{N}} M_n$ gilt:

$$\lim_{n\to\infty} \mu(M_i) = \mu(M).$$

$A \subseteq \Omega$ heißt $(\mathcal{M} - \mu)$-kapazitibel, falls

$$\mu(A) = \sup\{\mu(B) | A \supseteq B \in \{\bigcap_{n\in\mathbb{N}} M_n | (M_n | n \in \mathbb{N}) \subseteq \mathcal{M}\}\}.$$

Jede $\mathcal{M}$-Souslin-Menge ist $(\mathcal{M}\text{-}\mu)$-kapazitibel.

Kapazität eines Schnittes, ↗ Netzwerkfluß.

Kapaziät, elektrische, das Aufnahmevermögen eines elektrischen Leiters für Ladungen.

Es gilt $C = \frac{Q}{U}$, dabei ist C die in Farad (F) gemessene Kapazität, Q die Ladungsmenge und U die Spannung.

Kapazität, ökologische, die unter Gleichgewichtsbedingungen maximale Populationsgröße für eine Art in einem gegebenen Biotop. Die Kapazität kann aus Bedingungen für dichteabhängige Geburts- und Sterberaten abgeleitet werden.

Kapazitätsdimension, *Kästchenzähldimension*, manchmal auch Box-Dimension genannt, wichtiges Beispiel einer ↗fraktalen Dimension.

Es sei X ein ↗Banachraum. Für eine nichtleere beschränkte Teilmenge $F \subset X$ bezeichne $N_\delta(F)$ die kleinste Anzahl abgeschlossener Kugeln mit Radius $\delta > 0$, die F überdecken. Sind die untere und obere Kapazitätsdimension

$$\underline{\dim}_{Kap} F := \liminf_{\delta\to 0} \frac{\log N_\delta(F)}{-\log\delta} \quad \text{und}$$

$$\overline{\dim}_{Kap} F := \limsup_{\delta\to 0} \frac{\log N_\delta(F)}{-\log\delta}$$

gleich, dann nennt man

$$\dim_{Kap} F := \underline{\dim}_{Kap} F = \overline{\dim}_{Kap} F = \lim_{\delta\to 0} \frac{\log N_\delta(F)}{-\log\delta}$$

Kapazitätsdimension von F.

Ist $X = \mathbb{R}^n$ mit $n \in \mathbb{N}$, kann man $N_\delta(F)$ auch wie folgt definieren: Man teile den Grundraum $\mathbb{R}^n$ in n-dimensionale Würfel $\{B_j^\delta\}_{j\in\mathbb{N}}$ der Seitenlänge δ ein. Die Anzahl der Gitterwürfel, die die Menge F schneiden, bezeichne man als $N_\delta(F)$, also

$$N_\delta(F) := \#\{j \,|\, B_j^\delta \cap F \neq \emptyset\}.$$

Für $X = \mathbb{R}^n$ erhält man damit eine Definition, die zur obigen äquivalent ist (daher der Name Kästchenzähldimension).

[1] Falconer, K.J.: Fraktale Geometrie: Mathematische Grundlagen und Anwendungen. Spektrum Akademischer Verlag Heidelberg, 1993.

Kapazitätsfunktion, Zuordnung eines Kapazitätswertes (↗Kapazität) zu kompakten Teilmengen des $\mathbb{R}^n$, aufgefaßt als eine monotone und subadditive Mengenfunktion.

Kapillarfläche, eine ↗Fläche konstanter mittlerer Krümmung, die sich als Oberfläche einer Flüssigkeit bei Abwesenheit der Schwerkraft in einem zylinderförmigen Behälter unter Einfluß der Oberflächenspannung und der Adhäsion an den Behälterwänden herausbildet.

Der Zylinder sei als Menge aller Punkte $(x, y, z) \in \mathbb{R}^3$ gegeben, deren Projektion in die xy-Ebene ein abgeschlossenes Gebiet $G \subset \mathbb{R}^2$ ausfüllen. Die Randkurve $\mathcal{K}$ von G sei mit Ausnahme endlich vieler Ecken glatt. Dann kann man die Kapillarfläche $\mathcal{F}$ durch eine auf G definierte differenzierbare Funktion $z(x, y)$ beschreiben. Das Einheitsnormalenvektorfeld

$$\mathfrak{u}(x, y, z) = \frac{1}{\sqrt{1 + z_x^2 + z_y^2}} \begin{pmatrix} z_x \\ z_y \\ 1 \end{pmatrix}$$

von $\mathcal{F}$ ist als ein von z unabhängiges Vektorfeld auf dem gesamten von dem Zylinder $G \times \mathbb{R} \subset \mathbb{R}^3$ ausgefüllten Raumteil anzusehen.

Setzt man voraus, daß $\mathcal{K}$ eine reguläre Kurve ist, so existiert das Einheitsnormalenvektorfeld $\mathfrak{n}$ des Zylindermantels, und die durch die Oberflächenspannung und die Adhäsion ausgeübten Kräfte sind genau dann im Gleichgewicht, wenn die Gleichungen

$$\operatorname{div} \mathfrak{u} = 2h \text{ in } G \text{ und } \langle \mathfrak{n}, \mathfrak{u} \rangle = \cos\gamma \text{ in } \mathcal{K} \qquad (1)$$

gelten. Darin sind h und der Kontaktwinkel γ gewisse Konstanten, die von den physikalischen Gegebenheiten abhängen. Die Bedingungen (1) bilden ein nichtlineares elliptisches Randwertproblem für die Funktion z, in das die Größe $\operatorname{div} \mathfrak{u}$ gerade als ↗mittlere Krümmung von $\mathcal{F}$ eingeht.

Zur Darstellung und Untersuchung von Kapillarflächen dienen Raumfahrtexperimente. Ingenieure und Physiker studieren z. B. den Kontaktwinkel γ für Randkurven mit Singularitäten. An Ecken von $\mathcal{K}$ kann die Lösung $z(x, y)$ von (1) singulär werden. Solche Singularitäten führen dazu, daß der

Flüssigkeitsspiegel in der Nähe von Ecken an den Wänden sehr hoch steigt.

Kaplan-Yorke-Dimension, ↗ Ljapunow-Dimension.

Kappe, *Cap*, eine Menge von Punkten eines ↗ projektiven Raumes, von denen keine drei ↗ kollinear sind.

Die größten Kappen im dreidimensionalen projektiven Raum der Ordnung $q > 2$ sind die ↗ Ovoide.

In projektiven Ebenen ist der Begriff der Kappe gleichbedeutend mit dem des ↗ Bogens.

Kaprekar-Konstante, die 1955 von D. R. Kaprekar angegebene Zahl $k = 6174$.

k ist die einzige (im Dezimalsystem) vierstellige Zahl mit der Eigenschaft $T_{10}(k) = k$. Dabei sei $T_{10}(p) = p' - p''$ für $p \in \mathbb{N}$, wobei p' bzw. p'' die Dezimalzahlen seien, die aus den absteigend bzw. aufsteigend sortierten Dezimalziffern von p gebildet sind, also z. B. $k' = 7641$ und $k'' = 1467$.

Ist p irgendeine (im Dezimalsystem) vierstellige Zahl, die nicht vier gleiche Dezimalziffern hat, $p_1 = T_{10}(p)$, $p_2 = T_{10}(p_1)$ usw., so gilt

$$p_n \to k \text{ für } n \to \infty .$$

Dabei reichen acht Iterationen aus, d. h. es ist $p_8 = k$.

Allgemeiner nennt man $p \in \mathbb{N}$ eine Kaprekar-Konstante zur Basis $b \in \mathbb{N}$, $b \geq 2$, wenn $T_b(p) = p$ gilt mit der entsprechend zu T_{10} definierten Funktion T_b.

Karatsura-Algorithmus, ein Algorithmus für die Grundoperationen in der ↗ Langzahlarithmetik.

Kardinalität des Kontinuums, Kardinalität der reellen Zahlen sowie der Potenzmenge der natürlichen Zahlen (↗ Kardinalzahlen und Ordinalzahlen).

Kardinalität einer Fuzzy-Menge, *Mächtigkeit einer Fuzzy-Menge*, definiert als

$$\text{card}(\widetilde{A}) = |\widetilde{A}| = \sum_{x \in X} \mu_A(x),$$

wobei X eine endliche Menge ist.

Die Größe $\text{card}_X(\widetilde{A}) = ||\widetilde{A}|| = \frac{|\widetilde{A}|}{|X|}$ wird als relative Kardinalität bezeichnet.

Für eine kontinuierliche Menge X mit einem Inhaltsmaß P ist die Kardinalität einer Fuzzy-Menge $\widetilde{A}$ auf X definiert als

$$\text{card}(\widetilde{A}) = |\widetilde{A}| = \int_X \mu_A(x)\, dP ,$$

und die relative Kardinalität als

$$\text{card}_X(\widetilde{A}) = ||\widetilde{A}|| = \frac{\int_X \mu_A(x)\, dP}{\int_X 1\, dP} .$$

Ist $X \subseteq \mathbb{R}^n$, so nimmt man als Inhaltsmaß das gewöhnliche n-dimensionale Integral, d. h. für $n = 1$ das Maß $dP = dx$. Natürlich dürfen die Kardinalitätsdefinitionen bei kontinuierlichen Mengen X nur für Fuzzy-Teilmengen mit integrierbarer Zugehörigkeitsfunktion verwendet werden.

Kardinalität einer Menge, ↗ Kardinalzahlen und Ordinalzahlen.

Kardinalzahl, ↗ Kardinalzahlen und Ordinalzahlen.

Kardinalzahlen und Ordinalzahlen

P. Philip

Kardinalzahlen sind Mengen, die als Repräsentanten von Mengen einer bestimmten Größe dienen. Entsprechend ist eine Ordinalzahl eine Menge, die den Ordnungstyp einer wohlgeordneten Menge repräsentiert.

Eine Menge M heißt Ordinalzahl oder Ordnungszahl genau dann, wenn sie transitiv ist und durch die Elementrelation wohlgeordnet wird, d. h. genau dann, wenn jedes Element von M auch Teilmenge von M ist und jede Teilmenge von M ein $\in$-kleinstes Element hat. Jede Wohlordnung ist dann zu genau einer Ordinalzahl isomorph, und man nennt diese Ordinalzahl den Ordnungstyp der Wohlordnung.

Die Klasse der Ordinalzahlen wird mit **ON** bezeichnet. **ON** wird auch Ordinalzahlreihe genannt. **ON** ist eine echte Klasse. Die Annahme, daß **ON** eine Menge ist, führt zur Antinomie von Burali-Forti (↗ Burali-Forti, Antinomie von). **ON** ist durch $\in$ wohlgeordnet. Hier und im folgenden wird gelegentlich über Eigenschaften echter Klassen gesprochen, und es werden Abbildungen und Relationen auf echten Klassen betrachtet. Zur formalen Interpretation solcher Sachverhalte siehe ↗ axiomatische Mengenlehre.

Wir werden im folgenden bei Vergleichen von Ordinalzahlen auch $\alpha < \beta$ anstatt $\alpha \in \beta$ schreiben.

Man definiert die Nachfolgeoperation $\mathbf{N} : \mathbf{ON} \to \mathbf{ON}$, $\alpha \mapsto \alpha \cup \{\alpha\}$. α heißt Nachfolgeordinalzahl genau dann, wenn es eine Ordinalzahl β mit $\alpha = \mathbf{N}(\beta)$ gibt. Eine Ordinalzahl, die von der leeren Menge verschieden und keine Nachfolgeordinalzahl ist, heißt Limesordinalzahl.

Die leere Menge wird auch als Null bezeichnet: $0 := \emptyset$. Mit Hilfe von **N** lassen sich nun die natürlichen Zahlen definieren: $1 := \mathbf{N}(0), 2 := \mathbf{N}(1)$ usw. Die Menge der natürlichen Zahlen ω oder $\mathbb{N}_0$ ist definiert als die kleinste Limesordinalzahl. Das Symbol $\mathbb{N}$ bezeichnet die Menge der natürlichen Zahlen ohne die Null: $\mathbb{N} := \mathbb{N}_0 \setminus \{0\}$. Diese Bezeichnungsweise ist jedoch in der Literatur nicht einheitlich.

Ordinalzahlen α mit $\alpha < \omega$ heißen endliche oder finite Ordinalzahlen; Ordinalzahlen α mit $\alpha \geq \omega$ heißen unendliche oder transfinite Ordinalzahlen.

Man nennt $\mathbb{N}_0$ nach obiger Definition auch die Menge der natürlichen Zahlen im von Neumannschen Sinn. Im Gegensatz dazu definiert Zermelo $0_Z := \emptyset$, $1_Z := \{0_Z\}$, $2_Z := \{1_Z\}$ usw. Daher nennt man $\mathbb{N}_{0,Z} := \{0_Z, 1_Z, \dots\}$ die Menge der natürlichen Zahlen im Zermeloschen Sinn.

Eine konstruktionsunabhängige Charakterisierung der natürlichen Zahlen wird mit Hilfe des Peano-Axiomensystems erreicht. Das Peano-Axiomensystem für eine Menge $\mathcal{N}$ und eine ↗Abbildung $\mathcal{S} : \mathcal{N} \to \mathcal{N}$ (man nennt $\mathcal{S}(n)$ auch den Nachfolger von n) lautet:

(1) $\emptyset \in \mathcal{N}$,

(2) $\emptyset \notin \mathcal{S}(\mathcal{N})$, d. h., $\emptyset$ ist nicht Nachfolger einer Zahl aus $\mathcal{N}$.

(3) $\bigwedge\limits_{m,n \in \mathcal{N}} m \neq n \Rightarrow \mathcal{S}(m) \neq \mathcal{S}(n)$, d. h., verschiedene Zahlen haben verschiedene Nachfolger.

(4) $\bigwedge\limits_{N \subseteq \mathcal{N}} \left(\emptyset \in N \wedge \bigwedge\limits_{n \in N} \mathcal{S}(n) \in N \right) \Rightarrow N = \mathcal{N}$, d. h., enthält eine Teilmenge von $\mathcal{N}$ die leere Menge und mit jeder Zahl ihren Nachfolger, so handelt es sich bei N bereits um die ganze Menge $\mathcal{N}$.

Es ist üblich, das Peano-Axiomensystem in der obigen Form anzugeben, obwohl man eigentlich auf Axiom **(2)** verzichten könnte, da es aus den Axiomen **(3)** und **(4)** folgt.

Das Peano-Axiomensystem charakterisiert die natürlichen Zahlen bis auf Isomorphie. Im Fall $\mathcal{N} = \omega$ ist $\mathcal{S}(n) = \mathbf{N}(n)$.

Das vierte Peano-Axiom bildet die Grundlage für das Beweisprinzip der vollständigen Induktion: Um zu beweisen, daß eine Aussage $\phi(n)$ für alle natürlichen Zahlen $n \in \mathbb{N}_0$ gilt, genügt es zu zeigen, daß $\phi(\emptyset)$, d. h., $\phi(0)$ gilt (Induktionsanfang oder Induktionsverankerung), und daß aus der Gültigkeit von $\phi(n)$ (der Induktionsannahme oder Induktionsvoraussetzung) die Gültigkeit von $\phi(\mathcal{S}(n))$ folgt.

Häufig wird das Beweisprinzip der vollständigen Induktion auch in einer äquivalenten Variante benutzt, bei der als Induktionsvoraussetzung die Gültigkeit von $\phi(m)$ für alle natürlichen Zahlen $m \leq n$ angenommen wird.

Ähnlich lassen sich auch Abbildungen f mit den natürlichen Zahlen als Definitionsbereich durch vollständige Induktion definieren, indem $f(0)$ und $f(n) := \mathbf{G}(\{(m, f(m)) : 0 \leq m < n\})$ definiert werden. Dabei ist $\mathbf{G} : \mathbf{V} \to \mathbf{V}$ eine Abbildung auf der Klasse aller Mengen **V**. Man spricht hierbei auch von einer Definition durch Rekursion.

Ein Beispiel ist die Definition der Fakultätsfunktion $f : \mathbb{N}_0 \to \mathbb{N}, f(n) = n!$: Zunächst ist die Abbildung $\mathbf{G} : \mathbf{V} \to \mathbf{V}, M \mapsto \mathbf{G}(M)$, anzugeben. Handelt es sich bei der Menge M um ein n-Tupel von geordneten Paaren natürlicher Zahlen, d. h., für ein $n \in \mathbb{N}$ gilt $M : n \to \mathbb{N}_0 \times \mathbb{N}_0$, so sei $(a, b) := M(n-1)$ und $\mathbf{G}(M) := (a+1) \cdot b$. Für alle anderen Mengen M sei $\mathbf{G}(M) := 0$.

Nun kann man definieren $0! := 1$, $n! := \mathbf{G}(\{(m, f(m)) : 0 \leq m < n\}) = n \cdot f(n-1)$ für $n \in \mathbb{N}$. Oftmals schreibt man auch vereinfachend nur $0! := 1, n! := n \cdot (n-1)!$ und verzichtet auf die explizite Angabe der Abbildung **G**.

Das Beweisprinzip der vollständigen Induktion läßt sich auf die gesamte Ordinalzahlklasse verallgemeinern. Man spricht dann vom Beweisprinzip der transfiniten Induktion. Die Grundlage dafür liefert der folgende Satz der transfiniten Induktion:

Ist **K** *eine nichtleere Klasse von Ordinalzahlen, d. h.* $\emptyset \neq \mathbf{K} \subseteq \mathbf{ON}$, *so hat* **K** *ein kleinstes Element.*

Um zu beweisen, daß eine Aussage $\phi(\beta)$ für alle Ordinalzahlen β gilt, zeigt man, daß aus der Gültigkeit von $\phi(\alpha)$ für alle Ordinalzahlen $\alpha < \beta$ die Gültigkeit von $\phi(\beta)$ folgt. Gäbe es dann eine Ordinalzahl γ, für die $\phi(\gamma)$ nicht gilt, so gäbe es auch eine kleinste, im Widerspruch zum zuvor Bewiesenen.

Auch die Definition durch Rekursion läßt sich auf ganz **ON** verallgemeinern. Man verwendet dann synonym die Bezeichnungen Definition durch transfinite Induktion und Definition durch transfinite Rekursion. Man macht sich dabei den folgenden Satz der transfiniten Rekursion zunutze:

Zu jeder Abbildung $\mathbf{F} : \mathbf{V} \to \mathbf{V}$ *gibt es genau eine Abbildung* $\mathbf{G} : \mathbf{ON} \to \mathbf{V}$ *so, daß für jede Ordinalzahl* α *gilt:* $\mathbf{G}(\alpha) = \mathbf{F}(\mathbf{G}|\alpha)$.

Zum Verständnis des Satzes beachte man, daß $\mathbf{G}|\alpha$ als Einschränkung von **G** auf die Menge α eine Menge ist, nämlich $\{(\beta, \mathbf{G}(\beta)) : \beta \in \alpha\}$. Daher ist der Ausdruck $\mathbf{F}(\mathbf{G}|\alpha)$ sinnvoll. Man beachte die Analogie zur Definition durch vollständige Induktion: Wieder wird der Wert an der Stelle α in Abhängigkeit der bereits definierten Werte für $\beta < \alpha$ definiert.

Arithmetik der Ordinalzahlen. Die Addition von Ordinalzahlen läßt sich durch transfinite Rekursion über die Ordinalzahl β definieren: Sei $\alpha \in \mathbf{ON}$ fixiert. Man definiert $\alpha + 0 := \alpha$, $\alpha + \mathbf{N}(\beta) := \mathbf{N}(\alpha + \beta)$ für Nachfolgeordinalzahlen $\mathbf{N}(\beta)$ und $\alpha + \beta := \sup\{\alpha + \gamma : \gamma < \beta\}$ für Limesordinalzahlen β.

Es ist üblich, transfinite Rekursionen in dieser Form anzugeben. Am Beispiel der Addition von Ordinalzahlen soll erklärt werden, wie sich eine solche Definition in den formalen Rahmen einbettet. Wieder sei $\alpha \in \mathbf{ON}$ fixiert. Man definiert zunächst $\beta - 1 := \gamma$, falls $\beta = \mathbf{N}(\gamma)$ eine Nachfolgeordinalzahl ist. Um den Satz der transfiniten Induktion anwenden zu können, definiert man $\mathbf{F}_\alpha : \mathbf{V} \to \mathbf{V}$, $M \mapsto \mathbf{F}_\alpha(M)$, wie folgt: Handelt es sich bei der Menge $M : \beta \to \mathbf{ON}$ um eine Abbildung, deren Definitionsbereich aus der Ordinalzahl β besteht, so sei $\mathbf{F}_\alpha(M) := \alpha$ für $\beta = 0$, $\mathbf{F}_\alpha(M) := \mathbf{N}(M(\beta - 1))$, falls β eine Nachfolgeordinalzahl ist und $\mathbf{F}_\alpha(M) := \bigcup_{\gamma<\beta} M(\gamma)$, falls β eine Limesordinalzahl ist. Für alle anderen Mengen M sei $\mathbf{F}_\alpha(M) := 0$.

Der Satz der transfiniten Rekursion liefert dann genau eine Abbildung $\mathbf{G}_\alpha : \mathbf{ON} \to \mathbf{V}$, so daß für jede Ordinalzahl β gilt $\mathbf{G}_\alpha(\beta) = \mathbf{F}_\alpha(\mathbf{G}_\alpha | \beta)$. Schließlich kann man definieren $\alpha + \beta := \mathbf{G}_\alpha(\beta)$.

Ähnlich lassen sich die Multiplikation von Ordinalzahlen und die Potenzierung von Ordinalzahlen durch transfinite Rekursion über die Ordinalzahl β definieren: Wieder sei $\alpha \in \mathbf{ON}$ fixiert. Man definiert $\alpha \cdot 0 := 0$, $\alpha \cdot \mathbf{N}(\beta) := \alpha \cdot \beta + \alpha$ für Nachfolgeordinalzahlen $\mathbf{N}(\beta)$ und $\alpha \cdot \beta := \sup\{\alpha \cdot \gamma : \gamma < \beta\}$ für Limesordinalzahlen β sowie $\mathrm{Ord}(\alpha^0) := 1$, $\mathrm{Ord}(\alpha^{\mathbf{N}(\beta)}) := \mathrm{Ord}(\alpha^\beta) \cdot \alpha$ für Nachfolgeordinalzahlen $\mathbf{N}(\beta)$ und $\mathrm{Ord}(\alpha^\beta) := \sup\{\mathrm{Ord}(\alpha^\gamma) : \gamma < \beta\}$ für Limesordinalzahlen β.

Rechenregeln für Ordinalzahlen: Für $\alpha, \beta, \gamma \in \mathbf{ON}$ gilt:

$$\begin{aligned}
\alpha + (\beta + \gamma) &= (\alpha + \beta) + \gamma, \\
\alpha + 0 &= \alpha, \\
\alpha + 1 &= \mathbf{N}(\alpha), \\
\alpha + \mathbf{N}(\beta) &= \mathbf{N}(\alpha + \beta), \\
\alpha \cdot (\beta \cdot \gamma) &= (\alpha \cdot \beta) \cdot \gamma, \\
\alpha \cdot 0 &= 0, \\
\alpha \cdot 1 &= \alpha, \\
\alpha \cdot \mathbf{N}(\beta) &= \alpha \cdot \beta + \alpha, \\
\alpha \cdot (\beta + \gamma) &= \alpha \cdot \beta + \alpha \cdot \gamma, \\
\mathrm{Ord}(\alpha^0) &= 1, \\
\mathrm{Ord}(\alpha^{\beta+1}) &= \mathrm{Ord}(\alpha^\beta) \cdot \alpha.
\end{aligned}$$

Weder die Addition noch die Multiplikation von Ordinalzahlen ist kommutativ, z. B. hat man $1 + \omega = \omega \neq \omega + 1$ sowie $2 \cdot \omega = \omega \neq \omega + \omega = \omega \cdot 2$. Im Gegensatz zum linksseitigen Distributivgesetz gilt das rechtsseitige Distributivgesetz nicht, z. B. ist $(1 + 1) \cdot \omega = \omega \neq 1 \cdot \omega + 1 \cdot \omega$.

Die Größe von Mengen vergleicht man mit Hilfe injektiver ↗Abbildungen. Sind zwei Mengen A, B gegeben, so schreibt man $A \precsim B$ genau dann, wenn es eine injektive Abbildung $i : A \to B$ gibt, und $A \approx B$ genau dann, wenn die Abbildung i sogar bijektiv ist. Gilt $A \approx B$, so sagt man, die Mengen A und B sind gleichmächtig.

Die ↗Relation „$\precsim$" ist transitiv; bei „$\approx$" handelt es sich um eine ↗Äquivalenzrelation. Es gilt der Satz von Schröder-Bernstein:

Aus $A \precsim B$ und $B \precsim A$ folgt $A \approx B$.

Läßt sich die Menge A wohlordnen, so definiert man ihre Kardinalität oder Mächtigkeit als die kleinste Ordinalzahl α mit $\alpha \approx A$. Die Kardinalität von A wird mit $\#A$ oder $|A|$ bezeichnet.

Im allgemeinen benötigt man das ↗Auswahlaxiom, um eine Menge wohlzuordnen, und damit auch, um ihre Kardinalität zu definieren. Setzt man das Auswahlaxiom voraus, so wird mit Hilfe der Kardinalität jeder Äquivalenzklasse von „$\approx$" genau ein Repräsentant zugeordnet.

Für Ordinalzahlen ist die Kardinalität auch ohne Voraussetzung des Auswahlaxioms immer definiert. Eine Ordinalzahl α heißt Kardinalzahl genau dann, wenn sie mit ihrer Kardinalität übereinstimmt: $\alpha = \#\alpha$. Die (echte) Klasse der Kardinalzahlen wird mit **CARD** bezeichnet.

Während sich beliebige Mengen ohne das Auswahlaxiom nicht bezüglich ihrer Größe vergleichen lassen, ist die Vergleichbarkeit von Kardinalzahlen immer gegeben, da **CARD** als Teilklasse von **ON** sogar wohlgeordnet ist.

Für jede Kardinalzahl κ nennt man die Menge $Z(\kappa) := \{\alpha \in \mathbf{ON} : \#\alpha = \kappa\}$ der zu κ gleichmächtigen Ordinalzahlen die Zahlklasse von κ.

Jede endliche Ordinalzahl $n \in \omega$ ist eine Kardinalzahl; man spicht von endlichen, finiten oder natürlichen Kardinalzahlen. Kardinalzahlen, die nicht endlich sind, heißen unendliche oder transfinite Kardinalzahlen.

Auch bei der Menge ω handelt es sich um eine Kardinalzahl. Eine Menge A heißt endlich genau dann, wenn ihre Kardinalität endlich ist, und andernfalls unendlich. Im Fall $\#A \leq \omega$ heißt A abzählbar und andernfalls überabzählbar.

Ist κ eine Kardinalzahl, so bezeichnet man mit κ^+ die kleinste Kardinalzahl, die größer als κ ist. Eine Kardinalzahl λ heißt Nachfolgekardinalzahl genau dann, wenn es eine Kardinalzahl κ mit $\lambda = \kappa^+$ gibt, andernfalls heißt λ Limeskardinalzahl.

Arithmetik der Kardinalzahlen. Durch transfinite Rekursion bezüglich der Ordinalzahl α definiert man die Kardinalzahlen ω_α:

(1) $\omega_0 := \omega$.

(2) $\omega_{\alpha+1} := (\omega_\alpha)^+$.

(3) $\omega_\alpha := \sup\{\omega_\gamma : \gamma < \alpha\}$ für Limesordinalzahlen α.

Besonders in der älteren Literatur wird auch $\aleph_\alpha$ anstatt ω_α geschrieben. Daher spricht man bei der Zuordnung $\alpha \mapsto \omega_\alpha = \aleph_\alpha$ auch von der Aleph-Funktion. Man beachte, daß es sich hierbei formal um eine echte Klasse handelt.

Bei allen ω_α handelt es sich um Kardinalzahlen, und umgekehrt ist jede unendliche Kardinalzahl mit einem geeigneten ω_α identisch. Die Aleph-Funktion ist streng isoton, d. h., $\alpha < \beta$ impliziert $\omega_\alpha < \omega_\beta$. ω_α ist genau dann eine Limeskardinalzahl, wenn α eine Limesordinalzahl ist, und ω_α ist genau dann eine Nachfolgekardinalzahl, wenn α eine Nachfolgeordinalzahl ist. Jede unendliche Kardinalzahl ist eine Limesordinalzahl.

Addition, Multiplikation und Potenzierung von Kardinalzahlen: Für Kardinalzahlen κ, λ definiert man $\kappa \oplus \lambda := \#(\kappa \times \{0\} \dot\cup \lambda \times \{1\})$, $\kappa \otimes \lambda := \#(\kappa \times \lambda)$, $\kappa^\lambda := \#\mathcal{F}(\lambda, \kappa)$, d. h., κ^λ ist die Kardinalität der Menge der Abbildungen von λ nach κ.

Wie schon durch die unterschiedliche Symbolik angedeutet, sind die Addition, Multiplikation und Potenzierung von Kardinalzahlen von den entsprechenden Verknüpfungen der Ordinalzahlen sauber zu unterscheiden. Beispielsweise sind die Addition und Multiplikation von Kardinalzahlen im Gegensatz zur Addition und Multiplikation von Ordinalzahlen kommutativ.

Rechenregeln für Kardinalzahlen: Für $m, n \in \omega$ gilt:

$$m \oplus n = m + n < \omega, \quad m \otimes n = m \cdot n < \omega.$$

Für unendliche Kardinalzahlen κ, λ gilt:

$$\kappa \oplus \lambda = \kappa \otimes \lambda = \max\{\kappa, \lambda\}.$$

Ist κ eine unendliche Kardinalzahl, so ist die Kardinalität einer Vereinigung von höchstens κ vielen Mengen, die alle höchstens die Kardinalität κ haben, höchstens κ. Zum Beweis dieser Aussage benötigt man das Auswahlaxiom. Es läßt sich z. B. zeigen, daß es mit ZF konsistent ist, daß ω_1 und auch $\mathcal{P}(\omega)$ abzählbare Vereinigungen abzählbarer Mengen sind.

Der Satz von Cantor besagt, daß jede Menge kleiner ist als ihre Potenzmenge:

Es gibt keine surjektive Abbildung von einer Menge M auf ihre Potenzmenge $\mathcal{P}(M)$.

Bei Verwendung des Auswahlaxioms folgt aus dem Satz von Cantor, daß für jede Menge M gilt $\#M < \#\mathcal{P}(M)$ und insbesondere $\kappa < 2^\kappa$ für jede Kardinalzahl κ.

Die bekannten Potenzgesetze für natürliche Zahlen gelten für beliebige Kardinalzahlen κ, λ, σ:

$$\kappa^{\lambda \oplus \sigma} = \kappa^\lambda \otimes \kappa^\sigma, \quad \left(\kappa^\lambda\right)^\sigma = \kappa^{\lambda \otimes \sigma}.$$

Sind κ und λ Kardinalzahlen, ist λ unendlich und $2 \le \kappa \le \lambda$, so gilt $\kappa^\lambda = 2^\lambda$.

Die der Aleph-Funktion verwandte Beth-Funktion wird durch transfinite Rekursion bezüglich der Ordinalzahl α definiert durch

(1) $\beth_0 := \omega$,

(2) $\beth_{\alpha+1} := 2^{\beth_\alpha}$,

(3) $\beth_\alpha := \sup\{\beth_\gamma : \gamma < \alpha\}$ für Limesordinalzahlen α.

$\beth_1 = 2^\omega$ ist die Kardinalität der reellen Zahlen und wird auch als die Kardinalität des Kontinuums bezeichnet. Die Aussage „$2^\omega = \omega_1$" wird als Kontinuumshypothese oder CH bezeichnet; die Aussage „$\beth_\alpha = \omega_\alpha$ für alle Ordinalzahlen α" wird als verallgemeinerte Kontinuumshypothese oder GCH bezeichnet. Sowohl CH als auch GCH sind von ZFC unabhängig.

Die Rankfunktion ist durch transfinite Rekursion bezüglich der Ordinalzahl α definiert durch

(1) $\mathbf{R}(0) := 0$,

(2) $\mathbf{R}(\alpha + 1) := \mathcal{P}(\mathbf{R}(\alpha))$,

(3) $\mathbf{R}(\alpha) := \bigcup_{\gamma<\alpha} \mathbf{R}(\gamma)$ für Limesordinalzahlen α.

Für $\alpha, \beta \in \mathbf{ON}$ folgt dann aus $\alpha < \beta$, daß $\mathbf{R}(\alpha) \subsetneq \mathbf{R}(\beta)$. Weiterhin gilt für jede Ordinalzahl α, daß $\#\mathbf{R}(\omega + \alpha) = \beth_\alpha$ sowie $\mathbf{R}(\alpha) = \bigcup_{\beta<\alpha} \mathcal{P}(\mathbf{R}(\beta))$.

Eine Abbildung zwischen zwei Ordinalzahlen $f : \alpha \to \beta$ heißt kofinal genau dann, wenn es zu jedem $b \in \beta$ ein $a \in \alpha$ mit $b \le f(a)$ gibt. Die Kofinalität einer Ordinalzahl β ist die kleinste Ordinalzahl α, so daß es eine kofinale Abbildung $f : \alpha \to \beta$ gibt. Man bezeichnet α dann mit $\mathrm{cf}(\beta)$.

Es gelten folgende Regeln für Kofinalitäten von Ordinalzahlen α: $\mathrm{cf}(\alpha) \le \alpha$, $\mathrm{cf}(\alpha) = 1$, falls α eine Nachfolgeordinalzahl ist, $\mathrm{cf}(\mathrm{cf}(\alpha)) = \mathrm{cf}(\alpha)$, $\mathrm{cf}(\omega_\alpha) = \mathrm{cf}(\alpha)$, falls α eine Limesordinalzahl ist.

Es gilt der Satz von König:

Sind κ, λ Kardinalzahlen, ist κ unendlich und $\mathrm{cf}(\kappa) \le \lambda$, so gilt $\kappa^\lambda > \kappa$.

Als Folgerung hat man $\mathrm{cf}(2^\kappa) > \kappa$ für unendliche Kardinalzahlen κ.

Sind $\kappa, \lambda \ge 2$ Kardinalzahlen, ist mindestens eine von beiden unendlich, und setzt man die verallgemeinerte Kontinuumshypothese voraus, so gelten

$$\begin{aligned} \kappa \le \lambda \quad &\Rightarrow \quad \kappa^\lambda = \lambda^+, \\ \kappa > \lambda \ge \mathrm{cf}(\kappa) \quad &\Rightarrow \quad \kappa^\lambda = \kappa^+, \\ \lambda < \mathrm{cf}(\kappa) \quad &\Rightarrow \quad \kappa^\lambda = \kappa. \end{aligned}$$

Eine Ordinalzahl α wird regulär genannt, wenn sie eine Limesordinalzahl ist und $\mathrm{cf}(\alpha) = \alpha$ erfüllt. Ansonsten heißt sie singulär. Eine Kardinalzahl heißt regulär, wenn sie eine reguläre Ordinalzahl ist, und sonst singulär.

Es zeigt sich, daß ω und alle unendlichen Nachfolgekardinalzahlen regulär sind. Eine reguläre Limeskardinalzahl heißt schwach unerreichbar. Gilt für eine Kardinalzahl λ, daß für jede kleinere Kardinalzahl $\kappa < \lambda$ auch $2^\kappa < \lambda$ gilt, so wird λ eine starke Limeskardinalzahl genannt. Ist eine starke Limeskardinalzahl zusätzlich regulär, so heißt sie stark unerreichbar. Stark unerreichbare Kardinalzahlen sind damit auch schwach unerreichbar, und unter GCH sind die Begriffe identisch.

Nach dieser Definition ist ω stark unerreichbar. Manchmal wird in der Literatur bei der Definition von schwach und stark unerreichbar auch explizit verlangt, daß die Zahlen von ω verschieden sein müssen.

Es ist mit ZFC konsistent, daß ω die einzige schwach unerreichbare Kardinalzahl ist. Ist ZFC konsistent, so läßt sich die Konsistenz von ZFC mit der Existenz von ω verschiedener, schwach unerreichbarer Kardinalzahlen in ZFC nicht beweisen. Man kann jedoch zeigen, daß jedes der folgenden Axiomensysteme (i)-(iv) genau dann konsistent ist, wenn die anderen drei konsistent sind.

(i) ZFC + GCH + es gibt eine stark unerreichbare Kardinalzahl $\kappa > \omega$.

(ii) ZFC + es gibt eine schwach unerreichbare Kardinalzahl $\kappa > \omega$.

(iii) ZFC + 2^ω ist schwach unerreichbar.

(iv) ZFC + es gibt eine schwach unerreichbare Kardinalzahl $2^\omega > \kappa > \omega$.

Man nennt eine auf der Potenzmenge einer Menge M definierte Abbildung $\mu : \mathcal{P}(M) \to N$, wobei $N = 2 = \{0, 1\}$ oder $N = I := [0, 1]$, κ-additiv für eine Kardinalzahl κ genau dann, wenn für jede disjunkte Familie $(A_\alpha)_{\alpha<\kappa}$ von Teilmengen von M gilt, daß $\mu(\dot{\bigcup}_{\alpha<\kappa} A_\alpha) = \sum_{\alpha<\kappa} \mu(A_\alpha)$. μ heißt ein λ-N-Maß auf M genau dann, wenn μ für alle $\kappa < \lambda$ κ-additiv ist, $\mu(M) = 1$ und $\mu(\{x\}) = 0$ für alle $x \in M$ erfüllt.

Sind κ und λ Kardinalzahlen, so nennt man λ κ-2-meßbar (bzw. κ-I-meßbar) genau dann, wenn es ein κ-2-Maß (bzw. ein κ-I-Maß) auf λ gibt.

Bezeichnet man mit M_I bzw. M_2 die kleinste ω_1-I-meßbare bzw. ω_1-2-meßbare Kardinalzahl, so sind $M_I, M_2 > \omega$, M_I ist schwach unerreichbar, und M_2 ist stark unerreichbar. Es gilt entweder $M_I \leq 2^\omega$ oder $M_2 = M_I$. Ist eine Kardinalzahl λ λ-I-meßbar, so ist sie schwach unerreichbar, ist sie sogar λ-2-meßbar, so ist sie stark unerreichbar.

Man nennt eine Kardinalzahl λ meßbar genau dann, wenn sie λ-2-meßbar ist.

Kardioide, *Herzkurve*, eine spezielle ↗Epizykloide.

Die Kardioide ist eine herzförmige Kurve, die durch Abrollen eines Kreises auf der Außenseite eines anderen Kreises vom gleichen Radius entsteht.

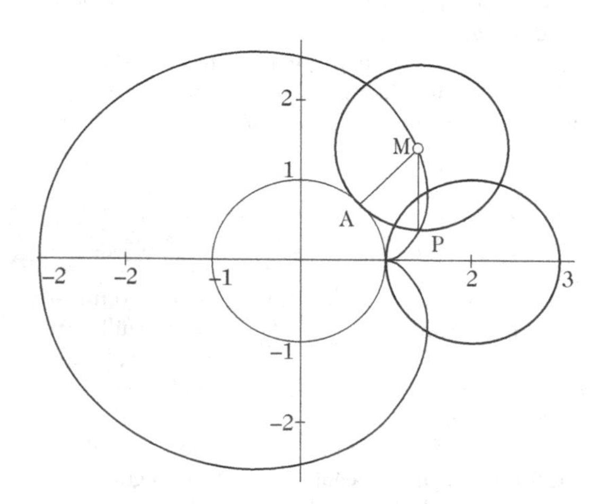

Darstellung der Kardioide als Epizykloide.

Karmarkar, Verfahren von, ↗Innere-Punkte Methoden.

Karnaugh-Veitch-Diagramm, *KV-Diagramm*, spezielle graphische Darstellungsform der ↗Funktionstafel einer ↗Booleschen Funktion, die sich besonders für die zweistufige ↗Logiksynthese eignet.

Das KV-Diagramm einer Booleschen Funktion $f : \{0, 1\}^n \to \{0, 1\}$ ist ein zweidimensionales Feld, bestehend aus 2^n Komponenten. Jeder Komponente ist ein Element des Definitionsbereiches von f zugeordnet. Die Komponenten sind so angeordnet, daß sich die zu benachbarten Komponenten gehörigen Eingabevektoren nur an genau einer Bitstelle unterscheiden. Als benachbart gelten auch die am Tafelrand gegenüber angeordneten Komponenten.

Das KV-Diagramm für zwei Variablen ist gegeben durch

00	01
10	11

,

das KV-Diagramm für drei Variablen durch

000	010	011	001
100	110	111	101

,

und das KV-Diagramm für vier Variablen durch

0000	0001	0011	0010
0100	0101	0111	0110
1100	1101	1111	1110
1000	1001	1011	1010

.

Zur Illustration sind hier in den Komponenten anstelle der jeweiligen Funktionswerte die Eingabevektoren eingetragen.

Karte, Paar (ϕ, U), bestehend aus einer offenen Menge U in einer Mannigfaltigkeit M und einem ↗Homöomorphismus $\phi : U \to G$, wobei G ein Gebiet des $\mathbb{R}^n$ ist.

Dabei wird häufig auch nur ϕ als Karte bezeichnet und U als Kartengebiet.

Kartennetzentwurf, Darstellung der Erdoberfläche in einer Karte.

Es geht dabei um die Aufgabe, die Punkte der Erdoberfläche so auf eine ebene Karte abzubilden, daß ↗innergeometrische Größen wie Abstände, Winkel oder Flächeninhalte möglichst originalgetreu dargestellt werden.

Obwohl es nach dem ↗theorema egregium weder eine isometrische noch eine ↗im wesentlichen isometrische Abbildung der Kugeloberfläche auf die Ebene geben kann, gibt es jedoch Kartennetzentwürfe, die Winkel exakt und Flächeninhalte bis auf einen Proportionalitätsfaktor wiedergeben. Maßstabsgerechte Wiedergabe der Flächeninhalte ist besonders für politische und statistische Landkarten, und winkeltreue Wiedergabe für Seekarten von praktischem Wert.

Man sieht bei Kartennetzentwürfen von der wahren Form des ↗Geoids ab und nimmt vereinfachend an, daß die Erde eine Kugel vom Radius $R \approx 6370$ km ist. Einige Kartennetzentwürfe begründen sich auf Zentralprojektionen von irgendeinem Zentrum, z. B. einem Pol oder dem Erdmittelpunkt auf eine Tangentialebene, oder einen Zylinder- oder Kegelmantel, der die Kugel längs eine Groß- bzw. Kleinkreises berührt. Zylinder- und Kegelmantel lassen sich danach in eine Ebene abwickeln. Sie werden dementsprechend als Azimutal-, Zylinder- oder Kegelentwürfe klassifiziert.

Andere Entwürfe werden durch Formeln beschrieben, die die kartesischen Koordinaten oder die ebenen Polarkoordinaten des Bildpunktes auf der Karte durch den Azimut φ und den Polabstand ϑ des Punktes der Erdoberfläche ausdrücken. Wenn sie wesentliche Eigenschaften mit den Projektionen gemeinsam haben, z. B. die Großkreise durch einen festen Punkt in Geraden abbilden, oder eine Schar konzentrischer Kleinkreise auf der Kugel in eine Schar konzentrischer Kreise auf der Karte, nennt man sie unechte Azimutal-, Zylinder- oder Kegelentwürfe.

kartesische Koordinaten, die Komponenten $\alpha_1, \dots \alpha_n$ eines Vektors $a = (\alpha_1, \dots \alpha_n)$ im $\mathbb{R}^n$ (für $n \in \mathbb{N}$). Dies sind gerade die Koeffizienten in der Darstellung bezüglich der Basis mit den kanonischen Einheitsvektoren $\mathfrak{e}_1, \dots \mathfrak{e}_n$,

$$a = \sum_{\nu=1}^{n} \alpha_\nu \mathfrak{e}_\nu .$$

Die Bezeichnung geht auf René Descartes zurück, der die Bedeutung der Koordinatensysteme für die moderne Mathematik erkannte.

Kartesische Koordinaten werden auch rechtwinklige Koordinaten genannt. Sie sind das gebräuchlichste Hilfsmittel, um die Position von Punkten in der Zeichenebene und im dreidimensionalen Raum durch Zahlen auszudrücken. Ein kartesisches Koordinatensystem setzt die Wahl von aufeinander orthogonal stehenden Koordinatenachsen voraus. In der Ebene sind die Koordinaten als Abstände von den (zwei) Achsen definiert. Werden die Achsen mit x und y bezeichnet, so ist die x-Koordinate eines Punktes sein Abstand von der y-Achse und umgekehrt. Hat ein Punkt P die x-Koordinate α und die y-Koordinaten β (kurz: $x = \alpha$ und $y = \beta$), so wird dafür $P(\alpha, \beta)$ oder $P(\alpha/\beta)$ geschrieben.

Im Raum werden drei Achsen verwendet und oft mit den Buchstaben x (Abzisse), y (Ordinate) und z (Applikante) bezeichnet. Die drei Achsen bilden in dieser Reihenfolge ein Rechtssystem. Hat ein Punkt P die Koordinaten $x = \alpha$, $y = \beta$ und $z = \gamma$, so wird dies auch als $P(\alpha, \beta, \gamma)$ oder $P(\alpha/\beta/\gamma)$ geschrieben.

Hinter diesen Überlegungen steckt lediglich, daß Ebene (mathematisch $\mathbb{R}^2$) und dreidimensionaler Raum (mathematisch $\mathbb{R}^3$) als das kartesische Produkt von zwei bzw. drei Kopien der Zahlengeraden $\mathbb{R}$ definiert werden können. Insofern sind die kartesischen Koordinaten besonders natürliche. Dabei ist allerdings zu bedenken, daß es viele zueinander „verdrehte" kartesische Koordinatensysteme gibt – drei paarweise orthogonale Vektoren i, j, k der Länge 1 mit $i \times j = k$ reichen aus. So bezeichnet man auch in abstrakter Formulierung ein $(n+1)$-Tupel $(O, b_1, \dots, b_n)$, bestehend aus einem Punkt O des n-dimensionalen affinen Raumes A und n Vektoren $b_1, \dots, b_n$ des A zugrundeliegenden ↗Vektorraumes V mit der Eigenschaft, daß das n-Tupel $(\overrightarrow{OP_1}, \dots, \overrightarrow{OP_n})$ eine Orthonormalbasis von V bildet, als kartesisches Koordinatensystem. P_i, $1 \leq i \leq n$, bezeichnet dabei den eindeutig bestimmten Punkt aus A mit $\overrightarrow{OP_i} = b_i$.

Neben kartesischen werden auch andere Koordinatensysteme verwendet. Indem man Punkte durch Zahlenpaare bzw. -tripel beschreibt, werden viele geometrische Probleme einer rein rechnerischen Behandlung zugänglich.

kartesisches Blatt, die für $a \in \mathbb{R}$ durch die Gleichung

$$x^3 + y^3 - 3axy = 0$$

definierte Kurve im $\mathbb{R}^2$.

kartesisches Koordinatensystem, ↗kartesische Koordinaten.

kartesisches Produkt von Fuzzy-Mengen, die Fuzzy-Menge auf $X = X_1 \times \cdots \times X_n$ mit der Zugehörigkeitsfunktion

$$\mu_{A_1 \times \cdots \times A_n}(x_1, \dots, x_n) = \\ = \min\{\mu_{A_1}(x_1), \dots, \mu_{A_n}(x_n)\},$$

wobei $\widetilde{A}_i = \{(x_i, \mu_{A_i}(x_i)) \mid x_i \in X_i\}$ Fuzzy-Mengen auf X_i, $i = 1, \dots, n$ sind. Das kartesische Produkt von $\widetilde{A}_1, \dots, \widetilde{A}_n$ wird $\widetilde{A}_1 \times \cdots \times \widetilde{A}_n$ geschrieben.

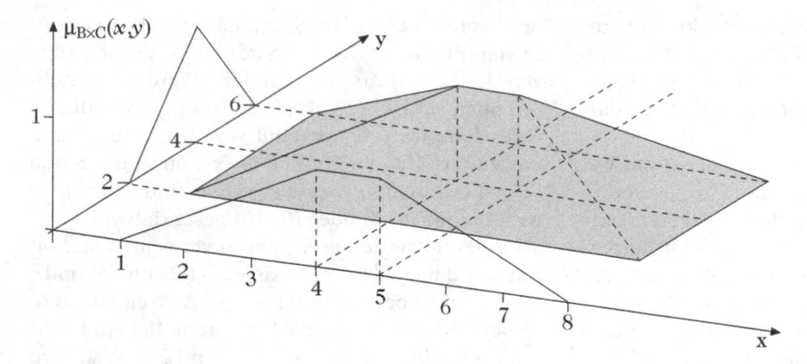

Kartesisches Produkt $\widetilde{B} \times \widetilde{C}$ des trapezoiden Fuzzy-Intervalls $\widetilde{B} = (4; 5; 3; 3)$ mit der triangulären Fuzzy-Zahl $\widetilde{C} = (4; 2; 2)$

kartesisches Produkt von Graphen, für zwei disjunkte ↗Graphen G und H der Graph $G \times H$ mit folgenden Eigenschaften.

$G \times H$ besitzt als Eckenmenge das kartesische Produkt $E(G) \times E(H)$, und zwei Ecken (a, u) und (b, v) aus $G \times H$ sind genau dann adjazent, wenn $a = b$ und u adjazent zu v oder $u = v$ und a adjazent zu b ist. Es gilt

$$|E(G \times H)| = |E(G)||E(H)|$$

und

$$|K(G \times H)| = |E(G)||K(H)| + |E(H)||K(G)|.$$

Sind speziell G und H ↗bipartite Graphen, so kann man leicht nachweisen, daß dann auch das kartesische Produkt $G \times H$ bipartit ist. Im Fall, daß P und W zwei disjunkte Wege sind, nennt man $P \times W$ einen Gittergraphen. Nach obiger Bemerkung ist ein Gittergraph bipartit.

Im Zusammenhang mit dem kartesischen Produkt von Graphen hat V.G.Vizing 1963 folgende Vermutung publiziert.

Sind G und H zwei disjunkte Graphen, so gilt

$$\gamma(G)\gamma(H) \leq \gamma(G \times H),$$

wobei $\gamma(F)$ die Dominanzzahl eines beliebigen Graphen F bedeutet.

Bisher wurde Vizings Vermutung nur für spezielle Graphenklassen bewiesen, die allgemeine Lösung steht immer noch aus.

kartesisches Produkt von Mengen, üblicherweise mit $X \times Y$ (bzw. $X = X_1 \times \cdots \times X_n$) bezeichnet, besteht aus allen geordneten Paaren (x, y) mit $x \in X$ und $y \in Y$, d. h.,

$$X \times Y := \{(x,y) : x \in X \wedge y \in Y\}.$$

Ist I eine Indexmenge und $(X_i)_{i \in I}$ eine ↗Familie von Mengen, so ist das kartesische Produkt der Mengen X_i, $i \in I$, definiert als die Menge der Abbildungen von I in die Vereinigung der X_i, so daß für alle $i \in I$ das Bild $f(i)$ in X_i liegt, d. h. als die Menge

$$\left\{ f : I \to \bigcup_{j \in I} X_j : f(i) \in X_i \text{ für alle } i \in I \right\}.$$

Diese Menge wird dann auch mit $X_{i \in I} X_i$ bezeichnet (↗Verknüpfungsoperationen für Mengen).

Kartiergerät, ein ↗Koordinatograph für kartesische Koordinaten.

Es verwendet zwei Kartiermaßstäbe, von denen der eine senkrecht zum anderen verschiebbar ist. Das Ordinatenlineal ist fest mit einem Schieber verbunden, der auf dem Abszissenlineal verschoben werden kann. Auf dem Ordinatenlineal läuft der Schieber mit der Punktier- bzw. Ableseeinrichtung.

Karush-Kuhn-Tucker-Bedingung, *Kuhn-Tucker-Bedingung*, bezeichnet eine wichtige Eigenschaft von gewissen Punkten $\bar{x}$ aus dem Zulässigkeitsbereich eines Optimierungsproblems, die bei der Suche nach Extremalpunkten eine zentrale Rolle spielt.

Es sei das Minimum einer Funktion $f \in C^1(\mathbb{R}^n, \mathbb{R})$ (also einer reellwertigen Funktion aus $C^1(\mathbb{R}^n)$) unter der Nebenbedingung $x \in M$ gesucht. Dabei hat M die übliche Form

$$M := \{x \in \mathbb{R}^n | h_i(x) = 0, i \in I; g_j(x) \geq 0, j \in J\}$$

mit endlichen Indexmengen I und J und Funktionen h_i, $g_j \in C^1(\mathbb{R}^n, \mathbb{R})$. Ein Punkt $\bar{x} \in M$ erfüllt die Karush-Kuhn-Tucker-Bedingung, sofern es reelle Zahlen $\bar{\lambda}_i$, $i \in I$, und $\bar{\mu}_j$, $j \in J_0(\bar{x})$ gibt (wobei

$$J_0(\bar{x}) := \{j \in J | g_j(\bar{x}) = 0\}),$$

die die folgenden Bedingungen erfüllen:

$$Df(\bar{x}) = \sum_{i \in I} \bar{\lambda}_i \cdot Dh_i(\bar{x}) + \sum_{j \in J_0(\bar{x})} \bar{\mu}_j \cdot Dg_j(\bar{x})$$

und

$$\bar{\mu}_j \geq 0 \text{ für alle } j \in J_0(\bar{x}).$$

Unter Gültigkeit gewisser Regularitätsbedingungen, wie zum Beispiel der linearen Unabhängigkeitsbedingung, erfüllen lokale Minimalpunkte von $f|_M$ immer die Karush-Kuhn-Tucker-Bedingung.

Letztere läst sich auch in der Form

$$Df(\bar{x}) = \sum_{i\in I} \bar{\lambda}_i \cdot Dh_i(\bar{x}) + \sum_{j\in J} \bar{\mu}_j \cdot Dg_j(\bar{x}),$$
$$\bar{\mu}_j \cdot g_j(\bar{x}) = 0,$$
$$\bar{\mu}_j \geq 0 \text{ für alle } j \in J$$

schreiben. Da man hier für alle Indizes $j \in J$ ↗Lagrange-Multiplikatoren $\bar{\mu}_j$ betrachtet, muß zusätzlich die Komplementaritätsbedingung $\bar{\mu}_j \cdot g_j(\bar{x}) = 0, j \in J$ erfüllt sein.

Als geometrische Veranschaulichung der Karush-Kuhn-Tucker-Bedingung betrachte man eine differenzierbare Abbildung $f : \mathbb{R}^2 \to \mathbb{R}$ und eine Nebenbedingung $h(x,y) = 0$ mit differenzierbarem $h : \mathbb{R}^2 \to \mathbb{R}$. Es sei $(\bar{x},\bar{y})$ ein lokaler Extremalpunkt von $f|_M$, wobei

$$M := \{(x,y) \in \mathbb{R}^2 | h(x,y) = 0\}$$

ist. Die Gültigkeit der linearen Unabhängigkeitsbedingung in $(\bar{x},\bar{y})$ bedeutet $\operatorname{grad} h(\bar{x},\bar{y}) \neq 0 \in \mathbb{R}^2$;

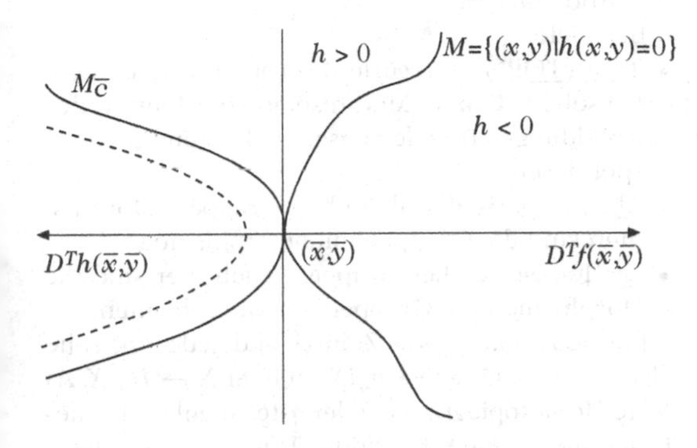

Karush-Kuhn-Tucker-Bedingung: Abbildung a)

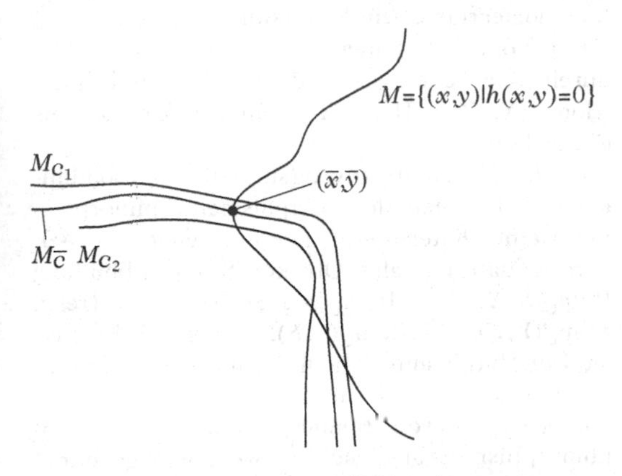

Karush-Kuhn-Tucker-Bedingung: Abbildung b)

somit ist die Menge M lokal durch einen Parameter parametrisierbar (Satz über implizite Funktionen). Betrachtet man die Niveaulinien

$$M_c := \{(x,y) \in \mathbb{R}^2 | f(x,y) = c\}$$

von f für $c \in \mathbb{R}$, so besagt die Karush-Kuhn-Tucker-Bedingung anschaulich, daß die Niveaulinie $M_{\bar{c}}$ für $\bar{c} := f(\bar{x},\bar{y})$ die Kurve M berühren muß (Abbildung a)). Andernfalls würden alle die Niveaulinien M_c für Werte c, die nahe genug bei $\bar{c}$ liegen, die Kurve M transversal schneiden (Abbildung b)). Da dies sowohl für Werte $c > \bar{c}$, als auch für solche $< \bar{c}$ gelte, könnte dann $(\bar{x},\bar{y})$ kein lokaler Extremalpunkt von $f|_M$ sein.

Karush-Kuhn-Tucker-Punkt, ein Punkt, der die ↗Karush-Kuhn-Tucker-Bedingung erfüllt.

Kaskade, andere Bezeichnung für ein diskretes ↗dynamisches System.

Kästchenzähldimension, ↗Kapazitätsdimension.

Kästner, Abraham Gotthelf, deutscher Mathematiker, Mathematikhistoriker und Schriftsteller, geb. 27.9.1719 Leipzig, gest. 20.6.1800 Göttingen.

Kästner lehrte zunächst in Leipzig und ab 1746 in Göttingen, wo er die Nachfolge Segners auf dem Lehrstuhl für Mathematik und Physik antrat. Ab 1763 leitete er die Göttinger Sternwarte. Kästner hatte als Lehrer und Autor weitverbreiteter Lehrbücher Einfluß auf Gauß, J. Bolyai, Bartels und Lobatschewski. Das betraf insbesondere seine Arbeiten zum Parallelenaxiom.

1796 bis 1800 veröffentlichte Kästner eine vierbändige „Geschichte der Mathematik“. Vielbeachtet waren seine Werke als Schriftsteller der Aufklärung, die u. a. von Lessing sehr geschätzt wurden.

Katastrophentheorie, eine Theorie, die mathematische Modelle für die Evolution von Formen in der Natur bereitstellt.

Basiskonzept der Katastrophentheorie ist der Begriff des statischen Modells. Darunter versteht man eine Familie von Potentialfunktionen $f_u : X \to \mathbb{R}$, wobei $X \subseteq \mathbb{R}^n$ eine Umgebung des Nullpunkts enthält, und der Parameter u in einer Umgebung U des Nullpunkts von $\mathbb{R}^r$ liegt. $\mathbb{R}^n$ heißt dann interner Raum oder auch Statusraum, während $\mathbb{R}^r$ als externer Raum oder auch Kontrollraum bezeichnet wird. Die Dimensionszahl n kann beliebig groß werden, für r gilt die Schranke $r \leq 4$. Jedes lokale Minimum von f_u ist ein Kandidat für den Status des Modells bezüglich des Kontrollpunktes $u \in U$. Ein statisches Modell kann als Keim von C^∞-Funktionen $f : \mathbb{R}^n \times \mathbb{R}^r \to \mathbb{R}$ bei 0 interpretiert werden. Sei weiterhin $E(n, m)$ der Vektorraum aller Keime von C^∞-Funktionen $f : \mathbb{R}^n \to \mathbb{R}^m$ bei 0 und sei $D(n) \subseteq E(n, n)$ die Teilmenge aller invertierbaren Keime $\mathbb{R}^n \to \mathbb{R}^n$, die die 0 in die 0 abbilden. Setzt man $E(n) = E(n, 1)$, dann ist $E(n)$ eine lokale Algebra mit dem eindeutigen maximalen Ideal $M(\eta) = \{\eta \in E(n) | \eta(0) = 0\}$. Zwei Keime f und g heißen äquivalent, falls es ein $h \in B(r)$, eine Familie von $H_u \in B(n), u \in U \subseteq \mathbb{R}^r$, und ein $\varepsilon \in M(r)$ gibt so, daß

$$f(x,y) = g(H_u(x), h(u)) + \varepsilon(u)$$

gilt. Ein statisches Modell (r,f) heißt dann stabil, falls jede kleine Störung (r,g) von (r,f) in $E(n+r)$ äquivalent ist zu (r,f). Für $r \leq 4$ ist die Menge aller stabilen statischen Modelle eine offene und dichte Teilmenge von $E(n+r)$. Bis auf die Addition einer nicht-degenierten quadratischen Form und bis auf die Multiplikation mit ± 1 ist jedes stabile statische Modell (r,f) äquivalent zu einem Modell mit einem Standardpotential F. Die statischen Modelle mit diesen Standardpotentialen heißen elementare Katastrophen und können als qualitative Modelle vieler natürlicher Prozesse verwendet werden.

kategorialer Quotient, ein Quotient Y von X unter der Operation einer Gruppe G, gegeben durch den G-invarianten Morphismus $\pi : X \to Y$, der in der betrachteten Kategorie universell ist, d. h. jeder G-invariante Morphismus $\pi' : X \to Z$ faktorisiert über Y:

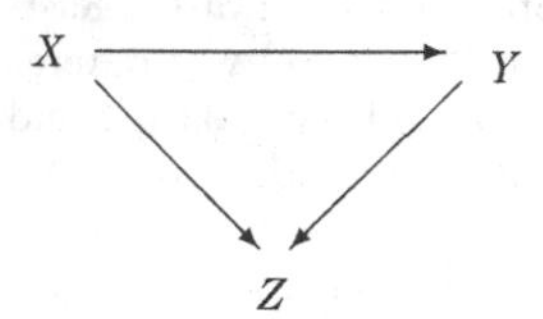

Kategorie, gemeinsam mit dem Begriff des Funktors für die algebraische Geometrie, homologische Algebra, Homologietheorie und Homotopie-Theorie eine nützliche und kompakte Sprache, um gewisse Sachverhalte kurz und prägnant ausdrücken zu können.

Eine Kategorie $\mathcal{C}$ ist durch folgende Daten gegeben:

- Eine Klasse $\mathcal{O}b(\mathcal{C})$ (genannt „Objekte von $\mathcal{C}$").
- Zu jedem Paar (X, Y) von Objekten eine Menge, häufig bezeichnet als $\mathrm{Hom}_{\mathcal{C}}(X, Y)$ oder $[X, Y]$ oder $[X, Y]_{\mathcal{C}}$ (genannt „Morphismen von X nach Y").
- Zu jedem Tripel (X, Y, Z) von Objekten eine Abbildung $\mathrm{Hom}_{\mathcal{C}}(Y, Z) \times \mathrm{Hom}_{\mathcal{C}}(X, Y) \longrightarrow \mathrm{Hom}_{\mathcal{C}}(X, Z)$ $(g,f) \mapsto g \circ f$ (bezeichnet als „Komposition von Morphismen "). Schreibweise: $f : X \longrightarrow Y$ oder $X \xrightarrow{f} Y$ statt $f \in \mathrm{Hom}_{\mathcal{C}}(X, Y)$.

Diese Daten bilden eine Kategorie, wenn folgende Eigenschaften erfüllt sind:

(i) Für alle Objekte X gibt es ein neutrales Element $e_X \in \mathrm{Hom}_{\mathcal{C}}(X, X)$ mit $e_X \circ g = g, f \circ e_X = f$ für alle $g : Z \longrightarrow X$ bzw. für alle $f : Y \longrightarrow Z$ in $\mathcal{C}$.

(ii) (Assoziativgesetz): Für alle $X \xrightarrow{f} Y \xrightarrow{g} Z \xrightarrow{h} W$ in $\mathcal{C}$ gilt: $(h \circ g) \circ f = h \circ (g \circ f)$.

Formal kann man zu jeder Kategorie $\mathcal{C}$ eine neue Kategorie $\mathcal{C}^{op}$ definieren mit $\mathcal{O}b(\mathcal{C}) = \mathcal{O}b(\mathcal{C}^{op})$, $\mathrm{Hom}_{\mathcal{C}^{op}}(X, Y) = \mathrm{Hom}_{\mathcal{C}}(Y, X)$, und, wenn man der Deutlichkeit wegen einen Morphismus f, aufgefaßt als Element von $\mathcal{C}^{op}$, mit f^* bezeichnet, der Setzung

$$g^* \circ f^* = (f \circ g)^* .$$

Mit $Mor(\mathcal{C})$ bezeichnen wir die Klasse aller Morphismen aus $\mathcal{C}$, und für $(f : X \longrightarrow Y) \in Mor(\mathcal{C})$ heißt X (resp. Y) Start resp. Ziel von f. Ein Funktor (kovarianter Funktor) einer Kategorie $\mathcal{C}$ in eine Kategorie $\mathcal{D}$ ist ein Paar von Abbildungen

$$F : \mathcal{O}b(\mathcal{C}) \longrightarrow \mathcal{O}b(\mathcal{D}), \quad F : Mor(\mathcal{C}) \longrightarrow Mor(\mathcal{D}),$$

das Start und Ziel und die Verknüpfung von Morphismen respektiert. Der Morphismus $F(f)$ wird häufig mit f_* bezeichnet. Ein Kofunktor (kontravarianter Funktor) von $\mathcal{C}$ in $\mathcal{D}$ ist ein Funktor $F : \mathcal{C}^{op} \longrightarrow \mathcal{D}$. Anstelle von $F(f^*)$ schreibt man oft einfach f^*.

In den meisten Beispielen sind die Objekte Mengen mit bestimmten Strukturen. Morphismen sind Abbildungen, die diese Strukturen respektieren, und die Verknüpfung ist die übliche Komposition von Abbildungen.

Beispiele:

- <u>TOP</u> (<u>TOP</u>*): Kategorie der (punktierten) topologischen Räume, Morphismen sind hier stetige Abbildungen (die den ausgezeichneten Punkt respektieren).
- <u>Ab</u>: Kategorie der abelschen Gruppen, Morphismen sind die Gruppenhomomorphismen.
- <u>Gr</u>: Kategorie aller Gruppen, auch hier sind die Morphismen die Gruppenhomomorphismen.

Für jede natürliche Zahl q und jede abelsche Gruppe A ist $(X, x) \mapsto \pi_q(X, x)$ oder $X \mapsto H_q(X, A)$ (q-te Homotopiegruppe, oder q-te singuläre Homologiegruppe) eine Funktion <u>TOP</u>* $\longrightarrow$ <u>Gr</u> bzw. <u>TOP</u> $\longrightarrow$ <u>Ab</u>. Ebenso ist $X \mapsto H^q(X, A)$ (q-te Kohomologiegruppe) ein Kofunktor.

Eine volle Unterkategorie $\mathcal{C}'$ einer Kategorie $\mathcal{C}$ ist durch eine Teilklasse $\mathcal{O}b(\mathcal{C}') \subset \mathcal{O}b(\mathcal{C})$ und durch $\mathrm{Hom}_{\mathcal{C}'}(X, Y) = \mathrm{Hom}_{\mathcal{C}}(X, Y)$ für Objekte X, Y aus $\mathcal{C}'$ gegeben.

In Analogie zu injektiven (surjektiven) Abbildungen definiert man Monomorphismen (Epimorphismen) einer Kategorie als Morphismen $f : X \longrightarrow Y$ derart, daß für alle Objekte S die Abbildung $\mathrm{Hom}_{\mathcal{C}}(S, X) \longrightarrow \mathrm{Hom}_{\mathcal{C}}(S, Y), \alpha \mapsto f \circ \alpha$ (resp. $\mathrm{Hom}_{\mathcal{C}}(Y, S) \longrightarrow \mathrm{Hom}_{\mathcal{C}}(X, S), \beta \mapsto \beta \circ f$) injektiv ist. Der Morphismus f heißt Isomorphismus, wenn es ein $g : Y \longrightarrow X$ gibt mit $g \circ f = e_Y$ und $f \circ g = e_X$. (Dann ist f sowohl Epimorphismus als auch Monomorphismus, aber nicht notwendig umgekehrt.) In sog. abelschen Kategorien ist „Isomorphismus" gleichbedeutend mit „Monomorphismus und Epimorphismus".

Eine Kategorie $\mathcal{A}$ heißt abelsche Kategorie, wenn sie folgende Eigenschaften besitzt:

(1) Die Mengen $\mathrm{Hom}_{\mathcal{A}}(A, B)$ sind mit einer kommutativen Gruppenstruktur versehen.

(2) In $\mathcal{A}$ existieren ↗Faserprodukte und ↗Fasersummen sowie ein Objekt 0 mit

$$\mathrm{Hom}_{\mathcal{A}}(A, 0) = \mathrm{Hom}_{\mathcal{A}}(0, A) = \{0\}$$

für alle $A \in \mathcal{O}b(\mathcal{A})$.

Damit lassen sich Kern und Kokern eines Morphismus $X \xrightarrow{f} Y$ in $\mathcal{A}$ definieren:

$$\mathrm{Ker}(f) = 0 \times_Y X \longrightarrow X$$

$$\mathrm{Coker}(f) = Y \longrightarrow Y \oplus_X 0 \quad .$$

(3) Zu jedem Morphismus $a : A \longrightarrow B$ gibt es eine Zerlegung $A \xrightarrow{\overline{a}} A'' \xrightarrow{i} B$ mit

$$\left(A \xrightarrow{\overline{a}} A''\right) = \mathrm{Coker}(\mathrm{Ker}(a) \longrightarrow A)$$

und

$$\left(A'' \xrightarrow{i} B\right) = \mathrm{Ker}(B \longrightarrow \mathrm{Coker}(a))\,.$$

[1] Mac Lane, S.: Kategorien. Springer Berlin/Heidelberg, 1972.

Kategorie der Mengen, Grundbeispiel einer ↗Kategorie.

Die Objekte dieser Kategorie sind die Mengen und die Morphismen die Abbildungen zwischen den Mengen.

Durch Hinzunahme weiterer Strukturen zu den Mengen und Beschränkung der Morphismenmengen auf die Abbildungen, die diese Strukturen erhalten, erhält man leicht weitere Kategorien.

Kategorie metrischer Räume, Kenngröße metrischer Räume, die zu deren Klassifikation benutzt wird.

Ein metrischer Raum ist von erster Kategorie, wenn er als Vereinigung abzählbar vieler abgeschlossener Mengen dargestellt werden kann, von denen keine einzige einen inneren Punkt enthält. Andernfalls heißt er von zweiter Kategorie.

Nach dem ↗Baireschen Kategoriensatz ist ein vollständiger metrischer Raum immer von zweiter Kategorie.

katenarischer Ring, ↗Kettenring.

Katenoid, Rotationsfläche, deren Erzeugende eine ↗Kettenlinie ist.

Das Katenoid gehört neben der Ebene und der Wendelfläche zu den einfachsten ↗Minimalflächen. Es ist neben der Ebene die einzige Rotationsfläche mit verschwindender ↗mittlerer Krümmung.

Katerinis, Satz von, liefert hinreichende Bedingungen für die Existenz von gewissen regulären Faktoren in Multigraphen.

Mit Hilfe des k-Faktor-Satzes von H.-B.Belck bzw. des f-Faktor-Satzes von W.T.Tutte (↗Faktortheorie) hat P.Katerinis 1985 folgendes Resultat erzielt.

Es seien p, r und t ungerade natürliche Zahlen mit $p < r < t$.

Besitzt ein Multigraph G einen p-Faktor sowie einen t-Faktor, so enthält G auch einen r-Faktor.

Zusammen mit dem I. Satz von Petersen (↗Faktortheorie) folgt daraus recht einfach das nächste Ergebnis von Katerinis.

Besitzt ein m-regulärer Multigraph G einen 1-Faktor, so enthält G einen s-Faktor für alle $s \in \{1, 2, \ldots, m\}$.

Kathete, einem der spitzen Winkel eines rechtwinkligen Dreiecks gegenüberliegende Seite. In der Abbildung sind a und b die beiden Katheten des rechtwinkligen Dreiecks ΔABC (↗Ankathete, ↗Gegenkathete).

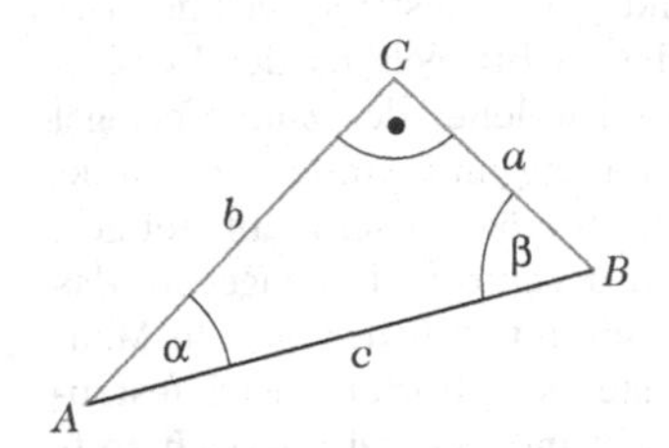

Kato-Birman-Theorie, ein Komplex von Resultaten in der mathematischen Behandlung der Streutheorie, der Spurklassenoperatoren heranzieht, um die Existenz der verallgemeinerten Wellenoperatoren $\Omega_{\pm}(A, B)$ zu beweisen (↗Kato-Rosenblum-Theorem, ↗Kuroda-Birman-Theorem).

Kato-Rosenblum-Theorem, Satz aus der Streutheorie zur Existenz der verallgemeinerten Wellenoperatoren $\Omega_{\pm}(A, B)$.

Wenn A und B selbstadjungierte Operatoren sind und $A - B$ ein Spurklassenoperator ist, dann existieren $\Omega_{\pm}(A, B)$ und sind vollständig.

Für die Bezeichnungen und weitere Erläuterungen siehe [1].

[1] Reed, M.; Simon, B.: Methods of Modern Mathematical Physics, Bd. III, Scattering Theory. Academic Press San Diego, 1979.

Kauffman-Polynom, ↗Knotentheorie.

Kausalität, *Kausalitätsprinzip*, die Auffassung, daß eine Erscheinung (Ursache genannt) eine andere Erscheinung (Wirkung genannt) mit Notwendigkeit hervorbringt, wobei die Ursache der Wirkung zeitlich vorausgeht. Sprachlich wird kaum zwischen dem Kausalitätsprinzip und seiner Widerspiegelung in einer Theorie, die gewisse Ausschnitte aus der Wirklichkeit beschreibt, unterschieden.

In abstrakter Formulierung ist Kausalität eine Relation auf einer ↗Lorentz-Mannigfaltigkeit M, die die Vorstellung von einer Ursache-Wirkungsbeziehung zwischen zwei Ereignissen präzisiert.

Ereignisse werden die Punkte $x, y \in M$ genannt. Jeder Punkt $x \in M$ besitzt eine konvexe Umgebung U, d. h., eine Umgebung derart, daß je zwei Punkte aus U durch genau eine Geodätische verbunden werden können.

Um die Relation ‚zeitlich vorher' (bzw. ‚nachher') definieren zu können, ist es notwendig, eine Zeitorientierung festzulegen. Dazu betrachtet man die Lichtkegel $L_x \subset T_x(M)$ in den Tangentialräumen $T_x(M)$. L_x besteht aus allen ↗lichtartigen Tangentialvektoren und setzt sich aus zwei Halbkegeln zusammen, die außer der Kegelspitze keine anderen Punkte gemeinsam haben und a priori nicht unterscheidbar sind.

Eine Zeitorientierung auf U besteht darin, daß man für jeden Punkt $y \in U$ festlegt, welcher der beiden Halbkegel des Lichtkegels L_y der Vergangenheitskegel L_y^-, und welcher der Zukunftskegel L_y^+ ist. Diese Unterteilung muß stetig vom Punkt abhängen, d. h., es muß möglich sein, ein stetiges, nicht verschwindendes Vektorfeld anzugeben, das nur Werte in L_y^+ annimmt. Auf der ganzen Mannigfaltigkeit M eine stetige Zeitorientierung festzulegen wird i. allg. nicht möglich sein, jedoch stets in einer gewissen hinreichend kleinen Umgebung eines jeden Punktes.

Ist auf U eine Zeitorientierung gegeben, so erhält man gleichzeitig eine Zeitorientierung der Kegel der zeitartigen Vektoren. Man definiert $D^+(x)$ als die Menge aller $y \in U$, die auf einer zeitartigen, von x ausgehenden zukunftsorientierten Geodätischen $\gamma(t)$ liegen, d. h., es gilt $\gamma(0) = x$, und $\gamma'(0)$ ist ein zukunftsorientierter zeitartiger Vektor. Ist weiterhin $C^+(x)$ die Menge aller Punkte, die auf einer lichtartigen von x ausgehenden zukunftsorientierten Geodätischen liegen, so nennt man

$$J^+(x) = C^+(x) \cup D^+(x)$$

den zukünftigen Abhängigkeitsbereich von x, und schreibt $x < y$ für alle $y \in J^+(x)$. Analog werden $D^-(x)$, $C^-(x)$ und der vergangene Abhängigkeitsbereich $J^-(x) = C^-(x) \cup D^-(x)$ definiert. $J^+(x)$ ist daher die Menge aller Ereignisse, die als Wirkung von x auftreten können, während $J^-(x)$ die Menge aller Ereignisse ist, die x ursächlich beeinflussen können.

Eine zusammenhängende offene Menge $U_0 \subset U$ heißt Kausalitätsbereich, wenn für zwei beliebige Punkte $x_1, x_2 \in U_0$ der Durchschnitt $J^+(x_1) \cap J^(x_2)$ entweder die leere Menge oder ein Kompaktum ist.

Bei der mathematischen Modellierung von Bereichen der Natur kann man sich vom Kausalitätsprinzip leiten lassen, wenn es um die Frage geht, welcher Typ von Gleichungen zur Beschreibung herangezogen werden soll. Beispielsweise schließen hyperbolische partielle Differentialgleichungen eine Deutung im Sinne des Kausalitätsprinzips nicht aus.

Die geometrische Struktur des Minkowski-Raums der ↗speziellen Relativitätstheorie (SRT) im allgemeinen ermöglicht die Widerspiegelung des Kausalitätsprinzips im mathematischen Formalismus, weil sich danach Informationen nur mit Lichtgeschwindigkeit ausbreiten können. Man spricht hier von Einstein-Kausalität. Diese Kausalität wird auch in der Quantenfeldtheorie realisiert, wenn gefordert wird, daß Observable, die zu verschiedenen Punkten auf einer raumartigen Hyperfläche gehören, kommutieren (↗Kommutator), d. h. gleichzeitig ohne gegenseitige Störung gemessen werden können.

Die Situation ist in der ↗allgemeinen Relativitätstheorie (ART) bedeutend komplizierter, weil in ihr die Topologie der Raum-Zeit beträchtlich von der des Minkowski-Raums der SRT abweichen kann. Es können z. B. Raum-Zeiten geschlossene zeitartige Kurven enthalten, sodaß eine Wirkung zur Ursache ihrer eigenen Ursache werden kann.

Das Kausalitätsproblem war lange vor der Entstehung der Quantentheorie vor allem auch Gegenstand philosophischer Diskussionen. Der Erfolg der Quantenmechanik hat gelehrt, daß die Wirklichkeit wohl nicht so einfach ist, wie sie in der klassischen Physik und Teilen der Mathematik modelliert wird. Insbesondere kann man bei atomaren Erscheinungen nicht mehr von ihrem zeitlichen Ablauf im Raum sprechen. Der zeitliche Aspekt ist aber wesentlicher Bestandteil des Kausalitätsprinzips.

[1] Hawking, S.W.; Ellis, G.F.R.: The Large Scale Structure of the Universe. Cambridge University Press, 1973.

[2] Thirring, W.: Lehrbuch der Mathematischen Physik Bd. I u. II. Springer-Verlag, Wien/New York 1990.

Kausalitätsprinzip, ↗Kausalität.

Kaustik, *Brennlinie*, die ↗Einhüllende der Geradenschar, die sich durch Reflektion eines Bündels paralleler Lichtstrahlen an einer ebenen Kurve $\alpha(t)$ ergibt.

Da die Einhüllende aus denjenigen Punkten besteht, bei denen die Geraden der Schar in gewissem Sinn am dichtesten liegen, kann die Kaustik einer Kurve mit einfachen Experimenten sichtbar gemacht werden. Man erkennt z. B. auf dem Boden eines zylindrischen Gefäßes mit spiegelnden Wänden, etwa einer Tasse, bei schräg von oben einfallendem Licht die Kreiskaustik als zugespitzte Linie. Sie hat die Gleichung

$$\gamma(t) = \left(3\cos(t) - \cos(3t), 4\sin^3(t)\right)/3\,.$$

Eine Parameterdarstellung der Kaustik einer allgemeinen Kurve $\alpha(t) = (\xi(t), \eta(t))$ bei parallel zur x-Achse einfallenden Lichtstrahlen ist durch

$$\beta(t) = \alpha(t) + \begin{pmatrix} \frac{\eta'(t)\,\xi'^2(t) - \eta'^3(t)}{2\,(\xi'(t)\,\eta''(t) - \eta'(t)\,\xi''(t))} \\ \frac{\eta'^2(t)\,\xi'(t)}{\xi'(t)\,\eta''(t) - \eta'(t)\,\xi''(t)} \end{pmatrix}$$

gegeben.

Kavaliersperspektive, ↗ darstellende Geometrie.

***k*-Baum**, ↗ Baumweite.

***k*-chromatischer Graph**, ↗ Eckenfärbung.

Kegel, eine Punktmenge $K \subseteq \mathbb{R}^n$ mit $\lambda x \in K$ für alle $x \in K$, $\lambda > 0$.

Ein Kegel ist endlich erzeugt von Vektoren $a_1, \ldots, a_m$, falls

$$K = \left\{ x \mid x = \sum_{i=1}^{m} \lambda_i a_i,\, \lambda_i \geq 0 \right\}.$$

Ein endlich erzeugter Kegel ist konvex; man schreibt dann auch $K =: K(a_1, \ldots, a_m)$.

Anschaulich-geometrisch kann man einen Kegel beschreiben als Gesamtheit aller Geraden, die einen Punkt mit einer Kurve verbinden: Es seien γ eine Kurve in $\mathbb{R}^3$ und P ein Punkt des $\mathbb{R}^3$, der nicht auf γ liegt. Ist dann G die Menge aller Geraden, die durch den Punkt P und einen Punkt von γ gehen, so ist die Menge der auf den Geraden von G liegenden Punkte ein Kegel. Präziser ist hierfür die Bezeichnung ↗ Doppelkegel zu verwenden.

Kegelentwurf, eine Klasse von ↗ Kartennetzentwürfen der Erdoberfläche.

In der Kartographie wird das durch Polarkoordinaten (↗ geographische Breite) gegebene Gradnetz einer Kugel $\mathcal{K}$ zunächst auf eine der Kugel entlang einem ↗ Kleinkreis anliegende Kegelfläche abgebildet. Dabei wird verlangt, daß die Bilder der Kleinkreise, die sich als Durchschnitte der zur Kegelachse senkrechten Ebenen $\mathcal{E}$ mit $\mathcal{K}$ ergeben, konzentrische Kreise sind. Wird die Kegelfläche danach aufgeschnitten und in eine Ebene abgewickelt, erhält man eine geographische Karte des betrachteten Kugelgebiets.

Kegelfläche, eine Regelfläche, die aus Geraden besteht, welche durch einen festen Punkt S, die Kegelspitze gehen.

Die Kegelflächen gehören zu den Torsen, sie haben somit verschwindende ↗ Gaußsche Krümmung und sind in die Ebene abwickelbar.

Kegelschnitt, Schnittfigur zwischen einem ↗ Kreiskegel k und einer Ebene ε.

Alle ↗ Kurven zweiter Ordnung können als Kegelschnitte aufgefaßt werden. In der Abbildung sind die drei wichtigsten Kegelschnitte dargestellt: ↗ Ellipse, ↗ Parabel und ↗ Hyperbel. Darüber hinaus können als sogenannte entartete Kegelschnitte

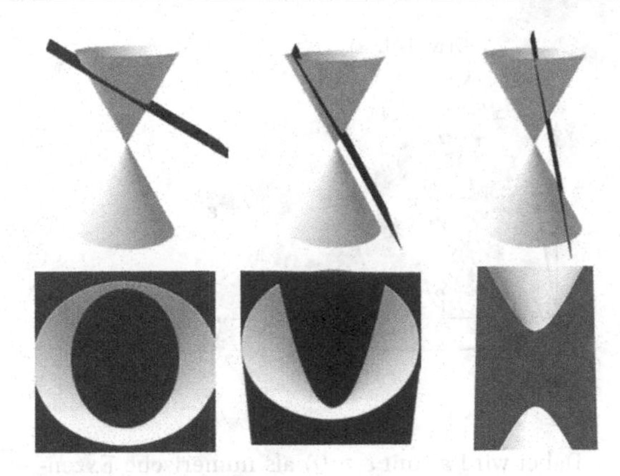

Wichtige Kegelschnitte

noch Punkte, Geraden und ↗ Doppelgeraden auftreten.

Welche Art von Kegelschnitt entsteht, hängt vom Öffnungswinkel α des Kreiskegels k, von dem Winkel β zwischen der Kegelachse und der Ebene ε, sowie davon ab, ob ε durch die Spitze S von k verläuft. Dabei können die folgenden Fälle auftreten.

$S \notin \varepsilon$	$\beta = 90°$	Kreis
	$\alpha < \beta < 90°$	Ellipse
	$\alpha = \beta$	Parabel
	$\beta < \alpha$	Hyperbel
$S \in \varepsilon$	$\alpha < \beta$	Punkt
	$\alpha = \beta$	Gerade
	$\beta < \alpha$	Doppelgerade

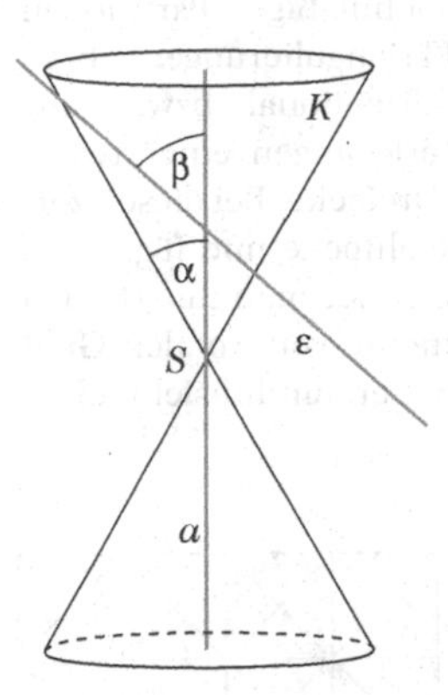

Wählt man ein Koordinatensystem so, daß die Ebene ε die (x, y)-Ebene bildet, der Koordinatenursprung ein Punkt des Kegels ist, und die Kegelspitze $S(x_S; 0; z_S)$ der (x, z)-Ebene angehört, so läßt sich die folgende allgemeine Scheitelgleichung der regulären Kegelschnitte herleiten:

$$y^2 = 2px + (\varepsilon^2 - 1)x^2. \tag{1}$$

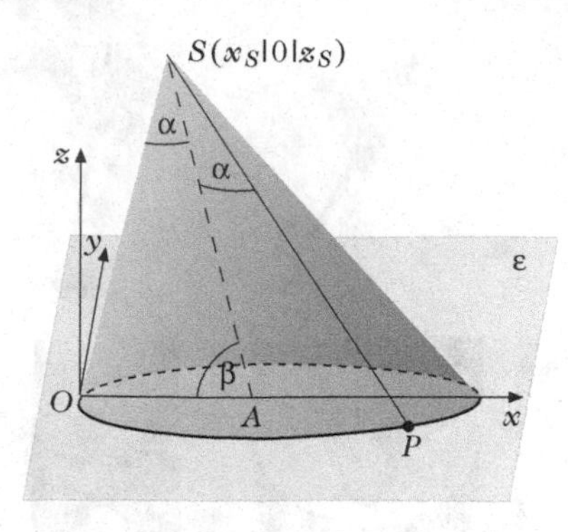

Dabei wird ε (mit $\varepsilon \geq 0$) als numerische Exzentrizität und p als Halbparameter des Kegelschnittes bezeichnet. Der Parameter $2p$ eines Kegelschnittes ist dabei erklärt als Maßzahl der Länge der auf der Hauptachse in einem Brennpunkt senkrecht stehenden Sehne der Ellipse, Parabel bzw. Hyperbel.

Durch die Größe der numerischen Exzentrizität wird bestimmt, welche Art von Schnittkurve entsteht: Für $\varepsilon > 1$ beschreibt die Gleichung (1) eine Hyperbel, für $\varepsilon = 1$ eine Parabel, bei $0 < \varepsilon < 1$ eine Ellipse, und für $\varepsilon = 0$ einen Kreis.

Kegelspline, Basisfunktion des Raums der bivariaten ↗Splinefunktionen hinsichtlich gleichmäßiger Partitionen.

Kegelsplines (engl.: cone splines) existieren auf gleichmäßigen Partitionen. Eine gleichmäßige Partitionen $\mathcal{P} = \{\mathcal{P}_i : i = 1, \ldots, N\}$ einer einfach zusammenhängenden, kompakten Teilmenge Ω der Ebene erhält man, indem man diese mit einer endlichen Anzahl von Geraden schneidet. Beispiele oft verwendeter gleichmäßiger Partitionen sind ↗Δ^1-Zerlegungen (Triangulierungen) bzw. ↗Δ^2-Zerlegungen (three-directional bzw. four-directional mesh), also Zerlegungen einer rechteckigen Grundmenge Ω in Dreiecke. Bei diesen zerlegt man Ω zunächst in Rechtecke und fügt dann die Diagonale(n) ein. Bezeichnet man mit Π_q den Raum der bivariaten Polynome vom totalen Grad q, so wird der bivariate Splineraum hinsichtlich $\mathcal{P}$ durch

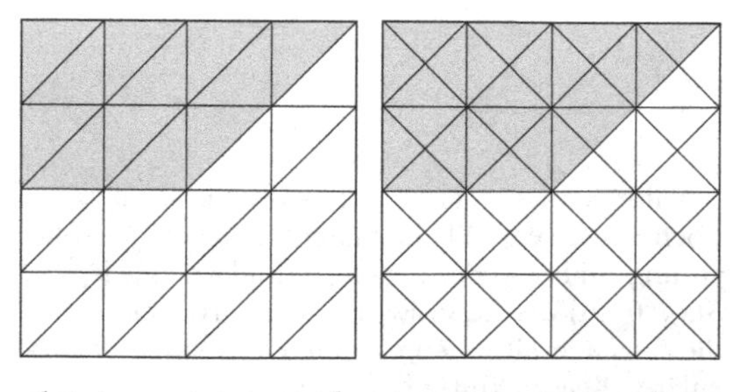

Δ^1-Zerlegung (links) und Δ^2-Zerlegung; der gefärbte Bereich stellt jeweils den Träger eines Kegelsplines dar.

$$S_q^r(\mathcal{P}) = \{s \in C^r(\Omega) : s|_{\mathcal{P}_i} \in \Pi_q, \ i = 1, \ldots, N\}$$

definiert. Kegelsplines sind gewisse Funktionen aus $S_q^r(\mathcal{P})$, deren Träger, d. h. die Menge der Punkte, an denen ein Wert ungleich Null angenommen wird, die Form eines in eine Richtung geöffneten konvexen Kegels hat.

Gemeinsam mit den bivariaten Polynomen und den ↗truncated-power-Funktionen bilden die Kegelsplines eine Basis von $S_q^r(\mathcal{P})$. Für Kegelsplines existiert i. allg. keine explizite Darstellung, sie sind lediglich implizit als Lösung eines linearen Gleichungssystems bestimmt.

Kegelstumpf, Körper, der entsteht, wenn ein ↗Kreiskegel mit zwei zur Achse des Kegels senkrechten Ebenen ε_1 und ε_2 geschnitten wird (wobei ε_1 und ε_2 die Kegelachse auf derselben Seite bezüglich der Spitze des Kreiskegels schneiden).

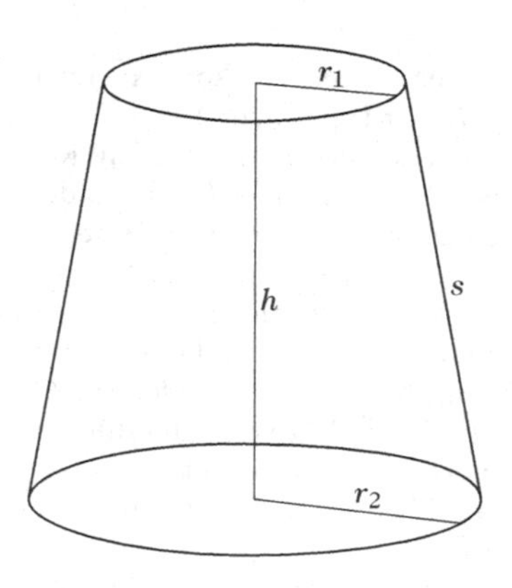

Kegelstumpf

Der Abstand der Ebenen ε_1 und ε_2 heißt Höhe h, und die Radien r_1, r_2 der beiden entstehen Schnittkreise des Kegels mit den beiden Ebenen heißen Radien des Kegelstumpfes.

Die Länge der Mantellinien eines Kegelstumpfes mit der Höhe h und den Radien r_1, r_2 ist

$$s = \sqrt{(r_2 - r_1)^2 + h^2},$$

für seine Mantelfläche gilt

$$A_M = \pi \cdot s \cdot (r_1 + r_2).$$

Der gesamte Oberflächeninhalt eines Kegelstumpfes beträgt

$$A_O = \pi \cdot \left(r_1^2 + r_2^2 + s \cdot (r_1 + r_2)\right),$$

und für sein Volumen gilt

$$V = \frac{\pi}{3} \cdot h \cdot (r_1^2 + r_2^2 + r_1 r_2).$$

Kehllinie, ↗ Regelfläche.

Kehlpunkt, ↗ Regelfläche.

Kehrwert eines Bruchs, der zu einem Bruch $\frac{x}{y} \neq 0$ durch

$$1 : \frac{x}{y} = \frac{y}{x}$$

gegebene reziproke Bruch.

Keil, Prismoid mit entarteter Deckenfläche.

Unter einem Prismoid versteht man einen ebenflächigen Körper, der mit einer Grund- und einer Deckfläche versehen ist, die parallel gegenüber liegen, und dessen Seitenflächen Dreiecks- oder Trapezflächen sind. Ist die Deckfläche zu einer Geraden ausgeartet, so nennt man das Prismoid einen Keil.

Keim einer Abbildung, ↗ Abbildungskeim.

Keim eines komplexen Raumes, Begriff in der Funktionentheorie auf komplexen Räumen.

Sei $(X, {}_X\mathcal{O})$ ein komplexer Raum und $a \in X$. Zwei lokal abgeschlossene Unterräume (ein lokal abgeschlossener Unterraum ist ein abgeschlossener Unterraum eines offenen Unterraumes) A und B heißen äquivalent an der Stelle a, wenn es eine offene Umgebung U von a gibt so, daß

$$(U \cap A, {}_A\mathcal{O}\,|_{U \cap A}) = (U \cap B, {}_B\mathcal{O}\,|_{U \cap B}) .$$

Die zugehörige Äquivalenzklasse A_a heißt der Keim des Raumes A an der Stelle a.

Holomorphe Abbildungen φ_a zwischen Keimen von komplexen Räumen sind die Keime von holomorphen Abbildungen φ zwischen Repräsentanten. Also ist $Hol\,(X_a, Y_b)$ wohldefiniert. Die Keime von komplexen Räumen bilden offensichtlich eine ↗ Kategorie.

Zwei Keime von komplexen Räumen X_a und Y_b sind genau dann isomorph, wenn ${}_Y\mathcal{O}_b$ und ${}_X\mathcal{O}_a$ isomorph sind.

Für jede analytische Algebra R gibt es einen Keim X_a eines komplexen Raumes X, so daß ${}_X\mathcal{O}_a \cong R$.

Keim eines Schnittes, ↗ Halm einer Prägarbe.

Keisler-Shelah-Isomorphietheorem, lautet:

Es sei L eine ↗ elementare Sprache und $\mathcal{A}, \mathcal{B}$ seien ↗ L-Strukturen. Dann sind die folgenden Bedingungen äquivalent:

1. *$\mathcal{A} \equiv \mathcal{B}$ ($\mathcal{A}$ und $\mathcal{B}$ sind ↗ elementar äquivalente L-Strukturen)*
2. *Es gibt eine Menge I und einen Ultrafilter $\mathcal{U}$ über I so, daß die Ultrapotenzen $\mathcal{A}^I/\mathcal{U}$ und $\mathcal{B}^I/\mathcal{U}$ isomorph sind.*

Keldysch, Mstislaw Wsewolodowitsch, lettischer Mathematiker und Physiker, geb. 10.2.1911 Riga, gest. 24.6.1978 Moskau.

Keldysch studierte bis 1931 an der physikalisch-mathematischen Fakultät der Moskauer Universität und arbeitete danach am Zentralen Aero-Hydrodynamischen Institut. Ab 1936 war er an verschiedenen Instituten der Akademie der Wissenschaften der UdSSR und an der Moskauer Universität tätig.

Keldysch arbeitete auf vielen Anwendungsgebieten der Mathematik in der Aero- und Hydrodynamik. Er untersuchte Schwingungen in der Aerodynamik, Wellen an der Oberfläche schwerer Flüssigkeiten, Vibrationen bei Flugzeugen und Auftriebe von Flügeln. Daneben befaßte er sich auch mit der theoretischen Mathematik und untersuchte näherungsweise Lösungen von Differentialgleichungen, selbstadjungierte Operatoren und konforme Abbildungen. Mit seinen Arbeiten leistete er einen wichtigen Beitrag zur Entwicklung der sowjetischen Raumfahrt.

Kellerautomat, *Pushdownautomat*, ein ↗ Automat, der neben der Zustandsmenge mit einem unbeschränkten Speicherbereich, dem Keller, ausgestattet ist, der harten, einem Stapel nachempfundenen Zugriffsbeschränkungen ausgesetzt ist.

So können beliebig neue Daten gespeichert werden, aber nur die jeweils zuletzt gespeicherten Daten gelesen, überschrieben bzw. gelöscht werden. Zum Zugriff auf früher gespeicherte (im Stapel unten liegende) Daten müssen zunächst alle später gespeicherten (darüberliegenden) Daten gelöscht werden.

Formal wird ein Kellerautomat durch die gleichen Bestimmungsstücke wie ein Automat beschrieben. Dabei hängen Zustandsüberführungsfunktion und Ausgabefunktion nun zusätzlich vom obersten Kellersymbol (einem Zeichen aus einem anzugebenden Kelleralphabet K, bzw. einem Sonderzeichen, das einen leeren Keller signalisiert) ab. Außerdem liefert die Zustandsüberführungsfunktion zusätzlich eine neu im Keller zu speichernde Zeichenreihe (ein Wort über K). Eine Konfiguration eines Kellerautomaten besteht aus einem (dem aktuellen) Zustand und einem Wort über K, der aktuellen Kellerbelegung. Die Anfangskonfiguration wird vom Anfangszustand und dem leeren Wort gebildet. Eine Folgekonfiguration einer Konfiguration $[z, wa]$ (bzw. $[z, \varepsilon]$) bei Eingabe des Zeichens x besteht aus einem Folgezustand z' von z und dem Wort ww' (bzw. w'), wobei z' und w' durch die Überführungsfunktion an der Stelle z, x und a (bzw. dem Sonderzeichen) gegeben sind. Sind z' und w' durch z, x und a eindeutig bestimmt, handelt es sich um einen deterministischen, anderenfalls um einen nichtdeterministischen Kellerautomaten. Als Akzeptierungskriterien für die Definition formaler Sprachen auf der Basis von Kellerautomaten werden das Erreichen ausgewiesener Endzustände oder das Erreichen eines leeren Kellerspeichers verwendet. Die Wahl des Akzeptierungskriteriums hat aber keine Konsequenzen für die Leistungsfähigkeit.

Kellerautomaten bilden die formale Grundlage für die Analyse kontextfreier Sprachen (↗Grammatik).

Kelley, Verfahren von, ein Schnittebenenverfahren zur Lösung allgemeiner konvexer Optimierungsprobleme der Form $\min c^T \cdot x$ unter den Nebenbedingungen

$$x \in M := \{x | g_i(x) \leq 0, i = 1, \dots, m\}$$

mit konvexen und differenzierbaren Funktionen g_i.

Der k-te Schritt des Verfahrens lautet wie folgt: Zunächst finde man ein Polytop M_k mit $M \subseteq M_k$. Man löse das Problem $\min c^T \cdot x, x \in M_k$ und erhalte eine Lösung x_k.

Falls $x_k \in M$, so hat man das Problem gelöst. Andernfalls wähle man eine Nebenbedingung g_i mit $g_i(x_k) > 0$ aus. Als neue Menge M_{k+1} betrachte man dann

$$M_k \cap \{x \in \mathbb{R}^n | g_i(x_k) + \operatorname{grad} g_i^T(x_k) \cdot (x - x_k) \leq 0\}.$$

Die Bedingung $M \subseteq M_{k+1}$ folgt dabei aus der Konvexität der g_i. Die Schnittebene ist also durch die Gleichung

$$g_i(x_k) + \operatorname{grad} g_i^T(x_k) \cdot (x - x_k) = 0$$

gegeben. Nun verfahre man analog mit M_{k+1}.

Kelly, Vermutung von, ↗ Turnier.

Kelly-Ulamsche Rekonstruktionsvermutung, besagt im Prinzip, daß ein ↗Graph G der Ordnung n eindeutig (bis auf Isomorphie) festliegt, falls die Struktur aller seiner induzierten ↗Teilgraphen der Ordnung $n-1$ bekannt ist.

Präzise formuliert lautet diese aus dem Jahre 1942 stammende Vermutung von P.J. Kelly und S.M. Ulam folgendermaßen:

Sind G und H zwei Graphen mit jeweils mindestens drei Ecken, und existiert eine bijektive Abbildung $f : E(G) \to E(H)$ so, daß $G - v$ isomorph zu $H - f(v)$ für jede Ecke $v \in E(G)$ ist, so sind G und H isomorphe Graphen, in Zeichen $G \cong H$.

Die beiden existierenden nicht isomorphen Graphen der Ordnung 2 zeigen, daß die Voraussetzung, daß G und H mindestens drei Ecken besitzen, für diese Vermutung notwendig ist.

Trotz großer Anstrengungen und bedeutender Teilerfolge konnte diese hochinteressante Vermutung bisher (2000) nicht bewiesen werden. Eines der schönsten Resultate stammt von Kelly selbst, der diese Vermutung 1957 für ↗Bäume bestätigt hat.

Darüber hinaus ist die Vermutung auch für nicht zusammenhängende Graphen sowie für alle regulären Graphen richtig.
Im Jahre 1977 zeigte P.K.Stockmeyer, daß ein Analogon zur Rekonstruktionsvermutung für ↗gerichtete Graphen nicht gilt.

Kelvin, ↗Thomson, Sir William, Lord Kelvin of Largs.

Kelvin-Funktionen, die durch die gewöhnlichen ↗Bessel-Funktionen für reelles ν und x definierten Funktionen

$$\begin{aligned} \operatorname{ber}_\nu(x) + i\operatorname{bei}_\nu(x) &:= J_\nu(xe^{3\pi i/4}), \\ \operatorname{ker}_\nu(x) + i\operatorname{kei}_\nu(x) &:= e^{-i\nu\pi/2} K_\nu(xe^{i\pi/4}). \end{aligned}$$

Gelegentlich findet man die Kelvin-Funktionen der Ordnung 0 auch ohne den Subindex ν notiert.

Die Funktionen

$$\begin{aligned} w = \operatorname{ber}_\nu + i\operatorname{bei}_\nu, &\quad \operatorname{ber}_{-\nu} + i\operatorname{bei}_{-\nu} \\ \operatorname{ker}_\nu + i\operatorname{kei}_\nu, &\quad \operatorname{ker}_{-\nu} + i\operatorname{kei}_{-\nu} \end{aligned}$$

lösen die Differentialgleichung

$$x^2 \frac{d^2 w}{dz^2} + x \frac{dw}{dz} - (ix^2 + \nu^2) w = 0,$$

die Funktionen

$$w = \operatorname{ber}_{\pm\nu}, \quad \operatorname{bei}_{\pm\nu}, \quad \operatorname{ker}_{\pm\nu}, \quad \operatorname{kei}_{\pm\nu}$$

sind jeweils Lösungen von

$$\begin{aligned} x^4 w^{\text{iv}} + 2x^3 w''' - (1 + 2\nu^2)(x^2 w'' - xw') \\ (\nu^4 - 4\nu^2 + x^4) w = 0. \end{aligned}$$

[1] Abramowitz, M.; Stegun, I.A.: Handbook of Mathematical Functions. Dover Publications, 1972.

Kempe-Kette, ↗ Vier-Farben-Satz.

Kendalls τ-Koeffizient, ein Assoziationsmaß bzw. Rangkorrelationskoeffizient.

Er wird wie der Spearmansche Korrelationskoeffizient auf der Basis der Rangzahlen (↗geordnete Stichprobe) $r(x_i)$ und $r(y_i)$ einer Stichprobe $(x_i, y_i), i = 1, \dots, n$ zweier Zufallsvariablen (X, Y) berechnet. Man ordnet dazu die Beobachtungspaare (x_i, y_i), $i = 1, \dots, n$ nach aufsteigenden Rangzahlen $r(x_i)$ der ersten Komponente x_i. Dadurch wird auch eine Reihenfolge der Rangzahlen

$r(y_i)$ festgelegt. In dieser Reihenfolge wird für jede Rangzahl $r(y_i)$ die Anzahl q_i der Rangzahlen $r(y_j)$ ermittelt, die kleiner oder gleich $r(y_i)$ sind und in der Reihenfolge hinter $r(y_i)$ stehen. Das Kendallsche τ ergibt sich dann zu

$$\tau = 1 - \frac{4\sum_{i=1}^{n} q_i}{n(n-1)}.$$

Ein Beispiel. Zwei Personen stellen eine Bewertungstabelle für 8 zufällig ausgewählte Gemälde auf. Sie dürfen 1 bis 8 Punkte und auch, wenn ihnen mehrere Gemälde gleich gut gefallen, mittlere Punkte vergeben. Die Punkteskala gibt gibt natürlich nur die Rangfolge an, so daß wir zur Schätzung der Korrelation zwischen den 'Geschmäckern' der Personen A und B nur einen Rangkorrelationskoeffizienten berechnen können. Die Punktzahlen sind in folgender Tabelle gegeben.

i	$r(x_i)$	$r(y_i)$	q_i
5	1	2	1
6	2	3	1
7	3,5	5	2
4	3,5	1	0
3	5	4	0
2	6	7,5	2
8	7	7,5	1
1	8	6	0

Für den τ-Koeffizient ergibt sich dann:

$$\begin{aligned}\tau &= 1 - \frac{4\sum_{i=1}^{n} q_i}{n(n-1)} \\ &= 1 - \frac{4(1+1+2+2+1)}{8\cdot 7} \\ &= 1 - \frac{4\cdot 7}{8\cdot 7} = 0,5.\end{aligned}$$

Kendall-Symbolik, von D.G.Kendall eingeführtes und von B.W.Gnedenko erweitertes Bezeichnungssystem zur Charakterisierung von typischen Eigenschaften von Modellen der ↗Warteschlangentheorie (Bedienungstheorie).

Man benutzt in der Kendall-Symbolik das aus vier Zeichen zusammengesetzte Symbol $A/B/n/m$. Dabei charakterisiert A den Eingangsstrom, B die Bedienungszeitverteilung, n die Anzahl der Bedienungsgeräte und m die Anzahl der Warteplätze. Für die Spezialfälle $m = 0$ bzw. $m = \infty$ ergeben sich das reine Verlustsystem bzw. das reine Wartesystem.

Das Symbol A kann mit den Buchstaben G, GI, M, E_k, D belegt werden:

G	(general)	- beliebiger stationärer Eingangsstrom
GI	(general independent)	- rekurrenter Eingangsstrom
M	(Markow)	- Poissonscher Eingangsstrom
E_k	(Erlang)	- Erlangscher Eingangsstrom der Ordnung k
D	(deterministic)	- regulärer Eingangsstrom

Das Symbol B kann ebenfalls mit den Buchstaben G, GI, M, E_k, D belegt werden:

G	- beliebige stationäre Folge von Bedienungszeiten
GI	- rekurrente Folge von Bedienungszeiten mit beliebiger Verteilung
M	- unabhängige exponentialverteilte Bedienungszeiten
E_k	- Bedienungszeiten unabhängig nach der Erlangverteilung der Ordnung k verteilt
D	- konstante Bedienungszeiten

So bedeutet $M/M/1/0$ ein Verlustsystem mit einem Bediengerät, das einen Poissonschen Eingangsstrom und unabhängig identisch exponentialverteilte Bedienzeiten besitzt.

Natürlich kann die unermeßliche Vielfalt von Modellen, die sich aus den praktischen Aufgabenstellungen ergeben, durch keine Symbolik vollständig beschrieben werden. Die oben beschriebene Symbolik charakterisiert jedoch hinreichend viele Modelle für die Praxis, sodaß sie sich als günstig erwiesen hat.

Es sei darauf verwiesen, daß in der englischsprachigen Literatur die Symbolik $A/B/n$ verwendet wird, wobei für B der Buchstabe G eine rekurrente Folge von Bedienungszeiten bezeichnet; z. B. wird das Modell $M/GI/1/\infty$ (unsere Bezeichnung) dort als $M/G/1$-Wartemodell angegeben.

Kepler, Johannes, deutscher Mathematiker und Astronom, geb. 27.12.1571 Weil der Stadt, gest. 15.11.1630 Regensburg.

Der Sohn eines Soldaten wurde in Leonberg und den Klosterschulen von Adelberg und Maulbronn ausgebildet. Ab 1589 studierte er als Stipendiat in Tübingen lutherische Theologie. Zum Universitätsstudium jeder Fachrichtung gehörte damals auch das Studium der Mathematik und Astronomie. Größten Einfluß übte auf ihn der Mathematiker Michael Maestlin (1550–1631) aus. Durch ihn wurde Kepler mit der kopernikanischen Astronomie bekannt. Ohne Studienabschluß wurde Kepler 1594 nach Graz berufen, als Lehrer an der Stiftschule und Mathematiker der Landesregierung. Zu seinen Aufgaben gehörte das Berechnen von Kalendern und das Ausgestalten des Kalenders mit allerlei Unterhaltsamem. Der erste Kalender Keplers enthielt Voraussagen über politische und meteorologische Ereignisse, die dann auch (zufälligerweise) eintrafen. Der Ruf Keplers als Astrologe war damit gesichert.

1595 entdeckt er in Graz das „Weltgeheimnis“: Den fünf regulären Polyedern werden sechs kugelförmige Sphären zugeordnet, auf denen die Bahnen der Planeten sich befinden. Die Sonne steht im Mittelpunkt des Systems. Das 1596 gedruckte „Mysterium Cosmographicum“ begründete den internationalen Ruf Keplers. Im Jahre 1598 wurde er als hartnäckiger Protestant aus Graz ausgewiesen, fand jedoch eine Stellung als Assistent Tycho Brahes in Prag. 1601 wurde er Nachfolger Brahes Kaiserlicher Mathematiker. Unter Benutzung Brahescher Beobachtungsergebnisse entwickelte Kepler in Prag die neue Astronomie („Astronomia Nova“ 1609). In dieser finden sich die ersten beiden ↗Keplerschen Gesetze der Planetenbewegung. Das dritte „Keplersche Gesetz“ fand er 1618 (veröffentlicht in der mystischen und sehr einflußreichen „Harmonices Mundi“ 1619).

Die Keplerschen Gesetze gaben der kopernikanischen Astronomie ein sicheres mathematisches Fundament. Kepler selbst hat die kopernikanische Astronomie in einem dreibändigen Werk (1618, 1620, 1621) dargestellt. In der „Astronomia Nova“ untersuchte er auch die physikalischen Ursachen der Planetenbewegung. Eine Art Magnetismus solle den Planetenlauf bestimmen. 1621 sprach er dann von einer Kraft.

In die Prager Zeit fiel auch das Entstehen seiner „Optik“ (1611), in der die geometrische Optik behandelt und die Konstruktion des „Keplerschen Fernrohres“ beschrieben wurde. Wiederum ungünstige politische Entwicklungen vertrieben Kepler 1612 aus Prag. Er wurde der Mathematiker der Stände des Erzherzogtums Österreich in Linz. In Linz entstand seine „Nova stereometria doliorum vinariorum“ (1615), die wesentlich zur Fortentwicklung infinitesimaler Betrachtungen bei der Berechnung von Flächen, Volumina und Schwerpunkten beitrug. Kepler bezog sich in seinen Methoden ausdrücklich auf Archimedes. War die „Neue Stereometrie der Weinfässer“ (↗Keplersche Faßregel) mehr eine Gelegenheitsarbeit, so bildeten die gigantischen „Rudolphinischen Tafeln“ (vollendet 1624) die Rechengrundlage für die neue Astronomie. Kepler setzte bei der Berechnung der Örter von Sonne, Mond, Planeten, von Verfinsterungsterminen („für jede beliebige Zeit“) gezielt die neuen Neperschen Logarithmen ein.

1626 wurde Kepler als Protestant aus Linz ausgewiesen und zog mit seiner Familie in deutschen Landen umher, ehe er 1628 in die Dienste Wallensteins tat. In Sagan sollte er vor allem den astrologischen Neigungen des Feldherrn dienen, rechnete aber auch an seinen „Ephemeriden“ und schrieb den „Traum vom Mond“.

Kepler-Ellipse, Ellipse zur Beschreibung der Umlaufbahn eines Planeten.

Nach den ↗Keplerschen Gesetzen ist die Bahn eines als Massenpunkt aufgefaßten Planeten eine Ellipse, in deren einem Brennpunkt die Sonne steht. Dabei überstreicht der von der Sonne nach dem Planeten gezogene Radiusvektor in gleichen Zeiten gleiche Flächen.

Kepler-Problem der allgemeinen Relativitätstheorie, auch allgemeinrelativistisches Zweikörperproblem genannt, das Problem der Bahnberechnung zweier sich umkreisender Körper, das im Gegensatz zum Newtonschen Zweikörperproblem nicht in geschlossener Form gelöst werden kann.

In der Newtonschen Theorie gilt: Wenn zwei Punktteilchen ein gebundenes System mit nichtverschwindendem Drehimpuls bilden, dann umkreisen sie einander in Ellipsenbahnen, die im Spezialfall zu Kreisen werden können. Ist das Gravitationsfeld schwach, so ist dies auch allgemeinrelativistisch eine gute Näherung. Als erste Korrektur ergibt sich, daß die Ellipsen nicht raumfest sind, sondern auch rotieren, gemessen wurde dies in der ↗Periheldrehung des Planeten Merkur bei seiner Bahn um die Sonne.

Keplersche Faßregel, Näherungsformel für das bestimmte Integral einer reellen Funktion unter Verwendung dreier äquidistanter Stützstellen.

Sind x_0, x_1, x_2 reelle Zahlen mit dem jeweiligen Abstand $h > 0$, so lautet die Keplersche Faßregel

$$\int_{x_0}^{x_2} f(x)dx \approx \frac{h}{3}(f(x_0) + 4f(x_1) + f(x_2)).$$

Die Keplersche Faßregel ist eine spezielle Newton-Cotes-Quadratur, sie ist exakt für alle Polynome höchstens zweiten Grades.

Kepler entwickelte diese nach ihm benannte Regel, als er vor der Aufgabe stand, das Volumen eines

Fasses mit kreisrundem Querschnitt bestimmen zu müssen.

[1] Hämmerlin, G.; Hoffmann, K.-H.: Numerische Mathematik. Springer-Verlag Berlin, 1989.

Keplersche Gesetze, drei von Kepler gefundene Gesetzmäßigkeiten über die ungestörte Planetenbewegung:

1. Die Planeten bewegen sich auf ellipsenförmigen Bahnen, in deren einem Brennpunkt die Sonne steht.
2. Die Verbindungsstrecke Planet–Sonne überstreicht in gleicher Zeit gleiche Flächenstücke; dies impliziert, daß der Planet sich in Sonnnenähe schneller bewegt als in Sonnenferne.
3. Die zweiten Potenzen der Umlaufzeiten der Planeten sind proportional zu den dritten Potenzen ihrer mittleren Entfernung von der Sonne.

Kepler-System, ein ↗Hamiltonsches System im $\mathbb{R}^{6n}$, dessen Hamilton-Funktion die Form

$$H(\vec{q}_1,\ldots,\vec{q}_n,\vec{p}_1,\ldots,\vec{p}_n) = \sum_{i=1}^{n}\left(\frac{1}{2}\vec{p}_i^{\,2} - \frac{k_i}{|\vec{q}_i|}\right)$$

annimmt. Hier sind $k_1,\ldots,k_n$ positive reelle Zahlen, und $\vec{q}_i, \vec{p}_j \in \mathbb{R}^3$ für alle i,j.

Das Kepler-System ist ein ↗integrables Hamiltonsches System und beschreibt in der Himmelsmechanik die Bewegung von n sich nicht beeinflussenden Planeten um die als ruhend angenommene Sonne. Jede geschlossene Bahn $t \mapsto \vec{q}_i(t)$ im $\mathbb{R}^3$ durchläuft eine ebene Ellipse.

Kermack-McKendrick-Modell, das grundlegende Modell zur Beschreibung der Ausbreitung infektiöser Krankheiten.

Kern der Primimplikantentafel, Menge der ↗Primimplikanten einer ↗Primimplikantentafel, die jeweils einen in der Primimplikantentafel enthaltenen ↗Minterm überdecken, der von keinem anderen Primimplikanten der Primimplikantentafel überdeckt wird (↗Überdeckung einer Booleschen Funktion).

Kern einer Abbildung, eine Äquivalenzrelation, die Inputelemente mit gleichem Output zusammenfaßt. Es seien A und B Mengen und $f : A \to B$ eine Abbildung. Dann versteht man unter dem Kern von f die Äquivalenzrelation: $x \sim y$ genau dann, wenn $f(x) = f(y)$. In den Äquivalenzklassen dieser Relation werden genau die Elemente von A zusammengefaßt, die den gleichen Funktionswert $f(x)$ haben (↗Kern einer linearen Abbilung).

Kern einer Fuzzy-Menge $\widetilde{A}$, die 1-Niveau-Menge

$$A_1 = A^{\geq 1} = \{x \in X \mid \mu_A(x) \geq 1\}.$$

Kern einer Integral-Transformation, ↗ Integral-Transformation.

Kern einer linearen Abbildung, die Urbildmenge der Null, also für eine lineare Abbildung $f : V \to U$ die Menge Menge

$$\{v \in V;\ f(v) = 0\} = f^{-1}\{0\}.$$

Die übliche Schreibweise für den Kern ist

$$\operatorname{Ker} f .$$

$\operatorname{Ker} f$ ist stets ein ↗Unterraum von V; die lineare Abbildung f ist genau dann injektiv, wenn $\operatorname{Ker} f = \{0\}$ gilt (↗Homomorphiesatz für Vektorräume).

Der Kern eines ↗Endomorphismus $f : V \to V$ auf einem endlich-dimensionalen Vektorraum V (↗Dimension eines Vektorraumes) ist genau dann gleich $\{0\}$, wenn f bezüglich einer beliebigen Basis von V durch eine reguläre Matrix repräsentiert wird und genau dann, wenn 0 kein Eigenwert von f ist.

Die Dimension des Kerns der linearen Abbildung $f : V \to W$ wird auch Nullität, Nulldefekt oder Rangabfall von f genannt.

Kern eines Homomorphismus, Urbildbereich des Einselements der Bildgruppe. Es seien G_1 und G_2 multiplikative Gruppen und $f : G_1 \to G_2$ ein Homomorphismus. Dann bezeichnet man als Kern von f die Menge

$$\operatorname{Ker} f = \{x \in G_1 \mid f(x) = 1\},$$

wobei $1 \in G_2$ das Einselement der Gruppe G_2 ist.

Betrachtet man f nur als Abbildung zwischen den Mengen G_1 und G_2 und definiert den Kern als ↗Kern einer Abbildung, so ist der Kern des Homomorphismus f genau die Nebenklasse des Einselementes von G_1 in der zugehörigen Äquivalenzrelation.

Kern eines Operators, ↗ Operator.

Kern eines Ringhomomorphismus, Menge der Elemente, die vom Homomorphismus auf Null abgebildet werden.

Der Kern eines Homomorphismus ist ein ↗Ideal.

Kern, kategorieller, eines Morphismus, Begriff aus der Kategorientheorie.

Es sei $\mathcal{A}$ eine ↗Kategorie mit Nullobjekt und $f : A \to B$ ein Morphismus aus $\mathcal{A}$. Der Kern f ist ein Morphismus $k : K \to A$ aus $\mathcal{A}$ derart, daß gilt:

1. k ist ein Monomorphismus.
2. $f \circ k = 0$, die Nullabbildung.
3. Für alle Morphismen $g : D \to A$ mit $f \circ g = 0$ gibt es ein $g' : D \to K$ mit $g = k \circ g'$.

Zur letzten Bedingung sagt man auch: Der Morphismus g faktorisiert über den Kern von f.

Zwei Kerne k und k' zu f sind kanonisch isomorph, d.h. es gibt ein Isomorphismus u mit $k' = k \circ u$.

Kernanregung, Bezeichnung sowohl für den Vorgang der Energiezufuhr zum Atomkern, als auch für den sich daraus ergebenden Zustand.

Atomkerne (Nukleonen) befinden sich normalerweise im energetisch niedrigsten Zustand, durch Energiezufuhr gelangen sie jedoch in einen anderen, „angeregten" Zustand. Die Bezeichnung bezieht sich darauf, daß angeregte Kerne leichter reagieren.

Kernfunktion, ↗ Hilbertscher Funktionenraum.

Kernkraft, veraltete Bezeichnung für „starke Wechselwirkung".

Es handelt sich um die Kraft, die die Protonen und Neutronen im Atomkern zusammenhält. Ihre Reichweite beträgt nur etwa 10^{-13} cm, und ihr Potential wird durch das Yukawa-Potential $\approx \frac{c}{r}e^{-r/l}$ gut beschrieben, dabei ist c die Wechselwirkungskonstante und $l = 10^{-13}$ cm.

Kernschätzung, Bezeichnung für eine spezielle Klasse von Schätzungen für Verteilungsdichten stetiger Zufallsgrößen und Spektraldichten stationärer stochastischer Prozesse.

Eine Kernschätzung $\widehat{f(x)}$ für eine Verteilungsdichte $f(x)$ einer Zufallsgröße X muß im Gegensatz zu ↗ Histogrammen nicht von gleichverteilten Beobachtungswerten in den Klassen der zugrunde liegenden Klasseneinteilung ausgehen und hat die allgemeine Gestalt

$$\widehat{f(x)} = \frac{1}{bn}\sum_{i=1}^{n} w\left(\frac{x-x_i}{b}\right).$$

Dabei sind $x_1, \dots, x_n$ die Stichprobe von X, b ein frei wählbarer Parameter, der bestimmt, wie breit das Intervall $[x-0,5b, x+0,5b]$ ist, und $w(u)$ eine Gewichtsfunktion, ein ‚Kern', der bestimmt, mit welchem Gewicht ein Wert $x_i \in [x-0,5b, x+0,5b]$ zur Schätzung von f an der Stelle x herangezogen wird. Um die asymptotische Erwartungstreue und Konsistenz von $\widehat{f(x)}$ zu gewährleisten, muß $w(u)$ eine beschränkte, symmetrische und nichtnegative Funktion sein, für die gilt

$$\int_{-\infty}^{+\infty} w(u)du = 1, \qquad \int_{-\infty}^{+\infty} w^2(u)du < \infty$$

$$\text{und} \quad \left|\frac{w(u)}{u}\right| \to 0 \text{ für } |u| \to \infty .$$

Für üblicherweise verwendete Gewichtsfunktionen vergleiche man das Stichwort ↗ Dichteschätzung.

Auch in der Zeitreihenanalyse werden bei der Schätzung von Spektraldichten stationärer stochastischer Prozesse Kernschätzungen verwendet. Sei (X_t) ein im weiteren Sinne stationärer Prozeß, und sei

$$\widehat{I_N(\lambda)} = \frac{1}{2\pi N}\left|\sum_{t=1}^{N} X_t e^{-i\lambda t}\right|^2 \qquad (-\pi \le \lambda < \pi)$$

das Periodogramm auf der Basis von Beobachtungen $X_1, \dots, X_N$ des Prozesses zu den Zeitpunkten $t = 1, \dots, N$. $\widehat{I_N(\lambda)}$ ist dann eine asymptotisch erwartungstreue Schätzung für die Spektraldichte $f(\lambda)$ des Prozesses. Die Konsistenz kann man durch eine sogenannte Glättung des Periodogramms, d. h. durch eine Kernschätzung der allgemeinen Form

$$\widehat{f_N(\lambda)} = \int_{-\pi}^{\pi} w_N(x,\lambda)\widehat{I_N(\lambda)}d\lambda$$

erreichen, wobei die Funktionenfolge $(w_N(x,\lambda))_N$ bestimmte Eigenschaften haben muß, die den oben erwähnten Eigenschaften der Gewichtsfunktion $w(u)$ analog sind.

Kernsequenz, ↗ Fittingindex.

Kernspin, der Gesamtspin des Atomkerns. Er setzt sich additiv aus den Spins der beteiligten Neutronen und Protonen zusammen, die jeweils den Spin $\pm\frac{1}{2}$ haben.

Der Spin des Atomkerns nimmt genau dann ganzzahlige Werte an, wenn seine Massenzahl (also die Summe aus Proton- und Neutronzahl) gerade ist.

Kerr-Lösung, rotierende axialsymmetrische stationäre Vakuumlösung der Einsteinschen Vakuumfeldgleichung. Sie hat zwei Parameter, die Masse M und den Drehimpuls a. Mit den Abkürzungen

$$\Sigma = r^2 + a^2\cos^2\vartheta \quad \text{und}$$
$$\Delta = r^2 - 2Mr + a^2$$

lautet die Metrik

$$ds^2 = dt^2 - \frac{2Mr}{\Sigma}(a\sin^2\vartheta d\phi - dt)^2 - \Sigma(dr^2/\Delta + d\vartheta^2) - (r^2+a^2)\sin^2\vartheta d\phi^2 .$$

In physikalischen Anwendungen ist stets $|a| < M$ anzunehmen. Für diesen Fall gibt es eine Koordinatensingularität bei $\Delta = 0$, die dem ↗ Horizont des rotierenden Schwarzen Lochs entspricht.

Kette, Teilmenge einer partiell geordneten Menge, deren Elemente alle paarweise vergleichbar sind.

Eine Teilmenge V einer mit der Partialordnung (↗ Halbordnung) „$\le$" versehenen Menge M heißt Kette genau dann, wenn für je zwei Elemente a und b aus V stets die Relation $a \le b$ oder die Relation $b \le a$ erfüllt ist (↗ (a,b)-Kette, ↗ Ordnungsrelation).

Kette (im Sinne der Funktionentheorie), Abbildung Γ der Menge aller rektifizierbaren Wege in einer offenen Menge $D \subset \mathbb{C}$ in die Menge $\mathbb{Z}$ der ganzen Zahlen, die nur endlich vielen Wegen eine von Null verschiedene Zahl zuordnet. Die Ketten in D bilden mit der üblichen Addition $\mathbb{Z}$-wertiger Funktionen eine abelsche Gruppe.

Ist $\gamma: [0,1] \to D$ ein rektifizierbarer Weg in D, so identifiziert man γ mit der Kette in D, die auf γ den Wert 1 und auf allen anderen Wegen in D den

Wert 0 annimmt. Jede Kette Γ in D ist also eine endliche Linearkombination

$$\Gamma = \sum_{\kappa=1}^{k} n_\kappa \gamma_\kappa$$

von Wegen $\gamma_1, \ldots, \gamma_k : [0,1] \to D$ in D mit Koeffizienten $n_1, \ldots, n_k \in \mathbb{Z}$. Anschaulich gibt n_κ an, wie oft und in welcher Richtung der Weg γ_κ durchlaufen wird. Ketten werden koeffizientenweise addiert. Ist z. B. $\Gamma_1 = \gamma_1 - 2\gamma_2 + 3\gamma_3$ und $\Gamma_2 = 2\gamma_2 - \gamma_3 + 5\gamma_4$, so ist $\Gamma_1 + \Gamma_2 = \gamma_1 + 2\gamma_3 + 5\gamma_4$.

Ist $f : \gamma_1([0,1]) \cup \cdots \cup \gamma_k([0,1]) \to \mathbb{C}$ eine stetige Funktion, so ist das Integral von f über die Kette Γ definiert durch

$$\int_\Gamma f(z)\, dz := \sum_{\kappa=1}^{k} n_\kappa \int_{\gamma_\kappa} f(z)\, dz\,,$$

wobei $\int_{\gamma_\kappa} f(z)\, dz$ das Wegintegral von f über γ_κ ist.

Kette von Untermoduln, Menge von Untermoduln $U_i \subseteq M$ eines Moduls M, so daß

$$\ldots \subsetneqq U_i \subsetneqq U_{i+1} \subsetneqq \ldots$$

gilt.

Kettenaxiom, die Aussage, daß es zu jeder beliebigen ↗Teilkette M einer ↗Halbordnung V mindestens eine ↗maximale Kette in V gibt, die M als Teilmenge enthält.

Diese Aussage wird auch Satz von Hausdorff-Birkhoff genannt.

Kettenbedingung, Eigenschaft einer Primidealkette.

Ist R ein Ring, und sind $\mathfrak{p} \subset \mathfrak{q}$ zwei Primideale in R, dann hat jede Kette von Primidealen $\mathfrak{p} = \wp_0 \subsetneqq \wp_1 \subsetneqq \ldots \subsetneqq \wp_k = \mathfrak{q}$, die nicht durch das Einfügen von Primidealen verlängert werden kann, die gleiche Länge k.

Kettenbruch, ein Ausdruck der Form

$$b_0 + \cfrac{a_1}{b_1 + \cfrac{a_2}{b_2 + \ddots \cfrac{a_{n-1}}{b_{n-1} + \cfrac{a_n}{b_n}}}} \tag{1}$$

Genauer heißt der Ausdruck (1) endlicher Kettenbruch mit Anfangsglied b_0, Teilzählern $a_1, \ldots, a_n$ und Teilnennern $b_1, \ldots, b_n$. Pringsheim führte dafür die suggestive Bezeichnung

$$b_0 + \frac{a_1|}{|b_1} + \frac{a_2|}{|b_2} + \cdots + \frac{a_n|}{|b_n}$$

ein. Denkt man sich einen solchen unendlich fortgesetzt, so daß die Teilzähler und die Teilnenner unendliche Folgen bilden, so spricht man von einem unendlichen Kettenbruch.

Nach Perron heißt ein endlicher oder unendlicher Kettenbruch regelmäßig, wenn die Teilzähler alle gleich 1 und die Teilnenner positive ganze Zahlen sind; nur das Anfangsglied b_0 darf eine beliebige ganze Zahl sein. Für regelmäßige Kettenbrüche führte Perron die Notation

$$[b_0, b_1, \ldots, b_n]$$

ein, die durch $[b_0] = b_0$ und

$$[b_0, b_1, \ldots, b_{n+1}] = \left[b_0, b_1, \ldots, b_{n-1}, b_n + \frac{1}{b_{n+1}}\right]$$

induktiv definiert ist.

Sind p_k und q_k gegeben durch

$$\begin{aligned} p_0 &= b_0, & p_1 &= b_1 b_0 + 1, & p_k &= b_k p_{k-1} + p_{k-2}, \\ q_0 &= 1, & q_1 &= b_1, & q_k &= b_k q_{k-1} + q_{k-2}, \end{aligned}$$

so gilt

$$[b_0, b_1, \ldots, b_n] = \frac{p_n}{q_n}.$$

Das bedeutet, daß der ↗Euklidische Algorithmus, angewandt auf ein Paar r, s natürlicher Zahlen, sukzessive die Koeffizienten einer Darstellung des Quotienten r/s als regelmäßigen Kettenbruch erzeugt.

Der Kettenbruchalgorithmus verallgemeinert nun den Euklidischen Algorithmus dahingehend, daß er auch irrationalen reellen Zahlen einen regelmäßigen Kettenbruch zuordnet. Für beliebiges $x \in \mathbb{R}$ setzt man zunächst $x_0 = x$ und $b_0 := \lfloor x_0 \rfloor$, die größte ganze Zahl $\leq x_0$. Sind x_k und $b_k = \lfloor x_k \rfloor$ konstruiert, und ist x_k keine ganze Zahl, so setzt man

$$x_{k+1} = (x_k - b_k)^{-1}.$$

Sobald x_n eine ganze Zahl ist, bricht man die Konstruktion ab. Der Kettenbruchalgorithmus liefert so zunächst eine ganze Zahl b_0 und dann endlich oder unendlich viele natürliche Zahlen $b_n \geq 1$. Sind $b_0, \ldots, b_{n-1}$ konstruiert, so gilt

$$x = [b_0, b_1, \ldots, b_{n-1}, x_n].$$

Hieraus folgt nun das älteste Irrationalitätskriterium:

Eine reelle Zahl x ist genau dann rational, wenn der Kettenbruchalgorithmus, angewandt auf x, nach endlich vielen Schritten abbricht.

Im Falle einer ↗irrationalen Zahl $x \in \mathbb{R}\setminus\mathbb{Q}$ produziert der Kettenbruchalgorithmus eine unendliche

Folge $(b_n)_{n\geq 0}$ mit einem Anfangsglied $b_0 \in \mathbb{Z}$ und $b_n \geq 1$ für $n \geq 1$. Anhand dieses Kriteriums wurde die Existenz irrationaler Zahlen erstmals nachgewiesen (↗Goldener Schnitt).

Sei nun umgekehrt eine solche Folge (b_n) gegeben. Für $n \geq 0$ nennt man die rationale Zahl

$$B_n = [b_0, \dots, b_n]$$

den n-ten Näherungsbruch zum unendlichen Kettenbruch $[b_0, b_1, \dots]$. Diese Bezeichnung ist durch folgenden Konvergenzsatz gerechtfertigt:

Ist $(b_n)_{n\geq 0}$ eine Folge ganzer Zahlen mit $b_n \geq 1$ für $n \geq 1$, so konvergiert die Folge der rationalen Zahlen $(B_n)_{n\in\mathbb{N}}$ gegen eine irrationale reelle Zahl. Dabei ist die Teilfolge mit geraden Indizes (B_{2n}) monoton aufsteigend, während die Teilfolge mit ungeraden Indizes (B_{2n+1}) monoton absteigt.

Ist die Folge (b_n) durch Anwendung des Kettenbruchalgorithmus auf eine Zahl $x \in \mathbb{R} \setminus \mathbb{Q}$ entstanden, so gilt $\lim_{n\to\infty} B_n = x$.

Daher nennt man die Folge der Näherungsbrüche zu einer reellen Zahl x auch Kettenbruchentwicklung von x.

Für die Kettenbruchentwicklung einer reellen Zahl x gilt:

1. *Sie ist eindeutig bestimmt, wenn man bei rationalen Zahlen $x = [b_0, \dots, b_n]$ zusätzlich fordert, daß der letzte Koeffizient $b_n \geq 2$ sei.*
2. *Sie wird genau dann periodisch, wenn x algebraisch vom Grad ≤ 2, also Wurzel einer quadratischen Gleichung mit rationalen Koeffizienten ist.*
3. *Ist $\frac{p_n}{q_n} = [b_0, \dots, b_n]$ der (gekürzte) n-te Näherungsbruch, und ist*
   $$\frac{p}{q} \neq \frac{p_n}{q_n} \quad \text{mit} \quad 0 < q \leq q_n,$$
   so gilt
   $$|p_n - q_n x| < |p - qx|.$$

Die letzte Aussage bedeutet, daß die Kettenbruchentwicklung in gewissem Sinn die beste Approximation einer irrationalen x durch rationale Zahlen liefert.

Kettenbruchalgorithmus, ↗Kettenbruch.

Kettenfunktion, spezielles Element der ↗Inzidenzalgebra $\mathbb{A}_K(P)$ einer lokal-endlichen Ordung $P_\leq$ über einen Körper oder Ring K der Charakteristik 0.

Bezeichnen δ und ζ die Deltafunktion bzw. Zetafunktion von P, so ist die Kettenfunktion η durch die Gleichung $\eta := \zeta - \delta$ definiert. Für alle $a, b \in P$ und alle $l \in \mathbb{N}_0$ ist $\zeta^l(a, b)$ die Anzahl der ↗(a, b)-Ketten der Länge l in P.

Kettenkomplex, wird zum einen im engeren Sinne in der algebraischen Topologie für einen Komplex, erzeugt durch die simplizialen bzw. singulären Ketten, verwendet, zum anderen aber auch als Synonym für beliebige Komplexe abelscher Gruppen, Komplexe von Vektorräumen, etc..

Kettenlinie, auch Seilkurve genannt, eine ebene Kurve, die durch eine Gleichung der Form

$$y = \frac{1}{a} \cosh\left(\frac{x}{a}\right)$$

gegeben ist, in der $a \neq 0$ einen reellen Parameter bezeichnet (↗hyperbolische Cosinusfunktion).

Die Kettenlinie hat die Form eines an zwei Enden aufgehängten vollkommen biegsamen, nicht dehnbaren Seiles oder einer Kette.

Kettenpolynom, einer endlichen Ordnung zugeordnetes spezielles Polynom.

Sei $P_<$ eine endliche Ordnung, $x \in \mathbb{N}$, $\mathbb{N}_x := \{1 \lessdot 2 \lessdot \cdots \lessdot x\}$, und $M(\mathbb{N}_x, P)$ die Menge aller monotonen Abbildungen von $\mathbb{N}_x$ nach P. Dann heißt

$$\kappa(P, x) := |M(\mathbb{N}_x, P)|$$

das Kettenpolynom von $P_<$.

Bezeichnet $l = l(P)$ die Länge von P und u_k die Anzahl der Ketten der Länge k in P, $0 \leq k \leq l$, so gilt:

$$\kappa(P, x) = \sum_{k=0}^{l} \frac{u_k}{k!} [x - 1]_k,$$

wobei $[x]_n$ die ↗fallende Faktorielle bezeichnet.

$\kappa(P, x)$ ist also ein Polynom l-ten Grades mit höchstem Koeffizient $\frac{u_l}{l!}$ und Absolutglied $|P|$.

Kettenregel, eine der ↗Differentiationsregeln.

Die Kettenregel besagt, daß für eine an der Stelle x differenzierbare Funktion g und eine an der Stelle $g(x)$ differenzierbare Funktion f die Funktion $f \circ g$ an der Stelle x differenzierbar ist mit

$$(f \circ g)'(x) = f'(g(x))g'(x).$$

Dies gilt sowohl für $g : D \to \mathbb{R}$ mit $x \in D \subset \mathbb{R}$ und $f : g(D) \to \mathbb{R}$, als auch (wenn man x als inneren Punkt von D voraussetzt) allgemeiner für $g : D \to \mathbb{R}^n$ mit $D \subset \mathbb{R}^p$ und $f : g(D) \to \mathbb{R}^m$ bzw. für Funktionen zwischen normierten Vektorräumen, wobei dann $f(g(x))g'(x)$ das Produkt der Matrizen bzw. die Verkettung der linearen Abbildungen $f'(g(x))$ und $g'(x)$ ist.

Speziell erhält man für $F : \mathbb{R} \to \mathbb{R}$ mit $F(x) = f(g_1(x), \dots, g_n(x))$ für $x \in \mathbb{R}$, $g_1, \dots, g_n : \mathbb{R} \to \mathbb{R}$ und $f : \mathbb{R}^n \to \mathbb{R}$: Sind $g_1, \dots, g_n$ differenzierbar an der Stelle $t \in \mathbb{R}$ und f differenzierbar in $(g_1(t), \dots, g_n(t))$, so ist F differenzierbar an der Stelle t mit

$$F'(t) = \sum_{k=1}^{n} \left(\frac{\partial f}{\partial x_k} (g_1(t), \dots, g_n(t)) \right) g_k'(t).$$

Dies folgt aus der allgemeinen Kettenregel, wenn man $g(t) = (g_1(t), \dots, g_n(t))$ setzt.

kettenrekurrenter Punkt, Punkt $x \in M$ für einen ↗Fluß $(M, \mathbb{R}, \Phi)$ auf einem metrischen Raum (M, d), für den gilt: Für alle $\varepsilon > 0$ und $T > 0$ existieren ein $n \in \mathbb{N}$, Punkte $x_1, \dots, x_n \in M$, $t_0, \dots, t_n \in \mathbb{R}$ mit $t_i \geq T$ $(i \in \{0, \dots, n\})$ und

$$d(\Phi(x_i, t_i), x_{i+1}) < \varepsilon \quad (i \in \{0, \dots, n-1\}).$$

Die Menge $\mathcal{R}$ aller kettenrekurrenten Punkte von M wird die kettenrekurrente Menge von M genannt. Ist $\mathcal{R} = M$, so heißt der Fluß $(M, \mathbb{R}, \Phi)$ kettenrekurrent.

Die kettenrekurrente Menge $\mathcal{R}$ ist eine abgeschlossene ↗invariante Menge und enthält die nicht-wandernden Punkte von M.

Kettenring, *katenarischer Ring*, ein Ring, in dem für alle Primideale $\mathfrak{p} \subset \mathfrak{q}$ die ↗Kettenbedingung erfüllt ist.

Fast alle Noetherschen Ringe haben diese Eigenschaft.

key, Schlüsselfeld zur Identifikation eines Datensatzes.

Legt man Daten in einem relationalen Datenbanksystem ab, so werden die Datensätze in Form von Relationen, also von Tabellen, gespeichert. Jede Tabelle hat eine endliche Anzahl von Attributen, die den Spaltenüberschriften entsprechen. Hat eine gegebene Tabelle T die Attribute $A_1, ..., A_n$ mit den Wertebereichen $W_1, ..., W_n$, so sucht man nach einer Menge von Attributen, die für jeden Datensatz von T minimal identifizierend ist. Daher heißt eine Menge von Attributen $A = \{A_{i_1}, ..., A_{i_m}\} \subseteq \{A_1, ..., A_n\}$ ein Schlüssel oder auch ein key von T, falls gelten:

(1) A ist identifizierend für T, das heißt: stimmen zwei Datensätze $t_1, t_2 \in T$ auf den Attributen aus A überein, so gilt $t_1 = t_2$.

(2) Keine echte Teilmenge von A ist identifizierend.

Mit Hilfe dieses Schlüssels ist ein effizienter Zugriff auf die Datensätze in einer Tabelle möglich.

***k*-fach bogenzusammenhängender Digraph**, ein stark zusammenhängender Digraph (↗gerichteter Graph) D mit mindestens zwei Ecken, so daß $D - B'$ für alle $B' \subseteq B(D)$ mit $|B'| \leq k-1$ $(k \in \mathbb{N})$ stark zusammenhängend bleibt.

Die Idee der folgenden Charakterisierung des k-fachen Bogenzusammenhangs geht auf K. Menger (1927) zurück, aber explizit wurde sie erst 1956 durch L.R. Ford und D.R. Fulkerson sowie P. Elias, A. Feinstein und C.E. Shannon formuliert und bewiesen.

Ein Digraph ist genau dann k-fach bogenzusammenhängend, wenn für je zwei Ecken x und y des Digraphen k bogendisjunkte gerichtete Wege von x nach y existieren.

Ist D k-fach bogenzusammenhängend, aber nicht $(k+1)$-fach bogenzusammenhängend, so nennt man $k = \lambda(D)$ Bogenzusammenhangszahl von D.

Ersetzt man in einem ↗Graphen G jede Kante durch zwei entgegengesetzt gerichtete Bögen, so erhält man einen eindeutig definierten Digraphen $D(G)$. Nun erkennt man ohne Mühe, daß es eine bijektive Zuordnung der Wege in G (mit Berücksichtigung des Anfangspunktes) zu den gerichteten Wegen in $D(G)$ gibt. Diese Beobachtung führt nun leicht zu den beiden Identitäten $\lambda(D(G)) = \lambda(G)$ und $\kappa(D(G)) = \kappa(G)$, wobei $\lambda(G)$ die Kantenzusammenhangszahl, $\kappa(D(G))$ die starke Zusammenhangszahl und $\kappa(G)$ die Zusammenhangszahl bedeuten.

***k*-fach kantenzusammenhängender Graph**, ein ↗zusammenhängender Graph G mit mindestens zwei Ecken, so daß $G - K'$ für alle $K' \subseteq K(G)$ mit $|K'| \leq k-1$ $(k \in \mathbb{N})$ zusammenhängend bleibt.

Ist G k-fach kantenzusammenhängend, aber nicht $(k+1)$-fach kantenzusammenhängend, so nennt man $k = \lambda(G)$ Kantenzusammenhangszahl von G. Für einen zusammenhängenden Graphen G gilt genau dann $\lambda(G) = k$, wenn die kleinste trennende Kantenmenge aus k Kanten besteht.

Die Idee der folgenden Aussage stammt von K.Menger (1927), aber explizit wurde sie erst 1956 durch L.R. Ford und D.R. Fulkerson sowie P. Elias, A. Feinstein und C.E. Shannon angegeben.

Ein Graph ist genau dann k-fach kantenzusammenhängend, wenn zwischen je zwei verschiedenen Ecken k kantendisjunkte Wege existieren.

Bei der Konstruktion von „guten Einbahnstraßennetzen" ist das folgende tiefliegende Ergebnis von Nash-Williams (1960) sehr nützlich.

Jeder 2k-fach kantenzusammenhängende Graph besitzt eine ↗k-fach bogenzusammenhängende Orientierung.

Der Spezialfall $k = 1$, der nicht so schwierig zu beweisen ist, geht auf H.E. Robbins (1939) zurück.

***k*-fach stark zusammenhängender Digraph**, ein stark zusammenhängender Digraph (↗gerichteter Graph) D mit mindestens $k+1$ Ecken, so daß $D - E'$ für alle $E' \subseteq E(D)$ mit $|E'| \leq k-1$ $(k \in \mathbb{N})$ stark zusammenhängend bleibt.

Ist D k-fach stark zusammenhängend, aber nicht $(k+1)$-fach stark zusammenhängend, so nennt man $k = \kappa(D)$ starke Zusammenhangszahl von D.

Die folgende nützliche Charakterisierung des k-fachen starken Zusammenhangs geht im wesentlichen auf K.Menger (1927) zurück.

Ein Digraph ist genau dann k-fach stark zusammenhängend, wenn für je zwei Ecken x und y des Digraphen k kreuzungsfreie gerichtete Wege von x nach y existieren.

Dabei heißen k gerichtete Wege von einer Ecke x zu einer anderen Ecke y kreuzungsfrei, wenn diese bis auf x und y paarweise eckendisjunkt sind. Analog zu den ↗Graphen ergibt sich daraus unmittelbar

$$\kappa(D) \leq \lambda(D) \leq \delta(D),$$

wobei $\lambda(D)$ die Bogenzusammenhangszahl und $\delta(D)$ der Minimalgrad bedeuten.

***k*-fach zusammenhängender Graph**, ein ↗zusammenhängender Graph G mit mindestens $k+1$ Ecken, so daß $G - E'$ für alle $E' \subseteq E(G)$ mit $|E'| \leq k-1$ $(k \in \mathbb{N})$ zusammenhängend bleibt.

Ist G k-fach zusammenhängend, aber nicht $(k+1)$-fach zusammenhängend, so nennt man $k = \kappa(G)$ Zusammenhangszahl von G. Für einen zusammenhängenden Graphen G gilt genau dann $\kappa(G) = k$, wenn die kleinste trennende Eckemenge aus k Ecken besteht oder G der vollständige Graph K_{k+1} ist.

Im Jahre 1927 hat K.Menger die folgende berühmte und wichtige notwendige und hinreichende Bedingung für den k-fachen Zusammenhang eines Graphen entdeckt.

Ein Graph ist genau dann k-fach-zusammenhängend, wenn zwischen je zwei Ecken k kreuzungsfreie Wege existieren.

Dabei heißen k Wege von einer Ecke x zu einer anderen Ecke y kreuzungsfrei, wenn diese Wege bis auf x und y paarweise eckendisjunkt sind.

Aus der Mengerschen Charakterisierung ergibt sich unmittelbar ein Resultat von H. Whitney (1932), daß in einem 2-fach zusammenhängenden Graphen je zwei Ecken auf einem gemeinsamen Kreis liegen. Der Mengersche Satz führt auch schnell zu der nächsten Aussage, die ebenfalls auf H.Whitney (1932) zurückgeht.

Es gilt $\kappa(G) \leq \lambda(G) \leq \delta(G)$, wobei $\lambda(G)$ die Kantenzusammenhangszahl und $\delta(G)$ der Minimalgrad bedeuten.

***k*-Faktor**, ↗ Faktortheorie.

***k*-faktorisierbarer Graph**, ↗ Faktortheorie.

***k*-färbbarer Graph**, ↗ Eckenfärbung.

***k*-fehlererkennender Code**, ↗fehlererkennender Code.

***k*-fehlerkorrigierender Code**, ↗fehlerkorrigierender Code.

***K*-Funktional**, ↗reelle Interpolationsmethode.

kgV, ↗kleinstes gemeinsames Vielfaches.

Khachiyan, Verfahren von, ↗Ellipsoidmethoden.

Killing, Wilhelm Karl Joseph, deutscher Mathematiker und Lehrer, geb. 10.5.1847 Burbach, Westfalen, gest. 11.2.1923 Münster.

Killing begann 1865 sein Studium in Münster, wechselte aber bald darauf nach Berlin zu Kummer und Weierstraß. Letzterer betreute auch seine Dissertation, die er 1872 verteidigte. 1868 bis 1882 war Killing Gymnasiallehrer und Professor u. a. in Berlin. Danach lehrte er am Lyceum Hosianum Braunsberg. 1892 bis 1920 war er Professor für Mathematik an der Universität Münster.

Killing arbeitete auf dem Gebiet der algebraischen Geometrie. Er untersuchte 1888 bis 1890 Transformationsgruppen und verwendete die Resultate, um die einfachen Lie-Algebren zu klassifizieren.

Killingform, die im folgenden definierte Kenngröße einer Lie-Algebra.

k_{ij} ist die Killingform in einer Lie-Algebra, wenn folgende Beziehung gilt:

$$k_{ij} = C^l_{im}\, C^m_{jl}\,.$$

Dabei sind die C^l_{im} die Strukturkonstanten der Lie-Algebra, und in der angegebenen Formel muß über m und l summiert werden.

Die Killingform ist symmetrisch. Ist sie darüberhinaus noch invertierbar, so läßt sich sich zu einer linksinvarianten Metrik auf der der Lie-Algebra zugeordneten Lie-Gruppe fortsetzen. Andere Arten, die Killingform zu definieren, unterscheiden sich nur um einen Normierungs-Vorfaktor.

Killingsches Vektorfeld, ↗infinitesimale Isometrie.

kinetische Energiefunktion, ausgezeichnete ↗Hamilton-Funktion H auf dem ↗Kotangentialbündel einer Riemannschen Mannigfaltigkeit:

$$H(\alpha) := \frac{1}{2} g^{-1}(\alpha, \alpha),$$

wobei g^{-1} die durch die ↗Riemannsche Metrik g induzierte Fasermetrik auf dem Kotangentialbündel bezeichnet.

Die Dynamik von H wird durch den ↗geodätischen Fluß gegeben. Im n-dimensionalen Euklidischen Raum nimmt H die aus der Mechanik bekannte Form $H(q,p) = \sum_{i=1}^n p_i^2/2$ an.

kinetische Gastheorie, Statistik irreversibler Prozesse in Gasen.

Im Gegensatz zur Gleichgewichtsstatistik und Thermodynamik steht die zeitliche Entwicklung zum Gleichgewicht hin im Vordergrund. Dafür werden kinetische Gleichungen gesucht, die die zeitliche Entwicklung von Verteilungsfunktionen $f(\mathfrak{r}, \mathfrak{v}, t)$ beschreiben. Für die kinetische Gastheorie verdünnter Gase ist es die ↗Boltzmann-Gleichung. Dabei benötigt man ein Modell für die Wechselwirkung der Gasmoleküle (↗Boltzmannscher Stoßterm).

Aus den kinetischen Gleichungen werden Transportgleichungen gewonnen, die dann schließlich zur die Herleitung der Grundgleichungen der ↗Hydrodynamik herangezogen werden.

In der kinetische Gastheorie interessiert man sich vor allem für lokale Mittelwerte, d. h. Größen, die durch Mittelung über den Raum der Geschwindigkeiten $\mathfrak{v}$ entstehen. Eine solche Größe ist die lokale Entropie

$$H = -k \int f \ln f d\mathfrak{v}$$

(hier mit H statt S aus historischen Gründen bezeichnet). Mit der Boltzmann-Gleichung wird für H eine Kontinuitätsgleichung der Form

$$\frac{d}{dt}H + \operatorname{div}\mathfrak{S} = \mathrm{G} \geq 0$$

abgeleitet: Die zeitliche Änderung der Entropie H an einem Ort ergibt sich einmal durch Strömung und zum anderen durch die Ergiebigkeit einer Quelle. Für ein abgeschlossenes System gilt

$$\frac{d}{dt}\int H d\mathfrak{r} \geq 0 .$$

Diese Aussage ist als H-Theorem bekannt und bedeutet die Ableitung des zweiten Hauptsatzes der Thermodynamik. Aus der obigen Kontinuitätsgleichung ergibt sich im Falle, daß die Entropie keine Quelle hat und sich an einem Ort nur durch Strömung ändert, der Ausdruck $f = ae^{-\gamma(\mathfrak{v}-\mathfrak{u})^2}$, wobei die Größen a, γ und $\mathfrak{u}$ noch von $\mathfrak{r}$ und t abhängen können. Dieses f ist das lokale Maxwellsche Geschwindigkeitsverteilungsgesetz. Aus der Forderung, daß dieses f auch der Boltzmann-Gleichung genügen soll, ergeben sich Einschränkungen an die noch freien Funktionen.

Kirchhoff, Gustav Robert, deutscher Physiker und Mathematiker, geb. 12.3.1824 Königsberg, gest. 17.10.1887 Berlin.

Kirchhoff studierte in Königsberg unter anderem bei Gauß. Danach ging er nach Berlin, hatte dort eine Stelle als Dozent an der Berliner Universität, arbeitet 1850 bis 1854 an der Universität Breslau (Wroclaw), wirkte von 1854 bis 1875 als Professor für Physik an der Universität Heidelberg und kehrte 1875 zurück nach Berlin, um hier an der Universität eine Schule für theoretische Physik aufzubauen.

Kirchhoffs Hauptbetätigungsfeld war die Elektrizitätslehre. Schon als Student 1845/46 fand er die Gesetze der elektrischen Stromverzweigung (Kirchhoffsche Regeln). Er untersuchte die Ausbreitung der Elektrizität in elektrischen Leitern (insbesondere in Anwendung auf die Telegraphie) und präzisierte 1864 die Theorie über elektrische Schwingungen. Daneben beschäftigte er sich mit dem Emissions- und Absorptionsvermögen des Lichts bei glühenden Körpern (Kirchhoffsches Strahlungsgesetz), führte den Begriff des Schwarzen Körpers ein und behandelte Schwingungs- und Elastizitätsprobleme.

Seine 1874 erschienenen „Vorlesungen über mathematische Physik und Mechanik" waren eine der ersten Monographien zur mathematischen Physik.

Kirkman-Reiß, Satz von, ↗ Faktortheorie.

Kirkmansches Schulmädchenproblem, ↗ Endliche Geometrie.

***k*-Jet**, Klasse von Abbildungen der Berührordnung k.

Es sei $\Phi : M^m \to N^n$ eine glatte Abbildung der glatten Mannigfaltigkeiten M^m und N^n. M und N seien Gebiete im euklidischen Raum entsprechender Dimension. Die Klasse der sich im Punkt x aus M k-fach berührenden Abbildungen heißt Jet oder präziser k-Jet der glatten Abbildung Φ im Punkt x: $j_x^k(\Phi) = \{\Phi_1 : \Phi_1$ und Φ sind k-fach berührend im Punkt $x\}$.

Zwei Punkte heißen 0-berührend, wenn ihre Werte im Punkt x übereinstimmen. Die Berührung der Ordnung k ist eine Äquivalenzklasse.

Klammer, Zeichen zur Bezeichnung der Reihenfolge mathematischer Operationen. Bei der Berechnung komplizierter Terme kommt es häufig vor, daß die Reihenfolge der Operationen eine Rolle spielt. So muß beispielsweise häufig klargestellt werden, daß die übliche Reihenfolge, nach der zuerst Multiplikation und Division und anschließend Addition und Subtraktion ausgeführt werden, für einen bestimmten Term nicht einzuhalten ist. Dazu verwendet man in der Regel Klammern wie $(\cdots)$ oder $[\cdots]$. So ist zum Beispiel in dem Ausdruck $(a+b)\cdot c$ eine andere Reihenfolge der Operationen anzuwenden als in dem klammerfreien Ausdruck $a+b\cdot c$.

Oft werden Klammern auch verwendet, um bestimmte Elemente zusammenzufassen. So beschreibt man beispielsweise n-Tupel, reelle Intervalle und auch Mengen durch die Verwendung bestimmter Klammern.

Klammer-Produkt, veraltete Bezeichnung für Lie-Produkt, also das Ergebnis der Multiplikation in einer ↗ Lie-Algebra.

Das Produkt von a und b wird meist mit $[a, b]$ bezeichnet.

Klammerprozeß, ↗ quadratische Kovariation.

Klammersprache, *Dyck-Sprache*, kontextfreie, aber nicht reguläre Sprache über einem Alphabet der Form $\Sigma = \{a_1, \ldots, a_n, b_1, \ldots b_n\}$ $(n \geq 1)$, bestehend aus n sog. Klammerpaaren $[a_i, b_i]$, und bezeichnet mit D_n.

D_n wird durch die Regeln $[S, a_i S b_i]$ $(1 \leq i \leq n)$ sowie $[S, \varepsilon]$ und $[S, SS]$ aus dem Startsymbol S erzeugt.

Klammersprachen spiegeln die Regeln korrekter Klammerung mit n verschiedenen Klammerarten wider und gelten als besonders typische Vertreter der Klasse kontextfreier Sprachen.

Klartext, Text mit unmittelbar zu erkennender Information.

Der Klartext wird bei einer Verschlüsselung (↗Kryptologie) in einen Chiffretext/Chiffrat oder bei einer (↗Codierung) in einen Codetext transformiert.

Klasse, ↗ axiomatische Mengenlehre, ↗Klasseneinteilung.

Klasse aller Mengen, ↗ Allklasse.

Klasse der eindeutigen kontextfreien Sprachen, *ECF-Sprachen*, Menge der kontextfreien Sprachen, deren Ableitungsbaum (↗Grammatik) eindeutig bestimmt ist, d. h. zu denen nur eine Links- bzw. Rechtsableitung existiert.

Die Eindeutigkeit erleichtert die Definition der Sprachsemantik. ECF umfaßt die Klassen der Sprachen, die eine ↗LL(k)- oder eine ↗LR(k)-Grammatik besitzen.

Klasse der konstruktiblen Mengen, ↗ Konstruktibilitätsaxiom.

Klassenanzahl, ↗Klasseneinteilung.

Klassenbreite, ↗Klasseneinteilung.

Klasseneinteilung

B. Grabowski

Die Klasseneinteilung ist eine Methode zur Ermittlung von Hypothesen über die Gestalt der Dichtefunktion bzw. zur Verdichtung und Auswertung von Stichprobendaten einer stetigen Zufallsgröße. Sei X eine stetige Zufallsgröße mit dem Wertebereich $\mathfrak{X}$ und $(x_1, \ldots, x_n)$ eine konkrete Stichprobe von X. Um eine Vorstellung über die Gestalt der Verteilung von X in der zugrundeliegenden Grundgesamtheit zu bekommen, wird der Wertebereich $\mathfrak{X}$ von X in k disjunkte Intervalle $K_1, \ldots, K_k$, $K_i = (a_i^u, a_i^o]$, die auch Klassen genannt werden, zerlegt:

$$\mathfrak{X} = K_1 \cup K_2 \cup \cdots \cup K_k \quad \text{mit } K_i \cap K_j = \Phi \text{ für } i \neq j.$$

Anschließend werden die folgenden sogenannten Klassenhäufigkeiten der Stichprobendaten berechnet $(j = 1, \ldots n)$.

$H_n(K_i)$ - Anzahl der Beobachtungen x_j mit $x_j \in K_i$

$h_n(K_i) = \frac{H_n(K_i)}{n}$ - Anteil der Beobachtungen x_j mit $x_j \in K_i$

$H(i) = \sum_{l=1}^{i} H_n(K_l)$ -Anzahl der x_j mit $x_j \leq a_i^o$

$h(i) = \sum_{l=1}^{i} h_n(K_l)$ -Anteil der x_j mit $x_j \leq a_i^o$

$H_n(K_i)$ wird als absolute und $h_n(K_i)$ als relative Klassenhäufigkeit bezeichnet. $H(i)$ und $h(i)$ sind die absoluten und relative Summenhäufigkeiten bzw. kurz die kumulativen Klassenhäufigkeiten. Die tabellarische Darstellung liefert die sogenannte Klassenhäufigkeitstabelle:

K_i	$H_n(K_i)$	$h_n(K_i)$	$H(i)$	$h(i)$
K_1	$H_n(K_1)$	$h_n(K_1)$	$H(1)$	$h(1)$
⋮	⋮	⋮	⋮	⋮
K_k	$H_n(K_k)$	$h_n(K_k)$	$H(k) = n$	$h(k) = 1$
$\sum$	n	1		

Die Gesamtheit der absoluten bzw. relativen Klassenhäufigkeiten $H_n(K_i)$, $i = 1, \ldots, k$ bzw. $h_n(K_i)$, $i = 1, \ldots, k$ ergibt die absolute bzw. relative Klassenhäufigkeitsverteilung; ihre graphische Darstellung bezeichnet man als Histogramm, siehe Abbildung 1.

Bei der Darstellung des Histogramms verwendet man zur Skalierung der y-Achse i. allg. die sogenannte relative Häufigkeitsdichte

$$h_n^*(K_i) = \frac{h_n(K_i)}{\Delta K_i},$$

wobei $\Delta K_i = a_i^o - a_i^u$ die sog. Klassenbreite der Klasse K_i ist.

In diesem Fall ist die Fläche eines Balkens über der Klasse K_i gerade $h_n(K_i)$ groß. Die Gesamtfläche unter den Balken beträgt 1.

Oft werden nach einer Klasseneinteilung die Stichprobendaten $x_1, \ldots, x_n$ vernichtet und nur die Klassenhäufigkeitstabelle aufbewahrt. Damit geht die Information über die einzelnen Beobachtungen verloren; man weiß nur noch, wieviele Da-

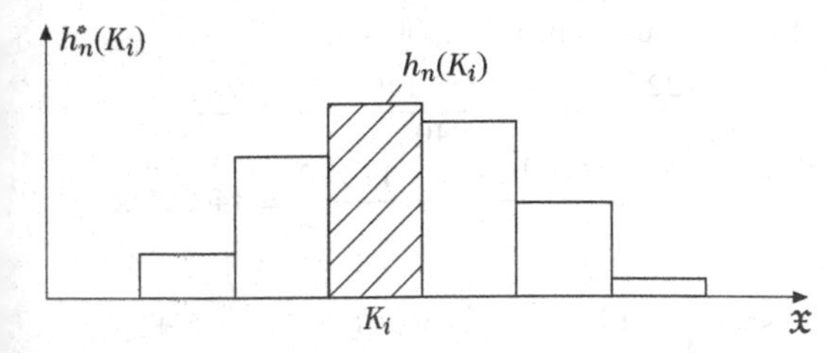

Abbildung 1: Histogramm einer Klasseneinteilung mit 6 Klassen

ten in welcher Klasse liegen, aber nicht mehr, wie sie in einer Klasse verteilt sind. Unter der Modellannahme, daß die Stichprobendaten in jeder Klasse gleichmäßig verteilt sind, wird diese Tabelle zur Approximation der empirischen Verteilungsfunktion und der empirischen Momente wie Mittelwert und Streuung, sowie zur Approximation der empirischen Quantile von X herangezogen.

Seien a_j^u die untere, a_j^o die obere Klassengrenze und $a_j' = \frac{a_j^u + a_j^o}{2}$ die Klassenmitte der Klasse K_j, dann wird die empirische Verteilungsfunktion $F_n(x)$ wie folgt approximiert:

$$\tilde{F_n}(x) = \begin{cases} 0, & \text{falls } x < a_1^u, \\ h(i-1) + \dfrac{(x - a_i^u)}{\Delta K_i} & \text{falls } x \in K_i, \\ 1 & \text{falls } x > a_k^o. \end{cases}$$

Unter der obigen Modellannnahme ist $\tilde{F_n}(x)$ gleich dem Anteil aller x_j mit $x_j \leq x$, siehe Abbildung 2a. Unter der obigen Modellanahme kann also das Histogramm als Schätzung der unbekannten Verteilungsdichte $f(x)$ von X betrachtet werden (↗ Dichteschätzung); die Fläche $\tilde{F_n}(b) - \tilde{F_n}(a)$ unter den Balken zwischen a und b ist unter der obigen Modellannahme gleich dem Anteil aller Beobachtungen x_j mit $a \leq x_j \leq b$ und wird dann als Schätzung der Wahrscheinlichkeit $P(a \leq X \leq b)$ verwendet, siehe Abbildung 2b.

Das empirische α-Quantil wird aus dem Histogramm, d. h. unter Verwendung von $\tilde{F_n}(x)$ geschätzt; aus der Definition des empirischen Quantils

$$\tilde{F_n}(\tilde{x}_\alpha) = \alpha$$

folgt nach Umstellung

$$\tilde{x}_\alpha = a_i^u + (\alpha - h(i-1))\Delta K_i$$

für $0 \leq \alpha \leq 1$.

Die Klasse K_i, in welcher das Quantil liegt, identifiziert man unter Benutzung der Häufigkeitstabelle; offensichtlich gilt

$$\tilde{x}_\alpha \in K_i \text{ genau dann, wenn } h(i-1) < \alpha \leq h(i).$$

Das arithmetische Mittel und die empirische Streuung werden approximiert durch

$$\tilde{x} = \sum_{i=1}^{k} a_i' h_n(K_i),$$

$$\tilde{s}^2 = \frac{1}{n-1} \sum_{i=1}^{k} (a_i' - \tilde{x})^2 H_n(K_i).$$

Dabei ist die Approximation von s^2 durch $\tilde{s}^2$ abhängig von der Klassenbreite; in der Regel ist $\tilde{s}^2 > s^2$, weshalb in der deskriptiven Statistik bei konstanter Klassenbreite $\Delta := \Delta K_i$ für alle $i = 1, \ldots, k$ anstelle von $\tilde{s}^2$ häufig die sogenannte Sheppardsche Korrekturformel

$$(s^{**})^2 = \tilde{s}^2 - \frac{(\Delta K)^2}{12}$$

verwendet wird.

Die Güte dieser nur unter Benutzung der Klassenhäufigkeitstabelle berechneten Schätzungen der Verteilungsfunktion, der Dichte, der Momente und der Quantile hängt wesentlich von der Wahl der Klassen, d. h. ihrer Lage (untere Grenze der ersten Klasse, deren Häufigkeit ungleich 0 ist), ihrer Zahl und ihrer Breite ab. Diese drei Werte werden in speziellen Anwendungen oft in Standards festgelegt. Man findet in der statistischen Literatur aber auch verschiedene allgemeine heuristische Regeln für die Wahl der drei Größen; so zum Beispiel die folgende:

Klassenzahl : $k \approx \sqrt{n}$, (runden), mit der Forderung $k \geq 5$.

Einzuteilender Bereich : $B = [x_{min} - \varepsilon; x_{max} + \varepsilon]$, wobei ε so gewählt wird, daß möglichst kein Wert auf eine Klassengrenze fällt. Die untere Grenze der

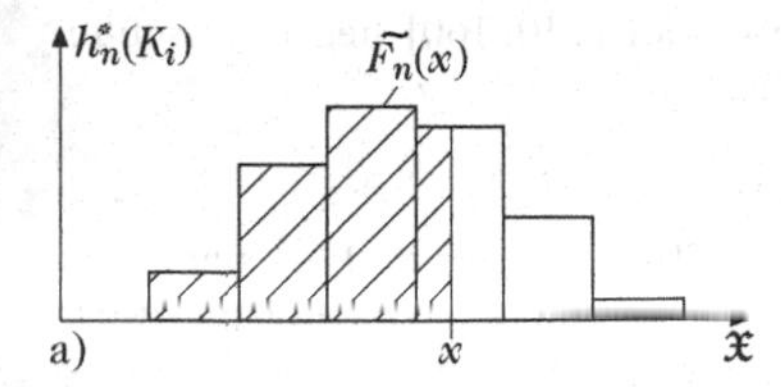

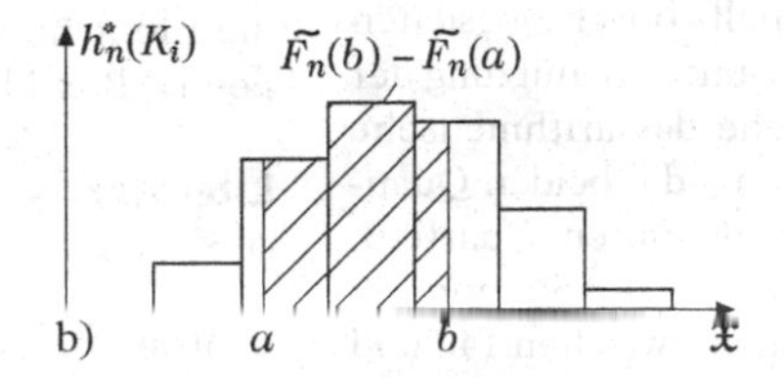

Abbildung 2: Darstellung der empirischen Verteilungsfunktion im Histogramm

ersten Klasse mit Häufigkeit ungleich 0 ist dann $a_1^u = x_{min} - \varepsilon$.

Klassenbreite: $\Delta K_i = \frac{B}{k}$, (aufrunden), $i = 1 \ldots, k$.

Beispiel. Bei der Produktion von Schrauben kommt es aufgrund der Technologie zu einer zufälligen Schwankung um eine gewünschte Normlänge von 150 mm. Es ist zu untersuchen, wie die Längen um die Norm schwanken. Dazu wurde eine Stichprobe von 40 Schrauben gemessen; es ergaben sich folgende Längen (in mm):

138	164	150	132	144	125	149	157
146	158	140	147	136	148	152	144
168	126	138	178	163	119	154	165
146	173	142	147	135	153	140	135
161	145	135	142	150	156	145	128

Hieraus erhalten wir in Anwendung der o.g. Empfehlungen zur Bildung der Klassen:

Klassenzahl: $\sqrt{n} = \sqrt{40} = 6,33, \rightarrow k = 7$

Einzuteilender Bereich: $x_{min} = 119, x_{max} = 176$. Wir wählen $\varepsilon = 1$, d. h., wir zerlegen den Bereich von 118 – 177 in 7 Klassen.

Klassenbreite: $\Delta K = \frac{177-118}{7} = 8,4$ $\rightarrow \Delta K = 9$.

Wir erhalten damit folgende Klassenhäufigkeitstabelle:

i	K_i	a_i'	$H_n(K_i)$	$h_n(K_i)$	$H(i)$	$h(i)$
1	118 – 126	122	3	3/40	3	3/40
2	127 – 135	131	5	5/40	8	8/40
3	136 – 144	140	9	9/40	17	17/40
4	145 – 153	149	12	12/40	29	29/40
5	154 – 162	158	5	5/40	34	34/40
6	163 – 171	167	4	4/40	38	38/40
7	172 – 180	176	2	2/40	40	1

Nachdem die Klassenhäufigkeitstabelle erstellt wurde, wurden die 40 Originalbeobachtungsdaten vernichtet. Es sollen nun nur unter Benutzung der vorliegenden Häufigkeitstabelle das arithmetische Mittel, die empirische Streuung, die beiden Quantile $\tilde{x}_{0,25}$ und $\tilde{x}_{0,75}$ (die sogenannten Quartile), sowie der Anteil der Schrauben (an der Stichprobe) bestimmt werden, die eine Länge zwischen 140 und 160 mm besitzen. Es ergibt sich:

$$\tilde{x} = \frac{122 \cdot 3 + 131 \cdot 5 + 140 \cdot 9 + 149 \cdot 12}{40} + \\ + \frac{158 \cdot 5 + 167 \cdot 4 + 176 \cdot 2}{40} = 146,975,$$

$$\tilde{s}^2 = \frac{1}{39}[(122 - \tilde{(x)})^2 \cdot 3 + (131 - \tilde{x})^2 \cdot 5 + \\ +(140 - \tilde{x})^2 \cdot 9 + (149 - \tilde{x})^2 \cdot 12 + \\ +(158 - \tilde{x})^2 \cdot 5 + (167 - \tilde{x})^2 \cdot 4 + \\ +(176 - \tilde{x})^2 \cdot 2] = 193,102,$$

sowie

$$(s^{**})^2 = 193,102 - \tfrac{9^2}{12} = 186,352.$$

Weiterhin sind

$$\tilde{x}_{0,25} \in K_3 \ (i = 3), \text{ da } 8/40 < 0,25 < 17/40,$$
$$\tilde{x}_{0,75} \in K_5 \ (i = 5), \text{ da } 29/40 < 0,75 < 34/40,$$

$$\begin{aligned} \tilde{x}_{0,25} &= a_3^u + (0,25 - h(2))\Delta K \\ &= 136 + (0,25 - 8/40) \cdot 9 \\ &= 136 + 0,05 \cdot 9 = 136,45, \end{aligned}$$

$$\begin{aligned} \tilde{x}_{0,75} &= a_5^u + (0,75 - h(4))\Delta K \\ &= 154 + (0,75 - 29/40) \cdot 9 \\ &= 154 + 0,025 \cdot 9 = 154,225. \end{aligned}$$

Für den Anteil der Schrauben, deren Länge im Intervall [140, 160] mm liegt, gilt schließlich ($160 \in K_5(i = 5)$, $140 \in K_3(i = 3)$):

$$\begin{aligned} &\tilde{F}_n(160) - \tilde{F}_n(140) = \\ &= h(4) + \frac{160 - 154}{9} - h(2) - \frac{140 - 136}{9} \\ &= 29/40 + 6/9 - 8/40 - 4/9 = 21/40 + 2/9 \\ &= 289/360 = 0,803. \end{aligned}$$

Mit diesen Daten kann man jetzt einen ↗χ^2-Anpassungstest zum Prüfen der zufälligen Länge auf Normalverteilung, die Berechnung von Konfidenzintervallen (↗Bereichsschätzung) für den unbekannten Erwartungswert und für die unbekannte Varianz der Länge aller Schrauben der Gesamtproduktion, sowie die Berechnung eines Konfidenzintervalls für die unbekannte Ausschußrate, d. h. den Anteil aller Schrauben an der Gesamtproduktion, die nicht im Intervall [140, 160] liegen, anschließen (↗Box-Plot).

Literatur

[1] Schwarze,J.: Grundlagen der Statistik I - Beschreibende Verfahren. Verlag Neue Wirtschafts-Briefe Herne/Berlin, 1990.

Klassengrenze, im Kontext ↗Neuronale Netze die Bezeichnung für die Menge aller Unstetigkeitsstellen einer ↗Diskriminanzfunktion.

Für eine andere Bedeutung des Begriffs vgl. ↗Klasseneinteilung.

Klassengruppe, *Idealklassengruppe*, die Gruppe der Äquivalenzklassen gebrochener ↗Ideale in einem algebraischen Zahlkörper K. Die Menge $\mathfrak{J}_K$ der gebrochenen Ideale in K bildet bzgl. der Idealmultiplikation eine abelsche Gruppe. Darin enthalten ist die Untergruppe der Hauptideale $\mathfrak{H}_K \subset \mathfrak{J}_K$. Die Faktorgruppe

$$\mathfrak{C}_K = \mathfrak{J}_K/\mathfrak{H}_K$$

ist die Klassengruppe des Zahlkörpers K; sie ist stets eine endliche abelsche Gruppe.

Die Ordnung (d. h. die Anzahl der Elemente)

$$h_K := |\mathfrak{C}_K|$$

heißt Klassenzahl von K.

Klassenhistogramm, ↗Histogramm, ↗Klasseneinteilung.

Klassenprototyp, Element einer Äquivalenzklasse.

Es seien M eine Menge und $\sim$ eine Äquivalenzrelation auf M. Für beliebiges $a \in M$ bezeichnet man die Menge $\{x \in M|\ a \sim x\}$ als die Äquivalenzklasse $[a]$. Ist dann $[a] \subseteq M$ eine beliebige Äquivalenzklasse bezüglich der Äquivalenzrelation $\sim$, so heißt jedes Element $x \in [a]$ ein Repräsentant oder auch Prototyp dieser Klasse.

Interessiert man sich bei den Elementen von M nur für die Eigenschaften, die im Hinblick auf $\sim$ von Bedeutung sind, so genügt es, einen Prototypen einer Klasse zu betrachten, um die gesamte Klasse zu erfassen.

Klassenvariable, ↗axiomatische Mengenlehre.

Klassenzahl, die Anzahl der Elemente der ↗Klassengruppe.

Klassenzahlformel, eine explizite Formel zur Berechnung der Klassenzahl h_K eines quadratischen Zahlkörpers $K = \mathbb{Q}(\sqrt{d})$ mit dem Charakter χ und der Diskriminante d: Ist $d > 0$, so gilt:

$$h_K = -\frac{1}{\log \varepsilon} \sum_{0<a<d/2} \chi(a) \log\left|1 - e^{-2\pi i a/d}\right| ,$$

wobei ε die durch $\varepsilon > 0$ eindeutig festgelegte Grundeinheit der Einheitengruppe des Ganzheitsrings von K bezeichnet. Ist $d < -4$, so gilt:

$$h_K = \frac{1}{2 - \chi(2)} \sum_{0<a<|d|/2} \chi(a) .$$

Klassifikation, *Klassifizierung*, allgemeiner Begriff zur Charakterisierung von Objekten.

Ist M eine Menge, so bezeichnet man den Vorgang der systematischen Einteilung der Elemente von M, die durch gemeinsame Eigenschaften miteinander verbunden sind, als Klassifikation. Mathematisch gesehen entspricht dies dem Aufstellen einer Äquivalenzrelation, mit deren Hilfe dann die Äquivalenzklassen gebildet werden können (↗Klassenprototyp, ↗Klasseneinteilung).

Klassifikation partieller Differentialgleichungen, Einteilung von partiellen Differentialgleichungen zweiter und höherer Ordnung zum Zweck geeigneter Lösungsfindung und für Eindeutigkeitsaussagen.

Ausgangspunkt ist die allgemeine quasilineare Gleichung der Form

$$\sum_{i,j}^{n} a_{ij} u_{x_i x_j} + F(x_1, \ldots, x_n, u, u_{x_1}, \ldots, u_{x_n}) = 0$$

mit unbekannter Funktion u in n Koordinaten $x_1, \ldots, x_n$ in einem Gebiet G. Auch die a_{ij} können von den x_i abhängen. Die auftretenden Ableitungen seien als stetig vorausgesetzt, woraus insbesondere die Symmetrie $u_{x_i x_j} = u_{x_j x_i}$ und somit $a_{ij} = a_{ji}$ folgt. Zur eigentlichen Klassifikation betrachtet man die quadratische Form

$$Q(\xi_1, \ldots, \xi_n) = \sum_{i,j=1}^{n} a_{ij} \xi_i \xi_j$$

und die Eigenwerte λ_i der zugehörigen, aus den a_{ij} gebildeten Matrix A, welche alle reell sind. Die Differentialgleichung heißt dann *elliptisch*, wenn alle $\lambda_i \neq 0$ sind und dasselbe Vorzeichen haben. Sie heißt *hyperbolisch*, wenn alle $\lambda_i \neq 0$ sind und außer genau einem dasselbe Vorzeichen haben. Sie heißt *ultrahyperbolisch*, falls alle $\lambda_i \neq 0$ sind und mindestens je zwei positiv und negativ sind (nur möglich für $n \geq 4$). Schließlich heißt sie *parabolisch*, wenn mindestens ein $\lambda_i = 0$ ist.

Falls die a_{ij} nicht konstant sind, kann der Typ innerhalb des Definitionsgebiets G variieren. Beispielsweise ist die Gleichung

$$x_2 u_{x_1 x_1} + 2x_2 u_{x_1 x_2} + (x_1 + x_2) u_{x_2 x_2} + F = 0$$

im ersten und dritten Quadranten der x_1x_2-Ebene elliptisch, im zweiten und vierten Quadranten hyperbolisch, und auf den Koordinatenachsen parabolisch. Eine solche Gleichung heißt auch von *gemischtem Typ*.

Für $n = 2$ (bzw. für Gleichungen mit konstanten Koeffizienten) läßt sich darüberhinaus eine sogenannte Normalform bestimmen, die im wesentlichen aus einer Hauptachsentransformation der Matrix A entsteht. In diesem Zusammenhang interessiert man sich für die sogenannten charakteristischen Flächen $w(x_1, \ldots, x_n) = 0$, die die charakteristische Differentialgleichung

$$\sum_{i,j=1}^{n} a_{ij} w_{x_i} w_{x_j} = 0$$

erfüllen. Es sind dies die einzigen Flächen, auf denen die zweiten Ableitungen von u Unstetigkeiten haben können. Beispielsweise gibt es für elliptische Gleichungen keine reellen charakteristischen Flächen. Somit sind alle ihre Lösungen glatt.

Aus der Äquivalenz der Existenz von charakteristischen Flächen mit den einzelnen Gleichungsklassen zweiter Ordnung lassen sich die Klassifizierungsbegriffe auch auf Gleichungen höherer Ordnung übertragen. Ebenso finden sich diese Begriffe bei der Klassifizierung von Systemem partieller Differentialgleichungen erster Ordnung in zwei unabhängigen Variablen der Form

$$\boldsymbol{A}u_x + \boldsymbol{B}u_y = \boldsymbol{C}u + \boldsymbol{d},$$

wobei $\boldsymbol{A}$, $\boldsymbol{B}$ und $\boldsymbol{C}$ $(n \times n)$-Matrixfunktionen der Variablen x und y sind und $\boldsymbol{d}$ und $\boldsymbol{u}$ Vektorfunktionen der Dimension n. Ist etwa $\boldsymbol{B}$ regulär, so kann die Gleichung mit $\boldsymbol{B}^{-1}$ multipliziert werden und man kann o.B.d.A. von einer Gleichung der Form

$$u_y + \boldsymbol{A}u_x = \boldsymbol{C}u + \boldsymbol{d}$$

ausgehen, nach der sich das System wie folgt klassifizieren läßt: Falls alle Eigenwerte von $\boldsymbol{A}$ reell sind und es n linear unabhängige Eigenvektoren dazu gibt, dann heißt das System *hyperbolisch*. Falls es mehrfache reelle Eigenwerte und weniger als n linear unabhängige Eigenvektoren gibt, heißt das System *parabolisch*. Falls alle Eigenwerte komplex sind, heißt das System *elliptisch*. Im Falle, daß $\boldsymbol{B}$ singulär ist (und damit nicht invertierbar), kommt man zu analogen Definitionen durch Betrachtung des verallgemeinerten Eigenwertproblems.

Eine weitere Art der Klassifikation, die unabhängig von der bisher betrachteten ist, kommt aus der Stabilitätstheorie partieller Differentialgleichungen. Dabei betrachtet man zunächst lineare homogene Gleichungen zweiter Ordnung in zwei Variablen der Form

$$Au_{xx} + 2Bu_{xt} + Cu_{tt} + Du_x + Eu_t + Fu = 0$$

mit reellen Konstanten $A, B, \ldots, F$. Gesucht seien exponentielle Lösungen der Form

$$u(x,t) = a(k)e^{ikx+\lambda(k)t}$$

mit reellem Parameter k, konstantem $a(k)$ und zu wählendem $\lambda(k)$. Untersucht wird das Verhalten für wachsendes t, wofür sich der Term $\text{Re}\,\lambda(k)$ als der bestimmende erweist. Setzt man

$$\Omega := \text{lub Re}\,\lambda(k)$$

(lub=größte obere Schranke) als den sogenannten Stabilitätsindex, so nennt man eine Gleichung *instabil*, falls $\Omega > 0$; *stabil*, falls $\Omega < 0$; *neutral stabil*, falls $\Omega = 0$; *konservativ*, falls $\text{Re}\,\lambda(k) = 0$ für alle k; *dispersiv*, falls sie konservativ ist und die zweite Ableitung von $\text{Im}\,\lambda(k)$ nicht verschwindet; *dissipativ*, falls $\Omega \leq 0$ und $\text{Re}\,\lambda(k) < 0$ bis auf endlich viele k. Diese Unterscheidungen lassen sich auf lineare Gleichungen höherer Ordnung und auf Systeme mit konstanten Koeffizienten erweitern.

[1] John, F.: Partial Differential Equations. Springer-Verlag, New York, 1986.

[2] Zauderer, E.: Partial Differential Equations and Applied Mathematics. John Wiley & Sons, New York, 1989.

Klassifikation von Differentialgleichungen, gängige Vorgehensweise, um eine Information über den Typus der vorgelegten Differentialgleichung zu erhalten.

Differentialgleichungen werden nach bestimmten Eigenschaften klassifiziert. Man unterscheidet partielle Differentialgleichungen, für die es nochmals ein eigenes Klassifikationssystem gibt (↗Klassifikation partieller Differentialgleichungen) und ↗gewöhnliche Differentialgleichungen. Innerhalb dieser beiden Klassen wird zwischen expliziten und impliziten Differentialgleichungen unterschieden (↗explizite Differentialgleichung, ↗implizite Differentialgleichung) sowie zwischen linearen und nichtlinearen (↗lineare Differentialgleichung, ↗nichtlineare Differentialgleichung). Daneben werden Differentialgleichungen noch nach ihrer Ordnung unterschieden.

Die Gründe für diese Klassifikation liegen u. a. darin, daß sich die meisten Sätze über Existenz und Eindeutigkeit der Lösung auf bestimmte Klassen von Differentialgleichungen beziehen. Für bestimmte Typen ist die Lösung auch bekannt, kann somit nach der richtigen Klassifikation sofort angegeben werden.

Klassifikation von Flächen, die Einteilung kompakter komplexer Flächen (2-dimensionaler ↗komplexer Mannigfaltigkeiten).

Wenn $\kappa(X)$ die ↗Kodaira-Dimension bezeichnet, so gibt es in jeder Klasse von birational äquivalenten (oder bimeromorph äquivalenten) Flächen ausgezeichnete glatte Modelle, die im Falle $\kappa(X) \geq 0$ bis auf Isomorphie eindeutig bestimmt sind. Eine Grobstruktur dieser Modelle wird durch die Klassifikation beschrieben, gewöhnlich als Enriques-Klassifikation oder Enriques-Kodaira-Klassifikation bezeichnet. Zur Klassifikation werden neben der Kodaira-Dimension noch die Plurigeschlechter (↗Kodaira-Dimension) $P_m(X)$, (wobei es ausreicht, $P_1(X) = p_g(X)$, geometrisches Geschlecht genannt, und $P_{12}(X)$ zu betrachten), die Irregularität $q(X) = \dim H^1(X, \mathcal{O}_X)$ sowie die erste Betti-Zahl $b_1(X)$ herangezogen.

Die Klassifikation sagt aus, welche Kombinationen dieser Invarianten vorkommen, und erlaubt in den meisten Fällen auch eine genauere Beschreibung der Struktur dieser Flächen. Die Invarianten sind (für Flächen) alle invariant unter Deformationen.

Wichtige topologische Invarianten sind die Chern-Zahlen (↗ Chern-Klassen) $(c_1^2) = (K_X^2)$, (Selbstschnittzahl der kanonischen Klasse) und $c_2 = e$ (topologische Euler-Charakteristik).

Folgende Relationen bestehen zwischen diesen Invarianten:

$$12(1 - q + p_g) = (K^2) + e \quad \text{(Max Noether)},$$

$$\frac{(K^2) - 2e}{3} = \sigma \quad \text{(F. Hirzebruch)}, .$$

$$(K^2) \leq 3e \quad \text{(Miyaoka-Yau)},$$

$$(K^2) \geq 2p_g - 4 \quad \text{(Max Noether)};$$

Hierbei ist σ die Signatur des Schnittproduktes auf $H^2(X, \mathbb{R})$ (oder $H_2(X, \mathbb{R})$). Die letzten beiden Ungleichungen beziehen sich auf minimale Modelle.

Es ergibt sich folgende Tabelle:

κ	p_g	P_{12}	q	b_1	Name, Struktur
2		> 0			algebraische Fläche vom allgemeinen Typ
1					elliptische Fläche vom allgemeinen Typ
	1	1	2	4	Komplexer Torus
	1	1	2	3	elliptische Flächen mit trivialem kanonischem Bündel
0	0	1	1	2	hyperelliptische Fläche
	0	1	1	2	elliptische Flächen aus Klasse VII
	1	1	0	0	$K3$-Flächen
	0	1	0	0	Enriques-Flächen
			0	0	rationale Flächen
$-\infty$	0	0	≥ 1	$2q$	Regelflächen vom Geschlecht q
			1	1	Flächen der Klasse VII

Dabei ist $(K^2) > 0$ für Flächen vom allgemeinen Typ, $(K^2) = 0$ für Flächen mit $\kappa(X) = 0$ oder 1, $(K^2) = 8(1 - q)$ für Regelflächen, $(K^2) = 9$ für $\mathbb{P}^2$ und $(K^2) \leq 0$ für Flächen der Klasse VII. e ergibt sich dann aus Noethers Formel.

Hierbei versteht man unter einer Regelfläche vom Geschlecht q eine Faserung $X \longrightarrow B$ über einer glatten Kurve B vom Geschlecht q mit der allgemeinen Faser $\mathbb{P}^1$. Eine elliptische Fläche ist eine Fläche mit einer Faserung $X \xrightarrow{p} B$, deren allgemeine Fasern ↗ elliptische Kurven sind. Wenn $\kappa(X) = 1$ ist und $R_\bullet(X)$ den kanonischen Ring bezeichnet, erhält man eine ausgezeichnete derartige Faserung durch die Kodaira-Faserung $X \longrightarrow B = \text{Proj}\,(R_\bullet(X))$. Solche elliptischen Faserungen heißen „elliptisch vom allgemeinen Typ". Hyperelliptische Flächen sind Flächen mit einer elliptischen Faserung $X \longrightarrow B$ über einer elliptischen Kurve so, daß alle Fasern isomorph zu einer elliptischen Kurve F sind und $b_1(X) = 2$ ist. Diese Flächen sind algebraisch und besitzen eine abelsche Fläche als unverzweigte Überlagerung.

K3-Flächen sind einfach zusammenhängende Flächen, auf denen eine nirgends verschwindende holomorphe 2-Form existiert. Beispiele sind glatte Flächen vom Grad 4 im $\mathbb{P}^3$ und Doppelüberlagerungen der projektiven Ebene mit einer Verzweigungskurve vom Grad 6. Alle K3-Flächen sind diffeomorph zueinander und besitzen eine Kähler-Metrik.

Enriques-Flächen sind solche, die man als Quotienten von $K3$-Flächen nach einer fixpunktfreien holomorphen Involution erhält. Sie sind alle algebraisch, und die Isomorphieklassen „bilden" eine 10-dimensionale komplex-analytische Familie. Bemerkenswert ist, daß die Existenz von Enriques-Flächen zeigt, daß die Bedingung $p_g(= P_1) = 0$ und $q = 0$ nicht ausreicht, um Rationalität zu charakterisieren.

Am wenigsten bekannt sind Flächen der Klasse VII, Beispiele dafür sind Hopf-Flächen (Flächen mit der universellen Überlagerung $\mathbb{C}^2 \setminus \{0\}$, z. B. Quotienten nach der von einem Automorphismus $(z_1, z_2) \mapsto (\alpha_1 z_1, \alpha_2 z_2)$ mit $0 < |\alpha_1| \leq |\alpha_2| < 1$ erzeugten zyklischen Gruppe; solche Quotienten sind diffeomorph zu $S^1 \times S^3$).

Die Klasse der Flächen vom allgemeinen Typ ist die größte Klasse. Ihre Klassifizierung würde auf die Klassifizierung der entsprechenden kanonischen Ringe (↗ Kodaira-Dimension) hinauslaufen, da sie vollständig durch diese bestimmt sind.

Klassifizierung, ↗ Klassifikation.

klassische Logik, wichtigstes Teilgebiet der mathematischen Logik, in dem das Prinzip der Zweiwertigkeit (siehe ↗ Aussagenkalkül) volle Gültigkeit besitzt, d. h., zur Bewertung des Informationsgehalts einer ↗ Aussage kommen nur die Wahrheitswerte wahr (oder 1) bzw. falsch (oder 0) in Betracht.

Die klassische Mathematik benutzt die Ergebnisse und Methoden der klassischen Logik zur Definition ihrer mathematischen Objekte, zur Beschreibung der Beziehungen zwischen diesen Objekten und zum Beweis der Theoreme. Das Prinzip der Zweiwertigkeit erlaubt die uneingeschränkte Benutzung der Methode des indirekten Beweisens (↗Beweismethoden). Die klassische Mathematik geht davon aus, daß alle Objekte exakt (scharf) definiert und Aussagen stets so präzise formuliert sind, daß sie einen Sachverhalt genau widerspiegeln oder ihn verfehlen, d. h., daß jede Aussage entweder wahr oder falsch ist. Dieses „philosophische Prinzip" wird allerdings nicht von allen Mathematikern akzeptiert (siehe auch ↗Fuzzy-Logik, ↗mehrwertige Logik).

klassisches Marktspiel, eine spezielle Form eines kooperativen Spiels.

Dabei geht man vom Vorhandensein eines Markts aus, der mathematisch wie folgt modelliert ist: Für jeden Teilnehmer $i \in I$ am Markt (I ist die Menge der Spieler) existiert ein Vektor $a_i \in \mathbb{R}^m$, $a_i \geq 0$, von anfänglichen Ressourcen, sowie eine Gewinnfunktion g_i. Nun konstruiert man daraus ein kooperatives Spiel, indem man als Bewertung (charakteristische Funktion) einer Koalition aus den Spielern $K \subseteq I$ die Funktion

$$v(K) := \max\left\{\sum_{i\in K} g_i(x_i), x_i \in \mathbb{R}^m_+, \sum_{i\in K} x_i = \sum_{i\in K} a_i\right\}$$

ansetzt.

Als Verteilungen betrachtet man speziell Vektoren $p = (p_1, \ldots, p_m)$ mit $p_i = g_i(x_i)$ und $x_i \in \mathbb{R}^m$, $x_i \geq 0$ so, daß

$$\sum_{i\in I} x_i = \sum_{i\in I} a_i$$

gilt.

Klee, Satz von, Aussage über die Trennung konvexer Mengen in Banachräumen:

Ein Banachraum ist reflexiv, wenn je zwei nicht leere abgeschlossene, beschränkte und konvexe disjunkte Mengen durch eine abgeschlossene Hyperebene getrennt werden können (↗Hahn-Banach-Sätze).

Die Umkehrung gilt auch und folgt unmittelbar aus dem Trennungssatz von Hahn-Banach, denn dann sind die zu trennenden Mengen schwach kompakt.

Kleene, Stephen Cole, amerikanischer Mathematiker, geb. 5.1.1909 Hartford (Connecticut), gest. 25.1.1994 Madison (Wisconsin).

Kleene studierte Mathematik am Amherst College. Er promovierte 1935 an der Princeton University bei Church und arbeitete danach an der Wisconsin University in Madison.

Kleene arbeitete auf dem Gebiet der rekursiven Funktionen. Zusammen mit Church, Gödel, Turing und anderen entwickelte er die Rekursionstheorie (↗Berechnungstheorie).

Mit dem Kleeneschen Normalformtheorem und der Einführung des Begriffes der partiell rekursiven Funktion (↗μ-rekursive Funktion) gelang ihm eine natürliche Gliederung der Prädikate nach ihrer Kompliziertheit. Gemeinsam mit Post entwickelten er die Unlösbarkeitsgrade für mathematische Probleme (P-, NP-Probleme, Berechenbarkeit, Aufzählbarkeit). Ab 1951 befaßte er sich auch mit Automatentheorie.

Kleene-Hierarchie, ↗arithmetische Hierarchie.

Kleenescher Fixpunktsatz, wichtiger Satz innerhalb der ↗Berechnungstheorie, aufgestellt von von S.C. Kleene im Jahre 1938:

Falls f eine ↗total berechenbare Funktion ist, so gibt es einen Index $e \in \mathbb{N}$ so, daß $\varphi_e = \varphi_{f(e)}$.

Hierbei ist $\varphi_1, \varphi_2, \ldots$ eine Aufzählung aller ↗partiell-rekursiven Funktionen.

Kleenesches Normalformtheorem, wichtiger Satz innerhalb der ↗Berechnungstheorie, aufgestellt von von S.C. Kleene im Jahre 1936:

Für jedes $n \in \mathbb{N}_0$ gibt es eine einstellige ↗primitiv-rekursive Funktion U und ein $(n+2)$-stelliges ↗primitiv-rekursives Prädikat T so, daß zu jeder n-stelligen ↗μ-rekursiven Funktion f ein $k \in \mathbb{N}_0$ existiert mit

$$f(x_1, \ldots, x_n) = U(\mu y T(k, x_1, \ldots, x_n, y))$$

für alle $x_1, \ldots, x_n$.

Inhaltlich besagt der Satz, daß man bei der Definition einer beliebigen μ-rekursiven Funktion mit höchstens einer Anwendung des μ-Operators auskommt.

Das Resultat läßt sich leicht auf imperative Programmiersprachen übertragen: So kommt im Prinzip jedes PASCAL- oder ↗WHILE-Programm mit einer einzigen WHILE-Schleife aus.

Klein, Christian Felix, deutscher Mathematiker, geb. 25.4.1849 Düsseldorf, gest. 22.6.1925 Göttingen.

Klein, Sohn eines Beamten, besuchte zuerst eine Privatschule, dann ein humanistisches Gymnasium in Düsseldorf und begann 1865 ein Studium der Mathematik und Naturwissenschaften an der Universität Bonn. Ab 1866 Vorlesungsassistent für Physik bei J. Plücker, wurde er gut mit dessen geometrischen Arbeiten vertraut und nach dem plötzlichen Tod Plückers mit der Herausgabe des zweiten Bandes von dessen Buch „Neue Geometrie des Raumes" beauftragt. Nach der Promotion 1868 mit einem Thema zur Liniengeometrie setzte Klein seine Studien in Göttingen und im Wintersemester 1869/70 in Berlin fort. Hier lernte er O. Stolz und S. Lie kennen und ging mit letzterem im Sommer 1870 nach Paris, das er wegen des Deutsch-Französischen Krieges vorzeitig verließ. Nach kurzem Militärdienst und der Habilitation 1871 in Göttingen lehrte er als Professor an den Universitäten

Erlangen (1872–1875) und Leipzig (1880–1886) sowie an der Technischen Hochschule München (1875–1880). 1886 nahm er einen Ruf an die Universität Göttingen an, an der er bis zur vorzeitigen Emeritierung 1913 tätig war.

Der Ausbau der Liniengeometrie bildete Kleins erstes Forschungsthema. Unter konsequenter Benutzung homogener Koordinaten und Anwendung der Weierstraßschen Elementarteilertheorie gelang ihm eine Klassifikation der Linienkomplexe zweiten Grades. Zusammen mit Lie entdeckte er dann wichtige Eigenschaften der Kummerschen Fläche, der Singularitätenfläche eines allgemeinen Linienkomplexes zweiten Grades, und offenbarte dabei seine außergewöhnliche geometrische Intuition. Von herausragender Bedeutung waren dann Kleins projektive Begründung der nichteuklidischen Geometrien und das „Erlanger Programm" zu Beginn der 70er Jahre. Ausgehend von der von Ch. v. Staudt ohne Rückgriff auf metrische Elemente gegebenen Definition projektiver Koordinaten klärte Klein die Beziehungen zwischen projektiver Geometrie und metrischen Verhältnissen auf, bettete die nichteuklidischen Geometrien mit Hilfe der Cayleyschen Maßbestimmung in die projektive Geometrie ein, und konstruierte ein Modell der hyberbolischen Geometrie in der euklidischen Ebene. Unter Einbeziehung gruppentheoretischer Methoden konnte Klein in den „Vergleichende(n) Betrachtungen über neuere geometrische Forschungen" scheinbar divergierende Richtungen der Geometrie unter einheitlichen Gesichtspunkten zusammenfassen: Jeder Geometrie ordnete er eine Transformationsgruppe zu, und die Geometrie ist durch die bei den Transformationen der Gruppe invarianten Eigenschaften charakterisiert. Diese progammatische Schrift (↗„Erlanger Programm") wurde in 6 Sprachen übersetzt und hat die nachfolgende geometrische Forschung stark beeinflußt. Grundlegende Beiträge lieferte Klein auch zur komplexen Funktionentheorie und zu automorphen Funktionen. Er hat viele der Riemannschen Ideen im Detail entwickelt und die sehr fruchtbaren Verbindungen zur Zahlentheorie, zur Algebra, zur mehrdimensionalen Geometrie und zur Theorie der Differentialgleichungen sowie zur Potentialtheorie aufgezeigt. Der Riemannschen Fläche gab er eine allgemeine Definition und machte sie zum Grundbestandteil der gesamten Theorie. 1882 publizierte er eine umfassende Ausarbeitung der geometrischen Funktionentheorie „Riemanns Theorie der algebraischen Funktionen und ihrer Integrale". Besondere Aufmerksamkeit widmete Klein den automorphen und den Modulfunktionen, wo er im Wettstreit mit H. Poincaré wertvolle Resultate zur Uniformiserung erzielte. Im Vergleich zu Poincaré war Kleins Zugang geometrisch-algebraisch bestimmt und weniger analytisch. Im Mittelpunkt standen die Funktionen mit Grenzkreisgruppen, Klein fand jedoch auch diskontinuierliche Gruppen linearer Transformationen, die nicht zu diesen Typen gehörten, sog. Kleinsche Gruppen. In diesem Kontext formulierte er interessante Ergebnisse zu den von L. Fuchs untersuchten Differentialgleichungen und gab eine Methode an, um alle algebraisch integrierbaren linearen Differentialgleichungen zweiter Ordnung anzugeben.

Ein weiteres Beispiel seines Geschicks beim Zusammenführen von Elementen aus verschiedenen mathematischen Gebieten zur Lösung eines Problems lieferte Klein bei der Behandlung der allgemeinen Gleichung 5. Grades. Durch die Vereinigung von Resultaten aus der Lösungstheorie algebraischer Gleichungen, der Gruppentheorie, der Funktionentheorie, der Theorie des Ikosaeders und über Differentialgleichungen gelang ihm der Aufbau einer vollständigen Lösungstheorie für diese Gleichungen und damit die Vollendung der Vorarbeiten von L. Kronecker, C. Hermite und F. Brioschi.

In den 90er Jahren wandte sich Klein verstärkt Fragen der Physik und der Anwendungen der Mathematik sowie wissenschaftsorganisatorischen Aufgaben zu. So publizierte er 1897/98 zusammen mit A. Sommerfeld die „Theorie des Kreisels", ein Standardwerk der theoretischen Mechanik. In dem Bestreben, das Ansehen der Mathematik zu erhöhen und mathematische Kenntnisse stärker publik zu machen, beteiligte er sich maßgeblich an der Herausgabe der „Mathematischen Annalen" sowie an der Organisation und Abfassung der „Encyklopädie der mathematischen Wissenschaften mit Einschluß ihrer Anwendungen" und förderte die Gründung mathematischer Gesellschaften. Weiterhin bemühte er sich, unter den Mathematikern das Interesse für Anwendungen der Mathematik zu wecken und unter den Ingenieuren eine größere Akzeptanz der Mathematik zu erreichen. Sehr stark engagierte er sich auch für den mathematischen Unterricht in Deutschland und initiierte eine Umgestaltung desselben (Meraner Programm).

Aus seiner Mitarbeit an dem Werk „Kultur der Gegenwart" ging eine zweibändige Monographie über die Entwicklung der Mathematik im 19. Jahrhundert hervor. Klein suchte bewußt den Kontakt zu führenden Vertretern aus Wirtschaft und Politik, um sich die nötige Unterstützung für seine Pläne zu sichern, insbesondere die finanzielle Absicherung der anwendungsbezogenen Forschung. Er initiierte die Gründung der Göttinger Vereinigung zur Förderung der angewandten Physik und Mathematik und erlangte durch enge Beziehungen zum preußischen Kultusministerium einen beträchtlichen Einfluß auf die Berufungspolitik an deutschen Hochschulen.

kleine Kategorie, eine ↗Kategorie, in der die Klasse der Objekte eine Menge ist.

kleiner Fermatscher Satz, von Fermat in einem Brief an Frenicle de Bessy 1640 ohne Beweis mitgeteilte Behauptung:

Ist p eine Primzahl, dann gilt für jede ganze Zahl a die Kongruenz $a^p \equiv a \bmod p$; *ist a nicht durch p teilbar, so gilt* $a^{p-1} \equiv 1 \bmod p$.

Der früheste bekannte publizierte Beweis findet sich im Nachlaß von Leibniz; eine Variante davon gilt heute als Standardbeweis. Er beruht wesentlich auf der Tatsache, daß die Binomialkoeffizienten $\binom{p}{j}$ für $j = 1, \dots, p-1$ durch p teilbar sind. Die Bezeichnung „kleiner" Satz von Fermat ist üblich geworden, um ihn vom „großen" Satz von Fermat, der ↗Fermatschen Vermutung, zu unterscheiden.

Eine Verallgemeinerung auf Moduln m, die keine Primzahlen sind, ist der Satz von Fermat-Euler.

Klein-Gordon-Feld, auch massives Skalarfeld genannt, ist Lösung der ↗ Klein-Gordon-Gleichung und stellt ein Quantenfeld vom Spin 0 dar.

Das Adjektiv „massiv" stammt hier vom englischen „massive" und wäre korrekter mit „massebehaftet" zu übersetzen, da es lediglich ausdrückt, daß der Masseparameter positiv ist.

Klein-Gordon-Gleichung, Gleichung (1) für das Klein-Gordon-Feld Φ.

Das Feld hat die Lagrangefunktion

$$L = \frac{1}{2}\left(\Phi_{,i}\Phi^{,i} + m^2\Phi^2\right)$$

mit dem Masseparameter $m > 0$. Dabei ist $,i$ die partielle Ableitung nach der Koordinate x^i der Raum-Zeit. Durch Variation nach Φ ergibt sich hieraus die Klein-Gordon-Gleichung

$$\Box\Phi - m^2\Phi = 0\,, \qquad (1)$$

wobei der Ausdruck $\Box - m^2$ auch Klein-Gordon-Operator genannt wird. (Die Vorzeichenkonventionen sind in der Literatur nicht einheitlich, so daß er z.T. auch als $\Box + m^2$ geschrieben wird.)

Klein-Gordon-Operator, Operator der, angewandt auf das ↗Klein-Gordon-Feld, die linke Seite der ↗ Klein-Gordon-Gleichung ergibt. Im Grenzfall verschwindender Masse geht er in den d'Alembert-Operator über.

Klein-Korrespondenz, Zusammenhang zwischen den Geraden eines projektiven Raumes und den Punkten auf der ↗Klein-Quadrik.

Sei $\mathcal{Q}$ die Klein-Quadrik der Ordnung q, d. h. die hyperbolische Quadrik im fünfdimensionalen projektiven Raum der Ordnung q. Sei weiterhin $\mathcal{P}$ eine der beiden Klassen von Ebenen von $\mathcal{Q}$, und sei $\mathcal{L}$ die Menge der Punkte von $\mathcal{Q}$, wobei Inzidenz wie in $\mathcal{Q}$ definiert ist. Dann ist $(\mathcal{P}, \mathcal{L}, I)$ ein dreidimensionaler projektiver Raum der Ordnung q. Die Ebenen dieses Raumes entsprechen der zweiten Klasse von Ebenen von $\mathcal{Q}$.

Ist umgekehrt $\mathcal{P}$ der dreidimensionaler projektiver Raum der Ordnung q, so kann man den Geraden von $\mathcal{P}$ sogenannte Plücker-Koordinaten zuordnen, die den entsprechenden Punkt einer Klein-Quadrik bestimmen.

Kleinkreis, Kreis auf einer Kugeloberfläche, der sich als Durchschnitt der Kugelfläche mit einer nicht den Kugelmittelpunkt enthaltenden Ebene ergibt.

Klein-Quadrik, die ↗hyperbolische Quadrik im fünfdimensionalen projektiven Raum.

Kleinsche Flasche, geschlossene nichtorientierbare Fläche mit dem Geschlecht (Genus) $g = 1$.

Diese Fläche besitzt kein Inneres und kein Äußeres. Sie kann konstruiert werden, indem beide Paare gegenüberliegender Ecken eines Rechtecks zusammengeklebt werden, wobei ein Paar eine halbe Drehung erhält (siehe Abb. 1). Eine wirkliche Realisierung dieser Konstruktion ist jedoch nur im 4-dimensionalen Raum möglich, da sich die Fläche selbst durchdringen muß, ohne ein Loch zu besitzen.

Abb. 1: Zur Konstruktion der Kleinschen Flasche

Eine mögliche Abbildung einer Kleinschen Flasche in den dreidimensionalen Raum ist durch die Parameterdarstellung

$$x(u,v)=\left[a+\cos\frac{u}{2}\ \sin v-\sin\frac{u}{2}\ \sin(2v)\right]\cos u$$
$$y(u,v)=\left[a+\cos\frac{u}{2}\ \sin v-\sin\frac{u}{2}\ \sin(2v)\right]\sin u$$
$$z(u,v)=\sin\frac{u}{2}\ \sin v+\cos\frac{u}{2}\ \sin(2v)$$

(mit $u \in [0, 2\pi)$, $v \in [0, 2\pi)$ und $a \geq 2$) gegeben. Die dadurch realisierte Abbildung der Kleinschen Flasche in den $\mathbb{R}^3$ zeigt Abb. 2 (wobei die Fläche mit der o.a. Parameterdarstellung normalerweise geschlossen ist, zur besseren Veranschaulichung wurde für die Abbildung $v \in [-0, 25\pi, 1, 6\pi]$ gewählt). Eine derartige Kleinsche Flasche läßt sich durch die Drehung einer Acht-Kurve um eine Achse bei gleichzeitiger Drehung um ihren Mittelpunkt konstruieren.

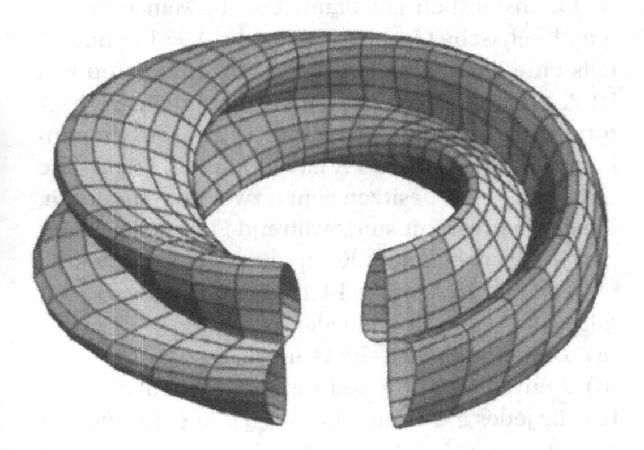

Abb. 2: Visualisierung der Kleinschen Flasche

Eine weitere mögliche Darstellung der Kleinschen Flasche im $\mathbb{R}^3$ ist durch die Parametergleichung

$$x(u,v)=\cos u\left[\left(\sqrt{2}+\cos v\right)\cos\frac{u}{2}+\sin v\cos v\ sin\frac{u}{2}\right]$$
$$y(u,v)=\sin u\left[\left(\sqrt{2}+\cos v\right)\cos\frac{u}{2}+\sin v\cos v\ sin\frac{u}{2}\right]$$
$$z(u,v)=-\left(\sqrt{2}+\cos v\right)\sin\frac{u}{2}+\cos\frac{u}{2}\ \sin v\cos v$$

oder durch die implizite Gleichung

$$\left(x^2+y^2+z^2+2y-1\right)\left[\left(x^2+y^2+z^2-2y-1\right)^2-8z^2\right]$$
$$+16xz\left(x^2+y^2+z^2-2y-1\right)=0$$

gegeben (siehe Abb. 3).

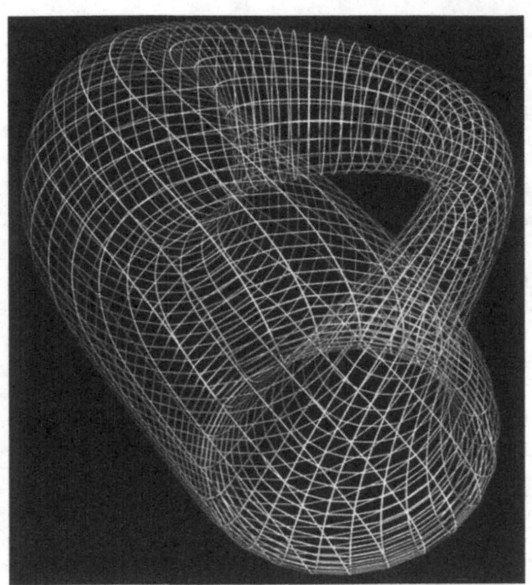

Abb. 3: Visualisierung der Kleinschen Flasche

Kleinsche Gruppe, eine spezielle Untergruppe der Gruppe $\mathcal{M}$ der Möbius-Transformationen.

Zur genauen Definition sind einige Vorbereitungen notwendig. Dazu sei G eine Untergruppe von $\mathcal{M}$. Ein Punkt $\alpha \in \widehat{\mathbb{C}}$ heißt Grenzpunkt von G, falls ein $z \in \widehat{\mathbb{C}}$ und eine Folge (g_n) paarweise verschiedener Elemente in G existiert mit $\lim_{n\to\infty} g_n(z) = \alpha$; andernfalls heißt α ein gewöhnlicher Punkt von G. Die Gruppe G heißt diskontinuierlich an α, falls α ein gewöhnlicher Punkt von G ist; sie heißt diskontinuierlich, falls G an einem Punkt α diskontinuierlich ist. Die Menge der Grenzpunkte von G wird mit $\Lambda = \Lambda(G)$ und die Menge der gewöhnlichen Punkte von G mit $\Omega = \Omega(G)$ bezeichnet. Offenbar sind Λ und Ω disjunkt, und es gilt $\Lambda \cup \Omega = \widehat{\mathbb{C}}$. Eine Kleinsche Gruppe ist nun eine diskontinuierliche Untergruppe G von $\mathcal{M}$, d. h. es gilt $\Omega(G) \neq \varnothing$.

Für eine endliche Menge M bezeichne $|M|$ im folgenden die Anzahl der Elemente von M. Weiter sei $I \in \mathcal{M}$ die identische Abbildung, d. h. $I(z) = z$ für alle $z \in \widehat{\mathbb{C}}$.

Für jede Untergruppe G von $\mathcal{M}$ ist Ω eine offene und Λ eine abgeschlossene Menge. Weiter sind Ω und Λ invariant unter G, d. h. $g(\Omega) = \Omega$ und $g(\Lambda) = \Lambda$ für alle $g \in G$. Eine Kleinsche Gruppe G enthält höchstens abzählbar viele Elemente. Sie ist eine endliche Gruppe genau dann, wenn $\Omega = \widehat{\mathbb{C}}$. Dies ist z. B. der Fall, wenn G neben I nur elliptische Elemente enthält. Die Grenzmenge Λ enthält entweder höchstens zwei Elemente, oder sie ist eine perfekte Menge, d. h. jeder Punkt von Λ ist ein Häufungspunkt von Λ. Im letzten Fall ist Λ insbesondere eine überabzählbare Menge. Gilt $|\Lambda| \leq 2$, so heißt G eine elementare Kleinsche Gruppe. Für jede Kleinsche Gruppe ist Λ nirgends dicht in $\widehat{\mathbb{C}}$, d. h. Λ enthält keine inneren Punkte. Zu jeder abgeschlossenen und in $\widehat{\mathbb{C}}$ nirgends dichten Menge A existiert eine Kleinsche Gruppe mit $\Lambda \supset A$.

Es sei $T \in \mathcal{M}$ und $G = \langle T \rangle$ die von T erzeugte zyklische Gruppe. Ist T nicht elliptisch, so ist G eine elementare Kleinsche Gruppe, und Λ enthält genau die Fixpunkte von T. Nun sei T elliptisch. Hat T endliche Ordnung, so gilt $\Omega = \widehat{\mathbb{C}}$. Ist die Ordnung von T unendlich, so ist G keine Kleinsche Gruppe.

Ist G eine unendliche Untergruppe von $\mathcal{M}$ und enthält neben I nur elliptische und parabolische Elemente, die alle einen gemeinsamen Fixpunkt $\zeta \in \widehat{\mathbb{C}}$ besitzen, so ist G eine elementare Kleinsche Gruppe mit $\Lambda = \{\zeta\}$. Falls G nicht elementar ist, so enthält G hyperbolische oder loxodromische Elemente.

Eine Kleinsche Gruppe ist stets diskret, d. h. es existiert keine Folge (g_n) paarweise verschiedener Elemente in G, die auf $\widehat{\mathbb{C}}$ gleichmäßig gegen I konvergiert. Die sog. Picard-Gruppe aller Möbius-Transformationen

$$T(z) = \frac{az + b}{cz + d}$$

mit $a, b, c, d \in \mathbb{Z} + i\mathbb{Z}$ ist diskret, aber keine Kleinsche Gruppe. Manche Autoren verstehen unter einer Kleinschen Gruppe eine diskrete Untergruppe von $\mathcal{M}$. Sie unterscheiden dann Kleinsche Gruppen 1. Art, d. h. $\Omega = \emptyset$, und Kleinsche Gruppen 2. Art, d. h. $\Omega \neq \emptyset$.

Ist G eine Untergruppe von $\mathcal{M}$, so sind folgende Aussagen äquivalent:

(a) G ist eine Kleinsche Gruppe und $\alpha \in \Omega$.

(b) G ist diskret, und G ist in einer offenen Umgebung von α eine ↗ normale Familie.

(c) Es gibt eine Umgebung U von α mit $g(\alpha) \notin U$ für alle $g \in G$ mit $g \neq I$.

Weitere wichtige Eigenschaften der Grenzmenge Λ einer Kleinschen Gruppe G sind:

(a) Für jedes $z \in \Omega$ stimmt die Menge der Häufungspunkte von $\{g(z) : g \in G\}$ mit Λ überein.

(b) Ist G nicht elementar und $x \in \Lambda$, so gilt $\Lambda = \overline{\{g(x) : g \in G\}}$.

(c) Ist G nicht elementar, so ist Λ der Abschluß der Menge der Fixpunkte der hyperbolischen und loxodromischen Elemente von G.

(d) Ist $S \subset \widehat{\mathbb{C}}$ eine abgeschlossene Menge mit $|S| \geq 2$ und $g(S) \subset S$ für alle $g \in G$, so gilt $S \supset \Lambda$.

Die Menge Ω der gewöhnlichen Punkte einer Kleinschen Gruppe G zerfällt in höchstens abzählbar viele Zusammenhangskomponenten. Diese sind Gebiete in $\widehat{\mathbb{C}}$ und heißen Diskontinuierlichkeitsgebiete oder Komponenten von G. Ist Δ eine Komponente von G, so tritt genau einer der folgenden Fälle ein:

(i) Δ ist eine invariante Komponente von G, d. h. $g(\Delta) = \Delta$ für alle $g \in G$.

(ii) Es existiert eine weitere Komponente Δ' derart, daß $\Delta \cup \Delta'$ invariant unter G ist.

(iii) Die Menge $\{g(\Delta) : g \in G\}$ enthält unendlich viele Elemente.

Im Fall (i) nennt man G auch eine Funktionengruppe. Die Anzahl der Komponenten einer Kleinschen Gruppe ist entweder 1, 2 oder ∞. Eine elementare Kleinsche Gruppe besitzt genau eine Komponente. Falls G nicht elementar ist, so besitzt G höchstens zwei invariante Komponenten. Für jede invariante Komponente Δ gilt $\partial\Delta = \Lambda$. Jede Komponente einer Kleinschen Gruppe ist entweder einfach, zweifach oder unendlichfach zusammenhängend. Falls eine invariante Komponente existiert, so ist jede weitere Komponente einfach zusammenhängend.

Eine Kleinsche Gruppe G heißt Fuchssche Gruppe oder Hauptkreisgruppe, falls es eine offene Kreisscheibe $U \subset \widehat{\mathbb{C}}$ gibt, die invariant unter G ist. Der Rand $\Gamma := \partial U$ von U heißt der Hauptkreis von G. Offensichtlich gilt dann $\Lambda \subset \Gamma$. Man nennt G eine Fuchssche Gruppe 1. Art, falls $\Lambda = \Gamma$, andernfalls eine Fuchssche Gruppe 2. Art. Im letzten Fall ist Λ nirgends dicht in Γ; insbesondere ist dann Λ total unzusammenhängend, d. h. jede Zusammenhangskomponente von Λ ist einpunktig. Fuchssche Gruppen 1. Art besitzen genau zwei Komponenten, die beide invariant sind, während Fuchssche Gruppen 2. Art genau eine Komponente besitzen. Ist G eine nicht elementare Kleinsche Gruppe, so sind folgende Aussagen äquivalent:

(a) G ist eine Fuchssche Gruppe.

(b) G enthält keine loxodromischen Elemente.

(c) Für jedes $g \in G$ mit $g(z) = \frac{az+b}{cz+d}$ und $ad - bc = 1$ gilt $(a + d)^2 \geq 0$.

Abschließend noch zwei Beispiele:

(1) Es sei G die Gruppe aller Möbius-Transformationen

$$T(z) = \frac{az + b}{cz + d}$$

mit $a, b, c, d \in \mathbb{Z}$ und $ad - bc = 1$. Dann ist G eine Fuchssche Gruppe 1. Art mit Hauptkreis $\Gamma = \mathbb{R}$. Diese Gruppe nennt man auch Modulgruppe.

(2) Es sei G die von den Möbius-Transformationen

$$T_1(z) = \frac{2z + 3}{z + 2}, \quad T_2(z) = \frac{5z + 24}{z + 5}$$

erzeugte Untergruppe der Modulgruppe. Dann ist G eine Fuchssche Gruppe 2. Art.

Kleinsche Vierergruppe, nichtzyklische abelsche Gruppe aus vier Elementen.

Aus dieser Definition ist die Kleinsche Vierergruppe schon eindeutig bestimmt. Jedes der vier Elemente ist zu sich selbst invers, und für die drei vom neutralen Element verschiedenen Elemente gilt: Das Produkt von zwei von ihnen ist gleich dem dritten (↗ Kleinsche Gruppe).

Kleinsches Modell, *Cayley-Kleinsches Modell*, Modell der ebenen nichteuklidischen ↗hyperbolischen Geometrie.

Die nichteuklidischen Punkte sind in diesem Modell die Punkte im Innern einer euklidischen Kreisscheibe, die Punkte auf der Peripherie des die Kreisscheibe begrenzenden Kreises k (auch Fundamentalkreis genannt) sind uneigentliche Punkte. Nichteuklidische Geraden sind alle offenen Sehnen dieses Kreises (siehe Abb. 1).

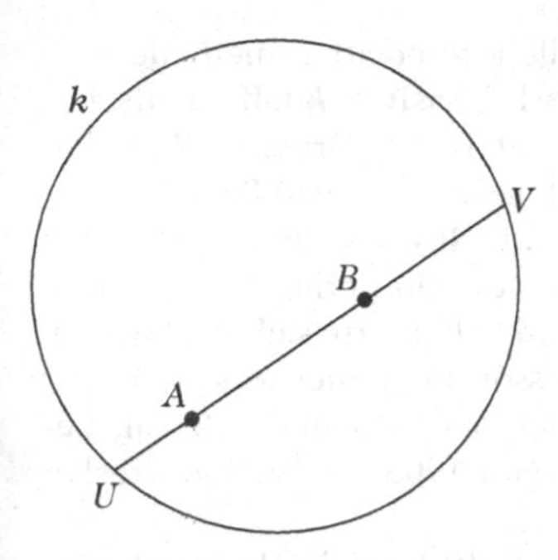

Abbildung 1

Die Definition des nichteuklidischen Abstands zweier Punkte A und B erfolgt im Kleinschen Modell mit Hilfe des Doppelverhältnisses der Punkte A, B, U und V, wobei U und V die uneigentlichen Punkte der nichteuklidischen Geraden AB sind (siehe Abb. 2):

$$|AB|_N = C \cdot |\ln(A, B, U, V)| \quad (C = const\ , C > 0)$$

Bewegungen im Kleinschen Modell sind neben den Spiegelungen an Durchmessern des Fundamentalkreises und Drehungen um dessen Mittelpunkt die polaren Homologien. Bei letzteren bleiben euklidische Winkelmaße nicht invariant, demnach entsprechen die nichteuklidischen Winkelmaße im Kleinschen Modell nicht den euklidischen Winkelmaßen. Das Kleinsche Modell ist demnach im Gegensatz zur ↗Poincaré-Halbebene und

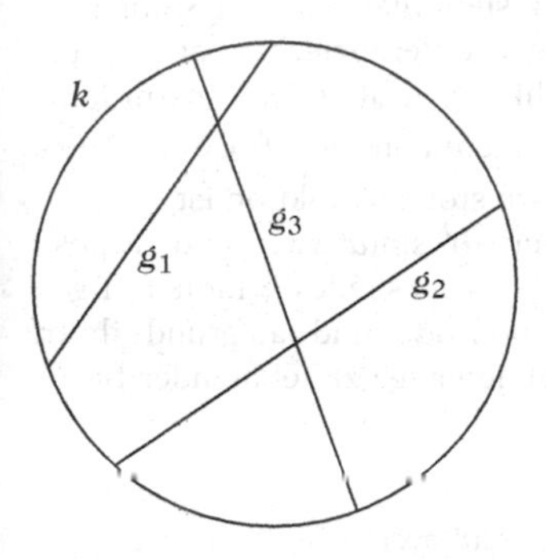

Abbildung 2

zur ↗Poincaré-Kreisscheibe kein konformes Modell der hyperbolischen Geometrie.

kleinste obere Schranke, ↗Supremum.

kleinstes Element einer Menge, Element k einer mit der Partialordnung „$\leq$" versehenen Menge M, so daß für jedes $x \in M$ gilt $k \leq x$ (↗Ordnungsrelation).

kleinstes gemeinsames Vielfaches, *kgV*, dasjenige positive gemeinsame Vielfache ganzer Zahlen $n_1, \dots, n_k \in \mathbb{Z} \setminus \{0\}$, das jedes andere gemeinsame Vielfache dieser Zahlen teilt. Man benutzt die Bezeichnungen

$$\begin{aligned}[n_1, \dots, n_k] &= \mathrm{kgV}(n_1, \dots, n_k) \\ &= \mathrm{lcm}(n_1, \dots, n_k);\end{aligned}$$

die letztere findet sich in englischsprachigen Texten und steht für „lowest common multiple".

Eine Formel für das kgV ergibt sich, analog zur Formel für den ↗größten gemeinsamen Teiler, aus der kanonischen Primfaktorzerlegung der gegebenen Zahlen

$$n_j = \pm \prod_p p^{\nu_p(n_j)},$$

mit Vielfachheiten $\nu_p(n_j) \geq 0$. Dann gilt

$$\mathrm{kgV}(n_1, \dots, n_k) = \prod_p p^{\max\{\nu_p(n_1), \dots, \nu_p(n_k)\}}.$$

Für zwei natürliche Zahlen n_1, n_2 gibt es eine Beziehung zwischen dem ggT und dem kgV:

$$n_1 n_2 = \mathrm{ggT}(n_1, n_2) \cdot \mathrm{kgV}(n_1, n_2).$$

Ebenso wie der ggT läßt sich auch das kgV auf beliebige multiplikative Strukturen, z. B. Polynomringe oder, allgemeiner, Integritätsringe, übertragen.

Klingenstierna, Formel von, die Gleichung

$$\frac{\pi}{4} = 8 \arctan \frac{1}{10} - \arctan \frac{1}{239} - 4 \arctan \frac{1}{515},$$

1730 von Samuel Klingenstierna gefunden. Die aus dieser Formel abgeleitete ↗Arcustangensreihe für π war 1957 die Grundlage einer der ersten Rekordberechnungen von Dezimalstellen von π mit Computern.

Kloosterman-Summe, mit der Bezeichnung $e(\tau) = e^{2\pi i \tau}$ und einer natürlichen Zahl $n \geq 2$ definiert durch

$$S(u, v, n) = \sum_h e\left(\frac{uh + vh'}{n}\right),$$

wobei h ein vollständiges primes Restsystem modulo n durchläuft, h' durch die Kongruenz $hh' \equiv 1$ mod$n$ bestimmt ist, und u und v zwei Variablen sind.

Die Kloosterman-Summen haben folgende multiplikative Eigenschaft: Ist $\mathrm{ggT}(n, \tilde{n}) = 1$, so gilt

$$S(u, v, n) S(u, \tilde{v}, \tilde{n}) = S(u, v\tilde{n}^2 + \tilde{v}n^2, n\tilde{n}).$$

Klothoide, *Spinnkurve*, *Cornusche Spirale*, ebene Kurve, deren Krümmung eine lineare Funktion der Bogenlänge ist.

Ist $\alpha(s) = (x(s), y(s))$ eine Parametergleichung einer Klothoide, wobei der Parameter s gleichzeitig die Bogenlänge, gemessen von einem festen Kurvenpunkt $\alpha(s_0)$ an ist, so hat die Krümmungsfunktion der Kurve die Gestalt

$$k(s) = a\,(s - s_0)$$

mit einer Konstanten a, und wechselt bei s_0 das Vorzeichen.

Die Klothoide wickelt sich in beiden Richtungen spiralartig um einen festen Punkt. Durch Lösen der natürlichen Gleichungen ergibt sich folgende analytische Darstellung durch ↗Fresnel-Integrale:

$$x(s) = \int_{s_0}^{s} \cos \frac{a\sigma^2}{2}\, d\sigma,$$

$$y(s) = \int_{s_0}^{s} \sin \frac{a\sigma^2}{2}\, d\sigma.$$

Wenn die Winkelstellung der gelenkten Räder eines Fahrzeugs zur Fahrzeugachse bei konstanter Fahrgeschwindigkeit gleichmäßig (linear) wächst, man denke z. B. an die Drehungen des Lenkrades beim Autofahren, so ist die durchfahrene Kurve ein klothoidisches Kurvenstück, da dieser Winkel ein Maß für die Krümmung der Kurve darstellt.

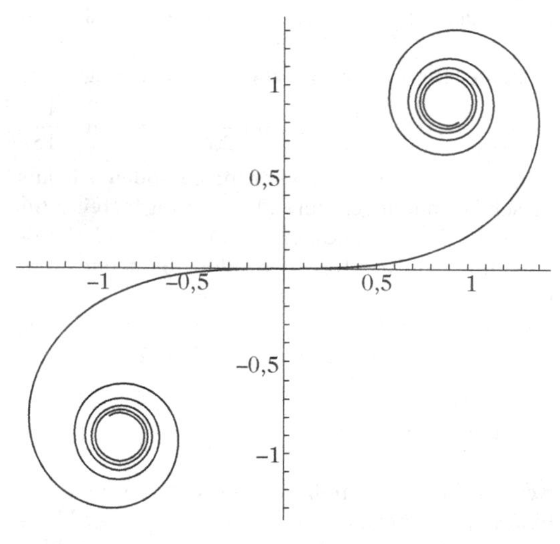

Klothoide

klothoide Anrampung, spezielle Art der ↗Anrampung, bei der ein Klothoidenbogen an einen Kreisbogen angefügt wird.

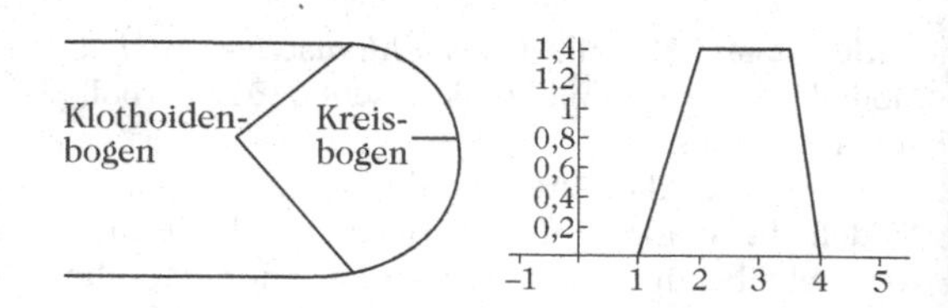

Wende um 180° mit zwei klothoiden Anrampungen und die zugehörige Krümmungsfunktion.

***K*-Methode**, ↗reelle Interpolationsmethode.

Kneser, Julius Carl Christian Adolf, deutscher Mathematiker, geb. 19.3.1862 Grüssow (bei Malchow, Mecklenburg), gest. 24.1.1930 Breslau.

Kneser studierte in Rostock und später bei Kronecker und Weierstraß in Berlin. 1884 promovierte er in Berlin und habilitierte sich in Marburg. 1889 wurde er Professor für Mathematik in Dorpat (Tartu), ging von 1900 bis 1905 an die Bergakademie Berlin und war von 1905 bis 1928 in Breslau tätig.

Kneser befaßte sich hauptsächlich mit Variationsproblemen. Er untersuchte den Raum der Lösungen der Euler-Lagrange-Gleichung eines Variationsproblems, bewies, daß diese Lösungen gewissen Randbedingungen genügen müssen und behandelte ebene Variationsprobleme in Parameterdarstellungen. Darüber hinaus publizierte er zu elliptischen Funktionen, zu Integralgleichungen, zur Algebra, zur Geometrie und zur Mechanik.

Er gilt als einer der bedeutendsten Mathematiker seiner Zeit in Deutschland.

KNF, ↗konjunktive Normalform.

Knopp-Funktion, die 1918 von Konrad Knopp in Anlehnung an die ↗Weierstraß-Cosinusreihe untersuchte, zu $a \geq 1$ und $0 < b < 1$ durch

$$f_{a,b}(x) = \sum_{k=0}^{\infty} b^k \sin(a^k \pi x) \qquad (x \in \mathbb{R})$$

definierte Funktion $f_{a,b} : \mathbb{R} \to \mathbb{R}$. Wie bei der Weierstraß-Funktion sieht man, daß $f_{a,b}$ stetig und im Fall $ab < 1$ sogar differenzierbar ist. Knopp zeigte, daß bei Wahl von a als gerade natürliche Zahl mit $ab > 1 + \frac{3}{2}\pi$ die Funktion $f_{a,b}$ eine ↗nirgends differenzierbare stetige Funktion ist.

Die Teilfunktionen $b^k \sin(a^k \pi x)$ sind Sinusschwingungen mit für wachsendes k monoton gegen 0 fallender Amplitude und aufgrund ihrer schnell fallenden Wellenlänge zunehmender Steilheit. Die Näherungsfunktionen

$$f^n_{a,b}(x) = \sum_{k=0}^{n} b^k \sin(a^k \pi x)$$

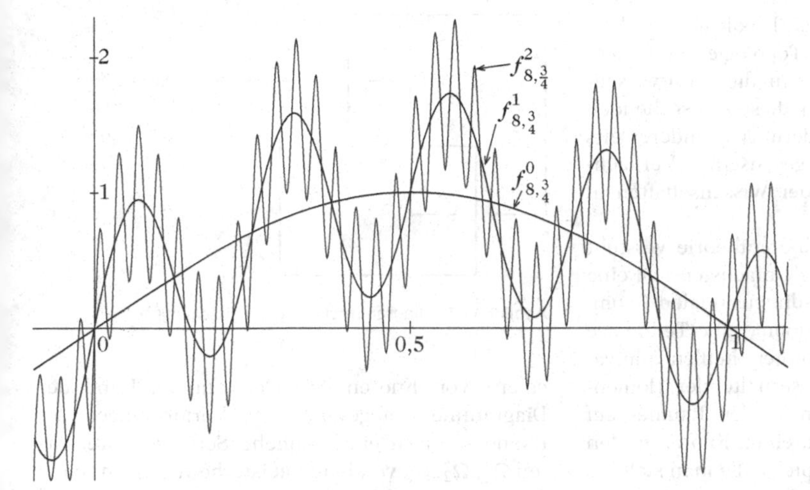

Knopp-Funktion

werden daher mit wachsendem n immer „rauher".

Die Nichtdifferenzierbarkeit der Knopp-Funktion ist deutlich einfacher zu beweisen als diejenige der Weierstraß-Funktion, erfordert aber ebenfalls einige (wenn auch elementare) Überlegungen.

Knoten, ↗Knotentheorie.

Knotenbasis, Standardbasis der ↗Finite-Elemente-Methode.

Sei B die Menge der Knoten der Finite-Elemente-Unterteilung des Definitionsgebiets. Die Knotenbasis besteht aus allen stückweise stetigen Interpolationspolynomen (Formfunktionen) $\{\phi_P : P \in B\}$, die durch

$$\phi_P(Q) := \begin{cases} 1 & \text{falls } P = Q \\ 0 & \text{sonst} \end{cases}$$

charakterisiert sind. Der Träger eines ϕ_P besteht aus allen Elementen, die den Punkt P gemeinsam haben. Sind die $u_P = u(P)$ die unbekannten Funktionswerte in den Knoten $P \in B$, dann hat u auf dem Element E die näherungsweise Darstellung

$$\tilde{u} := \sum_{P \in E} f_P u_P \,,$$

wodurch in den Knoten $\tilde{u} = u$ gilt.

Knotenpunkt (engl. node), ein Fixpunkt $x_0 \in W$ eines auf einer offenen Menge $W \subset \mathbb{R}^2$ definierten Vektorfeldes $f : W \to \mathbb{R}^2$, dessen Linearisierung (↗Linearisierung eines Vektorfeldes) $Df(x_0)$ (mit Vielfachheit gezählt) zwei reelle Eigenwerte λ und μ mit $\lambda \cdot \mu > 0$ besitzt.

A ist dann ähnlich zur Matrix

$$B := \begin{pmatrix} \lambda & 0 \\ 0 & \mu \end{pmatrix}$$

oder

$$C := \begin{pmatrix} \lambda & 1 \\ 0 & \mu \end{pmatrix}$$

(↗Jordansche Normalform). Im Fall von C spricht man auch von einem uneigentlichen oder entarteten Knotenpunkt. Sind beide Eigenwerte negativ bzw. positiv, so ist x_0 asymptotisch stabiler bzw. instabiler Fixpunkt des linearisierten Systems, das durch die lineare Abbildung $Df(x_0)$: $\mathbb{R}^2 \to \mathbb{R}^2$ gegeben ist. Da x_0 ↗hyperbolischer Fixpunkt ist, hat aber auch der Fixpunkt x_0 von f diese Stabilität (↗Hartman-Grobman-Theorem). Im Fall B spricht man für $\lambda = \mu$ von einem Stern.

[1] Perko, L.: Differential Equations and Dynamical Systems. Springer New York, 2nd ed. 1996.

Knotentheorie

D. Erle

Knoten sind Bestandteil der menschlichen Kultur. Im täglichen Leben benutzt man sie seit Jahrtausenden zum Binden von Schnüren und dergleichen, heute z. B. bei Schiffstauen, Schuhriemen und Gürteln. Auch in der Kunst findet man Knoten. In Gestalt der Quipus dienten sie bei den Inkas sogar als Symbole für Zahlen.

Die Knotentheorie als mathematische Disziplin

ist Teil der drei-dimensionalen Topologie. Ihre Ausstrahlungen in die übrige Topologie, in andere Felder der Mathematik und in die Naturwissenschaften einerseits, die von diesen ausgehenden Anregungen, ja Herausforderungen andererseits stehen beispielhaft für die gegenseitige Verflechtung, die die Entwicklung der Wissenschaften in fruchtbarer Weise begleitet.

In der mathematischen Knotentheorie versteht man unter einem Knoten im einfachsten Fall eine geschlossene Kurve im drei-dimensionalen Raum, d. h. eine zur Kreislinie homöomorphe Teilmenge des $\mathbb{R}^3$ [3]. Zwei solche Knoten heißen äquivalent, wenn ein orientierungserhaltender Homöomorphismus des drei-dimensionalen Raumes auf sich selbst existiert, der den einen Knoten in den anderen überführt. Als Beispiel stelle man sich die Verformung (Isotopie) eines Knotens in einen anderen vor, wobei während der Verformung immer ein Knoten vorliegen soll, also etwa zwischenzeitliches Durchtrennen des Knotens nicht erlaubt ist. Äquivalente Knoten bilden eine Äquivalenzklasse und werden als nicht wesentlich verschieden betrachtet. Aus dem Wunsch nach einer Systematik aller Knoten heraus stellt sich die Aufgabe der Klassifikation der Knoten; das ist im Idealfall die Angabe genau eines Repräsentanten (d. h. eines Beispiels) in jeder Äquivalenzklasse, sowie eine Methode, um für zwei beliebige Knoten zu entscheiden, ob sie äquivalent sind. Die zuletzt genannte Unterscheidung zweier Knoten kann z. B. durch eine Knoteninvariante geleistet werden. Sie ordnet gewissen Knoten Werte zu (Zahlen, Farben oder andere Objekte), und zwar in der Weise, daß äquivalenten Knoten der gleiche Wert zukommt. Sind für zwei Knoten die entsprechenden Werte verschieden, so folgt, daß diese Knoten nicht äquivalent sind, insbesondere der eine nicht in den anderen verformt werden kann. Umgekehrt kann man jedoch aus der Übereinstimmung der Werte i. allg. nicht schließen, daß die beiden Knoten zueinander äquivalent sind!

Der wohl einfachste Zugang zur Knotentheorie ist kombinatorischer Art und kommt ohne umfangreiches Vorwissen aus. Man betrachtet speziell solche Knoten, die aus endlich vielen geradlinigen Strecken im drei-dimensionalen Raum bestehen. Geeignet in die Ebene projiziert wird ein derartiger Knoten durch ein Diagramm dargestellt (Abb. 1). Bei zwei sich in der Projektion kreuzenden Strecken wird durch eine Unterbrechung der einen Strecke angegeben, daß diese Strecke im Knoten unterhalb der anderen verlaufen soll.

Kompliziertere Kreuzungsarten können vermieden werden und werden nicht zugelassen. So kann man den Knoten aus dem Diagramm im wesentlichen rekonstruieren, ihn also bis auf Äquivalenz durch das Diagramm vollständig angeben. Die Äquivalenz von Knoten läßt sich nun an Hand der Diagramme – abgesehen von Verformungen der Ebene – durch eine endliche Serie von drei Arten Ω_1, Ω_2, Ω_3 von Reidemeisterbewegungen (nach K.Reidemeister) beschreiben, bei denen das jeweilige Diagramm nur in einem bestimmten Bereich verändert wird (wie in Abb. 2 angedeutet) und sonst überall erhalten bleibt [1, 3, 5, 7, 8].

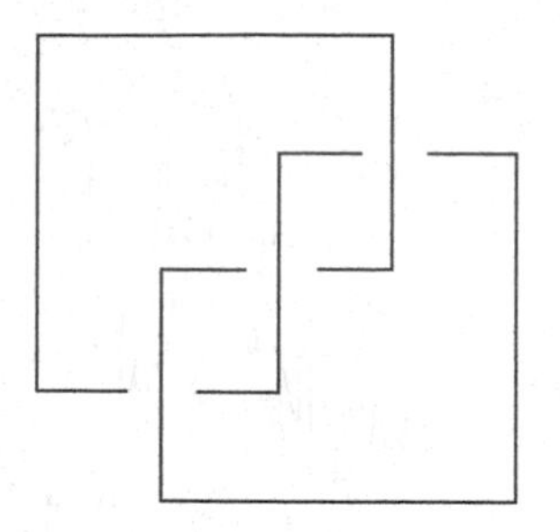

Abbildung 1: Diagramm einer Kleeblattschlinge

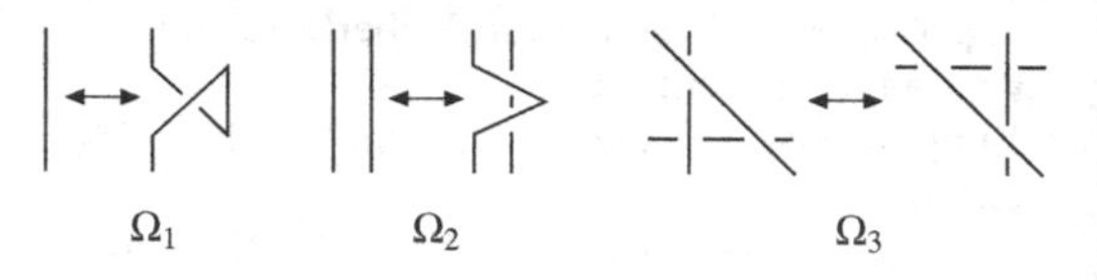

Abbildung 2: Reidemeisterbewegungen

Wie man mit einer Knoteninvariante arbeitet, läßt sich nun am Beispiel erklären. Ein Diagramm eines Knotens wird dreifarbig genannt, wenn seine ununterbrochenen Streckenzüge so mit genau drei Farben versehen werden können, daß in der Nähe jeder Kreuzung die Zahl der vorkommenden Farben eins oder drei ist [1, 5, 8]. Das Diagramm der Kleeblattschlinge in Abb. 3 ist „dreifarbig", wobei die Farben hier durch unterschiedliche Strichführungen angedeutet werden.

Das Diagramm □ ohne Keuzungen, das einen sog. trivialen Knoten darstellt, ist nicht dreifarbig, weil es nicht möglich ist, beim Färben mehr als eine

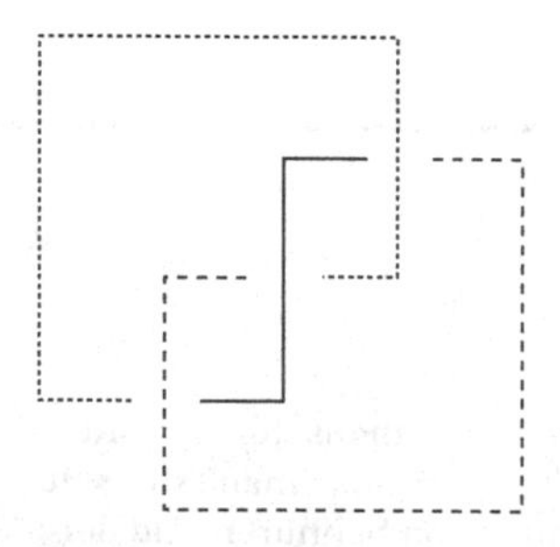

Abbildung 3: Färbung einer Kleeblattschlinge

Farbe zu verwenden. Entscheidend ist nun, daß bei den Reidemeisterbewegungen die Dreifarbigkeit erhalten bleibt [1]. Für einen gegebenen Knoten sind also alle Diagramme dreifarbig oder keines ist dreifarbig. Die sich ergebende Knoteninvariante ist „dreifarbig, ja oder nein“. Die Kleeblattschlinge ist dreifarbig, der triviale Knoten nicht. Damit ist bewiesen, daß diese beiden Knoten nicht zueinander äquivalent sind. Insbesondere kann man die Kleeblattschlinge nicht in einen trivialen Knoten verformen, sie ist „nichttrivial“.

Mit der Summe zweier Knoten, die dem Hintereinanderknüpfen zweier Knoten auf einer Schnur entspricht, erhält die Menge der Äquivalenzklassen aller Knoten die Struktur einer kommutativen Halbgruppe, in der jedes Element eine eindeutige Zerlegung in Primelemente, die Primknoten, gestattet (H.Schubert). Ein nichttrivialer Knoten hat darin kein inverses Element, was die Erfahrung bestätigt, daß man einen Knoten nicht dadurch auflösen kann, daß man einen weiteren hinzufügt. In einer Knotentabelle werden endlich viele der abzählbar unendlich vielen existierenden verschiedenen, nicht äquivalenten Primknoten nach minimaler Kreuzungszahl ihrer Diagramme (auch eine Knoteninvariante!) geordnet aufgeführt. Eine solche Tabelle zu erstellen, hat schon P.G. Tait im 19. Jahrhundert begonnen, bevor sich die Topologie als Teilgebiet der Mathematik etabliert hatte [2, 4]. Damals erhoffte man sich vergeblich Einblick in die Physik der Atome durch Knoten als mathematische Modelle. In heutiger Zeit treten bei Grundfragen der theoretischen Physik neue, tiefere Beziehungen zur Knotentheorie auf.

Knoten- und Äquivalenzbegriff werden oft anders gefaßt als oben angegeben. Statt in $\mathbb{R}^3$ betrachtet man auch Knoten in der 3-Sphäre S^3, statt Streckenzügen auch differenzierbare geschlossene Kurven, weiter Diffeomorphismen an Stelle von Homöomorphismen zur Definition der Äquivalenz. Es ist aber bekannt, daß sich die Klassifikationsaufgabe durch diese Begriffsabwandlung nicht ändert. Betrachtet man mehrere geschlossene Kurven gleichzeitig, spricht man von einer Verkettung oder Verschlingung (engl. link). Man kann diese auch mit einer Orientierung (hier: Durchlaufungsrichtung) versehen und verlangen, daß diese bei Äquivalenz erhalten bleibt. Die einfachste Invariante ist hier die Verschlingungszahl von zwei disjunkten geschlossenen Kurven. Sie wurde schon von C.F. Gauß zu Beginn des 19. Jahrhunderts bei astronomischen Studien betrachtet, wobei die Kurven die Bahnen von Himmelskörpern darstellten [4]. In der Chemie der Molekülketten (DNS, Polymere) dienen Knoten und Verkettungen als mathematische Modelle zur Beschreibung von Gestalt und Anordnung im Raum [10]. Hier spielt neben der Art der Verknotung auch eine Symmetrieeigenschaft eine bedeutende Rolle: Wenn ein Knoten zu seinem Spiegelbild äquivalent ist, heißt er achiral (oder amphicheiral), andernfalls chiral. Solche chiralen Molekülketten treten wirklich auf. Sie sind also zusammen mit ihrem Spiegelbild immer in zwei nicht äquivalenten Formen denkbar. Zahlreiche Invarianten geben hinreichende Kriterien für Chiralität, insbesondere die Signatur, die Knotengruppe samt peripherem System und das Jones-Polynom (s.u.). Beispielsweise ist die Signatur eines achiralen Knotens null. An deren Nichtverschwinden kann man also die Chiralität erkennen.

Die bis hier beschriebene kombinatorische Sichtweise gibt nur eine Facette der Knotentheorie wieder. Bedeutender und reichhaltiger ist die Knotentheorie als Teil der drei-dimensionalen Topologie und durch ihre Beziehungen zu anderen Gebieten der Mathematik. Taits mehr experimenteller Erforschung von Knoten stehen als Ursprung der systematischen Entwicklung der Knotentheorie W.Wirtingers Untersuchungen des Verzweigungsverhaltens algebraischer Funktionen zweier komplexer Variablen an singulären Stellen gegenüber. Sind p und q zwei teilerfremde ganze Zahlen ≥ 2, so ist die Nullstellenmenge der Funktion $z_1{}^p + z_2{}^q$ in $\mathbb{C}^2$ nicht glatt, sie schneidet die drei-dimensionale Randsphäre S einer kleinen kugelförmigen Umgebung des Nullpunktes vielmehr in einem nichttrivialen Knoten in S, einem Torusknoten, der so heißt, weil er im Rand eines unverknoteten Volltorus untergebracht werden kann. Für $p = 2$, $q = 3$ z. B. ergibt sich die Kleeblattschlinge, allgemeiner treten iterierte Torusknoten und Verkettungen von solchen auf.

Eine für den topologischen Zugang zur Knotentheorie grundlegende Stellung nimmt die Knotengruppe ein, das ist die Fundamentalgruppe des Außenraumes eines Knotens, d. h. des Knotenkomplements. Sie läßt sich durch endlich viele Erzeugende und Relationen beschreiben (W. Wirtinger) und ist eine der ersten Knoteninvarianten. Sie ist genau dann unendlich zyklisch, wenn der Knoten trivial ist (M. Dehn, C. Papakyriakopoulos). Dies folgt aus dem berühmten Dehnschen Lemma, das erst nach langer Zeit vollständig bewiesen wurde. Ein nichttriviales Zentrum hat die Knotengruppe genau dann, wenn der Knoten ein Torusknoten ist (G. Burde und H. Zieschang). Zusammen mit dem peripheren System bestimmt sie die Äquivalenzklasse des Knotens eindeutig (F. Waldhausen). Vom Außenraum selbst ist bekannt, daß er im Fall eines Primknotens dessen Äquivalenzklasse bestimmt (C. Gordon und W. Luecke). In einen Knoten eingespannte orientierbare (d. h. zweiseitige) Flächen wurden zuerst von H.Seifert systematisch konstruiert und zur Untersuchung von Knoten herangezogen. Das kleinste Geschlecht dieser Flächen ist das Geschlecht des Knotens. Es verhält sich additiv zur Summe von Knoten, weshalb Knoten vom Geschlecht Eins Primknoten sind. Seifertflächen ermöglichen über die Seifertmatrizen auch die Berechnung der Homologieinvarianten der zyklischen Überlagerungen des Außenraumes, darunter des Alexander-Polynoms, der Signatur und der Arf-Invariante. Schließlich führte das Studium von Seifertflächen auf einen Algorithmus zur Klassifikation aller Knoten (W. Haken, F. Waldhausen, G. Hemion). Die Bedeutung der Knotentheorie innerhalb der drei-dimensionalen Topologie wird auch durch das Resultat von J.W. Alexander unterstrichen, daß jede kompakte orientierbare zusammenhängende unberandete Mannigfaltigkeit der Dimension drei homöomorph zu einer verzweigten Überlagerung eines Knotens oder einer Verkettung in der 3-Sphäre ist. Mit Hilfe der sog. Dehn-Chirurgie (engl. surgery) wird gezeigt, daß jede derartige Mannigfaltigkeit außerdem konstruiert werden kann, indem eine Umgebung einer Verkettung in der 3-Sphäre herausgenommen und anders wieder „eingeklebt" wird. Wann dabei für verschiedene Verkettungen die gleiche Mannigfaltigkeit entsteht, ist von R. Kirby genau beschrieben worden. Über die „Property P" genannte Eigenschaft von Knoten besteht hier ein enger Zusammenhang mit der alten, bis jetzt ungeklärten Poincaré-Vermutung, die besagt, daß jede einfach zusammenhängende Mannigfaltigkeit der o. g. Art homöomorph zur 3-Sphäre ist.

Der Begriff des Zopfes – ähnlich dem des Knotens unserer realen Welt entlehnt – spielt für die kombinatorische Knotentheorie eine zentrale Rolle. Ein mathematischer Zopf (engl. braid) besteht aus n disjunkten Kurven, den Strängen, die eine obere mit einer zu dieser parallelen unteren Ebene verbinden [1, 3, 5, 8]. Die Stränge beginnen oben in Punkten, die in einer Linie nebeneinander liegen, und enden in den entsprechenden Punkten unten. Abb. 4 zeigt dies schematisch bei horizontaler Blickrichtung. Beim Durchlaufen eines jeden Stranges von oben nach unten nimmt die Höhe streng monoton ab, so daß jeder Strang für sich unverknotet ist. Die verschiedenen Stränge dürfen aber miteinander verschlungen sein.

Es wird nicht gefordert, daß der oben vom k-ten Punkt ausgehende Strang unten im k-ten Punkt endet. Mit einer Äquivalenzrelation ähnlich wie bei Knoten und einer Verknüpfung von Zöpfen, die im Untereinandersetzen besteht, bilden die Zopfklassen mit n Strängen die Zopfgruppe $\mathcal{B}_n$. Sie wurde von E. Artin eingeführt und durch Erzeugende $\sigma_1, \ldots, \sigma_{n-1}$ und Relationen $\sigma_i \sigma_k = \sigma_k \sigma_i$ (für $|i - k| > 1$) sowie $\sigma_i \sigma_{i+1} \sigma_i = \sigma_{i+1} \sigma_i \sigma_{i+1}$ (für $i = 1, \ldots, n-2$) beschrieben. Die zuletzt

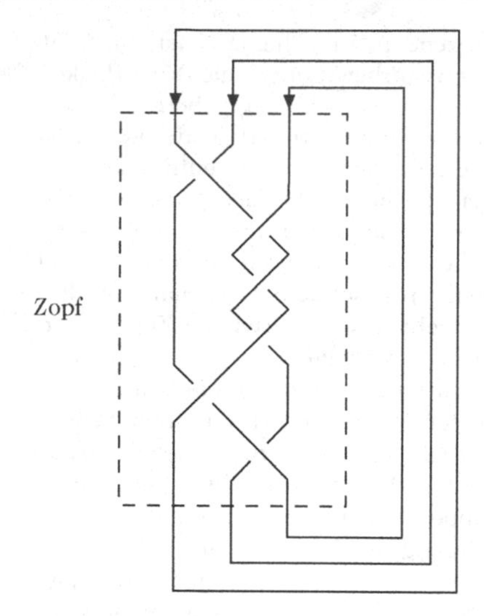

Abbildung 4: Zopfknoten

genannten Relationen entsprechen Reidemeisterbewegungen vom Typ Ω_3. $\mathcal{B}_n$ läßt sich auch als Fundamentalgruppe eines bestimmten Konfigurationsraumes darstellen und tritt als Untergruppe der Automorphismengruppe der (freien) Fundamentalgruppe des Komplements von n Punkten in der Ebene auf. Damit werden Zöpfe klassifiziert, und die Zopfgruppe erweist sich als torsionsfrei. Einen Zusammenhang zur Knotentheorie stellt man her, indem man die Endpunkte eines Zopfes außen herum durch in einer Ebene liegende Kurven mit den Anfangspunkten zum Zopfknoten bzw. zur Zopfverkettung verbindet, wobei eine Orientierung mitgeliefert wird (Abb. 4). Nach J.W. Alexander kann jeder Knoten und jede Verkettung auf diese Weise durch einen Zopf mit einer geeigneten Anzahl von Strängen realisiert werden. Ein wichtiger Satz von A.Markow gibt an, unter welchen Bedingungen zwei Zöpfe mit möglicherweise verschiedenen Anzahlen von Strängen zu äquivalenten Knoten oder Verkettungen führen. Die Minimalzahl der bei der Konstruktion benötigten Stränge ist der Zopfindex, eine Knoteninvariante. Man kann zeigen, daß diese gleich der Minimalzahl der Seifertkreise ist, die bei Seiferts Konstruktion einer eingespannten Fläche auftreten.

Es waren die Zopfgruppen und der Satz von Markow, die V. Jones Mitte der achtziger Jahre bei Untersuchungen über Operatoralgebren auf die Entdeckung eines neuen Laurentpolynoms (heute Jones-Polynom genannt) als Knoteninvariante führten. Ein Laurentpolynom ist hier ein ganzzahliges Polynom in einer oder mehreren Variablen, bei dem auch negative, u. U. auch halbzahlige, Exponenten vorkommen dürfen. Von dieser Neuerung gingen zahlreiche Impulse für die Entwicklung der Knotentheorie und ihre Anwendungen aus. Es wurden als wichtigste das HOMFLY-Polynom oder Homflypt-Polynom (nach den Anfangsbuchstaben der Namen seiner Entdecker benannt) und das Kauffman-Polynom (nach L.H. Kauffman) gefunden. Diese ebenso wie das ältere Alexander-Polynom, das auch topologisch gut interpretiert ist, können alle durch kombinatorische Diagrammrelationen (engl. skein relations) definiert und berechnet werden. Diese Relationen betreffen die Diagramme, die man erhält, wenn man das Kreuzungsverhalten an nur einem Kreuzungspunkt ändert. Für das Jones-Polynom $V(L)$ einer Verkettung L lautet die Relation z. B. ([7])

$$t^{-1}V(L_+) - tV(L_-) \;=\; (t^{1/2} - t^{-1/2})V(L_0)\,,$$

wobei sich die Diagramme von L_+, L_- und L_0 nur in einem Kreuzungspunkt unterscheiden, und zwar in der in Abb. 5 angegebenen Weise.

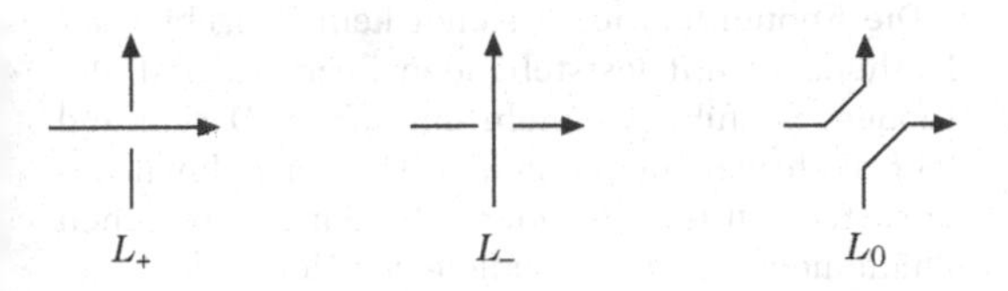

Abbildung 5

Zusammen mit der Bedingung, daß der triviale Knoten das Jones-Polynom $V = 1$ hat, charakterisiert die Diagrammrelation sogar das Jones-Polynom, und man kann diese Knoteninvariante damit für jede orientierte Verkettung prinzipiell berechnen. Im Gegensatz zum Alexander-Polynom erlaubt das Jones-Polynom häufig, die Chiralität einer Verkettung zu beweisen; z. B. trifft das für die Kleeblattschlinge zu. Ob ein nichttrivialer Knoten mit trivialem Jones-Polynom existiert, ist eine interessante, bislang unbeantwortete Frage. Als weitere Anwendung der neuen Polynominvarianten ergibt sich ein Beweis der alten drei Tait-Vermutungen [9]. Deren Aussagen betreffen alternierende Verkettungen. Das sind solche, die ein Diagramm gestatten, bei dem sich im Durchlaufen überkreuzende und unterkreuzende Strecken abwechseln (wie z. B. in Abb. 1). Ein derartiges Diagramm realisiert nun nach einer der Tait-Vermutungen die minimale Kreuzungszahl der Verkettung, sofern es reduziert ist; diese letztere Bedingung besagt, daß keine geschlossene doppelpunktfreie Kurve existiert, die das Diagramm nur in einem Kreuzungspunkt trifft und dabei in zwei Teile zerlegt.

Über die Anwendungen innerhalb der Knotentheorie hinaus schufen die Knotenpolynome durch ihren kombinatorischen Aspekt Beziehungen zur Darstellungstheorie und zur statistischen Mechanik [5]. Hinzunahme der Relationen $\sigma_i^2 = 1$ macht aus der Artinschen Zopfgruppe $\mathcal{B}_n$ die Permutationsgruppe $\mathcal{S}_n$: Die einem Zopf entsprechende Permutation wird dadurch bestimmt, an welcher Platznummer jeweils der oben am i-ten Platz beginnende Strang unten endet. Deformation der entsprechenden Darstellung von $\mathcal{B}_n$ in die Gruppenalgebra führt zu einer Hecke-Algebra und über eine geeignete Spur zu einer Knoteninvariante, die nach einer Variablentransformation ein Laurentpolynom in zwei Variablen ist und eine kombinatorische Diagrammrelation erfüllt, nämlich zum o. g. Homflypt-Polynom, das sich zum Jones-Polynom spezialisieren läßt. Eine Darstellung einer Zopfgruppe in eine Temperley-Lieb-Algebra konstruierte Kauffman über sein Klammerpolynom. Hier begegnet man der Yang-Baxter-Gleichung der statistischen Mechanik, die als Bedingung für die Invarianz unter der Reidemeisterbewegung Ω_3 auftaucht.

Umgekehrt liefert der Kalkül der statistischen Mechanik über die Kombinatorik der Diagrammrelationen jeweils Polynominvarianten für Verkettungen. Im Rahmen der Theorie der Quantengruppen werden Invarianten von Verkettungen mit trivialisierten Normalenbündeln (engl. framed links) konstruiert (N.Y. Reshetikhin, V.G. Turaev). Die Äquivalenzrelation für diese Objekte ist die reguläre Isotopie, die von den Reidemeisterbewegungen Ω_2 und Ω_3 erzeugt wird. Der Baustein einer Zerlegung einer Verkettung ist hier das Gewirr (engl. tangle), d. i. ein System von in einem kompakten Würfel D gelegenen disjunkten Kurven, deren Endpunkte gegebenenfalls im Rand von D liegen. Eine Verbindung zwischen diesem Zweig der Knotentheorie und der Quantenfeldtheorie der Physik besteht über die von E.Witten angegebenen, durch die nichtabelsche Eichtheorie (engl. gauge theory) inspirierten Quanteninvarianten für dreidimensionale Mannigfaltigkeiten, die man aus Verkettungen durch Dehn-Chirurgie konstruiert [2].

Neue Knoteninvarianten entstammen auch dem Studium des Raumes der Abbildungen des Kreises in den $\mathbb{R}^3$ durch V.A. Vassiliev. Eine Knoteninvariante v kann man auf singuläre Knoten, d. s. Immersionen mit endlich vielen transversalen Doppelpunkten, erweitern, indem man induktiv definiert: $v(L) := v(L_+) - v(L_-)$. Dabei entstehen L_+ und L_- aus L durch Ersetzen eines Doppelpunktes durch die beiden Kreuzungsmöglichkeiten in einem Diagramm gemäß Abb. 6.

Vassiliev-Invarianten vom Typ n sind solche, die auf singulären Knoten mit mehr als n Doppelpunkten verschwinden [9]. Nach geeigneter Transformation der Variablen sind die Koeffizienten der Knotenpolynome sowie der Reshetikhin-Turaev-Invarianten von endlichem Typ (D. Bar-Natan, J. Birman, X.S. Lin). Das gleiche gilt für

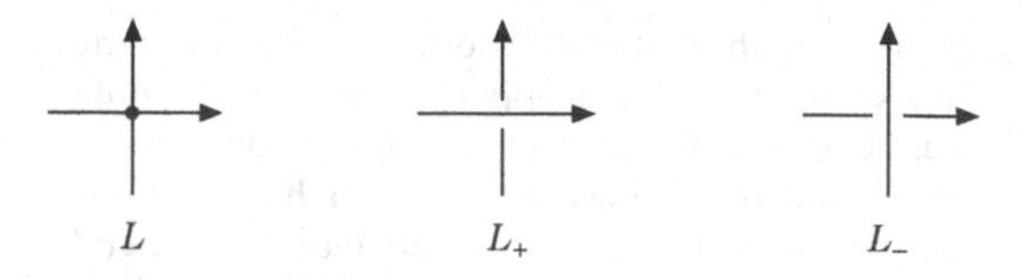

Abbildung 6

die Arf-Invariante, nicht jedoch für die minimale Kreuzungszahl, die Signatur, das Geschlecht und den Zopfindex. Im Rahmen von Sehnendiagrammen (engl. chord diagrams) versucht man, sich eine Übersicht darüber zu verschaffen, wieviele Vassiliev-Invarianten es gibt und welchen Informationsgehalt sie haben [6].

Knoten haben Analoga in höheren Dimensionen. Man betrachtet zu S^n homöomorphe, lokal glatt in S^m eingebettete Mannigfaltigkeiten in der topologischen, stückweise linearen (=p.l.) oder differenzierbaren Kategorie, mit den entsprechenden Äquivalenzbegriffen. Für $m - n \geq 3$ sind alle Knoten in der topologischen und in der stückweise linearen Kategorie äquivalent (J. Stallings, E.C. Zeeman). Falls der Knoten zu S^n diffeomorph ist, gilt das in der differenzierbaren Kategorie für $m > \frac{3}{2}(n+1)$, nicht aber für $m = 6k$, $n = 4k - 1$ (A.Haefliger). Der allgemeine Fall der Kodimension $m - n = 2$ weist viele Züge der klassischen Knotentheorie ($n = 1$) auf: Man hat eine aussagekräftige Knotengruppe, man kann Seiferthyperflächen in den Knoten einspannen, man hat Seifertmatrizen, die gegebenenfalls Invarianten von zyklischen Überlagerungen bestimmen, wie das Alexander-Polynom, die Signatur und die Arf-Invariante. Für $n \geq 5$ folgt aus „topologisch unverknotet" bereits „differenzierbar unverknotet" (J. Levine). Es kommen exotische Sphären, d. h. zu S^n homöomorphe, aber nicht diffeomorphe Mannigfaltigkeiten, in S^{n+2} vor (M. Kervaire, J. Milnor), sogar als Ränder der Umgebungen von Singularitäten der Nullstellengebilde von Polynomen in komplexen Variablen (E. Brieskorn). Die differenzierbare Struktur der eingebetteten Sphäre ist eine topologische Invariante (durch Signatur bzw. Arf-Invariante gegeben). Die Menge der Äquivalenzklassen trägt eine kommutative Halbgruppenstruktur, aber es gilt i. allg. keine eindeutige Zerlegbarkeit in Primelemente (E. Bayer, C. Kearton). Die Kobordismusrelation macht diese Halbgruppe im differenzierbaren Fall zur Gruppe: Zwei Knoten K_1 und K_2 in S^{n+2} heißen kobordant, wenn in $S^{n+2} \times [0, 1]$ eine zu $S^n \times [0, 1]$ diffeomorphe Untermannigfaltigkeit existiert, die $S^{n+2} \times \{0\}$ bzw. $S^{n+2} \times \{1\}$ genau in $K_1 \times \{0\}$ bzw. $K_2 \times \{1\}$ transversal schneidet. Signatur und Arf-Invariante sind Kobordismusinvarianten. Für gerades n ist die Kobordismusgruppe trivial (M. Kervaire). Für ungerades $n \geq 5$ wurde ihre Berechnung von J. Levine mit Hilfe von Seifertmatrizen auf rein algebraische Fragen bzgl. quadratischer Formen zurückgeführt. Sie ist eine direkte Summe von zyklischen Gruppen der Ordnungen $2, 4, \infty$, wobei von jeder dieser Gruppen unendlich viele als direkte Summanden auftreten. In der klassischen Knotentheorie erhält man auf diese Weise keine vollständige Beschreibung der Kobordismusgruppe (A. Casson und C. Gordon). – Inwieweit die mehr kombinatorische Seite der drei-dimensionalen Knotentheorie in der höherdimensionalen ihr Gegenstück hat, ist bis jetzt nicht klar.

Die Knotentheorie ist sicher kein Teilgebiet der Mathematik mit feststehenden Begriffen und Methoden. Sie führt vielmehr ein offenes Dasein und lebt auch von immer neuen, sich manchmal unerwartet auftuenden Querverbindungen zwischen Phänomenen ganz verschiedener Herkunft, in jedem Fall eine für die Mathematik typische Erscheinung.

Literatur

[1] Adams, C.: Das Knotenbuch. Spektrum Akademischer Verlag Heidelberg, 1995.

[2] Atiyah, M.: The Geometry and Physics of Knots. Cambridge University Press Cambridge, 1990.

[3] Burde, G.; Zieschang, H.: Knots. de Gruyter Berlin, 1985.

[4] Epple, M.: Die Entstehung der Knotentheorie. Vieweg Braunschweig/Wiesbaden, 1999.

[5] Kauffman, L.H.: Knoten. Spektrum Akademischer Verlag Heidelberg, 1995.

[6] Kawauchi, A.: A Survey of Knot Theory. Birkhäuser Basel, 1996.

[7] Lickorish, W.B.R.: An Introduction to Knot Theory. Springer New York, 1997.

[8] Livingston, C.: Knotentheorie für Einsteiger. Vieweg Braunschweig/Wiesbaden, 1995.

[9] Murasugi, K.: Knot Theory and Its Applications. Birkhäuser Boston, 1996.

[10] Sumners, D.W.L. ed.: New Scientific Applications of Geometry and Topology. American Mathematical Society Providence, R.I., 1992.

Knotenvektor, monoton ansteigende Folge von reellen Zahlen, die einen Vektorraum von ↗B-Splinefunktionen oder einen affinen Raum von ↗B-Splinekurven bzw. ↗B-Splineflächen festlegt.

Knuth, Donald, amerikanischer Mathematiker und Informatiker, geb. 10.1.1938 Milwaukee (Wisconsin).

Knuth studierte am Case Institute of Technology (Case Western Reserve) Mathematik und Informatik. Er promovierte 1963 am California Institute of Technology und lehrte dann dort Mathematik. Gleichzeitig entwickelte er als Consultant Software. 1968 ging er an die Stanford University und wurde acht Jahre später Direktor des Fachbereichs Computerwissenschaften. 1993 wurde er Professor Emeritus of the Art of Computer Programming.

Knuth befaßte sich mit Compilerbau, Algorithmen, digitaler Typographie, strukturierter Dokumentation und literalem Programmieren. Er entwickelte ab 1976 TeX und METAFONT, eine Software zum Setzen von mathematischen Texten. Knuth hat mit diesen Entwicklungen das wissenschaftliche Publikationswesen revolutioniert. Seine wichtigsten Werke sind „The Art of Computer Programming" (1976) und „Literate Programming" (1992).

Knuth-Bendix-Algorithmus, ein Algorithmus für das Wortproblem in universellen Algebren, ähnlich dem ↗Buchberger-Algorithmus aufgebaut.

Einer Menge F von Identitäten wird mit Hilfe des Algorithmus eine Standardbasis zugeordet, mit deren Hilfe man für einen gegebenen Term eine Normalform berechnen kann. Zwei Terme sind modulo der Identitäten gleich, wenn ihre Normalformen identisch sind.

Koabschluß, Abbildung

$$\begin{array}{rl} ^{-} : L & \longrightarrow L \\ x & \longmapsto \overline{x} \end{array}$$

einer Ordnung L in sich so, daß gilt:

1. $x \geq \overline{x}$,
2. $x \leq y \Rightarrow \overline{x} \leq \overline{y}$,
3. $\overline{\overline{x}} = \overline{x}$.

koadjungierte Bahn, *koadjungierter Orbit*, im Dualraum einer endlichdimensionalen reellen Lie-Algebra die Bahn der Gruppe der inneren Automorphismen durch einen gegebenen Punkt bzgl. der koadjungierten Darstellung.

Koadjungierte Bahnen sind stets ↗symplektische Mannigfaltigkeiten. Beispiele sind die zweidimensionale Kugeloberfläche und alle komplexprojektiven Räume.

koadjungierter Orbit, ↗ koadjungierte Bahn.

Koalgebra (über einem Ring R), ein Tripel (C, Δ, α) bestehend aus einem Modul C über dem kommutativen Ring R mit 1, einer R-linearen Abbildung $\Delta : C \to C \otimes C$, die Komultiplikation oder Diagonalabbildung genannt wird, und einer R-linearen Abbildung $\alpha : C \to R$, die Koeinheit oder Augmentation genannt wird.

Es seien die folgenden Bedingungen erfüllt:

1. $(\Delta \otimes id_C) \circ \Delta = (id_C \otimes \Delta) \circ \Delta$ für die Abbildungen $C \to C \otimes C \otimes C$.

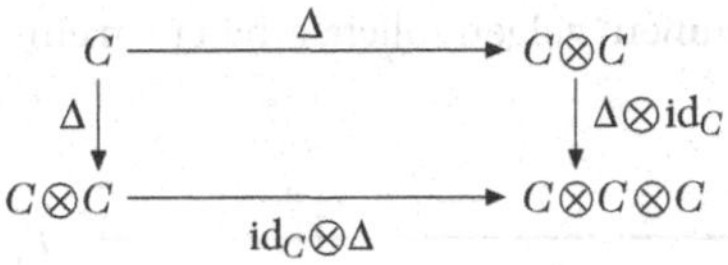

$$\begin{array}{ccc} C & \xrightarrow{\Delta} & C \otimes C \\ \Delta \downarrow & & \downarrow \Delta \otimes \mathrm{id}_C \\ C \otimes C & \xrightarrow[\mathrm{id}_C \otimes \Delta]{} & C \otimes C \otimes C \end{array}$$

2. $(\alpha \otimes id_C) \circ \Delta = t_l$ und $(id_C \otimes \alpha) \circ \Delta = t_r$ mit den Abbildungen $t_l : C \to R \otimes C, x \mapsto 1 \otimes x$ und $t_r : C \to C \otimes R, x \mapsto x \otimes 1$.

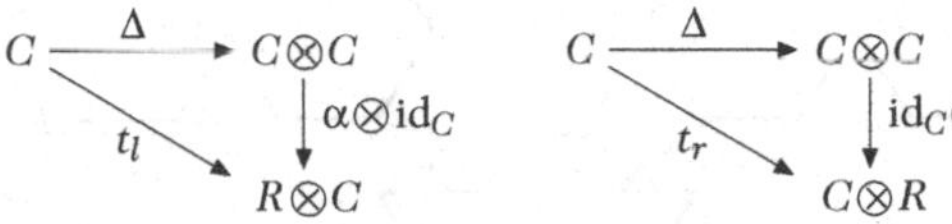

$$\begin{array}{ccc} C & \xrightarrow{\Delta} & C \otimes C \\ & \searrow^{t_l} & \downarrow \alpha \otimes \mathrm{id}_C \\ & & R \otimes C \end{array} \qquad \begin{array}{ccc} C & \xrightarrow{\Delta} & C \otimes C \\ & \searrow^{t_r} & \downarrow \mathrm{id}_C \otimes \alpha \\ & & C \otimes R \end{array}$$

Ein Beispiel einer Koalgebra ist die Gruppenalgebra $\mathbb{K}[G]$ einer Gruppe G über einem Körper $\mathbb{K}$. Sie ist der Vektorraum über $\mathbb{K}$ mit Basis $\{e_g \mid g \in G\}$ und Multiplikation m, definiert durch

$$\sum_{g \in G} \alpha_g e_g \cdot \sum_{f \in G} \beta_f e_f \cdot := \sum_{f,g \in G} \alpha_g \beta_f e_{gf} \,.$$

Die Komultiplikation

$$\Delta : \mathbb{K}[G] \to \mathbb{K}[G] \otimes \mathbb{K}[G]$$

wird induziert durch $e_g \mapsto e_g \otimes e_g$. Die Koeinheit $\alpha : \mathbb{K}[G] \to \mathbb{K}$ wird induziert durch $e_g \mapsto 1_K$. Damit trägt $\mathbb{K}[G]$ neben der Algebrenstruktur auch eine Koalgebrenstruktur.

In der Tat ist $\mathbb{K}[G]$ eine ↗Bialgebra.

Koalition, in einem Spiel $S = \prod_{i=1}^{n} S_i$ mit n Spielern $\mathcal{S}_1, \ldots, \mathcal{S}_n$ die Zusammenfassung gewisser Spieler zu einer Menge $K \subset \{1, \ldots, n\}$.

Als Mitglied $i \in K$ der Koalition K betrachtet $\mathcal{S}_i$ alle Spieler $\mathcal{S}_j$ mit $j \notin K$ als Gegner, die seinen

Gewinn minimieren wollen. Entsprechend wird S durch K in die Mengen $S_K := \prod_{i \in K} S_i$ und $S_{NK} := \prod_{i \notin K} S_i$ zerlegt. Besteht insbesondere jede Koalition nur aus einem Spieler, so erhält man wiederum ein nichtkooperatives n-Personen-Spiel.

koanalytische Menge, ↗komplementäre analytische Menge.

Kobordismus, kompakte Mannigfaltigkeit W so, daß folgendes gilt: ∂W ist diffeomorph zu $M \times 0 \cup N \times 1$, wobei M und N kompakt Mannigfaltigkeiten sind. Existiert ein solches W, so heißen M und N kobordant.

Koch-Kurve, klassisches Beispiel eines ↗Fraktals.

Gegeben sei eine Strecke, deren mittleres Drittel entfernt und durch die zwei anderen Seiten des gleichseitigen Dreiecks ersetzt wird. Wird diese Prozedur bei allen entstehenden Teilstrecken unendlich oft wiederholt, wobei sämtliche Dreiecksspitzen „nach außen" zeigen sollen, erhält man eine Koch-Kurve.

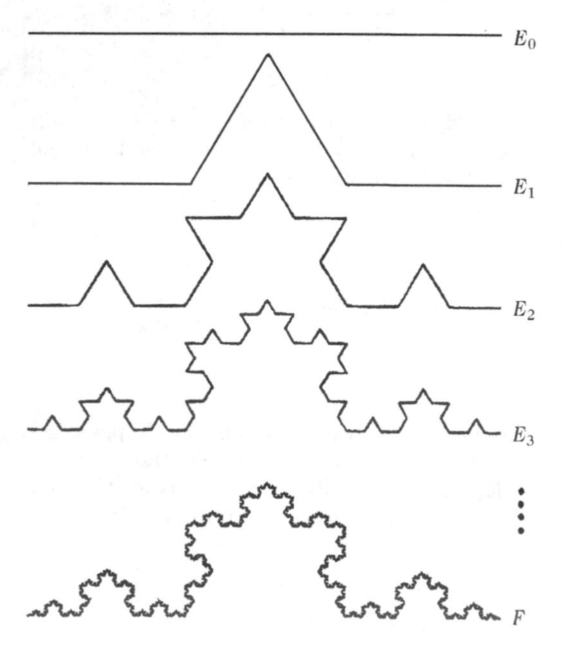

Konstruktion einer Koch-Kurve

Die Kochkurve K ist eine streng selbstähnliche Menge, deren Hausdorff- und ↗Kapazitätsdimension gleich sind:

$$\dim_H K = \dim_{Kap} K = \frac{\log 4}{\log 3}.$$

Durch Zusammensetzen dreier Koch-Kurven entsteht die Kochsche Schneeflocke.

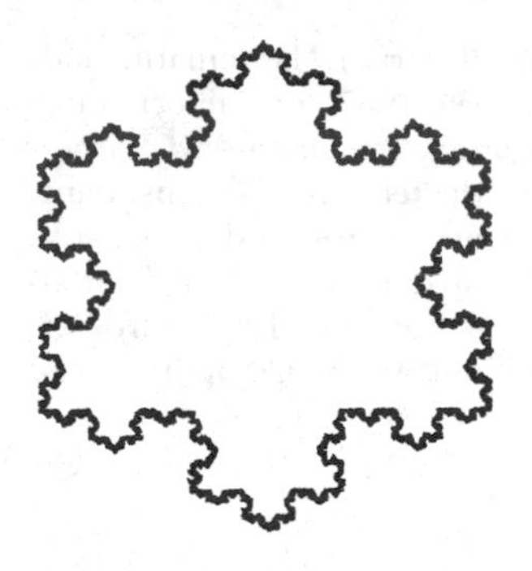

Kochsche Schneeflocke

Kochsche Schneeflocke, ↗ Koch-Kurve.

Kodaira, Einbettungssatz von, wichtiger Satz in der Theorie der komplexen algebraischen Varietäten und der algebraischen Geometrie.

Ist M eine kompakte komplexe Mannigfaltigkeit und $L \to M$ ein positives Geradenbündel, dann gibt es ein k_0 so, daß für alle $k \geq k_0$ die Abbildung $\iota_{L^k} : M \to \mathbb{P}^n$ wohldefiniert und eine Einbettung von M ist. Man kann diesen Satz im Hinblick auf Anwendungen auch folgendermaßen formulieren:

Eine kompakte komplexe Mannigfaltigkeit M ist eine algebraische Varietät, d. h., sie ist genau dann einbettbar in einen projektiven Raum, wenn auf ihr eine geschlossene positive $(1, 1)$-Form ω definiert werden kann, deren Kohomologieklasse $[\omega]$ rational ist.

Eine Metrik, deren zugehörige $(1, 1)$-Form eine rationale Kohomologieklasse besitzt, heißt Hodge-Metrik.

In der Sprache der algebraischen Geometrie besagt Kodairas Einbettungssatz, daß für kompakte Mannigfaltigkeiten die Eigenschaft „positiv" äquivalent zu „ampel" ist, d. h. die holomorphen Schnitte einer hinreichend hohen Potenz m von $\mathcal{L}$ definieren eine Einbettung $X \subset \mathbb{P}(H^0(X, \mathcal{L}^{\otimes m}))$. Hierbei heißt ein holomorphes Geradenbündel auf einer ↗komplexen Mannigfaltigkeit X positiv, wenn seine erste Chern-Klasse in der ↗de Rham-Kohomologie durch eine Kählerform repräsentiert wird.

Kodaira, Kunihiko, japanischer Mathematiker, geb. 16.3.1915 Tokio, gest. 26.7.1997 Kofu (Japan).

Kodaira wuchs in Tokio als Sohn eines anerkannten Agrarwissenschaftlers auf. An der Universität Tokio studierte er bis 1938 Mathematik, danach bis 1941 theoretische Physik und wirkte dort von 1944 bis 1951 als außerordentlicher Professor. 1949 promovierte er mit einer Arbeit zur verallgemeinerten Potentialtheorie, die die Aufmerksamkeit von H. Weyl erregte und ihm einen Ruf an das Institute for Advanced Study in Princeton einbrachte. Dort arbeitete er bis 1961, wobei er gleichzeitig an der Universität Princeton tätig war. Nach einer Gastprofessur an der Harvard Universität in Cambridge (Mass.) (1961/62) lehrte er als Professor an der Johns Hopkins Universität Baltimore (1962–65) sowie an der Stanford Universität (1965–67), und kehrte 1967 an die Universität Tokio zurück.

Nach anfänglicher Beschäftigung mit Lie-Gruppen, fastperiodischen Funktionen und Hilberträumen sowie der Anwendung von Hilbertraum-Methoden auf Differentialgleichungen mit neuen Erkenntnissen zur Spektraltheorie von Differentialoperatoren erzielte Kodaira in der Dissertation wichtige Ergebnisse über harmonische Integrale auf algebraischen Mannigfaltigkeiten. Er bewies u. a. die Existenz einer harmonischen Form mit vorgeschriebenen Singularitäten und vervollständigte damit den Beweis von Hodges grundlegendem Existenztheorem für harmonische Formen. Außerdem verallgemeinerte er die Aussage des Riemann-Rochschen Satzes auf harmonische Formen auf einer kompakten Riemannschen Mannigfaltigkeit, ein Thema, zu dem er später weitere interessante Beiträge lieferte. Beginnend mit der niedrigsten komplexen Dimension übertrug er das Riemann-Roch-Theorem auf algebraische Mannigfaltigkeiten.

Zusammen mit D.C. Spencer publizierte er 1957 bis 1960 bedeutende Resultate zur Deformation komplex-analytischer Strukturen, wobei er wesentlich Elemente der Garben- und der Kohomologietheorie einsetzte. Danach widmete sich Kodaira erfolgreich der Klassifikation komplexer analytischer Flächen und deren Struktur. Dabei wies er auch auf die Bedeutung der später nach ihm benannten Dimension als numerische Invariante zur Klassifikation algebraischer Mannigfaltigkeiten hin. Kodairas Leistungen wurden durch zahlreiche Auszeichnungen anerkannt, u. a. 1954 durch die Verleihung der ↗Fields-Medaille.

Kodaira, Verschwindungssatz von, Aussage in der algebraischen Geometrie.

Ist X eine glatte projektive ↗algebraische Varietät über $\mathbb{C}$, ist $\mathcal{L}$ ein ↗amples Geradenbündel, und bezeichnet Ω_X^q die Garbe der (holomorphen) q-Formen auf X, so ist

$$H^p\left(X, \Omega_X^q \otimes \mathcal{L}\right) = 0$$

für $p + q > n = \dim X$.

Hieraus folgt insbesondere (durch Serre-Dualität)

$$H^i\left(X, \mathcal{L}^{-1}\right) = 0 \quad \text{für } i < n\,.$$

Kodaira-Dimension, Begriff aus der algebraischen Geometrie.

Für eine glatte komplette ↗algebraische Varietät X (oder auch jede kompakte ↗komplexe Mannigfaltigkeit) erhält man eine birationale (bzw. bimeromorphe) Invariante auf folgende Weise: Es sei K_X das kanonische Bündel, dann ist

$$\bigoplus_{m\geq 0} H^0\left(X, K_X^{\otimes m}\right) = R_\bullet(X)$$

ein ↗graduierter Ring (kanonischer Ring von X) ohne Nullteiler, und der Quotientenkörper vom Grad 0 (d. h., alle Quotienten φ/ψ, wobei φ, ψ homogen von gleichem Grad sind) ist ein Unterkörper des zu X gehörigen Körpers der meromorphen Funktionen und algebraisch abgeschlossen in diesem.

Die Kodaira-Dimension $\kappa(X)$ von X ist die Dimension dieses Körpers, d. h. sein Transzendenzgrad über dem Grundkörper.

Ist V ein Modell dieses Körpers, und hat der Grundkörper die Charakteristik 0, so erhält man eine rationale bzw. meromorphe Abbildung $X \to V$ bzw. nach einer Modifikation von X eine Faserung $X \to V$ (im weiterem Sinne), genannt die Kodaira-Faserung (↗Auflösung von Singularitäten).

Wenn $R_\bullet(X)$ nur aus dem Konstantenkörper besteht, wird $\kappa(X) = -\infty$ definiert.

Eine andere Charakterisierung von $\kappa(X)$ ergibt sich aus dem Verhalten der Funktion

$$m \mapsto \dim H^0\left(X, K_X^{\otimes m}\right) = P_m(X)$$

für $m \longrightarrow \infty$. Die Zahlen $P_m(X)$ heißen Plurigeschlechter von X, sie sind ebenfalls birationale bzw. bimeromorphe Invarianten, und $\kappa = \kappa(X)$ ist charakterisiert durch

$$0 < \limsup_{m\to\infty}\left(P_m(X)/m^\kappa\right) < \infty,$$

also ist

$$\kappa(X) = \limsup_{m\to\infty} \frac{\log P_m(X)}{\log(m)}\,.$$

Im Falle der Charakteristik 0 gilt weiterhin, daß die allgemeinen Fasern der Kodaira-Faserung glatte algebraische Varietäten der Kodaira-Dimension 0 sind.

Im allgemeinen erwartet man von einer Faserung $X \to Y$ mit der allgemeinen Faser F die Ungleichung $\kappa(X) \geq \kappa(Y) + \kappa(F)$, für $\dim X \leq 3$ ist das bekannt (Subadditivität von $\kappa(X)$). Für $\dim X \leq 3$ ist ebenfalls bekannt, daß der Ring $R_\bullet(X)$ endlich erzeugt ist über dem Grundkörper, und daß das Ideal

$$R_+(X) = \bigoplus_{m \geq 1} H^0\left(X, K_X^{\otimes m}\right)$$

keine Nullstellen auf X hat. Letzteres wird für $\kappa(X) \geq 0$ vermutet für Minimale Modelle (Abundance-Vermutung), und impliziert, daß $R_\bullet(X)$ endlich erzeugt ist.

Die Kodaira-Dimension ist die wichtigste Invariante für die birationale Klassifikation von algebraischen Varietäten. Für glatte Kurven (über $\mathbb{C}$) führt das auf folgende Klassifikation:

$\kappa(X)$	X	topologisch
$-\infty$	$\mathbb{P}^1$	einfach zusammenhängend
0	elliptische Kurven	universelle Überlagerung $\mathbb{C}$
1	Geschlecht ≥ 2	universelle Überlagerung D (Kreisscheibe)

Kodimension, Dimension des Quotientenvektorraumes.

Als Kodimension eines Unterraumes $U \subseteq V$ eines Vektorraumes V über $\mathbb{K}$ bezeichnet man die Dimension des Quotientenvektorraumes V/U über $\mathbb{K}$. Die übliche Schreib- und Bezeichnungsweise ist

$$\operatorname{codim} U \ := \ \dim V/U \,.$$

Kodimension-*k*-Bifurkationen, eine ↗Bifurkation, deren Parameterraum $J \in \mathbb{R}^k$ die Dimension k hat.

Normalformen von Bifurkationen der Kodimension k können durch Polynome $(k+1)$-ten Grades dargestellt werden:

$$\dot{x} = f(x, \mu) = P_N(x, \mu)\,,$$

wobei

$$P_N(x, \mu) = \sum_{i+1}^{N} a_i(\mu) x^i$$

mit $N = k+1$, $x, f, a_i \in \mathbb{R}$ und $\mu \in \mathbb{R}^p$, $p \geq 1$. Die Polynome können als abgebrochene Taylor-Entwicklungen eines allgemeinen Vektorfeldes aufgefaßt werden. Dabei ist P_N eine $(N+1)$-parametrige Kurvenschar mit den Scharparametern $a_0(\mu), \dots, a_N(\mu)$. Diese Scharparameter hängen von den p Parametern $\mu_1 \dots \mu_p$ ab. Wenn eine kleine Änderung der Parameter μ zu einer qualitativen Änderung der Dynamik des Systems führt, so ist dies äquivalent zur Änderung der Eigenschaften des Polynoms (Nullstellen, stationäre Punkte). Beispielsweise findet man:

Ordnung N des Polynoms	Kodimension k der Bifurkation	Bifurkationstyp
2	1	Sattel-Knoten
3	2	Scheitel
4	3	Schwalbenschwanz
5	4	Schmetterling

Koebe, Hauptsatz von, ↗ Carathéodory-Koebe-Theorie.

Koebe, Paul, deutscher Mathematiker, geb. 15.2.1882 Luckenwalde, gest. 6.8.1945 Leipzig.

Koebe studierte 1900–1905 an den Universitäten in Kiel und Berlin, unter anderem bei H.A.Schwarz. 1907 habilitierte er sich in Göttingen. Danach arbeitete er zunächst in Göttingen, ging 1911 nach Leipzig, 1914 nach Jena und 1926 wieder nach Leipzig.

Koebes Hauptarbeitsgebiet war die Funktionentheorie. Hier lieferte er bedeutende Beiträge zum Beweis des Riemannschen Abbildungssatzes (↗Carathéodory-Koebe-Theorie), zu Eigenschaften konformer Abbildungen und zur Uniformisierung Riemannscher Flächen.

Seine wichtigsten Werke sind „Über die Uniformisierung beliebiger analytischer Kurven" (1907–1910) und „Abhandlungen zur Theorie der konformen Abbildung" (1915–1918).

Koebe-Faberscher Verzerrungssatz, lautet:

Es sei f eine in $\mathbb{E} = \{z \in \mathbb{C} : |z| < 1\}$ ↗schlichte Funktion mit $f(0) = 0$ und $f'(0) = 1$. Dann gelten für $z \in \mathbb{E}$ die folgenden Ungleichungen:

$$\frac{1-|z|}{(1+|z|)^3} \leq |f'(z)| \leq \frac{1+|z|}{(1-|z|)^3}\,,$$

$$\frac{|z|}{(1+|z|)^2} \leq |f(z)| \leq \frac{|z|}{(1-|z|)^2}\,,$$

$$\frac{1-|z|}{1+|z|} \leq \left| z\frac{f'(z)}{f(z)} \right| \leq \frac{1+|z|}{1-|z|}\,.$$

In jeder der sechs Ungleichungen gilt für ein $z = z_0 \neq 0$ das Gleichheitszeichen genau dann, wenn f eine geeignete Rotation der ↗Koebe-Funktion k ist, d. h. $f(z) = e^{-i\varphi} k(e^{i\varphi} z)$ mit einem $\varphi \in \mathbb{R}$. Dabei hängt φ von z_0 ab.

Koebe-Familie, ↗ Carathéodory-Koebe-Theorie.

Koebe-Folge, ↗ Carathéodory-Koebe-Theorie.

Koebe-Funktion, die durch

$$k(z) \ = \ \frac{z}{(1-z)^2}$$

definierte in $\mathbb{C} \setminus \{1\}$ ↗holomorphe Funktion. Sie gehört zur Klasse $\mathcal{S}$ der in $\mathbb{E} = \{z \in \mathbb{C} : |z| < 1\}$ ↗schlichten Funktionen f mit $f(0) = 0$ und $f'(0) = 1$.

Die Taylor-Reihe von k mit Entwicklungspunkt 0 lautet

$$k(z) = \sum_{n=1}^{\infty} nz^n, \quad z \in \mathbb{E}.$$

Das Bildgebiet von $\mathbb{E}$ unter k ist die geschlitzte Ebene $\mathbb{C} \setminus \left(-\infty, -\frac{1}{4}\right]$. Die Koebe-Funktion ist eine Art Extremalfunktion in der Klasse $\mathcal{S}$.

Siehe hierzu auch die Stichworte ↗Bieberbachsche Vermutung, ↗Koebescher 1/4-Satz oder ↗Koebe-Faberscher Verzerrungssatz.

Koebe-Gebiet, ↗ Carathéodory-Koebe-Theorie.

Koebene, Unterraum (d. h. abgeschlossene Punktmenge) des Ranges $n-3$ eines ↗geometrischen Verbandes.

Koebescher 1/4-Satz, lautet:

Es sei f in der Klasse $\mathcal{S}$, d. h. f ist eine in $\mathbb{E} = \{z \in \mathbb{C} : |z| < 1\}$ schlichte Funktion mit $f(0) = 0$ und $f'(0) = 1$.

Dann enthält das Bildgebiet $f(\mathbb{E})$ die offene Kreisscheibe $B_{1/4}(0)$ mit Mittelpunkt 0 und Radius $\frac{1}{4}$.

Die Aussage dieses Satzes ist bestmöglich, denn für die ↗Koebe-Funktion k gilt $k(\mathbb{E}) = \mathbb{C} \setminus \left(-\infty, -\frac{1}{4}\right]$. Ist $f \in \mathcal{S}$ und $f(\mathbb{E})$ ein konvexes Gebiet, so gilt sogar $f(\mathbb{E}) \supset B_{1/2}(0)$. Auch diese Aussage kann i. allg. nicht verbessert werden, denn für die Funktion $\ell(z) = z/(1-z)$ gilt $\ell(\mathbb{E}) = \left\{w \in \mathbb{C} : \operatorname{Re} w > -\frac{1}{2}\right\}$.

Betrachtet man statt $\mathcal{S}$ die größere Klasse $\mathcal{T}$ aller in $\mathbb{E}$ ↗holomorphen Funktionen mit $f(0) = 0$ und $f'(0) = 1$, so existiert kein $\varrho > 0$ derart, daß $f(\mathbb{E}) \supset B_\varrho(0)$ für alle $f \in \mathcal{T}$. Dies zeigen die Beispiele $f_n(z) := \frac{1}{n}(e^{nz} - 1)$, denn es gilt $f_n \in \mathcal{T}$, aber $-\frac{1}{n} \notin f_n(\mathbb{E})$.

Koeffizienten einer Differentialgleichung, für eine lineare Differentialgleichung mit Inhomogenität $h(\cdot)$,

$$h(x) = \sum_{i=0}^{n} a_i(x) y^{(i)}(x),$$

die Funktionen $a_i(\cdot)$, $i = 0, \dots, n$.

Koeffizienten eines linearen Gleichungssystems, ↗lineares Gleichungssystem.

Koeffizienten eines Polynoms, in der Darstellung

$$p(x) = \sum_{\nu=0}^{n} \alpha_\nu x^\nu$$

eines Polynoms p die Werte α_ν.

Für Polynome in mehreren Variablen gilt eine analoge Definition.

Koeffizientenmatrix, ↗lineares Gleichungssystem.

Koeffizientenvergleich, Verfahren zur Bestimmung der Koeffizienten a_k einer Potenzreihe

$$\sum_k a_k x^k$$

durch gliedweisen Vergleich mit einer bekannten Potenzreihe. Der ↗Identitätssatz für Potenzreihen erlaubt die Bestimmung der Koeffizienten a_k durch gliedweisen Vergleich der Koeffizienten beider Potenzreihen in jeder Potenz von x.

Koeffizientenvergleich ist insbesondere für abbrechende Potenzreihen, d. h. Polynome, zulässig. Man kann dieses Verfahren z. B. bei der Bestimmung der Koeffizienten einer Partialbruchzerlegung oder bei der Lösung einer Differentialgleichung mittels eines Potenzreihenansatzes verwenden.

koerzitive Sesquilinearform, eine Sesquilinearform a auf einem Hilbertraum H mit

$$|a(x,x)| \geq c\|x\|^2 \qquad \forall x \in H$$

für eine geeignete Konstante $c > 0$.

koerzitiver Operator, eine Abbildung

$$T : X \supset M \to X',$$

wobei X ein Banachraum ist, mit $\operatorname{Re}(Tx_n)(x_n)/\|x_n\| \to \infty$, falls $\|x_n\| \to \infty$.

Für einen Hilbertraum X und eine Abbildung $T : X \supset M \to X$ lautet diese Bedingung $\operatorname{Re}\langle Tx_n, x_n\rangle/\|x_n\| \to \infty$, falls $\|x_n\| \to \infty$.

Kofaktor, genauer Kofaktor einer ↗Booleschen Funktion, die einer Booleschen Funktion $f : \{0,1\}^n \to \{0,1\}$ und einer Belegung $\varepsilon_i \in \{0,1\}$ einer Variablen x_i zugeordnete Boolesche Funktion $f_{x_i=\varepsilon_i}$ mit

$$f_{x_i=\varepsilon_i} : \{0,1\}^n \to \{0,1\}$$
$$f_{x_i=\varepsilon_i}(\alpha_1, \dots, \alpha_{i-1}, \alpha_i, \alpha_{i+1}, \dots, \alpha_n) = f(\alpha_1, \dots, \alpha_{i-1}, \varepsilon_i, \alpha_{i+1}, \dots, \alpha_n)$$

für alle $(\alpha_1, \dots, \alpha_n) \in \{0,1\}^n$.

Die Boolesche Funktion $f_{x_i=1}$ heißt positiver Kofaktor von f nach x_i und wird oft abkürzend mit f_{x_i} angegeben. Die Boolesche Funktion $f_{x_i=0}$ heißt negativer Kofaktor von f nach x_i und wird oft abkürzend mit $f_{\overline{x_i}}$ angegeben.

Ist $l_1 \wedge \ldots \wedge l_q$ mit $q \geq 2$ ein über den ↗Booleschen Variablen $x_1, \dots, x_n$ definiertes ↗Boolesches Monom der Länge q, dann heißt die Boolesche Funktion $f_{l_1 \wedge \ldots \wedge l_q}$, die durch

$$f_{l_1 \wedge \ldots \wedge l_q} = (f_{l_1 \wedge \ldots \wedge l_{q-1}})_{l_q}$$

definiert ist, iterierter Kofaktor von f.

kofinale Abbildung, ↗Abbildung zwischen zwei Ordinalzahlen $f : \alpha \to \beta$ so, daß es zu jedem $b \in \beta$

ein $a \in \alpha$ mit $b \leq f(a)$ gibt (↗Kardinalzahlen und Ordinalzahlen).

Kofinalität, minimale Ordinalzahl im folgenden Sinne:

Die Kofinalität einer Ordinalzahl β ist die kleinste Ordinalzahl α so, daß es eine ↗kofinale Abbildung $f : \alpha \to \beta$ gibt.

Man bezeichnet α dann mit $\text{cf}(\beta)$ (↗Kardinalzahlen und Ordinalzahlen).

Kogerade, Unterraum (d. h. abgeschlossene Punktmenge) des Ranges $n-2$ eines ↗geometrischen Verbandes.

kohärente Garbe, endliche und relationsendliche Garbe.

Eine freie Auflösung für eine Garbe von Moduln $\mathcal{S}$ über einer Garbe von Ringen $\mathcal{R}$ ist eine exakte Sequenz von Garben von $\mathcal{R}$-Moduln der Form

$$\mathcal{R}^{p_m} \stackrel{\lambda_m}{\to} \mathcal{R}^{p_{m-1}} \to \ldots \to \mathcal{R}^{p_1} \stackrel{\lambda_1}{\to} \mathcal{R}^{p} \stackrel{\lambda_0}{\to} \mathcal{S} \to 0\,, \quad (1)$$

die ganze Zahl $m \geq 0$ heißt Länge der freien Auflösung. Wenn $\mu : \mathcal{S} \to \mathcal{T}$ ein beliebiger Homomorphismus von Garben von $\mathcal{R}$-Moduln ist, dann untersucht man, ob es zu μ einen Homomorphismus $\lambda : \mathcal{R}^p \to \mathcal{S}$ gibt, so daß

$$\mathcal{R}^p \stackrel{\lambda}{\to} \mathcal{S} \stackrel{\mu}{\to} \mathcal{T} \quad (2)$$

eine exakte Sequenz von Garben von $\mathcal{R}$-Moduln ist; beispielsweise ist in einer freien Auflösung (1) jeder Homomorphismus λ_i auf diese Weise dem Homomorphismus λ_{i-1} zugeordnet.

Sei $\mathcal{S}$ eine Garbe von Moduln über einer Garbe von Ringen $\mathcal{R}$ über einem topologischen Raum D. Die Garbe $\mathcal{S}$ nennt man kohärente Garbe von $\mathcal{R}$-Moduln, wenn es für jeden Punkt $w \in D$ und jede ganze Zahl $m \geq 0$ eine offene Umgebung U von w in D gibt, über der $\mathcal{S}$ eine freie Auflösung der Länge m zugeordnet werden kann.

Dies ist offensichtlich eine lokale Bedingung. Daher ist eine Garbe $\mathcal{S}$ genau dann kohärent, wenn sie in einer offenen Umgebung jedes Punktes von D kohärent ist. Wenn sich die Garbe $\mathcal{R}$ von Ringen hinreichend gut verhält, dann ist die Eigenschaft der Kohärenz wesentlich leichter in Griff zu bekommen. Die gebräuchlichsten Garben sind von diesem Typ, nämlich Oka-Garben von Ringen: Eine Garbe von Ringen $\mathcal{R}$ über einem topologischen Raum D heißt Oka-Garbe von Ringen, wenn für eine beliebige offene Teilmenge $U \subset D$ und jeden Punkt $w \in U$ jedem Garben-Homomorphismus $\mu : (\mathcal{R} \mid U)^p \to (\mathcal{R} \mid U)^q$ in einer offenen Umgebung von w ein Homomorphismus λ in der oben beschriebenen Weise (2) zugeordnet werden kann.

Betrachtet man eine freie Auflösung der Länge Eins für eine Garbe von $\mathcal{R}$-Moduln über einem Raum D, d. h. eine exakte Sequenz der Form

$$\mathcal{R}^{p_1} \stackrel{\lambda_1}{\to} \mathcal{R}^{p} \stackrel{\lambda_0}{\to} \mathcal{S} \to 0, \quad (3)$$

dann kann man die Situation folgendermaßen beschreiben: Sei $E_j \in \Gamma(D, \mathcal{R}^p)$, $j = 1, 2, \ldots, p$, der kanonische Schnitt $E_j = (0, \ldots, 0, 1, 0, \ldots, 0)$, mit der 1 an der j-ten Stelle. Diese Schnitte erzeugen den Halm $\mathcal{R}^p_w$ an jeder Stelle $w \in D$ als einen $\mathcal{R}_w$-Modul. Aus der Exaktheit der Sequenz (3) folgt daher für die Bilder $\lambda_0(E_j) = H_j \in \Gamma(D, \mathcal{S})$, daß die Werte dieser Schnitte an jedem Punkt $w \in D$ den Halm $\mathcal{S}_w$ als einen $\mathcal{R}_w$-Modul erzeugen. Eine Menge von Schnitten H_j mit dieser Eigenschaft nennt man eine Menge von Erzeugern für die Garbe $\mathcal{S}$ über D, und die Garbe $\mathcal{S}$ nennt man eine endlich erzeugte Garbe von $\mathcal{R}$-Moduln über D oder eine Garbe von endlichem Typ über D. Für jeden Punkt $w \in D$ und jedes Element $F_w = (f_1, \ldots, f_p) \in \mathcal{R}^p_w$ hat die Abbildung λ_0 die Form

$$\lambda_0(F_w) = \lambda_0\left(\sum_{j=1}^{p} \mathrm{f}_j E_j\right) = \sum_{j=1}^{p} \mathrm{f}_j \left(H_j\right)_w \in \mathcal{S}_w.$$

Der Kern von λ_0 kann daher geschrieben werden als die Menge aller Elemente der Form $(\mathrm{f}_1, \ldots, \mathrm{f}_p) \in \mathcal{R}^p_w$, so daß $\sum_{j=1}^{p} \mathrm{f}_j (H_j)_w = 0$, daher bezeichnet man den Kern als die Garbe der Relationen zwischen den Erzeugern $\{H_j\}$ der Garbe $\mathcal{S}$. Wegen der Exaktheit der Sequenz (3) kann man voraussetzen, daß die Relationsgarbe auch endlich erzeugt über der Garbe D ist, und man erhält den folgenden Satz:

Sei $\mathcal{R}$ eine Oka-Garbe von Ringen über einem topologischen Raum D. Eine Garbe von Moduln $\mathcal{S}$ über der Garbe von Ringen $\mathcal{R}$ ist genau dann kohärent, wenn es zu jedem Punkt $w \in D$ eine offene Umgebung U von w in D gibt, so daß die Einschränkung $\mathcal{S} \mid U$ und die Garbe der Relationen zwischen den Erzeugern von $\mathcal{S} \mid U$ endlich erzeugte Garben von $(\mathcal{R} \mid \mathcal{U})$-Moduln über U sind.

Die beiden folgenden fundamentalen Sätze liefern zwei Beispiele für kohärente Garben:

Theorem von Oka. *Die Garbe ${}_n\mathcal{O} = \mathcal{O}(D)$ der Keime der holomorphen Funktionen auf einer offenen Teilmenge $D \subset \mathbb{C}^n$ ist eine Oka-Garbe von Ringen.*

Für eine analytische Untervarietät eines Gebietes $D \subset \mathbb{C}^n$ ist die Garbe $\mathcal{I}(V) \subset \mathcal{O}(D)$ der Ideale der Untervarietät V eine kohärente analytische Garbe von D (d. h. eine kohärente Garbe von ${}_n\mathcal{O}$-Moduln über D).

[1] Gunning, R.; Rossi, H.: Analytic Functions of Several Complex Variables. Prentice Hall Inc. Englewood Cliffs, N.J., 1965.

kohärente Zustände, Zustände, insbesondere in der Quantenelektrodynamik, für die das mittlere Schwankungsquadrat (gemittelt über eine Periode) der elektrischen Feldstärke verschwindet (bzw. klein ist im Vergleich zum Mittelwert des Quadrats der elektrischen Feldstärke).

Kohärente Zustände spielen aber auch in anderen Gebieten eine Rolle, z. B. treten sie auf, wenn man ein „angezogenes" (dressed) Nukleon durch ein „nacktes" Nukleon und eine Wolke von Mesonen, die das nackte Nukleon umgeben, beschreiben will.

Kohlestäubchen, Bezeichnung für einen alle Strahlung vollständig absorbierenden Körper (schwarzer Körper), der so klein ist, daß er innerhalb einer Strahlung wenig Energie speichert und somit das Strahlungsfeld nur unwesentlich beeinflußt.

Wärmestrahlung ist elektromagnetische Strahlung. Nach der klassischen Maxwellschen Elektrodynamik überlagern sich Lichtwellen, ohne sich zu beeinflussen. Ist ein solches Feld nicht im thermodynamischen Gleichgewicht, so bleibt es auch in diesem Nichtgleichgewichtszustand. Erst durch die Wechselwirkung mit dem Kohlestäubchen kann es ins Gleichgewicht kommen.

Nach der Quantenelektrodynamik ist diese Aussage nicht mehr uneingeschränkt richtig: Ein Photon kann in ein virtuelles Elektron-Positron-Paar übergehen, und mit diesen geladenen Teilchen kommen andere Photonen in Wechselwirkung, was schließlich eine Wechselwirkung von Photonen bedeutet. Sie ist aber so selten, daß sie für die schnelle Einstellung des thermodynamischen Gleichgewichts keine Rolle spielt.

kohomologe Dimension, meist bezeichnet mit $\dim_G(X)$, Kennzahl eines topologischen Raums X in Bezug auf die Koeffizientengruppe G (z. B. $G = \mathbb{Z}$). Die kohomologe Dimension ist definiert als die maximale Zahl $n \in \mathbb{N}_0$ derart, daß es eine abgeschlossene Teilmenge A von X gibt mit relativer Kohomologiegruppe $H^n(X, A; G) \neq 0$.

Im Falle einer algebraischen Varietät X der Dimension n über einem Körper $\mathbb{K}$ wird die kohomologe Dimension $\mathrm{cd}(X)$ definiert als die kleinste Zahl k derart, daß die Garbenkohomologiegruppe $H^{k+1}(X, F) = 0$ ist für alle Garben abelscher Gruppen F. Betrachtet man nur kohärente Garben, so erhält man die kohärente kohomologische Dimension $\mathrm{cohcd}(X)$. Es gilt immer

$$\mathrm{cohcd}(X) \leq \mathrm{cd}(X) \leq n = \dim X\,.$$

Von Serre wurde gezeigt, daß $\mathrm{cohcd}(X) = 0$ genau dann gilt, wenn X eine affine Varietät ist.

Der Satz von Lichtenbaum besagt, daß $\mathrm{cohcd}(X) = n$ genau dann gilt, wenn X eigentlich über $\mathbb{K}$ ist.

Beispiele eigentlicher Varietäten werden durch die projektiven Varietäten gegeben.

Kohomologie eines Komplexes, algebraische Konstruktion, die, angewendet auf die simplizialen zellulären und singulären Kettenkomplexe, die Kohomologiegruppen von Simplizialkomplexen, CW-Räumen und topologischen Räumen liefert.

Ein (rein algebraischer) Zusammenhang zwischen Kohomologiegruppen und Homologiegruppen eines beliebigen Raumes wird durch das universelle Koeffiziententheorem beschrieben. Bei Mannigfaltigkeiten gibt es noch einen weiteren Zusammenhang zwischen Kohomologie und Homologie, der tiefliegende geometrisch-topologische Eigenschaften dieser Räume beschreibt, den Poincaréschen Dualitätssatz.

Wendet man auf einen Kettenkomplex C den Kofunktor $Hom\,(-\,; G)$ an (wobei G eine feste abelsche Gruppe ist), so erhält man folgende Sequenz von abelschen Gruppen und Homomorphismen, in der $\delta_{q-1} = \widetilde{\partial}_q$ der zu $\partial_q : C_q \to C_{q-1}$ duale Homomorphismus ist:

$$\ldots \to Hom\,(C_{q-1}, G) \stackrel{\delta_{q-1}}{\to} Hom\,(C_q, G) \stackrel{\delta_q}{\to}$$
$$\stackrel{\delta_q}{\to} Hom\,(C_{q+1}, G) \to \ldots$$

Wegen $\delta_q \delta_{q-1} = 0$ hat diese Sequenz die definierende Eigenschaft eines Kettenkomplexes; allerdings wird der Index q jetzt um 1 erhöht statt erniedrigt.

(a) Die Gruppe $Hom\,(C_q, G)$ heißt die q-te Kokettengruppe von C mit Koeffizienten in G: die Elemente $\varphi \in Hom\,(C_q, G)$ heißen q-Koketten von C mit Koeffizienten in G. Der Wert von φ auf einer Kette $c \in C_q$ wird im folgenden mit $\langle \varphi, c \rangle = \varphi\,(c) \in G$ bezeichnet; er heißt das Skalarprodukt (auch Kroneckerprodukt) von φ und c.

(b) Der Homomorphismus

$$\delta = \delta_q : Hom\,(C_q, G) \stackrel{\delta_q}{\to} Hom\,(C_{q+1}, G)$$

heißt Korandoperator. Die $(q+1)$-Kokette $\delta\,(\varphi)$ heißt Korand der q-Kokette φ. Wenn $\delta\,(\varphi) = 0$ ist, d. h. wenn $\varphi \in \mathrm{Ker}\,(\delta_q)$, heißt φ ein Kozykel. Wenn $\varphi = \delta\,(\psi)$ für eine $(q-1)$-Kokette ψ, d. h. wenn $\varphi \in \mathrm{Im}\,(\delta_{q-1})$, heißt φ ein Korand. Die Faktorgruppe der Kozyklengruppe modulo der Koröndergruppe, also die Gruppe

$$H^q\,(C; G) = \mathrm{Ker}\,(\delta_q)\,/\,\mathrm{Im}\,(\delta_{q-1})\,,$$

heißt die q-te Kohomologiegruppe von C mit Koeffizienten in G, ihre Elemente sind die Kohomologieklassen

$$\{\varphi\} = \{\varphi\}_C = \varphi + \mathrm{Im}\,(\delta_{q-1})\,,$$

wobei φ die q-Kozyklen durchläuft.

Im besonders wichtigen Fall $G = \mathbb{Z}$ schreibt man kurz $H^q\,(C) = H^q\,(C; \mathbb{Z})$.

Mit der Neubezeichnung $D_{-q} = Hom\,(C_q, G)$, wird die obige Sequenz ein Kettenkomplex D, und es ist

$$H^q\,(C; G) = H_{-q}(D)\,.$$

Die Kohomologie ist also im wesentlichen die Komposition von *Hom* $(-\,;G)$ und der Homologie.

[1] Stöcker, R., Zieschang, H.: Algebraische Topologie. B. G. Teubner Stuttgart, 1988.

Kohomologie von Garben, ↗Garben-Kohomologie.

Kohomologiegruppe, ↗Kohomologiering, ↗ Kohomologie eines Komplexes.

Kohomologiering, eine mit spezieller Struktur versehene ↗abelsche Gruppe.

Sei X ein topologischer Raum und seien $H^k(X,\mathbb{Z})$ die k-ten singulären Kohomologiegruppen mit Werten in $\mathbb{Z}$. Das Cup-Produkt definiert eine Multiplikation

$$\cup : H^k(X,\mathbb{Z}) \times H^l(X,\mathbb{Z}) \to H^{k+l}(X,\mathbb{Z}),$$
$$([a],[b]) \mapsto [a \cup b]\,.$$

Durch diese Multiplikation bekommt die abelsche Gruppe

$$H^*(X,\mathbb{Z}) = \bigoplus_{k=0}^{\infty} H^k(X,\mathbb{Z})$$

eine assoziative graduierte Ringstruktur. Dieser Ring ist der Kohomologiering.

Entsprechende Konstruktionen existieren auch für allgemeinere Koeffizienten, bzw. oft auch für die Kohomologie allgemeinerer Komplexe und Kokomplexe.

Kohomologiering der projektiven Räume, spezieller ↗Kohomologiering.

Für den komplex-projektiven Raum $\mathbb{P}^n(\mathbb{C})$ (bzw. den quaternionisch-projektiven Raum $\mathbb{P}^n(\mathbb{H})$) ist der Kohomologiering mit Werten in $\mathbb{Z}$ gegeben als der abgeschnittene Polynomring

$$H^*(\mathbb{P}^n(\mathbb{C}),\mathbb{Z}) \cong \mathbb{Z}[u]/(u^{n+1})$$

vom Gewicht 2, bzw.

$$H^*(\mathbb{P}^n(\mathbb{H}),\mathbb{Z}) \cong \mathbb{Z}[v]/(v^{n+1})$$

vom Gewicht 4. Hierbei ist $u \in H^2(\mathbb{P}^n(\mathbb{C}),\mathbb{Z})$ ein erzeugendes Element der 2-Kohomologie, bzw. $v \in H^4(\mathbb{P}^n(\mathbb{H}),\mathbb{Z})$ ein erzeugendes Element der 4-Kohomologie.

Für den reell-projektiven Raum $\mathbb{P}^n(\mathbb{R})$ gilt das analoge Resultat für die Kohomologie mit Werten in $\mathbb{Z}_2$, der zyklischen Gruppe der Ordnung 2,

$$H^*(\mathbb{P}^n(\mathbb{H}),\mathbb{Z}_2) \cong \mathbb{Z}_2[w]/(w^{n+1})\,.$$

Kohonen-Abbildung, ↗selbstorganisierende Karte.

Kohonen-Lernregel, eine spezielle ↗Lernregel im Bereich ↗Neuronale Netze, die insbesondere von Teuvo Kohonen gegen Ende der siebziger Jahre publik gemacht, allerdings auch schon vorher in Variationen in der Literatur diskutiert wurde.

Die Kohonen-Lernregel ist eng verwandt mit der ↗lernenden Vektorquantisierung, wobei der wesentliche Unterschied darin besteht, daß letztere primär eine überwachte Lernregel ist, während die Kohonen-Lernregel unüberwacht arbeitet. Auch besteht ein enger Zusammenhang mit der ↗adaptive-resonance-theory, die in gewisser Hinsicht als eine konsequente Fortführung der Kohonen-Lernregel zur Lösung des sogenannten Stabilitäts-Plastizitäts-Problems angesehen werden kann.

Im folgenden wird das Prinzip der Kohonen-Lernregel an einem einfachen Beispiel (diskrete Variante) erläutert: Eine endliche Menge von t Vektoren $x^{(s)} \in \mathbb{R}^n$, $1 \le s \le t$, soll klassifiziert werden, d. h. in j sogenannte Cluster eingeordnet werden (↗Clusteranalyse), wobei j im allgemeinen wesentlich kleiner als t ist. Dazu werden zunächst zufällig sogenannte Klassifikationsvektoren $w^{(i)} \in \mathbb{R}^n$, $1 \le i \le j$, generiert, die die einzelnen Cluster repräsentieren sollen und aus diesem Grunde auch kurz als Cluster-Vektoren bezeichnet werden.

Die Justierung der Cluster-Vektoren in Abhängigkeit von den zu klassifizierenden Vektoren geschieht nun im einfachsten Fall wie folgt, wobei $\lambda \in (0,1)$ ein noch frei zu wählender Lernparameter ist: Im s-ten Schritt $(1 \le s \le t)$ zur Klassifikation von $x^{(s)}$ berechne jeweils ein Maß für die Entfernung von $x^{(s)}$ zu allen Cluster-Vektoren $w^{(i)}$, $1 \le i \le j$ (z. B. über den Winkel, den euklidischen Abstand, o.ä.). Schlage $x^{(s)}$ demjenigen Cluster zu, dessen Cluster-Vektor die geringste Entfernung von $x^{(s)}$ hat. Falls mehrere Cluster-Vektoren diese Eigenschaft besitzen, nehme das Cluster mit dem kleinsten Index. Falls der so fixierte Cluster-Vektor den Index i hat, ersetze ihn durch

$$w^{(i)} + \lambda(x^{(s)} - w^{(i)})\,,$$

d. h. durch eine Konvexkombination des alten Cluster-Vektors mit dem neu klassifizierten Vektor; alle übrigen Cluster-Vektoren bleiben unverändert.

Iteriere dieses Vorgehen mehrmals, erniedrige λ Schritt für Schritt und breche den Algorithmus ab, wenn z. B. der Maximalabstand aller zu klassifizierenden Vektoren zu ihrem jeweiligen Cluster-Vektor eine vorgegebene Schranke unterschreitet oder aber eine gewisse Anzahl von Iterationen durchlaufen worden sind.

Der oben skizzierte Prototyp der Kohonen-Lernregel ist im Laufe der Zeit in verschiedenste Richtungen wesentlich verallgemeinert worden. Erwähnt seien in diesem Zusammenhang nur die Erweiterung der zu modifizierenden Cluster-Vektoren in Abhängigkeit von einer Nachbarschaftsfunktion sowie die temporäre Unterdrükkung der Aktualisierung von Cluster-Vektoren, die unverhältnismäßig oft minimalen Abstand liefern („Kohonen-Lernregel mit Gewissen").

Schließlich findet man unter dem Stichwort ↗Kohonen-Netz einige grundsätzliche Bemerkungen dazu, wie man die Kohonen-Lernregel konkret im Umfeld neuronaler Netze implementieren kann.

Kohonen-Netz, ein ↗Neuronales Netz, welches mit der ↗Kohonen-Lernregel oder einer ihrer zahlreichen Varianten konfiguriert wird.

Die wesentliche Funktionalität, die bei diesem Netz-Typ (oder auch allgemeiner bei ART- oder LVQ-Netzen) durch ↗formale Neuronen implementiert werden muß, ist die Abstandsmessung.

Erfolgt diese z. B. über die Betrachtung des Winkels der beteiligten Vektoren $x, w \in \mathbb{R}^n$, so läßt sich die Messung im normierten Fall $\|x\| = 1 = \|w\|$ auf das Skalarprodukt zurückführen. Genauer gilt für beliebig vorgegebenes $\Theta \in \mathbb{R}$ mit der sigmoidalen Transferfunktion $T : \mathbb{R} \to \{0, 1\}$, $T(\xi) := 0$ für $\xi < 0$ und $T(\xi) := 1$ für $\xi \geq 0$ die Beziehung

$$T(\sum_{i=1}^{n} w_i x_i - \Theta) = \begin{cases} 0, & \sum_{i=1}^{n} w_i x_i < \Theta, \\ 1, & \sum_{i=1}^{n} w_i x_i \geq \Theta. \end{cases}$$

Hier liefert also ein formales Neuron mit sigmoidaler Transferfunktion T und Ridge-Typ-Aktivierung die gewünschte Information, ob ein gewisser Winkel überschritten wird oder nicht.

Erfolgt die Entfernungsmessung dagegen z. B. über die Betrachtung des euklidischen Abstands der beteiligten Vektoren $x, w \in \mathbb{R}^n$, so läßt sich die Messung für beliebig vorgegebenes positives $\varrho \in \mathbb{R}$ mit der glockenförmigen Transferfunktion $T : \mathbb{R} \to \{0, 1\}$, $T(\xi) := 1$ für $|\xi| \leq 1$ und $T(\xi) := 0$ für $|\xi| > 1$ wie folgt implementieren:

$$T(\varrho \sum_{i=1}^{n} (x_i - w_i)^2) = \begin{cases} 0, & \sum_{i=1}^{n} (x_i - w_i)^2 > \frac{1}{\varrho}, \\ 1, & \sum_{i=1}^{n} (x_i - w_i)^2 \leq \frac{1}{\varrho}. \end{cases}$$

Hier liefert also ein formales Neuron mit glockenförmiger Transferfunktion T und Radial-Typ-Aktivierung die gewünschte Information, ob ein gewisser euklidischer Abstand überschritten wird oder nicht.

Insgesamt ist damit gezeigt, daß die Kohonen-Lernregel im Kontext neuronaler Netze mit einem noch geeignet zu definierenden umgebenden Scheduling implementierbar ist.

Kohorte, in der (mathematischen) Biologie eine Gruppe von Individuen, die in einem gegebenen Zeitpunkt das gleiche Lebensalter haben.

koisotrope Untermannigfaltigkeit, Untermannigfaltigkeit einer ↗symplektischen Mannigfaltigkeit, für die der Schieforthogonalraum jedes ihrer Tangentialräume wieder Unterraum des betreffenden Tangentialraumes ist.

Das Bündel dieser Schieforthogonalräume ist integrabel und liefert eine lokale Blätterung der koisotropen Untermannigfaltigkeit in ↗isotrope Untermannigfaltigkeiten.

Jede Hyperfläche einer symplektischen Mannigfaltigkeit ist koistrop. In Einzelfällen kann eine koisotrope Untermannigfaltigkeit zu einem lokal trivialen Faserbündel über der Mannigfaltigkeit der Blätter werden, die ihrerseits in kanonischer Weise eine ↗symplektische Mannigfaltigkeit, der sog. reduzierte Phasenraum, wird.

Kokern, Begriff aus der Linearen Algebra.

Der Kokern einer ↗linearen Abbildung $f : V_1 \to V_2$ zwischen zwei ↗Vektorräumen V_1 und V_2 ist der ↗Quotientenvektorraum

$$\operatorname{Koker} f := V_2 / \operatorname{Im} f ,$$

wobei $\operatorname{Im} f$ das Bild von f bezeichnet.

Eine lineare Abbildung ist genau dann surjektiv, falls ihr Kokern nur aus dem Nullvektor besteht.

Ist U ein ↗Unterraum des Vektorraumes V, und bezeichnet in der Sequenz

$$U \xrightarrow{e} V \xrightarrow{q} V/U$$

e die Einbettungsabbildung $u \mapsto u$ und q die Quotientenabbildung $v \mapsto v + U$, so gilt also: $\operatorname{Koker}(e) = V/U$ und $\operatorname{Ker}(q) = U$ (↗Kern einer linearen Abbildung.)

Kokern, kategorieller, eines Morphismus, ein Morphismus $c : B \to C$ zu einem gegebenen Morphismus $f : A \to B$ in einer Kategorie $\mathcal{A}$ mit Nullobjekt, so, daß gilt

1. c ist ein Epimorphismus,
2. $c \circ f = 0$, (0 ist der Nullmorphismus),
3. für alle Morphismen $h : B \to D$ mit $h \circ f = 0$ gibt es genau ein $h' : C \to D$ mit $h = h' \circ c$.

A, B, C und D sind jeweils Objekte aus der Kategorie $\mathcal{A}$. Zwei Kokerne c und c' zu f sind kanonisch isomorph, d. h. es gibt einen Isomorphismus u mit $c' = c \circ u$.

Kokette, ↗ Kohomologie eines Komplexes.

Kokettenkomplex, im engeren Sinne in der algebraischen Topologie Bezeichnung für den Kokomplex, der erzeugt wird durch die simplizialen bzw. singulären Koketten.

Im weiteren Sinn ist die Bezeichnung gebräuchlich als Synonym für beliebige ↗Kokomplexe abelscher Gruppen, Kokomplexe von Vektorräumen, etc.

Kokomplex von abelschen Gruppen, eine Folge

$$C^{\bullet} := (C^i, d_i : C^i \to C^{i+1})_{i \in \mathbb{Z}}$$

abelscher Gruppen C^i und Gruppenhomomorphismen d_i, für welche $d_i \circ d_{i-1} = 0$ gilt.

Ein Kokomplex heißt nach unten (oben) beschränkt, falls $C^i = 0$ für $i \ll 0$ ($i \gg 0$). Ein Kokomplex heißt beschränkt, falls er sowohl nach oben als auch nach unten beschränkt ist. Ein Kokomplex heißt positiv (negativ), falls $C^i = 0$ für $i < 0$ ($i > 0$).

Für jeden Kokomplex $C^\bullet$ kann für $n \in \mathbb{Z}$ die n-te Kohomologiegruppe

$$H^n(C^\bullet) := \ker d_n / \operatorname{im} d_{n-1}$$

defininiert werden. In Anlehnung an die Anwendungen in der algebraischen Topologie (simplizialer Kokomplex) verwendet man auch oft statt Kokomplex die Bezeichung Kokettenkomplex (engl. cochain complex). Die Elemente in C^i werden auch als Koketten (engl. cochains), die Elemente in $\ker d_i$ als Kozykel (engl. cocycles) und die Elemente in $\operatorname{im} d_{i-1}$ als Koränder (engl. coboundaries) bezeichnet. Die Abbildung d_i heißt auch Korandoperator bzw. Differential. Zwei Kozykel, die dasselbe Element in $H^n(C^\bullet)$ repräsentieren, heißen kohomolog.

Ein Kokomplex heißt exakter Kokomplex oder auch exakte Sequenz, bzw. lange exakte Sequenz, falls $H^n(C^\bullet) = 0$ für alle n. Ein positiver Kokomplex heißt azyklischer Kokomplex, falls $H^n(C^\bullet) = 0$ für $n \geq 1$, d. h. alle Kohomologiegruppen verschwinden bis eventuell auf $H^0(C^\bullet)$.

Die eingeführten Begriffsbildungen sind sinnvoll für Kokomplexe mit Objekten und Morphismen aus einer beliebigen abelschen Kategorie. Von spezieller Bedeutung sind die Kokomplexe von Vektorräumen, Kokomplexe von Moduln über einem kommutativen Ring und Kokomplexe von Garben abelscher Gruppen. Den Kohomologiegruppen entsprechen dann jeweils Objekte in der zugrunde gelegten Kategorie. Es gibt auch den dualen Begriff des Komplexes. Manchmal bezeichnet man auch die Kokomplexe selbst als Komplexe.

Zusammen mit den ↗Komplexmorphismen als Morphismen bilden die Kokomplexe eine ↗abelsche Kategorie Die Zuordnung der n-ten Kohomologiegruppe ist ein ↗Funktor.

Ein Beispiel eines Kokomplexes wird durch den de Rham-Komplex auf einer endlichdimensionalen differenzierbaren Mannigfaltigkeit gegeben. Die i-Koketten sind die i-Differentialformen, die Morphismen sind die äußeren Ableitungen der Differentialformen. Es handelt sich hierbei um einen beschränkten Komplex. Die Kohomologiegruppen sind die de Rham-Kohomologiegruppen der differenzierbaren Mannigfaltigkeit.

Kokomplex von Morphismen, eine Folge

$$C^\bullet := (C^i, d_i : C^i \to C^{i+1})_{i \in \mathbb{Z}}$$

von Objekten $C^i \in Ob(\mathcal{C})$ und Morphismen d_i einer ↗abelschen Kategorie $\mathcal{C}$, derart daß $d_i \circ d_{i-1} = 0$ (Nullmorphismus) ist.

Das n-te Kohomologieobjekt ist für alle $n \in \mathbb{Z}$ definiert als

$$H^n(C^\bullet) := \ker d_n / \operatorname{im} d_{n-1}.$$

Ein Kokomplex heißt exakt, falls alle Kohomologieobjekte das Nullobjekt sind.

Der duale Begriff ist der Komplex von Morphismen. Manchmal verwendet man den Namen Komplex auch für einen Kokomplex.

Kokomplex von *R*-Moduln, ↗Kokomplex von abelschen Gruppen.

Kokomplex von Vektorräumen, ↗Kokomplex von abelschen Gruppen.

Kokreis, spezielle Form eines Kozyklus. Es sei Ω eine nichtleere Menge von Bögen, die zwei Knotenmengen A_1 und A_2 eines gerichteten Graphen $G = (K, U)$ verbinden, wobei gelte: $A_1 \neq \emptyset$, $A_2 \neq \emptyset$, $A_1 \cap A_2 = \emptyset$ und $A_1 \cup A_2 = K$. Dann heißt Ω ein Kozyklus. Falls durch Löschen der Bögen von Ω die Anzahl der Komponenten von G um genau 1 wächst, nennt man den Kozyklus elementar. Ist weiterhin Ω ein elementarer Kozyklus, in dem alle Bögen gleich gerichtet sind, so nennt man Ω einen Kokreis.

Kollektion von Mengen, Klasse von Mengen. Es seien I eine Menge und M_i für jedes $i \in I$ eine Menge. Dann nennt man $\{M_i | \, i \in I\}$ eine Kollektion von Mengen.

Kollektives Modell der Risikotheorie, Konzept aus der Versicherungsmathematik zur Bestimmung einer Verteilungsfunktion für den ↗Gesamtschaden.

Der Risikoprozeß für einen Bestand wird in zwei Teile zerlegt: Einen Schadenanzahlprozeß N mit diskreter Wahrscheinlichkeit $p(k) := P(N = k)$ und eine Folge $\{Y_k\}_{k=1..\infty}$ von Zufallsgrößen, welche die Schadenhöhe pro Schadenfall beschreiben. Der Gesamtschaden ergibt sich als stochastische Summe $S = \sum_{k=1}^{N} Y_k$. Falls die Y_k unabhängig und identisch verteilt sind mit Verteilungsfunktion $F(Y)$, so berechnet sich die Verteilungsfunktion $F(S)$ als

$$F(S) = \sum_{k=1}^{N} p(k) F^{\star k}(Y).$$

Dabei bezeichnet $F^{\star k}(Y)$ die k-fache Faltungspotenz von $F(Y)$. Die numerischen Auswertung im Rahmen des kollektiven Modells ist möglich mit rekursiven Methoden, mit Monte-Carlo Simulationen oder mit Verfahren auf der Basis der schnellen Fourier-Transformation.

kollinear, auf einer Geraden liegend.

Kollision, Konfliktsituation, beispielsweise in einem ↗Hashverfahren.

Kollokationsverfahren, Klasse numerischer Verfahren zur approximativen Lösung von Differential- oder Integralgleichungen.

Ein Kollokationsverfahren bestimmt eine Näherungslösung des vorgelegten Problems, die die vorgegebene Gleichungen nur in diskreten Punkten (dort allerdings exakt) erfüllt. Es handelt sich also um ein Analogon zur ↗Interpolation von Funktionen.

Kolmogorow, Andrej Nikolajewitsch, russischer Mathematiker, geb. 25.4.1903 Tambow (Rußland), gest. 20.10.1987 Moskau.

Kolmogorow arbeitete bis zu seinem Studium 1920 als Schaffner bei der Eisenbahn. 1920–1925 studierte er an der Universität Moskau bei Lusin, Urysohn, Alexandrow und Souslin Mathematik. Ab 1930 war er Professor für Mathematik an der Moskauer Universität.

Kolmogorow befaßte sich mit Wahrscheinlichkeitsrechnung, Statistik, Logik, Mengenlehre, Topologie, Maß- und Integrationstheorie, Funktionalanalysis, Approximationstheorie, Informations- und Algorithementheorie und mit der Theorie der dynamischen Systeme. Er nahm Einfluß auf die Entwicklung des Unterrichtswesens in der Sowjetunion, schrieb Schul- und Lehrbücher.

1933 gab er in „Grundbegriffe der Wahrscheinlichkeitsrechnung" eine maßtheoretische Fundierung der Wahrscheinlichkeitstheorie und löste damit das sechste Hilbertsche Problem, einer Axiomatisierung der Wahrscheinlichkeitsrechnung (↗Hilbertsche Probleme).

Er untersuchte stationäre Prozesse und charakterisierte die Grenzverteilungen von Summen unabhängiger Zufallsgrößen (zentraler Grenzwertsatz, Ungleichung von Kolmogorow). Gemeinsam mit Smirnow konstruierte er Tests, um zu entscheiden, ob zwei Stichproben aus dergleichen Grundgesamtheit stammen, und ob die Verteilungsfunktion einer Zufallsgröße einer gegebenen Verteilung entspricht. Viele Begriffe und Aussagen in der Stochastik sind untrennbar mit seinem Namen verbunden, zum Beispiel die Kolmogorow-Verteilung (↗empirische Verteilungsfunktion), der ↗Kolmogorow-Test, und der ↗Kolmogorow-Smirnow-Test.

Besonders wichtig waren auch seine Beiträge zur Algorithmen- und Informationstheorie. Hier gab er eine auf der Topologie basierende Formalisierung der Begriffe Algorithmus und Komplexität (↗Kolmogorow-Komplexität) an. Darüber hinaus untersuchte er die Existenz analytischer Mengen, Lebesgue-intergrierbare Funktionen mit fast überall divergenter Fourierreihe, die Konvergenz von Fourierreihen, k-dimensionale Maße im $\mathbb{R}^n$, topologische Vektorräume, die Darstellung von Funktionen in n Veränderlichen als Superposition von Funktionen in $k < n$ Veränderlichen (13. Hilbertsches Problem). In der Approximationstheorie ist das ↗Kolmogorow-Kriterium von grundlegender Bedeutung.

Schließlich lieferte Kolmogorow bedeutende Beiträge zur Theorie der dynamischen Systeme und der Störungstheorie, die durch seinen Schüler Arnold und durch Moser zur Kolmogorow-Arnold-Moser-Theorie ausgebaut wurden.

Kolmogorow, Drei-Reihen-Satz von, gibt notwendige und hinreichende Bedingungen für die fast sichere Konvergenz der aus der Folge von Zufallsvariablen $(X_n)_{n\in\mathbb{N}}$ gebildeten Reihe $\sum_{n=1}^{\infty} X_n$ an, ohne die Voraussetzung der Beschränktheit an die Zufallsvariablen X_n zu stellen.

Sei $(X_n)_{n\in\mathbb{N}}$ eine Folge von unabhängigen auf dem Wahrscheinlichkeitsraum $(\Omega, \mathfrak{A}, P)$ definierten reellen Zufallsvariablen. Für die P-fast sichere Konvergenz der Reihe $\sum_{n=1}^{\infty} X_n$ ist es notwendig, daß die Reihen

$$\sum_{n=1}^{\infty} E(X_n^{(c)}), \sum_{n=1}^{\infty} Var(X_n^{(c)}) \text{ und } \sum_{n=1}^{\infty} P(|X_n| \geq c)$$

für jedes $c > 0$ konvergieren, und hinreichend, daß die Konvergenz der drei Reihen für mindestens ein $c > 0$ gegeben ist.

Dabei sind die im Satz auftretenden Zufallsvariablen $X_n^{(c)}$ für jedes $n \in \mathbb{N}$ und jedes $c > 0$ durch

$$X_n^{(c)} : \Omega \ni \omega \to \begin{cases} X_n(\omega), & |X_n(\omega)| \leq c \\ 0, & |X_n(\omega)| > c \end{cases} \in \mathbb{R}$$

definiert.

Kolmogorow, Existenzsatz von, garantiert bei gegebenem ↗Polnischen Raum E und beliebiger nicht-leerer Indexmenge I unter gewissen Verträglichkeitsvoraussetzungen an eine Familie $(P_J)_{J\in\mathfrak{H}(I)}$ von Wahrscheinlichkeitsmaßen, wobei $\mathfrak{H}(I)$ das System der endlichen, nicht leeren Teilmengen von I bezeichnet und P_J für jedes $J \in \mathfrak{H}(I)$ auf der σ-Algebra $\mathfrak{B}^J(E) := \bigotimes_{t\in J} \mathfrak{B}(E)$ der Borelschen Mengen im Produktraum $(E^J, \mathfrak{B}^J(E))$ definiert ist, die Existenz und Eindeutigkeit eines

Wahrscheinlichkeitsmaßes P_I auf der σ-Algebra $\mathfrak{B}^I(E) := \bigotimes_{t\in I} \mathfrak{B}(E)$ der Borelschen Mengen im Produktraum $(E^I, \mathfrak{B}^I(E))$ mit der Eigenschaft, daß für alle $J \in \mathfrak{H}(I)$ das Bildmaß $\pi_J(P_I)$ von P_I unter der Projektion

$$\pi_J : E^I \ni (x_t)_{t\in I} \rightarrow (x_t)_{t\in J} \in E^J$$

mit P_J identisch ist. Dabei bezeichnet $\mathfrak{B}(E)$ die σ-Algebra der Borelschen Mengen von E. Die Verträglichkeitsvoraussetzungen an $(P_J)_{J\in\mathfrak{H}(I)}$ bestehen darin, daß die Familie projektiv ist, d. h. für alle $H, J \in \mathfrak{H}(I)$ mit $J \subseteq H$ gilt für das Bildmaß $\pi_J^H(P_H)$ von P_H unter der Projektion

$$\pi_J^H : E^H \ni (x_t)_{t\in H} \rightarrow (x_t)_{t\in J} \in E^J$$

die Beziehung

$$\pi_J^H(P_H) = P_J .$$

Mit diesen Bezeichnungen und Definitionen lautet der Existenzsatz von Kolmogorow:

Ist E ein ↗Polnischer Raum und I eine beliebige nicht-leere Indexmenge, so existiert zu jeder projektiven Familie $(P_J)_{J\in\mathfrak{H}(I)}$ von Wahrscheinlichkeitsmaßen auf dem Produktraum $(E^J, \mathfrak{B}^J(E))$ genau ein Wahrscheinlichkeitsmaß P_I auf $(E^I, \mathfrak{B}^I(E))$ mit

$$\pi_J(P_I) = P_J .$$

für alle $J \in \mathfrak{H}(I)$.

Unter den Voraussetzungen des Satzes ergibt sich als wichtige Folgerung, daß zu jeder projektiven Familie $(P_J)_{J\in\mathfrak{H}(I)}$ von Wahrscheinlichkeitsmaßen ein stochastischer Prozeß mit Zustandsraum E und Parametermenge I derart existiert, daß $(P_J)_{J\in\mathfrak{H}(I)}$ die Familie seiner endlichdimensionalen Verteilungen ist.

Kolmogorow, Null-Eins-Gesetz von, die Aussage, daß jedes terminale Ereignis der Folge $(\sigma(X_n))_{n\in\mathbb{N}}$ der von den unabhängigen Zufallsvariablen $(X_n)_{n\in\mathbb{N}}$ erzeugten σ-Algebren entweder fast sicher oder fast unmöglich ist.

Sei $(X_n)_{n\in\mathbb{N}}$ eine Folge von auf dem Wahrscheinlichkeitsraum $(\Omega, \mathfrak{A}, P)$ definierten unabhängigen Zufallsvariablen mit Werten in beliebigen meßbaren Räumen. Dann gilt für jedes terminale Ereignis der Folge $(\sigma(X_n))_{n\in\mathbb{N}}$, d. h. für jedes

$$A \in \bigcap_{n\geq 1} \sigma(X_m : m \geq n) ,$$

daß $P(A) = 1$ oder $P(A) = 0$.

Dabei bezeichnet $\sigma(X_m : m \geq n)$ für jedes $n \in \mathbb{N}$ die kleinste σ-Algebra, bezüglich der die Zufallsvariablen $X_n, X_{n+1}, \ldots$ meßbar sind.

Kolmogorow, Ungleichung von, eine Streuungsungleichung. Es seien $X_1, ..., X_n$ unabhängige zufällige Größen und $S_n = X_1 + \cdots + X_n$. Ist dann $\mu_k = E(S_k)$ der Erwartungswert von S_k und $\sigma_k^2 = E((S_k - \mu_k)^2)$, dann ist

$$P(\exists k : |S_k - \mu_k| \geq t \cdot \sigma_k) \leq \frac{1}{t^2} .$$

Kolmogorow-Arnold-Moser, Satz von, *KAM-Theorem*, die Aussage, daß eine kleine Hamiltonsche Störung eines ↗integrablen Hamiltonschen Systems zwar in der Regel nichtintegrabel wird, aber trotzdem unter geeigneten Voraussetzungen genügend viele quasiperiodische Lösungen besitzt. Details findet man unter ↗invarianter Torus, Satz über.

Kolmogorow-Komplexität, ein Maß für den Informationsgehalt einer endlichen Zeichenfolge.

Für eine Programmiersprache U, z. B. beschrieben als universelle Turing-Maschine, ist der Informationsgehalt oder die Kolmogorow-Komplexität $C_U(b)$ einer Zeichenfolge b definiert als die Bitlänge des kürzesten Programms, das ohne weitere Eingabe die Zeichenfolge b als Ausgabe erzeugt. Für zwei universelle Turing-Maschinen U und U' (oder allgemeiner für zwei Programmiersprachen) unterscheiden sich $C_U(b)$ und $C_{U'}(b)$ für alle b maximal um eine additive Konstante. Somit ist der Begriff der Kolmogorow-Komplexität von b im wesentlichen von den verwendeten Modellierungsmitteln unabhängig. Für eine Bitfolge b der Länge n hat das Programm „schreibe b" eine Bitlänge von $n + O(1)$, die Kolmogorow-Komplexität jeder Bitfolge ist also nach oben bis auf eine additive Konstante durch n beschränkt. Für jede Programmiersprache hat ein Anteil von mindestens $1 - 2^{-c}$ aller Bitfolgen der Länge n eine Kolmogorow-Komplexität von mindestens $n - c$. Die meisten Bitfolgen sind also (bis auf additive Konstante) nicht verkürzbar (incompressible). Bei Betrachtung der Ziffernfolgen

01234567890123456789

31415926535897932384

90836252125511481515

folgt unmittelbar, daß die erste Folge einen geringen Informationsgehalt hat, während die anderen beiden zufällig aussehen. Die zweite Folge besteht aus den ersten 20 Ziffern der Dezimaldarstellung von π, und ein Programm zur Berechnung der ersten n Ziffern von π kommt mit logarithmischer Länge aus. Diese wird im wesentlichen benötigt, um n darzustellen. Die dritte Folge wurde ausgewürfelt.

Anwendungsgebiete der Theorie der Kolmogorow-Komplexität sind z. B. die algorithmische Lerntheorie, die Theorie Formaler Sprachen, die ↗Komplexitätstheorie (untere Schranken für die ↗worst case-Rechenzeit von Turing-Maschinen), die Abschätzung der ↗average case-Rechenzeit von Algorithmen und sogar die Statistische Mechanik.

[1] Li, M.; Vitányi, P.: An Introduction to Kolmogorov Complexity and Its Applications. Springer-Verlag New York, 1993.

Kolmogorow-Kriterium, Charakterisierungskriterium für beste Approximationen hinsichtlich eines Teilraums von stetigen Funktionen.

Es sei B eine kompakter Raum, $C(B)$ der Raum der stetigen, reell- oder komplexwertigen Funktionen auf B, und es bezeichne $\|.\|_\infty$ die Maximumnorm. Weiterhin sei, für $f \in C(B)$,

$$E(f) = \{t \in B : |f(t)| = \|f\|_\infty\}$$

die Menge der Extremalpunkte von f in B. Ist $G \subseteq C(B)$ ein Teilraum, so heißt für vorgegebenes $f \in C(B)$ eine Funktion $g_f \in G$ beste Approximation an f hinsichtlich $\|.\|_\infty$, falls gilt

$$\|f - g_f\|_\infty \le \|f - g\|_\infty, \; g \in G .$$

Der folgende Satz zeigt, daß beste Approximationen durch das Kolmogorow-Kriterium charakterisiert werden. Er wurde von Kolmogorow 1948 bewiesen.

Eine Funktion $g_f \in G$ ist genau dann beste Approximation an $f \in C(B)$ hinsichtlich $\|.\|_\infty$, falls das Kolmogorow-Kriterium

$$\min_{t \in E(f-g_f)} Re(\overline{f(t) - g_f(t)})g(t) \le 0, \; g \in G ,$$

erfüllt ist. (Hierbei bezeichnet $\overline{z}$ die konjungiert komplexe Zahl zu z.)

Verallgemeinerungen des Kolmogorow-Kriteriums im Rahmen ↗nichtlinearer Approximation wurden von G. Meinardus und D. Schwedt entwickelt.

[1] Meinardus G.: Approximation of Functions, Theory and Numerical Methods. Springer-Verlag Heidelberg/Berlin, 1967.

[2] Nürnberger G.: Approximation by Spline Functions. Springer-Verlag Heidelberg/Berlin, 1989.

Kolmogorow-Prochorow, Satz von, formuliert eine hinreichende Bedingung für die stetige Modifizierbarkeit eines stochastischen Prozesses mit Werten in einem vollständigen metrischen Raum.

Es sei (S, d) ein vollständiger metrischer Raum, $\mathfrak{B}(S)$ die σ-Algebra der Borelschen Mengen von S, und $(X_t)_{t\in[0,\infty)}$ ein auf dem Wahrscheinlichkeitsraum $(\Omega, \mathfrak{A}, P)$ definierter stochastischer Prozeß mit Werten in $(S, \mathfrak{B}(S))$. Existieren Konstanten $a, b, c > 0$ mit

$$\int_\Omega d(X_s(\omega), X_t(\omega))^a P(d\omega) \;\le\; c|s-t|^{1+b}$$

für alle $s, t \in \mathbb{R}_0^+$, so ist $(X_t)_{t\in[0,\infty)}$ stetig modifizierbar.

Unter den Voraussetzungen des Satzes existiert also eine Modifikation $(Y_t)_{t\in[0,\infty)}$ von $(X_t)_{t\in[0,\infty)}$ mit stetigen Pfaden.

Kolmogorowsche Axiomatik, im Jahre 1933 von Kolmogorow angegebene maßtheoretische Fundierung der modernen Wahrscheinlichkeitstheorie.

Die von Kolmogorow aufgestellten sechs Axiome führen zur Definition des Begriffes des Wahrscheinlichkeitsfeldes als Paar $(\mathfrak{F}, P)$ aus einer – in heutiger Sprechweise – Mengenalgebra $\mathfrak{F}$ über einer beliebigen Menge E, d. h. einem Mengenring $\mathfrak{F} \subseteq \mathfrak{P}(E)$ mit $E \in \mathfrak{F}$, und einem auf $\mathfrak{F}$ definierten nicht-negativen Prämaß P mit $P(E) = 1$. Der von Kolmogorow eingeführte Begriff des Borelschen Wahrscheinlichkeitsfeldes als Wahrscheinlichkeitsfeld $(\mathfrak{F}, P)$, bei dem $\mathfrak{F}$ einen Borelschen Mengenkörper, d. h. in heutiger Sprechweise eine σ-Algebra bezeichnet, ist zum heute gebräuchlichen Begriff des Wahrscheinlichkeitsraumes äquivalent.

Kolmogorow-Smirnow-Test, ein Hypothesentest (↗Testtheorie) zum Testen der Hypothese, daß die Verteilungsfunktionen zweier Zufallsgrößen übereinstimmen.

Seien X und Y zwei stetige unabhängige Zufallsgrößen mit den Verteilungsfunktionen F_X bzw. F_Y. Die zu prüfende Hypothese lautet:

$$H : F_X = F_Y \text{ gegen } K : F_X \neq F_Y .$$

Seien $F_X^{(n)}$ und $F_Y^{(m)}$ die (zufälligen) ↗empirischen Verteilungsfunktionen einer mathematischen Stichprobe $X_1, ..., X_n$ vom Umfang n von X bzw. einer mathematischen Stichprobe $Y_1, ..., Y_m$ vom Umfang m von Y. Die für den Test verwendete Testgröße ist

$$T_{mn} \;=\; \sqrt{\frac{mn}{m+n}} \sup_{x\in\mathbb{R}^1} |F_X^{(n)}(x) - F_Y^{(m)}(y)| .$$

Unter der Annahme der Gültigkeit von H strebt die Verteilungsfunktion der Testgröße T_{mn} für

$$k \;=\; \frac{mn}{m+n} \;\to\; \infty$$

gegen die Verteilungsfunktion K der Kolmogorow-Verteilung (↗empirische Verteilungsfunktion).

Der kritische Wert ε dieses Tests ist deshalb das $(1-\alpha)$-Quantil $K(1-\alpha)$ der Kolmogorow-Verteilung. Ist bei einer konkreten Stichprobe $T_{mn} > K(1-\alpha)$, so wird H abgelehnt, andernfalls angenommen. α ist das sog. Signifikanzniveau dieses Tests.

Kolmogorow-System, ↗K-System.

Kolmogorow-Test, spezieller Hypothesentest (↗Testtheorie) zur Prüfung der Hypothese:

$$H : F = F_0 \text{ gegen die Alternative: } K : F \neq F_0,$$

wobei X eine Zufallsgröße mit der unbekannten Verteilungsfunktion F und F_0 eine vorgegebene bekannte Verteilungsfunktion ist. Sei F_n die (zufällige) ↗empirische Verteilungsfunktion einer mathematischen Stichprobe $X_1, ..., X_n$ vom Umfang n von X. Die für den Test verwendete Testgröße ist

$$T_n := \sqrt{n} \sup_{x \in \mathbb{R}^1} |F_n(x) - F_0(x)| \,.$$

Unter der Annahme der Gültigkeit von H strebt die Verteilungsfunktion der Testgröße T_n unabhängig von der konkreten Gestalt von F_0 für $n \to \infty$ gegen die Verteilungsfunktion K der Kolmogorow-Verteilung (↗empirische Verteilungsfunktion). Der kritische Wert ε dieses Tests ist deshalb das $(1-\alpha)$-Quantil $K(1-\alpha)$ der Kolmogorow-Verteilung. Ist bei einer konkreten Stichprobe $T_n > K(1-\alpha)$, so wird H abgelehnt, andernfalls angenommen. α ist das sog. Signifikanzniveau dieses Tests.

Kolmogorow-Typ-Netze, Sammelbegriff für dreischichtige vorwärtsgerichtete ↗Neuronale Netze, bei denen die rein abbildungstheoretischen Eigenschaften im Vordergrund stehen, und deren Konstruktion durch die von Kolmogorow im Jahre 1957 publizierte Lösung des dreizehnten Hilbert-Problems motiviert ist.

Zur generellen Einordnung dieser Netze ist es zunächst wesentlich, einen kurzen historischen Überblick zu geben. In der Basisarbeit von Kolmogorow aus dem Jahre 1957 geht es um die mit dem dreizehnten Hilbert-Problem verknüpfte Frage, ob es möglich ist, eine mehrdimensionale stetige Funktion auf einem gegebenen Kompaktum durch Superposition und Komposition lediglich eindimensionaler Funktionen exakt zu realisieren. Konkret lautet das Kolmogorow-Resultat wie folgt, wobei bereits eine auf George Lorentz zurückgehende Verschärfung berücksichtigt wird.

Es sei $K \subset \mathbb{R}^n$, $K \neq \emptyset$, eine kompakte Teilmenge des $\mathbb{R}^n$ und $f : K \to \mathbb{R}^m$ eine auf K stetige vektorwertige Funktion ($f = (f_1, \ldots, f_m)$).

Dann gibt es stetige Funktionen $\varphi_{ip} : \mathbb{R} \to \mathbb{R}$, $1 \leq i \leq n$, $1 \leq p \leq 2n+1$, und $T_j : \mathbb{R} \to \mathbb{R}$, $1 \leq j \leq m$ so, daß für alle $x \in K$ und alle $j \in \{1, \ldots, m\}$ gilt

$$f_j(x) = \sum_{p=1}^{2n+1} T_j \left(\sum_{i=1}^{n} \varphi_{ip}(x_i) \right) .$$

Der obige Satz läßt sich nun im Kontext neuronaler Netze wie folgt interpretieren: Es gibt eine als dreischichtiges neuronales Feed-Forward-Netz mit Kolmogorow-Typ-Neuronen interpretierbare exakte Darstellung der mehrdimensionalen stetigen Funktion f auf K mittels Superposition und Komposition endlich vieler, lediglich eindimensionaler stetiger Funktionen.

Nachdem Kolmogorow dieses Resultat zur Verblüffung der damaligen Fachwelt publiziert hatte, wurde natürlich sofort der Versuch unternommen, dieses zunächst reine Existenzresultat für den praktischen Umgang mit mehrdimensionalen Funktionen nutzbar zu machen. Dabei stellte sich jedoch relativ schnell heraus, daß insbesondere die angegebenen eindimensionalen Erzeugendenfunktionen T_j stets in außerordentlich komplexer Weise von den jeweils zu realisierenden mehrdimensionalen Funktionen f_j abhängen und so eine direkte praktische Anwendung des Resultats ausgesprochen schwierig ist.

Letzteres motiviert, das Kolmogorow-Problem im neuronalen Anwendungskontext wie folgt zu modifizieren: Man verzichtet darauf, eine gegebene mehrdimensionale stetige Funktion auf einem Kompaktum *exakt* zu reproduzieren, sondern begnügt sich mit einer beliebig (hinreichend) genauen *näherungsweisen* Simulation. Durch diesen Verzicht auf exakte Reproduktion hofft man, mit einem festen, für alle zu simulierenden Funktionen gleichen Satz von eindimensionalen Funktionen auszukommen, im Fall neuronaler Netze im wesentlichen mit nur einer Funktion, nämlich einer festen Transferfunktion.

Dieser Übertragungsversuch der Kolmogorow-Resultate auf neuronale Netze wurde erstmals gegen Ende der achtziger Jahre von Robert Hecht-Nielsen propagiert. Seinem Gedanken folgend wurden dann bald Resultate des folgenden Typs publiziert:

Es sei $K \subset \mathbb{R}^n$, $K \neq \emptyset$, eine kompakte Teilmenge des $\mathbb{R}^n$ und $f : K \to \mathbb{R}^m$ eine auf K stetige vektorwertige Funktion ($f = (f_1, \ldots, f_m)$).

Dann gibt es für alle $\varepsilon > 0$ und alle stetigen sigmoidalen Transferfunktionen $T : \mathbb{R} \to \mathbb{R}$ Netzparameter $q \in \mathbb{N}$, $w_{ip}, \Theta_p, g_{pj} \in \mathbb{R}$, $1 \leq i \leq n$, $1 \leq p \leq q$, $1 \leq j \leq m$, so daß für alle $x \in K$ und alle $j \in \{1, \ldots, m\}$ gilt

$$\Big| f_j(x) - \sum_{p=1}^{q} g_{pj} \, T\big(\sum_{i=1}^{n} w_{ip} x_i - \Theta_p\big) \Big| \leq \varepsilon \,.$$

Dieses Resultat besagt mit anderen Worten: Es gibt ein dreischichtiges neuronales Feed-Forward-Netz mit sigmoidaler Transferfunktion und Ridge-Typ-Aktivierung in den verborgenen Neuronen, welches die gegebene stetige Funktion f auf dem Kompaktum $K \subset \mathbb{R}^n$ ε-genau simuliert.

Weitere Verallgemeinerungen, z. B. bezüglich der betrachteten Funktionenräume, der Art und Weise der Fehlermessung sowie des Typs und der Glattheit der benutzten Transfer- und Aktivierungsfunktionen, liegen auf der Hand und werden unter dem Stichwort Kolmogorow-Typ-Netze intensiv in der einschlägigen Literatur studiert.

Kolonnenmaximumstrategie, seltener anzutreffende Bezeichnung für die ↗ Spaltenpivotsuche, siehe auch ↗Direkte Lösung linearer Gleichungssysteme.

Kombinatorik, Teilgebiet der Mathematik, in dem man die Eigenschaften und die Struktur der Abbildungen (oder Morphismen) einer endlichen Menge in eine Menge von Objekten, welche gewisse Bedingungen erfüllen, studiert. Die Kombinatorik beschäftigt sich vor allem mit dem Zählen und Ordnen der Morphismen.

Der Name für die finit-kombinatorische Denkweise stammt von Leibniz (1666) „Disertatio de arte combinatorica", die eigentlichen Urheber der *ars combinatorica* sind jedoch Blaise Pascal und Pierre Fermat, die in diesem Zusammenhang auch die Wahrscheinlichkeitstheorie begründeten.

Anfang des 20. Jahrhunderts wurde der Gegenstand der Kombinatorik als die Lehre von den möglichen Anordnungen, Plazierungen oder Auswahlen einer Menge von Objekten unter Beachtung gewisser vorgegebener Regeln verstanden. Ausgehend von den einfachsten Anordnungen, wie Kombinationen, Variationen oder Selektionen, wurden Abzählprobleme diskutiert und Methoden für ihre Bewältigung, vornehmlich die von Laplace stammende erzeugenden Funktionen, entwickelt. Sind die Vorschriften, denen die Anordnungen unterworfen sind, einfach (z. B. die Anzahlbestimmung der Permutationen von n Elementen), so interessiert man sich für die Anzahl der möglichen Anordnungen; sind sie nicht leicht überschaubar (z. B. die Existenz einer projektiven Ebene mit gegebener Ordnung), so interessiert man sich für die Existenz und Struktur der fraglichen Konfiguration.

In den letzten 20 Jahren fanden vor allem zwei große Problemkreise steigende Bedeutung.

Zum einem wurde eine Vereinheitlichung der Begriffe und die Klarstellung der Zusammenhänge von Zählfunktionen, Inversionskalkül, erzeugende Funktionen, Gewichtsfunktionen und Äquivalenz von Abbildungen unter Gruppenwirkung erreicht. Dieser Teil der Kombinatorik heißt *Zähltheorie* und hat seinen Ursprung in der erwähnten Lehre von den Anordnungen der Objekte.

Die andere Entwicklung hat ihren Ursprung in der Geometrie. Ausgehend von der Axiomatisierung der linearen Abhängigkeit werden Strukturen mit einem Abschlußoperator, welcher den Steinitzschen Austauschsatz für Basen erfüllt, studiert. Es werden Eigenschaften, Invarianten, etc., welche nur von der Struktur des Verbandes der abgeschlossenen Menge abhängen, untersucht. Dieser Teil der Kombinatorik ist unter dem Namen *Ordnungstheorie* bekannt.

kombinatorische Logik, eine Entwicklungsrichtung der mathematischen Logik, die in den 20er Jahren von M. Schönfinkel und H.B. Curry begründet wurde (↗Logik).

Ziel der kombinatorischen Logik ist es, auf die beim üblichen Formulieren benutzten Variablen vollständig zu verzichten. Insbesondere wurde der Prozeß der Substitution von Variablen durch kompliziertere Terme oder Ausdrücke als sehr komplex angesehen; er sollte durch einfachere kombinatorische Prozesse ersetzt werden. In der kombinatorischen Logik wurde gezeigt, daß ein Operieren mit Variablen durch ein Operieren mit wenigen konstanten Operatoren, z. B. mit I, J, K ersetzt werden kann, wobei I, J, K den folgenden Regeln mit formalen Objekten a, b, c, d genügen:

1. $Ia = a$,
2. $Jabcd = ab(adc)$,
3. $Kab = a$.

(abc ist hierbei als $(ab)c$ – Linksklammerung – zu verstehen). Es kann gezeigt werden, daß sich jeder Operator aus I, J, K kombinieren läßt.

kombinatorische Optimierung, die Lösungstheorie von Optimierungsproblemen der im folgenden beschriebenen Gestalt.

Gegeben ist eine endliche Menge $A = \{1, \dots, n\}$ sowie eine Familie $\{A_i, 1 \leq i \leq s\}$ von Teilmengen von A. Eine Zielfunktion f ordnet jeder dieser Mengen A_i einen Funktionswert $f(A_i)$ zu, der optimiert werden soll. Typische kombinatorische Optimierungsprobleme treten z. B. bei der ↗ganzzahligen Optimierung oder in der ↗Graphentheorie auf.

kombinatorische Prägeometrie, algebraische Struktur.

Eine Menge S zusammen mit einem Abschlußoperator $A \to \overline{A}$ heißt kombinatorische Prägeometrie $G(S)$ auf S, falls für alle $A \subseteq S, p, q \in S$ gilt:

1. (Austauschaxiom:) $p \notin \overline{A}, p \in \overline{A \cup \{q\}} \Rightarrow q \in \overline{A \cup \{p\}}$
2. (endliche Basis:) $\exists B \subseteq A, |B| < \infty$, mit $\overline{B} = \overline{A}$

kombinatorischer Code, Codierung, die auf kombinatorischen Eigenschaften der Nachrichtenmengen beruht.

Kombinatorische Codes erreichen meist die optimalen Werte bei der Fehlerkorrektur, sind jedoch selten erweiterbar und besitzen komplizierte Decodierungsfunktionen.

Ein Beispiel ist der binäre (23, 12)-Golay-Code, ein ↗zyklischer Code mit dem erzeugendem Polynom $x^{11} + x^{10} + x^6 + x^5 + x^4 + x^2 + 1$ über $\mathbb{Z}_2$, der aus 2^{12} Codewörtern besteht, deren Umgebungen mit dem Radius 3 im ↗Hamming-Abstand eine disjunkte Überdeckung aller 2^{23} Nachrichtenvektoren bilden. Daher kann dieser Code 3-Fehler korrigieren, es gilt

$$2^{12}\left(\binom{23}{0} + \binom{23}{1} + \binom{23}{2} + \binom{23}{3}\right) = 2^{23}.$$

kombinatorischer Schaltkreis, ↗logischer Schaltkreis.

kombinatorisches Spiel, ein Spiel, dessen Regeln eine derart große Anzahl von möglichen Partien zulassen, daß eine Analyse des Spiels aus praktischer Sicht unmöglich ist.

Diese Begriffsbildung ist in dem Sinne unpräzise, daß sich die oben beschriebene Eigenschaft im Laufe der Zeit ändern kann, nämlich dann, wenn eine Methode gefunden wird, die eine vollständige Analyse des Spiels erlaubt. Typisches Beispiel eines kombinatorischen Spiels ist das Schachspiel.

Kombinatortheorie, ↗λ-Kalkül.

Kommakategorie, spezielle Kategorie.

Gegeben seien Kategorien $\mathcal{B}, \mathcal{C}$ und $\mathcal{D}$ und zwei ↗Funktoren $T : \mathcal{C} \to \mathcal{B}$ und $S : \mathcal{D} \to \mathcal{B}$. Die Kommakategorie $(T, \downarrow, S)$ (auch (T, S) geschrieben) besitzt als Objekte die Tripel

$$(C, D, f), \quad \text{wobei}$$

$$C \in Ob(\mathcal{C}),\ D \in Ob(\mathcal{D}),\ f \in Mor_{\mathcal{B}}(T(C), S(D))\,.$$

Die Morphismen $(C, D, f) \to (C', D', f')$ der Kategorie sind die Paare

$$(g, h), \quad g \in Mor_{\mathcal{C}}(C, C'),\ h \in Mor_{\mathcal{D}}(D, D')$$

mit $f' \circ T(g) = S(h) \circ f$ mit der Verknüpfung

$$(g, h) \circ (g', h') := (g \circ g', h \circ h')$$

für diejenigen Elemente, für welche die rechte Seite definiert ist.

Der Begriff der Kommakategorie umfaßt einige kategorielle Konstruktionen. Als Beispiel sei hier die Kategorie von Objekten über einem festen Objekt aufgeführt. Man erhält sie, indem man als Kategorie $\mathcal{D}$ die Kategorie bestehend aus einem einzigen Objekt und einem einzigen Morphismus, und für $\mathcal{C} = \mathcal{B}$ eine beliebige Kategorie nimmt. Der Funktor S besteht dann lediglich aus der Auswahl eines Objektes $B_0 \in Ob(\mathcal{B})$. Für T sei der identische Funktor gewählt. Die Objekte der Kommakategorie können in diesem Fall gegeben werden durch die Paare $(C, f : C \to B_0)$ mit $C \in Ob(\mathcal{B})$ und die Morphismen $(C, f) \to (C', f')$ durch einen Morphismus $g : C \to C'$ mit $f' \circ g = f$.

kommensurabel, ↗ inkommensurabel.

Kommerell-Verfahren, eine Methode zur numerischen Approximation von π.

Man startet dabei mit einem n-seitigen regulären Polygon der Länge 1 (d. h., jedes Teilstück hat die Länge $\frac{1}{n}$) und zeichnet den Umkreis C_n und den Inkreis I_n von P_n. Nun konstruiert man iterativ die Polygone $P_{2n}, P_{4n}, \ldots$ so, daß – im Gegensatz etwa zum ↗Archimedes-Algorithmus zur Berechnung von π – die Seitenlänge 1 konstant bleibt. Es ist klar, daß die Radien r_n von C_n und ϱ_n von I_n gegen den Radius eines Kreises vom Umfang 1 konvergieren, d. h.

$$\lim_{n\to\infty} r_n = \lim_{n\to\infty} \varrho_n = \frac{1}{2\pi},$$

woraus man π bestimmen kann.

Man kann sich leicht überlegen, daß

$$r_n = \frac{1}{2n \sin\frac{\pi}{n}}$$

und

$$\varrho_n = r_n \cdot \cos\frac{\pi}{n} = \frac{1}{2n \tan\frac{\pi}{n}}$$

für $n \geq 2$ gelten.

Kommunikationskomplexität, für ein ↗Kommunikationsspiel die minimale Komplexität eines ↗Kommunikationsprotokolls.

Die Komplexität eines Protokolls ist die worst case-Anzahl an kommunizierten Bits bezogen auf alle Eingaben.

Kommunikationsprotokoll, Ablaufplan, auf den sich Alice und Bob in einem ↗Kommunikationsspiel einigen.

Das Protokoll beinhaltet, wer die Kommunikation eröffnet. Wenn dies Alice ist, darf ihre erste Nachricht nur von dem ihr bekannten Teil der Eingabe abhängen. Die dann folgende erste Nachricht von Bob darf nur von dem ihm bekannten Teil der Eingabe und der ersten Nachricht von Alice abhängen, usw. Das Kommunikationsprotokoll muß gewährleisten, daß am Ende der Kommunikation beide die gegebene Funktion auf der betrachteten Eingabe auswerten (↗Auswertungsproblem) können.

Kommunikationsspiel, ein Spiel, bei dem Berechnungen auf einen wesentlichen Aspekt, den der Kommunikation, reduziert werden.

Schranken für die ↗Kommunikationskomplexität führen zu Schranken in vielen Gebieten, z. B. für VLSI-Schaltkreise und verschiedene Varianten von ↗Branchingprogrammen. Im grundlegenden Kommunikationsspiel wollen Alice und Bob eine Boolesche Funktion $f : \{0, 1\}^{n+m} \to \{0, 1\}$ auswerten (↗Auswertungsproblem), wobei Alice die ersten n Bits der Eingabe und Bob die letzten m Bits kennt. Ihre Rechenkraft ist unbeschränkt und ihr Ziel besteht darin, die Anzahl der kommunizierten Bits zu minimieren. Ein ↗Kommunikationsprotokoll, über das sich Alice und Bob, bevor sie die Eingabe erhalten, einigen, regelt den Ablauf der Kommunikation.

Kommutant, die Menge aller Elemente einer Algebra A, die mit allen Elementen einer Teilmenge B von A kommutieren.

Der Kommutant B' von B ist also die Menge

$$B' := \{a \in A \mid \forall b \in B : b \cdot a = a \cdot b\}.$$

Kommutationswerte, ↗ Deterministisches Modell der Lebensversicherungsmathematik.

kommutative Algebra, derjenige Zweig der ↗Algebra, der sich mit dem Studium kommutativer Strukturen, insbesondere ↗kommutativer Ringe, befaßt.

kommutative Gruppe, eine Gruppe, in der das ↗Kommutativgesetz gilt.

Eine multiplikative Gruppe G heißt kommutative oder auch ↗abelsche Gruppe, falls für alle $x, y \in G$ gilt: $x \cdot y = y \cdot x$.

kommutative reelle Divisionsalgebra, eine ↗Divisionsalgebra über $\mathbb{R}$, für welche die Ringmultiplikation kommutativ ist. Bis auf Isomorphie gibt es hiervon nur zwei endlichdimensionale: Die reellen Zahlen selbst und die komplexen Zahlen.

kommutativer Ring, ist ein ↗Ring, dessen Multiplikation kommutativ ist.

kommutatives Diagramm, ↗ Abbildung.

Kommutativgesetz, Bedingung an eine Mengenverknüpfung.

Gegeben sei ein Menge M und eine Verknüpfung $\circ : M \times M \to M$.

Die Verknüpfung erfüllt das Kommutativgesetz, falls für alle $a, b \in M$ gilt: $a \circ b = b \circ a$.

Kommutativgesetz für Reihen, die dem allgemeinen ↗Kommutativgesetz (für endliche Summen) entsprechende – nur unter Zusatzvoraussetzungen gültige – Aussage für Reihen:

$$\sum_{\nu=1}^{\infty} a_\nu = \sum_{j=1}^{\infty} a_{\omega(j)}$$

für eine beliebige bijektive Abbildung $\omega : \mathbb{N} \longrightarrow \mathbb{N}$ (Permutation von $\mathbb{N}$).

$\sum_{j=1}^{\infty} a_{\omega(j)}$ heißt dann Umordnung der ursprünglichen Reihe $\sum_{\nu=1}^{\infty} a_\nu$. Die Glieder der umgeordneten Reihe sind also genau die der ursprünglichen Reihe, nur eventuell in einer anderen Reihenfolge. Bei einer speziellen Umordnung, bei der nur höchstens endlich viele Indizes verändert werden, bleibt eine konvergente Reihe stets konvergent mit gleichem Reihenwert. Das folgende Beispiel zeigt, daß bei einer beliebigen Umordnung sich durchaus der Reihenwert ändern kann: Die alternierende harmonische Reihe

$$\sum_{n=1}^{\infty} \frac{(-1)^{n-1}}{n} = 1 - \frac{1}{2} + \frac{1}{3} \mp \cdots$$

ist nach dem ↗Leibniz-Kriterium konvergent mit Wert $\sigma > \frac{1}{2}$. Nun gilt

$$1 - \frac{1}{2} + \frac{1}{3} - \frac{1}{4} + \frac{1}{5} - \frac{1}{6} \pm \cdots = \sigma$$

und durch Multiplikation mit $\frac{1}{2}$:

$$\frac{1}{2} \qquad - \frac{1}{4} \qquad + \frac{1}{6} \mp \cdots = \frac{1}{2}\sigma .$$

Durch Addition dieser beiden Reihen ergibt sich:

$$1 + \frac{1}{3} - \frac{1}{2} + \frac{1}{5} \pm \cdots = \frac{3}{2}\sigma ,$$

wobei die linke Seite eine Umordnung der ursprünglichen Reihe ist.

Eine Reihe heißt genau dann unbedingt konvergent, wenn jede ihrer Umordnungen mit gleichem Reihenwert konvergiert. Sind die a_ν reelle oder komplexe Zahlen, so sind genau die ↗absolut konvergenten Reihen unbedingt konvergent. Eine erstaunliche Aussage über bedingt konvergente Reihen, also Reihen, die konvergent, aber nicht unbedingt konvergent sind, macht der Umordnungssatz von Riemann. Der Satz von ↗Dvoretzky-Rogers zeigt, daß die o.a. Charakterisierung von unbedingter Konvergenz für endlich-dimensionale Räume charakteristisch ist.

Kommutator, für zwei Operatoren A und B der Ausdruck $[A, B] := AB - BA$.

Sind A und B zwei selbstadjungierte Operatoren der Quantenmechanik, denen Observable zugeordnet werden, dann spricht man von verträglichen Observablen, wenn der Kommutator von A und B verschwindet. In diesem Fall kann man es einrichten, daß die beiden Operatoren ein gemeinsames System von Eigenfunktionen haben, was bedeutet, daß eine Observable ohne Störung der anderen beobachtet werden kann.

Der Kommutator zweier Operatoren tritt auch in der Quantenfeldtheorie auf. Dort wird er aus den Erzeugungs- und Vernichtungsoperatoren von Feldern gebildet, die ↗Bosonen beschreiben.

kommutierendes Element, ein Element k einer ↗Gruppe G, für das gilt: Für jedes $g \in G$ gilt $k \cdot g = g \cdot k$.

Die Menge der kommutierenden Elemente einer Gruppe bilden deren Zentrum. Das Zentrum einer Gruppe ist stets Untergruppe und Normalteiler (↗Faktorgruppe).

kompakt konvergente Folge, eine Folge (f_n) von Funktionen $f_n : D \to \mathbb{C}$ in einer offenen Menge $D \subset \mathbb{C}$ derart, daß (f_n) auf jeder kompakten Menge $K \subset D$ gleichmäßig konvergiert. Entsprechend heißt eine Reihe $\sum_{k=1}^{\infty} f_k$ von Funktionen kompakt konvergent in D, falls die Folge (s_n) der Partialsummen $s_n = \sum_{k=1}^{n} f_k$ kompakt konvergent in D ist.

Bei kompakt konvergenten Funktionenfolgen übertragen sich gewisse Eigenschaften der Funktionen f_n auf die Grenzfunktion:

Es sei $D \subset \mathbb{C}$ eine offene Menge und (f_n) eine Funktionenfolge, die in D kompakt konvergent zur Grenzfunktion f ist. Dann gelten folgende Aussagen:

(a) *Ist f_n für jedes $n \in \mathbb{N}$ stetig in D, so ist f stetig in D.*

(b) *Ist f_n für jedes $n \in \mathbb{N}$ stetig in D und γ ein rektifizierbarer Weg in D, so gilt für die ↗Wegintegrale*

$$\lim_{n\to\infty} \int_\gamma f_n(z)\, dz = \int_\gamma f(z)\, dz .$$

(c) *Ist f_n für jedes $n \in \mathbb{N}$ ↗holomorph in D, so ist f holomorph in D. Außerdem ist die Folge (f'_n) der Ableitungen in D kompakt konvergent gegen f'.*

Entsprechende Ergebnisse gelten auch für kompakt konvergente Funktionenreihen.

kompakte einfache Lie-Gruppe, manchmal auch klassische einfache Lie-Gruppe genannt, eine Lie-Gruppe mit der Eigenschaft, daß der unterliegende topologische Raum kompakt ist.

Diese Gruppen sind eng mit den ↗komplexen einfachen Lie-Gruppen verknüpft. Die Bezeichnung für reelle und komplexe Lie-Gruppen ist in der Literatur nicht ganz einheitlich. Hier wird folgende Sprechweise angewendet: Eine Lie-Gruppe ohne weitere Bezeichnung ist grundsätzlich eine reelle Lie-Gruppe, anderenfalls muß explizit „komplex" davorstehen.

Folgendes Beipiel soll den Unterschied erläutern: Die Gruppe SO(3) der räumlichen Drehungen und die Gruppe SO(2, 1) der Lorentz-Transformationen der $(2+1)$-dimensionalen Minkowskischen Raum-Zeit sind beide sowohl als reelle als auch als komplexe Lie-Gruppe interpretierbar. Jedoch gilt: Als komplexe Lie-Gruppen betrachtet sind sie vermittels einer imaginären Zeittransformation isomorph, als Lie-Gruppen sind sie nicht isomorph. SO(3) ist kompakt und einfach, SO(2, 1) ist nicht kompakt.

kompakte Gruppe, topologische Gruppe, deren unterliegende Topologie kompakt ist (↗kompakte Lie-Gruppe).

kompakte Konvergenz, ↗kompakt konvergente Folge.

kompakte Lie-Gruppe, eine ↗Lie-Gruppe, die als topologischer Raum kompakt ist.

Es gibt Relationen zwischen dem Krümmungsvorzeichen linksinvarianter Metriken auf Lie-Gruppen und deren Kompaktheitseigenschaft. Beispiel: Von den dreidimensionalen einfach zusammenhängenden Lie-Gruppen ist lediglich die räumliche Drehgruppe SO(3) kompakt. Sie ist auch die einzige unter den genannten Gruppen, die eine linksinvariante Metrik mit positivem Riemannschen Krümmungsskalar besitzt.

kompakte Menge, *Kompaktum*, Teilmenge eines topologischen Raumes, für welche zu jeder offenen Überdeckung $(U_i)_{i \in I}$ stets eine endliche Teilüberdeckung $(U_i)_{i \in \{1,\dots,N\}}$ existiert, welche also – versehen mit der Teilraumtopologie – ein kompakter Raum ist.

Häufig werden Mengen mit dieser Eigenschaft auch quasikompakt genannt, wobei dann für die Kompaktheit zusätzlich die Eigenschaft, Hausdorffraum zu sein, gefordert wird.

- Ist $(x_n)_{n \in \mathbb{N}}$ eine gegen $x \in \mathbb{R}$ konvergente Folge, so ist die Menge $\{x_n \mid n \in \mathbb{N}\} \cup \{x\}$ kompakt in $\mathbb{R}$ mit der Standardtopologie.
- Abgeschlossene und beschränkte Teilmengen im $\mathbb{R}^n$ mit der Standardtopologie sind kompakt.

kompakter Operator, ein linearer Operator zwischen normierten Räumen, der beschränkte Mengen auf relativ kompakte Mengen abbildet.

Äquivalent dazu ist, daß die Bildfolge einer beschränkten Folge eine konvergente Teilfolge besitzt. Der Begriff des kompakten Operators ist fundamental in der gesamten Funktionalanalysis und ihren Anwendungen.

Beispiele kompakter Operatoren sind viele Integraloperatoren, z. B. definiert

$$(Tf)(s) = \int_M k(s,t) f(t)\, d\mu(t)$$

einen kompakten Operator auf $C(M)$ oder $L^p(\mu)$, falls M ein mit einem endlichen Maß μ versehener kompakter Raum und k stetig ist; außerdem stößt man bei Einbettungsoperatoren, etwa von $H_0^1(\Omega)$ in $L^2(\Omega)$ über beschränkten Gebieten $\Omega \subset \mathbb{R}^n$, auf kompakte Operatoren.

Mit T ist auch der adjungierte Operator T' kompakt (Satz von Schauder). Das Spektrum eines kompakten Operators $T : X \to X$ ist endlich oder abzählbar, im letzteren Fall bildet es eine Nullfolge. Alle von 0 verschiedenen Spektralwerte sind Eigenwerte endlicher Vielfachheit. Der Operator $\mathrm{Id} - T$ ist ein Fredholm-Operator mit Index 0; also gilt die Fredholm-Alternative für $\mathrm{Id} - T$.

Ist $T : H \to K$ ein kompakter Operator zwischen Hilberträumen, so existieren Orthonormalsysteme (e_n) von H und (f_n) von K sowie eine monoton fallende Nullfolge positiver Zahlen (s_n), so daß T in der Form

$$Tx = \sum_{n=1}^{\infty} s_n \langle x, e_n \rangle f_n$$

dargestellt werden kann (Schmidt-Darstellung). Die s_n heißen die Schmidt-Zahlen oder Singulärwerte (singuläre Werte) von T; die Zahlen s_n^2 sind die Eigenwerte von T^*T.

Ist $H = K$ und T ein normaler Operator, so kann T gemäß

$$Tx = \sum_{n=1}^{\infty} \lambda_n \langle x, e_n \rangle e_n$$

für ein Orthonormalsystem (e_n) und eine Nullfolge (λ_n) dargestellt werden; die λ_n sind die Eigenwerte von T. Mit anderen Worten besitzt H eine Orthonormalbasis aus Eigenvektoren von T. Dies ist der Hilbertsche Spektralsatz für kompakte Operatoren auf Hilberträumen.

Zum Problem der Approximation kompakter Operatoren durch solche endlichen Ranges vergleiche man auch ↗Approximationseigenschaft eines Banachraums sowie ↗Hilbert-Schmidt-Operator.

In der nichtlinearen Funktionalanalysis heißt eine Abbildung $f : X \supset M \to Y$ kompakt, wenn sie stetig ist und $f(M)$ relativ kompakt ist. Eine zentrale Aussage über nichtlineare kompakte Operatoren ist der ↗ Schaudersche Fixpunktsatz.

[1] Werner, D.: Funktionalanalysis. Springer Berlin/Heidelberg, 1995.

kompakter Raum, topologischer Raum, für welchen jede beliebige offene Überdeckung $(U_i)_{i \in I}$ eine endliche Teilüberdeckung $(U_i)_{i \in \{1,\dots,N\}}$ hat.

Räume mit dieser Eigenschaft werden häufig auch quasikompakt genannt, wobei für die Kompaktheit dann zusätzlich die Eigenschaft, Hausdorffraum zu sein, gefordert wird.

kompakter Träger, der Träger

$$\operatorname{supp}(f) = \overline{\{x \mid f(x) \neq 0\}}$$

einer Funktion f in dem Fall, daß $\operatorname{supp}(f)$ eine kompakte Menge ist.

kompaktes Element einer topologischen Gruppe, Element einer maximalen kompakten Untergruppe.

Zu einer topologischen Gruppe gibt es eine maximale kompakte Untergruppe. Deren Elemente heißen auch kompakte Elemente.

Ist die topologische Gruppe diskret, so sind die kompakten Untergruppen gerade die endlichen Untergruppen.

Kompaktheit, Eigenschaft einer Teilmenge, aus beliebigen offenen Überdeckungen endliche Teilüberdeckungen zuzulassen.

Es seien M ein metrischer Raum mit der Metrik d und $A \subseteq M$. Eine Familie $(U_i, i \in I)$ mit einer beliebigen Indexmenge I heißt offene Überdeckung von A, falls alle Mengen U_i bezüglich d offen sind und gilt:

$$A \subseteq \bigcup_{i \in I} U_i .$$

Die Menge A heißt kompakt, wenn es zu jeder offenen Überdeckung von A eine endliche Teilüberdeckung gibt, das heißt, wenn es endlich viele Indizes $i_1, \dots, i_k \in I$ gibt mit der Eigenschaft:

$$A \subseteq \bigcup_{n=1}^{k} U_{i_n} .$$

Die folgenden Bedingungen sind äquivalent:

(1) A ist kompakt.

(2) Jede Folge in A besitzt einen konvergente Teilfolge, deren Grenzwert in A liegt.

(3) Jede Folge in A besitzt einen Häufungspunkt in A.

(4) Jede abzählbare offene Überdeckung von A enthält eine endliche Teilüberdeckung.

Siehe auch ↗ kompakte Menge, ↗ kompakter Raum.

Kompaktheitssatz der Modelltheorie, eine der Versionen des ↗ Endlichkeitssatzes in der Logik.

Die verschiedenen Versionen des Endlichkeitssatzes heißen auch Kompaktheitssatz. Insbesondere wird die semantische Version b) aus meistens Kompaktheitssatz der Modelltheorie genannt.

Die nachfolgenden Ausführungen stellen einen engen Zusammenhang mit dem Kompaktheitssatz in der Topologie her. Eine Menge T von ↗ Aussagen oder Ausdrücken heißt widerspruchsfrei oder konsistent, wenn aus T kein Ausdruck der Gestalt $\varphi \wedge \neg\varphi$ folgt. Eine widerspruchsfreie und deduktiv abgeschlossene Menge T (↗ deduktiver Abschluß) von Aussagen aus L ist eine L-Theorie. T ist vollständig, wenn für jede Aussage φ aus L gilt: Entweder $\varphi \in T$ oder $\neg\varphi \in T$. S_L sei die Menge aller vollständigen L-Theorien und $[\varphi]$ bezeichne die Menge $\{T \in S_L : \varphi \in t\}$. Wegen $\varphi \wedge \psi \in T \Leftrightarrow \varphi \in T$ und $\psi \in T$ gilt: $[\varphi] \cap [\psi] = [\varphi \wedge \psi]$ (↗ algebraische Logik). Daher bildet $\{[\varphi] : \varphi$ Aussage in $L\}$ eine Basis für eine Topologie auf S_L. Der entsprechende topologische Raum werde ebenfalls mit S_L bezeichnet. Die offenen Mengen von S_L sind genau die der Form $\bigcup_{\varphi \in \Sigma} [\varphi]$, wobei Σ eine Menge von Aussagen ist. Die topologische Variante des Kompaktheitssatzes der Modelltheorie, die mit der obigen äquivalent ist, kann wie folgt formuliert werden:

S_L ist kompakt, d. h., jede offene Überdeckung von S_L besitzt eine endliche Teilüberdeckung.

Kompaktifizierung, Erweiterung eines topologischen Raumes zu einem kompakten Raum.

Es sei T ein topologischer Raum. Ist K ein kompakter topologischer Raum, der T als dichten Unterraum enthält, so nennt man K eine Kompaktifizierung von T. In diesem Fall heißt T kompaktifizierbar. Ein topologischer Raum ist genau dann kompaktifizierbar, wenn er vollständig regulär ist, das heißt wenn er ein T_2-Raum ist und zu jeder abgeschlossenen Menge $A \subseteq T$ und jedem Punkt $x \notin A$ eine stetige Abbildung $f : T \to [0, 1]$ existiert mit der Eigenschaft $f(x) = 0$ und $f(t) = 1$ für alle $t \in A$.

Von besonderer Bedeutung ist die Stone-Čech-Kompaktifizierung βT, da sie die Fortsetzung auf T stetiger Abbildungen erlaubt.

Kompaktifizierung von $\mathbb{C}$, spezielle ↗ Kompaktifizierung, definiert durch $\widehat{\mathbb{C}} := \mathbb{C} \cup \{\infty\}$, d. h. die komplexe Ebene wird um einen Punkt, der mit dem Symbol ∞ bezeichnet wird, erweitert. Eine Menge $D \subset \widehat{\mathbb{C}}$ heißt offen, falls gilt:

(a) $D \cap \mathbb{C}$ ist eine offene Menge.

(b) Ist $\infty \in D$, so existiert ein $R > 0$ derart, daß $D \supset \{z \in \mathbb{C} : |z| > R\}$.

Mit dieser Definition von offenen Mengen wird $\widehat{\mathbb{C}}$ zu einem kompakten topologischen Raum und heißt auch Einpunkt-Kompaktifizierung von $\mathbb{C}$ (↗Alexandrow, Satz von).

Der Raum $\widehat{\mathbb{C}}$ ist homöomorph zur Kugeloberfläche

$$S^2 = \{(w, t) \in \mathbb{C} \times \mathbb{R} \sim \mathbb{R}^3 : |w|^2 + t^2 = 1\}.$$

Die ↗stereographische Projektion liefert einen Homöomorphismus ϕ von S^2 auf $\widehat{\mathbb{C}}$. Daher nennt man $\widehat{\mathbb{C}}$ auch Riemannsche Zahlenkugel oder Riemannsche Zahlensphäre. Der Punkt ∞ heißt unendlich ferner Punkt. Er entspricht dem Nordpol von S^2.

Die Topologie von $\widehat{\mathbb{C}}$ ist metrisierbar. Eine erzeugende Metrik ist z. B. die chordale Metrik χ, die wie folgt definiert ist:

$$\begin{aligned}
\chi(z, w) &:= \frac{2|z-w|}{\sqrt{(1+|z|^2)(1+|w|^2)}}, \quad z, w \in \mathbb{C}, \\
\chi(z, \infty) &:= \frac{2}{\sqrt{1+|z|^2}} = \lim_{w \to \infty} \chi(z, w), \quad z \in \mathbb{C}, \\
\chi(\infty, \infty) &:= 0.
\end{aligned}$$

Geometrisch ist $\chi(z, w)$ der dreidimensionale Abstand der Punkte $\phi^{-1}(z), \phi^{-1}(w) \in S^2$.

Kompaktifizierung von Modulräumen, Methode durch Erweiterung der Menge der zu klassifizierenden Objekte, die gewisse Entartungen besitzen dürfen, um einen kompakten Modulraum zu erhalten.

So nimmt man z. B. bei der Klassifikation glatter Kurven (mit gewissen vorgegebenen Eigenschaften) Kurven mit Doppelpunkten, d. h. singuläre Kurven, hinzu, um einen kompakten Modulraum zu erhalten.

Kompaktum, ↗kompakte Menge.

Kompartment, insbesondere bei der Modellbildung in der Physiologie verwendeter Begriff, bezeichnet in der Regel die Menge oder Konzentration einer Substanz innerhalb eines Organs.

Die Kompartmentanalyse beschreibt physiologische und biochemische Prozesse durch Systeme gewöhnlicher Differentialgleichungen.

Kompatibilität, allgemein ein Begriff, der die Verträglichkeit zweier Objekte miteinander bezeichnet.

Ist beispielsweise die Menge M mit einer Partialordnung „$\leq$" versehen, so spricht man von Kompatibilität der Elemente $x, y \in M$ genau dann, wenn es ein Element $z \in M$ mit $z \leq x$ und $z \leq y$ gibt.

Kompensator eines Submartingals, Bezeichnung für den Prozeß $(A_t)_{t\in[0,\infty)}$ in der ↗Doob-Meyer-Zerlegung $X_t = M_t + A_t$, $t \geq 0$, eines Submartingals $(X_t)_{t\in[0,\infty)}$ in die Summe aus einem Martingal $(M_t)_{t\in[0,\infty)}$ und einem monoton wachsenden Prozeß $(A_t)_{t\in[0,\infty)}$.

Der Prozeß $(A_t)_{t\in[0,\infty)}$ heißt Kompensator des Submartingals, da durch ihn der Unterschied zwischen dem Submartingal $(X_t)_{t\in[0,\infty)}$ und dem Martingal $(M_t)_{t\in[0,\infty)}$ ausgeglichen wird.

kompensatorische Fuzzy-Operatoren, Verknüpfungen zwischen ↗T-Normen und ↗T-Konormen, die das menschliche Aggregationsverhalten adäquater modellieren als die einfachen Fuzzy-Operatoren.

Bekannte kompensatorische Operatoren werden im folgenden angegeben:

Das *arithmetische Mittel* zweier ↗Fuzzy-Mengen $\widetilde{A}$ und $\widetilde{B}$ auf X, geschrieben $\frac{\widetilde{A}+\widetilde{B}}{2}$, ist definiert durch die Zugehörigkeitsfunktion

$$\mu_{\frac{A+B}{2}}(x) = \frac{1}{2}(\mu_A(x) + \mu_B(x)) \quad \text{für alle } x \in X.$$

Das *geometrische Mittel* zweier Fuzzy-Mengen $\widetilde{A}$ und $\widetilde{B}$ auf X, geschrieben $\sqrt{\widetilde{A} \cdot \widetilde{B}}$, ist definiert durch die Zugehörigkeitsfunktion

$$\mu_{\sqrt{A \cdot B}}(x) = \sqrt{\mu_A(x) \cdot \mu_B(x)} \quad \text{für alle } x \in X.$$

Die *ε-Verknüpfung* zweier Fuzzy-Mengen $\widetilde{A}$ und $\widetilde{B}$ auf X, geschrieben $\widetilde{A} \,||_\varepsilon \widetilde{B}$, ist definiert durch die Zugehörigkeitsfunktion

$$\begin{aligned}
\mu_{A\,||_\varepsilon B}(x) &= (1-\varepsilon) \cdot \min(\mu_A(x), \mu_B(x)) \\
&\quad + \varepsilon \cdot \max(\mu_A(x), \mu_B(x))
\end{aligned}$$

für alle $x \in X$ und einen beliebigen Kompensationsgrad $\varepsilon \in [0, 1]$.

Die *γ-Verknüpfung* zweier Fuzzy-Mengen $\widetilde{A}$ und $\widetilde{B}$ auf X, geschrieben $\widetilde{A} \cdot_\gamma \widetilde{B}$, ist definiert durch die Zugehörigkeitsfunktion

$$\begin{aligned}
\mu_{A \cdot_\gamma B}(x) &= (\mu_{A \cdot B}(x))^{1-\gamma} \cdot (\mu_{A+B}(x))^\gamma \\
&= (\mu_A(x) \cdot \mu_B(x))^{1-\gamma} \\
&\quad \cdot (\mu_A(x) + \mu_B(x) - \mu_A(x) \cdot \mu_B(x))^\gamma
\end{aligned}$$

für alle $x \in X$ und einen beliebigen Kompensationsgrad $\gamma \in [0, 1]$.

Die *γ-Verknüpfung* der Fuzzy-Mengen

$$\widetilde{A}_i = \{(x, \mu_i(x)) \mid x \in X\}, \quad i = 1, \dots, m$$

ist definiert durch die Zugehörigkeitsfunktion

$$\mu_{\cdot_\gamma}(x) = \left(\prod_{i=1}^m \mu_i(x)\right)^{1-\gamma} \cdot \left(1 - \prod_{i=1}^m (1 - \mu_i(x))\right)^\gamma$$

für alle $x \in X$ und einen beliebigen Kompensationsparameter $\gamma \in [0, 1]$.

Die *und-Verknüpfung* der Fuzzy-Mengen

$$\widetilde{A}_i = \{(x, \mu_i(x)) \mid x \in X\}, \quad i = 1, \dots, m$$

ist definiert durch die Zugehörigkeitsfunktion

$$\begin{aligned}
\mu_{\widetilde{\text{und}}}(x) &= \delta \cdot \min(\mu_1(x), \dots, \mu_m(x)) \\
&\quad + (1-\delta) \cdot \frac{1}{m} \sum_{i=1}^m \mu_i(x)
\end{aligned}$$

für alle $x \in X$.

Die $\widetilde{oder}$*-Verknüpfung* der Fuzzy-Mengen

$$\widetilde{A}_i = \{(x, \mu_i(x)) \mid x \in X\}\,, \quad i = 1, \dots, m$$

ist definiert durch die Zugehörigkeitsfunktion

$$\mu_{\widetilde{\text{oder}}}(x) = \delta \cdot \max(\mu_1(x), \dots, \mu_m(x)) + (1-\delta) \cdot \frac{1}{m} \sum_{i=1}^{m} \mu_i(x)$$

für alle $x \in X$.

kompetitiv, ↗kooperativ.

Komplement einer Fuzzy-Menge, die Fuzzy-Menge mit der Zugehörigkeitsfunktion

$$\mu_{C(A)}(x) = 1 - \mu_A(x) \qquad \text{für alle } x \in X,$$

geschrieben $C(\widetilde{A})$, wobei $\widetilde{A}$ eine gegebene ↗Fuzzy-Menge auf X ist.

Komplement einer Menge, ↗Komplementärmenge.

Komplement eines Elements, spezielles Element eines ↗Verbandes.

Sei L ein Verband mit 0 und 1 und $a \in L$. Ein Element $a' \in L$ heißt Komplement von a, falls $a \vee a' = 1$ und $a \wedge a' = 0$. Die Menge der Komplemente von a wird mit $a^{\perp}$ bezeichnet.

komplementäre analytische Menge, *koanalytische Menge*, gelegentlich auch CA-Menge genannt, spezielles Komplement einer analytischen Menge.

Es sei Ω ein Polnischer Raum und $A \subseteq \Omega$ eine ↗analytische Menge. Dann heißt $\Omega \backslash A$ die komplementäre analytische Menge. $\Omega \backslash A$ ist genau dann analytisch, falls A ↗Borel-Menge ist.

komplementäre Relation, die Relation $R^c = M^2 - R$, wobei R eine Relation auf der Menge M ist.

komplementäre unvollständige Γ-Funktion, ↗ Eulersche Γ-Funktion.

komplementäre Zerlegung, Zerlegung eines ↗Vektorraumes V in zwei zueinander komplementäre ↗Unterräume U_1 und U_2 von V, d. h. in zwei Unterräume, die zusammen V aufspannen und die nur den Nullvektor gemeinsam haben: $U_1 \cap U_2 = \{0\}$.

Jedes $v \in V$ läßt sich dann eindeutig schreiben als $v = u_1 + u_2$ mit $u_1 \in U_1$ und $u_2 \in U_2$. Sind U_1 und U_2 komplementäre Unterräume des n-dimensionalen Vektorraumes V, so gilt:

$$\dim U_1 + \dim U_2 = n\,.$$

komplementärer Verband, ↗beschränkter Verband, dessen Elemente alle mindestens ein Komplement (↗Komplement eines Elements) besitzen.

komplementäres Ereignis, ↗ Ereignis.

Komplementärgraph, ↗ Graph.

Komplementärideal, das wie folgt konstruierte gebrochene Ideal.

Es seien L/K eine endliche separable Körpererweiterung und $\mathcal{O}_K \subset K$ ein Dedekindscher Ring mit Quotientenkörper K. Sei weiter $M \subset L$ ein $\mathcal{O}_K$-Modul. Dann heißt der Modul

$$M^* = \{x \in L : S(x\mu) \in \mathcal{O}_K \text{ für alle } m \in M\}$$

der Komplementärmodul von M. Ist $\mathfrak{A}$ ein gebrochenes Ideal, so ist $\mathfrak{A}^*$ wieder ein gebrochenes Ideal; in diesem Fall nennt man $\mathfrak{A}^*$ das Komplementärideal von $\mathfrak{A}$.

Ist $\mathcal{O}_L$ der ganze Abschluß von $\mathcal{O}_K$ in L, so gilt:

$$\mathfrak{A}^* = \mathcal{O}_L^* \mathfrak{A}^{-1}, \qquad \mathfrak{A}^{**} = \mathfrak{A}.$$

Komplementaritätsbedingung, eine Bedingung an zwei Vektoren $y, v \in \mathbb{R}^n$.

y und v erfüllen die Komplementaritätsbedingung, wenn (komponentenweise) $y, v \geq 0$ gilt, und wenn sie senkrecht aufeinander stehen. Aus $y^T \cdot v = 0$ folgt dann wegen der Nichtnegativität, daß für jedes $1 \leq i \leq n$ mindestens eine der beiden Komponenten y_i oder v_i verschwindet.

Komplementaritätsbedingungen treten häufig bei notwendigen Optimalitätsbedingungen auf, zum Beispiel bei der ↗Karush-Kuhn-Tucker-Bedingung.

Komplementaritätsproblem, bezeichnet für eine Funktion $f : \mathbb{R}^n \to \mathbb{R}^n$ das Problem, einen Vektor $z \in \mathbb{R}^n$ derart zu finden, daß gilt: $z \geq 0, f(z) \geq 0$ und $z^T \cdot f(z) = 0$. Besonders wichtig ist das lineare Komplementaritätsproblem, bei dem f eine affin lineare Abbildung ist.

Komplementärmenge, *Komplement einer Menge*, Teilmenge einer Menge, die eine andere, gegebene Teilmenge zur Gesamtmenge ergänzt.

Ist B eine Teilmenge von A, so besteht die Komplementärmenge von B bezüglich A genau aus allen Elementen von A, die nicht in B liegen. Man schreibt für diese Menge $A \setminus B$ oder B^c, wenn es aus dem Zusammenhang klar ist, auf welche Menge A man sich bezieht (↗Verknüpfungsoperationen für Mengen).

Komplementärmodul, ↗Dedekindscher Komplementärmodul, ↗Komplementärideal.

Komplementdarstellung, Repräsentation vorzeichenbehafteter Zahlen durch vorzeichenlose Zahlen, indem negative Zahlen durch das Komplement ihres Zahlenbetrages dargestellt werden.

Bei binärer Speicherung finden das ↗Einerkomplement und das ↗Zweierkomplement Verwendung, in allgemeinen Zahlensystemen das ↗$(b-1)$-Komplement und das ↗b-Komplement.

Ist ein gespeicherter Wert größer als die Hälfte des größten darstellbaren vorzeichenlosen Wertes, wird er als Komplement einer negativen Zahl interpretiert, ansonsten als Betrag einer positiven Zahl. Bei Verwendung des Einer- bzw. $(b-1)$-Komplements hat die 0 zwei Repräsentationen

(+0 und −0), beim Zweier- bzw. b-Komplement dagegen nur eine.

komplementierter Unterraum eines Banachraums, ein abgeschlossener Unterraum U eines Banachraums X, der einen abgeschlossenen algebraischen Komplementärraum V besitzt.

Aus dem Satz von der offenen Abbildung folgt, daß U genau dann komplementiert ist, wenn ein stetiger linearer Projektor von X auf U existiert; X ist dann nicht nur als Vektorraum isomorph zu $U \oplus V$, sondern auch als Banachraum zum Produkt-Banachraum $U \oplus_p V$.

Ein Beispiel eines komplementierten Teilraums von $L^p(\Omega, \Sigma, \mu)$ ist der Unterraum aller bzgl. einer Unter-σ-Algebra $\Sigma' \subset \Sigma$ meßbaren Funktionen in $L^p(\mu)$; hingegen sind $C[0,1] \subset L^\infty[0,1]$ und $c_0 \subset \ell^\infty$ nicht komplementiert.

In einem Hilbertraum ist jeder abgeschlossene Unterraum komplementiert; umgekehrt gilt der tiefliegende Satz von Lindenstrauss-Tzafriri, wonach ein Banachraum, in dem jeder abgeschlossene Unterraum komplementiert ist, zu einem Hilbertraum isomorph ist.

komplementierter Verband, ein Verband L mit der Eigenschaft, daß zu jedem $x \in L$ ein Komplement x' existiert, also ein x' mit $x \wedge x' = 0$ und $x \vee x' = 1$.

Der Verband L heißt relativ komplementiert, falls jedes Intervall komplementiert ist.

kompletter Ring, Ring R mit folgender Eigenschaft.

Es sei I ein Ideal in R. R heißt komplett bezüglich I (oder I–adisch komplett), wenn jede Cauchy–Folge $\{a_v\}_{v\in\mathbb{N}}$, $a_v \in R$, bezüglich I in R konvergiert. Das bedeutet, es existiert ein $a \in R$ so, daß für jedes vorgegebene $\varepsilon \in \mathbb{N}$ eine Zahl $N(\varepsilon)$ existiert mit $a - a_v \in I^\varepsilon$, falls $v \geq N(\varepsilon)$.

Der ↗formale Potenzreihenring $R[[x_1, \dots, x_n]]$ ist bezüglich des Ideals $(x_1, \dots, x_n)$ komplett.

Ein lokaler Ring heißt komplett, wenn er bezüglich des Maximalideals komplett ist.

Komplettierung, kleinster Ring, der den gegebenen Ring enthält und komplett ist (↗kompletter Ring).

Die Komplettierung des Polynomenringes $K[x_1, \dots, x_n]$ in Maximalideal $(x_1, \dots, x_n)$ ist der ↗formale Potenzreihenring.

Komplex abelscher Gruppen, eine Folge

$$C_\bullet := (C_i, d_i : C_i \to C_{i-1})_{i\in\mathbb{Z}}$$

abelscher Gruppen C_i und Gruppenhomomorphismen d_i, für die $d_i \circ d_{i+1} = 0$ gilt.

Ein Komplex heißt nach unten (oben) beschränkt, falls $C_i = 0$ für $i \ll 0$ ($i \gg 0$). Ein Komplex heißt beschränkt, falls er sowohl nach oben als auch nach unten beschränkt ist. Ein Komplex heißt positiv (negativ), falls $C_i = 0$ für $i < 0$ ($i > 0$).

Für jeden Komplex $C_\bullet$ kann für $n \in \mathbb{Z}$ die n-te Homologiegruppe

$$H_n(C_\bullet) := \operatorname{Ker} d_n / \operatorname{Im} d_{n+1}$$

defininiert werden. In Anlehnung an die Anwendungen in der algebraischen Topologie (simplizialer oder singulärer Komplex) verwendet man auch oft statt Komplex die Bezeichnung Kettenkomplex (engl. chain complex). Die Elemente in C_i werden auch als Ketten (engl. chains), die Elemente in $\ker d_i$ als Zykel (engl. cycles) und die Elemente in $\operatorname{im} d_{i+1}$ als Ränder (engl. boundaries) bezeichnet. Die Abbildung d_i heißt auch Randoperator bzw. Differential. Zwei Zykel, die dasselbe Element in $H_n(C_\bullet)$ repräsentieren, heißen homolog.

Ein Komplex heißt exakter Komplex oder auch exakte Sequenz, bzw. lange exakte Sequenz, falls $H_n(C_\bullet) = 0$ für alle n. Ein positiver Komplex heißt azyklischer Komplex, falls $H_n(C_\bullet) = 0$ für $n \geq 1$, d.h. alle Homologiegruppen verschwinden bis eventuell auf $H_0(C_\bullet)$.

Die eingeführten Begriffsbildungen sind sinnvoll für Komplexe mit Objekten und Morphismen aus einer beliebigen abelschen Kategorie. Von spezieller Bedeutung sind die Komplexe von Vektorräumen, Komplexe von Moduln über einem kommutativen Ring und Komplexe von Garben abelscher Gruppen. Den Homologiegruppen entsprechen dann jeweils Objekte in der zugrunde gelegten Kategorie. Es gibt auch den dualen Begriff des Kokomplexes. Dieser wird manchmal ebenfalls als Komplex bezeichnet.

Zusammen mit den ↗Komplexmorphismen als Morphismen bilden die Komplexe eine ↗abelsche Kategorie. Die Zuordnung der n-ten Homologiegruppe ist ein ↗Funktor.

Ein wichtiges Beispiel für einen Komplex wird gegeben durch den simplizialen Kettenkomplex. Ausgehend von der Triangulierung durch Simplizes einer triangulierbaren topologischen Mannigfaltigkeit wird als C_i die freie abelsche Gruppe, erzeugt durch die orientierten i-Simplizes, gewählt. Der Randoperator d_i, angewandt auf einen i-Simplex, ergibt die orientierten Randkomponenten des Simplex.

komplex differenzierbare Funktion, wie folgt definierte Funktion: Es sei $D \subset \mathbb{C}$ eine offene Menge. Eine Funktion $f: D \to \mathbb{C}$ heißt komplex differenzierbar an $z_0 \in D$, falls der Grenzwert

$$f'(z_0) := \lim_{z\to z_0} \frac{f(z) - f(z_0)}{z - z_0} \in \mathbb{C}$$

existiert. Die Zahl $f'(z_0)$ heißt Ableitung von f an z_0. Statt $f'(z_0)$ schreibt man auch $\frac{df}{dz}(z_0)$. Ist f an jedem Punkt $z_0 \in D$ komplex differenzierbar, so ist f eine in D ↗holomorphe Funktion.

Es sei $f = u + iv : D \to \mathbb{C}$ eine an $z_0 \in D$ komplex differenzierbare Funktion. Dann ist notwendig f stetig an z_0. Weiter sind die Funktionen u, v an z_0 (reell) partiell differenzierbar, und es gelten die ↗Cauchy-Riemann-Gleichungen

$$u_x(z_0) = u_y(z_0), \quad u_y(z_0) = -v_x(z_0).$$

Für die Ableitung gilt dann

$$f'(z_0) = u_x(z_0) + iv_x(z_0) = v_y(z_0) - iu_y(z_0).$$

Hieraus ergibt sich, daß die Funktionen $z \mapsto \bar{z}$, $z \mapsto \operatorname{Re} z$, $z \mapsto \operatorname{Im} z$ und $z \mapsto |z|$ in keinem Punkt $z_0 \in \mathbb{C}$ komplex differenzierbar sind.

Der folgende Satz liefert eine Charakterisierung komplex differenzierbarer Funktionen.

Es sei $D \subset \mathbb{C}$ eine offene Menge, $f : D \to \mathbb{C}$ eine Funktion und $z_0 \in D$. Dann sind die folgenden Aussagen äquivalent:

(a) f ist komplex differenzierbar an z_0.

(a) f ist reell differenzierbar an z_0, und es gelten die Cauchy-Riemann-Gleichungen

$$u_x(z_0) = u_y(z_0), \quad u_y(z_0) = -v_x(z_0).$$

Hieraus ergibt sich das folgende handliche hinreichende Kriterium für komplex differenzierbare Funktionen.

Es sei $D \subset \mathbb{C}$ eine offene Menge und $f = u + iv : D \to \mathbb{C}$ eine Funktion derart, daß die Funktionen u, v stetig partiell differenzierbar in D sind, d. h. die partiellen Ableitungen u_x, u_y, v_x, v_y existieren in D und sind dort stetig. Weiter sei $z_0 \in D$, und es gelten die Cauchy-Riemann-Gleichungen

$$u_x(z_0) = u_y(z_0), \quad u_y(z_0) = -v_x(z_0).$$

Dann ist f komplex differenzierbar an z_0.

Zum Beispiel ist die Funktion $f(z) = f(x + iy) = x^3y^2 + ix^2y^3$ komplex differenzierbar an $z_0 \in \mathbb{C}$ genau dann, wenn $\operatorname{Im} z_0 = 0$ oder $\operatorname{Re} z_0 = 0$.

Wie für Funktionen einer reellen Veränderlichen gelten auch für komplexe Funktionen die bekannten Differentiationsregeln, d. h. Summenregel, Produktregel, Quotientenregel und Kettenregel.

Insbesondere ist jedes Polynom $p(z) = a_nz^n + \cdots + a_1z + a_0$ mit Koeffizienten $a_0, a_1, \ldots, a_n \in \mathbb{C}$ in ganz $\mathbb{C}$ komplex differenzierbar, und es gilt $p'(z) = na_nz^{n-1} + \cdots + 2a_2z + a_1$. Auch die Funktionen exp, cos und sin sind in ganz $\mathbb{C}$ komplex differenzierbar.

Komplex von Morphismen, eine Folge

$$C_\bullet := (C_i, d_i : C_i \to C_{i-1})_{i \in \mathbb{Z}}$$

von Objekten $C_i \in Ob(\mathcal{C})$ und Morphismen d_i einer ↗ abelschen Kategorie $\mathcal{C}$, derart daß $d_i \circ d_{i+1} = 0$ (Nullmorphismus) ist.

Das n-te Homologieobjekt ist für alle $n \in \mathbb{Z}$ definiert als

$$H_n(C_\bullet) := \operatorname{Ker} d_n / \operatorname{Im} d_{n+1}.$$

Ein Komplex heißt exakt (auch exakte Sequenz oder lange exakte Sequenz), falls alle Homologieobjekte das Nullobjekt sind.

Der duale Begriff ist der Kokomplex von Morphismen. Manchmal verwendet man Komplex sowohl für eine Folge mit „absteigenden" Morphismen (Komplex im engeren Sinne) als auch mit „aufsteigenden" Morphismen.

Komplex von *R*-Moduln, ↗Komplex abelscher Gruppen.

Komplex von Vektorräumen, ↗Komplex abelscher Gruppen.

komplexe Algebra, eine ↗Algebra über R, wobei $R = \mathbb{C}$.

komplexe Differentialgleichung, Differentialgleichung der Form

$$w' = f(z, w),$$

wobei $z \in G \subset \mathbb{C}$ und f eine komplexe Funktion auf dem offenem Gebiet G ist.

Da ein komplexes System von n Differentialgleichungen äquivalent zu einem reellen System von $2n$ Differentialgleichungen ist (Zerlegung in Real- und Imaginärteil), gelten viele Sätze in weitgehender Analogie zum reellen Fall.

Es gibt jedoch auch einige Besonderheiten, man vergleiche hierzu auch das Stichwort ↗Existenz- und Eindeutigkeitssatz im Komplexen.

[1] Walter, W.: Gewöhnliche Differentialgleichungen. Springer-Verlag Berlin, 1976.

komplexe Dilatation, ↗ quasikonforme Abbildung.

komplexe einfache Lie-Gruppe, besonders gut studierter Typus von Lie-Gruppen.

Die komplexen einfachen Lie-Gruppen sind seit langem vollständig bekannt. Sie werden deshalb auch klassisch genannt.

Sie werden nach den Serien A bis G geordnet, dabei sind die durch die natürliche Zahl n parametrisierten unendlichen Serien A bis D die folgenden: A_n ist die spezielle unitäre Gruppe $SU(n+1)$, B_n ist die spezielle orthogonale Gruppe $SO(2n+1)$, C_n ist die Spingruppe $Spin(2n)$, und schließlich ist D_n die spezielle orthogonale Gruppe $SO(2n)$. Die übrigen fünf Gruppen entfallen auf die drei verbleibenden Serien, die exzeptionelle Gruppen oder Ausnahmegruppen genannt werden.

Für n sind bei kleinen Werten n gewisse Einschränkungen zu beachten: Bei A_n ist nur $n \geq 1$ zu behandeln, da bei $n = 0$ nur die einpunktige Gruppe $SU(1)$ entstünde.

Bei B_n wird $n \geq 3$, bei C_n wird $n \geq 2$ und bei D_n wird $n \geq 4$ benötigt. Dies sieht man auch am ↗Coxeter-Diagramm (Dynkindiagramm): $B_2 = C_2$, und $D_n = A_n$ für $n < 4$.

Außerdem gibt es noch Isomorphien, z. B. ist SO(4) das Quadrat von SU(2), also nicht mehr einfach.

Zur Klassifikation werden wesentlich die Coxeter-Diagramme (Dynkin-Diagramme) benutzt.

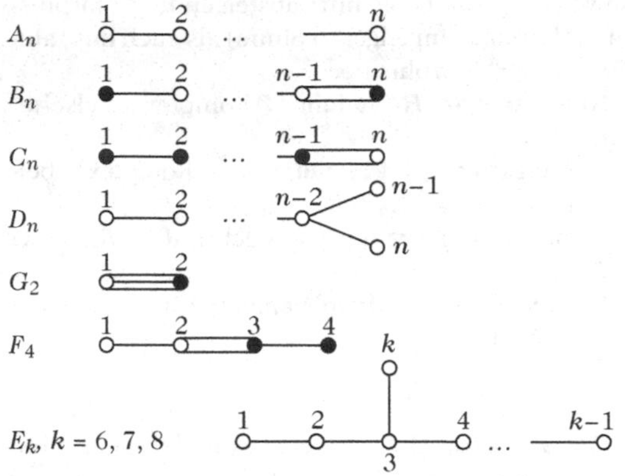

Coxeter-Diagramme der besprochenen Lie-Gruppen, die Zahl der Punkte eines Diagramms ist gleich dem Rank der entsprechenden Gruppe

Sie wurden in den 1950iger Jahren entwickelt. Der Rank r einer Lie-Gruppe ist gleich der Dimension der maximalen abelschen Lie-Untergruppe. Das englischsprachige *rank* wird heute oft nicht mehr mit „Rang", sondern mit „Rank" übersetzt, um Verwechslungen mit dem Rang einer Matrix zu vermeiden.

Zur maximalen abelschen Lie-Untergruppe werden dann solche Elemente der Gruppe hinzugefügt, daß die Gesamtdarstellung möglichst einfach wird.

Im Bild der Quantenmechanik entspricht jedes Element der Lie-Gruppe einer physikalisch meßbaren Größe, und zwei Elemente sind genau dann vertauschbar, wenn die entsprechenden physikalischen Größen gleichzeitig scharf meßbar sind. Im anderen Fall tritt die Heisenbergsche Unschärferelation in Kraft. Der Rank ist also in diesem Bild die Maximalzahl der gleichzeitig scharf meßbaren physikalischen Größen.

Jeder Lie-Gruppe ist eine Lie-Algebra eindeutig zugeordnet. Die maximale abelsche Lie-Unteralgebra werde durch die r linear unabhängigen Elemente H_i, $i = 1, \ldots r$ aufgespannt. Die übrige Lie-Algebra wird dann durch Eigenwertgleichungen der Form

$$[H_i,\ E_\beta] = \alpha_i E_\beta$$

analysiert, dabei heißen die α_i Wurzelvektoren. Die geometrischen Details dieser Wurzelvektoren werden dann durch offene bzw. geschlossene Punkte und 1-, 2- oder 3-zählige Kanten im Dynkindiagramm symbolisiert.

komplexe Interpolationsmethode, *Calderón, Methode von*, eine Methode zur Interpolation linearer Operatoren im folgenden Sinne.

Sei (X_0, X_1) ein verträgliches Paar von komplexen Banachräumen (↗ Interpolationstheorie auf Banachräumen), und sei S der Streifen $\{z : 0 \leq \operatorname{Re} z \leq 1\}$ in der komplexen Ebene. Ferner sei $\mathcal{F}$ der Raum aller beschränkten stetigen Funktionen $f : S \to X_0 + X_1$, die auf $\operatorname{int} S$ analytisch sind, für die $f(z) \in X_0$, falls $\operatorname{Re} z = 0$, und $f(z) \in X_1$, falls $\operatorname{Re} z = 1$, und für die die Abbildungen $t \mapsto f(j + it)$ von $\mathbb{R}$ nach $(X_j, \|\ .\ \|_j)$ ebenfalls stetig und beschränkt sind $(j = 0, 1)$; $\mathcal{F}$ trage die Norm

$$\|f\| = \sup_t \{\|f(it)\|_0, \|f(1+it)\|_1\}.$$

Man setzt dann zu $0 < \vartheta < 1$

$$X_\vartheta := [X_0, X_1]_\vartheta := \{f(\vartheta) : f \in \mathcal{F}\}$$

und versieht diesen Raum mit der Norm

$$\|x\|_\vartheta = \inf\{\|f\| : f \in \mathcal{F},\ f(\vartheta) = x\};$$

X_ϑ ist ein Banachraum, der zum Quotientenraum $\mathcal{F}/\{f \in \mathcal{F} : f(\vartheta) = 0\}$ isometrisch isomorph ist.

Sei nun (Y_0, Y_1) ein weiteres verträgliches Paar von Banachräumen, und sei $T : X_0 + X_1 \to Y_0 + Y_1$ eine lineare Abbildung, die X_0 stetig in Y_0 und X_1 stetig in Y_1 überführt, es ist also

$$\|T : X_0 \to Y_0\| =: M_0 < \infty,$$

$$\|T : X_1 \to Y_1\| =: M_1 < \infty.$$

Dann gilt auch $T(X_\vartheta) \subset Y_\vartheta$ für alle $0 < \vartheta < 1$ sowie

$$\|T : X_\vartheta \to Y_\vartheta\| \leq M_0^{1-\vartheta} M_1^{\vartheta}. \qquad (1)$$

Es ist also $(X_\vartheta, Y_\vartheta)$ ein exaktes Interpolationspaar im Sinn der Interpolationstheorie.

Ist $X_0 = L^{p_0}$ und $X_1 = L^{p_1}$, so stellt sich $X_\vartheta = L^p$ für

$$1/p = (1-\vartheta)/p_0 + \vartheta/p_1$$

heraus; genauso hat man für die Interpolation der Schatten-von Neumann-Klassen $[c_{p_0}, c_{p_1}]_\vartheta = c_p$ mit p wie oben. Für die ↗ Sobolew-Räume erhält man im Fall $m_0 \neq m_1$, $1 < p_0, p_1 < \infty$ Räume gebrochener Glattheitsordnung, nämlich

$$[W^{m_0,p_0},\ W^{m_1,p_1}]_\vartheta = W^{p,s}$$

für obiges p und $s = (1-\vartheta)m_0 + \vartheta m_1$.

Interpretiert man (1) im Kontext der L^p-Räume, erkennt man, daß die komplexe Interpolationsmethode eine abstrakte Version des Interpolationssatzes von Riesz-Thorin liefert.

Eine wichtige Eigenschaft der komplexen Interpolationsmethode ist die Reiterationseigenschaft

$$[X_{\vartheta_0}, X_{\vartheta_1}]_\vartheta = X_{\vartheta'}$$

für $\vartheta' = (1-\vartheta)\vartheta_0 + \vartheta\vartheta_1$, falls $X_0 \cap X_1$ dicht in X_0, X_1 und $X_{\vartheta_0} \cap X_{\vartheta_1}$ liegt.

[1] Bergh, J.; Löfström, J.: Interpolation Spaces. Springer Berlin/Heidelberg/New York, 1976.

komplexe Intervallarithmetik, Operationen für komplexe Intervalle, dargestellt als Rechtecke, Kreise oder Sektoren.

Die *komplexe Rechteckarithmetik* betrachtet ein Intervall als ein achsenparalleles Rechteck, dargestellt durch je ein reelles Intervall für Real- und Imaginärteil: $\mathbf{a} = \mathbf{a}_1 + i\mathbf{a}_2$. Entsprechend sind die arithmetischen Operationen definiert:

$$\mathbf{a} \pm \mathbf{b} = \mathbf{a}_1 \pm \mathbf{b}_1 + i(\mathbf{a}_2 \pm \mathbf{b}_2),$$

$$\mathbf{a} \cdot \mathbf{b} = \mathbf{a}_1 \cdot \mathbf{b}_1 - \mathbf{a}_2 \cdot \mathbf{b}_2 + i(\mathbf{a}_1 \cdot \mathbf{b}_2 + \mathbf{a}_2 \cdot \mathbf{b}_1),$$

$$\mathbf{a}/\mathbf{b} = \frac{\mathbf{a}_1 \cdot \mathbf{b}_1 - \mathbf{a}_2 \cdot \mathbf{b}_2}{\mathbf{b}_1{}^2 + \mathbf{b}_2{}^2} + i\frac{\mathbf{a}_2 \cdot \mathbf{b}_1 - \mathbf{a}_1 \cdot \mathbf{b}_2}{\mathbf{b}_1{}^2 + \mathbf{b}_2{}^2}.$$

Es gelten folgende Aussagen:

Addition und Subtraktion sind abgeschlossen, d. h. die entsprechende Teilmenge

$$\mathbf{a} \pm \mathbf{b} = \{a \pm b \mid a \in \mathbf{a}, b \in \mathbf{b}\}$$

ist ein Rechteckintervall.

Die Multiplikation liefert die ↗ Intervall-Hülle, die hier eine echte Obermenge bedeutet, während für die Division in der Regel eine Überschätzung der Intervall-Hülle in Kauf genommen wird, obwohl ein, wenn auch aufwendiger, optimaler Algorithmus existiert.

Die komplexe Rechteckaddition ist kommutativ und assoziativ, die Multiplikation ist kommutativ. Inverse existieren für echte Intervalle nicht.

Die *komplexe Kreisarithmetik* betrachtet ein Intervall als einen Kreis, dargestellt durch Mittelpunkt und Radius, $\mathbf{a} = \langle a, r_a \rangle$. Die arithmetischen Operationen für Kreise sind wie folgt definiert:

$$\mathbf{a} \pm \mathbf{b} = \langle a \pm b, r_a + r_b \rangle,$$

$$\mathbf{a} \cdot \mathbf{b} = \langle ab, |a|r_b + |b|r_a + r_a r_b \rangle,$$

$$1/\mathbf{b} = \left\langle \frac{\bar{b}}{b\bar{b} - r_b^2}, \frac{r_b}{b\bar{b} - r_b^2} \right\rangle, \ 0 \notin \mathbf{b}$$

$$\mathbf{a}/\mathbf{b} = \mathbf{a} \cdot 1/\mathbf{b}, \ 0 \notin \mathbf{b}.$$

$\bar{b}$ bezeichnet dabei die konjugiert komplexe Zahl und $|b|$ den Betrag. Es gelten folgende Aussagen:

Addition und Subtraktion sind abgeschlossen.

Multiplikation und Division überschätzen auch die Intervall-Hülle.

Die komplexe Kreisaddition und -multiplikation sind kommutativ und assoziativ. Inverse existieren für echte Intervalle nicht.

Die *komplexe Sektorarithmetik* (Kreisringsektorarithmetik) betrachtet ein Intervall als einen Kreisringsektor, dargestellt durch je ein reelles Intervall für Radius (Betrag) und Argument einer komplexen Zahl: $\mathbf{a} = [\mathbf{a}_\varrho, \mathbf{a}_\phi]$. Multiplikation und Division sind durch

$$\mathbf{a} \cdot \mathbf{b} = [\mathbf{a}_\varrho \cdot \mathbf{b}_\varrho, \mathbf{a}_\phi + \mathbf{b}_\phi]$$

$$\mathbf{a}/\mathbf{b} = [\mathbf{a}_\varrho / \mathbf{b}_\varrho, \mathbf{a}_\phi - \mathbf{b}_\phi]$$

definiert und stellen die entsprechende Wertemenge dar. Addition und Subtraktion werden durch Einschließung der Sektoren in Rechtecke und Rückeinschließung des Ergebnisrechtecks berechnet und überschätzen so im allgemeinen die Intervall-Hülle.

komplexe Karte, ↗ komplexe Mannigfaltigkeit.

komplexe Lie-Gruppe, eine ↗ Lie-Gruppe, deren Strukturkonstanten komplexe Zahlen sind.

Der Dimensionsbegriff ist bei Lie-Gruppen doppelt definiert: Zum einen topologisch, zum anderen algebraisch über die maximale Zahl linear unabhängiger Elemente der zugeordneten Lie-Algebra. Während bei reellen Lie-Gruppen beide Dimensionsbegriffe übereinstimmen, ist bei komplexen Lie-Gruppen ein Faktor Zwei zu verwenden.

komplexe Mannigfaltigkeit, auch komplex-analytische Mannigfaltigkeit, grundlegender Begriff in der Funktionentheorie mehrerer Variabler.

Eine komplexe Mannigfaltigkeit ist eine differenzierbare Mannigfaltigkeit, deren Koordinatenkarten Werte in $\mathbb{C}^n$ annehmen, und deren Übergangsabbildungen holomorph sind.

Eine komplexe Mannigfaltigkeit M der Dimension n ist ein Hausdorffraum, für den jeder Punkt eine Umgebung U besitzt, die homöomorph zu einer offenen Teilmenge $V \subset \mathbb{C}^n$ ist. Ein solcher Homöomorphismus $z : U \to V$ heißt eine komplexe (Koordinaten-)Karte. Zwei komplexe Karten $z_\alpha : U_\alpha \to V_\alpha$, $z_\beta : U_\beta \to V_\beta$ heißen biholomorph verträglich, wenn die sog. Übergangsabbildung

$$z_\beta \circ z_\alpha^{-1} : z_\alpha (U_\alpha \cap U_\beta) \to z_\beta (U_\alpha \cap U_\beta)$$

biholomorph ist (im Fall $U_\alpha \cap U_\beta \neq \emptyset$). Man nennt $z = (z^1, ..., z^n) : U \to V$ auch lokale Koordinate.

Ein komplexer Atlas $\mathcal{A}$ auf M ist eine Familie $\{U_\alpha, z_\alpha\}$ paarweise biholomorph verträglicher komplexer Karten, für die die U_α eine offene Überdeckung von M bilden. Zwei Atlanten $\mathcal{A}$, $\mathcal{A}'$ auf M heißen biholomorph verträglich, falls jede Karte von $\mathcal{A}$ biholomorph verträglich mit jeder Karte von $\mathcal{A}'$ ist. Die biholomorphe Verträglichkeit zwischen komplexen Atlanten ist eine Äquivalenzrelation.

Unter einer ↗komplexen Struktur versteht man eine Äquivalenzklasse biholomorph äquivalenter Atlanten auf M. Jede komplexe Struktur auf M enthält einen eindeutig bestimmten maximalen komplexen Atlas $\mathcal{A}^*$: Ist $\mathcal{A}$ ein beliebiger Atlas der komplexen Struktur, dann besteht $\mathcal{A}^*$ aus allen komplexen Karten, die mit jeder Karte von $\mathcal{A}$ biholomorph verträglich sind. Eine komplexe Mannigfaltigkeit der Dimension n ist eine Mannigfaltigkeit der Dimension n mit einer komplexen Struktur.

Da das Konzept der Garben in der Funktionentheorie mehrerer Veränderlicher eine so zentrale Rolle spielt, ist die folgende Charakterisierung der Struktur einer komplexen Mannigfaltigkeit geeigneter, wobei X einen Hausdorffraum bezeichne und ${}_X\mathcal{O}$ eine Untergarbe der Garbe ${}_X\mathcal{C}$ der stetigen Funktionen auf X:

Ein geringter Raum $(X, {}_X\mathcal{O})$ heißt komplexe Mannigfaltigkeit, wenn jedes $x \in X$ eine Umgebung U besitzt, so daß $(U, {}_X\mathcal{O}|_U)$ isomorph ist zu einem geringten Raum $(V, {}_n\mathcal{O}|_V)$, wobei V ein offener Unterraum im $\mathbb{C}^n$ ist und ${}_n\mathcal{O}$ die Garbe der Keime der holomorphen Funktionen auf X.

Unter einer Abbildung von geringten Räumen

$$(X, {}_X\mathcal{O}) \ , \quad (Y, {}_Y\mathcal{O})$$

versteht man dabei eine stetige Abbildung $f : X \to Y$, so daß für jedes $x \in X$ und $h \in {}_Y\mathcal{O}_{f(x)}$ gilt $h \circ f \in {}_X\mathcal{O}_x$. Man bezeichnet die Abbildung ${}_Y\mathcal{O}_{f(x)} \to {}_X\mathcal{O}_x$, $h \mapsto h \circ f$ mit f^*. Die Abbildung f ist ein Isomorphismus, wenn sie ein Homöomorphismus und eine Injektion ist (dann ist auch $f^{-1} : Y \to X$ eine Injektion, da $\left(f^{-1}\right)^* = \left(f^*\right)^{-1}$).

Liegt $a \in X$ in einem offenen Unterraum $U \cong V \subset \mathbb{C}^n$, dann heißt n die Dimension $\dim_a X$ von X an der Stelle a. Sie ist wohldefiniert, da die Funktion $X \to \mathbb{Z}$, $x \mapsto \dim_x X$ stetig und damit konstant auf jeder Zusammenhangskomponente von X ist.

Komplexe Mannigfaltigkeiten sind reduzierte komplexe Räume, die lokal „aussehen" wie singularitätenfreie analytische Mengen.

Ist $z = (z_1, \dots, z_n)$ eine komplexe Karte auf der offenen Menge $U \subset X$ und setzt man $z_\nu = x_\nu + \sqrt{-1}y_\nu$, so ist $(x_1, \dots, x_n, \ y_1, \dots, y_n)$ eine Karte der zugrundeliegenden reell-analytischen Mannigfaltigkeit. Ist $T(X)$ das reelle Tangentialbündel, so ist $\left(\frac{\partial}{\partial x_1}, \dots, \frac{\partial}{\partial x_n}, \frac{\partial}{\partial y_1}, \dots, \frac{\partial}{\partial y_n}\right)$ eine Basis auf U. Durch $J\left(\frac{\partial}{\partial x_\nu}\right) = \frac{\partial}{\partial y_\nu}$ und $J\left(\frac{\partial}{\partial y_\nu}\right) = -\frac{\partial}{\partial x_\nu}$ erhält man eine lineare Abbildung $J : T(X) \longrightarrow T(X)$ mit $J^2 = -1$ (wegen der Cauchy-Riemannschen Differentialgleichung ist die Definition von J unabhängig von der Wahl der komplexen Karten). Dementsprechend definiert man eine ↗fast komplexe Struktur auf einer C^∞-Mannigfaltigkeit X als eine lineare Abbildung $J : T(X) \longrightarrow T(X)$ des Tangentialbündels mit $J^2 = -1$. Eine solche heißt integrabel, wenn es eine komplex-analytische Struktur auf X gibt mit X als zugrundeliegender C^∞-Mannigfaltigkeit so, daß J durch diese komplexe Struktur induziert wird. Eine solche komplexe Struktur ist eindeutig bestimmt: J operiert auch auf dem Kotangentialbündel $T^*(X)$, und ist für komplexwertige C^∞-Funktionen $\overline{\partial}f$ die Projektion von $df \in T^*(X) \otimes \mathbb{C}$ auf den Eigenraum zum Eigenwert $-\sqrt{-1}$ von J, so ist $\mathcal{O}_X = \mathrm{Ker}(\overline{\partial})$.

Für (lokale) C^∞-Vektorfelder v, w liefert

$$[v, w] - [Jv, Jw] + J[Jv, w] + J[v, Jw]$$

eine lineare Abbildung

$$N : \bigwedge^2 T(X) \longrightarrow T(X) \, ,$$

genannt Nirenberg-Tensor. J ist genau dann integrabel, wenn $N \equiv 0$ auf X.

Eine komplexe Untermannigfaltigkeit ist eine singularitätenfreie analytische Menge $A \subset X$. Besitzt A die Kodimension d, dann heißt das, daß es zu jedem $x_0 \in A$ eine Umgebung $U = U(x_0) \subset X$ und holomorphe Funktionen $f_1, \dots, f_d$ auf U gibt, so daß gilt:

1) $A \cap U = \{x \in U : f_1(x) = \dots = f_d(x) = 0\}$.
2) $\mathrm{Rang}_x(f_1, \dots, f_d) = d$ für alle $x \in U$.

X induziert auf A in kanonischer Weise die Struktur einer $(n-d)$-dimensionalen Mannigfaltigkeit, und die natürliche Einbettung $j_A : A \hookrightarrow X$ ist holomorph.

[1] Gunning, R.; Rossi, H.: Analytic Functions of Several Complex Variables. Prentice Hall Inc. Englewood Cliffs, N.J., 1965.

[2] Kaup, B.; Kaup, L.: Holomorphic Functions of Several Variables. Walter de Gruyter Berlin New York, 1983.

komplexe Matrix, eine ↗Matrix über dem Körper $\mathbb{C}$, also eine Matrix, deren Elemente ↗komplexe Zahlen sind.

komplexe Struktur, eine lineare bijektive Abbildung $J : V \to V$ eines reellen Vektorraumes V in sich, die die Gleichung $J \circ J = -\mathrm{id}_V$ erfüllt, wobei id_V die identische Abbildung von V ist.

Ist die Dimension d von V endlich, und existiert auf V eine komplexe Struktur, so ist d eine gerade Zahl, etwa $d = 2n$.

Durch die Wahl einer komplexen Struktur ist auf V die Struktur eines komplexen Vektorraumes definiert, bei der die Multiplikation von Vektoren $v \in V$ mit komplexen Zahlen $z = a + b\,i \in \mathbb{C}$ über

$$zv \;=\; av + bJ(v)$$

gegeben ist. Ist umgekehrt V ein Vektorraum über dem Körper $\mathbb{C}$ der komplexen Zahlen, so ist die Abbildung $J : v \in V \to iv \in V$ eine komplexe Struktur des V unterliegenden reellen Vektorraumes $V^{\mathbb{R}}$.

Mit einer beliebigen bijektiven linearen Abbildung $L : V \to V$ kann man aus einer komplexen Struktur J durch Konjugation mit L eine neue komplexe Struktur $J^L = L \circ J \circ L^{-1}$ erzeugen. Weiterhin gilt der Satz:

Für je zwei komplexe Strukturen J_1 und J auf einem reellen Vektorraum V existiert eine lineare Abbildung $L : V \to V$ mit $J_1 = J^L$.

Eine komplexe Struktur auf einer differenzierbaren Mannigfaltigkeit M gerader Dimension $2n$ ist ein komplexer Atlas mit holomorphen Kartenübergangsfunktionen, dessen Karten mit der differenzierbaren Struktur von M verträglich sind. Das bedeutet, daß eine Überdeckung von M durch komplexe Karten gegeben ist. Dies sind Paare (U, φ), bestehend aus offenen Teilmengen $U \subset M$ und bijektiven Abbildungen φ von U auf offene Mengen $\varphi(U) \subset \mathbb{C}^n$. Die Überdeckungseigenschaft besteht in der Forderung, daß jeder Punkt von M in mindestens einem U enthalten ist. Die Verträglichkeit besteht darin, daß φ als Abbildung von U in $\mathbb{R}^{2n}$ in bezug auf die differenzierbare Struktur von M differenzierbar ist. Schließlich ist die Kartenübergangsfunktion zweier komplexer Karten (U_1, φ_1) und (U_2, φ_2) mit $U_1 \cap U_2 \neq \emptyset$ die Abbildung

$$\varphi_1 \circ \varphi_2^{-1} : \varphi_2(U_1 \cap U_2) \subset \mathbb{C}^n \to \varphi_1(U_1 \cap U_2) \subset \mathbb{C}^n,$$

von der man fordert, daß sie holomorph ist.

Eine mit einer komplexen Struktur versehene Mannigfaltigkeit M heißt komplex. Da die Tangentialräume einer komplexen Mannigfaltigkeit komplexe Vektorräume sind, besitzt M eine fast komplexe Struktur J, die als lineare Abbildung der Tangentialräume durch die Multiplikation mit der imaginären Einheit i gegeben ist (↗ komplexe Mannigfaltigkeit).

komplexe Transformationsgruppe, wichtiger Begriff für die Theorie komplexer Räume.

Ist X ein komplexer Raum und G eine Untergruppe der Automorphismengruppe

$$Aut(X) := \{f : X \to X \text{ biholomorph}\},$$

dann nennt man G eine Transformationsgruppe von X. Eine Transformationsgruppe G auf dem komplexen Raum X operiert

i) frei, wenn außer id_X kein Element $g \in G$ einen Fixpunkt in G besitzt, und

ii) eigentlich diskontinuierlich, wenn es für jede kompakte Menge $K \subset X$ nur endlich viele $g \in G$ gibt, so daß $K \cap g(K) \neq \emptyset$.

Wenn G eine Transformationsgruppe auf einem komplexen Raum X ist, dann wird durch

$$x_1 \sim x_2 :\Leftrightarrow \exists g \in G \text{ mit } gx_1 = x_2$$

eine Äquivalenzrelation R_G auf X bestimmt, deren Äquivalenzklassen die Orbits $G(x) := \{gx; g \in G\}$ bezüglich G sind. Der Quotientenraum X/R_G heißt Orbitraum. Für einen reduzierten komplexen Raum X schreibt man auch X/G. Es gilt folgender Satz.

Sei X eine komplexer Raum und $G \subset Aut(X)$ eine Untergruppe. Wenn G endlich ist, oder wenn X reduziert ist, und G eigentlich diskontinuierlich auf X operiert, dann ist der geringte Raum X/R_G ein komplexer Raum.

komplexe Untermannigfaltigkeit, ↗ komplexe Mannigfaltigkeit.

komplexe Zahl, ein Element des Körpers $\mathbb{C}$ der komplexen Zahlen.

Dieser Körper ist wie folgt definiert. Es sei $\mathbb{C}$ die Menge aller geordneten Paare $z = (x, y) \in \mathbb{R} \times \mathbb{R}$. In $\mathbb{C}$ wird eine Addition durch

$$(x_1, y_1) + (x_2, y_2) := (x_1 + x_2, y_1 + y_2)$$

und eine Multiplikation durch

$$(x_1, y_1) \cdot (x_2, y_2) := (x_1 x_2 - y_1 y_2, x_1 y_2 + y_1 x_2)$$

eingeführt. Die Addition entspricht der Vektoraddition im $\mathbb{R}^2$ und daher ist $(\mathbb{C}, +)$ eine kommutative Gruppe. Die Multiplikation ist assoziativ und kommutativ. Wegen

$$(x, y) \cdot (1, 0) = (x, y)$$

ist $(1, 0)$ das neutrale Element der Multiplikation. Ist $z = (x, y) \neq (0, 0)$, so ist das zu z multiplikative inverse Element gegeben durch

$$z^{-1} = \left(\frac{x}{x^2 + y^2}, \frac{-y}{x^2 + y^2} \right).$$

Schließlich gilt noch das Distributivgesetz und daher ist $\mathbb{C}$ ein Körper.

Die Abbildung $\varphi : \mathbb{R} \to \mathbb{C}$ definiert durch $\varphi(x) := (x, 0)$ ist injektiv. Weiter gilt $\varphi(x_1 + x_2) = \varphi(x_1) + \varphi(x_2)$ und $\varphi(x_1 x_2) = \varphi(x_1) \cdot \varphi(x_2)$, d. h. φ ist ein Körperisomorphismus von $\mathbb{R}$ auf den Unterkörper $\varphi(\mathbb{R})$ von $\mathbb{C}$. Daher werden die reellen Zahlen mit den komplexen Zahlen der Form $(x, 0)$ identifiziert, und man faßt $\mathbb{R}$ als Teilmenge (Unterkörper) von $\mathbb{C}$ auf. Weiter definiert man $i := (0, 1) \in \mathbb{C}$ und nennt i die imaginäre Einheit von $\mathbb{C}$. Offensichtlich gilt $i^2 = -1$. Jede komplexe Zahl $z = (x, y)$ besitzt eine eindeutige Darstellung $z = (x, 0) + (0, 1)(y, 0)$, und man schreibt daher kurz $z = x + iy$. In dieser Form schreiben sich Addition und Multiplikation wie folgt

$$\begin{aligned}(x_1 + iy_1) + (x_2 + iy_2) &= (x_1 + x_2) + i(y_1 + y_2), \\ (x_1 + iy_1)(x_2 + iy_2) &= (x_1 x_2 - y_1 y_2) \\ &\quad + i(x_1 y_2 + y_1 x_2).\end{aligned}$$

Ist $z \neq 0$, so gilt

$$\frac{1}{z} = z^{-1} = \frac{x}{x^2 + y^2} - i \frac{y}{x^2 + y^2}.$$

Die Zahl $\text{Re}\, z := x \in \mathbb{R}$ heißt Realteil und $\text{Im}\, z := y \in \mathbb{R}$ Imaginärteil von z. Ist $\text{Im}\, z = 0$, so heißt $z = x$ reell, und ist $\text{Re}\, z = 0$, so heißt $z = iy$ rein imaginär.

Man veranschaulicht komplexe Zahlen geometrisch in der komplexen Zahlenebene, auch Gaußsche Zahlenebene genannt. Dazu faßt man in einem rechtwinkligen Koordinatensystem einen Punkt mit den Koordinaten (x, y) als komplexe Zahl $z = x + iy$ auf. Die waagrechte Koordinatenachse repräsentiert dann den Unterkörper $\mathbb{R}$ von $\mathbb{C}$ und heißt reelle Achse, während man die senkrechte Koordinatenachse als imaginäre Achse bezeichnet. Die Addition komplexer Zahlen ist in diesem Bild gerade die Addition der Ortsvektoren nach der Parallelogrammregel. Die geometrische Interpretation der Multiplikation wird unter dem Stichwort ↗Polarkoordinaten-Darstellung behandelt. Außerdem sei noch auf die Stichworte ↗Argument einer komplexen Zahl, ↗Betrag einer komplexen Zahl und ↗konjugiert komplexe Zahl hingewiesen.

Die an 0 punktierte Ebene $\mathbb{C} \setminus \{0\}$ wird meist mit $\mathbb{C}^*$ bezeichnet. Sie ist bezüglich der Multiplikation eine kommutative Gruppe, und zwar die multiplikative Gruppe des Körpers $\mathbb{C}$.

Eine andere Möglichkeit der Einführung der komplexen Zahlen besteht in der Betrachtung der Menge C der Matrizen

$$\begin{pmatrix} x & -y \\ y & x \end{pmatrix}$$

mit $x, y \in \mathbb{R}$. Mit der üblichen Addition und Multiplikation von Matrizen wird dann C zu einem Körper, der zum Körper $\mathbb{C}$ isomorph ist. Das Einselement ist die Matrix

$$\begin{pmatrix} 1 & 0 \\ 0 & 1 \end{pmatrix},$$

und die imaginäre Einheit i wird durch

$$\begin{pmatrix} 0 & -1 \\ 1 & 0 \end{pmatrix}$$

gegeben. Eine reelle Zahl x entspricht der Matrix

$$\begin{pmatrix} x & 0 \\ 0 & x \end{pmatrix}.$$

Im Gegensatz zu $\mathbb{R}$ läßt sich der Körper $\mathbb{C}$ nicht anordnen, denn in einem angeordneten Körper K gilt $x^2 > 0$ für jedes $x \in K \setminus \{0\}$. Daher müßte für $i \in \mathbb{C}$ gelten $i^2 = -1 > 0$, was nicht möglich ist.

Eine Motivation zur Einführung komplexer Zahlen ist die Tatsache, daß z. B. das quadratische Polynom $p(X) = X^2 + 1 \in \mathbb{R}[X]$ keine Nullstelle in der Menge der reellen Zahlen $\mathbb{R}$ besitzt. In der Menge der komplexen Zahlen $\mathbb{C}$ besitzt $p(X)$ die beiden Nullstellen $\pm i$. Algebraisch gesehen ist $\mathbb{C}$ eine algebraische Körpererweiterung vom Grad 2 des Körpers $\mathbb{R}$ und isomorph zum Zerfällungskörper des über $\mathbb{R}$ irreduziblen Polynoms $X^2 + 1 \in \mathbb{R}[X]$. Schließlich ist $\mathbb{C}$ in folgendem Sinne eindeutig bestimmt: Jede Körpererweiterung vom Grad 2 des Körpers $\mathbb{R}$ ist isomorph zu $\mathbb{C}$.

komplexe Zufallsvariable, auf einem Wahrscheinlichkeitsraum $(\Omega, \mathfrak{A}, P)$ definierte Abbildung $Z = X + iY$ mit Werten in $\mathbb{C}$ derart, daß X und Y reelle Zufallsvariablen, d. h. meßbare Abbildungen vom meßbaren Raum $(\Omega, \mathfrak{A})$ in den meßbaren Raum $(\mathbb{R}, \mathfrak{B}(\mathbb{R}))$ sind, wobei $\mathfrak{B}(\mathbb{R})$ die σ-Algebra der Borelschen Mengen von $\mathbb{R}$ bezeichnet. Komplexe zufällige Vektoren werden entsprechend definiert.

komplexer Atlas, ↗ komplexe Mannigfaltigkeit.

komplexer Laplace-Operator, Begriff in der Funktionentheorie auf komplexen Mannigfaltigkeiten.

Sei M eine zusammenhängende kompakte komplexe Mannigfaltigkeit der Dimension n, $A^{p,q}(M)$ sei der Raum der (p, q)-Formen auf M. Der Operator $\Delta_{\overline{\partial}} : A^{p,q}(M) \to A^{p,q}(M)$,

$$\Delta_{\overline{\partial}} = \overline{\partial}\,\overline{\partial}^* + \overline{\partial}^*\overline{\partial}$$

heißt der $\overline{\partial}$-Laplace-Operator. Die Differentialformen ψ, die die Laplace-Gleichung $\Delta_{\overline{\partial}}\psi = 0$ erfüllen, heißen harmonische Formen, der Raum der harmonischen Formen vom Typ (p, q) wird mit $\mathcal{K}^{p,q}(M)$ bezeichnet, genannt der harmonische Raum. Dieser Raum ist nach dem Hodge-Theorem isomorph zur Dolbeault-Kohomologiegruppe $H^{p,q}_{\overline{\partial}}(M)$.

komplexer Raum, ↗analytischer Raum.

komplexer Tangentialraum, Vektorraum über $\mathbb{C}$, den die Derivationen von $\mathcal{O}_x$ an der Stelle $x \in X$ eines analytischen Raumes bilden.

Dieser wird bezeichnet mit ${}_XT_x$ und Tangentialraum an X an der Stelle x genannt. Es gilt:

Sei $\varphi : (X, {}_X\mathcal{O}) \to (Y, {}_Y\mathcal{O})$ eine holomorphe Abbildung. Für jedes $x \in X$ gibt es eine induzierte lineare Abbildung $\varphi_* : {}_XT_x \to {}_YT_{\varphi(x)}$. Wenn φ injektiv (biholomorph) an der Stelle x ist, dann ist φ_* eineindeutig (isomorph) an der Stelle x. φ_* wird das Differential *von φ genannt.*

Weiterhin gilt folgende Basisaussage:

Sei $x \in \mathbb{C}^n$, dann liegen die Abbildungen

$$\frac{\partial}{\partial z^i} : {}_n\mathcal{O}_x \to \mathbb{C} : \frac{\partial}{\partial z^i}(f) = \frac{\partial f}{\partial z^i}(x)$$

in ${}_nT_x$ und bilden eine Basis von ${}_nT_x$.

Ist $(X, {}_X\mathcal{O})$ ein analytischer Raum und $x \in X$, dann ist ${}_XT_x$ ein endlich-dimensionaler Raum. Wenn φ ein Isomorphismus von einer Umgebung von x auf eine Untervarietät von $\mathbb{C}^n$ ist, dann gilt $\dim_X T_x \leq n$.

komplexer Torus, Beispiel einer ↗komplexen Mannigfaltigkeit.

Seien $c_1, \dots, c_{2n} \in \mathbb{C}^n$ $2n$ reell-linear unabhängige Vektoren. Dann ist

$$\Gamma := \left\{ \zeta = \sum_{\lambda=1}^{2n} k_\lambda c_\lambda : k_\lambda \in \mathbb{Z} \text{ für } \lambda = 1, ..., 2n \right\}$$

eine Untergruppe der additiven Gruppe des $\mathbb{C}^n$ (eine Translationsgruppe). Zwei Punkte des $\mathbb{C}^n$ sollen äquivalent heißen, wenn sie durch eine Translation aus Γ hervorgehen, d. h.: $\zeta \sim \zeta'$ genau dann, wenn $\zeta - \zeta' \in \Gamma$. Man versieht die Menge aller Äquivalenzklassen mit der feinsten Topologie, für die die kanonische Projektion $\pi_T : \mathbb{C}^n \to T^n$ stetig ist. Den topologischen Raum $T^n = \mathbb{C}^n / \Gamma$ bezeichnet man als einen n-dimensionalen komplexen Torus. Je zwei n-dimensionale komplexe Tori sind zueinander homöomorph. Man kann zeigen, daß π_T eine offene Abbildung ist. Für einen beliebigen Punkt $\zeta_0 \in \mathbb{C}^n$ ist die Menge

$$F_{\zeta_0} := \left\{ \zeta = \zeta_0 + \sum_{\nu=1}^{2n} r_\nu c_\nu : r_\nu \in \mathbb{R} \text{ und } -\tfrac{1}{2} < r_\nu < \tfrac{1}{2} \text{ für } \nu = 1, ..., 2n \right\}$$

offen im $\mathbb{C}^n$. Ist $U_{\zeta_0} := \pi_T(F_{\zeta_0})$, dann ist $U_{\zeta_0} := (\pi_T \mid F_{\zeta_0})^{-1} : U_{\zeta_0} \to F_{\zeta_0}$ ein komplexes Koordinatensystem für den Torus, und die Menge aller U_{ζ_0} überdeckt den ganzen Torus. Es gilt:

T^n ist eine kompakte n-dimensionale komplexe Mannigfaltigkeit, die kanonische Projektion $\pi_T : \mathbb{C}^n \to T^n$ ist holomorph.

Da die komplexe Struktur auf T^n von den Vektoren $c_1, ..., c_{2n}$ abhängt, schreibt man auch $T^n = T^n(c_1, ..., c_{2n})$.

komplexes lineares Funktional, lineare Abbildung eines komplexen Vektorraums in $\mathbb{C}$. Es sei V ein komplexer Vektorraum. Dann heißt eine lineare Abbildung $T : V \to \mathbb{C}$ ein komplexes lineares Funktional.

komplexes Martingal, ein auf einem mit einer Filtration $(\mathfrak{A}_t)_{t\in I}$ in $\mathfrak{A}$ versehenen Wahrscheinlichkeitsraum $(\Omega, \mathfrak{A}, P)$ definierter stochastischer Prozeß $(X_t)_{t\in I}$ mit Werten in $\mathbb{C}$, welcher die Eigenschaft besitzt, daß die beiden Prozesse $(\mathrm{Re}\, X_t)_{t\in I}$ und $(\mathrm{Im}\, X_t)_{t\in I}$ Martingale bezüglich $(\mathfrak{A}_t)_{t\in I}$ sind. Dabei bezeichnet I eine beliebige mittels einer Relation $\leq$ total geordnete Menge.

komplexes Maß, eine komplexwertige abzählbar additive Mengenfunktion. Es seien M eine Menge und $\mathfrak{A} \subseteq \mathfrak{P}(M)$ eine σ-Algebra auf dieser Menge. Dann heißt eine abzählbar additive Abbildung $\mu : \mathfrak{A} \to \mathbb{C}$ ein komplexes Maß.

Komplexifizierung, Verfahren zur Konstruktion eines komplexen Vektorraumes $V_\mathbb{C}$ aus einem gegebenen reellen Vektorraum V. Dabei wird in kanonischer Weise – wie bei der axiomatischen Einführung von $\mathbb{C}$ – die Menge $V_\mathbb{C} := V \times V$ eingeführt mit den Operationen

$$\begin{array}{lll} +: & V_\mathbb{C} \times V_\mathbb{C} & \to V_\mathbb{C} \\ & ((u_1, v_1), (u_2, v_2)) & \mapsto (u_1 + v_1, u_2 + v_2) \\ \cdot: & \mathbb{C} \times V_\mathbb{C} & \to V_\mathbb{C} \\ & ((\alpha + i\beta), (u, v)) & \mapsto (\alpha u - \beta v, \beta u + \alpha v)\,. \end{array}$$

$+$ definiert die Addition, $\cdot$ die Skalarenmutliplikation, wobei wir Elemente in $\mathbb{C}$ bereits in der Form

$$\text{Realteil} + i\,\text{Imaginärteil}$$

geschrieben haben. Dazu analog hat man folgende Schreibweise, wobei $u \in V$ als Realteil und $v \in V$ als Imaginärteil bezeichnet werden: $u + iv \in V_\mathbb{C}$. Damit kann man schreiben:

$$(u_1 + iv_1) + (u_2 + iv_2) = (u_1 + v_1) + i(u_2 + v_2)$$
$$(\alpha + i\beta) \cdot (u + iv) = (\alpha u - \beta v) + i(\beta u + \alpha v).$$

Durch Komplexifizierung lassen sich oftmals Probleme im reellen Vektorraum auf leichter handhabbare im Komplexen zurückführen, wo z. B. der Fundamentalsatz der Algebra eine Zerlegung jedes Polynoms in Linearfaktoren erlaubt. Die erzielten Resultate in $V_\mathbb{C}$ lassen sich dann durch Realisierung auf den ursprünglichen, reellen Fall zurückführen.

Komplexität, Effizienzmaßstab zur Beurteilung beispielsweise von Algorithmen (↗Komplexität von Algorithmen) oder Beweisen (↗Komplexität von Beweisen). Sie ist Gegenstand der ↗Komplexitätstheorie.

Komplexität im Mittel, bei der Untersuchung der ↗Komplexität von Algorithmen und von Problemen die Betrachtung des durchschnittlichen Verhaltens, entweder bezogen auf Wahrscheinlichkeitsverteilungen über den Mengen von Eingaben gleicher Länge, oder in randomisierten Algorithmen (↗randomisierter Algorithmus), bezogen auf die verwendeten Zufallsbits.

Das wichtigste Maß für die Komplexität im Mittel ist die ↗average case-Rechenzeit.

Komplexität von Algorithmen, zusammenfassender Begriff, um das Verhalten von Algorithmen zu charakterisieren, darunter den Ressourcenverbrauch wie ↗worst case-Rechenzeit, ↗average case-Rechenzeit und ↗Raumkomplexität, aber auch Eigenschaften, wie die Güte (↗Güte eines Algorithmus).

Um die Effizienz von Algorithmen beurteilen zu können, braucht man einen Maßstab, an dem man diese Effizienz messen kann. Man konzentriert sich dabei auf die Betriebsmittelressourcen Laufzeit und Speicherbedarf. Die Komplexität eines Algorithmus beschreibt daher, welches Laufzeitverhalten der Algorithmus haben und in welchen Größenordnungen sich sein Speicherplatzbedarf bewegen wird. Damit verfügt man über eine Möglichkeit, die Kosten eines Algorithmus abzuschätzen. In der

Regel bestimmt man die Komplexität in Abhängigkeit von bestimmten Parametern, die die Größenordnung der Inputdaten beschreiben. Geht es beispielsweise um die Verarbeitung von $(n \times n)$-Matrizen, so wird man die Komplexität des jeweiligen Algorithmus als Funktion in Abhängigkeit von n ausdrücken. Für die Berechnung der Koeffizienten eines univariaten Polynoms vom Grad n aus seinen Nullstellen ist etwa der Grad ein geeigneter Maßstab. (Die Zahl $n \log n$ ist hier eine untere Schranke für die Anzahl der Multiplikationen und Divisionen).

Dabei ist der Begriff der Ordnung von großer Bedeutung. Man sagt, die Laufzeitkomplexität eines Algorithmus ist von der Ordnung $g(n)$ und schreibt $T(n) = O(g(n))$, wenn es eine Zahl $k \in \mathbb{N}$ gibt, so daß die Anzahl der im Algorithmus duchgeführten Operationen kleiner oder gleich $k \cdot g(n)$ ist. Dabei ist man häufig an Algorithmen mit polynomialem Laufzeitverhalten interessiert, also an Ordnungen der Art $O(n)$ oder $O(n^2)$.

Komplexität von Beweisen, Kompliziertheit mathematischer Beweise entsprechend eines Komplexitätsmaßes.

Die Präzisierung dieses Begriffs erfolgt in der Regel mit Hilfe formalisierter Sprachen L (siehe ↗elementare Sprache). Den Wörtern (Zeichenreihen, ↗L-Formeln, ...) werden in eindeutiger Weise durch eine rekursive Funktion natürliche Zahlen, sogenannte Gödelzahlen, zugeordnet, so daß man aus diesen Zahlen die entsprechenden Wörter rekonstruieren (decodieren) kann. Der Vorgang selbst heißt Gödelnumerierung oder Gödelisierung der Sprache, und die zugrundegelegte rekursive Funktion kann als allgemeines Kompliziertheitsmaß für die Gödelisierung aufgefaßt werden. Wird dieser Vorgang von einem Automaten (Turing-Maschine, Computer, ...) ausgeführt, dann sind im allgemeinen zwei Berechnungsgrößen von Bedeutung: Die Zeitkomplexität (hier ist die Anzahl der benötigten Rechenschritte ausschlaggebend) und die Raumkomplexität (hier ist der für die Berechnung benötigte Speicherplatz entscheidend). Wird die Gödelnumerierung auf die zugrundegelegten formalen Beweisregeln (siehe ↗formaler Beweis) erweitert, dann läßt sich eine Komplexität für formale Beweise definieren.

In den praktischen Anwendungen werden Komplexitätsbetrachtungen häufig mit Entscheidbarkeitsuntersuchungen elementarer Theorien T (Mengen von Aussagen der verwendeten Sprache L) verknüpft. Für die Entscheidbarkeit von T ist ein Algorithmus (Rechenverfahren) zu finden, mit dessen Hilfe die Gültigkeit oder Ungültigkeit jeder Aussage $\varphi \in T$ überprüft werden kann. Hängt die Anzahl der benötigten Rechenschritte polynomial von der Länge der zu entscheidenden Aussagen φ ab, dann wird das Entscheidungsverfahren als günstig (weniger komplex) angesehen, ist jedoch die Abhängigkeit exponentiell, dann ist die Komplexität des Verfahrens ungünstig, es ist für längere Aussagen praktisch nicht mehr handhabbar.

Komplexitätstheorie

I. Wegener

Die Komplexitätstheorie ist die Theorie zur Bestimmung der Ressourcen, die zur Lösung eines Problems notwendig sind.

Die Komplexitätstheorie und die Theorie effizienter Algorithmen bilden die beiden Seiten einer Medaille. Ein algorithmisches Problem kann als gelöst gelten, wenn ein Algorithmus bekannt ist, der nicht wesentlich mehr Ressourcen verbraucht, als zur Lösung des Problems als notwendig nachgewiesen worden sind. Der Nachweis unterer Schranken für die zur Lösung eines Problems benötigten Ressourcen erweist sich als sehr schwierig, da für *alle* Algorithmen, die das Problem lösen, nachgewiesen werden muß, daß sie nicht mit weniger Ressourcen auskommen. Nur für recht einfache Situationen ist der Nachweis guter unterer Schranken gelungen. Ansonsten wird die Komplexität eines Problems relativ zu anderen Problemen gemessen. Die Hypothese, daß ein Problem nicht effizient, z. B. in polynomieller Zeit, lösbar ist, kann untermauert werden, indem aus der gegenteiligen Annahme Folgerungen abgeleitet werden, die im Widerspruch zu gut etablierten Hypothesen stehen.

Das wichtigste Teilgebiet der Komplexitätstheorie, das gleichzeitig den größten Einfluß auf die Entwicklung von Informatik und Mathematik hatte, ist die Theorie der ↗NP-Vollständigkeit. Die Klasse der NP-vollständigen und darüber hinaus der gleichzeitig NP-leichten und NP-schweren Probleme enthält Probleme, die entweder alle in polynomieller oder alle nicht in polynomieller Zeit lösbar sind, d. h. entweder ist NP=P (siehe ↗NP, ↗P) oder NP≠P. Die Hypothese NP≠P ist sehr gut begründet, da aus NP=P recht absurde, aber noch keine widerlegten Konsequenzen abgeleitet werden können. Die NP-Vollständigkeit eines Problems ist heutzutage für typische algorithmische Probleme das stärkste erreichbare Indiz dafür, daß sie nicht in polynomieller Zeit lösbar sind.

Die Theorie der NP-Vollständigkeit bezieht sich auf die Möglichkeit oder Unmöglichkeit von Algorithmen mit polynomieller Rechenzeit. Für andere Ressourcentypen oder -grenzen wurden ähnliche Theorien entwickelt, z. B. für den nötigen Speicherplatzbedarf. Der Möglichkeit von Algorithmen, die eine ↗pseudo-polynomielle Rechenzeit haben, also für Eingaben mit kleinen Zahlen effizient sind, steht der Begriff ↗streng NP-vollständiges Problem gegenüber.

Bei einem ↗Optimierungsproblem, das NP-schwer ist, gibt es aus algorithmischer Sicht den Ausweg, nur fast optimale Lösungen zu berechnen. Ein neuerer Meilenstein der Komplexitätstheorie besteht in der Entwicklung der ↗PCP-Theorie, mit der unter der Annahme NP≠P (oder stärkerer Annahmen) für viele Optimierungsprobleme ausgeschlossen werden kann, daß es für sie polynomielle Algorithmen gibt, die fast optimale oder auch nur gute Lösungen garantieren.

Die Komplexitätstheorie hat auf alle Entwicklungen von neuen Algorithmentypen reagiert. Zu den verschiedenen Typen randomisierter Algorithmen (↗randomisierter Algorithmus) gehören die Komplexitätsklassen ↗ZPP, ↗RP, ↗BPP und ↗PP. Auch für die von Parallelrechnern benötigten Ressourcen gibt es einen Zweig der Komplexitätstheorie.

Algorithmen modellieren Softwarelösungen und sollen Probleme für Eingaben beliebiger Länge lösen. Bei Hardwareproblemen ist die Eingabelänge vorgegeben, und jede Boolesche Funktion ist berechenbar. Hierzu gehört die Komplexitätstheorie für nicht-uniforme Berechnungsmodelle wie Schaltkreise oder Branchingprogramme (↗Branchingprogramm).

Für alle betrachteten Situationen konnten mit der Komplexitätstheorie fundierte Hypothesen gebildet werden, mit denen Probleme als schwer, d. h. nicht effizient berechenbar klassifiziert werden können. Derartige negative Resultate geben bei der Entwicklung von Algorithmen Hinweise, welche Algorithmentypen zur Problemlösung ungeeignet oder geeignet sind.

Die Komplexität eines Problems ist jedoch nicht nur ein für die algorithmische Lösung wichtiges Merkmal, sondern auch ein darüber hinaus reichendes Strukturmerkmal. Der strukturelle Zweig der Komplexitätstheorie untersucht Beziehungen zwischen verschiedenen Komplexitätsklassen und den Abschluß von Komplexitätsklassen gegenüber Operationen auf den in ihnen enthaltenen Problemen. Zentrale Aspekte wie der Nichtdeterminismus werden auf allgemeine Weise untersucht. Die Klasse algorithmisch schwieriger Probleme wird noch weiter strukturiert, z. B. kann durch Einordnung eines Problems in die ↗polynomielle Hierarchie der Schwierigkeitsgrad stärker spezifiziert werden. Ein Problem kann auch dann als besonders komplex gelten, wenn es als ↗Orakel, also als beliebig benutzbares Modul, besonders viele andere schwierige Probleme einfach lösbar macht.

Die Ziele der Komplexitätstheorie liegen also einerseits in der Klassifikation von Problemen bzgl. der nötigen Ressourcen verschiedenen Typs zu ihrer Lösung, und andererseits in der Untersuchung der strukturellen Merkmale des Begriffs Komplexität. Die größte Herausforderung besteht darin, die NP≠P-Hypothese zu beweisen.

Literatur

[1] Garey, M.R.; Johnson, D.S.: Computers and Intractability – A Guide to the Theory of NP-Completeness. W.H. Freemen, San Francisco, 1979.

[2] Reischuk, K.R.: Einführung in die Komplexitätstheorie. Teubner-Verlag Stuttgart, 1990.

[3] Wegener, I.: Theoretische Informatik – eine algorithmenorientierte Einführung. Teubner-Verlag Stuttgart, 1993.

Komplexmorphismus, üblicherweise bezeichnet mit $f : C_\bullet \to D_\bullet$, eine Folge von Abbildungen $f_i : C_i \to D_i$ ($i \in \mathbb{Z}$) zwischen den Objekten zweier ↗Komplexe $C_\bullet = (C_i, d_i^C)$ und $D_\bullet = (D_i, d_i^D)$ abelscher Gruppen, Vektorräume, R-Module oder allgemeiner abelscher Kategorien, die die Bedingung

$$d_i^D \circ f_i = f_{i-1} \circ d_i^C, \; i \in \mathbb{Z}$$

erfüllen.

Ein Komplexmorphismus f induziert eine Familie von natürlichen Abbildungen

$$\bar{f}_n : \mathrm{H}_n(C_\bullet) \to \mathrm{H}_n(D_\bullet)$$

$$\begin{array}{ccccc}
\cdots C_{i-1} & \xleftarrow{d_i^C} & C_i & \xleftarrow{d_{i+1}^C} & C_{i+1} \cdots \\
\downarrow f_{i-1} & & \downarrow f_i & & \downarrow f_{i+1} \\
\cdots D_{i-1} & \xleftarrow[d_i^D]{} & D_i & \xleftarrow[d_{i+1}^D]{} & D_{i+1} \cdots
\end{array}$$

auf den Homologieobjekten. Die entsprechenden Definitionen gelten auch für Kokomplexe und deren Kohomologieobjekte.

Die (Ko)Komplexe bilden mit den Komplexmorphismen eine ↗abelsche Kategorie.

komplex-projektiver Raum, Beispiel einer komplexen Mannigfaltigkeit.

Auf $\mathbb{C}^{n+1} \setminus \{0\}$ werde folgende Relation erklärt: $\zeta_1 \sim \zeta_2$ genau dann, wenn es ein $t \in \mathbb{C} \setminus \{0\}$ mit $\zeta_2 = t \cdot \zeta_1$ gibt. Offensichtlich ist „$\sim$" eine Äquivalenzrelation, und man bezeichnet mit $[\zeta_0] = \{\zeta = t\zeta_0 : t \in \mathbb{C} \setminus \{0\}\}$ die Äquivalenzklasse von $\zeta_0 \in \mathbb{C}^{n+1} \setminus \{0\}$.

Die Menge

$$\mathbb{P}^n := \{[\zeta] : \zeta \in \mathbb{C}^{n+1} \setminus \{0\}\}$$

nennt man den n-dimensionalen komplex-projektiven Raum, die Abbildung $\pi : \mathbb{C}^{n+1} \setminus \{0\} \to \mathbb{P}^n$ mit $\pi(\zeta) := [\zeta]$ bezeichnet man als die natürliche Projektion. π ist eine surjektive Abbildung, und man versieht $\mathbb{P}^n$ mit der feinsten Topologie, für die π stetig wird. Eine Menge $U \subset \mathbb{P}^n$ ist also genau dann offen, wenn $\pi^{-1}(U) \subset \mathbb{C}^{n+1} \setminus \{0\}$ offen ist.

Es sei, mit $\zeta = (z_0, ..., z_n) \in \mathbb{C}^{n+1}$,

$$U_i := \{[\zeta] : z_i \neq 0\} \subset \mathbb{P}^n.$$

Dann erhält man eine Bijektion $\varphi_i : U_i \to \mathbb{C}^n$ durch

$$\varphi_i([z_0, ..., z_n]) := \left(\frac{z_0}{z_i}, ... \frac{z_{i-1}}{z_i}, \frac{z_{i+1}}{z_i}, ..., \frac{z_n}{z_i}\right).$$

Die Übergangsabbildungen $\varphi_j \circ \varphi_i^{-1}$ sind biholomorph. Die „Koordinaten" $\zeta = [z_0, ..., z_n]$ nennt man die homogenen Koordinaten auf dem $\mathbb{P}^n$, die Koordinaten, die durch die φ_i gegeben sind, die euklidischen Koordinaten. $\mathbb{P}^n$ ist kompakt, da es eine stetige surjektive Abbildung von der Einheitssphäre im $\mathbb{C}^{n+1}$ auf den $\mathbb{P}^n$ gibt. $\mathbb{P}^1$ ist gerade die Riemannsche Sphäre $\mathbb{C} \cup \{\infty\}$. Man erhält den folgenden Satz:

Der n-dimensionale komplex-projektive Raum ist eine kompakte n-dimensionale komplexe Mannigfaltigkeit, und die natürliche Projektion $\pi : \mathbb{C}^{n+1} \setminus \{0\} \to \mathbb{P}^n$ ist holomorph.

[1] Griffiths,P.; Harris, J.: Principles of Algebraic Geometry. John Wiley & Sons New York/Toronto, 1978.

[2] Kaup, B.; Kaup, L.: Holomorphic Functions of Several Variables. Walter de Gruyter Berlin/New York, 1983.

Komponente einer Darstellung, Bezeichnung für jeden Summanden in einer ↗ direkten Summe von Darstellungen.

Komponente eines Tupels, ein Eintrag in einem Tupel.

Es seien I eine Menge und $A_i, i \in I$ eine Familie von Mengen A_i. Ist dann $x = (x_i | i \in I)$ ein Tupel aus $\prod_{i \in I} A_i$, so heißt für festes $i_0 \in I$ das Element $x_{i_0} \in A_{i_0}$ die i_0-te Komponente von x.

Komponente eines Verbandes, unzerlegbarer Teil einer Faktorisierung eines Verbandes (↗ Faktorisierung einer Ordnung).

Komponentenfunktion, Komponente einer mehrdimensionalen Funktion.

Es seien M und $M_1, \dots, M_n$ Mengen und $f : M \to M_1 \times M_2 \times \dots \times M_n$, definiert durch $f(x) = (f_1(x), ..., f_n(x))$, eine Abbildung. Dann heißen die Abbildungen $f_i : M \to M_i$ Komponentenabbildungen oder Komponentenfunktionen.

Komposition von Abbildungen, andere Bezeichnung für die Hintereinanderausführung von Abbildungen:

Unter der Komposition der ↗ Abbildungen f und g mit $f : A \to B, g : C \to D$ und $f(A) \subseteq C$ versteht man die Abbildung $g \circ f : A \to D$ (lies: g nach f oder g komponiert mit f), definiert durch

$$(g \circ f)(x) := g(f(x)).$$

Komposition von Graphen, für zwei disjunkte ↗ Graphen G und H der Graph $G[H]$ mit folgenden Eigenschaften.

$G[H]$ besitzt als Eckenmenge das kartesische Produkt $E(G) \times E(H)$, und zwei Ecken (a, u) und (b, v) aus $G[H]$ sind genau dann adjazent, wenn a adjazent zu b oder $a = b$ und u adjazent zu v. Es gilt

$$|E(G[H])| = |E(G)||E(H)|$$

und

$$|K(G[H])| = |E(G)||K(H)| + |E(H)|^2|K(G)|.$$

Komposition von linearen Abbildungen, die Verknüpfung oder Hintereinanderausführung von linearen Abbildungen.

Unter der Komposition der linearen Abbildungen g und f versteht man die Abbildung $g \circ f : U \to W;\ u \mapsto g(f(u))$, die man durch Hintereinanderausführen der beiden linearen Abbildungen $f : U \to V$ und $g : V \to W$ (U, V, W ↗ Vektorräume über $\mathbb{K}$) erhält. Die Komposition $g \circ f$ zweier linearer Abbildungen f und g ist selbst linear.

Komposition von Permutationsgruppen, aus zwei Permutationsgruppen erzeugte Permutationsgruppe.

Es seien G und H Permutationsgruppen auf den endlichen Mengen $N = \{a_1, \dots, a_n\}$ bzw. $P = \{b_1, \dots, b_p\}$. Die Komposition $G[H]$ der Permutationsgruppen G und H ist eine Permutationsgruppe auf $N \times P$, und zwar sind die Elemente aus $G[H]$ alle $(n+1)$-Tupel $[g; h_1, \dots, h_n]$, $g \in G$, $h_1, \dots, h_n \in H$ mit

$$[g; h_1, \dots, h_n](a_i, b_j) = (ga_i, h_i b_j),$$

$i = 1, \dots, n, j = 1, \dots, p$.

Komposition von quadratischen Formen, Verknüpfung quadratischer Formen unter Zuhilfenahme bilinearer Funktionen.

Sei $Q : \mathbb{K}^n \to \mathbb{K}$ eine nichtausgeartete quadratische Form über einem Körper $\mathbb{K}$ der Charakteristik $\neq 2$. Man sagt, die quadratische Form besitze eine Komposition, falls gilt

$$Q(x_1, x_2, \dots, x_n) \cdot Q(y_1, y_2, \dots, y_n) = Q(z_1, z_2, \dots, z_n),$$

wobei die z_i für $i = 1, \ldots, n$ bilineare Funktionen in den $x_k, y_l, k, l = 1, \ldots, n$, sind.

Der Hurwitzsche Kompositionssatz besagt, daß Komposition nur für $n = 1, 2, 4$ und 8 möglich ist.

Komposition von Relationen, Verbindung von auf Mengen definierten ↗Relationen der folgenden Art:

Sind A, B, C Mengen und (A, B, R), $R \subseteq A \times B$ und (B, C, S), $S \subseteq B \times C$ Relationen, so ist die Komposition von (A, B, R) und (B, C, S) als Relation $(A, C, S \circ R)$ definiert, wobei $S \circ R$ (lies: S nach R oder S komponiert mit R) die Menge der Paare $(a, c) \in A \times C$ ist, für die es ein Element $b \in B$ so gibt, daß a mit b und b mit c in Relation steht, d. h.,

$$\left\{(a,c) \in A \times C : \bigvee_{b \in B} ((a,b) \in R \wedge (b,c) \in S)\right\}.$$

Kompositionsalgebra, ist eine (nicht notwendig assoziative) Algebra A über einem Körper $\mathbb{K}$, der eine nichtausgeartete quadratische Form $Q: A \to \mathbb{K}$ besitzt mit

$$Q(x \cdot y) = Q(x)Q(y), \quad \forall x, y \in A.$$

Ist A eine Kompositionsalgebra über den reellen Zahlen mit einem Einselement, dann ist A längentreu isomorph zu den reellen Zahlen selbst, zu den komplexen Zahlen, zu den ↗Hamiltonschen Quaternionen, oder zu den ↗Oktonien.

Kompositionsprodukt, Operation zwischen formalen Reihen. Sind $\sum_{i=0}^{\infty} a_i t^i$ und $\sum_{i=0}^{\infty} b_j t^j$ zwei formale Reihen, dann ist ihr Kompositionsprodukt die formale Reihe

$$\sum_{i=0}^{\infty} a_i t^i \circ \sum_{i=0}^{\infty} b_j t^j = \sum_{i=0}^{\infty} a_i \left(\sum_{i=0}^{\infty} b_j t^j \right)^i.$$

Kompositionsstruktur, folgende algebraische Struktur auf einer Menge S mit einer binären Operation $\circ$ (der Komposition) und einer Gewichtsfunktion w: Das Tripel $(S, \circ, w)$ heißt eine Kompositionstruktur, falls gilt:

1. Die Komposition $\circ$ ist assoziativ und kommutativ und besitzt ein beidseitiges Einselement $\varepsilon : a \circ \varepsilon = \varepsilon \circ = a$, $\forall a \in S$.
2. Jedes $a \in S$ besitzt eine Primzerlegung $a = p_1^{k_1} \circ \cdots \circ p_t^{k_t}$, wobei ein Primelement $p \in S$, $p \neq \varepsilon$ durch die Bedingung
   $p = a \circ b \Rightarrow a = \varepsilon$ oder $b = \varepsilon$
   charakterisiert ist.
3. Das Gewicht w ist verträglich bezüglich der Komposition $\circ$, d. h. $w(a \circ b) = w(a)w(b)$ für alle $a, b \in S$.

Komprehensionsaxiom für Klassen, ↗ axiomatische Mengenlehre

Kompression digitalisierter Bilder, Technik, um die zur Darstellung der Bilder nötige Datenmenge zu reduzieren.

Ein Grauwertbild kann typischerweise als Matrix von z. B. 512 × 512 Pixeln (bzw. Bildpunkten) modelliert werden, wobei jeder dieser Punkte meist mit 8 Bits dargestellt wird. Die Darstellung von Farbbildern ist mit Hilfe von drei Matrizen R, G und B möglich, die jeweils den Farbanteilen der Bilder in den Farben Rot, Grün und Blau entsprechen.

Im Hinblick auf eine schnelle Übertragung oder zur Speicherung großer Datenmengen werden Kompressionsalgorithmen eingesetzt. Diese haben das Ziel, die anfallende Datenmenge, d. h. die Anzahl der zur Darstellung eines Bildes nötigen Bits, zu reduzieren. Eine Klasse von Verfahren zur Kompression sind die sogenannten Transformationscodierer. Diese basieren auf Cosinus- oder Wavelettransformationen und werden derzeit erfolgreich verwendet.

Die Effizienz solcher Verfahren resultiert auf einer Bilddarstellung mit Hilfe geeigneter Basen (Cosinusfunktionen, Wavelets) mit wenigen von Null verschiedenen Einträgen. Sie wird mit Hilfe der ↗Kompressionsrate gemessen.

Klassischerweise besteht ein Kompressionsalgorithmus aus drei Schritten:

1.) Transformation: Darstellung der Bildmatrix bzgl. einer geeigneten Basis (Cosinustransformation, diskrete Wavelettransformation).
2.) Diskretisierung und Codierung: Die bei der Transformation entstehenden reellen Zahlen (Koeffizienten der Basisdarstellung) werden auf im Rechner darstellbare Zahlen abgebildet. Kompression findet hier durch Vernachlässigung kleiner Werte statt.
3.) Rücktransformation.

Optimale Codierung erreicht man mit der sogenannten Entropiecodierung wie sie beispielsweise beim ↗Huffman-Code oder der arithmetischen Codierung zu finden ist.

Kompressionsrate, Verhältnis K zwischen der Datenmenge $\mathcal{D}$, die nötig ist, ein digitales Bild darzustellen (↗Kompression digitalisierter Bilder) und derjenigen $\mathcal{D}_{comp}$, die nach Anwendung eines Kompressionsverfahrens für dieses Bild benötigt wird:

$$K = \frac{\mathcal{D}}{\mathcal{D}_{comp}}.$$

Konchoide, Begriff aus der Geometrie.

Die Konchoide einer ebenen Kurve $\mathcal{K}$ ist das Kurvenpaar, das entsteht, wenn man an jeden Punkt $P \in \mathcal{K}$ auf dem Radiusvektor $\overrightarrow{OP}$ die beiden Strecken $\pm l$ abträgt, wobei $l \in \mathbb{R}$ eine Konstante ist.

Ist $\alpha(t)$ eine Parametergleichung von $\mathcal{K}$, so ist eine Parametergleichung der Konchoide von $\mathcal{K}$ durch

$$\gamma(t) = \alpha(t)\left(1 \pm l/|\alpha(t)|\right)$$

gegeben.

Konchoide des Nikomedes, die ↗ Konchoide einer Geraden.

Die Standardform der Konchoide des Nikomedes ergibt sich, indem man als Gerade die Parallele $x = a$ zur y-Achse nimmt. Dann hat sie die Parametergleichung

$$x = a \pm l \cos\varphi\,, \quad y = a \tan\varphi \pm l \sin\varphi\,,$$

woraus sich die implizite Gleichung

$$(x-a)^2(x^2+y^2) = l^2 x^2$$

ergibt. In Polarkoordinaten (ϱ, φ) gilt

$$\varrho = a/\cos\varphi \pm l\,.$$

Die Konchoide des Nikomedes hat zwei getrennte Kurvenzweige, die links und rechts der Geraden $x = a$ liegen und sich ihr asymptotisch annähern. Der rechte Zweig ist regulär und erscheint als leichte Verbiegung dieser Geraden. Der linke Zweig hat für $y = 0$ und $l \geq a$ einen singulären Punkt, der bei (0, 0) liegt und, abhängig davon, ob $l = a$ oder $l > a$, eine Spitze oder ein Doppelpunkt ist.

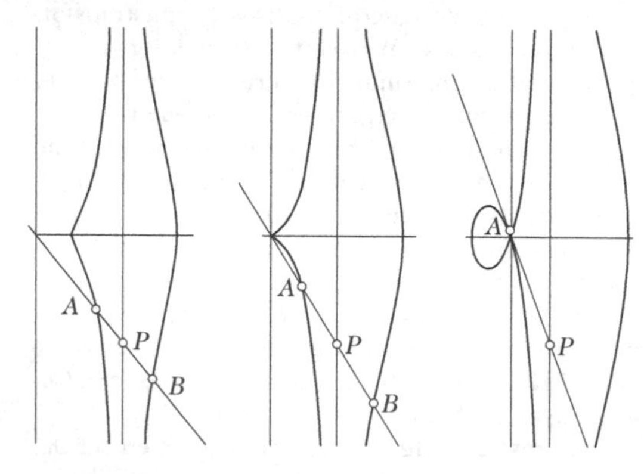

Konchoide des Nikomedes für die Wertepaare $(a,l) = (1,0.6)$ (links), $(a,l) = (1,1)$ (Mitte) und $(a,l) = (1,2)$ (rechts). Es gilt stets $|\vec{AP}| = |\vec{BP}| = l$.

Kondition, Maß für die Stabilität einer Problemstellung, auf Änderungen der Problemdaten zu reagieren. Allgemein spricht man von guter Kondition, wenn der Einfluß solcher Änderungen auf die Lösung nur gering ist, ansonsten von schlechter Kondition. Konditionsanalyse ist normalerweise auch Bestandteil der ↗ Fehleranalyse bei numerischen Verfahren.

Bei linearen Gleichungssystemen der Form $Ax = b$ mit Systemmatrix A dient als Maß für die Kondition die ↗ Konditionszahl $\kappa(A) := ||A|| \cdot ||A^{-1}||$. Ist nämlich Δb eine Veränderung der rechten Seite b, so gilt für die daraus resultierende Änderung Δx von x die Abschätzung:

$$\frac{||\Delta x||}{||x||} \leq \kappa(a)\frac{||\Delta b||}{||b||}.$$

Ein Störung der rechten Seite wirkt sich also um den Faktor $\kappa(A)$ auf das Ergebnis aus, siehe auch ↗ Kondition eines linearen Gleichungssystems.

Eine vergleichbare Abschätzung existiert auch für die Nullstellenbestimmung eines Polynoms

$$p(x) = a_0 x^n + a_1 x^{n-1} + \ldots + a_n.$$

Ist ζ eine r-fache Nullstelle von p, so ergibt die Ersetzung eines a_i durch $a_i(1+\varepsilon)$ in erster Näherung eine Verschiebung der Nullstelle in der Größenordnung

$$|\varepsilon|^{1/r} \left| \frac{r! a_i \zeta^{n-i}}{p^{(r)}(\zeta)} \right|^{1/r},$$

wobei $p^{(r)}(\zeta)$ die r-te Ableitung von p ist. Daran ist insbesondere zu erkennen, daß mehrfache Nullstellen ($r > 1$) grundsätzlich schlecht konditioniert sind (↗ Kondition eines linearen Gleichungssystems).

[1] Stoer, J.: Einführung in die Numerische Mathematik I. Springer-Verlag Berlin, 1983.

Kondition eines linearen Gleichungssystems, Eigenschaft des linearen Gleichungssystems $Ax = b$ mit $A \in \mathbb{R}^{n\times n}$, $b \in \mathbb{R}^n$, welche beschreibt, welche Auswirkungen kleine Änderungen in A und b auf die Lösung x des linearen Gleichungssystems haben.

Die Kondition ist eine Eigenschaft des Problems, nicht des gewählten numerischen Verfahrens zur Lösung des Problems.

Bei der Herleitung eines linearen Gleichungssystems aus einem Anwendungsproblem erhält man die Elemente der Matrix A und der rechten Seite b häufig aus Messungen, die nur mit beschränkter Genauigkeit durchgeführt werden können, oder als Ergebnis von numerischen Berechnungen, welche unvermeidlich mit kleinen Fehlern behaftet sind.

Man hat daher meist nicht exakt die Matrix A und den Vektor b gegeben, sondern mit (kleinen) Störungen behaftete Daten $A+E$ und $b+f$ für eine Störungsmatrix $E \in \mathbb{R}^{n\times n}$ und einen Störungsvektor $f \in \mathbb{R}^n$.

Man betrachtet die Frage, wie sich x und y unterscheiden, wenn x Lösung von $Ax = b$ und y Lösung von

$$(A+E)y = b+f$$

ist. Ist $||A^{-1}||\ ||E|| < 1$, dann existiert $(A+E)^{-1}$ und

$$\frac{||x-y||}{||x||} \leq \frac{\kappa(A)}{1 - ||A^{-1}||\ ||E||}\left(\frac{||E||}{||A||} + \frac{||f||}{||b||}\right)$$

mit der ↗Konditionszahl

$$\kappa(A) = ||A^{-1}||\ ||A||\,.$$

Speziell für $E = 0$ gilt $Ay = b + f$ und

$$\frac{||x-y||}{||x||} \leq \kappa(A) \cdot \frac{||f||}{||b||}.$$

Die Konditionszahl $\kappa(A)$ ist die entscheidende Größe in diesen Abschätzungen, welche die Empfindlichkeit der Lösung x gegenüber Änderungen E und f beschreibt. Ist $\kappa(A)$ groß, so bewirken kleine Änderungen f in b große Änderungen $(y - x)$ in der Lösung x. Man spricht in diesem Fall von einem schlecht konditionierten linearen Gleichungssystem. Ist $\kappa(A)$ hingegen klein, so bewirken kleine Änderungen in b kleine Änderungen in der Lösung des Problems. Man spricht in diesem Fall von einem gut konditionierten linearen Gleichungssystem.

Konditionierung einer Matrix, seltener verwendete Bezeichnung für den Vorgang der ↗Vorkonditionierung.

Konditionszahl, eine Maßzahl für die ↗Kondition eines Problems.

Bei einem gut konditionierten Problem ist die Konditionszahl klein, und kleine Änderungen in den Daten bewirken nur kleine Änderungen in der Lösung des Problems. Ist die Konditionszahl groß, nennt man das Problem schlecht konditioniert, und kleine Änderungen in den Daten bewirken große Änderungen in der Lösung des Problems.

Für Matrizen $A \in \mathbb{R}^{n \times n}$ ist die Konditionszahl definiert als

$$\kappa(A) = ||A^{-1}||\ ||A||$$

bezüglich einer (submultiplikativen) ↗Matrixnorm $||\cdot||$. Es gilt stets $1 \leq \kappa(A)$.

Für die Zwei-Norm gilt

$$\kappa_2(A) = ||A^{-1}||_2 ||A||_2 = \sigma_1/\sigma_n\,,$$

wobei σ_1 der größte und σ_n der kleinste singuläre Wert von A ist. Ist $\kappa(A)$ groß, so nennt man A eine schlecht konditionierte Matrix. Hingegen ist eine Matrix gut konditioniert, wenn $\kappa(A)$ klein ist.

Mit Hilfe von $\kappa(A)$ kann man die ↗Kondition eines linearen Gleichungssystems $Ax = b$ beschreiben. Ist A schlecht konditioniert, so bewirken kleine Änderungen in b große Änderungen in der Lösung x. Die Konditionszahl $\kappa(A)$ beschreibt auch die Kondition eines linearen Ausgleichsproblems

$$\min ||Ax - b||$$

mit $A \in \mathbb{R}^{m \times n}$, $b \in \mathbb{R}^n$, $m \geq n$ und $\text{Rang}(A) = n$.

Unter der Eigenwert-Konditionszahl einer diagonalisierbaren Matrix $A = TDT^{-1}$ mit $D = \text{diag}(d_1, \ldots, d_n)$ versteht man den Wert

$$\widehat{\kappa}_2(A) = \min_{T \in \mathbb{C}^{n \times n},\, T^{-1}AT = D} ||T||_2 ||T^{-1}||_2\,.$$

Die Empfindlichkeit von Eigenwerten gegenüber Störungen in A hängt nicht von A, sondern von der Matrix der Eigenvektoren ab, welche A auf Diagonalgestalt transformiert.

Weiter gibt es individuelle Konditionszahlen einzelner Eigenwerte für eine detaillierte Untersuchung des Eigenwertproblems. Unter der Konditionszahl eines einfachen Eigenwertes λ von A versteht man den Wert

$$\frac{1}{|y^H x|}\,,$$

wobei $x, y \in \mathbb{C}^n$ mit $Ax = \lambda x$, $y^H A = \lambda y^H$ und $||x||_2 = ||y||_2 = 1$. Mit Hilfe dieser Eigenwertkonditionszahlen läßt sich die Kondition eines Eigenwertproblems $Ax = \lambda x$ beschreiben.

Konfidenzbereich, andere Bezeichnung für ↗Bereichsschätzung.

Konfidenzgrenze, ↗Bereichsschätzung.

Konfidenzintervall, *Konfidenzschätzung*, eine ↗Bereichsschätzung.

Für spezielle Konfidenzintervalle siehe ↗Konfidenzintervall für den Erwartungswert der Normalverteilung, ↗Konfidenzintervall für die Varianz der Normalverteilung, ↗Konfidenzschätzung für eine unbekannte Verteilungsfunktion, ↗Konfidenzschätzung für eine unbekannte Wahrscheinlichkeit.

Konfidenzintervall für den Erwartungswert der Normalverteilung, eine spezielle ↗Bereichsschätzung.

Sei X eine normalverteilte Zufallsgröße mit unbekanntem Erwartungswert $EX := \mu$ und unbekannter Varianz $Var(X) := \sigma^2$. Sei $X_1, \ldots, X_n$ eine Stichprobe von X, auf deren Basis das Stichprobenmittel (↗empirischer Mittelwert)

$$\overline{X} = \frac{1}{n}\sum_{i=1}^{n} X_i$$

und die Stichprobenvarianz (↗empirische Streuung)

$$S^2 = \frac{1}{n-1}\sum_{i=1}^{n}(X_i - \overline{X})^2$$

berechnet werden. Sei weiterhin

$$t_{n-1}\left(1 - \frac{\alpha}{2}\right)$$

das $(1 - \frac{\alpha}{2})$–Quantil der t-Verteilung mit $n-1$ Freiheitsgraden. Da die Größe

$$\frac{\sqrt{n}(\overline{X} - \mu)}{S} \tag{1}$$

eine t-Verteilung mit $n-1$ Freiheitsgraden besitzt, folgt sofort:

$$\begin{aligned}
&P(\mu \in I) = \\
&P(\overline{X} - t_{n-1}(1-\frac{\alpha}{2})\frac{S}{\sqrt{n}} < \mu < \overline{X} + t_{n-1}(1-\frac{\alpha}{2})\frac{S}{\sqrt{n}}) \\
&= P(-t_{n-1}(1-\frac{\alpha}{2}) < \frac{\sqrt{n}(\overline{X}-\mu)}{S} < t_{n-1}(1-\frac{\alpha}{2}) \\
&= F(t_{n-1}(1-\frac{\alpha}{2})) - F(-t_{n-1}(1-\frac{\alpha}{2})) \\
&= 1 - \frac{\alpha}{2} - \frac{\alpha}{2} \\
&= 1-\alpha \,.
\end{aligned}$$

Folglich ist das Intervall

$$I = \left[\overline{X} - t_{n-1}\left(1-\frac{\alpha}{2}\right)\frac{S}{\sqrt{n}}, \quad \overline{X} + t_{n-1}\left(1-\frac{\alpha}{2}\right)\frac{S}{\sqrt{n}}\right] \qquad (2)$$

eine Konfidenzschätzung bzw. ein Konfidenzintervall für μ zur Überdeckungswahrscheinlichkeit $1-\alpha$. Ist die Varianz σ^2 von X bekannt, so wird im Intervall (2) das t-Quantil $t_{n-1}(1-\frac{\alpha}{2})$ durch das $(1-\frac{(\alpha)}{2})$-Quantil $u(1-\frac{\alpha}{2})$ der Standardnormalverteilung ersetzt:

$$I = \left[\overline{X} - u\left(1-\frac{\alpha}{2}\right)\frac{\sigma}{\sqrt{n}}, \overline{X} + u\left(1-\frac{\alpha}{2}\right)\frac{\sigma}{\sqrt{n}}\right]. \qquad (3)$$

Für dieses Intervall ergibt sich die Überdeckungswahrscheinlichkeit $1-\alpha$ analog zur obigen Ableitung unter Berücksichtigung der Tatsache, daß die Größe

$$\frac{\sqrt{n}(\overline{X}-\mu)}{\sigma} \qquad (4)$$

eine Standardnormalverteilung besitzt.

Besitzt X keine Normalverteilung, so besitzen die in (1) und (4) definierten Größen die t- bzw. Standardnormalverteilung nur asymptotisch für $n \to \infty$. Die angegebenen Intervalle in (2) und (3) erreichen die Überdeckungswahrscheinlichkeit $1-\alpha$ dann auch nur asymptotisch für $n \to \infty$ und können nur bei hinreichend großem Stichprobenumfang n verwendet werden.

Ein Beispiel. Es wurden 12 Versuchsflächen mit einer neuen Weizensorte bestellt. Diese Versuchsflächen brachten folgende Hektarerträge:

35,6; 33,7; 37,8; 31,2; 37,2; 34,1; 35,8; 36,6; 37,1; 34,9; 35,6; 34,0.

Erfahrungen zeigen, daß die Zufallsgröße X = ‚zufälliger Hektarertrag' gewöhnlich als normalverteilt angesehen werden kann. Für den Erwartungswert μ des Hektarertrages soll mit der Irrtumswahrscheinlichkeit $\alpha = 0.05$ ein Konfidenzintervall ermittelt werden. Da die Varianz σ^2 unbekannt ist, wird sie aus der Stichprobe durch s^2 geschätzt. Man erhält

$$\overline{x} = 35,3 \text{ und } s = 1,86.$$

Für das Quantil $t_{n-1}(1-\frac{\alpha}{2}) = t_{11}(0.975)$ der t-Verteilung liest man aus einer entsprechenden Tabelle den Wert ab:

$$t_{11}(0.975) = 2,20.$$

Damit lautet das konkrete Konfidenzintervall für μ:

$$\left[35,3 - 2,20\frac{1,86}{\sqrt{12}}\,;\, 35,3 - 2,20\frac{1,86}{\sqrt{12}}\right] = [34,12; 36,48]\,.$$

Konfidenzintervall für die Varianz der Normalverteilung, eine spezielle ↗ Bereichsschätzung.

Sei X eine normalverteilte Zufallsgröße mit unbekanntem Erwartungswert $EX := \mu$ und unbekannter Varianz $Var(X) := \sigma^2$. Sei $X_1, \dots, X_n$ eine Stichprobe von X, auf deren Basis die Stichprobenvarianz (↗ empirische Streuung)

$$S^2 = \frac{1}{n-1}\sum_{i=1}^{n}(X_i - \overline{X})^2$$

berechnet wird. Die Zufallsvariable

$$U := \frac{(n-1)S^2}{\sigma^2}$$

besitzt dann eine ↗ χ^2-Verteilung mit $(n-1)$ Freiheitsgraden. Bezeichnet man mit

$$\chi^2_{n-1}\left(1-\frac{\alpha}{2}\right) \text{ und } \chi^2_{n-1}\left(\frac{\alpha}{2}\right)$$

das $(1-\frac{\alpha}{2})$- und das $\frac{\alpha}{2}$-Quantil der χ^2-Verteilung mit $n-1$ Freiheitsgraden, so folgt also sofort:

$$\begin{aligned}
&1-\alpha \\
&= P\left(\chi^2_{n-1}\left(\frac{\alpha}{2}\right) \le \frac{(n-1)S^2}{\sigma^2} \le \chi^2_{n-1}\left(1-\frac{\alpha}{2}\right)\right) \\
&= P\left(\frac{(n-1)S^2}{\chi^2_{n-1}(1-\frac{\alpha}{2})} \le \sigma^2 \le \frac{(n-1)S^2}{\chi^2_{n-1}(\frac{\alpha}{2})}\right). \qquad (1)
\end{aligned}$$

Folglich ist das Intervall

$$I = \left[\frac{(n-1)S^2}{\chi^2_{n-1}(1-\frac{\alpha}{2})}, \frac{(n-1)S^2}{\chi^2_{n-1}(\frac{\alpha}{2})}\right] \qquad (2)$$

eine Konfidenzschätzung bzw. ein Konfidenzintervall für σ^2 zur Überdeckungswahrscheinlichkeit $1-\alpha$.

Besitzt X keine Normalverteilung, so besitzt die in (1) definierte Größe die χ^2 -Verteilung nur asymptotisch für $n \to \infty$. Das in (2) angegebene Intervall erreicht die Überdeckungswahrscheinlichkeit $1-\alpha$ dann auch nur asymptotisch für $n \to \infty$ und kann nur bei hinreichend großem Stichprobenumfang n verwendet werden.

Ein Beispiel. Bei der Herstellung von größeren Maschinenbauteilen soll die Länge einer bestimmten Seite eine vorgegebene Norm einhalten. Bei der Produktion kommt es zu zufälligen Abweichungen von dieser Norm. Es sei bekannt, daß diese Abweichungen normalverteilt um den Erwartungswert 0 schwanken. Gesucht ist ein Konfidenzintervall für die Varianz σ^2 der Abweichungen zur Überdeckungswahrscheinlichkeit von 98 Prozent. Aus einer Stichprobe von $n = 20$ Bauteilen ergibt sich eine Schätzung für die Varianz von

$$s^2 = (4{,}4\,\mathrm{mm})^2$$

Für die Quantile $\chi^2_{n-1}(1-\frac{\alpha}{2}) = \chi^2_{19}(0.99)$ und $\chi^2_{n-1}(\frac{\alpha}{2}) = \chi^2_{19}(0.01)$ der χ^2-Verteilung liest man aus einer entsprechenden Tabelle den Wert ab:

$$\chi^2_{19}(0.99) = 36{,}191 \text{ und } \chi^2_{19}(0.01) = 7{,}633.$$

Damit lautet das konkrete Konfidenzintervall für σ^2:

$$\left[\frac{19(4{,}4)^2}{36{,}191}; \frac{19(4{,}4)^2}{7{,}633}\right] = [10{,}164; 48{,}191].$$

Konfidenzniveau, die Überdeckungswahrscheinlichkeit bei ↗ Bereichsschätzungen.

Konfidenzschätzung, ↗ Konfidenzintervall, siehe auch ↗ Bereichsschätzung.

Konfidenzschätzung für eine unbekannte Verteilungsfunktion, Technik aus der Statistik.

Es sei X eine Zufallsgröße mit der stetigen unbekannten Verteilungsfunktion F. Für F kann man mit Hilfe der aus einer Stichprobe von X ermittelten ↗ empirischen Verteilungsfunktion F_n eine Konfidenzschätzung I für F zum Konfidenzniveau α wie folgt angeben: Da die Verteilungsfunktion von

$$D_n^* := \sqrt{n} \sup_{x\in\mathbb{R}} |F_n(x) - F(x)|$$

für $n \to \infty$ gegen die Kolmogorow-Verteilung (↗ empirische Verteilungsfunktion) konvergiert, ist (für große n) die Wahrscheinlichkeit dafür, daß

$$I = \Big\{(x,y) \in \mathbb{R}^2 | -\infty < x < \infty, \\ F_n(x) - \frac{\lambda_\alpha}{\sqrt{n}} < y < F_n(x) + \frac{\lambda_\alpha}{\sqrt{n}}\Big\}$$

die Verteilungsfunktion F überdeckt, näherungsweise gleich α, wobei λ_α das α-Quantil der Kolmogorow-Verteilung bedeutet. Daher ist I eine (asymptotische) Konfidenzschätzung für F zum Konfidenzniveau α. Für kleine Stichprobenumfänge muß man auf die Quantile der exakten Verteilung von D_n^* zurückgreifen, die zum Beispiel [1] zu entnehmen sind, siehe auch ↗ Kolmogorow-Test.

[1] Müller,P.H., Neumann,P., Storm,R.: Tafeln der mathematischen Statistik. Fachbuchverlag Leipzig, 1979 (32.Aufl.).

Konfidenzschätzung für eine unbekannte Wahrscheinlichkeit, eine spezielle ↗ Bereichsschätzung.

Sei X eine dichotome Zufallsgröße, bei der nur die beiden Wahrscheinlichkeiten $P(X=1) = p$ und $P(X=0) = 1-p$ eintreten können. p sei unbekannt und durch ein Konfidenzintervall zu schätzen. Sei $X_1, \dots, X_n$ eine Stichprobe von X, auf deren Basis p zunächst durch die relative Häufigkeit

$$\overline{X} = \frac{1}{n}\sum_{i=1}^{n}(X_i)$$

geschätzt wird. Der Zentrale Grenzwertsatz besagt, daß bei genügend großem Stichprobenumfang n die Zufallsvariable

$$U := \frac{\sqrt{n}(\overline{X}-p)}{\sqrt{p(1-p)}}$$

standardnormalverteilt ist. Davon ausgehend folgt näherungsweise für großes n

$$P\left(|U| \le u(1-\frac{\alpha}{2})\right) \approx 1-\alpha.$$

Quadriert man die Gleichung $|U| \le u(1-\frac{\alpha}{2})$ und löst sie nach p auf, so erhält man für großes n ein näherungsweises Konfidenzintervall für p zur Überdeckungswahrscheinlichkeit $1-\alpha$ gemäß folgender Vorschrift:

$$p_1 \le p \le p_2, \text{ wobei}$$

$$p_1 := \frac{n}{n+u^2(\phi)}\left(\overline{X} + \frac{u^2(\phi)}{2n} - u(\phi)\sqrt{\frac{\overline{X}(1-\overline{X})}{n} + \left(\frac{u(\phi)}{2n}\right)^2}\right)$$

und

$$p_2 := \frac{n}{n+u^2(\phi)}\left(\overline{X} + \frac{u^2(\phi)}{2n} + u(\phi)\sqrt{\frac{\overline{X}(1-\overline{X})}{n} + \left(\frac{u(\phi)}{2n}\right)^2}\right)$$

mit $\phi := 1 - \frac{\alpha}{2}$.

Bei kleinem Stichprobenumfang n muß man zur Konstruktion eines Konfidenzintervalls für p die Binomialverteilung von $n\overline{X}$ verwenden. Für ein zweiseitiges Intervall ergeben sich die Konfidenzgrenzen p_1 und p_2 aus den Beziehungen

$$\sum_{k=\overline{X}n}^{n}\binom{n}{k}p_1^k(1-p_1)^{n-k} \le \frac{\alpha}{2},$$

$$\sum_{k=\overline{X}n}^{n}\binom{n}{k}p_2^k(1-p_2)^{n-k} \le \frac{\alpha}{2}.$$

Dieses Verfahren geht auf Clopper und Pearson (1934) zurück. Die Intervallgrenzen können Tafeln entnommen werden. Die Handhabung dieser Formeln zur Ermittlung von p_1 und p_2 ist sehr unbequem und führt in der Regel (da $n\overline{X}$ eine diskrete Zufallsgröße ist) zu einer Konfidenzschätzung, deren Überdeckungswahrscheinlichkeit $\geq (1-\alpha)$ ist. In [2] ist beschrieben, wie man p_1 und p_2 mit Hilfe der ↗F-Verteilung berechnen kann. Die Fachliteratur bietet Methoden zur Konstruktion verbesserter Konfidenzintervalle für p mit minimaler Länge.

Ein Beispiel. In einer Stichprobe von $n = 200$ produzierten Teilen wurden 8 fehlerhafte Teile ermittelt. Es ist eine Bereichsschätzung für die Anzahl der fehlerhaften Teile bei einer Produktion von 400000 Stück mit einer Sicherheit von $1-\alpha = 99$ Prozent zu ermitteln. Für die relative Häufigkeit ergibt sich

$$\overline{x} = \frac{8}{200} = 0,04\,,$$

und für das benötigte Quantil der Standardnormalverteilung liest man aus einer Tabelle den Wert

$$u\left(1-\frac{\alpha}{2}\right) = u(0,995) = 2,58$$

ab. Daraus ergibt sich durch Einsetzen

$$p_{1/2} :=$$

$$\frac{200}{200+2,58^2}\left(0,04+\frac{2,58^2}{400} \pm 2,58\sqrt{\frac{0,04\cdot 0,96}{200}+\left(\frac{2,58}{400}\right)^2}\right),$$

und man erhält das Konfidenzintervall für den Ausschußanteil p der Gesamtproduktion:

$$[p_1; p_2] = [0,017; 0,093]\,.$$

Die Anzahl defekter Teile bei einer Produnktion von 400000 Stück liegt dann mit einer Sicherheit von 99 Prozent im Intervall [28000; 37400].

[1] Clopper,C.J., Pearson,E.S.: The use of confidence or fiducial limits illustrated in the case of binomial. Biometrika 26, S. 404-413 , 1934.

[2] Storm,R.: Wahrscheinlichkeitsrechnung, mathematische Statistik und statistische Qualitätskontrolle. Fachbuchverlag Leipzig-Köln, 1995.

[3] Weber, E.: Grundriß der biologischen Statistik. Fischer Verlag, Jena, 9. Auflage, 1986.

Konfigurationsraum, Mannigfaltigkeit, die einem dynamischen System zugrundeliegt; in der ↗symplektischen Geometrie auch Basismannigfaltigkeit eines ↗Kotangentialbündels.

Konfigurationstheorem, auch als Desarguessche Annahme oder Satz von Desargues bezeichnet:

Gehen die Verbindungsgeraden A_1A_2, B_1B_2 und C_1C_2 einander entsprechender Ecken zweier Dreiecke $\Delta A_1B_1C_1$ und $\Delta A_2B_2C_2$ durch einen gemeinsamen Schnittpunkt S, so liegen die Schnittpunkte $A = B_1C_1 \cap B_2C_2$, $B = C_1A_1 \cap C_2A_2$ und $C = A_1B_1 \cap A_2B_2$ entsprechender Seiten auf einer Geraden s.

Liegen umgekehrt die Schnittpunkte $A = B_1C_1 \cap B_2C_2$, $B = C_1A_1 \cap C_2A_2$ und $C = A_1B_1 \cap A_2B_2$ einander entsprechender Seiten zweier Dreiecke $\Delta A_1B_1C_1$ und $\Delta A_2B_2C_2$ auf einer Geraden, so besitzen die Verbindungsgeraden A_1A_2, B_1B_2 und C_1C_2 einander entsprechender Ecken der beiden Dreiecke einen gemeinsamen Schnittpunkt.

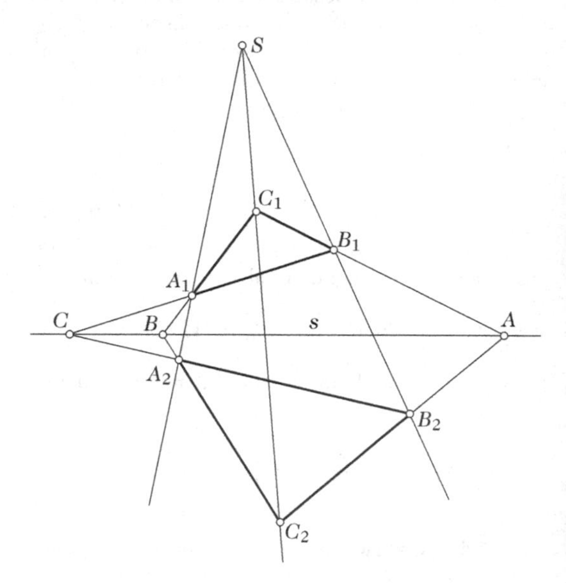

Die erste Aussage wird als 1. Desarguesscher Satz und die Umkehrung als 2. Desarguesscher Satz bezeichnet. Eine abkürzende Zusammenfassung beider Aussagen ist:

Wenn zwei Dreiseite (Gesamtheitheiten jeweils dreier Punkte und der sie paarweise verbindenden Geraden) eine Achse der Perspektivität besitzen, so besitzen sie auch ein Zentrum der Perspektivität, und umgekehrt.

Die auftretenden Punkte und Geraden bilden eine sog. Desargues-Konfiguration des 2- oder 3-dimensionalen projektiven Raumes.

konfluente hypergeometrische Differentialgleichung, ↗ konfluente hypergeometrische Funktion.

konfluente hypergeometrische Funktion, Lösung der konfluenten hypergeometrischen Differentialgleichung in z,

$$z\frac{d^2w}{dz^2} + (c-z)\frac{dw}{dz} - aw = 0$$

mit $a, c \in \mathbb{C}$. Eine Lösung dieser Differentialgleichung ist durch die Kummer-Funktion $M(a, c, z)$

gegeben:

$$M(a,c,z) := \sum_{s=0}^{\infty} \frac{(a)_s}{(c)_s} \frac{z^s}{s!} \quad (c \notin \mathbb{Z}).$$

Dabei ist $(a)_n$ das Pochhammer-Symbol, definiert durch

$$\begin{aligned}(a)_n &:= a \cdot (a+1)(a+2)\cdots(a+n-1)\\ (a)_0 &:= 1.\end{aligned}$$

Andere Notationen für die Kummer-Funktion sind $\Phi(a,c;z)$ oder auch ${}_1F_1(a,c;z)$. Letzteres ist die Kummer-Funktion in der Notation der verallgemeinerten hypergeometrischen Funktionen.

Die Kummer-Funktion ist eine ↗ganze Funktion in z, und für festes z auch ganz in a. Betrachtet man $M(a,\cdot,z)$ als Funktion von c, so erhält man eine meromorphe Funktion mit möglichen Polen bei $-c \in \mathbb{N}_0$; hingegen ist $M(a,c,z)/\Gamma(c)$ wiederum ganz in c.

Für $c \notin \mathbb{Z}$ ist eine weitere linear unabhängige Lösung der hypergeometrischen Differentialgleichung gegeben durch

$$N(a,c,z) := z^{1-c} M(1+a-c, 2-c, z).$$

Weiterhin ist noch die folgende Linearkombination beider Lösungen gebräuchlich

$$U(a,c,z) := \frac{\pi}{\sin \pi c} \left(\frac{M(a,c,z)}{\Gamma(c)\Gamma(1+a-c)} - \frac{N(a,c,z)}{\Gamma(2-c)\Gamma(c)} \right),$$

sowie die Abkürzungen

$$\begin{aligned}\mathrm{M}(a,c,z) &:= \frac{M(a,c,z)}{\Gamma(c)},\\ \mathrm{N}(a,c,z) &:= \frac{N(a,c,z)}{\Gamma(2-c)}.\end{aligned}$$

Die folgenden acht Lösungen der konfluenten hypergeometrischen Differentialgleichung fassen die gebräuchlichsten hypergeometrischen Funktionen zusammen:

$$\begin{aligned}
y_1(z) &= M(a,c,z)\\
y_2(z) &= z^{1-c}M(1+a-c,2-c,z) = N(a,c,z)\\
y_3(z) &= e^z M(c-a,c,-z)\\
y_4(z) &= z^{1-c}e^z M(1-a,2-c,-z)\\
y_5(z) &= U(a,c,z)\\
y_6(z) &= z^{1-c}U(1+a-c,2-c,z)\\
y_7(z) &= e^z U(c-a,c,-z)\\
y_8(z) &= z^{1-c}e^z U(1-a,2-c,-z)
\end{aligned}$$

Um festzustellen, welche der Lösungen linear unabhängig sind, benötigt man die folgenden Wronski-Determinanten:

$$\begin{aligned}
\mathcal{W}(y_1(z),y_2(z)) &= \mathcal{W}(y_3(z),y_4(z))\\
&= \mathcal{W}(y_1(z),y_2(z))\\
&= \mathcal{W}(y_3(z),y_2(z))\\
&= (1-c)z^{-c}e^z\\
\mathcal{W}(y_1(z),y_3(z)) &= \mathcal{W}(y_2(z),y_4(z))\\
&= \mathcal{W}(y_5(z),y_6(z))\\
&= \mathcal{W}(y_7(z),y_8(z))\\
&= 0\\
\mathcal{W}(y_1(z),y_5(z)) &= -\frac{\Gamma(c)}{\Gamma(a)} z^{-c}e^z\\
\mathcal{W}(y_1(z),y_7(z)) &= e^{\varepsilon\pi i c}\frac{\Gamma(c)}{\Gamma(c-a)} z^{-c}e^z\\
\mathcal{W}(y_2(z),y_5(z)) &= -\frac{\Gamma(2-c)}{\Gamma(1+a-c)} z^{-c}e^z\\
\mathcal{W}(y_2(z),y_7(z)) &= -\frac{\Gamma(2-c)}{\Gamma(1-a)} z^{-c}e^z\\
\mathcal{W}(y_5(z),y_7(z)) &= e^{\varepsilon\pi i(c-a)} z^{-c}e^z
\end{aligned}$$

Dabei ist $\varepsilon = 1$ für $\operatorname{Im} z > 0$ und $\varepsilon = -1$ für $\operatorname{Im} z \le 0$.

Eliminiert man den Term erster Ordnung aus der konfluenten hypergeometrischen Differentialgleichung, so entsteht die Whittaker-Differentialgleichung

$$\frac{d^2 w}{dz^2} = \left(\frac{1}{4} - \frac{k}{z} + \frac{m^2 - 1/4}{z^2} \right) w$$

mit den Standard-Lösungen

$$M_{k,m}(z) := e^{-z/2} z^{m+1/2} M(m-k+1/2, 2m+1, z)$$

und

$$W_{k,m}(z) := e^{-z/2} z^{m+1/2} U(m-k+1/2, 2m+1, z),$$

den sog. Whittaker-Funktionen. Beides sind mehrdeutige Funktionen mit je einem Verzweigungspunkt am Ursprung; den Hauptzweig dieser Funktionen definiert man dann durch Aufschneiden der komplexen Ebene längst der negativen reellen Achse.

Die folgenden Kummer-Transformationen verknüpfen die Lösungen zu verschiedenen Argumenten a und c miteinander:

$$\begin{aligned}
M(a,c,z) &= e^z M(c-a,c,-z),\\
z^{1-c}M(1+a-c,2-c,z) &= z^{1-c}e^z\\
&\quad M(1-a,2-c,-z),\\
U(a,c,z) &= z^{1-c}\\
&\quad U(1+a-c,2-c,z),\\
e^z U(c-a,c,-z) &= e^{\varepsilon\pi i(1-c)}e^z z^{1-c}\\
&\quad U(1-a,2-c,-z).
\end{aligned}$$

Diese Funktionen sind im Falle $\mathrm{Re}\,c > \mathrm{Re}\,a > 0$ auch durch Integrale darstellbar, hier eine Auswahl:

$$\frac{\Gamma(c-a)\Gamma(a)}{\Gamma(b)}M(a,c,z) = \int_0^1 e^{zt}t^{a-1}(1-t)^{c-a-1}\,dt\,,$$

$$\Gamma(a)U(a,c,z) = \int_0^\infty e^{-zt}t^{a-1}(1+t)^{c-a-1}\,dt\,.$$

Es gibt eine ganze Reihe von Rekursionsrelationen für die Kummerfunktion. Hier wieder nur eine kleine Auswahl, eine vollständigere Liste findet sich in der Literatur, z. B. [1]:

$$(c-a)M(a-1,c,z) + (2a-c+z)M(a,c,z) - aM(a+1,c,z) = 0,$$

$$c(c-1)M(a,c-1,z) + c(1-c-z)M(a,b,z) + z(c-a)M(a,c+1,z) = 0,$$

$$U(a-1,c,z) + (c-2a-z)U(a,c,z) + a(1+a-c)U(a+1,c,z) = 0,$$

$$(c-a-1)U(a,c-1,z) + (1-c-z)U(a,c,z) + zU(a,c+1,z) = 0,$$

$$U(a,c,z) - aU(a+1,c,z) - U(a,c-1,z) = 0\,,$$

sowie Relationen zwischen M und seinen Ableitungen nach z:

$$\frac{d^n}{dz^n}M(a,c,z) = \frac{(a)_n}{(c)_n}M(a+n,c+n,z)\,,$$

$$\frac{d^n}{dz^n}U(a,c,z) = (-1)^n(a)_nU(a+n,c+n,z)\,.$$

Einige Relationen der Kummer-Funktionen zu anderen speziellen Funktionen zeigt die Tabelle.

[1] Abramowitz, M.; Stegun, I.A.: Handbook of Mathematical Functions. Dover Publications, 1972.

[2] Buchholz, H.: Die konfluente hypergeometrische Funktion. Springer-Verlag Berlin/Heidelberg, 1953.

[3] Olver, F.W.J.: Asymptotics and Special Functions. Academic Press, 1974.

a	c	z	Relation	Funktion
$\nu+1/2$	$2\nu+1$	$2iz$	$\Gamma(1+\nu)e^{iz}(z/2)^{-\nu}J_\nu(z)$	Bessel-Funktionen
$-\nu+1/2$	$-2\nu+1$	$2iz$	$\Gamma(1-\nu)e^{iz}(z/2)^{\nu}\,(J_\nu(z)\cos\nu\pi - Y_\nu(z)\sin\nu\pi)$	Bessel-Funktionen
$\nu+1/2$	$2\nu+1$	$2z$	$\Gamma(1+\nu)e^{z}(z/2)^{-\nu}I_\nu(z)$	modifizierte Bessel-Fkt.
$n+1$	$2n+2$	$2iz$	$\Gamma(3/2+n)e^{iz}(z/2)^{-n-1/2}J_{n+1/2}(z)$	sphärische Bessel-Fkt.
$-n$	$-2n$	$2iz$	$\Gamma(1/2-n)e^{-iz}(z/2)^{n+1/2}J_{-n-1/2}(z)$	sphärische Bessel-Fkt.
$n+1$	$2n+2$	$2z$	$\Gamma(3/2+n)e^{z}(z/2)^{-n-1/2}I_{n+1/2}(z)$	sphärische Bessel-Fkt.
$n+1/2$	$2n+1$	$-2x\sqrt{i}$	$\Gamma(1+n)e^{-2\pi x}(i\pi x/2)^{-n}(\mathrm{ber}_n(x)+i\,\mathrm{bei}_n(x))$	Kelvin-Funktionen
$L+1-i\eta$	$2L+2$	$2ix$	$e^{ix}F_L(\eta,x^{-L-1})/C_L(\eta)$	Coulomb-Wellen
$-n$	$\alpha+1$	x	$\frac{n!}{(\alpha+1)_n}L_n^{(\alpha)}(x)$	Laguerre-Funktionen
a	$a+1$	$-x$	$ax^{-a}\gamma(a,x)$	unvollst. Gamma-Funktion
$-n$	$1+\nu-n$	x	$\frac{\sqrt{n!x^n}}{(1+\nu-n)_n}\varrho(\nu,x)$	Poission-Charlier-Funktion
a	a	z	e^z	Exponential-Funktion
1	2	$-2iz$	$\frac{e^{-iz}}{z}\sin z$	Trigonometrische Fkt.
1	2	$2z$	$\frac{e^z}{z}\sinh z$	Hyperbolische Funktionen
$-\nu/2$	$1/2$	$z^2/2$	$2^{-1/2}e^{z^4/4}E_\nu^{(0)}(z)$	Weber- bzw.
$1/2-\nu/2$	$3/2$	$z^2/2$	$e^{z^2/4}E_\nu^{(1)}(z)/2z$	Parabolische Zylinderfkt.
$-n$	$1/2$	$x^2/2$	$\frac{n!}{(2n)!}(-1/2)^{-n}He_{2n}(x)$	Hermite-Funktionen
$-n$	$3/2$	$x^2/2$	$\frac{n!}{(2n+1)!}(-1/2)^{-n}He_{2n+1}(x)/x$	Hermite-Funktionen
$1/2$	$3/2$	$-x^2$	$\frac{\sqrt{\pi}}{2x}\mathrm{erf}\,(x)$	Fehlerfunktion

a	c	z	Relation	Funktion
$m/2+1/2$	$1+n$	r^2	$\frac{n!}{\Gamma(m/2+1/2)} r^{-2n+m-1} e^{r^2} T(m,n,r)$	Toronto-Funktion
$\nu+1/2$	$2\nu+1$	$2z$	$\pi^{-1/2} e^z (2z)^{-\nu} K_\nu(z)$	modifizierte Bessel-Fkt.
$\nu+1/2$	$2\nu+1$	$-2iz$	$\frac{\pi^{1/2}}{2} e^{i\pi(\nu+1/2)-iz}(2z)^{-\nu} H_\nu^{(1)}(z)$	Hankel-Funktionen
$\nu+1/2$	$2\nu+1$	$2iz$	$\frac{\pi^{1/2}}{2} e^{-i\pi(\nu+1/2)+iz}(2z)^{-\nu} H_\nu^{(2)}(z)$	Hankel-Funktionen
$n+1$	$2n+2$	$2z$	$\pi^{-1/2} e^z (2z)^{-n-1/2} K_{n+1/2}(z)$	Sphärische Bessel-Fkt.
$5/6$	$5/3$	$4/3 \cdot z^{3/2}$	$\pi^{1/2} z^{-1} e^{2/3 \cdot z^{3/2}} 2^{-2/3} 3^{5/6} \mathrm{Ai}(z)$	Airy-Funktion
$n+1/2$	$2n+1$	$x\sqrt{i}$	$i^n \pi^{-1/2} e^{x\sqrt{i}} (2x\sqrt{i})^{-n} (\mathrm{ker}_n(x) + i\mathrm{kei\ kei}_n(x))$	Kelvin-Funktion
$-n$	$\alpha+1$	x	$(-1)^n n! L_n^{(\alpha)}(x)$	Laguerre-Funktionen
$1-a$	$1-a$	x	$e^x \Gamma(a,x)$	unvollst. Gamma-Funktion
1	1	$-x$	$-e^{-x}\mathrm{Ei}(x)$	Integralexponential-Fkt.
1	1	x	$e^x E_1(x)$	Integralexponential-Fkt.
1	1	$-\ln x$	$-\frac{1}{x}\mathrm{Li}(x)$	Integrallogarithmus
$m/2-n$	$1+m$	x	$\Gamma(1+n-m/2) e^{x-\pi i(m/2-n)} \omega_{n,m}(x)$	Cunningham-Funktion
$-\nu/2$	0	$2x$	$\Gamma(1+\nu/2) e^x k_\nu(x) \quad (x>0)$	Bateman-Funktion
1	1	ix	$e^{ix}\left(-i\frac{\pi}{2} + i\,\mathrm{Si}(x) - \mathrm{Ci}(x)\right)$	Intergralsinus und -cosinus
1	1	$-ix$	$e^{-ix}\left(i\frac{\pi}{2} - i\,\mathrm{Si}(x) - \mathrm{Ci}(x)\right)$	Integralsinus und -cosinus
$-\nu/2$	$1/2$	$z^2/2$	$2^{-\nu/2} e^{z^2/4} D_\nu(z)$	Weber- bzw.
$1/2-\nu/2$	$3/2$	$z^2/2$	$2^{1/2-\nu/2} e^{z^2/4} D_\nu(z)/z$	Parabolische Zylinderfkt.
$1/2-n/2$	$3/2$	x^2	$2^{-n} H_n(x)/x$	Hermite-Funktionen
$1/2$	$1/2$	x^2	$\pi^{1/2} e^{x^2} \mathrm{erfc}(x)$	komplementäre Fehlerfkt.

Konfokale, *konfokale Schar von Quadriken*, einparametrige Familie von homogenen Quadriken in einem n-dimensionalen reellen Vektorraum V, die folgendermaßen definiert wird.

Seien A und und E quadratische Formen im Dualraum von V, wobei E positiv definit ist. Dann existiert die quadratische Form $(A-\lambda E)^{-1}$ in V für alle reellen Zahlen λ (bis auf höchstens n Ausnahmen); die dadurch definierte Schar von Quadriken heißt konfokal.

Für $n = 2$ und A positiv definit erhält man im allgemeinen Fall eine Familie von ↗Ellipsen und ↗Hyperbeln, die dieselben Brennpunkte haben, im Falle des $\mathbb{R}^3$ eine Familie von Quadriken, die mit einer festen Quadrik gemeinsame Brennpunkte haben. Hat die genannte feste Quadrik die Gleichung $x^2/a + y^2/b + z^2/c = 1$ mit paarweise verschiedenen reellen Zahlen a, b, c, die ungleich Null sind, so haben die Konfokalen die Gleichung

$$\frac{x^2}{a-\lambda} + \frac{y^2}{b-\lambda} + \frac{z^2}{c-\lambda} - 1,$$

wobei λ ein reeller Parameter ist. Durch jeden Punkt von $\mathbb{R}^3$ gehen genau drei dieser Konfokalen, und zwar ein ↗Ellipsoid, ein ↗einschaliges Hyperboloid und ein ↗zweischaliges Hyperboloid.

konfokale Schar von Quadriken, ↗Konfokale.

konform äquivalente Gebiete, ↗ konforme Abbildung.

konforme Abbildung, eine bijektive Abbildung $f: G \to G^*$ eines ↗Gebietes $G \subset \mathbb{C}$ auf ein Gebiet $G^* \subset \mathbb{C}$, die an jedem Punkt $z_0 \in G$ winkel- und orientierungstreu ist. Konforme Abbildungen werden daher gelegentlich auch als winkeltreue Abbildungen bezeichnet.

Zur Definition einer winkel- und orientierungstreuen Abbildung ist zunächst ein weiterer Begriff notwendig. Es sei $\gamma: [0,1] \to \mathbb{C}$ ein glatter Weg (↗differenzierbarer Weg) mit Anfangspunkt $z_0 = \gamma(0)$. Dann heißt der Strahl $\{z_0 + s\gamma'(0) : s \geq 0\}$ die Halbtangente an γ im Punkt z_0. Sind γ_1 und γ_2 zwei solche Wege, so ist der orientierte Winkel $\measuredangle(\gamma_1, \gamma_2)$ zwischen γ_1 und γ_2 an z_0 definiert als Winkel zwischen ihren Halbtangenten, d. h.

$$\measuredangle(\gamma_1, \gamma_2) = \operatorname{Arg} \frac{\gamma_2'(0)}{\gamma_1'(0)},$$

wobei Arg den Hauptwert des Arguments bezeichnet.

Eine Abbildung $f: G \to \mathbb{C}$ heißt winkel- und orientierungstreu an $z_0 \in G$, falls eine Umgebung $U \subset G$ von z_0 existiert derart, daß f in U folgende Eigenschaften besitzt:

1. f ist in U injektiv.
2. f ist in U reell stetig differenzierbar.
3. Für je zwei glatte Wege γ_1, γ_2 in U mit Anfangspunkt z_0 gilt für den orientierten Winkel zwischen den (ebenfalls glatten) Bildwegen $f \circ \gamma_1$, $f \circ \gamma_2$ an $f(z_0)$

$$\measuredangle(f \circ \gamma_1, f \circ \gamma_2) = \measuredangle(\gamma_1, \gamma_2).$$

Gilt anstelle der 3. Bedingung nur

$$|\measuredangle(f \circ \gamma_1, f \circ \gamma_2)| = |\measuredangle(\gamma_1, \gamma_2)|,$$

so nennt man f eine an z_0 winkeltreue Abbildung. Statt winkel- und orientierungstreu an z_0 nennt man f auch konform an z_0. Die Abbildung $f: G \to \mathbb{C}$ heißt lokal konform in G, falls sie an jedem Punkt $z_0 \in G$ konform ist.

Eine in G ↗holomorphe Funktion f mit $f'(z_0) \neq 0$ für ein $z_0 \in G$ ist konform an z_0. Ist umgekehrt $f: G \to \mathbb{C}$ eine an $z_0 \in G$ konforme Abbildung, so ist f an z_0 ↗komplex differenzierbar und $f'(z_0) \neq 0$. Eine Abbildung $f: G \to \mathbb{C}$ ist also lokal konform in G genau dann, wenn sie in G holomorph ist und $f'(z) \neq 0$ für alle $z \in G$ erfüllt. Schließlich ist f eine konforme Abbildung des Gebietes G auf das Gebiet G^* genau dann, wenn f in G holomorph ist und G bijektiv auf G^* abbildet. In diesem Fall sagt man auch, daß f eine biholomorphe Abbildung von G auf G^* ist.

Ist $f: G \to G^*$ eine konforme Abbildung, und hat man in G zwei Scharen glatter Wege derart, daß jeder Weg der einen Schar jeden Weg der anderen Schar senkrecht schneidet, so gilt das gleiche für die Scharen der Bildwege in G^*. Zum Beispiel bildet die ↗Exponentialfunktion den Streifen $G = \{z \in \mathbb{C} : |\operatorname{Im} z| < \pi\}$ konform auf die geschlitzte Ebene $G^* = \mathbb{C}^- = \mathbb{C} \setminus (-\infty, 0]$ ab. Dabei gehen die zur reellen Achse parallelen Geraden in die vom Nullpunkt ausgehenden Strahlen über, während die zur imaginären Achse parallelen Geradenstücke in die Kreise um den Nullpunkt übergehen. Die Exponentialfunktion ist in $\mathbb{C}$ nicht injektiv (liefert also keine konforme Abbildung von $\mathbb{C}$ auf $\mathbb{C}^* = \mathbb{C} \setminus \{0\}$) aber lokal konform. Die Abbildung $z \mapsto z^2$ liefert eine konforme Abbildung der Halbebene $H = \{z \in \mathbb{C} : \operatorname{Re} z > 0$ auf die geschlitzte Ebene $\mathbb{C}^-$. Sie ist in $\mathbb{C}^*$ lokal konform, aber nicht injektiv. Weitere wichtige Abbildungen in diesem Zusammenhang sind die ↗Joukowski-Abbildung und die ↗Möbius-Transformation. Schließlich sei erwähnt, daß die Abbildung $z \mapsto \bar{z}$ in jedem Punkt $z_0 \in \mathbb{C}$ winkeltreu, aber nicht orientierungstreu ist.

Zwei Gebiete $G, G^* \subset \mathbb{C}$ heißen konform äquivalent, falls eine konforme Abbildung f von G auf G^* existiert. Die Gebiete G, G^* sind konform äquivalent genau dann, wenn sie ↗biholomorph äquivalente Gebiete sind. Sind G, G^* konform äquivalente Gebiete, und ist G m-fach zusammenhängend ($m \in \mathbb{N}$), so ist auch G^* m-fach zusammenhängend. Allerdings sind je zwei m-fach zusammenhängende Gebiete nicht automatisch konform äquivalent. Weitere Ausführungen zu diesem Thema sind unter dem Stichwort ↗Riemannscher Abbildungssatz zu finden.

Dieser zentrale Satz garantiert, daß jedes einfach zusammenhängende Gebiet $G \neq \mathbb{C}$ konform auf die offene Einheitskreisscheibe $\mathbb{E}$ abgebildet werden kann. Jedoch ist die praktische Berechnung konformer Abbildungen im allgemeinen schwierig und nur in wenigen Fällen explizit möglich. Eine Methode zur konformen Abbildung von Polygongebieten (einfach zusammenhängende Gebiete, die von einem Polygonzug berandet werden) auf $\mathbb{E}$ liefert die Schwarz-Christoffelsche Abbildungsformel. Über das ↗Randverhalten konformer Abbildungen wird in einem eigenen Stichwort berichtet.

Konforme Abbildungen spielen eine wichtige Rolle in den Anwendungen, zum Beispiel in der Aero- und Hydrodynamik sowie der Elektrotechnik.

konforme Abbildung zwischen Riemannschen Mannigfaltigkeiten, auch winkeltreue Abbildung genannt, eine Abbildung zwischen Riemannschen Mannigfaltigkeiten M, die den ↗Winkel zwischen Kurven fest läßt.

Sind $f, g : M \to M$ zwei bijektive konforme Transformationen, so ist auch ihre Verknüpfung $f \circ g : M \to M$ konform, ebenso wie die inverse $f^{-1} : M \to M$. Die bijektiven konformen Abbildungen von M in sich bilden daher eine Gruppe, die die Gruppe aller Isometrien von M als Untergruppe enthält.

Einfachste Beispiele konformer Abbildungen des n-dimensionalen Euklidischen Raumes $\mathbb{R}^n$ sind Verknüpfungen $D_\lambda \circ A$ von Dehnungen $D_\lambda : \mathfrak{x} \in \mathbb{R}^n \to \lambda \mathfrak{x} \in \mathbb{R}^n$ mit orthogonalen Transformationen A. Ein Beispiel einer nichtlinearen konformen Abbildungen ist die Spiegelung

$$\sigma : \mathfrak{x} \in \mathbb{R}^n \setminus \{0\} \to \frac{\mathfrak{x}}{||\mathfrak{x}||} \in \mathbb{R}^n \setminus \{0\}$$

am Einheitskreis.

Weiterhin ist die stereographische Projektion von einem Projektionspol $P \in S^n$ $\tau_P : S^n \setminus \{P\} \to \mathbb{R}^n$ der n-dimensionalen Sphäre S^n auf den $\mathbb{R}^n$ zu nennen. Wählt man als Projektionspole Nordpol N und Südpol S von S^n, so gilt $\sigma = \tau_S \circ \tau_N$.

Eine charakteristische Eigenschaft von konformen Abbildungen der Ebene in sich ist neben ihrer Winkeltreue auch ihre Kreisverwandtschaft.

Ähnliche Eigenschaften haben die konformen Transformationen offener Teilmengen des $\mathbb{R}^n$ in sich in bezug auf Hypersphären und Hyperebenen.

konforme Metrik, eine auf einem ↗Gebiet $G \subset \mathbb{C}$ definierte stetige Funktion $\lambda: G \to [0, \infty)$, die höchstens isolierte Nullstellen besitzt.

Ist γ ein rektifizierbarer Weg in G, so ist seine Länge $L_\lambda(\gamma)$ bezüglich einer konformen Metrik λ in G definiert durch

$$L_\lambda(\gamma) := \int_\gamma \lambda(z)\,|dz|\,.$$

Daher bezeichnet man konforme Metriken auch mit

$$ds = \lambda(z)\,|dz|$$

und nennt ds das Linienelement der Metrik. Die Längenformel schreibt man dann in der Form

$$L_{ds}(\gamma) := \int_\gamma ds\,.$$

Die zu einer konformen Metrik ds gehörige Abstandsfunktion $d: G \times G \to [0, \infty)$ ist definiert durch

$$d(z_1, z_2) := \inf L_{ds}(\gamma)\,,$$

wobei das Infimum über alle rektifizierbaren Wege γ in G, die z_1 und z_2 verbinden, genommen wird. Die Funktion d besitzt dann die üblichen Eigenschaften eines Abstandes, nämlich:

(i) $d(z_1, z_2) \geq 0$ und $d(z_1, z_2) = 0$ genau dann, wenn $z_1 = z_2$,

(ii) $d(z_1, z_2) = d(z_2, z_1)$,

(iii) $d(z_1, z_2) \leq d(z_1, z_3) + d(z_3, z_2)$.

Wichtige Beispiele für konforme Metriken sind:

(1) $ds = |dz|$ ist die Euklidische Metrik auf $\mathbb{C}$. Die zugehörige Länge eines Weges ist die gewöhnliche Euklidische Länge.

(2) $ds_{\mathbb{E}} = \dfrac{|dz|}{1 - |z|^2}$ ist die hyperbolische Metrik des Einheitskreises $\mathbb{E}$.

(3) $ds_{\mathbb{H}} = \dfrac{|dz|}{2\,\mathrm{Im}\,z}$ ist die hyperbolische Metrik der oberen Halbebene $\mathbb{H} = \{z \in \mathbb{C} : \mathrm{Im}\,z > 0\}$.

(4) $ds = \dfrac{|dz|}{1 + |z|^2}$ ist die sphärische Metrik auf $\mathbb{C}$.

(5) Die ↗hyperbolische Metrik eines Gebietes G ist eine konforme Metrik in G.

Eine Metrik ds mit zugehöriger Abstandsfunktion d erzeugt in üblicher Weise eine Topologie auf G. Diese stimmt mit der bereits auf G vorhandenen Topologie (Spurtopologie von $\mathbb{C}$) überein. Die Metrik ds heißt vollständig auf G (oder G heißt vollständig bezüglich ds), falls jede d-beschränkte Teilmenge von G relativ kompakt in G ist. Die komplexe Ebene $\mathbb{C}$ ist vollständig bezüglich der Euklidischen, aber nicht bezüglich der sphärischen Metrik. Der Einheitskreis $\mathbb{E}$ ist vollständig bezüglich der hyperbolischen Metrik, aber nicht bezüglich der Euklidischen oder sphärischen Metrik. Ein beschränktes Gebiet ist bezüglich der Euklidischen Metrik niemals vollständig.

Ist G ein Gebiet, ds eine konforme Metrik auf G und $z_1, z_2 \in G$, so heißt ein rektifizierbarer Weg γ in G, der z_1 und z_2 verbindet, eine geodätische Strecke oder Geodätische zwischen z_1 und z_2, falls $d(z_1, z_2) = L_{ds}(\gamma)$. Im allgemeinen müssen keine Geodätischen zwischen zwei Punkten existieren, wie man an dem Beispiel der punktierten Ebene $G = \mathbb{C}^* = \mathbb{C} \setminus \{0\}$ mit der Euklidischen Metrik erkennt. Ist jedoch G ein konvexes Gebiet mit der Euklidischen Metrik, so ist die Verbindungsstrecke eine Geodätische zwischen zwei Punkten. Im Fall $G = \mathbb{E}$ oder $G = \mathbb{H}$ mit der hyperbolischen Metrik existieren stets Geodätische zwischen zwei Punkten. Man nennt eine Metrik $ds = \lambda(z)\,|dz|$ in G regulär, falls λ zweimal stetig differenzierbar ist und keine Nullstellen in G besitzt. Dann gilt folgender Satz:

Es sei G ein vollständiges Gebiet bezüglich einer regulären Metrik ds. Dann lassen sich je zwei Punkte in G stets durch eine Geodätische verbinden.

Es seien $G, G^* \subset \mathbb{C}$ Gebiete und $f: G^* \to G$ eine nicht konstante ↗holomorphe Funktion. Ist $ds = \lambda(z)\,|dz|$ eine konforme Metrik in G, so ist die mittels f zurückgeholte Metrik ds^* in G^* definiert durch

$$ds^* = ds \circ f := \lambda(f(z^*))|f'(z^*)|\,|dz^*|\,.$$

Die Nullstellen von ds^* liegen in den Urbildern der Nullstellen von λ unter f und in den Nullstellen von f'. Ist γ^* ein rektifizierbarer Weg in G^* und $\gamma = f \circ \gamma^*$ der Bildweg in G, so gilt

$$L_{ds^*}(\gamma^*) = L_{ds}(\gamma)\,.$$

Einige Beispiele:

(1) Für jede ↗konforme Abbildung T von $\mathbb{E}$ auf sich gilt $ds_{\mathbb{E}} = ds_{\mathbb{E}} \circ T$. Eine entsprechende Aussage gilt für $ds_{\mathbb{H}}$.

(2) Die hyperbolische Metrik der oberen Halbebene $\mathbb{H}$ geht aus der hyperbolischen Metrik des Einheitskreises $\mathbb{E}$ durch eine beliebige konforme Abbildung T von $\mathbb{H}$ auf $\mathbb{E}$ hervor, d. h. $ds_{\mathbb{H}} = ds_{\mathbb{E}} \circ T$. Zum Beispiel kann man

$$T(z) = \frac{z - i}{z + i}$$

wählen.

(3) Für die sphärische Metrik ds auf $\mathbb{C}$ und jede „Sphärendrehung“

$$T(z) = \frac{az+b}{\bar{a}-\bar{b}z}, \quad |a|^2+|b|^2 = 1$$

gilt $ds = ds \circ T$.

(4) Durch

$$ds = -\frac{|dz|}{2|z|\log|z|}$$

wird eine vollständige reguläre konforme Metrik auf dem punktierten Einheitskreis $\dot{\mathbb{E}} = \mathbb{E} \setminus \{0\}$ definiert. Die Funktion $f\colon \mathbb{H} \to \dot{\mathbb{E}}$ mit $f(z) = e^{iz}$ ist holomorph und surjektiv, und es gilt $ds \circ f = ds_{\mathbb{H}}$.

Ist $ds = \lambda(z)\,|dz|$ eine reguläre konforme Metrik in G, so heißt die Funktion

$$\kappa(z) = \kappa_{ds}(z) := -\frac{1}{(\lambda(z))^2}\Delta \log \lambda(z)$$

die Gaußsche Krümmung der Metrik ds. Dabei bezeichnet Δ den Laplace-Operator.

Einige Beispiele:

(1) Für die Euklidische Metrik gilt $\kappa(z) = 0$.

(2) Für die hyperbolische Metrik des Einheitskreises gilt $\kappa(z) = -4$.

(3) Für die sphärische Metrik gilt $\kappa(z) = 4$.

(4) Sind ds und $d\sigma$ konforme Metriken in G und gilt $ds = k\,d\sigma$ mit einer Konstanten $k > 0$, so gilt

$$\kappa_{ds}(z) = \frac{1}{k^2}\kappa_{d\sigma}(z).$$

(5) Sind $G, G^* \subset \mathbb{C}$ Gebiete und $f\colon G^* \to G$ eine nicht konstante holomorphe Funktion, so gilt

$$\kappa_{ds \circ f}(z) = \kappa_{ds}(f(z))$$

für alle $z \in G^*$ mit $f'(z) \neq 0$.

Sind $ds_1 = \lambda_1(z)\,|dz|$ und $ds_2 = \lambda_2(z)\,|dz|$ konforme Metriken in G, so schreibt man $ds_1 \leq ds_2$, falls $\lambda_1(z) \leq \lambda_2(z)$ für alle $z \in G$. Eine konforme Metrik $ds = \lambda(z)\,|dz|$ in G heißt ultrahyperbolisch, falls eine Konstante $k > 0$ mit folgender Eigenschaft existiert: Zu jedem $z_0 \in G$ mit $\lambda(z_0) > 0$ gibt es eine Umgebung $U \subset G$ von z_0 und eine reguläre konforme Metrik $ds^* = \lambda^*(z)\,|dz|$ in U mit $\lambda^*(z_0) = \lambda(z_0)$ sowie $ds^* \leq ds$ und $\kappa_{ds^*} \leq -k^2$ in U. Eine solche Metrik ds^* nennt man auch Stützmetrik. Damit gilt folgender Satz.

Es sei $ds_{\mathbb{E}}$ die hyperbolische Metrik in $\mathbb{E}$ und ds eine ultrahyperbolische Metrik in $\mathbb{E}$. Dann gilt

$$ds \leq \frac{2}{k}ds_{\mathbb{E}}.$$

Ist insbesondere ds regulär und $\kappa_{ds}(z) \leq -4$ für alle $z \in \mathbb{E}$ mit $ds(z) > 0$, so ist $ds \leq ds_{\mathbb{E}}$. Unter diesen Metriken ist also $ds_{\mathbb{E}}$ maximal.

In $G = \mathbb{C}$ oder $G = \mathbb{C} \setminus \{0\}$ existiert keine ultrahyperbolische Metrik. Jedoch gilt:

Es sei $G \subset \mathbb{C}$ ein Gebiet mit mindestens zwei Randpunkten. Dann existiert eine eindeutig bestimmte maximale ultrahyperbolische Metrik ds_G in G. Für die Krümmung dieser Metrik gilt $\kappa(z) = -4$ für alle $z \in G$.

Diese eindeutig bestimmte maximale Metrik ds_G ist die hyperbolische Metrik in G. Für $G = G_{a,b} = \mathbb{C} \setminus \{a, b\}$ mit $a, b \in \mathbb{C}$, $a \neq b$ bezeichne $ds_{a,b} = \lambda_{a,b}(z)\,|dz|$ die hyperbolische Metrik von $G_{a,b}$. Es gilt dann

$$\lambda_{a,b}(z) = \frac{1}{|b-a|}\lambda_{0,1}\left(\frac{z-a}{b-a}\right).$$

Wegen $G_{0,1} \supset \dot{\mathbb{E}}$ folgt für $z \in \dot{\mathbb{E}}$ die obere Abschätzung

$$\lambda_{0,1}(z) \leq -\frac{1}{|z|\log|z|}.$$

Weiter gilt für $z \in \dot{\mathbb{E}}$ mit $\operatorname{Re} z \leq \frac{1}{2}$ die untere Abschätzung

$$\lambda_{0,1}(z) \geq \left|\frac{\zeta'(z)}{\zeta(z)}\right| \frac{1}{4-\log|\zeta(z)|}.$$

Dabei ist ζ die ↗konforme Abbildung der geschlitzten Ebene $\mathbb{C} \setminus [1, \infty)$ auf $\mathbb{E}$ mit $\zeta(0) = 0$ und $\operatorname{Im} \zeta(z) > 0$ für $\operatorname{Im} z > 0$. Sie ist explizit gegeben durch

$$\zeta(z) = \frac{\sqrt{1-z}-1}{\sqrt{1-z}+1}$$

mit $\operatorname{Re}\sqrt{1-z} > 0$. Aus diesen beiden Abschätzungen ergibt sich für $z \to 0$

$$\log\lambda_{0,1}(z) = -\log|z| - \log\log\tfrac{1}{|z|} + \varepsilon(z),$$

wobei ε eine in einer Umgebung von 0 beschränkte Funktion ist.

Konforme Metriken können zum Beispiel zum Beweis des Satzes von Bloch (↗Bloch, Satz von) und des großen Satzes von Picard benutzt werden. Beim Picardschen Satz ist die hyperbolische Metrik $ds_{0,1}$ von Bedeutung.

konforme Parameterdarstellung, *isotherme Parameterdarstellung*, eine Parameterdarstellung $\Phi(u, v)$ einer regulären Fläche $\mathcal{F} \subset \mathbb{R}^3$, in der die Koeffizienten E, F, G der ↗ersten Gaußschen Fundamentalform die Gleichungen

$$E(u, v) - F(u, v) = G(u, v) = 0$$

erfüllen.

Die Abbildung $\Phi(u, v)$ selbst ist dann als Abbildung zwischen zwei Flächen konform, daher der Name.

In einer konformen Parameterdarstellung ist die ↗Gaußsche Krümmung von $\mathcal{F}$ durch

$$k(u, v) = -\frac{\Delta \log(E(u, v))}{2E(u, v)}$$

gegeben, wobei $\Delta = \partial^2/\partial u^2 + \partial^2/\partial v^2$ der gewöhnliche Laplaceoperator ist.

Jeder Punkt einer regulären Fläche $\mathcal{F}$ besitzt eine Umgebung in $\mathcal{F}$, auf der sich eine konforme Parameterdarstellung einführen läßt. Sind $\Phi_1 : U_1 \subset \mathbb{R}^2 \to V \subset \mathcal{F}$ und $\Phi_2 : U_2 \subset \mathbb{R}^2 \to V \subset \mathcal{F}$ zwei bijektive konforme Parameterdarstellungen desselben Gebietes $V \subset \mathcal{F}$, so ist die Übergangstransformation

$$\Phi_2 \circ \Phi_1^{-1} : U_1 \to U_2$$

dieser beiden Koordinatensysteme auf V als Abbildung zwischen zwei offenen Gebieten U_1 und U_2 von $\mathbb{R}^2 = \mathbb{C}$ holomorph. Daher ist jede reguläre Fläche im $\mathbb{R}^3$ eine eindimensionale komplexe analytische Mannigfaltigkeit.

konforme Struktur, eine Klasse C von paarweise zueinander konform äquivalenten Euklidischen Metriken auf einem Vektorraum V, oder auch eine Klasse von paarweise zueinander konform äquivalenten Riemannschen Metriken g auf einer differenzierbaren Mannigfaltigkeit M.

Zwei Riemannsche Metriken g_1 und g_2 auf M heißen konform äquivalent, wenn es eine differenzierbare Funktion λ auf M gibt mit

$$g_2(\mathfrak{t}(x), \mathfrak{s}(x)) = e^{\lambda(x)} g_2(\mathfrak{t}(x), \mathfrak{s}(x))$$

für alle $x \in M$ und alle Vektorfelder $\mathfrak{t}$, $\mathfrak{s}$ auf M. Analog definiert man die konforme Äquivalenz Euklidischer Metriken auf V.

Jede Riemannsche Metrik g auf M definiert eine konforme Struktur C_g. Diese besteht aus allen Metriken der Form $g_1 = e^\lambda g$, worin λ eine beliebige differenzierbare Funktion auf M ist.

kongruente Mengen, ↗ Kongruenzabbildung.

Kongruenz modulo *m*, Beziehung zwischen Zahlen.

Für eine natürliche Zahl m heißen zwei Zahlen a, b kongruent modulo m, in Zeichen

$$a \equiv b \mod m,$$

wenn $a - b$ durch m teilbar ist.

Kongruenzabbildung, eine Abbildung $S : X \to X$ auf einem normierten linearen Raum X, für die gilt:

$$\|S(x) - S(y)\| = \|x - y\| \qquad \text{für alle } x, y \in X.$$

Eine Kongruenzabbildung, die durch Kombination einer Translation und einer Rotation entsteht, heißt auch starre Bewegung.

Sind M und N Teilmengen von X, und existiert eine Kongruenzabbildung, die M auf N abbildet, so heißen die Mengen M und N zueinander kongruent.

Kongruenzaxiome, diejenigen ↗ Axiome der Geometrie, welche die grundlegenden Eigenschaften der Kongruenz von Strecken, Winkeln und Dreiecken begründen.

Kongruenzrelation, spezielle Äquivalenzrelation.

Es sei A eine Menge, auf der eine Addition und eine Multiplikation erklärt ist. Dann heißt eine Äquivalenzrelation „$\sim$" auf A Kongruenzrelation, wenn für $a_1, a_2, b_1, b_2 \in A$ aus $a_1 \sim a_2$ und $b_1 \sim b_2$ sowohl $(a_1 + b_1) \sim (a_2 + b_2)$ als auch $(a_1 \cdot b_1) \sim (a_2 \cdot b_2)$ folgt.

Kongruenzsätze, Sätze, die notwendige und hinreichende Bedingungen für die Kongruenz zweier Dreiecke bzw. n-Ecke beinhalten.

Der Kongruenz für beliebige n-Ecke lautet:

Zwei n-Ecke sind kongruent, falls sie in den Längen aller Seiten und den Größen aller Winkel paarweise übereinstimmen.

Für die Untersuchung von Dreiecken auf Kongruenz ist es nicht notwendig, alle Seitenlängen und Winkelmaße zu kennen, hier gelten die folgenden Kongruenzsätze:

Zwei Dreiecke sind kongruent, falls sie

- *in den Längen zweier Seiten und der Größe des von diesen beiden Seiten eingeschlossenen Innenwinkels (sws),*
- *in den Längen aller drei Seiten (sss),*
- *in den Längen zweier Seiten und der Größe des der größeren dieser beiden Seiten gegenüberliegenden Innenwinkels (ssw), sowie*
- *falls sie in der Länge einer Seite und den Größen zweier Innenwinkel (wsw)*

übereinstimmen.

Kongruenz-ζ-Funktion, eine starke Verallgemeinerung der Riemannschen ζ-Funktion.

Ist X ein ↗ algebraisches Schema über einem endlichen Körper $\mathbb{F}_q = k$ mit q Elementen, so sei N_n die Anzahl der Punkte in $X\left(\mathbb{F}_{q^n}\right)$, und $Z(X, t)$ die formale Potenzreihe mit $Z(0) = 1$ und

$$t\frac{d}{dt}\log Z(t) = \sum_{n=1}^{\infty} N_n t^n .$$

Dies ist eine rationale Funktion, beispielsweise ist

$$Z\left(\mathbb{A}_k^n, t\right) = \frac{1}{1 - q^n t}$$

oder

$$Z\left(\mathbb{P}_k^n, t\right) = \prod_{\nu=0}^{n} \frac{1}{1 - q^\nu t} .$$

Ist x abgeschlossener Punkt von X mit $k(x) = \mathcal{O}_{X,x}/\mathfrak{m}_{X,x}$ und $[k(x) : k] = d$, und m durch d teilbar, so gibt es genau d Punkte in $X(\mathbb{F}_{q^m})$, die über x liegen entsprechend den d Einbettungen $k(x) \longrightarrow \mathbb{F}_{q^m}$ über k. Daher ist $\frac{1}{1-t^d}$ der Beitrag von x zur ζ-Funktion, und es ist

$$Z(X, t) = \prod_{x \in X} \frac{1}{1 - t^{[k(x):k]}} .$$

Ist $Z_0^+(X)$ die Mengen aller nicht-negativen algebraischen Zyklen der Dimension 0 auf X, so ist also

$$Z(X,t) = \sum_{z \in Z_0^+(X)} t^{\deg(z)}$$

(wenn $z = \sum n_j x_j$, so ist $\deg(z) = \sum n_j [k(x_j) : k]$). Führt man eine neue Variable s durch $t = q^{-s}$ ein, so ist

$$\zeta(X,s) =: Z(X, q^{-s}) = \prod_{x \in X} \frac{1}{1 - N(x)^{-s}} = \sum_{z \in Z_0^+(X)} N(z)^{-s},$$

dabei ist $N(x)$ die Anzahl der Elemente von $k(x)$, und $N(z) = \prod_j N(x_j)^{n_j}$ für $z = \sum n_j x_j$. Insofern ist die Kongruenz-ζ-Funktion Spezialfall folgender ζ-Funktionen: Wenn X algebraisches Schema über $\mathbb{Z}$ ist, so ist für jeden abgeschlossenen Punkt $x \in X$ der Restklassenkörper endlich, und damit $N(x)$ und $N(z)$ für $z \in Z_0^+(X)$ wie oben definiert. Die zu X gehörige ζ-Funktion ist

$$\zeta(X,s) = \prod_{x \in X} \frac{1}{1 - N(x)^{-s}} = \sum_{z \in Z_0^+} N(z)^{-s}$$

(die beiden Ausdrücke sind konvergent für $Re(s) > \dim X$). Für $X =$ Spec ($\mathbb{Z}$) ist dies die Riemannsche ζ-Funktion.

König, Satz von, über bipartite Graphen, ↗ bipartiter Graph, ↗ Eckenüberdeckungszahl, ↗ Hall, Satz von, ↗ Stundenplanproblem.

König, Satz von, über Kardinalzahlen, Aussage im Kontext der Mengenlehre, die wie folgt lautet:

Sind κ, λ Kardinalzahlen, ist κ unendlich und $cf(\kappa) \leq \lambda$, so gilt $\kappa^\lambda > \kappa$.

Man vergleiche hierzu auch ↗ Kardinalzahlen und Ordinalzahlen.

Königsberger Brückenproblem, ↗ Graphentheorie, ↗ Wurzeln der Graphentheorie.

Konjugation, ↗ konjugiert komplexe Zahl.

konjugiert harmonische Funktion, ↗ harmonische Funktion.

konjugiert komplexe Zahl, die zu einer ↗ komplexen Zahl $z = x + iy$ definierte komplexe Zahl $\bar{z} := x - iy$. Man nennt $\bar{z}$ auch die zu z gespiegelte Zahl, da sie geometrisch durch Spiegelung von z an der reellen Achse entsteht.

Es gelten folgende Rechenregeln:

$$\overline{w+z} = \bar{w} + \bar{z}, \quad \overline{wz} = \bar{w}\bar{z}, \quad \bar{\bar{z}} = z,$$
$$\operatorname{Re} z = \tfrac{1}{2}(z + \bar{z}), \quad \operatorname{Im} z = \tfrac{1}{2i}(z - \bar{z}),$$
$$z\bar{z} = x^2 + y^2, \quad z = x + iy,$$
$$z = \bar{z} \iff z \in \mathbb{R}.$$

Die Abbildung $\bar{\ }: \mathbb{C} \to \mathbb{C}$, $z \mapsto \bar{z}$ nennt man Konjugation. Sie ist auf Grund der obigen Rechenregeln ein involutorischer Körperautomorphismus mit dem Fixkörper $\mathbb{R}$, d. h. sie ist zu sich selbst invers, und es gilt $\bar{x} = x$ für alle $x \in \mathbb{R}$.

Man kann zeigen: Ist $\phi: \mathbb{C} \to \mathbb{C}$ ein Körperautomorphismus mit $\mathbb{R}$ als Fixkörper, so gilt entweder $\phi(z) = z$ für alle $z \in \mathbb{C}$ oder $\phi(z) = \bar{z}$ für alle $z \in \mathbb{C}$.

Konjugierte, andere Bezeichnung für die zu einer komplexen Zahl z ↗ konjugiert komplexe Zahl.

konjugierte Elemente einer Gruppe, zwei Elemente k, l einer Gruppe $(G, \cdot)$ mit der Eigenschaft, daß es ein $g \in G$ gibt mit $k \cdot g = g \cdot l$.

Bei abelschen Gruppen ist jedes Element nur zu sich selbst konjugiert. Konjugiert zu sein stellt eine Äquivalenzrelation in der Gruppe dar, die zugehörigen Restklassen heißen Konjugationsklassen.

Das neutrale Element der Gruppe stellt stets eine einelementige Konjugationsklasse dar.

konjugierte Funktion, in der Fourier-Analyse die zu einer 2π-periodischen Funktion $f \in L^1([-\pi, \pi])$ durch

$$\bar{f} = \lim_{\varepsilon \searrow 0} -\frac{1}{\pi} \int_{\varepsilon}^{\pi} \frac{f(x+t) - f(x-t)}{2\tan(t/2)} dt$$

definierte Funktion $\bar{f}$.

Sie existiert fast überall und ist für $\alpha > 0$ die (C, α)-Summe der ↗ konjugierten Reihe von f.

konjugierte Gradienten, bestimmte (konjugierte) Richtungen, die bei der Methode der konjugierten Richtungen verwendet werden.

Dabei sind die v_l jeweils gemäß einer Vorschrift

$$v_{l+1} := -\operatorname{grad} f(x_{l+1}) + \beta_l \cdot v_l$$

gewählt (mit Startpunkt x_0, $v_0 := -\operatorname{grad} f(x_0)$, und β_l z. B. wie im Verfahren von Fletcher-Reeves).

konjugierte Gradienten, Methode der, ↗ konjugiertes Gradientenverfahren.

konjugierte Körper, Begriff aus der Algebra.

Seien L_1 und L_2 zwei Erweiterungskörper eines Körpers $\mathbb{K}$, die in einem gemeinsamen Erweiterungskörper liegen. Sie heißen konjugiert, falls es einen Körperisomorphismus $\phi : L_1 \to L_2$ gibt, der $\mathbb{K}$ elementweise festläßt.

Die Elemente $x \in L_1$ und $\phi(x) \in L_2$ heißen konjugierte Elemente.

konjugierte Partition, aus einer Partition mittels Reflexion des ↗ Ferrer-Diagramms erhaltene Partition.

konjugierte Reihe, die zu der ↗ Fourier-Reihe einer Funktion f,

$$\mathcal{F}(f)(x) = \frac{a_0}{2} + \sum_{k=1}^{\infty} (a_k \cos kx + b_k \sin kx), x \in \mathbb{R},$$

durch

$$\tilde{\mathcal{F}}(f)(x) = \sum_{k=1}^{\infty}(-b_k \cos kx + a_k \sin kx), x \in \mathbb{R},$$

definierte Reihe. Ist

$$S(x) = \frac{a_0}{2} + \sum_{k=1}^{\infty}(a_k - ib_k)e^{ikx}$$

mit $a_k, b_k \in \mathbb{R}$, so gilt $\mathcal{F}(f)(x) = \operatorname{Re} S(x)$ und $\tilde{\mathcal{F}}(f)(x) = \operatorname{Im} S(x)$. Für $f \in L^1([-\pi, \pi])$ ist $\tilde{\mathcal{F}}(f)(x)$ für $\alpha > 0$ (C, α)-summierbar mit Grenzwert $\tilde{f}(x)$, wobei $\tilde{f}$ die zu f ↗konjugierte Funktion bezeichnet.

konjugierte Richtungen, zwei Vektoren v und $w \in \mathbb{R}^n \setminus \{0\}$ bezüglich einer symmetrischen, positiv definiten Matrix $A \in \mathbb{R}^{n \times n}$, falls $v^T \cdot A \cdot w = 0$ gilt.

Analog nennt man eine Menge $\{v_1, \dots, v_k\} \subset \mathbb{R}^k \setminus \{0\}$ Menge konjugierter Richtungen bezüglich A, sofern sie paarweise konjugiert bezüglich A sind. Konjugierte Richtungen werden beispielsweise bei der Optimierung quadratischer Funktionen eingesetzt.

konjugierte Systeme, zwei auf topologischen Räumen X, Y definierte Homöomorphismen $f : X \to X$ und $g : Y \to Y$ derart, daß ein Homöomorphismus $h : X \to Y$ existiert mit

$$g \circ h = h \circ f.$$

Noch genauer heißen f und g dann topologisch konjugiert, und h wird auch topologische Konjugation zwischen f und g genannt.

Konjugierte Systeme induzieren über ihre zugehörigen ↗iterierten Abbildungen topologisch äquivalente diskrete ↗dynamische Systeme (↗Äquivalenz von Flüssen).

konjugiertes Element, Gruppenelement, das zu einem anderen Gruppenelement in folgender Weise konjugiert ist.

Es sei G eine Gruppe. Dann heißen $x, y \in G$ konjugiert, falls es ein $a \in G$ gibt mit $a \cdot x \cdot a^{-1} = y$.

konjugiertes Gradientenverfahren, sehr effektives Iterationsverfahren zur Lösung eines linearen Gleichungssystems $Ax = b$, wobei $A \in \mathbb{R}^{n \times n}$ eine symmetrisch, positiv definite Matrix sei.

Da im Laufe der Berechnungen lediglich Matrix-Vektor-Multiplikationen benötigt werden, ist das Verfahren besonders für große ↗sparse Matrizen A geeignet.

Die Idee des Verfahren beruht auf der Feststellung, daß die exakte Lösung x von $Ax = b$ gerade die Lösung der Minimierungsaufgabe

$$\min_{z \in \mathbb{R}^n} F(z)$$

mit

$$F(z) = \frac{1}{2} z^T A z - b^T z$$

ist. Zur Lösung dieser Minimierungsaufgabe berechnet man ausgehend von einem beliebigen Startvektor $x^{(0)}$ eine Folge von Näherungslösungen $x^{(1)}, x^{(2)}, \dots$. Dazu führt man im $(k+1)$-ten Schritt eine $(k+1)$-dimensionale Minimierung

$$\min_{u_0, \dots, u_k \in \mathbb{R}} F(x^{(k)} + u_0 r^{(0)} + \dots + u_k r^{(k)})$$

durch. Dabei ist $r^{(j)} = b - Ax^{(j)}$. Man setzt dann

$$x^{(k+1)} = x^{(k)} + u_0 r^{(0)} + \dots + u_k r^{(k)} .$$

Die Berechnung der $x^{(k+1)}$ ist dabei recht einfach:

Wähle $x^{(0)} \in \mathbb{R}^n$.
Setzte $r^{(0)} = p^{(0)} = b - Ax^{(0)}$.
Iteriere für $k = 0, 1, \dots$
  Falls $p^{(k)} = 0$
  Dann stop, $x^{(k)}$ ist gesuchte Lösung.
  Sonst berechne

$$\alpha_k = \frac{(r^{(k)})^T r^{(k)}}{(p^{(k)})^T A p^{(k)}}$$
$$x^{(k+1)} = x^{(k)} + \alpha_k p^{(k)}$$
$$r^{(k+1)} = r^{(k)} - \alpha_k A p^{(k)}$$
$$\beta_k = \frac{(r^{(k+1)})^T r^{(k+1)}}{(r^{(k)})^T r^{(k)}}$$
$$p^{(k+1)} = r^{(k+1)} + \beta_k p^{(k)}$$

Pro Iterationsschritt sind nur eine Matrix-Vektor-Multiplikation $Ap^{(k)}$ und einige Skalarprodukte durchzuführen; der Gesamtaufwand ist daher insbesondere für sparse Matrizen A sehr gering. Bei der Berechnung der $(k+1)$-ten Iterierten wird lediglich Information aus dem k-ten Schritt benötigt. Der Speicheraufwand ist also konstant und wächst nicht mit k an.

Theoretisch ist bei exakter Rechnung spätestens $r^{(n)} = 0$ und damit $x^{(n)}$ die gesuchte Lösung. Doch aufgrund von Rundungsfehlern ist das berechnete $r^{(n)}$ in der Regel von Null verschieden. In der Praxis setzt man das Verfahren einfach solange fort, bis $r^{(k)}$ genügend klein ist.

Der Name „konjugiertes Gradientenverfahren" für das beschriebene Vorgehen beruht auf den folgenden beiden Beobachtungen: Die Residuen $r^{(j)} = b - Ax^{(j)}$ lassen sich als Gradienten der Funktion F auffassen: $r^{(j)} = \operatorname{grad} F(x^{(j)})$. Die Richtungsvektoren $p^{(k)}$ sind paarweise konjugiert, d. h. $(p^{(k)})^T A p^{(j)} = 0$ für $j = 1, 2, \dots, k-1$.

Das konjugierte Gradientenverfahren ist ein ↗Krylow-Raum-Verfahren zur Lösung eines symmetrisch positiv definiten Gleichungssystems. Für die Näherungslösungen $x^{(k)}$ gilt

$$x^{(k)} \in \{x^{(0)}\} + \mathcal{K}_k(A, r^{(0)}),$$

wobei der Krylow-Raum $\mathcal{K}_k(A, r^{(0)})$ definiert ist als

$$\mathcal{K}_k(A, r^{(0)}) = \operatorname{Span}\{r^{(0)}, Ar^{(0)}, A^2 r^{(0)}, \dots, A^{k-1} r^{(0)}\}.$$

Die Residuen $r^{(k)}$ und die Richtungsvektoren $p^{(k)}$ spannen jeweils gerade diesen Krylow-Raum auf

$$\begin{aligned}\mathcal{K}_k(A, r^{(0)}) &= \text{Span}\{r^{(0)}, r^{(1)}, \dots, r^{(k-1)}\} \\ &= \text{Span}\{p^{(0)}, p^{(1)}, \dots, p^{(k-1)}\}.\end{aligned}$$

Weiter gilt

$$r^{(k)} \perp \mathcal{K}_k(A, r^{(0)}),$$

d. h. die $r^{(k)}$ bilden eine orthogonale Basis des Krylow-Raums $\mathcal{K}_k(A, r^{(0)})$.

Das konjugierte Gradientenverfahren läßt sich auch als ein Verfahren interpretieren, welches spaltenweise eine Matrix $Q_k \in \mathbb{R}^{n \times k}$ mit orthonormalen Spalten berechnet, die A auf eine $(k \times k)$-Tridiagonalmatrix projiziert, d. h.

$$AQ_k = Q_k \begin{pmatrix} \gamma_1 & \delta_1 & & & \\ \delta_1 & \gamma_2 & \delta_2 & & \\ & \delta_2 & \ddots & \ddots & \\ & & \ddots & \ddots & \delta_{k-1} \\ & & & \delta_{k-1} & \gamma_k \end{pmatrix} + r_{k+1} e_k^T.$$

Diese Eigenschaft nutzt das ↗ Lanczos-Verfahren zur Berechnung einiger Eigenwerte großer, sparser symmetrischer Matrizen aus.

Für das Konvergenzverhalten des Verfahrens, d. h. für eine Aussage, wie schnell die Iterierten $x^{(k)}$ gegen die gesuchte Lösung x konvergieren, ist die ↗ Konditionszahl von A von entscheidender Bedeutung. Hat A eine kleine Konditionszahl, so wird die Konvergenz i. a. recht schnell sein. Ist die Konditionszahl von A hingegen groß, so wird die Konvergenz nur sehr langsam sein. In diesem Fall sollte man versuchen, die Konvergenzeigenschaften durch ↗ Vorkonditionierung zu verbessern.

Man versucht dabei, eine symmetrisch positiv definite Matrix $C \in \mathbb{R}^{n \times n}$ so zu finden, daß das zu $Ax = b$ äquivalente Gleichungssystem $\widetilde{A}\widetilde{x} = \widetilde{b}$ mit $\widetilde{A} = C^{-1}AC^{-1}$, $\widetilde{x} = Cx$, und $\widetilde{b} = C^{-1}b$ schnellere Konvergenz liefert. Im Prinzip kann das konjugierte Gradientenverfahren nun direkt auf das vorkonditionierte Gleichungssystem $\widetilde{A}\widetilde{x} = \widetilde{b}$ angewendet werden. Dann ist am Schluß aus der resultierenden Näherungslösung $\widetilde{x}$ die Näherungslösung x des gegeben Systems $Ax = b$ durch Lösen eines Gleichungssystems $Bx = \widetilde{x}$ zu bestimmen.

Es ist jedoch üblich und zweckmäßiger, das konjugierte Gradientenverfahren so umzuformulieren, daß direkt mit den gegebenen Daten A, b und C gerechnet wird, und eine Folge von Näherungslösungen $x^{(k)}$ erzeugt wird, welche Näherungen an die gesuchte Lösung x darstellen. Man erhält dann das vorkonditionierte konjugierte Gradientenverfahren:

Wähle $x^{(0)} \in \mathbb{R}^n$.
  Bestimme C. Setzte $M = C^2$.
  Setze $r^{(0)} = b - Ax^{(0)}$.
  Löse $Mz^{(0)} = r^{(0)}$.
  Setze $p^{(1)} = z^{(0)}$.
  Iteriere für $k = 1, \dots$
    Falls $r^{(k)} = 0$
    Dann stop, $x^{(k)}$ ist gesuchte Lösung.
    Sonst berechne

$$\beta_k = \frac{(r^{(k-1)})^T z^{(k-1)}}{(r^{(k-2)})^T z^{(k-2)}}$$

$$p^{(k)} = z^{(k-1)} + \beta_k p^{(k-1)}$$

$$\alpha_k = \frac{(r^{(k-1)})^T z^{(k-1)}}{(p^{(k)})^T A p^{(k)}}$$

$$x^{(k)} = x^{(k-1)} + \alpha_k p^{(k)}$$

$$r^{(k)} = r^{(k-1)} - \alpha_k A p^{(k)}$$

$$Mz^{(k)} = r^{(k)}$$

Eine Variante des konjugierten Gradientenverfahrens besteht darin, konjugierte Richtungen nicht von Beginn an, sondern erst während des Optimierungsprozesses (Minimierungsprozesses) zu berechnen. Ein Beispiel für dieses Vorgehen liefert die Vorschrift des Verfahrens von ↗ Fletcher-Reeves.

Eine Reihe dieser Verfahren können auch auf allgemeinere Zielfunktionen erweitert werden; dann sind die berechneten Richtungen aber i. allg. nicht mehr konjugiert.

Konjunktion, Verknüpfung von ↗ Booleschen Ausdrücken oder auch von Elementen eines ↗ Verbandes.

In einem Verband $(M, \leq)$ berechnet die Konjunktion zweier Elemente a und b aus M (in Zeichen: $a \wedge b$) das Infimum von a und b. In der ↗ Booleschen Algebra der Booleschen Funktionen ist dies das logische UND (↗ AND-Funktion) der Funktionen.

konjunktive Normalform, *KNF*, Normalform einer ↗ Booleschen Funktion f.

Die konjunktive Normalform ist die ↗ Konjunktion der ↗ Maxterme von f. Sie ist eine ↗ kanonische Darstellung Boolescher Funktionen.

konkave Funktion, eine Funktion $f : K \to \mathbb{R}$ auf einer konvexen Menge K, falls $-f$ dort eine ↗ konvexe Funktion ist.

Konklusion, ↗ Implikation.

Konkordanz, Eigenschaft binärer quadratischer Formen.

Es seien $a_1x^2 + a_2xy + a_3y^2$ und $b_1x^2 + b_2xy + b_3y^2$ binäre quadratische Formen mit gleicher Diskriminante. Dann heißen die beiden Formen konkordant, wenn a_1, b_1 und $\frac{1}{2}(a_2 + b_2)$ teilerfremd sind.

Konnektor, ↗ Aussagenkalkül.

konnex geordnete Menge, ↗ lineare Ordnungsrelation.

konnexe Ordnungsrelation, ↗ lineare Ordnungselation.

Konon von Samos, griechischer Mathematiker und Astronom, geb. in Samos, gest. vor 212 v.Chr. Alexandria(?).

Konon von Samos führte in Italien und Sizilien astronomische und meteorologische Beobachtungen durch. Um 245 v. Chr. wirkte er in Alexandria als Hofastronom. Er korrespondierte mit Archimedes über seine Vermutungen und deren Beweis.

Auf mathematischem Gebiet befaßte er sich mit Kegelschnitten. Auf diesen Ergebnissen baute Apollonius von Perge auf. Er benannte das Sternbild „Coma Berenices" („Haar der Berenike").

Konormalenbündel, ↗ Normalenbündel.

Konsensus, ↗ Konsensus-Regel.

Konsensus-Regel, in ↗ Booleschen Algebren für alle Elemente x, y und z gültige Rechenregel

$$(x \wedge y) \vee (\overline{x} \wedge z) = (x \wedge y) \vee (\overline{x} \wedge z) \vee (y \wedge z) .$$

$y \wedge z$ heißt Konsensus von $x \wedge y$ und $\overline{x} \wedge z$.

konservative Erweiterung, ↗ axiomatische Mengenlehre.

konsistente Aussage, ↗ axiomatische Mengenlehre.

konsistente Formelmenge, Menge Σ von ↗ logischen Ausdrücken, aus denen mit Hilfe ↗ logischer Ableitungsregeln kein Widerspruch beweisbar ist, d. h., es gibt keinen Ausdruck der Gestalt $\varphi \wedge \neg\varphi$, der aus Σ herleitbar ist.
Neben dieser syntaktischen Variante der Konsistenz gibt es auch eine semantische. Hiernach ist eine Formelmenge Σ konsistent, wenn aus Σ kein Widerspruch inhaltlich folgt, d. h., wenn Σ ein Modell besitzt.

konsistente Schätzung, Schätzung eines Parameters, die stochastisch gegen den wahren Parameterwert konvergiert.

konsistente Strategie, ein Paar (x, y) von Strategien in einem Zwei-Personen-Spiel $S \times T$, das bzgl. Entscheidungsregeln C_S und C_T in statischem Gleichgewicht ist.

Analog für n-Personen-Spiele $S := \prod_{i=1}^{n} S_i$ ein Punkt $x \in S$ mit $x_i \in C_i(x_i^*)$ für alle $1 \leq i \leq n$.

konsistentes logisches System, im engeren Sinne eine Menge ↗ logischer Axiome und ein System ↗ logischer Ableitungsregeln so, daß allein mit Hilfe der Ableitungsregeln aus diesem Axiomensystem kein Widerspruch formal beweisbar ist, d. h., es gibt keine Aussage A, die zusammen mit ihrer Negation $\neg A$ aus den Axiomen herleitbar ist. Eine andere Bezeichnung für „konsistent" ist „syntaktisch widerspruchsfrei". Das Pendant zu konsistent ist semantisch widerspruchsfrei, d. h., aus dem Axiomensystem läßt sich kein Widerspruch inhaltlich folgern, oder anders ausgedrückt, das Axiomensystem besitzt ein Modell.

Allgemeiner kann ein logisches System wie folgt definiert werden: Gegeben sei eine formale Sprache (↗ elementare Sprache) und ihre (durch Definition festgelegte) Satzmenge L_S (:= Menge von Ausdrücken oder Aussagen). Weiterhin sei $\mathbb{K}$ eine geeignete Klasse von Strukturen (↗ algebraische Strukturen) im Sinne der universellen Algebra und $\models$ eine Relation zwischen den Elementen aus L_S und $\mathbb{K}$ so, daß für jedes $\Sigma \in L_S$ und alle Strukturen $\mathcal{A} \in \mathbb{K}$ stets gilt:

$$\mathcal{A} \models \Sigma \;\Leftrightarrow\; \text{jedes } \varphi \in \Sigma \text{ ist in } \mathcal{A} \text{ gültig.}$$

Ein logisches System $\mathcal{S}$ besteht aus einer formalen Sprache L, einer zugehörigen Klasse $\mathbb{K}$ von Strukturen (den ↗ L-Strukturen), einer Menge B von formalen Beweis- oder Schlußregeln, die jeder Satzmenge Σ aus L_S eine Satzmenge $\Sigma^{\vdash} \in L_S$ zuordnet (:= Menge der aus Σ durch Schlußregeln beweisbaren Sätze) und einer Relation $\models$ mit der oben skizzierten Eigenschaft.

Ein solches System heißt konsistent, wenn die Beweisregeln die Gültigkeit vererben, d. h., wenn für jedes $\mathcal{A} \in \mathbb{K}$ aus $\mathcal{A} \models \Sigma$ stets $\mathcal{A} \models \Sigma^{\vdash}$ folgt.

Konsistenz eines Diskretisierungsverfahrens, Verhalten des lokalen Diskretisierungsfehlers für verschwindende Schrittweite.

Bei einem ↗ Einschrittverfahren mit Verfahrensfunktion $\Phi(x, y, h)$ zur Lösung der Aufgabe $y' = f(x, y)$ bedeutet Konsistenz, daß die Bedingung

$$\lim_{h \to 0} \Phi(x, y, h) = f(x, y)$$

erfüllt sein muß. Die ↗ Fehlerordnung klassifiziert darüber hinaus die jeweilige Konsistenz.

Bei ↗ Mehrschrittverfahren setzt sich diese Begriffsbildung allgemeiner fort durch die Forderung der Existenz einer Funktion $\sigma(h)$ mit $\lim_{h \to 0} \sigma(h) = 0$, durch die sich der lokale Diskretisierungsfehler $\delta(x, y, h)$ betragsmäßig für alle x abschätzen läßt.

Ähnliches läßt sich auch für explizite Differenzenverfahren bei partiellen Differentialgleichungen formulieren. Für ein Problem in einer Zeitvariablen t und einer Ortsvariablen x lassen sich diese Verfahren beispielsweise allgemein darstellen in der Form

$$\tilde{u}^{(k+1)}(x) \;:=\; \Phi(\tilde{u}^{(k)}(x), \Delta t) + \Delta t g(x).$$

Dabei approximiert $\tilde{u}^{(k)}(x)$ die unbekannte Funktion $u(t, x)$ für $t = t_0 + k\Delta t \leq T$, $k = 1, 2, \ldots$. Die Diskretisierung in x-Richtung mit Schrittweite Δx ist der Übersicht halber hier nicht explizit angegeben, lediglich das Verhältnis $\lambda = \Delta t / \Delta x$ soll konstant sein (vgl. z. B. ↗ Friedrichs-Schema). Ein solches Verfahren heißt dann konsistent, falls

$$\sup_{0\le t\le T} \frac{||\Phi(u(x), \Delta t) - u(t+\Delta t, x)||}{\Delta t} \to 0$$

für $\Delta t \to 0$ (mit geeignet gewählter Norm).

[1] Stoer, J.; Bulirsch, R.: Einführung in die Numerische Mathematik II. Springer-Verlag, Berlin, 1978.

konstante Abbildung, eine ↗Abbildung, deren Bild aus genau einem Element des Bildbereichs besteht.

konstante Garbe, Untergarbe der Garbe $\mathcal{O}$ der Keime der holomorphen Funktionen.

Sei $B \subset \mathbb{C}^n$ ein Bereich und $M_W = \mathbb{C}$ und $r_V^W = id_{\mathbb{C}}$ für alle offenen Teilmengen $V, W \subset B$. Dann ist $\{M_W, r_V^W\}$ ein Garbendatum von $\mathbb{C}$-Algebren, speziell sogar von Körpern. Sei $\mathcal{A}$ die zugehörige Garbe. Es ist $(W_1, c_1) \overset{\zeta}{\sim} (W_2, c_2)$ für zwei Repräsentanten eines Elementes aus dem Halm $\mathcal{A}_\zeta$ genau dann, wenn $c_1 = c_2$, d. h. es ist $\mathcal{A}_\zeta = \mathbb{C}$ für alle $\zeta \in B$. Ist $s \in \Gamma(W, \mathcal{A})$ und $\zeta \in W$, so liegt $c := s(\zeta)$ in $\mathcal{A}_\zeta = \mathbb{C} = M_W$, und es ist $rc(\zeta) = c = s(\zeta)$ für den Isomorphismus von $\mathbb{C}$-Algebren $r : M_W \to \Gamma(W, \mathcal{A})$. Es gibt dann eine Umgebung $V(\zeta) \subset W$ mit $s \mid V = rc \mid V$, d. h. $s(\zeta) = c$ für $\zeta \in V$. Man kann s als eine lokal konstante komplexe Funktion auffassen.

Man bezeichnet $\mathcal{A}$ als die konstante Garbe der komplexen Zahlen. Offensichtlich ist $\mathcal{A}$ eine Untergarbe der Garbe $\mathcal{O}$ der Keime der holomorphen Funktionen auf B.

Konstanten der Mathematik, Zahlen mit einer gewissen universellen Bedeutung, die in vielen, auf den ersten Blick teilweise erstaunlichen Zusammenhängen in Mathematik und Natur auftreten, wie die Kreiszahl ↗$\pi = 3.14159\ldots$, die Eulersche Zahl ↗$e = 2.71828\ldots$, die Zahl $\tau = 1.61803\ldots$ des ↗goldenen Schnitts, die Euler-Mascheroni-Konstante (↗Eulersche Konstante) $\gamma = 0.57721\ldots$ und die Feigenbaum-Konstante $\delta = 4.66920\ldots$.

So läßt sich π als Verhältnis des Kreisumfangs zum Kreisdurchmesser definieren (wobei es keine selbstverständliche, sondern eine beweiswürdige Tatsache ist, daß dieses Verhältnis konstant, d. h. für alle Kreise gleich, ist) oder als Doppeltes der kleinsten positiven Nullstelle der Cosinusfunktion, und e völlig unabhängig davon als Wert der Exponentialfunktion an der Stelle 1, also

$$e = \sum_{n=0}^{\infty} \frac{1}{n!}.$$

Die beiden Zahlen sind aber durch die Euler-Formel $e^{i\pi} + 1 = 0$ miteinander und mit den grundlegenden Zahlen 0, 1, i verbunden und hängen beispielsweise auch über die ↗Eulersche Γ-Funktion durch

$$\sqrt{\pi} = \Gamma\left(\frac{1}{2}\right) = \int_0^\infty \frac{dx}{e^x \sqrt{x}}$$

zusammen. Für e gelten ferner die überraschenden Beziehungen $e = \lim_{n\to\infty} \left(1 + \frac{1}{n}\right)^n$ und $e = \lim_{n\to\infty} \frac{n}{\sqrt[n]{n!}}$, und $\frac{1}{e}$ ist die Wahrscheinlichkeit dafür, daß bei einer zufälligen Verteilung von N Elementen auf N Plätze kein Element an einem vorgegebenen Platz landet.

$$\tau = \frac{1}{2}(\sqrt{5} + 1)$$

ist der Grenzwert des Verhältnisses zweier aufeinanderfolgender Fibonacci-Zahlen, die Leonardo von Pisa (genannt Fibonacci) bei seinen Überlegungen zur Fortpflanzung von Kaninchen einführte, und die auch in der Botanik beim Wachstum von Blättern und Blüten zu beobachten sind.

Die Eulersche Konstante

$$\gamma = \lim_{n\to\infty} \left(\sum_{k=1}^{n} \frac{1}{k} - \ln n \right)$$

läßt sich auf vielerlei Weise als Integral schreiben, z. B. $\gamma = -\int_0^\infty e^{-x} \ln x \, dx$ oder $\gamma = \int_0^1 \ln \ln x \, dx$, und tritt an unterschiedlichsten Stellen der Mathematik, insbesondere in der Zahlentheorie, auf. So hat 1838 Peter Gustav Lejeune-Dirichlet gezeigt, daß die Anzahl der Teiler der Zahlen $1, \ldots, n$ die Größe

$$n \ln n + (2\gamma - 1)n + O(\sqrt{n})$$

hat.

δ läßt sich beim Übergang verschiedenster dynamischer Systeme von der Ordnung ins Chaos beobachten. Dieser Übergang ist gekennzeichnet durch Periodenverdopplungen des dynamischen Systems bei Variation der Parameter. Das Parameterverhältnis aufeinanderfolgender Periodenverdopplungen konvergiert dabei gegen δ.

Konstantenregel, eine der ↗Differentiationsregeln.

Die Konstantenregel besagt, daß für eine Zahl α und eine an einer Stelle x differenzierbare Funktion f auch die Funktion αf an der Stelle x differenzierbar ist mit $(\alpha f)'(x) = \alpha f'(x)$. Dies gilt sowohl für Funktionen $f : D \to \mathbb{R}$ oder $\to \mathbb{C}$ mit $x \in D \subset \mathbb{R}$ oder $\subset \mathbb{C}$, als auch allgemeiner für $f : D \to \mathbb{R}^m$ mit $D \subset \mathbb{R}^n$ bzw. für Funktionen zwischen normierten Vektorräumen. Es folgt $(\alpha f)' = \alpha f'$ für differenzierbare Funktionen f. Zusammen mit der ↗Summenregel ergibt sich die Linearität des Differentialoperators.

Konstantsummenspiel, ein n-Personen-Spiel in Normalform, sofern für die Gewinnfunktionen g_i und jede Strategie x der Wert

$$\sum_{i=1}^{n} g_i(x) = c$$

konstant ist.

Mathematisch sind diese Spiele wie Nullsummenspiele zu behandeln.

konstruierbare Mengen, zu einer ↗algebraischen Menge X das kleinste System von Teilmengen, das alle offenen und abgeschlossenen Mengen enthält und gegenüber (endlicher) Vereinigungen und (endlicher) Durchschnittsbildung abgeschlossen ist.

Dazu gehören insbesondere lokal abgeschlossene Mengen $F_1 \setminus F_2$ (F_1, F_2 abgeschlossen). Jede konstruierbare Menge ist Vereinigung endlich vieler irreduzibler lokal abgeschlossener Mengen.

Ist $X \xrightarrow{\varphi} Y$ ein Morphismus algebraischer Varietäten, so ist $\varphi(X) \subset Y$ eine konstruierbare Menge.

Konstruktibilitätsaxiom, von ZFC unabhängiges Axiom der ↗axiomatischen Mengenlehre, das besagt, daß die Klasse der konstruktiblen Mengen $\mathbf{L}$ mit der Klasse aller Mengen $\mathbf{V}$ identisch ist, d. h., $\mathbf{L} = \mathbf{V}$.

Die formale Definition von $\mathbf{L}$ benötigt einige Vorbereitung. Zunächst wird für jede Menge A und jede natürliche Zahl n eine Menge $\mathrm{Df}(A,n)$ definiert, mit dem Ziel, daß $\mathrm{Df}(A,n)$ genau aus allen n-stelligen ↗Relationen auf A besteht, die sich durch eine auf A relativierte mengentheoretische Formel in n Variablen ausdrücken läßt (↗Relativierung einer mengentheoretischen Formel). Dazu wird $\bigcup_{n\in\omega} \mathrm{Df}(A,n)$ als die kleinste Menge konstruiert, die bestimmte einfache Relationen enthält und unter Durchschnitt-, Komplement- und Projektionsbildung (entsprechend der logischen Operationen $\wedge, \neg, \bigvee$) abgeschlossen ist.

Zum Verständnis der folgenden formalen Definition der Mengen $\mathrm{Df}(A,n)$ ist zu beachten, daß die Menge A^n mit der Menge $\mathcal{F}(n,A)$ der ↗Abbildungen von $n = \{0,\dots,n-1\}$ nach A identisch ist (↗Verknüpfungsoperationen für Mengen).

Für jede natürliche Zahl $n \in \omega$ (↗Kardinalzahlen und Ordinalzahlen) wird definiert:

$\mathrm{Proj}(A,R,n) := \{s \in A^n : \bigvee_{t\in R} (t|n = s)\}$ für jede Menge $R \subseteq \bigcup_{m\geq n} A^m$.

$\mathrm{Diag}_\in(A,n,i,j) := \{s \in A^n : s(i) \in s(j)\}$ und $\mathrm{Diag}_=(A,n,i,j) := \{s \in A^n : s(i) = s(j)\}$ für alle $i,j \in \omega$ mit $i,j < n$. $\mathrm{Diag}_\in(A,n,i,j)$ bzw. $\mathrm{Diag}_=(A,n,i,j)$ besteht also aus allen Elementen aus A^n, deren i-te Komponente in der j-ten Komponente als Element enthalten ist bzw. mit der j-ten Komponente übereinstimmt.

$$\begin{aligned}
\mathrm{Df}'(0,A,n) &:= \{\mathrm{Diag}_\in(A,n,i,j) : i,j < n\} \\
&\quad \cup \{\mathrm{Diag}_=(A,n,i,j) : i,j < n\}, \\
\mathrm{Df}'(k+1,A,n) &:= \mathrm{Df}'(k,A,n) \\
&\quad \cup \{A^n \setminus R : R \in \mathrm{Df}'(k,A,n)\} \\
&\quad \cup \{R \cap S : R,S \in \mathrm{Df}'(k,A,n)\} \\
&\quad \cup \{\mathrm{Proj}(A,R,n) : R \in \mathrm{Df}'(k,A,n+1)\}.
\end{aligned}$$

Hierbei handelt es sich um eine rekursive Definition bezüglich $k \in \omega$.

Schließlich sei $\mathrm{Df}(A,n) := \bigcup_{k\in\omega} \mathrm{Df}'(k,A,n)$.

Für $R,S \in \mathrm{Df}(A,n)$ gilt dann tatsächlich, daß $A^n \setminus R \in \mathrm{Df}(A,n)$ und $R \cap S \in \mathrm{Df}(A,n)$ sowie $\mathrm{Proj}(A,R,n) \in \mathrm{Df}(A,n)$ für $R \in \mathrm{Df}(A,n+1)$.

Mit Hilfe der Mengen $\mathrm{Df}(A,n)$ wird nun die definierbare Potenzmenge der Menge A erklärt. Sie wird mit $\mathcal{D}(A)$ bezeichnet. $\mathcal{D}(A)$ besteht aus allen Teilmengen von A, die mit Hilfe einer endlichen Anzahl von Elementen aus A durch eine auf A relativierte mengentheoretische Formel definiert werden können. Die formale Definition lautet:

$$\mathcal{D}(A) := \left\{ X \subseteq A : \bigvee_{n\in\omega} \bigvee_{s\in A^n} \bigvee_{R\in\mathrm{Df}(A,n+1)} X = \{x \in A : (s(0),\dots,s(n),x) \in R\} \right\},$$

das heißt, die Elemente von $\mathcal{D}(A)$ sind genau die Teilmengen von A, deren Elemente als letzte Komponente in $(n+1)$-Tupeln auftreten, die ihrerseits zu einer Relation aus $\mathrm{Df}(A,n+1)$ gehören.

Schließlich wird durch transfinite Rekursion zu jeder Ordinalzahl α eine Menge $L(\alpha)$ definiert: $L(0) := 0$, $L(\alpha+1) := \mathcal{D}(L(\alpha))$, $L(\alpha) := \bigcup_{\beta<\alpha} L(\beta)$, falls α eine Limesordinalzahl ist. Die Klasse der konstruktiblen Mengen ist dann die Vereinigung der $L(\alpha)$: $\mathbf{L} := \bigcup_{\alpha\in\mathbf{ON}} L(\alpha)$. Die Elemente von $\mathbf{L}$ heißen entsprechend konstruktible Mengen.

konstruktible Menge, ↗Konstruktibilitätsaxiom.

Konstruktion des regulären n-Ecks, ist mit Zirkel und Lineals genau dann möglich, wenn $\phi(n)$ eine Potenz von 2 ist.

Hierbei ist ϕ die ↗Eulersche ϕ-Funktion. Notwendig und hinreichend für diese Bedingung ist, daß alle ungeraden Primzahlen in der Primfaktorzerlegung von n nur in erster Potenz auftreten und jede dieser Primzahlen p_i schreibbar ist als

$$p_i = 2^{2^{k_i}} + 1$$

mit $k_i \in \mathbb{N}_0$. Konstruierbar sind hiermit z. B. das 2,4,5,6,8 und 10-Eck. Nicht konstruierbar sind das 7 und das 9-Eck. Ebenfalls konstruierbar ist das

17-Eck. Ein Weg, explizite Konstruktionen zu finden, besteht darin, mit Hilfe der ↗Galois-Theorie die Struktur des n-ten Kreisteilungskörpers zu untersuchen.

Konstruktion mit Zirkel und Lineal, ist die Aufgabe, ausgehend von endlich vielen gegebenen Punkten $a_1, a_2, \dots, a_n$ in der reellen Ebene weitere Punkte mit gewissen Eigenschaften zu konstruieren.

Das Lineal darf hierbei benutzt werden, um eine Gerade zwischen zwei vorgegeben Punkten a_i und a_j zu ziehen. Der Zirkel darf benutzt werden, um einen Kreis um a_i mit dem Radius gleich der Strecke zwischen a_i und einem weiteren Punkt a_j zu ziehen. Die erhaltenen Schnittpunkte zweier Geraden, zweier Kreise und einer Gerade und eines Kreises sind die neu konstruierten Punkte. Ein Punkt heißt konstruierbar, falls er nach endlich vielen solchen Konstruktionsprozessen als Schnittpunkt erhalten werden kann.

Führt man kartesische Koordinaten ein und gibt die Punkte durch ihre Koordinaten, so können die Koordinaten eines konstruierbaren Punkts durch eine Abfolge von rationalen Operationen und Quadratwurzelziehen aus den Koordinaten der Ausgangspunkte ermittelt werden. Genauer gilt: Der Punkt x ist genau dann konstruierbar, falls seine Koordinaten in einer ↗Galois-Erweiterung vom Grad 2^m ($m \in \mathbb{N}_0$) über dem Körper, der durch die Ausgangskoordinaten definiert ist, liegt. Daraus folgt, daß weder das ↗Delische Problem der Würfelverdoppelung, noch die Dreiteilung eines beliebigen Würfels, noch die ↗Quadratur des Kreises durch Zirkel und Lineal lösbar sind. Desweiteren liefert dies auch eine Aussage, genau für welche n eine ↗Konstruktion des regulären n-Ecks möglich ist. Man vergleiche hierzu auch ↗Galois-Theorie.

Konstruktion von transzendenten Zahlen, Methode zur expliziten Gewinnung transzendenter Zahlen durch Kettenbrüche.

Ist $x = [a_0, a_1, \dots]$ der unendliche, regelmäßige Kettenbruch einer reellen Zahl x, und ist

$$\frac{p_n}{q_n} = [a_0, \dots, a_n]$$

der n-te Näherungsbruch, so impliziert der Liouvillesche Approximationssatz, daß

$$\limsup_{n\to\infty} \frac{\log a_{n+1}}{\log q_n} = \infty$$

eine hinreichende Bedingung für die Transzendenz von x ist. Daher lassen sich transzendente Zahlen dadurch gewinnen, daß man unendliche Kettenbrüche mit genügend schnell anwachsenden Folgen von Teilnennern (a_n) definiert. Beispielsweise definiert für beliebiges Anfangsglied $a_0 \in \mathbb{Z}$ und eine beliebige Grundzahl $g \in \mathbb{Z}$, $g \geq 2$, der Kettenbruch

$$[a_0, g^{1!}, g^{2!}, \dots, g^{n!}, \dots]$$

eine transzendente reelle Zahl.

konstruktive Mathematik, ↗ mathematische Logik.

Kontaktdiffeomorphismus, Diffeomorphismus einer ↗Kontaktmannigfaltigkeit, dessen Ableitung das ↗Hyperebenenfeld invariant läßt.

Kontaktebene, zweidimensionaler Spezialfall einer ↗Kontakthyperebene.

Kontaktelement, ein Unterraum der Kodimension 1 in einem gegebenen Tangentialraum einer beliebigen differenzierbaren Mannigfaltigkeit.

Kontaktform, eine 1-Form im Kotangentialraum einer ↗Kontaktmannigfaltigkeit, deren Kern identisch mit dem Wert des ↗Hyperebenenfeldes am betreffenden Punkt ist.

Kontaktformenfeld, eine 1-Differentialform ϑ auf einer differenzierbaren Mannigfaltigkeit ungerader Dimension $2k + 1$, für die die $(2k + 1)$-Differentialform $\vartheta \wedge (d\vartheta)^{\wedge n}$ nicht verschwindet.

Kontaktgeometrie, differentialgeometrische Untersuchung der ↗Kontaktmannigfaltigkeiten.

Eine Kontaktmannigfaltigkeit ist eine differenzierbare Mannigfaltigkeit ungerader Dimension $2n + 1 \geq 3$, die mit einem Unterbündel $\mathcal{E}$ der Kodimension 1 ihres Tangentialbündels TM ausgestattet ist, das ‚maximal nichtintegrabel' ist in dem Sinne, daß die Lie-Klammer zweier Vektorfelder X, Y, die beide Werte in $\mathcal{E}$ annehmen, modulo $\mathcal{E}$ ein nichtentartetes antisymmetrisches Bilinearformenfeld $\mathcal{E} \times \mathcal{E} \to TM/\mathcal{E}$ definiert. Das Unterbündel $\mathcal{E}$ wird Kontaktstuktur oder nichtentartetes ↗Hyperebenenfeld genannt. Die Bezeichnung ‚Kontaktstruktur' rührt vom wichtigsten Beispiel der Kontaktgeometrie her, der Mannigfaltigkeit aller Kontaktelemente einer beliebig gegebenen differenzierbaren Mannigfaltigkeit N, PT^*N: Ein ↗Kontaktelement bezeichnet einen beliebigen Unterraum der Kodimension 1 in einem beliebigen Tangentialraum am Kontaktpunkt $n \in N$ (wobei die Vorstellung zugrundeliegt, daß dieser Unterraum potentiell eine durch n gehende Untermannigfaltigkeit von N berühren kann). Diese Mannigfaltigkeit aller Kontaktelemente trägt eine kanonische Kontaktstruktur.

Die Kontaktgeometrie ist eng verknüpft mit der ↗symplektischen Geometrie, da durch Hinzufügung einer Dimension für jede Kontakmannigfaltigkeit $(M, \mathcal{E})$ eine kanonische Symplektifizierung als exaktsymplektische Untermannigfaltigkeit des ↗Kotangentialbündels von M existiert. Die Symplektifizierung der Mannigfaltigkeit aller Kontaktelemente von N beispielsweise ist identisch mit dem Kotangentialbündel von N (ohne den Nullschnitt). Dies erlaubt die Zurückführung vieler kontaktgeometrischer Untersuchungen auf symplektische; ferner gibt es symplektische Analoga in der Kontaktgeometrie, wie etwa die ↗Legendreschen Untermannigfaltigkeiten, die den ↗Lagrangeschen Untermannigfaltigkeiten von symplektischen Mannigfaltigkeiten entsprechen. Das Analogon des Satzes von Darboux, der die lokale Äquivalenz aller gleichdimensionalen symplektischen Mannigfaltigkeiten beinhaltet (↗Darboux-Koordinaten) ist der Kontaktsatz von Darboux, der ebenfalls die lokale Äquivalenz aller Kontaktmannigfaltigkeiten gleicher Dimension garantiert.

Andererseits erlauben symplektische Mannigfaltigkeiten unter gewissen Voraussetzungen wiederum Kontaktifizierungen, die zum Beispiel als $U(1)$-Hauptfaserbündel über der gegebenen symplektischen Mannigfaltigkeit auftauchen, etwa das Unterbündel derjenigen Elemente des komplexen Geradenbündels der ↗geometrischen Quantisierung, auf denen die Fasermetrik den Wert 1 hat. Ein weiteres Beispiel ist die Mannigfaltigkeit der 1-Jets über einer gegebenen Mannigfaltigkeit N, $J^1(N, \mathbb{R})$, die T^*N kontaktifiziert.

Die Kontaktgeometrie bietet für mehrere Begriffsbildungen des 19. Jahrhunderts einen konzeptuellen Rahmen, so zum Beispiel für die ↗Legendre-Involution (die wichtig für die Definition der ↗Legendre-Transformierten ist) oder die Methode der Charakteristiken für die Lösung partieller Differentialgleichungen.

In neuerer Zeit werden Kontaktmannigfaltigkeiten, insbesondere ↗Legendresche Faserbündel, zur Beschreibung von Strahlensystemen und ihrer Singularitäten nach V.I.Arnold verwendet. Ferner ist die Konstruktion vor allem kompakter Kontaktmannigfaltigkeiten technisch einfacher als die Konstruktion kompakter symplektischer Mannigfaltigkeiten, was sich um Beispiel darin niederschlägt, daß jede kompakte orientierbare dreidimensionale Mannigfaltigkeit eine Kontaktstruktur besitzt (J. Martinet 1971), oder in der Tatsache, daß die zusammenhängende Summe zweier gleichdimensionaler Kontaktmannigfaltigkeiten wieder mit einer Kontaktstruktur versehen ist (C. Meckert 1982, A. Weinstein 1991). Hier schließen sich auch Zusammenhänge mit der Frage nach geschlossenen charakteristischen Bahnen auf Hyperflächen vom Kontakttyp von symplektischen Mannigfaltigkeiten an.

[1] Arnold, V.I.: Mathematische Methoden der Klassischen Mechanik. Birkhäuser Basel, 1988.

[2] Libermann, P.; Marle, C.-M.: Symplectic Geometry and Analytic Mechanics. D.Reidel Dordrecht, 1987.

[3] Thomas, C.B., Hrsg.: Contact and Symplectic Geometry. Cambridge University Press, 1996.

Kontakt-Hamilton-Funktion, reellwertige C^∞-Funktion H, die einem ↗Kontaktvektorfeld K auf einer Pfaffschen Kontaktmannigfaltigkeit (M, ϑ) durch die Formel $H = \vartheta(K)$ zugeordnet wird.

H läßt sich über die ↗ω-Einbettung eindeutig als Funktion $\tilde{H}$ auf der ↗Symplektifizierung $\tilde{M}$ fortsetzen, die homogen vom Grade 1 ist. Die ↗Symplektifizierung des Kontaktvektorfeldes K ist dann ↗Hamilton-Feld von $\tilde{H}$.

Kontakthyperebene, Wert des ↗Hyperebenenfeldes an einem gegebenen Punkt einer ↗Kontaktmannigfaltigkeit.

Kontaktifizierung einer symplektischen Mannigfaltigkeit, Konstruktion einer ↗Kontaktmannigfaltigkeit U aus einer gegebenen ↗symplektischen Mannigfaltigkeit (M, ω) mit exakter symplektischer Form $\omega = -d\vartheta$ in folgender Weise: Auf dem kartesischen Produkt $U := \mathbb{R} \times M$ wird die 1-Form $dt - \vartheta$ zu einem globalen Kontaktformenfeld.

Falls die symplektische 2-Form ω nicht exakt ist, sondern lediglich ein reelles Vielfaches einer ganzzahligen Kohomologieklasse definiert, so läßt sich M stets durch ein Kreisbündel U mit Zusammenhang über M kontaktifizieren, wobei das Hyperebenenfeld durch das Horizontalbündel des Zusammenhangs definiert wird.

Kontaktmannigfaltigkeit, differenzierbare Mannigfaltigkeit M, die mit einem nichtentarteten ↗Hyperebenenfeld ausgestattet ist; M wird exakte Kontaktmannigfaltigkeit genannt, wenn es ein globales ↗Kontaktformenfeld gibt, dessen Kern das Hyperebenenfeld angibt.

Kontaktmannigfaltigkeiten sind Gegenstand der ↗Kontaktgeometrie. Ein einfaches Beispiel wird durch $\mathbb{R}^{2n+1}$ gegeben, dessen Kontaktstruktur durch den Kern der 1-Form

$$dt - \sum_{i=1}^{n} p_i dq_i$$

in den Koordinaten $(t, q_1, \dots, q_n, p_1, \dots, p_n)$ definiert wird. Weitere Beispiele sind die Mannigfaltigkeit aller Kontaktelemente einer gegebenen Mannigfaltigkeit und die ↗Kontaktifizierung einer symplektischen Mannigfaltigkeit.

Kontaktpunkt, Fußpunkt eines ↗Kontaktelementes.

Kontaktstruktur, nichtentartetes ↗Hyperebenenfeld auf einer differenzierbaren Mannigfaltigkeit, die so zu einer ↗Kontaktmannigfaltigkeit wird.

Kontaktvektor, Tangentialvektor an die Symplektifizierung $\tilde{M}$ einer Kontaktmannigfaltigkeit M, dessen Bild unter der Ableitung der Projektion $\tilde{M} \to M$ in der entsprechenden ↗Kontakthyperebene liegt.

Kontaktvektorfeld, Vektorfeld X auf einer ↗Kontaktmannigfaltigkeit M, dessen lokaler Fluß ein lokaler ↗Kontaktdiffeomorphismus ist.

Äquivalent dazu ist die Aussage, daß die Lie-Klammer von X mit jedem Vektorfeld, das seine Werte ausschließlich im ↗Hyperebenenfeld von M annimmt, wiederum nur Werte im Hyperebenenfeld annimmt. Die Menge aller Kontaktvektorfelder bildet eine Lie-Algebra.

Kontaktwinkel, ↗Kapillarfläche.

kontextfreie Grammatik, ↗ Grammatik.

kontextsensitive Grammatik, ↗ Grammatik.

Kontingenz, Abhängigkeitsmaß zur Beschreibung des Zusammenhangs zwischen Zufallsgrößen (↗Assoziationsmaß, ↗Kontingenztafel).

Kontingenztafel, *Kreuztabelle*, *Kreuztafel*, tabellarische Darstellung von zweidimensionalen Häufigkeitsverteilungen, meist zur Beurteilung von (Schein-)korrelationen.

Bei der Berechnung von Korrelationen zwischen verschiedenen Merkmalen muß man darauf achten, daß die Merkmale in einem sachlogischen Zusammenhang stehen, da sonst inhaltlich unsinnige Korrelationen bestimmt werden können. Für nominal skalierte Merkmale verwendet man dabei oft Kontingenztafeln.

Seien (X, Y) ein Paar diskreter Merkmale mit dem Wertebereich $\mathcal{X} = \{a_1, \dots, a_k\}$ bzw. $\mathcal{Y} = \{b_1, \dots, b_m\}$ und (x_i, y_i), $i = 1, \dots, N$ eine Stichprobe von (X, Y). Dann hat die Kontingenztafel folgende Gestalt:

$X\backslash Y$	b_1	$\cdots$	b_j	$\cdots$	b_m	Summe
a_1	H_{11}	$\cdots$	H_{1j}	$\cdots$	H_{1m}	$H_{1\bullet}$
.	.	$\cdots$	.	$\cdots$	.	.
.	.	$\cdots$	.	$\cdots$	.	.
.	.	$\cdots$	.	$\cdots$	.	.
a_i	H_{i1}	$\cdots$	H_{ij}	$\cdots$	H_{im}	$H_{i\bullet}$
.	.	$\cdots$	.	$\cdots$	.	.
.	.	$\cdots$	.	$\cdots$	.	.
.	.	$\cdots$	.	$\cdots$	.	.
a_k	H_{k1}	$\cdots$	H_{kj}	$\cdots$	H_{km}	$H_{k\bullet}$
Summe	$H_{.1}$	$\cdots$	$H_{.j}$	$\cdots$	$H_{.m}$	$N = H_{\bullet\bullet}$

Dabei sind H_{ij} die Anzahl von Beobachtungspaaren (x_l, y_l) mit $x_l = a_i$ und $y_l = b_j$. H_{ij} wird auch als absolute Zellhäufigkeit bezeichnet. Die Gesamtheit $(H_{ij})_{i=1,\dots,k}^{j=1,\dots,m}$ bildet die zweidimensionale absolute Häufigkeitsverteilung von (X, Y). Die jeweiligen Zeilen- und Spaltensummen liefern die Randhäufigkeiten

$$H_{i.} = \sum_{j=1}^{m} H_{ij}\,, \quad H_{.j} = \sum_{i=1}^{m} H_{ij}\,,$$

die die absolute Häufigkeitsverteilung von X bzw. Y bilden. Die obige Tabelle wird auch als (k, m)-Tafel bezeichnet. Auch stetige Variablen können in Kreuztabellen dargestellt werden, indem man vorher eine ↗Klasseneinteilung der Wertebereiche $\mathcal{X}$ und $\mathcal{Y}$ durchführt. An die Stelle der Werte a_i und b_j treten dann die Klassen K_i^X und K_j^Y.

Die statistische Fragestellung in Kontingenztafeln besteht in der Untersuchung des Zusammenhangs zwischen den beiden Variablen X und Y. Dazu sind statistische Maßzahlen und spezielle Hypothesentests entwickelt worden. Durch Hypothesentests kann man die Aussagen überprüfen. Die verwendeten Maßzahlen und Teststatistiken hängen vom Skalentyp der Variablen ab. Wenn beide Variablen mindestens ordinalskaliert sind, verwendet man ↗Korrelationskoeffizienten. Diese messen nicht nur die Abhängigkeit, sondern auch die Richtung der Abhängigkeit beider Variablen. Ist eine der beiden Variablen nur nominalskaliert, so gibt es keine Ordnung in den Daten und damit keine Orientierung mehr. In diesem Fall werden ↗Assoziationsmaße verwendet, die die Stärke der Abhängigkeit beider Variablen ohne Orientierung messen. Bei diesen Maßen wird stets die absolute Zell-Häufigkeit H_{ij}^E berechnet, die man bei Unabhängigkeit von X und Y erwarten kann, und mit der beobachteten Zellhäufigkeit H_{ij} verglichen.

Bei Unabhängigkeit gilt folgender Zusammenhang zwischen der gemeinsamen Verteilung $p_{ij} = P(X = a_i \text{ und } Y = b_j)$ und den Randverteilungen $p_{i.} = P(X = a_i)$ und $p_{.j} = P(Y = b_j)$:

$$p_{ij} = p_{i.}p_{.j}\,.$$

Daraus ergibt sich unter Beachtung der Approximation der Wahrscheinlichkeiten durch die relativen Häufigkeiten

$$\frac{H_{ij}}{n} \approx \left(\frac{H_{i.}}{n}\right)\left(\frac{H_{.j}}{n}\right)$$

und folglich

$$H_{ij} \approx \frac{H_{i.}H_{.j}}{n} \;=:\; H_{ij}^E\,.$$

Typische Maße zur Bewertung der Unabhängigkeit (Assoziation) von X und Y basieren auf dem sogenannten χ^2-Abstand

$$\chi^2 = \sum_{i=1}^{k}\sum_{j=1}^{m} \frac{(H_{ij}^B - H_{ij}^E)^2}{H_{ij}^E}\,,$$

wobei $H_{ij}^B := H_{ij}$ für die beobachtete Häufigkeit steht. Diese Größe ist approximativ χ^2-verteilt (woraus sich ihr Name ergibt) und wird in Assoziationsmaßen und im ↗ χ^2-Unabhängigkeitstest verwendet. Typische Assoziationsmaße sind der Kontingenzkoeffizient und Cramers V-Koeffizient.

Kontingenztafelkoeffizient, Koeffizient einer ↗Kontingenztafel.

kontinuierliche Wavelet-Transformation, die durch Formel (1) gegebene Integraltransformation.

Eine Funktion $\psi \in L_2(\mathbb{R})$ mit $\|\psi\| = 1$, die die Zulässigkeitsbedingung

$$2\pi \int_{\mathbb{R}} \frac{|\psi(\zeta)|^2}{|\zeta|} d\zeta =: C_\psi < \infty$$

erfüllt, heißt Wavelet. Ist ein Wavelet ψ fest gewählt, so nennt man

$$Wf(a,b) := |a|^{-\frac{1}{2}} \int_{\mathbb{R}} f(x) \cdot \psi\left(\frac{x-b}{a}\right) dx \qquad (1)$$

für $a \in \mathbb{R} \setminus \{0\}$, $b \in \mathbb{R}$ die Wavelet-Transformation von $f \in L_2(\mathbb{R})$ zum Wavelet ψ. Für $f \in L_2(\mathbb{R})$ ist die Wavelet-Transformierte $f \mapsto Wf$ eine bijektive Abbildung. Ähnlich wie bei der Fouriertransformation gibt es auch hier eine inverse Transformation.

Bei der Fouriertransformation wird eine Funktion in Frequenzanteile zerlegt, jedoch ist keine Ortsinformation verfügbar, da die verwendeten Basisfunktionen $\{e^{ikx}, k \in \mathbb{Z}\}$ keinen Ort, sondern nur die Frequenz auszeichnen. Mit Hilfe der Wavelettransformation wird eine Funktion ebenfalls in verschiedene Frequenzbänder zerlegt. Die Familie

$$\{\psi_{a,b}(t) | a \in \mathbb{R} \setminus \{0\}, b \in \mathbb{R}\}$$

von Funktionen, bezüglich derer zerlegt wird, ist durch eine einzige Funktion ψ, das Wavelet („Wellchen"), festgelegt. Im Gegensatz zur Fouriertransformation ist hier neben der Frequenz noch ein zweiter Parameter, der die Ortsinformation darstellt, vorhanden. Daher enthält die Wavelettransformation einer Funktion sowohl Orts- als auch Zeitinformation.

kontinuierliches dynamisches System, ein ↗dynamisches System, in dem Änderungen zu jedem beliebigen Zeitpunkt erfolgen können.

Kontinuitätsgleichung der Elektrodynamik, Spezialisierung der Kontinuitätsgleichung auf den Fall des elektrischen Stroms.

Allgemein ist eine Kontinuitätsgleichung die differentielle Form eines Erhaltungssatzes. Sei also ϱ eine Dichte (z. B. Ladungsdichte) und j der zugehörige Stromvektor. Dann gilt

$$\frac{\partial \varrho}{\partial t} + \operatorname{div} j = 0 .$$

In Worten: Die Summe aus der zeitlichen Ladungsänderung in einem Gebiet plus der Divergenz des entsprechenden herausfließenden Stroms ist gleich Null.

Anwendungen gibt es vor allem bei der Berechnung des Wechselstromwiderstands (Impedanz), wobei allgemein der Widerstand durch $R = \frac{U}{I}$ berechnet wird. U ist hierbei die Spannung, I die Stromstärke.

Kontinuitätsgleichung der Magnetostatik, Spezialisierung der Kontinuitätsgleichung auf den Fall des zeitlich konstanten Magnetfelds (↗Kontinuitätsgleichung der Elektrodynamik).

Kontinuitätsprinzip, *Permanenzprinzip*, klassisches Postulat der algebraischen Geometrie. Es besagt, daß die geometrische Natur eines Nullstellengebildes $V(\{f_i\})$ bei Variation der Koeffizienten seiner definierenden Polynome f_i „fast immer" dieselbe ist. An dem folgenden Beispiel soll dies erläutert werden:

Für $\varepsilon \in \mathbb{R} \setminus \{0\}$ betrachtet man die algebraische Menge (Nullstellengebilde) $X^{(\varepsilon)} := V(z_1^2 + z_2^2 - \varepsilon)$ in $\mathbb{C}^2$ und das entsprechende reelle Nullstellengebilde $X_{\mathbb{R}}^{(\varepsilon)} := X^{(\varepsilon)} \cap \mathbb{R}^2$. $X_{\mathbb{R}}^{(\varepsilon)}$ versteht man einfach, denn es gilt

$$X_{\mathbb{R}}^{(\varepsilon)} = \begin{cases} \text{Kreis mit Radius } \sqrt{\varepsilon}, & \text{falls } \varepsilon > 0 \\ \emptyset, & \text{falls } \varepsilon < 0. \end{cases}$$

Um sich auch ein geometrisches Bild von $X^{(\varepsilon)}$ zu machen, identifiziert man $\mathbb{C}^2$ mit $\mathbb{R}^4$ (d. h., $(z_1, z_2) \in \mathbb{C}^2$ wird identifiziert mit $(x_1, x_2, y_1, y_2) \in \mathbb{R}^4$) und faßt $X^{(\varepsilon)}$ als Menge im $\mathbb{R}^4$ auf. Außerdem konstruiert man einen Homöomorphismus

$$\varphi^{(\varepsilon)} : X^{(\varepsilon)} \overset{\approx}{\to} H^{(\varepsilon)} \subseteq \mathbb{R}^3$$

von $X^{(\varepsilon)}$ auf eine einfache Fläche im $\mathbb{R}^3$.

$$H^{(\varepsilon)} = \{(u, v, w) \in \mathbb{R}^3 \mid u^2 + v^2 - w^2 - |\varepsilon| = 0\}$$

entsteht, indem man die in der (u, w)-Ebene liegende Hyperbel $u^2 - w^2 - |\varepsilon| = 0$ um die w-Achse rotieren läßt, ist also ein einschaliges Rotationshyperboloid, dessen Achse die w-Achse ist. $H^{(\varepsilon)}$ ist also ein topologisch treues Bild von $X^{(\varepsilon)}$. Da für $\varepsilon > 0$ offenbar $H^{(\varepsilon)} = H^{(-\varepsilon)}$ ist, sind also $X^{(\varepsilon)}$ und $X^{(-\varepsilon)}$ homöomorph, obwohl es $X_{\mathbb{R}}^{(\varepsilon)}$ und $X_{\mathbb{R}}^{(-\varepsilon)}$ nicht sind.

Für beliebige $\varepsilon \in \mathbb{C} \setminus \{0\}$, und $\delta \in \mathbb{C}$ so, daß $\delta^2 = \varepsilon$, ist die Abbildung $\sigma : \mathbb{C}^2 \to \mathbb{C}^2$, $(z_1, z_2) \mapsto (\delta z_1, \delta z_2)$ ein Homöomorphismus. Daher ist $X^{(\varepsilon)}$ für alle $\varepsilon \in \mathbb{C} \setminus \{0\}$ zu $X^{(1)}$ homöomorph, hat also „für fast alle ε" die topologische Gestalt von $H^{(1)}$, und damit ist das Kontinuitätsprinzip erfüllt.

Daß sich die geometrische Natur eines Nullstellengebildes bei Variation der Koeffizienten ändern kann, sieht man nun leicht, wenn man $X^{(\varepsilon)}$ für $\varepsilon = 0$ betrachtet. Wegen $z_1^2 + z_2^2 = (z_1 + iz_2)(z_1 - iz_2)$ gilt nämlich

$$X^{(0)} = V(z_1^2 + z_2^2) = V(z_1 + iz_2) \cup V(z_1 - iz_2).$$

In $\mathbb{R}^4$ betrachtet sind $V(z_1 + iz_2)$ und $V(z_1 - iz_2)$ Ebenen, die sich genau im Ursprung treffen. $X^{(0)}$ entspricht also topologisch der Vereinigung zweier sich transversal schneidender Ebenen, ist also sicher nicht zu $H^{(1)}$ homöomorph.

Kontinuumshypothese, *CH*, die Aussage, daß es sich bei der Kardinalität 2^ω der reellen Zahlen (des Kontinuums) um die kleinste überabzählbare Kardinalität handelt.

Man vergleiche hierzu auch ↗ Kardinalzahlen und Ordinalzahlen.

Kontorowitsch-Lebedew-Transformation, eine ↗ Integral-Transformation $f \mapsto F$ für eine Funktion $f \in C^2(0, +\infty)$ mit $x^2 f(x), xf(x) \in L^1(0, +\infty)$, definiert durch

$$F(\tau) := \int_0^\infty K_{i\tau}(x) f(x)\, dx \quad (\tau \geq 0).$$

$K_{i\tau}$ bezeichnet hier die Macdonald-Funktion.

Die zugehörige Inversionsformel lautet:

$$f(x) = \frac{2}{\pi^2 x} \int_0^\infty K_{i\tau}(x) \tau \sinh \pi\tau F(\tau)\, d\tau \quad (x > 0).$$

Kontradiktion, zusammengesetzte Aussage φ eines ↗ logischen Kalküls, die unabhängig von den Wahrheitswerten der Teilaussagen oder -aussageformen von φ schon aufgrund ihrer logischen Struktur stets falsch ist.

Als Kontradiktionen werden auch häufig die Ausdrücke des ↗ Aussagen- oder ↗ Prädikatenkalküls bezeichnet, die durch keine Belegung wahr werden. Das Pendant zur Kontradiktion ist die ↗ Tautologie. Die Negationen der Tautologien sind genau die Kontradiktionen.

kontrahierende Abbildung, ↗ Banachscher Fixpunktsatz.

kontrahierender Unterraum, ↗ hyperbolische lineare Abbildung.

Kontraktion einer Kante, *Zusammenzug einer Kante*, Operation auf einer Kante $k = xy$ in einem ↗ Graphen G, die auf folgende Art und Weise durchgeführt wird.

Die Kante k wird gelöscht, die Ecken x und y werden identifiziert, und eventuell dabei auftretende parallele Kanten werden zu einer Kante vereinigt.

Bezeichnet man den so entstandenen Graphen mit $G^{(k)}$, so gilt natürlich

$$|E(G^{(k)})| = |E(G)| - 1$$

und

$$|K(G^{(k)})| \leq |K(G)| - 1.$$

Ist die Taillenweite $g(G) \geq 4$, so ergibt sich sogar

$$|K(G^{(k)})| = |K(G)| - 1.$$

Kontraktion von Indizes, die Technik, die der ↗ Einsteinschen Summenkonvention zugrundeliegt: Wenn derselbe Index zweimal in verschiedener Position auftritt, wird automatisch über diesen Index summiert.

Beispiel: Ist $i = 1, 2$, dann bedeutet T_i^i dasselbe wie $\Sigma_{i=1}^2 T_i^i = T_1^1 + T_2^2$. Bei Auftreten des Ausdrucks bei T_i^i wird dagegen nicht summiert. Will man bei Gültigkeit der Summenkonvention trotzdem den Ausdruck T_i^i ohne Summation beschreiben, schreibt man: „T_j^i mit $i = j$".

Kontraposition, partielle Aussagenoperation, die jeder ↗ Implikation „*wenn A, so B*" die Aussage „*wenn nicht-B, so nicht-A*" zuordnet.

Bezeichnet $\neg A$ die Negation der Aussage A, dann entsteht aus $A \rightarrow B$ durch Anwendung der Kontraposition die kontraponierte Aussage $\neg B \rightarrow \neg A$, welche oft ebenfalls als Kontraposition von $A \rightarrow B$ bezeichnet wird.

Die kontraponierte Aussage $\neg B \rightarrow \neg A$ darf nicht verwechselt werden mit der Umkehrung $B \rightarrow A$ der Implikation $A \rightarrow B$! Denn für beliebige A, B ist $(A \rightarrow B) \leftrightarrow (\neg B \rightarrow \neg A)$ stets eine Tautologie, hingegen ist $(A \rightarrow B) \leftrightarrow (B \rightarrow A)$ nur in Ausnahmefällen gültig.

Die Aussage $(A \rightarrow B) \leftrightarrow (\neg B \rightarrow \neg A)$ wird in der zweiwertigen Logik häufig als Axiom benutzt. Um eine Implikation zu beweisen, genügt es demzufolge, die Implikation $\neg B \rightarrow \neg A$ nachzuweisen, was aus technischen Gründen oft einfacher ist, da man indirekt vorgehen kann.

kontravariante Funktoren, ↗ Funktor.

kontravariante Tensoren, Tensoren, deren Indizes alle in oberer Position stehen.

Stehen alle Indizes unten, handelt es sich um ↗ kovariante Tensoren, und treten Indizes beider Art auf, nennt man den Tensor gemischtvariant. Die Zahl der Indizes eines Tensors heißt auch seine Stufe. Ein Vektor ist ein kontravarianter Tensor erster Stufe.

kontravariantes Tensorfeld, ein Tensorfeld aus p-stufig ↗ kontravarianten Tensoren.

Ist M eine n-dimensionale Mannigfaltigkeit, und wird jedem Punkt $(x_1, ..., x_n) \in M$ ein p-stufig kontravarianter Tensor zugeordnet, so spricht man von einem p-stufig kontravarianten Tensorfeld auf der Mannigfaltigkeit M.

Kontrollpunkt, Element einer endlichen Menge von Punkten im $\mathbb{R}^d$, die, je nach Anwendung, eine Kurve oder eine Fläche im Raum definieren. Ein Kontrollpunkt einer ↗ Freiformkurve oder ↗ Freiformfläche ist also ein Punkt des Kontrollpolygons, welches von der Kurve bzw. Fläche approximiert wird. Ein prominentes Beispiel dafür sind die Kontrollpunkte von Bézier- und B-Splinekurven bzw. -flächen.

Exemplarisch kann die Wirkungsweise von Kontrollpunkten wie folgt beschrieben werden: Mit einer geeigneten endlichen Indexmenge I wähle man ein Menge $\{b_i\}_{i \in I}$ von Punkten im $\mathbb{R}^d$. Ist $\{B_i\}_{i \in I}$ Basis eines geeigneten Polynom- oder Splineraumes, so stellt die Abbildung

$$P(x) = \sum_{i \in I} b_i B_i(x)$$

die durch die Kontrollpunkte $\{b_i\}_{i \in I}$ definierte Kurve (falls x aus einem eindimensionalen Parametergebiet stammt) bzw. Fläche (falls x aus einem zweidimensionalen Parametergebiet stammt) dar.

Üblicherweise fordert man noch, daß sich die Basisfunktionen $\{B_i\}$ zu Eins summieren und nichtnegativ sind. Ist dies gegeben, so liegt jeder Punkt $P(x)$ in der konvexen Hülle der Kontrollpunkte (↗convex hull property).

Viele Kurven- und Flächenschemata in der ↗geometrische Datenverarbeitung haben die Struktur von affinen Räumen, deren Elemente die jeweiligen Kurven und Flächen sind. Dann haben die Kontrollpunkte die Bedeutung von Koeffizienten bezüglich eines affinen Koordinatensystems. Weiterhin hängt der Kurven- oder Flächenpunkt zu einem festen Parameterwert affin von den Kontrollpunkten ab.

Kontsewitsch, Maxim, russischer Mathematiker, geb. 25.8.1964 Chimki (bei Moskau).

Nach dem Studium an der Moskauer Universität und erster Forschungstätigkeit am dortigen Institut für Probleme der Informationsverarbeitung promovierte Kontsewitsch 1992 an der Universität Bonn. Danach führten ihn Einladungen an die Harvard University, nach Princeton, Berkeley und Bonn. Seit 1995 ist er am Institute des Hautes Études Scientifiques (I.H.E.S.) bei Paris sowie als Visiting Professor an der Rutgers University in New Brunswick (USA) tätig.

Kontsewitsch hat wesentliche Beiträge auf dem Gebiet der theoretischen Physik sowie der reinen Mathematik geleistet. Dabei arbeitet er besonders auf dem Gebiet der Stringtheorie und der Quantenfeldtheorie und entwickelte Modelle für die Quantengravitation. Als Beitrag zur Charakterisierung von Knoten entwickelte er eine vielversprechende Knoteninvariante (↗Knotentheorie). Für seine Leistungen erhielt er 1998 die ↗Fields-Medaille

Konvektionsdiffusionsgleichung, Bezeichnung für den Spezialfall einer ↗linearen partiellen Differentialgleichung von parabolischem Typ (↗Klassifikation partieller Differentialglecihungen), bei der der Konvektionsterm größenordnungsmäßig den Diffusionsterm dominiert, der eigentlich den Typ der Gleichung bestimmt. Im Grenzfall ist das Verhalten daher eher hyperbolisch.

Konvektionsterm, ↗lineare partielle Differentialgleichung.

konvergente Potenzreihe, ↗formale Potenzreihe.

konvergente Reihe, ↗Reihe mit konvergenter Partialsummenfolge.

Jeder Folge (a_n) (reeller oder komplexer Zahlen) kann ihre Summenfolge (s_n), definiert durch die Partialsummen $s_n := \sum_{\nu=1}^{n} a_\nu$ $(n \in \mathbb{N})$, zugeordnet werden. Die Folge dieser Partialsummen bezeichnet man als Reihe (der a_ν), die einzelnen a_ν auch als Summanden. Hier wird davon ausgegangen, daß die betrachteten Folgen bei 1 beginnen. Natürlich können beliebige andere „Startindizes" auftreten.

Ist (s_n) konvergent (mit Grenzwert σ), dann notiert man dies als

$$\sum_{\nu=1}^{\infty} a_\nu \text{ konvergent} \quad \text{bzw.} \quad \sum_{\nu=1}^{\infty} a_\nu = \sigma$$

und benutzt dafür auch Sprechweisen wie:

Die „Reihe" $\sum_{\nu=1}^{\infty} a_\nu$ *ist konvergent (mit Wert* σ*).*

Falls (s_n) divergent ist, sagt man:

Die „Reihe" $\sum_{\nu=1}^{\infty} a_\nu$ *ist divergent.*

Ist (s_n) bestimmt divergent, dann notiert man

$$\sum_{\nu=1}^{\infty} a_\nu = \infty \quad \text{bzw.} \quad \sum_{\nu=1}^{\infty} a_\nu = -\infty\,.$$

Auf die Benennung des Summationsindexes kommt es natürlich auch hier – bei der Notierung von Reihen – wieder nicht an, es ist zum Beispiel:

$$\sum_{\nu=1}^{\infty} a_\nu = \sum_{\lambda=1}^{\infty} a_\lambda = \sum_{j=1}^{\infty} a_j = \sum_{\heartsuit=1}^{\infty} a_\heartsuit = \cdots\,.$$

Eine Reihe ist also nichts anderes als die Folge der Partialsummen, und das entspreche Summensymbol

$$\sum_{\nu=1}^{\infty} a_\nu$$

nur eine abkürzende Bezeichnung für Folge der Partialsummen (s_n) bzw. – gegebenenfalls – für den Grenzwert der Folge der Partialsummen. Der direkte Konvergenznachweis (über die Definition) ist oft relativ mühsam; hilfreich sind deshalb die zahlreichen ↗Konvergenzkriterien für Reihen.

konvergente Zahlenfolge, ↗Grenzwert einer Zahlenfolge.

Konvergenz dem Maße nach, ↗Konvergenz, μ-stochastische.

Konvergenz einer Folge bzgl. einer Metrik, Eigenschaft einer Folge in einem metrischen Raum, einen Grenzwert zu haben.

Es sei M ein metrischer Raum mit der Metrik d. Sind (x_n) eine Folge in M und $x_0 \in M$, so heißt x_0 Grenzwert der Folge (x_n), falls es für jedes $\varepsilon > 0$ ein $n_\varepsilon \in \mathbb{N}$ gibt, so daß gilt: $d(x_n, x_0) < \varepsilon$ für alle $n \geq n_\varepsilon$. In diesem Fall nennt man die Folge konvergent gegen den Grenzwert x_0. Man schreibt $x_0 = \lim_{n\to\infty} x_n$ oder auch $x_n \to x_0$.

Konvergenz einer Iteration, Beschreibung des Verhaltens einer Iteration $x_{k+1} := Tx_k$ mit Operator T für $k \to \infty$ (in einem geeigneten ↗Banachraum). Die Iteration heißt konvergent, wenn die Iterierten $\{x_k\}$ für jeden Startwert (zumindest lokal) gegen den gleichen Wert konvergieren. Notwendig und hinreichend hierfür ist, daß für den Spektralradius $\varrho(T) < 1$ gilt, d. h. alle Eigenwerte von T sind betragsmäßig kleiner als 1.

Für das Konvergenzverhalten entscheidend ist, wie nahe bei 1 sich der Spektralradius bewegt. Für $\varrho(T) = 1 - \varepsilon$, $0 < \varepsilon < 1$, benötigt man in etwa $1/\varepsilon$ Iterationen, um den Fehler um den Faktor $1/e$ (e die Eulersche Zahl ↗e) zu verringern, also z. B. bei $\varepsilon = 0.001$ ungefähr 1000 Schritte.

Klassisches Anschauungsbeispiel für das Konvergenzverhalten ist das ↗Newtonverfahren.

Konvergenz eines Diskretisierungsverfahrens, Eigenschaft eines Diskretisierungsverfahrens zur näherungsweisen Lösung einer Differentialgleichung bzgl. des Verhaltens des globalen Diskretisierungsfehlers.

Dieser ist im einfachsten Fall eines ↗Einschrittverfahrens für das Anfangswertproblem $y' = f(x, y)$, $y(x_0) = \eta$, definiert als $e(x, h) := \tilde{y}(x, h) - y(x)$, wobei die Näherungen sich berechnen zu

$$x_i := x_0 + ih, \; i = 1, 2, \ldots$$
$$\tilde{y}(x_i, h) := \tilde{y}(x_{i-1}, h) + h\Phi(x_{i-1}, \tilde{y}(x_{i-1}, h), h)$$

mit Schrittweite h, Verfahrensfunktion Φ und Startwert $\tilde{y}(x_0) = \eta$. Für festes x betrachtet man die Folge der Einschrittverfahren, die durch h-Werte der Form $h_n := (x - x_0)/n$, $n = 1, 2, \ldots$, erzeugt werden. Das Einschrittverfahren heißt konvergent, falls

$$\lim_{n\to\infty} e(x, h_n) = 0.$$

Es zeigt sich, daß Verfahren der Konsistenzordnung $p > 0$ (↗Konsistenz eines Diskretisierungsverfahrens) immer konvergent sind, und daß sogar $e(x, h_n) = O(h_n^p)$ ist.

Bei ↗Mehrschrittverfahren setzt sich diese Definition in analoger Weise fort. Allerdings ergibt sich hier nicht ein unmittelbarer Zusammenhang zwischen der Konsistenz und der Konvergenz, da hier noch die ↗Stabilität eine entscheidende Rolle spielt (↗Äquivalenzsatz).

Ähnliches läßt sich auch für explizite Differenzenverfahren bei partiellen Differentialgleichungen formulieren. Für ein Problem in einer Zeitvariablen t und einer Ortvariablen x lassen sich diese Verfahren beispielsweise allgemein darstellen in der Form

$$\tilde{u}^{(k+1)}(x) := \Phi(\tilde{u}^{(k)}(x), \Delta t) + \Delta t g(x).$$

Dabei approximiert $\tilde{u}^{(k)}(x)$ die unbekannte Funktion $u(t, x)$ für $t = t_0 + k\Delta t \le T$, $k = 1, 2, \ldots$. Die Diskretisierung in x-Richtung mit Schrittweite Δx ist der Übersicht halber hier nicht explizit angegeben, lediglich das Verhältnis $\lambda = \Delta t/\Delta x$ soll konstant sein (vgl. z. B. ↗Friedrichs-Schema). Ein solches Verfahren heißt dann konvergent, falls

$$||u^{(k)}(x) - u(t, x)|| \to 0$$

für $\Delta t \to 0$ und $k\Delta t \to t$.

[1] Stoer, J.; Bulirsch, R.: Einführung in die Numerische Mathematik II. Springer-Verlag, Berlin, 1978.

Konvergenz fast überall, ↗fast sichere Konvergenz.

Konvergenz im Mittel, Spezialfall der ↗Konvergenz im p-ten Mittel.

Konvergenz im p-ten Mittel, Konvergenz einer Folge $(X_n)_{n\in\mathbb{N}}$ von auf einem Wahrscheinlichkeitsraum $(\Omega, \mathfrak{A}, P)$ definierten reellen Zufallsvariablen bezüglich der Halbnorm des Raumes $\mathcal{L}^p(\Omega)$ der meßbaren, p-fach integrierbaren Abbildungen von Ω nach $\mathbb{R}$, $1 \le p < \infty$.

Die Folge $(X_n)_{n\in\mathbb{N}}$ der p-fach integrierbaren Zufallsvariablen X_n konvergiert also genau dann im p-ten Mittel gegen eine ebenfalls auf $(\Omega, \mathfrak{A}, P)$ definierte p-fach integrierbare reelle Zufallsvariable X, wenn

$$\lim_{n\to\infty} \left(\int_\Omega |X_n - X|^p dP \right)^{1/p} = 0$$

gilt. Eine analoge Definition gilt für Funktionenfolgen.

Im Falle $p = 1$ spricht man kurz von Konvergenz im Mittel und im Falle $p = 2$ von Konvergenz im quadratischen Mittel.

Konvergenz im quadratischen Mittel, Spezialfall der ↗Konvergenz im p-ten Mittel.

Konvergenz im Sinne der endlichdimensionalen Verteilungen, genauer wesentliche Konvergenz im Sinne der endlichdimensionalen Verteilungen, durch Einschränkung der die wesentliche Konvergenz definierenden Eigenschaft auf die Klasse der Zylindermengen definierter Konvergenzbegriff.

Ist Ω einer der Räume $\mathbb{R}^\infty$, C oder D (s.u.), und $\mathfrak{B}(\Omega)$ die σ-Algebra der Borelschen Mengen von Ω, so heißt eine Folge $(P_n)_{n\in\mathbb{N}}$ von Wahrscheinlichkeitsmaßen auf $\mathfrak{B}(\Omega)$ im Sinne der endlichdimensionalen Verteilungen wesentlich konvergent gegen ein ebenfalls auf $\mathfrak{B}(\Omega)$ definiertes Wahrscheinlichkeitsmaß P, wenn

$$\lim_{n\to\infty} P_n(A) = P(A)$$

für alle Zylindermengen A mit $P(\partial A) = 0$ gilt. Man schreibt $P_n \stackrel{f}{\Longrightarrow} P$. Dabei bezeichnet C den Raum der auf $[0, 1]$ definierten stetigen Funktionen, D den Raum der auf $[0, 1]$ definierten rechtsstetigen

Funktionen mit linksseitigen Limiten und ∂A den Rand von A. In $\mathbb{R}^\infty$ folgt aus $P_n \overset{f}{\Longrightarrow} P$ die schwache Konvergenz der Folge $(P_n)_{n\in\mathbb{N}}$ gegen P, d. h. in $\mathbb{R}^\infty$ bilden die Zylindermengen eine Konvergenz bestimmende Klasse. Für die Räume C und D gilt dieser Sachverhalt nicht.

Konvergenz in metrischen Räumen, ↗Konvergenz einer Folge bzgl. einer Metrik.

Konvergenz in sich, ↗Cauchy-Folge.

Konvergenz in Verteilung, Konvergenzbegriff aus der Wahrscheinlichkeitstheorie.

Eine Folge $(X_n)_{n\in\mathbb{N}}$ von nicht notwendig auf dem gleichen Wahrscheinlichkeitsraum definierten reellen Zufallsvariablen konvergiert in Verteilung gegen eine auf einem beliebigen Wahrscheinlichkeitsraum definierte reelle Zufallsvariable X, wenn die Folge der zugehörigen Verteilungen $(P_{X_n})_{n\in\mathbb{N}}$ schwach gegen die Verteilung P_X von X konvergiert, d. h. wenn

$$\lim_{n\to\infty} \int_{\mathbb{R}} f dP_{X_n} = \int_{\mathbb{R}} f dP_X$$

für jede stetige und beschränkte Funktion f auf $\mathbb{R}$ gilt. Man schreibt dann $X_n \xrightarrow{d} X$ oder $X_n \xrightarrow{D} X$.

Die Konvergenz $X_n \xrightarrow{d} X$ ist zur sogenannten wesentlichen Konvergenz der Folge $(F_{X_n})_{n\in\mathbb{N}}$ der zu $(X_n)_{n\in\mathbb{N}}$ gehörenden Verteilungsfunktionen gegen die Verteilungsfunktion F_X von X äquivalent. Oft wird auch diese äquivalente Eigenschaft zur Definition der Konvergenz in Verteilung verwendet.

Für auf dem gleichen Wahrscheinlichkeitsraum $(\Omega, \mathfrak{A}, P)$ definierte reelle Zufallsvariablen folgt die Konvergenz in Verteilung sowohl aus der P-fast sicheren Konvergenz als auch aus der Konvergenz im p-ten Mittel, als auch aus der stochastischen Konvergenz von $(X_n)_{n\in\mathbb{N}}$ gegen X. Die Umkehrungen gelten i. allg. nicht (↗Konvergenzarten für Folgen zufälliger Größen).

Konvergenz μ-fast überall, spezieller Konvergenzbegriff.

Es sei $(\Omega, \mathcal{A}, \mu)$ ein Maßraum. Dann konvergiert eine Folge $(f_n|n \in \mathbb{N})$ meßbarer Funktionen μ-fast überall gegen eine meßbare Funktion f auf Ω, falls

$$\mu\Big(\lim_{n\to\infty} |f_n - f| > 0\Big) = 0$$

ist. Aus der μ-fast überall gültigen Konvergenz folgt die μ-stochastische Konvergenz.

Konvergenz, μ-stochastische, *Konvergenz dem Maße μ nach*, spezieller Konvergenzbegriff.

Es sei $(\Omega, \mathcal{A}, \mu)$ ein Maßraum. Dann konvergiert eine Folge $(f_n|n \in \mathbb{N})$ meßbarer Funktionen μ-stochastisch gegen eine meßbare Funktion f auf Ω, falls

$$\lim_{n\to\infty} \mu(\{|f_n - f| \geq \alpha\} \cap A) = 0$$

ist für alle $\alpha > 0$ und jede Menge $A \in \mathcal{A}$ mit $\mu(A) < \infty$. Aus der μ-stochastischen Konvergenz folgt die schwache Konvergenz von p-fach μ-integrierbaren Funktionen.

Konvergenz, schwache, von Maßen, spezieller Konvergenzbegriff in der Maßtheorie.

Es sei Ω ein lokalkompakter Raum, $\mathcal{B}(\Omega)$ die ↗Borel-σ-Algebra auf Ω, und es seien $\mu, \mu_1, \mu_2, \dots$, endliche Radon-Maße auf $\mathcal{B}(\Omega)$. Dann heißt die Folge $(\mu_n|n \in \mathbb{N})$ schwach konvergent gegen das Maß μ, wenn

$$\lim_{n\to\infty} \int f d\mu_n = \int f d\mu$$

für alle beschränkten stetigen Funktionen auf Ω. Aus der schwachen Konvergenz von Maßen folgt deren vage Konvergenz.

Sind alle Maße auf 1 beschränkt, so gilt auch die Umkehrung. Der Konvergenzbegriff ist auf ↗Polnische Räume übertragbar.

Konvergenz, schwache, von meßbaren Funktionen, spezieller Konvergenzbegriff in der Maßtheorie.

Es sei $(\Omega, \mathcal{A}, \mu)$ ein Maßraum, p eine reelle Zahl mit $1 \leq p < \infty$ und $q := (1 - 1/p)^{-1}$.

Dann heißt die Folge $(f_n|n \in \mathbb{N})$ von p-fach μ-integrierbaren Funktionen auf Ω schwach konvergent gegen eine p-fach μ-integrierbare Funktion f auf Ω, falls für alle q-fach μ-integrierbaren Funktionen g auf Ω gilt:

$$\lim_{n\to\infty} \int g f_n d\mu = \int g f d\mu\,.$$

Dabei ist für $q = \infty$ g eine μ-fast überall beschränkte Funktion auf Ω. Es gilt für $p > 1$, daß aus der Konvergenz im p-ten Mittel die schwache Konvergenz und die Konvergenz der p-fachen Integrale folgt und umgekehrt.

Konvergenz, vage, von Maßen, spezieller Konvergenzbegriff in der Maßtheorie.

Es sei Ω ein lokalkompakter Raum, $\mathcal{B}(\Omega)$ die ↗Borel-σ-Algebra auf Ω, und es seien $\mu, \mu_1 \mu_2, \dots$ Radon-Maße auf $\mathcal{B}(\Omega)$.

Dann heißt die Folge vage konvergent gegen das Maß μ, falls

$$\lim_{n\to\infty} \int f d\mu_n = \int f d\mu$$

für alle stetigen Funktionen f auf Ω mit kompaktem Träger.

Ist eine Folge $(\mu_n|n \in \mathbb{N})$ von endlichen Radon-Maßen vage konvergent gegen das endliche Radon-Maß μ, so sind folgende drei Bedingungen äquivalent:

(a) Die Folge $(\mu_n|n \in \mathbb{N})$ konvergiert schwach gegen μ.

(b) $\lim_{n\to\infty} \mu_n(\Omega) = \mu(\Omega)$.

(c) Zu jedem $\varepsilon > 0$ existiert eine kompakte Menge $K \subseteq \Omega$ mit $\mu_n(\Omega \backslash K) < \varepsilon$ für alle $n \in \mathbb{N}$ („Straffheit").

Dieser Konvergenzbegriff ist auf ↗ Polnische Räume übertragbar.

Konvergenzabszisse, ↗ Dirichlet-Reihe.

Konvergenzarten für Folgen zufälliger Größen, zentrale Begriffe innerhalb der Maßtheorie, Wahrscheinlichkeitstheorie und Statistik, die hier im Zusammenhang dargestellt werden; man vergleiche auch die jeweils angezeigten Einzelstichwörter.

(1) Eine Folge $X_1, X_2, \ldots$ von Zufallsgrößen über dem gemeinsamen Wahrscheinlichkeitsraum $[\Omega, \mathcal{A}, P]$ heißt *fast sicher konvergent* oder *konvergent mit Wahrscheinlichkeit* 1 gegen die Zufallsgröße X, wenn gilt:

$$P\left(\left\{\omega \in \Omega \mid \lim_{n\to\infty} X_n(\omega) = X(\omega)\right\}\right) = P\left(\lim_{n\to\infty} X_n = X\right) = 1 .$$

Entsprechend definiert man die Konvergenz mit Wahrscheinlichkeit 1 für Folgen zufälliger Variablen mit einem meßbaren topologischen Raum als gemeinsamem Bildraum (↗ fast sichere Konvergenz).

(2) Eine Folge $X_1, X_2, \ldots$ von Zufallsgrößen über dem gemeinsamen Wahrscheinlichkeitsraum $[\Omega, \mathcal{A}, P]$ heißt *im quadratischen Mittel konvergent* gegen die Zufallsgröße X, wenn gilt:

$$\lim_{n\to\infty} E|X_n - X|^2 = 0 ;$$

sie heißt *im p-ten Mittel* $(1 \leq p)$ konvergent gegen X, wenn gilt:

$$\lim_{n\to\infty} E|X_n - X|^p = 0 .$$

Entsprechend definiert man die Konvergenz im p-ten Mittel für Folgen zufälliger Variabler mit einem meßbaren Banachraum als gemeinsamem Bildraum (↗ Konvergenz im p-ten Mittel).

(3) Eine Folge $X_1, X_2, \ldots$ von Zufallsgrößen über dem gemeinsamen Wahrscheinlichkeitsraum $[\Omega, \mathcal{A}, P]$ heißt *konvergent in Wahrscheinlichkeit* oder *stochastisch konvergent* gegen die Zufallsgröße X, wenn gilt:

$$\lim_{n\to\infty} P(\{\omega \in \Omega \mid |X_n(\omega) - X(\omega)| > \varepsilon\}) = \lim_{n\to\infty} P(|X_n - X| > \varepsilon) = 0$$

für jede positive Zahl ε.

Entsprechend definiert man die Konvergenz in Wahrscheinlichkeit für Folgen zufälliger Variabler mit einem meßbaren metrischen Raum als gemeinsamem Bildraum (↗ stochastische Konvergenz).

(4) Eine Folge $X_1, X_2, \ldots$ von Zufallsgrößen über dem gemeinsamen Wahrscheinlichkeitsraum $[\Omega, \mathcal{A}, P]$ heißt *konvergent in Verteilung* gegen die Zufallsgröße X, wenn die Folge $P_1, P_2, \ldots$ der zugehörigen Wahrscheinlichkeitsverteilungen schwach gegen die Wahrscheinlichkeitsverteilung P von X konvergiert. Dabei heißt eine Folge $P_1, P_2, \ldots$ von Wahrscheinlichkeitsverteilungen *schwach konvergent* gegen eine Wahrscheinlichkeitsverteilung P, falls die Folge (F_n) der durch $F_n(x) = P_n(X < x)$ definierten Verteilungsfunktionen an allen Stetigkeitsstellen der Verteilungsfunktion $F, F(x) := P(X < x)$, gegen F konvergiert (↗ Konvergenz in Verteilung).

Sowohl aus (1) als auch aus (2) folgt (3), aus (3) folgt (4).

Konvergenzbereich einer Potenzreihe, die Menge der reellen oder komplexen Zahlen, für die eine gegebene ↗ Potenzreihe

$$\sum_{n=0}^{\infty} a_n (x - x_0)^n$$

konvergiert. Es seien dabei (a_n) (die Koeffizienten) eine Folge reeller oder komplexer Zahlen, und der Entwicklungspunkt $x_0 \in \mathbb{K}$ mit $\mathbb{K} \in \{\mathbb{R}, \mathbb{C}\}$. Es gilt:

Entweder ist die o. a. Potenzreihe für alle $x \in \mathbb{K}$ absolut konvergent, die Reihe wird dann auch beständig konvergent genannt, oder es existiert ein $0 \leq R < \infty$ derart, daß sie für $x \in \mathbb{K}$ mit $|x - x_0| < R$ absolut konvergent und für $x \in \mathbb{K}$ mit $|x - x_0| > R$ divergent ist.

Für positives (endliches) R ist dies in der Abbildung illustriert.

Setzt man im ersten Fall formal $R := \infty$ und ergänzt die Anordnung auf $\mathbb{R}$ (bei sinngemäßer Übertragung aller damit gebildeten Notierungsweisen)

divergent absolut konvergent *divergent*

? ?

$x_0 - R$ x_0 $x_0 + R$

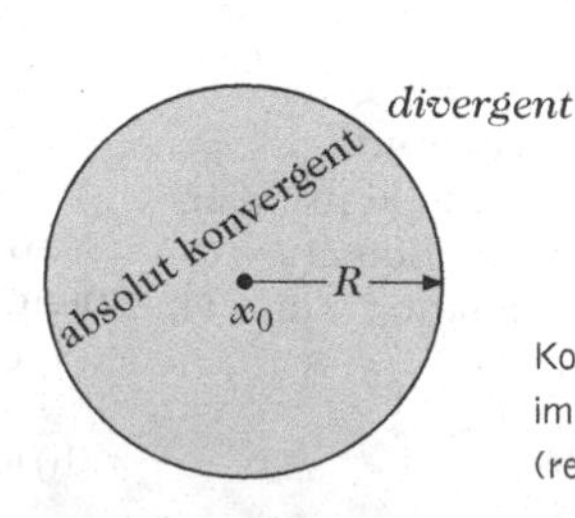

Konvergenzbereich einer Potenzreihe im Reellen (links) und im Komplexen (rechts).

durch $-\infty < \alpha < \infty$ für $\alpha \in \mathbb{R}$, dann läßt sich der Satz wie folgt umformulieren:

Es existiert ein $0 \le R \le \infty$ *derart, daß die o. a. Potenzreihe für* $x \in \mathbb{K}$ *mit* $|x - x_0| < R$ *absolut konvergent und für* $x \in \mathbb{K}$ *mit* $|x - x_0| > R$ *divergent ist.*

Kennt man den Konvergenzradius, so überschaut man also den Konvergenzbereich einer Potenzreihe weitgehend. Die einzigen Punkte, in denen keine allgemeinen Aussagen über das Konvergenzverhalten gemacht werden können, sind – falls $0 < R < \infty$ – die „Randpunkte", für $\mathbb{K} = \mathbb{R}$ also gerade $x_0 - R$ und $x_0 + R$. Tatsächlich treten dort alle möglichen Fälle ein: Die Potenzreihen um 0

$$\sum_{n=1}^{\infty} x^n, \quad \sum_{n=1}^{\infty} \frac{1}{n} x^n, \quad \sum_{n=1}^{\infty} (-1)^n \frac{1}{n} x^n, \quad \sum_{n=1}^{\infty} \frac{1}{n^2} x^n$$

haben alle den Konvergenzradius 1; sie sind in dieser Reihenfolge konvergent in $(-1, 1)$, $[-1, 1)$, $(-1, 1]$ und $[-1, 1]$.

Der Bereich $\{x \in \mathbb{K} : |x - x_0| < R\}$, in dem die Konvergenz also stets gesichert ist, heißt Konvergenzintervall für $\mathbb{K} = \mathbb{R}$ und Konvergenzkreis für $\mathbb{K} = \mathbb{C}$. Im Fall $\mathbb{K} = \mathbb{C}$ sind alle Punkte auf dem „Rand" des Konvergenzkreises gesondert zu untersuchen.

Für $0 < r < R$ ist die Potenzreihe in $\{x \in \mathbb{K} : |x - x_0| \le r\}$ gleichmäßig absolut konvergent. Siehe auch ↗Konvergenzkreis, ↗Konvergenzradius.

Konvergenzbeschleunigung, Technik zur Beschleunigung der Konvergenz einer gegebenen Folge von Zahlen, Vektoren oder Matrizen unter Beibehaltung des (gesuchten) Grenzwertes, siehe auch ↗Konvergenzbeschleunigung bei Reihen.

Typischerweise werden solche Techniken innerhalb der ↗Numerischen Mathematik angewandt, beispielsweise in Form von ↗Extrapolation (s.d.).

Ein weiteres Anwendungsgebiet ist die Beschleunigung der Konvergenz bei klassischen Iterationsverfahren zur Lösung von linearen Gleichungssystemen $Ax = b$.

Klassische Iterationsverfahren beruhen auf Fixpunktiterationen der Form

$$x^{(k+1)} = Tx^{(k)} + f,$$

welche nur dann gegen die Lösung x von $x = Tx + f$ konvergieren, wenn der Spektralradius von T kleiner als 1 ist (d.h. wenn alle Eigenwerte von T betragsmäßig kleiner als 1 sind). Je näher der betragsmäßig größte Eigenwert an 1 liegt, desto langsamer konvergiert das Verfahren. Mittels der Techniken ↗Relaxation oder ↗polynomielle Konvergenzbeschleunigung kann man versuchen, die Fixpunktiteration $x^{(k+1)} = Tx^{(k)} + f$ in eine schneller konvergierende zu transformieren, d. h., in eine Fixpunktiteration umzuformen, deren Iterationsmatrix einen Spektralradius hat, welcher kleiner als der Spektralradius von T ist.

Konvergenzbeschleunigung bei Reihen, Techniken zur Beschleunigung der Konvergenz einer Zahlenreihe.

Die meisten beruhen auf einem 1705 von Nicolas Fatio de Duillier (Fatio-Verfahren) gefundenen und 1755 von Leonhard Euler (Eulersche Reihentransformation) verallgemeinerten Trick.

Fatio betrachtete die schlecht konvergierende Leibniz-Reihe

$$\frac{\pi}{4} = \sum_{n=0}^{\infty} \frac{(-1)^n}{2n+1},$$

stellte diese zum einen als

$$\frac{\pi}{4} = \sum_{n=0}^{\infty} \left(\frac{1}{4n+1} - \frac{1}{4n+3}\right)$$

und zum anderen als

$$\frac{\pi}{4} = 1 - \sum_{n=0}^{\infty} \left(\frac{1}{4n+3} - \frac{1}{4n+5}\right)$$

dar, und erhielt durch Bilden des arithmetischen Mittels der beiden Darstellungen die schneller konvergierende Reihe

$$\frac{\pi}{4} = \frac{1}{2} + \sum_{n=0}^{\infty} \frac{(-1)^n}{(2n+1)(2n+3)}.$$

Wiederholen dieses Vorgangs liefert die noch besser konvergierende Reihe

$$\frac{\pi}{4} = \frac{1}{2}\left(1 + \frac{1}{3}\right) + 2! \sum_{n=0}^{\infty} \frac{(-1)^n}{(2n+1)(2n+3)(2n+5)},$$

und durch k-fache Anwendung des Verfahrens erhält man

$$\frac{\pi}{4} = \frac{1}{2}\left(\sum_{n=0}^{k} \prod_{m=1}^{n} \frac{m}{2m+1}\right) + R_k,$$

wobei

$$R_k = k! \sum_{n=0}^{\infty} (-1)^n \prod_{m=1}^{n} \frac{1}{2m+1}$$

ist. Wegen $0 < R_k < \frac{1}{2^k}$ liefert $k \to \infty$ die schnell konvergierende Darstellung

$$\frac{\pi}{2} = \sum_{n=0}^{\infty} \prod_{m=1}^{n} \frac{m}{2m+1} = \sum_{n=1}^{\infty} \frac{2^n}{n\binom{2n}{n}}.$$

Nach Euler gilt allgemeiner: Ist $a = (a_n)$ eine Zahlenfolge und $\sum_{n=0}^{\infty} (-1)^n a_n$ konvergent, dann konvergiert auch die Reihe

$$\frac{1}{2} \sum_{n=0}^{\infty} \frac{(\Delta^n(a))_1}{2^n}$$

und hat den gleichen Grenzwert, wobei Δ der Differenzenoperator für Folgen und $(\Delta^n(a))_1$ das erste Glied der n-ten Differenzenfolge von a ist.

Die Konvergenz ist dabei allerdings nicht notwendigerweise besser als bei der Ausgangsreihe.

konvergenzbestimmende Klasse, Mengensystem mit folgender Eigenschaft.

Ist (S, d) ein metrischer Raum, versehen mit der von der Metrik d induzierten Topologie, und $\mathfrak{B}$ die von den offenen Mengen erzeugte σ-Algebra der Borelschen Mengen, so heißt ein Mengensystem $\mathfrak{K} \subseteq \mathfrak{B}$ eine konvergenzbestimmende Klasse, wenn für beliebige Wahrscheinlichkeitsmaße $P, P_1, P_2, \dots$ auf $\mathfrak{B}$ aus der Konvergenz $\lim_{n\to\infty} P_n(B) = P(B)$ für alle $B \in \mathfrak{K}$ mit $P(\partial B) = 0$ die schwache Konvergenz der Folge $(P_n)_{n\in\mathbb{N}}$ gegen P folgt. Dabei bezeichnet ∂B für alle $B \in \mathfrak{K}$ den Rand der Menge.

konvergenzerzeugender Faktor, ↗ Weierstraß-Produkt.

Konvergenzexponent, Maßzahl einer ↗ganzen Funktion f, die wie folgt definiert ist.

Es seien $z_1, z_2, z_3, \dots$ die Nullstellen von f, der Größe nach geordnet, d. h.

$$|z_1| \le |z_2| \le |z_3| \le \cdots,$$

wobei jede Nullstelle so oft aufgeführt wird wie ihre Nullstellenordnung angibt. Falls ein $\alpha \in (0, \infty)$ existiert derart, daß die Reihe

$$\sum_n \frac{1}{|z_n|^\alpha}$$

konvergiert, so sei $\varrho_1 \in [0, \infty)$ das Infimum aller dieser Zahlen α. Andernfalls setzt man $\varrho_1 := \infty$. Die Zahl ϱ_1 heißt der Konvergenzexponent von f.

Der Fall $\varrho_1 = \infty$ kann tatsächlich vorkommen, zum Beispiel wenn $z_n = \log n$, denn nach dem ↗Weierstraßschen Produktsatz existiert eine ganze Funktion mit genau diesen Nullstellen. Besitzt f nur endlich viele Nullstellen, so ist offenbar $\varrho_1 = 0$. Dieser Fall kann auch bei unendlich vielen Nullstellen auftreten, zum Beispiel wenn $z_n = n!$ oder $z_n = n^n$. Einige weitere Beispiele:

(a) $z_n = n \Longrightarrow \varrho_1 = 1$.

(b) $z_n = n^k$, $k \in \mathbb{N} \Longrightarrow \varrho_1 = \frac{1}{k}$.

(c) $z_n = \sqrt{n} \Longrightarrow \varrho_1 = 2$.

Der Konvergenzexponent von f ist in gewissem Sinne ein Maß für die „Anzahl" der Nullstellen von f. Grob gesagt: Je mehr Nullstellen f hat, desto größer ist ϱ_1.

Ist f eine ganze Funktion der Ordnung ϱ, so gilt $\varrho_1 \le \varrho$.

Konvergenzgebiet einer formalen Potenzreihe, wichtiger Begriff in der Funktionentheorie, insbesondere auf Bereichen im $\mathbb{C}^n$.

Sei $P(\zeta) = \sum_{\nu=0}^{\infty} a_\nu \zeta^\nu$ eine formale Potenzreihe um Null im $\mathbb{C}^n$. Die Menge $M \subset \mathbb{C}^n$, auf der $P(\zeta)$ konvergiert, nennt man Konvergenzmenge von $P(\zeta)$. $P(\zeta)$ konvergiert dann stets in $\mathring{M}$ und divergiert außerhalb von $\overline{M}$. $B(P(\zeta)) := \mathring{M}$ nennt man den Konvergenzbereich der Potenzreihe $P(\zeta)$. Es gilt der folgende Satz:

Sei $P(\zeta) = \sum_{\nu=0}^{\infty} a_\nu \zeta^\nu$ eine formale Potenzreihe um Null im $\mathbb{C}^n$, dann ist ihr Konvergenzbereich $B = B(P(\zeta))$ ein vollkommener Reinhardtscher Körper. Im Inneren von B konvergiert $P(\zeta)$ gleichmäßig.

Man beachte: Nicht jeder vollkommene Reinhardtsche Körper kommt als Konvergenzbereich einer formalen Potenzreihe vor! Es sind noch zusätzliche Eigenschaften nötig.

Da jeder vollkommene Reinhardtsche Körper zusammenhängend ist, kann man von Konvergenzgebieten von formalen Potenzreihen sprechen.

Konvergenzgeschwindigkeit, ↗ Konvergenzordnung.

Konvergenzhalbebene, bei einer Reihe (etwa der ↗Dirichlet-Reihe) die Menge derjenigen komplexen Zahlen, deren Realteil größer als die Konvergenzabszisse ist.

Konvergenzintervall einer Potenzreihe, das Intervall

$$\{x \in \mathbb{R} : |x - x_0| < R\},$$

für eine reelle Potenzreihe um den Entwicklungspunkt x_0 mit ↗Konvergenzradius $R \in (0, \infty]$. Das Konvergenzintervall ist – eventuell echte – Teilmenge des ↗Konvergenzbereichs der Potenzreihe.

Konvergenzkreis, zu einer Potenzreihe $\sum_{n=0}^{\infty} a_n (z - z_0)^n$ mit Entwicklungspunkt $z_0 \in \mathbb{C}$, Koeffizienten $a_n \in \mathbb{C}$ und ↗Konvergenzradius $R > 0$ die offene Kreisscheibe

$$B_R(z_0) = \{ z \in \mathbb{C} : |z - z_0| < R \}.$$

Für $R = \infty$ ist $B_R(z_0) = \mathbb{C}$.

In $B_R(z_0)$ ist die Reihe normal konvergent und stellt dort eine ↗holomorphe Funktion dar. Ist $R < \infty$, so ist die Reihe für jedes $z \in \mathbb{C} \setminus \overline{B_R(z_0)}$ divergent. Auf dem Rand $\partial B_R(z_0)$ kann die Reihe konvergieren oder divergieren. Hierzu einige Beispiele im Fall $z_0 = 0$ und $R = 1$.

(a) Die Reihe

$$\sum_{n=0}^{\infty} z^n$$

ist für jedes $z \in \partial B_1(0)$ divergent.

(b) Die Reihe

$$\sum_{n=1}^{\infty} \frac{z^n}{n^2}$$

ist für jedes $z \in \partial B_1(0)$ konvergent. Sie ist sogar in $\overline{B_1(0)}$ normal konvergent.

(c) Die Reihe

$$\sum_{n=1}^{\infty} \frac{z^n}{n}$$

ist für $z = 1$ divergent und für jedes $z \in \partial B_1(0) \setminus \{1\}$ konvergent.

Konvergenzkriterien für Folgen, ↗Konvergenzkriterien für Zahlenfolgen.

Konvergenzkriterien für Reihen, nutzen Besonderheiten einer Reihe, um die Konvergenzfrage leichter zu entscheiden.

Der direkte Konvergenznachweis (über die Definition) für Reihen ist i. a. relativ aufwendig; daher wurde eine große Zahl von meist hinreichenden Kriterien entwickelt.

Als eigentlich triviale Hilfsmittel sind zunächst die Regeln für das Rechnen mit Reihen (u. a. die Linearität) zu beachten, sowie die Tatsache, daß Abändern von endlich vielen Gliedern einer Reihe das Konvergenzverhalten nicht ändert (wohl aber in der Regel den Reihenwert).

In einer konvergenten Reihe können beliebig oft endlich viele Glieder durch Klammern zusammengefaßt werden, ohne das Konvergenzverhalten und den Reihenwert zu ändern. (Daß Klammern nicht weggelassen werden dürfen, zeigt das Beispiel $a_n := (-1)^n$ $(n \in \mathbb{N})$, wenn man zunächst je zwei Glieder klammert.)

Es seien $\mathbb{K} \in \{\mathbb{R}, \mathbb{C}\}$, $N \in \mathbb{N}$, $\alpha \in \mathbb{K}$, (a_n), (b_n) $\mathbb{K}$-wertige Folgen und $\sum_{\nu=1}^{\infty} a_\nu$, $\sum_{\nu=1}^{\infty} b_\nu$ konvergent. Dann gilt folgende Aussage:

Die Reihe $\sum_{\nu=1}^{\infty}(\alpha a_\nu + b_\nu)$ ist konvergent, und es ist

$$\sum_{\nu=1}^{\infty}(\alpha a_\nu + b_\nu) = \alpha \sum_{\nu=1}^{\infty} a_\nu + \sum_{\nu=1}^{\infty} b_\nu .$$

Für komplexe Folgen (a_n) gelingt die Zurückführung auf Konvergenz in $\mathbb{R}$ durch:

$\sum_{\nu=1}^{\infty} a_\nu$ ist genau dann konvergent, wenn $\sum_{\nu=1}^{\infty} \mathrm{Re}(a_\nu)$ und $\sum_{\nu=1}^{\infty} \mathrm{Im}(a_\nu)$ konvergent sind. Im Falle der Konvergenz hat man

$$\sum_{\nu=1}^{\infty} a_\nu = \sum_{\nu=1}^{\infty} \mathrm{Re}(a_\nu) + i \sum_{\nu=1}^{\infty} \mathrm{Im}(a_\nu) .$$

Grundlegend ist auch das ↗Cauchy-Kriterium, das lediglich die Vollständigkeit von $\mathbb{R}$ bzw. $\mathbb{C}$ übersetzt:

$\sum_{\nu=1}^{\infty} a_\nu$ ist genau dann konvergent, wenn gilt: Für alle $\varepsilon > 0$ existiert ein $N \in \mathbb{N}$ derart, daß

$$\left| \sum_{j=n}^{n+k} a_j \right| < \varepsilon .$$

Lax bedeutet dies: Die (endlichen) Teilsummen werden beliebig klein, wenn nur die „Startindizes" hinreichend groß sind. Unmittelbare Folgerung davon ist, als notwendiges Kriterium:

$\sum_{\nu=1}^{\infty} a_\nu$ ist konvergent $\Longrightarrow a_n \to 0 \quad (n \to \infty)$.

Umgekehrt folgt aus $a_n \longrightarrow 0$ aber nicht die Konvergenz von $\sum_{\nu=1}^{\infty} a_\nu$. Standardbeispiel dazu ist die divergente ↗harmonische Reihe $\sum_{\nu=1}^{\infty} \frac{1}{\nu}$.

↗Absolut konvergente Reihen sind stets konvergent, sogar unbedingt konvergent. Deshalb ist der Nachweis von absoluter Konvergenz hilfreich. Einige der wichtigsten Kriterien für absolute Konvergenz sind ↗Majorantenkriterium und ↗Minorantenkriterium (durch Vergleich mit schon bekannten Reihen), ↗Wurzelkriterium, ↗Quotientenkriterium (beruhen beide auf einem Vergleich mit der geometrischen Reihe) und seine Verfeinerung zum ↗Raabe-Kriterium. Weiter das aus dem ↗Monotoniekriterium für Folgen unmittelbar abzulesende Kriterium: Eine Reihe ist genau dann absolut konvergent, wenn die Partialsummen der zugehörigen Beträge beschränkt sind.

Daneben hat man das ↗Integralkriterium und die Kriterien von Abel und Dirichlet.

Für ↗alternierende Reihen ist das ↗Leibniz-Kriterium oft hilfreich. Für Doppelreihen ist der ↗große Umordnungssatz wichtig, für Produkte von Reihen der ↗Reihenproduktsatz von Cauchy.

Konvergenzkriterien für Zahlenfolgen, Regeln, mit deren Hilfe man die Konvergenz oder Divergenz von geeigneten Zahlenfolgen erkennen kann, ohne auf die Definition des ↗Grenzwerts einer Zahlenfolge zurückgreifen zu müssen, wie das ↗Teilfolgenkriterium, die ↗Grenzwertsätze für Zahlenfolgen, Stetigkeitsüberlegungen, der ↗Einschnürungssatz, das ↗Monotoniekriterium, der ↗Grenzwertsatz von Cauchy oder das ↗Cauchy-Konvergenzkriterium.

Konvergenzordnung, ein Maß für die Konvergenzgeschwindigkeit einer Folge, das vor allem in der ↗Numerischen Mathematik verwendet wird.

Üblicherweise wird der Begriff für iterativ definierte Folgen verwendet: Es sei $T : I \to I$ mit $I \subset \mathbb{R}$ eine Abbildung, die durch

$$x_{n+1} = T(x_n) \qquad (1)$$

eine Folge $\{x_n\}$ definiert; ξ sei Fixpunkt von T.

Dann heißt das Verfahren (1) von (mindestens) p-ter Ordnung, wenn in einer Umgebung von ξ für alle genügend großen Werte von n gilt

$$|x_{n+1} - \xi| \le C \cdot |x_n - \xi|^p \qquad (2)$$

mit $p \in \mathbb{R}$, $p \ge 1$ und einer nicht negativen Konstanten C, die für $p = 1$ noch $C < 1$ erfüllen muß.

Im Falle $p = 1$ spricht man auch von linearer, für $p = 2$ von quadratischer und für $p = 3$ von kubischer Konvergenz.

Konvergenzradius, zu einer Potenzreihe $\sum_{n=0}^{\infty} a_n(z - z_0)^n$ mit Entwicklungspunkt $z_0 \in \mathbb{C}$ und Koeffizienten $a_n \in \mathbb{C}$ die eindeutig bestimmte Zahl R, $0 \le R \le \infty$ mit folgenden Eigenschaften:

1. Für jedes $z \in \mathbb{C}$ mit $|z - z_0| < R$ ist die Reihe konvergent.
2. Für jedes $z \in \mathbb{C}$ mit $|z - z_0| > R$ ist die Reihe divergent.

Ist $R = 0$, so konvergiert die Reihe nur für $z = z_0$ und im Fall $R = \infty$ konvergiert die Reihe für jedes $z \in \mathbb{C}$. Siehe auch ↗Konvergenzkreis.

Konvexe Analysis

M. Sigg

Die konvexe Analysis ist ein Grenzgebiet von Geometrie, Analysis und Funktionalanalysis, das sich mit den Eigenschaften ↗konvexer Mengen und ↗konvexer Funktionen befaßt und Anwendungen sowohl in der reinen Mathematik besitzt (von Existenzsätzen in der Theorie der Differential- und Integralgleichungen bis zum Gitterpunktsatz von Minkowski in der Zahlentheorie) als auch in Bereichen wie der mathematischen Ökonomie und den Ingenieurswissenschaften, wo man es oft mit Optimierungs- und Gleichgewichtsproblemen zu tun hat.

In den folgenden Ausführungen, die vor allem auf [4], [5] und [1] zurückgehen, seien alle Vektorräume reell und alle topologischen Räume separiert. Hinsichtlich anderer und allgemeinerer Konvexitätsbegriffe sei auf [3] und für Anwendungen insbesondere auf [2] und [6] verwiesen.

Trennungssätze

Von besonderer Bedeutung für die Anwendungen, etwa für Existenzsätze für Lösungen von Ungleichungssystem in der mathematischen Ökonomie, sind Trennungssätze für konvexe Mengen. Von zwei Teilmengen X, Y eines Vektorraums V sagt man genau dann, sie lassen sich *trennen*, wenn es ein lineares Funktional $f \neq 0$ auf V gibt, das X und Y *trennt*, d. h. $\sup f(X) \le \inf f(Y)$ erfüllt. Man sagt, daß f die Mengen X und Y *stark trennt* genau dann, wenn $\sup f(X) < \inf f(Y)$ gilt. Ein wesentlicher Gesichtspunkt ist, daß diese Trennungsbegriffe keine Topologie auf V benötigen.

Grundlegend ist der auf Stanislaw Mazur (1933) zurückgehende *Trennungssatz von Mazur*: Sind X und Y disjunkte konvexe Teilmengen eines Vektorraums V, und ist X radial in einem Punkt, so lassen sich X und Y trennen.

Dabei heißt eine Menge $X \subset V$ *radial im Punkt* $x \in X$ und x ein *radialer Punkt von* X, wenn es zu jedem $y \in V$ ein $t > 0$ gibt mit $x + sy \in X$ für $s \in (-t, t)$. Ist V topologischer Vektorraum, so ist jeder innere Punkt einer Menge auch radialer Punkt, und für konvexe Mengen mit nicht-leerem Inneren sind die inneren Punkte genau die radialen Punkte.

Sind X und Y disjunkte konvexe Teilmengen eines lokalkonvexen Vektorraums V, und ist X abgeschlossen und Y kompakt, so lassen sich X und Y stark trennen.

Extremale Teilmengen und extremale Punkte

Zu einer konvexen Teilmenge X eines Vektorraums V ist die kleinste Menge $Y \subset V$ von Interesse, deren konvexe Hülle gerade X ist, für die also $\operatorname{conv} Y = X$ gilt, bzw. auch $\overline{\operatorname{conv}}\, Y = X$, falls V ein topologischer Vektorraum ist. Dabei sind extremale Teilmengen und extremale Punkte von Nutzen. Eine nicht-leere Teilmenge Y von X heißt *extremal* in X genau dann, wenn für alle $x_1, x_2 \in X$ gilt: Gibt es ein $t \in (0, 1)$ mit $tx_1 + (1 - t)x_2 \in Y$, so folgt $x_1, x_2 \in Y$. Der Rand eines Kreises ist z. B. eine extremale Teilmenge des Kreises. Ecken, Kanten sowie Stirnflächen eines konvexen Polyeders in $\mathbb{R}^n$ sind extremale Teilmengen des Polyeders.

Ein $x \in X$ heißt *extremaler Punkt* von X genau dann, wenn $\{x\}$ eine extremale Teilmenge von X ist, also genau dann, wenn für alle $x_1, x_2 \in X \setminus \{x\}$ mit $x \in \operatorname{conv}\{x_1, x_2\}$ gilt: $x_1 = x_2 = x$. Ist X konvex, so ist x genau dann extremaler Punkt von X, wenn auch $X \setminus \{x\}$ noch konvex ist.

Zu einer Menge $X \subset V$ bezeichnet $\operatorname{ext} X$ die Menge der extremalen Punkte von X. Man kann zeigen, daß

$$\operatorname{ext} \operatorname{conv} X \subset X$$

gilt und damit für $Y \subset V$:

$$X = \operatorname{conv} Y \implies \operatorname{ext} X \subset Y$$

Im Fall eines topologischen Vektorraums V gilt offenbar $\operatorname{ext} X \cap \operatorname{int} X = \emptyset$ und damit $\operatorname{ext} X \subset \partial X$. Ist V lokalkonvex und $\overline{\operatorname{conv}}\, X$ kompakt, so gilt

$$\operatorname{ext} \overline{\operatorname{conv}}\, X \subset \overline{X}. \qquad (1)$$

Im Jahr 1940 zeigten Mark Grigorjewitsch Krein und David Milman den wichtigen *Satz von Krein-Milman*: Ist X eine kompakte konvexe Teilmenge eines lokalkonvexen Vektorraums V, so gilt

$$\overline{\text{conv}}\,\text{ext}X = X\,,$$

d. h. X ist die abgeschlossene konvexe Hülle seiner extremalen Punkte. Die Kompaktheit von X ist hierbei eine wesentliche Voraussetzung – man betrachte etwa das Innere eines n-Simplex oder einen abgeschlossenen Halbraum im $\mathbb{R}^n$.

Aus (1) erhält man unter den Voraussetzungen des Satzes von Krein-Milman noch für $Y \subset X$:

$$X = \overline{\text{conv}}\,Y \iff \text{ext}X \subset \overline{Y}\,.$$

$\overline{\text{ext}X}$ ist also die kleinste abgeschlossene Menge, deren abgeschlossene konvexe Hülle gleich X ist.

Der Satz von Krein-Milman hat zahlreiche Anwendungen. Beispielsweise fand Joram Lindenstrauss mit seiner Hilfe im Jahr 1966 einen besonders kurzen und eleganten Beweis des Konvexitätssatzes von Ljapunow, der etwa in der Time-Optimal-Control Theory (Bang-Bang-Steuerung) von großer Bedeutung ist.

Stützpunkte

Ist X Teilmenge eines topologischen Vektorraums V, so heißt $x \in X$ ein *Stützpunkt* von X, wenn es ein stetiges lineares Funktional $f \neq 0$ auf V gibt mit $\sup f(X) = f(x)$. Man nennt f ein *Stützfunktional*, die Menge $x + \ker f$ eine *Stützhyperebene* und $\{y \in V \,|\, f(y) \leq f(x)\}$ einen *stützenden Halbraum* von X im Punkt x. Der Durchschnitt aller stützenden Halbräume im Punkt x heißt *Stützkegel* und der Durchschnitt aller Stützhyperebenen *Kantenraum* von X im Punkt x. Besteht der Kantenraum genau aus dem Punkt x selbst, so heißt x *Ecke* von X.

Mit $\partial_s X$ wird die Menge der Stützpunkte von X bezeichnet. Es gilt $\partial_s X \subset \partial X$, d. h. jeder Stützpunkt von X ist ein Randpunkt von X. Eine Teilmenge von V heißt *konvexer Körper* genau dann, wenn sie konvex ist und ein nicht-leeres Inneres hat. Aus dem Trennungssatz von Mazur folgt, daß für einen abgeschlossenen konvexen Körper X $\partial_s X = \partial X$ gilt. Im $\mathbb{R}^n$ kann man auf die Voraussetzung des nichtleeren Inneren verzichten, i. a. ist sie aber notwendig, ja es gibt sogar konvexe Mengen ohne Stützpunkte.

Nach dem auf Errett Bishop und Robert R. Phelps (1963) zurückgehenden *Satz von Bishop-Phelps* liegt für jede abgeschlossene konvexe Teilmenge X eines Banachraums die Menge $\partial_s X$ dicht in ∂X. Damit kann man zeigen, daß $\partial_s X = \partial X$ gilt, wenn X eine abgeschlossene konvexe Teilmenge eines endlichdimensionalen normierten Vektorraums ist.

Exponierte Punkte

Ist X Teilmenge eines topologischen Vektorraums V, so heißt $x \in X$ ein *exponierter Punkt* von X, wenn x ein Stützpunkt von X ist und man durch x eine Stützhyperebene legen kann, die X genau in x schneidet, d. h. wenn es ein Stützfunktional f von X im Punkt x gibt mit $f(y) < f(x)$ für $y \in X \setminus \{x\}$. Die Menge der exponierten Punkte von X wird mit $\text{exp}X$ bezeichnet.

Ist X konvex, so gilt $\text{exp}X \subset \text{ext}X$. Ist X eine kompakte konvexe Teilmenge eines normierten Vektorraums, so liegt nach dem von Stefan Straszewicz (1935) für $\mathbb{R}^n$ und Victor L. Klee (1958) für normierte Vektorräume gezeigten *Satz von Klee-Straszewicz* $\text{exp}X$ dicht in $\text{ext}X$, d. h. es gilt $\text{ext}X \subset \overline{\text{exp}X}$, woraus man

$$\begin{aligned}\overline{\text{conv}}\ \text{exp}X &\subset \overline{\text{conv}}\,\text{ext}X\\ &\subset \overline{\text{conv}}\,\overline{\text{exp}X}\\ &= \overline{\text{conv}}\ \text{exp}X\end{aligned}$$

erhält und damit

$$\overline{\text{conv}}\ \text{exp}X = \overline{\text{conv}}\,\text{ext}X = X$$

als Verschärfung des Satzes von Krein-Milman im Fall eines normierten Vektorraums.

Schreibt man $A \,\overline{\subset}\, B$ für „A liegt dicht in B", d. h. $A \subset B$ und $B \subset \overline{A}$, so gilt für abgeschlossene konvexe Teilmengen X eines normierten Vektorraums nach dem Bisherigen:

$$\text{exp}X \left\{ \begin{matrix} \subset & \partial_s X & \subset \\ \overline{\subset} & \text{ext}X & \subset \end{matrix} \right\} \partial X\,.$$

Für kompakte konvexe Teilmengen X eines Banachraums erhält man mit dem Satz von Bishop-Phelps daraus

$$\text{exp}X \left\{ \begin{matrix} \subset & \partial_s X & \overline{\subset} \\ \overline{\subset} & \text{ext}X & \subset \end{matrix} \right\} \partial X$$

und im Fall $X \subset \mathbb{R}^n$

$$\text{exp}X \left\{ \begin{matrix} \subset & \partial_s X & = \\ \overline{\subset} & \text{ext}X & \subset \end{matrix} \right\} \partial X\,.$$

Man kann zeigen, daß ein abgeschlossener konvexer Körper X eines topologischen Vektorraums genau dann streng konvex ist, wenn $\text{exp}X = \partial X$ gilt. Daraus erhält man

$$\text{exp}X \left\{ \begin{matrix} = & \partial_s X & = \\ = & \text{ext}X & = \end{matrix} \right\} \partial X$$

für abgeschlossene streng konvexe Körper X.

Reguläre Punkte

Ist X Teilmenge eines topologischen Vektorraums V, so heißt $x \in X$ ein *regulärer Punkt* von X, wenn x ein Stützpunkt von X ist und es im Punkt x genau eine Stützhyperebene von X gibt, d. h. wenn es ein Stützfunktional f von X im Punkt x so gibt, daß jedes Stützfunktional zu X im Punkt x ein positives

Vielfaches von f ist. Man nennt ein solches f *Tangentenfunktional* und $\{y \in V \mid f(y) \leq f(x)\}$ einen X im Punkt x *tangierenden Halbraum*. Die Menge der regulären Punkte von X wird mit $\partial_r X$ bezeichnet.

Die Menge X heißt *glatt* genau dann, wenn sie konvex ist und alle ihre Randpunkte reguläre Punkte sind, also wenn $\partial_r X = \partial X$ gilt. Ein Kreis ist z. B. glatt. Ein Quadrat ist nicht glatt, weil seine Ecken nicht regulär sind. Mazur konnte 1933 beweisen, daß für einen abgeschlossenen konvexen Körper X in einem separablen Banachraum $\partial_r X$ dicht in ∂X liegt. Damit kann man zeigen, daß jeder abgeschlossene Körper in einem separablen Banachraum der Durchschnitt seiner tangierenden Halbräume ist.

Die Menge X heißt *regulär* genau dann, wenn sie glatt ist und $\exp X = \partial X$ gilt. Jeder glatte streng konvexe Körper ist regulär.

Konvexe Mengen im $\mathbb{R}^n$

Für konvexe Mengen im $\mathbb{R}^n$ gelten einige Aussagen, wie der Satz von Carathéodory oder der Satz von Fenchel-Bunt (↗konvexe Hülle), die man in unendlich-dimensionalen Räumen nicht hat.

Der 1913 von Eduard Helly bewiesene *Satz von Helly* ist eine wichtige und schöne Erkenntnis über Schnitte konvexer Mengen im $\mathbb{R}^n$: Ist S ein endliches System mindestens $n+1$ konvexer Teilmengen von $\mathbb{R}^n$, und ist der Schnitt von je $n+1$ dieser Mengen nicht-leer, so ist auch der Schnitt über ganz S nicht leer. Nützlich für Anwendungen ist auch folgende Variante: Ist S ein beliebiges System mindestens $n+1$ konvexer Teilmengen von $\mathbb{R}^n$, das mindestens eine kompakte Menge enthält, und ist der Schnitt von je $n+1$ dieser Mengen nicht-leer, so ist auch der Schnitt über ganz S nicht leer.

Der Satz von Helly läßt sich etwa benutzen für einen Beweis des 1903 von Paul Kirchberger angegebenen *Satzes von Kirchberger*: Sind X und Y endliche Teilmengen von $\mathbb{R}^n$ derart, daß für jede höchstens $(n+2)$-elementige Menge $Z \subset X \cup Y$ die Mengen $X \cap Z$ und $Y \cap Z$ stark getrennt werden können, dann können auch X und Y stark getrennt werden. Man stelle sich unter X und Y etwa schwarze und weiße Schafe auf einer Wiese vor, die durch einen geradlinigen Zaun der Farbe nach getrennt werden sollen.

Es bezeichne $U := U_n$ die Einheitskugel im $\mathbb{R}^n$. Versieht man die Menge $\mathbb{K}_n$ der kompakten konvexen Teilmengen von $\mathbb{R}^n$ mit der Hausdorff-Metrik, d. h. mit der für $X, Y \in \mathbb{K}_n$ durch

$$d(X,Y) = \inf\{s > 0 \mid X \subset Y + sU, Y \subset X + sU\}$$

definierten Metrik $d : \mathbb{K}_n^2 \to [0,\infty)$, so ist der metrische Raum $(\mathbb{K}_n, d)$ vollständig.

$S \subset \mathbb{K}_n$ heißt *beschränkt* genau dann, wenn

$$\sup_{X \in S} d(X, \{0\}) < \infty$$

gilt. Nach dem auf Wilhelm Johann Eugen Blaschke (1916) zurückgehenden *Auswahlsatz von Blaschke* besitzt jede beschränkte Folge in $\mathbb{K}_n$ eine in $(\mathbb{K}_n, d)$ konvergente Teilfolge. Damit kann man zeigen, daß $(\mathbb{K}_n, d)$ lokalkompakt und separabel ist.

Von Interesse ist auch die Approximation konvexer Mengen im $\mathbb{R}^n$ durch konvexe Polyeder oder reguläre konvexe Körper. Es sei $\mathbb{P}_n \subset \mathbb{K}_n$ die Menge der konvexen Polyeder. Dann ist leicht zu zeigen, daß es zu jedem $X \in \mathbb{K}_n$ und jedem $\varepsilon > 0$ ein $P \in \mathbb{P}_n$ gibt mit

$$P \subset X \subset P + \varepsilon U_n,$$

woraus $d(X,P) < \varepsilon$ folgt, d. h. $\mathbb{P}_n$ liegt dicht in $\mathbb{K}_n$.

Nach dem von Hugo Hadwiger (1955) stammenden *Satz von Hadwiger* gibt es zu jeder kompakten konvexen Nullumgebung $X \subset \mathbb{R}^n$ und jedem $\varepsilon > 0$ ein $P \in \mathbb{P}_n$ mit

$$P \subset X \subset (1+\varepsilon)P.$$

Damit erhält man, daß es zu jedem kompakten konvexen Körper $X \subset \mathbb{R}^n$ und jedem $\varepsilon > 0$ konvexe Polyeder P und Q gibt mit

$$P \subset X \subset Q \quad \text{und} \quad d(P,Q) < \varepsilon.$$

Ferner kann man zeigen, daß es zu jeder kompakten konvexen Menge $X \subset \mathbb{R}^n$ und jedem $\varepsilon > 0$ eine reguläre kompakte Menge $Y \subset \mathbb{R}^n$ gibt mit

$$X \subset Y \quad \text{und} \quad d(X,Y) < \varepsilon.$$

Für $P \in \mathbb{P}_n$ sei $A_n(P)$ der Oberflächeninhalt und $V_n(P)$ das Volumen von P. Es sei $\mathbb{K}_n^0 \subset \mathbb{K}_n$ die Menge der kompakten konvexen Körper. In Erweiterung von A_n und P_n definiert man durch

$$A_n(X) := \inf\{A_n(P) \mid X \subset P \in \mathbb{P}_n\}$$
$$V_n(X) := \inf\{V_n(P) \mid X \subset P \in \mathbb{P}_n\}$$

den Oberflächeninhalt $A_n(X)$ und das Volumen $V_n(X)$ von $X \in \mathbb{K}_n^0$. Es gilt:

$$A_n(X) = \sup\{A_n(P) \mid X \supset P \in \mathbb{P}_n\},$$
$$V_n(X) = \sup\{V_n(P) \mid X \supset P \in \mathbb{P}_n\}.$$

$A_n : \mathbb{K}_n^0 \to [0,\infty)$ ist stetig. Setzt man noch

$$V(X) := 0 \quad \text{für} \quad X \in \mathbb{K}_n \setminus \mathbb{K}_n^0,$$

so ist $V_n : \mathbb{K}_n \to [0,\infty)$ stetig und isoton. Man kann $A_n(X)$ für $X \in \mathbb{K}_n^0$ rekursiv berechnen durch die *Cauchy-Oberflächenformel*

$$A_n(X) = \frac{1}{V_{n-1}(U_{n-1})} \int_{\partial U_n} V_{n-1}(P_x(X))\,dx.$$

Dabei bezeichnet P_x für $x \in \partial U_n$ die orthogonale Projektion von $\mathbb{R}^n$ auf die Hyperebene $\{x\}^\perp$.

Fixpunktsätze

Fixpunktsätze sind wichtige Hilfsmittel zur Herleitung von Existenzsätzen und zur Lösung von Differential- und Integralgleichungen, von Approximations-, Anfangs- und Randwertproblemen. Vorteil der auf Konvexitätseigenschaften beruhenden Fixpunktsätze ist, daß sie keine Kontraktionsforderungen an die betrachtete Funktion stellen.

Grundlegend ist der 1909 von Luitzen Egbertus Jan Brower bewiesene *Fixpunktsatz von Brouwer*, der besagt, daß jede stetige Abbildung der Einheitskugel im $\mathbb{R}^n$ in sich einen Fixpunkt besitzt. Dieser Satz wurde 1922 von George David Birkhoff und Oliver Dimon Kellogg verallgemeinert auf kompakte konvexe Mengen in den Räumen $C^k[0,1]$ und $L_2[0,1]$, im Jahr 1927 von Juliusz Pawel Schauder auf Banachräume mit Schauderbasis und 1930 auf beliebige Banachräume, und schließlich 1935 von Andrej N. Tychonow auf lokalkonvexe Vektorräume: Jede stetige Abbildung f einer nichtleeren kompakten konvexen Teilmenge X eines lokalkonvexen Vektorraums in sich besitzt einen Fixpunkt, d. h. einen Punkt $x \in X$ mit $f(x) = x$.

Konvexe Funktionen

Wie für reellwertige Funktionen auf reellen Intervallen nennt man eine auf einer konvexen Teilmenge X eines Vektorraums V definierte Funktion $f : X \to \mathbb{R}$ *konvex* genau dann, wenn

$$f(\alpha x_1 + (1-\alpha)x_2) \le \alpha f(x_1) + (1-\alpha) f(x_2)$$

gilt für alle $x_1, x_2 \in X$ mit $x_1 \neq x_2$ und $\alpha \in (0,1)$, und *streng konvex*, wenn dabei sogar ‚<' gilt. Konvexität von f ist auch hier äquivalent zur *Jensen-Ungleichung*

$$f\left(\sum_{i=1}^{n} \alpha_i x_i\right) \le \sum_{i=1}^{n} \alpha_i f(x_i)$$

für alle $n \ge 2$, $\alpha_1, \dots, \alpha_n \in (0,1)$ mit $\sum_{i=1}^n \alpha_i = 1$ und paarweise verschiedene $x_1, \dots, x_n \in X$.

Sind $f, g : X \to \mathbb{R}$ konvex und $\alpha, \beta \ge 0$, so ist auch $\alpha f + \beta g$ konvex. Ist I eine beliebige Indexmenge und $f_i : X \to \mathbb{R}$ konvex für $i \in I$, so sind die Menge $X_0 := \{x \in X \mid \sup_{i \in I} f_i(x) < \infty\}$ und die Funktion $\sup_{i \in I} f_i : X_0 \to \mathbb{R}$ konvex. Ist $(f_n)_{n \in \mathbb{N}}$ eine Folge konvexer Funktionen $f_n : X \to \mathbb{R}$, die punktweise gegen die Funktion $f : X \to \mathbb{R}$ konvergieren, so ist auch f konvex.

Epigraph und Distanzfunktion

Es gibt eine Reihe von Zusammenhängen zwischen konvexen Funktionen und konvexen Mengen. Eine Funktion $f : X \to \mathbb{R}$ auf einer konvexen Teilmenge X eines Vektorraums V ist z. B. genau dann konvex, wenn ihr ↗Epigraph

$$\operatorname{epi}(f) = \{(x,y) \mid x \in X, y \ge f(x)\} \subset X \times \mathbb{R}$$

konvex ist. Ist V ein normierter Vektorraum, so folgt aus der Konvexität von $X \subset V$ die Konvexität der für $a \in V$ durch

$$d_X(a) = \inf_{x \in X} \|x - a\|$$

erklärten Distanzfunktion $d_X : V \to [0, \infty)$. Insbesondere ist natürlich $\| \ \| : V \to [0, \infty)$ konvex.

Stetigkeit und Differenzierbarkeit

Es sei X eine offene konvexe Teilmenge eines topologischen Vektorraums V. Ist $f : X \to \mathbb{R}$ konvex, so ist f genau dann stetig, wenn es eine nicht-leere offene Teilmenge von X gibt, auf der f nach oben beschränkt ist. Ist V normierter Vektorraum, so ist f genau dann stetig, wenn f lokal Lipschitz-stetig ist. Ist V sogar endlichdimensional, so ist jede konvexe Funktion auf X stetig.

Im folgenden sei V ein normierter Vektorraum. Wie bei reellwertigen Funktionen auf reellen Intervallen liefert dann für eine Funktion $f : X \to \mathbb{R}$ die Ableitung ein Konvexitätskriterium: Ist f konvex und an der Stelle $a \in X$ differenzierbar, so gilt

$$f(x) \ge f(a) + f'(a)(x-a) \qquad (2)$$

für alle $x \in X$, d. h. f liegt über seiner Tangentialhyperebene an der Stelle a. Ist f differenzierbar auf ganz X, so ist f genau dann konvex, wenn (2) für alle $a, x \in X$ gilt, und genau dann streng konvex, wenn hierbei in (2) für $x \neq a$ sogar ‚>' gilt.

Nennt man, in Erweiterung der ‚reellen' Sprechweise, eine auf einer Menge $M \subset V$ definierte Funktion $g : M \to \mathbb{R}^V$ *isoton* genau dann, wenn

$$(g(x) - g(y))(x - y) \ge 0 \qquad (3)$$

gilt für alle $x, y \in M$, und *streng isoton* genau dann, wenn dabei sogar ‚>' gilt für $x \neq y$, dann hat man: Ist $f : X \to \mathbb{R}$ stetig und differenzierbar, so ist f genau dann (streng) konvex, wenn f' (streng) isoton ist.

Weiter gilt: Ist $f : X \to \mathbb{R}$ zweimal differenzierbar, so ist f genau dann konvex, wenn $f''(x)$ für jedes $x \in X$ positiv semidefinit ist. Ist $f''(x)$ für alle $x \in X$ positiv definit, so ist f streng konvex. Im Fall $V = \mathbb{R}^n$ hat man also die ↗Hesse-Matrix $H_f(x)$ zu untersuchen.

Ist V ein Vektorraum und $X \subset V$ konvex, so ist jede konvexe Funktion $f : X \to \mathbb{R}$ einseitig Gâteaux-differenzierbar, d. h. für jedes $x \in X$ und $v \in V$ derart, daß es ein $\alpha > 0$ gibt mit $x + \alpha v \in X$, existiert die Gâteaux-Ableitung

$$\lim_{\varepsilon \downarrow 0} \frac{1}{\varepsilon}(f(x + \varepsilon v) - f(x)).$$

Ist V ein endlichdimensionaler normierter Vektorraum, so ist f an einer Stelle genau dann differenzierbar, wenn f dort Gâteaux-differenzierbar ist.

Es sei $X \subset \mathbb{R}^n$ offen und konvex. Weder aus der Existenz aller partiellen Ableitungen noch aller Richtungsableitungen einer Funktion an einer Stelle folgt dort i. a. ihre Differenzierbarkeit. Jedoch ist eine konvexe Funktion $f : X \to \mathbb{R}$ an einer Stelle $a \in X$ genau dann differenzierbar, wenn dort alle ihre partiellen Ableitungen existieren. Ferner gilt: f ist fast überall differenzierbar, und f' ist stetig. Insbesondere ist jede differenzierbare konvexe Funktion stetig differenzierbar.

Literatur

[1] Giles, J. R.: Convex Analysis with Application in Differentiation of Convex Functions. Pitman London, 1982.

[2] Hiriat-Urruty, J.-B.; Lemaréchal, C.: Convex Analysis and Minimization Algorithms I,II. Springer-Verlag Berlin, 1993.

[3] Hörmander, L.: Notions of Convexity. Birkhäuser-Verlag Boston, 1994.

[4] Marti, J. T.: Konvexe Analysis. Birkäuser-Verlag Basel, 1977.

[5] Roberts, A. W.; Varberg, D. E.: Convex Functions. Academic Press New York, 1973.

[6] Stoer, J; Witzgall, C.: Convexity and Optimization. Springer-Verlag Berlin, 1970.

konvexe Einbettung eines Graphen, eine ↗gradlinige Einbettung eines ↗planaren Graphen, bei der die Ränder aller Länder konvexe Polygone sind.

Nach einem Satz von E.Steinitz besitzt jeder planare dreifach zusammenhängende Graph eine konvexe Einbettung.

konvexe Fläche, eine zusammenhängende offene Teilmenge $\mathcal{F}$ der Randfläche $\partial(\mathcal{K})$ eines konvexen Körpers $\mathcal{K} \subset \mathbb{R}^3$.

Unter einem konvexen Körper versteht man eine Teilmenge von $\mathbb{R}^3$, die zu je zweien ihrer Punkte auch deren Verbindungsstrecke enthält.

Ist $\mathcal{F}$ die gesamte Randfläche $\partial(\mathcal{K})$, so heißt $\mathcal{F}$ vollständig, ist $\mathcal{K}$ überdies beschränkt, d. h., in einer Kugel des $\mathbb{R}^3$ enthalten, so heißt $\mathcal{F}$ geschlossen, ansonsten unendlich. Jede unendliche vollständige konvexe Fläche ist homöomorph zu einer Ebene oder zu einem Zylinder.

Jedem Punkt $x \in \mathcal{F}$ ist ein Tangentialkegel $K_x(\mathcal{F})$ zugeordnet, der sich als Grenzlage von Flächen $\mathcal{F}_n$ für $n \to \infty$ ergibt, wobei $\mathcal{F}_n$ das Bild von $\mathcal{F}$ bei der Dehnung des $\mathbb{R}^3$ mit dem Faktor n und dem Zentrum x ist. Nach der Form des Tangentialkegels werden die Punkte von $\mathcal{F}$ in Klassen eingeteilt. Ein Punkt x heißt konisch, wenn $K_x(\mathcal{F})$ ein nicht ausgearteter Kegel ist, x heißt glatt, wenn $K_x(\mathcal{F})$ eine Ebene, und Gratpunkt, wenn $K_x(\mathcal{F})$ Durchschnitt zweier Halbräume ist.

Die größte untere Schranke aller Längen von rektifizierbaren Kurven, die zwei Punkte x und y der Fläche $\mathcal{F}$ verbinden, heißt deren innerer Abstand $d(x, y)$, und eine x und y verbindende rektifizierbare Kurve $\alpha : [a, b] \subset \mathbb{R} \to \mathcal{F}$ der Länge $d(x, y)$ heißt Kurve der ↗kürzesten Verbindung oder einfach Kürzeste. Die kürzesten Verbindungen auf konvexen Flächen haben die Eigenschaft des Nichtüberlappens: Je zwei Kürzeste haben entweder (i) keine gemeinsamen Punkte, (ii) genau einen gemeinsamen Punkt, (iii) genau zwei gemeinsame Punkte, die dann ihre Endpunkte sind, oder es ist (iv) eine der Kurven eine Teilmenge der anderen, oder sie haben (v) ein Segment gemeinsam, dessen zwei Endpunkte dann Endpunkte je einer der beiden Kürzesten sind.

Den Winkel zwischen zwei Kürzesten α und β in einem gemeinsamen Punkt $P = \alpha(a) = \beta(a)$ definiert man als den Grenzwert der Winkel zwischen den beiden Verbindungsgeraden von P mit $\alpha(t)$ bzw. $\beta(t)$ für $t \to a$. Wählt man eine kleine Umgebung U von P, so wird U durch die beiden Kurven α und β in zwei Sektoren S und S' zerlegt. Den Winkel $\delta_P(S)$ eines solchen Sektors S in der Spitze P definiert man, indem man S zunächst durch eine endliche Folge $\alpha_0 = \alpha, \alpha_1, \dots, \alpha_{n-1}, \alpha_n = \beta$ von aufeinanderfolgenden, vom Punkt P ausgehenden Kürzesten α_i in kleinere Sektoren zerlegt, und die Winkel zwischen aufeinanderfolgen Kürzesten α_i addiert. Der Winkel $\delta_P(S)$ ist dann der obere Limes aller auf diese Weise gebildeten Summen.

Die Summe von $\delta_P(S)$ mit dem Winkel $\delta_P(S')$ des komplementären Sektors hängt nicht von den ursprünglich gewählten Kürzesten α und β ab. Man nennt $\delta_P(\mathcal{F}) = \delta_P(S) + \delta_P(S')$ den vollen Winkel von $\mathcal{F}$ im Punkt P. Es gilt immer $\delta_P(\mathcal{F}) \leq 2\pi$. Die innere Krümmung von $\mathcal{F}$ in P definiert man als Differenz $2\pi - \delta_P(\mathcal{F})$.

[1] Alexandrov, A, D.: Die innere Geometrie der konvexen Flächen. Akademie-Verlag Berlin, 1955.

konvexe Funktion, auf einem Intervall $I \subset \mathbb{R}$ (oder auch allgemeiner einer konvexen Menge I) definierte Funktion $f : I \to \mathbb{R}$ mit der Eigenschaft

$$f(\alpha x_1 + (1-\alpha)x_2) \leq \alpha f(x_1) + (1-\alpha) f(x_2) \quad (1)$$

für alle $x_1, x_2 \in I$ mit $x_1 \neq x_2$ und $\alpha \in (0, 1)$. Dazu äquivalent ist die Jensen-Ungleichung

$$f\left(\sum_{i=1}^{n} \alpha_i x_i\right) \leq \sum_{i=1}^{n} \alpha_i f(x_i) \quad (2)$$

für alle $n \geq 2$, $\alpha_1, \ldots, \alpha_n \in (0,1)$ mit $\sum_{i=1}^{n} \alpha_i = 1$ und paarweise verschiedene $x_1, \ldots, x_n \in I$. Eine weitere äquivalente Bedingung ist

$$\frac{f(x_2)-f(x_1)}{x_2-x_1} \leq \frac{f(x_3)-f(x_1)}{x_3-x_1}$$

für alle $x_1, x_2, x_3 \in I$ mit $x_1 < x_2 < x_3$, was man mit den ↗ Differenzenquotienten $Q_f(x_i, x_j)$ als

$$Q_f(x_1,x_2) \leq Q_f(x_1,x_3) \qquad (3)$$

schreiben kann. Somit ist f genau dann konvex, wenn für jedes $c \in I$ die Funktion

$$Q_{f,c} : I \setminus \{c\} \ni x \longmapsto Q_f(c,x) \in \mathbb{R}$$

isoton ist.

Gilt in (1) oder, wieder äquivalent dazu, in (2) oder (3) sogar ‚<' so nennt man f streng konvex oder auch strikt konvex. Genau dann ist f streng konvex, wenn für jedes $c \in I$ die Funktion $Q_{f,c} : I \setminus \{c\} \to \mathbb{R}$ streng isoton ist. Die Funktion f heißt (streng) konkav genau dann, wenn $-f$ (streng) konvex ist. Anschaulich bedeutet Konvexität bzw. Konkavität, daß der Graph von f stets unterhalb bzw. oberhalb der Verbindungsstrecke je zweier seiner Punkte liegt. Bei differenzierbarem f bedeutet Konvexität bzw. Konkavität, daß alle Tangenten an f unterhalb bzw. oberhalb des Graphen von f liegen. Da Konvexität bzw. Konkavität sich anschaulich auch als ‚Linksgekrümmtheit' bzw. ‚Rechtsgekrümmtheit' des Graphen der Funktion deuten läßt, spricht man auch vom ↗ Krümmungsverhalten der Funktion.

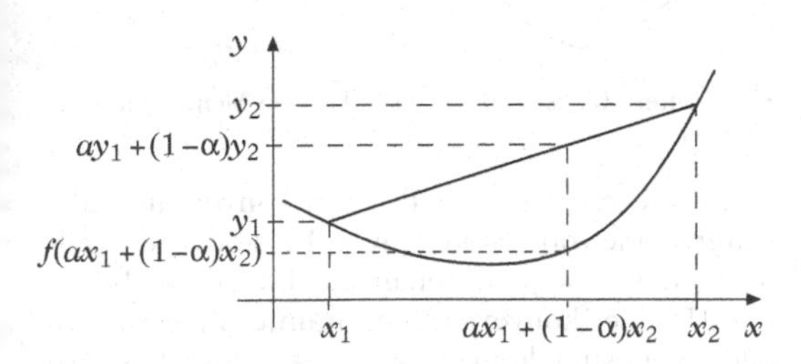

Konvexe Funktion

Im folgenden sei I offen. Ist f konvex, so ist f stetig (sogar Lipschitz-stetig auf jedem abgeschlossenen Teilintervall) sowie links- und rechtsseitig differenzierbar mit $f'_- \leq f'_+$ (Satz von Stolz). Ferner sind dann f'_- und f'_+ isoton und unterscheiden sich höchstens an abzählbar vielen Stellen, d. h. f ist höchstens an abzählbar vielen Stellen nicht differenzierbar.

Genau dann ist f konvex, wenn es eine isotone Funktion $\varphi : I \to \mathbb{R}$ gibt und ein $a \in I$ mit

$$f(x) = f(a) + \int_a^x \varphi(t)\,dt$$

für $x \in I$. Ist f differenzierbar, so ist f genau dann (streng) konvex bzw. konkav, wenn f' (streng) isoton bzw. antiton ist. Ist f zweimal differenzierbar, so ist f genau dann konvex bzw. konkav, wenn $f'' \geq 0$ bzw. $f'' \leq 0$ gilt. Gilt $f'' > 0$ bzw. $f'' < 0$, so ist f streng konvex bzw. konkav. Die durch $f(x) = x^4$ gegebene streng konvexe Funktion zeigt, daß diese letzten Bedingungen nicht notwendig sind. Es gibt sogar streng konvexe oder streng konkave Funktionen mit fast überall verschwindender zweiter Ableitung, etwa eine Stammfunktion einer ↗ streng monotonen stetigen Funktion mit fast überall verschwindender Ableitung.

Eine Stelle $x \in I$, an der sich das Konvexitätsverhalten von f von strenger Konvexität zu strenger Konkavität oder umgekehrt ändert, nennt man einen ↗ Wendepunkt von f.

Die Forderung (1) alleine für $\alpha = \frac{1}{2}$ führt zum Begriff der Jensen-konvexen oder ↗ mittelpunktkonvexen Funktion. Jede konvexe Funktion ist somit mittelpunktkonvex. Jede stetige mittelpunktkonvexe Funktion ist konvex. Man beachte: Teilweise werden in älterer Literatur mittelpunktkonvexe Funktionen als „konvexe Funktionen" bezeichnet.

Konvexität und Konkavität von Funktionen lassen sich, wie eingangs erwähnt, über die Forderung (1) allgemeiner auch für reellwertige, auf einer konvexen Teilmenge eines reellen Vektorraums definierte Funktionen erklären. Eine auf einer offenen konvexen Menge $I \subseteq \mathbb{R}^n$ differenzierbare Funktion ist genau dann konvex, falls für alle $x, y \in I$ die Ungleichung

$$f(y) - f(x) \geq Df(x) \cdot (y - x)$$

gilt. In der Optimierung konvexer Funktionen auf konvexen Mengen ist es beispielsweise von entscheidender Bedeutung, daß jeder lokale Minimalpunkt schon globaler Minimalpunkt ist.

Die Untersuchung der Eigenschaften konvexer Funktionen ist ein Gegenstand der ↗ konvexen Analysis.

konvexe Fuzzy-Menge, eine Fuzzy-Menge $\widetilde{A} = \{(x, \mu_A(x)) \mid x \in X\}$ auf einer konvexen Menge X mit der Eigenschaft:

$$\mu_A(\lambda x_1 + (1-\lambda)x_2) \geq \min(\mu_A(x_1), \mu_A(x_2))$$

für alle $x_1, x_2 \in X$ und alle $\lambda \in [0, 1]$.

Ist X eine Teilmenge des reellen Zahlenkörpers, so ist die Konvexitätseigenschaft einer Fuzzy-Menge $\widetilde{A}$ äquivalent zu der Aussage, daß alle ihre

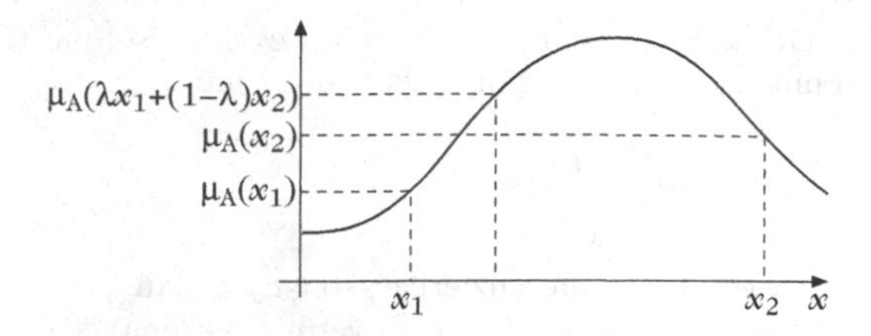

Konvexe Fuzzy-Menge

↗α-Niveau-Mengen Intervalle, also selbst wieder konvexe Mengen, sind.

konvexe Hülle, spezielle Obermenge einer Teilmenge X eines reellen Vektorraums V, nämlich der Durchschnitt aller konvexen Teilmengen von V, die X enthalten, meist bezeichnet mit $\text{conv}X$.

Da der Durchschnitt konvexer Mengen konvex ist, ist $\text{conv}X$ die kleinste ↗konvexe Menge in V, die X enthält. Die Menge X ist demnach genau dann konvex, wenn $X = \text{conv}X$ gilt. Für alle $\alpha \in \mathbb{R}$ und $X, Y \subset V$ gilt:

$$\begin{aligned}\text{conv}\,\alpha X &= \alpha\,\text{conv}X,\\ \text{conv}(X+Y) &= \text{conv}X + \text{conv}\,Y.\end{aligned}$$

Sind $X, Y \subset V$ konvexe Kegel, d. h. X und Y sind konvex und erfüllen $tX \subset X$ und $tY \subset Y$ für alle $t \geq 0$, so gilt

$$\text{conv}(X \cup Y) = X + Y.$$

Die konvexe Hülle einer Menge $X \subset V$ besteht gerade aus allen ↗Konvexkombinationen von Elementen von X, sie entspricht also der Menge

$$\{\lambda_1 x_1 + \cdots + \lambda_n x_n | x_i \in X, \lambda_i \geq 0, \lambda_1 + \cdots + \lambda_n = 1\}.$$

Für eine Menge $X \subset \mathbb{R}^n$ besagt ein Satz von Carathéodory, daß jeder Punkt von $\text{conv}X$ sich als Konvexkombination von höchstens $n+1$ Elementen von X schreiben läßt. Hat X höchstens n Zusammenhangskomponenten, so kann man nach dem Satz von Fenchel-Bunt jeden Punkt von $\text{conv}X$ als Konvexkombination von höchstens n Elementen von X schreiben. Beispielsweise erhält man die konvexe Hülle einer zusammenhängenden Menge $X \subset \mathbb{R}^2$ als Vereinigung aller Verbindungsstrecken von Punkten aus X.

Aus dem Satz von Carathéodory folgt, daß die konvexe Hülle einer kompakten Teilmenge von $\mathbb{R}^n$ kompakt ist. Jedoch ist die konvexe Hülle einer abgeschlossenen Teilmenge von $\mathbb{R}^n$ nicht notwendigerweise abgeschlossen – man betrachte etwa in $\mathbb{R}^2$ die Vereinigung einer Geraden mit einem nicht auf ihr liegenden Punkt.

Ist V ein topologischer Vektorraum, so ist für jede offene Menge $X \subset V$ auch $\text{conv}X$ offen. Ferner sind für jede konvexe Menge $X \subset V$ auch das Innere von X und die Abschließung von X konvex. Für jede Menge $X \subset V$ ist dann auch der Durchschnitt aller abgeschlossenen konvexen Teilmengen von V, die X enthalten, eine abgeschlossene konvexe Menge, genannt $\overline{\text{conv}}X$, die abgeschlossene konvexe Hülle von X. Es gilt

$$\overline{\text{conv}}\,\overline{X} = \overline{\text{conv}}X = \overline{\text{conv}X}.$$

Für alle $\alpha \in \mathbb{R}$ und $X, Y \subset V$ mit relativ kompaktem $\text{conv}\,Y$ gilt:

$$\begin{aligned}\overline{\text{conv}}\,\alpha X &= \alpha\,\overline{\text{conv}}X,\\ \overline{\text{conv}}\,(X+Y) &= \overline{\text{conv}}X + \overline{\text{conv}}\,Y.\end{aligned}$$

Der Satz von Mazur besagt, daß für eine präkompakte Teilmenge X eines lokalkonvexen Raums auch $\text{conv}X$ präkompakt ist.

konvexe Hülle zweier Intervalle, die ↗Intervall-Hülle $\mathbf{a}\underline{\cup}\mathbf{b}$ der Vereinigung der beiden reellen Intervalle $\mathbf{a} = [\underline{a}, \overline{a}]$ und $\mathbf{b} = [\underline{b}, \overline{b}]$:

$$\begin{aligned}\mathbf{a}\underline{\cup}\mathbf{b} &= \Diamond\{x \in \mathbb{R} | x \in \mathbf{a} \vee x \in \mathbf{b}\}\\ &= [\min\{\underline{a}, \underline{b}\}, \max\{\overline{a}, \overline{b}\}]\end{aligned}$$

Konvexe Hülle-Eigenschaft, ↗convex hull property.

konvexe Menge, Teilmenge X eines reellen Vektorraums V, die mit je zweien ihrer Punkte auch deren Verbindungsstrecke enthält, d. h. es gilt

$$[x, y] \subset X \quad \text{für alle} \quad x, y \in X,$$

wobei $[x, y] = \{tx + (1-t)y \,|\, t \in [0, 1]\}$ sei.

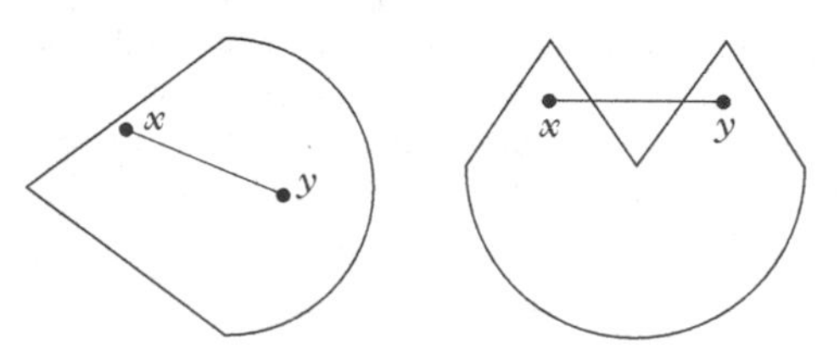

Eine konvexe (links) und eine nicht konvexe Menge (rechts).

Für alle $x, y \in V$ ist z. B. $[x, y]$ konvex, und alle Unterräume von V sind konvex. Die konvexen Teilmengen von $\mathbb{R}$ sind genau die Intervalle. Bilder und Urbilder konvexer Mengen unter linearen Abbildungen sind konvex. Für $\alpha \in \mathbb{R}$ und konvexe $X, Y \subset V$ sind das skalare Vielfache

$$\alpha X = \{\alpha x \,|\, x \in X\}$$

und die Summe

$$X + Y = \{x + y \,|\, x \in X, y \in Y\}$$

konvex. Ist X konvex, so enthält X auch jede ↗Konvexkombination von Elementen aus X. Eine Menge $X \subset V$ ist genau dann konvex, wenn

$$(r+s)X = rX + sX \quad \text{für alle} \quad r, s \geq 0$$

gilt. Die Vereinigungsmenge einer Kette (d. h. einer durch Inklusion linear geordneten Menge) konvexer Mengen ist konvex. Das kartesische Produkt und der Durchschnitt beliebig vieler konvexer Mengen sind konvex. Auf letzerem gründet sich die Definition der ↗konvexen Hülle einer Menge als Durchschnitt all ihrer konvexen Obermengen.

Man nennt eine Teilmenge X eines topologischen Vektorraums V streng konvex, wenn die offene Verbindungsstrecke je zweier Punkte aus X im Inneren von X liegt, also genau dann, wenn

$$(x, y) \subset \operatorname{int} X \quad \text{für alle} \quad x, y \in X$$

gilt, wobei $(x, y) = [x, y] \setminus \{x, y\}$ sei. Jede streng konvexe Menge ist offenbar konvex, aber nicht umgekehrt. Jede konvexe Menge ist offensichtlich sternförmig, jedoch nicht umgekehrt.

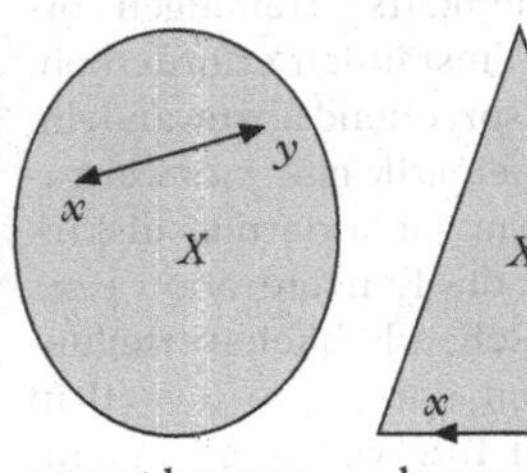

streng konvex

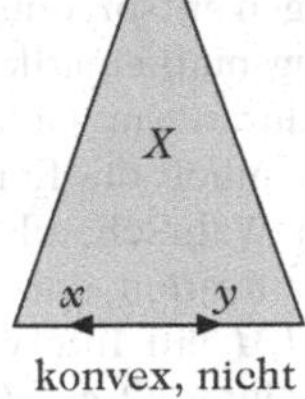

konvex, nicht streng konvex

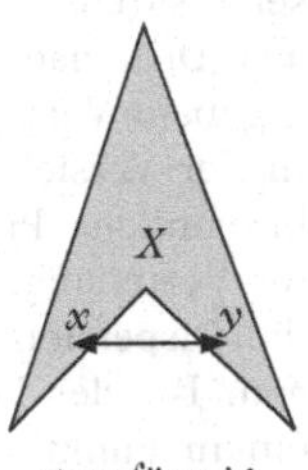

sternförmig, nicht konvex

Die Untersuchung der Eigenschaften konvexer Mengen ist ein Gegenstand der ↗konvexen Analysis. Von besonderer Bedeutung sind ↗konvexe Kegel und ↗konvexe Polyeder.

konvexe Optimierung, *konvexe Programmierung*, die Theorie der Extremwertsuche für konvexe Funktionen auf konvexen Mengen.

Zentrale Bedeutung hat dabei der folgende Satz:

Seien K eine konvexe Menge und $f : K \to \mathbb{R}$ eine konvexe Funktion. Ist x^* ein lokaler Minimalpunkt von f auf K, dann ist x^* auch schon globaler Minimalpunkt.

Ist $K \subseteq \mathbb{R}^n$, und verschwindet die Ableitung von f an der Stelle x^*, so ist x^* globaler Minimalpunkt von f auf K.

Aufgrund dieses Satzes sind Probleme der konvexen Optimierung besonders leicht zu lösen.

konvexe Ordnung, Teilordnung N einer Ordung M mit der Eigenschaft, daß mit je zwei Elementen $a, b \in N$, $a \leq b$, stets das gesamte Intervall $[a, b]$ in N enthalten ist.

konvexe Programmierung, ↗ konvexe Optimierung.

konvexer Kegel, kegelförmige Teilmenge des euklidischen Raumes $\mathbb{R}^n$.

Eine abgeschlossene und konvexe und vom $\mathbb{R}^n$ verschiedene Teilmenge $A \subseteq \mathbb{R}^n$ heißt konvexer Kegel, falls es einen Scheitelpunkt $s \in A$ gibt, so daß für jeden Punkt $p \in A$ auch die gesamte von s ausgehende und durch p verlaufende Halbgerade in A liegt.

Ist ein konvexer Kegel A gegeben, so kann man einen dualen konvexen Kegel A^* definieren. Er besteht aus den vom Punkt s ausgehenden Halbgeraden, die mit jeder zu A gehörenden Halbgeraden einen nichtspitzen Winkel einschließen.

Der konvexe Kegel ist wiederum der duale Kegel des dualen Kegels, das heißt $(A^*)^* = A$.

konvexer Körper, konvexe Teilmenge des euklidischen Raumes $\mathbb{R}^n$.

Eine Teilmenge $K \subseteq \mathbb{R}^n$ heißt ein konvexer Körper, wenn sie konvex, abgeschlossen und beschränkt ist. Hat K innere Punkte, so heißt K ein eigentlich konvexer Körper, andernfalls ein uneigentlich konvexer Körper.

Beispiele für eigentlich konvexe Körper im $\mathbb{R}^3$ sind Kugel, Quader und Zylinder. Eine abgeschlossene, konvexe und beschränkte Teilmenge einer Ebene im Raum ist ein uneigentlich konvexer Körper.

konvexer Teilverband, ein ↗Teilverband eines ↗Verbandes $(V, \leq)$, der mit zweien seiner Elemente a, b mit $a \leq b$ auch stets alle Elemente des Intervalls $[a, b]$ der zugrundeliegenden ↗Halbordnung enthält.

konvexes Polyeder, konvexe Hülle einer endlichen Teilmenge des $\mathbb{R}^n$.

Es sei $M \subseteq \mathbb{R}^n$ endlich. Dann heißt die ↗konvexe Hülle von M ein konvexes Polyeder, falls sie nicht Teilmenge eines $(n-1)$-dimensionalen Teilraumes von $\mathbb{R}^n$ ist. Man spricht auch von einem n-dimensionalen Polyeder.

Ist p ein beliebiger Punkt aus M, so heißt p Extrempunkt oder Extremalpunkt, falls er nicht in der konvexen Hülle von $M \setminus \{p\}$ liegt (↗Extremalpunkt einer konvexen Menge). Die Eckpunkte des konvexen Polyeders entsprechen genau den Extremalpunkten.

Man kann die Randfläche eines konvexen Polyeders im $\mathbb{R}^n$ zerlegen in endlich viele $(n-1)$-dimensionale konvexe Polyeder, die sogenannten Seitenflächen.

Konvexität, eine in verschiedenen mathematischen Gebieten gebräuchliche Bezeichung für Eigenschaften von Mengen und Abbildungen, die denen der konvexen Mengen im $\mathbb{R}^3$ ähneln.

Eine Teilmenge $A \subset V$ eines reellen Vektorraumes heißt konvex, wenn zu je zwei Punkten aus A auch deren Verbindungsstrecke in A enthalten ist. Einfachste Beispiel sind Halbräume $H_\lambda = \{x \in V; \lambda(x) \geq 0\}$, die durch eine lineare Abbildung $\lambda : V \to \mathbb{R}$ gegeben sind. Der Durchschnitt einer beliebigen Anzahl konvexer Mengen ist wieder konvex. In Vektorräumen $V = \mathbb{R}^n$ von endlicher Dimension werden Durchschnitte von endlich vielen Halbräumen ↗konvexe Polyeder genannt.

Die Definition der Konvexität läßt sich auf Teilmenge A von Räumen M übertragen, in denen ↗kürzeste Verbindungen existieren, z. B. in geodätischen Räumen (↗Busemannscher G-Raum) oder Riemannschen Mannigfaltigkeiten.

Die Rolle der Geradensegmente übernehmen in der Riemannschen Geometrie die Geodätischen. Da aber zwei Punkte im allgemeinen nicht mehr durch ein einziges geodätisches Segment verbunden werden können, gibt es verschiedene Präzisierungen des Begriffs der Konvexität: A heißt konvex, wenn je zwei Punkte $x, y \in A$ durch eine und nur eine Kürzeste verbunden werden können, die ganz in A enthalten ist und lokal konvex, wenn jeder Punkt $x \in A$ eine Umgebung besitzt, die in obigem Sinne konvex ist. Schließlich heißt A schwach konvex, wenn x und y durch mindestens eine in A verlaufende Kürzeste verbunden werden können und absolut konvex, wenn alle Geodätischen, die zwei Punkte aus A verbinden, ganz in A liegen.

Konvexität einer Menge, Eigenschaft einer Menge, ↗konvexe Menge.

Konvexitätskegel, ↗L_1-Approximation.

Konvexitätsmodul, Parameter für die gleichmäßige Konvexität eines reellen normierten Raumes.

Es sei V ein reeller normierter Raum. Dann ist V genau dann gleichmäßig konvex, wenn es zu jedem $0 < \varepsilon < 2$ ein $\delta(\varepsilon) > 0$ gibt, so daß aus

$$||x|| \leq 1, ||y|| \leq 1 \text{ und } ||x-y|| \geq \varepsilon$$

stets die Ungleichung

$$\frac{1}{2}||x+y|| \leq 1 - \delta(\varepsilon)$$

folgt. Die Zahl $\delta(\varepsilon)$ heißt dann ein Konvexitätsmodul von V.

Konvexitätsungleichung, die Ungleichung

$$f^{-1}\left(\sum_{k=1}^{n} \alpha_k f(x_k)\right) \leq g^{-1}\left(\sum_{k=1}^{n} \alpha_k g(x_k)\right)$$

für streng isotone surjektive Funktionen $f : I \to J$ und $g : I \to K$, für die $g \circ f^{-1} : J \to K$ konvex ist, wobei $I, J, K \subset \mathbb{R}$ Intervalle seien, $x_1, \ldots, x_n \in I$ und $\alpha_1, \ldots, \alpha_n \in [0, 1]$ mit $\sum_{k=1}^{n} \alpha_k = 1$.

Diese sehr allgemeine Ungleichung folgt unmittelbar aus der (ersten) ↗Jensen-Konvexitätsungleichung für $g \circ f^{-1}$, und aus ihr ergeben sich viele andere bekannte Ungleichungen als Spezialfälle.

So erhält man z. B. für $0 < t < u < \infty$ mit den durch $f(x) := x^t$ und $g(x) := x^u$ definierten Funktionen $f, g : (0, \infty) \to (0, \infty)$ die Ungleichung für die gewöhnlichen und die gewichteten ↗Mittel t-ter Ordnung, insbesondere die ↗Ungleichungen für Mittelwerte.

Konvexkombination, Linearkombination von Punkten unter bestimmten Restriktionen.

Es seien V ein reeller Vektorraum und $x_1, \ldots, x_n \in V$. Dann heißt die Linearkombination $\lambda_1 x_1 + \cdots + \lambda_n x_n$ eine Konvexkombination, falls

$$\lambda_1, \ldots, \lambda_n \geq 0 \quad \text{und} \quad \lambda_1 + \cdots + \lambda_n = 1$$

gilt.

Konvolution, andere Bezeichnung für die ↗ Faltung.

Konzentration von Verteilungen, Methode zur Generierung diskreter Verteilungen.

Manche numerische Verfahren zur Berechnung von Wahrscheinlichkeitsverteilungen (z. B. die Berechnung von Gesamtschadenverteilungen in der Versicherungsmathematik) setzen spezielle Klassen diskreter Wahrscheinlichkeitsverteilungen voraus. Dies macht es unter Umständen erforderlich, gegebene Verteilungen entsprechend abzuwandeln. In der Versicherungsmathematik gibt es zwei gebräuchliche Prozeduren zur Generierung diskreter Verteilungen, nämlich die Konzentration bzw. die Dispersion von Wahrscheinlichkeitsverteilungen. Bei der Konzentration der Masse $q > 0$ in einem Punkt $x \in I$, I ein Intervall in $\mathbb{R}$, modifiziert man die Verteilung Q auf I zu einer neuen Verteilung Q^* folgendermaßen:

$$Q^*(x) = Q^*(I) = Q(I) = q\,.$$

kooperativ, *kompetitiv*, ein autonomes System gewöhnlicher Differentialgleichungen, bei dem die Jacobi-Matrix des Vektorfeldes stets nichtnegative (nichtpositive) Nichtdiagonalelemente besitzt.

Die Limesmengen kooperativer und kompetitiver Systeme in n Dimensionen verhalten sich wie Limesmengen in $n-1$ Dimensionen. Unter schwachen Voraussetzungen konvergieren Trajektorien kooperativer Systeme i. allg. gegen stationäre Punkte. Daraus ergeben sich insbesondere für $n = 2$ und 3 interessante Eigenschaften.

Kooperative und kompetitive Systeme spielen eine wichtige Rolle in der biologischen Modellbildung.

kooperatives Spiel, ein Spiel, bei dem die einzelnen Spieler Absprachen über das Verhalten während des Spiels oder über die Verteilung möglicher Gewinne treffen.

In einem kooperativen Spiel ist i. allg. zusätzlich eine sogenannte charakteristische Funktion v gegeben, die für jede mögliche Koalition aus den Spielern eine Bewertung festlegt, nach der die Spieler beurteilen, welche Koalition für sie am günstigsten ist.

Schließlich betrachtet werden noch Verteilungen des Spiels. Dies sind (bei m Spielern) Vektoren

$p = (p_1, \ldots, p_m) \in \mathbb{R}^m, p_i \geq 0$, mit den Eigenschaften $p_i \geq v(\{i\})$ (beachte: den Wert $v(\{i\})$ kann sich Spieler i ohne Eingehen von Koalitionen sichern), sowie

$$\sum_{i=1}^{m} p_i = v(\{1, \ldots, m\}).$$

Ziel ist es nun für jeden Spieler, die für ihn günstigste Verteilung einer Koalition zu ermitteln.

Bestehen keine der oben beschriebenen Absprachen, so heißt das Spiel nichtkooperativ.

Koordinate, ↗Koordinaten bzgl. einer Basis.

Koordinaten bzgl. einer Basis, die zu einem Vektor v des $\mathbb{K}$-Vektorraums V bezüglich einer gegebenen Basis $B = (b_1, \ldots, b_n)$ von V eindeutig gegebenen Skalare $\alpha_1, \ldots, \alpha_n \in \mathbb{K}$ mit

$$v = \sum_{k=1}^{n} \alpha_k b_k$$

(Koordinatendarstellung von v bzgl. der Basis B). Das n-Tupel $(\alpha_1, \ldots, \alpha_n)$ heißt Koordinatenvektor von v bezüglich B; die α_i heißen Koordinaten oder Komponenten des Vektors v bzgl. der Basis B.

Ist V nicht notwendig endlich-dimensional (↗Dimension eines Vektorraumes), und $B = (b_i)_{i\in I}$ eine Basis von V, so gibt es zu jedem $v \in V$ eine eindeutig gegebene endliche Familie $(\alpha_j)_{j\in J}$ von Skalaren aus $\mathbb{K}$ mit $J \subset I$ und α_j ungleich Null für alle $j \in J$ so, daß gilt:

$$v = \sum_{j\in J} \alpha_j b_j.$$

Die Familie $(\alpha_j)_{j\in J}$ heißt dann Koordinatenvektor von v bezüglich B.

Die Bezeichnung „Koordinate" rührt vom Spezialfall der Vektoren im euklidischen Raum her, wo die Koordinaten tatsächlich die Lage des jeweiligen Vektors im Raum anschaulich beschreiben, siehe auch ↗kartesische Koordinaten.

Koordinatenbasis, in der Riemannschen Geometrie eine aus Koordinaten gewonnene Basis, synonym auch „holonome Basis" genannt.

Eine Basis, die nicht aus Koordianten gewonnen wird, wird dann anholonome Basis genannt. Hierfür die Bezeichnung „anholonome Koordinaten" zu verwenden, ist zwar üblich, aber irreführend, da die anholonome Basis eben gerade *nicht* aus Koordinaten gewonnen werden kann. Eine Basis im n-dimensionalen Riemannschen Raum V_n besteht aus einem n-Tupel von Vektorfeldern e^j_α in V_n, die die Eigenschaft haben, daß sie in jedem einzelnen Punkt linear unabhängig sind. Dabei ist $j = 1, \ldots n$ der Zählindex dieses n-Tupels und $\alpha = 1 \ldots n$ der Koordinatenindex.

Es gilt: Diese Basis ist genau dann holonom, wenn $e^j_{\alpha,\beta} = e^j_{\beta,\alpha}$ ist.

Riemannsche Normalkoordinaten sind solche Koordinaten, in denen die zweiten partiellen Ableitungen der Metrik direkt den Riemannschen Krümmungstensor ergeben.

Koordinatendarstellung, ↗Koordinaten bzgl. einer Basis.

Koordinatenlinie, in der Differentialgeometrie eine Kurve, längs derer alle Koordinaten bis auf genau eine konstante Werte annehmen.

Zur Behandlung einer Kurve in einer differenzierbaren Mannigfaltigkeit ist es oft sinnvoll, die Koordinaten so zu wählen, daß diese Kurve zur Koordinatenlinie wird.

Koordinatenring, die $\mathbb{C}$-Algebra $\mathcal{O}(X)$ der auf X regulären Funktionen, $X \subseteq \mathbb{A}^n$ abgeschlossen und nicht leer.

Es sei $\mathbb{A}^n$ der n-dimensionale affine Raum und $X \subseteq \mathbb{A}^n$ abgeschlossen und nicht leer. Dann nennt man die $\mathbb{C}$-Algebra $\mathcal{O}(X)$ der auf X regulären Funktionen den Koordinatenring von X. $\mathcal{O}(X)$ ist gerade der Ring der polynomialen Funktionen $X \to \mathbb{C}$, d. h. der Funktionen, die Einschränkungen von Polynomen aus $\mathbb{C}[z_1, ..., z_n]$ sind.

Koordinatentransformation, der durch Gleichung (1) beschriebene Übergang von einer Koordinatendarstellung $(\alpha'_1, \ldots, \alpha'_n)$ eines Vektors v des ↗Vektorraumes V bezüglich einer Basis $(b'_1, \ldots, b'_n)$ von V zur Darstellung $(\alpha_1, \ldots, \alpha_n)$ von v bezüglich einer Basis $(b_1, \ldots, b_n)$:

$$\alpha_j = \sum_{i=1}^{n} \alpha'_i a_{ij}, \quad (1 \leq j \leq n). \qquad (1)$$

Hierbei bezeichnet $A = ((a_{ij}))$ die Übergangsmatrix der ↗Basistransformation.

Koordinatenursprung, *Ursprung*, derjenige Punkt eines mit einem (kartesischen) Koordinatensystem versehenen Raums, dessen sämtliche Koordinaten gleich Null sind.

Koordinatenvektor, ↗Koordinaten bzgl. einer Basis.

Koordinatograph, *Koordinator*, Gerät zum punktweisen Auftragen von Kurven oder zum Ausmessen der Koordinaten einzelner Punkte von gezeichnet vorliegenden Kurven.

Es gibt sowohl Geräte für kartesische Koordinaten als auch solche für Polarkoordinaten. Beim Ausmessen wird anstelle der Punktiernadel oder des Zeichenstiftes eine Lupe mit Kreismarke benutzt. Die Punktiervorrichtung befindet sich am Ordinatenwagen oder Ordinatenlineal auf einem Läufer, der mittels Nonius oder Mikrometerwerk eingestellt werden kann. Der Ordinatenwagen bewegt sich auf dem Abszissenwagen bzw. auf Schienen in Abszissenrichtung. Die Arbeitsbereiche betragen bis zu 150cm × 200cm. Polarkoordinatographen benutzen z.T. einen Teilkreis und einen Schwenkarm, der sich um den Nullpunkt des Teilkreises dreht.

Koordinator, ↗ Koordinatograph.

Kopenhagener Interpretation, Interpretation der Quantenmechanik, die sich in den 20er Jahren in Kopenhagen durch die Arbeiten von N.Bohr und Mitarbeitern herausgebildet hat.

Dabei geht es vor allem um die Frage, wie man über Quantenphänomene sprechen kann; v.Weizäcker sagt, daß „die Natur früher ist als der Mensch, aber der Mensch früher als die Naturwissenschaft" war. Das will sagen: An der schon vorhandenen Natur mit den zuerst faßbaren makroskopischen Erscheinungen hat der Mensch seine Sprache entwickelt, und die so entstandenen Begriffe standen der Entwicklung der Naturwissenschaft zur Verfügung. Den Begriffen sieht man ihren Gültigkeitsbereich nicht an. Erst der Gebrauch in der Wissenschaft kann ihre Grenzen aufzeigen.

Mit unserer Sprache haben wir keine Möglichkeit, die Erscheinungen im Bereich des Atoms als Ganzes zu erfassen. In bestimmten Experimenten gelingt eine angemessene Beschreibung der Materie mit von Null verschiedener Ruhmasse durch Begriffe, die aus der klassischen Teilchenphysik bekannt sind, z. B. beim Durchgang von solcher Materie durch die Wilsonsche Nebelkammer (das Teilchen ionisiert Wassermoleküle, an denen Wassertropfen kondensieren). In anderen Experimenten verhalten sich Objekte atomarer Ausdehnung wie Wellen, z. B. wenn ein Materiestrahl ein Gitter durchsetzt. Dann werden Beugungsbilder beobachtet.

Ähnlich zeigt sich Materie mit verschwindender Ruhmasse (zur damaligen Zeit war das nur das elektromagnetische Feld) wie ein Wellenphänomen. In einen anderen Experiment hat man wiederum den Eindruck, daß elektromagnetische Erscheinungen Teilchencharakter haben. Hierfür ist der Comptoneffekt ein Beispiel (Stoß von Photonen mit Elektronen).

Mit Teilchen- und Wellenbild erfassen wir mit der uns zur Verfügung stehenden Sprache Aspekte der Quantenwelt. Dabei ist es klar, daß die Begriffe des Wellen- bzw. Teilchenbildes nicht uneingeschränkt gültig sein können. Die ↗ Heisenbergsche Unschärferelationen zeigen die Gültigkeitsgrenzen des Teilchenbildes an: Nach der klassischen Teilchenphysik braucht man die Kenntnis von Ort und Impuls zu einem Zeitpunkt, um jede andere Lage berechnen zu können. Diese Kenntnis ist aber nach der Quantenphysik ausgeschlossen. Jedoch können wir im Rahmen der durch die Quantenmechanik gesetzten Grenzen immer noch von Ort und Geschwindigkeit sprechen (Nebelkammer!).

Bohr hat diese Situation mit dem Begriff „Komplementarität" versucht zu erfassen: Beide Bilder ergänzen sich. Auch vom Welle-Teilchen-Dualismus ist die Rede, und man meint damit natürlich nicht, daß beide Bilder gleichzeitig eine strenge Beschreibung von Quantenphänomenen liefern.

Da wir Experimente nur mit unserer Sprache beschreiben können, müssen wir nach der Kopenhagener Interpretation der Quantenmechanik einen Schnitt machen zwischen den zu untersuchenden Quantenphänomenen auf der einen Seite, und der im Rahmen der klassischen Physik ablaufenden Beschreibung des Experiments auf der anderen. Diese Grenze ist jedoch nicht starr gegeben. Es ist in Grenzen willkürlich, was zum Phänomen und was zur experimentellen Einrichtung gezählt werden soll.

In der Kopenhagener Interpretation wird die Rolle der Beoachtung besonders herausgearbeitet. Im Gegensatz zur Makrophysik kann die Beobachtung das System so stark stören, daß solche Begriffe wie Bahn des Elektrons im Atom sinnlos werden.

Der erwähnte Schnitt zwischen Mikro- und Makrophysik wird besonders problematisch, wenn das Universum selbst Gegenstand der Quantentheorie wie in in der Quantenkosmologie wird. Seine Überwindung ist der Ausgangspunkt für eine Interpretation der Quantenmechanik aus sich selbst heraus.

[1] Heisenberg, W.: Die physikalischen Prinzipien der Quantentheorie. Verlag von S. Hirzel Leipzig, 1930.

[2] Heisenberg, W.: Physik und Philosopie. Verlag Ullstein Frankfurt/M.-Berlin, 1959.

Kopernik, Mikolaj, ↗ Kopernikus, Nikolaus.

Kopernikus, Nikolaus, *Copernicus, Nicolaus*, *Kopernik, Mikolaj*, Astronom, geb. 19.2.1473 Thorn, gest. 24.5.1543 Frauenburg (Frombork).

Kopernikus, aus reicher Patrizierfamilie stammend, studierte ab 1491 in Krakau die freien Künste (darunter Astronomie, Mathematik, Philosophie), dann ab 1496 in Bologna und Rom Rechtswissenschaften und ab 1501 in Padua Medizin. 1503 promovierte er in Ferrara zum Doktor des Kirchenrechts. In Italien verkehrte Kopernikus in humanistischen Kreisen, interessierte sich lebhaft für das Erbe der Antike und begann, sich astronomisch zu betätigen.

Nach Polen zurückgekehrt, arbeitete er bis zu seinem Tode im Dienste der Kirche. Er lebte erst in Lidzbark, wirkte dann ab 1510 in Frombork als Domherr. Ab 1521 war Kopernikus Kommissar für Nordwarmia, ab 1523 leitete er die Verwaltung des Bistums Warmia. Kopernikus hat sich außerordentliche Verdienste auf administrativem Gebiet erworben, verwaltete die Finanzen und Ländereien des Bistums, bekämpfte den Deutschritterorden, setzte eine Münzreform (u. a. 1528) und die „Brottaxe" (1531) durch.

Kurz nach seiner Rückkehr aus Italien, noch vor 1510, hat Kopernikus sein erstes astronomisches Werk „Commentariolus" verfaßt. Darin waren bereits die Grundlagen des heliozentrischen Weltsystems beschrieben. Diese zentrale Stellung der Sonne und die dreifache Bewegung der Erde verband Kopernikus jedoch weiterhin mit der kreisförmigen Bewegung der Himmelskörper. Grundanliegen seiner Theorie war es, die Widersprüche zwischen den antiken geozentrischen und ständig weiter fortgeschriebenen Vorstellungen und den tatsächlichen astronomischen Gegebenheiten zu überwinden. Eine ausführliche Darstellung seiner Astronomie hatte Kopernikus 1530 fertiggestellt, wollte aber „De revolutionibus..." nicht veröffentlichen. Er zog sich von seinen öffentlichen Ämtern langsam zurück, war noch als Arzt tätig und lebte seinen astronomischen, literarischen und geographischen Neigungen nach. Erst der Wittenberger Mathematiker G.J. Rheticus (1514–1576), der Kopernikus 1539 besuchte, konnte ihn zur Veröffentlichung von „De revolutionibus..." überreden. 1540 ließ Rheticus eine Zusammenfassung des kopernikanischen Hauptwerkes unter dem Titel „Narratio prima..." drucken, dann dessen trigonometrische Kapitel 1542 veröffentlichen. „De revolutionibus..." erschien vollständig 1543 in Nürnberg, allerdings mit verfälschenden Eingriffen des Verlegers. Darin behandelte Kopernikus den gesamten Wissensstand der zeitgenössischen Astronomie nach erkenntnistheoretischen und mathematischen (geometrischen) Prinzipien. Mathematisch gesehen enthielt das Werk eigene kopernikanische Beiträge zur ebenen (Sinusfunktion, Sinustafel, Sekantentafel) und spärischen (Sinussatz) Trigonometrie, und eine Methode, Sätze der sphärischen Trigonometrie auf solche der ebenen zurückzuführen.

Kopunkt, Element einer Ordnung, das vom Einselement bedeckt ist (↗bedeckendes Element).

In einem ↗geometrischen Verband vom Rang n heißen die Unterräume (d.h. die abgeschlossenen Punktmengen) des Ranges $n-1$ ebenso Kopunkte.

Korand, ↗ Kohomologie eines Komplexes.

Korang, ↗Krull-Dimension.

Korollar, eine unmittelbar aus einer bewiesenen Tatsache, meist einem mathematischen Lehrsatz, folgende Aussage.

Ein Korollar benötigt daher meist keinen oder nur einen sehr kurzen Beweis.

Korowkin, Satz von, Aussage über die Konvergenz von Folgen von montonen linearen Operatoren.

Es sei $C[a,b]$ der Raum der stetigen reellwertigen Funktionen auf $[a,b]$ und $\|.\|_\infty$ die Maximumnorm. Ein Operator $H: C[a,b] \mapsto C[a,b]$, heißt monoton, falls aus $f(x) \le g(x)$, $x \in [a,b]$, die Relation

$$H(f)(x) \le H(g)(x),\ x \in [a,b]$$

folgt. Ein Operator $H: C[a,b] \mapsto C[a,b]$, heißt linear, falls für alle $f,g \in C[a,b]$ und $\alpha,\beta \in \mathbb{R}$

$$H(\alpha f + \beta g) = \alpha H(f) + \beta H(g)$$

gilt.

Der folgende Satz über die Konvergenz von Folgen von solchen Operatoren wurde von P.P. Korowkin 1960 formuliert.

Es sei $H_n : C[a,b] \mapsto C[a,b]$, $n \in \mathbb{N}$, *eine Folge von linearen, monotonen Operatoren mit der Eigenschaft*

$$\lim_{n\to\infty} \|H_n(t^k) - t^k\|_\infty = 0,\ k = 0,1,2.$$

Dann gilt:

$$\lim_{n\to\infty} \|H_n(f) - f\|_\infty = 0,\ f \in C[a,b].$$

Beispielsweise sind die Bernstein-Operatoren $B_n : C[0,1] \mapsto C[0,1]$, $n \in \mathbb{N}$, definiert durch

$$B_n(f)(x) = \sum_{i=0}^{n} \binom{n}{i} f(\tfrac{i}{n}) x^i (1-x)^{n-i},\ n \in \mathbb{N},$$

monoton und linear. Man kann leicht nachprüfen, daß die Beziehungen $B_n(1) = 1$, $B_n(x) = x$ und $B_n(x^2) = x^2 + \frac{x-x^2}{n}$ gelten. Damit folgt aus dem Satz von Korowkin der ↗Weierstraßsche Approximationssatz.

Körper, eine meist mit $(\mathbb{K}, +, \cdot)$ bezeichnete Struktur, bestehend aus einer Menge $\mathbb{K}$, auf der zwei Verknüpfungen $+, \cdot : \mathbb{K} \times \mathbb{K} \to \mathbb{K}$ definiert sind.

Die Verknüpfung $+$ heißt Addition, die Verknüpfung $\cdot$ Multiplikation. Der Körper hat folgende Eigenschaften.

1. $(\mathbb{K}, +)$ ist eine abelsche Gruppe mit neutralem Element 0, dem Nullelement des Körpers. Diese Gruppe heißt additive Gruppe des Körpers.
2. $(\mathbb{K}\setminus\{0\}, \cdot)$ ist eine abelsche Gruppe mit neutralem Element 1, dem Einselement des Körpers. Diese Gruppe heißt multiplikative Gruppe des Körpers.
3. Es gilt das Distributivgesetz

$$a \cdot (b + c) = a \cdot b + a \cdot c$$

für alle $a, b, c \in \mathbb{K}$.

Setzt man für die multiplikative Gruppe die Kommutativität nicht voraus, so erhält man einen Divisionsring (auch Schiefkörper genannt).

Körper der n-ten Einheitswurzeln, ↗ Kreisteilungskörper.

Körperadjunktion, fundamentaler algebraischer Begriff.

Sei $\mathbb{K}$ ein Körper, $\mathbb{L}$ ein Erweiterungskörper und S eine Teilmenge von $\mathbb{L}$. Der kleinste Unterkörper von $\mathbb{L}$, der $\mathbb{K}$ und S enthält, wird mit $\mathbb{K}(S)$ bezeichnet. Man sagt, daß $\mathbb{K}(S)$ durch Körperadjunktion von S aus $\mathbb{K}$ erhalten wird. Die Elemente aus $\mathbb{K}(S)$ können als rationale Ausdrücke in Elementen aus $\mathbb{K}$ und S geschrieben werden.

Alternativ kann $\mathbb{K}(S)$ als Durchschnitt aller Unterkörper von $\mathbb{L}$, die $\mathbb{K}$ und S enthalten, definiert werden.

Ist S eine endliche Menge $S = \{\alpha_1, \dots, \alpha_n\}$, so verwendet man auch die Schreibweise $\mathbb{K}(\alpha_1, \dots, \alpha_n)$.

Körperautomorphismus, ↗ Körperhomomorphismus.

Körperautomorphismus von $\mathbb{R}$, definitionsgemäß ein Automorphismus des Körpers $\mathbb{R}$.

Es gilt jedoch: Die identische Abbildung ist der einzige Körperautomorphismus auf dem Körper der reellen Zahlen.

Körperendomorphismus, ↗ Körperhomomorphismus.

Körpererweiterung, die Konstruktion eines Erweiterungskörpers.

Sei $\mathbb{K}$ ein Körper und $\mathbb{L}$ ein weiterer Körper, der $\mathbb{K}$ als Unterkörper enthält. Dann heißt $\mathbb{L}$ über $\mathbb{K}$ Körpererweiterung, und $\mathbb{L}$ Erweiterungskörper von $\mathbb{K}$. Der Körper $\mathbb{K}$ heißt Grundkörper der Körpererweiterung.

Eine Körpererweiterung heißt algebraisch, falls jedes Element von $\mathbb{L}$ ein ↗ algebraisches Element über $\mathbb{K}$, d. h. Nullstelle eines Polynoms mit Koeffizienten aus $\mathbb{K}$ ist. Eine Körpererweiterung, die nicht algebraisch ist, heißt transzendente Körpererweiterung.

Bei einer Körpererweiterung ist der Erweiterungskörper $\mathbb{L}$ immer ein Vektorraum über dem Grundkörper $\mathbb{K}$. Die Dimension von $\mathbb{L}$ als $\mathbb{K}$-Vektorraum heißt Grad der Körpererweiterung.

Körpergrad, Kurzbezeichnung für den ↗ Grad einer Körpererweiterung.

Körperhomomorphismus, eine Abbildung zwischen Körpern.

Es seien L_1 und L_2 zwei ↗ Körper. Eine Abbildung $\phi : L_1 \to L_2$ heißt Körperhomomorphismus, falls für alle $a, b \in L_1$ gilt

$$\begin{aligned} \phi(a+b) &= \phi(a) + \phi(b), \\ \phi(a \cdot b) &= \phi(a) \cdot \phi(b), \\ \phi(1) &= 1. \end{aligned}$$

Ein Körperhomomorphismus ist immer injektiv, also ein Körpermonomorphismus, und bildet den Primkörper von L_1 isomorph auf den Primkörper von L_2 ab. Insbesondere existieren Homomorphismen nur zwischen Körpern über dem gleichen Primkörper, bzw. solchen mit gleicher Charakteristik. Der Körper L_1 kann wegen der Injektivität als Unterkörper in L_2 eingebettet werden. Ein Körperhomomorphismus heißt ein Körperisomorphismus, falls er auch surjektiv ist.

Von Bedeutung ist die Situation, in der L_1 und L_2 Erweiterungskörper eines gemeinsamen Grundkörpers $\mathbb{K}$ sind, und nur Körperhomomorphismen $\phi : L_1 \to L_2$, die $\mathbb{K}$ elementweise festlassen, betrachtet werden. Der Morphismus heißt dann Körperhomomorphismus über $\mathbb{K}$. Ist $\alpha \in L_1$ ein algebraisches Element über $\mathbb{K}$, d. h. Nullstelle eines Polynoms $f(X)$ mit Koeffizienten aus $\mathbb{K}$, so ist $\phi(\alpha)$ ebenfalls Nullstelle des Polynoms $f(X)$.

Ist $L_1 = L_2 = L$, so spricht man auch von Körperendomorphismen von L, bzw. falls ϕ surjektiv ist, von Körperautomorphismen. Ist L algebraisch über $\mathbb{K}$, dann ist jeder Körperendomorphismus über $\mathbb{K}$ ein Körperautomorphismus.

Körperisomorphismus, ↗ Körperhomomorphismus.

Körpermonomorphismus, ↗ Körperhomomorphismus.

korrekt gestelltes Problem, ein Problem, dessen Lösung existiert und eindeutig ist sowie (in einem gewissen Sinne) stetig von den Eingangswerten abhängt.

Sind U und Z metrische Räume und $u \in U, z \in Z$, dann heißt das Problem $z = R(u)$ korrekt gestellt, wenn folgende Bedingungen erfüllt sind.

1. Für jedes u existiert eine Lösung.
2. Die Lösung ist eindeutig.
3. Für jedes $\varepsilon > 0$ gibt es $\delta > 0$ so, daß für $u_1, u_2 \in U$ gilt $\|u_2 - u_1\| \le \delta \Rightarrow \|z_1 - z_2\| \le \varepsilon$.

Andernfalls heißt das Problem inkorrekt oder schlecht gestellt.

Der Begriff des korrekt gestellten Problems ist insbesondere in der Theorie der partiellen Differentialgleichungen von Bedeutung.

Korrelation, Grad der Abhängigkeit zwischen Zufallsgrößen (↗ Korrelationsanalyse, ↗ Korrelationskoeffizient).

Korrelationsanalyse, Verfahren der mathematischen Statistik zur Untersuchung der Korrelationen, d. h. der stochastischen Abhängigkeiten von zufälligen Merkmalen anhand von Stichproben bzw. Punktschätzungen der entsprechenden ↗ Korrelationskoeffizienten.

1. Korrelationsanalyse mittels des einfachen Korrelationskoeffizienten. Es sei (X, Y) ein zweidimensionaler zufälliger Vektor und $(X_1, Y_1), \dots, (X_n, Y_n)$ eine mathematische Stichprobe von (X, Y).

Der einfache Korrelationskoeffizient wird dabei durch den ↗empirischen Korrelationskoeffizienten $\hat{\varrho}$, auch als Pearsonscher oder Stichprobenkorrelationskoeffizient bezeichnet, geschätzt. Unter der Annahme, daß (X, Y) eine zweidimensionale Normalverteilung besitzt und X und Y unkorreliert sind, besitzt die Größe

$$T = \sqrt{n-2}\frac{\hat{\varrho}}{\sqrt{1-\hat{\varrho}^2}}$$

eine t–Verteilung mit $n - 2$ Freiheitsgraden. Damit läßt sich ein Korrelationstest zum Prüfen der Hypothesen

$$H_o : \varrho = 0 \quad (X \text{ und } Y \text{ sind unkorreliert}) \quad \text{gegen } H_1 : \varrho \neq 0$$

konstruieren; die Hypothese H_o wird akzeptiert, wenn $|T| < t_{n-2}(1-\alpha)$ ist, andernfalls abgelehnt. Dabei ist $t_{n-2}(1-\alpha)$ das $(1-\alpha)$-Quantil der t-Verteilung mit $(n-2)$ Freiheitsgraden. α ist der vorgegebene ↗Fehler erster Art dieses Signifikanztests.

Zur Konstruktion eines (asymptotischen) Tests zum Prüfen der Hypothese $H_o : \varrho = \varrho_o (0 < |\varrho_o| < 1)$, zur Konstruktion eines (asymptotischen) ↗Konfidenzintervalls, sowie zur Konstruktion von Tests zum Prüfen der Gleichheit zweier einfacher Korrelationskoeffizienten wird die sogenannte Fishersche Z-Transformierte (↗Z-Transformation) herangezogen.

In der deskriptiven Statistik ist es häufig üblich, ohne jedes Testverfahren folgende Klassifikation vorzunehmen:

- Wenn $|\hat{\varrho}| < 0.2$ dann X, Y unkorreliert.
- Wenn $0.2 \leq |\hat{\varrho}| < 0.5$ dann X, Y schwach korreliert.
- Wenn $0.5 \leq |\hat{\varrho}| < 0.8$ dann X, Y korreliert.
- Wenn $0.8 \leq |\hat{\varrho}|$ dann X, Y stark korreliert.

Man spricht von positiver Korrelation, wenn $\hat{\varrho} > 0$, und von negativer Korrelation, wenn $\hat{\varrho} < 0$. Da die einfache Korrelation den Grad der linearen Abhängigkeit zwischen den Zufallsgrößen widerspiegelt, gibt es einen typischen Zusammenhang zwischen der Gestalt der Stichprobenwerte als Punktwolke im kartesischen Koordinatensystem und dem Korrelationskoeffizienten $\hat{\varrho}$, siehe Abbildung.

Ist wenigstens eines der beiden zufälligen Merkmale X und Y ordinal skaliert, so verwendet man zur Schätzung von ϱ einen Rangkorrelationskoeffizienten, z. B. den Spearmanschen Korrelationskoeffizienten oder auch ein Assoziationsmaß wie ↗Kendalls τ-Koefizient, und verwendet die parameterfreien Methoden der Rangkorrelationsanalyse zur Untersuchung des Zusammenhangs zwischen X und Y.

2. *Korrelationsanalyse mittels der partiellen Korrelationskoeffizienten.* Es sei $\vec{X} = (X_1, \ldots, X_m)$ ein zufälliger Vektor mit dem Erwartungswert $E\vec{X} = \vec{\mu}$ und der Kovarianzmatrix $B_x = B$. Weiterhin bezeichne $(X^{(1)}, X^{(2)})$ eine Zerlegung von X mit

$$X^{(1)} = (X_1, \ldots, X_p) \text{ und } X^{(2)} = (X_{p+1}, \ldots, X_m), \quad p < m,$$

sowie

$$\vec{\mu} = (\mu^{(1)}, \mu^{(2)}) \text{ bzw. } B = \begin{pmatrix} B_{11} & B_{12} \\ B_{21} & B_{22} \end{pmatrix}.$$

Sei $\vec{X}_i = (X_{i1}, \ldots, X_{im}), i = 1, \ldots, n$ eine zugehörige mathematische Stichprobe von $\vec{X}$ vom Umfang n. Die Matrix

$$\hat{B} = (\hat{b}_{ij})_{i,j=1,\ldots,m} = \begin{pmatrix} \hat{B}_{11} & \hat{B}_{12} \\ \hat{B}_{21} & \hat{B}_{22} \end{pmatrix}$$

mit den Elementen

$$\hat{b}_{ij} = \frac{1}{n-1}\sum_{k=1}^{n}(X_{ki} - \bar{X}_{\cdot i})(X_{kj} - \bar{X}_{\cdot j}),$$

wobei

$$\bar{X}_{\cdot i} = \frac{1}{n} = \sum_{k=1}^{n} X_{ki}$$

für $i = 1, \ldots, m$, heißt Stichprobenkovarianzmatrix, die $\hat{b}_{ij}$ Stichprobenkovarianzen und $\hat{b}_{ii}$ die Stichprobenstreuungen. Für eine konkrete Stichprobe $\vec{x}_i = (x_{i1}, \ldots, x_{im}), i = 1, \ldots, n$, spricht man von der empirischen Kovarianzmatrix $\hat{B}$, sowie den empirischen Kovarianzen und Varianzen $\hat{b}_{ij}$ und $\hat{b}_{ii}$.

Die Elemente $\hat{\sigma}_{ij \cdot p+1,\ldots,m}$, $i, j = 1, \ldots, p$ der Matrix $\hat{B}_{11} - \hat{B}_{12}\hat{B}_{22}^{-1}\hat{B}_{21}$ sind die ‚partiellen Stichprobenkovarianzen', und

$$\hat{\varrho}_{ij \cdot p+1,\ldots,m} = \frac{\hat{\sigma}_{ij \cdot p+1,\ldots,m}}{\sqrt{\hat{\sigma}_{ii \cdot p+1,\ldots,m}\hat{\sigma}_{jj \cdot p+1,\ldots,m}}}$$

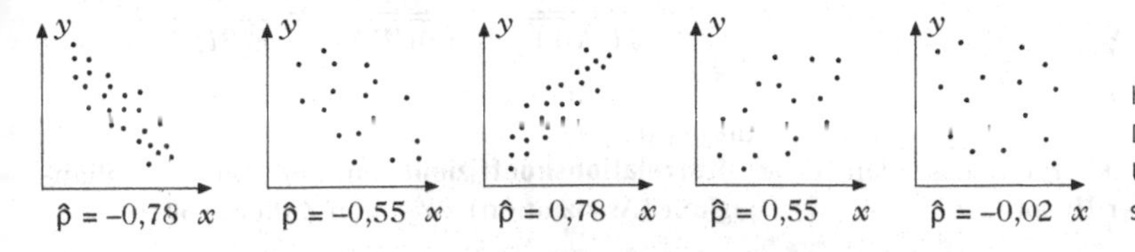

Korrelationsanalyse: Graphische Darstellung von Stichproben vom Umfang $n = 20$ bei verschiedenen stochastischen Abhängigkeiten.

die partiellen Stichprobenkorrelationskoeffizienten; im Falle einer konkreten Stichprobe sprechen wir von den empirischen partiellen Kovarianzen und den empirischen partiellen Korrelationskoeffizienten. Ist $\vec{X}$ normalverteilt, so stellt der partielle Stichprobenkorrelationskoeffizient $\hat{\varrho}_{ij \cdot p+1,\dots,m}$ die Maximum-Likelihood-Schätzung von $\varrho_{ij \cdot p+1,\dots,m}$ dar. Außerdem ist

$$T_{ij} = \sqrt{n-(m-p)-2}\frac{\hat{\varrho}_{ij \cdot p+1,\dots,m}}{\sqrt{1-\hat{\varrho}^2_{ij \cdot p+1,\dots,m}}}$$

$(i,j = 1,\dots,p)$ im Falle $\varrho_{ij \cdot p+1,\dots,m} = 0$ t-verteilt mit $(n-(m-p)-2)$ Freiheitsgraden. T_{ij} kann folglich als Testgröße zum Prüfen der Hypothese

$$H_o : \varrho_{ij \cdot p+1,\dots,m} = 0$$

verwendet werden.

Zum Prüfen der Hypothese

$$H_o : \varrho_{ij \cdot p+1,\dots,m} = \varrho_0$$

ist eine Teststatistik auf der Basis der Fisherschen ↗Z-Transformation entwickelt worden. Für weitere sogenannte verteilungsfreie Methoden der Korreationsanalyse vergleiche man ↗Rangkorrelationsanalyse.

3. *Korrelationsanalyse mittels der multiplen Korrelationskoeffizienten.* Ist in 2. $p = 1$, d. h., $X^{(1)} = (X_1)$ und $X^{(2)} = (X_2,\dots,X_m)$, so ist

$$\hat{\varrho}_{1(2\cdots m)} = \sqrt{\frac{\hat{\sigma}_1 \hat{B}_{22}^{-1} \hat{\sigma}_1^T}{\hat{\sigma_{11}}}}$$

mit

$$\hat{\sigma}_{11} = \frac{1}{n-1}\sum_{k=1}^{n}(X_{k1} - \bar{X}_{.1})^2$$

und

$$\hat{\sigma}_1 = \frac{1}{n-1}\sum_{k=1}^{n}(X_{k1} - \bar{X}_{.1})(X_k^{(2)} - \bar{X}_{.}^{(2)})$$

eine Punktschätzung für den multiplen Korrelationskoeffizienten $\varrho_{1(2\cdots m)}$.

Der Wert $\hat{\varrho}_{1(2\cdots m)}$ heißt multipler Stichprobenkorrelationskoeffizient bzw., wenn er auf der Basis einer konkreten Stichprobe berechnet wird, empirischer multipler Korrelationskoeffizient. Falls $\vec{X}$ normalverteilt ist, stellt $\hat{\varrho}_{1(2\cdots m)}$ die Maximum-Likelihood-Schätzung von $\varrho_{1(2\cdots m)}$ dar, und

$$T = \frac{n-m}{m-1}\left(\frac{\hat{\varrho}^2_{1(2\cdots m)}}{1-\hat{\varrho}^2_{1(2\cdots m)}}\right)$$

ist F-verteilt mit $(n-1, n-m)$ Freiheitsgraden. T kann folglich zum Prüfen der Hypothese

$$H_o : \varrho_{1(2\cdots m)} = 0$$

herangezogen werden.

Für weitere sogenannte verteilungsfreie Methoden der Korreationsanalyse vergleiche man ↗Rangkorrelationsanalyse.

Korrelationsdimension, Beispiel einer ↗fraktalen Dimension.

Für $n \in \mathbb{N}$ sei μ ein Maß im $\mathbb{R}^n$ mit $\mu(\mathbb{R}^n) = 1$ und beschränktem Träger S. $\{B_i^\delta\}_{i\in\mathbb{N}}$ seien diejenigen Gitterwürfel, die nach Einteilung von $\mathbb{R}^n$ in n-dimensionale Würfel der Seitenlänge $\delta > 0$ den Träger S schneiden. Die Korrelationsdimension ist dann definiert als

$$\dim_{Kor} S := \lim_{\delta\to 0}\frac{\log K(\delta)}{\log\delta}$$

mit der Korrelationsfunktion

$$K(\delta) := \sum_i (\mu(B_i^\delta))^2 .$$

Korrelationsfunktion, Begriff aus der Statistik.

Sei $(X(t))_{t\in T}$ ein stochastischer Prozeß zweiter Ordnung. Dann heißt die mittels der Varianzen normierte Autokovarianzfunktion von $(X(t))_{t\in T}$:

$$\begin{aligned} R_X(s,t) & \\ := & \frac{cov(X(s),X(t))}{\sqrt{V(X(s))V(X(t))}} \\ = & \frac{E(X(s)-EX(s))\overline{(X(t)-EX(t))}}{\sqrt{E|X(s)-EX(s)|^2 E|X(t)-EX(t)|^2}} \end{aligned}$$

mit $s, t \in T$ Autokorrelationsfunktion von $(X(t))_{t\in T}$.

Ist $(X(t))_{t\in T}$ im weiteren Sinne stationär, so ist die Autokorrelationsfunktion ausschließlich von der Zeitdifferenz $|t-s|$ abhängig; es gilt

$$R_X(s,t) = R_X(0, t-s) = R_X(s-t, 0) ,$$

und man schreibt:

$$R_X(s,t) =: \varrho_X(|t-s|)$$

Sind $(X(t))_{t\in T}$ und $(Y(t))_{t\in T}$ zwei stochastische Prozesse zweiter Ordnung über dem gleichen Wahrscheinlichkeitsraum, so heißt die mittels der Varianzen normierte Kreuzkovarianzfunktion von $(X(t))_{t\in T}$ und $(Y(t))_{t\in T}$:

$$\begin{aligned} R_{XY}(s,t) & \\ := & \frac{cov(X(s),Y(t))}{\sqrt{V(X(s))V(Y(t))}} \\ = & \frac{E(X(s)-EX(s))\overline{(Y(t)-EY(t))}}{\sqrt{E|X(s)-EX(s)|^2 E|Y(t)-EY(t)|^2}} \end{aligned}$$

mit $s, t \in T$ Kreuzkorrelationsfunktion von $(X(t))_{t\in T}$ und $(Y(t))_{t\in T}$.

Korrelationskoeffizient, ein Maß für die Abhängigkeit (Assoziation) zwischen Zufallsgrößen.

Seien X und Y zwei Zufallsgrößen mit dem Erwartungswert $EX = \mu_x$ und $EY = \mu_y$, sowie den Varianzen $V(X) = \sigma_x^2$ und $V(Y) = \sigma_y^2$, wobei $0 < \sigma_x^2, \sigma_y^2 < \infty$.

1. Ausgehend von der Kovarianz $cov(X, Y) = E[(X - EX)(Y - EY)]$ zweier Zufallsgrößen X und Y bezeichnet man

$$\varrho_{xy} = \frac{cov(X,Y)}{\sigma_x \sigma_y}$$

als den ‚einfachen' oder ‚totalen Korrelationskoeffizienten' zwischen X und Y. Aufgrund der Cauchy-Schwarz-Ungleichung gilt

$$-1 \leq \varrho_{xy} \leq +1$$

mit

$$\varrho_{xy} = +1 \text{ genau dann, wenn } P(Y = a + bX) = 1,\ b > 0,$$
$$\varrho_{xy} = -1 \text{ genau dann, wenn } P(Y = a + bX) = 1,\ b < 0,$$

bzw.

$$\sigma_x^2(1 - \varrho_{xy}^2) = \min_{a,b \in \mathbb{R}} E(X - a - bY)^2,$$
$$\sigma_y^2(1 - \varrho_{xy}^2) = \min_{a,b \in \mathbb{R}} E(Y - a - bX)^2.$$

In diesem Sinne ist der einfache Korrelationskoeffizient ϱ_{xy} ein Maß für die lineare Abhängigkeit von X und Y. Man nennt X und Y positiv bzw. negativ korreliert, falls $\varrho_{xy} > 0$ bzw. $\varrho_{xy} < 0$ gilt. Ist $\varrho_{xy} = 0$, d. h. $cov(X, Y) = 0$, so heißen X und Y unkorreliert. Aus der stochastischen Unabhängigkeit zweier Zufallsgrößen folgt ihre Unkorreliertheit. Die Umkehrung dieser Aussage gilt nur dann, wenn X und Y eine zweidimensionale Normalverteilung besitzen. Man bezeichnet die Größe $B := \varrho_{xy}^2$ als Bestimmtheitsmaß und $1 - B = 1 - \varrho_{xy}^2$ als Unbestimmtheitsmaß.

2. Es sei nun, in Verallgemeinerung von 1., $\vec{X} = (X_1, \dots, X_m)$ ein zufälliger Vektor mit dem Erwartungswert $E\vec{X} = \vec{\mu}$ und der Kovarianzmatrix $B_x = B$. Weiterhin bezeichne $(X^{(1)}, X^{(2)})$ eine Zerlegung von X mit $X^{(1)} = (X_1, \dots, X_p)$ und $X^{(2)} = (X_{p+1}, \dots, X_m)$, $p < m$, sowie

$$\vec{\mu} = (\mu^{(1)}, \mu^{(2)}) \text{ bzw. } B = \begin{pmatrix} B_{11} & B_{12} \\ B_{21} & B_{22} \end{pmatrix}$$

die entsprechenden Zerlegungen von $\vec{\mu}$ und B. Dabei sei B_{22} als regulär vorausgesetzt. Dann gilt für

$$H(\vec{a}, M_b) =: E[(X^{(1)} - (\vec{a} + M_b X^{(2)})]^T [(X^{(1)} - (\vec{a} + M_b X^{(2)})],$$

daß

$$\min_{\substack{\vec{a}^T \in \mathbb{R}^p \\ M_b \in \mathcal{M}_{m-p,m-p}}} H(\vec{a}, M_b) = B_{11} - B_{12}B_{22}^{-1}B_{21},$$

und die beste lineare Funktion im Sinne der Minimierung dieses Kriteriums ist die lineare Regressionsfunktion

$$g_{X^{(1)}}(X^{(2)}) = (g_{X_1}(X^{(2)}), \dots, g_{X_p}(X^{(2)}))$$
$$= \mu^{(1)} + (X^{(2)} - \mu^{(2)})B_{22}^{-1}B_{12}.$$

Die Elemente der Matrix $B_{11} - B_{12}B_{22}^{-1}B_{21}$ sind die ‚partiellen Kovarianzen'

$$\sigma_{ij \cdot p+1,\dots,m} = E[(X_i - g_{X_i}(X^{(2)})(X_j - g_{X_j}(X^{(2)})],$$

und entsprechend nennt man

$$\varrho_{ij \cdot p+1,\dots,m} = \frac{\sigma_{ij \cdot p+1,\dots,m}}{\sqrt{\sigma_{ii \cdot p+1,\dots,m}\sigma_{jj \cdot p+1,\dots,m}}}$$

die ‚partiellen Korrelationskoeffizienten' zwischen X_i und X_j $(i, j = 1, \dots, p)$ bezüglich $X_{p+1}, \dots, X_m$. (Im Fall $p = m$ setzt man

$$\varrho_{ij \cdot p+1,\dots,m} = \varrho_{x_i x_j},$$

d. h., der partielle ist in diesem Fall mit dem einfachen Korrelationskoeffizienten identisch.)

Der partielle Korrelationskoeffizient mißt also die lineare Abhängigkeit zwischen X_i und X_j nach Ausschaltung linearer Einflüsse von $X_{p+1}, \dots, X_m$ auf X_i und X_j.

3. Als ‚multiplen Korrelationskoeffizienten' $\varrho_{1(2\dots m)}$ zwischen X_1 und $(X_2, \dots, X_m)$ bezeichnet man den einfachen Korrelationskoeffizienten zwischen X_1 und $g_{X_1}(X^{(2)})$, $X^{(2)} = (X_2, \dots, X_m)$ d. h., es ist

$$\varrho_{1(2\dots m)} = \frac{cov(X_1, g_{X_1}(X^{(2)})}{\sqrt{Var(X_1)Var(g_{X_1}(X^{(2)}))}}.$$

$\varrho_{1(2\dots m)}$ ist ein Maß für die lineare Abhängigkeit zwischen X_1 und der Gesamtheit der $X_2, \dots, X_m$. Der Wert $\varrho_{1(2\dots m)}^2$ heißt ‚multiples Bestimmtheitsmaß'. Es gilt:

(a) $0 \leq \varrho_{1(2\dots m)} \leq 1$;

(b) $\varrho_{1(2\dots m)} = 1$ genau dann, wenn
$$P(a_1X_1 + \dots + a_mX_m + b = 0) = 1;$$

(c) $\varrho_{1(2\dots m)} = 0$ genau dann, wenn X_1 und X_i für $i = 2, \dots, m$ unkorreliert sind.

4. Als Maß für die lineare Abhängigkeit zweier zufälliger Vektoren $X^{(1)} = (X_1, \dots, X_p)$ und $X^{(2)} = (X_{p+1}, \dots, X_m)$, $p \leq m - p$, werden in Verallgemeinerung des multiplen Korrelationskoeffizienten die ‚kanonischen Korrelationskoeffizienten' herangezogen (↗Korrelationsanalyse).

[1] Röhr, M.: Kanonische Korrelationsanalyse. Akademie-Verlag Berlin, 1987.

Korrelationsmatrix, die für einen auf einem Wahrscheinlichkeitsraum $(\Omega, \mathfrak{A}, P)$ definierten zufälligen Vektor $X = (X_1, \ldots, X_k)$ mit Werten in $\mathbb{R}^k$ und $0 < Var(X_i) < \infty$ für $i = 1, \ldots, k$ definierte symmetrische, positiv semi-definite Matrix $\varrho(X) = (\varrho_{i,j})_{i,j=1,\ldots,k}$ mit den Elementen $\varrho_{i,i} = 1$, $i = 1, \ldots, k$ und $\varrho_{i,j} = \varrho(X_i, X_j)$, $i, j = 1, \ldots, k$, $i \neq j$. Die Nichtdiagonalelemente $\varrho_{i,j}$ von $\varrho(X)$ sind also die Korrelationskoeffizienten der Komponenten X_i und X_j von X.

Korrelationstest, ein Hypothesentestverfahren zum Prüfen von Korrelationskoeffizienten gegen einen vorgegebenen Wert oder zum Vergleich von Korrelationskoeffizienten (↗Korrelationsanalyse).

Korrespondenz, ↗ Eckenüberdeckungszahl.

Korrespondenzprinzip, Prinzip, nach dem sich die Aussagen physikalischer Theorien annähern, wenn sich ihre Gültigkeitsbereiche nähern.

Beispielsweise gibt es in der Newtonschen Mechanik keine endliche Grenze für die Ausbreitungsgeschwindigkeit von Wirkungen. Nach der speziellen Relativitätstheorie ist diese Grenze durch die Vakuumlichtgeschwindigkeit c gegeben. Bei Phänomenen, für die c als „unendlich groß" betrachtete werden kann ($\lim(1/c) = 0$), nähern sich die Aussagen beider Theorien, obwohl sie auf ganz verschiedenen Konzeptionen beruhen. Entsprechend nähern sich die Aussagen der speziellen und allgemeinen Relativitätstheorie, wenn gravitative Erscheinungen vernachlässigt werden können.

Bei der Entwicklung der Quantenmechanik hat das Korrespondenzprinzip eine große Rolle gespielt. Wenn das Plancksche Wirkungsquantum h bei bestimmten Vorgängen als „sehr klein" betrachtet werden kann, nähern sich die Aussagen der Quanten- und klassischen Physik an. Zum Beispiel ist h die untere Grenze für die Größe der für die Statistik wichtigen Phasenraumzellen. Außerdem unterscheidet sich eine Quantenstatistik (↗Bose-Einstein-Statistik, ↗Fermi-Dirac-Statistik) von der klassischen durch die Annahme, daß die Teilchen des Ensembles ununterscheidbar sind. Läßt man nun h gegen Null gehen und betrachtet ein verdünntes Gas (sodaß in einer Elementarzelle nur ein oder kein Teilchen enthalten ist und die Ununterscheidbarkeit keine Rolle spielt), dann nähern sich die Aussagen der klassischen und Quantenstatistik an.

Bevor die Quantenmechanik in Form der Heisenbergschen Matrizenmechanik und Schrödingerschen Wellenmechanik vorlag, kam man bei der Anwendung der Bohrschen Quantisierungsvorschriften auch zu Aussagen, die den Messungen widersprachen. In solchen Fällen hat man das Korrespondenzprinzip herangezogen, um die richtigen Relationen der Quantenmechanik zu „erraten".

korrigierter Kontingenzkoeffizient, ↗Assoziationsmaß.

Korteweg, Diederik Johannes, niederländischer Mathematiker, geb. 31.3.1848 'sHertogenbosch, gest. 10.5.1941 Amsterdam.

1865–1869 studierte Korteweg an der Polytechnischen Schule in Delft. Er war danach Gymnasiallehrer in Tilberg und Breda. 1878 promovierte er an der Universität Amsterdam, 1881–1918 war er dort Professor für Mathematik.

Korteweg beschäftigte sich hauptsächlich mit Anwendungen der Mathematik. So untersuchte er in seiner Dissertation Ausbreitungsgeschwindigkeiten von Wellen in elastischen Röhren. Im weiteren befaßte er sich mit Elektrizität, statistischer Mechanik, Thermodynamik und Wellenausbreitung. Er gab Kriterien an für die Stabilität des Orbits eines Teilchens in einem Zentralfeld. Zusammen mit seinem Schüler de Vries untersuchte er die Korteweg-de-Vries-Gleichung für die Ausbreitung einzelner Wellen.

Daneben arbeitete Korteweg auch auf dem Gebiet der Wissenschaftsgeschichte und war Herausgeber der gesammelten Werke Huygens'.

Korteweg-de-Vries-Gleichung, spezielle ↗quasilineare partielle Differentialgleichung dritter Ordnung der Form

$$u_t + (c + u)u_x + \beta u_{xxx} = 0$$

für die gesuchte Funktion $u = u(t, x)$ mit konstanten c und β. Die Gleichung beschreibt physikalisch eine eindimensionale, sich fortbewegende Welle.

Kosko-Netz, ↗bidirektionaler assoziativer Speicher.

kosmische Geschwindigkeiten, *Fluchtgeschwindigkeiten*, Geschwindigkeiten, die nötig sind, um dem Gravitationsfeld der Erde, Sonne oder Galaxis zu „entkommen".

Die erste kosmische Geschwindigkeit beträgt etwa 8 km/s. Das ist die Geschwindigkeit, die ein Körper wenigstens haben muß, wenn er in Erdnähe tangential zu Oberfläche abgeschossen wird und auf einer Kreisbahn die Erde umrunden soll. Dieser Wert wird aus dem Gleichgewicht der Zentrifugalbeschleunigung und Erdbeschleunigung errechnet. Dabei wird der Luftwiderstand vernachlässigt.

Der Wert der zweiten kosmischen Geschwindigkeit ist etwa 11 km/s. Auf diese Geschwindigkeit muß ein Körper in der Nähe der Erdoberfläche beschleunigt werden, wenn er das Gravitationsfeld der Erde verlassen soll. Diesen Wert kann man aus dem Energieerhaltungssatz für die Bewegung im Schwerefeld der Erde einfach berechnen, wenn man es angenähert als kugelsymmetrisch betrachtet.

Die dritte kosmische Geschwindigkeit ist diejenige Geschwindigkeit, die ein Körper haben muß, um das Sonnensystem zu verlassen. Wenn man die Bewegung der Erde um die Sonne ausnutzt, braucht man zusätzlich eine Geschwindigkeit von etwa 17 km/s.

Schließlich beträgt die vierte kosmische Geschwindigkeit etwa 100 km/s. Sie ist nötig, um die Galaxis zu verlassen.

kosmischer Zensor, aus dem englischen „cosmic censor“ bzw. „cosmic censorship“ abgeleiteter Begriff aus der ↗Kosmologie. Dahinter steht die noch umstrittene Frage nach der Existenz nackter Singularitäten im Rahmen der ↗Allgemeinen Relativitätstheorie.

Zunächst die unumstrittenen Tatsachen: Beim Gravitationskollaps eines Sterns bildet sich möglicherweise ein Schwarzes Loch, in dessen Innern sich eine Krümmungssingularität befindet. Diese ist aber von einem Horizont umgeben, d. h. ein außerhalb des Schwarzen Lochs befindlicher Beobachter kann diese Singularität nicht sehen, da die Gravitationskraft so stark ist, daß selbst Licht nicht in der Lage ist, den Horizont von innen nach außen zu überqueren. Nun gab es die These, die, etwas spaßig formuliert lautet: *Gott läßt es nicht zu, daß die Menschen die Singularität sehen können*, und dies wurde in anderer Form als „kosmische Zensur“ bezeichnet: Singularitäten sind stets von einem undurchsichtigen Horizont umgeben, sind also niemals „nackt“.

Die dahinter stehende, bislang noch unbeantwortete mathematische Frage lautet: Unter welchen Annahmen an die Materie und an die globale Geometrie der Raum-Zeit läßt sich nachweisen, daß es keine nackte Singularität gibt?

Die bekannten Teilantworten sind einerseits Beispiele für nackte Singularitäten, wobei aber die Materie physikalisch unrealistische Eigenschaften hat, und andererseits Beweise für die Gültigkeit der kosmischen Zensur unter stark vereinfachenden Symmetrieannahmen. Es ist noch umstritten, wie es sich im allgemeinen Fall bei physikalisch realistischer Materie verhält.

Kosmologie

H.-J. Schmidt

Kosmologie ist die „Lehre von der Welt als Ganzes“, ihr Gegenstand ist das Universum. Astronomen und Physiker einerseits, Philosophen und Theologen andererseits haben ihre je eigene Sicht zu diesem Thema. Hier soll vorrangig behandelt werden, welche mathematische Methoden bei der astrophysikalischen Modellierung des Universums eine Rolle spielen; philosophisch-theologische Fragen werden an Ende kurz gestreift.

1. Astrophysikalische Annahmen

Zunächst wird angenommen, daß Eigenschaften der Materie überall und zu jeder Zeit grundsätzlich übereinstimmen. Dies wird z.T. „Kopernikanisches Prinzip“ oder das „Prinzip der Einheit der Natur“ genannt. In der Standardtheorie geht man davon aus, dieses Prinzip so zu interpretieren, daß die lokal gemessenen Werte von grundlegenden Naturkonstanten wie G, $\hbar$ und c immer und überall dieselben sind. Für die Beobachtungen bedeutet das, daß rotverschobene Spektrallinien als Dopplerverschiebung zu interpretieren sind, also sich die Quelle der Strahlung von uns wegbewegt. Die weitergehende Interpretation, daß außerdem noch die lokal gemessene mittlere Ruhmassendichte des Universums ortsunabhängig sein soll, führt zum Friedmann-Robertson-Walker-Modell des Universums, das zusammen mit den Einsteinschen Feldgleichungen der Allgemeinen Relativitätstheorie zum Big Bang-Modell führt. Berücksichtigt man noch eine zumindest zeitweise effektiv wirkende kosmologische Konstante, gelangt man zu den Modellen der Inflationären Kosmologie.

Das Friedmann-Robertson-Walker-Modell des Universums hat in synchronisierter Zeit t eine Metrik der Gestalt

$$ds^2 = dt^2 - a^2(t)d\Omega^2 .$$

Dabei ist $a(t)$ der zeitabhängige kosmische Skalenfaktor („Weltradius"), und $d\Omega^2$ ist das räumliche Linienelement, das einen 3-Raum konstanter Krümmung darstellt. Man unterscheidet drei Typen: $k = 1$ entspricht dem geschlossenen Modell mit positiver räumlicher Krümmung, $k = -1$ entspricht dem offenen Modell mit negativer räumlicher Krümmung, und schließlich das „räumlich ebene" Modell mit $k = 0$. Im diesem Fall ist also einfach

$$d\Omega^2 = dx^2 + dy^2 + dz^2 .$$

Zur Interpretation der Beobachtungen im Rahmen dieses Modells müssen hier die lichtartigen Geodäten (als Weltlinien der Lichtstrahlen) bestimmt werden.

Vom Urknall spricht man, wenn sich $a(t) \to 0$ schon in endlicher Vergangenheit (also nicht erst bei $t \to -\infty$) ergibt. Auch wenn das Urknallmodell strenggenommen lediglich einer Anwendung der Einsteinschen Theorie über ihren Geltungsbereich hinaus entspringt, ist es doch erstaunlich, wie weitreichende Schlußfolgerungen daraus gezogen werden können und eine gute Übereinstimmung mit den Beobachtungsdaten ermöglichen.

Beispiele: a) Das nach dem Urknallmodell berechnete Verhältnis von primordialem Wasserstoff zu Helium stimmt sehr genau mit dem nach Beobachtungen ermittelten Verhältnis überein. (Wir verwenden hier „primordial" im Sinne von „nicht von stellaren Kernfusionsprozessen beeinflußt".)

b) Die Temperatur (2,7 Kelvin, deshalb auch 3-Kelvin-Strahlung genannt) und weitgehende Isotropie der kosmischen Hintergrundstrahlung stimmen sehr gut mit den Werten des Urknallmodells überein.

Die mittlere Ruhmassendichte des Universums ist relativ leicht nach unten abzuschätzen: Man kennt die Entfernung und Zusammensetzung der leuchtenden Materie (z. B. über die Masse-Leuchtkraft-Beziehung der Sterne) und kann entsprechend aufaddieren. Die Abschätzung nach oben ist mit wesentlich größeren Unsicherheiten behaftet: Es müssen nicht nur große Mengen Schwarzer Löcher ausgeschlossen werden, auch eine massenhafte Ansammlung von nichtleuchtender „normaler" Materie läßt sich nur schwierig ausschließen; in beiden Fällen gelingt der Nachweis bzw. Ausschluß nur durch indirekte Nachweise über ihre gravitative Wirkung auf selbstleuchtende Objekte.

Die benötigten mathematischen Methoden entstammen vielfach der Differentialgeometrie zur Beschreibung der gekrümmten Raum-Zeit, sowie der Theorie der nichtlinearen partiellen Differentialgleichungen zur Lösung der Einsteinschen Gleichung. Auch numerische Methoden werden eingesetzt, z. B. N-Körper-Simulationsrechnungen zum Studium der Gravitationsdynamik einer großen Anzahl von Massenpunkten, wie dies etwa die Sterne innerhalb einer Galaxis sind.

2. Philosophisch-theologische Fragen

Die naive Vorstellung, daß das Urknallmodell die biblische Schöpfungsgeschichte stützen würde, weil beiden Modellen die Bildung des Universums vor endlicher Vergangenheit gemeinsam ist, wird heute nicht mehr ernsthaft vertreten. Ebensowenig kann man etwa aus dem Kantschen philosophischen Zeitbegriff auf ein unendliches Alter des Weltalls schließen: Der Zeitbegriff ist in jedem der genannten Fachgebiete unterschiedlich aufzufassen, so daß auch verbal gleichlautende Aussagen nicht unbedingt vergleichbar sein müssen. Andere erkenntnistheoretische Prinzipien wie Kausalität, das Kopernikanische Prinzip und die aus der Quantenmechanik stammenden Unschärfen sind heute weitgehend unstrittig.

Aktuell wird allerdings die Rolle des folgenden Prinzips kontrovers diskutiert: Das anthropische kosmologische Prinzip beinhaltet alle diejenigen Aspekte der Kosmologie, in denen die Existenz des Menschen eine Rolle spielt.

Beispiel: Warum leben wir nicht in einem Universum, das nach 3 Minuten Expansion schon wieder rekollabiert? Antwort: Solch ein Modell ist zwar als Lösung der Einsteinschen Feldgleichung im Prinzip genauso möglich wie unser heute beobachtetes Universum, es gäbe darin aber kein intelligentes Wesen, das solche Fragen stellen könnte.

Literatur

[1] Barrow, J.; Tipler, F.: The Anthropic Cosmological Principle. Oxford University Press, 1989.

[2] Rainer, M.; Schmidt, H.-J. (Hg.): Current Topics in Mathematical Cosmology. World Scientific Singapore, 1998.

---

kosmologisches Glied, auch kosmologische Konstante genannt, Ausdruck der Gestalt Λg_{ij}, der additiv zur Einsteinschen Gleichung hinzugefügt werden kann.

Dabei ist g_{ij} der metrische Tensor, und Λ ist eine im Prinzip meßbare Größe, die meist als positiv angenommen wird; wegen ihrer Kleinheit kann aber gegenwärtig nicht entschieden werden, ob $\Lambda = 0$ gilt oder nicht.

Es gibt drei verschiedenen Interpretationen des kosmologischen Glieds:

a) Als geometrischer Term, der bewirkt, daß

auch im Vakuum die Raum-Zeit gekrümmt ist.

b) Als Beitrag zum klassischen Energie-Impuls-Tensor, dann sind die Werte von Λ, der Energiedichte ϱ und des Drucks p durch die Beziehung $\Lambda = \varrho = -p$ miteinander verknüpft. Dies widerspricht jedoch anderen klassischen Vorstellungen, da man weder p noch ϱ als negativ kennt.

c) Als semiklassischer Beitrag aus einem Quanteneffekt, z. B. der gravitativen Vakuumpolarisation. Hierbei hat das kosmologische Glied nur für einen endlichen Zeitraum (während der inflationären Phase) einen positiven Wert.

kosmologisches Postulat, auch „Kopernikanisches Prinzip" genannt, besagt, daß die Gesetze der Physik überall im Universum in derselben Weise gültig sind.

Ohne ein solches Postulat wäre ↗Kosmologie als Wissenschaft schwerlich zu etablieren. Testbar ist dieses Postulat zumindest stufenweise: Die aufgrund dieses Postulats zusammen mit bestimmten Beobachtungen gefundenen kosmologischen Modelle machen ihrerseits wieder Voraussagen über das Ergebnis weiterer Beobachtungen, die dann später getestet werden können. In diesem Sinne ist das kosmologische Postulat durch Beobachtungen bestätigt.

Kosten eines BDDs, ↗binärer Entscheidungsgraph.

Kosten eines Booleschen Ausdrucks, ↗Boolescher Ausdruck.

Kosten eines logischen Schaltkreises, ↗logischer Schaltkreis.

Kostenfunktion, eine der üblichen Bezeichnungen für die Funktion g bei der Formulierung eines Spiels in Normalform.

Kostochka-Thomason, Satz von, sagt aus, daß für $r \in \mathbb{N}$ und für eine (feste) Konstante c jeder ↗Graph mit einem Durchschnittsgrad von mindestens

$$c \cdot r \cdot \sqrt{\log r}$$

den vollständigen Graphen K_r der Ordnung r als Minor (↗Minor eines Graphen) enthält.

Der Satz von Kostochka-Thomason wurde 1982 von A.V. Kostochka bewiesen, und 1984 gab A. Thomason einen einfachen Beweis, der zu einer besseren Konstante c führte.

Aus einem Resultat von B. Bollobás, P. Catlin und P. Erdős von 1980 über Minoren in Zufallsgraphen folgt, daß die obige Forderung an den Durchschnittsgrad größenordnungsmäßig bestmöglich ist. Bereits 1968 bewies W. Mader ein analoges Ergebnis für Graphen mit einem Durchschnittsgrad von mindestens $c' \cdot r \cdot \log r$.

Kotangentialbündel, das zum Tangentialbündel TQ einer gegebenen differenzierbaren Mannigfaltigkeit Q duale Vektorbündel, meist mit dem Symbol T^*Q oder $T^*(Q)$ bezeichnet.

Auf jedem Kotangentialbündel gibt es eine ↗kanonische 1-Form ϑ, deren äußere Ableitung $\omega := -d\vartheta$ eine ausgezeichnete ↗symplektische 2-Form definiert. Damit gehören die Kotangentialbündel zu den wichtigsten symplektischen Mannigfaltigkeiten.

Der Begriff des Kotangentialbündels spielt auch in der algebraischen Geometrie eine Rolle: Für ein glattes algebraisches k-Schema X sei Θ_X die Garbe der Vektorfelder. Dann ist das zugehörige Bündel

$$T^*(X) = \mathbb{V}(\Theta_X) \xrightarrow{\pi} X$$

das Kotangentialbündel von X.

Kotangentiallift eines Diffeomorphismus, für einen gegebenen Diffeomorphismus Φ einer differenzierbaren Mannigfaltigkeit M auf eine differenzierbare Mannigfaltigkeit N der Symplektomorphismus $T^*\Phi : T^*M \to T^*N$ der entsprechenden ↗Kotangentialbündel, definiert durch

$$\alpha_m \mapsto \alpha_m \circ T_{\Phi(m)}\Phi^{-1}$$

für alle $m \in M, \alpha_m \in T_mM^*$.

Die Kotangentiallifte werden auch durch die Eigenschaft charakterisiert, daß sie sogar die ↗kanonischen 1-Formen aufeinander abbilden. In der Mechanik werden sie auch Punkttransformationen genannt.

Köthescher Folgenraum, Raum aus Folgen komplexer Zahlen der folgenden Struktur.

Eine Menge V, die aus Folgen komplexer Zahlen $(x_1, x_2, ...)$ besteht, heißt Köthescher Folgenraum, wenn sie bezüglich der komponentenweisen Addition und der komponentenweisen Multiplikation mit einem Skalar abgeschlossen ist. Damit wird ein Köthescher Folgenraum V zu einem komplexen Vektorraum.

Ist ein Köthescher Folgenraum V gegeben, so bildet die Menge V' aller Folgen komplexer Zahlen $(u_1, u_2, ...)$, für die bei beliebigem $(x_1, x_2, ...) \in V$ stets

$$\sum_{n=1}^{\infty} |u_n \cdot x_n| < \infty$$

gilt, wieder einen Kötheschen Folgenraum, den man den dualen Raum von V nennt.

Enthält V alle Folgen der Art $(0, ..., 0, 1, 0...)$, so werden V und V' duch die ↗Bilinearform

$$< u, x > = \sum_{n=1}^{\infty} u_n \cdot x_n$$

zu einem ↗Dualsystem.

Kotyp eines Banachraums, ↗ Typ und Kotyp eines Banachraums.

kovariante Ableitung, in der Differentialgeometrie diejenige Modifikation der partiellen Ableitung ∂, bei der die Ableitung eines Tensors wieder ein Tensor ist. Sie wird mit D oder mit dem Nabla-Symbol ∇ bezeichnet.

Die kovariante Ableitung eines Tensors n-ter Stufe ist ein Tensor $(n+1)$-ter Stufe. Es gilt die Produktregel für kovariante Ableitungen analog derjenigen für gewöhnliche Ableitungen:

$$D(A \cdot B) = (DA) \cdot B + A \cdot (DB).$$

Daher braucht man die Definition nur für Tensoren nullter und erster Stufe anzugeben. Ein Tensor nullter Stufe ist ein Skalar, und bei diesen stimmen partielle und kovariante Ableitung überein. Ein Tensor erster Stufe ist ein Vektor, und für den kovarianten Vektor v^i ist die kovariante Ableitung der folgende Tensor zweiter Stufe:

$$\nabla_k v^i = \partial_k v^i + \Gamma^i_{jk} v^j v^k.$$

Dabei sind die Γ^i_{jk} die ↗Christoffelsymbole, die selbst keine Tensoren darstellen (↗kovariante Tensoren).

kovariante Divergenz, in der Riemannschen Geometrie diejenige Modifikation der gewöhnlichen Divergenz, die entsteht, wenn an die Stelle der partiellen Ableitung die kovariante tritt (↗kovariante Ableitung).

Allgemein bezeichnet die Divergenz diejenige Größe, die die relative Volumenänderung eines kleinen Raumgebiets bei einer Transformationsabbildung des Raumes auf sich beschreibt. Beispiele: Bei einer Parallelverschiebung (also Translation des Raumes) ist die Divergenz stets gleich Null. Bei Ähnlichkeitsabbildungen gilt: Die Divergenz ist positiv, falls es sich um eine Vergrößerungsabbildung handelt.

In Formeln: Ist der Tangentialvektor an die Transformationsabbildung der Vektor v^i, so ist dessen kovariante Divergenz gleich $\nabla_i v^i$. Um die Berechnung der dabei auftretenden Christoffelsymbole zu umgehen, kann man für diesen Fall folgende Formel anwenden:

$$\nabla_i v^i = \frac{1}{\sqrt{|g|}} \partial_i (\sqrt{|g|} v^i).$$

Dabei ist g die Determinante des metrischen Tensors.

kovariante Tensoren, Tensoren, deren Indizes alle in unterer Position stehen.

Der Gegensatz hierzu sind ↗kontravariante Tensoren, das sind Tensoren, deren Indizes alle in oberer Postion stehen. Die Anzahl der Indizes wird auch als Stufe des Tensors bezeichnet.

In der Riemannschen Geometrie gibt es eine eineindeutige Beziehung zwischen kovarianten und kontravarianten Tensoren gleicher Stufe: Ist g_{ij} der metrische Tensor, so ist $v_i = g_{ij} v^j$ der dem kontravarianten Tensor erster Stufe v^j zugeordnete kovariante Tensor. Zur Berechnung der ↗kovarianten Ableitung werden die Christoffelsymbole benötigt. Sie sind aus der Bedingung, daß der metrische Tensor kovariant konstant sein soll, eindeutig bestimmt. In Formeln: $\nabla_k g_{ij} = 0$ impliziert

$$\Gamma^i_{jk} = \frac{1}{2} g^{il} \left(\partial_k g_{lj} - \partial_l g_{jk} + \partial_j g_{kl} \right),$$

dabei ist g^{il} die inverse Matrix zur Matrix des metrischen Tensors.

Die Definition eines Tensors ergibt sich aus seinem Verhalten bei Koordinatentransformationen: Lauten die Komponenten eines Vektors in den Koordinaten x^a ausgedrückt v^a, in den Koordinaten y^i dagegen v^i, so handelt es sich dabei genau dann um einen Tensor, wenn die Beziehung

$$v^a = \frac{\partial x^a}{\partial y^i} v^i$$

gilt.

[1] Schouten, J.: Ricci-Calculus. Springer-Verlag Berlin/Heidelberg, 1954.

kovarianter Funktor, ↗Funktor.

kovarianter Krümmungstensor, Multilinearform der Stufe 4 auf einer Riemannschen Mannigfaltigkeit (M, g), die sich durch innere Multiplikation mit der Riemannschen Metrik g aus dem Riemannschen Krümmungstensor ergibt.

Man bezeichnet den kovarianten Krümmungstensor ebenfalls mit R und definiert ihn durch

$$R(X, Y, U, V) = g(R(X, Y)U, V)$$

für ein Quadrupel $(X, Y, U, V) \in T_x(M)$. Seine lokalen Koeffizienten R_{ijkm} ergeben sich aus den lokalen Koeffizienten g_{ij} von g und den lokalen Koeffizienten R^l_{kij} des ursprünglichen Krümmungstensors durch

$$R_{ijkm} = \sum_{s=1}^{n} g_{js} R^s_{ikm}.$$

Sie besitzen die Symmetrieeigenschaften $R_{ij;km} = R_{km;ij}$ und $R_{ij;km} = -R_{ji;km} = -R_{ij;mk}$.

kovariantes Tensorfeld, ein Tensorfeld aus q-stufig ↗kovarianten Tensoren.

Ist M eine n-dimensionale Mannigfaltigkeit und wird jedem Punkt $(x_1, ..., x_n) \in M$ ein q-stufig kovarianter Tensor zugeordnet, so spricht man von einem q-stufig kovarianten Tensorfeld auf der Mannigfaltigkeit M.

Kovarianz, die für auf einem Wahrscheinlichkeitsraum $(\Omega, \mathfrak{A}, P)$ definierte reelle oder komplexe

Zufallsvariablen X und Y mit $E(|X|^2) < \infty$ und $E(|Y|^2) < \infty$ durch

$$Cov(X, Y) = E((X - E(X))\overline{(Y - E(Y))})$$

definierte komplexe Zahl. Dabei bezeichnet $\overline{c}$ für jedes $c \in \mathbb{C}$ die konjugiert komplexe Zahl. Die Kovarianz besitzt die folgenden Eigenschaften:

$$\begin{aligned} Cov(X, Y) &= \overline{Cov(Y, X)} \\ Cov(X, Y) &= E(X\overline{Y}) - E(X)\overline{E(Y)} \\ Cov(aX + b, cY + d) &= a\overline{c}Cov(X, Y) \end{aligned}$$

für beliebige a, b, c und d aus $\mathbb{R}$ oder $\mathbb{C}$. Weiterhin gilt die Cauchy-Schwarz-Ungleichung

$$|Cov(X, Y)| \leq E(|X - E(X)|^2)E(|Y - E(Y)|^2),$$

in der Gleichheit genau dann gegeben ist, wenn X und Y P-fast sicher linear abhängig sind (↗Kovarianzfunktion).

Kovarianzanalyse, eine statistische Methode, um bei der quantitativen Untersuchung von Wirkungen (Effekten) eines oder mehrerer Faktoren auf Untersuchungsergebnisse (i. allg. nicht zufällige) Einflüsse weiterer Faktoren zu analysieren und zu berücksichtigen, die zu einer Verfälschung der zu untersuchenden Wirkungen Anlaß geben können. Die Kovarianzanalyse kann deshalb als Verallgemeinerung der Varianzanalyse angesehen werden.

Kovarianzfunktion, Abbildung, welche jedem Paar (s, t) von Elementen aus der Parametermenge eines auf einem Wahrscheinlichkeitsraum definierten stochastischen Prozesses mit Werten in $\mathbb{R}$ oder $\mathbb{C}$ die ↗Kovarianz $Cov(X(s), X(t))$ der Zufallsvariablen $X(s)$ und $X(t)$ zuordnet.

Sei $(X(t))_{t\in T}$ ein stochastischer Prozeß zweiter Ordnung. Dann heißt die Funktion

$$\begin{aligned} C_X(s, t) &:= Cov(X(s), X(t)) \\ &= E(X(s) - EX(s))\overline{(X(t) - EX(t))} \end{aligned}$$

mit $s, t \in T$ Autokovarianzfunktion von $(X(t))_{t\in T}$.

Ist $(X(t))_{t\in T}$ im weiteren Sinne stationär, so ist die Autokovarianzfunktion ausschließlich von der Zeitdifferenz $|t - s|$ abhängig; es gilt

$$C_X(s, t) = C_X(0, t - s) = C_X(s - t, 0),$$

und man schreibt:

$$C_X(s, t) =: \sigma_X(|t - s|).$$

Sind $(X(t))_{t\in T}$ und $(Y(t))_{t\in T}$ zwei stochastische Prozesse zweiter Ordnung über dem gleichen Wahrscheinlichkeitsraum, so heißt die Funktion

$$\begin{aligned} C_{XY}(s, t) &:= Cov(X(s), Y(t)) \\ &= E(X(s) - EX(s))\overline{(Y(t) - EY(t))} \end{aligned}$$

mit $s, t \in T$ Kreuzkovarianzfunktion von $(X(t))_{t\in T}$ und $(X(t))_{t\in T}$.

Kovarianzmatrix, auch Streuungsmatrix oder Varianz-Kovarianz-Matrix genannt, die zu einem auf einem Wahrscheinlichkeitsraum $(\Omega, \mathfrak{A}, P)$ definierten zufälligen Vektor $X = (X_1, \ldots, X_k)$ mit Werten in $\mathbb{R}^k$ und $Var(X_i) < \infty$ für $i = 1, \ldots, k$ durch

$$Cov(X) = (Cov(X_i, X_j))_{i,j=1,\ldots,k}$$

definierte symmetrische, positiv semi-definite Matrix der ↗Kovarianzen $Cov(X_i, X_j)$ von X_i und X_j. Insbesondere sind die Varianzen der X_i die Diagonalelemente von $Cov(X)$.

Kowalewskaja, Sophia (Sonja) Wassiljewna, russische Mathematikerin, geb. 15.1.1850 Moskau, gest. 10.2.1891 Stockholm.

Trotz der früh erkannten mathematischen Begabung der Kowalewskaja, Tochter eines Generals, war ihr ein Studium in Rußland verschlossen. Als Reisebegleitung ihres Mannes, eines bedeutenden Paläontologen, hörte sie Vorlesungen in Heidelberg und nahm Privatstunden in Mathematik bei Weierstraß in Berlin. 1874 promovierte sie in absentia in Göttingen mit einer Arbeit über partielle Differentialgleichungen. Ab 1874 wieder in Rußland, hielt Kowalewskaja zwar öffentliche Vorträge zu mathematischen Themen, eine Anstellung bekam sie trotzdem nicht. Durch den Einfluß von Mittag-Leffler, einem Weierstraß-Schüler, wurde sie 1883 Privatdozentin in Stockholm und erhielt 1884 als erste Frau eine ordentliche Professur für Mathematik, ebenfalls an der Stockholmer Universität.

Kowalewskaja verfaßte bedeutende und berühmte Arbeiten über den Saturnring (1885), abelsche Integrale (1884), und die Rotation eines schweren Körpers um einen festen Punkt (1888). Sie war eine Vorkämpferein der Frauenbewegung und erfolgreich literarisch tätig.

Kozykel, ↗ Kohomologie eines Komplexes.

Kozyklus, ↗ Kokreis.

***k*-partiter Graph**, ein ↗ Graph G, dessen Eckenmenge $E(G)$ in $k \geq 2$ paarweise disjunkte Eckenmengen $E_1, E_2, \ldots, E_k$ so zerlegt werden kann, daß die von den Eckenmengen E_i induzierten ↗ Teilgraphen für alle $1 \leq i \leq k$ leere Graphen sind. Man nennt dann $E_1, E_2, \ldots, E_k$ die Partitionsmengen des k-partiten Graphen.

Ein k-partiter Graph heißt vollständig k-partit, wenn alle Ecken aus verschiedenen Partitionsmengen paarweise untereinander adjazent sind. Im Fall $k = 2$ spricht man auch von einem ↗ bipartiten bzw. vollständigen bipartiten Graphen.

Die k-partiten Graphen sind eng mit der ↗ Eckenfärbung verknüpft. Denn für die chromatische Zahl $\chi(G)$ eines Graphen G gilt genau dann $\chi(G) = k \geq 3$, wenn G ein k-partiter, aber kein $(k-1)$-partiter Graph ist.

Darüber hinaus gilt $\chi(G) = 1$ genau dann wenn G ein leerer Graph, und $\chi(G) = 2$, wenn G kein leerer, aber ein bipartiter Graph ist.

***k*-Präfix**, einstellige Operation, die einem Wort seine ersten k Buchstaben (bzw. das Wort selbst, falls es kürzer als k ist) zuordnet.

Kraft, gerichtete physikalische Größe, die Ursache für die Beschleunigung frei beweglicher und für die Formänderung starrer Körper ist. Ein Körper, auf den keine Kraft wirkt, beharrt nach dem Newtonschen Trägheitsgesetz im Zustand der Ruhe oder der gleichförmig geradlinigen Bewegung. Aus dem Satz über die Wechselwirkung folgt, daß Kräfte immer nur paarweise auftreten können. Dabei sind die Wirkungen zweier Körper aufeinander betragsmäßig gleich, aber entgegengesetzt gerichtet.

Physikalisch kann man die Kraft definieren als Produkt von Masse und Beschleunigung. Damit kann man Kräfte durch Vergleich der an der gleichen Masse hervorgerufenen Beschleunigung messen.

Kraftgesetz, aus dem Energie-Impuls-Tensor ermittelte Gleichung zur Bestimmung der ↗ Kraft, die auf einen Probekörper wirkt.

Zur Anwendung in der Elektrodynamik vgl. ↗ Maxwell-Gleichungen.

Kramers, Henrik Anthony, niederländischer Physiker, geb. 17.12.1894 Rotterdam, gest. 24.4.1952 Leiden.

Kramers studierte ab 1912 bei Ehrenfest in Leiden theoretische Physik. Er promovierte 1916 und war 1917–1926 Mitarbeiter von N. Bohr in Kopenhagen. Von 1926 bis 1932 arbeitete er an der Rijks-Universität Utrecht, 1931 bis 1934 an der TH Delft und ab 1934 als Nachfolger Ehrenfests in Leiden.

Kramers galt als führender Repräsentant der theoretischen Physik und hat ihre Entwicklung nachhaltig beeinflußt. Er widmete sich einer mathematischen Formalisierung der Quantenmechanik, entwickelte eine Methode zur approximativen Lösung der Schrödinger-Gleichung, untersuchte die Streuung des Lichtes an Atomen (Kramers-Kroning-Dispersionsrelation), behandelte Fragen des Magnetismus, der kinetischen Gastheorie, der Brownschen Bewegung und der Berechnung der Energiespektren. Auf mathematischem Gebiet untersuchte er Legendre-Polynome und Lamé-Funktionen.

Kramers-Kroning-Dispersionrelation, ↗ Dispersion, physikalische.

***k*-rationaler Punkt**, ein k-Morphismus $\mathrm{Spec}(K) \to X$, wobei k ein Körper, K ein Erweiterungskörper von k und X ein k-Schema ist. Die Menge aller k-rationalen Punkte wird mit $X(K)$ bezeichnet.

Ist z. B. X ein affines algebraisches Schema über k, definiert als ↗ Nullstellenschema von Polynomen $f_1, \ldots, f_q \in k\left[X_1, \ldots, X_n\right]$, so ist

$$X(K) = \left\{a \in K^n, f_1(a) = \ldots = f_q(a) = 0\right\} .$$

Krasnoselski, Fixpunktsatz von, Verallgemeinerung des Schauderschen Fixpunktsatzes.

Es seien X ein ↗ Banachraum, γ das Kuratowskische Maß der Nichtkompaktheit oder das Kugelmaß der Nichtkompaktheit und $C \subseteq X$ eine nicht leere abgeschlossene beschränkte und konvexe Menge. Weiterhin sei $F : C \to C$ eine γ-kondensierende Abbildung, das heißt es gelte $\gamma(F(B)) < \gamma(B)$ für alle $B \subseteq C$.

Dann hat F mindestens einen Fixpunkt.

Krasnoselski, Mark Alexandrowitsch, ukrainischer Mathematiker, geb. 27.4.1920 Starokonstantinow (Ukraine), gest. 13.2.1997 Moskau.

Krasnoselski studierte bis 1942. Er habilitierte sich 1951, arbeitete 1952–1969 an der Universität in Woronesch und ab 1967 am Institut für Automatik und Telemechanik der Akademie der Wissenschaften der UdSSR.

Krasnoselski arbeitete auf dem Gebiet der Funktionentheorie, der Differential- und Integralgleichungen, der (nichtlinearen) Funktionalanalysis und der Topologie.

Krausz, Satz von, gibt eine notwendige und hinreichende Bedingung dafür, daß ein gegebener ↗Graph der ↗Kantengraph eines anderen Graphen ist.

Präzise formuliert hat J.Krausz im Jahre 1943 folgenden Charakterisierungssatz bewiesen.

Ein Graph G ist genau dann der Kantengraph eines Graphen H, also $G \cong L(H)$, wenn sich G in kantendisjunkte Cliquen $S_1, S_2, \dots, S_q$ so zerlegen läßt, daß jede Ecke von G zu höchstens zwei dieser Cliquen gehört.

Besitzt G eine solche Cliquenzerlegung S_1, S_2, $\dots$, S_q, so läßt sich der Graph H wie folgt konstruieren. Ist $U \subseteq E(G)$ die Menge aller Ecken, die in genau einer Clique S_i für $i = 1, 2, \dots, q$ liegen, so besteht $E(H)$ aus U und der Menge $S = \{S_1, S_2, \dots, S_q\}$. Die Kantenmenge von H setzt sich aus der Vereinigung der beiden Mengen

$$K_1(H) = \{S_iS_j | E(S_i) \cap E(S_j) \neq \emptyset, i \neq j\}$$

und

$$K_2(H) = \{xS_i | x \in U \text{ und } x \in E(S_i)\}$$

zusammen.

Eine weitere wichtige Charakterisierung der Kantengraphen gelang L.W. Beineke 1968 durch 9 verbotene induzierte Teilgraphen, und 1994 reduzierte Ľ. Šoltés die Anzahl dieser verbotenen induzierten Teilgraphen auf 7, falls der Graph mindestens 9 Ecken besitzt.

Krawczyk-Operator, ↗Krawczyk-Verfahren.

Krawczyk-Verfahren, Verfahren der ↗Intervallrechnung zum Nachweis der Existenz und Eindeutigkeit bzw. der Nichtexistenz einer Nullstelle x^* in einem ↗Intervallvektor $\mathbf{x}^{(0)} \subseteq D$ bei einer stetig differenzierbaren Funktion $f : D \subseteq \mathbb{R}^n \to \mathbb{R}^n$.

Ist $\mathbf{f}'(\mathbf{x})$ die ↗Intervallauswertung der Funktionalmatrix f' von f über $\mathbf{x} \subseteq \mathbf{x}^{(0)}$, C eine reelle $(n \times n)$-Matrix und $\tilde{x} \in \mathbf{x}$, so heißt

$$\mathbf{K}(\tilde{x}, \mathbf{x}) = \tilde{x} - Cf(\tilde{x}) + (I - C\mathbf{f}'(\mathbf{x}))(\mathbf{x} - \tilde{x})$$

Krawczyk-Operator, und die Iteration

$$\mathbf{x}^{(k+1)} = \mathbf{K}(\tilde{x}^{(k)}, \mathbf{x}^{(k)}) \cap \mathbf{x}^{(k)}, \; k = 0, 1, \dots, \qquad (1)$$

Krawczyk-Verfahren. Dabei ist das Verfahren abzubrechen, wenn der Durchschnitt leer ist. Häufig wählt man $\tilde{x}$ als Mittelpunkt von $\mathbf{x}$ und C als Näherungsinverse des Mittelpunkts von $\mathbf{f}'(\mathbf{x})$. Für ein ↗Intervallgleichungssystem $\mathbf{A}x = \mathbf{b}$ definiert man

$$\mathbf{K}(\tilde{x}, \mathbf{x}) = \tilde{x} - C(\mathbf{b} - \mathbf{A}\tilde{x}) + (I - C\mathbf{A})(\mathbf{x} - \tilde{x})$$

und iteriert analog.

Bezeichnen $\varrho(\cdot)$ den Spektralradius und $|\cdot|$ den ↗Betrag einer Intervallgröße, so kann man mit der Beziehung $B = |I - C\mathbf{f}'(\mathbf{x}^{(0)})|$ folgende Aussagen beweisen:

a) Gilt $\mathbf{K}(\tilde{x}, \mathbf{x}) \subseteq \mathbf{x}$ *für ein* $\mathbf{x} \subseteq \mathbf{x}^{(0)}$, *und ist C regulär, so besitzt f in* $\mathbf{x}$ *mindestens eine Nullstelle.*

b) Gilt $(\mathbf{K}(\tilde{x}, \mathbf{x}))_i \subset \mathbf{x}_i$, $i = 1, \dots, n$, *für ein* $\mathbf{x} = (\mathbf{x}_i) \subseteq \mathbf{x}^{(0)}$, *so besitzt f in* $\mathbf{x}$ *eine Nullstelle, die in* $\mathbf{x}^{(0)}$ *eindeutig ist, und es folgt* $\varrho(B) < 1$.

c) Wird der Durchschnitt in (1) nach endlich vielen Schritten leer, so besitzt f in $\mathbf{x}^{(0)}$ *keine Nullstelle. Falls* $\varrho(B) < 1$ *ist, und* $\tilde{x}^{(k)}$ *den Mittelpunkt von* $\mathbf{x}^{(k)}$ *bezeichnet, folgt auch die Umkehrung.*

d) Gilt $\varrho(B) < 1$, *und besitzt f in* $\mathbf{x}^{(0)}$ *eine Nullstelle* x^*, *so ist diese dort eindeutig, der Durchschnitt in (1) wird nie leer, die Iterierten* $\mathbf{x}^{(k)}$ *sind für jedes* $k \in \mathbb{N}_0$ *definiert und konvergieren bzgl. des ↗Hausdorff-Abstands q gegen* x^*, *sofern man für* $\tilde{x}^{(k)}$ *den Mittelpunkt von* $\mathbf{x}^{(k)}$ *wählt.*

Man beachte, daß aus $\varrho(B) < 1$ stets die Regularität von C und $\mathbf{f}'(\mathbf{x})$ folgt.

kreative Menge, eine ↗rekursiv aufzählbare Menge, deren Komplementmenge ↗produktiv ist.

Es gilt der Satz:

Eine Menge A ist genau dann kreativ, wenn sie m-vollständig ist (d. h., daß alle rekursiv aufzählbaren Mengen auf A many-one-reduzierbar sind).

Krein, Mark Grigorjewitsch, ukrainischer Mathematiker, geb. 3.4.1907 Kiew, gest. 17.10.1989 Odessa.

Krein eignete sich die Mathematik im wesentlichen im Selbststudium an. Er hörte mit 14 Jahren Vorlesungen am Polytechnischen Institut und am Institut für Volksbildung in Kiew. 1924 zog er nach Odessa und wurde dort Aspirant bei Tschebotarew am Institut für Volksbildung. Ab 1933 arbeitete er an verschiedenen Instituten und Hochschulen in Odessa, Kuibyschew, Charkow und Kiew. Ab 1954 arbeitete er am Bauingenieur-Institut in Odessa.

Auf dem Gebiet der Funktionalanalysis widmete sich Krein der Untersuchung von Integralgleichungen, des Momentenproblems, der Spektraltheorie linearer Operatoren, der harmonischen Analysis und der Darstellungstheorie. Kolmogorow hatte 1935 die Grundlagen gelegt für das Studium von Extremalproblemen. 1937 führte Krein diese Arbeiten fort und bearbeitete Extremalprobleme für differenzierbare periodische Funktionen. Er beschäftigte sich mit konvexen Mengen in lokal konvexen Räumen und formulierte der Satz von Krein-Milman.

1982 wurde ihm für seine Leistungen der Wolf-Preis verliehen.

Krein, Satz von, Aussage über die abgeschlossene konvexe Hülle schwach kompakter Mengen in Banachräumen:

Ist A eine in der schwachen Topologie kompakte Teilmenge eines Banachraums, so ist der Abschluß der konvexen Hülle von A ebenfalls schwach kompakt.

Krein-Milman, Satz von, ↗Krein-Milman-Eigenschaft.

Krein-Milman-Eigenschaft, die Eigenschaft eines Banachraums, daß jede abgeschlossene beschränkte konvexe Teilmenge einen Extremalpunkt besitzt.

Es folgt dann, daß jede solche Menge der Normabschluß der konvexen Hülle ihrer Extremalpunkte ist. Der Satz von Krein-Milman garantiert diese Eigenschaft für kompakte konvexe Mengen:

Es seien V ein reeller separierter und lokalkonvexer topologischer Vektorraum und A eine konvexe und kompakte Teilmenge von V.

Dann ist die Menge A die abgeschlossene konvexe Hülle der Menge ihrer Extremalpunkte.

Beispiele von Banachräumen mit der Krein-Milman-Eigenschaft sind alle reflexiven Räume, alle Unterräume separabler Dualräume (wie z. B. ℓ^1 oder der Raum der nuklearen Operatoren $N(\ell^2)$) oder, allgemeiner, Räume mit der Radon-Nikodym-Eigenschaft. Es ist ein offenes Problem, ob die Krein-Milman-Eigenschaft und die Radon-Nikodym-Eigenschaft sogar äquivalent sind.

[1] Bourgin, R.: Geometric Aspects of Convex Sets with the Radon-Nikodym Property. Springer Berlin/Heidelberg/New York, 1983.

Krein-Raum, Raum mit indefinitem Skalarprodukt.

Sei K ein Vektorraum über $\mathbb{C}$ und $[\,.\,,\,.\,]$ eine ↗Sesquilinearform mit $[x,y] = \overline{[y,x]}$. K heißt Krein-Raum, wenn es Unterräume $K_+, K_- \subset K$ mit $K_+ \oplus K_- = K$ und $[x,y] = 0$ für $x \in K_+$, $y \in K_-$ so gibt, daß $[\,.\,,\,.\,]$ auf K_+ und $-[\,.\,,\,.\,]$ auf K_- positiv definit, also Skalarprodukte, sind, die K_+ bzw. K_- zu Hilberträumen machen. Ist einer der Räume K_+, K_- endlichdimensional, so heißt K Pontrjagin-Raum.

Krein-Smulian, Satz von, Aussage über die Schwach-∗-Abgeschlossenheit konvexer Mengen im Dual eines Banachraums:

Eine konvexe Teilmenge C im Dualraum eines Banachraums ist genau dann schwach-∗-abgeschlossen, wenn der Schnitt von C mit jeder abgeschlossenen Kugel schwach-∗-abgeschlossen ist.

Ist C ein Untervektorraum, wird diese Aussage Satz von Banach-Dieudonné genannt.

Kreis, geometrischer Ort aller Punkte in der Ebene, die von einem Punkt M dieser Ebene die gleiche Entfernung r haben. Man nennt M den Mittelpunkt des Kreises und r seinen Radius. Hat M die Koordinaten $M = (x_0, y_0)$, so kann man den Kreis beschreiben durch die Gleichung

$$(x - x_0)^2 + (y - y_0)^2 = r^2$$

(↗Kreisumfang).

Kreis negativer Länge, ↗ bewerteter Graph.

Kreisflächeninhalt, ↗Kreisscheibe.

kreisfreier Digraph, ↗ gerichteter Graph.

kreisfreier Graph, ↗ Wald.

Kreisfrequenz, ↗ Frequenz.

Kreisgebiet, Begriff, der einzuordnen ist in das Studium holomorpher Abbildungen zwischen Gebieten im $\mathbb{C}^n$.

Ein Kreisgebiet im $\mathbb{C}^n$ ist ein Gebiet G so, daß $e^{i\vartheta}z \in G$ für alle $z \in G$ und $\vartheta \in \mathbb{R}$. Beispiele (nichtäquivalenter) Kreisgebiete sind Kugeln und Polyzylinder. Es gelten in diesem Zusammenhang folgende Aussagen:

Ist $f : G \to H$ eine biholomorphe Abbildung zwischen beschränkten Kreisgebieten im $\mathbb{C}^n$, und ist $0 \in G$ und $f(0) = 0$, dann ist f linear.

Weiterhin:

Seien G und H Kreisgebiete im $\mathbb{C}^n$, die beide die 0 enthalten, wobei eines der beiden homogen und beschränkt sei. Dann sind G und H genau dann biholomorph äquivalent, wenn sie linear äquivalent sind.

Kreiskegel, Menge der Punkte aller Geraden, die einen Punkt S des Raumes mit den Punkten eines Kreises k verbinden.

Diese Geraden werden Mantellinien des Kreiskegels K genannt. Der Punkt S heißt Spitze, der Kreis k Grundkreis von K.

Die Gerade durch die Spitze S und den Mittelpunkt M des Grundkreises wird als Achse des Kreiskegels K bezeichnet. Steht die Achse eines Kreiskegels K senkrecht auf der Grundkreisebene ε, so ist K ein gerader Kreiskegel. Ist α der Winkel zwischen der Kegelachse und den Mantellinien, so heißt 2α *Öffnungswinkel* von K.

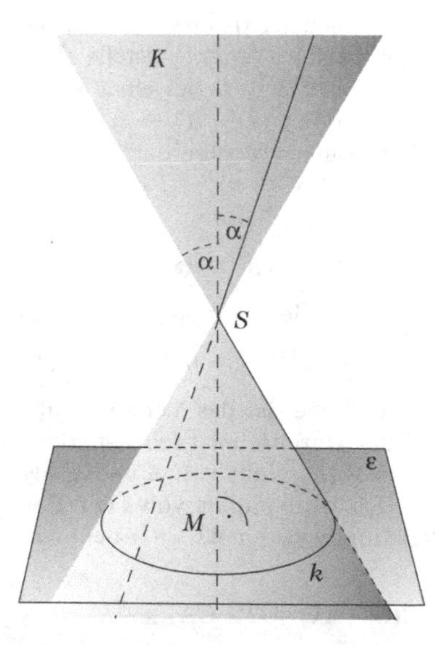

Kreiskegel

Ein Kreiskegel in dem so beschriebenen Sinne ist unendlich ausgedehnt und besteht aus zwei Kegelästen (den beiden Hälften, in die der Kegel durch seine Spitze geteilt wird); es handelt sich also um einen ↗Doppelkegel. Allerdings lassen sich auch einfache Kreiskegel betrachten, wobei dann die Mantellinien lediglich Strahlen mit der Spitze als Anfangspunkt sind.

Endliche Kreiskegel werden durch die Grundkreisebene und die Verbindungsstrecken zwischen der Spitze und den Punkten des Grundkreises begrenzt.

Ein unendlicher Kreiskegel wird durch seine Spitze, seine Achse und seinen Öffnungswinkel vollständig beschrieben. Der Grundkreis wurde lediglich für die hier verwendete Definition benötigt. Seine Wahl ist willkürlich, ein Kreiskegel kann durch verschiedene Grundkreise (mit unterschiedlichem Radius) definiert werden.

Wählt man (z. B. durch eine ↗Hauptachsentransformation) ein geeignetes Koordinatensystem, so läßt sich ein (unendlicher) Kreiskegel durch eine Gleichung der Form

$$\frac{x^2}{r^2} + \frac{y^2}{r^2} - \frac{z^2}{c^2} = 0$$

beschreiben. Es handelt sich demnach um eine entartete nicht zerfallende ↗Fläche zweiter Ordnung.

Kreiskette, ↗ Kreiskettenverfahren.

Kreiskettenverfahren, eine wichtige Methode zur ↗analytischen Fortsetzung.

Es sei $a = z_0 \in \mathbb{C}$ und $D_0 \subset \mathbb{C}$ eine offene Kreisscheibe mit Mittelpunkt z_0 und Radius $r_0 > 0$. In D_0 sei eine ↗holomorphe Funktion in Form einer Potenzreihe

$$f_0(z) = \sum_{n=0}^{\infty} a_n (z - z_0)^n\,, \quad z \in D_0 \tag{1}$$

gegeben. Weiter sei $\gamma\colon [0, 1] \to \mathbb{C}$ ein ↗Jordan-Bogen mit Anfangspunkt $a = \gamma(0)$ und Endpunkt $b = \gamma(1) \notin D_0$. Um festzustellen, ob f_0 längs γ analytisch fortsetzbar ist, geht man wie folgt vor. Man wählt $t_1 \in (0, 1)$ derart, daß $z_1 = \gamma(t_1) \in D_0$. Dann ist f_0 in eine Potenzreihe um z_1 entwickelbar. Diese erhält man durch Umentwicklung der Potenzreihe (1)

$$\begin{aligned} f_0(z) &= \sum_{n=0}^{\infty} a_n [(z_1 - z_0) + (z - z_1)]^n \\ &= \sum_{n=0}^{\infty} a_n \sum_{k=0}^{n} \binom{n}{k} (z_1 - z_0)^{n-k} (z - z_1)^k \\ &= \sum_{k=0}^{\infty} \left(\sum_{n=k}^{\infty} \binom{n}{k} a_n (z_1 - z_0)^{n-k} \right) (z - z_1)^k\,. \end{aligned}$$

Also gilt

$$f_0(z) = \sum_{n=0}^{\infty} a_n^{(1)} (z - z_1)^n \tag{2}$$

mit

$$a_n^{(1)} = \sum_{k=n}^{\infty} \binom{k}{n} a_k (z_1 - z_0)^{k-n}\,.$$

Die Entwicklung (2) gilt in der offenen Kreisscheibe um z_1 mit Radius $r_0 - |z_1 - z_0|$. Es kann der Fall eintreten, daß die Reihe (2) in einer größeren Kreisscheibe D_1 um z_1 mit Radius $r_1 > r_0 - |z_1 - z_0|$ konvergiert. Dann erhält man eine in D_1 holomorphe Funktion f_1 mit

$$f_1(z) = \sum_{n=0}^{\infty} a_n^{(1)} (z - z_1)^n\,, \quad z \in D_1\,. \tag{3}$$

Es gilt $f_1(z) = f_0(z)$ für $z \in D_1 \cap D_0$, d. h. (f_1, D_1) ist eine analytische Fortsetzung von (f_0, D_0).

Ist $b \notin D_1$, so wählt man $t_2 \in (t_1, 1)$ derart, daß $z_2 = \gamma(t_2) \in D_1$ ist, und wendet das obige Verfahren auf die Potenzreihe (3) an. Man stellt wieder fest, ob die Umentwicklung der Reihe (3) in einer Kreisscheibe D_2 um z_2 mit Radius $r_2 > r_1 - |z_2 - z_1|$ konvergiert. So fährt man fort. Gelangt man nach endlich vielen Schritten (m Stück) zu einer Kreisscheibe D_m um $z_m = \gamma(t_m)$ mit Radius r_m und einer in D_m holomorphen Funktion

$$f_m(z) = \sum_{n=0}^{\infty} a_n^{(m)} (z - z_m)^n\,, \quad z \in D_m \tag{4}$$

derart, daß $b \in D_m$ und (f_j, D_j) eine analytische Fortsetzung von (f_{j-1}, D_{j-1}), $j = 1, \ldots, m$ ist, so ist (f_0, D_0) längs γ analytisch fortsetzbar. Den Wert der analytischen Fortsetzung kann man durch Einsetzen von $z = b$ in die Reihe (4) berechnen. Dieser ist unabhängig von der speziellen Wahl der Punkte $z_1, \ldots, z_m$.

Ist umgekehrt (f_0, D_0) längs γ analytisch fortsetzbar, so ist es stets möglich, die Punkte $z_1, \ldots, z_m$ so zu wählen, daß das Verfahren zum Ziel führt.

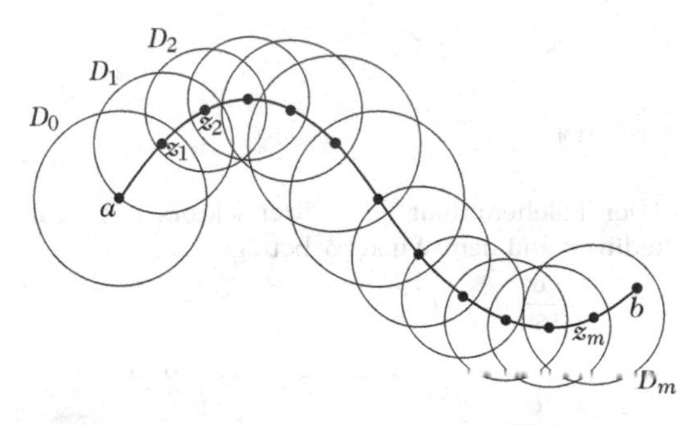

Kreiskettenverfahren

Die Menge der Kreisscheiben $D_0, D_1, \ldots, D_m$ nennt man eine Kreiskette.

Kreiskörper, ↗ Kreisteilungskörper.

Kreismethode von Hardy und Littlewood, ↗ Hardy-Littlewood-Methode.

Kreispendel, ebenes mathematisches Pendel.

Gegeben sei ein Massenpunkt, der mit Hilfe eines masselosen und nichtdehnbaren Fadens an einem festen Punkt P aufgehängt ist. Versetzt man den Massenpunkt in Pendelbewegungen, so bewegt er sich auf einer Kreislinie. Deshalb heißt diese Art Pendel ein Kreispendel.

Kreisschar, eine meist einparametrige Schar von Kreisen in der Ebene.

Eine Kreisschar wird parametrisch durch zwei differenzierbare Abbildungen $M : I \to \mathbb{R}^2$ und $r : I \to \mathbb{R}$ eines Intervalls $I \subset \mathbb{R}$ mit $r(t) \geq 0$ beschrieben, die den Mittelpunkt $M(t)$ und den Radius $r(t)$ des dem Scharparameter t entsprechenden Kreises bestimmen. Für konstantes $M(t)$ handelt es sich bei der Schar um konzentrische Kreise.

Ist $r(t)$ konstant, so beschreibt die ↗ Einhüllende der Schar die Parallelkurve der Kurve $M(t)$ der Mittelpunkte.

Kreisscheibe, eine Teilmenge $K_r(M)$ der Ebene $\mathbb{R}^2$ (oder $\mathbb{C}$), die aus allen Punkten besteht, deren Abstand von einem festen Punkt $M \in \mathbb{R}^2$ kleiner als r ist.

Da nach dieser Definition die Randpunkte nicht zu $K_r(M)$ gehören, nennt man $K_r(M)$ eine offene Kreisscheibe. In Analogie dazu ist eine abgeschlossene Kreisscheibe als Menge aller Punkte definiert, deren Abstand von M kleiner oder gleich r ist. Die Zahl r heißt Radius von $K_r(M)$.

Der Flächeninhalt (Kreisflächeninhalt) A ist eine quadratische Funktion von r, es gilt $A = \pi\, r^2$.

Kreissektor, von zwei Radien und dem zugehörigen Kreisbogen begrenzter Teil eines Kreises.

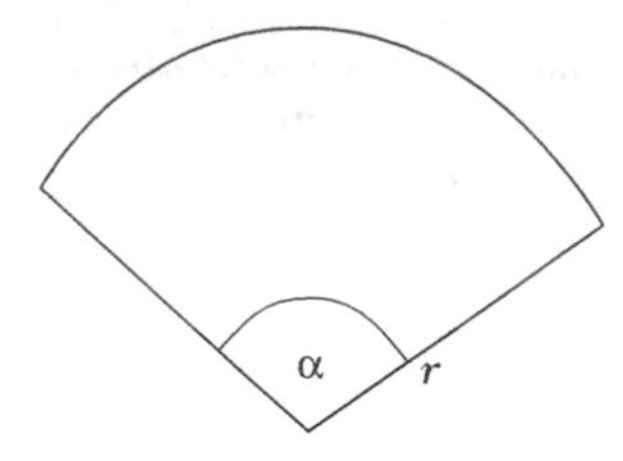

Kreissektor

Der Flächeninhalt eines Kreissektors mit dem Radius r und dem Winkel α beträgt

$$A = \frac{\alpha}{360^\circ} \cdot \pi \cdot r^2 ,$$

die Bogenlänge des zugehörigen Kreisbogens

$$U = \frac{\alpha}{180^\circ} \cdot \pi \cdot r .$$

Kreisteilungsgleichung, meist die spezielle Gleichung

$$z^n = 1 ,$$

wobei $n \in \mathbb{N}$.

Die komplexen Lösungen dieser Gleichung sind die n-ten ↗ Einheitswurzeln $\zeta_k = e^{2k\pi i/n}$, $k = 0, 1 \ldots, n-1$. Sie liegen auf der Einheitskreislinie $S^1 = \{ z \in \mathbb{C} : |z| = 1 \}$ und bilden die Ecken eines regelmäßigen n-Ecks. Daher kommt auch die Bezeichnung Kreisteilungsgleichung.

Aus dem gleichen Grunde nennt man das die Gleichung definierende Polynom z^n manchmal auch Kreisteilungspolynom.

Manchmal, speziell in Algebra und Zahlentheorie, betrachtet man auch in etwas größerer Allgemeinheit das Polynom

$$\Phi_n(X) = \prod_{\substack{r=1 \\ ggT(r,n)=1}}^{n} (X - \zeta^r),$$

für $n \in \mathbb{N}$, das man ebenfalls als Kreisteilungspolynom bezeichnet. Hierbei ist ζ eine primitive n-te Einheitswurzel (d. h. $\zeta^n = 1$, aber $\zeta^m \neq 1$ für $0 < m < n$) und $ggT(r, n)$ bezeichne den größten gemeinsamen Teiler der Zahlen n und r. Dieses Polynom ist ein irreduzibles Polynom über dem Primkörper $\mathbb{Q}$, bzw. $\mathbb{F}_p$ mit nur einfachen Nullstellen. Die zugehörige Gleichung

$$\Phi_n(\alpha) = 0$$

heißt dann ebenfalls (n-te) Kreisteilungsgleichung.

Kreisteilungskörper, *Kreiskörper*, auch zyklotomischer Körper oder Körper der n-ten Einheitswurzeln genannt, der Zerfällungskörper des Polynoms $X^n - 1$ für ein festes $n \in \mathbb{N}$ über einem Primkörper $\mathbb{F}_p$ bzw. $\mathbb{Q}$.

Der Kreisteilungskörper enthält alle n-ten Einheitswurzeln. Er ist eine ↗ Galois-Erweiterung. Ist der Grundkörper $\mathbb{Q}$, so kann der n-te Kreisteilungskörper gegeben werden als

$$\mathbb{Q}[\exp(2\pi \mathrm{i}/n)] .$$

Kreisteilungspolynom, ↗ Kreisteilungsgleichung.

Kreisteilungszahl, ↗ π.

Kreisumfang, lineare Funktion des Kreisradius. Der Umfang eines Kreises vom Radius r ist $2\pi\, r$.

Kreisverwandschaft, folgende Eigenschaft einer Abbildung $\phi : \widehat{\mathbb{C}} \to \widehat{\mathbb{C}}$:

ϕ bildet jede verallgemeinerte Kreislinie von $\widehat{\mathbb{C}}$ auf eine verallgemeinerte Kreislinie ab. Man sagt auch: ϕ ist kreisverwandt. Dabei ist eine verallgemeinerte Kreislinie in $\widehat{\mathbb{C}}$ entweder eine (echte) Kreislinie in $\mathbb{C}$, oder eine Gerade in $\mathbb{C}$ vereinigt mit dem Punkt ∞.

Betrachtet man eine verallgemeinerte Kreislinie K in $\widehat{\mathbb{C}}$ auf der Riemannschen Zahlenkugel S^2 (genauer das Urbild $\widehat{K}$ von K unter der ↗stereographischen Projektion), so ist $\widehat{K}$ eine Kreislinie. Sie geht durch den Punkt ∞ genau dann, wenn K eine Gerade ist.

Eine wichtige Klasse von kreisverwandten Abbildungen sind die ↗Möbius-Transformationen.

Kreiszahl, ↗π.

Kremer, Gerhard, ↗Mercator, Gerardus.

Kreuzkorrelationsfunktion, ↗Korrelationsfunktion.

Kreuzkovarianzfunktion, ↗Kovarianzfunktion.

Kreuzprodukt, *Vektorprodukt, äußeres Produkt*, die Abbildung $\times : \mathbb{R}^3 \times \mathbb{R}^3 \to \mathbb{R}^3$, definiert durch

$$(u, v) \mapsto u \times v := (u_2v_3 - u_3v_2, u_3v_1 - u_1v_3, u_1v_2 - u_2v_1)\,.$$

Das Kreuzprodukt ist linear in beiden Komponenten (d.h. bilinear), distributiv:

$$(\alpha_1 u + \alpha_2 v) \times w = \alpha_1(u \times w) + \alpha_2(v \times w)\,,$$

und anti-kommutativ:

$$u \times v = -(v \times u)\,.$$

Für das Kreuzprodukt gilt darüberhinaus:

$$\det(u, v, w) = \langle u \times v, w\rangle = \langle u, v \times w\rangle\,,$$

wobei $\langle\cdot,\cdot\rangle$ das ↗kanonische Skalarprodukt des $\mathbb{R}^3$ bezeichnet, und $\det(u, v, w)$ die Determinante der Matrix (u, v, w).

Sind die Vektoren u und v ↗linear unabhängig, so ist $(u, v, u\times v)$ eine Basis des $\mathbb{R}^3$, die genauso orientiert ist wie die Standardbasis (e_1, e_2, e_3) (Rechte-Hand-Regel). Sind u und v orthogonale Einheitsvektoren des $\mathbb{R}^3$, so bilden die Vektoren u, v und $u \times v$ ein ↗Orthonormalsystem.

Im $\mathbb{R}^2$ ist keine dem Kreuzprodukt verwandte Operation erklärt.

Kreuztabelle, ↗Kontingenztafel.

Kreuztafel, ↗Kontingenztafel.

kreuzungsfreie gerichtete Wege, ↗k-fach stark zusammenhängender Digraph.

kreuzungsfreie Wege, ↗k-fach zusammenhängender Graph.

Kreuzungszahl, minimale Anzahl von Kreuzungen in einer normalen ↗Einbettung eines Graphen in die Ebene $\mathbb{R}^2$.

Da jeder Graph eine solche Einbettung besitzt, ist die Kreuzungszahl wohldefiniert. Oft sind für die Kreuzungszahl spezieller Graphen nur obere Schranken bekannt, die durch Angabe einer konkreten Einbettung bewiesen werden.

Die Kreuzungszahl des vollständigen Graphen K_n beträgt so höchstens

$$\frac{1}{4}\lfloor\frac{n}{2}\rfloor\lfloor\frac{n-1}{2}\rfloor\lfloor\frac{n-2}{2}\rfloor\lfloor\frac{n-3}{2}\rfloor\,,$$

und die Kreuzungszahl des vollständigen bipartiten Graphen $K_{n,m}$ beträgt höchstens

$$\lfloor\frac{n}{2}\rfloor\lfloor\frac{n-1}{2}\rfloor\lfloor\frac{m}{2}\rfloor\lfloor\frac{m-1}{2}\rfloor\,.$$

Die Frage nach dem genauen Wert der Kreuzungszahl des vollständigen bipartiten Graphen ist als „Turán's brick-factory problem“ bekannt.

Die oben angegebene Schranke wurde 1954 von K.Zarankiewicz bewiesen.

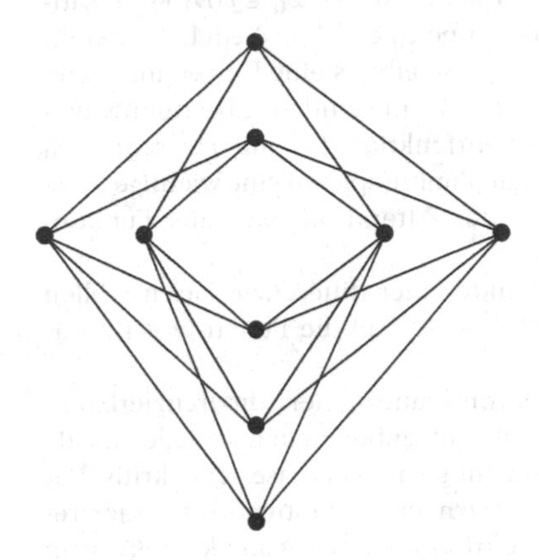

Eine normale Einbettung des vollständigen bipartiten Graphen $K_{4,5}$ in die Ebene $\mathbb{R}^2$ mit $\lfloor\frac{4}{2}\rfloor\lfloor\frac{3}{2}\rfloor\lfloor\frac{5}{2}\rfloor\lfloor\frac{4}{2}\rfloor = 8$ Kreuzungen.

Krickeberg-Zerlegung, Darstellung eines Martingals als Differenz zweier nicht-negativer Martingale im folgenden Satz.

Sei $(\Omega, \mathfrak{A}, P)$ ein Wahrscheinlichkeitsraum und $(X_n)_{n\in\mathbb{N}_0}$ ein Martingal bezüglich der Filtration $(\mathfrak{A}_n)_{n\in\mathbb{N}_0}$ in $\mathfrak{A}$.

Es gilt $\sup_{n\in\mathbb{N}_0} E(|X_n|) < \infty$ genau dann, wenn zwei nicht-negative Martingale $(Y_n)_{n\in\mathbb{N}_0}$ und $(Z_n)_{n\in\mathbb{N}_0}$ bezüglich $(\mathfrak{A}_n)_{n\in\mathbb{N}_0}$ so existieren, daß $X_n = Y_n - Z_n$ für alle $n \in \mathbb{N}_0$ gilt.

Die Krickeberg-Zerlegung ist nicht eindeutig.

Kristallgruppe, ↗kristallographische Gruppe.

kristallographische Gruppe, *Kristallgruppe*, Spezialfall der Raumgruppe im n-dimensionalen Raum für den Fall $n = 3$.

Die Raumgruppe im zweidimensionalen Raum wird auch Ornamentgruppe genannt. Die Raumgruppe ist eine diskrete Untergruppe der Gruppe der Bewegungen des n-dimensionalen euklidischen Raums. Sie ist dadurch definiert, daß eine vorgegebene Menge in sich selbst überführt werden soll. Ornamentgruppen und Kristallgruppen sind vollständig klassifiziert. Ihre Anwendung wird aus der Namensgebung deutlich.

kritischer Punkt, Punkt, in denen eine Funktion ein „kritisches Verhalten“ im folgenden Sinne zeigt:

Kritische Punkte einer in einer offenen Menge $D \subset \mathbb{C}$ ↗meromorphen Funktion f sind die Punkte $z_0 \in D$ mit $f'(z_0) = 0$ und die mehrfachen Polstellen von f in D, d. h. diejenigen Polstellen, deren ↗Polstellenordnung mindestens 2 ist. Ist $z_0 \in D$ ein kritischer Punkt von f, so heißt $w_0 := f(z_0)$ ein kritischer Wert von f. Dabei wird $w_0 := \infty$ gesetzt, falls z_0 ein Pol von f ist.

Es gilt: Ein Punkt $z_0 \in D$ ist ein kritischer Punkt von f genau dann, wenn f in keiner Umgebung $U \subset D$ von z_0 injektiv ist. Ist $w_0 \in f(D)$ kein kritischer Wert von f und $z_0 \in f^{-1}(w_0)$ ein Urbildpunkt (d. h. $f(z_0) = w_0$), so gibt es eine Umgebung V von w_0 derart, daß f in V eine eindeutig bestimmte meromorphe Umkehrfunktion f^{-1} mit $f^{-1}(w_0) = z_0$ besitzt. Kritische Punkte spielen eine wichtige Rolle in der Theorie der ↗Iteration rationaler Funktionen.

Kritische Punkte einer differenzierbaren reellen Funktion $f : \mathbb{R}^n \to \mathbb{R}$ sind die Punkte $x \in \mathbb{R}^n$ mit $\text{grad} f(x) = 0$.

Bei der Optimierung einer differenzierbaren Funktion f ohne Nebenbedingung ist jeder lokale Extremalpunkt notwendigerweise ein kritischer Punkt. Betrachtet man die Optimierung einer reellwertigen Funktion $f \in C^1(\mathbb{R}^n)$ auf der zulässigen Menge

$$M := \{x \in \mathbb{R}^n | h_i(x) = 0, i \in I; g_j(x) \geq 0, j \in J\}$$

mit endlichen Indexmengen I, J und $h_i, g_j \in C^1(\mathbb{R}^n)$, so heißt $\bar{x} \in M$ kritischer Punkt für $f|_M$, falls es reelle Zahlen $\bar{\lambda}_i, i \in I$, und $\bar{\mu}_j, j \in J_0(\bar{x})$ gibt (wobei $J_0(\bar{x}) := \{j \in J | g_j(\bar{x}) = 0\}$), die die folgende Gleichung erfüllen:

$$Df(\bar{x}) = \sum_{i \in I} \bar{\lambda}_i \cdot Dh_i(\bar{x}) + \sum_{j \in J_0(\bar{x})} \bar{\mu}_j \cdot Dg_j(\bar{x}) .$$

kritischer Punkt eines Vektorfeldes, andere Bezeichnung für den ↗Fixpunkt eines Vektorfeldes.

Kronecker, Lemma von, folgender Hilfssatz der Analysis.

Seien $(x_n)_{n \in \mathbb{N}}$ und $(\tau_n)_{n \in \mathbb{N}}$ zwei Folgen reeller Zahlen, von denen die zweite monoton wächst, nur Zahlen $\tau_n > 0$ enthält, und gegen $+\infty$ divergiert.

Konvergiert die Reihe

$$\sum_{i=1}^{\infty} \frac{x_i}{\tau_i} ,$$

so gilt

$$\lim_{n \to \infty} \frac{1}{\tau_n} \sum_{i=1}^{n} x_i = 0 .$$

Kronecker, Leopold, Mathematiker, geb. 7.12. 1823 Liegnitz (Legnica, Polen), gest. 29.12.1891 Berlin.

Kronecker wurde als Sohn einer wohlhabenden jüdischen Kaufmannsfamilie geboren. Er erhielt zunächst Privatunterricht und besuchte dann das Gymnasium in Liegnitz, wo Kummer sein Mathematiklehrer war und ihn förderte. Ab 1841 studierte er in Berlin, Bonn (1843) sowie Breslau (1843/44), und promovierte 1845 bei Dirichlet. In den folgenden Jahren mußte er sich um die Verwaltung eines Landgutes der Familie sowie weitere geschäftliche Angelegenheiten kümmern, widmete sich in seiner Freizeit aber weiter der Mathematik und hielt engen brieflichen Kontakt zu Kummer. Seine erfolgreiche Geschäftstätigkeit ermöglichte es ihm, sich ab 1855 als unabhängiger Privatgelehrter in Berlin niederzulassen. 1861 wurde er zum Mitglied der Berliner Akademie gewählt und erhielt damit das Recht, Vorlesungen an der Universität zu halten, was er ab Wintersemester 1861/62 wahrnahm. 1883 trat er die Nachfolge Kummers als ordentlicher Professor an der Berliner Universität an und wirkte dort bis zu seinem Tode.

Kronecker begann seine mathematische Forschungstätigkeit mit Studien zur Auflösungstheorie von algebraischen Gleichungen und zur algebraischen Zahlentheorie. Angeregt durch die Arbeiten Abels und Galois' folgte er den Intentionen des ersteren und versuchte, alle über einem gegebenen Grundkörper auflösbaren Gleichungen zu bestimmen. Er arbeitete die körpertheoretischen Aspekte des Problems klar heraus und folgerte 1853 den Satz, daß jede abelsche Erweiterung des Körpers der rationalen Zahlen ein Kreisteilungskörper ist. Der Satz wurde 1886 von H. Weber bewiesen. Durch die zeitgleiche Beschäftigung mit der komplexen Multiplikation elliptischer Funktionen wurde er zur Betrachtung imaginär-quadratischer Körper geführt und erkannte wichtige Zusammenhänge, die in den berühmten „Kroneckerschen Jugendtraum" einmündeten: Jede abelsche Erweiterung eines imaginär-quadratischen Körpers K ist

Teilkörper eines Körpers, der aus K durch Adjunktion gewisser Einheitswurzeln und möglicher singulärer Moduln aus der Theorie der elliptischen Modulfunktionen entsteht. Die Vermutung wurde nach einer Präzisierung 1920 von Tagaki bewiesen. Kroneckers Studien bildeten einen wichtigen Ausgangspunkt für die Klassenkörpertheorie und regten u. a. Weber und Hilbert zu weiteren Untersuchungen an.

Mehrfach hat Kronecker seine algebraischen Einsichten auf zahlentheoretische Fragen angewandt. Ende der 50er Jahre war er vermutlich bereits im Besitz einer Theorie der algebraischen Zahlen, die er aber erst 1882 in der Festschrift zu Kummers Goldenem Doktorjubiläum veröffentlichte. Diese arithmetische Theorie der Zahl- und Funktionenkörper war der Dedekindschen äquivalent, basierte aber auf völlig anderen Methoden. Kronecker ging vom Ring der ganzen Zahlen aus und benutzte wesentlich die Adjunktion von Unbestimmten. Vermutlich hatte er sich die Entwicklung der gesamten arithmetischen Theorie der algebraischen Zahlen und den Aufbau der algebraischen Geometrie als Ziel gesetzt. Die Fortführung der verschiedenen Kroneckerschen Ideen durch andere Mathematiker lieferte wichtige Resultate, die heute zur modernen kommutativen Algebra gehören. Weitere hervorhebenswerte Resultate erzielte Kronecker zur Theorie der elliptischen Funktionen, zur linearen Algebra, zur algebraischen Topologie und zur Gruppentheorie.

In den Grundlagen der Mathematik war Kronecker ein eifriger Verfechter eines konstruktiven Standpunktes und forderte die Angabe der jeweiligen Objekte bzw. die Ausführung von Beweisen in endlich vielen Schritten. Cantors Mengenlehre wie auch die Weierstraßschen Schlußweisen in der Analysis lehnte er ab, was zu beträchtlichen Spannungen im Verhältnis zu diesen Mathematikern und deren Schülern führte. Weiterhin verfolgte Kronecker das Ziel einer konsequenten Arithmetisierung der Mathematik und versuchte, alles auf die ganzen Zahlen zurückzuführen und die irrationalen Zahlen zu vermeiden. Obwohl er dieses Ziel objektiv nicht erreichen konnte, schuf er in diesem Bestreben viele interessante Ergebnisse.

Kronecker war außerdem wissenschaftsorganisatorisch aktiv. Als eine führende Persönlichkeit im wissenschaftlichen und geistigen Leben Berlins nahm er aktiv an der Gestaltung der Akademie teil und förderte die Zuwahl zahlreicher Mathematiker.

Kronecker, Satz von, lautet:

Es sei $p(z) = z^n + a_1 z^{n-1} + \cdots + a_{n-1}z + a_n$ ein Polynom mit Koeffizienten $a_1, \ldots, a_n \in \mathbb{C}$, und für jede Nullstelle ζ von p gelte $|\zeta| = 1$. Dann ist jede Nullstelle von p eine ↗Einheitswurzel.

Kronecker-δ, ↗δ-Funktion, ↗Kronecker-Symbol.

Kronecker-Menge, eine Teilmenge E einer lokal kompakten ↗abelschen Gruppe G derart, daß für jede stetige Funktion $\phi : E \to U^1 \subset \mathbb{C}$ und jedes $\varepsilon > 0$ ein ↗Charakter $\gamma \in \hat{G}$ existiert, so daß

$$|\phi(x) - (\gamma, x)| \; < \; \varepsilon$$

für alle $x \in E$ gilt.

Jede Kronecker-Menge ist unabhängig, d. h. für alle $\{x_j\}_{j=1,\ldots,k} \subset E$, wobei die x_j paarweise verschieden sind, und alle $\{n_j\}_{j=1,\ldots,k} \subset \mathbb{Z}$ folgt aus

$$\sum_{j=1}^{k} n_j x_j = 0$$

bereits $n_j x_j = 0$ für $j = 1, \ldots, k$; jedoch ist nicht jede unabhängige Menge eine Kronecker-Menge. Weiterhin enthält jede Kronecker-Menge nur Elemente unendlicher Ordnung.

Jede kompakte Kronecker-Menge ist insbesondere eine ↗Helson-Menge, es gilt sogar für jedes Maß μ mit Träger in E, daß $\|\mu\| = \|\hat{\mu}\|_\infty$ ist. Hierbei bezeichnet $\hat{\mu}$ die Fourier-Stieltjes-Transformierte von μ, d. h.

$$\hat{\mu}(\gamma) \; := \; \int_G (x, \gamma) d\mu(x)$$

für alle Charaktere $\gamma \in \hat{G}$.

Kronecker-Symbol, Bezeichnung für das Symbol δ_{ij} („Kronecker-δ"), das definiert ist als 1, falls $i = j$ gilt, und als 0 sonst (wobei i und j eine beliebige Indexmenge I durchlaufen):

$$\delta_{ij} := \begin{cases} 1 & \text{falls } i = j, \\ 0 & \text{sonst.} \end{cases}$$

Beispiel: Für $I = \{1, \ldots, n\}$ ist durch $((\delta_{ij}))_{i,j \in I}$ die $(n \times n)$-Einheitsmatrix I_n gegeben.

Kronecker-Weber, Satz von, wichtiges Resultat der algebraischen Zahlentheorie, das als Anfang der Klassenkörpertheorie gelten kann:

Jede abelsche Erweiterung des Körpers $\mathbb{Q}$ der rationalen Zahlen ist in einem Kreisteilungskörper enthalten.

Krull, Wolfgang Adolf Ludwig Helmuth, deutscher Mathematiker, geb. 26.8.1899 Baden-Baden, gest. 12.4.1971 Bonn.

Krull studierte in Freiburg, Rostock und bei Klein und E. Noether in Göttingen. 1921 promovierte er dort, 1922 habilitierte er sich. Danach wurde er Privatdozent in Freiburg, später Professor in Erlangen und Bonn.

Krull widmete sich hauptsächlich der linearen und der kommutativen Algebra. Er verallgemeinerte die Galois-Theorie auf unendliche algebraische Erweiterungen und erweiterte den Begriff des bewerteten Körpers.

Mit dem Begriff der Krull-Dimension und dem Krullschen Hauptideallemma legte er die Grundlagen für die Dimensionstheorie in Idealen und Ringen. Mit Hilfe der Technik des Lemmas von Nakayama konnte er eine Übertragung der Begriffe der Topologie (Hausdorffraum, Cauchysches Konvergenzkriterium) auf die kommutative Algebra erreichen.

Krull-Dimension, *Korang*, die maximal mögliche Länge einer Kette von Primidealen eines Ringes.

In einem ↗ Kettenring sind alle maximalen Ketten gleich lang. Die Krull-Dimension des Polynomenrings $K[x_1, \dots, x_n]$ über dem Körper K ist n, gegeben durch die Kette

$$(0) \subset (x_1) \subset (x_1, x_2) \subset \dots \subset (x_1, \dots, x_n).$$

Die Krull-Dimension des Rings der ganzen Zahlen $\mathbb{Z}$ ist 1, die Krull-Dimension eines Körpers ist 0.

Krullscher Durchschnittssatz, Aussage aus der Algebra.

Es sei R ein Noetherscher lokaler Ring mit Maximalideal $\mathfrak{m}$, *dann ist*

$$\bigcap_{n \in \mathbb{N}} \mathfrak{m}^n = (0).$$

Krullsches Hauptideallemma, lautet:

Sei R ein Noetherscher Ring und $f \in R$ *ein Nichtnullteiler. Sei* $\wp \supset (f)$ *ein minimales Primoberideal (auch minimales assoziiertes Primideal genannt). Dann ist die Höhe des Ideals* $\wp$ *gleich* 1.

krummlinige Koordinaten, Komponenten eines Vektors des $\mathbb{R}^n$ bzgl. eines Koordinatensystems, dessen Koordinatenlinien (d. h. Linien, die sich ergeben, wenn man alle außer einer Koordinate festhält) nicht unbedingt Geraden bzgl. ↗ kartesischer Koordinaten sind.

Wichtige Beispiele krummliniger Koordinaten sind im $\mathbb{R}^2$ ↗ Polarkoordinaten und im $\mathbb{R}^3$ ↗ Kugelkoordinaten und ↗ Zylinderkoordinaten. Die Benutzung solcher Koordinatensysteme ist u. a. dann zweckmäßig, wenn die betrachteten Probleme bzw. Funktionen entsprechende Symmetrien aufweisen. Zum Beispiel werden krummlinige Koordinaten eingesetzt beim Berechnen von Integralen durch Transformation in ein Koordinatensystem, in dem sie leichter auszurechnen sind, wobei der Transformationssatz benutzt wird.

Krümmung von Flächen, Kenngröße von Flächen $\mathcal{F} \subset \mathbb{R}^3$.

Alle Informationen über das Krümmungsverhalten einer solchen Fläche sind in der ersten und zweiten Gaußschen Fundamentalform von $\mathcal{F}$ enthalten.

Krümmung von Flächenkurven, Kenngröße von Flächenkurven.

Die Krümmung $\kappa(s)$ einer Kurve $\alpha(s)$, die auf einer regulären Fläche $\mathcal{F} \subset \mathbb{R}^3$ liegt, setzt sich aus der Normalkrümmung $\kappa_n(s)$ und der geodätischen Krümmung $\kappa_g(s)$ zusammen.

Ist $\alpha(s)$ durch die Bogenlänge parametrisiert, so hat die zweite Ableitung $\alpha''(s)$ die Länge $|\kappa(s)|$ und ist zum ↗ Hauptnormalenvektor $\mathfrak{n}$ von $\alpha(s)$ parallel. In bezug auf die Fläche zerfällt $\alpha''(s)$ in die Summe einer tangentiellen $\mathfrak{n}_t$ und einer zur Tangentialebene senkrechten Komponente $\mathfrak{n}_n$. Ist $\mathcal{F}$ durch die Wahl eines Einheitsnormalenvektors $\mathfrak{u}$ orientiert, so ist die geodätische Krümmung als inneres Produkt von $\mathfrak{n}_t$ mit dem Seitenvektor $\alpha' \times \mathfrak{u}$, und die Normalkrümmung als inneres Produkt von $\mathfrak{n}_n$ mit $\mathfrak{u}$ definiert. Es gilt

$$\kappa^2 = \kappa_n^2 + \kappa_g^2.$$

Während die geodätische Krümmung eine von der zweiten Ableitung α'' abhängende ↗ innergeometrische Größe ist, hängt die Normalkrümmung nur von α' ab und gehört nicht zur inneren Geometrie von $\mathcal{F}$. Sie ist die Grundlage für die Untersuchung der Krümmung der Fläche.

Krümmung von Kurven, *Flexion*, ein Maß für das Abweichen einer Kurve vom geradlinigen Verlauf.

Die Krümmung ist eine Funktion κ des Kurvenpunktes bzw. des Kurvenparameters. Ist $\alpha(s)$ eine reguläre, durch die Bogenlänge parametrisierte Kurve im $\mathbb{R}^n$, so ist der Betrag $\kappa(s) = ||\alpha''(s)||$ ein Maß für deren Krümmung. Das entspricht der physikalischen Vorstellung, daß die Beschleunigung eines sich bewegenden Körpers proportional zum Vektor der zweiten Ableitung $\alpha(s)$, und bei konstanter Bahngeschwindigkeit proportional zur Krümmung der Bahnkurve ist.

Aus geometrischer Sicht ist die Krümmung das Inverse des Radius' des ↗ Schmiegkreises der Kurve. Ist $\alpha(t)$ eine Kurve im $\mathbb{R}^3$ in beliebiger Paramatrisierung, so ist die Krümmung durch

$$\kappa(t) = \frac{||\alpha'(t) \times \alpha''(t)||}{||\alpha'(t)||^3}$$

gegeben.

Während die Krümmung in dieser Betrachtungsweise niemals negativ ist, gibt es für ebene Kurven $\alpha(s)$ eine vorzeichenbehaftete Variante κ_2 der Krümmungsfunktion, die signierte Krümmung. Man betrachtet den linearen Operator $D^{\pi/2}$ der Drehung der Ebene $\mathbb{R}^2$ um 90° entgegen dem Uhrzeigersinn und definiert die signierte Krümmung durch

$$\kappa_2 = \frac{\langle \alpha'', D^{\pi/2}(\alpha') \rangle}{||\alpha'||^3} = \frac{x'y'' - x''y'}{(x'^2 + y'^2)^{3/2}},$$

wobei $x(t)$ und $y(t)$ die beiden Komponenten von $\alpha(t)$ sind.

Analog läßt sich für Kurven in einer beliebigen orientierten Ebene $E \subset \mathbb{R}^3$ die signierte Krümmung definieren. Die Orientierung sei durch die Wahl eines zu E senkrechten Vektors $\mathfrak{n}$ der Länge 1 gegeben. Durch das vektorielle ↗ Kreuzprodukt wird jedem zu E parallelen Vektor $\mathfrak{e}$ ein ebenfalls zu E paralleler Vektor $D(\mathfrak{e}) = \mathfrak{n} \times \mathfrak{e}$ zugeordnet. D ist eine Drehung des Vektorraums aller zu E parallelen Vektoren um 90°. Ersetzt man in der obigen Formel $D^{\pi/2}$ durch D, so ergibt sich die signierte Krümmung einer Kurve $\alpha(s)$ in E.

Krümmungsachse, die zum ↗ Schmiegkreis einer regulären Kurve α des $\mathbb{R}^3$ senkrechte Gerade durch dessen Mittelpunkt.

Da der Schmiegkreis in der Schmiegebene enthalten ist, ist die Krümmungsachse zum ↗ Binormalenvektor parallel.

Krümmungskreis, ↗ Schmiegkreis.

Krümmungslinie, Kurve auf einer Fläche des $\mathbb{R}^3$, deren Tangentenvektor in jedem Punkt ↗ Hauptkrümmungsrichtung hat.

Gleichwertig damit ist, daß ihre Normalkrümmung mit einer der beiden Hauptkrümmungen der Fläche übereinstimmt.

Krümmungs-Matrix, Begriff in der Theorie der komplexen Mannigfaltigkeiten.

Ist D ein Zusammenhang auf einem komplexen Vektorbündel $E \to M$, dann definiert man Operatoren $D : \mathcal{A}^p(E) \to \mathcal{A}^{p+1}(E)$ so, daß die Leibniz-Regel

$$D(\psi \wedge \xi) = d\psi \otimes \xi + (-1)^p \psi \wedge D\xi$$

für alle C^∞-p-Formen $\psi \in \mathcal{A}^p(U)$ und alle Schnitte $\xi \in \mathcal{A}^0(E)(U)$ von E über U erfüllt ist. Insbesondere diskutiert man den Operator $D^2 : \mathcal{A}^0(E) \to \mathcal{A}^2(E)$. Er ist linear über $\mathcal{A}^0$, d. h. für jeden Schnitt von E und jede C^∞-Funktion f gilt $D^2(f \cdot \sigma) = f \cdot D^2\sigma$. Daher ist die Abbildung D^2 durch eine Bündelabbildung $E \to \Lambda^2 T^* \otimes E$ induziert, oder, in anderen Worten, D^2 gehört zu einem globalen Schnitt Θ des Bündels

$$\Lambda^2 T^* \otimes Hom(E, E) = \Lambda^2 T^* \otimes (E^* \otimes E).$$

Wenn $e = \{e_1, ..., e_n\}$ ein Frame für E ist, dann kann man $\Theta \in A^2(E^* \otimes E)$ durch eine Matrix Θ_e von 2-Formen ausdrücken: $D^2 e_i = \sum \Theta_{ij} \otimes e_j$; Θ_e nennt man die Krümmungs-Matrix von D, ausgedrückt durch den Frame. Für einen anderen Frame $e_i' = \sum g_{ij} e_j$ gilt $D^2 e_i' = \sum g_{ij} \Theta_{jk} g_{kl}^{-1} e_l'$, d. h. es gilt

$$\Theta_{e'} = g \Theta_e g^{-1}.$$

Man kann die Krümmungs-Matrix folgendermaßen durch die Zusammenhangs-Matrix ϑ ausdrücken: $D^2 e_i = D(\sum \vartheta_{ij} \otimes e_j)$, in Matrix-Notation: $\Theta_e = d\vartheta_e - \vartheta_e \wedge \vartheta_e$. Diese Gleichung nennt man die Cartansche Struktur-Gleichung. Wenn $E \to M$ ein ↗ Hermitesches Vektorbündel und der Zusammenhang D von E mit der komplexen Struktur und der Metrik verträglich ist, dann ist die Krümmungs-Matrix des Hermiteschen Zusammenhangs eine Hermitesche Matrix von $(1, 1)$-Formen.

Krümmungsmittelpunkt, Mittelpunkt des ↗ Schmiegkreises einer ebenen oder Raumkurve.

Die Krümmungsmittelpunkte einer ebenen Kurve $\mathcal{K}$ bilden eine neue Kurve, die ↗ Evolute von $\mathcal{K}$.

Beispielsweise bilden die Krümmungsmittelpunkte einer Ellipse eine Kurve von der Form einer in Richtung einer Achse gedehnten ↗ Astroide. Der Dehnungsfaktor ist die ↗ lineare Exzentrizität der Ellipse.

Krümmungsradius, Radius des ↗ Schmiegkreises einer ebenen oder Raumkurve.

Der Krümmungsradius ist das Inverse der Krümmung (↗ Krümmung von Kurven).

Krümmungsskalar, in der Riemannschen Geometrie der Skalar R des Krümmungstensors R^i_{jkl}.

Der Ricci-Tensor berechnet sich aus $R_{jl} = R^i_{jil}$, und es gilt $R = g^{jl} R_{jl}$. Ist n die Dimension des Raumes, so gilt: Für $n = 1$ ist stets $R = 0$. Für $n = 2$ ist R gerade das Doppelte der Gaußschen Krümmung der Fläche; $R = 0$ impliziert $R^i_{jkl} = 0$. Für $n = 3$ gilt: $R_{jl} = 0$ impliziert $R^i_{jkl} = 0$, aber $R = 0$ braucht noch nicht $R^i_{jkl} = 0$ zur Folge zu haben.

Krümmungsverhalten einer Funktion, Überbegriff für das ↗ lokale Krümmungsverhalten, das die Lage der Funktion in einer Umgebung einer Stelle ihres Definitionsbereichs in bezug auf ihre Tangente an dieser Stelle beschreibt, und das globale Krümmungsverhalten, beschrieben durch Teilintervalle des Definitionsbereichs, in denen die Funktion konvex bzw. konkav ist (↗ konvexe Funktion).

Kruskal, Algorithmus von, liefert in einem ↗ zusammenhängenden und ↗ bewerteten Graphen G mit der Komplexität $O(|K(G)| \log |K(G)|)$ einen minimal ↗ spannenden Baum von G.

Bei diesem Algorithmus aus dem Jahre 1956 von J.B. Kruskal läßt man im Graphen G einen ↗ Wald wie folgt wachsen. Man beginne mit einer Kante $k_1 \in K(G)$ minimaler Länge. Hat man die Kanten $k_1, k_2, \ldots, k_i$ bereits gewählt, so bestimme man eine Kante

$$k_{i+1} \in K(G) - \{k_1, k_2, \ldots, k_i\}$$

minimaler Länge so, daß der induzierte ↗ Teilgraph $G[\{k_1, k_2, \ldots, k_{i+1}\}]$ keinen Kreis besitzt, also ein Wald ist. Hat man nach dieser Vorschrift $|E(G)| - 1$ Kanten gewählt, so erhält man schließlich einen minimal spannenden Baum von G.

Zum praktischen Gebrauch dieses Algorithmus' ist es günstig, die $|K(G)|$ bewerteten Kanten zunächst der Größe nach zu ordnen. Spezielle Sortieralgorithmen ermöglichen dies mit einem Aufwand von $O(|K(G)| \log |K(G)|)$. Der Algorithmus von Kruskal liefert entsprechend modifiziert auch Maximalgerüste.

Kruskal, Satz von, sagt aus, daß es für jede unendliche Folge $T_1, T_2, \ldots$ von ↗ Bäumen Indizes $i < j$ so gibt, daß T_j eine Unterteilung des T_i als ↗ Teilgraphen enthält.

Definiert man eine Relation „$\leq$" auf der Menge aller Bäume dadurch, daß $T \leq T'$ genau dann gilt, wenn T' eine Unterteilung von T als Teilgraphen enthält, dann sagt der Satz von Kruskal aus, daß durch $\leq$ eine Wohl-Quasi-Ordnung auf der Menge aller Bäume gegeben wird.

J.A. Kruskal bewies dieses Ergebnis 1960, und K. Wagner stellte die Vermutung auf, daß eine analoge Aussage für die Menge aller Graphen und die Minorenrelation gilt (↗ Wagner, Vermutung von).

Kruskal-Diagramm, Veranschaulichung einer Raum-Zeit in Kruskal-Koordinaten. Kruskal-Koordinaten sind dadurch definiert, daß die lichtartigen Geodäten stets einen Winkel von 45° zur Zeitachse bilden.

Eine zweidimensionale Raum-Zeit ist stets konform eben, d.h., bis auf einen Konformfaktor $e^{2\alpha}$ ist ihre Metrik gleich der Metrik $ds^2 = d\tau^2 - dx^2$ der $(1+1)$-dimensionalen Minkowskischen Raum-Zeit. Die lichtartigen Geodäten haben hier die Gestalt $x = \pm\tau + x_0$, d.h., in der graphischen Veranschaulichung in der (τ, x)-Ebene sind das genau die Geraden, die mit der τ-Achse einen Winkel von 45° bilden. Da der Konformfaktor die lichtartigen Geodäten nicht ändert, gilt dies also auch für die ursprüngliche Metrik

$$ds^2 = e^{2\alpha}(d\tau^2 - dx^2).$$

Eine Anwendung: Die kugelsymmetrische Vakuumlösung der Einsteinschen Gleichung, also die ein Schwarzes Loch beschreibende Schwarzschild-Lösung, lautet in Kruskal-Koordinaten

$$ds^2 = \frac{32m^3}{r} e^{-r/(2m)} (d\tau^2 - dx^2) - r^2(d\psi^2 + \sin^2\psi \, d\phi^2).$$

Für dieselbe Lösung in Schwarzschild-Koordinaten und ihre Interpretation vergleiche man das Stichwort ↗ Einstein-Hilbert-Wirkung.

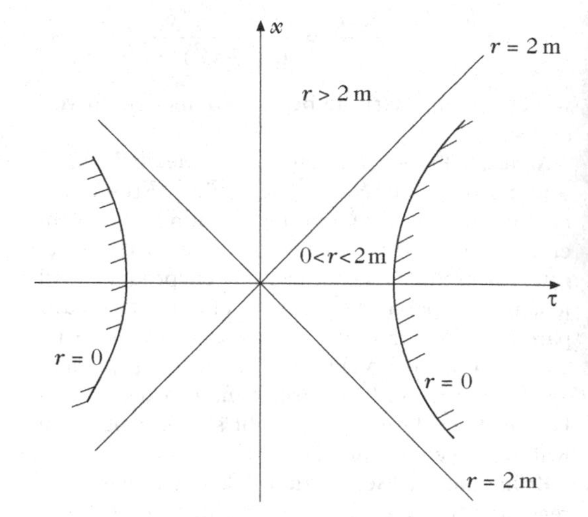

Kruskal-Diagramm der Schwarzschild-Lösung. Die beiden Winkelkoordinaten ψ und ϕ werden bei der Veranschaulichung unterdrückt.

Die Beziehung zu den Schwarzschild-Koordinaten t und r ergibt sich durch die Gleichungen

$$\tau^2 - x^2 = \frac{1}{2m}(2m - r)e^{r/(2m)}, \quad \frac{\tau}{x} = \tanh \frac{t}{4m}.$$

Man sieht: Die Linie $r = 2m$, also der Horizont des Schwarzen Lochs, wird durch $|x| = |\tau|$ beschrieben, also Geraden, die mit der τ-Achse einen Winkel von 45^0 bilden, somit lichtartig sind. Die Singularität $r = 0$ wird im Kruskal-Diagramm durch die Gleichung $\tau^2 = x^2 + 1$ beschrieben und stellt eine Hyperbel dar.

Kruskal-Koordinaten, ↗ Kruskal-Diagramm.

Krylow, Nikolai Mitroganowitsch, russischer Mathematiker, geb. 29.11.1879 St. Petersburg, gest. 11.5.1955 Moskau.

Krylow beendete 1902 das Studium am Petersburger Bergbau-Institut. Er arbeitete dort als Professor von 1912 bis 1917. Danach ging er an die Krim-Universität in Simferopol. Ab 1922 war er an der Akademie der Wissenschaften der Ukraine und später an der Akademie der Wissenschaften der UdSSR tätig.

Krylow beschäftigte sich hauptsächlich mit der näherungsweisen Integration von Differentialgleichungen und bewies die Konvergenz des Ritzschen

Verfahrens. Ab 1932 wandte er diese Ergebnisse auch auf nichtlineare Schwingungsprozesse an. Innerhalb der Linearen Algebra ist der Begriff des Krylow-Raums geläufig.

Krylow-Raum-Verfahren, Verfahren zur ↗iterativen Lösung linearen Gleichungssysteme $Ax = b$ mit $A \in \mathbb{R}^{n \times n}$ und $b \in \mathbb{R}^n$.

Dabei wird, ausgehend von einem (beliebigen) Startvektor $x^{(0)}$, eine Folge von Näherungsvektoren $x^{(k)}$ an die gesuchte Lösung x gebildet. $x^{(k)}$ wird dazu so aus einem verschobenen Krylow-Raum $\{x^{(0)}\} + \mathcal{K}_k(B, r^{(0)})$ gewählt, daß eine Bedingung der Art

$$b - Ax^{(k)} \perp \mathcal{L}_k$$

für einen beliebigen k-dimensionalen Raum $\mathcal{L}_k$ erfüllt ist. Dabei sei

$$\mathcal{K}_k(B, r^{(0)}) = \text{Span}\{r^{(0)}, Br^{(0)}, B^2 r^{(0)}, \dots, B^{k-1} r^{(0)}\}$$

und $r^{(0)} = b - Ax^{(0)}$.

Die verschiedenen Versionen von Krylow-Raum-Verfahren unterscheiden sich in der Wahl der Matrix B und des k-dimensionalen Raums $\mathcal{L}_k$.

Für symmetrische positiv definite Matrizen A ist das ↗konjugierte Gradientenverfahren das beste Krylow-Raum-Verfahren. Für nichtsymmetrische oder symmtrische, aber nicht positiv definite Matrizen A existieren zahlreiche Krylow-Raum-Verfahren, z. B. das ↗BiCG-Verfahren, das ↗GMRES-Verfahren und das ↗QMR-Verfahren.

Vorteil der Krylow-Raum-Verfahren ist, daß in der Berechnung die Matrix A unverändert bleibt; es werden nur Matrix-Vektor-Multiplikationen benötigt. Daher sind diese Verfahren besonders für Gleichungssysteme mit großen sparsen Koeffizientenmatrizen A geeignet.

Kryptoanalyse, Teil der ↗Kryptologie, der sich mit den Methoden der unberufenen (unberechtigten) Entschlüsselung beschäftigt.

Ein kryptographisches System muß in jedem Fall einer Schwachstellenanalyse unterzogen werden, und dazu bedient man sich der Kryptoanalyse. Je nach den vorliegenden Voraussetzungen unterscheidet man Angriffe, die auf der Kenntnis des ↗Chiffrats (ciphertext only), eines passenden Paars Klartext-Schlüssel (known-plaintext) oder frei wählbarer Paare (chosen plaintext, chosen-ciphertext) beruhen.

Die wichtigsten Verfahren zur Analyse sind die ↗Häufigkeitsanalyse, die differentielle und lineare Kryptoanalyse bei Blockchiffren, sowie die Durchmusterung aller möglichen Schlüssel (↗brute force).

Kryptographie, Teil der ↗Kryptologie, der sich mit dem Entwurf von Verschlüsselungsverfahren beschäftigt, mit denen eine verdeckte Kommunikation über öffentliche Kanäle ermöglicht werden kann. Dabei soll das unberufene (unberechtigte) Mitlesen oder Verfälschen der Kommunikation erschwert oder unmöglich sein.

Kryptologie, mathematische Theorie des Entwurfs (↗Kryptographie) und der Untersuchung (↗Kryptoanalyse) von Methoden der verdeckten oder geschützten Kommunikation über offene Kanäle.

Ursprünglich wurde unter Kryptologie oder Kryptographie nur die Entwicklung von Geheimschriften verstanden. Bereits Cäsar soll zur geheimen Nachrichtenübermittlung eine einfache Substitutionschiffre $A \to D, B \to E, C \to F, \dots$ verwendet haben. Charakteristisch für ein Verschlüsselungsverfahren ist aber nicht die Verwendung einer unbekannten Zuordnung von Schriftzeichen zu Zeichen eines möglicherweise anderen Alphabets, sondern die Verwendung eines unbekannten Schlüssels, mit dem eine solche Zuordnung definiert werden kann.

Unter einem kryptographischen System versteht man eine Menge M von Klartexten, eine Menge C von Chiffren, eine Menge K von Schlüsseln und sowie Chiffrier- und Dechiffrierfunktionen $E : M \times K \to C$ und $D : C \times K \to M$ so, daß

$$D(E(m, k'), k'') = m$$

für alle Nachrichten $m \in M$ ist. Die Schlüssel k' und k'' heißen auch Schlüssel und Gegenschlüssel. Sind die Schlüssel k' und k'' identisch oder leicht voneinander abzuleiten, so spricht man von einem ↗symmetrischen Verschlüsselungsverfahren. Ist dagegen aus der Kenntnis des Schlüssels k' der Gegenschlüssel k'' nicht oder nur sehr schwer zu berechnen (exponentieller Aufwand), ist es also genauer gesagt schwer, ohne den Gegenschlüssel k'' eine chiffrierte Nachricht zu entschlüsseln, dann spricht man von einem ↗asymmetrischen Verfahren. Bei der symmetrischen Cäsarchiffre ist $k' = 3$, $k'' = -3$ und auf den 20 Buchstaben x des lateinischen Alphabets gilt

$$E(x, k) = D(x, k) = x + k \bmod 20 .$$

Die Sicherheit eines Kryptosystems beruht auf der Auswahl geeigneter Funktionen E und D, die leicht berechenbar sein sollen, und der Wahl eines hinreichend großen Schlüssels k'. Verschlüsselungsverfahren, deren Sicherheit überwiegend darauf beruht, daß die Funktionen E und D nicht bekannt sind, sind im allgemeinen nicht lange sicher. So wurde die ↗Enigma gebrochen, bald nachdem ihr Aufbau bekannt war. Werden die Schlüssel für eine Verschlüsselung schlecht oder zu kurz gewählt, reicht oft ein Durchprobieren aller möglichen Schlüssel (↗brute force) aus, um einen unbekannten Text zu entschlüsseln.

Ein absolut sicheres, aber wegen der viel zu großen Schlüssellänge nicht praktikables Verschlüsselungsverfahren erhält man, wenn man eine Nachricht mit einer ↗Flußchiffre und einer nicht vorhersagbaren gleichlangen Zufallsfolge verschlüsselt (beispielsweise durch bitweises XOR). Dann kann der unberufene Entschlüsseler bestenfalls eine Abschätzung der Länge der Nachricht erhalten, jedoch keine Informationen über die Nachricht selbst. In der Praxis werden oft Kombinationen aus symmetrischen und asymmetrischen Verfahren genutzt, um eine ausreichende Sicherheit und die Schnelligkeit der Verschlüsselung zu garantieren. Dabei werden sogar mit Software-Implementationen der ↗AES-Kandidaten auf einem Personal Computer (500 MHz) Verschlüsselungsraten von 50 MBit/sec erreicht.

Im weiteren Sinne gehören neben der Entwicklung (Kryptographie) und Kryptoanalyse neuer Verschlüsselungsverfahren zur Kryptologie auch die Methoden zur ↗Autorisierung und ↗Authentisierung von Personen und Dokumenten (↗elektronische Signatur, ↗digitales Wasserzeichen), mit denen vor Verfälschung der Daten und nicht gegen Mitlesen geschützt wird. Auch die mathematischen Methoden der ↗Steganographie rechnet man inzwischen zur Kryptologie.

[1] Bauer, F.L.: Entzifferte Geheimnisse. Springer-Verlag, 1997.
[2] Beutelspacher, A.: Kryptologie. Vieweg, 5. Auflage 1998.
[3] Wobst, R.: Abenteuer Kryptologie. Addison-Wesley, 1997.

***k*-Stichprobenproblem**, Begriff aus der Testtheorie.

Vorgegeben sind k ($k \geq 2$) konkrete Stichproben $(x_{i1}, \ldots, x_{in_i})$, $i = 1, \ldots, k$, mit den Umfängen $n_1, \ldots, n_k$ aus den Grundgesamtheiten mit den durch die Verteilungsfunktionen F_i, $i = 1, \ldots, k$ gekennzeichneten Wahrscheinlichkeitsverteilungen. Es soll die Hypothese

$$H_o : F_1 = F_2 = \cdots = F_k$$

getestet werden. Zu ihrer Prüfung gibt es verschiedene – unter verschiedenen Voraussetzungen anwendbare – Testverfahren, z. B. den sogenannten Friedman-Test, den Kruskal-Wallis-Test, den ↗χ^2-Homogenitätstest, den Cochan-Test zum Vergleich mehrerer Streuungen, und die Varianzanalyse zum Vergleich mehrerer Erwartungswerte. Für $k = 2$ ergibt sich das sogenannte Zweistichprobenproblem.

***K*-System**, *Kolmogorow-System*, ein ergodisches System (↗dynamisches System) (M, G, Φ) mit einem Maßraum $(M, \mathcal{B})$ und einer σ-Algebra $\mathcal{B}$ auf M, für das eine Unter-σ-Algebra $\mathcal{B}_I$ mit folgenden Eigenschaften existiert:

1) $\Phi\mathcal{B}_I \supset \mathcal{B}_I$ und $\Phi\mathcal{B}_I \neq \mathcal{B}_I$,

2) $\bigvee_{n\in\mathbb{N}} \Phi^n\mathcal{B}_I = \mathcal{B}$,

3) $\bigwedge_{n\in\mathbb{N}} \Phi^n\mathcal{B}_I = \mathcal{N}$,

wobei $\mathcal{N}$ die Unter-σ-Algebra von $\mathcal{B}$ ist, die aus Nullmengen und ihren Komplementen besteht.

Kubatur, ↗numerische Integration.

kubische Funktion, eine ↗ganzrationale Funktion (Polynom) vom Grad ≤ 3, d. h. eine Funktion $f : \mathbb{R} \to \mathbb{R}$, die sich in der Gestalt

$$f(x) = ax^3 + bx^2 + cx + d$$

mit $a, b, c, d \in \mathbb{R}$ schreiben läßt. f ist dann beliebig oft differenzierbar mit $f'(x) = 3ax^2 + 2bx + c$, $f''(x) = 6ax + 2b$, $f'''(x) = 6a$ und $f^{(k)}(x) = 0$ für $k > 3$. Im Fall $a = 0$ ist f eine ↗quadratische Funktion, im Fall $a = b = 0$ eine ↗lineare Funktion. Im Fall $a \neq 0$ hat f eine einfache (z. B. $x(x^2 + 1)$), oder eine dreifache Nullstelle (z. B. x^3), oder eine doppelte und eine einfache Nullstelle (z. B. $x^2(x - 1)$), oder drei einfache Nullstelle (z. B. $x(x^2 - 1)$), die sich mit den ↗Cardanischen Lösungsformeln ermitteln lassen. Ein Spezialfall ist die ↗kubische Parabel.

Im Fall dreier einfacher Nullstellen etwa hat f zwei Extremstellen an den Nullstellen von f', nämlich ein lokales Minimum und ein lokales Maximum, und eine Wendestelle an der Nullstelle von f'', also an der Stelle $-\frac{b}{3a}$.

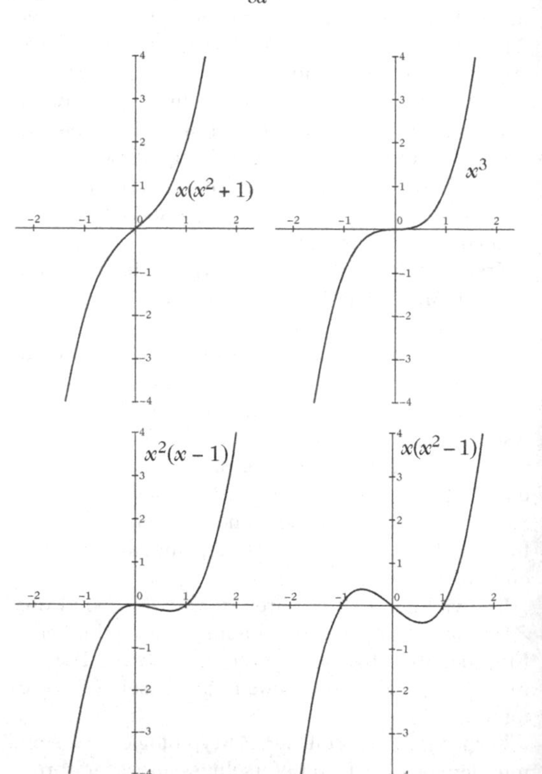

kubische Gleichung, eine ↗algebraische Gleichung dritten Grades, also eine Beziehung der Form

$$ax^3 + bx^2 + cx + d = 0.$$

kubische Parabel, Kurve, die durch eine Funktion der Gestalt $y = ax^3$ definiert wird, also eine spezielle ↗kubische Funktion.

Sie dient in der Differentialgeometrie als Beispiel für eine Raumkurve mit ebenem Verlauf, deren Krümmung für $x = 0$ verschwindet.

Die orthogonale Projektion einer beliebigen Raumkurve auf ihre rektifizierende Ebene in einem beliebigen Punkt hat in dritter Näherung die Form der kubischen Parabel

$$z = \kappa\tau x^3/6,$$

wobei κ und τ Krümmung und Windung der Kurve in dem fraglichen Punkt bezeichnen.

kubische Resolvente, eine Gleichung dritten Grades, die einer Gleichung vierten Grades zugeordnet werden kann und es erlaubt, deren Nullstellen zu bestimmen.

Die normierte allgemeine Gleichung vierten Grades

$$y^4 + a_3y^3 + a_2y^2 + a_1y + a_0 = 0 \qquad (1)$$

kann durch die Transformation $y = x - \frac{1}{4}a_3$ auf die Form

$$x^4 + px^2 + qx + r = 0 \qquad (2)$$

transformiert werden. Die kubische Resolvente ist die Gleichung

$$z^3 - 2pz^2 + (p^2 - 4r)z + q^2 = 0.$$

Deren Lösungen z_1, z_2 und z_3 können durch die ↗Cardanischen Lösungsformeln bestimmt werden. Die Lösungen x_1, x_2, x_3 und x_4 der Gleichung (2) werden gegeben durch

$$\begin{aligned} 2x_1 &= \sqrt{-z_1} + \sqrt{-z_2} + \sqrt{-z_3}, \\ 2x_2 &= \sqrt{-z_1} - \sqrt{-z_2} - \sqrt{-z_3}, \\ 2x_3 &= -\sqrt{-z_1} + \sqrt{-z_2} - \sqrt{-z_3}, \\ 2x_4 &= -\sqrt{-z_1} - \sqrt{-z_2} + \sqrt{-z_3}. \end{aligned}$$

Durch Rücktransformation erhält man eine Lösung von (1).

kubischer Spline, eine ↗Splinefunktion, die aus Polynomen vom Grad drei zusammengesetzt ist.

Kugel, Menge aller Punkte des Raumes, die von einem gegebenen Punkt M (dem Mittelpunkt) einen Abstand haben, der kleiner oder gleich einem festen Wert r (dem Radius) ist.

Die Oberfläche einer Kugel (d. h. die Menge aller Punkte, die von M den Abstand r haben) wird als Sphäre bezeichnet, mitunter wird jedoch auch der Begriff „Kugel" selbst in diesem Sinne gebraucht und die Menge der Punkte im Kugelinneren als Kugelkörper bezeichnet. Siehe hierzu auch ↗Kugelfläche.

Der Durchschnitt einer Kugel mit einer beliebigen Ebene, welche mit der Kugel mehr als einen Punkt gemeinsam hat, ist stets ein Kreis. Verläuft die Ebene durch den Mittelpunkt der Kugel, so hat dieser Kreis denselben Radius wie die Kugel selbst und wird als Großkreis (ansonsten als Kleinkreis) bezeichnet. Jede Kugel kann auch als Rotationsfläche eines Kreises um einen seiner Durchmesser aufgefaßt werden. Für das Volumen einer Kugel mit dem Radius r gilt

$$V = \frac{4}{3} \cdot \pi \cdot r^3,$$

für ihren Oberflächeninhalt

$$A = 4 \cdot \pi \cdot r^2.$$

In einem kartesischen Koordinatensystem kann eine Kugel durch die Gleichung

$$(x - x_M)^2 + (y - y_M)^2 + (z - z_M)^2 = r^2$$

beschrieben werden, wobei $(x_M; y_M; z_M)$ die Koordinaten ihres Mittelpunktes sind.

Auf der Kugeloberfläche kann eine eigene Geometrie aufgebaut werden, in der die Großkreise (deren Bögen die ↗kürzesten Verbindungen von Punkten auf der Kugeloberfläche sind) die Rolle der Geraden übernehmen (↗sphärische Geometrie).

Die Kugel gilt als der harmonischste aller Körper, was vor allem darauf zurückzuführen ist, daß ihre Krümmung in jedem Punkt denselben Wert besitzt.

Kugelabschnitt, *Kugelsegment*, Teil einer Kugel, der entsteht, wenn diese von einer Ebene geschnitten wird.

Jede Ebene, die mit einer Kugel mehr als einen Punkt gemeinsam hat, teilt diese Kugel in zwei Kugelabschnitte. Den zur Kugeloberfläche gehörenden

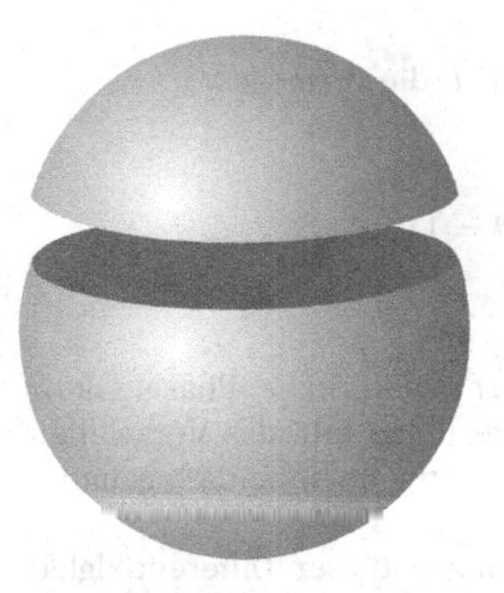

Kugelabschnitte

Teil eines Kugelabschnittes bezeichnet man auch als Kugelkappe bzw. Kalotte.

Für das Volumen eines Kugelabschnittes mit der Höhe h und dem Radius r des Grundkreises gilt

$$V = \frac{\pi h}{6}\left(3r^2 + h^2\right),$$

für den Oberflächeninhalt der zugehörigen Kugelkappe $A = 2\pi Rh$, wobei R der Radius der Kugel ist

Kugeldreieck, ↗ sphärisches Dreieck.

Kugelfläche, Fläche, die aus allen Punkten des $\mathbb{R}^3$ besteht, die von einem festen Punkt $M \in \mathbb{R}^3$ konstanten Abstand r haben, also die Oberfläche einer ↗ Kugel.

Eine parametrische Darstellung der Kugelfläche ergeben die räumlichen Polarkoordinaten: Ist M der Koordinatenursprung, so wird durch

$$\begin{aligned} x &= r\cos\psi\,\cos\varphi\,, \\ y &= r\cos\psi\,\sin\varphi\,, \\ z &= r\sin\psi \end{aligned}$$

für $-\pi/2 \le \psi \le \pi/2$ und $0 \le \varphi \le 2\pi$ eine Kugelfläche beschrieben. Die ↗ Gaußsche Krümmung einer Kugelfläche hat den konstanten Wert $1/r^2$, und ihre ↗ mittlere Krümmung den konstanten Wert $1/r$.

Eine Kugelfläche besteht nur aus ↗ Nabelpunkten. Durch diese Eigenschaft ist sie zusammen mit den Ebenen charakterisiert, denn es gilt der Satz:

Besteht eine Fläche $\mathcal{F} \subset \mathbb{R}^3$ nur aus Nabelpunkten, so ist $\mathcal{F}$ eine offene Teilmenge einer Ebene oder einer Kugelfläche.

Kugelflächenfunktion, ↗ Kugelfunktion.

Kugelfunktion, die Lösungen $\Theta_l^m(\vartheta)$ der Differentialgleichung

$$\frac{1}{\sin\vartheta}\frac{d}{d\vartheta}\left(\sin\vartheta\,\frac{d\vartheta_l^m}{d\vartheta}\right)+\left(l(l+1)-\frac{m^2}{\sin^2\vartheta}\right)\Theta_l^m = 0$$

für $l \in \mathbb{N}_0$, $m = -l, \dots, l$, die vermöge

$$\int_0^\pi |\Theta_l^m(\vartheta)|^2 \sin\vartheta d\vartheta = 1$$

normiert werden. Der willkürliche Phasenfaktor wird typischerweise reell gewählt, das Vorzeichen wird jedoch in der Literatur uneinheitlich gehandhabt.

Man kann die Lösungen dieser Differentialgleichung direkt angeben, es ist

$$\begin{aligned} \Theta_l^m(\vartheta) &= \frac{(-1)^l}{2^l l!}\sqrt{\frac{2l+1}{2}\frac{(l+m)!}{(l-m)!}}\frac{1}{\sin^m\vartheta} \\ &\quad \frac{d^{l-m}}{d(\cos\vartheta)^{l-m}}\sin^{2l}\vartheta \\ &= \frac{(-1)^{l+m}}{2^l l!}\sqrt{\frac{2l+1}{2}\frac{(l-m)!}{(l+m)!}}\sin^{2l}\vartheta \\ &\quad \frac{d^{l+m}}{d(\cos\vartheta)^{l+m}}\sin^{2l}\vartheta\,. \end{aligned}$$

Man erhält die Kugelfunktionen für $m < l$ folgendermaßen rekursiv aus der Kugelfunktion Θ_l^l:

$$\Theta_l^m(\vartheta)e^{im\varphi} = \sqrt{\frac{(l+m)!}{(2l)!(l-m)!}} \left(e^{-i\varphi}\left(-\frac{d}{d\vartheta}+i\frac{1}{\tan\vartheta}\frac{d}{d\varphi}\right)\right)^{l-m}\Theta_l^l(\vartheta)e^{il\varphi}\,.$$

Die Kugelfunktionen Θ_l^m und Θ_l^{-m} sind durch die Symmetrierelation

$$\Theta_l^m(\vartheta) = (-1)^m\Theta_l^{-m}(\vartheta)$$

miteinander verbunden.

Bis auf die Normierung und eine triviale Substitution gleichen die Kugelfunktionen den zugeordneten Legendre-Polynomen P_l^m, es ist nämlich

$$\Theta_l^m(\vartheta) = (-1)^m\sqrt{\frac{2l+1}{2}\frac{(l-m)!}{(l+m)!}}P_l^m(\cos\vartheta)$$

und

$$\Theta_l^{-m}(\vartheta) = \sqrt{\frac{2l+1}{2}\frac{(l-m)!}{(l+m)!}}P_l^m(\cos\vartheta)\,,$$

jeweils für $m \ge 0$.

Die Funktionen Y_l^m, definiert durch

$$Y_l^m(\vartheta,\varphi) := \frac{1}{\sqrt{2\pi}}e^{im\varphi}\Theta_l^m(\vartheta)\,,$$

bezeichnet man als Kugelflächenfunktionen. Sie bilden bezüglich des Skalarproduktes auf der Kugeloberfläche in Kugelkoordinaten (ϑ, φ),

$$\langle f, g\rangle := \int_0^{2\pi}\int_0^{\pi}\overline{f(\vartheta,\varphi)}g(\vartheta,\varphi)\,\sin\vartheta d\vartheta d\varphi$$

ein vollständiges Orthonormalsystem von Funktionen auf der Kugeloberfläche. Die Kugelflächenfunktionen erfüllen die Symmetrie-Relationen

$$\begin{aligned} \overline{Y_l^m(\vartheta,\varphi)} &= (-1)^m Y_l^{-m}(\vartheta,\varphi)\,, \\ Y_l^m(\pi-\vartheta,\varphi+\pi) &= (-1)^l Y_l^m(\vartheta,\varphi)\,. \end{aligned}$$

Letztere beschreibt das Verhalten von Y_l^m bei Inversion am Kugelzentrum. Die Kugelflächenfunktionen für $|m| < 3$ lauten explizit:

$$Y_0^0(\vartheta,\varphi) = \frac{1}{\sqrt{4\pi}}$$

$$Y_1^0(\vartheta,\varphi) = \sqrt{\frac{3}{4\pi}}\cos\vartheta$$

$$Y_1^{\pm1}(\vartheta,\varphi) = \mp\sqrt{\frac{8}{3\pi}}\sin\vartheta e^{\pm i\varphi}$$

$$Y_2^0(\vartheta,\varphi) = \sqrt{\frac{5}{16\pi}}(3\cos^2\vartheta - 1)$$

$$Y_2^{\pm1}(\vartheta,\varphi) = \mp\sqrt{\frac{15}{8\pi}}\sin\vartheta\cos\vartheta e^{\pm i\varphi}$$

$$Y_2^{\pm2}(\vartheta,\varphi) = \sqrt{\frac{15}{32\pi}}\sin^2\vartheta e^{\pm 2i\varphi}$$

Die Kugelfunktionen und Kugelflächenfunktionen finden vor allem in der Quantenmechanik Anwendung. Sie sind nämlich die gemeinsamen ↗ Eigenfunktionen des Drehimpulsquadrates $\vec{\ell}^2$ und der z-Komponente ℓ_z in Ortsdarstellung. Die Indizes l und m haben dann die physikalische Bedeutung der Drehimpulsquantenzahl l und der azimutalen oder magnetischen Quantenzahl m.

[1] Abramowitz, M.; Stegun, I.A.: Handbook of Mathematical Functions. Dover Publications, 1972.

[2] Olver, F.W.J.: Asymptotics and Special Functions. Academic Press, 1974.

Kugelkappe, ↗ Kugelabschnitt.

Kugelkoordinaten, *sphärische Koordinaten*, das Tripel (r, ϑ, φ), bestehend aus dem Abstand $r \geq 0$ eines Punkts $P \in \mathbb{R}^3$ vom Ursprung O, dem Winkel $\vartheta \in [-\frac{\pi}{2}, \frac{\pi}{2}]$ zwischen der Strecke OP und der (x, y)-Ebene, und dem Winkel $\varphi \in [0, 2\pi)$ (Azimut) zwischen der Projektion der Strecke OP in die (x, y)-Ebene und der x-Achse.

Man beachte: Oft wird statt dessen ϑ als Winkel zur z-Achse (Polwinkel oder Poldistanz) definiert. Dann sind in den unten folgenden Transformationsformeln $\sin\vartheta$ und $\cos\vartheta$ zu vertauschen, und die Richtung von e_ϑ ist umzudrehen.

Kugelkoordinaten sind ein wichtiges Beispiel für ↗ krummlinige Koordinaten. Variiert man ϑ und φ bei festem r, so beschreibt (r, ϑ, φ) die Oberfläche S_r der Kugel mit Mittelpunkt im Ursprung und Radius r. Variiert man r bei festen ϑ und φ, so beschreibt (r, ϑ, φ) eine Halbgerade durch O (Radialstrahl). Variiert man ϑ bei festen r und φ, so beschreibt (r, ϑ, φ) einen Längenhalbkreis oder Meridian bei der geographischen Länge φ auf S_r. Variiert man φ bei festen r und ϑ, so beschreibt (r, ϑ, φ)

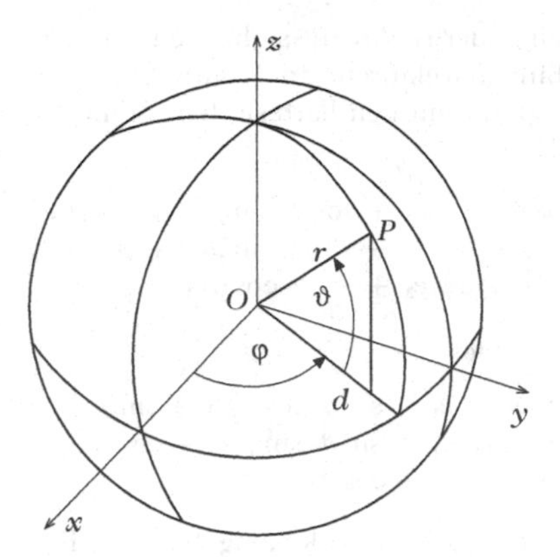

Kugelkoordinaten

einen Breitenkreis oder Parallelkreis bei der geographischen Breite ϑ auf S_r. Man nennt φ auch Längengrad und ϑ Breitengrad. Wie die Bezeichnungen schon andeuten, werden Kugelkoordinaten u. a. in der Geographie zur Lagebeschreibung durch geographische Koordinaten benutzt.

Zu jedem Kugelkoordinatentripel (r, ϑ, φ) gehört genau ein Punkt $P \in \mathbb{R}^3$, jedoch ist die Darstellung nur für Punkte, die nicht auf der z-Achse liegen, eindeutig: Für Punkte $P \neq O$ auf der z-Achse sind nur r und $\vartheta = \pm\frac{\pi}{2}$ eindeutig bestimmt, φ ist beliebig. Für $P = O$ ist nur $r = 0$ eindeutig bestimmt, ϑ und φ sind beliebig.

Ein Punkt mit den Kugelkoordinaten (r, ϑ, φ) hat die kartesischen Koordinaten (x, y, z) mit:

$$x = r\cos\vartheta\cos\varphi$$

$$y = r\cos\vartheta\sin\varphi$$

$$z = r\sin\vartheta$$

Umgekehrt lassen sich zu gegebenen kartesischen Koordinaten (x, y, z) die Kugelkoordinaten wie folgt berechnen, wobei $d := \sqrt{x^2 + y^2}$ gesetzt ist:

$$r = \sqrt{x^2 + y^2 + z^2},$$

$$\vartheta = \begin{cases} \arctan\frac{z}{d} & , d \neq 0 \\ \frac{\pi}{2} & , d = 0, z > 0 \\ -\frac{\pi}{2} & , d = 0, z < 0 \\ \text{beliebig} & , d = 0, z = 0 \end{cases}$$

$$\varphi = \begin{cases} \arctan\frac{y}{x} & , x > 0, y > 0 \\ \frac{\pi}{2} & , x = 0, y > 0 \\ \pi + \arctan\frac{y}{x} & , x < 0 \\ \frac{3\pi}{2} & , x = 0, y < 0 \\ 2\pi + \arctan\frac{y}{x} & , x > 0, y < 0 \\ \text{beliebig} & , x = 0, y = 0 \end{cases}$$

Für die aufeinander senkrecht stehenden (ortsabhängigen) Einheitsvektoren „in Richtung von" r bzw. ϑ bzw. φ gilt mit den kartesischen Einheitsvektoren e_x, e_y, e_z:

$$\begin{aligned} e_r &= \cos\vartheta\cos\varphi\, e_x + \cos\vartheta\, \sin\varphi\, e_y + \sin\vartheta\, e_z \\ e_\vartheta &= -\sin\vartheta\cos\varphi\, e_x - \sin\vartheta\, \sin\varphi\, e_y + \cos\vartheta\, e_z \\ e_\varphi &= -\sin\varphi\, e_x + \cos\varphi\, e_y \end{aligned}$$

Umgekehrt hat man:

$$\begin{aligned} e_x &= \cos\vartheta\cos\varphi\, e_r - \sin\vartheta\, \cos\varphi\, e_\vartheta - \sin\varphi\, e_\varphi \\ e_y &= \cos\vartheta\, \sin\varphi\, e_r - \sin\vartheta\, \sin\varphi\, e_\vartheta + \cos\varphi\, e_\varphi \\ e_z &= \sin\vartheta\, e_r + \cos\vartheta\, e_\vartheta \end{aligned}$$

Kugelkoordinaten sind zweckmäßig bei der Behandlung von Problemen auf Kugeloberflächen oder solchen, die radiale oder Winkelsymmetrien besitzen, insbesondere zur Berechnung von Integralen, die solche Symmetrien aufweisen, mit Hilfe des Transformationssatzes. Für die durch

$$F(r, \vartheta, \varphi) = (r\cos\vartheta\, \cos\varphi,\ r\cos\vartheta\, \sin\varphi,\ r\sin\vartheta)$$

gegebene stetig differenzierbare Subsitutionsfunktion $F : \mathbb{R}^3 \to \mathbb{R}^3$ gilt

$$\det F'(r, \vartheta, \varphi) = -r^2\cos\vartheta\,,$$

und wenn K eine kompakte Jordan-meßbare Teilmenge von $G := (0, \infty) \times (-\frac{\pi}{2}, \frac{\pi}{2}) \times (0, 2\pi)$ und $f : F(K) \to \mathbb{R}$ stetig ist, liefert der Transformationssatz mit $\mathfrak{x} = (x, y, z)$ und $\mathfrak{y} = (r, \vartheta, \varphi)$

$$\int\limits_{F(K)} f(\mathfrak{x})\, d\mathfrak{x} = \int\limits_{K} f(F(\mathfrak{y}))\, r^2 \cos\vartheta\, d\mathfrak{y}\,.$$

Häufig ist über einen durch Längen- und Breitengrade begrenzten Ausschnitt einer Kugelschale zu integrieren, d. h. über einen Bereich $F(K)$, wobei $K = [r_1, r_2] \times [\vartheta_1, \vartheta_2] \times [\varphi_1, \varphi_2]$ ein „Quader" in G ist. Dann hat man

$$\int\limits_{F(K)} f(x, y, z)\, d(x, y, z) = \int\limits_{\varphi_1}^{\varphi_2} \int\limits_{\vartheta_1}^{\vartheta_2} \int\limits_{r_1}^{r_2} f(F(r, \vartheta, \varphi))\, r^2 \cos\vartheta\, dr\, d\vartheta\, d\varphi\,.$$

Die Reihenfolge der Integrationen ist dabei beliebig. Die Größe

$$dV = r^2 \cos\vartheta\, dr\, d\vartheta\, d\varphi$$

läßt sich als „infinitesimales Volumenelement" in Kugelkoordinaten deuten. Entsprechend hat man bei Oberflächenintegralen „Flächenelemente" $r\,dr\,d\vartheta$, $r^2\cos\vartheta\, d\vartheta\, d\varphi$ und $r\cos\vartheta\, d\varphi\, dr$, und bei Wegintegralen das „Bogenlängenelement" oder „Linienelement" $ds^2 = dr^2 + r^2 d\vartheta^2 + r^2\cos^2\vartheta\, d\varphi^2$.

Kugelloxodrome, Kurven auf der Kugel, die die Meridiane unter konstantem Winkel schneiden.

Ist $\gamma(t) = \Phi(\vartheta(t), \varphi(t))$ die ↗ Gaußsche Parameterdarstellung der Loxodrome in Polarkoordinaten

$$\Phi(\vartheta, \varphi) = (\sin\vartheta\, \cos\varphi, \sin\vartheta\, \sin\varphi, \cos\vartheta)^\top$$

auf einer Kugeloberfläche vom Radius 1, so sind $\vartheta(t)$ und $\varphi(t)$ implizit durch die Gleichung

$$\log\tan\left(\frac{\vartheta(t)}{2}\right) = \pm(\varphi(t) + c)\cot\beta$$

gegeben, in der β der konstante Schnittwinkel ist und c eine Konstante, die durch einen beliebigen Punkt $\Phi(\vartheta(t_0), \varphi(t_0))$ der Kurve bestimmt wird.

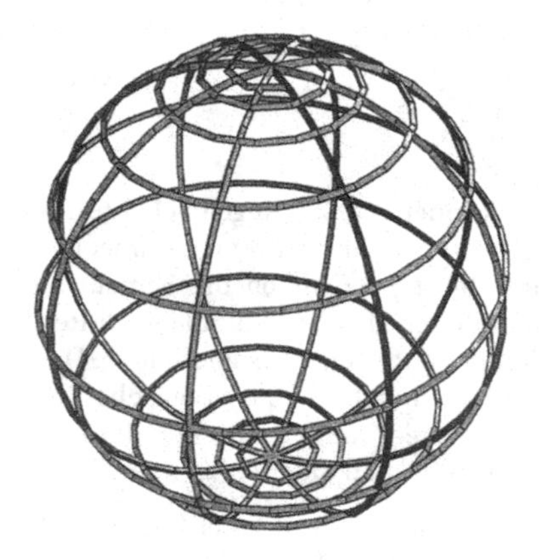

Kugelloxodrome

Setzt man $\varphi(t) = t$ und $u = e^{\pm \tan\beta\,(t+c)}$, so erhält man die Parameterdarstellung

$$\lambda_{c,\beta}(t) = \frac{2u}{1+u^2}\begin{pmatrix} \cos t \\ \sin t \\ \dfrac{1-u^2}{2u} \end{pmatrix}$$

der Kugelloxodrome.

Kugel-Newton-Verfahren, spezielles ↗ Intervall-Newton-Verfahren, das mit abgeschlossenen Kugeln anstelle von Intervallen arbeitet. Die Kugeln sind charakterisiert durch einen Mittelpunktsvektor und einen Radius.

Kugelschicht, Teil, der von einer Kugel durch zwei parallele Ebenen ausgeschnitten wird. Der zur Kugeloberfläche gehörende Teil einer Kugelschicht bildet eine Kugelzone.

Das Volumen einer Kugelschicht mit der Höhe h und den Radien r_1, r_2 der sie begrenzenden Kreise beträgt

$$V = \frac{\pi h}{6}\left(3r_1^2 + 3r_2^2 + h^2\right),$$

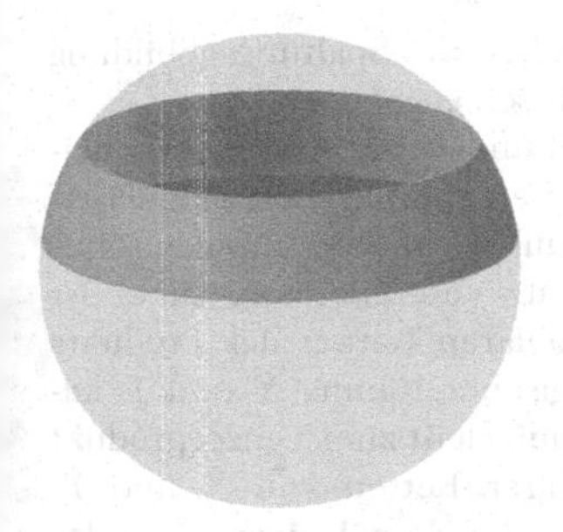

Kugelschicht

der Oberflächeninhalt der zugehörigen Kugelzone hängt nur von ihrer Höhe und dem Radius R der Kugel ab: $A = 2\pi Rh$.

Kugelsegment, ↗Kugelabschnitt.

Kugelzone, ↗Kugelschicht.

Kugelzweieck, ↗sphärisches Zweieck.

Kuhn-Tucker-Bedingung, ↗Karush-Kuhn-Tucker-Bedingung.

Kuhn-Tucker-Punkt, andere Bezeichnung für einen Karush-Kuhn-Tucker-Punkt (↗Karush-Kuhn-Tucker-Bedingung).

Kummer, Ernst Eduard, Mathematiker, geb. 29.1.1810 Sorau (Zary, Polen), gest. 14.5.1893 Berlin.

Kummer, der bereits mit drei Jahren seinen Vater verlor, wurde mit dem älteren Bruder von der Mutter aufgezogen, erhielt zunächst Privatunterricht und besuchte ab 1819 das Gymnasium in Sorau. Ab 1828 studierte er an der Universität Halle erst Theologie, bald aber Mathematik. 1831 legte er die Lehramtsprüfung ab und erhielt auf eine eingereichte Preisschrift die Promotion. Bis 1832 unterrichtete er am Gymnasium in Sorau, dann 1832–1842 in Liegnitz (Legnica). Es folgte eine 13-jährige Lehrtätigkeit als Professor der Mathematik an der Universität Breslau, bevor er 1855 die Nachfolge Dirichlets an der Berliner Universität antrat. Dort war er bis 1883 tätig und hielt gleichzeitig Vorlesungen an der Kriegsschule.

Kummer gehört zu den bedeutendsten Zahlentheoretikern des 19. Jahrhunderts und war ein sehr guter akademischer Lehrer. Bereits als Gymnasiallehrer trat er mit Arbeiten zur Funktionentheorie, u. a. zur hypergeometrischen Reihe und zur Entwicklung spezieller Funktionen, hervor. Anfang der 40er Jahre wandte er sich dann der Zahlentheorie zu. Angeregt durch die Studien von C.Jacobi und F.Eisenstein zur Übertragung des kubischen bzw. biquadratischen Reziprozitätsgesetzes auf höhere Kongruenzen kam Kummer zur Beschäftigung mit der Zerlegung von Primzahlen in beliebigen Kreisteilungsringen. 1843 gab er erste Beispiele für die mehrdeutige Primelementzerlegung im Ring der 23-sten Einheitswurzeln an. Mit den von ihm eingeführten „idealen Primfaktoren" fand Kummer 1845 das geeignete Mittel, um auch in diesen Ringen eine eindeutige Zerlegung zu erhalten. Damit konnte er wichtige Eigenschaften, die man aus der eindeutigen Zerlegung ganzer Zahlen in Primelemente folgert, auch für Kreisteilungskörper beweisen und grundlegende Einsichten in die Arithmetik dieser Körper erzielen. Kummers Ergebnisse wurden später von Dedekind, Kronecker und Solotarew auf verschiedenen Wegen auf ganze algebraische Zahlen verallgemeinert und trugen damit maßgeblich zum Ausbau der Theorie algebraischer Zahlen bei.

Ein wesentlicher Erfolg gelang Kummer 1847 bei der Anwendung seiner Methode der „idealen Zahlen" zur Lösung der Fermatschen Vermutung. Nachdem die Vermutung zuvor nur für einige wenige ungerade Primzahlen bestätigt worden war, konnte er eine ganze Klasse von Primzahlen, die sog. regulären Primzahlen, angeben, für die die Gleichung $x^p + y^p = z^p$ keine nichttrivialen ganzzahligen Lösungen hat.

In einer dritten Schaffensperiode widmete sich Kummer vorwiegend geometrischen Fragen und knüpfte insbesondere an Gauß' differentialgeometrische Studien über Flächen und Hamiltons Untersuchungen zu Strahlensystemen an. Unabhängig von dem physikalischen Hintergrund, den die Betrachtungen bei Hamilton hatten, gab er 1860 der Theorie der allgemeinen Strahlensysteme eine algebraische Begründung.

Kummer galt bei seinen Zeitgenossen als „Idealgestalt eines Forschers und Lehrers", zu seinen Schülern gehörten u. a. Kronecker, mit dem ihn eine lebenslange Freundschaft verband, P. Gordan, Schwarz und G. Cantor. Er wurde als einfach, sachlich und objektiv sowie konservativ charakterisiert. So befürwortete er während der revolutionären Ereignisse 1848/49 eine konstitutionelle Monarchie und stand einer Republik ablehnend gegenüber.

Kummer-Funktion, eine wichtige ↗ konfluente hypergeometrische Funktion. Alle Informationen über die Kummer-Funktion sind dort zu finden.

Kummersche Differentialgleichung, ↗ hypergeometrische Differentialgleichung.

kummulative Häufigkeit, ↗ Häufigkeitsverteilung, ↗ Klasseneinteilung.

Kumulante, *Semiinvariante*, Kenngröße einer reellen Zufallsvariablen.

Ist X eine auf dem Wahrscheinlichkeitsraum $(\Omega, \mathfrak{A}, P)$ definierte reelle Zufallsvariable mit charakteristischer Funktion ϕ_X, und existiert das n-te absolute Moment $E(|X|^n)$, so wird für $k = 1, \dots, n$ die mit $(-i)^k$ multiplizierte Ableitung $\psi_X^{(k)}$ der sogenannten kumulantenerzeugenden Funktion $\psi_X := \ln \phi_X$ an der Stelle Null, d. h.

$$(-i)^k \psi_X^{(k)}(0)\,,$$

als Kumulante der Ordnung k von X bzw. der Verteilung von X bezeichnet.

Bei der Addition von unabhängigen Zufallsvariablen ist das k-te Moment der Summe i. allg. von der Summe der k-ten Momente der Summanden verschieden. Im Gegensatz dazu gilt für die Kumulanten: Sind X und Y unabhängige reelle Zufallsvariablen mit $E(|X|^k) < \infty$ und $E(|Y|^k) < \infty$, so ist die Kumulante der Ordnung k der Summe gleich der Summe der Kumulanten der Ordnung k von X und Y.

Künneth-Formel, erlaubt die Berechung der Homologie des Tensorprodukts von Komplexen abelscher Gruppen durch die Homologie der Einzelkomplexe.

Es seien $K_\bullet = (K_i, d_i^K)$ und $L_\bullet = (L_i, d_i^L)$ Komplexe abelscher Gruppen, mindestens einer der Komplexe bestehe aus freien abelschen Gruppen. Dann existiert für die Homologiegruppen eine exakte Sequenz

$$0 \longrightarrow \sum_{i+j=n} H_i(K_\bullet) \otimes H_j(L_\bullet) \longrightarrow H_n(K_\bullet \otimes L_\bullet)$$
$$\longrightarrow \sum_{i+j=n-1} Tor(H_i(K_\bullet), H_j(L_\bullet)) \longrightarrow 0\,.$$

Hierbei ist das Tensorprodukt

$$K_\bullet \otimes L_\bullet = \left((K_\bullet \otimes L_\bullet)_n, d^{K\otimes L}\right)_{n\in\mathbb{Z}}$$

der Komplexe definiert durch

$$(K_\bullet \otimes L_\bullet)_n = \sum_{i+j=n} K_i \otimes L_j$$

mit dem Differential $d^{K\otimes L}$, das für $k \otimes l \in K_i \otimes L_j$ gegeben ist durch

$$d^{K\otimes L}(k \otimes l) = d^K(k) \otimes l + (-1)^i k \otimes d^L(l).$$

$Tor(A, B)$ bezeichnet die 1-Torsionsgruppe. Sie verschwindet, falls eine der Gruppen A oder B frei ist. Die obige Sequenz spaltet, die Spaltungsabbildung ist jedoch nicht kanonisch gegeben.

Die Künneth-Formel findet ihre Anwendung beispielsweise bei der Berechnung der singulären Homologie des Produkts zweier topologischer Räume. Nach dem Satz von Eilenberg-Zilber ist der Komplex der singulären Ketten des Produkts $X \times Y$ zweier topologischer Räume X und Y kanonisch homotopie-äquivalent zum Tensorprodukt der Komplexe singulärer Ketten von X und Y. Insbesondere stimmen die Homologiegruppen des Produkts mit den Homologiegruppen des Tensorprodukts überein. Letztere können mit Hilfe der Künneth-Formel berechnet werden.

Die Künneth-Formel gilt auch in einem allgemeineren Kontext, etwa wenn K und L Komplexe von Moduln über einem Hauptidealring sind, und einer der Komplexe nur aus flachen Moduln besteht.

Kupka-Smale-Diffeomorphismus, ↗ Kupka-Smale-System.

Kupka-Smale-System, dynamisches System, dessen periodische Orbits alle hyperbolisch sind, und dessen stabile und instabile Mannigfaltigkeit sich transversal schneiden.

Diffeomorphismen, die ein diskretes Kupka-Smale-System erzeugen, heißen Kupka-Smale-Diffeomorphismen.

Kupsch-Sandhas-Theorem, Theorem aus der Streutheorie zur Existenz der verallgemeinerten Wellenoperatoren $\Omega_\pm(A, B)$, das wie folgt lautet.

A und B seien selbstadjungierte Operatoren. Es werde angenommen, daß es einen beschränkten Operator χ und einen Unterraum $\mathcal{D} \subset D(B) \cap P_{ac}(B)\mathcal{H}$ gibt, der in $P_{ac}(B)\mathcal{H}$ dicht ist, sodaß für irgendein $\phi \in \mathcal{D}$ ein T_0 existiert mit den Eigenschaften:

1. Für $|t| > T_0$ ist $(1 - \chi)e^{-iBt}\phi \in D(A)$,

2. $$\int_{T_0}^{\infty} \left[\| Ce^{-iBt}\phi \| + \| Ce^{+iBt}\phi \|\right] dt < \infty\,,$$

wobei $C = A(1 - \chi) - (1 - \chi)B$.

Ferner sei angenommen, daß für ein gewisses n $\chi(B + i)^{-n}$ kompakt und $\mathcal{D} \subset D(B^n)$ ist. Dann existieren $\Omega_\pm(A, B)$.

Für die Bezeichnungen und weitere Erläuterungen siehe [1].

[1] Reed, M.; Simon, B.: Methods of Modern Mathematical Physics, Bd. III, Scattering Theory. Academic Press San Diego, 1979.

Kuratowski, Kazimierz, polnischer Mathematiker, geb. 2.2.1896 Warschau, gest. 18.6.1980 Warschau.

Kuratowski studierte in Glasgow und Warschau. 1921 promovierte er bei Sierpinski und habilitierte sich im gleichen Jahr. 1927–1934 hatte er eine Professur in Lwow inne, danach ging er nach Warschau zurück.

Auf dem Gebiet der Topologie untersuchte Kuratowski zusammenhängende und nichtzusammenhängende Mengen. 1922 entwickelte er eine Axiomatik der T_1-Räume (jede endliche Menge ist abgeschlossen). Er beschäftigte sich mit Borelschen Mengen und der Baireschen Klassifikation von Mengen.

1929 fand er einen einfachen Beweis des ↗Brouwerschen Fixpunktsatzes. Ab 1930 arbeitete er auch zu nichtplanaren Graphen und zeigte hinreichende und notwendige Bedingungen für Planarität von Graphen (Satz von Kuratowski).

Kuratowski, Satz von, gibt die wohl berühmteste Charakterisierung ↗planarer Graphen an und wurde 1930 von K. Kuratowski gefunden.

Ein Graph G ist genau dann planar, wenn er keinen zum vollständigen Graphen K_5 oder vollständigen bipartiten Graphen $K_{3,3}$ homöomorphen Graphen als ↗Teilgraphen besitzt.

Aus der ↗Euler-Poincaréschen Formel folgt leicht, daß der K_5 und der $K_{3,3}$ selbst keine planaren Graphen sein können. Nach dieser dürfte der K_5 als Graph mit 5 Ecken höchstens $3 \cdot 5 - 6 = 9$ und nicht 10 Kanten besitzen, und der $K_{3,3}$ dürfte als Graph mit Taillenweite 4 und 6 Ecken höchstens $2 \cdot 6 - 4 = 8$ und nicht 9 Kanten besitzen.

Die Bedingung des Satzes von Kuratowski kann man äquivalent ebenfalls so formulieren, daß G weder den K_5 noch den $K_{3,3}$ als Minor besitzt (↗Minor eines Graphen). Gerade in dieser zweiten Formulierung ist der Satz von Kuratowski der klassische Prototyp für Charakterisierungen einer Eigenschaft von Graphen mittels verbotener Minoren.

Kuratowski-Lemma, Aussage im Kontext der ↗axiomatischen Mengenlehre.

Ist N eine Menge mit einer ↗Ordnungsrelation „$\leq$" und $K \subseteq N$ eine ↗Kette, so ist K in einer maximalen Kette M enthalten, das heißt, es gibt eine Menge $K \subseteq M \subseteq N$, so daß M eine Kette ist, jedoch keine echte Obermenge von M, die in N enthalten ist, eine Kette ist.

Bemerkenswert ist, daß das Kuratowski-Lemma äquivalent zum ↗Auswahlaxiom ist.

Kuroda-Birman-Theorem, Theorem über die Existenz der verallgemeinerten Wellenoperatoren $\Omega_\pm(A, B)$.

A und B seien solche selbstadjungierten Operatoren, daß $(A + i)^{-1} - (B + i)^{-1}$ ein Spurklassenoperator ist.

Dann existieren $\Omega_\pm(A, B)$ und sind vollständig.

Für die Bezeichnungen und weitere Erläuterungen siehe [1].

[1] Reed, M.; Simon, B.: Methods of Modern Mathematical Physics, Bd. III, Scattering Theory. Academic Press San Diego, 1979.

Kurve, Weg in einem topologischen Raum. Es sei T ein toplogischer Raum. Ist $[a, b]$ ein reelles Intervall, so versteht man unter einer Kurve in T eine stetige Abbildung $\gamma : [a, b] \to T$. Durch Umparametrisierung kann man immer erreichen, daß $[a, b] = [0, 1]$ gilt.

Gilt $\gamma(a) = \gamma(b)$, so spricht man von einer geschlossenen Kurve.

Kurve minimaler Länge, eine Kurve, die eine ↗kürzeste Verbindung darstellt.

Kurve zweiten Grades, ↗Kurve zweiter Ordnung.

Kurve zweiter Ordnung, *Kurve zweiten Grades*, Menge aller Punkte einer Ebene, deren Koordinaten bezüglich eines affinen Koordinatensystems eine quadratische Gleichung (Gleichung zweiten Grades) der Form

$$\begin{aligned} & a_{11}x^2 + 2a_{12}xy + a_{22}y^2 + 2a_{10}x \\ & + 2a_{20}y + a_{00} = 0 \end{aligned} \qquad (1)$$

(mit a_{11}, a_{12}, a_{22}, a_{10}, a_{20} und $a_{00} \in \mathbb{R}$) erfüllen, wobei a_{11}, a_{12} und a_{22} nicht zugleich Null sein dürfen. Die Gleichung (1) läßt sich auch in der Matrizenform

$$x^T \mathbf{A}\, x + 2a^T x + a_{00} \;=\; 0 \qquad (2)$$

mit

$$\mathbf{A} = \begin{pmatrix} a_{11} & a_{12} \\ a_{12} & a_{22} \end{pmatrix}, \quad b = \begin{pmatrix} a_{10} \\ a_{20} \end{pmatrix} \quad \text{und} \quad x = \begin{pmatrix} x \\ y \end{pmatrix}$$

beziehungsweise

$$\tilde{x}^T \tilde{\mathbf{A}}\, \tilde{x} \;=\; 0 \qquad (3)$$

mit $\tilde{\mathbf{A}} = (a_{ij})_{i=0,1,2}^{j=0,1,2}$, $\tilde{\mathbf{A}}^T = \tilde{\mathbf{A}}$ und $\tilde{x} = \begin{pmatrix} 1 \\ x \\ y \end{pmatrix}$ darstellen.

Anhand der Determinante der Matrix $\tilde{\mathbf{A}}$ können die Kurven zweiter Ordnung in zwei Klassen eingeteilt werden. (Die Tatsache, ob $\det \tilde{\mathbf{A}} = 0$ gilt, hängt nicht vom Koordinatensystem ab, da jede Matrix einer affinen Koordinatentransformation eine von Null verschiedene Determinante besitzt.)

Diejenigen Kurven zweiter Ordnung, für welche $\det \tilde{\mathbf{A}}$ von Null verschieden ist, sind die nicht entarteten Kurven zweiter Ordnung, also ↗Ellipsen (bzw. im Spezialfall Kreise), ↗Hyperbeln, und ↗Parabeln, sowie die sogenannten nullteiligen Kurven (bei denen durch (1), (2) bzw. (3) keine Punkte mit reellen Koordinaten beschrieben werden).

Bei Kurven zweiter Ordnung mit $\det \tilde{\mathbf{A}} = 0$ handelt es sich um die entarteten Kurven zweiter Ordnung: ↗Doppelgeraden, Paare paralleler Geraden (die als Grenzfall zu einer einzigen Geraden zusammenfallen können) sowie einzelne Punkte.

Um welche der genannten Kurven es sich bei einer gegebenen Kurve zweiter Ordnung handelt, läßt sich durch die Wahl eines geeigneten Koordinatensystems mit Hilfe einer Hauptachsentransformation ermitteln.

Alle Kurven zweiter Ordnung mit reellen Koordinatenwerten der Punkte außer den Paaren paralleler Geraden sind ↗Kegelschnitte; umgekehrt ist jeder Kegelschnitt eine Kurve zweiter Ordnung.

Kurvendiskussion, Untersuchen der Eigenschaften reellwertiger, auf Teilmengen von $\mathbb{R}$ definierter Funktionen f mit Mitteln der Analysis.

Dazu können zählen:

- Bestimmen des (maximalen) Definitionsbereichs und des Wertebereichs von f.
- Untersuchen von f auf Periodizität und Geradheit oder Ungeradheit oder sonstige Invarianz- und Symmetrieeigenschaften (und damit Reduktion des zu untersuchenden Bereichs).
- Untersuchen von f auf Stetigkeit und Differenzierbarkeit und ggf. Bestimmen der Ableitungen f, f', f''.
- Berechnen der Funktionswerte von f an ausgewählten Stellen und Erstellen einer Wertetabelle.
- Bestimmen der Nullstellen von f und der Bereiche, wo f positiv bzw. negativ ist.
- Untersuchen des Monotonieverhaltens von f. Falls f differenzierbar ist, kann hierzu die Ableitung f' herangezogen werden.
- Bestimmen lokaler und globaler Extremwerte von f. Auch hierzu kann f' benutzt werden, wenn f differenzierbar ist.
- Untersuchen des Krümmungsverhaltens von f, also Untersuchen von f auf Konvexität und Konkavität und damit Bestimmen der Wendepunkte. Ist f zweimal differenzierbar, kann hierzu die zweite Ableitung f'' betrachtet werden.
- Beschreiben des Grenzverhaltens von f an bestimmten Stellen (Unstetigkeitstellen, Lücken oder Rand des Definitionsbereichs).
- Bestimmen von Asymptoten von f und der Lage des Graphen von f relativ zu diesen.

Mittels der dabei über f gewonnenen Erkenntnisse kann zumeist eine Skizze des Graphen von f erstellt werden.

Ein einfaches Beispiel: Durch

$$f(x) \;=\; \left(x^2 + |x|\right) e^{-|x|} \qquad (x \in \mathbb{R})$$

wird eine Funktion $f : \mathbb{R} \to \mathbb{R}$ definiert. Da f gerade ist, genügt es, im folgenden $x \geq 0$ zu betrachten: Nach den ↗Differentiationsregeln ist f differenzierbar in $(0, \infty)$ mit

$$f'(x) \;=\; (1 + x - x^2)\, e^{-x}$$

für $x > 0$. Wegen

$$\frac{1}{\varepsilon}(f(\varepsilon) - f(0)) \;=\; -(\varepsilon + 1)e^{-\varepsilon} \to -1$$

für $\varepsilon \downarrow 0$ ist f an der Stelle 0 rechtsseitig differenzierbar mit $f'_+(0) = 1$. Da f gerade ist, folgt $f'_-(0) = -1 \neq f'_+(0)$, d. h. f ist nicht differenzierbar an der Stelle 0. f' ist als Ableitung einer geraden Funktion ungerade. Ferner ist f' differenzierbar in $(0, \infty)$ mit

$$f''(x) \;=\; (x^2 - 3x)\, e^{-x}$$

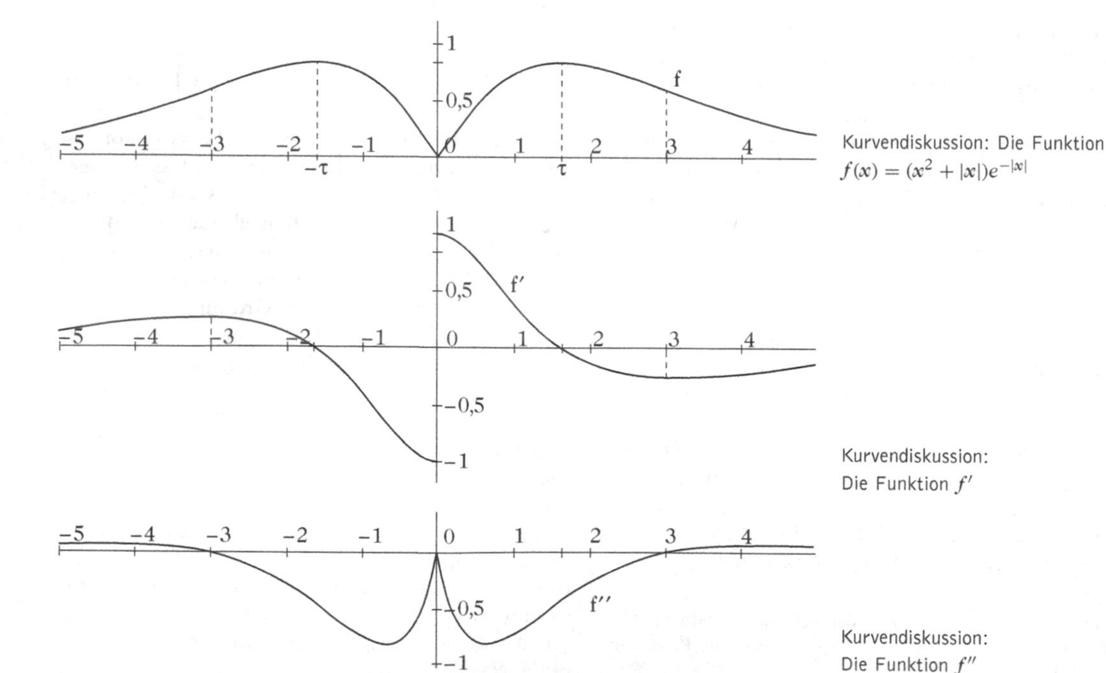

Kurvendiskussion: Die Funktion $f(x) = (x^2 + |x|)e^{-|x|}$

Kurvendiskussion: Die Funktion f'

Kurvendiskussion: Die Funktion f''

für $x > 0$. f'' ist als Ableitung einer ungeraden Funktion gerade. Es gilt $f(0) = 0$ und $f(x) > 0$ für $x > 0$. Folglich hat f an der Stelle 0 ein strenges globales Minimum. Da $P(x)e^{-x} \to 0$ $(x \to \infty)$ gilt für jedes Polynom P, hat man $f(x) \to 0$ für $x \to \infty$. Auflösen von $f'(x) = 0$ liefert $x = \tau = \frac{1}{2}(1+\sqrt{5})$. Wegen $f''(\tau) = (1-2\tau)e^{-\tau} < 0$ hat f an der Stelle τ ein strenges lokales Maximum. Dies ist das einzige und daher das globale Maximum von f in $(0, \infty)$. Auflösen von $f''(x) = 0$ im Bereich $(0, \infty)$ liefert $x = 3$. Für $0 < x < 3$ ist $f''(x) < 0$, d. h. f streng konkav, und für $x > 3$ ist $f''(x) > 0$, d. h. f streng konvex. Daher hat f an der Stelle 3 einen Wendepunkt. Da f gerade ist, ist an der Stelle 0 kein Wendepunkt.

Kurvenfitting, gelegentlich anzutreffende Eindeutschung des englischen „curve fitting".

Es bezeichnet die Aufgabe, zu einer gegebenen Menge von Punkten eine Kurve zu bestimmen, die den durch die Punkte grob vorgegebenen Verlauf bestmöglich wiedergibt. Je nach Vorgabe des Optimalitätskriteriums löst man diese Aufgabe durch ↗Interpolation, ↗beste Approximation, oder auch durch die ↗Methode der kleinsten Quadrate.

Kurvenintegral, zu einer Kurve Γ mit Träger $(\Gamma) \subset \mathbb{R}^n$ und Parametrisierung durch einen Weg $\gamma \in \Gamma$ und zu einer Funktion $f : (\Gamma) \to \mathbb{R}$ oder auch $f : (\Gamma) \to \mathbb{R}^n$ durch

$$\int_\Gamma f(x)\,dx := \int_\gamma f(x)\,dx \qquad (1)$$

erklärte Größe, wobei $\int_\gamma f(x)\,dx$ ein ↗Wegintegral ist.

Eine Kurve Γ ist hier definiert als eine Äquivalenzklasse von Wegen γ, d. h. von auf abgeschlossenen Intervallen in $\mathbb{R}$ definierten stetigen Funktionen mit Bildmenge (Γ), wobei zwei Wege $\gamma_1 : [a_1, b_1] \to \mathbb{R}^n$ und $\gamma_2 : [a_2, b_2] \to \mathbb{R}^n$ äquivalent heißen, geschrieben $\gamma_1 \sim \gamma_2$, wenn es eine streng isotone surjektive (und damit stetige und bijektive) Abbildung $\varphi : [a_1, b_1] \to [a_2, b_2]$ mit $\gamma_1 = \gamma_2 \circ \varphi$ gibt. φ heißt (orientierungserhaltende) Parametertransformation. Jeden Repräsentanten $\gamma \in \Gamma$ nennt man eine Parametrisierung oder Parameterdarstellung von Γ. Äquivalente Wege haben die gleiche Bildmenge, als Träger (Γ) der Kurve bezeichnet. Für manche Zwecke betrachtet man auch Äquivalenz bzgl. stückweise stetig differenzierbaren Parametertransformationen.

Definition (1) ist nur dann sinnvoll, wenn das ($\mathbb{R}^n$- bzw. $\mathbb{R}$-wertige) Wegintegral $\int_\gamma f(x)\,dx$ existiert und unabhängig von der Wahl des Weges $\gamma \in \Gamma$ ist. Setzt man f als stetig voraus, so ist dies unter in der Praxis meist gegebenen und im folgenden angenommenen Voraussetzungen wie Rektifizierbarkeit oder sogar stückweiser stetiger Differenzierbarkeit des Integrationsweges gewährleistet. Die Länge von Γ, auch Bogenlänge genannt, läßt sich dann über die Länge eines Weges $\gamma \in \Gamma$ definieren als $\lambda(\Gamma) := \lambda(\gamma)$. Damit gilt:

$$\left|\int_\Gamma f(x)\,dx\right| \le \lambda(\Gamma) \max_{x \in (\Gamma)} |f(x)|$$

Ist γ stetig differenzierbar, so hat man

$$\int_\Gamma f(x)\,dx = \int_\gamma f(x)\,dx = \int_a^b f(\gamma(t))\,\gamma'(t)\,dt$$

und erhält die bessere Abschätzung

$$\left|\int_\Gamma f(x)\,dx\right| \le \int_a^b |f(\gamma(t))|\,|\gamma'(t)|\,dt\,.$$

Aus den Eigenschaften des Wegintegrals ergeben sich unmittelbar weitere Eigenschaften des Kurvenintegrals. So ist etwa auch das Kurvenintegral linear bzgl. des Integranden. Bezeichnet $-\Gamma$ die durch den Weg $\gamma^- : [-b, -a] \ni t \mapsto \gamma(-t) \in \mathbb{R}^n$ parametrisierte „entgegengesetzt durchlaufene" Kurve zu Γ, so gilt $\lambda(-\Gamma) = \lambda(\Gamma)$ und

$$\int_{-\Gamma} f(x)\,dx = -\int_\Gamma f(x)\,dx\,.$$

Sind Γ_1, Γ_2 Kurven in $\mathbb{R}^n$ mit Parametrisierungen $\gamma_1 : [a, c] \to \mathbb{R}^n$, $\gamma_2 : [c, b] \to \mathbb{R}^n$ (solche Parametrisierungen kann man immer wählen), und ist $\gamma_1(c) = \gamma_2(c)$, so gilt für die durch den Weg $\gamma : [a, b] \to \mathbb{R}^n$ mit $\gamma(t) = \gamma_1(t)$ für $a \le t \le c$ und $\gamma(t) = \gamma_2(t)$ für $c < t \le b$ parametrisierte „zusammengesetzte" Kurve $\Gamma_1 + \Gamma_2$

$$\lambda(\Gamma_1 + \Gamma_2) = \lambda(\Gamma_1) + \lambda(\Gamma_2)$$

und

$$\int_{\Gamma_1+\Gamma_2} f(x)\,dx = \int_{\Gamma_1} f(x)\,dx + \int_{\Gamma_2} f(x)\,dx\,.$$

Man beachte: Zuweilen wird eine Kurve anstatt als Äquivalenzklasse von Wegen einfach als eine als Bildmenge eines Weges darstellbare Teilmenge von $\mathbb{R}^n$ definiert. Da dann mit γ auch γ^- eine Parametrisierung von Γ ist mit $\int_{\gamma^-} f(x)\,dx = -\int_\gamma f(x)\,dx$, muß man sich bei diesem Vorgehen zumindest auf einen Durchlaufungssinn der Kurve festlegen. Dieser wird meist durch die Anwendung nahegelegt.

Kurvenlänge, ↗Länge einer Kurve.

Kurvenlineal, Gerät zum Nachzeichnen punktweise konstruierter Kurven.

Für eine vielseitige Verwendbarkeit ist eine veränderliche Krümmung erforderlich. Soll die Krümmung umgekehrt proportional der Bogenlänge sein, ergibt sich eine logarithmische Spirale als Form für ein Stück des Kurvenlineals. Soll die Krümmung der Bogenlänge direkt proportional sein, ergibt sich eine Klothoide. Für die Forderung, daß die relative Änderung der Krümmung erhalten bleiben soll, existieren spezielle Spiralen.

Neben den starr vorgeformten gibt es flexible Kurvenlineale, englisch als Splines bezeichnet, die sich dem zu zeichnenden Kurvenverlauf gut anpassen lassen (↗ Kurvenzeichner).

Kurvenmesser, *Kurvimeter*, mechanisches Gerät zur Bestimmung der Bogenlänge von Kurven.

Man unterscheidet Einrollen- und Zweirollengeräte.

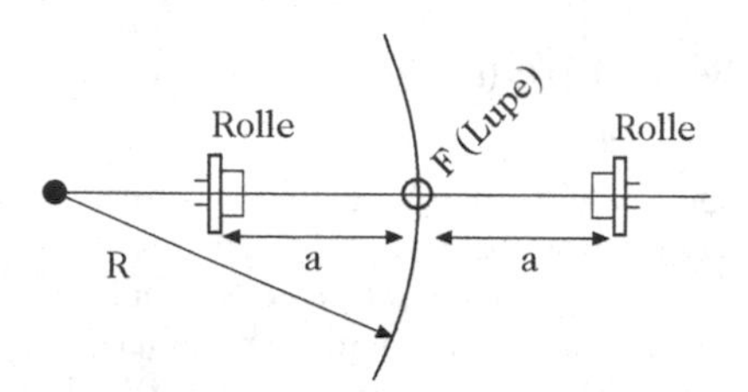

Abbildung 1

Beim Zweirollengerät (Abb. 1) müssen die Auflagepunkte der beiden Rollen, deren Achsen in Richtung eines Lineals fallen, das mit der Kurvennormalen übereinstimmt, den gleichen Abstand vom Führungspunkt haben. Die Ausrichtung auf die Kurvennormale erfolgt mittels Lupe.

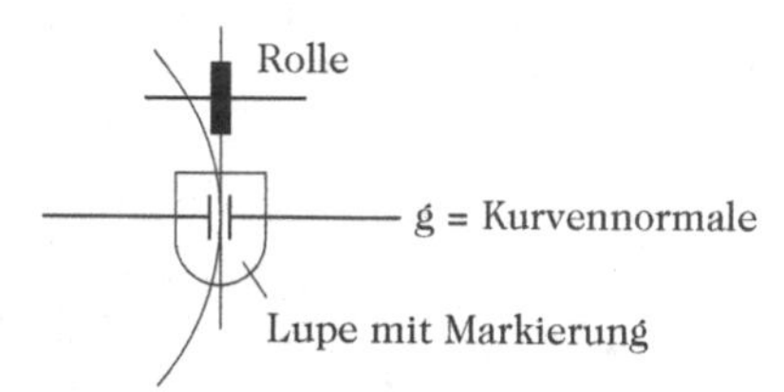

Abbildung 2

Beim Einrollengerät (Abb. 2) muß die Tangente der zu messenden Kurve in der Meßrollenebene liegen. Die Ausrichtung erfolgt mittels einer Lupe bzw. mittels eines Spiegels.

Kurvenzeichner, Geräte zum Zeichnen häufig benutzter Kurven, vor allem von Kegelschnitten, zyklischen Kurven, die durch Abrollen eines Kreises auf einem anderen Kreis entstehen (Evolvente, Zykloide), oder Spiralen.

Zum Zeichnen bzw. Nachziehen punktweise konstruierter Kurven werden ↗ Kurvenlineale benutzt. Ellipsenzirkel zum Zeichnen von Ellipsen arbeiten z. B. mit zwei zueinander senkrechten Führungen, in denen eine Gerade mit dem Zeichenstift geführt wird. Sie beruhen auf der Parameterdarstellung der Ellipse. Crawford und Ziethen haben (ca. 1936) je ein Gerät konstruiert, das für alle drei Kegelschnitte verwendet werden kann.

Für zyklische Kurven oder Rollkurven ist der Evolventenzirkel von praktischer Bedeutung. Eine Tangentenschiene, die in Tangentenrichtung nicht beweglich ist, stellt die auf dem Grundkreis abrollende Gerade dar. Auf ihr ist eine zweite senkrechte Schiene verschiebbar. Auf dieser befindet sich der Einstechpunkt für den Mittelpunkt des Grundkreises. Mit dem Evolventenzirkel von Hofer (1934) lassen sich auch archimedische Spiralen zeichnen.

kurvenzusammenhängender Raum, auch wegzusammenhängender Raum genannt, Bezeichnung für einen topologischen Raum X, in dem es für je zwei Punkte $x, y \in X$ eine stetige Abbildung $w : [0,1] \to X$ gibt, für welche $w(0) = x$ und $w(1) = y$ gilt.

Kurvenzusammenhängende Räume sind stets zusammenhängend, aber z. B. ist die Menge $Y := \{(x,y) \in \mathbb{R}^2 \mid y = \sin(\frac{1}{x})$ für $x \neq 0$, $y \in [-1,1]$ falls $x = 0\}$ zusammenhängend, jedoch nicht kurvenzusammenhängend.

Kurvimeter, ↗ Kurvenmesser.

kurze exakte Garbensequenz, ↗ exakte Garbensequenz.

kurze exakte Sequenz, fundamentaler Begriff für die Homologietheorie. Gegeben sei eine endliche oder unendliche Folge von abelschen Gruppen und Homomorphismen der Form

$$\ldots \stackrel{f_{q+2}}{\to} A_{q+1} \stackrel{f_{q+1}}{\to} A_q \stackrel{f_q}{\to} A_{q-1} \stackrel{f_{q-1}}{\to} \ldots .$$

Diese Folge heißt exakt bei A_q, wenn die Untergruppen Im (f_{q+1}) und Ker (f_q) von A_q übereinstimmen; sie heißt exakt, wenn das für alle q gilt.

Die Sequenz $0 \to A \stackrel{f}{\to} B$ *bzw.* $A \stackrel{g}{\to} B \to 0$ *ist genau dann exakt, wenn* f *injektiv bzw.* g *surjektiv ist (dabei ist* 0 *die Nullgruppe, und* $0 \to A$ *bzw.* $B \to 0$ *sind die Nullhomomorphismen).* $0 \to A \stackrel{h}{\to} B \to 0$ *ist genau dann exakt, wenn* h *ein Isomorphismus ist.*

Eine exakte Sequenz der Form

$$0 \to A \stackrel{f}{\to} B \stackrel{g}{\to} C \to 0$$

heißt kurze exakte Sequenz. In einer solchen Sequenz ist also f injektiv und g surjektiv. Sie zerfällt oder spaltet, wenn eine der folgenden äquivalenten Bedingungen erfüllt ist:

a) Es gibt einen Isomorphismus $\varphi : A \oplus C \to B$ mit $f(a) = \varphi(a, 0)$ und $g\varphi(a, c) = c$.

b) Es gibt einen zu g rechtsinversen Homomorphismus $r : C \to B$, d. h. $gr = id_C$.

c) Es gibt einen zu f linksinversen Homomorphismus $l : B \to A$, d. h. $lf = id_A$.

Wenn $0 \to A \xrightarrow{f} B \xrightarrow{g} C \to 0$ exakt ist, so gibt es eine zu A isomorphe Untergruppe A' von B, nämlich $A' = f(A) = \text{Ker}(g)$, so daß B/A' zu C isomorph ist. Man nennt daher B eine Erweiterung der Gruppe A durch die Gruppe C. Es ist ein wichtiges Problem, bei gegebenen A, C alle Erweiterungen zu bestimmen.

Alle diese Definitionen und Aussagen lassen sich auf R-Moduln über einem Ring R und R-Modulhomomorphismen übertragen.

[1] Mac Lane, S.: Homology. Springer-Verlag Berlin/Heidelberg/New York, 1995.

[2] Stöcker, R., Zieschang, H.: Algebraische Topologie. B.G. Teubner Stuttgart, 1988.

Kürzen eines Bruchs, gleichzeitiges Dividieren des Zählers und des Nenners eines in der Gestalt $\frac{xz}{yz}$ mit $z \neq 0$ darstellbaren Bruchs durch z. Dabei ändert sich der Wert des Bruchs nicht:

$$\frac{xz}{yz} = \frac{x}{y}.$$

Kürzeste der Kugel, die ↗kürzeste Verbindung zweier Punkte A und B auf einer Kugel.

Liegen A und B nicht diametral gegenüber, so ist dies der kürzere der beiden Bögen des durch A und B bestimmten ↗Großkreises. Dieser ergibt sich als Durchschnitt der Kugel mit der Ebene durch A, B und den Mittelpunkt M der Kugel.

Liegen sich A und B diametral gegenüber, so sind diese beiden Bögen auf jedem Großkreis durch A und B gleich lang. In diesem Fall gibt es keine eindeutig bestimmte Kürzeste.

kürzeste Verbindung, allgemein eine stetige Kurve, die zwei Punkte x und y eines Raumes verbindet, und deren Länge im Vergleich mit allen anderen Verbindungskurven den kleinsten Wert hat.

In Riemannschen Mannigfaltigkeiten ist jede differenzierbare kürzeste Verbindung eine Geodätische.

Den Begriff der kürzesten Verbindungskurve definiert man auch in allgemeineren metrischen Räumen, z. B. auf ↗konvexen Flächen, in entsprechender Weise.

kürzester Weg in Graphen, ↗ bewerteter Graph.

kürzeste-Wege-Problem, Problem des kürzesten Weges, „shortest-path-Problem" oder kurz SP-Problem, besteht darin, in einem zusammenhängenden und ↗bewerteten Graphen zwischen zwei verschiedenen Ecken einen kürzesten Weg aufzuspüren.

Das kürzeste-Wege-Problem gehört zu den fundamentalen algorithmischen Aufgaben, das viele Anwendungen hat und häufig als Teilproblem bei größeren Projekten auftaucht. Zur Lösung dieses Problems bieten sich die Algorithmen von ↗Dijkstra, ↗Floyd-Warshall oder ↗Moore-Bellman-Ford an.

Kürzungsregel, ein Satz zum Rechnen mit Restklassen:

Seien a, b, c, m ganze Zahlen, $m \neq 0$. Dann gilt die Äquivalenz

$$ac \equiv bc \mod m \iff a \equiv b \mod \frac{m}{ggT(c, m)}.$$

Kurzwellenasymptotik, allgemeine Bezeichnung für solche Näherungsverfahren für Lösungen partieller Differentialgleichungen, bei denen man asymptotische Entwicklungen nach einem bestimmten, in der Problemstellung vorkommenden Parameter betrachtet.

In der Optik bzw. Quantenmechanik ist dieser Parameter durch die Wellenlänge λ (für die entsprechende Wellengleichung) bzw. durch das Plancksche Wirkungsquantum $\hbar$ (z. B. für die Schrödinger-Gleichung) gegeben.

Die Gleichungen und ihre Singularitäten, die die asymptotischen Entwicklungen bestimmen, haben sehr oft eine Interpretation in der ↗symplektischen Geometrie oder ↗Kontaktgeometrie.

Kutta, Martin Wilhelm, deutscher Mathematiker, geb. 3.11.1867 Pitschen (Byczyna, Polen), gest. 25.12.1944 Fürstenfeldbruck.

Kutta studierte von 1885 bis 1890 in Breslau. Danach setzte er seine Studien in München fort. Ab 1894 war er Assistent bei von Dyck in München. Nach Aufenthalten in Cambridge, Jena und Aachen wurde er Professor in Stuttgart, wo er bis 1935 lehrte.

Sein Hauptarbeitsgebiet waren numerische Verfahren zur Lösung von gewöhnlichen Differentialgleichungen. 1901 veröffentlichte er das Runge-Kutta-Verfahren, das heute zu den grundlegenden Verfahren der numerischen Analysis gehört.

Kutta-Joukowski-Auftriebsformel, formal der Ausdruck $K = \mu \mathfrak{v}_\infty \Gamma$ für den Betrag der Kraft, die auf einen Ring der Breite Eins eines langen, zylinderförmigen Gegenstandes von einer inkompressiblen (↗inkompressible Flüssigkeit) stationären ebenen reibungsfreien Potentialströmung ausgeübt wird, wenn er quer zur in großer Entfernung konstanten Anströmgeschwindigkeit $\mathfrak{v}_\infty$ liegt. μ ist hierbei die Dichte der Flüssigkeit und $\Gamma := \oint \mathfrak{v} d\mathfrak{s}$ die Zirkulation (Integral der Strömungsgeschwindigkeit $\mathfrak{v}$ über einen geschlossenen Umlauf um den zylinderförmigen Körper).

Die Kraft steht senkrecht auf der durch $\mathfrak{v}_\infty$ gegebenen Richtung.

Die Aussagen über die Kraft bilden den Inhalt des Kutta-Joukowski-Theorems. Insbesondere wirkt keine Kraftkomponente in Richtung der Anströmgeschwindigkeit $\mathfrak{v}_\infty$ (↗induzierter Widestand der Aerodynamik). Für verschwindende Zirkulation wirkt keine Kraft. Unter den angenommenen Voraussetzungen könnte also in der Strömung ein Körper ohne Arbeitsleistung bewegt werden (es kommt ja nur auf die Relativgeschwindigkeit an). Die allgemeine, der Erfahrung widersprechende Aussage, daß ein gleichförmig durch eine Flüssigkeit bewegter Körper keinen Widerstand erfährt, weil sich die Drucke auf die Vorder- und Rückseite kompensieren, ist unter dem Namen d'Alembertsches Paradoxon bekannt.

Für eine Potentialströmung ergibt sich die Geschwindigkeit als Gradient eines Potentials Φ, das unter den obigen Voraussetzungen Lösung der (ebenen) Laplace-Gleichung ist. Damit ist überall $\text{rot}\mathfrak{v} = 0$, bis auf singuläre Punkte oder Linien. Die von Null verschiedene Zirkulation ergibt sich beim Abriß der Grenzschicht, die sich aufgrund der Reibung zwischen der Flüssigkeit und dem umströmtem Körper in seiner unmittelbaren Umgebung ausbildet. In ihr fällt die Strömungsgeschwindigkeit schnell auf Null ab.

Hat der umströmte Körper hinten eine scharfe Kante (Tragfläche eines Flugzeuges), dann liegt der Abriß auf dieser Kante (↗Joukowski-Bedingung). Hinter dem Körper bildet sich ein Wirbel aus (Anfahrwirbel). Da die Strömung in großer Entfernung als wirbelfrei vorausgesetzt wird, muß ein zweiter Wirbel mit entgegengesetztem Drehsinn entstehen, dieser zweite Wirbel führt auf die Beziehung $\Gamma \neq 0$.

KV-Diagramm, ↗Karnaugh-Veitch-Diagramm.

Kybernetik, Lehre von den Steuerungs- und Regelungsprozessen.

Die Kybernetik versteht sich als interdisziplinäres Forschungsgebiet, das versucht, Steuerungs- Regelungs- und Kommunikationsvorgänge in verschiedensten Bereichen (u. a. Biologie, Technik, Gesellschaft) einheitlich zu modellieren. Im Mittelpunkt steht dabei der Begriff des dynamischen Systems. Untersucht werden u. a. das Zeitverhalten von Systemen, Phänomene, die durch Kopplung und Rückkopplung (Regelungskreise) entstehen, Möglichkeiten der äußeren Einflußnahme auf Systeme oder die Klassifizierung von Systemen nach verschiedensten Kriterien (z. B. Determiniertheit oder Steuerbarkeit). Dabei werden Methoden aus Mathematik (u. a. Differentialgleichungen, Markowketten, Spieltheorie) ebenso einbezogen wie Methoden aus Natur- (chemische und biochemische Prozesse, Kognitionsvorgänge), Sozial- und Technikwissenschaften.

Der Begriff „Kybernetik" ist heutzutage nicht mehr sehr gebräuchlich.

L, die Komplexitätsklasse aller Probleme, die sich von deterministischen Turing-Maschinen mit $\lceil \mathrm{ld}(n) \rceil$ Zellen auf dem Arbeitsband (↗Raumkomplexität), wobei sich n auf die Eingabelänge bezieht, lösen lassen.

Die Komplexitätsklasse L ist in der Komplexitätsklasse ↗P enthalten.

Labyrinth, eine Gebäudestruktur mit verschachtelten, irreführenden Wegen.

Bei der mathematischen Behandlung eines Labyrinths sucht man nach einer Methode, mit deren Hilfe man jede Stelle des Labyrinths erreichen kann, ohne über einen Plan des gesamten Labyrinths zu verfügen. Stellt man das Labyrinth als Graph dar, so geht es darum, Wege zu konstruieren, die jede Kante mindestens einmal durchlaufen.

Lacroix, Sylvestre Franç, französischer Mathematiker, geb. 28.4.1765 Paris, gest. 25.5.1843 Paris.

Lacroix studierte in Paris Mathematik, ab 1780 auch bei Monge. Ab 1782 lehrte er Mathematik an der Marineschule in Rochefort, ab 1785 an einem Pariser Gymnasium und ab 1788 an der Artillerieschule Besançon. Ab 1794 war er Mitglied des Executivkommitees für öffentliche Bildung. 1799 erhielt er eine Stelle als Professor an der École Polytechnique, 1805 am Bonapart-Lyzeum, und ab 1815 an der Pariser Universität.

Lacroix beschäftigte sich mit der Berechnung der Planetenbahnen, der Lösung partieller Differentialgleichungen und der Variationsrechnung. Er schrieb Lehrbücher zur Differential- und Integralrechnung, in denen er die Resultate seiner Zeit zusammenfaßte.

Ladung, meist im Sinne von „elektrischer Ladung“ verwendet, und in diesem Sinne eine additive Erhaltungsgröße eines Systems, die die Menge der in ihm enthaltenen elektrischen Ladungen beschreibt.

Analog zur elektrischen Ladung werden auch die magnetische, die leptonische und die baryonische Ladung eines Systems definiert (↗Ladungsverteilung)

Ladungsdichte, ein Maß für die ↗ Ladungsverteilung.

Ladungserhaltung, Eigenschaft eines abgeschlossenen Systems, daß die Summe aller darin enthaltenen Ladungen konstant ist.

Beispiel: Der Zerfall des elektrisch neutralen Neutrons in ein positiv geladenes Proton und weitere Teilchen ist nur möglich, wenn diese insgesamt elektrisch negativ geladen sind; in der Tat wird hier die negative elektrische Ladung durch ein Elektron geliefert.

Ladungsverteilung, gemessen durch die Ladungsdichte, die Verteilung einer (elektrischen) Ladung im Raum.

Auch wenn Ladungen an einzelne Elementarteilchen geknüft sind, ist es vielfach sinnvoll, den Kontinuumslimes zu bilden: Anstelle der endlich vielen Punktladungen nimmt man die Ladung als gleichmäßig im Raum verteilt an.

Im Kontinuumslimes lassen sich die Gleichungen der Elektrodynamik oft leichter lösen. Wegen der großen Anzahl der beteiligten Elektronen ist diese Näherung in makroskopischen Systemen sehr gut brauchbar.

Lagerhaltungstheorie, Teilgebiet der Operationsforschung, in dem die Effektivität des Bestellens, Lagerns und Auslieferns gewisser Güter untersucht wird.

Gut ausgearbeitet ist die Lagerhaltungstheorie für die Fälle, daß nur ein Gut betrachtet wird, oder die Lagerung mehrerer Güter sich nicht gegenseitig beeinflußt. Güter können Rohstoffe, Halb- oder Fertigprodukte sein, sowohl im Einzel- oder Großhandel, als auch in Ersatzteil- oder Auslieferungslagern eines Betriebes. Die Anforderungen an das Lager, die Nachfrage, bilden den Bedarf. Er heißt deterministisch, wenn er genau bekannt ist, sonst stochastisch. Man unterscheidet Lagerhaltung mit und ohne Vormerkung. Unter Vormerkung versteht man das Umwandeln einer momentan nicht zu befriedigenden Bedarfsanforderung in eine Vorbestellung, die sofort nach entsprechender Auffüllung des Lagers gedeckt wird. In Lagerhaltungssystemen ohne Vormerkung geht unbefriedigter Bedarf verloren, indem er nicht oder außerhalb des Lagerhaltungssystems befriedigt wird. Die Bestellung des Lagers kann periodisch oder laufend erfolgen. Der Zeitraum zwischen Bestellung und Eintreffen der Güter heißt Beschaffungszeit.

Ziel der Lagerhaltungstheorie ist das Ausarbeiten kostenoptimaler Bestellentscheidungen für das Lager, sodaß ein hoher Grad an Bedarfsbefriedigung erreicht wird. Bei den zu optimierenden Kosten unterscheidet man Beschaffungs-, Lager- und Fehlmengenkosten. Die fixen Beschaffungskosten sind unabhängig von der Menge und entstehen etwa durch Buchhaltung und mengenunabhängige Transportkosten; zusätzlich entstehen die den Bestellmengen proportionalen Beschaffungskosten. Die Lagerkosten sind Kosten, die für den Unterhalt des Lagers und für die Bestandsfinanzierung aufgebracht werden müssen. Fehlmengenkosten sind Kosten, die durch unbefriedigten Bedarf entstehen, etwa wenn dieser durch Sondermaßnahmen gedeckt werden muß oder durch Preisnachlaß ausgeglichen wird. Diese Kosten bedingen sich gegenseitig. Zum Beispiel führt ein kleineres Lager zu häufigeren Bestellungen, d. h. zu höheren fixen Bestellkosten und Fehlmengenkosten, aber auch zu geringeren Lagerkosten als ein größeres Lager.

Sind Lagerzugang und -abgang stochastisch, so wird eine zukünftige Bedarfsbefriedigung nicht mit Sicherheit (deterministisch), sondern nur im Mittel oder mit einer gewissen Wahrscheinlichkeit beschrieben. Quantitative Aussagen über die Bedarfsdeckung werden als Servicegrad bezeichnet. Der α-Servicegrad z. B. ist die Wahrscheinlichkeit für die Bedarfsdeckung in einer Periode.

Ist der Bedarf μ je Zeiteinheit konstant und unbefriedigter Bedarf nicht zulässig, so ist es nach einer einfachen Bestellstrategie günstig, in regelmäßigen Abständen T jeweils die gleiche Menge Q zu bestellen. Die optimale Bestellmenge ist dann durch die Losgrößenformel

$$Q^* = \sqrt{\frac{2K\mu}{h}}$$

bestimmt, wenn K die fixen Beschaffungskosten je Bestellung und h die Lagerkosten je Mengen- und Zeiteinheit sind. $T^* = \frac{Q^*}{\mu}$ ist dann der optimale Bestellabstand.

Bei stochastischem Bedarf ist unter praktisch oft erfüllten schwachen Voraussetzungen eine ↗ (s, S)-Strategie optimal, nach der der Lagerbestand auf S aufgefüllt wird, sobald er s unterschreitet. Zur Berechnung von s und S werden meist Näherungsverfahren verwendet.

Lagrange, Interpolationssatz von, die zentrale Aussage der ↗Lagrange-Interpolation.

Lagrange, Joseph Louis, Mathematiker, geb. 25.1.1736 Turin, gest. 10.4.1813 Paris.

Lagrange, Sohn eines Kriegsschatzmeisters, studierte in Turin Mathematik und Naturwissenschaften. Mit 16 Jahren wurde er Mathematiklehrer an der Artillerieschule, 1755 Professor an dieser Schule. Ab 1766 wirkte Lagrange als Nachfolger Eulers an der Berliner Akademie der Wissenschaften. Im Jahre 1787 wechselte er an die Pariser Akademie der Wissenschaften. In der Revolutionszeit – die Akademie war aufgelöst – war er Mitglied der Kommissionen für Maße und Gewichte und der für Erfindungen und deren Anwendung. 1795 wurde Lagrange Professor an der École Normale, ab 1797 war er an der École Polytechnique tätig.

Lagrange arbeitete zuerst über Variationsrechnung. Er führte die „erste Variation“, ebenso wie die „Lagrange-Multiplikatoren“ ein. Damit gelang es ihm, ein allgemeines Verfahren zur Lösung von Extremalproblemen aufzubauen, das er 1760/61 erstmals publizierte. Der Beweis des zur Begründung des Verfahrens benutzten Fundamentallemmas der Variationsrechnung war jedoch lückenhaft und wurde erst 1848 von P. Sarrus exakt geführt. Durch Anwendung seiner Methode leitete Lagrange u. a. wichtige Resultate über Minimalflächen ab. Die Variationsrechnung führte ihn in fast natürlicher Weise zur Beschäftigung mit Differentialgleichungen. 1774 analysierte er eingehend singuläre Lösungen von linearen gewöhnlichen und partiellen Differentialgleichungen erster Ordnung und diskutierte die Beziehungen zum allgemeinen bzw. vollständigen Integral dieser Gleichungen. Außerdem schuf er die Methode der Variation der Konstanten für die Lösung inhomogener linearer gewöhnlicher Differentialgleichungen.

Lagrange erkannte die Unzulänglichkeiten der zeitgenössischen Differentialrechnung, die er zu Recht im unklaren Umgang mit dem Unendlichkleinen ausmachte. Er gründete seine Differentialrechnung auf das Rechnen mit Taylor-Reihen, schränkte damit aber die Wirksamkeit des Kalküls auf analytische Funktionen ein (1797, 1801). In einer umfassenden Arbeit analysierte Lagrange 1770 die Frage, warum bei algebraischen Gleichungen fünften und höheren Grades im allgemeinen die Lösungsmethoden, die bei Gleichungen niederen Grades erfolgreich sind, versagen, konnte jedoch keine durchgreifenden Resultate erzielen. Er lenkte die Aufmerksamkeit auf das Studium von rationalen Funktionen der Gleichungswurzeln sowie deren Verhalten bei der Permutation der Wurzeln, und formulierte erste wichtige Resultate. Seine Methode, die ihn zum unmittelbaren Vorläufer von Galois werden ließ, führte zur Betrachtung von Permutationsgruppen. Er gab in diesem Kontext implizit den Satz an, daß die Ordnung einer Untergruppe die Gruppenordnung teilt. In anderen algebraischen Arbeiten behandelte er die Approximation der reellen Wurzeln einer Gleichung durch Kettenbrüche und Interpolationsformeln. In Anmerkungen zur französischen Übersetzung von Eulers „Vollständige Anleitung zur Algebra" teilte er eigene wichtige Ergebnisse über diophantische Gleichungen zweiten Grades in zwei Unbekannten mit. Bereits zuvor hatte er 1770/72 u. a. mit den Beweisen für den Vier-Quadrate-Satz und den Wilsonschen Satz beachtliche Erfolge in der Zahlentheorie veröffentlicht. Lagranges Hauptwerk wurde die „Mécanique analytique"(1788). Darin behandelte er bewußt die gleichen Fragen, die Newton in seinen „Principia..." untersucht hatte. Die grundlegenden Lagrangeschen Bewegungsgleichungen wurden als Eulersche Gleichungen eines mechanischen Variationsprinzips gefaßt und waren damit viel weitreichender als der Newtonsche Ansatz. Weitere Arbeiten Lagranges waren astronomischen Inhalts, besonders seine Beiträge zur Störungsrechnung waren grundlegend. Er untersuchte die komplizierte Bahnbewegung des Mondes (1764), die Bewegungen der Jupitermonde (1766) und Durchmesser und Entfernungen von Himmelskörpern.

Lagrange, Vier-Quadrate-Satz von, lautet:

Jede natürliche Zahl läßt sich als Summe von höchstens vier Quadraten darstellen.

Bachet, der die „Arithmetika" von Diophant herausgegeben hatte, glaubte, daß dieser Satz bereits Diophant bekannt war. Möglicherweise kannte Fermat einen Beweis, den er jedoch nie mitteilte. Lagrange publizierte 1770 einen ersten Beweis; drei Jahre später gab Euler einen deutlich einfacheren Beweis.

Lagrange-Abbildung, Einschränkung der Bündelprojektion eines ↗Lagrangeschen Faserbündels M über B auf eine gegebene ↗Lagrangesche Untermannigfaltigkeit L des Totalraums.

Viele Singularitätenphänomene lassen sich im Rahmen von singulären Werten von Lagrange-Abbildungen verstehen, vgl. ↗Gauß-Abbildung, ↗Gradientenabbildung, ↗Normalenabbildung.

Lagrange-Darstellung der Hydrodynamik, ↗Euler-Darstellung der Hydrodynamik.

Lagrangefunktion, wird aus den ↗Lagrange-Multiplikatoren $\bar{\lambda}_i$ und $\bar{\mu}_i$ eines kritischen Punktes $\bar{x}$ einer Funktion f gebildet.

Dabei sei f eingeschränkt auf $M := \{x \in \mathbb{R}^n | h_i(x) = 0, i \in I; g_j(x) \geq 0, j \in J\}$ mit endlichen Indexmengen I, J sowie reellwertigen Funktionen $f, h_i, g_j \in C^1(\mathbb{R}^n)$.

Die Lagrangefunktion L lautet dann:

$$L(x) := f(x) - \sum_{i \in I} \bar{\lambda}_i \cdot h_i(x) - \sum_{j \in J_0(\bar{x})} \bar{\mu}_j \cdot g_j(x),$$

wobei

$$J_0(\bar{x}) := \{j \in J | g_j(\bar{x}) = 0\}.$$

Die Lagrangefunktion spielt eine wesentliche Rolle bei der Formulierung notwendiger und hinreichender Optimalitätsbedingungen.

Lagrange-Gleichung, ↗ Euler-Lagrange-Gleichung.

Lagrange-Identität, auf Joseph Louis Lagrange zurückgehende Aussagen über Produkte zweier ↗Kreuzprodukte (Vektorprodukte)

$$\begin{aligned}(a \times b) \cdot (c \times d) &= (a \cdot c)(b \cdot d) - (a \cdot d)(b \cdot c) \\ (a \times b) \times (c \times d) &= (a, c, d)b - (b, c, d)a\end{aligned}$$

für Vektoren a, b, c, d im $\mathbb{R}^3$. Dabei seien mit $\times$ das Kreuzprodukt, mit $\cdot$ das übliche Skalarproddukt bezeichnet, und

$$(a, b, c) := (a \times b) \cdot c$$

sei das Spatprodukt. (Bilden a, b, c ein Rechtssystem, dann liefert das Spatprodukt gerade das Volumen des von a, b, c aufgespannten Parallelepipeds bzw. ↗Spats).

Ein Spezialfall der ersten Beziehung ist

$$\|a \times b\|_2^2 = \|a\|_2^2 \|b\|_2^2 - (a \cdot b)^2.$$

Allgemeiner gilt für $2 \leq n \in \mathbb{N}$ und Vektoren im $\mathbb{R}^n$:

$$(a_1 \times \cdots \times a_{n-1}) \cdot (b_1 \times \cdots \times b_{n-1}) = \begin{vmatrix} a_1 \cdot b_1 & \cdots & a_1 \cdot b_{n-1} \\ \cdots & \cdots & \cdots \\ \cdots & \cdots & \cdots \\ a_{n-1} \cdot b_1 & \cdots & a_{n-1} \cdot b_{n-1} \end{vmatrix}.$$

Auch die Beziehung

$$a \times (b \times c) + b \times (c \times a) + c \times (a \times b) = 0$$

für Vektoren a, b, c im $\mathbb{R}^3$ wird gelegentlich als Lagrange-Identität bezeichnet.

Lagrange-Interpolation, klassische Interpolationsmethode, bei der eine stetige Funktion durch eine endliche Menge von Werten eindeutig festgelegt wird.

Lagrange-Interpolation wird in der ↗Numerischen Mathematik und der ↗Approximationstheorie behandelt.

Es sei $G = \{g_0, g_1, \ldots, g_N\}$ ein System von $N + 1$ linear unabhängigen, stetigen, reell- oder komplexwertigen Funktionen, definiert auf einem Intervall $[a, b]$, einem Gebiet $G \subset \mathbb{C}$, oder einem Kreis T. Weiter sei $X = \{x_0, \ldots, x_N\}$ eine Menge von $N + 1$ Punkten aus $[a, b]$, bzw. T, mit der Eigenschaft $x_0 < \ldots < x_N$. Das Problem der Lagrange-Interpolation hinsichtlich G und X besteht nun darin, für reelle Werte c_i, $i = 0, \ldots, N$, eine eindeutige Funktion

$$g = \sum_{j=0}^{N} a_j g_j$$

mit der Eigenschaft

$$g(x_i) = c_i, \quad i = 0, \ldots, N,$$

zu finden. Falls für beliebige c_i stets eine solche Funktion g existiert, so ist das Problem der Lagrange-Interpolation hinsichtlich G und X lösbar. X heißt in diesem Fall Lagrange-Interpolationsmenge für G.

Verallgemeinerungen der Lagrange-Interpolation, bei denen neben den Funktionswerten von g auch gewisse Ableitungen vorgeschrieben werden, nennt man ↗Hermite-Interpolation bzw. ↗Birkhoff-Interpolation.

Bei der Lagrange-Interpolation spielen strukturelle Eigenschaften des zugrundeliegenden Systems G ein Rolle. Es ist bekannt, daß das Problem der Lagrange-Interpolation genau dann für jede beliebige Wahl von X lösbar ist, wenn G ein Tschebyschew-System bildet. Ein solches System G bilden beispielsweise die Polynome vom Grad N,

$$G = \{1, x, \ldots, x^N\}.$$

In diesem Fall läßt sich für jedes vorgegebene X und beliebig vorgegebene Werte c_i das Interpolationspolynom g in der Lagrange-Darstellung

$$g(x) = \sum_{i=0}^{N} c_i l_{N,i}(x), \quad x \in [a, b]$$

angeben. Hierbei sind die Lagrange-Polynome (auch Lagrange-Fundamentalpolynome oder Lagrangesche Grundpolynome genannt) $l_{N,i}$ definiert durch

$$l_{N,i}(x) = \prod_{\substack{j=0 \\ j \neq i}}^{N} \frac{x - x_j}{x_i - x_j}, \quad i = 0, \ldots, N. \qquad (1)$$

Es gilt offenbar

$$l_{N,i}(x_k) = \begin{cases} 1, & \text{falls } i = k \\ 0, & \text{falls } i \neq k. \end{cases}$$

Die Lagrange-Polynome sind daher linear unabhängig. Sie hängen nur von den x_i, nicht von den c_i ab.

Man faßt diese Tatsache im klassischen Interpolationssatz von Lagrange zusammen:

Es seien $N + 1 \in \mathbb{N}$ verschiedene Punkte $x_0, \ldots, x_N$ aus $\mathbb{R}$ oder $\mathbb{C}$ und $N + 1$ beliebige Zahlen $c_0, \ldots, c_N$ gegeben. Dann existiert genau ein Polynom p vom Grad höchstens N derart, daß $p(x_i) = c_i$ für $i = 1, \ldots, N$. Dieses Polynom besitzt die Darstellung

$$p(z) = \sum_{i=0}^{N} c_i l_{N,i}(x)$$

mit den durch (1) definierten Lagrange-Polynomen $l_{N,i}$.

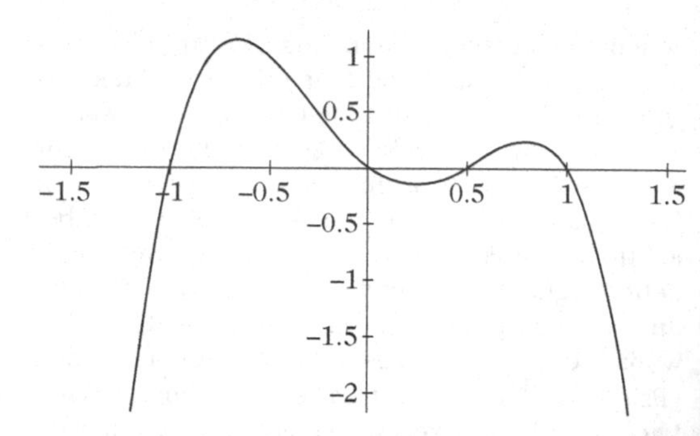

Das Polynom $l_{4,1}$ für $x_0 = -1$, $x_1 = -0.5$, $x_2 = 0$, $x_3 = 0.5$, $x_4 = 1$.

Ein Maß für die Güte des Approximationsverhaltens des Interpolationspolynoms auf einem Intervall $[a, b]$ ist die Lebesgue-Konstante

$$L_N := \max \left\{ \sum_{i=0}^{N} |l_i(x)| : x \in [a, b] \right\}.$$

Wählt man beispielsweise äquidistante Punkte, d. h. $x_{i+1} - x_i = const$, so ist die Lebesgue-Konstante recht groß, was sich im allgemeinen negativ auswirkt. Andererseits ist bekannt, daß eine gute Wahl der Menge X durch die sogenannten Tschebyschew-Punkte

$$\begin{aligned} x_i &= \cos\left(\tfrac{2(N-i)+1}{2(N+1)}\pi\right) \in [a, b] = [-1, 1], \\ i &= 0, \ldots, N, \end{aligned}$$

gegeben ist. Dies sind die Nullstellen des ↗Tschebyschew-Polynoms. Für sie ist die Lebesgue-Konstante vergleichsweise klein.

Numerisch deutlich stabiler als die Lagrange-Darstellung ist die ↗Newtonsche Interpolationsformel für g.

Falls G kein Tschebyschew-System bildet, so ist das Problem der Lagrange-Interpolation hinsichtlich G und X nur unter gewissen Zusatzvoraussetzungen an X lösbar. Betrachtet man beispielsweise ein System G von ↗Splinefunktionen

$$G = \{1, x, \ldots, x^N, (x - t_j)_+^N, j = 0, \ldots, k - 1\},$$

wobei $a \leq t_0 < t_1 < \ldots < t_{k-1} \leq b$ und $(z)_+ = \max\{0, z\}$, so gilt der folgende Satz von Schoenberg und Whitney aus dem Jahr 1953.

Das Problem der Lagrange-Interpolation hinsichtlich G und $X = \{x_0 < \ldots < x_{N+k}\}$ ist genau dann lösbar, wenn X wie folgt über $[a, b]$ verteilt ist:

$$x_j < t_j < x_{j+N+1}, \; j = 0, \ldots, k - 1.$$

Einfache Charakterisierungen von Lagrange-Interpolationsmengen X dieser Art sind nicht für jedes System G möglich. So weiß man beispielsweise, daß für Splines definiert auf einem Kreis T, sogenannte ↗periodische Splines, eine solche Verteilungsbedingung im allgemeinen nur notwendig, jedoch nicht hinreichend ist.

Für Systeme G von multivariaten Funktionen führt das Problem der Lagrange-Interpolation auf moderne und komplexe mathematische Fragestellungen, die derzeit von Approximationstheoretikern untersucht werden. Hierbei sind vor allem Systeme G multivariater Polynome und multivariater Splines von großer Bedeutung.

[1] Hämmerlin, G.; Hoffmann, K.-H.: Numerische Mathematik. Springer-Verlag Berlin, 1989.

[2] Schönhage, A.: Approximationstheorie. de Gruyter & Co. Berlin, 1971.

Lagrange-Multiplikatoren, für einen ↗kritischen Punkt $\bar{x}$ einer Funktion $f|_M$ die zugehörigen (nicht unbedingt eindeutigen) reellen Zahlen $\bar{\lambda}_i$ und $\bar{\mu}_j \geq 0$.

Lagrange-Newton, Verfahren von, behandelt ein Optimierungsproblem unter Nebenbedingungen, indem es dasselbe in ein Nullstellenproblem transformiert.

Gesucht sei beispielsweise min$f$ auf der Menge

$$M := \{x \in \mathbb{R}^n \mid h_i(x) = 0, i \in I\}$$

mit endlicher Indexmenge I und reellwertigen Funktionen $f, h_i \in C^1(\mathbb{R}^n)$. Ferner gelte die lineare Unabhängigkeitsbedingung auf ganz M.

Ist jetzt $\bar{x} \in M$ ein kritischer Punkt von $f|_M$ mit zugehörigen ↗Lagrange-Multiplikatoren $\bar{\lambda}$, so ist $(\bar{x}, \bar{\lambda})$ eine Nullstelle der Abbildung

$$T(x,\lambda) := \begin{pmatrix} D^T f(x) - \sum\limits_{i\in I} \lambda_i \cdot D^T h_i(x) \\ -h_i(x)\ ,\ i \in I \end{pmatrix}.$$

Das Verfahren von Lagrange-Newton wird nun angewandt, um solche Nullstellen (und damit mögliche Extremalpunkte des Ausgangsproblems) zu finden.

Dazu werden Iterationsfolgen (x_k), (λ_k) sowie Matrizen (A_k) und (B_k) berechnet, wobei

$$A_k := D^2 f(x_k) - \sum_{i\in I} \lambda_{i_k} \cdot D^2 h_i(x_k)$$

und

$$B_k := -\left(D^T h_i(x_k), i \in I\right)$$

ist. Man löst in jedem Schritt das System

$$\begin{pmatrix} A_k & B_k \\ B_k^T & 0 \end{pmatrix} \begin{pmatrix} \Delta x_k \\ \Delta\lambda_k \end{pmatrix} = \begin{pmatrix} -D^T f(x_k) - B_k \cdot \lambda_k \\ h_i(x_k), i \in I \end{pmatrix}$$

und ermittelt die neuen Iterierten gemäß

$$x_{k+1} := x_k + \Delta x_k\,,$$
$$\lambda_{k+1} := \lambda_k + \Delta\lambda_k$$

(Lagrange-Newton Iteration).

Das Vorgehen läßt sich analog auf Probleme mit Ungleichungsnebenbedingungen erweitern.

Lagrange-Polynom, ↗Lagrange-Interpolation.

Lagrange-Restglied, ↗Taylor, Satz von.

Lagrangesche Äquivalenz von Abbildungen, Eigenschaft von ↗Lagrange-Abbildungen.

Zwei Lagrange-Abbildungen werden äquivalent oder Lagrange-äquivalente Abbildungen genannt, falls es einen symplektischen Bündelisomorphismus der entsprechenden ↗Lagrangeschen Faserbündel gibt, die die ↗Lagrangesche Untermannigfaltigkeit L des Totalraums M auf die Lagrangesche Untermannigfaltigkeit L' des Totalraums M' abbilden.

Durch Ausnutzung von Lagrangeschen Äquivalenzen lassen sich Lagrange-Abbildungen und ihre Singularitäten auf Normalformen bringen und klassifizieren.

Lagrangesche Graßmann-Mannigfaltigkeit, die Menge $\mathcal{L}(V)$ aller ↗Lagrangeschen Unterräume eines $2n$-dimensionalen symplektischen Vektorraums V.

$\mathcal{L}(V)$ ist eine differenzierbare Mannigfaltigkeit der Dimension $n(n+1)/2$, auf der die unitäre Gruppe $U(n)$ transitiv operiert, sodaß $\mathcal{L}(V)$ isomorph zur homogenen Riemannschen symmetrischen Mannigfaltigkeit $U(n)/O(n)$ ist.

Die Lagrangesche Graßmann-Mannigfaltigkeit ist von fundamentaler Bedeutung für die Korrekturen durch den ↗Maslov-Index in der sog. Wentzel-Kramers-Brillouin-Jeffreys-Methode.

Lagrangesche Identität, Aussage über den Differentialoperator, wie er im Sturm-Liouvilleschen Randwertproblem auftritt.

Seien $n \in \mathbb{N}$ und $r_k, s_k \in \mathbb{N}_0$, sowie $I \subset \mathbb{R}$ ein Intervall und $a_k : I \to \mathbb{R}$ sowohl r_k-mal als auch s_k-mal differenzierbar für alle $k \in \{0, \ldots, n\}$.

Für den Differentialoperator L, definiert durch

$$Ly := \sum_{k=0}^{n} \left[a_k(x) y^{(r_k)}\right]^{(s_k)},$$

und den entsprechenden adjungierten Operator

$$L^* y = \sum_{k=0}^{n} (-1)^{r_k+s_k} \left[a_k(x) y^{(s_k)}\right]^{(r_k)},$$

sowie für $\max_{k\in\{0,\ldots,n\}}\{(r_k + s_k)\}$-mal differenzierbare Funktionen u, v gilt dann die Lagrangesche Identität:

$$vLu - uL^*v = \frac{d}{dx}\widetilde{L}[u,v]\,. \tag{1}$$

Dabei ist $\widetilde{L}$ der bilineare Differentialoperator

$$\widetilde{L}[u,v] := \sum_{k=0}^{n}\Bigg[\sum_{\substack{p,q\\p+q=s_k-1}} (-1)^p (a_k u^{(r_k)})^{(q)} v^{(p)} - \\ - \sum_{\substack{p,q\\p+q=r_k-1}} (-1)^{r_k+s_k+p} (a_k v^{(s_k)})^{(q)} u^{(p)}\Bigg].$$

Gebräuchlicher und handlicher ist die Lagrangesche Identität speziell für Sturm-Liouvillesche Randwertprobleme 2. Ordnung. Hier hat der Differentialoperator L die Form

$$Ly = (p(x)y')' + q(x)y.$$

Dabei soll p stetig differenzierbar und q stetig auf dem Intervall $I \subset \mathbb{R}$ sein. Zusätzlich muß $p(x) > 0$ für alle $x \in I$ gelten. L ist dann ein selbstadjungierter Operator, d. h. $L = L^*$, und die Lagrangesche Identität besagt dann für $u, v \in C^2(I)$:

$$uLv - vLu = \frac{d}{dx}\left[p(x)(uv' - vu')\right].$$

Durch Übergang zu einem bestimmten Integral erhält man zudem aus der Lagrangeschen Identität (1) die sog. Greensche Formel:

$$\int_a^b (vLu - uL^*v)\, dx = \widetilde{L}[u,v]|_a^b.$$

[1] Heuser, H.: Gewöhnliche Differentialgleichungen. B. G. Teubner Stuttgart, 1989.

Lagrangesche Interpolationsformel, ↗ Lagrange-Interpolation.

Lagrangesche Singularität, kritischer Wert einer ↗ Lagrange-Abbildung, manchmal auch ↗ Kaustik genannt.

Lagrangesche Untermannigfaltigkeit, Untermannigfaltigkeit einer ↗ symplektischen Mannigfaltigkeit M, wobei jeder ihrer Tangentialräume ↗ Lagrangescher Unterraum des Tangentialraums der symplektischen Mannigfaltigkeit ist.

Die Dimension einer Lagrangeschen Untermannigfaltigkeit ist gerade die Hälfte der Dimension von M. Wichtige Beispiele sind alle Fasern und die Basis eines ↗ Kotangentialbündels.

Lagrangescher Unterraum, Unterraum halber Dimension eines endlich-dimensionalen ↗ symplektischen Vektorraums, auf dem die symplektische 2-Form verschwindet.

Lagrangesches Faserbündel, über einer Mannigfaltigkeit B gegebenes Faserbündel, dessen Totalraum M eine ↗ symplektische Mannigfaltigkeit ist, und dessen Fasern alle ↗ Lagrangesche Untermannigfaltigkeiten von M darstellen.

Wichtigstes Beispiel ist das ↗ Kotangentialbündel von B, es werden aber auch Lagrangesche Faserbündel betrachtet, deren typische Faser ein n-Torus ist.

Lagrange-Stabilität, Eigenschaft eines Punktes eines dynamischen Systems.

Für ein topologisches dynamisches System $(M, \mathbb{R}, \Phi)$ heißt ein Punkt $x \in M$ positiv bzw. negativ Lagrange-stabil, falls sein Vorwärts- bzw. Rückwärts-Orbit relativ kompakt ist, d. h. wenn $\overline{\mathcal{O}^+(x)}$ bzw. $\overline{\mathcal{O}^-(x)}$ (↗ Orbit) kompakt ist. Ist der Orbit $\mathcal{O}(x)$ relativ kompakt, so heißt x Lagrange-stabil.

Laguerre, Edmond Nicolas, französischer Mathematiker, geb. 9.4.1834 Bar-le-Duc, gest. 14.8.1886 Bar-le-Duc.

Laguerre studierte an der École Polytechnique in Paris. 1854 wurde er Artillerieoffizier. 1864 kehrte er als Lehrer an die École Polytechnique zurück. Ab 1883 lehrte er mathematische Physik am Collège de France.

Laguerre arbeitete hauptsächlich auf dem Gebiet der Geometrie. Er untersuchte Winkel in der komplexen projektiven Geometrie und verschiedene rationale Kurven (Kardioide, Zykloide), entwickelte Modelle für eine konforme Geometrie (Laguerre-Geometrie) und löste erfolgreich Differentialgleichungen (Laguerresche Differentialgleichung, Laguerre-Polynom).

Laguerre-Ebene, eine ↗ Inzidenzstruktur $(\mathcal{P}, \mathcal{B}, I)$ mit $\mathcal{B} = \mathcal{K} \cup \mathcal{L}$ (die Elemente von $\mathcal{K}$ heißen Kreise, die Elemente von $\mathcal{L}$ werden Erzeugende genannt), die folgende Axiome erfüllt:

- Die Menge $\mathcal{L}$ ist eine Partition von $\mathcal{P}$.
- Durch je drei verschiedene Punkte, die nicht auf einer Erzeugenden liegen, geht genau ein Kreis.
- Jeder Kreis schneidet jede Erzeugende in genau einem Punkt.
- Sind A, B zwei Punkte, die nicht auf einer gemeinsamen Erzeugenden liegen, und ist K ein

Kreis durch A, der B nicht enthält, so gibt es genau einen Kreis durch A und B, der mit K nur den Punkt A gemeinsam hat (Berühraxiom).

- Es gibt mindestens zwei Kreise, und jeder Kreis enthält mindestens drei Punkte.

Klassisches Beispiel ist die ↗Miquelsche Ebene. Eine Laguerre-Ebene ist eine ↗Benz-Ebene. Siehe auch ↗Laguerre-Geometrie.

Laguerre-Funktionen, die Lösungen der Differentialgleichung

$$z\frac{d^2w}{dz^2} + (\alpha - z + 1)\frac{dw}{dz} + nz = 0,$$

wobei α und n beliebige komplexe Parameter sind.

Man bezeichnet sie üblicherweise mit L_n^α. Laguerre-Funktionen lassen sich leicht durch Whittaker-Funktionen oder durch die ↗konfluente hypergeometrische Funktion darstellen. Man erhält:

$$L_n^\alpha(z) = \frac{1}{\Gamma(n+1)}M(-n, \alpha+1, z),$$

wobei M die konfluente hypergeometrische Funktion (Kummer-Funktion) bezeichet.

Für $n \in \mathbb{N}_0$ gehen diese Funktionen in die ↗Laguerre-Polynome über.

Mitunter nennt man für $n \in \mathbb{N}_0$ die Funktionen

$$e_n^\alpha(z) := z^{\alpha/2}e^{-z/2}L_n^\alpha(z)$$

ebenfalls Laguerre-Funktion.

[1] Erdélyi, A.: Higher transcendential funktions, vol. 1. McGraw-Hill, 1953.

Laguerre-Geometrie, Teilgebiet der Geometrie, das die Wirkung der Gruppe $\mathcal{L}$ der Laguerre-Transformationen auf dem Raum $M_\mathcal{L}$ der sogenannten L-Kreise beschreibt.

Dieser Raum kann als eine Vereinigung der Menge der orientierten Kreise des $\mathbb{R}^2$ mit den Punkten des $\mathbb{R}^2$ – hier verstanden als Kreise mit verschwindendem Radius – betrachtet werden. Die Laguerre-Transformationen sind dann diejenigen Transformationen von L-Kreisen, die Teilmengen von L-Kreisen, die dadurch beschrieben sind, daß sie eine gegebene Gerade des $\mathbb{R}^2$ berühren, wieder in ebensolche Teilmengen überführen.

Zur genaueren Beschreibung der Laguerre-Geometrie konstruieren wir ein Modell. Für $u = (u_0, u_1) \in \mathbb{R}^2$ bezeichnen wir zunächst den Kreis um u mit dem Radius $r \in \mathbb{R}$, $r > 0$, durch $K(u, r)$. Dann konstruieren wir eine Abbildung $m_p : \mathbb{R}^3 \longrightarrow M_\mathcal{L}$ für $x = (x_0, x_1, x_2)$ durch

$$m_p(x) = \begin{cases} (K((x_0, x_1), x_2), 1), & \text{falls } x_2 > 0, \\ (K((x_0, x_1), x_2), -1), & \text{falls } x_2 < 0, \\ (x_0, x_1), & \text{falls } x_2 = 0 \end{cases}$$

Dabei stehen die Komponenten ± 1 für die Orientierung des entsprechenden Kreises.

Auf dem $\mathbb{R}^3$ betrachten wir die Bilinearform

$$\langle x, y\rangle_L = -x_0y_0 + x_1y_1 + x_2y_2$$

für $x = (x_0, x_1, x_2)$ und $y = (y_0, y_1, y_2) \in \mathbb{R}^3$.

Sei nun A(1, 2) die Gruppe der affinen Transformationen des $\mathbb{R}^3$, die die Bilinearform $\langle.,.\rangle_L$ erhalten. Dann definieren wir die Gruppe $\mathcal{L}$ der Laguerre-Transformationen auf $M_\mathcal{L}$ durch

$$L = \{m_p \circ \phi \circ m_p^{-1} \mid \phi \in A(1, 2)\}$$

In der klassischen Literatur wird die Abbildung m_p auch als zyklographische Projektion oder Minimalprojektion bezeichnet.

Es sei nun $u \in \mathbb{R}^2$ ein Punkt der Ebene. Dann berühren sich zwei L-Kreise genau dann in u, wenn ihre Urbilder unter m_p auf einer Gerade des $\mathbb{R}^3$ liegen, die die (x, y)–Ebene im Punkt u unter dem Winkel $\pi/4$ schneidet. Eine solche Gerade wird in der Laguerre-Geometrie isotrope Gerade genannt. Mit Hilfe dieser Begriffsbildung kann gezeigt werden, daß $(M_\mathcal{L}, \mathcal{L})$, so wie hier konstruiert, tatsächlich ein Modell der Laguerre-Geometrie ist. Ähnlich wie die Möbius-Gruppe im Rahmen der ↗Möbius-Geometrie kann auch die Gruppe der Laguerre-Transformationen aus speziellen Inversionen, den Laguerre-Inversionen, erzeugt werden. Siehe hierzu auch ↗Laguerre-Ebene.

Die Laguerre-Geometrie wurde in ihren Grundzügen bereits von Sophus Lie etwa 1870 entwickelt. Edmond Laguerre hat um 1880 vor allem die Erzeugung dieser Geometrie aus Inversionen untersucht. Vom Standpunkt der ↗Lie-Geometrie der Dimension $n = 2$ kann die Gruppe der Laguerre-Transformationen, wie auch die Möbius-Gruppe, als eine Untergruppe der Gruppe der Lie-Transformationen angesehen werden.

[1] Blaschke, W.: Vorlesungen über Differentialgeometrie III. Verlag von Julius Springer Berlin, 1929.

Laguerre-Operator, der Operator

$$(Lp)(x) := -\int_0^\infty e^t \frac{dp}{dx}(x+t)dt,$$

wobei $p \in \mathbb{R}[x]$.

Mitunter wird der Begriff auch verwendet für den Operator, der die ↗Laguerre-Transformation vermittelt.

Laguerre-Polynome, klassisches orthogonales Polynomsystem auf $(0, \infty)$ bezüglich der Gewichtsfunktion $\omega(x) = x^\nu e^{-x}$ für $\nu > -1$.

Die Laguerre-Polynome L_n^ν sind durch die Rodrigues-Formel

$$L_n^\nu(x) = \frac{x^{-\nu}e^x}{n!}\frac{d^n}{dx^n}(x^{\nu+n}e^{-x})$$

definiert. Eine explizite Darstellung ist durch

$$L_n^\nu(x) = \sum_{k=0}^{n} (-1)^k \frac{\Gamma(\nu+n+1)}{k!(n-k)!\Gamma(\nu+k+1)} x^k$$

gegeben. Die Laguerre-Polynome lösen für $y = L_n^\nu$ die Differentialgleichung

$$xy'' + (\nu+1-x)y' + ny = 0.$$

Es gilt die Rekursion $L_0^\nu(x) = 1$ und

$$L_{n+1}^\nu(x) = \frac{\nu+2n+1-x}{n+1} L_n^\nu(x) - \frac{\nu+n}{n+1} L_{n-1}^\nu(x).$$

Laguerresche Differentialgleichung, gewöhnliche Differentialgleichung zweiter Ordnung der Form

$$xy'' + (\lambda+1-x)y' + \lambda y = 0$$

mit $x > 0$. Ihre Lösungen sind für $\lambda \in \mathbb{N}_0$ durch die ↗Laguerre-Polynome gegeben.

Laguerre-Transformation, die Integral-Transformation

$$f(n) = \int_0^\infty e^{-x} L_n(x) F(x) dx$$

für $n \in \mathbb{N}_0$. Hierbei bezeichnet $L_n(x)$ ein ↗Laguerre-Polynom vom Grade n.

Die inverse Transformation ist definiert durch

$$F(x) = \sum_{n=0}^{\infty} f(n) L_n(x) \ , \ 0 < x < \infty \, ,$$

sofern die Reihe konvergiert.

Lah-Zahlen, die Zahlen

$$L_{n,k} \ := \ (-1)^n \frac{n!}{k!\binom{n-1}{k-1}}$$

für $k, n \in \mathbb{N}, k \le n$.

Die Lah-Zahlen sind sog. Verbindungskoeffizienten, denn es gilt

$$[x]^n = \sum_{k=0}^{n} (-1)^n L_{n,k} [x]_n$$

und

$$[x]_n = \sum_{k=0}^{n} Ln, k[-x]_k \, ,$$

wobei $[x]^n$ und $[x]_n$ die steigenden bzw. fallenden Faktoriellen bezeichnen.

lakunäre Reihe, ↗ Lückenreihe.

LALR(k)-Grammatik, ↗ LR(k)-Grammatik.

Lamb, Sir Horace, englischer Mathematiker und Geophysiker, geb. 27.11.1849 Stockport (England), gest. 4.12.1934 Cambridge.

Nach seinem Studium am Queen's College in Cambridge 1872 arbeitete Lamb dort als Dozent. 1876 ging er an die Universität in Adelaide (Australien). Er kehrte 1885 wieder nach England zurück und war bis 1920 Professor für Mathematik an der Victoria University in Lancashire.

Lamb beschäftigte sich hauptsächlich mit den Anwendungen der Mathematik. Er schrieb Lehrbücher über Hydrodynamik, Elektrodynamik, Erdbeben und Gezeiten. Er untersuchte Luftströmungen an Flugzeugoberflächen und die Ausbreitung von Wellen.

λ-definierbar, ↗λ-Kalkül.

Lambdafunktion, Element der ↗Inzidenzalgebra $\mathbb{A}_K(P)$ einer lokal-endlichen Ordnung $P_\leq$ über einen Körper oder Ring K der Charakteristik 0, welches durch

$$\lambda(x,y) = \begin{cases} 1 & \text{falls } x = y \text{ oder } x \lessdot y, \\ 0 & \text{sonst} \end{cases}$$

definiert wird.

λ-Kalkül, ein von A.Church entwickelter Kalkül, der eine Sprache zur systematischen Definition von Funktionen darstellt.

Der Kalkül ist typenfrei, d. h. es wird syntaktisch nicht zwischen Funktionen und deren Argumenten unterschieden. Der λ-Operator ist hierbei der wesentliche syntaktische Baustein, um Funktionen aufzubauen, wobei $\lambda x.T$ die Funktion $x \mapsto T$ bedeutet. Dabei ist T ein Term, der normalerweise x als freie Variable enthält.

Formal wird der λ-Kalkül aufgebaut aus den folgenden syntaktischen Komponenten: Variablen $x_0, x_1, \dots$; dem Abstraktionsoperator λ; den Klammern „(" und „)"; und dem Punkt „.".

Hieraus baut man λ-Terme induktiv wie folgt auf: Eine Variable x ist bereits ein λ-Term, und zwar kommt x hierin *frei* vor. Wenn M, N bereits λ-Terme sind, so ist auch die Anwendung von M auf N, (MN), ein λ-Term. Die Variablenvorkommen in M bzw. N, die jeweils frei oder gebunden sind, bleiben in (MN) jeweils frei oder gebunden. Wenn M ein λ-Term ist und x eine Variable, dann ist die Anwendung des λ-Operators auf M, die *λ-Abstraktion* von M, $(\lambda x.M)$, ebenfalls ein λ-Term. Die Variablenvorkommen von x in M sind dann gebunden, während alle anderen Variablenvorkommen frei oder gebunden bleiben, wie sie es zuvor in M waren.

Mit Hilfe der α- und β-Regeln kann eine Transformationstheorie für λ-Terme aufgebaut werden.

α-Regel: Gebundene Variablen können umbenannt werden:

$$\lambda x.M \overset{\alpha}{\to} \lambda y.M[x/y] \, ,$$

sofern y in M nicht vorkommt. Hierbei bedeutet $M[x/y]$, daß jedes Vorkommen von x in M durch y ersetzt wird.

β-Regel (oder λ-Konversion): Man kann eine Funktion $\lambda x.M$ auf ein Argument N anwenden:

$$(\lambda x.M)N \overset{\beta}{\to} M[x/N] .$$

Man schreibt $t_1 \overset{\beta}{=} t_2$, wenn die λ-Terme t_1 und t_2 mittels der α- und β-Regeln in denselben λ-Term überführt werden können.

In der Kombinatortheorie werden einige wenige λ-Terme, die Kombinatoren, als Primitive betrachtet, und alle anderen λ-Terme mit Hilfe dieser Kombinatoren aufgebaut. Es genügt, die folgenden beiden Kombinatoren zu wählen:

$$S = \lambda xyz.xz(yz) , \qquad K = \lambda xy.x .$$

Dann ergibt sich z. B. die identische Abbildung $\lambda x.x$ mittels SKK.

Mit Hilfe der λ-Terme lassen sich die natürlichen Zahlen und gewisse arithmetische Funktionen wie folgt definieren. Der Zahl $n \in \mathbb{N}_0$ wird der λ-Term

$$\overline{n} = \lambda xy.\underbrace{xx\ldots x}_{n\text{-mal}}y$$

zugeordnet. Eine k-stellige arithmetische Funktion $f : \mathbb{N}_0^k \to \mathbb{N}_0$ heißt λ-definierbar, falls es einen λ-Term M gibt, so daß $f(a_1, \ldots, a_k) = b$ genau dann gilt, wenn

$$M\overline{a_1}\,\overline{a_2}\ldots\overline{a_k} \overset{\beta}{=} \overline{b} .$$

Wie Kleene 1936 zeigte, ist eine Funktion λ-definierbar genau dann, wenn sie μ-rekursiv ist (↗μ-rekursive Funktion, ↗Churchsche These).

Der λ-Kalkül bildet die Grundlage für die Programmiersprache LISP, und damit für den gesamten Bereich der funktionalen Programmiersprachen.

[1] Oberschelp, A.: Rekursionstheorie. BI-Wissenschaftsverlag Mannheim, 1993.

λ-Lemma, ↗Inklinationslemma.

Lambert, Johann Heinrich, Mathematiker, Naturwissenschaftler, Logiker und Philosoph, geb. 26.8. 1728 Mulhouse (Elsaß), gest. 25.9.1777 Berlin.

Lambert war zunächst Schneiderlehrling, Buchhalter, Sekretär eines Baseler Juristen und ab 1748 Hauslehrer in Chur. In dieser Zeit eignete er sich als Autodidakt eine umfangreiche Bildung an. In der Folgezeit 1756–1764 reiste er viel durch die Niederlande, Frankreich, Italien und Deutschland. 1764 kam er mit der Hoffnung auf eine Mitgliedschaft in der Berliner Akademie nach Berlin, was ihm auch ein Jahr später gelang. Ab 1770 war er sogar Oberbaurat.

Lambert leistete Beiträge zu vielen Gebieten. Er schrieb zur Mathematik, Logik, Astronomie, Meteorologie, Geodäsie, Instrumentenbau und Kunst. 1767 entwickelte er den Tangens und den Tangens hyperbolicus in Kettenbrüche und zeigt die Irrationalität von π.

Er untersuchte die Negation des Parallelenaxioms auf Widersprüchlichkeit und charakterisierte winkeltreue karthographische Abbildungen durch Differentialgleichungen.

Lambertsche Reihe, eine unendliche Reihe der Form

$$\sum_{n=1}^{\infty} a_n \frac{z^n}{1 - z^n} ,$$

wobei $a_n \in \mathbb{C}$ und $z \in \mathbb{E} = \{z \in \mathbb{C} : |z| < 1\}$.

Ist eine solche Reihe normal konvergent in $\mathbb{E}$, so gilt für $z \in \mathbb{E}$

$$\sum_{n=1}^{\infty} a_n \frac{z^n}{1 - z^n} = \sum_{n=1}^{\infty} A_n z^n ,$$

wobei

$$A_n := \sum_{d|n} a_d .$$

Dabei bedeutet $d \mid n$, daß $d \in \mathbb{N}$ ein Teiler von n ist. Insbesondere gilt

$$\sum_{n=1}^{\infty} \frac{z^n}{1 - z^n} = \sum_{n=1}^{\infty} d(n) z^n ,$$

wobei $d(n)$ die Anzahl der Teiler von n bezeichnet.

Lambertscher Azimutalentwurf, ein flächentreuer ↗Kartennetzentwurf.

Während der stereographische Entwurf einem Punkt

$$P = (\sin\vartheta \cos\varphi, \sin\vartheta \sin\varphi, \cos\vartheta)^\top$$

der Kugeloberfläche den Punkt der Ebene mit den ebenen Polarkoordinaten $(r, t) = (2\tan(\vartheta/2), \varphi)$ zuordnet, bildet ihn der Lambertsche Azimutalentwurf auf den Punkt der Ebene mit den ebenen Polarkoordinaten $(r, t) = (2\sin(\vartheta/2), \varphi)$ ab. Das Bild der gesamten Erdoberfläche ist bei dieser Wahl der Längeneinheiten ein Kreis vom Radius 2.

Lambertscher Entwurf, eine Variante des ↗Lambertschen Azimutalentwurfs, bei der ein Punkt des Äquators als Projektionspol genommen wird.

Sind $\bar\varphi$ und $\bar\vartheta$ der Polabstand und der Azimut, so führt das auf die Abbildung

$$\begin{pmatrix} \bar\varphi \\ \bar\vartheta \end{pmatrix} \to \begin{pmatrix} \bar x \\ \bar y \end{pmatrix} = 2\sin\left(\frac{\bar\vartheta}{2}\right) \begin{pmatrix} \cos\bar\varphi \\ \sin\bar\varphi \end{pmatrix} ,$$

die einen Punkt der Erdoberfläche mit den geographischen Koordinaten $(\bar\varphi, \bar\vartheta)$ auf den Punkt der Ebene mit den kartesischen Koordinaten $(\bar x, \bar y)$ abbildet. Die anschließende Streckung $(\bar x, \bar y) \to (2\bar x \bar y)$

ist der sog. Entwurf von Hammer, auch flächentreue Planisphäre von Hammer genannt.

Lambert-Transformation, eine ↗Integral-Transformation $f \mapsto F$ für eine Funktion $f \in L^1(0, +\infty)$, gegeben durch

$$F(x) := \int_0^\infty \frac{tf(t)}{e^{xt} - 1}\, dt .$$

Gelten

$$\lim_{t \to 0} f(t)\, t^{1-\delta} = 0 \quad (\delta > 0)$$

und $f \in C^0(0, +\infty)$, so ist die inverse Lambert-Transformation definiert durch

$$tf(t) = \lim_{k\to\infty} \frac{(-1)^k}{k!} \left(\frac{k}{t}\right)^{k+1} \sum_{n=1}^{\infty} \mu(n) n^k F^{(k)} \left(\frac{nk}{t}\right)$$

für $t > 0$. μ bezeichnet hierbei die ↗Möbius-Funktion.

Lamé, Gabriel, französischer Mathematiker, geb. 22.7.1795 Tours, gest. 1.5.1870 Paris.

Lamé war Student der École Polytechnique und der École des Mines. Danach arbeitete er als Bergbauingenieur und Wegebaumeister. 1832 kehrte er als Professor für Physik an die École Polytechnique zurück, 1851 wechselte er zur Universität Paris als Professor für Wahrscheinlichkeitsrechnung und mathematische Physik. Daneben arbeitete er als beratender Ingenieur unter anderem für die Eisenbahn.

Lamé arbeitete auf den Gebieten der Differentialgeometrie, der Zahlentheorie und deren Anwendungen in Physik und Technik. Bei seinen Untersuchungen führte er elliptische Koordinaten und damit im Zusammenhang die Lamésche Differentialgleichung (↗Lamé-Gleichung) sowie als deren Lösung die Lamésche Funktion ein. 1840 bewies er, daß die Gleichung $x^7 + y^7 = z^7$ keine nichttriviale ganzzahlige Lösung besitzt. Später löste er die Gleichung $x^5 + y^5 + z^5 = 0$ und allgemein $x^n + y^n + z^n = 0$ im Komplexen.

Lamé-Gleichung, die lineare Differentialgleichung zweiter Ordnung

$$w''(z) = (A + B\wp(z))w(z)$$

für $z \in \mathbb{C}$, wobei $\wp$ die Weierstraßsche $\wp$-Funktion beteichnet.

Lancretsche Krümmung, ↗ganze Krümmung.

Lanczos-Methode, ↗Lanczos-Verfahren.

Lanczos-Verfahren, ursprünglich ein Verfahren zur Transformation einer symmetrischen Matrix auf Tridiagonalgestalt.

Kombiniert mit einer Methode zur Bestimmung von Eigenwerten und Eigenvektoren symmetrischer Tridiagonalmatrizen ist es ein geeignetes Verfahren zur Lösung des symmetrischen Eigenwertproblems für große ↗sparse Matrizen.

Für eine gegebene symmetrische Matix $A \in \mathbb{R}^{n\times n}$ und einen gegebenen Vektor q_1, $||q_1||_2 = 1$, berechnet das Lanczos-Verfahren eine orthogonale Matrix $Q \in \mathbb{R}^{n\times n}$, $Q^TQ = I$, deren erste Spalte $Qe_1 = q_1$ ist, sodaß A auf symmetrische Tridiagonalgestalt transformiert wird, d. h.

$$Q^TAQ = T_n = \begin{pmatrix} \alpha_1 & \beta_1 & & \\ \beta_1 & \alpha_2 & \ddots & \\ & \ddots & \ddots & \beta_{n-1} \\ & & \beta_{n-1} & \alpha_n \end{pmatrix}.$$

Setzt man $Q = (q_1, q_2, \ldots, q_n)$ mit $q_j \in \mathbb{R}^n$, so berechnet das Lanczos-Verfahren die Spalten von Q sukzessive aus der Gleichung $AQ = QT_n$. Dies führt auf die 3-Term-Rekursion für die q_j

$$Aq_j = \beta_{j-1}q_{j-1} + \alpha_j q_j + \beta_j q_{j+1},$$

wobei $\beta_0 q_0 = 0$.

Aus der Orthonormalität der q_i folgt dann $\alpha_j = q_j^TAq_j$ und, wenn

$$r_j = (A - \alpha_j I)q_j - \beta_{j-1}q_{j-1}$$

ungleich Null ist, $q_{j+1} = r_j/\beta_j$ mit $\beta_j = ||r_j||_2$.

Zur Berechnung der nächsten Spalte q_{j+1} von Q benötigt man also lediglich die beiden vorhergehenden Spalten q_j und q_{j-1}. Da bei den Berechnungen zudem nur das Produkt von A mit einem Vektor benötigt wird, d. h. A selbst nicht verändert wird, verwendet man das Lanczos-Verfahren häufig zur näherungsweisen Berechnung einiger Eigenwerte und Eigenvektoren großer, sparser Matrizen. Dabei reduziert man A nicht vollständig zu der Tridiagonalmatrix T_n, sondern stoppt bei einem T_j, $j < n$. Man berechnet also nur die ersten j Spalten $Q_j = (q_1, q_2, \ldots, q_j)$ von Q, so daß

$$AQ_j = Q_jT_j + r_je_j^T.$$

Nun berechnet man die Eigenwerte

$$\lambda_1, \ldots, \lambda_j \in \mathbb{R}$$

und orthonormalen Eigenvektoren

$$s_1, \ldots, s_j \in \mathbb{R}^j$$

von T_j, d. h.

$$T_j = S_jD_jS_j^T,$$

mit $S_j = (s_1, \ldots, s_j)$, $S_j^TS_j = I$, und $D_j = \operatorname{diag}(\lambda_1, \ldots, \lambda_j)$. Ist $r_j = 0$, dann sind die Eigenwerte λ_k, $k = 1, \ldots, j$, der berechneten j-ten Hauptabschnittsmatrix T_j der Tridiagonalmatrix T_n Eigenwerte von A. Für $r_j \neq 0$, ist jedes λ_i eine gute Näherung an einen Eigenwert von A, für welches

$|\beta_j s_{ji}|$ genügend klein ist (hierbei bezeichnet s_{ji} den letzten Eintrag des i-ten Eigenvektors s_i von T_j). Zugehöriger approximativer Eigenvektor von A ist dann $y_i = Q_j s_i$. Auf diese Art und Weise approximiert man die extremalen Eigenwerte von A.

Es existieren zahlreiche Varianten des beschriebenen Lanczos-Verfahrens. Bei der numerischen Berechnung ist es z. B. erforderlich, die theoretisch gegebene Orthonormalität der Vektoren q_i explizit zu erzwingen.

Zur Bestimmung der Eigenwerte der symmetrischen Tridiagonalmatrizen T_j ist der ↗QR-Algorithmus gut geeignet, da man i. allg. an allen Eigenwerten von T_j interessiert ist.

Das Lanczos-Verfahren kann auch interpretiert werden als Methode zur Berechnung einer orthogonalen Basis $\{q_1, q_2, \dots, q_n\}$ für den Krylow-Raum

$$\{q_1, Aq_1, A^2q_1, \dots, A^{n-1}q_1\},$$

bzw. als Methode zur Berechnung einer der Krylow-Matrix

$$\begin{aligned} K(A, q_1, n) &= (q_1, Aq_1, A^2q_1, \dots, A^{n-1}q_1) \\ &= (q_1, q_2, \dots, q_n)R = QR. \end{aligned}$$

Diese Eigenschaft nutzt das konjugierte Gradientenverfahren aus, um ein lineares Gleichungssystem $Ax = b$ mit symmetrischer positiv definiter Matrix A zu lösen.

Es existieren Verallgemeinerungen des Lanczos-Verfahren für nichtsymmetrische Matrizen $A \in \mathbb{R}^{n \times n}$. In dem Falle wird eine nichtsinguläre Matrix X berechnet, welche die Matrix A auf (nichtsymmetrische) Tridiagonalgestalt $\widetilde{T}_n = XAX^{-1}$ transformiert. Hierzu setzt man $Y = X^{-T}$ und berechnet, ausgehend von zwei gegebenen Vektoren y_1, x_1 mit $y_1^T x_1 = 1$, die Matrizen $X = (x_1, x_2, \dots, x_n)$ und $Y = (y_1, y_2, \dots, y_n)$ spaltenweise, so daß

$$\begin{aligned} AX &= X\widetilde{T}_n \\ A^TY &= Y\widetilde{T}_n^T \\ Y^TX &= I \end{aligned}$$

mit

$$\widetilde{T}_n = \begin{pmatrix} \alpha_1 & \beta_1 & & & \\ \gamma_1 & \alpha_2 & \beta_2 & & \\ & \gamma_2 & \ddots & \ddots & \\ & & \ddots & \ddots & \beta_{n-1} \\ & & & \gamma_{n-1} & \alpha_n \end{pmatrix}$$

gilt. Wie beim symmetrischen Lanczos-Verfahren reduziert man A nicht vollständig zur Tridiagonalmatrix $\widetilde{T}_n$, sondern stoppt bei einem $\widetilde{T}_j, j < n$, und betrachtet die Eigenwerte von $\widetilde{T}_j$ als Näherungen an die Eigenwerte von A. Im Gegensatz zum Lanczos-Verfahren für symmetrische Matrizen kann es hier vorkommen, daß die Berechnungen nicht durchgeführt werden können (da einer der Parameter, durch die dividiert wird, Null werden kann). Das Verfahren bricht dann zusammen, ohne relevante Informationen über Eigenwerte und Eigenvektoren zu liefern. In der Literatur existieren zahlreiche Vorschläge, wie dieses Problem umgangen werden kann.

Stets anwendbar ist in diesem Fall das ↗Arnoldi-Verfahren, welches die Matrix A statt auf Tridiagonalgestalt auf obere ↗Hessenberg-Form reduziert.

Landau, Edmund Georg Hermann, deutscher Mathematiker, geb. 14.2.1877 Berlin, gest. 19.2.1938 Berlin.

Landau studierte zunächst in Münster, später in Berlin. Hier promovierte er 1899 bei Frobenius mit einer Arbeit über die Möbius-Funktion. Nach der Habilitation 1901 an der Universität Berlin wurde er dort Privatdozent. 1909 ging er als Nachfolger von Minkowski nach Göttingen, 1933 verlor er durch das nationalsozialistische Regime sein Amt.

1903 gab Landau einen wesentlich einfacheren Beweis des Primzahlsatzes an, der erstmals von de la Vallée Poussin und Hadamard bewiesen worden war. In der Folgezeit arbeitete er mit H. Bohr auf dem Gebiet der Riemannschen Vermutung (↗Riemannsche ζ-Funktion) und der analytischen Zahlentheorie. Daneben befaßte er sich auch mit der Funktionentheorie und bewies eine Verschärfung des kleinen Satzes von Picard. Von ihm stammen auch die Symbole O und o zur Charakterisierung des Grenzverhaltens einer Funktion (↗Landau-Symbole).

Landaus Bücher (z. B. „Vorlesungen über Zahlentheorie“ (1927), „Grundlagen der Analysis“ (1930)) zeichnen sich durch einen sehr kurzen und prägnanten Stil sowie dadurch aus, daß sie alles von Grund auf beweisen.

Landau, Lew Davidowitsch, aserbaidschanischer Physiker, geb. 22.1.1908 Baku, gest. 1.4.1968 Moskau.

Landau studierte bis 1927 Physik und Chemie an der Universität Baku und an der Leningrader Universität. Er ging danach nach Göttingen, Leipzig und an N. Bohrs Institut für Theoretische Physik in Kopenhagen. Ab 1933 war er Professor in Charkow, ab 1937 in Moskau.

Landau arbeitete auf dem Gebiet der Tiefsttemperaturphysik, der Atomphysik und der Plasmaphysik. 1962 erhielt er den Nobelpreis für Physik für seine Untersuchungen über die Superfluidität von flüssigem Helium.

Landau, Satz von, lautet:

Es sei f eine in $\mathbb{E} = \{z \in \mathbb{C} : |z| < 1\}$ ↗holomorphe Funktion, $f(0) = a_0$, $f'(0) = a_1$ und f lasse in $\mathbb{E}$ die Werte 0 und 1 aus, d. h. $f(z) \neq 0$ und $f(z) \neq 1$ für alle $z \in \mathbb{E}$. Dann gibt es eine nur von a_0 abhängige Konstante $M(a_0)$ mit

$$|a_1| \le M(a_0) .$$

Eine genauere Abschätzung von Hempel lautet

$$|a_1| \le 2|a_0|(|\log|a_0|| + A)$$

mit

$$A = \frac{\left(\Gamma\left(\frac{1}{4}\right)\right)^4}{4\pi^2} \approx 4,377 ,$$

wobei Γ die ↗Eulersche Γ-Funktion ist.

Dieses Ergebnis ist bestmöglich, d. h. es existiert eine Funktion f für die das Gleichheitszeichen gilt.

Für einen weiteren Satz von Landau vergleiche man das Stichwort ↗ Turnier.

Landausche Konstante, ↗ Landausche Weltkonstanten.

Landausche Weltkonstanten, sind definiert durch

$$L := \inf\{L_f : f \in \mathcal{F}\}$$

und

$$B := \inf\{B_f : f \in \mathcal{F}\} .$$

Hier ist $\mathcal{F} := \{f \in \mathcal{O}(\overline{\mathbb{E}}) : f'(0) = 1\}$. Für $f \in \mathcal{F}$ ist L_f das Supremum der Radien von Kreisscheiben in $f(\mathbb{E})$ und B_f das Supremum der Radien von schlichten Kreisscheiben in $f(\mathbb{E})$. Dabei heißt eine Kreisscheibe $D \subset f(\mathbb{E})$ schlicht, falls es ein ↗Gebiet $G \subset \mathbb{E}$ gibt, das durch f ↗konform auf D abgebildet wird. Die Zahl L heißt Landausche Konstante, und B ist die ↗Blochsche Konstante. Entsprechend definiert Landau für die Familie $\mathcal{F}^* := \{f \in \mathcal{F} : f \text{ ist injektiv}\}$ die Zahlen A_f und A. Offensichtlich gilt $B \le L \le A$.

Für B, L, A sind nur Schranken bekannt. Es gilt

$$0,433 < \frac{\sqrt{3}}{4} < B < L < A \le \frac{\pi}{4} < 0,7854 .$$

Weitere Abschätzungen sind

$$0,5 < L < 0,544 \quad \text{und} \quad B < 0,472 .$$

Die genauen Werte dieser Konstanten sind bisher unbekannt.

Landau-Symbole, die beiden – 1905 von Edmund Landau eingeführten – Symbole o *(„klein o")* und O *(„groß O")* zur vergleichenden Beschreibung der Größenordnung von Funktionen (und damit von Folgen) bei Grenzübergängen: Sind etwa D ein offenes Intervall, $a \in D$, $f : D \setminus \{a\} \longrightarrow \mathbb{R}$ und $g : D \setminus \{a\} \longrightarrow [0, \infty)$, so definiert man

$$f(x) = o\big(g(x)\big) \;\; (x \to a) \;:\Longleftrightarrow\; \lim_{x\to a} \frac{f(x)}{g(x)} = 0$$

und liest dafür „$f(x)$ ist klein o von $g(x)$ für (den Grenzübergang) $x \to a$", sowie

$$f(x) = O\big(g(x)\big) \;\; (x \to a) \;:\Longleftrightarrow\; \exists K > 0 \, \exists \delta > 0 \;\; \forall x \in D : \; 0 < |x - a| < \delta \Longrightarrow |f(x)| \le K g(x)$$

und liest dafür „$f(x)$ ist groß O von $g(x)$ für (den Grenzübergang) $x \to a$". Es wird also beschrieben, daß der Quotient $\frac{f(x)}{g(x)}$ bei dem betrachteten Grenzübergang beschränkt bleibt.

Entsprechend werden „klein o"- und „groß O"-Bedingungen für einseitige Grenzübergänge $x \to a-$, $x \to a+$, das Verhalten für $x \to \infty$, $x \to -\infty$ und ganz beliebige Grenzübergänge (D als Teilmenge eines topologischen Raumes und a Häufungspunkt zu D) erklärt. Dabei ist ersichtlich, daß – neben allgemeineren Definitionsbereichen – anstelle von $\mathbb{R}$ beliebige normierte Vektorräume, speziell also auch $\mathbb{C}$, als Zielbereich für f möglich sind, wenn man nur den Betrag $|\;|$ durch die gegebene Norm $\|\;\|$ ersetzt.

Die Landau-Symbole haben zum Beispiel Bedeutung bei der Beschreibung von Differenzierbarkeit und bei dem Satz von Taylor: Die Differenzierbarkeit von f an der Stelle a besagt:

$$f(x) = f(a) + f'(a)(x - a) + r(x) ,$$

f wird bei a durch das Polynom ersten Grades

$$x \mapsto f(a) + f'(a)(x - a)$$

bis auf einen ‚Fehler' $r(x)$ approximiert, für den

$$\lim_{x\to a} \frac{r(x)}{|x - a|} = 0 ,$$

also

$$r(x) = o(|x - a|) \;\; (x \to a) ,$$

gilt. Der ‚Rest' $r(x)$ geht ‚schneller als von erster Ordnung' gegen 0, d. h. noch nach Division durch $|x - a|$.

Die beiden Symbole haben nur bei Angabe eines Grenzübergangs Sinn. Wird dieser weggelassen, so geht man davon aus, daß dieser aus dem Zusammenhang heraus klar ist.

Beide Ausdrücke $f(x) = o(g(x))$ und $f(x) = O(g(x))$ sind *keine Gleichungen* in dem Sinne, daß etwa aus $f_1(x) = o(g(x))$ und $f_2(x) = o(g(x))$ die Gleichheit von $f_1(x)$ und $f_2(x)$ (lokal bei a) gefolgert werden kann. Die Beziehung $f(x) = o(g(x))$ bedeutet nur, daß f *eine* Funktion ist, für die $\lim_{x\to a} \frac{f(x)}{g(x)} = 0$ gilt.

Bei der praktischen Verwendung wird man natürlich ‚einfache' Funktionen g heranziehen: Bei einem vorgegebenen Grenzübergang hat man etwa

$$\begin{aligned} f(x) = o(1) &\iff f(x) \to 0 \\ f(x) = O(1) &\iff f(x) \text{ beschränkt}, \\ f(x) = g(x)(1 + o(1)) &\iff \lim_{x\to a} \tfrac{f(x)}{g(x)} = 1 \end{aligned}$$

(Die letzte Aussage bedeutet also gerade: f und g sind asymptotisch gleich.) $f(x) = o\big(g(x)\big)$ impliziert $f(x) = O\big(g(x)\big)$. Die Umkehrung gilt nicht, wie etwa $g(x) := f(x) := 1$ für $x \in \mathbb{R}$ zeigt.

Landen-Transformation, stellt eine Beziehung her zwischen (unvollständigen) elliptischen Integralen erster Art.

Es sei $\psi > 0$ und $0 < k < 1$. Definiert man die Größen ψ_1 und k_1 durch

$$k_1 := \frac{1 - k'}{1 + k'}$$

bzw.

$$\sin\psi_1 := \frac{(1 + k')\sin\psi\cos\psi}{\sqrt{1 - k^2\sin^2\psi}},$$

so gilt

$$(1 + k')\int_0^{\psi} \frac{d\Theta}{\sqrt{1 - k^2\sin^2\Theta}} = \int_0^{\psi_1} \frac{d\Theta}{\sqrt{1 - k_1^2\sin^2\Theta}}. \quad (1)$$

Die Beziehung (1) stellt die Landen-Transformation dar.

Landkarte, ein ↗ebener Graph zusammen mit seinen Ländern.

Eine Färbung einer Landkarte mit k Farben ist eine Abbildung f der Menge aller Länder der Landkarte in die Menge $\{1, 2, ..., k\}$, der Menge der Farben, so, daß je zwei benachbarte Länder L_1 und L_2 verschiedene Farben erhalten, d. h. $f(L_1) \neq f(L_2)$.

Zwei Länder müssen also lediglich dann verschiedene Farben erhalten, wenn eine Kante des Graphen ganz zu ihren beiden Rändern gehört, und nicht, wenn die Ränder nur eine Ecke gemeinsam haben. Mit den Färbungen von Landkarten befaßt sich der ↗Vier-Farben-Satz.

Der Begriff der Landkarte läßt sich analog auch für kreuzungsfreie Einbettungen (↗Einbettung eines Graphen) in orientierbare und nichtorientierbare Flächen beliebigen Geschlechts definieren.

Landsberg, Georg, deutscher Mathematiker, geb. 30.1.1865 Breslau, gest. 14.9.1912 Kiel.

Landsberg studierte von 1883 bis 1889 in Breslau und Leipzig. 1890 promovierte er und 1893 habilitierte er sich in Heidelberg. 1897 wurde er Professor an der Universität Heidelberg, 1904 an der Universität Breslau und ab 1906 an der Universität Kiel.

Landsberg untersuchte algebraische Funktionen in zwei Veränderlichen und Kurven in höherdimensionalen Mannigfaltigkeiten. Insbesondere studierte er den Zusammenhang dieser Kurven mit der Variationsrechnung. Er nutzte Ideen von Weierstraß, Riemann und H.Weber zu Theta-Funktionen und Gaußschen Summen.

Seine wichtigsten Arbeiten sind die zum Satz von Riemann-Roch. Er kombinierte Riemanns funktionentheoretischen Zugang mit Weierstraß' arithmetischen Zugang und legte dadurch die Grundlagen für eine abstrakte Theorie der algebraischen Funktionen. 1902 veröffentlichte er gemeinsam mit Hensel die „Theorie der algebraischen Funktionen einer Variablen und ihre Anwendung auf algebraische Kurven und Abelsche Integrale".

Länge einer Kantenfolge, ↗ Graph.

Länge einer Kette, die Anzahl der Elemente der Kette minus Eins.

Länge einer Kurve, *Kurvenlänge*, zu einer Kurve $\mathfrak{C}$ mit Träger $(\mathfrak{C}) \subset \mathbb{R}^n$ und einer Parametrisierung $s \in \mathfrak{C}$ durch

$$\lambda(\mathfrak{C}) := \ell(s)$$

erklärte Größe, wobei $\ell(s)$ die Länge des Weges (↗Länge eines Weges) s ist. Ist $\lambda(\mathfrak{C}) < \infty$, so heißt $\mathfrak{C}$ rektifizierbar. Eine Kurve $\mathfrak{C}$ ist hierbei definiert als eine Äquivalenzklasse von Wegen s, d. h. von auf kompakten Intervallen in $\mathbb{R}$ definierten stetigen Funktionen mit Bildmenge $(\mathfrak{C})$, wobei zwei Wege $s_1 : [a_1, b_1] \to \mathbb{R}^n$ und $s_2 : [a_2, b_2] \to \mathbb{R}^n$ äquivalent heißen, wenn es eine streng isotone surjektive (und damit stetige und bijektive) Abbildung $\varphi : [a_1, b_1] \to [a_2, b_2]$ mit $s_1 = s_2 \circ \varphi$ gibt. φ heißt (orientierungserhaltende) Parametertransformation. Jeden Repräsentanten $s \in \mathfrak{C}$ nennt man eine Parametrisierung oder Parameterdarstellung von $\mathfrak{C}$. Äquivalente Wege haben die gleiche Bildmenge, als Träger ($\mathfrak{C}$) der Kurve bezeichnet, und die gleiche Länge, so daß $\lambda(\mathfrak{C})$ wohldefiniert ist. Man geht von einer vorgegebenen Norm $\| \ \|$ auf dem $\mathbb{R}^n$ – meist der euklidischen – aus. Als Zielbereiche können (statt $\mathbb{R}^n$) auch beliebige Banachräume zugelassen werden. (Gelegentlich betrachtet man auch Äquivalenz bezüglich stückweise stetig differenzierbarer Parametertransformationen.)

Ist ein $s \in \mathfrak{C}$ stetig differenzierbar, so hat man

$$\lambda(\mathfrak{C}) = \ell(s) = \int_a^b \|s'(t)\|\, dt .$$

Bezeichnet $-\mathfrak{C}$ die durch den Weg $[-b, -a] \ni t \mapsto s(-t) \in \mathbb{R}^n$ parametrisierte ‚entgegengesetzt durchlaufene' Kurve zu $\mathfrak{C}$, so gilt

$$\lambda(-\mathfrak{C}) = \lambda(\mathfrak{C}) .$$

Sind $\mathfrak{C}_1, \mathfrak{C}_2$ Kurven in $\mathbb{R}^n$ mit Parametrisierungen $s_1 : [a, c] \to \mathbb{R}^n$, $s_2 : [c, b] \to \mathbb{R}^n$ (solche Parametrisierungen kann man immer wählen), und ist $s_1(c) = s_2(c)$, also der Endpunkt von $\mathfrak{C}_1$ gleich dem Anfangspunkt von $\mathfrak{C}_2$, so gilt für die durch den Weg $s : [a, b] \to \mathbb{R}^n$ mit $s(t) = s_1(t)$ für $a \le t \le c$ und $s(t) = s_2(t)$ für $c < t \le b$ parametrisierte ‚zusammengesetzte' Kurve $\mathfrak{C}_1 + \mathfrak{C}_2$

$$\lambda(\mathfrak{C}_1 + \mathfrak{C}_2) = \lambda(\mathfrak{C}_1) + \lambda(\mathfrak{C}_2) .$$

Man beachte: Zuweilen wird eine Kurve anstatt als Äquivalenzklasse von Wegen als eine als Bildmenge eines Weges darstellbare Teilmenge von $\mathbb{R}^n$ definiert. Dabei geht man implizit davon aus, daß der Weg aus dem Zusammenhang heraus klar ist.

Länge eines Booleschen Monoms, ↗Boolesches Monom.

Länge eines Moduls, maximale ↗Länge einer Kette von Untermoduln.

Die Länge eines Vektorraumes (als Modul über einen Körper) ist gleich der Dimension des Vektorraumes.

Länge eines Vektors, für einen Vektor $v = (v_1, \dots, v_n) \in \mathbb{R}^n$ die nicht-negative reelle Zahl

$$\|v\| := \sqrt{v_1^2 + \cdots + v_n^2} .$$

Ist auf einem beliebigen ↗Vektorraum V ein ↗Skalarprodukt $\langle\cdot,\cdot\rangle$ gegeben, so ist die Länge eines Vektors $v \in V$ definiert als:

$$\|v\| := \sqrt{\langle v, v\rangle} .$$

Länge eines Weges, *Weglänge*, das Supremum der Längen dem Weg einbeschriebener Polygonzüge.

Es sei s ein Weg, also

$$s : [a, b] \longrightarrow \mathbb{R}^n \quad \text{stetig}$$

für $a, b \in \mathbb{R}$ mit $a < b$ und $n \in \mathbb{N}$. Zu einer Zerlegung

$$\mathfrak{Z} : \quad a = t_0 < t_1 < \cdots t_k = b$$

($k \in \mathbb{N}$) von $[a, b]$ betrachtet man die Länge des zugehörigen einbeschriebenen Polygonzugs durch die Punkte $s(t_0), s(t_1), \dots s(t_k)$, also die Größe

$$\ell(\mathfrak{Z}, s) := \sum_{\kappa=1}^{k} \left\| s(t_\kappa) - s(t_{\kappa-1}) \right\|$$

mit einer vorgegebenen Norm $\| \ \|$ auf dem $\mathbb{R}^n$, wobei man meist von der euklidischen Norm $\| \ \| = \| \ \|_2$ ausgeht.

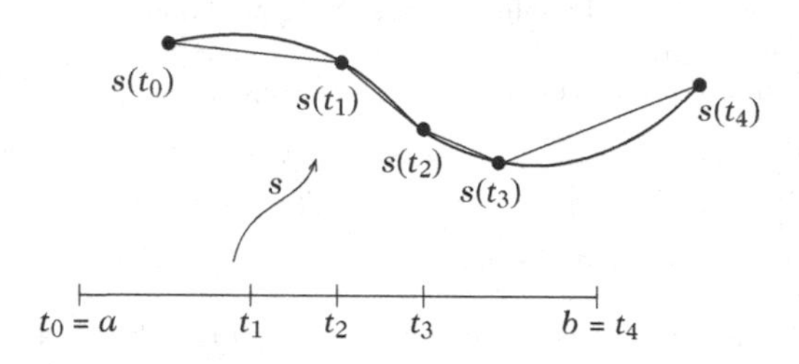

Das Supremum $\ell(s)$ (in $[0, \infty]$) der $\ell(\mathfrak{Z}, s)$ über alle Zerlegungen $\mathfrak{Z}$ von $[a, b]$ heißt dann Länge des Weges s. Ist diese endlich, so heißt s rektifizierbar. (Nach der Dreiecksungleichung wird $\ell(\mathfrak{Z}, s)$ bei Hinzunahme von Punkten (‚Verfeinerung') höchstens größer. Man kann so das Supremum auch als allgemeinen Grenzwert auffassen.)

Natürlich können als Zielbereiche statt $\mathbb{R}^n$ auch beliebige Banachräume zugelassen werden.

Mit den Koordinatenfunktionen s_ν ($\nu = 1, \dots, n$) von s gilt:

s ist genau dann rektifizierbar, wenn alle Koordinatenfunktionen s_ν von beschränkter Variation sind.

Ist s stetig differenzierbar, so hat man

$$\ell(s) = \int_a^b \|s'(t)\|\, dt .$$

Ein solcher Weg ist also stets rektifizierbar, und seine Weglänge kann bequem über die angegebene Formel berechnet werden. Dies gilt dann entsprechend noch für stückweise stetig differenzierbare Wege.

Als Beispiel sei auf diese Weise im $\mathbb{R}^2$ der Umfang des Kreises um $(0, 0)$ mit Radius $r > 0$ berechnet: Hier ist $s(t) := \big(r\cos t, r\sin t\big)$ $\big(t \in [0, 2\pi]\big)$, also $s'(t) = \big(-r\sin t, r\cos t\big)$. Somit ist $\|s'(t)\|_2 = r$, und schließlich $\ell(s) = 2\pi r$.

Gelegentlich spricht man auch für $f : [a, b] \longrightarrow \mathbb{R}$ vom „Weg" f und meint dann den durch

$$s(t) := \begin{pmatrix} t \\ f(t) \end{pmatrix}$$

definierten Weg s. Dieser Weg ist genau dann rektifizierbar, wenn f von beschränkter Variation ist. Für stetig differenzierbares f gilt offenbar

$$\ell(s) = \int_a^b \sqrt{1 + (f'(t))^2}\, dt \,.$$

lange exakte Kohomologiesequenz, ↗ exakte Kohomologiesequenz.

lange exakte Sequenz, ↗ Komplex abelscher Gruppen, ↗ Komplex von Morphismen.

lange exakte Sequenz abgeleiteter Funktoren, Begriff aus der Algebra, Spezialfall einer langen exakten Sequenz.

Es seien $\mathcal{A}$ und $\mathcal{B}$ ↗ abelsche Kategorien, und $\mathcal{A}$ besitze genügend ↗ injektive Objekte. Ist $F : \mathcal{A} \to \mathcal{B}$ ein kovarianter ↗ Funktor mit den (rechts-) abgeleiteten Funktoren

$$R^nF : \mathcal{A} \to \mathcal{B} \,,$$

so induziert jede kurze exakte Sequenz

$$0 \to A \xrightarrow{\varphi} B \xrightarrow{\psi} C \to 0 \,,$$

aus $\mathcal{A}$ eine lange exakte Sequenz der abgeleiteten Funktoren

$$\xrightarrow{\delta^{n-1}} R^nF(A) \to R^nF(B) \to R^nF(C) \xrightarrow{\delta^n}$$
$$\xrightarrow{\delta^n} R^{n+1}F(A) \to \cdots$$

mit den natürlichen Morphismen

$$\delta^n : R^nF(C) \to R^nF(A) \,.$$

längenendliche Ordnung, eine Ordnung, in der die Längen aller Ketten nach oben beschränkt sind.

Längenfunktion, spezielles Element der ↗ Inzidenzalgebra $\mathbb{A}_K(P)$ einer ↗ lokal-endlichen Ordung $P_{\leq}$ über einen Körper oder Ring K der Charakteristik 0.

Bezeichnet $l[x,y]$ die Länge des Intervalls $[x,y] \subseteq P$, so ist die Längenfunktion ϱ durch die Gleichung $\varrho := l[x,y]$ definiert.

längentreue Abbildung, auch isometrische Abbildung, eine Abbildung $f : \mathcal{F}_1 \to \mathcal{F}_2$ zweier Flächen im $\mathbb{R}^3$, die die Bogenlänge von Kurven erhält.

Ist $\gamma_1(t)$ eine beliebige differenzierbare Kurve in $\mathcal{F}_1$, so ist die durch $\gamma_2(t) = f(\gamma_1(t))$ gegebene Kurve in $\mathcal{F}_2$ ebenfalls differenzierbar, und f ist genau dann längentreu, wenn die Länge von γ_1 mit der Länge von γ_2 übereinstimmt.

In analoger Weise werden längentreue Abbildungen zwischen Riemannschen Mannigfaltigkeiten definiert.

längentreue lineare Abbildung, *orthogonale lineare Abbildung*, eine lineare Abbildung, die Skalarprodukte (und damit insbesondere Längen) nicht ändert.

Gegeben seien Vektorräume V und W mit Skalarprodukten $\langle .,. \rangle_V$, $\langle .,. \rangle_W$, über dem Körper $\mathbb{R}$ oder $\mathbb{C}$. Eine lineare Abbildung $\phi : V \to W$ heißt längentreu, falls

$$\langle \phi(v_1), \phi(v_2) \rangle_W = \langle v_1, v_2 \rangle_V$$

für alle $v_1, v_2 \in V$. Äquivalent hierzu ist die Forderung

$$\langle \phi(v), \phi(v) \rangle_W = \langle v, v \rangle_V$$

für alle $v \in V$. Ist speziell $V = W$ und $\langle .,. \rangle_V = \langle .,. \rangle_W$, so nennt man eine längentreue lineare Abbildung auch orthogonale Selbstabbildung (für Vektorräume über $\mathbb{R}$), bzw unitäre Selbstabbildung (für Vektorräume über $\mathbb{C}$).

Für endlichdimensionale Vektorräume V können sie bezüglich einer orthonormalen Basis durch die orthonormalen Matrizen (im reellen Fall) bzw. die unitären Matrizen (im komplexen Fall) gegeben werden.

Längenverzerrung, eine Invariante von Abbildungen $f : \mathcal{F} \to \mathcal{F}^*$ zweier Flächen $\mathcal{F}, \mathcal{F}^* \subset \mathbb{R}^3$.

Die Längenverzerrung von f in einem Punkt $x \in \mathcal{F}$ ist die Funktion λ, die jedem Tangentialvektor $\mathfrak{t} \in T_x(\mathcal{F})$ das Verhältnis seiner Länge zur Länge seines Bildvektors $f_*(\mathfrak{t})$ in der Tangentialebene $T_{f(x)}(\mathcal{F})$ zuordnet.

Wir setzen voraus, daß f lokal umkehrbar ist. Sind $\Phi(u_1, u_2)$ und $\Phi^*(u_1^*, u_2^*)$ Parameterdarstellungen von $\mathcal{F}$ bzw. $\mathcal{F}^*$, die auf den Gebieten U bzw U^* des $\mathbb{R}^2$ definiert sind, so existiert lokal eine Abbildung $\widetilde{f} : U \to U^*$ mit $f \circ \Phi = \Phi^* \circ \widetilde{f}$. Die durch

$$\widetilde{f}(u_1, u_2) = (u_1^*(u_1, u_2), u_2^*(u_1, u_2))$$

gegebenen Funktionen u_1^* und u_2^* heißen Koordinatendarstellung von f.

Dann sind die Koeffizienten $\bar{g}_{ij}^*$ der ↗ ersten Gaußschen Fundamentalform von $\mathcal{F}^*$ in der Parameterdarstellung $f \circ \Phi$ von $\mathcal{F}^*$ durch

$$\bar{g}_{ij}^* = \left\langle \frac{\partial(f \circ \Phi)}{\partial u_i}, \frac{\partial(f \circ \Phi)}{\partial u_j} \right\rangle$$

gegeben, und es besteht der folgende Zusammenhang zwischen den $\bar{g}_{ij}^*$ und den Koeffizienten g_{ij}^* der ersten Fundamentalform von $\mathcal{F}^*$ in der ursprünglichen Parameterdarstellung Φ^*:

$$\bar{g}_{ij}^* = \sum_{r,s=1}^{2} g_{rs}^* \frac{\partial u_r^*}{\partial u_i}, \frac{\partial u_s^*}{\partial u_j} \,.$$

Sind (t_1, t_2) die Koeffizienten von $\mathfrak{t}$, so gilt

$$\lambda(\mathfrak{t}) = \sqrt{\sum_{ij}^{2} \bar{g}_{ij}^* t_i t_j} \,.$$

Betrachtet man λ als Funktion auf der Menge S_x der Tangentialvektoren $\mathfrak{t}$ der Länge 1 im Punkt x, so ist $\lambda^2(\mathfrak{t})$ entweder konstant, oder hat zwei positive Extremwerte λ_1^2 und λ_2^2. Diese heißen Hauptverzerrungen von f im Punkt x. Sie sind Lösungen der Gleichung

$$g\lambda^4 - \frac{\lambda^2}{g}\left(g_{11}\bar{g}_{22}^* + g_{22}\bar{g}_{11}^* - 2g_{12}\bar{g}_{21}^*\right) + \frac{\bar{g}^*}{g}$$

mit $\bar{g} = \det\left(\bar{g}_{ij}^*\right)$ und $g = \det\left(g_{ij}\right)$.

Die Vektoren $\mathfrak{t}_1$ und $\mathfrak{t}_2$ von S_x, in denen λ^2 diese Extremwerte annimmt, stehen aufeinander senkrecht. Die durch sie bestimmten Richtungen heißen ↗Hauptverzerrungsrichtungen.

[1] Klotzek, B.: Einführung in die Differentialgeometrie. Deutscher Verlag der Wissenschaften, 1981.

Langevin-Gleichung, ↗Ornstein-Uhlenbeck-Prozeß.

Langzahlarithmetik, eine in vielen Computeralgebrasystemen implementierte Arithmetik, die es erlaubt, mit ganzen und rationalen Zahlen beliebiger (nur durch die Hardware beschränkter) Länge exakt zu rechnen.

Laplace, Pierre Simon, französischer Mathematiker, geb. 28.3.1749 Beaumont-en-Auge (Normandie), gest. 5.3.1827 Paris.

Laplace war der Sohn eines niederen Verwaltungsbeamten und Apfelweinhändlers. Er wurde erst an einer Schule der Benediktiner in Beaumont-en-Auge, dann bei den Jesuiten ausgebildet. Eigentlich wollte er Geistlicher werden, seine hervorragenden mathematischen Fähigkeiten veranlaßten seine Lehrer jedoch, ihn 1768 zu d'Alembert nach Paris zu schicken. Eine kleine Arbeit zur Mechanik und die Lösung verschiedener von d'Alembert vorgelegter Aufgaben brachten Laplace ein Lehramt für Mathematik an der Militärakademie in Paris ein. Zu den Schülern Laplaces zählte auch Napoleon I. Bereits seit 1773 an der Akademie fest angestellt, seit 1785 Mitglied der Akademie der Wissenschaften in Paris und damit materiell unabhängig, wurde er Examinator der Kadetten des Königlichen Artilleriekorps und kam dadurch in Kontakt mit einflußreichsten politischen Kreisen. Seine Mitarbeit in verschiedenen Kommissionen, so für Krankenhausangelegenheiten, führten ihn auf das Problem der Sterbewahrscheinlichkeit in verschiedenen Hospitälern. In der Revolutionszeit sich von allen politischen Geschehnissen fernhaltend, wurde Laplace 1794 Professor für Mathematik an der École Polytechnique, lehrte auch an der École Normale und war Vorsitzender der wichtigen Kommission für Maße und Gewichte. Laplace förderte maßgeblich die Einführung des dezimalen Maß- und Gewichtssystems in Frankreich und damit die rasche Entwicklung von Industrie und Handel. Napoleon I. ernannte ihn 1799 zum Innenminister, jedoch erwies sich Laplace in dieser Position als völlig unfähig und wurde seines Amtes nach kurzer Zeit enthoben, dafür aber in den Senat berufen, und 1803 sogar Kanzler des Senats. Nach dem Sturz Napoleons bot Laplace sofort seine Dienste König Ludwig XVIII an. Von Napoleon war Laplace 1804 zum Grafen erhoben worden, setzte sich ab 1814 für die Wiedereinsetzung der Bourbonen ein und wurde von diesen 1817 zum Marquis und Pair von Frankreich ernannt.

In der ersten Phase seiner wissenschaftlichen Tätigkeit beschäftigte sich Laplace vorwiegend mit Wahrscheinlichkeitsrechnung. Ab 1774 veröffentlichte er dazu Arbeiten, faßte aber seine Resultate erst 1812 in der „Théorie analytique de probabilités" zusammen. Das Werk stellte die erste systematische Behandlung von Problemen der Wahrscheinlichkeitsrechnung dar. Hier findet man seine Theorie der erzeugenden Funktionen ebenso wie die Methode der rekurrenten Reihen, einen Sonderfall des zentralen Grenzwertsatzes der Wahrscheinlichkeitsrechnung (Grenzwertsatz von de Moivre-Laplace), eine Theorie der Glücksspiele, geometrische Wahrscheinlichkeiten, eine Darstellung der Methode der kleinsten Quadrate und die Laplace-Transformation. Der zweiten Auflage der „Théorie analytique..." (1814) stellte Laplace ein einleitendes Essay voran. Dieses, später auch separat erschienen, bestimmte für mehr als hundert Jahre die (philosophischen) Vorstellungen von „Wahrscheinlichkeit". Die Wahrscheinlichkeit eines Ereignisses wird bestimmt durch „Zurückführung aller Ereignisse derselben Art auf eine gewisse Anzahl gleichmöglicher Fälle, d. h. solcher, über deren Existenz wir in gleicher Weise unschlüssig sind, und durch Bestimmung der dem Ereignis günstigen Fälle". Laplace erläuterte auch den Begriff „Erwartung" und das Gesetz der großen Zahlen, das auf Jakob Bernoulli zurückgeht. Vielleicht am bedeutungsvollsten für die Entwicklung der Wahrscheinlichkeitsrechnung und der Philosophie wurde jedoch der „Laplacesche Dämon" (der Begriff stammt von E. Du Bois-Reymond). Diese „Intelligenz" wäre in der Lage, den Zustand der Welt zu jedem Zeitpunkt ihrer Geschichte (und Zukunft) zu berechnen, wenn nur zu einem Zeitpunkt Lage und Geschwindigkeiten sämtlicher Partikel im Weltraum bekannt sind. Damit war der klassische mechanische Determinismus festgelegt.

Seit 1773 veröffentlichte Laplace auch zu astronomischen Themen. Im Jahre 1796 erschien die „Exposition du systéme du monde", die die Laplacesche Nebularhypothese der Entstehung der Himmelskörper enthielt. Diese Schrift war die Einleitung zu den von 1799 bis 1825 erschienenen fünf Bänden der „Mécanique celeste", eine Zusammenfassung aller bislang gefundenen Gesetzmäßigkeiten der Bewegungen der Himmelskörper. Laplace ließ als Ursache dieser Gesetzmäßigkeiten nur die Gravitation zu. Er konnte die Stabilität unseres Sonnensystems beweisen (Nachweis der Unveränderlichkeit der großen Halbachsen der Planetenbahnen), untersuchte die Mondbewegung und beschäftigte sich mit Ebbe und Flut. Zum Zwecke astronomischer Berechnungen führte er die Kugelfunktionen zweiter Art ein, behandelte partielle Differentialgleichungen und Potentialtheorie. Laplace arbeite auch zur Kapillartheorie, zur Lichttheorie, zur Akustik (Schallgeschwindigkeit), über den Aufbau der Atmosphäre und zur frühen Thermodynamik. Mit Lavoisier (1743–1794) führte er chemische Experimente aus.

Laplace-Experiment, ↗Laplace-Raum.

Laplace-Gleichung, die Gleichung

$$\Delta\phi = 0\,.$$

Dabei ist, in allgemeinster Formulierung, Δ der Laplace-Operator $g^{ij}\nabla_i\nabla_j$, g^{ij} der metrische Tensor der Riemannschen Mannigfaltigkeit, ∇_i die kovariante Ableitung und ϕ ein Skalar.

Im Spezialfall des dreidimensionalen Euklidischen Raumes vereinfacht sich die Laplace-Gleichung zu

$$\left(\frac{\partial^2}{\partial x^2}+\frac{\partial^2}{\partial y^2}+\frac{\partial^2}{\partial z^2}\right)\phi(x,y,z) = 0\,,$$

und im n-dimensionalen Raum $\mathbb{R}^n$ gilt analoges (↗Laplace-Operator).

Laplace-Operator, der Differentialoperator

$$\Delta\phi = \frac{\partial^2}{\partial x_1^2}\phi + \cdots + \frac{\partial^2}{\partial x_n^2}\phi$$

für eine Funktion $\phi = \phi(x_1,\dots,x_n)$ im $\mathbb{R}^n$.

Für Verallgemeinerungen und Anwendung siehe ↗Laplace-Gleichung.

Laplace-Raum, diskreter Wahrscheinlichkeitsraum (Ω, P) mit endlicher Ergebnismenge Ω und der diskreten Gleichverteilung als Wahrscheinlichkeitsmaß P.

Der Laplace-Raum stellt das mathematische Modell zur Beschreibung eines Laplace-Experiments bereit, d. h. eines Experiments mit endlich vielen gleichwahrscheinlichen Ausgängen. Typische Beispiele für Laplace-Experimente sind das Würfeln mit einem fairen Würfel oder das Werfen einer ungezinkten Münze. Weiterhin werden Laplace-Räume in der Regel bei der Ziehung sogenannter repräsentativer Stichproben als Modell verwendet.

Laplacescher Determinantenentwicklungssatz, die prominenteste Möglichkeit zur ↗Determinantenberechnung, die hier nochmals kompakt wiedergegeben wird.

Inhalt des Satzes ist die Formel (1) (gelegentlich auch der Spezialfall (2)) zur Berechnung der Determinante einer $(n \times n)$-Matrix $A = (a_{ij})$ über $\mathbb{K}$ mittels „Entwicklung nach den r Zeilen mit den Nummern $k_1 < \dots < k_r$":

$$\det A = \sum_{\gamma\in\Gamma} \operatorname{sgn}\gamma \det A_\gamma \det A_\gamma^*\,. \qquad (1)$$

Dabei bezeichnet $\Gamma \subset S_n$ die Menge aller Permutationen $\gamma : \{1,\dots,n\} \to \{1,\dots,n\}$, für die gilt: $\gamma(i_1) < \dots < \gamma(i_{n-r})$; $\gamma(k_1) < \dots < \gamma(k_r)$, wobei $\{i_1,\dots,i_{n-r}\}$ und $\{k_1,\dots,k_r\}$ eine disjunkte Zerlegung von $\{1,\dots,n\}$ mit $i_1 < \dots < i_{n-r}$ bilden. A_γ ist die Untermatrix, die man aus A erhält wenn man die Zeilen mit den Nummern $k_1,\dots,k_r$ und die Spalten mit den Nummern $\gamma(k_1),\dots,\gamma(k_r)$ streicht. A_γ^* ist die sogenannte zu A_γ komplementäre Untermatrix von A, die sich durch Streichen der Zeilen $i_1,\dots,i_{n-r}$ und der Spalten $\gamma(i_1),\dots,\gamma(i_{n-r})$ aus A ergibt. Es wird also über alle Möglichkeiten, r Spalten in A auszuwählen, summiert.

Dieser Entwicklungssatz führt die Berechnung der Determinante einer $(n \times n)$-Matrix A auf die Berechnung von Determinanten von $(r \times r)$- und $(n-r \times n-r)$-Matrizen zurück.

Für $r = 1$ erhält man speziell die „Entwicklung nach der r-ten Zeile":

$$\det A = \sum_{i=1}^{n} (-1)^{r+i} a_{ri} \det A_{ri}\,. \qquad (2)$$

(A_{ri} bezeichnet dabei die Matrix, die aus A durch Streichen der r-ten Zeile und der i-ten Spalte hervorgeht.)

Analog kann man zu Determinantenberechnungen auch „Entwicklungen nach Spalten" durchführen.

Laplace-Transformation, eine ↗Integral-Transformation $f \mapsto Lf =: F$ für eine komplexwertige Funktion $f \in L^1(0, +\infty)$, gegeben durch

$$(Lf)(z) := \int_0^\infty e^{-zt} f(t)\, dt .$$

Man betrachte eine Funktion f mit folgenden Eigenschaften:
(1) $f \in L^1(0, +\infty)$.
(2) $f(t) = 0 \quad (t < 0)$.
(3) Es existieren Konstanten $K, a \in \mathbb{R}$ mit $|f(t)| \leq Ke^{at} \quad (t \geq 0)$.
Unter diesen Voraussetzungen ist F divergent für $\mathrm{Re}\, z < a$ und konvergent für $\mathrm{Re}\, z > a$, wo sie sogar analytisch ist. Für $\mathrm{Re}\, z \to \infty$ gilt $\lim_{z\to\infty} F(z) = 0$.

Schränkt man den Definitionsbereich der Laplace-Transformation auf Funktionen mit den Eigenschaften (1)–(3) ein, so ist dieser ein linearer Raum, und die Laplace-Transformation eine lineare Abbildung.

Ist $b > a$ beliebig, dann ist die inverse Laplace-Transformation gegeben durch die Formel

$$\lim_{c\to\infty} \frac{1}{2\pi i} \int_{b-ic}^{b+ic} e^{zt} F(z)\, dz$$

$$= \begin{cases} 0 & (x < 0) \\ \frac{f(+0)}{2} & (x = 0) \\ \frac{f(x-0)+f(x+0)}{2} & (x > 0) . \end{cases}$$

Von Bedeutung sind folgende Rechenregeln:
Differentiation:

$$\left(Lf^{(n)}\right)(z) = z^n (Lf)(z) - \sum_{k=1}^{n} z^{n-k} f^{(k-1)}(0)$$

und

$$\left(L[f(t)]\right)^{(n)}(z) = (-1)^n \left(L[t^n f(t)]\right)(z) .$$

Die letzte Gleichung wird als Multiplikationssatz bezeichnet.

Integration:

$$\left(L\left[\int_0^t f(\tau)\, d\tau\right]\right)(z) = \frac{\left(L[f(t)]\right)(z)}{z}$$

und

$$\int_z^\infty (Lf)(p)\, dp = \left(L\left[\frac{f(t)}{t}\right]\right)(z) .$$

Ähnlichkeitssatz: Für $k \in \mathbb{R}, k > 0$ gilt

$$\left(L[f(kt)]\right)(z) = \frac{1}{k}(Lf)\left(\frac{z}{k}\right) .$$

Verschiebungssätze: Für $\tau \in \mathbb{R}, \tau > 0$ gelten

$$\left(L[f(t-\tau)]\right)(z) = e^{-z\tau}\left(L[f(t)]\right)(z) ,$$

$$\left(L[f(t+\tau)]\right)(z) = e^{z\tau}\left(L[f(t)]\right)(z) - \int_0^\tau e^{z(\tau-s)} f(s)\, ds .$$

Dämpfungssatz: Für $\alpha \in \mathbb{C}$ gilt

$$\left(L[e^{-\alpha t} f(t)]\right)(z) = \left(L[f(t)]\right)(z+\alpha) .$$

Laplace-Transformation der Exponentialfunktion: Für $\alpha \in \mathbb{C}$, $n \in \mathbb{N}_0$ gilt

$$\left(L\left[\frac{t^n}{n!}e^{\alpha t}\right]\right)(z) = \frac{1}{(z-\alpha)^{n+1}} . \tag{1}$$

Die Laplace-Transformation ist besonders geeignet zum Lösen von Differentialgleichungen. Als Beispiel betrachten wir gewöhnliche Differentialgleichungen mit konstanten Koeffizienten und Anfangswerten. Hierbei wird erst die Differentialgleichung mit Hilfe der Linearitäts- und der Differentiationsregel Laplace-transformiert, wodurch eine algebraische Gleichung entsteht. Die Lösung dieser transformierten Gleichung wird in Partialbrüche zerlegt und anschließend mit Hilfe der Formel (1) und der Faltung für die Laplace-Transformation zurücktransformiert. Die Laplace-Transformation kann auch zur Behandlung partieller Differentialgleichungen mit Rand- und Anfangsbedingungen angewendet werden.

Bisweilen findet eine Diskretisierung der Laplace-Transformation, die sog. diskrete Laplace-Transformation, Anwendung.

[1] Doetsch, G: Handbuch der Laplace-Transformation I–III. Birkhäuser Basel, 1950-1956.

Laplace-Vektor, ↗ Lenz-Runge-Vektor.

***L_1*-Approximation**, Approximation hinsichtlich der L_1-Norm.

Die L_1-Approximation bildet einen Teilbereich der ↗Approximationstheorie. Bezeichnet $C[a, b]$ den Raum der stetigen Funktionen auf $[a, b]$, so wird durch

$$\|f\|_1 = \int_a^b |f(t)| dt, \; f \in C[a, b],$$

die L_1-Norm festgelegt. Diese Norm kann man auch auf der größeren Funktionenklasse der L_1-integrierbaren Funktionen definieren, d. h. Funktionen f mit der Eigenschaft

$$\int_a^b |f(t)| dt < \infty.$$

Ist G ein Teilraum von $C[a,b]$, so heißt $g_f \in G$ beste L_1-Approximation an $f \in C[a,b]$, falls

$$\|f - g_f\|_1 \leq \|f - g\|_1$$

für alle $g \in G$ gilt. Anschaulich bedeutet dies, daß der Flächeninhalt zwischen f und g_f minimal ist. B.R. Kripke und T.J. Rivlin formulierten 1965 die folgende Charakterisierung von besten L_1-Approximationen.

Die Funktion $g_f \in G$ ist genau dann beste L_1-Approximation an $f \in C[a,b]$, wenn gilt:

$$\int_a^b g(t)\,\mathrm{sgn}(f - g_f)(t)dt = \int_{Z(f-g_f)} |g(t)|dt,\ g \in G.$$

Hierbei ist

$$Z(f - g_f) = \{t \in [a,b] : (f - g_f)(t) = 0\}.$$

Ist G ein ↗Tschebyschew-System, so ist die beste L_1-Approximation stets eindeutig. Die Umkehrung gilt jedoch nicht, denn auch für ↗Splinefunktionen gilt diese Aussage. Die beste L_1-Approximation kann unter gewissen Voraussetzungen durch ↗Lagrange-Interpolation bestimmt werden. Ist G ein n-dimensionales Tschebyschew-System, so existieren eindeutig bestimmte Punkte $a < t_1 < \ldots < t_n < b$ mit der Eigenschaft

$$\sum_{i=0}^{n}(-1)^i \int_{t_i}^{t_{i+1}} g(t)dt = 0,\ g \in G.$$

Hierbei sind $t_0 = a$ und $t_{n+1} = b$. Die Punkte $t_1, \ldots, t_n$ werden kanonische Punkte von G genannt. In diesem Fall bezeichnet man die Menge

$$C(G) = \{f \in C[a,b] : G \cup \{f\} \text{ ist ein Tschebschew-System von } C[a,b]\}$$

als den Konvexitätskegel von G. Im Jahr 1977 zeigte C.A.Michelli den folgenden Satz über einen Zusammenhang von L_1-Approximation mit der Lagrange-Interpolation.

Es seien G ein n-dimensionales Tschebyschew-System und $a < t_1 < \ldots < t_n < b$ die kanonischen Punkte von G. Für jede Funktion $f \in C(G)$ ist die beste L_1-Approximation $g_f \in G$ an f eindeutig durch

$$g_f(t_i) = f(t_i),\ i = 1, \ldots, n,$$

festgelegt.

[1] G. Nürnberger: Approximation by Spline Functions. Springer-Verlag Berlin/Heidelberg, 1989.

L_2-Approximation, Approximation hinsichtlich der L_2-Norm.

Als L_2-Approximation bezeichnet man einen Teilbereich der ↗Approximationstheorie, welcher als Beispiel für die Approximation in Hilberträumen auftritt. Der Raum

$$L_2[a,b] = \{f : [a,b] \mapsto \mathbb{R} : f \text{ Lebesgue meßbar und } \int_a^b (f(t))^2 dt < \infty\},$$

zusammen mit dem Skalarprodukt $(.,.) : L_2[a,b] \times L_2[a,b] \mapsto \mathbb{R}$, definiert durch

$$(f_1, f_2) = \int_a^b f_1(t) f_2(t)dt,\ f_1, f_2 \in L_2[a,b],$$

bildet einen (reellen) Hilbertraum. In Hilberträumen $\mathcal{H}$ wird durch

$$\|f\| = (f,f)^{\frac{1}{2}},\ f \in \mathcal{H},$$

eine Norm induziert. Für einen Teilraum $\mathcal{G}$ von $\mathcal{H}$ heißt $g_f \in G$ beste Approximation an $f \in \mathcal{H}$ (hinsichtlich $\|.\|$), falls gilt:

$$\|f - g_f\| \leq \|f - g\|$$

für alle $g \in \mathcal{G}$. In Hilberträumen ist das Parallelogramm-Gesetz

$$\|f+g\|^2 + \|f-g\|^2 = 2\|f\|^2 + 2\|g\|^2,\ f, g \in \mathcal{H}$$

gültig, und damit sind diese strikt konvex, d. h.

$$\|f+g\| < 2, \text{ falls } f, g \in \mathcal{H}, f \neq g,\ \|f\| = \|g\| = 1.$$

Ist $\mathcal{G}$ ein endlich-dimensionaler Teilraum von $\mathcal{H}$, existiert somit für jedes $f \in \mathcal{H}$ eine eindeutige beste Approximation $g_f \in \mathcal{G}$. Dies folgt aus der entsprechenden etwas allgemeineren Aussage hinsichtlich der Approximation in endlich-dimensionalen Teilräumen von strikt konvexen normierten Räumen. Die beste Approximation $g_f \in \mathcal{G}$ an $f \in \mathcal{H}$ läßt sich in dem obigen Fall durch die Orthogonalitätsrelation

$$(f - g_f, g) = 0,\ g \in \mathcal{G},$$

charakterisieren. Wird $\mathcal{G}$ von den Basiselementen $g_1, \ldots, g_n$ aufgespannt, so kann man somit $g_f = \sum_{i=1}^n a_i g_i$ berechnen, indem man das folgende lineare Gleichungssystem löst:

$$\sum_{i=1}^{n} a_i (g_i, g_j) = (f, g_j),\ j = 1, \ldots, n.$$

Die hierbei auftretende Matrix

$$A = ((g_i, g_j))_{i,j=1,\ldots,n}$$

wird ↗Gramsche Matrix genannt.

Larmorsche Formel, ↗ elektromagnetische Wellen.

Lasker-Noether, Satz von, Aussage aus der Algebra.

In einem Noetherschen Ring ist jedes Ideal Durchschnitt von endlich vielen Primäridealen. Bei einer minimalen Darstellung sind die Radikale der Primärideale die assoziierten Primideale und damit eindeutig bestimmt. Die Primärideale sind eindeutig bestimmt, wenn sie zu minimalen Primoberidealen gehören.

Im Ring der ganzen Zahlen $\mathbb{Z}$ entspricht die Primärzerlegung der Zerlegung einer ganzen Zahl a in ein Potenzprodukt von Primzahlen:

$$a = p_1^{\varrho_1} \cdot \ldots \cdot p_k^{\varrho_k} .$$

Dann gilt für die entsprechenden Hauptideale (a):

$$(a) = (p_1^{\varrho_1}) \cap \cdots \cap (p_k^{\varrho_k}) ,$$

und die $(p_i^{\varrho_i})$ sind Primärideale mit dem assoziierten Primideal (p_i).

lateinisches Quadrat, ein quadratisches Schema mit $n \times n$ Einträgen einer n-elementigen Menge M so, daß in jeder Zeile und in jeder Spalte des Schemas jedes Element von M genau einmal vorkommt.

Zwei lateinische Quadrate der Ordnung n bzgl. der Alphabete M, N heißen orthogonal, wenn jedes Paar aus $M \times N$ an genau einer Stelle des Schemas vorkommt. Schreibt man diese in ein Schema, spricht man auch von einem griechisch-lateinischen Quadrat. Diese existieren für alle $n \geq 3$ außer $n = 6$.

Aα	Bβ	Cγ	Dδ	Eε
Bε	Cα	Dβ	Eγ	Aδ
Cδ	Dε	Eα	Aβ	Bγ
Dγ	Eδ	Aε	Bα	Cβ
Eβ	Aγ	Bδ	Cε	Dα

Griechisch-lateinisches Quadrat der Ordnung 5

Die größtmögliche Anzahl von paarweise orthogonalen lateinischen Quadraten der Ordnung n ist $n-2$. Diese existieren genau dann, wenn eine ↗ affine Ebene der Ordnung n existiert.

Allgemeiner stehen orthogonale lateinische Quadrate im Zusammenhang mit Netzen.

Siehe auch ↗ Endliche Geometrie, ↗ magisches Quadrat.

laufende Front, die typische Lösung einer Reaktionsdiffusionsgleichung in einem unbeschränkten Gebiet.

Sie kann beispielsweise in der mathematischen Biologie zur Beschreibung der Ausbreitung von genetischen oder ökologischen Typen oder von Epidemien dienen.

Laurent, Entwicklungssatz von, fundamentaler Satz in der Funktionentheorie, der wie folgt lautet.

Es sei f eine im Kreisring

$$A_{r,s}(z_0) := \{ z \in \mathbb{C} : 0 \leq r < |z - z_0| < s \leq \infty \} ,$$

$z_0 \in \mathbb{C}$ *↗ holomorphe Funktion.*

Dann ist f in $A_{r,s}(z_0)$ in eine eindeutig bestimmte ↗ Laurent-Reihe

$$f(z) = \sum_{n=-\infty}^{\infty} a_n (z - z_0)^n$$

entwickelbar, die in $A_{r,s}(z_0)$ normal konvergent gegen f ist. Für jedes $\varrho \in (r, s)$ und $n \in \mathbb{Z}$ gilt

$$a_n = \frac{1}{2\pi i} \int_{S_\varrho(z_0)} \frac{f(\zeta)}{(\zeta - z_0)^{n+1}} \, d\zeta ,$$

wobei $S_\varrho(z_0)$ die Kreislinie mit Mittelpunkt z_0 und Radius ϱ ist.

Laurent, Pierre Alphonse, französischer Mathematiker und Physiker, geb. 18.7.1813 Paris, gest. 2.9.1854 Paris.

Laurent studierte von 1830 bis 1832 an der École Polytechnique in Paris. Er übernahm danach eine Lehrtätigkeit an der École d'Application in Metz. Von 1840 bis 1846 leitete er Arbeiten zur Erweiterung des Hafens in Le Havre. 1846 wurde er Major und später Bataillonschef in Paris.

1843 führte er in der Arbeit „Extension du théoreme de Mr. Cauchy" die Entwicklung einer in einem Kreisring holomorphen Funktionen in eine ↗ Laurent-Reihe ein. Daneben arbeitete er zur Variationsrechnung, zur Thermodynamik, zur Elasitzitätstheorie und zu Differentialgleichungen. Von Laurent stammt auch die Integraldarstellung der Legendreschen Polynome.

Laurent-Entwicklung, Reihenentwicklung einer im Kreisring

$$A_{r,s}(z_0) := \{ z \in \mathbb{C} : 0 \leq r < |z - z_0| < s \leq \infty \}$$

↗ holomorphen Funktion f um $z_0 \in \mathbb{C}$ in $A_{r,s}(z_0)$, die nach dem Entwicklungssatz von Laurent (↗ Laurent, Entwicklungssatz von) in der Form

$$f(z) = \sum_{n=-\infty}^{\infty} a_n (z - z_0)^n$$

möglich ist. Die Koeffizienten a_n sind dabei eindeutig bestimmt und heißen die Laurent-Koeffizienten von f.

Als Beispiel sei die Funktion

$$f(z) = \frac{2}{z^2 - 4z + 3} = \frac{1}{1-z} + \frac{1}{z-3}$$

betrachtet. Sie ist in $\mathbb{C} \setminus \{1, 3\}$ holomorph, und es gibt drei mögliche Laurent-Entwicklungen um den Punkt $z_0 = 0$.

(a) Für $z \in A_{0,1}(0)$ gilt

$$f(z) = \sum_{n=0}^{\infty} \left(1 - \frac{1}{3^{n+1}}\right) z^n .$$

Diese ↗ Laurent-Reihe besitzt keinen Hauptteil und ist daher eine reine Potenzreihe. Sie stimmt mit der ↗ Taylor-Reihe von f um 0 überein.

(b) Für $z \in A_{1,3}(0)$ gilt

$$f(z) = \sum_{n=1}^{\infty} \frac{-1}{z^n} + \sum_{n=0}^{\infty} \frac{-1}{3^{n+1}} z^n .$$

Hier ist der erste Summand der Hauptteil und der zweite der Nebenteil.

(b) Für $z \in A_{3,\infty}(0)$ gilt

$$f(z) = \sum_{n=1}^{\infty} (3^{n-1} - 1) \frac{1}{z^n} .$$

Diese Laurent-Reihe besitzt nur einen Hauptteil.

Laurent-Koeffizient, ↗ Laurent-Entwicklung.

Laurent-Reihe, unendliche Reihe der Form

$$\sum_{n=-\infty}^{\infty} a_n (z - z_0)^n .$$

Der Punkt $z_0 \in \mathbb{C}$ heißt Entwicklungspunkt, und die Zahlen $a_n \in \mathbb{C}$ heißen Koeffizienten der Laurent-Reihe. Die Reihen

$$\sum_{-\infty}^{-1} a_n (z - z_0)^n = \sum_{n=1}^{\infty} a_{-n} (z - z_0)^{-n}$$

bzw.

$$\sum_{n=0}^{\infty} a_n (z - z_0)^n$$

heißen Hauptteil bzw. Nebenteil der Laurent-Reihe. Laurent-Reihen sind verallgemeinerte Potenzreihen, wobei der Nebenteil eine (echte) Potenzreihe und der Hauptteil eine Potenzreihe in $w = 1/(z - z_0)$ ist. Sie dienen vor allem der ↗ Laurent-Entwicklung von Funktionen.

Eine Laurent-Reihe heißt konvergent, falls Hauptteil und Nebenteil konvergent sind. Es sei s der ↗ Konvergenzradius des Nebenteils und $\hat{r}$ der Konvergenzradius der Potenzreihe $\sum_{n=1}^{\infty} a_{-n} w^n$. Weiter sei $r := 1/\hat{r}$, wobei $r = 0$ für $\hat{r} = \infty$ und $r = \infty$ für $\hat{r} = 0$. Ist $r < s$, so ist die Laurent-Reihe im offenen Kreisring $A_{r,s}(z_0) = \{z \in \mathbb{C} : r < |z| < s\}$ ↗ normal konvergent und stellt dort eine ↗ holomorphe Funktion dar. Im Fall $r \geq s$ ist die Reihe in keiner nicht-leeren, offenen Menge von $\mathbb{C}$ konvergent.

Für Laurent-Reihen gilt folgender Identitätssatz.

Es seien $\sum_{n=-\infty}^{\infty} a_n (z - z_0)^n$ und $\sum_{n=-\infty}^{\infty} b_n (z - z_0)^n$ Laurent-Reihen, die beide auf einer Kreislinie $S_\varrho(z_0)$ mit Mittelpunkt z_0 und Radius $\varrho > 0$ gleichmäßig gegen dieselbe (stetige) Grenzfunktion f konvergieren.

Dann gilt für alle $n \in \mathbb{Z}$

$$a_n = b_n = \frac{1}{2\pi \varrho^n} \int_0^{2\pi} f(z_0 + \varrho e^{it}) e^{-int} \, dt .$$

Laurentscher Aufspaltungssatz, lautet:

Es sei f eine im Kreisring $A_{r,s}(z_0) := \{z \in \mathbb{C} : 0 \leq r < |z - z_0| < s \leq \infty\}$, $z_0 \in \mathbb{C}$ ↗ holomorphe Funktion. Dann existieren eindeutig bestimmte Funktionen f_1 und f_2 mit folgenden Eigenschaften:

(a) f_1 ist holomorph in $B_s(z_0) = \{z \in \mathbb{C} : |z - z_0| < s\}$.

(a) f_2 ist holomorph in $\widehat{\mathbb{C}} \setminus \overline{B_r(z_0)}$ und $f_2(\infty) = 0$.

(a) Für $z \in A_{r,s}(z_0)$ gilt $f(z) = f_1(z) + f_2(z)$.

Weiter gilt für jedes $\varrho \in (r, s)$

$$f_1(z) = \frac{1}{2\pi i} \int_{\partial B_\varrho(z_0)} \frac{f(\zeta)}{\zeta - z} d\zeta , \quad z \in B_\varrho(z_0) ,$$

$$f_2(z) = -\frac{1}{2\pi i} \int_{\partial B_\varrho(z_0)} \frac{f(\zeta)}{\zeta - z} d\zeta , \quad z \in \mathbb{C} \setminus \overline{B_\varrho(z_0)} .$$

Lawson-Prinzip, Aussage über die Existenz optimaler Knotenmengen und den Zusammenhang ausgeglichener und optimaler Knotenmengen bei der ↗ Segment-Approximation.

Lax, Peter David, ungarisch-amerikanischer Mathematiker, geb. 1.5.1926 Budapest.

Lax studierte an der New Yorker Universität und promovierte dort 1949. Ab 1954 arbeitete er am Courant-Institut im AEC Computing Center. Seit 1989 ist er Berater beim Center for Research on Parallel Computation.

Lax befaßte sich mit der Theorie der Differentialgleichungen. Er untersuchte Rand- und Anfangswertprobleme (↗ Lax-Milgram, Satz von, ↗ Lax-Wendroff-Verfahren), Stabilität und Streuungstheorie.

Lax-Milgram, Satz von, Aussage über stetige und ↗ koerzitive Sesquilinearformen auf einem Hilbertraum:

Sei $a : H \times H \to \mathbb{C}$ eine Sesquilinearform auf einem Hilbertraum, für die Konstanten $M \geq 0$, $m > 0$ existieren mit

$$|a(x, y)| \leq M \|x\| \, \|y\|$$
$$|a(x, x)| \geq m \|x\|^2$$

für alle $x, y \in H$. Dann existiert ein eindeutig bestimmter bijektiver stetiger linearer Operator $T : H \to H$, der a gemäß

$$a(x, y) = \langle x, Ty \rangle \qquad \forall x, y \in H$$

darstellt. Ferner gilt $\|T\| \le M$, $\|T^{-1}\| \le 1/m$.

Lax-Wendroff-Verfahren, spezielles explizites Differenzenverfahren zur näherungsweisen Lösung einer hyperbolischen Differentialgleichung (↗ Klassifikation partieller Differentialgleichungen) in einer Ortsvariablen x und einer Zeitvariablen t.

Ist die Gleichung gegeben in der Form

$$u_t(t, x) + au_x(t, x) = f(t, x)$$

mit bekanntem a und $f(t, x)$ und gesuchtem $u = u(t, x)$, dann lautet die Formel unter Verwendung einer äquidistanten Unterteilung

$$\begin{aligned} x_k &= x_0 + k\Delta x, \ k = 1, 2, \dots, N \\ t_m &= t_0 + m\Delta t, \ m = 1, 2, \dots, M \end{aligned}$$

in x- und t-Richtung:

$$\begin{aligned} u_k^{m+1} &:= \frac{1}{2}(\lambda^2 a^2 - \lambda a)u_{k-1}^m + (1 - \lambda^2 a^2)u_k^m \\ &\quad + \frac{1}{2}(\lambda^2 a^2 + \lambda a)u_{k+1}^m + \Delta t f(t_m, x_k) \end{aligned}$$

mit $\lambda := \Delta t / \Delta x$.

LBA-Problem, das Problem, ob die Komplexitätsklassen ↗ DSPACE(n) und ↗ NSPACE(n) übereinstimmen.

Der Name beruht darauf, daß eine linear platzbeschränkte Turing-Maschine früher als Linear Bounded Automaton (LBA) bezeichnet wurde.

Die Bedeutung des Problems liegt darin, daß NSPACE(n) die Klasse der kontextsensitiven Sprachen ist. Bisher ist mit dem Satz von Savitch (↗ Savitch, Satz von) nur bekannt, daß NSPACE(n) in DSPACE(n^2) enthalten ist.

LB-Raum, ein induktiver Limes von Banachräumen der im folgenden beschriebenen Art.

Es seien V_n, $n \in \mathbb{N}$, eine Folge von Banachräumen mit $V_n \subseteq V_{n+1}$ für alle $n \in \mathbb{N}$, sowie

$$V = \bigcup_{n \in \mathbb{N}} V_n \,.$$

Bezeichnet man mit τ_n die Topologie auf V_n, so gelte, daß die von τ_{n+1} induzierte Topologie auf V_n mit der Topologie τ_n übereinstimmt. Dann gibt es unter allen lokalkonvexen Topologien auf V, die auf jedem V_n eine Topologie induzieren, die gröber ist als τ_n, eine feinste Topologie τ_ω. Die Menge V, versehen mit der Topologie τ_ω, heißt dann ein LB-Raum.

Man erhält ein τ_ω-Umgebungssystem des Nullelementes von V aus allen absolutkonvexen Teilmengen $U \subseteq V$, für die $U \cap V_n$ eine Umgebung des Nullelementes in V_n ist.

learning mode, ↗ Lern-Modus.

Leau-Blume, ↗ Iteration rationaler Funktionen.

Leau-Gebiet, ein periodisches stabiles Gebiet $V \subset \widehat{\mathbb{C}}$ einer rationalen Funktion f mit der Eigenschaft, daß ∂V einen rational indifferenten ↗ Fixpunkt einer Iterierten f^p von f (↗ iterierte Abbildungen) enthält.

Für weitere Informationen siehe ↗ Iteration rationaler Funktionen.

Lebedew, Sergej Alexejewitsch, russischer Mathematiker, geb. 2.11.1902 Nishni Nowgorod (Gorki), gest. 3.7.1974 Moskau.

Lebedew studierte an der Moskauer technischen Hochschule. Er arbeitete danach am elektrotechnischen Institut. Ab 1951 war er am Moskauer physikalisch-technischen Institut tätig, 1953 wechselte er an das Institut für Mechanik und Rechentechnik der Akademie der Wissenschaften der UdSSR.

Lebedews Hauptleistungen betreffen seine Arbeiten zur Theorie der Rechentechnik und zur Automatisierungstechnik. Unter seiner Leitung wurden unter anderem 1951 die MESM, 1952 die BESM und später die BESM6 gebaut.

Lebensdauer, Begriff aus der ↗ Zuverlässigkeitstheorie.

Die Lebensdauer ist die zufällige Zeit, die ein System bzw. Systemelement bis zum Ausfall arbeitet (↗ Ausfallwahrscheinlichkeit, ↗ Erneuerungstheorie, ↗ Lebensdauerverteilung).

Lebensdauerverteilung, die Wahrscheinlichkeitsverteilung der zufälligen Lebensdauer eines Systems bzw. Systemelements.

Ist T die zufällige Lebensdauer und $F(t)$ die Verteilungsfunktion und $f(t)$ die Verteilungsdichte von T, so heißen

$$\tilde{F}(t) = P(T > t) = 1 - F(t)$$

Überlebenswahrscheinlichkeit der Einheit,

$$r(x) = \lim_{t \to 0, t > 0} \frac{P(T \le x + t / T > x)}{t} = \frac{f(x)}{\tilde{F}(x)}$$

Ausfall- bzw. Hazardrate des Systems, und

$$\tilde{F}(t/x) = P(T > t + x / T > x) = \frac{\tilde{F}(t + x)}{\tilde{F}(x)}$$

bedingte Überlebenswahrscheinlichkeit des Systems.

In der Zuverlässigkeitstheorie werden die Lebensdauerverteilungen entsprechend der Eigenschaften ihrer Ausfallraten und Überlebenswahrscheinlichkeiten in folgende Klassen eingeteilt:

Name	Eigenschaft
IFR-Verteilung (Increasing Failure Rate)	$r(x)$ ist monoton nicht fallend in x
DFR-Verteilung (Decreasing Failure Rate)	$r(x)$ ist monoton nicht wachsend in x
NBU-Verteilung (New Better than Used)	$\bar{F}(x) \geq \frac{\bar{F}(x+y)}{\bar{F}(y)}$ $\forall x, \forall y \geq 0$ Die Überlebenswahrscheinlichkeit einer neuen Einheit ist größer oder gleich der einer alten
NWU-Verteilung (New Worse than Used)	$\bar{F}(x) \leq \frac{\bar{F}(x+y)}{\bar{F}(y)}$ $\forall x, \forall y \geq 0$
IFRA-Verteilung (Increasing Failure Rate Average)	Die mittlere kumulierte Ausfallrate $\frac{1}{t}\int_0^t r(x)dx$ wächst
DFRA-Verteilung (Decreasing Failure Rate Average)	Die mittlere kumulierte Ausfallrate $\frac{1}{t}\int_0^t r(x)dx$ fällt
NBUE-Verteilung (New Better than Used in Expectation)	$\int_{x=0}^{\infty} \frac{\bar{F}(x+y)}{\bar{F}(y)} dx \leq E(T)$ $(\lvert ET\rvert < \infty)$. Die erwartete Lebensdauer einer neuen Einheit ist größer als die erwartete Restlebensdauer einer intakten Einheit des Alters $y > 0$
NWUE-Verteilung (New Worse than Used in Expectation)	$\int_{x=0}^{\infty} \frac{\bar{F}(x+y)}{\bar{F}(y)} dx \geq E(T)$ $(\lvert ET\rvert < \infty)$.

Die Klasse der IFR-Verteilungen ist offenbar eine Teilmenge der NBU-Verteilungen; die Klasse der DFR-Verteilungen ist eine Teilmenge der NWU-Verteilungen. In [3] findet man spezielle Hypothesentestverfahren zum Prüfen der vorliegenden Verteilungsklasse, speziell für folgende Hypothesen:

$$H_0 : IFR \text{ gegen } H_1 : DFR,$$
$$H_0 : NBU \text{ gegen } H_1 : NWU,$$
$$H_0 : IFRA \text{ gegen } H_1 : DFRA,$$
$$H_0 : NBUE \text{ gegen } H_1 : NWUE.$$

Zur Beschreibung der Verteilungen von zufälligen Lebensdauern werden oft die ↗Exponential-, die ↗Gamma-, die ↗Weibull- und die ↗Lognormalverteilung herangezogen.

Ein Beispiel. Für die Exponentialverteilung

$$F(t) = 1 - e^{-\lambda t}, \quad \lambda > 0, t \geq 0$$

gilt:

$$\bar{F}(x) = e^{-\lambda x} \quad \text{und} \quad r(x) = \lambda \ \forall x .$$

Die Exponentialverteilung gehört damit sowohl zur Klasse der DFR und der IFR als auch zur Klasse der NBU und NWU-Verteilungen.

Für die Weibullverteilung mit der Verteilungsfunktion

$$F(t) = 1 - e^{-\alpha t^\beta} \quad \text{für } \alpha, \beta, t > 0$$

und der Dichtefunktion

$$f(t) = \alpha\beta t^{\beta-1} e^{-\alpha t^\beta}$$

ist die Ausfallrate gleich

$$r(x) = \frac{f(x)}{\bar{F}(x)} = \alpha\beta x^{\beta-1} .$$

Damit ergibt sich für

$\beta = 1$ eine Exponentialverteilung mit dem Parameter α,
$\beta \geq 1$ eine IFR-Verteilung, und für
$\beta \leq 1$ eine DFR-Verteilung.

[1] Barlow, R.E.; Proschan, F.: Statistische Theorie der Zuverlässigkeit. Harri Deutsch Verlag Frankfurt/M, 1978.
[2] Gnedenko, B.W.; Beljajew, J.K.; Solowjew, A.D.: Mathematische Methoden der Zuverlässigkeit. Akademie Verlag Berlin, 1980.
[3] Hartung, J.; Elpelt, B.; Klösener, K.-H.: Statistik. R. Oldenbourg Verlag München Wien, 1989.

Lebenserwartung, bezeichnet in der Versicherungsmathematik den Erwartungswert der zukünftigen Lebensdauer einer x-jährigen Person.

Im ↗Deterministischen Modell der Lebensversicherungsmathematik berechnet sich der Schätzwert für die Lebenserwartung zu

$$e_x = \frac{1}{l_x}(l_x + l_{x+1} + ... + l_\omega) - \frac{1}{2} ,$$

wobei die Anzahlen

$$l_x, l_{x+1}, \ \ldots, \ l_\omega = 0$$

der Lebenden, die das Alter $x, x+1, \ldots$ erreichen, einer Sterbetafel entnommen werden (↗Demographie).

Lebesgue, Ableitungssatz von, besagt, daß eine auf einem reellen Intervall definierte reellwertige Funktion von endlicher Totalvariation fast überall (d. h. mit Ausnahme höchstens einer Lebesgue-Nullmenge) differenzierbar ist.

Lebesgue, Henry Léon, Mathematiker, geb. 28.6.1875 Beauvais, gest. 26.7.1941 Paris.

Lebesgue, Sohn eines Druckereiarbeiters und einer Volksschullehrerin, konnte nur Dank eines Stipendiums seines Geburtsortes 1894 das Studium an der École Normale in Paris aufnehmen. Ab 1897 arbeitete er dort als bibliothekarische Hilfskraft und setzte das Studium bis 1899 fort, danach war er Lehrer in Nancy. Nach der Promotion 1902 sowie Anstellungen an den Universitäten Rennes (1902–1906) und Poitiers (1906–1910) wurde er

1910 Lektor und 1919 Professor an der Sorbonne in Paris. Während des ersten Weltkrieges leitete er eine Kommission im Kriegsministerium und untersuchte u. a. Fragen der Ballistik. 1921 nahm er einen Ruf als Professor an das Collège de France an, an dem er bis zu seinem Lebensende tätig war.

Lebesgues großer Verdienst ist der Aufbau einer neuen Integrationstheorie, die heute seinen Namen trägt. Ausgehend von Baires Ergebnissen über unstetige Funktionen einer reellen Variablen und Jordans Darstellung des Riemannschen Integrals knüpfte er an die Borelschen Anregungen an, die dieser mit seiner neuen Maßtheorie gegeben hatte. Lebesgue erkannte, daß in diesem mengentheoretischen Kontext eine Verallgemeinerung der Definition von Maß und Meßbarkeit zu einer entsprechenden Verallgemeinerung des Integralbegriffs führen, und kam auf diesem Weg zu einem neuen Integralbegriff, den er in der Dissertation darlegte. Unabhängig von ihm wurden auch W.H. Young (1863–1942) und G. Vitali (1875–1932) zu der gleichen Verallgemeinerung des Integrals angeregt und legten analoge Ergebnisse vor.

Lebesgue definierte das Integral als Maß der Ordinatenmenge und formulierte das Problem, ob es eine beschränkte Funktion gibt, die nicht nach seiner Theorie summierbar ist. Vitali gab 1905 eine solche Funktion an.

Lebesgue demonstrierte die Leistungsfähigkeit seiner Integrationstheorie, indem er mehrere zuvor offene Fragen beantworten konnte. So zeigte er u. a., daß die Menge der nach seiner Theorie integrierbaren (Lebesgue-integrierbaren) Funktionen gegenüber den üblichen Grenzprozessen (limes fast überall, limes superior etc.) abgeschlossen war. Dies ebnete den Weg zu seinem Hauptsatz über die majorisierte Konvergenz von Funktionenfolgen und den daraus abgeleiteten Satz, daß eine gleichmäßig beschränkte Reihe Lebesgue-integrierbarer Funktionen gliedweise integriert werden kann. Diese Untersuchungen hatten große Bedeutung für die Theorie der trigonometrischen Reihen, wichtige Ergebnisse machte er 1906 in einer Monographie bekannt. Weitere bemerkenswerte Resultate betrafen den Fundamentalsatz der Differential- und Integralrechnung sowie die Rektifikation von Kurven, wo Lebesgue alte Probleme lösen und neue Sichtweisen eröffnen konnte.

1910 definierte er in einer weiteren grundlegenden Arbeit die abzählbar additiven Mengenfunktionen und dehnte seine Theorie auf n-dimensionale Räume aus. Die dabei vorgenommene Verknüpfung der Begriffe Additivität und beschränkte Variation einer Funktion regte J. Radon (1887–1956) zur Entwicklung des noch allgemeineren Radon-Integrals an.

Lebesgues Ideen wurden zunächst zögernd aufgenommen. Erst durch die erfolgreiche Anwendung in der Theorie der trigonometrischen Reihen sowie die Arbeiten von F. Riesz , P. Fatou und E. Fischer fanden sie um 1910 rasch Anerkennung und gehörten bald zu den Grundlagen der Maß- und Integrationstheorie, der Funktionalanalysis, der Fourier-Analyse und der Wahrscheinlichkeitsrechnung.

Neben der Integrationstheorie, die sein Lebenswerk bildete, trat Lebesgue auch mit interessanten Beiträgen zur Variationsrechnung, zur Dimensionstheorie und zur Struktur von Mengensystemen hervor.

Lebesgue, Satz von, über die Dichtepunkte einer Menge, ↗ Lebesgue-Punkt einer Funktion.

Lebesgue, Satz von, über majorisierende Konvergenz, fundamentaler Grenzwertsatz aus der Maßtheorie.

Es sei $(\Omega, \mathcal{A}, \mu)$ ein Maßraum, p eine reelle Zahl mit $1 \leq p < \infty$, und $(f_n | n \in \mathbb{N})$ eine fast überall konvergente Folge von p-fach μ- integrierbaren Funktionen auf Ω. Weiter sei $g \geq 0$ eine p-fach μ-integrierbare Funktion auf Ω mit $|f_n| \leq g$ für alle $n \in \mathbb{N}$.

Dann gibt es eine p-fach μ-integrierbare Funktion f auf Ω, gegen die die Folge fast überall und im p-ten Mittel konvergiert.

In anderer Formulierung (speziell für den $\mathbb{R}^n$) kann der Satz auch so formuliert werden:

Es sei f_k, $k \in \mathbb{N}$, eine Folge von auf $\mathbb{R}^n$ Lebesgue-integrierbaren Funktionen , die fast überall auf $\mathbb{R}^n$ punktweise gegen eine Funktion $f : \mathbb{R}^n \to \mathbb{R}$ konvergiert. Weiterhin existiere eine Funktion $F : \mathbb{R}^n \to \mathbb{R}_+ \cup \{\infty\}$ mit $\int_{\mathbb{R}^n}^* |F(x)| dx < \infty$, so daß $|f_k| \leq F$ für alle $k \in \mathbb{N}$, wobei unter $\int^*$ das obere Integral einer Funktion zu verstehen ist.

Dann ist auch f integrierbar, und es gilt:

$$\int_{\mathbb{R}^n} f(x)dx = \lim_{k\to\infty} \int_{\mathbb{R}^n} f_k(x)dx.$$

Lebesgue-Borel-Maß, auch oft nur Lebesgue-Maß genannt, spezielles Maß im $\mathbb{R}^d$.

Es sei $\mathcal{I}^d$ der ↗ Mengenhalbring der links offenen rechts abgeschlossenen Intervalle in $\mathbb{R}^d$ mit $(a, a] = \emptyset$ und $\lambda^d : \mathcal{I}^d \to \overline{\mathbb{R}}_+$, wobei $\lambda^d(I^d)$ für $I^d \in \mathcal{I}^d$ das Volumen von I^d bezeichnet, eine Mengenfunktion auf $\mathcal{I}^d$.

Dann ist λ^d ein σ-endliches Maß auf $\mathcal{I}^d$, das eindeutig zu einem σ-endlichen Maß auf dem von $\mathcal{I}^d$ erzeugten ↗ Mengenring fortgesetzt werden kann, und von dort nach einem Satz von Caratheodory eine eindeutige Fortsetzung auf die σ-Algebra $\mathcal{A}^*$ der bzgl. des nach Caratheodory konstruierten ↗ äußeren Maßes $\bar{\lambda}^d$ meßbaren Mengen von Ω besitzt. Da die ↗ Borel-σ-Algebra $\mathcal{B}(\mathbb{R}^d)$ Teilmenge von $\mathcal{A}^*$ ist, besitzt λ^d somit auch eine eindeutige, σ-endliche Fortsetzung auf $\mathcal{B}(\mathbb{R}^d)$.

Man nennt dann i. allg. λ^d, definiert auf $\mathcal{B}(\mathbb{R}^d)$, das Lebesgue-Borel-Maß auf $\mathbb{R}^d$, definiert auf $\mathcal{A}^*$ das Lebesgue-Maß auf $\mathbb{R}^d$, $\bar{\lambda}^d$ das Lebesguesche äußere Maß, die Nullmengen bzgl. λ^d in $\mathcal{B}(\mathbb{R}^d)$ Lebesgue-Borel-Nullmengen, die Elemente von $\mathcal{A}^*$ die Lebesgue-Mengen oder Lebesgue-meßbaren Mengen in $\mathbb{R}^d$ und die Nullmengen bzgl. λ^d in $\mathcal{A}^*$ die Lebesgue-Nullmengen in $\mathbb{R}^d$.

$(\mathbb{R}^d, \mathcal{A}^*, \lambda^d)$ ist ein vollständiger Maßraum, und die größte σ-Algebra auf $\mathbb{R}^d$, auf die λ^d als Maß fortgesetzt werden kann (↗Banach-Hausdorff-Tarski-Paradoxon). λ^d ist auf $\mathcal{A}^*$ invariant gegenüber Bewegungen in $\mathbb{R}^d$ und somit das ↗Haar-Maß in $\mathbb{R}^d$.

Lebesgue-Borel-Nullmenge, ↗Lebesgue-Borel-Maß, ↗Lebesgue-Nullmenge.

Lebesgue-Inhalt, Betrachtung des ↗Lebesgue-Borel-Maßes als Inhalt.

Das ↗Lebesgue-Borel-Maß λ^d auf der Menge der Lebesgue-meßbaren Mengen in $\mathbb{R}^d$ kann als ↗Inhalt betrachtet werden, und auch als Inhalt, wenn auch nicht eindeutig, auf $\mathcal{P}(\mathbb{R}^d)$ mit $d = 1, 2$ fortgesetzt werden. Dies ist allerdings nicht mehr möglich für $d \geq 3$ (↗endlich-additives Inhaltsproblem).

Lebesgue-Integral, *L-Integral*, fundamentaler Integralbegriff, der seine Wurzeln in der Maßtheorie hat.

Ein μ-Integral bzgl. des Lebesgue-Maßes über eine ↗Lebesgue-integrierbare Funktion $f : \mathbb{R}^d \to \mathbb{R}$ heißt Lebesgue-Integral dieser Funktion.

Auf dieses Integral stieß Lebesgue 1902 in seiner Dissertation, als er anstelle der Unterteilung der Abszissenachse beim Riemann-Integral eine Unterteilung der Ordinatenachse vornahm, um so zu einer besseren Anpassung an den Graphenverlauf zu kommen. Dieser neue Integralbegriff beseitigte etliche Schwierigkeiten, auf die man beim Umgang mit dem Riemann-Integral gestoßen war (Menge der integrierbaren Funktionen, Integralvertauschung, Grenzwert-Integral-Vertauschung).

Riemann-Integration und Lebesgue-Integration führen i. allg. zu gleichen Ergebnissen, speziell gilt: Ist g Riemann-integrierbar auf dem Intervall $[a, b]$, so existiert eine ↗Borel-meßbare Funktion f mit $f = g$ fast überall bzgl. des Lebesgue-Maßes, und das Riemann-Integral über g stimmt mit dem Lebesgue-Integral über f überein.

Sind g und $|g|$ uneigentlich Riemann-integrierbar, so existiert ein Borel-meßbares f mit $f = g$ fast überall bzgl. des Lebesgue-Maßes, und das uneigentliche Riemann-Integral über g stimmt mit dem Lebesgue-Integral über f überein.

Lebesgue-integrierbare Funktion, *L-integrierbare Funktion*, eine $(\mathcal{B}(\mathbb{R}^d) - \mathcal{B}(\mathbb{R}))$-meßbare Funktion $f : \mathbb{R}^d \to \mathbb{R}$ mit folgender Eigenschaft:

Es gibt zwei nicht-negative Funktionen f_1 und f_2 so, daß $f = f_1 - f_2$ ist, und die Lebesgue-Integrale $\int f_1 d\lambda^d$ und $\int f_2 d\lambda^d$ endlich sind.

Äquivalent dazu ist, daß das Lebesgue-Integral

$$\int |f| d\lambda^d$$

endlich ist. Die Funktion f heißt p-fach Lebesgue-integrierbar, falls

$$\int |f|^p d\lambda^d$$

endlich ist (↗Lebesgue-Integral).

Lebesgue-Konstante, Konstante, die bei der ↗Lagrange-Interpolation auf Fehlerabschätzungen führt.

Lebesgue-Maß, ↗Lebesgue-Borel-Maß.

Lebesgue-Menge, ↗Lebesgue-Borel-Maß.

Lebesgue-Menge einer Funktion, ↗ Lebesgue-Punkt einer Funktion,

Lebesgue-meßbare Funktion, eine Funktion auf $\mathbb{R}^d$, die meßbar ist bzgl. der σ-Algebra der Lebesgue-meßbaren Mengen.

Lebesgue-meßbare Menge, *Lebesgue-Menge*, ↗Lebesgue-Borel-Maß.

Lebesgue-Nullmenge, eine Menge $M \subset \mathbb{R}^n$ $(n \in \mathbb{N})$, für die zu jedem $\varepsilon > 0$ offene Quader Q_ν $(\nu \in \mathbb{N})$ existieren mit

$$M \subset \bigcup_{\nu=1}^{\infty} Q_\nu \quad \text{und} \quad \sum_{\nu=1}^{\infty} \mu(Q_\nu) < \varepsilon\,,$$

wobei μ den Inhalt eines Quaders bezeichnet. Ein offener Quader ist dabei eine Menge der Form

$$\begin{aligned} Q &= \{x \in \mathbb{R}^n \mid a_\nu < x_\nu < b_\nu \quad (\nu = 1, \dots, n)\} \\ &= \prod_{\nu=1}^{n} (a_\nu, b_\nu) \end{aligned}$$

mit geeigneten reellen Zahlen a_ν, b_ν. Der Inhalt von Q ist – in Verallgemeinerung der Intervall-Länge, des Inhaltes von Rechtecken und des Volumens dreidimensionaler Quader – definiert durch

$$\mu(Q) := \prod_{\nu=1}^{n} (b_\nu - a_\nu) = (b_1 - a_1) \cdots (b_n - a_n)\,.$$

Statt Lebesgue-Nullmenge sagt man gelegentlich auch nur Nullmenge oder „die Menge hat Lebesgue-Maß Null".

Für den Umgang mit solchen Nullmengen sind die folgenden elementaren Eigenschaften wichtig: Teilmengen von Nullmengen sind Nullmengen. Allgemeiner: Jede Menge, die sich durch höchstens abzählbar viele Nullmengen überdecken läßt, ist selbst Nullmenge. Mit einpunktigen Mengen sind so auch alle höchstens abzählbaren Mengen Nullmengen. Ein Standardbeispiel für eine überabzählbare Nullmenge ist – im Falle $n = 1$ – die ↗Cantor-Menge.

Das Lebesgue-Maß läßt sich auch auf ganz anderen Grundmengen als nur auf dem $\mathbb{R}^n$ betrachten. Dies wird in der allgemeinen Maß- und Integrationstheorie nach Lebesgue behandelt. Dort ist eine Nullmenge gerade eine (Lebesgue-)meßbare Menge mit (Lebesgue-)Maß Null. Siehe hierzu auch ↗Lebesgue-Borel-Maß.

Lebesgue-Punkt einer Funktion, *Dichtepunkt*, ein Punkt mit der im folgenden definierten maßtheoretischen Eigenschaft.

Es sei Ω eine Menge, $\mathcal{A}$ ein σ-Mengenring auf Ω, wobei eine isotone Folge $(A_n|n \in \mathbb{N}) \subseteq \mathcal{A}$ existiert mit $\bigcup_{n\in\mathbb{N}} A_n = \Omega$, μ ein endliches signiertes Maß auf $\mathcal{A}$, $\mathcal{V}$ ein ↗Vitali-System bzgl. $\mathcal{A}$, und $\phi : \Omega \to \mathbb{R}$ eine bzgl. $\mathcal{A}$ und μ integrierbare Funktion.

Dann heißt $\omega_0 \in \Omega$ Lebesgue-Punkt von ϕ bzgl. $\mathcal{V}$, falls

$$\lim_{\varepsilon\to 0} \frac{1}{\mu(A_\varepsilon(\omega_0))} \int_{A_\varepsilon(\omega_0)} |\phi(\omega) - \phi(\omega_0)| d\mu(\omega) = 0$$

ist, wobei $A_\varepsilon(\omega_0) \in \mathcal{V}$ mit $\omega_0 \in A_\varepsilon(\omega_0)$ und $\mu(A_\varepsilon(\omega_0)) < \varepsilon$.

Der Satz von Lebesgue über die Dichtepunkte von Ω besagt, daß alle Punkte von Ω bis auf eine Menge vom μ-Maß Null Lebesgue-Punkte von Ω sind. Die Menge dieser Punkte heißt Lebesgue-Menge der Funktion ϕ.

Lebesgue-Räume, andere Bezeichnung für die L^p-Räume (↗Funktionenräume).

Lebesguescher Zerlegungssatz für Maße, lautet:

Es sei $(\Omega, \mathcal{A})$ ein Meßraum, und es seien μ und ν σ-endliche Maße auf $\mathcal{A}$.

Dann existiert genau eine additive Zerlegung $\nu = \nu_1 + \nu_2$ von ν in zwei Maße ν_1 und ν_2 so, daß ν_1 absolut stetig bzgl. μ ist, und ν_2 ein singuläres Maß bzgl. μ ist.

Lebesguesches äußeres Maß, spezielles äußeres Maß im $\mathbb{R}^d$.

Es seien $\mathcal{I}_n$ die links offenen und rechts abgeschlossenen Intervalle in $\mathbb{R}^d$, $\lambda^d(\mathcal{I}_n)$ bezeichne ihr Volumen. Dann heißt das äußere Maß $\bar{\lambda}^d : \mathcal{P}(\mathbb{R}^d) \to \overline{\mathbb{R}}_+$, definiert durch

$$\bar{\lambda}^d(B) := \inf\left\{ \sum_{n\in\mathbb{N}} \lambda^d(\mathcal{I}_n) | B \subseteq \bigcup_{n\in\mathbb{N}} I_n \right\}$$

für $B \in \mathcal{P}(\mathbb{R}^d)$ Lebesguesches äußeres Maß.

Lebesgue-Stieltjes-Integral, Integralbegriff auf Maßräumen.

Es seien M eine Menge, $\mathfrak{A}$ eine σ-Algebra auf M und μ ein Maß auf $\mathfrak{A}$. Weiterhin sei $D \subseteq M$ eine μ-meßbare Menge und $f : D \to \mathbb{R} \cup \{-\infty, \infty\}$ eine μ-meßbare Funktion. Auf dem System $D \cap \mathfrak{A}$ der meßbaren Teilmengen von D existiere eine abzählbar additive Mengenfunktion φ mit der Eigenschaft, daß für jede Menge A aus $D \cap \mathfrak{A}$ die Mittelwerteigenschaft

$$\mu(A) \cdot \inf_A f \le \varphi(A) \le \mu(A) \cdot \sup_A f$$

erfüllt ist, wobei $0 \cdot \pm\infty = 0$ gesetzt wird. Dann ist φ eindeutig. Man nennt in diesem Fall f integrierbar über D bezüglich μ und bezeichnet $\varphi(D)$ als das bestimmte Lebesgue-Stieltjes-Integral von f über D bezüglich μ. Man schreibt auch

$$\varphi(D) = \int_D f d\mu.$$

Eine über D Lebesgue-Stieltjes-integrierbare Funktion f ist auch über jede meßbare Teilmenge A von D integrierbar mit $\int_A f d\mu = \varphi(A)$. Die Mengenfunktion $\varphi(A), A \in D \cap \mathfrak{A}$ heißt dann das unbestimmte Lebesgue-Stieltjes-Integral von f bezüglich μ. Siehe auch ↗μ-Integral.

Lebesgue-Stieltjes-Maß, von einer maßdefinierenden Funktion erzeugtes Maß.

Es sei $F : \mathbb{R}^d \to \mathbb{R}_+$ eine maßdefinierende Funktion. Dann heißt das von dieser Funktion erzeugte Maß auf $\mathcal{B}(\mathbb{R}^d)$ das Lebesgue-Stieltjes-Maß zu F.

Lebesgue-Vitali, Satz von, lautet:

Es sei Ω eine Menge, $\mathcal{V}$ ein ↗Vitali-System auf Ω bzgl. eines σ-Ringes $\mathcal{A}$, wobei eine isotone Folge $(A_n|n \in \mathbb{N}) \subseteq \mathcal{A}$ existiert mit $\bigcup_{n\in\mathbb{N}} A_n = \Omega$, und bzgl. eines Maßes μ auf $\mathcal{A}$, und Φ ein signiertes Maß auf $\mathcal{A}$.

Dann existiert die gewöhnliche Ableitung von Φ bzgl. $\mathcal{V}$ auf einer Menge vom vollen Maß und stimmt dort mit der Radon-Nikodym-Ableitung der absolut stetigen Komponente aus der ↗Lebesgue-Zerlegung von Φ überein, ist dort also unabhängig von der speziellen Form von $\mathcal{V}$.

Lebesgue-Zerlegung, additive Zerlegung eines σ-endlichen Maßes.

Ist $(\Omega, \mathfrak{A})$ ein meßbarer Raum, μ ein σ-endliches Maß auf $\mathfrak{A}$ und κ ein σ-endliches signiertes Maß auf $\mathfrak{A}$, so wird die Darstellung von κ als die Summe

$$\kappa = \kappa_\mu + \kappa_{\perp\mu}$$

aus einem bzgl. μ absolut stetigen σ-endlichen signierten Maß κ_μ, d. h. $\kappa_\mu \ll \mu$, und einem bzgl. μ singulären σ-endlichen signierten Maß $\kappa_{\perp\mu}$, d. h. $\kappa_{\perp\mu} \perp \mu$, als die Lebesgue-Zerlegung von κ bezeichnet. Die in der Lebesgue-Zerlegung auftretenden σ-endlichen signierten Maße κ_μ und $\kappa_{\perp\mu}$ sind eindeutig bestimmt.

LeBlanc, M., ↗Germain, Marie-Sophie.

leere Abbildung, die ↗Abbildung, welche die ↗leere Menge als Definitionsbereich hat. Der Graph einer solchen Abbildung ist ebenfalls die leere Menge.

leere Fuzzy-Menge, eine ↗Fuzzy-Menge deren Zugehörigkeitsfunktion über X identisch gleich Null ist. Sie wird mit $\tilde{\emptyset}$ symbolisiert.

Der Träger einer leeren Fuzzy-Menge (↗Träger einer Fuzzy-Menge) ist die leere Menge $\emptyset$.

leere Menge, Menge die keine Elemente enthält. Sie wird üblicherweise mit $\emptyset$, { }, oder 0 bezeichnet (↗axiomatische Mengenlehre).

leere Relation, ↗Relation, deren Graph die leere Menge ist.

leerer Graph, ↗ Graph.

leeres Wort, ↗ Grammatik.

Lefschetz, Fixpunktsatz von, die im folgenden formulierte Aussage über die Existenz eines Fixpunktes.

Es sei $H_p(X)$ die p-dimensionale Homologiegruppe eines endlichen Polyhedrons X, $T_p(X)$ die Torsionsuntergruppe von $H_p(X)$ und $B_p(X) = H_p(X)/T_p(X)$. Jede stetige Abbildung $f : X \to X$ induziert auf natürliche Weise einen Homomorphismus f_* des freien $\mathbb{Z}$-Moduls $B_p(X)$ in sich selbst. Ist α_p die Spur von f_* und $n = \dim X$, dann heißt

$$\Lambda_f = \sum_{p=0}^{n}(-1)^p \alpha_p$$

die Lefschetz-Zahl von f. Es gilt dann der folgende Fixpunktsatz.

(1) *Es seien $f, g : X \to X$ stetig. Sind f und g homotop, dann ist $\Lambda_f = \Lambda_g$.*

(2) *Ist $\Lambda_f \neq 0$, so hat f mindestens einen Fixpunkt.*

Lefschetz, Satz von, über Hyperebenenschnitte, lautet:

Ist X projektive algebraische Varietät der Dimension n über $\mathbb{C}$ und $Y \subset X$ ein Hyperebenenschnitt, so daß $X \setminus Y$ glatt ist, so ist

$$H_j(Y,\mathbb{Z}) \longrightarrow H_j(X,\mathbb{Z})$$

ein Isomorphismus für $j < n-1$, und surjektiv für $j = n-1$.

Analog ist

$$H^j(X,\mathbb{Z}) \longrightarrow H^j(Y,\mathbb{Z})$$

ein Isomorphismus für $j < n-1$, und injektiv mit lokal freien Kokern für $j = n-1$.

X und Y werden hierbei als komplexe Räume betrachtet, und die (Ko)Homologie ist die singuläre.

Lefschetz, Satz von, über Thetafunktionen, lautet:

Ist A eine ↗abelsche Varietät und L ein ↗amples Geradenbündel auf A, so hat $|L^{\otimes 2}|$ keine Basispunkte (↗lineares System), und $L^{\otimes k}$ ist sehr ampel für $k \geq 3$.

Lefschetz, Solomon, russisch-amerikanischer Mathematiker, geb. 3.9.1884 Moskau, gest. 5.10.1972 Princeton.

Nach dem Studium 1902–1905 an der École Centrale in Paris promovierte Lefschetz 1911 an der Clark-Universität und lehrte danach 1911–1913 an der Lincoln-Universität in Worcester, 1913–1916 an der Lawrence-Universität in Nebraska und ab 1916 in Princeton.

Lefschetz lieferte wichtige Beiträge zur algebraischen Geometrie und zur Topologie. Er bewies einige Fixpunktsätze und wandte diese auf Mannigfaltigkeiten an. 1921 führte Lefschetz den Begriff der algebraischen Topologie ein. Er studierte algebraische Varietäten über dem Körper der komplexen Zahlen und verallgemeinerte die Sätze von Poincaré and Picard auf den höherdimensionalen Fall. Mit seinen Arbeiten eröffnete er den Weg zu neuen Forschungsgebieten in der algebraischen Geometrie, dem Studium der algebraischen Zyklen auf algebraischen Varietäten, und der Untersuchung der komplexen Mannigfaltigkeiten („On certain numerical invariants with applications to Abelian varieties" (1921)).

Neben der algebraischen Topologie arbeitete Lefschetz auch zur Theorie der Differentialgleichungen und zur Stabilitätstheorie.

Lefschetz-Büschel, Begriff aus der algebraischen Geometrie.

Sei X eine glatte projektive ↗algebraische Varietät. Ein Büschel (↗lineares System) heißt Lefschetz-Büschel, wenn es höchstens endlich viele Divisoren enthält, die nicht glatt sind, und diese höchstens einen gewöhnlichen Doppelpunkt haben; weiterhin muß der Basisort (↗lineares System) glatt von der Kodimension 2 sein.

Das von zwei allgemeinen Hyperebenenschnitten einer projektiven Einbettung erzeugte Büschel ist ein Lefschetz-Büschel.

Lefschetz-Büschel spielen vor allem bei topologischen Untersuchungen eine Rolle.

Lefschetz-Zahl, ↗Lefschetz, Fixpunktsatz von.

Lefschetz-Zerlegung, ↗ harter Lefschetz-Satz.

Legendre, Adrien Marie, französischer Mathematiker, geb. 18.9.1752 Paris, gest. 9.1.1833 Paris.

Legendre hatte wohlhabende Eltern und erhielt eine für die Zeit außergewöhnlich gute naturwissenschaftliche Ausbildung, die er 1770 mit der Verteidigung der Dissertation in Mathematik und Physik abschloß. Seine finanziellen Verhältnisse erlaubten es ihm, sich ganz der Forschung zu widmen. 1775 bis 1780 lehrte er an der École Militaire in Paris, ab 1783 war seine Karriere mit der Akademie verknüpft, der er angehörte. 1813 wurde er Nachfolger von Lagrange in Bureau des Longitudes.

Legendre hat zu vielen Gebieten der Mathematik seiner Zeit wichtige Beiträge geliefert, die teilweise jedoch sehr rasch von jüngeren Mathematikern verbessert wurden. Dabei war er eher der Schatzmeister des 18. Jahrhunderts, der die Ergebnisse in summarischen Darstellungen präsentierte, als der Entdecker des 19. Jahrhunderts, der mit grundlegenden Ideen neue Horizonte eröffnete. In der Zahlentheorie formulierte er beispielsweise 1785 unabhängig von Euler das quadratische Reziprozitätsgesetz sowie einen, allerdings sehr lückenhaften, Beweis, er vermutete den Dirichletschen Primzahlsatz (sein Beweis war jedoch falsch) und den Primzahlsatz, für den er einige Abschätzungen nachwies. 1798 faßte er die in der Zahlentheorie erreichten Ergebnisse in dem „Essai sur la théorie des nombrés" zusammen. Das einflußreiche Buch wurde jedoch schon 1801 durch Gauß' „Disquisitiones arithmeticae" völlig überholt.

Fast sein gesamtes Leben widmete sich Legendre den elliptischen Integralen und erzielte viele interessante Ergebnisse, die teilweise Ausgangspunkt wichtiger neuer Theorien wurden. Auch für dieses Gebiet schuf er zusammenfassende Darstellungen (1811–1826) und gab darin u. a. die Reduktion des allgemeinen elliptischen Integrals auf drei Normalformen an. Die von ihm fälschlich verwendete Bezeichnung elliptische Funktion benannte jene neue Richtung, die Abel und Jacobi mit ihren Arbeiten noch zu Lebzeiten Legendres eröffneten.

Ein drittes Forschungsgebiet Legendres bildete die Geometrie. Intensiv beschäftigte er sich mit dem Parallelenaxiom und versuchte mehrfach, es zu beweisen. Nichteuklidische Geometrien lehnte er ab. Seine Monographie „Eléments des géométrie" von 1794 war für fast ein Jahrhundert maßgebend für das Studium der Elementargeometrie.

Weitere wichtige Ergebnisse waren die Herausarbeitung der Legendre-Bedingung in der Variationsrechnung (1786), die Einführung der Legendre-Polynome (1784) und der Legendre-Transformation in der Theorie partieller Differentialgleichungen (1787), ein Nachweis für die Irrationalität von π und π^2, und die erste Formulierung sowie Anwendung des Prinzips der kleinsten Quadrate (1806).

Legendre-Abbildung, Einschränkung der Bündelprojektion eines ↗Legendre-Faserbündels M über B auf eine gegebene ↗Legendresche Untermannigfaltigkeit L des Totalraums.

Analog zu den ↗Lagrange-Abbildungen lassen sich viele Singularitätenphänomene im Rahmen von singulären Werten von Legendre-Abbildungen verstehen, vgl. etwa die ↗frontale Abbildung.

Legendre-Berührungstransformation, *Legendre-Transformation*, spezielle umkehrbare Transformation.

Man nennt allgemein eine umkehrbare Transformation

$$(x, y, z) = (\varphi, \psi, \varrho)(\xi, \eta, \pi)$$

mit stetig partiell differenzierbaren Abbildungen φ, ψ und ϱ eine Berührungstransformation, falls

$$dy - z\,dx = \lambda(\xi, \eta, \pi) \cdot (d\eta - \pi d\xi)$$

mit $\lambda(\xi, \eta, \pi) \neq 0$ gilt. Ein wichtiger Spezialfall einer Berührungstransformation ist die Berührungstransformation von Legendre. Sie lautet:

$$(x, y, z) = (\pi, \xi\pi - \eta, \xi).$$

Unter gewissen Bedingungen gilt, daß die Lösung einer Differentialgleichung invariant unter der Legendre-Transformation ist.

Legendre-Differentialgleichung, eine gewöhnliche Differentialgleichung zweiter Ordnung der Form

$$(1 - x^2)y'' - 2xy' + \lambda(\lambda + 1)y = 0$$

mit $-1 < x < 1$. Ihre Lösungen sind für $\lambda = n \in \mathbb{N}$ durch die ↗Legendre-Polynome

$$P_n(x) := \frac{1}{2^n n!} \frac{d^n}{dx^n}(x^2 - 1)^n \; (x \in (-1, 1))$$

gegeben; siehe auch ↗Legendre-Funktionen.

Legendre-Faserbündel, über einer Mannigfaltigkeit B gegebenes Faserbündel, dessen Totalraum M eine ↗Kontaktmannigfaltigkeit ist, und dessen Fasern alle ↗Legendresche Untermannigfaltigkeiten von M darstellen.

Ein Beispiel bildet die ↗Mannigfaltigkeit aller Kontaktelemente PT^*B über einer gegebenen differenzierbaren Mannigfaltigkeit B. Ein weiteres Beispiel wird durch das elementare Bündel $\mathbb{R}^{2n+1} \to \mathbb{R}^{n+1} : (t, q, p) \mapsto (t, q)$ gegeben, wobei $\mathbb{R}^{2n+1}$ mit dem kanonischen ↗Kontaktformenfeld

$$dt - \sum_{i=1}^{n} p_i dq_i$$

ausgestattet ist.

Legendre-Funktionen, die durch die ↗hypergeometrischen Funktionen F definierten Funktionen

$$P_\nu^{-\mu}(z) := \left(\frac{z-1}{z+1}\right)^{\mu/2} F\left(\nu+1, -\nu; \mu+1, \frac{1-z}{2}\right)$$
$$= 2^{-\nu}\left(\frac{z-1}{z+1}\right)^{\mu/2} F\left(\mu-\nu, \nu+\mu+1; \mu+1; \frac{1-z}{2}\right)$$

und

$$Q_\nu^\mu(z) = 2^\nu\Gamma(\nu+1)\frac{(z-1)^{(\mu/2)-\nu-1}}{(z+1)^{\mu/2}} F\left(\nu+1, \nu-\mu+1; 2\nu+2; \frac{2}{1-z}\right)$$
$$= 2^\nu\Gamma(\nu+1)\frac{(z+1)^{\mu/2}}{(z-1)^{(\mu/2)+\nu+1}} F\left(\nu+1, \nu+\mu+1; 2\nu+2; \frac{2}{1-z}\right).$$

Es handelt sich um sind zwei linear unabhängige Lösungen der Legendre-Differentialgleichung in komplexer Notation

$$(1-z^2)\frac{d^2w}{dz^2} - 2z\frac{dw}{dz} + \left(\nu(\nu+1) - \frac{\mu}{1-z^2}\right)w = 0.$$

Dabei heißt ν der Grad und μ die Ordnung der Legendre-Funktion, wobei sowohl für ν als auch für μ alle Zahlen aus $\mathbb{C}$ zugelassen sind.

Mitunter findet man in der Literatur auch andere Konventionen bei der Wahl der Vorfaktoren. Die hier verwendete Notation ist der in [3] angeglichen.

$P_\nu^{-\mu}(z)$ und $Q_\nu^\mu(z)$ existieren für alle komplexen Werte für μ, ν und z, ausgenommen mögliche Pole bei $z = \pm 1$ und $z = \infty$. Als Funktionen von z sind sowohl $P_\nu^{-\mu}$ als auch Q_ν^μ mehrdeutig, mit möglichen Verzweigungspunkten bei $z = \pm 1$ und $z = \infty$, wobei man ihre Hauptzweige durch Aufschneiden der komplexen Ebene entlang der reellen Achse von $z = -\infty$ bis $z = 1$ durch die Hauptzweige der in den obigen Ausdrücken auftretenden Funktionen definiert.

Für festes z sind die Funktionen $P_\nu^{-\mu}(z)$ und $Q_\nu^\mu(z)$ ganze Funktionen in μ und ν, wiederum ausgenommen die o.g. Punkte. Insbesondere gehen die Funktionen $P_\nu^{-\mu}$ für $\nu = n \in \mathbb{N}$ und $\mu = 0$ in die ↗Legendre-Polynome P_n über.

Da die Differentialgleichung bei den Substitutionen $\mu \to -\mu$ oder $\nu \to -\nu - 1$ in sich selbst übergeht, zeigen die Lösungen auch entsprechende Symmetrierelationen:

$$P_\nu^\mu = P_{-\nu-1}^\mu \qquad P_\nu^{-\mu} = P_{-\nu-1}^{-\mu}$$
$$Q_\nu^\mu = Q_\nu^{-\mu} \qquad Q_{-\nu-1}^\mu = Q_{-\nu-1}^{-\mu}$$

Man erhält ebenfalls folgende zusätzliche Beziehungen zwischen $P_\nu^{-\mu}$ und Q_ν^μ:

$$\frac{2\sin(\mu\pi)Q_\nu^\mu}{\pi} = \frac{P_\nu^\mu}{\Gamma(\nu+\mu+1)} - \frac{P_\nu^{-\mu}}{\Gamma(\nu-\mu+1)}$$
$$\frac{2\sin(\mu\pi)Q_{-\nu-1}^\mu}{\pi} = \frac{P_\nu^\mu}{\Gamma(\mu-\nu)} - \frac{P_\nu^{-\mu}}{\Gamma(-\nu-\mu)}$$
$$\cos(\nu\pi)P_\nu^{-\mu} = \frac{Q_{-\nu-1}^\mu}{\Gamma(\nu+\mu+1)} - \frac{Q_\nu^\mu}{\Gamma(\mu-\nu)}$$
$$\cos(\nu\pi)P_\nu^\mu = \frac{Q_{-\nu-1}^\mu}{\Gamma(\nu-\mu+1)} - \frac{Q_\nu^\mu}{\Gamma(-\nu-\mu)}$$

Für die Diskussion von $P_\nu^{-\mu}$ und Q_ν^μ als Lösungen einer Differentialgleichung zweiter Ordnung ist ihre Wronski-Determinante von Bedeutung. Man findet:

$$\mathcal{W}(P_\nu^{-\mu}(z), P_\nu^\mu(z)) = -\frac{2\sin(\mu\pi)}{\pi(z^2-1)}$$
$$\mathcal{W}(P_\nu^{-\mu}(z), Q_\nu^\mu(z)) = -\frac{1}{\Gamma(\nu+\mu+1)(z^2-1)}$$

Man kann die Legendre-Funktionen auch durch Integrale in der komplexen Ebene darstellen. Hier zuerst Integraldarstellungen von $P_\nu^{-\mu}$ für $z \notin (-\infty, 1]$:

$$P_\nu^{-\mu}(z) = \frac{e^{i\mu\pi}\Gamma(-\nu)}{2^{\nu+1}\pi i\Gamma(\mu-\nu)}(z^2-1)^{\mu/2} \int_\infty^{(1+,z+)} \frac{(t^2-1)^\nu}{(t-z)^{\nu+\mu+1}}\,dt$$
$$(\mathrm{Re}\,(\mu) > \mathrm{Re}\,(\nu))$$
$$P_\nu^{-\mu}(z) = \frac{2^\nu e^{i\mu\pi}\Gamma(\nu+1)}{\pi i\Gamma(\nu+\mu+1)}(z^2-1)^{\mu/2} \int_\infty^{(1+,z+)} \frac{(t-z)^{\nu-\mu}}{(t^2-1)^{\nu+1}}\,dt$$

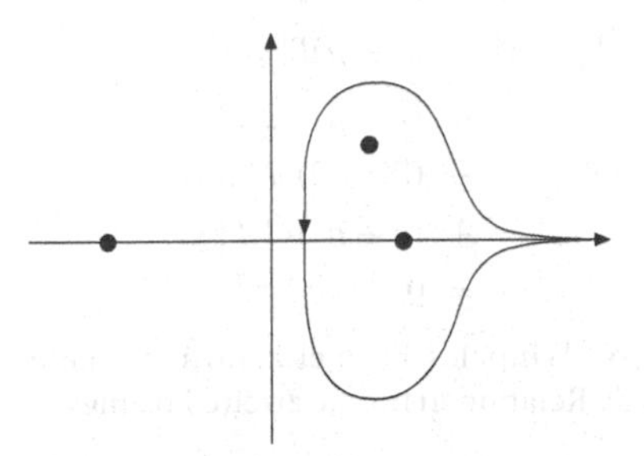

Integrationspfad für $P_\nu^{-\mu}$

Dabei ist längs eines einfachen geschlossenen Pfades zu integrieren, der von ∞ auf der positiven reellen Achse verläuft, die Punkte $t = 1$ und $t = z$ im positiven Sinne umschließt, und dann zum Startpunkt zurückläuft, ohne das Intervall $(-\infty, -1]$ oder sich selbst zu schneiden.

Für Q_ν^μ erhält man die folgende Integraldarstellung:

$$Q_\nu^\mu(z) = \frac{e^{-i\nu\pi}\Gamma(-\nu)}{2^{\nu+2}\pi i}(z^2-1)^{\mu/2} \int_a^{(1+,-1-)} \frac{(1-t^2)^\nu}{(z-t)^{\nu+\mu+1}}\,dt$$

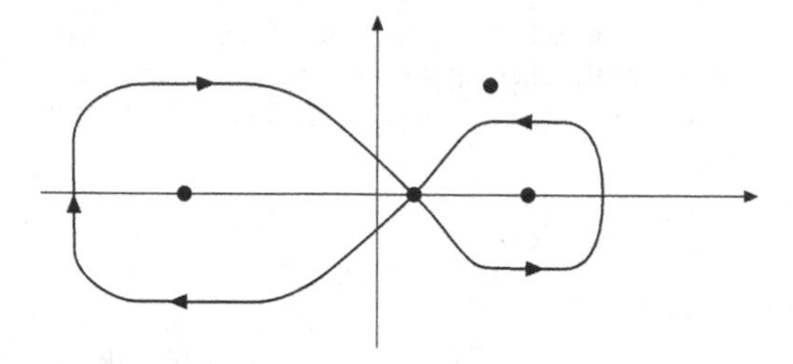

Integrationspfad für Q_ν^μ

Hierbei beginnt der Integrationspfad in einem beliebigen Punkt a im Intervall $(-1, +1)$, umläuft das Intervall $(a, 1]$ einmal im positiven Sinne, kehrt zu a zurück, umläuft das Intervall $[-1, a)$ einmal im negativen Sinne und kehrt abermals zu a zurück. Der Punkt z muß dabei außerhalb der so entstehenden „8" liegen.

Die folgenden Rekursionsformeln verknüpfen Funktionen P_ν^μ von unterschiedlichem Grad und unterschiedlicher Ordnung miteinander:

$$\begin{aligned} P_\nu^{\mu+2}(z) + 2(\mu+1) &= z(z^2-1)^{-1/2}P_\nu^{\mu+1}(z) \\ &\quad - (\nu-\mu)(\nu+\mu+1)P_\nu^\mu(z) \\ &= 0 \\ (z^2-1)^{1/2}P_\nu^{\mu+1}(z) &= (\nu-\mu+1)P_{\nu+1}^\mu(z) \\ &\quad - (\nu+\mu+1)zP_\nu^\mu(z) \\ (z^2-1)^{1/2}P_\nu^{\mu/2}(z) &= (\nu-\mu)P_{\nu+1}^{\mu+1}(z) \\ &\quad - (\nu+\mu+2)zP_\nu^{\mu+1}(z) \\ (\nu-\mu+2)P_{\nu+2}^\mu(z) &- (2\nu+3)zP_{\nu+1}^\mu(z) \\ &\quad + (\nu+\mu+1)P_\nu^\mu(z) \\ &= 0 \end{aligned}$$

Mit Hilfe von Whipples Formel kann man dann entsprechende Relationen für die zweite Lösung Q_ν^μ finden:

$$Q_\nu^\mu(z) = \sqrt{\frac{\pi}{2}}(z^2-1)^{-1/4}P_{-\mu-1/2}^{-\nu-1/2}\left(\frac{z}{\sqrt{z^2-1}}\right)$$

[1] Abramowitz, M.; Stegun, I.A.: Handbook of Mathematical Functions. Dover Publications, 1972.

[2] Erdélyi, A.: Higher Transcendential Functions, Vol. 2. McGraw-Hill, 1953.

[3] Olver, F.W.J.: Asymptotics and Special Functions. Academic Press, 1974.

Legendre-Involution, folgende Abbildung I des $\mathbb{R}^{2n+1}$ auf $\mathbb{R}^{2n+1}$:

$$I(q,p,t) := (p, q, \sum_{i=1}^n q_i p_i - t).$$

I ist ein involutiver ↗Kontaktdiffeomorphismus von $(\mathbb{R}^{2n+1}, dt - \sum_{i=1}^n p_i dq_i)$. Man verwendet I für die Definition der ↗Legendre-Transformierten.

Legendre-Polynome, die vermöge der Relation

$$P_n(x) := \frac{1}{2^n n!}\frac{d^n}{dx^n}(x^2-1)^n$$

für $l \in \mathbb{N}$ definierten Polynome vom Grad l.

Es ist mit dieser Definition

$$P_n(x) = \frac{1}{2^n}\sum_{m=0}^{[n/2]}(-1)^m\binom{n}{m}\binom{2n-2m}{n}x^{n-2m}$$

sowie $P_n(1) = 1$. Legendre-Polynome bilden ein vollständiges Orthogonalsystem von Polynomen auf $[-1, 1]$, denn es gilt

$$\int_{-1}^{1} P_n(x)P_m(x)dx = \delta_{n,m}\frac{2}{2n+1}.$$

Die Legendre-Polynome zu geradem n sind gerade Funktionen, die zu ungeradem n sind ungerade, es gilt also $P_n(-x) = (-1)^n P_n(x)$ für alle n.

Die Legendre-Polynome erfüllen die Differentialgleichungen

$$(1-x^2)P_n''(x) - 2xP_n'(x) + n(n+1)P_n(x) = 0$$
$$(1-x^2)P_n'(x) + nxP_n(x) = nP_{n-1}(x),$$

weiterhin gilt die Rekursionsformel

$$(n+1)P_{n+1}(x) = (2n+1)xP_n(x) - nP_{n-1}(x).$$

Die Legendre-Polynome lassen sich auch durch die folgende erzeugende Funktion charakterisieren:

$$\frac{1}{\sqrt{1-2xz+z^2}} = \sum_{n=0}^{\infty} P_n(x)z^n.$$

Die Legendre-Polynome sind Spezialfälle der ↗Legendre-Funktionen zu ganzzahligem Index n, obwohl man mitunter auch die Funktionen $P_n(\cos\varphi)$ unter dem Namen Legendre-Funktionen kennt.

Die Polynome

$$P_n^m(x) := (1-x^2)^{m/2}\frac{d^m}{dx^m}P_n(x) \quad m \geq 0$$

nennt man auch die zugeordneten Legendre-Polynome. Sie spielen insbesondere in der Quantenmechanik eine Rolle, da man mit ihrer Hilfe die als ↗Kugelflächenfunktionen Y_n^m bezeichnete Eigenbasis des Drehimpulsquadrates und seiner z-Komponente ausdrücken kann.

[1] Abramowitz, M.; Stegun, I.A.: Handbook of Mathematical Functions. Dover Publications, 1972.

[2] Olver, F.W.J.: Asymptotics and Special Functions. Academic Press, 1974.

Legendre-Relation, der folgende bemerkenswerte Zusammenhang zwischen dem vollständigen elliptischen Integral erster Art K, dem vollständigen elliptischen Integral zweiter Art E, und der Zahl π.

Es gilt für beliebiges $k \in \mathbb{R}$, $0 < k < 1$:

$$E(k)K(k') + E(k')K(k) - K(k)K(k') = \frac{\pi}{2}.$$

Hierbei ist $k' = \sqrt{1-k^2}$.

Zuweilen wird auch die ↗Legendresche Verdopplungsformel als Legendre-Relation bezeichnet.

Legendresche Untermannigfaltigkeit, n-dimensionale Untermannigfaltigkeit L einer $(2n+1)$-dimensionalen ↗Kontaktmannigfaltigkeit M, deren Tangentialbündel TL im ↗Hyperebenenfeld von M enthalten ist.

Eine Legendresche Untermannigfaltigkeit stellt das kontaktgeometrische Analogon einer ↗Lagrangeschen Untermannigfaltigkeit der ↗symplektischen Geometrie dar.

Ein wichtiges Beispiel ist die Menge L aller derjenigen ↗Kontaktelemente einer gegebenen m-dimensionalen differenzierbaren Mannigfaltigkeit M, die eine gegebene Untermannigfaltigkeit N berühren: L ist eine $(m-1)$-dimensionale Legendresche Untermannigfaltigkeit der ↗Mannigfaltigkeit aller Kontaktelemente PT^*M.

Legendresche Verdopplungsformel, die folgende Eigenschaft der ↗Eulerschen Γ-Funktion:

$$\sqrt{\pi}\,\Gamma(2z) = 2^{2z-1}\Gamma(z)\Gamma\left(z+\tfrac{1}{2}\right).$$

Legendre-Singularität, kritischer Wert der Einschränkung der Projektion eines ↗Legendre-Faserbündels auf eine gegebene ↗Legendresche Untermannigfaltigkeit des Totalraums.

Legendre-Symbol, für eine ungerade Primzahl p und eine nicht durch p teilbare Zahl $a \in \mathbb{Z}$ definiert durch

$$\left(\frac{a}{p}\right) = \begin{cases} 1 & \text{falls } x^2 \equiv a \bmod p \text{ lösbar ist,} \\ -1 & \text{sonst.} \end{cases}$$

Im ersten Fall heißt a auch quadratischer Rest modulo p, im zweiten Fall quadratischer Nichtrest modulo p.

Legendre-Transformation, ↗Legendre-Berührungstransformation.

Legendre-Transformierte, (Ergebnis der) Transformation einer reellwertigen C^∞-Funktion f des $\mathbb{R}^n$, deren Ableitung $q \mapsto df(q)$ einen Diffeomorphismus des $\mathbb{R}^n$ auf eine offene Teilmenge U von $\mathbb{R}^n$ darstellt:

Wenn $\phi : U \to \mathbb{R}^n$ das Inverse von df bezeichnet, so werde die Legendre-Transformierte $F : U \to \mathbb{R}$ durch

$$F(p) := \sum_{i=1}^{n} p_i\phi_i(p) - f(\phi(p))$$

definiert.

Es gilt $dF = \sum_{i=1}^n \phi_i dp_i$. Legendre-Transformierte werden vor allem in der klassischen Mechanik und in der Thermodynamik verwendet. Kontaktgeometrisch gesprochen wird die ↗Legendresche Untermannigfaltigkeit aller derjenigen ↗Kontaktelemente im $\mathbb{R}^{n+1}$, die den Graphen von f berühren, durch die ↗Legendre-Involution wieder auf eine Legendresche Untermannigfaltigkeit des $\mathbb{R}^{2n+1}$ abgebildet, die unter den obigen Bedingungen wieder als Graph einer Funktion F auffaßbar ist.

Leibniz, Gottfried Wilhelm, deutscher Universalgelehrter, geb. 1.7.1646 Leipzig, gest. 14.11.1716 Hannover.

Der Sohn eines Moralprofessors der Leipziger Universität besuchte ab 1661 die Universität seiner Heimatstadt als Student der Rechte. Er wurde 1664 Magister, vervollkommnete seine Kenntnisse in Jena und promovierte 1666 in Altdorf. Im gleichen Jahr trat er dem Geheimbund der Rosenkreuzer in Nürnberg bei, wurde deren Sekretär und befaßte sich mit alchemistischen Experimenten. Das Interesse an der Alchemie bewahrte Leibniz lebenslang. Durch die Bekanntschaft mit dem Diplomaten J.Chr. von Boineburg (1622–1673) gelangte er in den diplomatischen Dienst des Mainzer Kurfürsten. Im Auftrag des Kurfürsten sollte er Frankreich von einer Aggression deutscher Länder abhalten und wurde nach Paris geschickt. Die diplomatische Mission in Paris scheiterte, aber Leibniz, der sich von 1672–76 mit Unterbrechungen in der französischen Hauptstadt aufhielt, erhielt dort entscheidende wissenschaftliche Anregungen und wurde zum Mathematiker. Entscheidenden Einfluß hatte auf ihn Christiaan Huygens.

Die wissenschaftlichen Erfolge Leibniz' waren anfänglich bescheiden, er bestimmte die Summen einiger unendlicher Reihen und faßte die Idee zum Bau einer Rechenmaschine. Ein Aufenthalt in London wurde wissenschaftlich fast zum Fiasko, obwohl er in die Royal Society aufgenommen wurde. Nach Paris zurückgekehrt, machte er die entscheidende Entdeckung zur Vervollkommnung seiner Rechenmaschine (1674) und eignete sich in atemberaubendem Tempo die Mathematik seiner Zeit an. Erst diese Kenntnisse ermöglichten ihm im Oktober 1675 den entscheidenden Durchbruch, die Entdeckung des „Calculus", der Leibnizschen Form der Infinitesimalrechnung. Er führte das Zeichen „d" und das Integralzeichen ein, erkannte ihre gegeseitige Beziehung und fand das „charakteristische Dreieck". Ein erstes Ergebnis der Anwendung des Calculus war die „Leibniz-Reihe".

Nach dem Tod seines Gönners Boineburg hatte Leibniz in Paris keine geeignete Stellung finden können und mußte 1676 die Stadt verlassen. Bei seiner Reise nach Hannover machte er in London Station und sah Newtonsche Papiere zur Infinitesimalrechnung (Fluxionsrechnung) ein. Dies führte später zu dem unsäglichen Prioritätsstreit über die Erfindung der Infinitesimalrechnung, der weniger zwischen Newton und Leibniz, sondern mehr zwischen ihren Anhängern ausgetragen wurde.

In Hannover war Leibniz als Bibliothekar, Historiker des Welfenhauses und juristischer Berater des Herzogs tätig, ohne jedoch jemals die verdiente Anerkennung zu finden. Erst ab etwa 1682 äußerte sich Leibniz wieder zu mathematischen Problemen. In der Leipziger Zeitschrift „Acta eruditorum" veröffentlichte er jetzt endlich 1682 seine Reihe für $\pi/4$, das Konvergenzkriterium für alternierende Reihen und 1684 seine epochale Abhandlung „Nova methodus...", die viele Grundlagen der Differentialrechnung enthielt. Zwei Jahre später folgte in „De geometria recondita..." das Fundamentale zur Integralrechnung einschließlich des Integralzeichens. Hier behandelte Leibniz nur bestimmte Integrale, erst 1694 untersuchte er unbestimmte Integrale. In späteren Arbeiten und in seinem umfangreichen Briefwechsel, z. B. mit Johann I Bernoulli, hat er viele Einzelresultate zur Infinitesimalmathematik mitgeteilt (Integration von Differentialgleichungen, Enveloppen), grundlegende Begriffe wie transzendent, Konstante, Variable, Funktion eingeführt und diskutiert. Er regte in vorbildlicher Weise andere Mathematiker an, den neuen Kalkül auf physikalische und technische Probleme anzuwenden. Der Leibnizsche „Calculus" sowie viele seiner Bezeichnungen und Symbole (Indizes, Determinantenschreibweise, Proportionenschreibweise) setzten sich überaus schnell auf dem europäischen Kontinent durch und bewirkte dort eine „mathematische Revolution", deren Hauptvertreter die Bernoullis waren.

Leibniz besaß ein unvergleichliches Verständnis für die Wahl geeigneter Symbole zur (formalen) Behandlung wissenschaftlicher Fragen. Aus seinem Nachlaß kennen wir daher auch ausgedehnte Untersuchungen zur formalen Logik.

Die mathematischen Untersuchungen Leibniz' bildeten nur einen (kleinen) Teil seines Lebenswerkes. In rastloser Tätigkeit hat er auf philosophischem Gebiet, in der Erkenntnistheorie, beim Kausalitätsproblem, und durch die Monadenlehre grundlegende Beiträge geliefert. Die Lehre von der „prästabilierten Harmonie" verband alles zu einem geschlossenen Weltbild. Sogar seine vielverspottete Meinung von der Erde als der besten aller möglichen Welten hat im Lichte neuer kosmologischer Forschungen ihren Platz gefunden.

Leibniz mischte sich in die Diskussion physikalischer Fragen (Kraftbegriff) ein, machte technische Vorschläge, korrespondierte über pharmazeutische Angelegenheiten und regte die Erforschung Rußlands und Chinas an. Er war einer der Begründer der auf Quellenstudium gegründeten Geschichtsforschung und des modernen Bibliothekswesens. Auf seine Anregung geht die Gründung der Akademien der Wissenschaften in Berlin und St. Petersburg zurück.

Leibniz wurde als erstem Bürgerlichen in Deutschland ein Denkmal gesetzt: 1787 stellte man in Hannover eine Marmorbüste mit der Inschrift „Genio Leibniz" auf.

Leibniz, Produktformel von, die zentrale Formel bei der Anwendung der ↗Leibnizschen Regel zur Berechnung ↗höherer Ableitungen eines Produkts von Funktionen.

Leibniz-Kriterium, macht eine Konvergenzaussage über ↗alternierende Reihen, d. h. Reihen mit abwechselnd nicht-negativen und nicht-positiven Gliedern:

Ist (a_n) eine (reelle) Folge mit $a_n \downarrow 0$, also eine antitone Nullfolge, so ist die Reihe

$$\sum_{\nu=0}^{\infty}(-1)^{\nu}\, a_{\nu}$$

konvergent. Bezeichnet man den Grenzwert mit

S, dann gilt für jedes $n \in \mathbb{N}$:

$$\left|S - \sum_{\nu=0}^{n}(-1)^{\nu}a_{\nu}\right| \leq a_{n+1}.$$

Bricht man die Berechnung der Reihe nach dem n-ten Glied ab, so ist der dadurch gemachte Fehler betragsmäßig also höchstens so groß wie das erste nicht berücksichtigte Glied. Die Fehlerabschätzung liefert so ein für die praktische Rechnung wichtiges Abbruchkriterium. Natürlich sind auch (Multiplikation mit -1) alternierende Reihen erfaßt, bei denen das erste Glied positiv ist.

Die Konvergenz „sieht" man bei der folgenden Graphik, in der – beispielhaft – die Partialsummen der Reihe $\sum_{n=1}^{\infty}(-1)^n\frac{1}{n}$ aufgetragen sind:

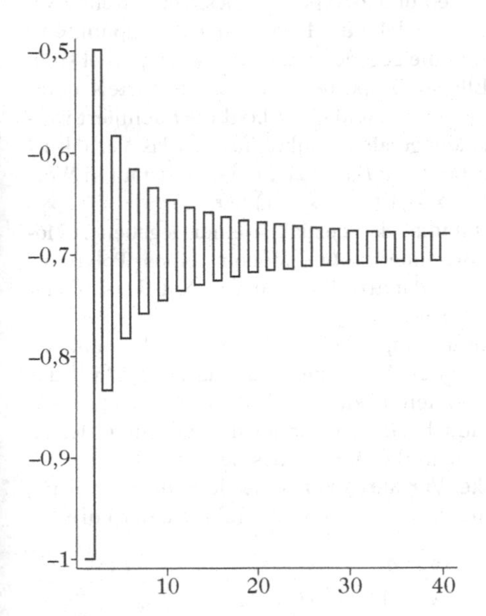

Leibniz-Kriterium

Aus diesem Kriterium liest man zum Beispiel direkt ab:

Die Reihe

$$\sum_{n=1}^{\infty}(-1)^n\frac{1}{n}$$

ist konvergent.

Sie ist jedoch *nicht* absolut konvergent (↗harmonische Reihe).

Leibniz-Reihe für π, *Gregory-Reihe*, die Darstellung

$$\frac{\pi}{4} = \sum_{n=0}^{\infty}\frac{(-1)^n}{2n+1} = 1 - \frac{1}{3} + \frac{1}{5} - \frac{1}{7} \pm \cdots,$$

1674 von Gottfried Wilhelm Leibniz aus $\tan\frac{\pi}{4} = 1$ und der Potenzreihe der Arcustangensfunktion abgeleitet, aber auch schon um 1500 dem Inder Kerala Gargya Nīlakaṇṭha bekannt.

Leibniz bezeichnete diese Reihe als „arithmetische Kreisquadratur", weil der Reihenwert das Verhältnis der Flächeninhalte des Kreises und des umschriebenen Quadrats ist.

Historisch war dies die erste Reihendarstellung von π. Für praktische Rechnungen konvergiert die Reihe viel zu langsam, durch Umformungen (↗Konvergenzbeschleunigung bei Reihen) erhält man aus ihr aber wesentlich schneller konvergierende Darstellungen.

Leibnizsche Formel, andere Bezeichnung für die ↗Leibnizsche Regel.

Leibnizsche Rechenmaschine, die erste alle vier Grundrechenarten (die vier species) mechanisch ausführende Rechenmaschine.

Im Jahr 1672 fand die erste Vorführung in der Royal Society London statt, die Vollendung der ersten wirklich arbeitenden Maschine war nach Leibniz' Angaben 1674. Die Maschine ist eine Staffelwalzenmaschine mit feststehendem Resultatswerk und verschiebbarem Einstell- und Schaltwerk.

Die Addition läuft in einer einzelnen Umdrehung in zwei Phasen ab. In der ersten Phase werden die Ziffern der Summanden parallel addiert und die Überträge in die nächsthöhere Position zwischengespeichert. In der zweiten Phase werden sie dann seriell bei der niedrigsten Position beginnend zu den Ziffern der nächsthöheren Position addiert.

Die von Jakob Burkhardt, Restaurator der Leibnizschen Maschine, 1896 geäußerte Ansicht, daß die Maschine niemals voll funktionsfähig sein konnte, ist von N.J. Lehmann von der Technischen Universität Dresden 1990 widerlegt worden. Lehmann hat für das Leibniz-Jubiläum der Akademie der Wissenschaften in Berlin nach den Unterlagen von Leibniz und der von Burkhardt untersuchten Maschine aus der Niedersächsischen Landesbibliothek einen einwandfrei funktionierenden Nachbau vornehmen lassen.

Leibnizsche Regel, Formel (1) zur Berechnung ↗höherer Ableitungen eines Produkts von Funktionen. Sie folgt induktiv aus der ↗Produktregel und lautet

$$\begin{aligned}(fg)^{(n)}(a) &= \sum_{k=0}^{n}\binom{n}{k}f^{(k)}(a)\,g^{(n-k)}(a) \qquad (1)\\ &= \sum_{\substack{0\leq k,\ell\leq n\\ k+\ell=n}}\frac{n!}{k!\,\ell!}f^{(k)}(a)\,g^{(\ell)}(a)\end{aligned}$$

für n-mal an der Stelle $a \in D \subset \mathbb{R}$ differenzierbare Funktionen $f, g : D \to \mathbb{R}$; dabei ist $f^{(0)} := f$ gesetzt.

Die Formel gilt auch für ↗holomorphe Funktionen, wobei man hier automatisch die beliebig häufige Differenzierbarkeit des Produkts hat; es gilt somit der Satz:

Es seien $D \subset \mathbb{C}$ eine offene Menge und $f,g: D \to \mathbb{C}$ in D holomorphe Funktionen. Dann ist fg holomorph in D und somit unendlich oft ↗komplex differenzierbar in D. Für alle $n \in \mathbb{N}$ existiert daher die n-te Ableitung von fg, und es gilt Formel (1) für alle $a \in D$ und $n \in \mathbb{N}$.

Die Verallgemeinerung von (1) auf mehrere Faktoren ist

$$(f_1 \cdots f_p)^{(n)}(a) = \sum_{\substack{0 \le k_1,\dots,k_p \le n \\ k_1+\cdots+k_p=n}} \frac{n!}{k_1! \cdots k_p!} f_1^{(k_1)}(a) \cdots f_p^{(k_p)}(a)$$

für n-mal an der Stelle $a \in D$ differenzierbare Funktionen $f_1, \dots, f_p$.

Leibrente, oder genauer Leibrente auf ein Leben, in der Versicherungsmathematik Bezeichnung für eine feste oder veränderliche Rente, die während einer vertraglich vereinbarten Zeitspanne ausgezahlt wird, sofern der Versicherte an den vorgesehenen Zahlungsterminen noch lebt.

Beispielsweise berechnet sich der Barwert einer sofort beginnenden, während n Jahren jährlich vorschüssig zahlbaren Leibrente der konstanten Höhe 1 in dem ↗Deterministischen Modell der Lebensversicherung zu

$$\ddot{a}_{x:\overline{n}|} = \frac{N_x - N_{x+n}}{D_x}.$$

Dabei bezeichnen N_x und D_x Kommutationswerte (↗Deterministisches Modell der Lebensversicherungsmathematik).

Leitideal, Ideal, das von den ↗Leitmonomen bezüglich einer fixierten Monomenordnung der von Null verschiedenen Elemente eines Ideals erzeugt wird.

So ist z. B. bezüglich der lexikographischen Monomenordnung das Leitideal von

$$I = \langle x^2 + y^2 + z^2 - 1, x^2 + z^2 - y, x - z \rangle$$

das von x, y und z^4 erzeugte Ideal.

Leitkoeffizient, der Koeffizient des ↗Leitmonoms eines Polynoms oder einer Potenzreihe bezüglich einer gegebenen Monomenordnung.

Beispielsweise ist der Koeffizient α_n in der Darstellung

$$p(x) = \sum_{\nu=0}^{n} \alpha_\nu x^\nu$$

der Leitkoeffizient des Polynoms p (↗Koeffizient eines Polynoms).

Ist der Leitkoeffizient gleich 1, so bezeichnet man das Polynom p auch als normiertes Polynom.

Leitkurve, einer Differentialgleichung zugeordnete Kurve.

Die Kurve mit der Parameterdarstellung

$$\Phi := \begin{pmatrix} x(t) \\ y(t) \end{pmatrix} := -\frac{1}{a(t)} \begin{pmatrix} 1 - ta(t) \\ b(t) \end{pmatrix} \qquad (t \in I)$$

heißt Leitkurve der linearen Differentialgleichung. $y' = a(x)y + b(x)$. Hier sind $a, b : I \to \mathbb{R}$ stetige Funktionen und $I \subset \mathbb{R}$ ein offenes nicht leeres Intervall, sowie $a(t) \neq 0$ $(t \in I)$.

Leitlinie, weitestgehend zum Stichwort ↗Direktrix synonymer Begriff.

Eine Leitlinie ist eine Gerade l, durch die eine ↗Parabel in folgender Weise bestimmt wird:

Eine Parabel ist die Menge aller Punkte P der Ebene, für die der Abstand von einem festen Punkt F (dem Brennpunkt) gleich dem Abstand von der festen Geraden l (der Leitlinie) ist.

↗Ellipsen und ↗Hyperbeln besitzen jeweils zwei Leitlinien, welche die Polaren der Brennpunkte in Bezug auf die gegebene Ellipse bzw. Hyperbel sind. Eine Ellipse (Hyperbel) kann auch mittels eines Brennpunktes F und einer Leitlinie l definiert werden als Menge aller Punkte, für die das Verhältnis der Abstände zu F und zu l einen konstanten Wert ε mit $0 < \varepsilon < 1$ (bzw. $\varepsilon > 1$) hat.

Leitmonom, das bezüglich einer gegebenen Monomenordnung größte Monom eines Polynoms oder einer Potenzreihe (mit von Null verschiedenen Koeffizienten).

Ist zum Beispiel $f = x^5 + y^{11} + x^6 y$, dann ist bezüglich der ↗Monomenordnung „deglex" y^{11} das Leitmonomen, bezüglich „lex" ist x^6y das Leitmonom, und bezüglich der lokalen Ordnung deglex (für Potenzreihen) ist x^5 das Leitmonom.

Lemke, Verfahren von, eine Methode zur Lösung ↗linearer Komplemetaritätsprobleme der Form

$$w - M \cdot z = q,$$
$$w \geq 0, \; z \geq 0, \; w^T \cdot z = 0.$$

Unter der Annahme, daß $q \geq 0$ *nicht* gilt (ansonsten ist $z := 0$, $w := q$ eine Lösung), führt man eine weitere Variable $t \geq 0$ ein, und verändert das Ausgangsproblem zu

$$w = M \cdot z + e^T \cdot t + q,$$
$$w \geq 0, \; z \geq 0, \; t \geq 0,$$

und $e := (1, \dots, 1)^T$. Mit $q_{i_0} := \min\{q_j, j\}$ und der Wahl $t := -q_{i_0}$, $w_k := q_k - q_{i_0}$ für $k \neq i_0$, sowie $w_{i_0} = 0$, $z := 0$, gewinnt man eine Ecke des zugehörigen Polyeders. Für diese sind w_{i_0} und alle z_k Nichtbasisvariablen. Jetzt werden wie im Simplexverfahren – allerdings ohne das Vorhandensein einer Zielfunktion – Austauschschritte durchgeführt, wobei z_{i_0} die erste Pivotspalte festlegt. Ziel ist es, die Variable t aus der Basis zu entfernen. Im Falle einer positiv definiten Matrix M ist dann das Problem gelöst.

Lemma, (Hilfs-)Aussage, die oft zur Vorbereitung eines Satzes bzw. dessen Beweises dient.

Lemniskate, Kurve von der Form einer liegenden Acht, die sich als Spezialfall $a = b$ der ↗Cassinischen Kurven ergibt.

Eine parametrische Gleichung der Lemniskate lautet

$$x(t) = \frac{a \cos t}{1 + \sin^2 t}, \quad y(t) = \frac{a \cos t \sin t}{1 + \sin^2 t}.$$

Die Bogenlänge der Lemniskate, gemessen von einem festen Anfangsparameter t_0, ergibt sich aus dieser Gleichung als elliptisches Integral

$$l(t) = \int_{t_0}^{t} \frac{a\, d\tau}{\sqrt{\cos^2 \tau + 2 \sin^2 \tau}}.$$

Daher hat sie den Umfang

$$U = 4 a \mu \left(1, \sqrt{2}\right),$$

wobei μ das ↗arithmetisch-geometrische Mittel bezeichnet.

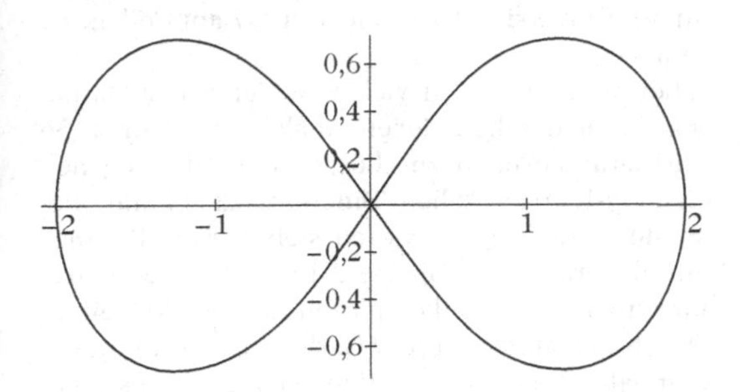

Lemniskate

Bemerkenswert ist, daß jedes der beiden Blätter der Lemniskate den rationalen Flächeninhalt $A = a^2$ hat.

Lemniskatenkonstante, ↗arithmetisch-geometrisches Mittel.

lemniskatische Cosinusfunktion, eine ↗elliptische Funktion, die bei der Bildung der Umkehrfunktion des ↗elliptischen Integrals

$$u(z) = \int_0^z \frac{d\zeta}{\sqrt{1 - \zeta^4}} \qquad (1)$$

entsteht. Sie wird mit cl bezeichnet, und es gilt $z = \mathrm{cl}\, u$. Weiter ist die lemniskatische Sinusfunktion sl definiert durch $\mathrm{sl}\, u := \mathrm{cl}\left(\frac{1}{2}\omega - u\right)$, wobei

$$\omega = 2 \int_0^1 \frac{dt}{\sqrt{1 - t^4}}.$$

Das Integral (1) tritt bei der Berechnung der Bogenlänge einer ↗Lemniskate auf.

Die Funktionen cl und sl können durch cosinus amplitudinis cn und sinus amplitudinis sn (↗Amplitudinisfunktion) mit $k = \frac{1}{2}\sqrt{2}$ ausgedrückt werden:

$$\mathrm{cl}\, u = \mathrm{cn}\,(u\sqrt{2}), \quad \mathrm{sl}\, u = \frac{1}{\sqrt{2}} \frac{\mathrm{sn}\,(u\sqrt{2})}{\mathrm{dn}\,(u\sqrt{2})}.$$

In diesem Fall gilt weiter

$$K = K' = \frac{\omega}{\sqrt{2}} = \frac{1}{4\sqrt{\pi}} \left[\Gamma\left(\tfrac{1}{4}\right)\right]^2,$$

wobei Γ die ↗Eulersche Γ-Funktion bezeichnet.

lemniskatische Sinusfunktion, das Pendant zur ↗ lemniskatischen Cosinusfunktion.

Lenz-Runge-Vektor, *Laplace-Vektor*, folgende $\mathbb{R}^3$-wertige C^∞-Funktion $\vec{A}$ auf $(\mathbb{R}^3 \setminus \{0\}) \times \mathbb{R}^3$:

$$\vec{A}(\vec{q}, \vec{p}) := \vec{p} \times (\vec{q} \times \vec{p}) - k \frac{\vec{q}}{|\vec{q}|}.$$

$\vec{A}$ ist ein ↗Integral der Bewegung des ↗Kepler-Systems eines Planeten.

Für eine gegebene geschlossene Bahn des Kepler-Systems im $\mathbb{R}^3$ (wobei $\vec{p}(t) = d\vec{q}/dt(t)$ gilt) zeigt der Lenz-Runge-Vektor in Richtung des Perihels (d. h. des Punktes geringster Entfernung vom Ursprung), während sein Betrag das k-fache der Bahnexzentrizität ausmacht.

Leonardo da Vinci, italienischer Künstler, Ingenieur, Naturphilosoph und Mathematiker, geb. 15.4.1452 Vinci (bei Florenz), gest. 2.5.1519 Cloix (bei Amboise, Frankreich).

Leonardo da Vinci wurde privat im Lesen, Schreiben und Rechnen unterrichtet. 1467 bekam er eine Ausbildung in Malerei und Bildhauerei. 1472 wurde er in die Malergilde von Florenz aufgenommen, ab da verdiente er sich seinen Lebensunterhalt als Maler in Florenz. In dieser Zeit begann er auch, sich für Technik zu interessieren. Er entwarf Pumpen, Waffen und Maschinen. Von 1482 bis 1499 arbeitete er für den Herzog von Mailand als Maler und

Ingenieur, und beriet ihn in Fragen der Architektur und des Festungsbaus sowie in militärischen Dingen.

Leonardo interessierte sich mehr und mehr für die Geometrie. 1490 studierte er die Möglichkeiten, ein Teleskop zu konstruieren. Als 1499 die französische Armee Mailand einnahm, verließ er die Stadt und ging zunächst nach Mantua, dann nach Venedig und schließlich nach Florenz. 1503 entwickelte er einen Plan zur Regulierung des Arno und zum Bau eines Kanals von Florenz an das Mittelmeer. 1506 kehrte Leonardo zurück nach Mailand. In dieser Zeit beschäftigte er sich mehr mit seinen wissenschaftlichen Arbeiten als mit Malerei. Er befaßte sich mit Hydrodynamik, Anatomie, Mechanik, Mathematik und Optik. 1513 ging er nach Rom. Auch hier befaßte er sich hauptsächlich mit mathematischen Studien und technischen Experimenten. Drei Jahre später nahm er eine Einladung des französischen Königs an, malte die „Mona Lisa" und überarbeitete viele seiner wissenschaftlichen Werke.

Leonardo von Pisa, ↗Fibonacci.

Leontjew, Alexej Fedorowitsch, russischer Mathematiker, geb. 27.3.1917 Jakowzew (Gorki), gest. 14.4.1987 Ufa(?).

Leontjew studierte an der Universität in Gorki, promovierte dort 1942 und arbeitete anschließend als Dozent für Analysis am Maijischen Pädagogischen Institut in Kosmodemjansk. 1948 ging er an die Universität Gorki und 1954 ans Moskauer Energetische Institut. 1962 wechselte er an das mathematische Institut der Akademie der Wissenschaften und arbeitete ab 1971 an der Universität in Ufa.

Leontjew arbeitete auf dem Gebiet der Funktionentheorie. Er untersuchte die Darstellbarkeit von komplexwertigen Funktionen durch Dirichlet-Reihen, befaßte sich mit Approximations- und Interpolationsproblemen sowie Differentialgleichungen unendlich hoher Ordnung.

Leontjew-Matrix, ↗ Leontjew-Modell.

Leontjew-Modell, ein spezielles Modell innerhalb der mathematischen Ökonomie.

In einem ökonomischen Prozeß seien die verfügbaren Produktionskapazitäten von Gütern g_i, $i = 1, \dots, m$, durch eine Abbildung $p : \mathbb{R}_+^m \to \mathfrak{P}(\mathbb{R}_+^m)$ modelliert. Ein Vektor $x \in \mathbb{R}_+^m$ wird dann als Zustand des untersuchten ökonomischen Prozesses interpretiert: Eine Komponente x_i gibt die verfügbare Menge der Resource i an. Die mengenwertige Abbildung $\mathfrak{P}(x)$ beschreibt alle Zustände, in die die Ökonomie innerhalb eines Zeitschritts von x aus gelangen kann.

Ein Paar (x,y) mit $y \in \mathfrak{P}(x)$ heißt auch zulässiger Prozeß. Im Leontjew-Modell beschreibt man einen zulässigen Prozeß algebraisch durch Lösbarkeit eines Systems

$$\begin{aligned} x &\le A \cdot v, \\ v &\ge B \cdot v + C \cdot w, \\ y &\le A \cdot v + w. \end{aligned}$$

Dabei sind v, w die Unbekannten und A, B sowie C Matrizen der Dimension $m \times m$. Sie heißen auch Leontjew-Matrizen.

Leptonen, Klasse von Elementarteilchen.

Ihre Anti-Teilchen heißen Anti-Leptonen. Das Anti-Teilchen zum Elektron heißt Positron, bei allen anderen Leptonen ergibt sich die Bezeichung des Anti-Teilchens durch Voranstellen von „Anti-" vor den Namen des Teilchens.

Die Leptonen unterliegen nicht der starken Wechselwirkung. Sie haben stets den Spin 1/2, sind also Fermionen. Beispiele für Leptonen sind: Elektron, Elektron-Neutrino, und Myon.

Leray, Jean, französischer Mathematiker, geb. 7.11.1906 Nantes, gest. 10.11.1998 Paris.

Nach dem Studium an der École Normale Superieure 1926–1930 habilitierte sich Leray 1933 und ging an das nationale Zentrum für wissenschaftliche Forschungen. Von 1936 bis 1942 arbeitete er an der Universität Paris und ab 1947 am Collège de France.

Leray arbeitete auf vielen Gebieten der Mathematik. In der komplexen Analysis fand er 1956 die Leray-Formeln zur Lösung der inhomogenen Cauchy-Riemannschen Differentialgleichung. Besonders fruchtbar erwiesen sich Lerays Beiträge zur algebraischen Topologie, Differentialgeometrie und zur Theorie der komplexen Mannigfaltigkeiten. Durch die Einführung der Garbentheorie konnte er kompakte Riemannsche Mannigfaltigkeiten studieren.

Einen weiteren Schwerpunkt von Lerays Arbeiten bildeten Fixpunktsätze. Er formulierte und bewies den Leray-Schauderschen Fixpunktsatz und begründete damit zusammen mit Schauder die Theorie des Abbildungsgrades (↗Leray-Schauderscher Abbildungsgrad).

Leray, Satz von, liefert eine Bedingung, die eine Anwendung der Čechschen Kohomologie $H^* (X, \mathcal{S})$ erleichtert, da man die Definition als induktiven Limes nicht benötigt.

Sei X ein parakompakter komplexer Raum und S eine kohärente analytische Garbe auf X. Sei weiterhin $\mathcal{U} = (U_\iota)_{\iota \in I}$ eine offene Überdeckung von X, $U_\iota \neq \emptyset$ für jedes $\iota \in I$. $\mathcal{U}$ nennt man eine Leraysche Überdeckung zu $\mathcal{S}$, wenn

$$H^k(U_{\iota_0} \cap \dots \cap U_{\iota_i}, \mathcal{S}) = 0$$

für $k \ge 1$ und alle $\iota_0, \dots, \iota_i$.

Es gilt der folgende Satz von Leray:

Ist $\mathcal{U}$ eine Leraysche Überdeckung zu $\mathcal{S}$, so ist

$$\varphi_1 : H^k (\mathcal{U}, \mathcal{S}) \to H^k (X, \mathcal{S}) \quad \text{für jedes } k \ge 1$$

ein Isomorphismus.

Leray-Schauderscher Abbildungsgrad, Hilfsmittel der nichtlinearen Funktionalanalysis zum Studium der Lösbarkeit der Gleichung

$$f(x) = y\,. \tag{1}$$

Es sei U eine beschränkte offene Teilmenge eines ↗Banachraums X, es sei $y \in X$, und $\mathcal{V}(U,y)$ sei die Menge aller stetigen Abbildungen $f : \overline{U} \to X$ der Form $f(x) = x - g(x)$, wo $g(U)$ relativkompakt und $y \notin f(\partial U)$ ist.

Dann existiert genau eine Zuordnung $f \in \mathcal{V}(U,y) \mapsto d(f,U,y) \in \mathbb{Z}$ mit folgenden Eigenschaften:

(i) Falls $d(f,U,y) \neq 0$, besitzt (1) eine Lösung in U.

(ii) Für $i(x) = x$ ist $d(i,U,y) = 1$, falls $y \in U$, und $d(i,U,y) = 0$, falls $y \notin \overline{U}$.

(iii) Sind $U_1, \dots, U_m$ paarweise disjunkte offene Teilmengen von U, ist $\{x \in U : f(x) = y\} \subset U_1 \cup \dots \cup U_m$, und bezeichnet f_j die Einschränkung von f auf $\overline{U}_j$, so gilt $d(f,U,y) = d(f_1,U_1,y) + \dots + d(f_m,U_m,y)$.

(iv) Ist $H : [0,1] \times \overline{U} \to X$ eine Homotopie mit relativkompaktem Bild und

$$f_t(x) := x - H(t,x) \neq y$$

für alle $x \in \partial U$ und alle $t \in [0,1]$, so gilt

$$d(f_0,U,y) = d(f_1,U,y)\,.$$

Der Leray-Schaudersche Abbildungsgrad $d(f,U,y)$ ist eine unendlichdimensionale Verallgemeinerung des (Brouwerschen) ↗Abbildungsgrads im $\mathbb{R}^n$.

Um zu zeigen, daß die Gleichung (1) in U lösbar ist, versucht man zu zeigen, daß f zu einer einfacheren Abbildung $\tilde{f}$ gemäß (iv) homotop ist, für die $d(\tilde{f},U,y) \neq 0$ einfach einzusehen ist; (iv) und (i) zeigen dann die Lösbarkeit von (1).

Leraysche Überdeckung, ↗ Leray, Satz von.

lernende Vektorquantisierung, *Vektorquantisierung*, *LVQ* (engl. learning vector quantization), eine spezielle ↗Lernregel im Bereich ↗Neuronale Netze, die seit etwa Ende der siebziger Jahre in der Literatur diskutiert wird und inzwischen in zahlreichen LVQ-Variationen zu finden ist.

Die ursprüngliche lernende Vektorquantisierung ist eng verwandt mit der ↗Kohonen-Lernregel, wobei der wesentliche Unterschied darin besteht, daß letztere eine unüberwachte Lernregel ist, während LVQ primär überwacht arbeitet.

Im folgenden wird das Prinzip der lernenden Vektorquantisierung an einem einfachen Beispiel (diskrete Variante) erläutert: Gegeben sei eine endliche Menge von t Vektoren $x^{(s)} \in \mathbb{R}^n$, $1 \le s \le t$, eine endliche Menge von j Klassifikationsvektoren oder Cluster-Vektoren $w^{(i)} \in \mathbb{R}^n$, $1 \le i \le j$, sowie eine Klassifikationsfunktion $f : \{1,\dots,t\} \to \{1,\dots,j\}$, die jedem Vektor $x^{(s)}$ vermöge $w^{(f(s))}$ einen entsprechenden Cluster-Vektor zuordnet. Dabei ist im allgemeinen j wesentlich kleiner als t, und die über f induzierte Zuordnung beschreibt unter Zugriff auf die Indizes der beteiligten Vektoren die Zugehörigkeit eines Vektors zu einer bestimmten Klasse.

Die Justierung der Cluster-Vektoren in Abhängigkeit von den zu klassifizierenden Vektoren geschieht nun im einfachsten Fall wie folgt, wobei $\lambda \in (0,1)$ ein noch frei zu wählender Lernparameter ist: Im s-ten Schritt $(1 \le s \le t)$ zur Aktualisierung von $w^{(f(s))}$ berechne jeweils ein Maß für die Entfernung von $x^{(s)}$ zu allen Cluster-Vektoren $w^{(i)}$, $1 \le i \le j$ (z. B. über den Winkel, den euklidischen Abstand, o.ä.).

Falls $w^{(f(s))}$ zu den Cluster-Vektoren mit minimalem Abstand zu $x^{(s)}$ gehört (konsistente Klassifizierung), ersetze $w^{(f(s))}$ durch

$$w^{(f(s))} + \lambda(x^{(s)} - w^{(f(s))})\,;$$

alle übrigen Cluster-Vektoren bleiben unverändert.

Falls $w^{(f(s))}$ nicht zu den Cluster-Vektoren mit minimalem Abstand zu $x^{(s)}$ gehört (inkonsistente Klassifizierung), ersetze $w^{(f(s))}$ durch

$$w^{(f(s))} - \lambda(x^{(s)} - w^{(f(s))})\,;$$

alle übrigen Cluster-Vektoren bleiben unverändert. Iteriere dieses Vorgehen mehrmals, erniedrige λ Schritt für Schritt und breche den Algorithmus ab, wenn z. B. der Maximalabstand aller zu klassifizierenden Vektoren zu ihrem jeweiligen Cluster-Vektor eine vorgegebene Schranke unterschreitet, oder aber eine gewisse Anzahl von Iterationen durchlaufen worden sind. Der oben skizzierte Prototyp der lernenden Vektorquantisierung ist im Laufe der Zeit in verschiedenste Richtungen wesentlich verallgemeinert worden. Erwähnt seien in diesem Zusammenhang nur die Verschmelzung oder Aufteilung einzelner Cluster in Abhängigkeit von einer gewissen Abstandsfunktion sowie die Cluster-abhängige und nicht mehr globale Modifikation des Parameters λ.

Lern-Modus, *learning mode*, bezeichnet im Unterschied zum ↗Ausführ-Modus die Dynamik eines ↗Neuronalen Netzes bei der Einstellung seiner Parameter in Abhängigkeit von einer gegebenen Problemstellung unter Anwendung einer ↗Lernregel und unter Zugriff auf ↗Trainingswerte.

Lernparameter, *Lernrate*, im Kontext ↗Neuronale Netze die Bezeichnung für einen bei der Anwendung einer ↗Lernregel in gewissem Umfang frei wählbaren Parameter, über den die absolute Größe der Veränderung der Netzparameter pro Lern-Schritt gesteuert wird.

Lernrate, ↗ Lernparameter.

Lernregel, bezeichnet im Kontext ↗Neuronale Netze eine Vorschrift zur Einstellung der Parameter eines Netzes in Abhängigkeit von einer gegebenen Problemstellung unter Zugriff auf sogenannte ↗Trainingswerte.

Man unterscheidet prinzipiell zwischen überwachtem und unüberwachtem Lernen. Überwachtes Lernen liegt vor, wenn der Lernregel Trainingswerte mit korrekten Ein- und Ausgabewerten zur Verfügung stehen und auf diese zur Korrektur und Anpassung der Netzparameter zugegriffen wird (vgl. z. B. ↗Backpropagation-Lernregel, ↗Delta-Lernregel, ↗Hebb-Lernregel, ↗hyperbolische Lernregel, ↗lernende Vektorquantisierung oder ↗Perceptron-Lernregel).

Unüberwachtes Lernen ist dann gegeben, wenn auch für die Trainingswerte nicht die korrekten Ein- und Ausgabewerte bekannt sind und die Korrektur und Anpassung der Netzparameter durch die Lernregel ohne diese Information vorgenommen werden muß (vgl. z. B. ↗adaptive-resonance-theory, ↗Kohonen-Lernregel oder ↗Oja-Lernregel).

Lernstichprobe, ↗Diskriminanzanalyse.

Leslie-Matrix, quadratische Matrix mit nichtnegativen Elementen, bei der nur die erste Zeile und die Schräge unterhalb der Hauptdiagonalen besetzt sind.

Die Leslie-Matrix ist i. w. eine Frobeniussche Begleitmatrix. Sie dient als Modell für eine nach Stadien oder diskreten Altersklassen strukturierte Population.

Levi, Beppo, italienischer Mathematiker, geb. 14.5.1875 Turin, gest. 28.8.1961 Rosario (Argentinien).

Levi studierte an der Universität Turin unter anderem bei Peano und Volterra. Er promovierte 1896 bei Segre und arbeitete bis 1900 in Turin als Assistent. 1901 wurde er Professor in Piacenza, 1906 ging er nach Cagliari, 1910 nach Parma und 1928 nach Bologna.

Levi befaßte sich zunächst mit Singularitäten algebraischer Kurven und Flächen und deren Reduktion mittels birationaler Singularitäten. Ab 1900 wandte er sich der mengentheoretischen Begründung der Mathematik und der Diskussion des Auswahlprinzips zu. Er entwarf ein „Approximationsprinzip", eine schwächeres Auswahlprinzip, das aber außerhalb Italiens kaum Beachtung fand. Auf dem Gebiet der Analysis beschäftigte er sich mit Lebesgueschen Integralen (Satz von Levi über die Integrierbarkeit des Grenzwertes einer monoton konvergierenden Folge von Funktionen) und partiellen Differentialgleichungen.

Levi, Eugenio Elia, italienischer Mathematiker, geb. 18.10.1883 Turin, gest. 28.10.1917 Subido (bei Cormons).

Eugenio Levi, Bruder von Beppo Levi, studierte von 1900 bis 1904 in Pisa. Ab 1905 war er Assistent bei Dini und ab 1909 Professor an der Universität Genua.

Levi beschäftigte sich mit Gruppentheorie, Variationsrechnung, Differentialgeometrie, Funktionentheorie (Levi-Form, Levi-Problem, Levi-pseudokonvexes Gebiet) und partiellen Differentialgleichungen (Wärmeleitungsgleichung).

Levi, Satz von, auch *Satz von der monotonen Konvergenz* genannt, fundamentaler Satz aus der Maßtheorie.

Es sei $(\Omega, \mathcal{A}, \mu)$ *ein Maßraum und* $(f_n | n \in \mathbb{N})$ *eine isotone Folge von meßbaren Abbildungen, wobei* $f_n : \Omega \to \overline{\mathbb{R}}_+$.

Dann ist

$$\sup_{n \in \mathbb{N}} f_n : \Omega \to \overline{\mathbb{R}}_+$$

meßbar, und es gilt

$$\int \sup_{n \in \mathbb{N}} f_n d\mu = \sup_{n \in \mathbb{N}} \int f_n d\mu .$$

Levi-Bedingung, spielt bei der Untersuchung des Zusammenhanges zwischen der Pseudokonvexität eines Gebietes G im $\mathbb{C}^n$ und der Krümmung des Randes von G eine Rolle.

Sei $B \subset \mathbb{C}^n$ ein Bereich, $\varphi : B \to \mathbb{R}$ zweimal stetig differenzierbar, und $\zeta_0 \in B$. Dann heißt die quadratische Form

$$L_{\varphi,\zeta_0}(\omega) \;:=\; \sum_{i,j=1}^{n} \varphi_{z_i \overline{z_j}}(\zeta_0)\, w_i \overline{w_j}$$

die Levi-Form von φ in ζ_0. φ erfüllt in ζ_0 die Levi-Bedingung, wenn gilt: Ist $\omega \in \mathbb{C}^n$ und $\sum_{i=1}^{n} \varphi_{z_i}(\zeta_0)\, w_i = 0$, so ist $L_{\varphi,\zeta_0}(\omega) \geq 0$.

Für ein Gebiet $G \subset \mathbb{C}^n$ mit glattem Rand ist in einem Randpunkt ζ_0 von G die Levi-Bedingung erfüllt, falls es eine offene Umgebung $U = U(\zeta_0) \subset \mathbb{C}^n$ und eine zweimal stetig differenzierbare Funktion $\varphi : U \to \mathbb{R}$ mit den folgenden Eigenschaften gibt, so daß φ in ζ_0 die Levi-Bedingung erfüllt (dann erfüllt auch jede weitere Funktion $\psi : U \to \mathbb{R}$ mit den gleichen Eigenschaften von φ in ζ_0 die Levi-Bedingung):

a) $U \cap G = \{\zeta \in U : \varphi(\zeta) < 0\}$,

b) $(d\varphi)_\zeta \neq 0$ für alle $\zeta \in U$.

Es gilt der folgende Satz:

Sei $G \subset \mathbb{C}^n$ *ein Gebiet mit glattem Rand. Dann ist* G *genau dann pseudokonvex, wenn für jeden Randpunkt* ζ_0 *von* G *die Levi-Bedingung erfüllt ist.*

Levi-Civita, Tullio, italienischer Mathematiker, geb. 29.3.1873 Padua, gest. 29.12.1941 Rom.

Levi-Civita, Sohn eines Juristen und späteren Senators, begann nach guter Schulbildung 1890 ein Mathematikstudium an der Universität seiner Geburtsstadt und hörte u. a. bei G. Veronese (1854–1917) und G. Ricci Curbastro (1853–1925). Nach dem Studium lehrte er ab 1895 an verschiedenen

Einrichtungen der Universität Padua und erhielt 1902 eine Professur für höhere Mechanik. 1918 nahm er einen Ruf als Professor für höhere Analysis an die Universität in Rom an und wechselte 1920 auf die Professur für höhere Mechanik. 1938 wurde er durch die faschistischen Rassengesetze gezwungen, sein Amt niederzulegen.

Levi-Civita hatte ein breites Interessenspektrum und beschäftigte sich neben der reinen Mathematik erfolgreich mit der Himmelsmechanik und der mathematischen Physik, wobei er letztere mit Beiträgen zur analytischen Mechanik, Elastizitätstheorie und Elektrodynamik bis hin zur Atomphysik bereicherte.

Seine bedeutendste Leistung war jedoch der Ausbau des von Ricci Curbastro im Rahmen der Differentialgeometrie entwickelten absoluten Differentialkalküls. In einer 1899 vollendeten Arbeit nahmen er und Ricci Curbastro eine umfassende Ausarbeitung des Kalküls vor und wandten ihn zur Formulierung geometrischer und physikalischer Sachverhalte in euklidischen und nichteuklidischen Räumen, insbesondere in gekrümmten Riemannschen Räumen an, 1917 erweiterte Levi-Civita die Geometrie der Riemannschen Räumen um den wichtigen Begriff der Parallelverschiebung, der dann zur Definition des Zusammenhangs führte. Die Verwendung des zum Tensorkalkül ausgeformten Differentialkalküls bildete ein wesentliches Hilfsmittel bei der Schaffung der allgemeinen Relativitätstheorie und ist heute eine Grundvoraussetzung für die Formulierung von Problemen und Resultaten der relativistischen Physik.

Unter Levi-Cevitas Studien zur mathematischen Physik ragen jene zur Hydrodynamik heraus. Er behandelte die Bewegung eines Körpers im widerstrebenden Medium und legte 1925 eine allgemeine Theorie der Kanalwellen vor. In der Himmelsmechanik gelang ihm 1914–1916 die Lösung des Drei-Körper-Problems, wobei er sich völlig neuer Methoden bediente.

Levi-Civita-Tensor, auch Epsilon-Tensor genannt, antisymmetrischer Pseudotensor n-ter Stufe.

Beide Bezeichnungen sind allerdings ungenau, da es sich hierbei nicht um einen Tensor im eigentlichen Sinne handelt. Besser wäre die Bezeichnung Levi-Civita-Pseudotensor, denn es gilt: Bei orientierungserhaltenden Koordinatentransformationen verhält sich der Levi-Civita-Tensor wie ein Tensor, bei allen anderen Koordinatentransformationen ändert er darüber hinaus sein Vorzeichen.

In der n-dimensionalen Riemannschen Geometrie ist der Levi-Civita-Pseudotensor ein antisymmetrischer Pseudotensor n-ter Stufe und wird mit ε bezeichnet. In einem Koordinatensystem, in dem $|\det g_{ij}| = 1$ gilt, ist $\varepsilon_{12\dots n} = 1$. Durch diese Bedingungen ist er eindeutig bestimmt.

Er wird vor allem verwendet, um eine eineindeutige Beziehung zwischen antisymmetrischen Tensoren der Stufe j und antisymmetrischen Pseudotensoren der Stufe $n-j$ herzustellen.

Levi-Civita-Zusammenhang, eindeutig bestimmter torsionsfreier Zusammenhang ∇ auf einer Riemannschen Mannigfaltigkeit M derart, daß die durch ∇ gegebene Parallelübertragung die Riemannsche Metrik g von M erhält.

Die Metrik g wird bezüglich ∇ parallel übertragen, wenn die Gleichung

$$Z g(X, Y) = g(\nabla_Z X, Y) + g(X, \nabla_Z Y)$$

für alle differenzierbaren Vektorfelder X, Y, Z auf M gilt (Lemma von Ricci). Daraus und aus der Torsionsfreiheit leitet man die Gleichung

$$\begin{aligned} 2g(X, \nabla_Z Y) = \\ & Z g(X, Y) + Y g(X, Z) - X g(Y, Z) \\ & + g(Z, [X, Y]) + g(Y, [X, Z]) - g(X, [Y, Z]) \end{aligned}$$

her, mit deren Hilfe sich $\nabla_Z Y$ durch die Ableitungen von g ausdrücken läßt. Dabei bedeutet $Z g(X, Y)$ die Anwendung des Vektorfeldes Z als Richtungsableitung auf die Funktion $g(X, Y)$, und $[X, Y]$ ist der Kommutator der Vektorfelder X und Y. Wählt man in der obigen Gleichung für X, Y, Z Tangentialvektorfelder an die Koordinatenlinien eines lokalen Koordinatensystems $(x_1, \dots, x_n)$ von M, so sind die Kommutatoren gleich Null, und man erhält die folgende Darstellung der Christoffelsymbole durch die Metrik g, in der g_{ij} die Matrix von g bezüglich dieser Koordinaten und g^{kl} ihre inverse Matrix ist:

$$\Gamma_{ij}^k = \frac{1}{2} \sum_{l=1}^{n} g^{kl} \left(\frac{\partial g_{ij}}{\partial x_l} + \frac{\partial g_{jl}}{\partial x_i} - \frac{\partial g_{li}}{\partial x_j} \right) .$$

Levi-Form, ↗ Levi-Bedingung.

Levinson, Norman, amerikanischer Mathematiker, geb. 11.8.1912 Boston, gest. 10.10.1975 Boston.

Levinson ging 1929 an das Massachusetts Institute of Technology und studierte dort bei Wiener. 1934 bis 1935 arbeitete er an der Cambridge-Universität bei Hardy und promovierte 1935, danach war er in Princeton bei von Neumann und am MIT tätig.

Levinson beschäftigte sich zunächst mit der Fourier-Transformation und mit Differentialgleichungen. Später wandte er sich dem Problem der Zeitreihen zu. Diese Arbeiten hatten große Bedeutung für das Gebiet der Signalverarbeitung. Er arbeitete auch zur Wahrscheinlichkeitsrechnung, Quantenmechanik und Zahlentheorie. 1974 bewies er in „More than on third of zeros of Riemann's zeta-function on $\sigma = 1/2$", daß mindestens ein Drittel aller Nullstellen der Riemannschen ζ-Funktion auf der Geraden $\{z = 1/2 + it\}$ liegen.

Lévy, Pierre (Paul), französischer Mathematiker, geb. 15.9.1886 Paris, gest. 15.12.1971 Paris.

Lévy studierte ab 1904 an der École Polytechnique in Paris, wo er sich 1919 habilitierte und bis 1959 lehrte.

Lévy schrieb Beiträge zur Wahrscheinlichkeitsrechnung, zur Funktionalanalysis und zu partiellen Differentialgleichungen. 1926 erweiterte er die Laplace-Transformation auf größere Funktionenklassen. Mit funktionentheoretischen Mitteln konnte er bedeutende Beiträge zur Wahrscheinlichkeitstheorie und insbesondere zu deren maßtheoretischer Begründung leisten. Daneben beschäftigte er sich mit stochastischen Prozessen und gab 1934 die explizite Form allgemeiner unbegrenzt teilbarer Verteilungen an.

Mit seinen Untersuchungen zur Brownschen Bewegung etablierte er das Gebiet der stochastischen Analysis.

Lévy, Satz von, Aussage über das Konvergenzverhalten der bezüglich der σ-Algebren aus einer Filtration gebildeten bedingten Erwartungen einer integrierbaren Zufallsvariablen.

Es sei X eine auf dem Wahrscheinlichkeitsraum $(\Omega, \mathfrak{A}, P)$ definierte integrierbare reelle Zufallsvariable. Ferner sei $(\mathfrak{A}_n)_{n\in\mathbb{N}}$ eine Filtration in $\mathfrak{A}$ und

$$\mathfrak{A}_\infty := \sigma\left(\bigcup_{n\in\mathbb{N}} \mathfrak{A}_n\right)$$

die von der Vereinigung der $\mathfrak{A}_n$ erzeugte σ-Algebra.

Dann konvergiert die Folge $(E(X|\mathfrak{A}_n))_{n\in\mathbb{N}}$ der bedingten Erwartungen sowohl P-fast sicher als auch im Mittel gegen $E(X|\mathfrak{A}_\infty)$.

Lévy, Ungleichung von, Ungleichung im folgenden Satz.

Sind $X_1, \dots, X_n$ unabhängige auf dem Wahrscheinlichkeitsraum $(\Omega, \mathfrak{A}, P)$ definierte reelle Zufallsvariablen, so gilt für jedes $a \in \mathbb{R}$ die Ungleichung

$$P\left(\max_{0\le k\le n} (S_k + \mu(S_n - S_k)) > a\right) \le 2P(S_n > a).$$

Dabei bezeichnet $\mu(Y)$ für jede Zufallsvariable Y den Median (↗Median einer Verteilung), und für $n \ge 0$ wurde $S_n := \sum_{i=1}^n X_i$ gesetzt, insbesondere also $S_0 := 0$.

Lévy-Abstand, *Lévy-Metrik*, eine Metrik auf der Menge der Verteilungsfunktionen.

Sind F und G Verteilungsfunktionen auf der reellen Achse, so ist der Lévy-Abstand $L(F, G)$ von F und G durch

$$L(F, G) := \inf\{\varepsilon > 0 : G(x - \varepsilon) - \varepsilon \le F(x) \le G(x + \varepsilon) + \varepsilon \text{ für alle } x\}$$

definiert.

Notwendig und hinreichend für die schwache Konvergenz einer Folge $(F_n)_{n\in\mathbb{N}}$ von Verteilungsfunktionen gegen eine Verteilungsfunktion F ist die Bedingung $\lim_{n\to\infty} L(F_n, F) = 0$, d. h. die Konvergenz der Folge $(F_n)_{n\in\mathbb{N}}$ gegen F in der Lévy-Metrik.

Lévy-Charakterisierung, Charakterisierung der ↗Brownschen Bewegung mit Hilfe der quadratischen Kovariation.

Es sei $(\Omega, \mathfrak{A}, P)$ ein Wahrscheinlichkeitsraum, $(\mathfrak{A}_t)_{t\in[0,\infty)}$ eine Filtration in $\mathfrak{A}$, welche die üblichen Voraussetzungen erfüllt, und $(X_t)_{t\in[0,\infty)}$ ein an $(\mathfrak{A}_t)_{t\in[0,\infty)}$ adaptierter stetiger stochastischer Prozeß mit Werten in $(\mathbb{R}^d, \mathfrak{B}(\mathbb{R}^d))$.

Ist $(X_t^{(i)})_{t\in[0,\infty)}$ für $i = 1, \dots, d$ ein stetiges lokales Martingal bezüglich $(\mathfrak{A}_t)_{t\in[0,\infty)}$, und gilt für die quadratische Kovariation P-fast sicher die Beziehung

$$[X^{(i)}, X^{(j)}]_t = \delta_{i,j} t \quad \text{für alle } t \ge 0,$$

$i, j = 1, \dots, d$, so ist der Prozeß $(X_t)_{t\in[0,\infty)}$ eine d-dimensionale ↗Brownsche Bewegung.

Dabei bezeichnet $\mathfrak{B}(\mathbb{R}^d)$ die σ-Algebra der Borelschen Mengen des $\mathbb{R}^d$, $X_t^{(i)}$ die i-te Komponente von X_t, und $\delta_{i,j}$ das Kronecker-Symbol.

Umgekehrt gilt für eine an die die üblichen Voraussetzungen erfüllende Filtration $(\mathfrak{A}_t)_{t\in[0,\infty)}$ adaptierte, normale d-dimensionale Brownsche Bewegung $(X_t)_{t\in[0,\infty)}$ auch P-fast sicher die Beziehung $[X^{(i)}, X^{(j)}]_t = \delta_{i,j}t$ für alle $t \geq 0$, d. h. die Prozesse $([X^{(i)}, X^{(j)}]_t)_{t\in[0,\infty)}$ und $(\delta_{i,j}t)_{t\in[0,\infty)}$ sind nicht unterscheidbar.

Oft findet man auch Formulierungen der Lévy-Charakterisierung, in denen im obigen Satz statt $[X^{(i)}, X^{(j)}]_t = \delta_{i,j}t$ für alle $t \geq 0$ die äquivalente Bedingung, daß der Prozeß $(X_t^{(i)}X_t^{(j)} - \delta_{i,j}t)_{t\in[0,\infty)}$ ein stetiges lokales Martingal bezüglich $(\mathfrak{A}_t)_{t\in[0,\infty)}$ ist, verwendet wird.

Lévy-Metrik, ↗ Lévy-Abstand.

Lévy-Prozeß, stochastischer Prozeß mit stationären und unabhängigen Zuwächsen, dessen Pfade rechtsstetig sind und linksseitige Grenzwerte besitzen.

Beispiele für Lévy-Prozesse sind die ↗ Brownsche Bewegung und der ↗ Poisson-Prozeß.

Lévy-Steinitz, Satz von, ↗ Riemannscher Umordnungssatz.

Lévy-Verteilung, auch L-Verteilung oder Verteilung aus der Klasse L, die im folgenden beschriebene Klasse von Grenzverteilungen.

Lévy-Verteilungen charakterisieren die Wahrscheinlichkeitsverteilungen, welche als Grenzverteilungen von Summen der Form

$$S_n = \frac{1}{b_n}(X_1 + \ldots + X_n - a_n)$$

auftreten können, wobei $(X_n)_{n\in\mathbb{N}}$ eine unabhängige Folge von auf dem Wahrscheinlichkeitsraum $(\Omega, \mathfrak{A}, P)$ definierten, nicht notwendig identisch verteilten reellen Zufallsvariablen sowie $(a_n)_{n\in\mathbb{N}}$ und $(b_n)_{n\in\mathbb{N}}$ geeignete Folgen reeller Zahlen mit $b_n > 0$ für $n \in \mathbb{N}$ bezeichnen.

Genauer besitzt eine auf $(\Omega, \mathfrak{A}, P)$ definierte reelle Zufallsvariable X mit Verteilungsfunktion F eine Lévy-Verteilung, wenn Folgen $(X_n)_{n\in\mathbb{N}}$, $(a_n)_{n\in\mathbb{N}}$ und $(b_n)_{n\in\mathbb{N}}$ wie oben existieren, so daß die Folge der Verteilungsfunktionen von S_n für n gegen Unendlich gegen F konvergiert und die Größen X_k/b_n asymptotisch konstant sind, d. h. wenn für $n, k \in \mathbb{N}$ reelle Konstanten $c_{n,k}$ existieren, so daß für alle $\varepsilon > 0$ die Beziehung

$$\lim_{n\to\infty} P\left(|\tfrac{X_k}{b_n} - c_{n,k}| > \varepsilon\right) = 0$$

gleichmäßig bezüglich k $(k = 1, \ldots, n)$ erfüllt ist.

Beispiele für Lévy-Verteilungen sind die stabilen Verteilungen. Die Lévy-Verteilungen sind unbegrenzt teilbar. Die Umkehrung dieser Aussage gilt allerdings nicht.

Lewy, Hans, deutsch-amerikanischer Mathematiker, geb. 20.10.1904 Breslau, gest. 23.8.1988 Berkeley.

Nach dem Studium in Göttingen promovierte Lewy 1926 bei Courant und habilitierte sich dort 1927. Bis 1933 war er Privatdozent in Göttingen, emigrierte dann in die USA und arbeitete 1933 bis 1935 an der Brown-Universität in Providence, ab 1939 an der California University in Berkeley.

Lewy beschäftigte sich hauptsächlich mit Differentialgleichungen. Ausgehend von Untersuchungen zur numerischen Lösung von Variations- und Randwertproblemen befaßte er sich mit Anfangswertproblemen quasilinearer partieller Differentialgleichungen (↗ Courant-Friedrichs-Lewy-Bedingung), Minimalflächenproblemen, Hydromechanik und Variationsungleichungen.

lex continuitatis, auf Aristoteles und andere Philosophen zurückgehendes Prinzip *„Natura non facit saltus"* (die Natur macht keine Sprünge), das als Lehrsatz eine wesentliche Rolle in den Naturwissenschaften bis weit ins 19. Jahrhundert hinein spielte und ursprünglich richtungsweisend bei der Begründung der modernen Physik im 17. Jahrhundert war. Unter den Naturwissenschaften hat sich die Physik zuerst von diesem Prinzip gelöst (Elementarteilchen, Quantentheorie, ...).

Leibniz glaubte, daß alle Naturgesetze diesem Stetigkeitsprinzip unterliegen; diese Idee durchzieht sein gesamtes philosophisches, physikalisches und mathematisches Werk wie ein roter Faden. Er schreibt z. B. dazu: „Kontinuität aber kommt der Zeit wie der Ausdehnung, den Qualitäten wie den Bewegungen, überhaupt aber jedem Übergange in der Natur zu, da ein solcher niemals sprungweise vor sich geht". Auch auf die Biologie wandte er es an und folgerte daraus die Wahrscheinlichkeit der Existenz von „Mittelwesen" zwischen Pflanzen und Tieren. Gelegentlich wird diese Stetigkeitsforderung auch als *Leibnizsches Dogma* bezeichnet.

lexikographische Ordnung, ↗lexikographisches Produkt.

lexikographisches Produkt, Produktmenge zweier geordneter Mengen, die nach folgenden Regeln gebildet wird:

Ist die Menge M_1 mit einer ↗Ordnungsrelation „$\leq_1$“ und die Menge M_2 mit einer Ordnungsrelation „$\leq_2$“ versehen, so läßt sich wie folgt eine Ordnung „$\leq$“ auf $M_1 \times M_2$ definieren: Für $a_1, b_1 \in M_1$ und $a_2, b_2 \in M_2$ sei $(a_1, a_2) \leq (b_1, b_2)$ genau dann, wenn entweder $a_1 \leq b_1$, $a_1 \neq b_1$ oder $a_1 = b_1$, $a_2 \leq b_2$. $(M_1 \times M_2, \leq)$ wird dann als lexikographisches Produkt von $(M_1, \leq_1)$ und $(M_2, \leq_2)$ bezeichnet, gelegentlich auch einfach als lexikographische Ordnung auf $M_1 \times M_2$.

Die Bezeichnung rührt daher, daß die Anordnung der Stichwörter in einem Lexikon nach genau dieser Regel erfolgt, wobei die zugrundeliegende Ordnung hier gerade die alphabetische Anordnung der Buchstaben ist.

Lexis-Diagramm, zweidimensionales Koordinatensystem für chronologisches Alter (Abszisse) und chronologische Zeit (Ordinate), an dem sich die Entwicklung einzelner Kohorten ablesen läßt

***L*-Formel**, endliche Folge von Zeichen aus einer ↗elementaren Sprache L, die nach bestimmten Regeln gebildet ist.

Um Formeln oder Ausdrücke in L definieren zu können, benötigt man zunächst den Begriff des Terms. Sowohl Terme als auch Formeln werden induktiv über ihren Aufbau definiert.

1. Alle Individuenvariablen und Individuenzeichen aus L sind Terme.
2. Ist f ein n-stelliges Funktionszeichen in L, und sind $t_1, \dots, t_n$ Terme, dann ist $f(t_1, \dots, t_n)$ ein Term.
3. Keine weiteren Zeichenreihen sind Terme.

Nun kann man die Formeln definieren.

1. Ist R ein n-stelliges Relationszeichen in L und sind $t_1, \dots, t_n$ Terme, dann ist $R(t_1, \dots, t_n)$ eine Formel; weiterhin sind Termgleichungen $t_1 = t_2$ Formeln.
2. Sind φ und ψ Formeln, so sind auch $\neg\varphi$, $\varphi \wedge \psi$, $\varphi \vee \psi$, $\varphi \rightarrow \psi$, $\varphi \leftrightarrow \psi$ Formeln.
3. Ist φ eine Formel, in der weder $\exists x$ noch $\forall x$ vorkommen, dann sind $\exists x\varphi$ und $\forall x\varphi$ Formeln.
4. Keine weiteren Zeichenreihen sind Formeln.

Die so gebildeten Zeichenreihen heißen L-Formeln oder Ausdrücke in L. Die unter 1. definierten Formeln sind als Ausdrücke nicht weiter zerlegbar, sie heißen auch atomare oder prädikative Ausdrücke.

***L*-Fuzzy-Menge**, *L-unscharfe Menge*, eine Verallgemeinerung des Begriffs der ↗Fuzzy-Menge, indem als Nachmenge nicht das reelle Einheitsintervall $[0, 1]$ gewählt wird, sondern ein beliebiger Verband $(L, \sqcap, \sqcup)$.

Eine L-Fuzzy-Menge von einer Grundmenge X in die Menge L wird dann beschrieben durch eine Funktion

$$\eta : X \longrightarrow L\,.$$

Die so gebildete Menge $L(X)$ aller L-Fuzzy-Mengen von X weist dann ebenfalls die Struktur von L auf.

Die Verwendung von L-Mengen ist dann angebracht, wenn eine Verwendung des überabzählbaren Intervalls $[0, 1]$ als Übermodellierung erscheint, da nur endlich viele Abstufungen in den Zugehörigkeitsgraden zu rechtfertigen sind. Dies ist vor allem dann gegeben, wenn nur qualitative Bewertungen vorliegen.

l'Hospital, Guillaume, ↗de l'Hôpital, Guillaume.

l'Hospitalsche Regel, ↗de l'Hôpitalsche Regeln.

l'Huilier, Simon Antoine Jean, schweizer Mathematiker, geb. 24.4.1750 Genf, gest. 28.3.1840 Genf.

L'Huilier war zunächst Hauslehrer in Warschau. 1786 gewann er einen Preis der Berliner Akademie für die Lösung der von Lagrange gestellten Aufgabe der Darstellung der Grundprinzipien der Analysis auf Basis eines exakten Grenzwertbegriffs. Dieser Preis ermöglichte ihm einen mehrjährigen Studienaufenthalt in Tübingen. Von 1795 bis 1823 hatte er eine Stelle als Professor für Mathematik in Genf inne.

L'Huilier leitete elementar die Reihendarstellungen der trigonometrischen Funktionen und der Exponentialfunktion her. Er bewies die Existenz transzendenter Zahlen und befaßte sich mit der Eulerschen Polyederformel. Er untersuchte Dreiecke in der ebenen und der sphärischen Geometrie. Daneben schrieb er viele Lehrbücher zur Analysis, Algebra und Geometrie.

Li Shanlan, chinesischer Mathematiker, Astronom und Botaniker, geb. 2.1.1811 Haining (Provinz Zhejiang, China), gest. 9.12.1882 Peking.

Bereits in Jugendjahren interessierte sich Li Shanlan sowohl für Klassiker der chinesischen Astronomie und Mathematik, die zu dieser Zeit durch die Arbeiten einer textkritischen Schule eine Art Renaissance erlebten, als auch für westliche Geometrie, die ihm durch die Übersetzung der ersten sechs Bücher von Euklids „Elementen“ (↗„Elemente“ des Euklid) aus dem Jahre 1607 zugänglich war.

Durch Selbststudium und Diskussionen mit anderen an Mathematik interessierten Gelehrten seiner Provinz entwickelte Li Shanlan auf der Basis der überlieferten Klassiker eine Art Differentialkalkül, die sogenannte „Methode spitzer Kegel“, die algebraische Probleme durch geometrische Betrachtungen löste.

1852 kam Li nach Shanghai und begann seine Mitarbeit in der von einem britischen Missionar

1843 gegründeten Mohai Book Company. Durch seine Übersetzungstätigkeit wurde er zu einer der Hauptfiguren des 19. Jahrhunderts in der Transmission westlicher Wissenschaften nach China. Zusammen mit europäischen Gelehrten übersetzte er die bisher in China unbekannten Bücher VII bis XIII von Euklids „Elementen", sowie Werke zur Algebra, Differential- und Integralrechnung und Schriften zur Botanik und Mechanik.

[1] Horng, W.-S.: Li Shanlan: The impact of Western mathematics in China during the late 19th century. Ann Arbor Michigan, 1994.

Li Ye, chinesischer Mathematiker und Literat, geb. 1192 Luancheng (Provinz Hebei, China), gest. 1279 Yuanshi (Provinz Hebei, China).

Li Ye ist einer der wenigen Mathematiker in der Geschichte Chinas, dessen Lebenslauf weitgehend bekannt ist. Dies liegt daran, daß er hohe Regierungsämter innehatte und deshalb in die historischen Annalen der mongolischen Yuan-Dynastie einging. Durch seine Wander- und Lehrtätigkeit in Nord- und Südchina kannte er sowohl die in Nord-China seit dem 12. Jahrhundert kursierende tian yuan-Methode, die südchinesischen Mathematikern wie Yang Hui verschlossen blieb, als auch die geometrische tiao duan-Methode aus Texten von Jiang Zhou und Dong Yuan, zur Lösung algebraischer Gleichungen.

Die Aufgabenstellungen seiner 1248 erstmals gedruckten „Spiegelungen der Kreismessungen im Meer" (chin. Ce yuan hai jing) beschränken sich thematisch auf die geometrische Situation des „Abbildungsmodells der Form des kreisförmigen Stadtwalls". Die so betitelte Abbildung am Anfang des Werkes enthält alle im Laufe des Werkes verwendeten geometrischen Größen und deren Bezeichnungen. In jeder der 170 Aufgaben wird nach dem Durchmesser des Stadtwalls gefragt und dieser durch Lösen der mittels der *tian yuan*-Methode erstellten algebraischen Gleichungen höheren Grades berechnet. Li Yes Arbeit an der ihm überlieferten *tian yuan*-Methode bestand vermutlich darin, den Inhalt der Methoden explizit zu machen oder auch zu verbessern.

Das von Li Ye später verfaßte und 1259 erschienene Werk „Vorführung der Abschnitte aus den Hinzufügungen zur Antike" (chin. *Yi gu yan duan*) weist in seinem Aufbau eine deutlich andere Struktur auf als die „Spiegelungen der Kreismessungen im Meer". Außer vier von insgesamt 64 Aufgaben mit Gleichungen ersten Grades führen alle Aufgaben zu Tableaus quadratischer Gleichungen mit ganzzahligen (positiven und negativen) Koeffizienten. Sie sind mit Abbildungen versehen, einer *Methode*, der *Suche gemäß tiao duan* und einer *Bedeutung*, die die Beschriftungen der Abbildung mit den Koeffizienten der Gleichung in Verbindung bringt. Zu 23 Aufgaben gibt es außerdem eine *Alte Prozedur* zur Aufstellung der Koeffizienten der quadratischen Gleichung, die vermutlich aus Jiang Zhous „Kollektion von Hinzufügungen zur Antike" (chin. *Yi gu ji*) entstammt.

In den „Vorführung der Abschnitte aus den Hinzufügungen zur Antike" werden Zahlen in den Koeffiziententableaus außerdem in umgekehrter Reihenfolge angeordnet. Li Ye legitimiert dies mit buddhistischen Vorstellungen: Der Koeffizient der „himmlischen Unbekannten" (chin. *tian yuan*) soll im Laufe der Operationen nicht nach oben wandern, denn das Himmlische kann nicht noch höher steigen.

Lichtablenkung im Gravitationsfeld, Effekt im Rahmen der ↗allgemeinen Relativitätstheorie, eine Folge der Tatsache, daß das Licht an der gravitativen Anziehung teilnimmt.

Ein in der Nähe der Sonne vorbeilaufender Lichtstrahl wird also in Richtung Sonne abgelenkt. Während einer totalen Sonnenfinsternis ist es möglich, diese Lichtablenkung tatsächlich zu messen: Ein Stern, der bei geradliniger Lichtausbreitung gar nicht zu sehen sein dürfte, da er sich hinter der Sonne befindet, ist dann gerade noch neben der Sonne zu sehen. Anders als bei der Lichtablenkung in durchsichtigen Materialien, wo der Effekt der Lichtablenkung auf der Ortsabhängigkeit der Lichtgeschwindigkeit im entsprechenden Medium beruht, ist es hier die Krümmung der Raum-Zeit im Vakuum, die den Effekt verursacht.

lichtartig, ein Vektor $v \in V$ eines pseudounitären Raumes V, der die Länge 0 hat.

Allgemeiner nennt man einen linearen Unterraum $U \subset V$ lichtartig, wenn er nur aus lichtartigen Vektoren besteht. Ist V ein n-dimensionaler pseudounitärer Raum mit einem Skalarprodukt der Signatur $(n-k, k)$, so ist die maximal mögliche Dimension eines lichtartigen Unterraumes $U \subset V$ gleich der kleineren der beiden Zahlen $n-k$ und k.

Ist (M, g) eine pseudo-Riemannsche Mannigfaltigkeit mit der Riemannschen Metrik g, so heißt ein Tangentialvektor $\mathfrak{t} \in T_x(M)$ in einem Punkt $x \in M$ lichtartig, wenn $g(\mathfrak{t}, \mathfrak{t}) = 0$ ist. Eine Kurve $\alpha(t)$ in M heißt lichtartig, wenn ihr Tangentialvektor $\alpha'(t)$ für alle t lichtartig ist.

In der der Allgemeinen Relativitätstheorie zugrunde liegenden ↗Lorentz-Mannigfaltigkeit wird die Bewegung der Lichtpartikel durch Geodätische beschrieben, deren Tangentialvektoren in bezug auf die Lorentz-Metrik die Länge 0 haben. Darauf beruht die Bezeichnung „lichtartig". Eine andere Bezeichnung ist „isotrop", siehe auch ↗Isotropie.

Lichtgeschwindigkeit, Geschwindigkeit, mit der sich die Phase von Lichtwellen ausbreitet. In Medien hängt diese Geschwindigkeit vom Brechungsindex ab, der sich wiederum mit der Frequenz ändern kann. Im Vakuum ist die Phasengeschwindigkeit nicht von der Frequenz abhängig, so daß dort Gruppen- und Phasengeschwindigkeit gleich sind. Die Vakuumlichtgeschwindigkeit beträgt etwa 299.792 km/s.

Die Vakuumlichtgeschwindigkeit wurde erstmals von O. Römer durch astronomische Beobachtungen 1676 gemessen. Er hatte im August jenes Jahres die Periode des innersten Jupitermondes dadurch gemessen, daß er den Zeitpunkt bestimmte, zu dem der Mond in den Schatten des Jupiters eintritt. Diese Messungen wiederholte Römer im November. Der Zeitpunkt des Eintritts in den Schatten lag etwa 10 Minuten später als berechnet. Von August bis November hatte sich aber die Erde vom Jupiter entfernt. Das Licht mußte also einen längeren Weg zurücklegen. Aus Längen- und Zeitdifferenz kam Römer auf eine Lichtgeschwindigkeit von etwa $2 \cdot 10^5$ km/s. Heute sind mehrere Methoden bekannt, die zu einer hohen Genauigkeit für den bekannten Wert der Lichtgeschwindigkeit geführt haben.

Lichtkegel, ein Doppelkegel aus „Licht", der im Rahmen der speziellen Relativitätstheorie eine wichtige Rolle spielt.

Zu jedem Punkt x des vierdimensionalen Raum-Zeit-Kontinuums der speziellen Relativitätstheorie gibt es einen Lichtkegel, der genau alle die Punkte y enthält, die eine geradlinig gleichförmige Bewegung von x nach y mit ↗Lichtgeschwindigkeit gestatten, er stellt sich geometrisch als eine Vereinigungsmenge von Geraden dar. Zur Berechnung des Lichtkegels benutzt man die ↗Minkowski-Metrik.

Es handelt sich um einen Doppelkegel mit Spitze x, der in 2 Teilmengen zerlegt wird: Der Zukunftslichtkegel enthält x sowie alle die Punkte y, die zeitlich nach x liegen; der Vergangenheitslichtkegel ergibt sich analog durch Austausch von „vor" und „nach".

Allgemeinrelativistisch wird der Begriff ebenfalls verwendet, die geometrische Gestalt ist dann jedoch i. allg. wesentlich komplizierter.

Lichtquantenhypothese, die Hypothese von Albert Einstein aus dem Jahr 1905, daß sich Licht einer Frequenz ν unter bestimmten experimentellen Bedingungen wie Teilchen mit der Energie $h\nu$ verhält.

Mit dieser Hypothese gelang es Einstein, den photoelektrischen Effekt zu verstehen. Nach der klassischen Physik hatte man erwartet, daß die Energie der Elektronen, die durch die Strahlung aus der Substanz herausgeschlagen werden, von der Intensität der Strahlung abhängt. Das Experiment zeigte jedoch eine Abhängigkeit von der Frequenz.

Lichtvektor, Kurzbezeichnung für einen (Tangential-)Vektor, der ↗lichtartig ist.

Er wird teilweise auch als Nullvektor bezeichnet; diese Bezeichnung führt aber leicht zu Verwechslungen mit dem Nullvektor $v^i = 0$ und sollte deshalb vermieden werden.

Lidstone-Polynome, ↗Lidstone-Reihenentwicklung.

Lidstone-Reihenentwicklung, Darstellung einer Funktion, von der nur die Werte der Ableitungen gerader Ordnung in zwei verschiedenen Punkten bekannt sein müssen, in Form einer unendlichen Reihe.

Für $n \in \mathbb{N}$ sind die Lidstone-Polynome Λ_n definiert durch die Differentialgleichung

$$\Lambda_n^{(2)}(x) = \Lambda_{n-1}(x) ,$$

wobei $\Lambda_n(0) = \Lambda_n(1) = 0$ und $\Lambda_0(x) = x$.

Unter gewissen Konvergenzvoraussetzungen an die Folge der Ableitungen von f in den Entwicklungspunkten 0 und 1 kann dann f in Form einer Lidstone-Reihenentwicklung

$$f(x) = \sum_{j=0}^{\infty} f^{(2j)}(1)\Lambda_j(x) - \sum_{j=0}^{\infty} f^{(2j)}(0)\Lambda_j(1-x)$$

dargestellt werden.

Lie, Marius Sophus, norwegischer Mathematiker, geb. 17.12.1842 Nordfjordeide (Norwegen), gest. 18.2.1899 Christiania (heute Oslo).

Lie, jüngstes von sechs Kindern eines Dorfpfarrers, besuchte 1857–1859 eine private Lateinschule in Christiania und studiert bis 1865 an der dortigen Universität Mathematik und Naturwissenschaften. Nach Abschluß des Studiums gab er Privatunterricht, hielt Vorträge zur Astronomie und war noch unentschlossen, welcher Wissenschaft er sich zuwenden sollte. Erst die Lektüre von Arbeiten Poncelets und Plückers weckte 1868 sein Interesse und inspirierte ihn zu geometrischen Forschungen. Ein Auslandsstipendium verschaffte Lie die Möglichkeit, das Wintersemester 1869/70 in Berlin sowie den Sommer in Paris zu verbringen und wichtige Beziehungen zu führenden Mathematikern zu knüpfen. 1871 promovierte er an der Universität Christiania und erhielt dort 1872 einen für ihn persönlich geschaffenen Lehrstuhl, um seinen Weggang ins schwedische Lund zu verhindern. 1886 nahm er einen Ruf an die Universität Leipzig an, wo er bis 1898 wirkte, um dann unter sehr günstigen Bedingungen ein persönliches Ordinariat in Christiania anzunehmen.

Ausgehend von den Plückerschen Ideen befaßte sich Lie mit Fragen der projektiven Geometrie, speziell dem Studium der von ihm entdeckten Geraden-Kugel-Transformation, und führte den Begriff der Berührungstransformation ein. Ausgangspunkt war die Betrachtung sog. Berührungselemente und der Elementvereine, die er mit analytischen Mitteln der Differentialgeometrie untersuchte. Auf nahezu natürliche Weise ergab sich eine Verknüpfung mit der Lösung von Differentialgleichungen und der von G. Monge, A. Cauchy u. a. entwickelten Methode der Charakteristiken. Die von Lie geschaffene Integrationstheorie partieller Differentialgleichungen erster Ordnung gehört heute zum Grundbestand der Differentialgleichungstheorie und lieferte auch eine neue Sichtweise und Vereinfachung der Jacobischen Theorie.

Lies Hauptleistung bildete die Theorie der „endlichen kontinuierlichen Gruppen", zu denen er ab 1874 publizierte, die ersten wichtigen Ideen gingen jedoch auf die gemeinsamen Studien mit F. Klein in Paris 1870 zurück. Diese heute als Lie-Gruppen bezeichneten und etwas allgemeiner definierten Gruppen bestanden aus kontinuierlichen (d. h. beliebig oft differenzierbaren) Transformationen, die von endlich vielen Parametern abhingen. Zu diesen Transformationen definierte Lie die infinitesimalen Transformationen. In den Fundamentaltheoremen klärte er erste wichtige Eigenschaften der Menge der infinitesimalen Transformationen, heute als Lie-Algebra bezeichnet, und deren Beziehung zur Ausgangsgruppe auf. Innerhalb weniger Jahre entwickelte er dann die Grundzüge der Theorie der Lie-Gruppen und Lie-Algebren, die ihn Zeit seines Lebens beschäftigte.

Obwohl er viele wichtige Ideen und Anwendungsmöglichkeiten eröffnete, fand seine Theorie zunächst wenig Resonanz. Hinzu kam, daß er es nicht vermochte, die neuen Ideen in klarer, übersichtlicher, mathematisch strenger Form anderen Mathematikern verständlich zu machen, und erst in Leipzig fand er Schüler, die sein Werk weiter durchbildeten. So entstanden die großen zusammenfassenden Werke seiner Theorie nur durch die umfangreiche Mitarbeit von F. Engel (1861–1941) und G. Scheffers (1866–1945).

Durch zahlreiche Mathematiker weiterentwickelt, ist die Theorie der Lie-Gruppen und Lie-Algebren heute zu einem großen Forschungsgebiet mit zahlreichen Anwendungen, insbesondere der theoretischen Physik, angewachsen. Wichtige Impulse zur Entstehung dieser topologischen Algebra gingen auch vom 5. Hilbertschen Problem aus, das die Entscheidung forderte, ob bei geeigneter Wahl lokaler Koordinaten eine beliebige lokal euklidische topologische Gruppe ein Lie-Gruppe ist, und erst in den 50er Jahren gelöst wurde.

Lie-Ableitung, in der Riemannschen Geometrie die kovariante Ableitung eines Tensors v in Richtung eines Vektors a mit Komponenten a^i.

Ist v ein Tensor erster Stufe, also ein Vektor, und sind v^i die Komponenten von v, so ist die Lie-Ableitung

$$\mathfrak{L}_a v^i = \partial_k v^i a^k - v^k \partial_k a^i .$$

Für die Bestimmung der Isometrien einer Riemannschen Mannigfaltigkeit ist es sinnvoll, die Lie-Ableitung wie folgt auszunutzen: Das Vektorfeld ξ ist genau dann ein Killingvektorfeld, wenn $\mathfrak{L}_\xi g_{ij} = 0$ ist, wobei g_{ij} der metrische Tensor ist, und die Tangentialvektoren an eine einparametrige Schar von Isometrien sind gerade die Killingvektoren.

Lie-Algebra, Vektorraum mit bilinearem antisymmetrischem Produkt, das der ↗ Jacobi-Identität genügt.

Wird nichts Gegenteiliges gesagt, wird der Vektorraum als reell und endlichdimensional angenommen. Anstelle des Körpers der reellen Zahlen kann aber auch jeder andere Körper verwendet werden. Ist die Basis des Vektorraums durch e_i, $i = 1, \ldots n$, gegeben, so ist das Produkt von e_i und e_j definiert durch

$$[e_i, e_j] = \sum_{k=1}^{n} C_{ij}^k e_k .$$

Dabei sind die C_{ij}^k die Strukturkonstanten, die Antisymmetrie des Produkts ist durch die Bedingung $C_{ij}^k = -C_{ji}^k$ ausgedrückt.

Die Jacobi-Identität läßt sich analog durch eine in den Strukturkonstanten quadratische Gleichung ausdrücken.

Lie-Algebra der Derivationen, Menge der Derivationen mit zusätzlicher Struktur.

Für zwei Derivationen u und v wird das Lie-Produkt durch

$$[u, v] = uv - vu$$

definiert. Dadurch wird die Menge der Derivationen zu einer Lie-Algebra.

Eine Derivation wird wie folgt definiert: Seien f, g Skalare, z. B. reellwertige C^∞-Funktionen über einem Vektorraum. Dann ist ein linearer Operator u, der Skalare in Skalare überführt, genau dann eine Derivation, wenn die Identität

$$u(fg) = u(f)\, g + f\, u(g)$$

erfüllt ist. Die Bezeichnungsweise soll an die Analogie zur Produktregel bei gewöhnlichen Ableitungen erinnern.

Lie-Algebra einer Lie-Gruppe, jeder ↗ Lie-Gruppe eindeutig zugeordnete Lie-Algebra.

Es gilt auch die Umgekehrung: Zwei Lie-Gruppen sind genau dann derselben Lie-Algebra zugeordnet, wenn sie lokal isomorph sind, d. h. in einer Umgebung des neutralen Elements isomorph sind. Dabei wird dem Kommutator der Lie-Gruppe das Lie-Produkt der Lie-Algebra entsprechend zugeordnet. Folglich sind kommutative Lie-Gruppen genau diejenigen, in deren zugeordneter Lie-Algebra das Lie-Produkt identisch gleich Null ist.

Für die reellen Lie-Algebren niedriger Dimension n ergibt sich folgendes Bild:

$n = 1$: Es gibt nur eine Lie-Algebra, und das Lie-Produkt ist identisch Null. Dem entsprechen zwei Lie-Gruppen, die additiven Gruppe der reellen Zahlen $(\mathbb{R}, +)$, und die Gruppe $U(1)$, also $(\mathbb{R}, + \bmod 2\pi)$. Letztere wird auch als SO(2), die Drehgruppe der Ebene, interpretiert.

$n = 2$: Außer der kommutativen Lie-Gruppe gibt es lokal nur eine weitere Lie-Gruppe. Sie besitzt folgende Eigenschaft: Eine linksinvariante Metrik erzeugt die Fläche konstanter negativer Krümmung, also die Lobatschewski-Geometrie.

$n = 3$: Diese Lie-Algebren sind nach Bianchi in die 9 Bianchi-Typen I bis IX klassifiziert, wobei die Typen VI und VII jeweils einparametrige Scharen von Lie-Algebren darstellen. Die Zuordnung zu der bekannteren Klassifikation nach den Matrizengruppen ist wie folgt: Typ I ist die kommutative Algebra, Typ II ist die Heisenberg-Gruppe, Typ III ist das Produkt der 1-dimensionalen und der nichttrivialen 2-dimensionalen Lie-Algebra, ..., Typ VIII ist die Lorentz-Gruppe in zwei Raum-Dimensionen SO(2, 1), und Typ IX ist die räumliche Drehgruppe SO(3).

Lie-Algebra von Vektorfeldern, eine auf Vektorfeldern definierte ↗ Lie-Algebra.

Ist L eine Lie-Gruppe, so kann man jedes kontravariante Vektorfeld X auf L durch Links- bzw. Rechtsmultiplikation mit einem festen $a \in L$ in ein kontravariantes Vektorfeld aX bzw. Xa transformieren. X heißt dann links- bzw. rechtsinvariant, wenn $aX = X$ bzw. $Xa = X$ gilt. Sind X und Y Vektorfelder auf der Lie-Gruppe L mit der Eigenschaft, daß in jedem lokalen Koordinatensystem ihre Komponenten x_i, y_i stetig differenzierbare Abbildungen in den lokalen Koordinaten $\xi_1, \dots, \xi_n$ sind, so kann man das kontravariante Vektorfeld $Z = [X, Y]$ definieren, dessen Komponenten durch

$$z_i = y_i \frac{\partial x_i}{\partial \xi_i} - x_i \frac{\partial y_i}{\partial \xi_i}$$

berechnet werden. Sind X und Y beide linksinvariant bzw. rechtsinvariant, so ist auch Z wieder linksinvariant bzw. rechtsinvariant. Mit der Kommutatorbildung [,] bilden dann sowohl die linksinvarianten Vektorfelder auf L als auch die rechtsinvarianten Vektorfelder auf L eine Lie-Algebra.

Lie-Geometrie, Teilgebiet der Geometrie, das die Wirkung der Gruppe $\mathcal{K}$ der Lie-Transformationen auf dem Raum $M_{\mathcal{K}}$ der sogenannten K-Kreise beschreibt.

Dieser Raum kann in der Dimension $n = 2$ als eine Vereinigung der Menge der orientierten Kreise der Sphäre S^2 mit den Punkten der Sphäre S^2 – hier verstanden als Kreise mit verschwindendem Radius – betrachtet werden. Die Lie-Transformationen sind dann diejenigen Transformationen von K-Kreisen, die Paare sich berührender K-Kreise wieder in ebensolche Paare überführen. Der Begriff der Lie-Geometrie kann durch Betrachtung von Räumen orientierter Hypersphären der n-dimensionalen Sphäre S^n auf höhere Dimensionen übertragen werden.

Zur genaueren Beschreibung der Lie-Geometrie wollen wir ein Modell konstruieren. Ebenso wie für die Abbildungsgruppe $\mathcal{M}(n)$ der ↗ Möbius-Geometrie ist auch für die Gruppe der Lie-Transformationen durch diese Modellbildung die Übertragung vieler Fragen in die lineare Algebra möglich. Dazu betrachten wir für den zweidimensionalen Fall im $\mathbb{R}^5$ die Bilinearform

$$\langle x, y\rangle_K = -x_0y_0 + x_1y_1 + x_2y_2 + x_3y_3 - x_4y_4$$

für $x = (x_0, x_1, x_2, x_3, x_4)$ und $y = (y_0, y_1, y_2, y_3, y_4) \in \mathbb{R}^5$.

Durch die Forderung $\langle x, x\rangle_K = 0$ haben wir dann eine Hyperfläche bestimmt, deren Punkte wir nach folgenden Regeln auf die K-Kreise der zweidimensionalen Lie-Geometrie abbilden können:

(i) Gilt $x_4 = 0$ so folgt für $\hat{x} = (x_0, x_1, x_2, x_3) \in \mathbb{R}^4$ sofort die Identität

$$\langle \hat{x}, \hat{x}\rangle_M = -x_0^2 + x_1^2 + x_2^2 + x_3^2 = 0\,,$$

damit kann x nach der Modellbildung der Möbius-Geometrie für die Dimension $n = 2$ im $\mathbb{R}^4$ eindeutig auf einen Punkt der Sphäre S^2 abgebildet werden.

(ii) Gilt dagegen $x_4 \neq 0$ so haben wir für

$$y = \left(\frac{x_0}{x_4}, \frac{x_1}{x_4}, \frac{x_2}{x_4}, \frac{x_3}{x_4}\right)$$

die Identität $\langle y, y\rangle_M = 1$, damit definiert x nach der gleichen Modellbildung einen orientierten Kreis der

Sphäre S^2. Unter diesen Voraussetzungen kann die Gruppe der Lie-Transformationen mit der Invarianzgruppe der Bilinearform $\langle , \rangle_K$ identifiziert werden.

Bereits an der hier kurz umrissenen Modellbildung wird deutlich, daß die Möbius-Gruppe als Untergruppe der Gruppe der Lie-Transformationen angesehen werden kann. Die Untersuchung der Isotropiegruppe eines Punktes der Sphäre innerhalb der Lie-Geometrie liefert eine Einbettung der ↗Laguerre-Geometrie in die Lie-Geometrie. Ähnlich wie die Möbius-Gruppe kann auch die Gruppe der Lie-Transformationen aus speziellen Inversionen, den Lie-Inversionen erzeugt werden. Durch Fixieren eines K-Kreises und Auswahl aller Inversionen an Kreisen, die zu dem fixierten K-Kreis senkrecht sind, kann die Möbius-Gruppe erzeugt werden.

Die Lie-Geometrie wurde von Marius Sophus Lie im Zuge von allgemeinen Untersuchungen über Transformationsgruppen entwickelt. Entscheidende Impulse in diese Richtung verdankte er dem Zusammentreffen mit Felix Klein in Berlin.

[1] Blaschke, W.: Vorlesungen über Differentialgeometrie III. Verlag von Julius Springer Berlin, 1929.

[2] Cecil, T.E.: Lie Sphere Geometry. Springer Verlag New York, 1991.

Lie-Gruppe, eine topologische Gruppe, die zugleich differenzierbare Mannigfaltigkeit mit differenzierbarer Gruppenoperation ist (↗Gruppentheorie, ↗fünftes Hilbertsches Problem).

Sowohl Produkt als auch Inversenbildung in der Gruppe sind also als differenzierbar vorausgesetzt. Von den Lie-Gruppen, die derselben Lie-Algebra zugeordnet sind, gibt es genau eine, die einfach zusammenhängend ist. Dabei heißt die Lie-Gruppe einfach zusammenhängend, wenn dies für den unterliegenden topologischen Raum gilt. Ein topologischer Raum wiederum ist einfach zusammenhängend, wenn jede geschlossene Kurve stetig auf einen Punkt zusammengezogen werden kann. Beipiele: Die Ebene und die Kugeloberfläche S^2 sind einfach zusammenhängend, die Kreislinie S^1 und der Torus $S^1 \times S^1$ dagegen nicht.

Von diesen vier Beispielen treten nur drei als Lie-Gruppen tatsächlich auf, da es keine Lie-Gruppe gibt, deren unterliegende differenzierbare Mannigfaltigkeit die S^2 ist.

Lie-Klammer, Bezeichnung des Lie-Produkts in einer Lie-Algebra.

Für drei Elemente x, y und z einer Lie-Algebra wird das Lie-Produkt durch die Lie-Klammer $[\,,\,]$ ausgedrückt. Das Lie-Produkt ist antisymmetrisch, d. h. $[x,y] = -[y,x]$, und genügt der Jacobi-Identität, d. h.

$$0 = [[x,y],z] + [[y,z],x] + [[z,x],y] .$$

Lie-Klammer von Vektorfeldern, Anwendung der ↗Lie-Klammer auf diejenige Lie-Algebra, die durch die Menge der stetig differenzierbaren Vektorfelder auf einer differenzierbaren Mannigfaltigkeit definiert ist.

Die Lie-Klammer von Vektorfeldern läßt sich mittels der ↗Lie-Ableitung ausdrücken durch

$$[a,v] = \mathfrak{L}_a v ,$$

und wird auch als Kommutator der Vektorfelder a und v bezeichnet.

Lienardsche Differentialgleichung, nichtlineare Differentialgleichung zweiter Ordnung der Form

$$x'' + g(x)x' + x = 0 . \qquad (1)$$

Sie ist eine Verallgemeinerung der van der Polschen Differentialgleichung und beschreibt die Bewegung eines Systems mit einem Freiheitsgrad mit linearer Rückstellkraft und nichtlinearer Reibung. Anstelle von (1) kann man auch das Differentialgleichungssystem

$$x' = y, \quad y' = -x - g(x)y$$

betrachten. Ein stabiler ↗Grenzzykel in der (x,y)-Ebene ist dann äquivalent zu einem Eigenschwingungsvorgang bei (1).

Von großem Interesse ist es, möglichst allgemeine Bedingungen zu finden, für die Lösungen existieren, die eindeutig, stabil und periodisch sind. Deshalb wird auch oft die verallgemeinerte Lienardsche Differentialgleichung

$$x'' + g(x)x' + u(x)x = 0$$

betrachtet.

Lie-Produkt, ↗Lie-Klammer.

Lie-Unteralgebra, Teilalgebra einer Lie-Algebra.

Für die ↗Lie-Algebra einer Lie-Gruppe gibt es folgende Besonderheit: Jeder Lie-Untergruppe einer Lie-Gruppe entspricht auch eine Lie-Unteralgebra der entsprechenden Lie-Algebra; jedoch gibt es auch Lie-Unteralgebren, die keiner Lie-Untergruppe der Lie-Gruppe entsprechen.

Lie-Untergruppe, eine Untergruppe einer Lie-Gruppe, die, mit der induzierten Gruppenoperation, Topologie und Differentialstruktur versehen, wieder eine Lie-Gruppe bildet, siehe auch ↗Lie-Unteralgebra.

Die maximale abelsche Lie-Untergruppe H einer Lie-Gruppe G spielt in der Klassifikation der Lie-Gruppen eine große Rolle. Dabei ist die Dimension von H als Rank von G definiert (↗komplexe einfache Lie-Gruppe).

Lie-zulässige Algebra, eine nicht notwendig assoziative Algebra $(A, \cdot)$, für die die Kommutator algebra $(A, [.,.])$ mit $[a,b] := a \cdot b - b \cdot a$ eine ↗Lie-Algebra wird.

Für assoziative Algebren ist die Kommutatoralgebra immer ein Lie-Algebra; somit sind assoziative Algebren trivialerweise immer Lie-zulässig.

Eine ↗flexible Algebra, die Lie-zulässig ist, erfüllt die Bedingung

$$[a, b \cdot c] = b \cdot [a, c] + [a, b] \cdot c \,.$$

Die flexiblen Lie-zulässigen Algebren sind in der Differentialgeometrie und in der Quantentheorie von Bedeutung.

LIFO-Strategie, Auswahlvorschrift bei Verzweigungsalgorithmen, die angibt, in welchem Zweig als nächstes gesucht werden soll.

Bei der LIFO-Strategie (last-in-first-out) wählt man eine Teilmenge mit der aktuell günstigsten Optimalitätsschranke nur unter denjenigen Teilmengen aus, die bei der letzten Verzweigung entstanden sind.

Likelihood-Funktion, ↗Maximum-Likelihood-Methode.

Likelihood-Methode, Verfahren zur Schätzung der Ähnlichkeit von statistischen Verteilungen, ↗Maximum-Likelihood-Methode.

Likelihood-Quotienten-Test, *Maximum-Likelihood-Quotiententest*, ein von J. Neyman und E.S. Pearson 1928 entwickelter Test zum Prüfen statistischer Hypothesen.

Sei X eine Zufallsgröße mit der Verteilungsfunktion F_γ, die bis auf einen Parameter(vektor) $\gamma \in \Gamma \subseteq \mathbb{R}^k, k \geq 1$, bekannt ist. Sei $f_\gamma(x)$ die Verteilungsdichte von X (diese ist ebenfalls bis auf den Parameter γ unbekannt). Der Likelihood-Quotiententest ist ein spezieller statistischer Hypothesentest zum Prüfen der Hypothesen

$$H : \gamma \in \Gamma_0 \text{ gegen } K : \gamma \in \Gamma_1 = \Gamma \setminus \Gamma_0 .$$

Die Teststatistik zum Prüfen der Hypothesen beruht auf dem sogenannten Likelihood-Quotienten. Sei $\vec{X} = (X_1, \dots, X_n)$ eine mathematische Stichprobe von X. Der Likelihood-Quotient wird mit Hilfe der Likelihood-Funktion

$$L(\vec{X}, \gamma) = f_\gamma(\vec{X}) = \prod_{i=1}^{n} f_\gamma(X_i)$$

gebildet. Die Teststatistik des Likelihood-Quotiententests lautet

$$T = T(\vec{X}) = \frac{\sup_{\gamma \in \Gamma_0} L(\vec{X}, \gamma)}{\sup_{\gamma \in \Gamma_1} L(\vec{X}, \gamma)} \,. \qquad (1)$$

Die Teststatistik wird mit einem kritischen Wert ε verglichen, wobei ε für jede konkrete Verteilung F_γ so gewählt wird, daß der ↗Fehler erster Art des Tests höchstens gleich dem Signifikanzniveau α ist, d. h. daß gilt:

$$P(T < \varepsilon / \text{ H gilt }) \leq \alpha .$$

Ist für eine konkrete Stichprobe $\vec{x}$ $T < \varepsilon$, so wird H abgelehnt (K angenommen), andernfalls wird H angenommen.

Im Spezialfall einfacher Hypothesen $\Gamma_0 = \{\gamma_0\}$ und $\Gamma_1 = \{\gamma_1\}$ ergibt sich für den Likelihood-Quotienten

$$T = \frac{f_0(X)}{f_1(X)} ,$$

wobei f_i die Dichte der (stetigen) Zufallsgröße X bei Vorliegen von γ_i, $(i = 0, 1)$, bezeichnet. Der Likelihood-Quotiententest stellt dann entsprechend dem Fundamentallemma von Neyman-Pearson einen besten α-Test für $H : \gamma = \gamma_0$ gegen $K : \gamma = \gamma_1$ dar.

Mitunter wird anstelle von (1) der Likelihood-Quotient durch

$$T = T(\vec{X}) = \frac{\sup_{\gamma \in \Gamma_0} L(\vec{X}, \gamma)}{\sup_{\gamma \in \Gamma} L(\vec{X}, \gamma)} \qquad (2)$$

definiert. Es folgt dann $0 \leq T \leq 1$, und für den kritischen Wert ε gilt $0 < \varepsilon < 1$.

Wenn die Maximum-Likelihood-Schätzungen $\hat{\gamma}_{(n)}$ für $\gamma \in \Gamma$ und $\hat{\gamma}_{(n,0)}$ für $\gamma_0 \in \Gamma_0$ existieren, d. h. wenn gilt

$$L(\vec{X}, \hat{\gamma}_{(n)}) = \sup_{\gamma \in \Gamma} L(\vec{X}, \gamma)$$

und

$$L(\vec{X}, \hat{\gamma}_{(n,0)}) = \sup_{\gamma \in \Gamma_0} L(\vec{X}, \gamma) ,$$

so lautet der Likelihood-Quotient

$$T = T(\vec{X}) = \frac{L(\vec{X}, \hat{\gamma}_{(n,0)})}{L(\vec{X}, \hat{\gamma}_{(n)})} \,. \qquad (3)$$

Obwohl die Konstruktion von Likelihood-Quotienten-Tests nicht generell zu Tests mit optimalen Güteeigenschaften führt, liefert sie in diesem Fall häufig Tests mit relativ einfach zu berechnenden Teststatistiken und günstigen asymptotischen Eigenschaften. Diese beruhen auf der Tatsache, daß die Größe $-\log(T)$ für die in (3) gegebene Teststatistik T unter bestimmten Voraussetzungen asymptotisch für $n \to \infty$ eine ↗χ^2-Verteilung besitzt.

[1] Witting, H., Nölle, G.: Angewandte Mathematische Statistik. B.G.Teubner Verlagsgesellschaft Stuttgart Leipzig, 1970.

Likelihood-Schätzung, *Maximum-Likelihood-Schätzung*, ↗Maximum-Likelihood-Methode.

Limes einer Funktion, ↗Grenzwerte einer Funktion.

Limes einer Zahlenfolge, ↗Grenzwert einer Zahlenfolge.

Limes inferior einer Mengenfolge, ↗ unterer Limes einer Mengenfolge.

Limes inferior einer reellen Folge, die Größe

$$\liminf_{n\to\infty} a_n = \lim_{n\to\infty} \inf\{a_k \mid k \geq n\},$$

wobei (a_n) die benannte reelle Folge bezeichnet.

Man beachte, daß die Folge $(\inf\{a_k \mid k \geq n\})$ isoton ist, also entweder konstant gleich $-\infty$ oder konvergent oder bestimmt divergent gegen ∞.

$\liminf_{n\to\infty} a_n$, oder kurz $\liminf a_n$, ist gerade das Infimum der Menge der ↗ Häufungswerte der Folge (a_n). Insbesondere gibt es eine Teilfolge von (a_n), die gegen $\liminf a_n$ konvergiert bzw. bestimmt divergiert.

Der Limes inferior einer beschränkten Folge ist reell und selbst Häufungswert der Folge, also das Minimum der Menge der Häufungswerte.

Nach unten unbeschränkte Folgen haben $-\infty$ als Limes inferior. Folgen, die nur ∞ als Häufungswert haben (z. B. $(a_n) = (n)$), haben ∞ als Limes inferior.

Die Zahl $a \in \mathbb{R}$ ist genau dann der Limes inferior von (a_n), wenn für jedes $\varepsilon > 0$ für unendlich viele $n \in \mathbb{N}$ die Ungleichung $a_n < a + \varepsilon$ gilt und für höchstens endlich viele $n \in \mathbb{N}$ die Ungleichung $a_n < a - \varepsilon$. Es gilt

$$\liminf a_n \leq \limsup a_n$$

und

$$\liminf(-a_n) = -\limsup a_n,$$

wobei $\limsup a_n$ den Limes superior von (a_n) (↗ Limes superior einer reellen Folge) bezeichnet, und mit der Vereinbarung $\alpha(\pm\infty) = \pm\infty$ gilt

$$\liminf \alpha\, a_n = \alpha \liminf a_n$$

für $\alpha \in (0, \infty)$.

Man beachte auch die ↗ Ungleichungen für Limes inferior und superior reeller Folgen.

Limes, injektiver und projektiver, allgemeine kategorientheoretische Begriffsbildung, die man als Verallgemeinerung von Vereinigung oder Durchschnitt von Mengen ansehen kann.

Die formale Definition ist wie folgt: Gegeben seien Kategorien I und $\mathcal{C}$ und ein Funktor $F : I \longrightarrow \mathcal{C}$. Der injektive oder auch direkte Limes $\lim_{\rightarrow} F = \lim_{\substack{\rightarrow \\ i}} F(i)$ ist ein Objekt X in $\mathcal{C}$ und eine Familie von Morphismen $F(i) \stackrel{\varphi_i}{\to} X$ $(i \in \mathcal{O}b(I)$, verträglich mit Morphismen in I (d. h., für $\alpha : i \longrightarrow j$ in I ist $\varphi_j F(\alpha) = \varphi_i$), die universell mit dieser Eigenschaft ist. Letzteres heißt: Hat $(X', \varphi'_i,\ i \in \mathcal{O}b(I))$ dieselbe Eigenschaft, so existiert genau ein Morphismus $h : X \longrightarrow X'$ mit $\varphi'_i = h\varphi_i$.

Der duale Begriff ist der des projektiven oder auch inversen Limes $\lim_{\leftarrow} F = \lim_{\substack{\leftarrow \\ i}} F(i)$ für einen Kofunktor $F : I^{op} \longrightarrow \mathcal{C}$: Hier muß man in obiger Definition alle Pfeile in $\mathcal{C}$ umkehren.

Limes superior einer Mengenfolge, ↗ oberer Limes einer Mengenfolge.

Limes superior einer reellen Folge, die Größe

$$\limsup_{n\to\infty} a_n = \lim_{n\to\infty} \sup\{a_k \mid k \geq n\},$$

wobei (a_n) die benannte reelle Folge bezeichnet.

Man beachte, daß die Folge $(\sup\{a_k \mid k \geq n\})$ antiton ist, also entweder konstant gleich ∞ oder konvergent oder bestimmt divergent gegen $-\infty$.

$\limsup_{n\to\infty} a_n$, oder kurz $\limsup a_n$, ist gerade das Supremum der Menge der ↗ Häufungswerte der Folge (a_n). Insbesondere gibt es eine Teilfolge von (a_n), die gegen $\limsup a_n$ konvergiert bzw. bestimmt divergiert.

Der Limes superior einer beschränkten Folge ist reell und selbst Häufungswert der Folge, also das Maximum der Menge der Häufungswerte. Nach oben unbeschränkte Folgen haben ∞ als Limes superior. Folgen, die nur $-\infty$ als Häufungswert haben (z. B. $(a_n) = (-n)$), haben $-\infty$ als Limes superior. Die Zahl $a \in \mathbb{R}$ ist genau dann der Limes superior von (a_n), wenn für jedes $\varepsilon > 0$ für unendlich viele $n \in \mathbb{N}$ die Ungleichung $a_n > a - \varepsilon$ gilt und für höchstens endlich viele $n \in \mathbb{N}$ die Ungleichung $a_n > a + \varepsilon$. Es gilt

$$\liminf a_n \leq \limsup a_n$$

und

$$\limsup(-a_n) = -\liminf a_n,$$

wobei $\liminf a_n$ den Limes inferior von (a_n) (↗ Limes inferior einer reellen Folge) bezeichnet, und mit der Vereinbarung $\alpha \cdot (\pm\infty) = \alpha$ gilt $\limsup \alpha\, a_n = \alpha \limsup a_n$ für $\alpha \in (0, \infty)$.

Man beachte auch die ↗ Ungleichungen für Limes inferior und superior reeller Folgen.

Limeskardinalzahl, ↗ Kardinalzahlen und Ordinalzahlen.

Limesoperator, die Abbildung $\lim : c \to \mathbb{R}$ (wobei c die Menge der konvergenten Zahlenfolgen sei), die jeder Zahlenfolge $(a_n) \in c$ ihren Grenzwert $\lim_{n\to\infty} a_n$ zuordnet.

Die ↗ Grenzwertsätze für Zahlenfolgen zeigen u. a., daß c einen Unterraum des Vektorraums aller $\mathbb{R}$-wertigen Zahlenfolgen bildet und $\lim : c \to \mathbb{R}$ linear ist. Versieht man c mit der Supremumsnorm, so ist lim stetig und hat die ↗ Operatornorm $\|\lim\| = 1$. Entsprechendes gilt auch für $\mathbb{C}$-wertige Folgen und allgemeiner für Folgen mit Werten in normierten Vektorräumen.

Limesordinalzahl, ↗ Kardinalzahlen und Ordinalzahlen.

Limespunkt, ein ↗ α-Limespunkt oder ↗ ω-Limespunkt.

Limitierungsverfahren, ↗ Summation divergenter Reihen.

Lindeberg-Bedingung, die, gegeben eine unabhängige Folge $(X_n)_{n\in\mathbb{N}}$ von auf dem Wahrscheinlichkeitsraum $(\Omega, \mathfrak{A}, P)$ definierten reellen, quadratisch integrierbaren Zufallsvariablen mit positiven Varianzen $Var(X_n)$, für die Gültigkeit des zentralen Grenzwertsatzes hinreichende Bedingung

$$\lim_{n\to\infty} L_n(\varepsilon) = 0 \quad \text{für jedes } \varepsilon > 0,$$

wobei

$$L_n(\varepsilon) := \frac{1}{s_n^2}\sum_{i=1}^{n} \int\limits_{\{|x-E(X_i)|\geq \varepsilon s_n\}} (x - E(X_i))^2 P_{X_i}(dx)$$

und $s_n := (Var(X_1) + \ldots + Var(X_n))^{1/2}$ gesetzt wurde. Siehe auch ↗ Lindeberg-Feller, Satz von.

Lindeberg-Feller, Satz von, zeigt, daß die ↗ Lindeberg-Bedingung im wesentlichen notwendig und hinreichend für die Gültigkeit des zentralen Grenzwertsatzes ist.

Für jede unabhängige Folge $(X_n)_{n\in\mathbb{N}}$ von auf dem Wahrscheinlichkeitsraum $(\Omega, \mathfrak{A}, P)$ definierten reellen, quadratisch integrierbaren Zufallsvariablen mit positiven Varianzen $Var(X_n)$ sind die folgenden Aussagen äquivalent:

a) *Es gilt der zentrale Grenzwertsatz, und die Folge $(X_n)_{n\in\mathbb{N}}$ erfüllt die Fellersche Bedingung*

$$\lim_{n\to\infty} \max_{1\leq i\leq n} \frac{\sqrt{Var(X_i)}}{\sqrt{Var(X_1) + \ldots + Var(X_n)}} = 0.$$

b) *Die Folge $(X_n)_{n\in\mathbb{N}}$ genügt der Lindeberg-Bedingung.*

Lindelöf, Ernst Leonhard, finnischer Mathematiker, geb. 7.3.1870 Helsinki, gest. 4.6.1946 Helsinki.

Lindelöf studierte zunächst in Helsinki, wo er 1893 promovierte, ging dann aber 1891 nach Stockholm, 1893/94 und 1898/99 nach Paris und 1901 nach Göttingen. 1903 wurde er Professor für Mathematik in Helsinki.

Lindelöf baute die finnische Schule der Analysis und Funktionentheorie auf. Aus Vorarbeiten von Lipschitz 1880 und É. Picard 1890 entwickelte er seinen Beweis für die Existenz von Lösungen gewöhnlicher Differentialgleichungen (Existenz- und Eindeutigkeitssatz von Picard-Lindelöf).

Daneben beschäftigte sich Lindelöf mit Überdeckungen von Punktmengen und in der Funktionentheorie mit Residuen und dem asymptotischen Verhalten von Taylor-Reihen, insbesondere in der Umgebung einer Singularität. Er schrieb viele Lehrbücher, unter anderem 1905 „Le calcul des résidus et ses applications à la théorie des fonctions“.

Lindemann, Carl Louis Ferdinand, deutscher Mathematiker, geb. 12.4.1852 Hannover, gest. 6.3. 1939 München.

Lindemann studierte in Göttingen, Erlangen, München, Paris und London. Er promovierte 1873 bei Klein in Erlangen, wurde 1877 Privatdozent in Würzburg und danach Professor in Freiburg. 1883 ging er an die Universität Königsberg (Kaliningrad) und 1893 nach München.

Lindemanns bedeutendste Leistung ist der Beweis der Transzendenz von π. Er zeigte dazu, daß eine nichttriviale Lösung einer Gleichung der Form $a_1e^{b_1} + \ldots + a_ne^{b_n} = 0$ mit algebraischen Zahlen a_i und b_i nicht existieren kann. Wegen $e^{\pi i} + 1 = 0$ folgt damit die Transzendenz von πi und π. Damit war bewiesen, daß das Problem der Quadratur des Kreises unlösbar ist. Lindemann publizierte seinen Beweis 1882 in der Arbeit „Über die Zahl π“. Daneben befaßte er sich mit Mechanik, Astronomie, Molekularphysik, Spektraltheorie und Geschichte der Mathematik.

Lindemann, Satz von, ↗ Hermite-Lindemann, Satz von.

Lindemann-Weierstraß, Satz von, ein von Lindemann angekündigter und von Weierstraß vollständig bewiesener Satz über lineare und algebraische Unabhängigkeit von Exponentialausdrücken.

Bezeichne $\overline{\mathbb{Q}}$ den algebraischen Abschluß von $\mathbb{Q}$. Sind $\alpha_1, \ldots, \alpha_n \in \overline{\mathbb{Q}}$ paarweise verschieden, so sind $e^{\alpha_1}, \ldots, e^{\alpha_n}$ linear unabhängig über $\overline{\mathbb{Q}}$.

Eine Folgerung dieses Satzes ist das erste Resultat über algebraische Unabhängigkeit von Zahlen:

Sind $\alpha_1, \ldots, \alpha_n \in \overline{\mathbb{Q}}$ über $\mathbb{Q}$ linear unabhängig, so sind $e^{\alpha_1}, \ldots, e^{\alpha_n}$ über $\overline{\mathbb{Q}}$ algebraisch unabhängig.

Der Satz von ↗ Hermite-Lindemann ist ein Spezialfall dieses Satzes.

Lindenbaum, Satz von, Aussage aus der Logik.

Ist Σ eine Menge von Formeln eines ↗ logischen Kalküls $\mathcal{K}$, dann heißt Σ syntaktisch vollständig, wenn für jede Aussage φ von $\mathcal{K}$ gilt: Entweder $\Sigma \vdash \varphi$ oder $\Sigma \vdash \neg\varphi$, wobei $\vdash$ die formale Beweisrelation in $\mathcal{K}$ und $\neg\varphi$ die Negation von φ bezeichne.

Diese Formulierung impliziert, daß vollständige Mengen stets konsistent sind (↗konsistente Formelmenge).

Ist $\Sigma^{\vdash} := \{\varphi : \Sigma \vdash \varphi\}$, dann ist $\Sigma^{\vdash}$ maximal und konsistent, d. h., für jede Aussage φ gilt: Entweder $\varphi \in \Sigma^{\vdash}$ oder $\neg\varphi \in \Sigma^{\vdash}$. Der Satz von Lindenbaum kann nun wie folgt formuliert werden:

Jede konsistente Menge läßt sich zu einer (maximalen) vollständigen Menge erweitern.

Lindenmayer-System, Begriff aus der mathematischen Biologie.

Es handelt sich dabei um Algorithmen für die sukzessive Konstruktion graphischer Objekte, die die Gestalt z. B. höherer Pflanzen (Verzweigung etc.) imitieren.

Lindstedtsche Reihe, formale Störungsentwicklung der Lösungen des folgenden ↗Hamiltonschen Systems in trigonometrischen Funktionen:

Im $(\mathbb{R}^{2n}, \sum_{i=1}^{n} dx_i \wedge dy_i)$ sei eine formale Potenzreihe $F = \sum_{k=0}^{\infty} \mu^k F_k$ von reellwertigen C^∞-Funktionen F_k so gegeben, daß F_0 nur von den ‚Impulsvariablen' $x := (x_1, \ldots, x_n)$, und F_k für $k \geq 1$ 2π-periodisch von den ‚Ortsvariablen' $y := (y_1, \ldots, y_n)$ abhängt. Die Integralkurven $t \mapsto (x(t), y(t))$ des ↗Hamilton-Feldes von F werden als formale Potenzreihen in μ angesetzt, d. h. ($z = x$ oder $z = y$)

$$z(t) = \sum_{k=0}^{\infty} \mu^k z^{(k)}(t, \mu),$$

wobei die Funktionen $z^{(k)}$ in folgender Weise als Fourier-Reihen angesetzt werden:

$$z^{(k)}(t, \mu) = \sum_{\vec{m} \in \mathbb{Z}^n} A_{\vec{m}} \cos(\vec{m} \cdot (\vec{n}t + \vec{\omega}) + h(\mu)) + Bt.$$

Hierbei stellen $A_{\vec{m}}, B \in \mathbb{R}$, $\vec{n}, \vec{\omega} \in \mathbb{R}^n$ von k abhängige Konstanten dar, und B verschwindet für $z^{(k)} = y^{(k)}$.

Der Lindstedtsche Reihenansatz wurde Ende des 19. Jahrhunderts von A. Lindstedt vor allem für die Himmelsmechanik konzipiert und führt zu einer formalen Lösung des Systems, jedoch ist seine Konvergenz nicht immer erfüllt (H. Poincaré, 1957).

Lineal, meist aus Holz, Metall oder Kunststoff gefertigtes Gerät (Leiste) mit einer geraden Kante zur Konstruktion gerader Linien.

Die gerade Kante wird an zwei gegebene Punkte angelegt. Mit dem Zeichenstift wird entlang der Kante eine Gerade gezogen. Dafür sind keine Markierungen auf dem Lineal erforderlich. Sind auf der Kante zwei Punkte P_1 und P_2 markiert, nennt man es Lineal mit Eichmaß und kann es auch zum Abtragen der Strecke $\overline{P_1P_2}$ auf einer vorhandenen Geraden von einem darauf befindlichen Punkt P benutzen. Benutzt man das Lineal mit den markierten Punkten P_1 und P_2 für den Schnitt einer Geraden g mit einem Kreis um den Mittelpunkt P mit dem Radius $\overline{P_1P_2}$, so nennt man es normiertes Lineal. Für das Einschieben der markierten Strecke zwischen zwei vorhandene Geraden auf einer Geraden durch einen Punkt P spricht man auch von Einschiebelineal. Zwei zueinander senkrechte Lineale, die starr miteinander verbunden sind, heißen Rechtwinkellineal und dienen der Konstruktion von Senkrechten.

linear abhängig, Bezeichnung für eine Teilmenge eines ↗Vektorraumes, die nicht ↗linear unabhängig ist.

Eine Teilmenge A eines Vektorraumes ist linear abhängig, wenn sie eine nichttriviale Linearkombination der Null erlaubt, bzw. wenn sich (mindestens) einer der Vektoren aus A als ↗Linearkombination von anderen Vektoren aus A darstellen läßt; ist speziell A linear abhängig, $A \setminus \{v\}$ aber linear unabhängig, so ist v Linearkombination von Vektoren aus $A \setminus \{v\}$. Die nur aus dem Nullelement bestehende Teilmenge $\{0\}$ ist stets linear abhängig; Obermengen linear abhängiger Mengen sind linear abhängig.

Entsprechend heißt eine Familie von Vektoren eines Vektorraumes genau dann linear abhängig, wenn ein Element der Familie in der ↗linearen Hülle der restlichen Elemente liegt.

linear abhängiger Vektor, ein Vektor, der aus einer gegebenen Menge von Vektoren linear kombinierbar ist.

Es seien V ein Vektorraum über einem Körper $\mathbb{K}$, $A \subseteq V$ und $a \in V$. Dann heißt a linear abhängig von A, wenn man a aus A linear kombinieren kann, das heißt, wenn es $a_1, ..., a_n \in A$ und $\lambda_1, ..., \lambda_n \in \mathbb{K}$ gibt, so daß gilt:

$$a = \sum_{i=1}^{n} \lambda_i \cdot a_i.$$

In diesem Fall heißt a ↗Linearkombination der a_i.

linear geordnete Menge, ↗lineare Ordnungsrelation.

linear unabhängig, Bezeichnung für eine Teilmenge $A \subset V$ eines ↗Vektorraumes V über $\mathbb{K}$, für die für jede endliche Teilmenge $\{a_1, \ldots, a_n\}$ von verschiedenen Elementen von A und jede Folge $(\alpha_1, \ldots, \alpha_n)$ von Elementen aus $\mathbb{K}$ gilt:

$$\sum_{i=1}^{n} \alpha_i x_i = 0 \Rightarrow \alpha_1 = \cdots = \alpha_n = 0.$$

Man sagt auch, daß es keine (nichttriviale) ↗Linearkombination der Null gibt. Eine linear unabhängige Menge wird auch als freie Menge bezeichnet.

Eine einelementige Menge $\{a\}$ ist genau dann linear unabhängig, wenn $a \neq 0$ gilt.

Entsprechend ist lineare Unabhängigkeit auch für Teilfamilien eines Vektorraumes definiert. Eine leere Familie $(a_i)_{i\in\emptyset}$ ist stets linear unabhängig (und daher eine ↗Basis des trivialen Vektorraumes $\{0\}$). Teilfamilien linear unabhängiger Familien sind selbst linear unabhängig. Ist $(v_i)_{i\in I}$ eine linear unabhängige Familie von Vektoren, so läßt sich jeder Vektor aus der ↗linearen Hülle $L((v_i)_{i\in I})$ auf eindeutige Weise als Linearkombination der v_i darstellen.

Statt „die Menge $\{v_1, \dots, v_n\}$ (die Familie $(v_1, \dots, v_n)$) ist linear unabhängig", sagt man meist einfach: „Die Vektoren $v_1, \dots, v_n$ sind linear unabhängig." (↗linear unabhängiger Vektor).

Auf linear unabhängige Vektormengen kann das Prinzip des Koeffizientenvergleichs angewandt werden: Ist $\{v_1, \dots, v_n\}$ linear unabhängig, so folgt aus

$$\alpha_1 v_1 + \cdots + \alpha_n v_n = \beta_1 v_1 + \cdots + \beta_n v_n$$

stets $\alpha_1 = \beta_1, \dots, \alpha_n = \beta_n$.

linear unabhängiger Vektor, ein Vektor, der aus einer gegebenen Menge von Vektoren nicht linear kombinierbar ist.

Es seien V ein Vektorraum über einem Körper $\mathbb{K}$, $A \subseteq V$ und $a \in V$. Dann heißt a linear unabhängig von A, wenn man a nicht aus A linear kombinieren kann, das heißt, wenn es keine $a_1, ..., a_n \in A$ und $\lambda_1, ..., \lambda_n \in \mathbb{K}$ gibt, so daß gilt:

$$a = \sum_{i=1}^{n} \lambda_i \cdot a_i .$$

Ein Vektor a ist also genau dann linear unabhängig von A, wenn er kein von A ↗linear abhängiger Vektor ist.

lineare Abbildung, *lineare Transformation, Vektorraumhomomorphismus*, Abbildung $f : V \to U$ zwischen zwei ↗Vektorräumen V und U über demselben Körper $\mathbb{K}$, für die für alle $v_1, v_2, v \in V$ und alle $\alpha \in \mathbb{K}$ gilt:

$$f(v_1 + v_2) = f(v_1) + f(v_2) ,$$
$$f(\alpha v) = \alpha f(v) .$$

Die erste Bedingung wird als Additivität bezeichnet, die zweite als Homogenität. In der Technik faßt man beide Bedingungen manchmal unter der Bezeichnung Superpositionsprinzip zusammen.

Äquivalent zu dieser Definition ist, daß für alle $v_1, v_2 \in V$ und alle $\alpha_1, \alpha_2 \in \mathbb{K}$ gilt:

$$f(\alpha_1 v_1 + \alpha_2 v_2) = \alpha_1 f(v_1) + \alpha_2 f(v_2).$$

Der Definitionsbereich V einer linearen Abbildung $f : V \to U$ wird auch Originalraum genannt. Für eine lineare Abbildung f gilt stets $f(0) = 0$, $f(-v) = -f(v)$ für alle $v \in V$, sowie $\dim f(V) \leq \dim V$.

Grundlegende Eigenschaften sind: Eine lineare Abbildung $f : V \to U$ ist durch Vorgabe der Bilder einer Basis von V schon eindeutig festgelegt; jede solche Vorgabe läßt sich zu einer linearen Abbildung fortsetzen. Das Bild eines ↗Unterraumes von V ist ein Unterraum von U, und das Urbild eines Unterraumes von U ist stets ein Unterraum von V.

Das Bild einer ↗linear abhängigen Familie von Vektoren unter einer linearen Abbildung f ist wieder linear abhängig; sind $v_1, \dots, v_n$ linear unabhängig und ist f injektiv, so sind auch $f(v_1), \dots, f(v_n)$ linear unabhängig. Eine surjektive lineare Abbildung bildet ↗Erzeugendensysteme stets auf Erzeugendensysteme ab.

Die oft mit $L(V, U)$ bezeichnete Menge aller linearen Abbildungen eines $\mathbb{K}$-Vektorraumes V in einen $\mathbb{K}$-Vektorraum U bildet bezüglich der komponentenweise erklärten Verknüpfungen selbst einen $\mathbb{K}$-Vektorraum, einen Unterraum des Vektorraumes $\text{Abb}(V, U)$ aller Abbildungen von V in U. Sind V und U endlich-dimensional, so gilt:

$$\dim L(V, U) = \dim V \cdot \dim U .$$

Die Menge $\text{End}(V)$ aller ↗Endomorphismen auf dem $\mathbb{K}$-Vektorraum V bildet bzgl. Addition und der Komposition von Abbildungen einen nichtkommutativen, nichtnullteilerfreien Ring mit Eins; der Vektorraum $\text{End}(V)$ wird mit der Komposition zu einer $\mathbb{K}$-Algebra.

Eine bijektive lineare Abbildung $f : V \to U$ bildet jede Gerade des V zugeordneten affinen Raumes $A(V)$ auf eine Gerade des U zugeordneten affinen Raumes $A(U)$ ab, woher auch der Name „lineare" Abbildung herrührt; man vergleiche hierzu auch die Ausführungen zum Stichwort ↗lineare Funktion.

Beispiele: (1) Ist A eine $(n \times m)$-Matrix über $\mathbb{K}$ so ist die Abbildung $A : \mathbb{K}^m \to \mathbb{K}^n$; $x \mapsto Ax$ linear. Umgekehrt läßt sich jede lineare Abbildung zwischen endlichdimensionalen Vektorräumen mittels einer Matrix-Vektormultiplikation darstellen. Dies ist eines der Grundprinzipien der ↗Linearen Algebra.

(2) Die Abbildung, die einem Vektor eines n-dimensionalen $\mathbb{K}$-Vektorraumes V seinen Koordinatenvektor bezüglich einer gegebenen Basis von V zuordnet, ist eine lineare Abbildung (sogar ein Isomorphismus) von V nach $\mathbb{K}^n$.

(3) Sind V, W und X $\mathbb{K}$-Vektorräume, und ist $f : V \to W$ linear, so sind die durch

$$L(X, V) \to L(X, W);\ \varphi \mapsto f \circ \varphi$$

und

$$W^* \to V^*;\ g \mapsto g \circ f$$

definierten Abbildungen linear (V^* bzw. W^* bezeichnet den ↗Dualraum von V bzw. W). Im ersten Fall spricht man von einer kovarianten Transformation, im zweiten Fall von einer kontravarianten Transformation.

lineare abgeschlossene Hülle einer Menge, der topologische Abschluß der linearen Hülle einer Menge.

Es seien T ein topologischer Vektorraum und $M \subseteq T$ eine Teilmenge von T. Ist dann $\text{Span}M$ die ↗lineare Hülle von M, so heißt der topologische Abschluß $\overline{\text{Span}M}$ der linearen Hülle die lineare abgeschlossene Hülle von M.

Lineare Algebra

A. Janßen

Die lineare Algebra umfaßt jenes Teilgebiet der Algebra, in welchem Vektorräume, lineare Abbildungen zwischen Vektorräumen sowie lineare, bilineare (multilineare) Funktionen und quadratische Formen untersucht werden.

Ihre Ursprünge hat die lineare Algebra in der Untersuchung linearer Gleichungen und linearer Gleichungssysteme; hieraus hat sich die Theorie der Determinanten entwickelt, die gegen Ende des 17. Jahrhunderts praktisch gleichzeitig und unabhängig voneinander in Japan von Seki Kowa und in Europa von Leibniz erstmals beschrieben wurden. Leibniz besaß hierzu bereits eine voll ausgebildete Symbolik, welche sich aber nicht allgemein durchsetzte. Die Bezeichnung Determinante wurde dann auch erst über hundert Jahre später von Gauß eingeführt; das erste deutschsprachige Lehrbuch zur Determinantentheorie erschien 1857. Drei Jahrzehnte zuvor hatten Binet und Cauchy die allgemeinen Regeln für die Multiplikation von Determinanten aufgestellt. 1750 wurde die auf der Determinantentheorie aufbauende Cramersche Regel entdeckt, mit der Gleichungssysteme mit gleicher Anzahl an Unbekannten und Gleichungen gelöst werden können (falls eine Lösung existiert). Andere, die im 18. Jahrhundert wichtige Untersuchungen über Determinanten durchführten, waren Bézout, Vandermonde, Laplace und Lagrange. Der erste, der Determinanten als spezielle Funktionen von $(n \times n)$-Matrizen einführte, war Cauchy (1815), und der erste, der diese Funktionen durch drei charakteristische Eigenschaften definierte, Weierstraß (1864).

Wichtig für die weitere Entwicklung war dann der Übergang zur Matrixschreibweise für lineare Abbildungen, Bilinearformen und Koeffizienten linearer Gleichungssysteme. Als Begründer der Matrizenrechnung gilt Arthur Cayley, der 1855 die Bezeichnung Matrix für rechteckige Zahlenschemata als erster verwendete und drei Jahre später Summe, skalares Vielfaches und Produkt von Matrizen definierte. Durch die Gleichungen $AA^{-1} = I$ und $A^{-1}A = I$ erklärt er das Inverse einer quadratischen Matrix. Den nach ihm und Hamilton benannten Satz, wonach eine Matrix ihr charakteristisches Polynom annulliert, bewies er für zwei- und dreireihige Matrizeen.

Die Bedingungen für die Lösbarkeit eines Systems nichthomogener linearer Gleichungen sind in allgemeiner Form zuerst von Fontené (1875), Rouché (1875) und Frobenius (1876) ausgesprochen worden; Frobenius führte 1879 auch den Begriff des Ranges einer Matrix ein, knapp drei Jahrzehnte nachdem Sylvester schon mit „Rang-Argumenten" gearbeitet hatte.

Ende des 19. Jahrhunderts war das Problem des Lösens linearer Gleichungssysteme befriedigend gelöst. Ab dem 20. Jahrhundert standen in der linearen Algebra dann die Konzepte der allgemeinen Vektorräume über einem beliebigen Körper sowie beliebige lineare Abbildungen zwischen Vektorräumen im Vordergrund der Untersuchungen. Erstmals definiert und untersucht wurden Vektorräume und Skalarprodukte (unter anderen Namen) schon 1844 von Graßmann in einer Abhandlung unter dem Namen „lineare Ausdehnungslehre", welche damals aber kaum Beachtung fand. Eine Art Vorgriff auf den Begriff des Vektorraumes stammt von Möbius (1827). Der erste, der ein vollständiges Axiomensystem eines (reellen) Vektorraumes angab, war Banach (1922). Vorarbeiten hierzu wurden im frühen 20. Jahrhundert u. a. von Caratheodory und Weyl geleistet. Lineare Abbildungen zwischen endlichdimensionalen Vektorräumen wurden dabei nach Wahl zweier Basen in den Vektorräumen schon durch Matrizen repräsentiert; entscheidend war dabei, daß diese Matrixdarstellung durch geeignete Wahl der Basen „einfache" Gestalt annehmen konnte (↗Jordansche Normalform).

Ein wichtiger Spezialfall der linearen Abbildungen sind die Linearformen, d. h. lineare Abbildungen eines Vektorraumes in seinen zugrundeliegenden Körper. Bzgl. der elementweise definierten Verknüpfungen bildet die Menge aller Linearformen auf einem $\mathbb{K}$-Vektorraum V selbst einen

$\mathbb{K}$-Vektorraum, den Dualraum V^*. Mittels der Vorschrift $v(f) = f(v)$ für alle $v \in V, f \in V^*$, lassen sich die Vektoren aus V als Linearformen auf V^* auffassen. Ist V endlich-dimensional, so erhält man hierdurch einen Isomorphismus zwischen V und $V^{**} := (V^*)^*$.

Neben den linearen Abbildungen rückten Anfang des 20. Jahrhunderts dann auch lineare, bilineare und quadratische Formen sowie multilineare Abbildungen mehr und mehr ins Zentrum der Untersuchungen. Bei der natürlichen Verallgemeinerung des Begriffes des Vektorraumes über einem Körper $\mathbb{K}$ mittels des Begriffes eines Moduls über einem Ring $\mathbb{R}$ bleiben viele der Sätze über Vektorräume erhalten.

Die lineare Algebra gehört heute zum Grundkanon des Mathematikstudiums an allen wissenschaftlichen Hochschulen.

Literatur

[1] Fischer, F.: Lineare Algebra. Vieweg Braunschweig/Wiesbaden, 1995.

[2] Jänich, K.: Lineare Algebra. Springer Berlin Heidelberg New York, 1998.

[3] Koecher, M.: Lineare Algebra und analytische Geometrie. Springer Berlin Heidelberg New York, 1997.

[4] Kowalsky, H.-J.: Lineare Algebra. Walter de Gruyter Berlin, 11. Aufl., 1998.

[5] Weiß, Peter: Lineare Algebra und analytische Geometrie. Universitätsverlag Rudolf Trauner Linz, 1989.

---

lineare Äquivalenz, ↗Äquivalenz von Flüssen.

lineare Differentialgleichung, eine ↗gewöhnliche Differentialgleichung n-ter Ordnung für die Funktion y, die in $y, y', \dots, y^{(n)}$ linear ist.

Mit $\mathbb{K} = \mathbb{R}$ oder $\mathbb{K} = \mathbb{C}$, einem offenen Intervall $I \subset \mathbb{R}$, und stetigen Funktionen $b, a_i : I \to \mathbb{K}$ hat sie also die Form

$$y^{(n)} + a_{n-1}(x)y^{(n-1)} + \dots + a_1(x)y' + a_0(x)y = b(x). \quad (1)$$

b heißt Inhomogenität der Differentialgleichung. Falls $b(x) = 0$ für alle $x \in I$, so heißt die lineare Differentialgleichung homogene Differentialgleichung, sonst inhomogene Differentialgleichung. Eine Differentialgleichung für y, die nicht in allen $y, y', \dots, y^{(n)}$ linear ist, heißt nichtlineare Differentialgleichung.

Die $\mathbb{K}$-wertigen Lösungen (↗Lösung einer Differentialgleichung) der Gleichung (1) bilden einen n-dimensionalen affinen Raum über $\mathbb{K}$. Die Lösungen der zugehörigen homogenen Gleichung

$$y^{(n)} + a_{n-1}(x)y^{(n-1)} + \dots + a_1(x)y' + a_0(x)y = 0 \quad (2)$$

bilden einen n-dimensionalen Vektorraum.

Jede Lösung von (1) ist von der Form $y = y_p + y_h$. Dabei ist y_p eine partikuläre (spezielle) Lösung der inhomogenen Gleichung (1) und y_h eine geeignete Lösung der homogenen Gleichung (2), d. h., mit einem ↗Fundamentalsystem $y_1, \dots, y_n$ von (2) ist

$$y_h = c_1 y_1 + \dots + c_n y_n$$

mit geeigneten $c_i \in \mathbb{K}$.

Sind also y_1, y_2 zwei Lösungen der linearen Gleichung (1), so ist $y_1 - y_2$ eine Lösung der zugehörigen homogenen Gleichung (2). Zum Lösen einer linearen Differentialgleichung benötigt man also ein Fundamentalsystem der homogenen Gleichung und *eine* partikuläre Lösung der inhomogenen Gleichung. Ein allgemeines Verfahren zur Bestimmung eines Fundamentalsystems existiert nur für den Spezialfall der ↗linearen Differentialgleichung mit konstanten Koeffizienten. Ist allerdings ein Fundamentalsystem der homogenen Gleichung bekannt, so kann man eine partikuläre Lösung der inhomogenen Gleichung durch Variation der Konstanten erzeugen.

Mit $y_1 := y, y_2 := y', \dots, y_n := y^{(n-1)}$, $\mathbf{y} := (y_1, \dots, y_n)^T$, $\mathbf{b}(t) := (0, \dots, 0, b(t))^T$ und

$$A(t) := \begin{pmatrix} 0 & 1 & 0 & \cdots & 0 \\ \vdots & \ddots & \ddots & & \vdots \\ \vdots & & \ddots & \ddots & \vdots \\ 0 & 0 & \cdots & 0 & 1 \\ -a_0(t) & -a_1(t) & \cdots & -a_{n-2}(t) & -a_{n-1}(t) \end{pmatrix}$$

ist die lineare Differentialgleichung n-ter Ordnung (1) äquivalent zu dem folgenden System von n linearen Gleichungen 1. Ordnung (↗lineares Differentialgleichungssystem):

$$\mathbf{y}' = A(t)\mathbf{y} + \mathbf{b}(t).$$

Viele Sätze über lineare Differentialgleichungssysteme können so direkt auf lineare Differentialgleichungen n-ter Ordnung übertragen werden.

Von besonderem Interesse ist der Spezialfall der linearen Differentialgleichung zweiter Ordnung, der in vielen physikalischen Anwendungen auftritt. Mit Funktionen p, q, f hat sie die allgemeine Form

$$y''(x) + p(x)y'(x) + q(x)y(x) = f(x).$$

Die Inhomogenität f wird bisweilen als Störung der homogenen Differentialgleichung bezeichnet, da sie in vielen Anwendungen als eine von außen wirkende Störung aufgefaßt werden kann.

Falls p und q Konstanten sind (↗ lineare Differentialgleichung mit konstanten Koeffizienten), gibt es geschlossene Formeln für die allgemeine Lösung der homogenen linearen Differentialgleichung

$$y''(x) + py'(x) + qy(x) = 0 . \tag{3}$$

Das zugehörige charakteristische Polynom

$$\lambda^2 + p\lambda + q = 0$$

hat die Nullstellen

$$\lambda_{1,2} = -\frac{p}{2} \pm \sqrt{\frac{p^2}{4} - q} . \tag{4}$$

Abhängig vom Radikanden in (4) ergeben sich drei Fälle:

1.) $p^2/4 - q > 0$: Die beiden reellen verschiedenen Nullstellen $\lambda_{1,2}$ führen zu den linear unabhängigen Lösungen

$$y_1(x) = e^{\lambda_1 \cdot x}, \quad y_2(x) = e^{\lambda_2 \cdot x} .$$

2.) $p^2/4 - q = 0$: Die reelle doppelte Nullstelle λ führt zu den beiden linear unabhängigen Lösungen

$$y_1(x) = e^{\lambda \cdot x}, \quad y_2(x) = x \cdot e^{\lambda \cdot x} .$$

3.) $p^2/4 - q < 0$: Die beiden konjugiert komplexen Nullstellen $\lambda_{1,2} = \alpha \pm i\beta$ führen zu den beiden linear unabhängigen reellen Lösungen

$$y_1(x) = e^{\alpha \cdot x} \cdot \cos(\beta \cdot x), \quad y_2(x) = e^{\alpha \cdot x} \cdot \sin(\beta \cdot x) .$$

Damit ergibt sich für die allgemeine Lösung von (4) die Formel

$$y(x) = c_1 \cdot y_1(x) + c_2 \cdot y_2(x)$$

mit Konstanten $c_1, c_2 \in \mathbb{R}$, die man für eine konkrete Lösung aus Anfangs- bzw. Randbedingungen erhält.

Für die systematische Berechnung einer partikulären Lösung der inhomogenen Differentialgleichung kann das Verfahren der Variation der Konstanten verwendet werden.

[1] Kamke, E.: Differentialgleichungen, Lösungsmethoden und Lösungen I. B.G. Teubner Stuttgart, 1977.

[2] Walter, W.: Gewöhnliche Differentialgleichungen. Springer-Verlag Berlin, 1972.

lineare Differentialgleichung mit konstanten Koeffizienten, Spezialfall einer ↗ linearen Differentialgleichung.

Die Koeffizientenfunktionen a_i sind hier lediglich Konstanten, d. h. die Differentialgleichung hat die Form

$$y^{(n)} + a_{n-1}y^{(n-1)} + \ldots + a_1y' + a_0y = b(x). \tag{1}$$

Für die zu (1) gehörende entsprechende homogene Gleichung

$$y^{(n)} + a_{n-1}y^{(n-1)} + \ldots + a_1y' + a_0y = 0, \tag{2}$$

erhält man mit den (i. a. komplexen) Nullstellen $\lambda_1, \ldots, \lambda_k$ des charakteristischen Polynoms der Differentialgleichung χ und deren Vielfachheiten $m_1, \ldots, m_k$ sofort ein komplexes ↗ Fundamentalsystem durch die $n = m_1 + \ldots + m_k$ Funktionen

$$y_{i,j}(x) := x^j e^{\lambda_i x}, \quad i \in \{1, \ldots, k\},$$

wobei j jeweils alle Werte $0, \ldots, m_i - 1$ annimmt.

Sind die Koeffizienten a_i reell, so ist man in der Regel auch an einem reellen Fundamentalsystem interessiert. Seien dazu $\lambda_1, \ldots, \lambda_r$ die rein reellen und $\lambda_{r+1} = \alpha_{r+1} + i\beta_{r+1}, \ldots, \lambda_s = \alpha_s + i\beta_s$ sowie die $\bar{\lambda}_{r+1}, \ldots, \bar{\lambda}_s$ die (konjugiert) komplexen Nullstellen des charakteristischen Polynoms, jeweils mit der Vielfachheit m_i. Dann bilden die folgenden $n = m_1 + \ldots, m_r + 2m_{r+1} + \ldots + 2m_s$ Funktionen ein reelles Fundamentalsystem der homogenen Gleichung (2):

$$y_{i,j}(x) = \begin{cases} x^j e^{\lambda_i x} & i \in \{1, \ldots, r\}, \\ x^j e^{\alpha_i x} \cos(\beta_i x) & \\ x^j e^{\alpha_i x} \sin(\beta_i x) & i \in \{r+1, \ldots, s\}, \end{cases}$$

wobei j wieder jeweils alle Werte $0, \ldots, m_i - 1$ annimmt.

Eine partikuläre Lösung der inhomogenen Gleichung (1) erhält man dann sofort mittels Variation der Konstanten.

lineare Differentialgleichung mit periodischen Koeffizienten, Spezialfall der ↗ linearen Differentialgleichung.

Die Koeffizienten a_i sind hier ↗ periodische Funktionen und besitzen alle dieselbe Periode.

Es sei $A \in C^0(\mathbb{R}, \mathbb{C}^{n \times n})$ (also eine komplexe $(n \times n)$-Matrix mit stetigen, auf $\mathbb{R}$ definierten Koeffizientenfunktionen) periodisch mit der Periode $\omega > 0$. Dann gelten für das homogene ↗ lineare Differentialgleichungssystem

$$\mathbf{y}' = A(t)\mathbf{y} \tag{1}$$

folgende Aussagen:

1) Ist $\mathbf{y}(t)$ eine Lösung von (1), so ist auch $\mathbf{y}(t + \omega)$ eine Lösung von (1).
2) Ist Y ein ↗ Fundamentalsystem von (1), so gilt mit $C := Y^{-1}(0) \cdot Y(\omega)$
   $Y(t + \omega) = Y(t) \cdot C$ für alle $t \in \mathbb{R}$.

Die Matrix C ist regulär und abhängig vom gewählten Fundamentalsystem Y, jedoch sind ihre Eigenwerte eindeutig.

Ist λ ein Eigenwert von C, so existiert eine sog. periodische Lösung zweiter Art $\mathbf{y}$ von (1) mit

$$\mathbf{y}(t + \omega) = \lambda \mathbf{y}(t) .$$

Ist $\lambda = 1$ ein Eigenwert von C, so existiert eine nichttriviale periodische Lösung von (1).

Eine Beschreibung der Struktur der Fundamentalsysteme von (1) liefert der Satz von Floquet (↗ Floquet, Satz von).

lineare Differenzengleichung, eine ↗ Differenzengleichung n-ter Ordnung der Funktion $y(x)$, die in $y(x)$ und $y(x+\nu)$ für $\nu \in \{1, 2, \dots, n\}$ linear ist.

Jede lineare Differenzengleichung n-ter Ordnung läßt sich in die Form

$$(Py)(x) = \sum_{i=0}^{n} p_i(x) y(x+i) = q(x) \qquad (1)$$

bringen. Für $q(x) = 0$ heißt die Differenzengleichung homogen, andernfalls inhomogen.

Als singuläre Punkte einer linearen Differenzengleichung (1) bezeichnet man die singulären Punkte der Funktionen p_i, die Nullstellen von $p_0(x)$ und von $p_n(x-n)$, und gegebenenfalls den Unendlichkeitspunkt. Vorausgesetzt wird dabei, daß die $p_i(x)$ im Endlichen keine allen gemeinsame Nullstelle und nur wesentliche Singularitäten aufweisen. Dies läßt sich durch Multiplikation von (1) mit einer passenden Funktion stets erreichen.

Man nennt die Funktion ϕ_m linear abhängig von $\phi_1, \dots, \phi_{m-1}$ bzgl. einer homogenen Differenzengleichung, wenn eine Darstellung der Form

$$\phi_m(x) = \sum_{i=1}^{m-1} a_i(x) \phi_i(x), \qquad a_i(x) = a_i(x+1)$$

existiert, mit $a_i(x) \neq 0$ bei mindestens einem Punkt, der zu keinem singulärem Punkt kongruent ist.

n linear unabhängige Lösungen f_i der homogenen linearen Differenzengleichung n-ter Ordnung $(Pf)(x) = 0$ bilden ein Fundamentalsystem (↗ Casorati-Determinante).

Ist F eine Lösung der inhomogenen Differenzengleichung (1), so lautet mit beliebigen Funktionen ϱ der Periode 1 die allgemeine Lösung von (1)

$$f(x) = F(x) + \sum_{i=0}^{n} \varrho_i(x) f_i(x),$$

wobei die Summe gerade die allgemeine Lösung der zugehörigen homogenen Differenzengleichung ist.

lineare Dimension, ↗ algebraische Dimension.

lineare Exzentrizität, der halbe Abstand

$$c = \sqrt{a^2 - b^2}$$

der beiden Brennpunkte F_1 und F_2 einer ↗ Ellipse mit der großen Halbachse a und der kleinen Halbachse b.

lineare Fortsetzung, Erweiterung einer Linearform im folgenden Sinne.

Als lineare Fortsetzung der ↗ Linearform $f : U \to \mathbb{K}$, wobei U ein Unterraum des ↗ Vektorraumes V ist, bezeichnet man die Linearform $F : V \to \mathbb{K}$ mit $F(u) = f(u)$ für alle $u \in U$.

Ist auf V eine Norm $\|\cdot\|$ definiert, und ist f bzgl. der Einschränkung von $\|\cdot\|$ auf U stetig, so läßt sich f stets normerhaltend und stetig fortsetzen, d. h. es existiert eine stetige lineare Fortsetzung F von f mit $\|F\| = \|f\|$.

lineare Funktion, eine ↗ ganzrationale Funktion vom Grad ≤ 1, also eine Funktion $f : \mathbb{R} \to \mathbb{R}$, die sich in der Gestalt

$$f(x) = ax + b$$

mit $a, b \in \mathbb{R}$ schreiben läßt.

f ist dann beliebig oft differenzierbar mit $f'(x) = a$ und $f^{(k)}(x) = 0$ für $k > 1$, isoton für $a \geq 0$ und antiton für $a \leq 0$, streng isoton für $a > 0$ und streng antiton für $a < 0$ und sowohl konvex als auch konkav. Im Fall $a = 0$ ist $f(x) = b$, also konstant, und im Fall $a \neq 0$ gilt $f(x) = a(x + \frac{b}{a})$ für $x \in \mathbb{R}$, und f hat genau eine Nullstelle, nämlich an der Stelle $-\frac{b}{a}$. Der Graph einer linearen Funktion ist eine Gerade. Alle Geraden in $\mathbb{R}^2$ mit Ausnahme der zur y-Achse parallelen Geraden lassen sich durch lineare Funktionen darstellen.

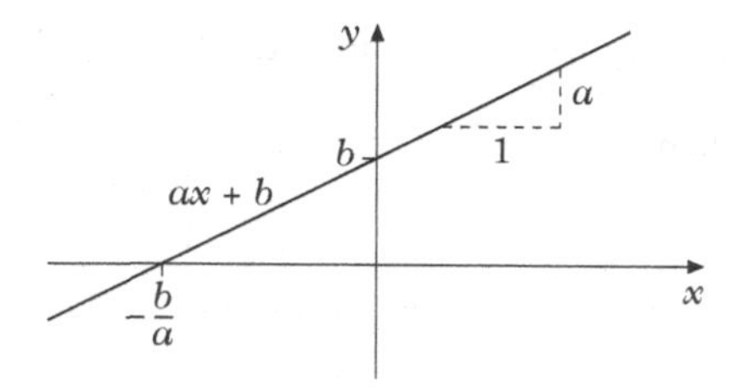

Lineare Funktion

Man beachte: Im Sinne der linearen Algebra wird durch $f(x) = ax + b$ im Fall $b \neq 0$ keine lineare, sondern eine affin-lineare Abbildung f definiert.

Hier sind also die (ansonsten synonymen) Begriffe „Funktion“ und „Abbildung“ zu unterscheiden, eine lineare Funktion ist i. allg. nicht dasselbe wie eine ↗ lineare Abbildung.

lineare Grammatik, ↗ Grammatik.

lineare Gruppe, Kurzbezeichnung für die allgemeine lineare Gruppe $GL(n; \mathbb{K})$ der regulären $(n \times n)$-Matrizen über $\mathbb{K}$.

lineare Hülle, Menge aller Linearkombinationen einer gegebenen Familie $(v_i)_{i \in I}$ von Vektoren.

Ist $(v_i)_{i \in I}$ eine Familie von Vektoren eines $\mathbb{K}$-Vektorraumes V, dann nennt man die Menge

$$L((v_i)_{i \in I}) := \{\lambda_{i_1} v_{i_1} + \dots + \lambda_{i_n} v_{i_n} \mid \{i_1, \dots, i_n\} \subseteq I; \lambda_{i_1}, \dots, \lambda_{i_n} \in \mathbb{K}\} \subseteq V$$

aller ↗Linearkombinationen, welche mit Vektoren der Familie gebildet werden können, die lineare Hülle von $(v_i)_{i \in I}$.

Die lineare Hülle $L((v_1, \ldots, v_n))$ einer endlichen Familie $(v_1, \cdots, v_n)$ von Vektoren aus V ist also gegeben durch

$$\{\lambda_1 v_1 + \cdots + \lambda_n v_n \mid \lambda_1, \ldots, \lambda_n \in \mathbb{K}\}.$$

Hierfür schreibt man häufig auch $\langle(v_1, \ldots, v_n)\rangle$ oder einfach $\langle v_1, \ldots, v_n\rangle$.

Die lineare Hülle einer beliebigen Familie von Vektoren aus V ist stets ein ↗Unterraum von V, der bezüglich Inklusion kleinste Unterraum, der alle Vektoren der Familie enthält. Die lineare Hülle einer leeren Familie $(v_i)_{i \in \emptyset}$ ist der Nullraum $\{0\}$ (da eine leere Familie zusätzlich ↗linear unabhängig ist, bildet sie sogar eine Basis des Nullraumes).

Die lineare Hülle $L(M)$ einer beliebigen Menge M von Vektoren eines Vektorraumes V ist definiert durch

$$L(M) := L((m)_{m \in M}).$$

Die lineare Hülle von M ist der kleinste Untervektorraum von V, der M enthält (↗linear abhängig, ↗linear unabhängig).

lineare Kongruenz, die im folgenden angegebene ↗Kongruenz modulo m.

Sind a, b und $m > 0$ ganze Zahlen, so bezeichnet man die Kongruenz modulo m

$$ax \equiv b \mod m \quad (1)$$

als lineare Kongruenz in der Unbestimmten x.

Die Lösbarkeit und die Anzahl der Lösungen einer linearen Kongruenz läßt sich präzise bestimmen:

Die Kongruenz (1) ist genau dann lösbar, wenn $d = ggT(a, m)$ ein Teiler von b ist. In diesem Fall gibt es genau d Lösungen, d. h. Restklassen x mod *m, die die Kongruenz (1) erfüllen.*

lineare Konvergenz, Konvergenz von der Ordnung 1.

Es sei $M \subseteq \mathbb{R}^n$ und $T : M \to \mathbb{R}^n$ eine Abbildung. Ist x^* ein Fixpunkt von T, so verwendet man zur näherungsweisen Bestimmung des Fixpunktes oft das iterative Verfahren $x_{n+1} = T(x_n)$ mit einer fest gewählten Startnäherung x_0. Gibt es dann eine Konstante c und ein $p \in \mathbb{N}$ so, daß

$$||x_{n+1} - x^*|| \leq C \cdot ||x_n - x^*||^p$$

mit $0 \leq C < 1$ für $p = 1$ und $0 \leq C$ für $p > 1$ gilt, so heißt das durch T erzeugte Verfahren ein Verfahren der Ordnung p, sofern man mit einem x_0 aus einer passenden Umgebung von x^* startet. Für $p = 1$ nennt man ein solches Verfahren linear konvergent (↗Konvergenzordnung).

Jedes Verfahren p-ter Ordnung konvergiert lokal, das heißt, es gibt eine Umgebung U von x^*, so daß für jedes $x_0 \in U$ die zugehörige Iterationsfolge $x_{n+1} = T(x_n)$ gegen x^* konvergiert. Insbesondere ist jedes linear konvergente Verfahren lokal konvergent.

lineare Liste, eine Liste, bei der die Elemente eindimensional angeordnet sind.

Sollen Daten abgespeichert werden, bei denen nicht von Anfang an klar ist, wieviele Datenelemente auftreten werden, ist der Einsatz dynamischer Datenstrukturen sinnvoll. Dabei wird der Speicherplatz den einzelnen Komponenten erst bei ihrer Entstehung während eines Programmablaufs zugewiesen. Am einfachsten kann man die Verbindung zwischen den einzelnen Datenelementen herstellen, indem man sie in einer einzigen Liste aufreiht. Bei einer linearen Liste handelt es sich dann um eine Liste, bei der bis auf das erste und letzte Element jedes Element genau einen Vorgänger und genau einen Nachfolger besitzt.

Will man nur vermerken, wie man von einem Element zu seinem Nachfolger gelangt, so kann man eine lineare Liste als einfach verkettete Liste realisieren, bei der jedes Datenelement einen Zeiger auf seinen Nachfolger enthält. Ist es dagegen nötig, auch den Vorgänger eines Elements identifizieren zu können, so wird eine doppelt verkettete Liste verwendet. Hier enthält jedes Element einen Zeiger auf seinen Nachfolger und einen Zeiger auf seinen Vorgänger.

lineare Mannigfaltigkeit, Teilmenge A des $\mathbb{K}^n$, zu der Polynome $f_1, \ldots, f_r$ aus dem Polynomring $\mathbb{K}[x_1, \ldots, x_n]$ vom Grad 1 existieren mit

$$A = \{x \in \mathbb{K}^n \mid f_1(x) = \cdots = f_r(x) = 0\}. \quad (1)$$

Die linearen Mannigfaltigkeiten sind Spezialfälle der algebraischen Mannigfaltigkeiten, d. h. Teilmengen des $\mathbb{K}^n$ der Form (1), wo die f_1 bis f_r nicht notwendigerweise vom Grad 1 sind.

In einem beliebigen ↗Vektorraum V bezeichnet man die Äquivalenzklassen bzgl. der Äquivalenzrelation

$$\sim_U := \{(v_1, v_2) \in V \times V \mid \exists u \in U \therefore v_1 = v_2 + u\}$$

(U Unterraum von V) als lineare Mannigfaltigkeiten. Die linearen Mannigfaltigkeiten sind also die Mengen L der Form

$$L = \{v_0 + u \mid u \in U\} =: v_0 + U.$$

Die Dimension einer linearen Mannigfaltigkeit ist dann eindeutig definiert als Dimension des zugehörigen Unterraumes U. Zwei lineare Mannigfaltigkeiten $L_1 = \{v_1 + u_1 | u_1 \in U_1\}$ und $L_2 = \{v_2 + u_2 | u_2 \in U_2\}$ sind genau dann gleich, wenn $U_1 = U_2 (=: U)$ gilt und $v_1 - v_2$ in U liegt. Der Durchschnitt zweier linearer Mannigfaltigkeiten ist entweder leer oder wieder eine lineare Mannigfaltigkeit.

Im Falle codim $U = 1$ (↗Kodimension) spricht man von Hyperebenen (durch v_0). Jede Hyperebene H in V durch v_0 ist von der Form

$$H = v_0 + N(f) = \{v \in V \,|\, f(v) = f(v_0)\}$$

mit einer ↗Linearform f.

lineare Optimierung, *lineare Programmierung*, Klasse von Optimierungsproblemen, bei denen eine lineare Zielfunktion $c^T \cdot x$ unter linearen Ungleichungs-Nebenbedingungen optimiert wird, d. h., auf einer Menge der Form

$$M := \{x \in \mathbb{R}^n | A \cdot x \leq b\}$$

mit $A \in \mathbb{R}^{m \times n}$, $b \in \mathbb{R}^m$. Die Ungleichung ist dabei komponentenweise zu verstehen.

Das Problem gehört zur Klasse der konvexen Optimierungsaufgaben. Es gibt eine Reihe von Formulierungen für lineare Optimierungsprobleme, die in dem Sinne äquivalent sind, daß man ein Problem ohne Effizienzverlust von einer gegebenen in jede beliebige andere dieser Formulierungen umformen kann. Dazu gehören beispielsweise

$$\min c^T \cdot x \quad \text{unter} \quad A \cdot x \leq b\,;$$
$$\max c^T \cdot x \quad \text{unter} \quad A \cdot x \geq b, x \geq 0\,;$$
$$\min c^T \cdot x \quad \text{unter} \quad A \cdot x = b, x \geq 0\,,$$

und viele mehr.

Schließlich ist das Auffinden eines Extremalpunktes eines derartigen Problems über den ↗Dualitätssatz der linearen Programmierung ebenfalls äquivalent zum Berechnen eines zulässigen Punktes einer Menge $\{x \in \mathbb{R}^n | A \cdot x \leq b\}$. Je nachdem, welche Lösungsverfahren betrachtet werden, startet man mit verschiedenen dieser Problemformulierungen. Zu den wichtigsten Lösungsverfahren gehören das ↗Simplexverfahren, die ↗Ellipsoidmethoden, sowie die ↗innere-Punkte Methoden.

Der 1947 von Dantzig entwickelte Simplexalgorithmus galt viele Jahre als *der* wesentliche Algorithmus für lineare Optimierungsprobleme. Seine exponentielle Laufzeit im worst-case Verhalten war lange Zeit Grund für die Vermutung, die lineare Optimierung gehöre nicht zur Klasse P der in Polynomzeit lösbaren Probleme (im Modell der Turingmaschine).

Das 1979 von Khachiyan vorgestellte Ellipsoidverfahren widerlegte diese Vermutung: Die lineare Programmierung ist (im Modell der Turingmaschine) ein in Polynomzeit lösbares Problem. Dieses Ergebnis führte zur Suche nach nicht nur theoretisch, sondern auch praktisch effizienten Verfahren.

Seit ihrer Einführung durch Karmarkar 1984 haben die innere-Punkte Methoden zunehmend an Bedeutung gewonnen und stellen heute eine wesentliche Klasse von Lösungsmethoden für konvexe Optimierungsprobleme dar.

Eine zentrale, noch ungelöste Frage bzgl. der Lösung linearer Programme ist die nach der Existenz polynomialer Algorithmen in algebraischen Rechenmodellen. Dabei zählt man nur die Anzahl der arithmetischen Operationen und Vergleiche der Form „$x \geq 0$“ eines Verfahrens in Abhängigkeit von der algebraischen Größe eines speziellen Problems. Diese ist als Anzahl der das Problem bestimmenden reellen Zahlen definiert (hier also $n \cdot m + n + m$ für $c \in \mathbb{R}^n$, $b \in \mathbb{R}^m$ und $A \in \mathbb{R}^{m \times n}$). Positive Teilergebnisse in diese Richtung liegen vor (z. B. von Tardos (1986) und Vavasis-Ye (1996)), die allgemeine Frage ist derzeit (Ende 2000) unbeantwortet. Ebenfalls offen ist die Frage nach der Parallelisierbarkeit linearer Programmierungsverfahren: Das zugehörige Entscheidungsproblem ist P-vollständig.

In neuerer Zeit werden lineare Optimierungsprobleme zunehmend auch unter Aspekten ihrer Konditionierung analysiert. Dabei geht man davon aus, daß die Eingabedaten nur mit einer gewissen, bekannten Genauigkeit gegeben sind. Von Lösungsalgorithmen erwartet man nun nur in dem Fall ein Ergebnis, wenn das gegebene Problem bzgl. der Genauigkeit gut genug konditioniert war.

[1] Schrijver, A.: Theory of linear and integer programming. John Wiley and Sons, 1986.

lineare Ordnung, ↗lineare Ordnungsrelation.

lineare Ordnungsrelation, auch als konnexe, totale oder vollständige Ordnungsrelation bezeichnet, eine Ordnung oder ↗Ordnungsrelation, bei der je zwei Elemente vergleichbar sind.

Die Ordnungsrelation $(M, \leq)$ heißt also linear, und M wird als linear, konnex, total oder vollständig geordnete Menge bezeichnet, wenn für alle $a, b \in M$ gilt, daß $a \leq b$ oder $b \leq a$.

lineare partielle Differentialgleichung, Spezialfall einer ↗partiellen Differentialgleichung, bei der die Ableitungen der gesuchten Funktion und die Funktion selbst nur linear in der Gleichung vorkommen. Ihre allgemeine Form in n Koordinatenrichtungen läßt sich schreiben in der Form

$$\mathrm{div}(A \ \mathrm{grad} u) + b \ \mathrm{grad}\, u + cu = f,$$

wobei $u = u(x_1, \dots, x_n)$ die gesuchte Funktion ist, A eine $(n \times n)$-Funktionsmatrix, b eine n-Vektorfunktion, und c, f skalare Funktionen in den Koordinaten. Den Summanden $\mathrm{div}(A \ \mathrm{grad}\, u)$ nennt man Diffusionsterm, den Summanden $b \ \mathrm{grad}\, u$ den Konvektionsterm, und cu den Reaktionsterm.

lineare Programmierung, ↗lineare Optimierung.

lineare Regression, ↗Regressionsanalyse.

lineare Relation, auch konnexe Relation genannt, eine ↗Relation $(A, A, \sim)$ so, daß

$$\bigwedge_{a,b \in A} a \sim b \vee b \sim a,$$

d. h., es steht immer a mit b oder b mit a in Relation.

lineare Separierbarkeit, *lineare Trennbarkeit*, bezeichnet die Existenz einer Hyperebene im $\mathbb{R}^n$, die zwei vorgegebene nichtleere Teilmengen des $\mathbb{R}^n$ trennt.

Zwei nichtleere Teilmengen $A, B \subset \mathbb{R}^n$ heißen linear separierbar, falls ein Vektor $w \in \mathbb{R}^n$ und ein Skalar $\Theta \in \mathbb{R}$ existieren mit $w \cdot x - \Theta > 0$ für alle $x \in A$ und $w \cdot x - \Theta < 0$ für alle $x \in B$.

Falls darüber hinaus sogar ein $\varepsilon > 0$ existiert mit $w \cdot x - \Theta > \varepsilon$ für alle $x \in A$ und $w \cdot x - \Theta < -\varepsilon$ für alle $x \in B$, dann nennt man A und B streng linear separierbar.

Die trennende Hyperebene ergibt sich in beiden Fällen als

$$H := \{x \in \mathbb{R}^n \mid w \cdot x - \Theta = 0\}.$$

lineare Transformation, ↗lineare Abbildung.

lineare Transformation einer Geraden, Transformation einer Geraden durch eine ↗lineare Abbildung.

Ist eine Gerade $g = x_0 + \lambda \cdot x_1$ mit zwei- oder dreidimensionalen Vektoren x_0, x_1 und einem reellen Parameter λ gegeben, und ist $T : \mathbb{R}^2 \to \mathbb{R}^2$ bzw. $T : \mathbb{R}^3 \to \mathbb{R}^3$ eine lineare Abbildung oder auch lineare Transformation, so wird die Gerade g durch T in eine Gerade $T(g) = T(x_0) + \lambda \cdot T(x_1)$ abgebildet.

lineare Trennbarkeit, ↗lineare Separierbarkeit.

lineare Unabhängigkeit, ↗linear unabhängig.

lineare Unabhängigkeitsbedingung, eine Regularitätsbedingung an einen einzelnen oder auch die Menge aller zulässigen Punkte eines Optimierungsproblems.

Sei

$$M := \{x \in \mathbb{R}^n | h_i(x) = 0, i \in I; g_j(x) \geq 0, j \in J\}$$

mit reellwertigen Funktionen $h_i, g_j \in C^1(\mathbb{R}^n)$ und endlichen Indexmengen I und J. Ein Punkt $\bar{x} \in M$ erfüllt die lineare Unabhängigkeitsbedingung, falls die Gradienten

$$\{Dh_i(\bar{x}), i \in I; Dg_j(\bar{x}), j \in J_0(\bar{x})\}$$

linear unabhängig sind (wobei

$$J_0(\bar{x}) := \{j \in J | g_j(\bar{x}) = 0\}$$

die in $\bar{x}$ aktiven Indizes sind).

Die lineare Unabhängigkeitsbedingung gilt auf M, wenn sie in jedem $\bar{x} \in M$ erfüllt ist.

Wichtig sind derartige Regularitätsbedingungen, da ihre Gültigkeit diverse notwendige Optimalitätskriterien implizieren kann. So gilt etwa der folgende Satz:

Seien $f, h_j, g_j \in C^1(\mathbb{R}^n)$ mit Werten in $\mathbb{R}$, M wie oben, und gelte die lineare Unabhängigkeitsbedingung in $\bar{x} \in M$. Ist $\bar{x}$ ein lokaler Minimalpunkt von $f|_M$, dann ist $\bar{x}$ ein ↗Karush-Kuhn-Tucker Punkt.

Man beachte, daß dieser Satz ohne die Gültigkeit der linearen Unabhängigkeitsbedingung nicht richtig ist, wie etwa das Beispiel

$$f(x, y) = x, \; g_1(x, y) = y - x^2,$$

$$g_2(x, y) = 2 \cdot x^2 - y, \; g_3(x, y) = x \cdot y$$

im Punkt $0 \in \mathbb{R}^2$ belegt. Hier folgt aus $g_1(x, y) \geq 0$ und $g_3(x, y) \geq 0$, daß $f(x, y) \geq 0$ sein muß, d. h. $0 \in \mathbb{R}^2$ ist globaler Minimalpunkt von $f|_M$. Andererseits ist die Gleichung

$$\begin{pmatrix} 1 \\ 0 \end{pmatrix} = \mu_1 \cdot \begin{pmatrix} 0 \\ 1 \end{pmatrix} + \mu_2 \cdot \begin{pmatrix} 0 \\ -1 \end{pmatrix} + \mu_3 \cdot \begin{pmatrix} 0 \\ 0 \end{pmatrix}$$

unlösbar.

Eine andere vergleichbare Regularitätsbedingung ist beispielsweise die ↗Mangasarian-Fromovitz-Bedingung.

linearer Assoziierer, Bezeichnung für ein spezielles zweischichtiges ↗Neuronales Netz, das mit der ↗Hebb-Lernregel trainiert wird und im Ausführ-Modus auf den Trainingswerten exakt arbeitet, sofern die Eingabe-Trainingsvektoren orthonormal sind.

Im folgenden wird der lineare Assoziierer kurz skizziert: Es sei ein zweischichtiges neuronales Feed-Forward-Netz mit Ridge-Typ-Aktivierung und identischer Transferfunktion in den Ausgabe-Neuronen gegeben (vgl. auch die Abbildung).

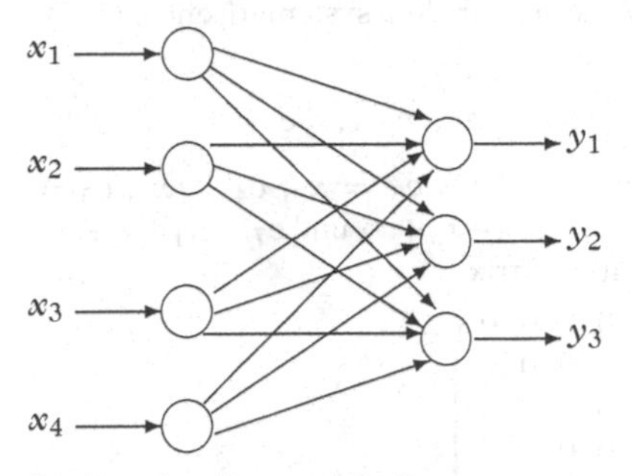

Struktur eines linearen Assoziierers

Wenn man diesem Netz eine Menge von t Trainingswerten $(x^{(s)}, y^{(s)}) \in \mathbb{R}^n \times \mathbb{R}^m, 1 \leq s \leq t$, präsentiert, setzt man generell $\Theta_j = 0, 1 \leq j \leq m$, und entsprechend der Hebb-Lernregel

$$w_{ij} := \sum_{s=1}^{t} x_i^{(s)} y_j^{(s)}$$

für $1 \leq i \leq n$ und $1 \leq j \leq m$. Sind die Trainingsvektoren $x^{(s)}, 1 \leq s \leq t$, orthonormal, dann arbeitet das entstandene neuronale Netz im Ausführ-Modus perfekt auf den Trainingswerten, d. h.

$$\sum_{i=1}^{n} w_{ij} x_i^{(s)} = y_j^{(s)}$$

für $1 \leq j \leq m$ und $1 \leq s \leq t$, und wird (Hebb-trainierter) linearer Assoziierer genannt.

linearer Code, eine Codierung, die in anderer Sichtweise eine lineare Abbildung φ von Vektorräumen $\varphi : U \to V$ ist.

Die $(n \times k)$-Matrix A der linearen Abbildung φ in der kanonischen Basis nennt man Generatormatrix des Codes. Ist die Abbildung auf den ersten k Koordinaten die Identität, dann nennt man den Code systematisch.

Jedem Code $C = \text{Im}\,\varphi \subseteq V$ entspricht im Dualraum V' der Annullator $\text{Ann}(C) = \{\alpha \in V';\ \alpha(c) = 0 \text{ für alle } c \in C\}$, der als dualer Code $\varphi' : W \to V'$ bezeichnet wird (oft wird fälschlicherweise auch das orthogonale Komplement $C^{\perp}$ dualer Code genannt). Der duale Code C' ist eine $(n, n-k)$-Codierung, wenn C eine (n, k)-Codierung ist. Betrachtet man die zu φ' duale Abbildung $s : V \to W'$, so erhält man eine lineare Abbildung, deren Kern $\text{Ker}\, s = \text{Im}\,\varphi$ genau das Bild der Codierung φ ist.

Die $((n-k) \times n)$-Matrix der Abbildung s wird auch als Syndrommatrix bezeichnet. Das Syndrom eines Codewortes c ist das Bild $s(c)$ bei dieser Abbildung. Für korrekt übertragene Codeworte c gilt $s(c) = 0$. Bei fehlerbehafteten Codeworten $c' = c + e$ gilt $s(c') = s(c) + s(e) = s(e)$, und die Fehlerkorrektur wird mit dem Vektor e mit dem geringsten Hamminggewicht, der zum Syndrom $s(c')$ gehört, durchgeführt.

Beispielweise ist für den systematischen $(7, 5)$-Hamming-Code

$$(x_1, x_2, \ldots, x_5) \to (c_1, c_2, \ldots, c_7)$$

mit $c_1 = x_1$, $c_2 = x_2$, $c_3 = x_3$, $c_4 = x_4$, $c_5 = x_2 + x_3 + x_4$, $c_6 = x_1 + x_3 + x_4$ und $c_7 = x_1 + x_2 + x_4$ eine Generatormatrix

$$G = \begin{pmatrix} 1 & 0 & 0 & 0 & 0 \\ 0 & 1 & 0 & 0 & 0 \\ 0 & 0 & 1 & 0 & 0 \\ 0 & 0 & 0 & 1 & 0 \\ 0 & 0 & 0 & 0 & 1 \\ 0 & 1 & 1 & 1 & 0 \\ 1 & 0 & 1 & 1 & 0 \\ 1 & 1 & 0 & 1 & 0 \end{pmatrix}$$

und eine Kontrollmatrix

$$H = \begin{pmatrix} 0 & 0 & 0 & 1 & 1 & 1 & 1 \\ 0 & 1 & 1 & 0 & 0 & 1 & 1 \\ 1 & 0 & 1 & 0 & 1 & 0 & 1 \end{pmatrix}.$$

Ist $c^* = (1101101)$ ein empfangenes Codewort, so ist das Syndrom von c^* der Vektor (101). Wenn ein einziger Fehler aufgetreten ist, dann kann er nur im 5-ten Bit gewesen sein, denn $s(e_5)$ ist auch (101). Die erfolgreiche Korrektur ergibt das Codewort (1101001). Bei zwei Fehlern kann c^* aber auch aus dem Codewort (1001100) entstanden sein (zweites und siebtes Bit verfälscht), der Code kann diesen schweren Doppelfehler nicht mehr korrigieren.

Lineare Codes haben wegen ihrer algebraischen Struktur gute fehlerkorrigierende Eigenschaften. So ist der minimale Hamming-Abstand eines linearen Codes gleich d, wenn die Dimension des von den Spaltenvektoren der Kontrollmatrix erzeugten Unterraumes $d - 1$ ist.

Die wichtigsten linearen Codes sind die Reed-Muller-Codes und die ↗zyklischen Codes.

linearer Faltungsfilter, Filter, der als Faltung $f * h$ einer Maske h mit dem Signal f dargestellt werden kann.

Mit Hilfe des ↗Faltungssatzes ist ihre Wirkung im Frequenzbereich durch

$$\widehat{f * h} = \hat{f} * \hat{h}$$

beschrieben.

Beispiele für lineare Faltungsfilter sind Tiefpaß- oder Hochpaßfilter. Im eindimensionalen Fall ist ein Filter durch eine Anzahl von Koeffizienten (Maske) beschrieben, im zweidimensionalen Fall wird die Maske als rechteckiges Schema dargestellt.

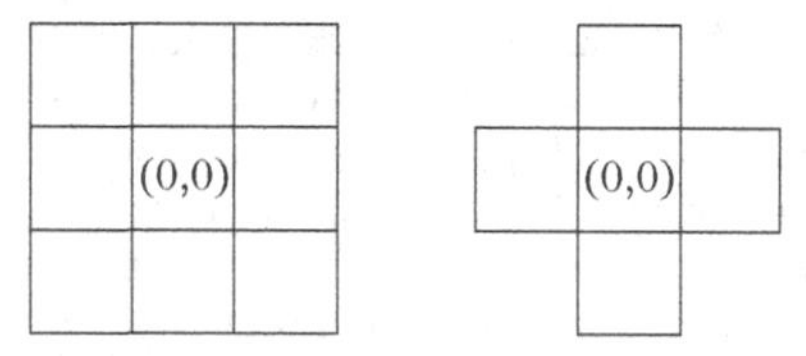

Masken

In der Praxis gängige Filter, z. B. zur Entrauschung oder der Konturverbesserung von Bildern, sind von der Größe 3×3 oder 5×5.

linearer Fredholm-Operator, spezieller Endomorphismus eines normierten Raumes.

Es sei V ein normierter Raum. Eine lineare stetige Abbildung $T : V \to V$ heißt linearer Fredholmoperator, wenn T relativ regulär und defektendlich ist.

Äquivalent dazu ist die Bedingung, daß T eine lineare, stetige, defektendliche und offene Abbildung mit abgeschlossenem Bildraum ist.

linearer Operator, eine ↗lineare Abbildung $\varphi : V \to W$ eines Raumes V auf W; manche Autoren setzen auch $V = W$ voraus.

In der linearen Algebra ist (im Falle $V = W$) die Bezeichnung Endomorphismus die gebräuchlichere; in der Funktionalanalysis dagegen spricht man meist von linearen Operatoren.

linearer Operator von $\mathbb{C}^n$ in $\mathbb{C}^m$, spezieller ↗linearer Operator.

Eine Abbildung $f : \mathbb{C}^n \to \mathbb{C}^m$ heißt linearer Operator von $\mathbb{C}^n$ in $\mathbb{C}^m$, falls sie $\mathbb{C}$-linear ist, das heißt, falls gelten:

(1) $f(x+y) = f(x) + f(y)$ für alle $x, y \in \mathbb{C}^n$;

(2) $f(\lambda \cdot x) = \lambda \cdot f(x)$ für alle $x \in \mathbb{C}^n, \lambda \in \mathbb{C}$.

linearer Raum, einer der Grundbegriffe der linearen Algebra, siehe hierfür das synonyme Stichwort ↗Vektorraum.

Im Sinne der endlichen Geometrie versteht man darunter eine ↗Inzidenzstruktur, bei der jedes Punktepaar in genau einem Block enthalten ist. Die Blöcke eines linearen Raumes werden auch Geraden genannt. Nach dem Satz von de Bruijn und Erdős ist für jeden linearen Raum, der mindestens zwei Geraden enthält, die Anzahl der Geraden mindestens so groß wie die Anzahl der Punkte. Gleichheit gilt nur für ↗projektive Ebenen und ↗Near-Pencils.

linearer Spline, eine ↗Splinefunktion, die aus ↗linearen Funktionen zusammengesetzt ist.

linearer Verband, der Verband der Unterräume eines Vektorraumes.

Es seien V und W zwei n-dimensionale Vektorräume über den Körper K, und es bezeichne $\mathrm{Hom}_K(V, W)$ die Klasse der linearen Abbildungen von V nach W. Da jeder Unterraum U von V Urbild von $0 \in W$ ist, gilt $\mathrm{Hom}_K(V, W) \cong L(V)$, wobei $L(V)$ der Verband der Unterräume von V in bezug auf die Enthaltensrelation ist. Da isomorphe Vektorräume isomorphe Unterraumverbände besitzen, kann $L(V)$ eindeutig als der lineare Verband $L(n, K)$ des Ranges n über den Körper K definiert werden.

lineares Differentialgleichungssystem, System von mehreren ↗linearen Differentialgleichungen für die n Funktionen $y_1, \dots, y_n$.

Ein solches System hat also die Form

$$\begin{aligned} y_1' &= a_{11}(t)y_1 + \ldots + a_{1n}(t)y_n + b_1(t) \\ &\vdots \\ y_n' &= a_{n1}(t)y_1 + \ldots + a_{nn}(t)y_n + b_n(t). \end{aligned}$$

Mit

$$A(t) := \begin{pmatrix} a_{11}(t) & \cdots & a_{1n}(t) \\ \vdots & & \vdots \\ a_{n1}(t) & \cdots & a_{nn}(t) \end{pmatrix}$$

und $\mathbf{y} := (y_1, \dots, y_n)^T$, $\mathbf{b} := (b_1, \dots, b_n)^T$ erhält man die üblicherere Matrixschreibweise

$$\mathbf{y}' = A(t)\mathbf{y} + \mathbf{b}(t). \qquad (1)$$

Ist $\mathbf{b}(t) = 0$ für alle $t \in I$, so heißt (1) homogenes Differentialgleichungssystem, sonst inhomogenes Differentialgleichungssystem. $\mathbf{b}(t)$ nennt man dementsprechend Inhomogenität des Differentialgleichungssystems. Ein System von Differentialgleichungen, die nicht linear in allen $y_1, \dots, y_n$ sind, heißt nichtlineares Differentialgleichungssystem. Sind $\mathbf{y}_1, \dots, \mathbf{y}_n$ Lösungen des Systems, so faßt man sie mit

$$Y(t) := (\mathbf{y}_1(t), \dots, \mathbf{y}_n(t))$$

zu einer Lösungsmatrix zusammenfassen.

lineares Eigenwertproblem, Problem der Bestimmung von Eigenwerten linearer Operatoren.

Es seien V ein Vektorraum über dem Körper $\mathbb{K}$ und $A : V \to V$ linear. Dann besteht das lineare Eigenwertproblem darin, Elemente $\lambda \in \mathbb{K}$ zu finden, für die die Gleichung $Ax = \lambda x$ eine nichttriviale Lösung $x \in V$ hat. In diesem Fall heißt λ ein Eigenwert von A und x ein Eigenvektor. Ist V endlichdimensional, so kann man das Eigenwertproblem durch die Lösung der ↗Eigenwertgleichung lösen.

Im unendlichdimensionalen Fall hat das lineare Eigenwertproblem große Bedeutung bei der Behandlung linearer Integralgleichungen.

lineares Funktional, ↗Linearform.

lineares Funktional in $\mathbb{C}^n$, spezielle ↗Linearform, lineare Abbildung von $\mathbb{C}^n$ nach $\mathbb{C}$.

Eine lineare Abbildung $f : \mathbb{C}^n \to \mathbb{C}$ heißt ein lineares Funktional. Jedes lineare Funktional in $\mathbb{C}^n$ läßt sich darstellen als

$$f(z_1, ..., z_n) = \sum_{\nu=1}^{n} a_\nu z_\nu$$

mit komplexen Parametern $a_\nu \in \mathbb{C}$.

lineares Gleichungssystem, Gleichungssystem der Form

$$\begin{aligned} a_{11}x_1 + a_{12}x_2 + \cdots + a_{1n}x_n &= b_1 \\ a_{21}x_1 + a_{22}x_2 + \cdots + a_{2n}x_n &= b_2 \\ \cdots\cdots\cdots\cdots\cdots\cdots\cdots\cdots \\ a_{m1}x_1 + a_{m2}x_2 + \cdots + a_{mn}x_n &= b_m \end{aligned}$$

mit Koeffizienten $a_{ik}, b_i \in \mathbb{K}$ und n „Unbekannten" $x_1, \dots, x_n$. Mit der sogenannten Koeffizientenmatrix $A = (a_{ij})$ (↗Matrix) und den Spaltenvektoren $b = (b_1, \dots, b_n)^t$ (Datenvektor, „rechte Seite") und $x = (x_1, \dots, x_n)^t$ läßt sich obiges Gleichungssystem symbolisch schreiben als

$$Ax = b\,.$$

Ist b der Nullvektor, so spricht man von einem homogenen linearen Gleichungssystem, andernfalls von einem inhomogenen System. Der Rang des linearen Gleichungssystems ist definiert als Rang der Koeffizientenmatrix A.

Unter der Lösungsmenge von $Ax = b$ versteht man die Menge

$$L = \{a \in \mathbb{K}^n | Aa = b\}\,.$$

Das Gleichungssystem heißt lösbar, wenn L nicht leer ist, es heißt eindeutig lösbar, wenn L einelementig ist; ist das Gleichungssystem für jeden Vektor b lösbar, so nennt man es auch universell lösbar.

Ein lineares Gleichungssystem $Ax = b$ ist beispielsweise genau dann lösbar, falls das Rangkriterium

$$\mathrm{Rg}(A) = \mathrm{Rg}(A|b)$$

erfüllt ist; dabei bezeichnet $A|b$ die um eine Spalte erweiterte Matrix, die man durch Anfügen des Vektors b rechts an die Matrix A erhält. Ein lineares Gleichungssystem ist genau dann eindeutig lösbar, wenn es maximalen Rang hat; es ist genau dann universell lösbar, wenn es maximalen Rang hat und $n = m$ gilt.

Die Frage nach der Lösbarkeit linearer Gleichungssysteme ist eines der Grundprobleme der ↗Linearen Algebra und hat deren Entwicklung nachhaltig beeinflußt. Methoden zur numerischen Lösung insbesondere sehr großer linearer Gleichungssysteme, behandelt man in der ↗Numerischen Mathematik, man unterscheidet dort zwischen Verfahren zur ↗direkten Lösung linearer Gleichungssysteme und zur ↗iterativen Lösung linearer Gleichungssysteme.

lineares Intervall-Gleichungssystem, ↗Intervall-Gleichungssystem.

lineares Komplementaritätsproblem, die Frage nach der Lösbarkeit des folgenden Systems von Gleichungen und Ungleichungen: Gegeben seien eine Matrix $M \in \mathbb{R}^{n\times n}$ und ein Vektor $q \in \mathbb{R}^n$. Gesucht sind Vektoren $w = (w_1, \dots, w_n)$ und $z = (z_1, \dots, z_n) \in \mathbb{R}^n$ mit

$$w - M \cdot z = q\,,$$
$$w \geq 0\,,\ z \geq 0\,,\ \text{und}$$
$$w_i \cdot z_i = 0\ \forall 1 \leq i \leq n\,.$$

Hierbei sind lediglich die letzten n Gleichungen als Komplementaritätsbedingung nichtlinear.

Jedes lineare Komplementaritätsproblem ist zu einem quadratischen Optimierungsproblem der folgenden Form äquivalent:

Minimiere $w^t \cdot z$ unter den linearen Nebenbedingungen

$$w = M \cdot z + q\,,\ w \geq 0\,,\ z \geq 0\,.$$

Ist M darüberhinaus eine positiv semi-definite Matrix, dann ist das zugehörige quadratische Programmierungsproblem konvex.

Lineare Komplementaritätsprobleme treten beispielsweise als notwendige und hinreichende Optimalitätsbedingungen bei der Lösung linearer Optimierungsprobleme auf. Ist etwa $\bar{x} \in \mathbb{R}^n$ das Minimum von $x \to c^T \cdot x$ unter den Nebenbedingungen $A \cdot x \geq b, x \geq 0$ mit $A \in \mathbb{R}^{m\times n}, b \in \mathbb{R}^m, c \in \mathbb{R}^n$, und ist $\bar{y} \in \mathbb{R}^m$ die zugehörige Lösung des dualen Problems, dann gibt es einen Vektor $w \in \mathbb{R}^{m+n}$ so, daß w und $z := \begin{pmatrix} \bar{x} \\ \bar{y} \end{pmatrix}$ Lösung des linearen Komplementaritätsproblems mit

$$M := \begin{pmatrix} 0 & -A^T \\ A & 0 \end{pmatrix} \quad \text{und} \quad q := \begin{pmatrix} c \\ -b \end{pmatrix}$$

sind.

Die Umkehrung dieser Aussage gilt ebenfalls.

Ein Verfahren zur Lösung linearer Komplementaritätsprobleme ist zum Beispiel das Verfahren von Lemke (↗Lemke, Verfahren von). Auch gibt es Verfahren, die auf ↗innere-Punkte Methoden basieren.

lineares Optimierungsproblem, ↗lineare Optimierung.

lineares System, *Linearsystem*, Familie von Cartier-Divisoren auf einer ↗algebraischen Varietät (oder einem ↗analytischen Raum) X, die durch ein Geradenbündel $\mathcal{L}$ und einen endlich-dimensionalen Unterraum $L \subset H^0(X, \mathcal{L})$ in folgender Weise gegeben ist:

Jedem Schnitt $0 \neq \varphi \in L$ wird der Divisor $\mathrm{div}\,(\varphi, \mathcal{L})$ zugeordnet. Weiter sei $\hat{L}$ der duale Raum zu L, und $\wedge = \mathbb{P}(\hat{L})$ der entsprechende projektive Raum, auch mit $|L|$ oder $|\mathcal{L}|$ bezeichnet, letzteres wenn $L = H^0(X, \mathcal{L})$.

Der projektive Raum $\wedge = |L|$ ist Parameterraum der Familie, und ist $X \times \wedge$ Produkt (über dem Grundkörper) und $\mathcal{L} \boxtimes \mathcal{O}_\wedge(1)$ (äußeres) Tensorprodukt der Geradenbündel, so gibt es einen kanonischen Schnitt φ_L. (Ist $\varphi_0, \dots, \varphi_r$ Basis von L und $T_0, \dots, T_r$ die duale Basis, so ist $\varphi_L = \varphi_0 \otimes T_0 + \dots + \varphi_r \otimes T_r$, wofür man auch $\varphi_L = \varphi_0 T_0 + \dots + \varphi_r T_r$ schreibt). $D_L = \mathrm{div}\,\left(\varphi_L, \mathcal{L} \boxtimes \mathcal{O}_\wedge(1)\right)$ ist der universelle Divisor in dem Sinne, daß für jeden Punkt $\lambda \in \wedge$ (mit homogenen Koordinaten $(\lambda_0, \dots, \lambda_r)$) der Durchschnitt

$$(X \times \{\lambda\}) \cap D_L = D_\lambda$$

dem Divisor $\mathrm{div}\,\left(\lambda_0\varphi_0 + \dots + \lambda_r\varphi_r, \mathcal{L}\right)$ des linearen Systems entspricht. Man schreibt auch $D_\lambda \in |L|$ (anstelle von $\lambda \in |L|$). $\dim |L| = r$ heißt die Dimension des linearen Systems, und $|\mathcal{L}|$ heißt das volle lineare System zu $\mathcal{L}$. Ein irreduzibler (Weil-) Divisor V heißt feste Komponente des Systems, wenn alle Schnitte aus L auf V verschwinden, und das Unterschema B, welches durch das Ideal I, das Bild von $\mathcal{L}^{-1} \otimes L \longrightarrow \mathcal{O}_X,\ \ s \otimes \varphi \mapsto s(\varphi)$ definiert wird, heißt Basisort.

Eindimensionale lineare Systeme heißen Büschel. Für diese ist $D_L = \tilde{X} \subset X \times \mathbb{P}(\hat{L})$ die ↗Aufblasung von X im Basisort des Büschels, und $|L| = \mathbb{P}(\hat{L})$ ist kanonisch isomorph zu $\mathbb{P}(L)$.

Linearform, *lineares Funktional*, ↗lineare Abbildung $f : V \to \mathbb{K}$ eines ↗Vektorraumes V über $\mathbb{K}$

in seinen zugrundeliegenden Körper, aufgefaßt als Vektorraum über sich selbst.

Hat V die Dimension n und ist $f \neq 0$, so hat der Kern von f die Dimension $n-1$. Die Menge aller Linearformen auf einem Vektorraum V über $\mathbb{K}$ bildet bzgl. der elementweise definierten Verknüpfungen selbst einen Vektorraum über $\mathbb{K}$, den meist mit V^* bezeichneten (algebraischen) Dualraum von V (auch dualer Raum oder dualer Vektorraum zu V). Ist V endlich-dimensional, so auch V^*, und beide sind isomorph. Mittels der Vorschrift $v(f) = f(v)$ für alle $v \in V, f \in V^*$, läßt sich jeder Vektor aus V als Linearform auf V^* auffassen, d. h. als Element aus dem sogenannten Bidualraum $V^{**} := (V^*)^*$ von V. Ist V endlich-dimensional, so ist durch diese Vorschrift ein Isomorphismus von V auf V^{**} gegeben. Die Menge aller *stetigen* Linearformen auf einem normierten reellen oder komplexen Vektorraum $(V, \|\cdot\|)$ wird meist mit V' bezeichnet und heißt der (topologische) Dualraum von V (auch topologisches oder stetiges Dual zu V). Der topologische Dualraum V' ist stets ein ↗Unterraum des algebraischen Dualraums V^*; durch

$$\|f\| := \sup_{v \neq 0} \frac{|f(v)|}{\|v\|} \quad \forall f \in V'$$

wird V' zu einem vollständigen normierten Raum, d. h. zu einem Banachraum.

Beispiele: (1) Die i-te Projektionsabbildung

$$\pi_i : \mathbb{K}^n \to \mathbb{K};\ (a_1, \ldots, a_n)^t \mapsto a_i\,,$$

wobei $i \in \{(1, \ldots, n\}$, ist eine Linearform.

(2) Die Integralabbildung auf dem Vektorraum $C[a, b]$ der stetigen reellwertigen Funktionen auf dem Intervall $[a, b]$, also

$$f \mapsto \int_a^b f(t)dt)\,,$$

ist eine Linearform.

(3) Die Spurabbildung auf dem Vektorraum der $(n \times n)$-Matrizen über $\mathbb{K}$, die einer Matrix ihre Spur zuordnet, ist eine Linearform.

(4) Jede Linearform φ auf dem $\mathbb{K}^n$ ist von der Form

$$\begin{pmatrix} x_1 \\ x_2 \\ \vdots \\ x_n \end{pmatrix} \mapsto \sum_{i=1}^{n} \alpha_i x_i = (\alpha_1, \ldots, \alpha_n) \begin{pmatrix} x_1 \\ x_2 \\ \vdots \\ x_n \end{pmatrix}$$

für gewisse $\alpha_i \in \mathbb{K}$.

(5) Für $1 < p < \infty$ bezeichne l^p den Vektorraum aller reellen Zahlenfolgen $(x_1, x_2, \ldots)$, für welche die Reihe $\sum_{k=1}^{\infty} |x_k|$ konvergiert. Durch

$$\|x\| := \left(\sum_{k=1}^{\infty} |x_k|^p\right)^{\frac{1}{p}}$$

ist auf l^p eine Norm gegeben. Identifiziert man normisomorphe Räume, so gilt:

$$(l^p)' = l^q\,,$$

wobei q die zu p konjugierte Zahl bezeichnet, d. h. jene Zahl für die gilt: $\frac{1}{p} + \frac{1}{q} = 1$.

(6) Ist $(b_i)_{i \in I}$ eine ↗Basis des Vektorraumes V, so gibt es zu jedem $i_o \in I$ genau eine Linearform $b^*_{i_o} \in V^*$ mit $b^*_{i_o}(b_i) = \delta_{ii_o}$ (↗Kronecker-Symbol). Jedes $v \in V$ läßt sich dann schreiben als

$$\sum_{i \in I} b^*_i(v) b_i\,.$$

Die Bezeichnung lineares Funktional anstelle von Linearform findet meist in der Funktionalanalysis Verwendung.

linearisierte Einstein-Gleichung, Schwachfeld-Näherung an die Einsteinsche Gleichung (↗Einsteinsche Feldgleichungen).

In der Schwachfeldnäherung wird die Metrik g_{ij} angesetzt als

$$g_{ij} = \eta_{ij} + \varepsilon h_{ij}\,.$$

Dabei ist $\eta_{ij} = \mathrm{diag}\,(1, -1, -1, -1)$ die Metrik der ungekrümmten Minkowskischen Raum-Zeit, und ε ist ein Kleinheitsparameter. Setzt man dies in die Einsteinsche Gleichung

$$E_{ij} = \kappa T_{ij}$$

ein und läßt alle Ausdrücke in ε^n mit $n > 1$ weg, erhält man die linearisierte Einstein-Gleichung. Anschließend wird an dieser Stelle $\varepsilon = 1$ gesetzt. Man definiert $h = \eta^{ij} h_{ij}$ und $f_{ij} = h_{ij} - \frac{h}{2}\eta_{ij}$. Durch eine Koordinatentransformation läßt sich erreichen, daß $\partial_i f^{ij} = 0$ gilt, d. h., es werden harmonische Koordinaten verwendet. Auf diese Weise wird erreicht, daß der Einstein-Tensor E_{ij} zu $\Box f_{ij}$ proportional wird. Hier ist $\Box$ der d'Alembert-Operator der speziellen Relativitätstheorie, also ein linearer Differentialoperator.

Für die Bestimmung linearisierter Gravitationswellen im Vakuum wird der Energie-Impuls-Tensor T_{ij} gleich Null gesetzt, und es ist die Gleichung $\Box f_{ij} = 0$ zu lösen: Es ergeben sich ebene Wellen, die sich mit Lichtgeschwindigkeit ausbreiten und linear superponiert werden.

Die zweite wichtige Anwendung der linearisierten Einstein-Gleichung ist die Berechnung des Newtonschen Grenzwertes: Unter der Annahme, daß alle Geschwindigkeiten klein gegen die Lichtgeschwindigkeit sind, braucht nur die Komponente $T_{00} = \varrho \geq 0$ (ϱ ist die Massendichte) des Energie-Impuls-Tensors als von Null verschieden angenommen zu werden. In dieser Näherung sind Einsteinsche und Newtonsche Gravitationstheorie genau dann äquivalent, wenn $\kappa = 8\pi G$ gilt. Aus der Herleitung wird deutlich, daß sich der Ausdruck $\frac{\kappa}{2G}$ geometrisch als Oberfläche einer Kugel vom Radius 1 ergibt.

Linearisierung, Approximation einer nichtlinearen Abbildung oder Gleichung durch eine lineare.

Für eine zweimal differenzierbare Funktion ist beispielsweise das Taylorpolynom ersten Grades ihre Linearisierung. Der Satz von Taylor erlaubt dann eine Abschätzung des dabei auftretenden Fehlers.

Linearisierung eines Linienbündels, die im folgenden beschriebene Gruppenoperation.

Die Linearisierung des Linienbündels L auf einer algebraischen Varietät X, $p : L \to X$ bezüglich der Operation einer linearen algebraischen Gruppe G auf X, $\pi : G \times X \to X$, ist eine Operation $\phi : G \times L \to L$ von G auf L so, daß gilt:

1. $\varphi : L \to X$ ist G-äquivariant.
2. Die Operation ist auf den Fasern linear, d. h. für jedes $g \in G$ und $x \in X$ ist die Abbildung $\phi_x : L_x \to L_{g(x)}$ linear.

Linearisierung eines Vektorfeldes, ein lineares Vektorfeld $Df(x_0) : W \to \mathbb{R}^n$ eines auf einer offenen Teilmenge $W \subset \mathbb{R}^n$ definierten C^1-↗Vektorfeldes $f : W \to \mathbb{R}^n$ mit Fixpunkt (↗Fixpunkt eines Vektorfeldes) $x_0 \in W$.

Aussagen über nichtlineare Vektorfelder sind i. allg. schwierig. Der Satz über die Begradigung von Vektorfeldern garantiert jedoch, daß das Verhalten eines durch ein Vektorfeld gegebenen ↗dynamischen Systems im wesentlichen durch sein Verhalten in der Nähe seiner Fixpunkte bestimmt wird. Daher kann die Linearisierung um seine Fixpunkte zu einer ersten Untersuchung herangezogen werden. In der Nähe hyperbolischer Fixpunkte ist nach dem ↗Hartman-Grobman-Theorem das Verhalten allein durch die Linearisierung beim Fixpunkt bestimmt.

Linearität, Eigenschaft von Operatoren bzw. Abbildungen.

Es seien V und W Vektorräume über dem gleichen Körper $\mathbb{K}$ und $T : V \to W$ ein Operator. Dann heißt T linear, falls gelten:

(1) $T(x+y) = T(x) + T(y)$ für alle $x, y \in V$;
(2) $T(\lambda \cdot x) = \lambda \cdot T(x)$ für alle $x \in V, \lambda \in \mathbb{K}$.

Linearkombination, eine Summe der Form

$$\alpha_1 v_1 + \cdots + \alpha_n v_n ,$$

wobei die v_i Elemente eines ↗Vektorraumes V über dem Körper $\mathbb{K}$ sind, und die α_i Skalare aus $\mathbb{K}$.

Ein Vektor $v \in V$, zu dem $\alpha_1, \ldots, \alpha_n \in \mathbb{K}$ existieren mit $v = \alpha_1 v_1 + \cdots + \alpha_n v_n$, wird als Linearkombination der Vektoren $v_1, \ldots, v_n$ bezeichnet; sind hier alle $\alpha_i = 0$, spricht man von einer trivialen Linearkombination, im anderen Fall von einer nichttrivialen.

Ein Vektor $v \in V$ heißt Linearkombination einer nicht-leeren Teilmenge $M \subseteq V$, wenn er Linearkombination endlich vieler Vektoren aus M ist; ein Vektor $v \in V$ heißt Linearkombination einer Familie $(v_i)_{i \in I}$ von Vektoren aus V, falls eine Familie $(\alpha_i)_{i \in I}$ von Skalaren aus $\mathbb{K}$ so existiert, daß gilt:

$$v = \sum_{i \in I;\ \alpha_i \neq 0} \alpha_i v_i ,$$

wobei nur endlich viele α_i von Null verschieden sind. Eine Linearkombination über eine leere Familie von Vektoren ergibt immer den Nullvektor: $\sum_{i \in \emptyset} \alpha_i v_i = \{0\}$. Betrachtet man die Menge M als selbst indizierte Familie, d. h. $M = (v)_{v \in M}$, so fallen beide Definitionen zusammen. Die Menge aller Linearkombinationen einer Familie von Vektoren eines Vektorraumes V ist stets ein Unterraum von V, der bezüglich Inklusion kleinste Unterraum von V, der alle Vektoren der Familie enthält.

Man vergleiche auch die Stichwörter ↗linear abhängig, ↗linear unabhängig, ↗lineare Hülle.

Linearplanimeter, spezielles ↗Planimeter.

Der Leitpunkt des Fahrarmes des Planimeters wird auf einer Geraden geführt. Entsprechend der konstruktiven Verwirklichung der Geradführung werden die Geräte als Planimeter mit Schienenlenker, Spurwagenlenker oder Walzenlenker bezeichnet. Große Linearplanimeter mit Lenkschienen bis zu 3m Länge wurden für Fell- und Ledermessungen benutzt.

Linearsystem, ↗lineares System.

linegraph, ↗Kantengraph.

linguistische Variable, eine Variable, deren Ausprägung linguistische Größen, d. h. Worte der Umgangssprache sind. Linguistische Variablen lassen sich mittels der Theorie der ↗Fuzzy-Mengen formalisieren.

Eine linguistische Variable ist ein Quadrupel $L = (A, U, G, M)$ mit

- einer Menge A von Begriffen (linguistische Terme), welche die möglichen Ausprägungen der linguistischen Variable enthält,
- einer Grundmenge U,
- einer Menge G syntaktischer Regeln, mit denen sich der Name der linguistischen Variablen aus den Ausprägungen in A ableiten läßt,
- einer Menge M semantischer Regeln, die jedem Element $x \in A$ seine Bedeutung $\widetilde{M}(x)$ in Form einer unscharfen Menge auf U zuordnen.

Zum Beispiel läßt sich die Variable „Körpergröße eines Mannes" mit der Wertemenge

$$A = \{\text{sehr klein, klein, mittelgroß, groß, sehr groß}\}$$

über der endlichen Grundmenge

$$U = \text{Menge der möglichen Körpergrößen in cm}$$

beschreiben durch die Fuzzy-Mengen

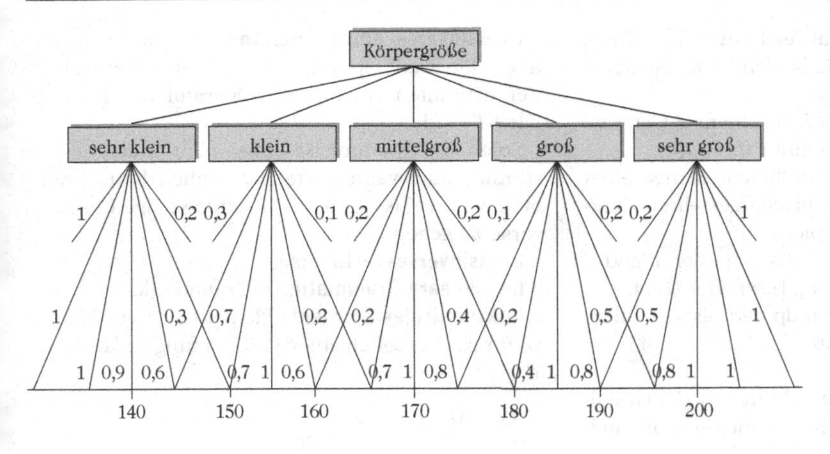

Linguistische Variable „Körpergröße eines Mannes"

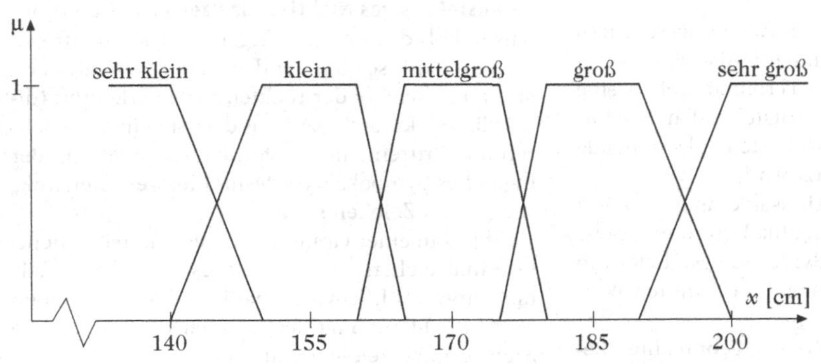

Linguistische Variable „Körpergröße eines Mannes" über der kontinuierlichen Grundmenge

$M_{\text{sehr klein}} = \{(125;\ 1), (130;\ 1), (135;\ 1), (140;\ 0{,}9), (145;\ 0{,}6), (150;\ 0{,}3), (155;\ 0{,}2)\}$,

$M_{\text{klein}} = \{(140;\ 0{,}3), (145;\ 0{,}7), (150;\ 0{,}7), (155;\ 1), (160;\ 0{,}6), (165;\ 0{,}2), (170;\ 0{,}1)\}$,

$M_{\text{mittelgroß}} = \{(155;\ 0{,}2), (160;\ 0{,}2), (165;\ 0{,}7), (170;\ 1), (175;\ 0{,}8), (180;\ 0{,}4), (185;\ 0{,}2)\}$,

$M_{\text{groß}} = \{(170;\ 0{,}1), (175;\ 0{,}2), (180;\ 0{,}4), (185;\ 1), (190;\ 0{,}8), (195;\ 0{,}5), (200;\ 0{,}2)\}$,

$M_{\text{sehr groß}} = \{(185;\ 0{,}2), (190;\ 0{,}5), (195;\ 0{,}8), (200;\ 1), (205;\ 1), (210;\ 1), (215;\ 1)\}$.

Liniendichte, ↗ Dichte (im Sinne der mathematischen Physik).

Linienelement, Begriff aus der Differentialgeometrie.

Ist $y = y(t)$ eine k-mal differenzierbare Kurve in parametrisierter Darstellung, so nennt man den Vektor $\left(t_0, y(t_0), y'(t_0), \dots, y^{(k)}(t_0)\right)$ das Linienelement (k-ter Ordnung) der Kurve im Punkt t_0. Manchmal verzichtet man auch auf die explizite Angabe des Punktes t_0 und nennt $\left(y(t_0), \dots, y^{(k)}(t_0)\right)$ das Linienelement.

Schließlich wird der Begriff Linienelement oder Bogenelement auch als Synonym zur ersten Gaußschen Fundamentalform verwendet.

Linienelement einer Differentialgleichung, geometrische Interpretation der Lösungen einer Differentialgleichung als Linienelement.

Wir demonstrieren dies anhand einer impliziten Differentialgleichung erster Ordnung. Es seien $G \subset \mathbb{R}^3$, $f : G \to \mathbb{R}$ stetig und $F(x, y, y') = 0$ eine implizite Differentialgleichung erster Ordnung.

Für $p := y'(x)$ heißt das Tripel

$$(x, y(x), p(x)) \in G$$

ein Linienelement der Differentialgleichung $f(x, y, y') = 0$.

Man sagt, das Linienelement gehe durch den Punkt (x, y) oder gehöre zu dem Punkt (x, y). Im Gegensatz zu einer expliziten Differentialgleichung kann es hier mehrere Linienelemente (x, y, p) zu einem Punkt geben.

Das Linienelement einer impliziten Differentialgleichung am Punkt (x_1, y_1) heißt regulär, wenn es möglich ist, $f(x, y, p) = 0$ in einer Umgebung von (x_1, y_1, p_1) lokal stetig nach p aufzulösen, ansonsten heißt es singulär. Entsprechend nennt man eine Lösung $y(\cdot)$ der Differentialgleichung regulär bzw. singulär, wenn alle Linienelemente $(x, y(x), y'(x))$ regulär bzw. singulär sind.

Beispiel: Zu der Differentialgleichung $(y')^2 = 1$ gibt es in jedem Punkt (x, y) die beiden Linienelemente $(x, y, 1)$ und $(x, y, -1)$.

linke Menge, die Menge L in einem ↗Conway-Schnitt oder ↗Dedekind-Schnitt (L, R).

linke Option, Element der linken Menge einer durch einen ↗Conway-Schnitt dargestellten ↗surrealen Zahl oder eines ↗Spiels.

linker Randpunkt eines Intervalls, der Punkt ℓ eines ↗Intervalls $[\ell, r]$, $(\ell, r]$, $[\ell, r)$ oder (ℓ, r).

Man beachte, daß der Randpunkt also gar nicht zum Intervall gehören muß.

linker Spieler, ↗Spiel.

links halboffenes Intervall, ↗Intervall der Gestalt $(a, b]$, das also nur den rechten seiner beiden Randpunkte enthält.

Linksableitung, Folge von Ableitungsschritten einer kontextfreien ↗Grammatik, die beim Startsymbol beginnt, bei einer Terminalzeichenreihe endet, und in der in den entstehenden Satzformen immer das jeweils am weitesten links stehende Nichtterminalzeichen ersetzt wird.

Die Eindeutigkeit der Linksableitung definiert die Eindeutigkeit der Grammatik. Deterministische Verfahren zur Top-Down-Syntaxanalyse liefern in der Regel eine Linksableitung des erkannten Wortes.

Linksdreiecksmatrix, seltener gebrauchte Bezeichnung für eine untere ↗Dreiecksmatrix.

Linkseigenvektor, zu einer (komplexen) Matrix A ein nichttrivialer Vektor x so, daß eine komplexe Zahl λ existiert, die die Gleichung

$$A^*x^* = \overline{\lambda}x^* \qquad (1)$$

erfüllt, wobei A^* die adjungierte Matrix bezeichnet.

Die Beziehung (1) ist offenbar äquivalent mit $x^tA = \lambda x$, was die Bezeichnung Linkseigenvektor rechtfertigt.

linkseindeutige Relation, eine ↗Relation $(A, B, \sim)$ so, daß

$$\bigwedge_{a_1, a_2 \in A} \bigwedge_{b \in B} (a_1 \sim b \wedge a_2 \sim b) \Rightarrow a_1 = a_2 .$$

Dies bedeutet, daß Elemente $a_1, a_2 \in A$ gleich sind, sofern sie zum selben Element $b \in B$ in Relation stehen.

linksexakter Funktor, ↗exakter Funktor.

linksinvariantes Vektorfeld, Vektorfeld, das bei ↗Linkstranslationen einer Lie-Gruppe invariant bleibt.

Beispiel: Ist die Lie-Gruppe die Gruppe der Translationen der Ebene, so ist ein Vektorfeld genau dann linksinvariant, wenn alle Vektoren durch Parallelverschiebung auseinander hervorgehen.

Linksinverse eines Operators, zu einem injektiven linearen Operator $T : X \to Y$ zwischen Vektorräumen ein linearer Operator $S : Y \to X$ mit $ST = \mathrm{Id}_X$.

Solch ein Operator ist i. allg. nicht eindeutig bestimmt, und wenn T stetig zwischen Banachräumen X und Y ist, braucht es keine stetige Linksinverse zu geben.

Linksinverses, ↗Inverses.

linkslineare Grammatik, ↗ Grammatik.

linksneutrales Element, Element e_l einer Menge M, für das bezüglich einer Verknüpfung $\circ : M \times M \to M$ gilt:

$$\forall x \in M : \ e_l \circ x = x .$$

linksrekursives Nichtterminalzeichen, Nichtterminalsymbol, das in einer Regel einer kontextfreien ↗Grammatik sowohl auf der linken Seite als auch als erstes Symbol der rechten Seite vorkommt (direkt linksrekursiv), bzw. aus dem sich in evtl. mehreren Schritten eine Satzform ableiten läßt, in der fragliches Symbol als vordestes (am weitesten links stehendes) Zeichen steht.

Gibt es in einer Grammatik linksrekursive Nichtterminalzeichen, so handelt es sich keinesfalls um eine ↗LL(k)-Grammatik. Dagegen können in ↗LR(k)-Grammatiken durchaus linksrekursive Nichtterminalzeichen auftreten.

Linksschraube, eine ↗Schraubenlinie mit negativer Windung.

In Analogie dazu ist eine Rechtsschraube durch positive Windung charakterisiert. Ist

$$\xi(t) = a \cos t \, , \quad \eta(t) = a \sin t \, , \quad \zeta(t) = h\,t$$

die Parameterdarstellung der Schraubenlinie, so ist ihre Windung die Zahl $w = h/(a^2 + h^2)$. Das Vorzeichen der ↗Ganghöhe $2\pi h$ legt daher fest, ob es sich um eine Links- oder eine Rechtsschraube handelt.

linksseitig stetig, ↗einseitig stetig.

linksseitige Ableitung einer Funktion, unter Betrachtung nur des linksseitigen Grenzwerts ihres Differenzenquotienten zu einer auf einer Menge $D \subset \mathbb{R}$ definierten Funkion $f : D \to \mathbb{R}$ gebildete ‚Ableitung'.

Es sei

$$D_- = \{a \in D \mid [a - \varepsilon, a] \subset D \text{ für ein } \varepsilon > 0\} .$$

Dann ist die linksseitige Ableitung von f die auf der Menge

$$D_{f'_-} = \left\{ a \in D_- \mid \lim_{x \uparrow a} \frac{f(x) - f(a)}{x - a} \text{ existiert in } \mathbb{R} \right\}$$

durch

$$f'_-(a) = \lim_{x \uparrow a} \frac{f(x) - f(a)}{x - a}$$

definierte Funktion $f'_- : D_{f'_-} \to \mathbb{R}$. Genau an den Stellen $a \in D_{f'_-}$ heißt f linksseitig differenzierbar. Wo f linksseitig differenzierbar ist, ist f auch linksseitig stetig. Die Umkehrung dieser Folgerung ist falsch, wie Beispiele zur ↗Nicht-Differenzierbarkeit zeigen.

linksseitige Differenzierbarkeit, ↗linksseitige Ableitung einer Funktion.

linksseitiger Grenzwert, ↗einseitiger Grenzwert, ↗Grenzwerte einer Funktion.

linksseitiger Limes inferior, die zu einer auf einer Menge $D \subset \mathbb{R}$ definierten Funktion $\phi : D \to \mathbb{R}$ an einer Stelle $a \in D$, die Häufungspunkt von $D \cap (-\infty, a]$ sei, durch

$$\liminf_{x \uparrow a} \phi(x) = \lim_{x \uparrow a} \inf_{t \in (x,a)} \phi(t) \in [-\infty, \infty]$$

definierte Größe. Ebenso ist der linksseitige Limes superior erklärt durch

$$\limsup_{x \uparrow a} \phi(x) = \lim_{x \uparrow a} \sup_{t \in (x,a)} \phi(t) \in [-\infty, \infty] .$$

Es gilt

$$\liminf_{x \uparrow a} \phi(x) \le \limsup_{x \uparrow a} \phi(x)$$

mit Gleichheit genau dann, wenn der linksseitige Grenzwert $\phi(a-)$ in $[-\infty, \infty]$ existiert, der dann gleich dem linksseitigen Limes inferior und superior ist. Mit Hilfe des linksseitigen Limes inferior wird die ↗Dini-Ableitung D_-f einer Funktion f definiert, mit dem linksseitigen Limes superior ihre Dini-Ableitung D^-f.

linksseitiger Limes superior, ↗linksseitiger Limes inferior.

linksstetiger Prozeß, auf einem Wahrscheinlichkeitsraum $(\Omega, \mathfrak{A}, P)$ definierter stochastischer Prozeß $(X_t)_{t \in I}$ mit einem Intervall $I \subseteq \mathbb{R}_0^+$ als Parametermenge und Werten in einem topologischen Raum, welcher die Eigenschaft besitzt, daß alle Pfade

$$t \to X_t(\omega) , \quad \omega \in \Omega$$

linksstetig sind.

linkstotale Relation, eine ↗Relation $(A, B, \sim)$ so, daß

$$\bigwedge_{a \in A} \bigvee_{b \in B} a \sim b .$$

Dies bedeutet, daß es zu jedem Element $a \in A$ ein Element $b \in B$ gibt, welches zu a in Relation steht.

Linkstranslation einer Lie-Gruppe, Abbildung einer Lie-Gruppe in sich, die darin besteht, daß alle Punkte von links mit einem festen Gruppenelement multipliziert werden.

Analog werden Rechtstranslationen definiert, und im kommutativen Fall stimmen beide Begriffsbildungen überein.

Linnik, Juri Wladimirowitsch, ukrainischer Mathematiker, geb. 21.1.1915 Belaja Zerkow (Ukraine), gest. 30.6.1972 Leningrad (St. Petersburg).

Linnik begann 1932 sein Studium der Physik in Leningrad (St. Petersburg). Er wechselte aber bald zur Mathematik, promovierte 1940 und ging im gleichen Jahr ans Steklow-Institut. Ab 1944 war er daneben noch Professor für Mathematik an der Leningrader Universität. Er begründete dort die Leningrader Schule für Wahrscheinlichkeitstheorie und mathematische Statistik.

Linniks Hauptforschungsgebiete waren Wahrscheinlichkeitstheorie, mathematische Statistik und Zahlentheorie. Dabei gelang es ihm, Wahrscheinlichkeitstheorie und Zahlentheorie miteinander zu verbinden. Er führte ergodische Methoden und Siebmethoden in die Zahlentheorie ein. Er nutzte auch Methoden der Analysis in der mathematischen Statistik, inbesondere für die Gesetze der großen Zahlen. Linnik leistete Beiträge zur Goldbachschen Vermutung und zur Verteilung von Primzahlen, indem er unter anderem zeigte, daß sich jede genügend große Zahl als Summe von sieben dritten Potenzen ganzer positiver Zahlen darstellen läßt.

L-Integral, ↗Lebesgue-Integral.

L-integrierbare Funktion, ↗Lebesgue-integrierbare Funktion.

Lions, Pierre-Louis, französischer Mathematiker, geb. 11.8.1956 Grasse (Alpes-Maritimes, Frankreich).

Lions studierte ab 1975 an der École Normale Supérieure in Paris und promovierte dort 1979. Nach einer zweijährigen Tätigkeit als Forschungsmitarbeiter am Centre National de la Recherche Scientifique in Paris wurde er 1981 zum Professor an der Universität Paris-Dauphine berufen. Neben diesem Posten hat er seit 1992 eine Professur für Angewandte Mathematik an der École Polytechnique in Paris inne und wirkt als Forschungsdirektor am CNRS.

Lions erzielte bedeutende Resultate zu verschiedenen Gebieten der Mathematik, vor allem zur Lösung partieller Differentialgleichungen und zur Wahrscheinlichkeitsrechnung. Er untersuchte zahlreiche nichtlineare partielle Differentialgleichungen, die sich aus Anwendungen in physikalischen, technischen und ökonomischen Fragen ergaben. Dabei gelang es ihm, für große Klassen von derartigen Differentialgleichungen eine Lösungstheorie anzugeben. Eines dieser Verfahren war die 1983 mit M.G. Crandall (geb. 1942) entwickelte „Viskositätsmethode", die auf viele nichtlineare entartete elliptische Differentialgleichungen anwendbar ist. Das Wesen der Methode besteht darin, auf geeignete Weise verallgemeinerte Lösungen zu definieren, aus denen man dann eine Lösung konstruiert.

Ein zweiter Problemkreis betraf die mit der Boltzmann-Gleichung verwandten Beziehungen, die bei Studien zur Kinetik eine wichtige Rolle spielen. In Zusammenarbeit mit R. DiPerna entwickelte Lions Ende der 80er Jahre ein fundamentales Lösungsschema. 1987 gaben sie den ersten allgemeinen Existenzbeweis für globale schwache Lösungen der Boltzmann-Gleichung. 1994 wurde Lions auf dem Internationalen Mathematikerkongress in Zürich mit der ↗Fields-Medaille ausgezeichnet.

Lions-Peetre, Methode von, ↗reelle Interpolationsmethode.

Liouville, Approximationssatz von, Aussage über die Qualität der Approximation algebraischer Zahlen durch rationale Zahlen:

Zu jeder algebraischen Zahl $\alpha \in \mathbb{C}$ gibt es eine effektiv berechenbare reelle Konstante $c = c(\alpha) > 0$ derart, daß für alle $p, q \in \mathbb{Z}$ mit $q \neq 0$ und $\alpha \neq p/q$ gilt:

$$\left|\alpha - \frac{p}{q}\right| \geq \frac{c(\alpha)}{q^{\partial(\alpha)}},$$

wobei $\partial(\alpha)$ der Grad von α ist.

Dieser Approximationssatz gibt eine notwendige Bedingung für die Algebraizität einer reellen Zahl α. Damit ist die Negation dieser Bedingung hinreichend dafür, daß α transzendent ist. Liouville benutzte dies zur Konstuktion transzendenter Zahlen mittels unendlicher ↗Kettenbrüche.

Liouville, Joseph, französischer Mathematiker, geb. 24.3.1809 Saint-Omer (Frankreich), gest. 8.9. 1882 Paris.

Liouville studierte ab 1825 an der École Polytechnique und ab 1827 an der École des Ponts et Chaussées in Paris. 1831 wurde er Assistent bei Mathieu und ab 1838 Professor für Analysis und Mechanik an der École Polytechnique. Daneben lehrte er an der École Centrale und am Collège der France. Ab 1851 arbeitete er am Collège de France und ab 1857 auch an der Pariser Universität.

Liouville zählte zu den bedeutendsten Mathmatikern des 19. Jahrhunderts. Er leistete Beiträge zur Analysis, Zahlentheorie, Geometrie, Algebra, mathematischen Physik, Mechanik und Astronomie. Er bewies den Satz von Rouché über die Anzahl der Nullstellen einer algebraischen Gleichung im Innern eines Gebietes und gab mit Hilfe seines Satzes über die Konstanz einer ganzen beschränkten holomorphen Funktion einen eleganten Beweis des ↗Fundamentalsatzes der Algebra an.

Er zeigte, daß e nicht die Wurzel einer quadratischen Gleichung mit rationalen Koeffizienten sein kann, gab eine neuen Beweis für das quadratische Reziprozitätsgesetz an und untersuchte die Approximation von reellen Zahlen durch rationale (↗Liouville, Approximationssatz von).

Liouville befaßte sich mit geodätischen Linien auf Ellipsoiden, beschrieb nichtlineare räumliche Transformationen und bestimmte Formeln für die geodätische Krümmung.

Seine mathematischen Schule brachte die Frenétschen Formel hervor. Er leistete Beiträge zur Entwicklung der Theorie der gewöhnlichen und partiellen Differentialgleichungen (Sturm-Liouville-Operator, Sturm-Liouvillesches Eigenwertproblem).

Liouville, Satz von, Satz von zentraler Bedeutung in der Funktionentheorie, der wie folgt lautet:

Es sei f eine beschränkte ↗ganze Funktion. Dann ist f konstant.

Es gilt folgende Verallgemeinerung, die von Hadamard stammt.

Es sei f eine ganze Funktion, und für $r \geq 0$ sei $A(r,f) := \max_{|z|=r} \operatorname{Re} f(z)$. Weiter gebe es eine Zahl $s \geq 0$ derart, daß

$$\liminf_{r\to\infty} A(r,f) r^{-s} < \infty .$$

Dann ist f ein Polynom vom Grad $n \in \mathbb{N}_0$ mit $n \leq s$. Gilt zusätzlich $s < 1$, so ist f konstant.

Liouville, Sätze von, über elliptische Funktionen, ↗ elliptische Funktion.

Liouville-Arnold, Satz von, manchmal auch als Satz von Arnold bezeichnet, lautet:

Es bezeichne $F = (F_1, \dots, F_n)$ diejenige Abbildung einer 2n-dimensionalen ↗symplektischen Mannigfaltigkeit M in den $\mathbb{R}^n$, die durch die n ↗Integrale der Bewegung $F_1, \dots, F_n$ eines ↗integrablen Hamiltonschen Systems (M, ω, H) gegeben ist. Es sei μ ein regulärer Wert von F so, daß die Niveaufläche $F^{-1}(\mu)$ nichtleer zusammenhängend und derart ist, daß die Flüsse der n ↗Hamilton-Felder der F_k auf $F^{-1}(\mu)$ vollständig sind.

Dann gibt es eine natürliche Zahl r zwischen 1 und n so, daß $F^{-1}(\mu)$ diffeomorph zu einem Zylinder $(S^1)^{\times r} \times \mathbb{R}^{n-r}$ ist (wobei S^1 den Einheitskreis bezeichnet), und der Fluß der Hamilton-Funktion H quasiperiodisch auf $F^{-1}(\mu)$ verläuft, d. h. durch Translationen, deren Frequenzen bzw. Geschwindigkeiten von der Niveaufläche abhängen, operiert.

Falls $F^{-1}(\mu)$ außerdem noch kompakt ist (was die oben erwähnte Vollständigkeit impliziert), so ist $r = n$, d. h. die Niveaufläche $F^{-1}(\mu)$ ist diffeomorph zu einem n-Torus.

Dieser Satz zeigt in geometrischer Weise, daß integrable Systeme viele invariante Untermannigfaltigkeiten besitzen, auf denen der Fluß in einfacher Weise berechenbar ist.

Ferner liegt in ihm der Ausgangspunkt für die Störungstheorie integrabler Systeme (Satz über den invarianten Torus, Satz von Kolmogorow-Arnold-Moser), was vor allem in der Himmelsmechanik Anwendung fand.

Liouvillesche Abschätzung, eine Verallgemeinerung des Approximationssatzes von Liouville:

Seien $\alpha_1, \dots, \alpha_s$ algebraische Zahlen, bezeichne h den Grad des algebraischen Zahlkörpers $\mathbb{Q}(\alpha_1, \dots, \alpha_s)$ über $\mathbb{Q}$, sei $P \neq 0$ ein Polynom in s Unbekannten mit ganzen Koeffizienten, und bezeichne $\partial_j(P)$ den Grad von P in der Unbekannten X_j für $j = 1, \dots, s$.

Dann gilt entweder $P(\alpha_1, \dots, \alpha_s) = 0$, oder

$$|P(\alpha_1, \dots, \alpha_s)| \geq H(P)^{1-h} \prod_{j=1}^{s} \left((1 + \|\alpha_j\|) \mathrm{Nen}\, \alpha_j\right)^{-h\partial_j(P)} .$$

Dabei bedeuten:

$H(P)$: die „Höhe" des Polynoms P, d. i. das Maximum der Absolutbeträge der Koeffizienten,

$\|\alpha\|$: das „Haus" einer algebraischen Zahl α:

$$\|\alpha\| = \max_{1 \leq j \leq \partial(\alpha)} \left|\alpha^{(j)}\right| ,$$

wobei $\partial(\alpha)$ den Grad von α und die $\alpha^{(j)}$, $1 \leq j \leq \partial(\alpha)$, die Konjugierten der algebraischen Zahl α bezeichnen,

$\mathrm{Nen}\, \alpha$: den „Nenner" einer algebraischen Zahl α, d. i. die kleinste natürliche Zahl m derart, daß $m\alpha$ ganzalgebraisch ist.

Die Liouvillesche Abschätzung ist ein wichtiger Bestandteil der Methode von ↗Hermite-Mahler.

Liouvillesche Formel, ↗ Fluß.

Lipschitz, Rudolf Otto Sigismund, deutscher Mathematiker, geb. 14.5.1832 Königsberg, gest. 7.10. 1903 Bonn.

Lipschitz begann sein Studium 1847 in Königsberg. Später ging er nach Berlin zu Dirichlet, wo er 1853 promovierte. 1857 habilitierte er sich in Berlin und erhielt 1862 in Breslau eine Professur. 1864 wurde er nach Bonn berufen.

Lipschitz arbeitete auf vielen Gebieten der Mathematik. Am bekanntesten ist die nach ihm benannte Lipschitz-Bedingung, die in seinem Lehrbuch „Grundlagen der Analysis" 1877/80 erschien.

Er forschte jedoch auch auf dem Gebiet der Differentialformen und der Mechanik, insbesondere der Hamilton-Jacobischen Methode zur Lösung von Bewegungsgleichungen.

Lipschitz-Bedingung, Bedingung an eine Funktion $f : \mathbb{R}^m \to \mathbb{R}^n$.

Es sei $G \subset \mathbb{R}^{n+1}$ eine offene Menge und $f : G \to \mathbb{R}^n$. Mit $\mathbf{y} := (y_1, \dots, y_n)$ seien $(x, \mathbf{y}) = (x, y_1, \dots, y_n)$ die Elemente von G. Dann sagt man, f genügt in G bezüglich $\mathbf{y}$ einer Lipschitz-Bedingung genau dann, wenn eine Lipschitz-Konstante $L > 0$ existiert so, daß für alle $(x, \mathbf{y}_1), (x, \mathbf{y}_2) \in G$ gilt:

$$\|f(x, \mathbf{y}_1) - f(x, \mathbf{y}_2)\| \leq L\|\mathbf{y}_1 - \mathbf{y}_2\|. \quad (1)$$

Weiterhin genügt f lokal einer Lipschitz-Bedingung bezüglich $\mathbf{y}$, wenn zu jedem Punkt $(x_0, \mathbf{y}_0) \in G$ eine Umgebung $U \subset G$ existiert, so daß f in U bezüglich $\mathbf{y}$ der Lipschitz-Bedingung genügt.

Man nennt eine solche Funktion f auch eine ↗dehnungsbeschränkte Funktion.

Eine Anwendung findet die Lipschitz-Bedingung in den ↗Existenz- und Eindeutigkeitssätzen zu ↗gewöhnlichen Differentialgleichungen, etwa im Satz von Picard-Lindelöf.

Zu beachten ist, daß die Größe der Lipschitz-Konstanten L zwar abhängig sein kann von der gewählten Norm $\|\cdot\|$ im $\mathbb{R}^n$, die Tatsache jedoch, ob f einer Lipschitz-Bedingung (1) genügt, ist unabhängig von der gewählten Norm.

Aus der Lipschitz-Bedingung (1) folgt direkt lediglich die Stetigkeit von f auf den Hyperebenen $x = konst.$, jedoch *nicht* die Stetigkeit von f in G. Hinreichend dafür, daß f in G lokal einer Lipschitz-Bedingung genügt ist die stetige partielle Differenzierbarkeit von f nach den Variablen $y_1, \ldots, y_n$ in ganz G.

Lipschitz-(Hölder-)Klassen, auch Hölder-Klassen, Räume von Funktionen, die (für eine feste Ableitungsordnung und einen festen Exponenten) eine ↗Hölder-Bedingung erfüllen.

Es seien $m, n \in \mathbb{N}$, $0 < \alpha \leq 1$ und $\emptyset \neq \Omega \subset \mathbb{R}^n$:

$$C^0(\Omega) := C(\Omega) := \{f \,|\, f : \Omega \longrightarrow \mathbb{R} \text{ stetig und beschränkt}\},$$

$$C^m(\Omega) := \{f \in C(\Omega) \,|\, D^\mu f \in C(\Omega) \text{ für } |\mu| \leq m\}.$$

Dabei sei $\mu = (\mu_1, \ldots, \mu_n)$ ein Multiindex mit $\mu_\nu \in \mathbb{N}_0$, $(\nu = 1, \ldots, n)$, und dafür

$$|\mu| = \mu_1 + \cdots + \mu_n,$$

$$D^\mu f := \frac{\partial^{|\mu|}}{\partial x_1^{\mu_1} \cdots \partial x_n^{\mu_n}} f.$$

Auf $C^m(\Omega)$ wird durch

$$\|f\|_{m,\Omega} := \|f\|_m := \sum_{|\mu|=0}^{m} \sup_{x \in \Omega} |D^\mu f(x)|$$

eine Norm $\| \; \|_m = \| \; \|_{m,\Omega}$ definiert.

Für eine beliebige Funktion $h : \Omega \longrightarrow \mathbb{R}$ sei

$$|h|_\alpha := \sup\left\{ \frac{|h(x) - h(y)|}{\|x - y\|^\alpha} \,\middle|\, x, y \in \Omega \text{ mit } x \neq y \right\}.$$

($| \; |_\alpha$ wird gelegentlich als Hölder-Halbnorm bezeichnet.)

Damit kann nun für Funktionen f in $C^m(\Omega)$ über

$$\|f\|_{\alpha,\Omega} := \|f\|_\alpha := \sum_{|\mu|=m} |D^\mu f|_\alpha$$

$$\|f\|_{m,\alpha,\Omega} := \|f\|_{m,\alpha} := \|f\|_{m,\Omega} + \|f\|_{\alpha,\Omega}$$

definiert werden und schließlich

$$C^{m,\alpha}(\Omega) := \left\{ f \in C^m(\Omega) \,\middle|\, \|f\|_{m,\alpha,\Omega} < \infty \right\}.$$

(Da $\|f\|_{m,\Omega}$ für eine Funktionen $f \in C^m(\Omega)$ endlich ist, kann rechts – statt $\|f\|_{m,\alpha,\Omega} < \infty$ – auch $\|f\|_{\alpha,\Omega} < \infty$ geschrieben werden.) Diese Räume sind mit der angegebenen Norm vollständig. Für $\alpha = 1$ spricht man auch von einer Lipschitz-Klasse. Statt $\mathbb{R}$ wird oft auch $\mathbb{C}$ als Zielbereich betrachtet.

Lipschitz-(Hölder-)Klassen haben Bedeutung insbesondere in der Theorie der partiellen Differentialgleichungen und in der Potentialtheorie. Sie wurden in den dreißiger Jahren von J. Schauder bei Randwertaufgaben für elliptische Differentialgleichungen zweiter Ordnung eingesetzt. Seine Überlegungen wurden später verallgemeinert, u. a. von C. Miranda und L. Nirenberg.

Lipschitz-Klasse, ↗Lipschitz-(Hölder-)Klassen.

Lipschitz-Konstante, ↗ Lipschitz-Bedingung.

Lipschitz-Kriterium für Fourier-Reihen, manchmal auch Dini-Lipschitz-Kriterium genannt, ein hinreichendes Kriterium für die Konvergenz einer ↗Fourier-Reihe.

Sei f 2π-periodisch und über $[0, 2\pi]$ integrierbar. Für den Stetigkeitsmodul

$$\omega(\delta) = \sup\{|f(x_2) - f(x_1)| : |x_2 - x_1| < \delta\}$$

gelte $\lim_{\delta \searrow 0} \omega(\delta) \log \delta = 0$. Dann konvergiert die Fourier-Reihe von f gleichmäßig gegen f.

Die Voraussetzung ist insbesondere erfüllt, wenn f Lipschitz-stetig ist, d. h. es existieren $M > 0$, $\alpha > 0$ mit

$$|f(x_2) - f(x_1)| < M|x_2 - x_1|^\alpha$$

für alle $x_1, x_2 \in \mathbb{R}$.

Lipschitz-Raum, ↗Funktionenräume.

Lipschitzstetige Funktion, ↗dehnungsbeschränkte Funktion.

Liste, eindimensionale dynamische Datenstruktur, ↗lineare Liste.

listenchromatische Zahl, ↗ Listenfärbung.

Listenfärbung, Verallgemeinerung des Konzepts der ↗Eckenfärbung und ↗Kantenfärbung.

Gibt man für jede Ecke v eines ↗Graphen G eine Liste L_v speziell an dieser Ecke erlaubter Farben vor, so kann man fragen, ob G eine Eckenfärbung mit Farben aus den jeweiligen Listen besitzt. Der Graph G heißt k-listenfärbbar, wenn für jede vorgegebene Familie $(L_v)_{v \in E(G)}$ von Listen mit $|L_v| = k$ für alle $v \in E(G)$ eine Eckenfärbung mit den Farben aus den entsprechenden Listen existiert. Die kleinste Zahl $k \in \mathbb{N}$, für die G noch k-listenfärbbar ist, wird listenchromatische Zahl $\chi_l(G)$ von G genannt.

Enthält z. B. jede Liste genau $\Delta(G) + 1$ Farben, wobei $\Delta(G)$ der Maximalgrad des Graphen G ist, so erhält man ohne Mühe eine Listenfärbung von G, indem man sukzessive die Ecken so färbt, daß adjazente Ecken verschiedene Farben tragen. Insbesondere ergibt sich daraus die Abschätzung

$$\chi_l(G) \leq \Delta(G) + 1.$$

Kantenfärbungen aus Listen sind analog definiert. Das kleinste k, für das G aus Listen von je k Farben stets kantenfärbbar ist, heißt listenchromatischer Index $\chi_l'(G)$ von G. Man kann aber auch einfach $\chi_l'(G)$ durch

$$\chi_l'(G) = \chi_l(L(G))$$

über den ↗Kantengraphen $L(G)$ von G definieren. Der Spezialfall, daß in allen Listen die gleichen Farben enthalten sind, liefert sofort die folgenden Beziehungen zu der chromatischen Zahl $\chi(G)$ bzw. zu dem chromatischen Index $\chi'(G)$:

$$\chi_l(G) \geq \chi(G) \quad \text{und} \quad \chi_l'(G) \geq \chi'(G).$$

In der ersten Ungleichung muß aber keineswegs immer das Gleichheitszeichen stehen. Dies erkennt man z. B. an dem skizzierten ↗bipartiten Graphen B mit den angegebenen Listen aus 2 Farben. Beginnt man in der Mitte mit der Farbe 1 oder 2, so überzeugt man sich leicht davon, daß B nicht 2-listenfärbbar ist, aber es gilt natürlich $\chi(B) = 2$.

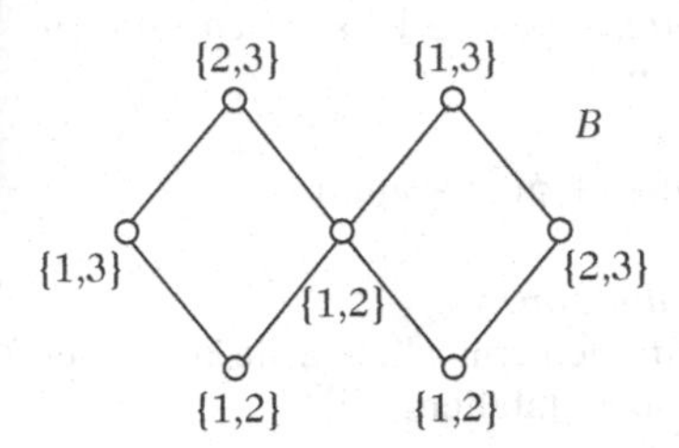

Ein nicht 2-listenfärbbarer bipartiter Graph B mit $\chi(B) = 2$

Um so erstaunlicher ist es, daß für Kantenfärbungen aus Listen kein entsprechendes Beispiel bekannt ist. Daraus resultiert die sogenannte Listenfärbungs-Vermutung von V.G. Vizing aus dem Jahre 1976:

Für jeden Graphen G gilt $\chi_l'(G) = \chi'(G)$.

Durch einen überraschend kurzen Beweis konnte F. Galvin 1995 diese Listenfärbungs-Vermutung für bipartite Graphen bestätigen, die insbesondere eine Vermutung von J.Dinitz aus dem Jahre 1978 über ↗lateinische Quadrate löst.

Ist G ein bipartiter Graph, so gilt $\chi_l'(G) = \chi'(G)$.

Zusammen mit einem Satz von König folgt daraus noch

$$\chi_l'(G) = \chi'(G) = \Delta(G),$$

falls G bipartit ist.

Der große Durchbruch erfolgte dann 1996, als J.Kahn zeigte, daß die Listenfärbungs-Vermutung jedenfalls asymptotisch richtig ist.

Für jedes $\varepsilon > 0$ *gilt*

$$\chi_l'(G) \leq (1+\varepsilon)\Delta(G)$$

für alle Graphen G mit hinreichend großem $\Delta(G)$.

Dennoch ist man von einem vollständigen Beweis der Listenfärbungs-Vermutung noch sehr weit entfernt.

Listenfärbungs-Vermutung, ↗ Listenfärbung.

Literal, ↗Boolesches Literal.

Liu Hui, chinesischer Mathematiker, lebte Anfang des 3. Jahrhunderts in Zixiang (heute: Provinz Shandong), China.

Über die Person Liu Hui geben die historischen Standardquellen wenig Auskunft. Die Annalen der Jin- und Sui-Dynastien erwähnen lediglich den von ihm im Jahre 263 fertiggestellten Kommentar des auf das 2. Jh. v.Chr. zurückgehenden mathematischen Klassikers der „Neun Kapitel über mathematische Prozeduren" (chin. *Jiu zhang suanshu*).

656 wurde das kommentierte und um ein von Liu Hui selbst verfaßtes Kapitel, dem „Mathematischen Klassiker vom Spiegel der Meere" (chin. *Haidao suanjing*), erweiterte Werk von dem Hofastrologen und Mathematiker Li Chunfeng (602–670) und seinem Stab im Rahmen eines kaiserlichen Kompilationsprojektes der „Zehn Bücher mathematischer Klassiker" (chin. *Suanjing shi shu*) herausgegeben und mit zusätzlichen Kommentaren versehen.

Liu Huis Kommentar stellt nicht nur abstrakte Verbindungen her zwischen verschiedenen Prozeduren des Klassikers, sondern ergänzt diesen auch durch Beweise und neue Verfahren. Eine der am meisten erwähnten Errungenschaften ist die Approximation von π durch sukzessive Kreispolygone: Durch ein einbeschriebenes Polygon mit 96 Seiten und ein umbeschriebenes Polygon von 192 Seiten berechnet er π auf 5 Dezimalstellen exakt. Die Urheberschaft von Kommentarfragmenten zur Berechnung von Volumina, die einen zum Cavalierischen Prinzip verwandten Algorithmus verwenden, ist umstritten. Vermutlich geht dieser auf Zu Geng zurück, dem Sohn des berühmten Tang-Mathematikers und Astronomen, Zu Chongzhi (429–500).

Der „Mathematische Klassiker vom Spiegel der Meere", ursprünglich Kommentar zu Kapitel 9 der „Neun Kapitel über mathematische Prozeduren", enthält Vermessungsaufgaben für indirekte Beobachtung, die durch Betrachtung der drei Seiten (chin. *gou*, *gu* und *xian*) rechtwinkliger Dreiecke gelöst werden.

[1] Swetz, F.: The sea island mathematical manual: surveying and mathematics in ancient China. The Pennsylvania State University Press University Park, 1992.

Ljapunow, Alexander Michailowitsch, russischer Mathematiker, geb. 6.6.1857 Jaroslawl, gest. 3.11. 1918 Petrograd (St. Petersburg).

Ljapunow beendete 1880 sein Studium an der Petersburger Universität, wo er bei Tschebyschew promovierte. 1885 wurde er Dozent und 1892 Professor an der Universität Charkow. Ab 1902 arbeitete er an der Akademie der Wissenschaften.

Ljapunow arbeitete hauptsächlich zur Stabilitätstheorie von Differentialgleichungen (Ljapunow-Stabilität). Er untersuchte die Existenz von periodischen Lösungen sowie das Verhalten von Integralkurven in der Nähe von Gleichgewichtslagen. Seine Untersuchungen wendete er an auf mechanische Systeme mit endlich vielen Freiheitsgraden und auf Gleichgewichtsfiguren rotierender Flüssigkeiten. In der Potentialtheorie lieferte er Beiträge zum Dirichlet-Problem, wo er dessen Lösung als Oberflächenintegral mit gewissen Bedingungen an den Rand darstellte.

Ljapunow-Bedingung, hinreichende Bedingung für die Gültigkeit des zentralen Grenzwertsatzes.

Ist $(X_n)_{n\in\mathbb{N}}$ eine unabhängige Folge von auf dem Wahrscheinlichkeitsraum $(\Omega, \mathfrak{A}, P)$ definierten reellen, quadratisch integrierbaren Zufallsvariablen mit positiven Varianzen $Var(X_n)$, so lautet die Ljapunow-Bedingung:

Es existiert ein nicht notwendig ganzzahliges $\delta > 0$ mit

$$\lim_{n\to\infty} \frac{1}{s_n^{2+\delta}} \sum_{i=1}^{n} E\big(|X_i - E(X_i)|^{2+\delta}\big) = 0 .$$

Dabei wurde $s_n := (Var(X_1) + \ldots + Var(X_n))^{1/2}$ gesetzt. Die Ljapunow-Bedingung impliziert die ↗Lindeberg-Bedingung, nicht aber umgekehrt. Sie stellt somit eine stärkere Voraussetzung für die Gültigkeit des zentralen Grenzwertsatzes als jene dar.

Ljapunow-Dimension, *Kaplan-Yorke-Dimension*, eine von Kaplan und Yorke definierte ↗fraktale Dimension.

Sei j der größte Index, für den $\sum_{i=1}^{j} \lambda_i \geq 0$ gilt. Dann heißt

$$\dim_L A = j + \frac{\sum_{i=1}^{j} \lambda_i}{|\lambda_{j+1}|}$$

die Ljapunow-Dimension des Attraktors. Existiert ein solches j nicht, so setzt man $\dim_L A = 0$.

Ljapunow-Funktion, eine Funktion, die ein hinreichendes Kriterium für die Stabilität bzw. asymptotische Stabilität (↗Ljapunow-Stabilität) eines Fixpunktes (↗Fixpunkt eines Vektorfeldes) eines auf einer offenen Menge $W \subset \mathbb{R}^n$ definierten Vektorfeldes liefert.

Seien dazu ein Vektorfeld $f : W \to \mathbb{R}^n$ und ein Fixpunkt $x_0 \in W$ gegeben. Eine auf einer Umgebung $U \subset W$ von x_0 definierte stetige Funktion $V : U \to \mathbb{R}$ heißt Ljapunow-Funktion (für f bzgl. x_0), falls gilt:

1. V ist differenzierbar auf $U \setminus \{x_0\}$,
2. $V(x_0) = 0$ und $V(x) > 0$ für $x \in U \setminus \{x_0\}$,
3. $DV(x)f(x) \leq 0$ für $x \in U \setminus \{x_0\}$.

Gilt anstelle von 3. die Bedingung

3a. $DV(x)f(x) < 0$ für $x \in U \setminus \{x_0\}$,

so heißt V strenge Ljapunow-Funktion (für f bzgl. x_0).

A.M. Ljapunow führte 1892 in seiner Dissertation das Konzept der Ljapunow-Funktion ein, die durch das folgende Ljapunow-Stabilitätskriterium die Untersuchung von Fixpunkten auf Stabilität ermöglicht:

Sei $f : W \to \mathbb{R}^n$ ein auf einer offenen Menge $W \subset \mathbb{R}^n$ definiertes Vektorfeld mit einem ↗isolierten Fixpunkt $x_0 \in W$. Existiert für f bzgl. x_0 eine (strenge) Ljapunow-Funktion, so ist x_0 (asymptotisch) stabil.

Die Schwierigkeit liegt i. allg. in der Bestimmung einer Ljapunow-Funktion, jedoch ist z. B. für die Bewegung eines Teilchens in einem Potentialfeld die Gesamtenergie eine solche:

Sei $W \subset \mathbb{R}^n$ offen und $\phi : W \to \mathbb{R}$ stetig differenzierbar. Ist $q_0 \in W$ lokales Minimum von ϕ, so ist für das Vektorfeld $\dot{q} = p$, $\dot{p} = -\operatorname{grad}\phi$ bzgl. des Fixpunktes $(q_0, 0) \in W \times \mathbb{R}^n$ die auf einer geeigneten Umgebung $U \times A \subset W \times \mathbb{R}^n$ von $(q_0, 0)$ definierte Funktion

$$V(q,p) := \frac{1}{2}\|p\|^2 + \phi(q) - \phi(q_0)$$

eine Ljapunow-Funktion.

Ljapunow-Funktionen ermöglichen die Formulierung der ↗Ljapunow-Stabilität.

[1] Heuser, H.: Gewöhnliche Differentialgleichungen. B.G. Teubner Stuttgart, 1989.

[2] Hirsch, M.W.; Smale, S.: Differential Equations, Dynamical Systems, and Linear Algebra. Academic Press, Inc. Orlando, 1974.

Ljapunow-Stabilität, Konzept zur Untersuchung des Langzeitverhaltens ↗dynamischer Systeme in der Nähe ihrer Fixpunkte (↗Fixpunkt eines dynamischen Systems).

Sei $f : W \to \mathbb{R}^n$ ein auf einer offenen Menge $W \subset \mathbb{R}^n$ definiertes Vektorfeld. Ein Fixpunkt $x_0 \in W$ heißt Ljapunow-stabil, falls für jede Umgebung $U \subset W$ von x_0 eine Umgebung $\tilde{U} \subset W$ von x_0 so existiert, daß gilt:

1. Für jedes $\tilde{x} \in \tilde{U}$ existiert die Lösung $\varphi_t(\tilde{x})$ für alle $t > 0$,
2. $\varphi_t(\tilde{x}) \in W$ für alle $\tilde{x} \in \tilde{U}$ und alle $t > 0$.

Ein Ljapunow-stabiler Fixpunkt x_0 heißt asymptotisch stabil, falls zusätzlich gilt:

3. $\lim_{t\to\infty} \varphi_t(\tilde{x}) = x_0$ für alle $\tilde{x} \in \tilde{U}$.

Ein Fixpunkt $x_0 \in W$ heißt instabil, falls er nicht Ljapunow-stabil ist.

Sei (M, d) ein metrischer Raum. Für ein topologisches dynamisches System $(M, \mathbb{R}, \Phi)$ heißt ein Punkt $x \in M$ Ljapunow-stabil, falls gilt:

$$\bigwedge_{\varepsilon>0} \bigvee_{\delta>0} \bigwedge_{y\in M} \bigwedge_{t\geq 0} (d(y,x) < \delta \Rightarrow d(\Phi(y,t), \Phi(x,t)) < \varepsilon).$$

Ein hinreichendes Kriterium für die (asymptotische) Stabilität eines Fixpunktes liefert die Existenz einer ↗Ljapunow-Funktion.

LL(*k*)-Grammatik, kontextfreie ↗Grammatik, die deterministische Top-Down-Analyse gestattet.

Die Bezeichnung ist zu lesen als Verarbeitung der Eingabe von links nach rechts mit Erzeugung einer Linksableitung bei Vorausschau um k Zeichen.

Die $LL(k)$-Eigenschaft ist wie folgt charakterisiert: Falls es für zwei verschiedene Regeln $[X_1, w_1]$ und $[X_2, w_2]$ der Grammatik, die ↗Linksableitungen $S \Rightarrow^* uX_1v_1 \Rightarrow uw_1v_1 \Rightarrow^* uw_1'$ und $S \Rightarrow^*$

$uX_2v_2 \Rightarrow uw_2v_2 \Rightarrow^* uw'_2$ gibt (w'_1 und w'_2 sind Wörter über dem Alphabet der Sprache), so ist der ↗k-Präfix von w'_1 verschieden vom k-Präfix von w_2. Die Auswahl einer Grammatik-Regel kann also stets eindeutig anhand der ersten k Zeichen der daraus (oder darauffolgend) abzuleitenden Eingabe sowie anhand des bereits analysierten Textes (u) getroffen werden.

LL(k)-Grammatiken sind stets auch ↗LR(k)-Grammatiken. Als Wert für k ist vor allem 1 gebräuchlich.

Llull, Ramón, ↗Lullus, Raimundus.

L_1-Norm, ↗L_1-Approximation.

L_2-Norm, ↗L_2-Approximation.

Lobatschewski, Nikolai Iwanowitsch, Mathematiker, geb. 1.12.1792 Nishni-Nowgorod, gest. 23.2. 1856 Kasan.

Der Sohn eines Staatsbeamten studierte in Kasan. Einer seiner Lehrer an der dortigen Universität war der Lehrer und Freund von C.F. Gauß, Johann Martin Christian Bartels (1769–1836). In seiner gesamten akademischen Laufbahn, die von vielen Ehrungen begleitet war, blieb Lobatschewski der Kasaner Universität verbunden: 1816 wurde er a. o. Professor, 1822 o. Professor, 1823–25 wirkte er als Dekan und 1827–1846 als Rektor.

Seit 1814 beschäftigte sich Lobatschewski mit der Bedeutung des Parallelenpostulats in der Geometrie. Im Jahre 1823 entwickelte er in einem Manuskript für ein nicht gedrucktes Gymnasiallehrbuch eine Geometrie, die des Parallelenpostulats nicht bedarf. 1826 trug er erstmals Ideen seiner hyperbolischen („imaginären") Geometrie vor, in der das euklidische Parallelenpostulat durch die Forderung ersetzt wurde: Zu einer Geraden gibt es beliebig viele Parallelen, die durch einen Punkt laufen.

Seit dieser Zeit baute er das Gebäude der hyperbolischen Geometrie systematisch aus: „imaginäre Geometrie" (1837, deutsch 1840); „Pangeometrie" (1855). Damit fand er jedoch wenig Anerkennung, nur von Gauß erfolgte Zuspruch. Seine Arbeiten zu anderen mathematischen Gebieten wurden jedoch auch in Rußland hochgeschätzt, so sein Lehrbuch der Analysis (1834), in dem sich schon das „Graeffesche Verfahren" zur Ermittlung der Nullstellen von Polynomen und die Bettische Methode zur Lösung spezieller Differentialgleichungen findet. Seine Untersuchungen über trigonometrische Reihen enthielten einen, auch modernen Ansprüchen genügenden, Funktionsbegriff und eine strenge Unterscheidung zwischen Differenzierbarkeit und Stetigkeit.

Lobatschewski-Geometrie, ↗hyperbolische Geometrie.

Lobatschewskische Ebene, Ebene in der ↗hyperbolischen Geometrie.

Während in der euklidischen Geometrie das Parallelenaxiom gilt, wird in der ↗nichteuklidischen Geometrie auf dieses Axiom verzichtet. Die erste nichteuklidische Geometrie wurde unter anderem von Lobatschewski entwickelt. Man nennt diese Geometrie hyperbolische oder auch Lobatschewskische Geometrie. Die Ebene in dieser Geometrie wird als hyperbolische oder auch Lobatschewskische Ebene bezeichnet.

Loeb-Maß, ↗ Nichtstandard-Maßtheorie.

Logarithmentafel, ↗Logarithmusfunktion zu allgemeiner Basis.

logarithmisch konvexe Funktion, auf einem Intervall $I \subset \mathbb{R}$ definierte Funktion $f : I \to (0, \infty)$ derart, daß $\ln f$ eine ↗konvexe Funktion ist.

Auch f selbst ist dann eine konvexe Funktion. Die Summe und das Produkt zweier (und damit endlich vieler) logarithmisch konvexer Funktionen sind logarithmisch konvex, ebenso der punktweise Grenzwert einer Folge logarithmisch konvexer Funktionen, vorausgesetzt, dieser existiert und ist positiv.

Der im Jahr 1922 von Harald Bohr und Johannes Mollerup bewiesene Satz von Bohr-Mollerup charakterisiert mittels logarithmischer Konvexität die reelle Γ-Funktion (↗Eulersche Γ-Funktion).

logarithmische Ableitung, die Ableitung des Logarithmus einer differenzierbaren Funktion ohne Vorzeichenwechsel.

Sei $I \subset \mathbb{R}$ ein Intervall und $f : I \to \mathbb{R} \setminus \{0\}$ differenzierbar. Dann ist nach der ↗Kettenregel auch die Funktion $\ln |f|$ differenzierbar, und es gilt

$$(\ln |f|)' = \frac{f'}{f}.$$

Nach der ↗Produktregel gilt für differenzierbare Funktionen $f_1, \dots, f_n : I \to \mathbb{R} \setminus \{0\}$

$$\frac{(f_1 \cdots f_n)'}{f_1 \cdots f_n} = \frac{f_1'}{f_1} + \dots + \frac{f_n'}{f_n},$$

d. h. die logarithmische Ableitung eines Produkts ist die Summe der logarithmischen Ableitungen der Faktoren. Für differenzierbare Funktionen $f, g : I \to \mathbb{R} \setminus \{0\}$ folgt daraus

$$\frac{(f/g)'}{f/g} = \frac{f'}{f} - \frac{g'}{g},$$

d. h. die logarithmische Ableitung eines Quotienten ist die Differenz der logarithmischen Ableitungen von Zähler und Nenner.

logarithmische Ableitung der Γ-Funktion, ↗ Eulersche Γ-Funktion.

logarithmische Kapazität, ↗ Kapazität.

logarithmische Normalverteilung, ↗Lognormalverteilung.

logarithmische Regel, die Aussage

$$\int^x \frac{f'(t)}{f(t)}\,dx = \ln |f(x)|$$

für eine stetig differenzierbare Funktion f auf einem Intervall, in dem f konstantes Vorzeichen hat; also die Überlegung, daß $\ln \circ |f|$ eine Stammfunktion zu $\frac{f'}{f}$ ist. Diese Regel bestätigt man unmittelbar durch Differentiation der rechten Seite.

logarithmische Reihe, die Potenzreihe

$$\lambda(z) := \sum_{n=1}^{\infty} \frac{(-1)^{n-1}}{n} z^n$$

mit dem ↗Konvergenzradius $R = 1$.

Für $z \in \mathbb{E}$ gilt $\lambda(z) = \mathrm{Log}(1+z)$, wobei Log den Hauptzweig des ↗Logarithmus einer komplexen Zahl bezeichnet.

Die Reihe konvergiert ebenfalls für jedes $z \in \partial\mathbb{E} \setminus \{-1\}$ gegen $\mathrm{Log}(1+z)$. Setzt man speziell $z = 1$, so erhält man für den Wert der alternierenden harmonischen Reihe

$$\sum_{n=1}^{\infty} \frac{(-1)^{n-1}}{n} = \log 2\,.$$

logarithmische Spirale, *gleichwinklige Spirale*, ebene Kurve mit der Parametergleichung

$$\alpha(\varphi) = a\left(e^{b\varphi}\cos\varphi, e^{b\varphi}\sin\varphi\right)$$

bzw. in Polarkoordinaten $\varrho(\varphi) = a\,e^{b\varphi}$, wobei a und b Konstanten sind.

Wenn ein vom Ursprung O der Koordinatenebene ausgehender Strahl sich mit konstanter Geschwindigkeit 1 um O dreht, beschreibt ein Punkt, der sich auf diesem Strahl so bewegt, daß sein Abstand von O den Wert $v = a\,e^{b\varphi}$ hat (φ = Drehwinkel), eine logarithmische Spirale. Ihre Krümmungsfunktion ist

$$k(\varphi) = \frac{e^{-b\varphi}}{a\sqrt{1+b^2}} = \frac{1}{\varrho(\varphi)\sqrt{1+b^2}}\,.$$

Sie schneidet die vom Ursprung ausgehenden Strahlen unter einem konstanten Winkel ϑ, der durch

$$\cos\vartheta = \frac{b}{\sqrt{1+b^2}}$$

gegeben ist. Daher rührt die Bezeichnung gleichwinklige Spirale. Auf dieser Eigenschaft basieren auch Anwendungen für die Formgebung von Messern rotierender Schneidemaschinen (z. B. Häckslern) und von Turbinenrädern.

logarithmische Transformation, Begriff aus der algebraischen Geometrie.

Es sei B eine glatte projektive ↗algebraische Kurve und $X \xrightarrow{\pi} B$ eine elliptische Fläche (↗Klassifikation von Flächen). Eine singuläre Faser X_0 heißt m-fache Faser, wenn $X_0 = mF$ gilt und F primitiv ist (d. h. nicht durch natürliche Zahlen $d > 1$ teilbar in Div (X)). Im Falle $m > 1$ ist F glatt oder vom Typ I_b (dieser entsteht aus $\mathbb{P}^1 \times \mathbb{Z}/b\mathbb{Z}$ durch Identifizierung der Punkte $(\infty, \overline{\nu})$ und $(0, \overline{\nu+1})$, $\nu = 0, \ldots, b-1$). Hierbei ist $\mathbb{P}^1$ als Kompaktifizierung der Gruppe GL_1 anzusehen, d. h., es sind drei Punkte $0, 1, \infty$ ausgezeichnet.

Dann ist

$$F^0 = F \setminus F^{\text{ sing}} = Gl_1 \times \mathbb{Z}/m\mathbb{Z}$$

ein Gruppenschema, und F^0 operiert auf F durch

$$[t, \overline{\nu}][x, \overline{\mu}] = [tx, \overline{\nu} + \overline{\mu}]\,.$$

Logarithmische Transformationen beschreiben, wie man solche m-fachen Fasern durch eine lokale Konstruktion aus einer elliptischen Fläche mit einfacher Faser erhält: Dazu fixiert man einen Punkt $0 \in B$ so, daß die Faser X_0 glatt oder vom Typ I_b ist, und ein $\lambda_0 \in \mathrm{Pic}\,(X_0)$ von der Ordnung m (↗Picard-Gruppe). Über einer geeigneten Umgebung Δ von 0 in B (im Sinne der analytischen Topologie oder der Etaltopologie) erhält man eine Fortsetzung λ von λ_0 auf $X_\Delta = X \times_B \Delta$ und einen Schnitt σ_0 von $X_\Delta \longrightarrow \Delta$ durch den Punkt $[1, 0]$ von $X_0 = F$ so, daß λ einem Schnitt σ der Ordnung m (im Sinne der Gruppenstruktur auf ↗elliptischen Kurven, mit $\sigma_0(t)$ als Nullpunkt) entspricht. Sei $\tilde{\Delta} \xrightarrow{p} \Delta$ m-fache zyklische Überlagerung von Δ, verzweigt in 0, so daß $\Delta = \tilde{\Delta}/G$ ist, G zyklische Gruppe der Ordnung m, $\tilde{o} \in \tilde{\Delta}$ der Fixpunkt von G, und $g \in G$ ein erzeugendes Element. In Koordinaten heißt dies: $p(s) = s^m$, $sg = \xi s$, wobei ξ primitive m-te Einheitswurzel ist. Sei $\tilde{X} \xrightarrow{\alpha} X \times_B \tilde{\Delta}$ minimale Auflösung der Singularitäten von $X \times_B \tilde{\Delta}$. Die Operation von G auf $\tilde{\Delta}$ läßt sich auf $\tilde{X}$ so liften, daß die Projektion $\tilde{X} \longrightarrow \tilde{\Delta}$ G-äquivariant ist: Auf $X_\Delta \times_\Delta \tilde{\Delta}$ operiert G durch

$$(x, s)g = (x + \sigma(\pi(x)), sg)\,,$$

und dies setzt sich auf $\tilde{X}$ fort. Sei schließlich $\varphi : \tilde{\Delta}^* \longrightarrow X_\Delta$ ein Morphismus mit $\pi(\varphi(s)) = p(s)$ und $\varphi(s) - \varphi(sg) = \sigma(p(s))$.

Ein Beispiel: Im analytischen Kontext kann man für Δ und $\tilde{\Delta}$ die Einheitskreisscheibe wählen und $p(s) = s^m$. Wenn X_0 glatt ist, so ist X_Δ bis auf Isomorphie von der Form $\mathbb{C}^* \times \Delta/\mathbb{Z}$, wobei $\mathbb{Z}$ über eine analytische Funktion $q : \Delta \longrightarrow \Delta^*$ operiert durch $(z, t) + \nu \mapsto (zq(t)^\nu, t)$, und man kann den Isomorphismus so wählen, daß $\sigma(t) = [\xi, t]$ mit einer primitiven m-ten Einheitswurzel. Die Gruppenoperation auf $\mathbb{C}^* \times \Delta/\mathbb{Z}$ ist $[z_1, t] + [z_2, t] = [z_1 z_2, t]$, und $\varphi(s) = [s^{-1}, s^m]$ hat die gewünschten Eigenschaften. Mit Hilfe einer solchen Funktion erhält man:

(1) Die Abbildung

$$\begin{array}{ccc}(x,s) & \mapsto & (x+\varphi(s),s^m)\\ X_\Delta \times_\Delta \tilde{\Delta}^* & \longrightarrow & X_\Delta \mid \Delta^*\end{array}$$

induziert einen Isomorphismus

$$(\tilde{X}/G) \mid \Delta^* \simeq X_\Delta \mid \Delta^* .$$

(2) $\tilde{X}/G = X'_\Delta$ ist glatt, und die Faser X'_0 über 0 hat die Form mF, F vom Typ I_{mb}.

Aufgrund des Isomorphismus (1) kann man also $X \setminus X_0$ mit X'_Δ längs $X'_\Delta - X'_0$ verkleben und erhält eine neue elliptische Fläche $X' \overset{\pi'}{\to} B$ mit einer m-fachen Faser über 0.

logarithmisches Integral, andere Bezeichnung für die ↗ Integrallogarithmusfunktion.

logarithmisches Papier, ein Funktionspapier, dessen Koordinatenachsen als Funktionsleitern ausgebildet sind.

Beim einfach logarithmischen Papier ist nur die Abszisse als logarithmische Funktionsleiter ausgebildet, die Ordinate ist linear. Beim doppelt logarithmischen Papier sind beide Koordinatenachsen als logarithmische Funktionsleitern ausgebildet. Die achsenparallelen Geraden erzeugen ein Netz wie beim Millimeterpapier. Der Vorteil des logarithmischen Papieres liegt darin, daß bei technischen Anwendungen Potenzen oder exponentielle Zusammenhänge als Geraden wiedergegeben werden können.

logarithmisch-konvexes Gebiet, ↗ Reinhardtsches Gebiet.

Logarithmus, ↗ Logarithmus, dekadischer, ↗ Logarithmus einer komplexen Zahl, ↗ Logarithmusfunktion, ↗ Logarithmusfunktion zu allgemeiner Basis.

Logarithmus, dekadischer, der Logarithmus a einer Zahl $x > 0$ zur Basis $b = 10$, geschrieben $a = \lg x = \log_{10} x$.

Dies ist also der Exponent der Potenz von b, der die Gleichung $x = b^a$ erfüllt. Die Logarithmen zur Basis 10 heißen dekadische oder Briggssche Logarithmen. Logarithmen zu anderen Basen lassen sich in dekadische Logarithmen umrechnen und umgekehrt. Z.B. nennt man Logarithmen zur Basis $e = 2,7182818\ldots$ natürliche Logarithmen, geschrieben ln. Die Umrechnungsvorschrift lautet $\ln x = \lg x / \lg e$. Der Vorteil der dekadischen Logarithmen besteht darin, daß ihre Basis auch die unseres dekadischen Zahlensystems ist. Sie brauchen daher nur für die Numeri von 1 bis 10 berechnet zu werden, da sich die Zehnerpotenz des Numerus nicht auf die Mantisse des Logarithmus, sondern nur auf seine Kennziffer auswirkt.

Logarithmus der Γ-Funktion, ↗ Eulersche Γ-Funktion.

Logarithmus einer Funktion, Anwendung der Logarithmusfunktion auf eine gegebene Funktion.

Ist f eine reelle Funktion mit $f(x) > 0$, so kann man die Funktion $g(x) = \ln f(x)$ betrachten. Sie heißt der Logarithmus der Funktion f.

Von besonderer Bedeutung ist der Logarithmus einer Funktion beim Differenzieren von Funktionen der Art $f(x) = h(x)^{r(x)}$. Dann ist nämlich $\ln f(x) = r(x) \cdot \ln h(x)$, und die Ableitung lautet

$$f'(x) = f(x) \cdot \left(r'(x) \cdot \ln h(x) + r(x) \cdot \frac{h'(x)}{h(x)} \right).$$

Logarithmus einer komplexen Zahl, zu einer komplexen Zahl $z \neq 0$ eine Zahl $w \in \mathbb{C}$ derart, daß

$$e^w = z .$$

Da die ↗ Exponentialfunktion die komplexe Ebene $\mathbb{C}$ surjektiv auf die punktierte Ebene $\mathbb{C}^* = \mathbb{C} \setminus \{0\}$ abbildet und die Periode $2\pi i$ besitzt, existieren zu jedem $z \in \mathbb{C}^*$ stets unendlich viele Logarithmen $w \in \mathbb{C}$. Jedes solche w ist von der Form

$$w = \log |z| + i \arg z .$$

Dabei ist $\arg z$ ein ↗ Argument von z, und für $x > 0$ ist $\log x$ die eindeutig bestimmte reelle Zahl mit $e^{\log x} = x$. Man schreibt $w = \log z$ unter Beachtung der Vieldeutigkeit. (Man beachte, daß in funktionentheoretischem Kontext der (natürliche) Logarithmus (↗ Logarithmusfunktion) meist mit log bezeichnet wird, während man ihn in der Tradition der reellen Analysis zumeist mit ln bezeichnet). Je zwei Logarithmen von z unterscheiden sich also durch ein additives ganzzahliges Vielfaches von $2\pi i$.

Derjenige Wert von $w = \log z$ mit $\operatorname{Im} w \in (-\pi, \pi]$ heißt der Hauptwert des Logarithmus von z. Man benutzt dafür auch die Bezeichnung $\operatorname{Log} z$. Gelegentlich wird der Wert von $w = \log z$ mit $\operatorname{Im} w \in [0, 2\pi)$ als Hauptwert bezeichnet.

Eine positive reelle Zahl x besitzt die Logarithmen $\log x + 2k\pi i$, $k \in \mathbb{Z}$, während eine negative reelle Zahl x die Logarithmen $\log |x| + (2k+1)\pi i$, $k \in \mathbb{Z}$ besitzt. Weiter gilt $\operatorname{Log} i = \frac{\pi}{2} i$.

Bei der Anwendung des aus dem Reellen bekannten Logarithmengesetzes $\log(xy) = \log x + \log y$, x, $y > 0$ ist im Komplexen Vorsicht geboten. Sind $z_1, z_2 \in \mathbb{C}^*$, so unterscheiden sich $\log(z_1 z_2)$ und $\log z_1 + \log z_2$ im allgemeinen um ein additives ganzzahliges Vielfaches von $2\pi i$. Für $\operatorname{Re} z_1 > 0$, $\operatorname{Re} z_2 > 0$ gilt aber

$$\operatorname{Log}(z_1 z_2) = \operatorname{Log} z_1 + \operatorname{Log} z_2 .$$

Der Hauptzweig des Logarithmus ist die in der geschlitzten Ebene $\mathbb{C}^- = \mathbb{C} \setminus (-\infty, 0]$ ↗ holomorphe Funktion f mit $f(z) = \operatorname{Log} z$ für $z \in \mathbb{C}^-$. Insgesamt existieren abzählbar unendlich viele in $\mathbb{C}^-$

holomorphe Zweige des Logarithmus, nämlich die Funktionen f_k mit $f_k(z) = \mathrm{Log}\, z + 2k\pi i$ für $z \in \mathbb{C}^-$ und $k \in \mathbb{Z}$. Dabei ist f_0 der Hauptzweig. Keiner dieser Zweige ist in einen Punkt $x_0 \in (-\infty, 0]$ stetig fortsetzbar. Die Funktion f_k vermittelt eine ↗konforme Abbildung von $\mathbb{C}^-$ auf den Horizontalstreifen

$$\{ z \in \mathbb{C} : (2k-1)\pi < \mathrm{Im}\, z < (2k+1)\pi \}.$$

Dabei wird ein Strahl $S_t = \{ re^{it} : r > 0 \}$, $t \in (-\pi, \pi)$ bijektiv auf die horizontale Gerade $H_t = \{ x + (t + 2k\pi)i : x \in \mathbb{R} \}$ abgebildet. Weiter wird die offene Kreislinie $K_r = \{ re^{it} : -\pi < t < \pi \}$, $r > 0$ bijektiv auf die Strecke

$$L_r = \{ \log r + iy : (2k-1)\pi < y < (2k+1)\pi \}$$

abgebildet.

Allgemeiner existiert in jedem einfach zusammenhängenden Gebiet $G \subset \mathbb{C}$ mit $0 \notin G$ ein holomorpher Zweig des Logarithmus, d. h. es gibt eine in G holomorphe Funktion g mit $e^{g(z)} = z$ für $z \in G$. Dabei ist der Zweig durch die Festlegung eines Werts von g an einer festen Stelle $z_0 \in G$ eindeutig bestimmt. Außerdem existiert in jedem einfach zusammenhängenden Gebiet G und zu jeder in G holomorphen Funktion h, die in G keine Nullstellen besitzt, ein holomorpher Zweig des Logarithmus von h, d. h. eine in G holomorphe Funktion g mit $e^{g(z)} = h(z)$ für $z \in G$. Die Eindeutigkeit erreicht man ebenfalls durch Festlegung eines Werts für $g(z_0)$.

Logarithmusfunktion, auch als *natürliche Logarithmusfunktion*, *natürlicher Logarithmus* oder *logarithmus naturalis* bezeichnet, die aufgrund der strengen Isotonie und Surjektivität der Exponentialfunktion $\exp : \mathbb{R} \to (0, \infty)$ zu dieser existierende, streng isotone Umkehrfunktion, also die Funktion $\ln = \exp^{-1} : (0, \infty) \to \mathbb{R}$ mit $\ln(\exp(x)) = x$ für $x \in \mathbb{R}$ und $\exp(\ln x) = x$ für $x > 0$. Nach dem Satz über die ↗Differentiation der Umkehrfunktion ist ln differenzierbar mit $\ln'(x) = \frac{1}{x}$ für $x > 0$. Aus $\exp(0) = 1$ und $\exp(1) = e$ mit der Eulerschen Zahl ↗e folgen $\ln 1 = 0$ und $\ln e = 1$. Oft wird für die Logarithmusfunktion auch die Bezeichnung log benutzt.

Ferner gilt $\ln x^\alpha = \alpha \ln x$ für $x > 0$ und $\alpha \in \mathbb{R}$. Aus $\ln'(x) = \frac{1}{x}$ und $\ln 1 = 0$ erhält man

$$\ln x = \int_1^x \frac{1}{t}\, dt \qquad (x > 0)$$

(worüber man den Logarithmus auch einführen kann), und aus dem Additionstheorem der Exponentialfunktion folgt die Funktionalgleichung

$$\ln(xy) = \ln x + \ln y \qquad (x, y > 0)$$

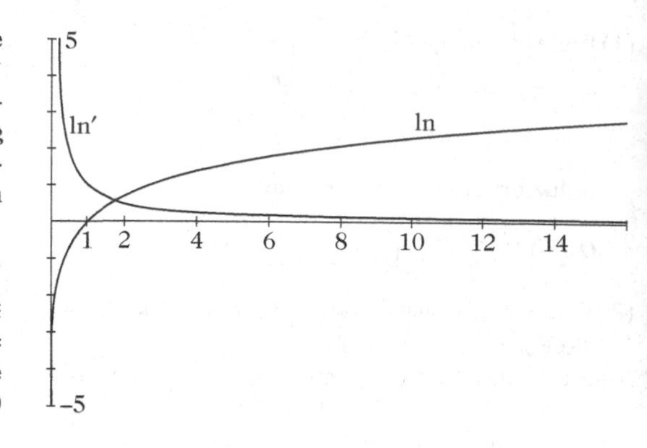

und damit $\ln \frac{x}{y} = \ln x - \ln y$, speziell $\ln \frac{1}{y} = -\ln y$. Es gilt $\ln x \to -\infty$ für $x \downarrow 0$ und $\ln x \to \infty$ für $x \to \infty$. Für $\alpha > 0$ folgt etwa aus den Regeln von de l'Hôpital $x^\alpha \ln x \to 0$ für $x \downarrow 0$ und $x^{-\alpha} \ln x \to 0$ für $x \to \infty$, d. h. ln wächst langsamer als jede Potenz. Für $-1 < x \le 1$ hat man die 1668 von Nicolaus Mercator angegebene Mercator-Reihe:

$$\begin{aligned} \ln(1+x) &= \sum_{n=1}^{\infty} (-1)^{n-1} \frac{x^n}{n} \\ &= x - \frac{x^2}{2} + \frac{x^3}{3} - \frac{x^4}{4} \pm \cdots \end{aligned}$$

Durch Einsetzen von $x = 1$ erhält man die zuerst 1659 von Pietro Mengoli in seinem Werk „Geometria speziosa" angegebene Mengoli-Reihe

$$\ln 2 = \sum_{n=1}^{\infty} \frac{(-1)^{n-1}}{n} = 1 - \frac{1}{2} + \frac{1}{3} - \frac{1}{4} \pm \cdots,$$

die wie die ↗Leibniz-Reihe für π für praktische Rechnungen viel zu langsam konvergiert.

Mit der ↗Logarithmusfunktion $\log_a$ zu allgemeiner Basis a gilt $\ln = \log_e$. Es existiert auch für komplexe Werte von x eine Verallgemeinerung der Logarithmusfunktion, deren Verhalten unter dem Stichwort ↗Logarithmus einer komplexen Zahl beschrieben ist; insbesondere ist die Mercator-Reihendarstellung auch für komplexe Zahlen (die betragsmäßig kleiner als 1 sind) noch definiert.

Logarithmusfunktion zu allgemeiner Basis, *Logarithmus*, die aufgrund der strengen Monotonie und Surjektivität der Exponentialfunktion $\exp_a : \mathbb{R} \to (0, \infty)$ zur Basis $a \in (0, \infty) \setminus \{1\}$ zu dieser existierende Umkehrfunktion, also die Funktion

$$\log_a = \exp_a^{-1} : (0, \infty) \to \mathbb{R}$$

mit $\log_a a^x = x$ für $x \in \mathbb{R}$ und $a^{\log_a x} = x$ für $x > 0$. Mit $\exp_a$ ist auch $\log_a$ streng antiton für $a < 1$ und streng isoton für $a > 1$. Mit der ↗Logarithmusfunktion ln gilt $\log_a x = \frac{\ln x}{\ln a}$ für $x > 0$, insbesondere $\log_e = \ln$. Aus den Eigenschaften von ln erhält man leicht die Eigenschaften von $\log_a$. So ist etwa $\log_a$ differenzierbar mit $\log_a'(x) = \frac{1}{x \ln a}$ für $x > 0$, es ist $\log_a 1 = 0$ und $\log_a a = 1$, und es gilt die Funktionalgleichung

$$\log_a(xy) = \log_a x + \log_a y \qquad (x, y > 0)$$

und damit

$$\log_a \frac{x}{y} = \log_a x - \log_a y,$$

insbesondere $\log_a \frac{1}{y} = -\log_a y$. Ferner gelten $\log_a x^\alpha = \alpha \log_a x$ für $\alpha \in \mathbb{R}$ und $\log_{a^r} x = \frac{1}{r} \log_a x$ für $r \in \mathbb{R} \setminus \{0\}$.

Die Funktionalgleichung zeigt unter Beachtung von $\log_a 1 = 0$, daß $\log_a : ((0, \infty), \cdot) \to (\mathbb{R}, +)$ ein Gruppenisomorphismus ist. Die Logarithmusfunktion zu allgemeiner Basis wird durch die Funktionalgleichung charakterisiert: Ist $f : (0, \infty) \to \mathbb{R}$ stetig an der Stelle 1 und nicht die Nullfunktion, und gilt $f(xy) = f(x) + f(y)$ für alle $x, y \in (0, \infty)$, so gibt es genau ein $a \in \mathbb{R}$ mit $f(a) = 1$, und es ist $f = \log_a$.

Außer dem *natürlichen Logarithmus* $\ln = \log_e$ werden manchmal auch der *Briggssche* oder *gewöhnliche* oder *dekadische Logarithmus* $\lg = \log_{10}$ und der *Duallogarithmus* oder *dyadische Logarithmus* $\mathrm{ld} = \log_2$ benutzt.

Durch die Funktionalgleichung des Logarithmus wird die Multiplikation reeller Zahlen auf die Addition zurückgeführt. In Gestalt von Logarithmentafeln gewannen deswegen die Logarithmen im 17. Jahrhundert (John Neper 1614, Henry Briggs 1624) große Bedeutung für das praktische Rechnen. Von Pierre Simon Marquis de Laplace stammt die Aussage, daß die Logarithmen durch die Zeitersparnis beim Rechnen die Lebenszeit der Astronomen verdoppelten. Durch die Erfindung von (ebenfalls die Logarithmen benutzenden) ↗Rechenschiebern, mechanischen und später elektronischen Rechenmaschinen trat diese Bedeutung der Logarithmen in den Hintergrund, aber die Logarithmusfunktion ist weiterhin in vielen Gebieten der Mathematik und ihrer Anwendungen allgegenwärtig.

Logik

H. Wolter

Die Logik (griechisch: Denklehre) gilt als Wissenschaft von den Gesetzen und Formen des richtigen menschlichen Denkens. Die sog. *traditionelle Logik* ist die erste Stufe der Logik des abgeleiteten Wissens. Sie untersucht die allgemeinsten Gesetze der Logik wie die zur Identität, des Widerspruchs, des ausgeschlossenen Dritten, des hinreichenden Grundes, des logischen Schließens, ohne deren Anerkennung ein folgerichtiges Denken nicht möglich ist. Gegenstand der Logik sind Aussagen bzw. Aussageformen und deren Beziehungen zueinander, soweit diese für Wahrheit oder Falschheit relevant sind.

Der eigentliche Schöpfer der Logik als Wissenschaft ist Aristoteles. Er betrachtete als erster Aussageformen wie z. B. „alle A sind B", wobei A und B als Variablen für Objekte anzusehen sind, kombinierte sie miteinander und zog aus der Gestalt der zusammengesetzten Aussageformen weitere Schlußfolgerungen. Die Aristotelesche Logik blieb bis in das 19. Jh. nahezu unverändert. Mit der fortschreitenden Industrialisierung und der Weiterentwicklung der Naturwissenschaften, insbesondere der Mathematik im 19. Jh., waren strengere Maßstäbe an die Korrektheit des gefundenen Wissens erforderlich. Die moderne Entwicklung der Logik beginnt im 19. Jh. mit ihrer „Mathematisierung". Wichtige Vorarbeiten hierzu wurden von G.W. Leibniz, B. Bolzano, G. Boole, A. De Morgan und vor allem von G. Frege geleistet. Auslösend für die moderne Entwicklung der Logik war die enorme Ausweitung naturwissenschaftlichen Denkens und die dadurch schärfer hervorgetretenen unbewältigten Probleme in der Grundlegung der Mathematik. Dabei zutage gekommene Widersprüche erforderten eine gründliche Analyse der verwendeten mathematischen Ausdrucksmittel und Methoden. Die in diesem Zusammenhang gewonnenen Erkenntnisse über die Rolle der Sprache waren nicht nur für die Fundierung der Mathematik bedeutungsvoll, sondern gleichermaßen förderlich für die Entwicklung „intelligenter" Maschinen. Erst die präzise mathematische Analyse des logischen Schließens erbrachte das notwendige Verständnis der Denkvorgänge, das für den Bau von leistungsfähigen Computern erforderlich ist. Wesentliche Impulse bei der Entwicklung der Logik zu einer mathematischen Disziplin (↗mathematische Logik) kamen aus der Mathematik selbst.

Nachdem G. Cantor sein Konzept der (naiven) Mengenlehre entwickelt hatte (wonach Mengen Zusammenfassungen wohlunterschiedener Objekte unserer Anschauung oder unseres Denkens sind), das sich hervorragend zur Grundlegung der Mathematik eignete, wurden um die Jahrhundertwende 1900 eine Reihe von Widersprüchlichkeiten in diesem Konzept entdeckt. Die auffälligste war die von B. Russel gefundene, die hier skizziert werden soll:

Wenn die Cantorsche Mengendefinition korrekt ist, dann ließe sich die Menge M aller Mengen X bilden, die sich selbst nicht als Element enthalten; formal ausgedrückt bedeutet dies: $\forall X(X \in M) \leftrightarrow (X \notin X)$. Da M selbst eine Menge ist, kann $X = M$ gewählt werden. Dies impliziert: $M \in M \leftrightarrow M \notin M$, was offensichtlich einen Widerspruch darstellt. Damit war zunächst die Cantorsche Mengenlehre gescheitert und das Fundament der Mathematik ins Wanken geraten. In diesem Zusammenhang wird auch von einer Grundlagenkrise der Mathematik gesprochen. Dies löste umfangreiche grundlagentheoretische Analysen innerhalb der Mathematik aus, die zu einer strengen Überprüfung der logischen und mathematischen Hilfsmittel führten. Hieraus entstanden verschiedenartige neue Ansätze für Logik-Kalküle mit streng formalisierten Sprachen, mit möglichst schwachen logischen Voraussetzungen (↗logische Axiome) und präzise formulierten zulässigen Beweisregeln.

Die schon bis zu einem gewissen Grad entwickelte klassische ↗Aussagen- und ↗Prädikatenlogik ließ unendliche Mengen als existierende mathematische Objekte zu und akzeptierte das Gesetz vom ausgeschlossenen Dritten (:= jede Aussage ist wahr oder falsch). Spätestens nachdem K. Gödel 1930 seinen Vollständigkeitssatz für die Prädikatenlogik veröffentlicht hatte (↗Gödelscher Vollständigkeitssatz), war gesichert, daß der ↗Prädikatenkalkül als logisches System eine hervorragende Grundlage für Untersuchungen in der klassischen Mathematik darstellt, die ebenfalls unendliche Mengen als existierende mathematische Objekte und indirekte Beweise, die auf dem Gesetz vom ausgeschlossenen Dritten beruhen, akzeptiert.

In der *intuitionistischen Logik* hingegen, die von L.E.G Brower initiiert wurde, werden als existierende Objekte zunächst nur beliebig große natürliche Zahlen anerkannt (z. B. schon die Menge der natürlichen Zahlen selbst ist nicht ad hoc existent). Ein mathematisches Objekt wird in dieser Theorie nur dann als existent angesehen, wenn es sich mit finiten Mitteln aus den schon zuvor vorhandenen Objekten konstruieren oder sich seine Existenz beweisen läßt, wobei die Beweismittel gegenüber der klassischen Logik erheblich eingeschränkt sind. Indirekte Beweise, die auf dem Gesetz vom ausgeschlossenen Dritten basieren, sind z. B. ausgeschlossen. Die in diesen eingeschränkten Rahmen entwickelte Mathematik wird auch *konstruktive* oder *intuitionistische Mathematik* genannt. Der positive Beitrag des Intuitionismus zur Grundlagenuntersuchung der Mathematik ist vor allem darin zu sehen, daß eine strenge Abgrenzung der konstruktiven von der nicht-konstruktiven Mathematik erfolgte. Wirklich rechnen (d. h. Probleme algorithmisch „mit Hand" oder mit Computern bearbeiten) kann man nur im Rahmen der konstruktiven Mathematik.

Wer das Gesetz vom ausgeschlossenen Dritten oder das Prinzip der Zweiwertigkeit (↗Aussagenkalkül) ablehnt, kommt zu einer anderen Art Logik, in der es mehr als zwei Wahrheitswerte gibt. In diesem Zusammenhang ist die ↗Modallogik, die ↗mehrwertige Logik und in der neueren Zeit die ↗Fuzzy-Logik entstanden.

Aus dem Bedürfnis heraus, den Berechenbarkeitsbegriff zu definieren bzw. zu präzisieren, entstanden unter anderem die rekursiven Funktionen, die aufgrund ihrer Definition offenbar im naiven Sinne berechenbar sind. Da so grundlegende Begriffe wie „berechenbar, entscheidbar, konstruierbar, ..." eng mit dem Begriff der rekursiven Funktion verbunden sind, und viele Probleme einer algorithmischen Lösung bedurften, entstand hieraus im Rahmen der mathematischen Logik eine neue Theorie, die *Rekursionstheorie*. Sie befaßt sich im weitesten Sinne mit den Eigenschaften der rekursiven Funktionen. Obwohl vielfältige Anstrengungen unternommen worden sind, den Berechenbarkeitsbegriff vollständig zu charakterisieren, ist dies bisher nicht im vollem Umfang gelungen. Klar ist nur, daß alle rekursiven Funktionen berechenbar sind, die Umkehrung konnte nur hypothetisch angenommen werden. Die Churchsche Hypothese, die heute allgemein anerkannt wird, besagt, daß die berechenbaren Funktionen genau die rekursiven sind. Unter dieser zwar unbewiesenen, aber doch sehr vernünftig erscheinenden Hypothese werden häufig weitere Untersuchungen angestellt.

David Hilbert versuchte mit seinem Programm einer finiten Begründung der klassischen Mathematik einen anderen Weg bei der Überwindung der Grundlagenkrise zu gehen. Er setzte sich entschieden für die Beibehaltung der Cantorschen Ideen zur Mengenlehre, jedoch unter modifizierten Bedingungen, ein. Ihm schwebte eine umfassende Axiomatisierung der Geometrie, der Zahlentheorie, der Analysis, der Cantorschen Mengenlehre und weiterer grundlegender Teilgebiete der Mathematik vor. Aus dieser Grundidee, die gewisse Axiome an den Anfang stellt, die Beweismittel präzisiert und nur auf dieser Basis Schlußfolgerungen zuläßt, entstand eine neue Richtung in der mathematischen Logik, die ↗Beweistheorie. Das Hilbertsche Programm, die Mathematik in wesentlichen Teilen vollständig zu axiomatisieren, erwies sich mit dem Erscheinen der Gödelschen Resultate zur Unvollständigkeit der Arithmetik als nicht realistisch. Der Unvollständigkeitssatz besagt im wesentlichen:

Eine widerspruchsfreie und rekursiv axiomatisierbare Theorie T, in der die elementare Peanoarithmetik interpretiert werden kann, ist unvollständig.

Als Folgerung ergibt sich hieraus sofort die wichtige Erkenntnis: Ist L die Sprache der Arithmetik, $\mathbb{N} = \langle N, +, \cdot, <, 0, 1\rangle$ das Standardmodell der Arithmetik und T die Menge aller in $\mathbb{N}$ gültigen Aussagen aus L, dann ist T offenbar vollständig. Folglich ist T nicht rekursiv axiomatisierbar. Anders ausgedrückt: Ist Σ eine beliebige rekursive Teilmenge von T, dann gibt es stets eine Aussage φ in L, so daß weder φ noch $\neg\varphi$ aus Σ beweisbar sind. Jedes solche System ist also unvollständig und damit schon eine so grundlegende Theorie wie die Arithmetik nicht axiomatisierbar. Analoge Überlegungen gelten erst recht für jedes axiomatische System der Mengenlehre, in dem die Arithmetik interpretierbar ist.

Die von Hilbert entwickelten Methoden der Beweistheorie leben aber fort und haben ihren festen Platz in der Mathematik. Ebenso gewann die axiomatische Methode an Einfluß. Beispielsweise wurde die Mengenlehre mit Erfolg axiomatisch begründet. Die aus heutiger Sicht am besten geeignete Axiomatisierung geht auf Zermelo und Fraenkel zurück, so daß sie häufig ZF-Mengenlehre genannt wird. Mit Hilfe verschiedenartiger Mengen-Modelle wurden Abhängigkeits- und Unabhängigkeitsuntersuchungen vorgenommen. Die bekanntesten Resultate in diesem Zusammenhang sind die Ergebnisse von Gödel und P.J. Cohen zur Unabhängigkeit des Auswahlaxioms und der Kontinuumhypothese von den ZF-Axiomen.

Im Zuge der Axiomatisierung weiterer mathematischer Theorien und der Ausnutzung von Methoden und Ergebnissen der klassischen Prädikatenlogik (↗elementare Sprachen) zur Untersuchung von Klassen ↗algebraischer Strukturen (auch ↗Modelle genannt) entstand die ↗Modelltheorie, die manchmal auf die verkürzende Formel: *Modelltheorie = Algebra + Logik* gebracht wird. Dies stimmte allerdings nur in der Anfangsphase der modelltheoretischen Entwicklung. Heute bearbeitet die Modelltheorie mit den Hilfsmitteln der mathematischen Logik Fragestellungen aus praktisch allen Teilgebieten der Mathematik. Klassische Problemstellungen der Modelltheorie sind z. B.:

- Gegeben ist eine Klasse $\mathbb{K}$ von Strukturen (z. B. Körper mit bestimmten Eigenschaften). Gibt es eine elementare Theorie T (Menge von formalisierten Aussagen) so, daß die Elemente aus $\mathbb{K}$ genau die Modelle von T sind? Ist diese Theorie (falls sie existiert) entscheidbar, d. h., gibt es ein allgemeines Verfahren (Algorithmus), mit dessen Hilfe man effektiv für jede vorgelegte Aussage φ entscheiden (berechnen) kann, ob φ aus T beweisbar ist oder nicht?
- Gegeben ist eine Theorie T. Gesucht sind alle Modelle von T. Welche spezifischen Eigenarten weisen derartige Modelle auf?
- Gegeben ist eine konkrete Struktur $\mathcal{A}$ (z. B. die der reellen Zahlen mit allen dort definierten Relationen und Funktionen, oft als Standardmodell der Analysis bezeichnet). Gibt es weitere „nützliche" Strukturen $\mathcal{B}$, die zu $\mathcal{A}$ elementar äquivalent (↗elementar äquivalente L-Strukturen), aber nicht isomorph zu $\mathcal{A}$ sind, und sich für die beabsichtigten Untersuchungen besser eignen als $\mathcal{A}$? (Alle elementaren Eigenschaften, die man für $\mathcal{B}$ gewinnt, gelten aufgrund der elementaren Äquivalenz automatisch auch für $\mathcal{A}$.)

Beispiele hierfür sind sog. *Nichtstandard-Modelle* der Arithmetik und der Analysis. Für die Analysis hat sich hieraus ein neuer Zweig, die Nichtstandard-Analysis, gebildet. Die Modelle sind nichtarchimedisch geordnete Körper, in denen es infinitesimale Elemente gibt, so daß hiermit die Grundidee von Leibniz zur Begründung der Infinitesimalrechnung mit „unendlich kleinen Größen" tatsächlich realisiert wurde. Die Nichtstandard-Analysis ist eine Erweiterung der klassischen Analysis. Ihre Modelle enthalten die reellen Zahlen als Unterstruktur, und die Ergebnisse der klassischen Analysis erscheinen als Spezialfälle.

Obwohl der Prädikatenkalkül, bei dem nur Variablen für Elemente, nicht aber gleichzeitig für Mengen, Relationen bzw. Funktionen quantifiziert werden dürfen, als hinreichende Basis für grundlagentheoretische Untersuchungen dient, können in derartigen Sprachen gewisse mathematische Sachverhalte nicht ausgedrückt werden, wie z. B. Isomorphie von Strukturen, Endlichkeit bzw. Unendlichkeit von Mengen und anderes mehr. Aus dem Bedürfnis, nicht nur sog. elementare Eigenschaften formulieren und untersuchen zu können, ergaben sich verschiedenartige Versuche, die Ausdrucksfähigkeit der elementaren Sprachen zu erweitern, indem neue Ausdrucksmittel hinzugenommen wurden.

Läßt man nicht nur die Quantifizierung von Elementen (bzw. für Variablen von Elementen) zu, sondern auch die von Mengen oder Relationen und Funktionen, dann spricht man von Prädikatenkalkülen zweiter oder höherer Stufe, im Gegensatz zum üblichen Prädikatenkalkül, der auch „Prädikatenkalkül der ersten Stufe" genannt wird.

Eine andere Erweiterung der elementaren Sprachen erhält man durch Hinzunahme neuartiger Quantoren, wie z. B.: „Es gibt höchstens endlich viele ...", „es gibt unendlich viele ...", „es gibt κ

(viele) ... ", wobei κ eine fixierte unendliche Kardinalzahl ist, „es gibt gleich-viele Elemente ... " (mit bestimmten in der Sprache ausdrückbaren Eigenschaften).

Die Benutzung von infinitären Sprachen (↗infinitäre Logik) bilden einen weiteren Versuch, die für manche Belange nicht hinreichende Ausdrucksfähigkeit der elementaren Sprachen zu umgehen. Für alle diese Fälle gilt aber, daß die verbesserten Ausdrucksmöglichkeiten „erkauft" werden müssen durch den Verlust leistungsfähiger Hilfsmittel, wie etwa das Kompaktheitstheorem (siehe ↗Kompaktheitssatz der Modelltheorie), sodaß die Nachteile der erweiterten Sprachen gegenüber den elementaren dominieren und ihre Verwendung daher begrenzt blieb.

Insgesamt kann die mathematische Logik aus heutiger Sicht im wesentlichen in vier große Teilgebiete untergliedert werden, die sich in starkem Maße gegenseitig befruchten und ineinandergreifen bzw. sich überlappen (die Reihenfolge stellt keine Wertung dar):

1. Logik-Kalküle im weitesten Sinne. Hierzu gehören insbesondere die Aussagen- und Prädikatenlogik, die intuitionistische Logik, mehrwertige Logiken, die Beweistheorie, auch Logiken für erweiterte Sprachen, ...
2. Modelltheorie.
3. Axiomatische Mengenlehre.
4. Rekursionstheorie.

Literatur

[1] Barwise, J.: Handbook of Mathematical Logic Vol. 90. North-Holland Amsterdam/New York/Oxford, 1977.

[2] Börger, E.: Berechenbarkeit, Komplexität, Logik. Vieweg Braunschweig, 1985.

[3] Chang, C.C.; Keisler, H.J.: Model Theory. Studies in Logic and the Foundations of Mathematics, Vol. 73. North-Holland Amsterdam, 1973.

[4] Curry, H.B.; Feys R.: Combinatory Logic. North-Holland Amsterdam, 1968.

[5] Frege, G.: Begriffsschrift, eine der arithmetischen nachgebildete Formelsprache des reinen Denkens. Louis Nebert Halle, 1879.

[6] Gottwald, S.: Fuzzy Sets and Fuzzy Logic, Foundations of Application – from a Mathematical Point of View. Vieweg Braunschweig/Wiesbaden, 1993.

[7] Heyting, A.: Intuitionism. An Introduction. North-Holland Amsterdam, 1961.

[8] Hilbert, D.; Bernays, P.: Grundlagen der Mathematik I,II. Springer-Verlag Berlin/Heidelberg, 1934/1939.

[9] Keisler, H.J.: Model Theory for Infinitary Logic. North-Holland Amsterdam, 1971.

[10] Kunen, K.: Set Theory. An Introduction to Independence Proofs. North-Holland Amsterdam, 1980.

[11] Robinson, A.: Non-Standard Analysis. North-Holland Amsterdam, 1966.

[12] Rodgers, Jr.H.: Theory of Recursive Functions and Effective Computability. New York, 1967.

[13] Rosser, J.B.; Turquette, A.R.: Manyvalued Logics. Amsterdam, 1952.

[14] Schütte, K.: Vollständige Systeme modaler und intuitionistischer Logic. Berlin – Heidelberg – New York, 1968.

[15] Schütte, K.: Beweistheorie. Springer Berlin, 1960.

[16] Shelah, S.: Classification Theory (and the Number of Non-Isomorphic Models). Studies in Logic and the Foundations of Mathematics 92, North-Holland Amsterdam, 1990.

[17] Shoenfield, J.R.: Mathematical Logic. Addison Wesley Reading (Massachusetts)/Mendo Park (California)/London, 1967.

Logiksynthese, *logische Synthese*, Teilaufgabe bei der Umsetzung einer abstrakten Spezifikation von Hardware in eine integrierte Schaltung.

Sollen ↗Boolesche Funktionen hardwaremäßig realisiert werden, so sind ↗Boolesche Ausdrücke, ↗reduzierte geordnete binäre Entscheidungsgraphen oder ein kombinatorischer ↗logischer Schaltkreis in der Regel Eingabe der Logiksynthese. Ziel ist es dann, äquivalente ↗Boolesche Ausdrücke mit minimalen Kosten oder einen äquivalenten kombinatorischen logischen Schaltkreis über einer vorgegebenen ↗Bausteinbibliothek mit minimalen Kosten zu berechnen. Ist der Suchraum auf die Menge der ↗Booleschen Polynome der spezifizierten Booleschen Funktionen beschränkt, so spricht man von zweistufiger Logiksynthese, ansonsten von mehrstufiger Logiksynthese.

Soll eine Steuereinheit realisiert werden, so ist ein ↗endlicher Automat in der Regel Eingabe der Logiksynthese. Ziel ist es dann, einen billigsten sequentiellen ↗logischen Schaltkreis zu konstruieren, der den vorgegebenen endlichen Automaten realisiert.

Die Synthese sequentieller logischer Schaltkreise umfaßt die ↗Zustandsminimierung, die ↗Zustandscodierung und die Synthese des kombinatorischen Teils der sequentiellen Schaltung, der die Übergangsfunktion und die Ausgabefunktion des endlichen Automaten realisiert.

[1] McCluskey, E.: Logic Design Principles. Prentice Hall Eglewood Cliffs, 1986.

[2] Molitor, P.; Scholl, Chr.: Datenstrukturen und effiziente Algorithmen für die Logiksynthese kombinatorischer Schaltungen. B.G. Teubner Stuttgart-Leipzig, 1999.

logisch äquivalente Formeln, Ausdrücke φ, ψ eines ↗logischen Kalküls, denen bei jeder Belegung jeweils der gleiche Wahrheitswert zugeordnet wird, sodaß der Ausdruck $\varphi \leftrightarrow \psi$ allgemeingültig ist. Symbolisch wird dies häufig durch $\varphi \Leftrightarrow \psi$ oder $\varphi \equiv \psi$ ausgedrückt (↗logische Äquivalenz).

logische Abhängigkeit, Zusammenhang zwischen einer ↗Aussage und einer Menge von Ausdrücken.

Ist φ eine Aussage und Σ eine Menge von Ausdrücken eines ↗logischen Kalküls, dann ist φ logisch abhängig von Σ, wenn stets eine der beiden Aussagen φ oder $\neg\varphi$ aus Σ ableitbar ist oder aus Σ folgt (↗logisches Folgern). Klassische Beispiele für die logische Unabhängigkeit sind die folgenden:

1. Ist φ das Parallelenaxiom der euklidischen Geometrie und Σ die Menge der restlichen Axiome dieser Geometrie, dann ist φ unabhängig von Σ.
2. Ist φ die Kontinuumshypothese der Mengenlehre und Σ ein Axiomensystem der Zermelo-Fraenkelschen Mengenlehre, dann ist φ unabhängig von Σ.

logische Ableitbarkeit, Relation zwischen Mengen von Ausdrücken und einzelnen Ausdrücken eines ↗logischen Kalküls, die das formale Beweisen (oder das Ableiten) charakterisiert (↗formaler Beweis, ↗logische Ableitungsregeln).

logische Ableitungsregeln, formale Regeln, die aus einer gegebenen Menge von ↗logischen Ausdrücken in syntaktischer Weise neue Ausdrücke erzeugen (siehe auch ↗Deduktion, ↗formaler Beweis).

Sinnvolle Ableitungsregeln sind so gestaltet, daß sie die Gültigkeit vererben, d. h., daß aus wahren Voraussetzungen nur wahre Behauptungen erzeugt werden können, und daß sie (nach Möglichkeit) das inhaltliche mathematische Beweisen vollständig durch Anwendung formaler Regeln charakterisieren.

logische Alternative, zweistellige extensionale Aussagenoperation, die mit „oder" gekennzeichnet wird (↗Aussagenlogik), und die den gegebenen Aussagen A, B die Aussage „*wenn A, so B*" zuordnet.

Häufig wird auch „*A oder B*" als Alternative von A, B bezeichnet und mit $A \vee B$ abgekürzt. $A \vee B$ ist genau dann gültig, wenn wenigstens eine der beiden Teilaussagen A, B wahr ist. Die Alternative ist kommutativ und assoziativ, d. h., $A \vee B \leftrightarrow B \vee A$ und $(A \vee B) \vee C \leftrightarrow A \vee (B \vee C)$ sind gültige Aussagen. Für $(A \vee B) \vee C$ kann somit kürzer $A \vee B \vee C$ geschrieben werden.

logische Äquivalenz, zweistellige extensionale Aussagenoperation, die durch „*genau dann, wenn*" gekennzeichnet wird (↗Aussagenlogik).

Die logische Äquivalenz oder kurz Äquivalenz ordnet den gegebenen Aussagen A, B die Aussage „*A genau dann, wenn B*" zu, welche ebenfalls als Äquivalenz bezeichnet wird und häufig mit $A \leftrightarrow B$ oder $A \Leftrightarrow B$ oder $A \equiv B$ abgekürzt wird.

Eine Äquivalenz ist stets kommutativ und assoziativ, d. h., die Aussagen $A \leftrightarrow B$ und $B \leftrightarrow A$ bzw. $(A \leftrightarrow B) \leftrightarrow C$ und $A \leftrightarrow (B \leftrightarrow C)$ sind logisch äquivalent.

logische Synthese, ↗Logiksynthese.

logischer Ausdruck, spezielle (endliche) Zeichenreihe, die aus Grundzeichen eines ↗logischen Kalküls nach bestimmten Regeln gebildet ist (siehe auch ↗Aussagenkalkül, ↗elementare Sprache, ↗Prädikatenkalkül).

logischer Kalkül, Quadrupel $\mathcal{K} = (E, A, S, F)$ mit folgenden Bestimmungsstücken:

1. E ist eine nichtleere Menge, deren Elemente als Grundzeichen des Kalküls dienen (E heißt auch Alphabet von $\mathcal{K}$).
2. A ist eine geeignete Teilmenge der freien Halbgruppe E^* über E (E^* ist die Menge aller Wörter, also der endlichen Zeichenreihen von Grundzeichen in $\mathcal{K}$). A heißt Menge der Ausdrücke von $\mathcal{K}$; A wird in der Regel induktiv definiert (siehe auch ↗Aussagenkalkül, ↗Prädikatenkalkül).
3. S ist eine spezielle Menge von Ausdrücken, die Satzmenge von $\mathcal{K}$.
4. F ist eine Abbildung (sie wird als Ableitungsrelation von $\mathcal{K}$ bezeichnet), die jeder Teilmenge $X \subseteq A$ eine Teilmenge $F(X) \subseteq A$ mit folgenden Eigenschaften zuordnet:
   (a) $X \subseteq F(X)$,
   (b) wenn $X_1 \subseteq X_2$, so $F(X_1) \subseteq F(X_2)$,
   (c) $F(F(X)) \subseteq F(X)$,
   (d) zu jedem $a \in F(X)$ gibt es eine endliche Teilmenge $X_0 \subseteq X$, so daß $a \in F(X_0)$,
   (e) $F(S) \subseteq S$ $(\Rightarrow F(S) = S)$.

(a)–(c) sind die Hülleneigenschaften der Ableitungsrelation F, (d) symbolisiert den Endlichkeitssatz bzgl. F, und (e) besagt, daß aus (gültigen) Sätzen nur (gültige) Sätze abgeleitet werden können.

Die wichtigsten Beispiele von logischen Kalkülen sind der Aussagen- und der Prädikatenkalkül (siehe auch ↗elementare Sprache). Häufig wird unterschieden zwischen Kalkülen mit syntaktisch definierter Satzmenge (und der entsprechenden Ableitungsrelation) und semantisch definierter Satzmenge (und einer entsprechenden Folgerungsrelation).

logischer Schaltkreis, *logisches Netzwerk*, informationstheoretische Realisierung eines Schaltkreises.

Man unterscheidet zwischen kombinatorischen und sequentiellen Schaltkreisen. Ein kombinatorischer Schaltkreis mit n Eingängen und m Ausgängen über einer ↗Bausteinbibliothek Ω, die nur ↗Boolesche Funktionen mit jeweils einem Booleschen Ausgang enthält, ist durch ein Tupel $S = (G, typ, pe, pa)$ definiert, wobei gilt:

(a) $G = (V, E)$ ist ein azyklischer gerichteter Graph, bei dem es für jeden Knoten $v \in V$ eine Numerierung der einlaufenden Kanten gibt. Diese Knotenorientierung von G ist gegeben durch eine partiell spezifizierte injektive Abbildung $I : V \times \mathbb{N} \rightarrow E$. Ist i größer oder gleich 1 und kleiner oder gleich dem Eingangsgrad eines Knoten $v \in V$, dann ist $I(v, i)$ definiert und gibt die i-te Kante an, die in v einläuft.

(b) $typ : V \rightarrow \Omega \cup \{in, out\}$ ist eine Abbildung, die jedem Knoten $v \in V$ entweder eine Funktion der Bausteinbibliothek Ω, die Bezeichnung *in*, oder die Bezeichnung *out* zuordnet. Hierbei müssen genau n Knoten den Typ *in* und genau m Knoten den Typ *out* zugeordnet bekommen. Der Eingangsgrad eines Knotens $v \in V$ mit $typ(v) = in$ muß 0 sein. Der Ausgangsgrad eines Knotens $v \in V$ mit $typ(v) = out$ muß ebenfalls 0 sein; der Eingangsgrad eines solchen Knotens muß 1 sein. Ist $typ(v)$ aus Ω, so muß der Eingangsgrad von v der Stelligkeit von $typ(v)$ entsprechen.

(c) $pe : \{1, \ldots, n\} \rightarrow \{v \in V : typ(v) = in\}$ bzw. $pa : \{1, \ldots, m\} \rightarrow \{v \in V : typ(v) = out\}$ sind bijektive Abbildungen. Sie geben die Numerierung der mit *in* bzw. mit *out* markierten Knoten aus V an. $pe(i)$ heißt i-ter primärer Eingang, $pa(i)$ heißt i-ter primärer Ausgang.

Die durch den kombinatorischen Schaltkreis S berechnete Funktion $f_S : \{0, 1\}^n \rightarrow \{0, 1\}$ ist definiert durch

$$f_S(\alpha) = (f_{y_1}(\alpha), \ldots, f_{y_m}(\alpha)),$$

wobei

$$y_i = I(pa(i), 1) \quad \forall i \in \{1, \ldots, m\}$$

ist. Die Boolesche Funktion f_{y_i} ist eindeutig bestimmt durch:

(a) Ist $v \in V$, $typ(v) = in$ und $pe(i) = v$, dann ist die durch den primären Eingang v berechnete Boolesche Funktion $f_v : \{0, 1\}^n \rightarrow \{0, 1\}$ definiert durch

$$f_v(\alpha_1, \ldots, \alpha_n) = \alpha_i$$

für alle $(\alpha_1, \ldots, \alpha_n) \in \{0, 1\}^n$. Ist e eine beliebige Kante, die aus dem Knoten v herausläuft, so setzen wir die durch e berechnete Boolesche Funktion f_e gleich f_v.

(b) Ist $v \in V$, $typ(v) = g \in \Omega$ mit $g : \{0, 1\}^q \rightarrow \{0, 1\}$ und für $1 \leq k \leq q$ die Kante e_k der k-te Eingang von v, d. h. $I(v, k) = e_k$, dann ist die durch v berechnete Boolesche Funktion $f_v : \{0, 1\}^n \rightarrow \{0, 1\}$ definiert durch

$$f_v(\alpha) = g(f_{e_1}(\alpha), \ldots, f_{e_q}(\alpha))$$

für $\alpha \in \{0, 1\}^n$. Wieder wird die durch eine aus v herauslaufende Kante e berechnete Boolesche Funktion f_e gleich f_v gesetzt.

Ein sequentieller Schaltkreis realisiert einen ↗endlichen Automaten und besteht aus einem kombinatorischen Schaltkreis mit n Eingängen, m Ausgängen und k Speicherzellen, wobei $k \leq \min\{n, m\}$ ist. k der n Eingänge des kombinatorischen Schaltkreises sind mit den Ausgängen der Speicherzellen und k der m Ausgänge des kombinatorischen Schaltkreises mit den Dateneingängen der Speicherzellen verbunden. In den Speicherzellen wird der jeweils aktuelle Zustand des Schaltkreises gespeichert. Die nicht mit den Speicherzellen verbundenen Eingänge des kombinatorischen Schaltkreises heißen primäre Eingänge des sequentiellen Schaltkreises; über sie werden die Eingabesymbole (↗endlicher Automat) eingegeben. Die nicht mit den Speicherzellen verbundenen Ausgänge des kombinatorischen Schaltkreises heißen primäre Ausgänge des sequentiellen Schaltkreises; über sie werden die Ausgabesymbole ausgegeben.

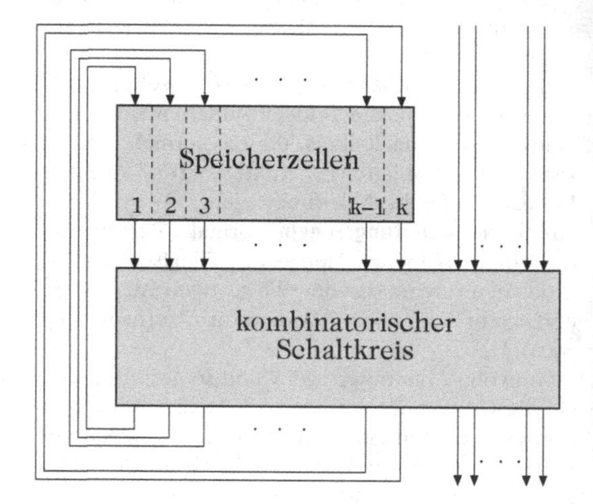

Sequentieller Schaltkreis

Die Kosten eines logischen Schaltkreises sind gegeben durch die Anzahl der Knoten im Graphen G, falls es sich um einen kombinatorischen Schaltkreis handelt. Bei sequentiellen Schaltkreisen kommen zu den Kosten des kombinatorischen Teils noch zusätzliche Kosten hinzu, die proportional zu der Anzahl der in dem Schaltkreis verwendeten Speicherzellen sind.

Von großer Bedeutung waren in der Vergangenheit und sind auch heute noch zweistufige kombinatorische Schaltkreise, sog. PLAs oder programmierbare logische Felder. In der Regel wertet ein zweistufiger kombinatorischer Schaltkreis in einer ersten Stufe parallel verschiedene ↗Boolesche Monome aus; in der zweiten Stufe werden diese Werte über ein logisches ODER (↗OR-Funktion) zusammengefaßt.

Zweistufige kombinatorische Schaltkreise realisieren somit Boolesche Polynome und sind die Zieltechnologie der zweistufigen ↗Logiksynthese. Logische Schaltkreise, die in diesem Sinne aus mehr als zwei Stufen aufgebaut sind, werden mehrstufige kombinatorische Schaltkreise genannt.

logisches Ableiten, ↗ logische Ableitbarkeit, ↗ logische Ableitungsregeln, ↗ Deduktion.

logisches Axiom, ↗ allgemeingültiger Ausdruck (gültiger Satz) in einem ↗ logischen Kalkül.

Als Axiomensystem in einem logischen Kalkül dient eine „überschaubare" (rekursive) Teilmenge Ax der Satzmenge S so, daß mit Hilfe der Ableitungsrelation aus Ax die restlichen Elemente in S erzeugt werden können.

logisches Folgern, Prozeß, der aus vorhandenem Wissen neues Wissen produziert (↗ Deduktion). In der mathematischen Logik wird der Folgerungsbegriff als Pendant zum Beweisbarkeitsbegriff (↗ formaler Beweis) wie folgt präzisiert: Es sei L eine ↗ elementare Sprache, Σ eine Menge von Ausdrücken und φ ein Ausdruck in L. Dann definiert man: Aus Σ folgt φ (symbolisch $\Sigma \models \varphi$), wenn jedes ↗ Modell von Σ auch ein Modell von φ ist. Für elementare Sprachen gilt dann der ↗ Gödelsche Vollständigkeitssatz: $\Sigma \models \varphi \Leftrightarrow \Sigma \vdash \varphi$.

logisches Netzwerk, ↗ logischer Schaltkreis.

logisches ODER, ↗ OR-Funktion.

logisches UND, ↗ AND-Funktion.

logistische Differentialgleichung, Differentialgleichung erster Ordnung der Form

$$u' = u(b - cu) \quad \text{mit} \quad b, c > 0\,.$$

Sie wird z. B. zur Beschreibung des Wachstums von Populationen genutzt. Die logistische Differentialgleichung ist eine Differentialgleichung mit getrennten Variablen und besitzt die Lösungen

$$u_\gamma = \frac{b}{c}\frac{1}{1+\gamma e^{-bt}} \quad \text{für} \quad \gamma \neq 0\,,$$

sowie die stationären Lösungen $u = 0$, $u = b/c$.

Leider ist die Literatur nicht ganz einheitlich, manchmal wird diese Differentialgleichung auch als logistische Gleichung bezeichnet, jedoch sollte man diese Bezeichnung nur für die (mit der hier vorgelegten Differentialgleichung engstens verwandte) spezielle ↗ logistische Gleichung verwenden.

logistische Gleichung, die im folgenden eingeführte Gleichung (1).

Die Abbildung $f : \mathbb{R} \to \mathbb{R}$, $x \mapsto rx(1-x)$ mit $r > 0$, die sog. ↗ logistische Parabel, führt durch Iteration auf ein eindimensionales diskretes ↗ dynamisches System. Bezeichnet man den Zustand des Systems zum Zeitpunkt $n \in \mathbb{N}_0$ mit x_n, so gilt also

$$x_{n+1} = f(x_n) = r\,x_n\,(1 - x_n)\,. \qquad (1)$$

Diese Gleichung wird logistische Gleichung genannt.

Die logistische Gleichung wurde 1845 von Verhulst eingeführt, weswegen man sie auch als Verhulst-Gleichung bezeichnet.

Die Größe einer Population zum Zeitpunkt $n \in \mathbb{N}_0$ werde mit y_n bezeichnet. Bei unbegrenztem Raum und unbegrenzter Nahrungszufuhr kann die Wachstumsrate $\frac{y_{n+1}-y_n}{y_n}$ proportional zur Größe y_n der Population angenommen werden.

Die realen Beschränkungen sollen durch die Abnahme der Wachstumsrate proportional zur Größe der Population simuliert werden. Dies führt dazu, einen Zusammenhang der Form

$$\frac{y_{n+1} - y_n}{y_n} = \lambda - \mu y_n$$

mit $\lambda, \mu > 0$ anzunehmen. Durch Umskalieren gelangt man schließlich zur logistischen Gleichung (1).

Dieses einfache nichtlineare dynamische System zeigt bereits eine sehr komplexe Struktur. Das Stabilitätsverhalten seiner Fixpunkte (↗ Fixpunkt eines dynamischen Systems) hängt empfindlich vom Parameter r ab. Das Quadrat von f besitzt die Fixpunkte

$$x_{1,2} = \frac{1}{2}\left(1 + \frac{1}{r} \pm \sqrt{(1+\frac{1}{r})(1-\frac{1}{3})}\right).$$

Das ursprüngliche System bewegt sich also immer zwischen den beiden Zuständen x_1 und x_2. Für weitere kritische Werte von r findet eine Periodenverdopplung statt.

Bezeichnet r_k den k-ten Wert von r, bei dem dies der Fall ist, so gilt

$$\lim_{k\to\infty} \frac{r_k - r_{k-1}}{r_{k+1} - r_k} = 4,669201609\cdots =: \delta$$

mit der sog. Feigenbaum-Konstanten δ (↗ Feigenbaum-Bifurkation). Siehe auch ↗ logistische Differentialgleichung.

logistische Parabel, Parabel, die durch den Graphen der Funktion $f : \mathbb{R} \to \mathbb{R}$, $x \mapsto rx(1-x)$ mit $r > 0$ gegeben wird. Mit ihr wird über die ↗ logistische Gleichung ein diskretes ↗ dynamisches System definiert.

logistische Verteilung, das zu den Parametern $\mu, \sigma \in \mathbb{R}$, $\sigma > 0$ durch die Wahrscheinlichkeitsdichte

$$f : \mathbb{R} \ni x \to \frac{\pi}{\sigma\sqrt{3}} \frac{e^{-\frac{\pi(x-\mu)}{\sigma\sqrt{3}}}}{\left(1 + e^{-\frac{\pi(x-\mu)}{\sigma\sqrt{3}}}\right)^2} \in \mathbb{R}^+$$

definierte Wahrscheinlichkeitsmaß.

Es wird genauer als logistische Verteilung mit den Parametern μ und σ bezeichnet. Die zugehörige Verteilungsfunktion ist durch

$$F : \mathbb{R} \ni x \to \frac{1}{1 + e^{-\frac{\pi(x-\mu)}{\sigma\sqrt{3}}}} \in [0, 1]$$

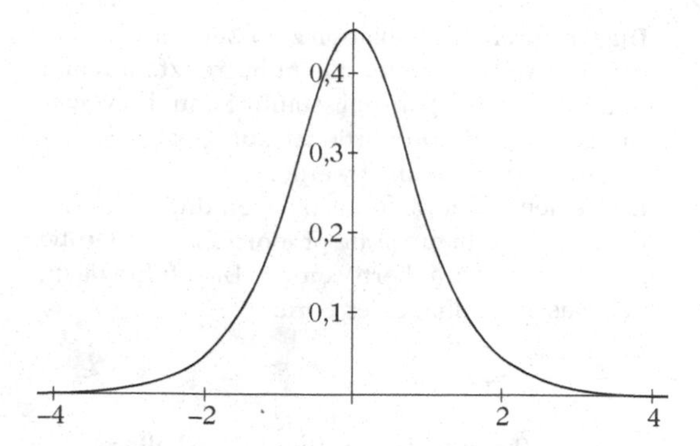

Dichte der logistischen Verteilung mit den Parametern $\mu = 0$ und $\sigma = 1$

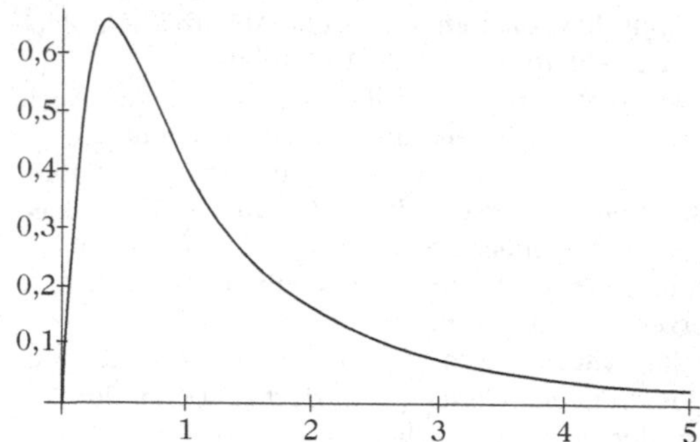

Dichte der Lognormalverteilung mit den Parametern $\mu = 0$ und $\sigma = 1$

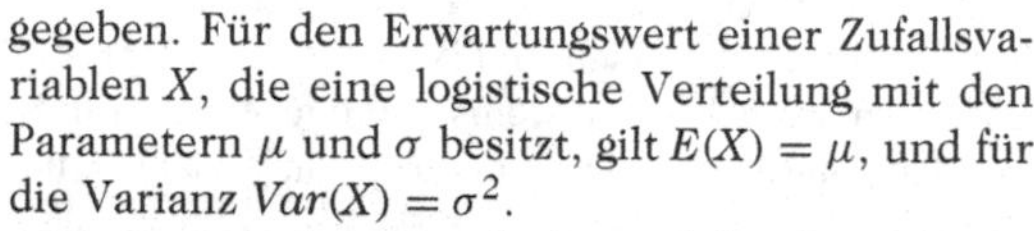

gegeben. Für den Erwartungswert einer Zufallsvariablen X, die eine logistische Verteilung mit den Parametern μ und σ besitzt, gilt $E(X) = \mu$, und für die Varianz $Var(X) = \sigma^2$.

Die logistische Verteilung wird häufig zur Modellierung von Wachstumsvorgängen mit Sättigung verwendet.

Log-Komplex, Begriff aus der algebraischen Geometrie.

Sei X eine komplexe Mannigfaltigkeit oder glatte algebraische Varietät und D ein effektiver Divisor, der nur normale Kreuzungen besitzt. Sei weiterhin $\Omega_X^*(*D)$ der de Rham-Komplex meromorpher Differentialformen mit Polen in D.

Der Log-Komplex $\Omega^*(\log D)$ ist der Unterkomplex, der lokal von Ω_X^* und Differentialformen der Form

$$\frac{df_1}{f_1} \wedge \cdots \wedge \frac{df_p}{f_p}$$

erzeugt wird, wobei $f_1, \cdots, f_p$ lokale Gleichungen von Komponenten von D sind. Wenn D glatt ist, erhält man exakte Folgen

$$0 \longrightarrow \Omega_X^p \longrightarrow \Omega_X^p(\log D) \longrightarrow i_*\Omega_D^{p-1} \longrightarrow 0,$$

wobei $i : D \longrightarrow X$ die Einbettung bedeutet, durch $\eta \wedge \frac{df}{f} \mapsto \eta|D$ für $\eta \in \Omega_X^{p-1}$. Hier ist f die lokale Gleichung von D.

Die Abbildung $\Omega_X^p(\log D) \longrightarrow i_*\Omega_D^{p-1}$ heißt auch Poincaré-Residuum. Es gilt: Die ↗Hyperkohomologie des Komplexes $\Omega_X^*(\log D)$ ist isomorph zu $H^*(X \setminus D, \mathbb{C})$.

Lognormalverteilung, *logarithmische Normalverteilung*, die für $\mu, \sigma \in \mathbb{R}$, $\sigma > 0$ durch die Wahrscheinlichkeitsdichte

$$f : \mathbb{R}^+ \ni x \to \frac{1}{\sqrt{2\pi}\sigma x} e^{-\frac{(\ln x - \mu)^2}{2\sigma^2}} \in \mathbb{R}^+$$

definierte Wahrscheinlichkeitsverteilung einer stetigen Zufallsgröße. Sie heißt auch genauer Lognormalverteilung mit den Parametern μ und σ.

Eine Zufallsvariable X mit Werten in $\mathbb{R}^+$ besitzt genau dann eine Lognormalverteilung mit den Parametern μ und σ, wenn die Zufallsvariable $\ln X$ mit den Paramtern μ und σ^2 normalverteilt ist. Für den Erwartungswert gilt

$$E(X) = e^{\mu + \sigma^2/2},$$

und für die Varianz

$$\mathrm{Var}(X) = e^{2\mu+\sigma^2}(e^{\sigma^2} - 1).$$

Die Lognormalverteilung wird insbesondere als ↗Lebensdauerverteilung verwendet.

Logspace-Reduktion, Begriff aus der Komplexitätstheorie.

Eine Sprache L_1 (bzw. ein ↗Entscheidungsproblem) ist auf eine Sprache L_2 Logspace-reduzierbar, Notation $L_1 \leq_{\log} L_2$, wenn es eine von einer Turing-Maschine mit $\lceil \mathrm{ld}(n) \rceil$ Zellen auf dem Arbeitsband berechenbare Transformation f gibt, die Wörter über dem Alphabet von L_1 in Wörter über dem Alphabet von L_2 so überführt, daß gilt:

$$w \in L_1 \Leftrightarrow f(w) \in L_2.$$

Logspace-Reduktionen spielen für die ↗Raumkomplexität diejenige Rolle, die ↗polynomielle Zeitreduktionen in der Theorie der ↗NP-Vollständigkeit spielen.

lokal analytische Funktion, eine auf einer Umgebung einer Menge analytische Funktion.

Es sei M eine Teilmenge der komplexen Zahlenkugel. Dann heißt eine Funktion f lokal analytisch auf M, falls sie in einer Umgebung von M analytisch ist. Für ein Gebiet M sind lokal analytische Funktionen und analytische Funktionen identisch.

lokal analytische Menge, Teilmenge eines Bereichs X im $\mathbb{C}^n$, die lokal aussieht wie eine analytische Menge, im Unterschied zu einer analytischen Menge in X aber nicht notwendig abgeschlossen in X ist.

Eine Teilmenge $A \subset X$ heißt lokal analytisch, wenn es zu jedem $a \in A$ eine Umgebung $U \subset X$ von a gibt, so daß $A \cap U$ analytisch in U ist. Es gilt der Satz:

Eine Teilmenge $A \subset X$ ist genau dann analytisch, wenn sie lokal analytisch und abgeschlossen in X ist.

lokal bikompakte Gruppe, eine topologische Gruppe mit einem lokal bikompakten Gruppenraum. Dabei nennt man einen topologischen Raum T lokal bikompakt, wenn es für jedes $x \in T$ eine Umgebung gibt, deren abgeschlossene Hülle bikompakt ist.

lokal endliche Zerlegung der Eins, eine Zerlegung der Eins in eine Summe von Funktionen, die bis auf endlich viele Summanden verschwinden.

Es seien $U \subseteq \mathbb{R}^n$ offen, I eine beliebige Indexmenge und $\{f_i | \, i \in I\}$ eine Familie beliebig oft differenzierbarer nichtnegativer Funktionen $f_i : \mathbb{R}^n \to \mathbb{R}$. Dann heißt $\{f_i | \, i \in I\}$ eine lokal endliche Zerlegung des Einselements, falls gelten:

(1) Für jede kompakte Menge $K \subseteq U$ gibt es endlich viele Indizes $i_1, ..., i_m \in I$, so daß für alle $i \in I \backslash \{i_1, ..., i_m\}$ gilt: $f_i(K) = \{0\}$.

(2) Für alle $x \in U$ gilt:

$$\sum_{i \in I} f_i(x) = 1.$$

lokal flach, Eigenschaft von ↗Riemannschen Mannigfaltigkeiten.

Eine Riemannsche Mannigfaltigkeit (M, g) heißt lokal flach, wenn ihr ↗Riemannscher Krümmungstensor verschwindet. Von B. Riemann (1861) stammt das folgende Resultat:

M ist genau dann lokal flach, wenn es in einer Umgebung U eines jeden Punktes $x \in M$ ein lokales Koordinatensystem $(x_1, \ldots, x_n)$ gibt, in dem die lokalen Koeffizienten g_{ij} der ↗Riemannschen Metrik konstante Funktionen auf U sind.

Gleichwertig dazu ist die Existenz einer lokalen Isometrie (↗Abbildung zwischen Riemannschen Mannigfaltigkeiten) von U auf eine offene Teilmenge des ↗pseudounitären Raumes $\mathbb{R}^n_l$ vom selben Index l wie die Metrik g.

lokal freie Garbe, wichtige Klasse kohärenter Garben.

Sei X eine quasiprojektive Varietät und $\mathcal{F}$ eine Garbe von $\mathcal{O}_X$-Moduln, wobei $\mathcal{O}_X$ die Strukturgarbe von X bezeichne. $\mathcal{F}$ heißt frei vom Rang r, wenn ein Isomorphismus $\mathcal{F} \cong \mathcal{O}_X^r$ besteht. Die 0-Garbe faßt man als frei vom Rang 0 auf. Man nennt $\mathcal{F}$ eine lokal freie Garbe (von endlichem Rang), wenn es zu jedem Punkt $p \in X$ eine offene Umgebung U und ein $r_p \in \mathbb{N}_0$ gibt mit $\mathcal{F} \mid U \cong \mathcal{O}_U^{r_p}$. In dieser Situation gilt dann $\mathcal{F}_p \cong \mathcal{O}_{X,p}^{r_p}$, wobei r_p durch $\mathcal{F}$ und p bestimmt ist, denn es gilt $r_p = \dim_{\mathbb{C}} (\mathcal{F}_p / \mathfrak{m}_{X,p}\mathcal{F}_p)$. Man nennt r_p den Rang von $\mathcal{F}$ in p und schreibt dafür $rg_p(\mathcal{F})$. Es gelten die beiden folgenden Aussagen:

a) Ist $\mathcal{F}$ frei vom Rang r, $U \subseteq X$ offen, dann ist $\mathcal{F} \mid U$ frei vom Rang r.

b) Ist $\mathcal{F}$ eine freie Garbe vom Rang r, dann ist $\mathcal{F}$ lokal frei, und für alle $p \in X$ gilt $rg_p(\mathcal{F}) = r$.

Lokal freie Garben sind kohärent.

Sei X eine quasiprojektive Varietät, $\mathcal{F}$ eine kohärente Garbe von $\mathcal{O}_X$-Moduln und $p \in X$. Dann sind äquivalent:

(i) $\mathcal{F}_p \cong \mathcal{O}_{X,p}^r$

(ii) Es gibt eine offene Umgebung $U \subseteq X$ von p mit $\mathcal{F} \mid U \cong \mathcal{O}_U^r$.

Weiterhin gilt:

Eine kohärente Garbe von $\mathcal{O}_X$-Moduln ist genau dann lokal frei, wenn ihre Halme freie Moduln sind.

Als weitere Anwendung des ersten Satzes ergibt sich die lokale Konstanz des Ranges:

Sei $\mathcal{F}$ eine lokal freie Garbe von $\mathcal{O}_X$-Moduln und $p \in X$. Dann ist $rg_q(\mathcal{F}) = rg_p(\mathcal{F})$ für alle Punkte q einer geeigneten offenen Umgebung $U \subseteq X$ von p.

lokale Abbildung, in einer Umgebung eines Punktes definierte Abbildung.

Es seien T_1 und T_2 topologische Räume. Ist $x_0 \in T_1$ und U eine offene Umgebung von x_0, so heißt eine Abbildung $f : U \to T_2$ eine lokale Abbildung.

lokale Abschätzung von Lösungen einer gewöhnlichen Differentialgleichung, lokale Abschätzung für eine mögliche Lösung einer gewöhnlichen Differentialgleichung, die auf die globale Existenz einer Lösung schließen läßt.

Sei $f : \mathbb{R}^{n+1} \to \mathbb{R}$ eine C^1-Funktion. Wir betrachten für $\mathbf{x}_0 \in \mathbb{R}^n$ das Anfangswertproblem

$$\mathbf{x}'(t) = f(\mathbf{x}(t), t)\,, \quad \mathbf{x}(0) = \mathbf{x}_0\,. \tag{1}$$

Weiter existiere zu $T > 0$ eine auf $(-T, T)$ definierte Lösung von (1), sowie eine Konstante $C > 0$ mit

$$\|\mathbf{x}(t)\| \leq C \quad \textit{für } t \in (-T, T). \tag{2}$$

Dann existiert zu (1) eine eindeutige Lösung mit ganz $\mathbb{R}$ als Existenzintervall.

Man bezeichnet (2) als a priori-Abschätzung für die Lösung des Anfangswertproblems (1).

Beispiel: Für das Anfangswertproblem

$$x'(t) = \sin x(t), \qquad x(0) = x_0 \tag{3}$$

erfüllt eine Lösung die Integral-Gleichung

$$x(t) = x_0 + \int_0^t \sin x(\tau)\, d\tau\,.$$

Da für $x \in \mathbb{R}$ $|\sin x| \leq 1$ ist, folgt:

$$|x(t)| \leq |x_0| + 2T \qquad (t \in (-T, T))\,.$$

Daher existiert für (3) eine eindeutige Lösung, die auf ganz $\mathbb{R}$ definiert ist.

lokale Eichtheorien, ↗ Eichfeldtheorie.

lokale Eigenschaft, eine Eigenschaft, die lokal erfüllt ist. Eine Eigenschaft, die man einem topologischen Raum T zuordnen kann, heißt lokal in einem Punkt $x_0 \in T$, falls jede Umgebung U von x_0 eine Umgebung V von x_0 enthält, so, daß V diese Eigenschaft hat.

Siehe auch ↗ lokale Eigenschaften einer Funktion.

lokale Eigenschaften einer Funktion, Eigenschaften einer Funktion, die sie an gewissen Stellen oder in hinreichend kleinen Umgebungen gewisser Stellen ihres Definitionsbereichs besitzt.

Man sagt, eine Funktion habe eine Eigenschaft lokal an einer Stelle a ihres Definitionsbereichs, wenn es eine Umgebung von a gibt, in der sie diese Eigenschaft hat. Beispielsweise heißt eine Funktion lokal konvex an einer Stelle a, wenn es eine Umgebung von a gibt, auf der sie konvex ist.

Man sagt, eine Funktion habe eine Eigenschaft lokal, wenn sie diese Eigenschaft lokal an jeder Stelle ihres Definitionsbereichs hat. So heißt eine Funktion z. B. lokal konstant, wenn es zu jeder Stelle ihres Definitionsbereichs eine Umgebung gibt, auf der sie konstant ist.

Zweckmäßigerweise unterscheidet man dabei zwischen Eigenschaften, aus deren lokalem Vorliegen an jeder Stelle des Definitionsbereichs die entsprechende ‚globale' Eigenschaft der Funktion folgt, und solchen, bei denen dies nicht notwendigerweise der Fall ist. Ein Beispiel für das erstere ist die Stetigkeit: Ist eine Funktion stetig an jeder Stelle ihres Definitionsbereichs, so ist sie definitionsgemäß stetig. Hingegen folgt etwa aus der lokalen Beschränktheit einer Funktion an jeder Stelle ihres Definitionsbereichs (Beschränktheit in einer geeignet kleinen Umgebung) nicht, daß die Funktion beschränkt ist, wie schon das Beispiel $f : \mathbb{R} \to \mathbb{R}$ mit $f(x) = x$ zeigt. Manchmal folgt die globale Eigenschaft beim Vorliegen zusätzlicher Eigenschaften. Beispielsweise ist eine lokal konstante Funktion auf einem zusammenhängenden topologischen Raum konstant.

Geht es speziell um Wachstums- oder Krümmungseigenschaften einer Funktion f lokal um eine Stelle a, so spricht man auch vom ↗ lokalen Verhalten von f an der Stelle a.

lokale Haarsche Bedingung, eine Übertragung des Konzepts der Haarschen Bedingung (↗ Haarscher Raum) auf die kompliziertere Situation der nichtlinearen Approximation.

Es sei $W = \{F_\alpha\}$ eine (i. allg. nicht linear) von einem Parametervektor

$$\alpha = (\alpha_1, \ldots, \alpha_N) \in A \subseteq \mathbb{R}^N$$

abhängende Teilmenge von ↗ $C[a, b]$. Die Funktionen von W seien stetig nach allen Parameterwerten partiell differenzierbar, und es bezeichne

$$T(\alpha) = \text{Span}\left\{\frac{\partial F_\alpha}{\partial \alpha_1}, \ldots, \frac{\partial F_\alpha}{\partial \alpha_N}\right\}$$

den Tangentialraum von W in α.

Dann erfüllt W die lokale Haarsche Bedingung, wenn $T(\alpha)$ für alle $\alpha \in A$ ein Haarscher Raum ist.

Gemeinsam mit der ↗ globalen Haarschen Bedingung ermöglicht die lokale Haarsche Bedingung eine Charakterisierung der ↗ besten Approximation auch im nichtlinearen Fall durch eine dem ↗ Alternantensatz ähnliche Aussage.

Im linearen Fall (d. h., $\{F_\alpha\}$ ist ein linearer Raum) sind globale, lokale und gewöhnliche Haarsche Bedingung identisch.

lokale Konkavität, ↗ lokales Krümmungsverhalten.

lokale Konvexität, ↗ lokales Krümmungsverhalten.

lokale Koordinaten, Koordinatendarstellung einer offenen Teilmenge eines topologischen Raumes.

Es sei T ein topologischer Raum und $U_f \subseteq T$ offen. Eine Abbildung $f : U_f \to \mathbb{R}^n$ heißt lokales Koordinatensystem von X, falls gelten:

(1) f ist ein Homöomorphismus von U_f auf eine Teilmenge $W_f \subseteq \mathbb{R}^n$.

(2) W_f ist offen im $\mathbb{R}^n$ oder W_f ist Durchschnitt einer offenen Menge des $\mathbb{R}^n$ mit einem abgeschlossenen Halbraum des $\mathbb{R}^n$, das heißt mit einem affinen Bild der Menge $\{(x_1, ..., x_n) \in \mathbb{R}^n | \, x_1 \geq 0, ..., x_n \geq 0\}$.

Eine Menge $\mathfrak{F}$ lokaler Koordinatensysteme von T heißt ein Atlas von T, falls $\bigcup_{f \in \mathfrak{F}} U_f = T$ gilt. In diesem Fall läßt sich der gesamte Raum T mit Hilfe lokaler Koordinaten beschreiben.

lokale Nullmenge, Nullmenge bezüglich eines speziellen Maßes auf einem ↗ lokalkompakten Raum.

Es seien T ein lokalkompakter topologischer Raum und φ ein auf dem Raum C^0 der auf T stetigen reellen Funktionen mit kompaktem Träger definiertes Radonsches Maß. Weiterhin sei U die Menge der auf T unterhalb stetigen Funktionen, die eine Minorante aus C^0 besitzen, und O die Menge der auf T oberhalb stetigen Funktionen, die eine Majorante aus C^0 besitzen. Für $g \in O$ und $h \in U$ setzt man

$$\overline{\varphi}(g) = \inf\{\varphi(r) | \, g \leq r, r \in C^0\}$$

und

$$\overline{\varphi}(h) = \sup\{\varphi(r) | \, h \geq r, r \in C^0\}.$$

Damit kann man das obere und das untere Integral einer beliebigen Funktion f definieren durch

$$\Phi_o(f) = \inf\{\overline{\varphi}(h) | f \leq h, h \in U\}$$

und

$$\Phi_u(f) = \sup\{\overline{\varphi}(g) | f \geq g, g \in O\}.$$

Eine Funktion f heißt dann summierbar, wenn $\Phi_o(f) = \Phi_u(f)$ gilt und beide endlich sind. In diesem Fall nennt man $\Phi(f) = \Phi_o(f) = \Phi_u(f)$ das Integral von f. Ist nun für eine Teilmenge M von T I_M die Indikatorfunktion von M, so heißt M meßbar, falls $I_{M\cap A}$ für jede kompakte Menge A summierbar ist. Man kann in diesem Fall durch

$$\mu(M) = \sup\{\Phi(I_{M\cap A}) | A \text{ kompakt}\}$$

ein Maß definieren. Eine Menge M heißt dann eine lokale Nullmenge, falls $\mu(M) = 0$ gilt.

lokale Umkehrbarkeit, Eigenschaft einer Funktion.

Eine Funktion f ist an einer Stelle a ihres Definitionsbereichs lokal umkehrbar, wenn an der Stelle a eine ↗lokale Umkehrfunktion zu f gebildet werden kann. Im Komplexen gilt der ↗lokale Umkehrsatz.

lokale Umkehrfunktion, Umkehrfunktion der Einschränkung einer Funktion auf eine Umgebung eines Punktes ihres Definitionsbereichs.

Wenn eine Funktion $f : D \to \mathbb{R}^m$, wobei $D \subset \mathbb{R}^n$ sei, nicht injektiv und daher nicht umkehrbar ist, kann man versuchen, zu einem gegebenen Punkt $a \in D$ eine Umgebung U zu finden, für die die Einschränkung $f_{/U} : U \to \mathbb{R}^m$ injektiv ist und damit eine Umkehrfunktion $(f_{/U})^{-1} : f(U) \to U$ besitzt. Der Satz über die ↗Differentiation der Umkehrfunktion nennt hinreichende Bedingungen für die Existenz einer lokalen Umkehrfunktion.

Selbst die Existenz lokaler Umkehrfunktionen an allen Stellen des Definitionsbereichs reicht i. a. nicht aus, um die globale Umkehrbarkeit zu sichern, wie schon das Beispiel $f : \mathbb{R} \to \mathbb{R}$ mit $f(x) = x + 1$ für $x < 0$ und $f(x) = x - 1$ für $x \geq 0$ zeigt. Auch unter stärkeren Voraussetzungen an f, wie stetige Differenzierbarkeit, folgt aus lokaler Umkehrbarkeit an jeder Stelle nicht die globale Umkehrbarkeit, wie man etwa an der differenzierbaren Funktion $f : \mathbb{R}^2 \to \mathbb{R}^2$ mit

$$f\begin{pmatrix} x \\ y \end{pmatrix} = \begin{pmatrix} e^x \cos y \\ e^x \sin y \end{pmatrix} \qquad (x, y \in \mathbb{R})$$

sieht. Ihre Ableitung f' ist stetig und überall invertierbar und damit f überall lokal umkehrbar, jedoch tritt jeder Punkt aus $\mathbb{R}^2 \setminus \{0\}$ unendlich oft als Bildpunkt von f auf.

lokal-endliche Ordnung, eine Ordnung, bei der alle Intervalle von endlicher Mächtigkeit sind.

lokal-endliches Maß, ein Maß, das in der Umgebung eines jeden Punktes endlich ist.

Es sei Ω ein Hausdorffraum und $\mathcal{A} \supseteq \mathcal{B}(\Omega)$ eine σ-Algebra auf Ω, die die ↗Borel-σ-Algebra $\mathcal{B}(\Omega)$ umfaßt.

Dann heißt ein Maß μ auf $\mathcal{A}$ lokal-endlich, wenn zu jedem $x \in \Omega$ eine offene Umgebung U von x existiert mit $\mu(U) < \infty$.

Ein lokal-endliches Maß auf $\mathcal{B}(\Omega)$ heißt bei manchen Autoren auch Borel-Maß.

lokaler Diskretisierungsfehler, ↗Diskretisierungsfehler.

lokaler Extremalpunkt, ↗Extremalpunkt, ↗lokales Extremum.

lokaler Fluß, spezielle Abbildung auf Mannigfaltigkeiten.

Es sei eine Mannigfaltigkeit M gegeben. Für eine Untermannigfaltigkeit $N \subset M \times \mathbb{R}$ der Form

$$N = \bigcup_{m\in M} (T_-(m), T_+(m)$$

mit $T_-(m), T_+(m) > 0$ für alle $m \in M$ heißt eine Abbildung $\Phi : N \to M$ lokaler Fluß (auf M), falls
1. $\Phi(m, 0) = m$, und
2. $\Phi(\Phi(m, t), s) = \Phi(m, s + t)$,
für alle $s, t \in \mathbb{R}$ und alle $m \in M$ gilt, für die beide Seiten definiert sind.

lokaler Maximalpunkt, ↗Extremalpunkt, ↗lokales Extremum.

lokaler Minimalpunkt, ↗Extremalpunkt, ↗lokales Extremum.

lokaler Ring, Ring mit genau einem Maximalideal.

Sei A ein kommutativer Ring mit Einselement und A^* die Gruppe der Einheiten. A heißt dann lokaler Ring, wenn $\mathfrak{m} = A \setminus A^*$ ein Ideal ist. Jedes echte Ideal ist in $\mathfrak{m}$ enthalten, daher ist $k = A/\mathfrak{m}$ ein Körper.

Es gilt das Lemma von Nakayama:

Wenn $M' \xrightarrow{\varphi} M$ eine A-lineare Abbildung von A-Moduln und M endlich erzeugt ist, so ist φ genau dann surjektiv, wenn die induzierte Abbildung

$$M' \otimes_A k \longrightarrow M \otimes_A k = M/\mathfrak{m}M$$

surjektiv ist.

Die Zahl $e = \dim_K(M \otimes_A k)$ heißt Einbettungsdimension von M. e ist also die kleinste Anzahl von Erzeugenden von M als A-Modul. Wenn $\mathfrak{m}$ selbst endlich erzeugt ist, nennt man $\dim_k(\mathfrak{m}/\mathfrak{m}^2)$ die Einbettungsdimension des Ringes A.

lokaler Umkehrsatz, lautet:

Es sei $D \subset \mathbb{C}$ eine offene Menge und f eine in D ↗holomorphe Funktion. Weiter sei $z_0 \in D$, $w_0 := f(z_0)$ und $f'(z_0) \neq 0$.

Dann existieren Umgebungen $U \subset D$ von z_0 und $V \subset f(D)$ von w_0 derart, daß $f_{/U} : U \to V$ eine bijektive Abbildung ist. Es ist f sogar eine ↗konforme Abbildung von U auf V.

lokales Extremum, ein ↗Extremum einer „lokal" betrachteten Funktion.

Genauer: Ein lokales Extremum einer Funktion $f: D \to \mathbb{R}$, wobei D Teilmenge eines topologischen Raums sei, liegt an einer Stelle $a \in D$ vor, wenn es eine Umgebung $U \subset D$ von a so gibt, daß die Einschränkung $f_{/U}$ ein Extremum an der Stelle a hat. Man sagt, f habe an der Stelle a ein lokales Minimum (nämlich $f(a)$), wenn $f_{/U}$ an der Stelle a ein Minimum hat, und f habe an der Stelle a ein lokales Maximum (nämlich $f(a)$), wenn $f_{/U}$ an der Stelle a ein Maximum hat. Ebenso spricht man von einem strengen lokalen Minimum bzw. einem strengen lokalen Maximum von f an der Stelle a, wenn es eine Umgebung $U \subset D$ von a so gibt, daß $f_{/U}$ ein strenges Minimum bzw. strenges Maximum an der Stelle a hat. In diesen beiden Fällen spricht man auch von einem strengen lokalen Extremum. Neben „lokales Extremum", „lokales Minimum" und „lokales Maximum" sind auch die Bezeichnungen relatives Extremum, relatives Minimum und relatives Maximum gebräuchlich und neben „strenges lokales Extremum/Minimum/Maximum" auch die Bezeichnungen lokales Extremum/Minimum/Maximum im engeren Sinne oder eigentliches relatives Extremum/Minimum/Maximum.

Ist $D \subset \mathbb{R}^n$, und bezeichnet U_a^ε für $\varepsilon > 0$ die Umgebung mit Radius ε um a und $\dot{U}_a^\varepsilon = U_a^\varepsilon \setminus \{a\}$ die zugehörige punktierte Umgebung, so hat also f an der Stelle a ein lokales Minimum genau dann, wenn

$$\exists \varepsilon > 0 \; \forall x \in D \cap U_a^\varepsilon \; f(x) \geq f(a)\,,$$

ein lokales Maximum genau dann, wenn

$$\exists \varepsilon > 0 \; \forall x \in D \cap U_a^\varepsilon \; f(x) \leq f(a)\,,$$

ein strenges lokales Minimum genau dann, wenn

$$\exists \varepsilon > 0 \; \forall x \in D \cap \dot{U}_a^\varepsilon \; f(x) > f(a)$$

und ein strenges lokales Maximum genau dann, wenn

$$\exists \varepsilon > 0 \; \forall x \in D \cap \dot{U}_a^\varepsilon \; f(x) < f(a)\,.$$

f hat an einer Stelle a genau dann ein (strenges) lokales Maximum, wenn $-f$ an der Stelle a ein (strenges) lokales Minimum hat.

Besitzt die Menge der lokalen Minima von f ein Minimum, so ist dies das (globale oder absolute) Minimum von f. Besitzt die Menge der lokalen Maxima von f ein Maximum, so ist dies das (globale oder absolute) Maximum von f.

Der Fall $D \subset \mathbb{R}$: Ist $D \subset \mathbb{R}$ und $f : D \to \mathbb{R}$ differenzierbar an der inneren Stelle a von D, so ist $f'(a) = 0$ eine notwendige, aber, wie das Beispiel $f(x) = x^3$ zeigt, nicht hinreichende Voraussetzung für das Vorliegen eines lokalen Extremums von f an der Stelle a. Dies war schon 1684 Gottfried Wilhelm Leibniz bekannt. An einer Stelle eines lokalen Extremums hat unter diesen Voraussetzungen f also eine horizontale Tangente. Hinreichend für das Vorliegen eines lokalen Extremums von f an der Stelle a ist nach einem Satz von Augustin-Louis Cauchy (1821), daß die Ableitung von f in einer Umgebung der Stelle a existiert und steigend oder fallend durch 0 geht: Wenn es ein $\varepsilon > 0$ gibt mit

$$f'(x) \begin{cases} < 0 & \text{für } x \in (a-\varepsilon, a) \\ > 0 & \text{für } x \in (a, a+\varepsilon) \end{cases},$$

so hat f an der Stelle a ein strenges lokales Minimum. Gibt es ein $\varepsilon > 0$ mit

$$f'(x) \begin{cases} > 0 & \text{für } x \in (a-\varepsilon, a) \\ < 0 & \text{für } x \in (a, a+\varepsilon) \end{cases},$$

so hat f an der Stelle a ein strenges lokales Maximum. Auf die Existenz von $f'(a)$ kann, Stetigkeit von f an der Stelle a vorausgesetzt, jeweils sogar verzichtet werden. Diese Bedingungen sind hinreichend für das Vorliegen eines strengen lokalen Extremums, aber nicht notwendig, wie zum Beispiel die ↗Grüss-Funktion zeigt. Der Satz von Maclaurin (↗Maclaurin, Satz von) erlaubt, aus den höheren Ableitungen von f an der Stelle a Aussagen über das Wachstumsverhalten zu ziehen.

Ist a kein innerer Punkt von D, so ist $f'(a) = 0$ nicht notwendig für das Vorliegen eines lokalen Extremums von f an der Stelle a, wie man etwa an $f : [0,1] \to \mathbb{R}$ mit $f(x) = x$ und $a = 0$ oder $a = 1$ sieht. Randstellen des Definitionsbereichs müssen daher in der Regel gesondert untersucht werden.

Der Fall $D \subset \mathbb{R}^n$ mit $n \geq 1$: Hat im Fall $D \subset \mathbb{R}^n$ die Funktion $f : D \to \mathbb{R}$ ein lokales Extremum an der inneren Stelle $a \in D$, und ist f an der Stelle a nach allen Veränderlichen partiell differenzierbar, so gilt $\text{grad} f(a) = 0$, bei Differenzierbarkeit von f an der Stelle a also $f'(a) = 0$. Ist f an der Stelle a zweimal stetig differenzierbar und $f'(a) = 0$, so hat f bei positiver bzw. negativer Definitheit der ↗Hesse-Matrix $H_f(a)$ an der Stelle a ein strenges lokales Minimum bzw. Maximum. Ist $H_f(a)$ indefinit, so hat f an der Stelle a kein lokales Extremum.

Praktisches Vorgehen: Hat man die lokalen Extrema einer differenzierbaren Funktion $f : D \to \mathbb{R}$ zu bestimmen, so ermittelt man zunächst die sog. *kritischen Stellen* von f, d. h. die Stellen a im Inneren von D, die dem notwendigen Kriterium $\text{grad} f(a) = 0$ genügen. Auf diese versucht man die obigen hinreichenden Kriterien oder andere Überlegungen anzuwenden. Sodann untersucht man den Rand von D nach lokalen Extrema von f.

lokales Krümmungsverhalten, Lage des Graphen einer Funktion $f : D \to \mathbb{R}$ mit $D \subset \mathbb{R}$ in einer hinreichend kleinen Umgebung einer gegebenen inneren

Stelle $a \in D$, an der f differenzierbar sei, in bezug auf ihre Tangente an der Stelle a. Von Interesse ist dabei insbesondere, ob f

- an der Stelle a lokal konvex ist, d. h. ob es ein $\varepsilon > 0$ so gibt, daß $f(x) \geq f(a) + f'(a)(x-a)$ gilt für $x \in (a-\varepsilon, a+\varepsilon)$, oder ob f an der Stelle a sogar streng lokal konvex ist, d. h. sogar ‚$>$' gilt für $x \neq a$,
- an der Stelle a lokal konkav ist, d. h. ob es ein $\varepsilon > 0$ so gibt, daß $f(x) \leq f(a) + f'(a)(x-a)$ gilt für $x \in (a-\varepsilon, a+\varepsilon)$, oder ob f an der Stelle a sogar streng lokal konkav ist, d. h. sogar ‚$<$' gilt für $x \neq a$,
- an der Stelle a einen ↗Wendepunkt hat.

Die Funktion f ist an der Stelle a genau dann lokal konvex, wenn $-f$ an der Stelle a lokal konkav ist.

Ist f in einer Umgebung von a differenzierbar, so kann man aus dem lokalen Wachstumsverhalten von f' an der Stelle a das lokale Krümmungsverhalten von f an der Stelle a erschließen: Wenn f' an der Stelle a (streng) wächst bzw. (streng) fällt, so ist f an der Stelle a (streng) lokal konvex bzw. (streng) lokal konkav. Ist f an der Stelle a zweimal differenzierbar mit $f''(a) > 0$ bzw. $f''(a) < 0$, so ist f an der Stelle a streng lokal konvex bzw. streng lokal konkav. Diese Bedingung ist nicht notwendig, wie die Funktion $f : \mathbb{R} \to \mathbb{R}$ mit $f(x) = x^4$ zeigt, die an der Stelle 0 streng lokal konvex ist mit $f''(0) = 0$. Aus der lokalen Konvexität bzw. Konkavität an der Stelle a folgt bei zweimaliger Differenzierbarkeit einer Funktion f an der Stelle a jedoch $f''(a) \geq 0$ bzw. $f''(a) \leq 0$. Wie für das lokale Wachstumsverhalten einer Funktion kann man unter geeigneten Umständen höhere Ableitungen auch zur Untersuchung des lokalen Krümmungsverhaltens heranziehen (↗Maclaurin, Satz von).

Aus der lokalen Konvexität einer Funktion an einer Stelle folgt nicht, daß sie in einer ganzen Umgebung dieser Stelle konvex wäre, wie beispielsweise die Funktion $f : \mathbb{R} \to \mathbb{R}$ mit

$$f(x) = \begin{cases} x^2 & , \ x \in \mathbb{Q} \\ 2x^2 & , \ x \in \mathbb{R} \setminus \mathbb{Q} \end{cases}$$

zeigt, die an der Stelle 0 lokal konvex, aber in keiner Umgebung von 0 konvex ist. Ferner braucht selbst bei zweimal stetig differenzierbaren Funktionen keiner der obigen Fälle vorzuliegen, wie man etwa an der Funktion $f : \mathbb{R} \to \mathbb{R}$ mit

$$f(x) = \begin{cases} x^5 \sin \frac{1}{x} & , \ x \neq 0 \\ 0 & , \ x = 0 \end{cases}$$

sieht, die an der Stelle 0 weder lokal konvex oder konkav ist, noch dort einen Wendepunkt hat.

Oben wurde vorausgesetzt, daß a im Inneren des Definitionsbereichs von f liegt. Natürlich kann man auch das ‚einseitige' Krümmungsverhalten einer Funktion an einer Randstelle eines Intervalls oder allgemeiner einem Häufungspunkt ihres Definitionsbereichs untersuchen.

lokales Martingal, ein auf dem mit der Filtration $(\mathfrak{A}_t)_{t\in[0,\infty)}$ versehenen Wahrscheinlichkeitsraum $(\Omega, \mathfrak{A}, P)$ definierter stochastischer Prozeß $(X_t)_{t\in[0,\infty)}$ mit Werten in $(\mathbb{R}, \mathfrak{B}(\mathbb{R}))$, für den erstens die Zufallsvariable X_0 $\mathfrak{A}_0$-$\mathfrak{B}(\mathbb{R})$-meßbar ist und zweitens eine Folge $(\tau_n)_{n\in\mathbb{N}}$ von Stoppzeiten bezüglich $(\mathfrak{A}_t)_{t\in[0,\infty)}$ existiert, welche P-fast sicher monoton wächst und mit wachsendem n gegen Unendlich strebt, d. h. $\tau_n \uparrow \infty$ (P-f.s.), so daß der Prozeß

$$(X_{t\wedge\tau_n} - X_0)_{t\in[0,\infty)}$$

für jedes $n \in \mathbb{N}$ ein Martingal bezüglich $(\mathfrak{A}_t)_{t\in[0,\infty)}$ ist.

Dabei bezeichnet $X_{t\wedge\tau_n}$ für jedes $n \in \mathbb{N}$ und $t \geq 0$ die durch

$$X_{t\wedge\tau_n} : \Omega \ni \omega \to X_{\min(t,\tau_n(\omega))}(\omega) \in \mathbb{R}$$

definierte Abbildung und $\mathfrak{B}(\mathbb{R})$ die σ-Algebra der Borelschen Mengen von $\mathbb{R}$.

Für Prozesse mit Parametermenge $\mathbb{N}_0$ wird der Begriff des lokalen Martingals entsprechend definiert.

lokales Maximum, ↗Extremum, ↗lokales Extremum.

lokales Minimum, ↗Extremum, ↗lokales Extremum.

lokales Modell, ein ↗geringter Raum, der isomorph zu einem abgeschlossenen komplexen Unterraum eines Bereiches im $\mathbb{C}^n$ ist.

Ein abgeschlossener komplexer Unterraum eines Gebietes $G \subset \mathbb{C}^n$ ist ein abgeschlossener geringter Unterraum $V(G; \mathcal{I}) = (A, {}_A\mathcal{O}) \hookrightarrow (G, {}_n\mathcal{O})$, der mit Hilfe eines kohärenten Ideals $\mathcal{I} \subset {}_n\mathcal{O}\,|_G$ definiert wird. A ist dann eine analytische Menge in G. Jeder geringte Raum, der isomorph zu solch einem $(A, {}_A\mathcal{O})$ ist, wird lokales Modell genannt.

lokales Verhalten einer Funktion, Verhalten einer Funktion $f : D \to \mathbb{R}$ mit $D \subset \mathbb{R}$ und evtl. ihrer Ableitungen in einer hinreichend kleinen Umgebung einer gegebenen inneren Stelle $a \in D$. Von besonderem Interesse, vor allem im Rahmen einer ↗Kurvendiskussion, sind dabei das ↗lokale Wachstumsverhalten und das ↗lokale Krümmungsverhalten.

lokales Wachstumsverhalten, Wachstumsverhalten einer Funktion $f : D \to \mathbb{R}$ mit $D \subset \mathbb{R}$ in einer hinreichend kleinen Umgebung einer gegebenen inneren Stelle $a \in D$. Von Interesse ist dabei insbesondere, ob f

- an der Stelle a wächst, d. h. ob es ein $\varepsilon > 0$ so gibt, daß $f(x) \leq f(a)$ für $x \in (a-\varepsilon, a)$ gilt und $f(a) \leq f(x)$ für $x \in (a, a+\varepsilon)$, oder ob f an der Stelle a sogar streng wächst, d. h. jeweils sogar ‚$<$' gilt,

- an der Stelle a fällt, d. h. ob es ein $\varepsilon > 0$ so gibt, daß $f(x) \geq f(a)$ für $x \in (a - \varepsilon, a)$ gilt und $f(a) \geq f(x)$ für $x \in (a, a + \varepsilon)$, oder ob f an der Stelle a sogar streng fällt, d. h. jeweils sogar ‚>' gilt,
- an der Stelle a ein ↗lokales Extremum hat.

Ist f an der Stelle a differenzierbar mit $f'(a) > 0$ bzw. $f'(a) < 0$, so wächst bzw. fällt f an der Stelle a streng. Daraus folgt jedoch nicht, daß f in einer Umgebung von a monoton wäre, wie die Beispiele zur ↗Monotonie von Funktionen zeigen – es werden ja nur die Funktionswerte in einer Umgebung von a mit $f(a)$ verglichen, aber nicht miteinander.

Ist f an der Stelle a differenzierbar mit $f'(a) = 0$, so kann f dennoch an der Stelle a streng wachsen oder fallen, wie etwa das Beispiel $f : \mathbb{R} \to \mathbb{R}$ mit $f(x) = x^3$ zeigt. Der Satz von Maclaurin (↗Maclaurin, Satz von) erlaubt Aussagen über das Wachstumsverhalten.

Selbst bei stetig differenzierbaren Funktionen braucht keiner der obigen Fälle vorzuliegen, wie man etwa an der Funktion $f : \mathbb{R} \to \mathbb{R}$ mit

$$f(x) = \begin{cases} x^3 \sin \frac{1}{x} & , \ x \neq 0 \\ 0 & , \ x = 0 \end{cases}$$

sieht, die in jeder Umgebung von 0 „zwischen $\pm x^3$ pendelt".

Oben wurde vorausgesetzt, daß a im Inneren des Definitionsbereichs von f liegt. Natürlich kann man auch das ‚einseitige' Wachstumsverhalten einer Funktion an einer Randstelle eines Intervalls oder allgemeiner einem Häufungspunkt ihres Definitionsbereichs untersuchen.

Lokal-Global-Prinzip der Zahlentheorie, im wesentlichen der Inhalt des Satzes von Minkowski-Hasse.

Bei manchen diophantischen Gleichungen kann man zeigen, daß sie genau dann eine (ganzzahlige oder rationale) Lösung besitzen, wenn sie reell lösbar sind und die entsprechenden Kongruenzen modulo aller Primzahlpotenzen lösbar sind.

Eine Ausformulierung des Lokal-Global-Prinzips für quadratische Formen ist der Satz von Minkowski-Hasse:

Sei f eine quadratische Form in n Unbestimmten mit ganzen Koeffizienten. Dann ist die Gleichung

$$f(x_1, \dots, x_n) = 0$$

genau dann in den ganzen Zahlen lösbar, wenn sie in den reellen Zahlen lösbar ist und die Kongruenz

$$f(x_1, \dots, x_n) \equiv 0 \mod p^m$$

für jede Primzahlpotenz p^m eine Lösung besitzt, bei der mindestens ein Wert der Unbestimmten nicht durch p teilbar ist.

In diesem Zusammenhang nennt man das Bilden der Äquivalenzklassen modulo p^m „Lokalisieren". Lösungen der Kongruenz heißen dementsprechend „lokale Lösungen", während Lösungen der Ausgangsgleichung als „globale Lösungen" bezeichnet werden; dies erklärt den Ausdruck „Lokal-Global-Prinzip".

Lokalisation, Betrachtung einer Eigenschaft eines topologischen Raumes auf lokale Weise. Dadurch wird die Eigenschaft zur ↗lokalen Eigenschaft.

Siehe (für eine andere Verwendung) auch ↗Lokalisierung.

Lokalisationsprinzip, von Riemann gefundenes Prinzip, nach dem Konvergenz und Wert (bzw. Divergenz) der ↗Fourier-Reihe einer Funktion $f : \mathbb{R} \twoheadrightarrow \mathbb{C}$ bei $x_0 \in \mathbb{R}$ nur von dem Verhalten von f in einer beliebig kleinen Umgebung von x_0 abhängen.

Seien f, g 2π-periodisch und über $[0, 2\pi]$ Lebesgue- oder Riemann-integrierbar. Es bezeichne

$$s_n f(x) = \sum_{|k| \leq n} c_k e^{ikx}$$

(entsprechend $s_n g(x)$) die n-te Partialsumme der Fourier-Reihe von f (bzw. g). Für ein $x_0 \in \mathbb{R}$ und $\delta > 0$ sei zusätzlich

$$\xi : (-\delta, \delta) \twoheadrightarrow \mathbb{C}, \quad \xi(y) = \frac{f(y) - g(y)}{y - x_0}$$

integrierbar. Dann folgt

$$\lim_{n \to \infty} (s_n f(x_0) - s_n g(x_0)) = 0 \,.$$

Lokalisierung, Konstruktion eines Ringes aus einem gegebenen Ring R.

Es sei R ein kommutativer Ring mit Einselement und $S \subseteq R$ ein multiplikativ abgeschlossenes System, d. h. $s, s' \in S$ impliziert $ss' \in S$, und

$$R_S = \left\{ \frac{a}{b} \mid a \in R, b \in s \right\} / \sim$$

mit $\frac{a}{b} \sim \frac{a'}{b'}$ genau dann, wenn ein $s \in S$ existiert so, daß $s(ab' - a'b) = 0$.

R_S ist auf natürliche Weise ein Ring und heißt die Lokalisierung von R nach S. Wenn S die Menge der Nichtnullteiler von R ist, dann ist R_S der Quotientenring von R.

Wenn $\wp \subseteq R$ ein Primideal ist, dann ist $S_\wp := R \setminus \wp$ multiplikativ abgeschlossen und $R_{S_\wp} =: R_\wp$ ein lokaler Ring.

Die Konstruktion der Lokalisierung verallgemeinert die Bildung von Quotientenkörpern.

Lokalisierung einer Kategorie, ordnet jeder Kategorie eine weitere Kategorie zu, in der gewisse Morphismen zu Isomorphismen werden.

Sei $\mathcal{C}$ eine Kategorie. Eine Menge von Morphismen S aus $\mathcal{C}$ heißt ein multiplikatives System, falls gilt:

(1) Aus $f, g \in S$ folgt $f \circ g \in S$, und alle Identitätsmorphismen 1_X sind in S für $X \in Ob(\mathcal{C})$.

(2) Alle Paare von Morphismen

$$A \xrightarrow{u} B \xleftarrow{s} C$$

mit $s \in S$ können ergänzt werden durch Paare von Morphismen

$$A \xleftarrow{t} D \xrightarrow{v} C$$

mit $t \in S$ so, daß gilt: $u \circ t = s \circ v$.

(3) Alle Paare von Morphismen

$$A \xleftarrow{u} B \xrightarrow{s} C$$

mit $s \in S$ können ergänzt werden durch Paare von Morphismen

$$A \xrightarrow{t} D \xleftarrow{v} C$$

mit $t \in S$ so, daß gilt: $t \circ u = v \circ s$.

(4) Seien $f, g : A \to B$ zwei Morphismen in $\mathcal{C}$. Dann sind äquivalent:

(a) Es gibt ein $s : B \to B'$ aus S so, daß gilt $s \circ f = s \circ g$.

(b) Es gibt ein $t : A' \to A$ aus S so, daß gilt $f \circ t = g \circ t$.

Die Lokalisierung $\mathcal{C}$ nach einer multiplikativen Menge S ist eine Kategorie $\mathcal{C}_S$ zusammen mit einem ↗Funktor $Q : \mathcal{C} \to \mathcal{C}_S$ derart, daß gilt:

1. $Q(s)$ ist ein Isomorphismus für alle $s \in S$.
2. Jeder Funktor $F : \mathcal{C} \to \mathcal{D}$ in eine weitere Kategorie $\mathcal{D}$, für den $F(s)$ ebenfalls ein Isomorphismus für alle $s \in S$ ist, faktorisiert in eindeutiger Weise durch den Funktor Q, d. h. es gibt einen Funktor $\overline{F} : \mathcal{C}_S \to \mathcal{D}$ mit $F = \overline{F} \circ Q$.

Die Lokalisierung $\mathcal{C}_S$ einer Kategorie $\mathcal{C}$ nach einer multiplikativen Menge S existiert, für die Objektmengen gilt $Ob(\mathcal{C}_S) = Ob(\mathcal{C})$. Die Morphismen von A nach B können (allerdings nicht eindeutig) dargestellt werden durch Paare von Morphismen (f, s) aus $\mathcal{C}$

$$A \xleftarrow{s} C \xrightarrow{f} B$$

mit $s \in S$.

Die Lokalisierung wird z. B. in der Konstruktion der ↗derivierten Kategorie benutzt. Es ist möglich, die Lokalisierung nach einer Menge S zu konstruieren, selbst wenn S kein multiplikatives System bildet.

lokalkompakte Gruppe, eine Gruppe $(G, \cdot)$, für die folgendes gilt:

Auf $(G, \cdot)$ ist eine Topologie erklärt, bzgl. derer die Gruppenoperation $\cdot$ und die Inversion stetig sind ($(G, \cdot)$ ist topologische Gruppe), und diese Topologie ist lokalkompakt (↗lokalkompakter Raum).

lokalkompakter Raum, ein ↗Hausdorffraum, in dem jeder Punkt eine Umgebungsbasis aus kompakten Umgebungen besitzt.

Gelegentlich spricht man dann auch von einer lokalkompakten Topologie (auf diesem Raum).

lokalkonvexe Topologie, Vektorraumtopologie mit konvexen Nullumgebungen.

Es sei V ein topologischer Vektorraum. Dann heißt die Vektorraumtopologie auf V lokalkonvex, wenn es eine Nullumgebungsbasis aus konvexen Mengen gibt. Äquivalent dazu ist die Bedingung, daß die Vektorraumtopologie von einer Familie von Halbnormen induziert wird.

Von besonderer Bedeutung sind die separierten lokalkonvexen topologischen Vektorräume, weil dort der Fortsetzungssatz von Hahn-Banach anwendbar ist.

lokalkonvexer Raum, topologischer Vektorraum mit einer ↗lokalkonvexen Topologie.

lokal-topologische Abbildung, Abbildung zwischen topologischen Räumen.

Seien Y und X topologische Räume und $f : Y \to X$ eine surjektive stetige Abbildung. Die Abbildung f heißt lokal-topologisch, falls jeder Punkt $y \in Y$ eine offene Umgebung U besitzt, die durch f topologisch (d. h. stetig, bijektiv und mit stetiger Umkehrabbildung) auf eine offene Umgebung von $f(y)$ abgebildet wird.

Loney, Formel von, die Gleichung

$$\frac{\pi}{4} = 3 \arctan \frac{1}{4} + \arctan \frac{1}{20} + \arctan \frac{1}{1985},$$

1893 von S.L.Loney angegeben.

Mit Hilfe der aus dieser Formel abgeleiteten ↗Arcustangensreihe für π hat 1946 Donald Fraser Ferguson im Lauf eines Jahres von Hand 530 Dezimalstellen von π berechnet und dabei festgestellt, daß die von William Shanks 1873 ermittelten 707 Stellen ab der 527sten Stelle falsch waren.

longitudinale Wellen, Wellen, bei denen der lokale Schwingungsvorgang in Richtung (oder entgegen) der Fortpflanzung der Wellen liegt.

Im Gegensatz dazu stehen die transversalen Wellen.

In ↗idealen Flüssigkeiten gibt es nur longitudinale Wellen, während in elastischen Körpern beide Wellentypen vorkommen. Die Fortpflanzungsgeschwindigkeit longitudinaler Wellen $\mathfrak{v}_l$ ist immer größer als die der transversalen Wellen.

Schall breitet sich in Luft überwiegend longitudinal aus. Die etwa durch Sprechen angeregten Dichteschwankungen erfolgen adiabatisch, und aus $|\mathfrak{v}_l| = \sqrt{dp/d\varrho}$ ergibt sich eine Fortpflanzungsgeschwindigkeit von etwa 333 m/s.

Looman-Menchoff, Satz von, lautet:

Es sei $D \subset \mathbb{C}$ eine offene Menge und $f = u + iv : D \to \mathbb{C}$ eine in D stetige Funktion. Weiter mögen in

D die partiellen Ableitungen u_x, u_y, v_x, v_y existieren und in D die Cauchy-Riemann-Gleichungen $u_x = v_y$, $u_y = -v_x$ gelten.

Dann ist f eine in D ↗holomorphe Funktion.

Loop, im Sinne der Gruppentheorie eine ↗Quasigruppe mit neutralem Element.

In anderem Zusammenhang ein Element einer ↗Loop-Algebra.

Loop-Algebra, zu einer Lie-Algebra g die Menge aller analytischen Abbildungen der Kreislinie S^1 in die Algebra g.

Durch eine Entwicklung der Loops in eine Fourier-Reihe ergibt sich eine unendlichdimensionale Lie-Algebra.

LOOP-berechenbar, Eigenschaft einer Funktion $f : \mathbb{N}_0{}^k \to \mathbb{N}_0$.

Eine solche Funktion f ist LOOP-berechenbar, falls es ein ↗LOOP-Programm gibt, welches diese Funktion berechnet.

Da LOOP-Programme immer stoppen, bilden die LOOP-berechenbaren Funktionen eine Teilmenge der ↗total berechenbaren Funktionen.

Die Summen-, Produkt-, Potenzfunktion und der größte gemeinsame Teiler sind Beispiele für LOOP-berechenbare Funktionen. Die LOOP-berechenbaren Funktionen stimmen mit den ↗primitiv-rekursiven Funktionen überein.

LOOP-Hierarchie, *Schleifenhierarchie*, unendliche Hierarchie innerhalb der ↗LOOP-berechenbaren Funktionen.

Die i-te Stufe dieser Hierarchie, LOOP_i, ist dadurch charakterisiert, daß die zugrundeliegenden ↗LOOP-Programme höchstens i ineinander verschachtelte LOOP-Schleifen enthalten dürfen.

Das ↗Äquivalenzproblem für LOOP_1-Programme ist zwar entscheidbar (↗Entscheidbarkeit), aber NP-vollständig. Das Äquivalenzproblem für LOOP_i-Programme, $i \geq 2$, ist nicht entscheidbar.

LOOP-Programm, wie folgt induktiv definiertes Programm: Alle Wertzuweisungen der Form $x := y$, $x := c$, $x := x + 1$, $x := x - 1$ sind LOOP-Programme (wobei x, y Programmvariablen sind, und c eine Konstante ist). Falls P und Q bereits LOOP-Programme sind, so auch $P; Q$ (die Hintereinanderausführung von P und Q). Falls P ein LOOP-Programm ist und x eine Programmvariable, so ist auch

LOOP x DO P END

ein LOOP-Programm. (Interpretation: Wiederhole das Programm P n-mal, wobei n der Wert der Variablen x zu Beginn der Ausführung ist).

Ein LOOP-Programm berechnet eine Funktion f in dem folgenden Sinne: Wenn das Programm P mit den Startwerten $n_1, \dots, n_k$ in den Programmvariablen $x_1, \dots, x_k$ gestartet wird, so stoppt dieses mit dem Wert $f(n_1, \dots, n_k)$ in der Programmvariablen y.

Lorentz, Hendrik Antoon, Physiker, geb. 18.7. 1853 Arnheim, gest. 4.2.1928 Haarlem.

Lorentz, Sohn des Besitzers einer Baumschule, studierte in Leiden Physik, Mathematik und Astronomie. Nach erfolgreichem Examen war er als Gymnasiallehrer in Arnheim tätig. Im Jahre 1877 wurde er auf den ersten niederländischen Lehrstuhl für Theoretische Physik in Leiden berufen, ab 1912 leitete er ein physikalisches Forschungsinstitut in Haarlem.

Nach Arbeiten zur Thermodynamik, u. a. mit der Bestätigung der Gültigkeit der van der Waalschen Zustandsgleichung, wandte sich Lorentz der klassischen Elektronentheorie zu. Nach seiner Interpretation werden alle elektrischen und magnetischen Erscheinungen durch elektrische Ladungsträger verursacht. Diese Annahme gab Lorentz die Möglichkeit, die in Maxwells Feldtheorie auftretenden Konstanten zu bestimmen und die Dispersion des Lichts zu deuten (1897).

Lorentz war einer der letzten bedeutenden Physiker, die an der Ätherhypothese festhielten, obwohl viele seiner Arbeiten geradezu ihre Ablösung vorbereiteten, so über „elektrische und optische Erscheinungen in bewegten Körpern" (1895, „Lorentz-Kraft") und über die völlige Gleichberechtigung relativ gegeneinander bewegter Beobachtungssysteme (1899, „Lorentz-Transformation").

Das Arbeitsspektrum Lorentz' war nicht nur auf die theoretische Physik beschränkt. Er berechnete das Auftreten von Gezeiten, nahm großen Einfluß auf die Hochschulbildung und anstehende Universitätsreformen und war von 1911–1927 Organisator und Präsident der internationalen Solvay-Kongresse. Er erhielt 1902, zusammen mit Pieter Zeeman (1865–1943), den Nobelpreis für Physik.

Lorentz-Eichung, in der Elektrodynamik diejenige Eichung des Vektorpotentials A_i, für die gilt $\partial^i A_i = 0$, wobei über $i = 0, \dots, 3$ summiert wird.

In dieser Eichung (↗Eichfeldtheorie) lauten die Maxwellschen Gleichungen einer elektromagnetischen Welle einfach $\Box A_i = 0$, dabei ist $\Box$ der d'Alembert-Operator. Andere Eichungen sind die Coulomb-Eichung und die transversale Eichung.

Bei der Coulomb-Eichung gilt $\partial^\alpha A_\alpha = 0$, wobei über $\alpha = 1, \dots, 3$, summiert wird. Wird hier außerdem noch $A_0 = 0$ gefordert, so fallen Lorentz-Eichung und Coulomb-Eichung zusammen.

Die transversale Eichung ist dadurch bestimmt, daß der Vektor A_i auf der Ausbreitungsrichtung der elektromagnetischen Welle senkrecht steht.

Lorentz-Gruppe, homogene ↗Untergruppe der Isometriegruppe des Minkowski-Raums.

Ihre Elemente werden ↗Lorentz-Transformationen genannt. Zu den Elementen, die stetig mit der Einheit zusammenhängen, kommen die Spiegelungen der Raum- und Zeitkoordinaten des Minkowski-Raums hinzu. Man spricht hier auch von der vollständigen Lorentz-Gruppe. Die Isometriegruppe des Minkowski-Raums enthält neben der vollständigen Lorentz-Gruppe noch die 4-parametrige Translationsgruppe. Diese Gruppe wird Poincaré-Gruppe oder inhomogene Lorentz-Gruppe genannt. Hier wird unter Lorentz-Gruppe stets die vollständige Lorentz-Gruppe verstanden.

Sind x^μ (kleine griechische Lettern durchlaufen immer die Menge 1, 2, 3, 4) die Standardkoordinaten des Minkowski-Raums und $\eta_{\mu\nu}$ die Komponenten des Minkowski-Tensors, dann ist eine Lorentz-Transformation $x^{\mu'} = \Lambda^{\mu'}_{\nu} x^\nu$ (↗Einsteinsche Summenkonvention: Summation über gleiche ko- und kontravariante Indizes) durch

$$\eta_{\varrho'\sigma'}\Lambda^{\varrho'}_{\mu}\Lambda^{\sigma'}_{\nu} = \eta_{\mu\nu}$$

definiert.

Es gilt $(\det \Lambda)^2 = 1$. Die Lorentz-Transformationen mit $\det \Lambda = 1$ heißen eigentliche, und solche mit $\Lambda^{0'}_{0} \geq 1$ orthochrone Lorentz-Transformationen.

Die eigentliche Lorentz-Gruppe ist das direkte Produkt zweier dreidimensionaler Drehgruppen. Damit ist jede irreduzible lineare Darstellung der Lorentz-Gruppe $D(j_1, j_2)$ durch zwei Zahlen j_1 und j_2 bestimmt, wobei j_1, j_2 unabhängig voneinander nichtnegative ganze und halbganze Werte annehmen können. Die Dimension des Darstellungsraums ist $(2j_1+1)(2j_2+1)$. Ist j_1+j_2 ganz, spricht man von einer Tensordarstellung. Für halbganzes j_1+j_2 spricht man von Spinor- oder zweideutiger Darstellung. Bei der Spinordarstellung handelt es sich in Wirklichkeit um eine Darstellung der universellen Überlagerungsgruppe $SL(2)$ der Lorentz-Gruppe. (Allgemein bedeutet dieser Begriff: Für die einfach zusammenhängende Gruppe $\hat{G}$ und die Gruppe G existiert ein Epimorphismus von $\hat{G}$ auf G, der lokal auch Isomorphismus ist.) Der Begriff „zweideutig“ rührt in diesem Zusammenhang daher, daß eine „halbe Drehung“ in $SL(2)$ schon eine volle Drehung (identische Transformation) in der Lorentz-Gruppe bewirkt und ein Element aus dem Darstellungsraum dabei sein Vorzeichen umkehrt. Eine „volle Drehung“ in $SL(2)$ bewirkt eine zweifache Drehung in der Lorentz-Gruppe, und erst damit geht ein Element des Darstellungsraums in sich über.

Die einfachsten Spinordarstellungen sind $D(1/2, 0)$ und $D(0, 1/2)$. Die Dimension der Darstellungsräume ist 2. Räumliche Spiegelungen lassen ihre Darstellungsräume nicht mehr invariant. Erst ihre direkte Summe ist bei dieser Operation invariant. Dies bedeutet den Übergang von den zweikomponentigen (Weylschen) Spinoren zu den vierkomponentigen Dirac-Spinoren.

Tensordarstellungen können aus Spinordarstellungen aufgebaut werden, z. B. gilt

$$D(1/2, 0) \otimes D(0, 1/2) = D(1/2, 1/2)\,,$$

d. h., aus zwei zweikomponentigen Spinoren entsteht durch Produktbildung ein vierkomponentiger Vektor.

Darstellungsräume von direkten Produkten der Lorentz-Gruppe sind nicht irreduzibel.

Lorentz-Invarianz, Invarianz einer Größe gegenüber ↗Lorentz-Transformationen, d. h. gegenüber solchen Transformationen, die alle Komponenten der Minkowski-Metrik wieder in sich selbst überführen.

Lorentz-Kontraktion, gemeinsamer Oberbegriff für Längenkontraktion und Zeitdilatation.

Speziellrelativistisch sind Längen und Zeiten davon abhängig, in welchem Bezugssystem gemessen wird, anschaulich wird letzteres oft als Zwillingsparadoxon bezeichnet. Dieser Effekt konnte mit baugleichen Atomuhren nachgewiesen werden: Eine Uhr bewegte sich in der Erdumlaufbahn, die andere ruhte auf der Erde, und das von der speziellen Relativitätstheorie vorausgesagte Nachgehen der bewegten Uhr wurde auch so bestätigt. Die Größe des Effekts wird durch den Lorentz-Faktor (↗Lorentz-Transformation) beschrieben.

Lorentz-Mannigfaltigkeit, eine pseudo-Riemannsche Mannigfaltigkeit vom Index 1.

Lorentz-Metrik, eine ↗Riemannsche Metrik vom Index 1 auf einer pseudo-Riemannschen Mannigfaltigkeit.

Von besonderer Bedeutung ist die ↗Lorentz-Metrik im $\mathbb{R}^4$.

Lorentz-Metrik im $\mathbb{R}^4$, die Metrik

$$d(x,y) := (x_0-y_0)^2 - (x_1-y_1)^2 - (x_2-y_2)^2 - (x_3-y_3)^2$$

für $x = (x_0, x_1, x_2, x_3)$, $y = (y_0, y_1, y_2, y_3) \in \mathbb{R}^4$. Es ist die Metrik, die in der speziellen Relativitätstheorie der Raum-Zeit zugrunde liegt. Hierbei entspricht $x_0 = c \cdot t$ (mit der ↗Lichtgeschwindigkeit c und der Zeit t) der Zeitkoordinate.

Manche Autoren verwenden auch die umgekehrte Vorzeichenverteilung.

Lorentz-Rahmen, selten gebrauchte Übersetzung für den englischsprachigen Begriff Lorentz-frame.

Das Wort „frame“ ist hierbei Kurzwort für „frame of reference“, das deutschsprachig meist mit „Bezugssystem“ wiedergegeben wird.

Lorentz-Räume, Verallgemeinerungen der ↗Funktionenräume $L^p(\mu)$ und der ↗Folgenräume ℓ^p.

Sei (Ω, Σ, μ) ein Maßraum und $f : \Omega \to \mathbb{C}$ meßbar. Man setze

$$d_f(s) = \mu\{\omega : |f(\omega)| > s\}$$

und

$$f^*(t) = \inf\{s : d_f(s) \le t\}$$

für $0 \le t < \mu(\Omega)$ bzw. $f^*(t) = 0$ für $t \ge \mu(\Omega)$.

f^* heißt die fallende Umordnung von f; f^* hat dieselbe Verteilung bzgl. des Lebesgue-Maßes wie $|f|$ bzgl. μ, d.h. $d_f = d_{f^*}$. Für $0 < p < \infty$ und $0 < q \le \infty$ setze man

$$\|f\|_{p,q} = \left(\int_0^\infty (t^{1/p} f^*(t))^q \frac{dt}{t} \right)^{1/q}$$

im Fall $q < \infty$, und

$$\|f\|_{p,\infty} = \sup_{t \ge 0} t^{1/p} f^*(t) .$$

Der Lorentz-Raum $L^{p,q}(\mu)$ besteht aus allen (Äquivalenzklassen von) meßbaren Funktionen f mit $\|f\|_{p,q} < \infty$.

Auf dem Raum $L^{p,q}(\mu)$ ist $\| \, . \, \|_{p,q}$ eine Quasinorm (im Fall $1 < p < \infty$, $1 \le q \le p$ sogar eine Norm), und $(L^{p,q}(\mu), \| \, . \, \|_{p,q})$ ist ein Quasi-Banachraum. Man kann im Fall $1 < p < q \le \infty$ jedoch eine äquivalente Banachraum-Norm finden.

Ist $p = q$, so erhält man offensichtlich $L^{p,p}(\mu) = L^p(\mu)$ und $\|f\|_{p,p} = \|f\|_p$; die Räume $L^{p,\infty}(\mu)$ heißen auch schwache L^p-Räume. Es gilt stets $L^{p,q_1}(\mu) \subset L^{p,q_2}(\mu)$ für $q_1 \le q_2$, und für endliche Maße hat man $L^{p_1,q_1}(\mu) \supset L^{p_2,q_2}(\mu)$ für $p_1 < p_2$ und beliebige q_j.

Im Fall des zählenden Maßes auf $\mathbb{N}$ wird $L^{p,q}(\mu)$ mit $\ell^{p,q}$ bezeichnet. Eine äquivalente (Quasi-) Norm ist hier

$$\|(s_n)\|'_{p,q} = \sup_{\pi} \left(\sum_{n=1}^{\infty} |s_{\pi(n)}|^q n^{q/p-1} \right)^{1/q}$$

bzw.

$$\|(s_n)\|'_{p,\infty} = \sup_{\pi} n^{1/p} |s_{\pi(n)}| ,$$

wobei sich das Supremum über alle Permutationen $\pi : \mathbb{N} \to \mathbb{N}$ erstreckt. Es gilt $\ell^{p_1,q_1} \subset \ell^{p_2,q_2}$ für $p_1 < p_2$ und beliebige q_j oder für $p_1 = p_2$ und $q_1 \le q_2$. Ist $(s_n) \in \ell^{p,q}$ mit $q < \infty$, so strebt die fallende Umordnung (s_n^*) schneller gegen 0 als $n^{-1/p}$; der zweite Index q spezifiziert ein weiteres logarithmisches Abklingverhalten. Beispielsweise ist (s_n) mit $s_1 = 0$ und $s_n = n^{-1/p}(\log n)^{-1/q+\varepsilon}$ sonst für jedes $\varepsilon > 0$ in $\ell^{p,q}$.

Die Lorentz-Räume treten in der ↗Interpolationstheorie linearer Operatoren auf. Ferner sind viele Operatoren, die für $p > 1$ als Operatoren von L^p nach L^p stetig sind, nicht mehr für $p = 1$ stetig, wohl aber von L^1 nach $L^{1,\infty}$; ein Beispiel ist die ↗Hilbert-Transformation.

Lorentzsche Regel, Regel für die Bestimmung der Drehung der Polarisationsebene des Lichts bei Durchgang durch ein Magnetfeld (↗ Faradaysches Induktionsgesetz).

Die Lorentzsche Regel ist nicht zu verwechseln mit der Lorenzschen Regel, die besagt, daß das Verhältnis von Wärmeleitfähigkeit zur elektrischen Leitfähigkeit nur von der Temperatur abhängt, nicht aber davon, welches Metall verwendet wird.

Lorentz-Transformation, ganz allgemein jede Transformation der Minkowskischen Raum-Zeit, die die Eigenschaft hat, daß die Standardgestalt der Metrik der speziellen Relativitätstheorie $g_{ij} = \mathrm{diag}(1, -1, -1, -1)$ durch sie ungeändert bleibt. Da Translationen und Spiegelungen diese Form trivialerweise invariant lassen, schließt man diese meist aus.

Man spricht von speziellen Lorentz-Transformationen, wenn der Ursprung des Koordinatensystems unverändert bleibt und die Transformation zur Zusammenhangskomponente der identischen Transformation gehört.

Man kann dann räumliche Drehungen so ansetzen, daß die verbleibende Lorentz-Transformation nur noch eine spezielle Lorentz-Transformation in der (t, x)-Ebene ist. In Einheiten, in denen die Lichtgeschwindigkeit $c = 1$ beträgt, läßt sich diese verbleibende Menge von Lorentz-Transformationen durch einen einzigen reellen Parameter v mit $-1 < v < 1$ beschreiben, der als Relativgeschwindigkeit der beiden Bezugssysteme t, x und t', x' interpretiert wird. Es gilt dann $t'^2 - x'^2 = t^2 - x^2$, sowie

$$t' = \frac{t - vx}{\sqrt{1 - v^2}} \quad \text{und} \quad x' = \frac{x - vt}{\sqrt{1 - v^2}} .$$

Die Linearität dieser Transformation in t und x ist eine Folge des Relativitätsprinzips und nicht, wie oft vermutet, eine Zusatzannahme.

Der Ausdruck $1/\sqrt{1 - v^2}$ in diesen Formeln ist der für Längenkontraktion und Zeitdilatation zuständige Lorentzfaktor (↗Lorentz-Kontraktion).

Lorenz-Attraktor, ↗ Lorenz-System.

Lorenz-Bifurkation, ↗Lorenz-System.

Lorenz-System, das System gewöhnlicher Differentialgleichungen

$$\dot{x} = \sigma(y - x) , \; \dot{y} = \varrho x - y - xz , \; \dot{z} = -\beta z + xy$$

mit $\sigma, \beta, \varrho > 0$.

Es wurde zuerst 1963 von Edward N.Lorenz als Modell des Wärmetransportes in einem Klimamodell untersucht. In seinen numerischen Berechnungen beobachtet er zum ersten Mal das Auftreten komplizierter Orbits in einem einfachen ↗ dynamischen System, insbesondere entdeckte er den nach ihm benannten Lorenz-Attraktor, einen sog. seltsamen Attrator. Das Lorenz-System liefert auch ein Beispiel für Periodenverdopplung.

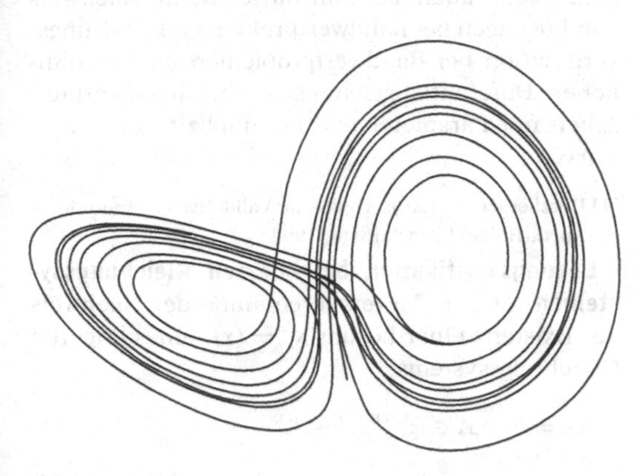

Lorenz-Attraktor

[1] Falconer, K.: Fraktale Geometrie. Spektrum Akademischer Verlag Heidelberg, 1993.

Lösen von Gleichungen, Bestimmen der Lösungsmengen von Gleichungen.

Dies kann je nach Art der Gleichung geschehen durch:

- Unmittelbares Ablesen der Lösung.
- Anwenden eines Lösungsverfahrens oder einer Lösungsformel.
- Ausprobieren aller bzw. eines geeigneten Teils der Elemente des Definitionsbereichs der Gleichung.

Vorbereitend formt man oft die Gleichung unter Benutzung der Regeln für das ↗ Rechnen mit Gleichungen zu einer äquivalenten einfacheren Gleichung um, d. h. einer einfacher zu lösenden Gleichung mit gleichem Definitionsbereich und gleicher Lösungsmenge.

Die Gleichung

$$3x_1 + 2x_2 = (x_1 + 2)x_2$$

mit dem Definitionsbereich $\mathbb{R}^2$ formt man z. B. um zur äquivalenten Gleichung

$$3x_1 = x_1 x_2 ,$$

an der sich die Lösungen $x_1 = 0$ (bei beliebigem x_2) und $x_2 = 3$ (bei beliebigem $x_1 \neq 0$) ablesen lassen, d. h. die Lösungsmenge ist $\mathbb{L} = \mathbb{L}_1 \uplus \mathbb{L}_2$ mit $\mathbb{L}_1 = \{0\} \times \mathbb{R}$ und $\mathbb{L}_2 = (\mathbb{R} \setminus 0) \times \{3\}$.

Um die Lösungsmenge der Gleichung

$$5x^2 - 2x + 3 = (x + a)(x + 2)$$

mit dem Definitionsbereich $\mathbb{C}$ zu bestimmen (wobei a ein Parameter sei), formt man sie um zur äquivalenten Gleichung

$$4x^2 - (4 + a)x + 3 - 2a = 0$$

und benutzt dann die Lösungsformel für quadratische Gleichungen mit der Variablen x.

Für die Gleichung $x_1 x_2 = 9991$ mit dem Definitionsbereich $\mathbb{N}^2$ erhält man durch Bestimmen der Primfaktoren von 9991 (also letztlich durch gezieltes Ausprobieren) die Lösungsmenge $\mathbb{L} = \{(1, 9991), (9991, 1), (97, 103), (103, 97)\}$.

Lösen von Ungleichungen, Bestimmen der Lösungsmengen von Ungleichungen. Dies geschieht ähnlich wie das ↗ Lösen von Gleichungen, wobei aber die Regeln für das ↗ Rechnen mit Ungleichungen zu beachten sind.

Lösung einer Differentialgleichung, eine Funktion y, die eine ↗ Differentialgleichung, beispielsweise in der Form

$$f(x, y, y', y'', ..., y^{(n-1)}, y^{(n)}) = 0 \qquad (1)$$

zu einer wahren Aussage für alle x im Definitionsbereich werden läßt.

Die Frage nach Existenz und Eindeutigkeit einer Lösung wird durch entsprechende Sätze über Differentialgleichungen geklärt. Eine ↗ homogene Differentialgleichung besitzt immer die Lösung $y(\cdot) \equiv 0$, die als triviale Lösung bezeichnet wird. Jede andere Lösung nennt man nichttriviale Lösung.

Lösung einer Differenzengleichung, Funktion y, die eine ↗ Differenzengleichung, beispielsweise in der Form

$$G\left(x, y(x), y(x + 1), \ldots , y(x + n)\right) = 0 ,$$

zu einer wahren Aussage werden läßt.

Lösung einer partiellen Differentialgleichung, ↗ partielle Differentialgleichung.

Lösung eines Eigenwertproblems, ↗ Verfahren zur Lösung des Eigenwertproblems.

Lösungseinschließung bei nichtlinearen Gleichungssystemen, Verfahren zur näherungsweisen Berechnung von Lösungen nichtlinearer Gleichungssysteme mit gleichzeitiger Berechnung von Fehlerschranken im Sinne der ↗ Intervallrechnung. Am häufigsten verwendete Verfahren sind dabei das ↗ Intervall-Newton-Verfahren und das ↗ Krawczyk-Verfahren.

Lösungsverifikation bei Anfangswertproblemen mit gewöhnlichen Differentialgleichungen, in der ↗ Intervallrechnung der Nachweis der Existenz einer Lösung jedes der Anfangswertprobleme

$$y' = f(x, y), \; y(x_0) = y^{(0)} \in \mathbf{y}^{(0)} \qquad (1)$$

in einem Intervall $[x_0, x_e]$, verbunden mit einer Intervalleinschließung der Lösungswerte zumindest auf einem Gitter $x_0 < x_1 < \ldots < x_e$.

Dabei ist $\mathbf{y}^{(0)}$ ein n-komponentiger ↗Intervallvektor. Die Funktion $f : D \subseteq \mathbb{R}^{n+1} \to \mathbb{R}^n$ wird in der Regel als so glatt vorausgesetzt, daß die Existenz von y in einer Umgebung von x_0 von vornherein gesichert ist, und im Falle der Existenz von y auf $[x_0, x_e]$ auch Eindeutigkeit herrscht. Das Gitter wird meist adaptiv bestimmt, d. h. im Verlauf der Rechnung in Abhängigkeit von der lokalen Situation.

Eine der bekannteren Verfahrensklassen besteht pro Teilintervall $[x_k, x_{k+1}]$ aus zwei Schritten, ausgehend von einem Intervallvektor $\mathbf{y}^{(k)}$, der alle Lösungswerte von (1) an der Stelle x_k einschließt. (Für $k = 0$ ist dieser Vektor in (1) gegeben.) Bezeichnet $y(x; \tilde{x}, \tilde{\mathbf{y}})$ die Wertemenge aller Lösungen von $y' = f(x, y)$ mit $y(\tilde{x}) \in \tilde{\mathbf{y}}$, so besteht der erste Schritt in einer Berechnung von x_{k+1} und einer Grobeinschließung von $y(x; x_k, \mathbf{y}^{(k)})$, $x_k \le x \le x_{k+1}$, etwa auf die folgende Weise: Zunächst wählt man einen Intervallvektor $\hat{\mathbf{y}}^{(k)}$, der $\mathbf{y}^{(k)}$ im Innern enthält, und bestimmt anschließend x_{k+1} so, daß mit der Schrittweite $h_k = x_{k+1} - x_k$ der Intervallvektor

$$\mathbf{y}^{(k)} + [0, h_k] \cdot \mathbf{f}([x_k, x_{k+1}], \hat{\mathbf{y}}^{(k)})$$

im Innern von $\hat{\mathbf{y}}^{(k)}$ bleibt. Dabei bezeichnet hier und im folgenden $\mathbf{g}$ die ↗Intervallauswertung einer Funktion g. Der Banachsche Fixpunktsatz garantiert dann $y(x; x_k, \mathbf{y}^{(k)}) \subseteq \hat{\mathbf{y}}^{(k)}$ für $x_k \le x \le x_{k+1}$.

Der zweite Schritt verfeinert an der Stelle x_{k+1} die Grobeinschließung $\hat{\mathbf{y}}^{(k)}$ und liefert damit den Intervallvektor $\mathbf{y}^{(k+1)}$ für den nächsten Gitterabschnitt $[x_{k+1}, x_{k+2}]$: Mit

$$p \in \mathbb{N},\ \tilde{y}^{(k)} \in \mathbf{y}^{(k)},\ f^{[1]} = f,$$

$$f^{[j]} = \tfrac{1}{j}(f^{[j-1]})' = \tfrac{1}{j}\left\{\tfrac{\partial f^{[j-1]}}{\partial x} + \tfrac{\partial f^{[j-1]}}{\partial y} f\right\},\ j \ge 2,$$

$$\psi(h_k, \tilde{y}^{(k)}) = \tilde{y}^{(k)} + \sum_{j=1}^{p} h_k^j f^{[j]}(x_k, \tilde{y}^{(k)}),$$

$$\mathbf{S}_k = I + \sum_{j=1}^{p} h_k^j \frac{\partial \mathbf{f}^{[j]}(x_k, \mathbf{y}^{(k)})}{\partial y}\ (I \text{ Einheitsmatrix}),$$

$$\tilde{\mathbf{y}}^{(k+1)} = \psi(h_k, \tilde{y}^{(k)}) + h_k^{p+1} \mathbf{f}^{[p+1]}([x_k, x_{k+1}], \hat{\mathbf{y}}^{(k)})$$

erhält man

$$y(x_{k+1}; x_k, \mathbf{y}^{(k)}) \subseteq \tilde{\mathbf{y}}^{(k+1)} + \mathbf{S}_k(\mathbf{y}^{(k)} - \tilde{y}^{(k)})$$

mit der Summe als Wahlmöglichkeit für $\mathbf{y}^{(k+1)}$.

Um den ↗Wrapping-Effekt einzudämmen, verwendet man in der Praxis noch eine präkonditionierende Matrix A_k, setzt $\mathbf{r}^{(0)} = \mathbf{y}^{(0)} - \tilde{y}^{(0)}$, $A_0 = I$, wählt $\tilde{y}^{(k+1)} \in \tilde{\mathbf{y}}^{(k+1)}$ und iteriert gemäß

$$\begin{aligned}\mathbf{r}^{(k+1)} &= \left\{A_{k+1}^{-1}(\mathbf{S}_k A_k)\right\} \mathbf{r}^{(k)} \\ &\quad + A_{k+1}^{-1}(\tilde{\mathbf{y}}^{(k+1)} - \tilde{y}^{(k+1)}), \\ \mathbf{y}^{(k+1)} &= \tilde{\mathbf{y}}^{(k+1)} + (\mathbf{S}_k A_k)\mathbf{r}^{(k)},\end{aligned}$$

bis x_e erreicht wird. Die Bedingung $\tilde{y}^{(k+1)} \in \mathbf{y}^{(k+1)}$ ist dann automatisch erfüllt. Neben $A_k = I$ ist die Wahl $A_{k+1} \in \mathbf{S}_k A_k$ oder $A_{k+1} = Q_{k+1}$ üblich, wobei Q_{k+1} die orthogonale Matrix der QR-Zerlegung einer beliebig gewählten (danach eventuell spaltenpermutierten) Matrix aus $\mathbf{S}_k A_k$ ist.

Die Lösungsverifikation bei Anfangswertproblemen dient auch als Hilfsmittel beim Nachweis von Lösungen bei Randwertproblemen (↗Lösungsverifikation bei Randwertproblemen mit gewöhnlichen Differentialgleichungen), bei Randwertaufgaben mit Parameter und bei implizit definierten Kurven.

[1] Herzberger, J. (ed.): Topics in Validated Computations. North-Holland Amsterdam, 1994.

Lösungsverifikation bei linearen Gleichungssystemen, in der ↗Intervallrechnung der Nachweis der Existenz einer Lösung $x^* = (x_i)$ eines linearen Gleichungssystems

$$Ax = b, \quad A \in \mathbb{R}^{n \times n},\ b \in \mathbb{R}^n \tag{1}$$

sowie Einschließung von x^* in einen ↗Intervallvektor $\mathbf{x}^*$. Im Falle der Existenz von $x^* = (x_i^*)$ ist die Verifikation meist verbunden mit einer Eindeutigkeitsuntersuchung und einer Schrankenverbesserung bis hin zu einer Einschließung von x_i^* in enge Intervalle, bei denen möglichst viele führende Ziffern der Intervalluntergrenze mit den entsprechenden der Intervallobergrenze übereinstimmen (Zifferngarantie für x^*!).

Hat man mehrere lineare Gleichungssysteme der Gestalt (1) zu betrachten mit der Einschränkung $A \in \mathbf{A}$, $b \in \mathbf{b}$, wobei $\mathbf{A}$ eine gegebene ↗Intervallmatrix und $\mathbf{b}$ ein gegebener ↗Intervallvektor sind, so führt dies auf ein Intervall-Gleichungssystem

$$\mathbf{A}x = \mathbf{b}, \tag{2}$$

für dessen Lösungsmenge

$$S = \{x \mid \exists A \in \mathbf{A},\ b \in \mathbf{b} : Ax = b\}$$

eine Einschließung durch einen Intervallvektor $\mathbf{x}^*$ gesucht ist. Eine solche Einschließung – wenn auch nicht immer eine enge – liefert der ↗Intervall-Gauß-Algorithmus, sofern er durchführbar ist. Eine andere erhält man mit Hilfe des Krawczyk-Operators (↗Krawczyk-Verfahren)

$$\mathbf{K}(\tilde{x}, \mathbf{x}) = \tilde{x} - C(\mathbf{b} - \mathbf{A}\tilde{x}) + (I - C\mathbf{A})(\mathbf{x} - \tilde{x})$$

bei dem C eine präkonditionierende Matrix bedeutet und $\tilde{x}$ eine Näherung für die Lösung eines linearen Gleichungssystems $\tilde{A}x = \tilde{b}$ mit einer regulären Matrix $\tilde{A} \in \mathbf{A}$ und einer rechten Seite $\tilde{b} \in \mathbf{b}$ ist. Meist wählt man für $\tilde{A}$, $\tilde{b}$ den Mittelpunkt von $\mathbf{A}$ bzw. $\mathbf{b}$, und für C eine Näherung der Inversen

$\tilde{A}^{-1}$. Dabei werden die Näherungen $\tilde{x}$ und C mit herkömmlichen Verfahren berechnet.

Lineare Gleichungssysteme mit komplexen Eingangsdaten können auf analoge Weise behandelt werden. Ist man an einer Einschließung der symmetrischen Lösungsmenge

$$S_{\text{sym}} = \{x | \exists A \in \mathbf{A}, b \in \mathbf{b} : A = A^T \text{ und } Ax = b\}$$

interessiert, so kann man das ↗Intervall-Cholesky-Verfahren oder eine Modifikation des Krawczyk-Operators verwenden.

Für die Problemstellung (2) gilt der folgende Satz:

a) Gilt

$$(\mathbf{K}(\tilde{x}, \mathbf{x}))_i \subset \mathbf{x}_i, \ i = 1, \dots, n, \qquad (3)$$

für einen Intervallvektor $\mathbf{x} = (\mathbf{x}_i)$*, so sind* $\mathbf{A}$ *und* C *regulär und (1) ist für jede Wahl von* $A \in \mathbf{A}$ *und* $b \in \mathbf{b}$ *eindeutig lösbar mit* $S \subseteq \mathbf{x}$*. Startet man das Iterationsverfahren*

$$\mathbf{x}^{(k+1)} = \mathbf{K}(\tilde{x}, \mathbf{x}^{(k)}), \quad k = 0, 1, \dots, \qquad (4)$$

mit $\mathbf{x}^{(0)} = \mathbf{x}$*, so konvergieren die Iterierten gegen einen Intervallvektor* $\mathbf{x}^*$ *mit*

$$S \subseteq \mathbf{x}^* \subseteq \mathbf{x}^{(k+1)} \subseteq \mathbf{x}^{(k)} \subseteq \dots \subseteq \mathbf{x}^{(0)}, \ k=0, 1, \dots.$$

Sind $\mathbf{A}$ *und* $\mathbf{b}$ *Punktgrößen, d. h.* $\mathbf{A} = [A, A] \equiv A$, $\mathbf{b} = [b, b] \equiv b$*, so gilt* $\mathbf{x}^* = [x^*, x^*] \equiv x^*$ *mit* $Ax^* = b$.

b) Mit der Maximumsnorm $\|\cdot\|_\infty$ *und dem ↗Betrag* $|\cdot|$ *einer Intervallgröße gelte*

$$\| |I - C\mathbf{A}| \|_\infty < 1. \qquad (5)$$

Dann folgt $\mathbf{K}(\tilde{x}, \mathbf{x})) \subseteq \mathbf{x}$ *für jeden Intervallvektor*

$$\mathbf{x} = (\tilde{x}_i + [-\alpha, \alpha])$$

mit $\alpha \geq \| |C(\mathbf{b} - \mathbf{A}\tilde{x})| \|_\infty / (1 - \| |I - C\mathbf{A}| \|_\infty)$*, und alle Aussagen in a) bleiben für diesen Vektor gültig.*

Wendet man den Satz auf ein einzelnes lineares Gleichungssystem (1) – als Spezialfall von (2) – an, so kann man durch (3) bzw. (5) die Regularität von A und damit die Existenz und Eindeutigkeit der Lösung x^* von (1) nachweisen. Außerdem liefert dann (4) im Verbund mit (3) oder (5) Einschließungen von x^* mit Ziffergarantie und läßt sich (unter Verwendung einer ↗Maschinenintervallarithmetik) problemlos auf einem Computer implementieren. Die Bedingung (5) des Satzes gilt bei einem einzelnen linearen Gleichungssystem (1) sicher, wenn C die Inverse A^{-1} hinreichend gut approximiert. Unabhängig davon kann man die Voraussetzung (3) – auch bei Intervall-Gleichungssystemen – mit Hilfe einer ↗ε-Inflation zu erfüllen suchen.

[1] Alefeld, G.; Herzberger, J.: Introduction to Interval Computations. Academic Press New York, 1983.

[2] Neumaier, A.: Interval Methods for Systems of Equations. Cambridge University Press Cambridge, 1990.

Lösungsverifikation bei nichtlinearen Gleichungssystemen, in der ↗Intervallrechnung der Nachweis der Existenz bzw. der Nichtexistenz einer Lösung $x^* \in \mathbf{x}^{(0)}$ eines Gleichungssystems $f(x) = 0$.

Dabei ist $f : D \subseteq \mathbb{R}^n \to \mathbb{R}^n$ eine mindestens stetige, nichtlineare Funktion und $\mathbf{x}^{(0)} \subseteq D$ ein ↗Intervallvektor. Im Falle der Existenz von $x^* = (x_i^*)$ ist die Verifikation meist verbunden mit einer Eindeutigkeitsuntersuchung und einer Schrankenverbesserung bis hin zu einer Einschließung von x_i^* in enge Intervalle, bei denen möglichst viele führende Ziffern der Intervalluntergrenze mit den entsprechenden der Intervallobergrenze übereinstimmen (Ziffergarantie für x^*!).

Zu den Verfahren zur Lösungsverifikation bei nichtlinearen Gleichungssysteme gehören das ↗Krawczyk-Verfahren, das ↗Intervall-Newton-Verfahren und ein Verfahren, das auf dem Nullstellensatz von Miranda (↗Miranda, Nullstellensatz von) basiert, eventuell zusammen mit einer Aufteilung des Ausgangsvektors $\mathbf{x}^{(0)}$ in kleinere Intervallvektoren.

Als einfaches Verfahren zur Bereichseinschränkung von x^* kann die ↗Intervallauswertung $\mathbf{f}(\mathbf{x})$ für Intervallvektoren $\mathbf{x} \subseteq \mathbf{x}^{(0)}$ dienen: Gilt $0 \notin \mathbf{f}(\mathbf{x})$, so enthält f in $\mathbf{x}$ wegen der ↗Einschließungseigenschaft der Intervallrechnung sicher keine Nullstelle von f. Im Fall $0 \in \mathbf{f}(\mathbf{x})$ kann man wegen der Überschätzung der Intervallauswertung noch nicht auf eine Nullstelle in $\mathbf{x}$ schließen. Endgültige Klarheit hierüber schaffen die erwähnten Verfahren.

[1] Alefeld, G.: Introduction to Interval Computations. Academic Press New York, 1983.

[2] Neumaier, A.: Interval Methods for Systems of Equations. Cambridge University Press Cambridge, 1990.

Lösungsverifikation bei partiellen Differentialgleichungen, in der ↗Intervallrechnung der Nachweis der Existenz einer Lösung einer partiellen Differentialgleichung mit zusätzlichen Bedingungen (Anfangsbedingung, Randbedingung), meist verbunden mit einer Eindeutigkeitsuntersuchung und einer Einschließung der Lösung.

Untersucht wurde bisher unter anderem das elliptische Randwertproblem

$$-\Delta u + F(x, u, \nabla u) = 0 \text{ in } \Omega, \quad u = 0 \text{ auf } \partial\Omega. \ (1)$$

Dabei ist $\Omega \subseteq \mathbb{R}^n$, $n \in \{2, 3\}$, ein beschränktes Gebiet, dessen Rand $\partial\Omega$ mindestens Lipschitz-stetig ist. Die Funktion $F : \overline{\Omega} \times \mathbb{R} \times \mathbb{R}^n \to \mathbb{R}$ genügt für jedes $\alpha > 0$ der Abschätzung

$$|F(x, y, z)| \leq C(1 + \|z\|_2^2)$$

mit geeignetem $C \geq 0$ und $x \in \overline{\Omega}$, $y \in \mathbb{R}$, $|y| \leq \alpha$, $z = (z_i) \in \mathbb{R}^n$. Außerdem wird F zusammen mit den partiellen Ableitungen F_y, F_z als stetig vorausgesetzt.

Unter zusätzlichen Annahmen an Ω und mit einer geeigneten Näherung ω für eine Lösung von (1) wird versucht, eine abgeschlossene beschränkte konvexe Funktionenmenge V in einem geeigneten ↗Banachraum X zu konstruieren, welche die Inklusion

$$L^{-1}[-\delta[\omega] + \varphi(V)] \subseteq V$$

erfüllt. Dabei ist

$$\begin{aligned} L[u] &= -\Delta u + b \cdot \nabla u + cu, \\ & \quad b = F_z(\cdot, \omega, \nabla\omega), \ c = F_y(\cdot, \omega, \nabla\omega), \\ \delta[\omega] &= -\Delta\omega + F(\cdot, \omega, \nabla\omega), \\ \varphi(v) &= -\{F(\cdot, \omega + v, \nabla\omega + \nabla v) - F(\cdot, \omega, \nabla\omega) \\ & \quad -b \cdot \nabla v - cv\}. \end{aligned}$$

Der Schaudersche Fixpunktsatz garantiert dann die Existenz einer Funktion $v^* \in V$ so, daß

$$u^* = \omega + v^*$$

eine Lösung von (1) ist. Bei der Konstruktion von V kommt die Intervallrechnung zum Einsatz.

[1] Herzberger, J. (ed.): Topics in Validated Computations. North-Holland Amsterdam, 1994.

Lösungsverifikation bei quadratischen Gleichungssystemen, in der ↗Intervallrechnung der Nachweis der Existenz einer Lösung $x^* = (x_i^*)$ eines Gleichungssystems der Form

$$r + Sx + T(x, x) = 0 \qquad (1)$$

mit einem reellen n-komponentigen Vektor r, einer reellen $(n \times n)$-Matrix S und einem reellen bilinearen Operator

$$T(x, y) = \left(\sum_{j=1}^{n} \sum_{k=1}^{n} t_{ijk} x_k y_j \right) \in \mathbb{R}^n .$$

Im Falle der Existenz von x^* ist die Verifikation verbunden mit einer Einschließung und häufig auch mit einer Eindeutigkeitsuntersuchung und einer Schrankenverbesserung bis hin zu einer Einschließung von x_i^* in enge Intervalle, bei denen möglichst viele führende Ziffern der Intervalluntergrenze mit den entsprechenden der Intervallobergrenze übereinstimmen (Zifferngarantie für x^*!).

Es gilt der folgende Satz:

Mit den Bezeichnungen von oben, der Maximumsnorm $\| \cdot \|_\infty$ *und* $\varrho = \|r\|_\infty$, $\sigma = \|S - I\|_\infty$,

$$\tau = \max_{1 \le i \le n} \left\{ \sum_{j=1}^{n} \sum_{k=1}^{n} |t_{ijk}| \right\} ,$$

gelte $\sigma \le 1$ *und* $\Delta = (1 - \sigma)^2 - 4\varrho\tau \ge 0$.

Dann sind die Zahlen $\beta^- = (1 - \sigma - \sqrt{\Delta})/(2\tau)$ *und* $\beta^+ = (1 - \sigma + \sqrt{\Delta})/(2\tau)$ *nicht negativ und (1) besitzt für jedes* $\beta \in [\beta^-, \beta^+]$ *wenigstens eine Lösung* x^* *in*

$$\mathbf{x}^0 = ([-\beta, \beta], \dots, [-\beta, \beta])^T .$$

Die Iterierten

$$\mathbf{x}^{(k+1)} = r + (S - I)\mathbf{x}^k + T(\mathbf{x}^k, \mathbf{x}^k), \ k = 0, 1, \dots$$

enthalten x^* *und konvergieren gegen einen Intervallvektor* $\mathbf{x}^*$.

Für $\beta \in \left[\beta^-, (\beta^- + \beta^+)/2 \right)$ *ist* x^* *eindeutig in* $\mathbf{x}^0$ *und* $\mathbf{x}^* = [x^*, x^*]$.

[1] Herzberger, J. (ed.): Topics in Validated Computations. North-Holland Amsterdam, 1994.

Lösungsverifikation bei Randwertproblemen mit gewöhnlichen Differentialgleichungen, in der ↗Intervallrechnung der Nachweis der Existenz einer Lösung des Randwertproblems

$$y' = f(x, y), \ r(y(a), y(b)) = 0, \ a < b,$$

verbunden mit einer Einschließung zumindest auf einem Gitter $a = x_0 < x_1 < \ldots < x_e = b$.

Die Funktionen $f : D_x \times D_y \subseteq \mathbb{R} \times \mathbb{R}^n \to \mathbb{R}^n$ und $r : D_y \times D_y \to \mathbb{R}^n$ werden in der Regel als hinreichend glatt vorausgesetzt; das Gitter wird meist adaptiv bestimmt, d. h. im Verlauf der Rechnung in Abhängigkeit von der lokalen Situation.

Als Verfahren bietet sich ein Intervall-Analogon des Schießverfahrens an, bei dem versucht wird, eine Nullstelle der Funktion $F(s) = r(s, y(b, s))$ wie bei der ↗Lösungsverifikation bei nichtlinearen Gleichungssystemen nachzuweisen. Dabei spielt s die Rolle einer Anfangssteigung, für die $y(x, s)$ Lösung des Anfangswertproblems $y' = f(x, y)$, $y(a) = s$ ist.

Beim Nullstellennachweis wird s durch einen geeigneten ↗Intervallvektor $\mathbf{s}$ ersetzt, und $y(b, s)$ durch eine Intervalleinschließung $\mathbf{y}(b, \mathbf{s})$, die man mit Mitteln der ↗Lösungsverifikation bei Anfangswertproblemen mit gewöhnlichen Differentialgleichungen gewinnen kann.

Lösungsverifikation beim algebraischen Eigenwertproblem, in der ↗Intervallrechnung Nachweis der Existenz eines Eigenwerts $\lambda^* \in \lambda^{(0)}$ und eines (meist normierten) zugehörigen Eigenvektors $x^* = (x_i^*) \in \mathbf{x}^{(0)}$ zu einer reellen $(n \times n)$-Matrix A. Dabei ist $\lambda^{(0)}$ ein gegebenes reelles kompaktes Intervall und $\mathbf{x}^{(0)}$ ein n-komponentiger ↗Intervallvektor.

Die Aufgabenstellung wird meist ergänzt durch eine Eindeutigkeitsuntersuchung bei Normierung $x_{i_0}^* = \alpha \neq 0$ für eine gewisse Komponente i_0 und durch eine Schrankenverbesserung bis hin zu einer Einschließung von λ^* und x_i^* in enge Intervalle, bei denen möglichst viele führende Ziffern der Intervalluntergrenze mit den entsprechenden der Intervallobergrenze übereinstimmen (Zifferngarantie für λ^* und x^*!).

Für das skizzierte Problem kann man jedes Verfahren zur ↗Lösungsverifikation bei nichtlinearen Gleichungssystemen mit

$$f(x, \lambda) = \begin{pmatrix} Ax - \lambda x \\ x_{i_0} - \alpha \end{pmatrix}$$

verwenden. Als Alternative bietet sich die Funktion

$$g(\Delta x, \Delta\lambda) = -Cf(\tilde{x}, \tilde{\lambda}) + \left\{ I_{n+1} - C \begin{pmatrix} A - \tilde{\lambda} I_n & -\tilde{x} - \Delta x \\ (e^{(i_0)})^T & 0 \end{pmatrix} \right\} \begin{pmatrix} \Delta x \\ \Delta\lambda \end{pmatrix}$$

an, in der $(\tilde{x}, \tilde{\lambda})$ eine mit herkömmlichen Verfahren berechnete Näherung von (x^*, λ^*), C eine präkonditionierende $((n+1) \times (n+1))$-Matrix, I_k die $(k \times k)$-Einheitsmatrix, $e^{(i_0)}$ die i_0-te Spalte von I_n, und

$$(\Delta x, \Delta\lambda) = (x - \tilde{x}, \lambda - \tilde{\lambda})$$

den Fehler bezeichnen.

Für jedes Eigenpaar (x^*, λ^*) mit $x^*_{i_0} = \alpha \neq 0$ ist

$$(\Delta x^*, \Delta\lambda^*) = (x^* - \tilde{x}, \lambda^* - \tilde{\lambda})$$

Fixpunkt von g. Mit den erwähnten Bezeichnungen und dem Intervallvektor $(\Delta x, \Delta\lambda) = (\mathbf{x} - \tilde{x}, \lambda - \tilde{\lambda})$ erhält man den folgenden Satz:

Aus

$$\mathbf{g}(\boldsymbol{\Delta x}, \boldsymbol{\Delta\lambda}) \subseteq \text{Inneres von} \begin{pmatrix} \boldsymbol{\Delta x} \\ \boldsymbol{\Delta\lambda} \end{pmatrix} \tag{1}$$

für die Intervallauswertung $\mathbf{g}$ *von* g *folgt:*

a) C ist nichtsingulär.

b) Es gibt genau einen Eigenvektor $x^* \in \tilde{x} + \boldsymbol{\Delta x}$ *mit* $x^*_{i_0} = \alpha$ *und genau einen Eigenwert* $\lambda^* \in \tilde{\lambda} + \boldsymbol{\Delta\lambda}$. λ^* *ist geometrisch einfach, und es gilt* $Ax^* = \lambda^* x^*$. *Bei hinreichend guter Näherung* $(\tilde{x}, \tilde{\lambda})$ *ist* λ^* *auch algebraisch einfach.*

c) Startet man die Iteration

$$\begin{pmatrix} \boldsymbol{\Delta x}^{(k+1)} \\ \boldsymbol{\Delta\lambda}^{(k+1)} \end{pmatrix} = \mathbf{g}(\boldsymbol{\Delta x}^k, \boldsymbol{\Delta\lambda}^k), \; k = 0, 1, \ldots \tag{2}$$

mit den Größen aus (1), dann konvergieren die Iterierten und enthalten $((x^* - \tilde{x})^T, \lambda^* - \tilde{\lambda})^T$.

Um (1) zu erfüllen, kann man beispielsweise mit ↗ε-Inflation iterieren. Eine andere Möglichkeit bietet der folgende Satz:

Mit den Bezeichnungen von oben, der Maximumsnorm $\|\cdot\|_\infty$*, und*

$$\varrho = \left\| C \begin{pmatrix} A\tilde{x} - \tilde{\lambda}\tilde{x} \\ 0 \end{pmatrix} \right\|_\infty, \quad \tau = \|C\|_\infty$$

$$\sigma = \left\| I_{n+1} - C \begin{pmatrix} A - \tilde{\lambda} I_n & -\tilde{x} \\ (e^{(i_0)})^T & 0 \end{pmatrix} \right\|_\infty$$

gelte $\sigma < 1$ *und* $\Delta = (1-\sigma)^2 - 4\varrho\tau \geq 0$.

Dann sind die Zahlen $\beta^- = (1 - \sigma - \sqrt{\Delta})/(2\tau)$ *und* $\beta^+ = (1 - \sigma + \sqrt{\Delta})/(2\tau)$ *nicht negativ, und (1) ist für*

$$(\boldsymbol{\Delta x}^T, \boldsymbol{\Delta\lambda})^T = ([-\beta, \beta], \ldots, [-\beta, \beta])^T$$

mit beliebigem $\beta \in (\beta^-, \beta^+)$ *erfüllt. Für*

$$\beta \in [\beta^-, (\beta^- + \beta^+)/2)$$

konvergieren die Iterierten (2) im Sinn des ↗Hausdorff-Abstands gegen

$$((x^* - \tilde{x})^T, \lambda^* - \tilde{\lambda})^T.$$

Die Problemstellung und die Sätze können auf eine ↗Intervallmatrix $\mathbf{A}$ übertragen werden, bei der man zu jeder Matrix $A \in \mathbf{A}$ in $(\mathbf{x}^{(0)}, \boldsymbol{\lambda}^{(0)})$ ein Eigenpaar garantieren möchte.

Komplexe Matrizen können auf analoge Weise behandelt werden, ebenso das verallgemeinerte Eigenwertproblem $Ax = \lambda Bx$. Für symmetrische bzw. Hermitesche Matrizen gibt es spezielle Verifikationsverfahren.

[1] Herzberger, J. (ed.): Topics in Validated Computations. North-Holland Amsterdam, 1994.

Lösungsverifikation beim inversen Eigenwertproblem, in der ↗Intervallrechnung der Nachweis der Existenz und Eindeutigkeit von $c_1^*, \ldots, c_n^* \in \mathbb{R}$ so, daß

$$A = A_0 + \sum_{i=1}^{n} c_i^* A_i$$

für gegebene reelle symmetrische $(n \times n)$-Matrizen A_i vorgeschriebene Eigenwerte $\lambda_1^* < \lambda_2^* < \ldots < \lambda_n^*$ besitzt.

Die Aufgabenstellung wird meist ergänzt durch eine Schrankenverbesserung bis hin zu einer Einschließung von c_i^* in ein enges Intervall, bei dem möglichst viele führende Ziffern der Intervalluntergrenze mit den entsprechenden der Intervallobergrenze übereinstimmen (Zifferngarantie für c_i^*!).

Eines der Verfahren zur Lösungsverifikation basiert auf dem Newton-Verfahren, angewandt auf die Funktion $f(c) = \lambda(c) - \lambda^*$ mit $c = (c_i) \in \mathbb{R}^n$, $\lambda^* = (\lambda_i^*)$ und $\lambda(c) = (\lambda_i(c)) \in \mathbb{R}^n$. Dabei bezeichnet $\lambda_i(c)$ den i-ten Eigenwert (wachsende Ordnung) der zu A analogen, mit c_i anstelle von c_i^* gebildeten Matrix $A(c)$. Ist $x^i(c)$ der zu $\lambda_i(c)$ gehörende Eigenvektor mit $x^i(c)^T x^i(c) = 1$ und $\text{sign}(x^i(c))_{i_0} > 0$ für eine gewisse Komponente i_0, so lautet die Newton-Gleichung

$$\left(x^i(c)^T A_j x^i(c)\right)(c^{(k+1)} - c(k)) = -(\lambda(c(k)) - \lambda^*).$$

Sie bildet den Ausgangspunkt sowohl für die Berechnung einer Näherung von c_i^* als auch einem Verifikationsverfahren.

[1] Herzberger, J. (ed.): Topics in Validated Computations. North-Holland Amsterdam, 1994.

Lösungsverifikation beim Singulärwertproblem, in der ↗Intervallrechnung der Nachweis der Existenz eines singulären Wertes $\sigma^* \in \sigma^{(0)}$ und eines zugehörigen rechten bzw. linken singulären Vektors $u^* = (u_i^*) \in \mathbf{u}^{(0)}$ bzw. $v^* = (v_i^*) \in \mathbf{v}^{(0)}$ zu einer reellen $(m \times n)$-Matrix A. Dabei ist $\sigma^{(0)}$ ein gegebenes reelles kompaktes Intervall und $\mathbf{u}^{(0)}$, $\mathbf{v}^{(0)}$ sind entsprechende ↗Intervallvektoren.

Die Aufgabenstellung wird meist ergänzt durch eine Eindeutigkeitsuntersuchung und durch eine Schrankenverbesserung bis hin zu einer Einschließung von σ^* und u_i^*, v_i^* in enge Intervalle, bei denen möglichst viele führende Ziffern der Intervalluntergrenze mit den entsprechenden der Intervallobergrenze übereinstimmen (Zifferngarantie für σ^* und u^*, v^*!).

Für das skizzierte Problem kann man jedes Verfahren zur ↗Lösungsverifikation nichtlinearer Gleichungssysteme mit

$$f(u, v, \sigma) = \begin{pmatrix} Au - \sigma v \\ A^T v - \sigma u \\ u^T u - 1 \end{pmatrix}$$

oder jedes Verfahren zur ↗Lösungsverifikation beim algebraischen Eigenwertproblem für die Matrizen A^TA bzw. AA^T verwenden: Im ersten Fall nutzt man aus, daß (u^*, v^*, σ^*) eine Nullstelle von f ist, und im zweiten, daß u^*, $(\sigma^*)^2$ bzw. v^*, $(\sigma^*)^2$ Eigenpaare von A^TA bzw. AA^T sind.

Als Alternative bietet sich die Funktion

$$g(\Delta u, \Delta v, \Delta\sigma) = -Cf(\tilde{u}, \tilde{v}, \tilde{\sigma}) + (I - CB)\begin{pmatrix} \Delta u \\ \Delta v \\ \Delta\sigma \end{pmatrix} + \tilde{T}\begin{pmatrix} \Delta u \\ \Delta v \\ \Delta\sigma \end{pmatrix}$$

an, in der $(\tilde{u}, \tilde{v}, \tilde{\sigma})$ eine mit herkömmlichen Verfahren berechnete Näherung von (u^*, v^*, σ^*), C eine präkonditionierende Matrix, I_k die $(k \times k)$- Einheitsmatrix,

$$B = \begin{pmatrix} A & -\tilde{\sigma} I_m & -\tilde{v} \\ -\tilde{\sigma} I_n & A^T & -\tilde{u} \\ 2\tilde{u}^T & 0 & 0 \end{pmatrix},$$

$$\tilde{T} = C\begin{pmatrix} 0 & 0 & \Delta v \\ 0 & 0 & \Delta u \\ (\Delta u)^T & 0 & 0 \end{pmatrix},$$

und

$$((\Delta x)^T, \Delta\lambda)^T = ((x - \tilde{x})^T, \lambda - \tilde{\lambda})^T$$

den Fehler bezeichnen.

Für jedes Tripel (u^*, v^*, σ^*) ist

$$(\Delta u^*, \Delta v^*, \Delta\sigma^*) = (u^* - \tilde{u}, v^* - \tilde{v}, \sigma^* - \tilde{\sigma})$$

Fixpunkt von g. Mit dem Intervallvektor $(\boldsymbol{\Delta u}, \boldsymbol{\Delta v}, \boldsymbol{\Delta\sigma}) = (\mathbf{u} - \tilde{u}, \mathbf{v} - \tilde{v}, \boldsymbol{\sigma} - \tilde{\sigma})$ erhält man den folgenden Satz:

Mit den Bezeichnungen von oben, der Maximumsnorm $\|\cdot\|_\infty$ *und* $\varrho = \|Cf(\tilde{u}, \tilde{v}, \tilde{\sigma})\|_\infty$, $\hat{\sigma} = \|I - CB\|_\infty$, $\tau = \||C| \cdot (1, \ldots, 1, n)^T\|_\infty$ *gelte* $\hat{\sigma} < 1$ *und* $\Delta = (1 - \hat{\sigma})^2 - 4\varrho\tau \geq 0$.

Dann sind die Zahlen $\beta^- = (1 - \hat{\sigma} - \sqrt{\Delta})/(2\tau)$ *und* $\beta^+ = (1 - \hat{\sigma} + \sqrt{\Delta})/(2\tau)$ *nicht negativ,* g *besitzt für jedes* $\beta \in [\beta^-, \beta^+]$ *in*

$$(\boldsymbol{\Delta u}^{(0)}, \boldsymbol{\Delta v}^{(0)}, \boldsymbol{\Delta\sigma}^{(0)}) = ([-\beta, \beta], \ldots, [-\beta, \beta])$$

mindestens einen Fixpunkt $(\Delta u^*, \Delta v^*, \Delta\sigma^*)$, *und* $(\tilde{u} + \Delta u^*, \tilde{v} + \Delta v^*, \tilde{\sigma} + \Delta\sigma^*)$ *bildet ein Tripel aus einem singulären Wert und zugehörigen singulären Vektoren.*

Startet man die Iteration

$$\begin{pmatrix} \boldsymbol{\Delta u}^{(k+1)} \\ \boldsymbol{\Delta v}^{(k+1)} \\ \boldsymbol{\Delta\sigma}^{(k+1)} \end{pmatrix} = \mathbf{g}\left(\boldsymbol{\Delta u}^{(k)}, \boldsymbol{\Delta v}^{(k)}, \boldsymbol{\Delta\sigma}^{(k)}\right), \quad k = 0, 1, \ldots,$$

mit dem oben konstruierten Vektor, dann konvergieren die Iterierten gegen einen Intervallvektor $((\boldsymbol{\Delta u}^*)^T, (\boldsymbol{\Delta v}^*)^T, \boldsymbol{\Delta\sigma}^*)^T$ *und enthalten* $((\Delta u^*)^T, (\Delta v^*)^T, \Delta\sigma^*)^T$.

Für $\beta \in \left[\beta^-, (\beta^- + \beta^+)/2\right)$ *ist der Fixpunkt im erwähnten Startvektor eindeutig, und die Iterierten konvergieren im Sinn des ↗Hausdorff-Abstands gegen ihn.*

Komplexe Matrizen können auf analoge Weise behandelt werden, ebenso das verallgemeinerte Singulärwertproblem, bei dem $A \in \mathbb{R}^{p \times n}$, $B \in \mathbb{R}^{q \times n}$ mit $\text{Rang}(A^T, B^T) = n$, $p, q \geq n$ gegeben, und orthogonale Matrizen $U \in \mathbb{R}^{p \times p}$, $V \in \mathbb{R}^{q \times q}$, Diagonalmatrizen $C = \text{diag}(c_1, \ldots, c_n)$, $S = \text{diag}(s_1, \ldots, s_n)$ und eine nichtsinguläre Matrix $X \in \mathbb{R}^{n \times n}$ gesucht sind, für die

$$U^TAX = \begin{pmatrix} C \\ O \end{pmatrix}, \quad V^TBX = \begin{pmatrix} S \\ O \end{pmatrix}$$

und $c_i \geq 0$, $s_i \geq 0$, $c_i^2 + s_i^2 = 1$ für $i = 1, \ldots, n$ gilt.

[1] Herzberger, J. (ed.): Topics in Validated Computations. North-Holland Amsterdam, 1994.

Lösungsverifikation in der globalen Optimierung, in der ↗Intervallrechnung die Einschließung des absoluten Minimums $m^* = f(x^*)$ einer stetigen Funktion $f : \mathbf{b} \to \mathbb{R}$ und der zugehörigen Minimalstellen $x^* \in \mathbf{b}$.

Dabei bezeichnet $\mathbf{b}$ einen n-komponentigen ↗Intervallvektor. Abschwächung der Glattheit, Berücksichtigung von Nebenbedingungen, aber auch Spezialisierung von f auf lineare Funktionen (lineare Programmierung, duales Problem) sind ebenfalls möglich.

Ein einfaches Verfahren besteht darin, $\mathbf{b}$ in kleinere Intervalle $\mathbf{x}_\alpha$ zu unterteilen, und die ↗ Intervallauswertung $\mathbf{f}(\mathbf{x}_\alpha)$ von f über $\mathbf{x}_\alpha$ zu betrachten.

Gilt $\mathbf{x}_\alpha,\ \mathbf{x}_\beta \subseteq \mathbf{b}$ und

$$\max\{y|y \in \mathbf{f}(\mathbf{x}_\alpha)\} < \min\{y|y \in \mathbf{f}(\mathbf{x}_\beta)\},$$

so enthält $\mathbf{x}_\beta$ sicher keine Minimalstelle. Durch wiederholte Verfeinerung der Unterteilung von $\mathbf{b}$ kann man sukzessive Intervallvektoren aussondern, die keine solche Stelle enthalten.

Den Prozeß kann man über ein Listenkonzept systematisieren und in vielfacher Weise verfeinern. So kann man statt der Intervallauswertung im Fall einer differenzierbaren Funktion f die ↗ Mittelwertform oder eine andere ↗ zentrierte Form verwenden, die den Wertebereich $f(\mathbf{b})$ weniger stark überschätzt (↗ Inneneinschließung).

[1] Herzberger, J. (ed.): Topics in Validated Computations. North-Holland Amsterdam, 1994.

Lot, senkrecht zu einer gegebenen Figur stehende Strecke.

Ist beispielsweise g eine Gerade, P ein Punkt, der nicht auf g liegt, h die Senkrechte zu g durch P und Q der Schnittpunkt von h und g, so heißt die Strecke $\overline{PQ}$ das Lot von P auf Q, und Q bezeichnet man als Fußpunkt des Lots.

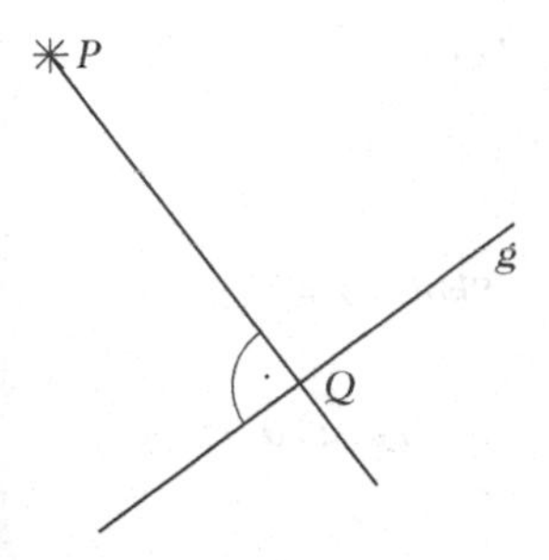

Lotka-Volterra-System, Populationsmodell für mehrere interagierende Spezien in Form gewöhnlicher Differentialgleichungen des Typus

$$x_i = x_i f_i(x_1, \dots, x_n),$$

wobei f_i affin linear in den x_i ist.

Diese Systeme und Verallgemeinerungen sind vor allem wegen der einfachen Struktur in der mathematischen Biologie ausgiebig untersucht worden.

Lottoproblem, Problem der Gewinnchancen beim Lotto.

Das Lottoproblem besteht darin, zu bestimmen, wie hoch die Chancen für einen Gewinn bei einem gegebenen Ziehungsmodus im Lotto sind. Werden zum Beispiel aus den Zahlen $1, \dots, 49$ sechs Zahlen gezogen, so ist die Chance für einen Hauptgewinn $1 : \binom{49}{6} = 1 : 13983816$.

Lovász, Satz von, ↗ Faktortheorie.

Löwenheim-Skolem, Satz von, Aussage aus der Logik.

Der Satz wird häufig in zwei Teile gegliedert, die mit „Satz von Löwenheim-Skolem abwärts" bzw. „Satz von Löwenheim-Skolem aufwärts" bezeichnet werden. Zur Formulierung des Satzes benötigt man noch einige erläuternde Voraussetzungen.

Es sei L eine ↗ elementare Sprache und Σ eine beliebige Menge von Ausdrücken in L, deren Mächtigkeit mit $|\Sigma|$ gekennzeichnet wird. Weiterhin sei $\kappa = \max\{\omega, |\Sigma|\}$, wobei ω für „abzählbar unendlich" steht. Unter der Mächtigkeit eines Modells $\mathcal{A}$ von Σ versteht man stets die Kardinalzahl der Trägermenge von $\mathcal{A}$. Dann gilt:

1. *(Löwenheim-Skolem abwärts:) Besitzt Σ ein Modell, dann besitzt Σ ein Modell mit einer Mächtigkeit $\leq \kappa$.*
2. *(Löwenheim-Skolem aufwärts:) Besitzt Σ ein unendliches Modell, dann besitzt Σ für jede Kardinalzahl $\lambda \geq \kappa$ ein Modell der Mächtigkeit λ.*

Für abzählbare Sprachen L (die Mächtigkeit einer Sprache wird als Mächtigkeit der Menge ihrer Ausdrücke verstanden und mit $|L|$ bezeichnet) ist Σ offenbar endlich oder abzählbar, und damit ist $\kappa = \omega$. Dann ergibt sich aus dem Satz von Löwenheim-Skolem als Spezialfall das folgende wichtige Korollar:

1′. *Besitzt Σ ein Modell, dann besitzt Σ ein (höchstens) abzählbares Modell.*

2′. *Besitzt Σ ein unendliches Modell, dann besitzt Σ Modelle jeder unendlichen Mächtigkeit.*

Mit Hilfe des Begriffs der elementaren Unterstruktur (↗ elementare Erweiterung einer L-Struktur) ergibt sich eine weitere (besonders für die Modelltheorie wichtige) Variante des obigen Satzes. Hierbei bezeichne $|\mathcal{A}|$ die Mächtigkeit der Struktur $\mathcal{A}$.

1″. *Jede unendliche ↗ L-Struktur $\mathcal{A}$ mit $|\mathcal{A}| \geq |L|$ besitzt eine elementare Unterstruktur $\mathcal{B} \preceq \mathcal{A}$ mit $|\mathcal{B}| \leq |L|$.*

2″. *Ist $\mathcal{A}$ eine unendliche L-Struktur und $\kappa \geq \max\{|L|, |\mathcal{A}|\}$, dann besitzt $\mathcal{A}$ eine elementare Erweiterung $\mathcal{B}$ der Mächtigkeit κ.*

***low*-Kante**, ↗ binärer Entscheidungsgraph.

***low*-Nachfolgerknoten**, ↗ binärer Entscheidungsgraph.

Loxodrome, Kurve auf einer ↗ Rotationsfläche $\mathcal{R}$, die deren Meridiane unter konstantem Winkel α schneidet.

Ist durch

$$\Phi(t, \varphi) = (\xi(t)\cos(\varphi), \xi(t)\sin(\varphi), \eta(t))$$

eine parametrische Darstellung von $\mathcal{R}$ gegeben, und ist t der Bogenlängenparameter auf der Profilkurve $(\xi(t), 0, \eta(t))$, so haben die Koeffizienten der ersten Gaußschen Fundamentalform die Gestalt $E = \xi^2(t)$, $F = 0$, $G = 1$, und die Gleichung der Loxodrome lautet

$$\varphi \cot\alpha = \pm \int_{t_0}^{t} \frac{dt}{\sqrt{E(t)}}.$$

L^1-Prädualraum, ein Banachraum, dessen Dualraum zu einem Raum vom Typ $L^1(\Omega, \Sigma, \mu)$ isometrisch isomorph ist.

Jeder Raum $C(K)$ stetiger Funktionen auf einem Kompaktum gehört zu dieser Klasse, und jeder Raum affiner stetiger Funktionen auf einem Choquet-Simplex (↗Choquet-Theorie) ebenfalls. L^1-Prädualräume wurden von J. Lindenstrauss detailliert studiert; er zeigte u. a., daß ein reeller Banachraum genau dann ein L^1-Prädualraum ist, wenn je vier abgeschlossene Kugeln, die sich paarweise schneiden, einen gemeinsamen Punkt haben (4.2-Schnitteigenschaft).

[1] Lacey, H. E.: The Isometric Theory of Classical Banach Spaces. Springer Berlin/Heidelberg/New York, 1974.

L^0-Raum, ein Raum meßbarer Funktionen, Raum aller (Äquivalenzklassen von) meßbaren Funktionen auf einem Maßraum (Ω, Σ, μ).

Man vergleiche hierzu ↗Funktionenräume.

$\mathcal{L}^p$-Raum, ein Banachraum mit derselben endlichdimensionalen Struktur wie ein $L^p(\mu)$-Raum. Ist $\lambda > 1$ und $1 \le p \le \infty$, so heißt ein Banachraum X ein $\mathcal{L}^p_\lambda$-Raum, wenn es zu jedem endlichdimensionalen Teilraum E von X einen endlich- (etwa k-) dimensionalen Unterraum $F \supset E$ mit ↗Banach-Mazur-Abstand $d(F, \ell^p(k)) \le \lambda$ gibt; ein Banachraum, der ein $\mathcal{L}^p_\lambda$-Raum für ein $\lambda \ge 1$ ist, heißt $\mathcal{L}^p$-Raum.

Beispiele für $\mathcal{L}^p$-Räume sind ℓ^p und $L^p[0,1]$ sowie im Fall $1 < p < \infty$ die Räume $\ell^p \oplus \ell^2$ und $\ell^2 \oplus_p \ell^2 \oplus_p \ell^2 \oplus_p \cdots$; weitere Beispiele wurden u. a. von Rosenthal, Schechtman und Bourgain konstruiert.

Für $1 < p < \infty$ ist jeder $\mathcal{L}^p$-Raum isomorph zu einem ↗komplementierten Unterraum eines $L^p(\mu)$-Raums; umgekehrt ist ein komplementierter Unterraum von $L^p(\mu)$ entweder ein $\mathcal{L}^p$-Raum oder isomorph zu einem Hilbertraum.

L^p-Räume, ↗Lebesgue-Räume, ↗Funktionenräume.

ℓ^p-Räume, ↗Folgenräume.

L-Reihe, ↗Dirichletsche L-Reihe.

L-R-Fuzzy-Intervall, ein ↗Fuzzy-Intervall $\widetilde{M}$, dessen ↗Zugehörigkeitsfunktion sich mit geeigneten ↗Referenzfunktionen L und R darstellen läßt als

$$\mu_M(x) = \begin{cases} L\left(\frac{m_1 - x}{\alpha}\right) & \text{für } x \le m_1, \\ 1 & \text{für } m_1 < x \le m_2, \\ R\left(\frac{x - m_2}{\beta}\right) & \text{für } m_2 < x, \end{cases}$$

wobei $m_1 < m_2$ und $\alpha, \beta \ge 0$. Für ein L-R-Fuzzy-Intervall soll die verkürzte Notation

$$\widetilde{M} = (m_1; m_2; \alpha; \beta)_{LR}$$

verwendet werden.

Aufgrund des Kurvenverlaufs von μ_N wird $\widetilde{N}$ als trapezförmige Fuzzy-Menge bezeichnet.

Mit den Symbolen $m = \frac{m_1 + m_2}{2}$ und $c = \frac{m_2 - m_1}{2}$ läßt sich $\widetilde{M} = (m_1; m_2; \alpha; \beta)_{LR}$ auch eindeutig durch $\widetilde{M} = [m; c; \alpha; \beta]_{LR}$ abkürzen.

Die Bedeutung von L-R-Fuzzy-Intervallen liegt darin, daß die arithmetischen Rechenoperationen besonders einfach durchzuführen sind, wenn es sich um Fuzzy-Mengen mit den passenden Referenzfunktionen handelt (↗Fuzzy-Arithmetik).

Für positive Fuzzy-Intervalle $\widetilde{M} = (m_1; m_2; \alpha; \beta)_{LR}$ und $\widetilde{N} = (n_1; n_2; \gamma; \delta)_{LR}$ gelten u. a. die folgenden Berechnungsformeln; für den Fall, daß $\widetilde{M}$ oder $\widetilde{N}$ negativ sind, lassen sich ähnliche Formeln angeben.

Erweiterte Addition $\widetilde{M} \oplus \widetilde{N}$:

$$(m_1; m_2, \alpha; \beta)_{LR} \oplus (n_1; n_2; \gamma; \delta)_{LR} = (m_1 + n_1; m_2 + n_2; \alpha + \gamma; \beta + \delta)_{LR}.$$

Negatives Fuzzy-Intervall $-\widetilde{N}$:

$$-\widetilde{N} = -(n_1; n_2; \gamma; \delta)_{LR} = (-n_2; -n_1; \delta; \gamma)_{RL}.$$

Erweiterte Subtraktion $\widetilde{M} \ominus \widetilde{N}$:

$$(m_1; m_2; \alpha; \beta)_{LR} \ominus (n_1; n_2; \gamma; \delta)_{RL} = (m_1 - n_2; m_2 - n_1; \alpha + \delta; \beta + \gamma)_{LR}.$$

Multiplikation mit einem Skalar $\lambda \in \mathbb{R}$:

Für $\lambda > 0$ gilt

$$\lambda \cdot (m_1; m_2; \alpha; \beta)_{LR} = (\lambda m_1; \lambda m_2; \lambda\alpha; \lambda\beta)_{LR}.$$

Für $\lambda < 0$ gilt

$$\lambda \cdot (m_1; m_2; \alpha; \beta)_{LR} = (\lambda m_2; \lambda m_1; -\lambda\beta; -\lambda\alpha)_{RL}.$$

Erweiterte Multiplikation $\widetilde{M} \odot \widetilde{N}$:

$$(m_1; m_2; \alpha; \beta)_{LR} \odot (n_1; n_2; \gamma; \delta)_{LR} \approx (m_1 n_1; m_2 n_2; m_1\gamma + n_1\alpha; m_2\delta + n_2\beta)_{LR},$$

$$(m_1; m_2; \alpha; \beta)_{LR} \odot (n_1; n_2; \gamma; \delta)_{LR} \approx (m_1 n_1; m_2 n_2; m_1\gamma + n_1\alpha - \alpha\gamma; m_2\delta + n_2\beta + \beta\delta)_{LR}.$$

Inverse eines Fuzzy-Intervalls $\widetilde{M} = (m_1; m_2; \alpha; \beta)_{LR}$:

$$\widetilde{M}^{-1} \approx \left(\frac{1}{m_2}; \frac{1}{m_1}; \frac{\beta}{m_2^2}; \frac{\alpha}{m_1^2}\right)_{RL},$$

$$\widetilde{M}^{-1} \approx \left(\frac{1}{m_2}; \frac{1}{m_1}; \frac{\beta}{m_2(m_2 + \beta)}; \frac{\alpha}{m_1(m_1 - \alpha)}\right)_{RL}.$$

Erweiterte Division $\widetilde{N} \oslash \widetilde{M}$:

$$(n_1; n_2; \gamma; \delta)_{LR} \oslash (m_1; m_2; \alpha; \beta)_{RL} \approx \left(\frac{n_1}{m_2}; \frac{n_2}{m_1}; \frac{n_1\beta + m_2\gamma}{m_2^2}; \frac{n_2\alpha + m_1\delta}{m_1^2}\right)_{LR},$$

$$(n_1; n_2; \gamma; \delta)_{LR} \oslash (m_1; m_2; \alpha; \beta)_{RL} \approx \left(\frac{n_1}{m_2}; \frac{n_2}{m_1}; \frac{n_1\beta + m_2\gamma}{m_2(m_2+\beta)}; \frac{n_2\alpha + m_1\delta}{m_1(m_1-\alpha)}\right)_{LR}.$$

Für die Erweiterung der Multiplikation, der Inversenbildung und der Division existieren nur Näherungsformeln, wobei jeweils die erste Formel eine gute Näherung für hohe und die zweite Formel eine gute Näherung für kleine Zugehörigkeitswerte darstellt.

Die obigen Formeln lassen erkennen, daß die Anwendung einer erweiterten Operation i. allg. zu einem Fuzzy-Intervall führt, das „fuzzier" als die beiden Ausgangszahlen ist. Dies kann dann zum Problem führen, wenn die erweiterte Addition oder die erweiterte Multiplikation mehrfach angewendet werden.

Flexiblere erweiterte Operationen lassen sich formulieren, wenn im Erweiterungsprinzip der Minimum-Operator durch die parameterabhängige ↗T-Norm ersetzt wird.

Für trapezförmige Fuzzy-Intervalle $\widetilde{M} = (m_1; m_2; \alpha; \beta)_{LR}$ und $\widetilde{N} = (n_1; n_2; \gamma; \delta)_{LR}$ mit

$$L(u) = R(u) = \max(0, 1-u)$$

gilt dann

$$\widetilde{M} \oplus \widetilde{N} = \left(m_1 + n_1; m_2 + n_2; (\alpha^q + \gamma^q)^{\frac{1}{q}}; (\beta^q + \delta^q)^{\frac{1}{q}}\right)_{LR}, \quad \text{und}$$

$$\widetilde{M} \odot \widetilde{N} = \left(m_1 n_1; m_2 n_2; ((m_1\gamma)^q + (n_1\alpha)^q)^{\frac{1}{q}}; ((m_2\delta)^q + (n_2\beta)^q)^{\frac{1}{q}}\right)_{LR},$$

wobei $q \geq 1$ so, daß $\frac{1}{p} + \frac{1}{q} = 1$.

Während die 1-Niveau-Ebene nicht durch die Wahl des Parameters q beeinflußt wird, ändern sich die Spannweiten mit p.

Da für $p \to +\infty$, d. h. für $q = 1$, die Yagersche T-Norm T_p in den min-Operator übergeht, erhält man die üblichen Formeln für die erweiterte Addition bzw. die erweiterte Multiplikation.

Im anderen Extremfall, d. h. für $p = 1$ und $q \to +\infty$, entspricht

$$T_1(\mu_M(x), \mu_N(y)) = \max(0, \mu_M(x) + \mu_N(y) - 1)$$

der ↗beschränkten Differenz unscharfer Mengen. Die Spannweiten erhalten dann für die erweiterte Addition die Form

$$(\alpha^q + \gamma^q)^{\frac{1}{q}} = \max(\alpha, \gamma) \quad \text{und}$$

$$(\beta^q + \delta^q)^{\frac{1}{q}} = \max(\beta, \delta),$$

und für die erweiterte Multiplikation die Form

$$\left((m_1\gamma)^q + (n_1\alpha)^q\right)^{\frac{1}{q}} = \max(m_1\gamma, n_2\alpha),$$

$$\left((m_2\delta)^q + (n_1\beta)^q\right)^{\frac{1}{q}} = \max(m_2\delta, n_1\beta).$$

***L-R*-Fuzzy-Zahl**, eine ↗Fuzzy-Zahl $\widetilde{M}$, deren ↗Zugehörigkeitsfunktion sich mit geeigneten ↗Referenzfunktionen L und R darstellen läßt als

$$\mu_M(x) = \begin{cases} L\left(\frac{m-x}{\alpha}\right) & \text{für } x \leq m,\ \alpha > 0 \\ R\left(\frac{x-m}{\beta}\right) & \text{für } x > m,\ \beta > 0. \end{cases}$$

Der eindeutig bestimmte Wert m mit $\mu_M(m) = 1 = L(0)$ ist der Gipfelpunkt der Fuzzy-Zahl. Die Größen α und β werden linke bzw. rechte Spannweite von $\widetilde{M}$ genannt. Für $\alpha = \beta = 0$ ist $\widetilde{M}$ vereinbarungsgemäß eine gewöhnliche reelle Zahl, andererseits wird $\widetilde{M}$ mit wachsenden Spannweiten α und β immer unschärfer.

Für *L-R*-Zahlen ist die verkürzte Notation $\widetilde{M} = (m; \alpha; \beta)_{LR}$ üblich.

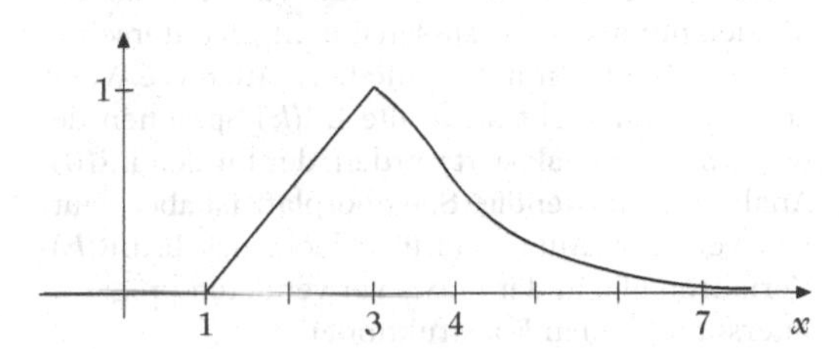

L-R-Fuzzy-Zahl $\widetilde{M} = (3;2;1)_{LR}$ mit $L(u) = \max(0, 1-u)$ und $R(u) = \frac{1}{1+u^2}$.

Die Bedeutung von *L-R*-Fuzzy-Zahlen liegt darin, daß die arithmetischen Rechenoperationen besonders einfach durchzuführen sind (↗Fuzzy-Arithmetik, ↗*L-R*-Fuzzy-Intervall).

Bei Fuzzy-Zahlen ist die erweiterte Subtraktion i. allg. nicht die Umkehrung der erweiterten Addition. Dies läßt sich leicht für *L-R*-Fuzzy-Zahlen mit der gleichen Referenzfunktion $L(u) = R(u)$ zeigen:

$$\left((m; \alpha; \beta)_{LL} \oplus (n; \gamma; \delta)_{LL}\right) - (n; \gamma; \delta)_{LL} = (m; \alpha + \gamma + \delta; \beta + \delta + \gamma)_{LL} \neq (m; \alpha; \beta)_{LL}.$$

LR(*k*)-Grammatik, kontextfreie Grammatik, die deterministische ↗Bottom-up-Analyse gestattet.

Die Bezeichnung ist zu lesen als: Verarbeitung der Eingabe von links nach rechts mit Erzeugung einer Rechtsableitung unter Vorausschau bis zu k Zeichen.

LR(k)-Grammatiken gestatten die eindeutige Auswahl der als nächstes durchzuführenden Aktion (Shift-Schritt bzw. Reduktionsschritt) eines Bottom-Up-Parsers anhand des bereits analysierten Teils der Eingabe sowie der nächsten k Eingabezeichen.

LR(k)-Grammatiken sind durch folgende Eigenschaft charakterisiert: Wenn für zwei Regeln $[Z, v]$ und $[Z', v']$ sowie Satzformen w_1, w_1' und Wörter w_2, w_2' Ableitungen der Form $S \Rightarrow^* w_1 Z w_2 \Rightarrow w_1 v w_2$ und $S \Rightarrow^* w_1' Z' w_2' \Rightarrow w_1' v' w_2'$ existieren, wobei $w_1 v = w_1' v'$ ist und die ↗k-Präfixe von w_2 und w_2' übereinstimmen, so ist $[Z, v] = [Z', v']$.

Die Information über den bereits gelesenen Teil der Eingabe (wv) liefert der die Analyse steuernder ↗LR(0)-Analysator. In seiner verfeinerten Version (d. h. unter Einbeziehung der Vorausschaumengen in die Items) liefert er genügend Information, um für jede LR(k)-Grammatik zusammen mit den folgenden k Eingabezeichen die eindeutige Aktionsauswahl zu gestatten.

Beim LALR(k)-Verfahren (look-ahead-LR(k)-Verfahren) wird als Information über den bereits analysierten Teil lediglich der Zustand des nicht verfeinerten LR(0)-Analysators verwendet (d. h., Zustände, die sich nur in den Vorausschaumengen unterscheiden, werden nicht unterschieden). Auf diese Weise können zwar nicht mehr alle LR(k)-Sprachen deterministisch analysiert werden, der für den LR(0)-Analysator notwendige Speicherplatz ist aber deutlich geringer. Außerdem überdeckt das LALR(k)-Verfahren alle in der Praxis verwendeten programmiersprachlichen Konstruktionen.

Beim SLR(k)-Verfahren (simple LR(k)) wird die durchzuführende Aktion unabhängig vom Zustand des LR(0)-Analysators gewählt. Es gibt allerdings einige praxisrelevante Sprachkonstruktionen (z. B. Zuweisungen einiger Programmiersprachen), für die das SLR(k)-Verfahren keine eindeutige Aktionsauswahl trifft. Zu jeder LR(k)-Grammatik existiert eine äquivalente LR(1)-Grammatik.

Jede ↗LL(k)-Grammatik ist LR(k). Verbreitete Werkzeuge zur Generierung von Bottom-Up-Parsern unterstützen in der Regel LALR(1)-Grammatiken und decken damit so gut wie alle praktisch relevanten Anwendungen ab.

LR(*k*)-Sprache, formale Sprache, zu der es eine ↗LR(k)-Grammatik gibt.

LR(k) ist eine der umfangreichsten Sprachklassen, für die effiziente Syntaxanalyseverfahren existieren.

LR(0)-Analysator, deterministischer endlicher Automat, der Präfixe von Rechtsableitungen aus kontextfreien ↗Grammatiken akzeptiert. Ein Präfix ist eine Satzform u mit der Eigenschaft, daß es eine Rechtsableitung $S \Rightarrow^* vXv' \Rightarrow vwv'$ gibt, in der u Anfangsstück von vw ist.

Der LR(0)-Analysator kann aus der Grammatik konstruiert werden. Dabei dienen Mengen von ↗Items bezüglich LR(k) als Zustände. Der Folgezustand z' eines Zustandes z mit einem Terminal- oder Nichtterminalzeichen x enthält alle Items $[X, w_1 x.w_2]$, für die $[X, w_1.xw_2]$ in z enthalten ist, sowie alle Items $[X', .w]$, für die ein Item der Form $[X, w_1 X' w_2]$ in z' ist. Der Startzustand z_0 entsteht aus allen Items der Form $[S, .w]$ für das Startsymbol S, sowie allen Items $[X', .w]$, für die ein Item der Form $[X, X' w_2]$ in z_0 vorkommt.

Die Hinzunahme geeignet konstruierter Vorausschaumengen zu den Zuständen ändert nichts am Akzeptieren der Präfixsprache, liefert aber detailliertere Information über die Aktionen, die für eine ↗Bottom-up-Analyse im aktuellen Zustand möglich sind.

In z ist ein Shift-Schritt möglich, falls für das aktuelle Eingabezeichen x ein Item $[X, w_1.xw_2]$ in z ist. Ein Reduktionsschritt mit Regel $[X, w]$ ist möglich, falls das Item $[X, w.]$ in z ist (und ggf. die nächsten k Eingabesymbole in der Vorausschaumenge des Items enthalten sind).

Wegen den genannten Eigenschaften wird LR(0)-Analysator zur Steuerung von Bottom-Up-Analyseverfahren verwendet (↗LR(k)-Grammatik).

LR-Zerlegung, Zerlegung einer Matrix $A \in \mathbb{R}^{n \times n}$ in das Produkt $A = LR$, wobei L eine untere ↗Dreiecksmatrix und R eine obere Dreiecksmatrix ist.

Ist A regulär, so existiert stets eine Permutationsmatrix $P \in \mathbb{R}^{n \times n}$ so, daß PA eine LR-Zerlegung besitzt. Hat L dabei eine Einheitsdiagonale, d. h.

$$L = \begin{pmatrix} 1 & & & \\ \ell_{21} & 1 & & \\ \vdots & \ddots & \ddots & \\ \ell_{n1} & \cdots & \ell_{n,n-1} & 1 \end{pmatrix},$$

so ist die Zerlegung eindeutig.

Das Ergebnis des Gauß-Verfahrens zur ↗direkten Lösung eines linearen Gleichungssystems $Ax = b$ kann als LR-Zerlegung von PA interpretiert werden, wobei P eine Permutationsmatrix ist.

Die Berechnung der LR-Zerlegung einer Matrix A ist insbesondere dann vorteilhaft, wenn ein lineares Gleichungssystem $Ax^{(j)} = b^{(j)}$ mit derselben Koeffizientenmatrix $A \in \mathbb{R}^{n \times n}$ und mehreren rechten Seiten $b^{(j)}$ zu lösen ist. Nachdem die LR-Zerlegung von A berechnet wurde, kann jedes der Gleichungssysteme durch einfaches ↗Vorwärts- und ↗Rückwärtseinsetzen gelöst werden.

Dazu führt man einen Hilfsvektor $c^{(j)} = Rx^{(j)}$ ein und löst zunächst $Lc^{(j)} = b^{(j)}$ durch Vorwärtseinsetzen. Dann bestimmt man den Lösungsvektor $x^{(j)}$ aus $Rx^{(j)} = c^{(j)}$ durch Rückwärtseinsetzen.

Die LR-Zerlegung muß also nur einmal berechnet werden, das nachfolgende Vorwärts- und

Rückwärtseinsetzen benötigt im Vergleich zur Berechnung der LR-Zerlegung nur sehr wenige arithmetische Operationen.

L-Struktur, eine ↗ algebraische Struktur $\mathcal{A}$ mit der gleichen Signatur wie die ↗ elementare Sprache L.

Die Sprache L ist geeignet, um Aussagen über die Struktur $\mathcal{A}$ zu formulieren. Ist z. B. L eine elementare Sprache, die durch die nichtlogischen Zeichen $+, \cdot, <, 0, 1$ bestimmt wird, welche der Reihe nach Symbole für die Addition, die Multiplikation, die Ordnungsrelation, das Null- bzw. das Einselement sind, dann ist jeder geordnete Ring mit Einselement und jeder geordnete Körper eine L-Struktur. Man vergleiche hierzu auch ↗ elementare Erweiterung einer L-Struktur.

L-Term, endliche Folge von Zeichen aus einer ↗ elementaren Sprache L, die nach bestimmten Regeln gebildet ist. Die eigentliche Definition erfolgt über dem Termaufbau.

1. Alle Individuenzeichen und Individuenvariablen sind Terme.
2. Ist f ein n-stelliges Funktionszeichen in L, und sind $t_1, \dots, t_n$ Terme, dann ist $f(t_1, \dots, t_n)$ ein Term.
3. Keine weiteren Zeichenreihen sind Terme.

Die so definierten Zeichenreihen werden L-Terme genannt. Die allein mit Hilfe von 1. festgelegten Terme sind nicht weiter zerlegbar, sie heißen auch atomare Terme. Enthält die elementare Sprache L keine Funktionszeichen, dann lassen sich in L nur atomare Terme bilden.

Lucas-Zahlen, die im folgenden rekursiv definierten Zahlen.

Es seien $p > 0$ und $q \neq 0$ teilerfremde ganze Zahlen mit $p^2 - 4q \neq 0$. Dann heißen die Elemente der rekursiv definierten Folgen

$$u_{n+1} = pu_n - qu_{n-1}, \ u_0 = 0, u_1 = 1$$

und

$$v_{n+1} = pv_n - qv_{n-1}, \ v_0 = 2, v_1 = p$$

Lucas-Zahlen.

lückenkorrigierender Code, Codierung, die nicht nur auftretende Fehler erkennt und korrigiert, sondern darüberhinaus auch auftretende Lücken oder Ausfälle korrigiert.

Da bei einer Lücke ein Übertragungsfehler bereits erkannt ist, brauchen bei diesen Codierungen die Fehler nicht mehr lokalisiert, sondern nur noch korrigiert zu werden. Die mathematischen Verfahren sind die gleichen wie bei allgemeinen ↗ fehlerkorrigierenden Codes.

Lückenreihe, *lakunäre Reihe*, eine Potenzreihe der Form

$$\sum_{n=0}^{\infty} a_n z^{m_n} ,$$

wobei (m_n) eine Folge natürlicher Zahlen ist, derart, daß $m_{n+1} - m_n > 0$ für alle $n \in \mathbb{N}_0$ und $m_{n+1} - m_n \to \infty \ (n \to \infty)$.

Zum Beispiel liefert $m_n = n^2$ eine Lückenreihe. Jede ↗ Hadamardsche Lückenreihe ist eine Lükkenreihe, und jede Lückenreihe ist eine ↗ Fabry-Reihe.

Lückensatz, die folgende Aussage aus der Funktionentheorie über das ↗ Holomorphiegebiet einer ↗ Lückenreihe.

Es sei $f(z) = \sum_{n=0}^{\infty} a_n z^{m_n}$ eine Lückenreihe, und die Koeffizientenfolge (a_n) sei beschränkt. Weiter sei die Reihe in jedem Punkt $z \in \partial\mathbb{E}$ divergent.

Dann ist $\mathbb{E} = \{z \in \mathbb{C} : |z| < 1\}$ das Holomorphiegebiet von f.

Hieraus erhält man als unmittelbare Folgerung: Für jede Lückenreihe $f(z) = \sum_{n=0}^{\infty} z^{m_n}$ ist $\mathbb{E}$ das Holomorphiegebiet von f.

Weitere Lückensätze sind der ↗ Fabrysche Lückensatz und der ↗ Hadamardsche Lückensatz.

Ludolph van Ceulen (von Köln), deutsch-niederländischer Mathematiker, geb. 28.1.1540 Hildesheim, gest. 31.12.1610 Leiden.

Ludolf hatte, vermutlich weil seine Familie nicht begütert war, keine Hochschulausbildung genossen. Er arbeitete daher zunächst als Fechtlehrer, später auch als Lehrer für Mathematik, in Delft und ab 1594 in einer eigenen Schule in Leiden. Im Jahre 1600 erhielt er eine Stelle als Mathematiklehrer an der Ingenieurschule in Leiden.

Ludolphs Name ist untrennbar verbunden mit der Geschichte der Zahl π und ihrer numerischen Berechnung. Es gelang ihm, indem er die bereits auf Archimedes zurückgehende ↗ Exhaustionsmethode konsequent anwandte und die Fläche des 2^{62}-Ecks berechnete, 35 Dezimalstellen von π korrekt zu bestimmen.

Wenngleich er damit streng genommen keinen methodischen Fortschritt erzielte, sondern nur eine bekannte Methode vorantrieb, nannte man π ihm zu Ehren im deutschsprachigen Raum über lange Zeit hinweg auch die „Ludolphsche Zahl“.

Nach seinem Tod ließ seine Witwe die von ihm berechnete Näherung an π in seinen Grabstein einmeißeln.

Ludolphsche Zahl, ↗ π.

Lukasiewicz-Notation, *Polnische Notation*, *Warschauer Notation*, klammerfreie, aber trotzdem eindeutige Notation arithmischer, logischer und anderer Ausdrücke.

Operanden und Operationssymbole werden in linearer Folge notiert, eine n-stellige Operation bezieht sich immer auf die n unmittelbar danach stehenden Operanden.

Beispiel: Der Ausdruck $a \cdot -(b+c)+d$ wird in Lukasiewicz-Notation als $+ \ \cdot \ a \ - \ + b \ c \ d$ notiert. Die Notation verlangt eine eindeutige Zuordnung von Stelligkeiten zu den Symbolen, kann also z. B. nicht die gemischte Verwendung des Zeichens – als einstellige (Inversion) und zweistellige (Substraktion) Operation tolerieren.

Eine Variante der Notation, die ↗inverse Polnische Notation, hat Relevanz in der Rechentechnik erlangt.

Luk-Vuillemin, Multiplizierer von, ↗Baummultiplizierer.

Lullus, Raimundus, *Llull, Ramón*, spanischer Theologe, Philosoph, Alchimist und Logiker, geb. 1235 Palma di Mallorca, gest. 1316 Tunis.

Lullus wuchs am Hof von Mallorca auf, wo er auch Arabisch lernte. 1265 verließ er Mallorca, um Missionarsarbeit in Nordafrika und Kleinasien zu leisten, wobei er die Lehren des Franz von Assisi vertrat.

Lullus' Hauptwerk war die „Ars magna" (1305–1308). Darin konzipierte er unter anderem das Ziel der Logik, universelle Kalküle zur Entscheidung der Wahrheit beliebiger Aussagen zu entwickeln und alle Aussagen auf ein „erstes Prinzip" zurückzuführen. Er benutzte symbolische Bezeichnungen und kombinatorische Schemata zur Darstellung der Verknüpfung der Aussagen. Lullus' Arbeiten hatten einen großen Einfluß auf Leibniz.

Lumer-Phillips, Satz von, Aussage über den Erzeuger einer stark stetigen Kontraktionshalbgruppe (↗Erzeuger einer Operatorhalbgruppe):

Sei $A : X \supset D(A) \to X$ ein dicht definierter linearer Operator in einem Banachraum X.

Genau dann erzeugt A eine stark stetige Kontraktionshalbgruppe in X, wenn A dissipativ ist und $\lambda_0 - A$ für ein $\lambda_0 > 0$ surjektiv ist.

[1] Goldstein, J.: Semigroups of Linear Operators and Applications. Oxford University Press Oxford, 1985.

lumping, dt. „Klumpen", Vorgehensweise bei der numerischen Berechnung im Rahmen der ↗Finite-Elemente-Methode.

Dabei wird die ↗Massenmatrix, die aus den Werten $\int \phi_i \phi_j dx$ der Ansatzfunktionen besteht, künstlich ausgedünnt, zumeist durch Ersetzen aller Hauptdiagonalelemente durch die jeweilige Zeilensumme und Nullsetzen der Nebendiagonaleinträge.

Lundberg-Ungleichung, Abschätzung aus dem Bereich der Risikotheorie zur Bestimmung der Ruinwahrscheinlichkeit, auch bekannt als ↗Formel von Cramer-Lundberg.

***L*-unscharfe Menge**, ↗L-Fuzzy-Menge.

Lupanow, Satz von, Abschätzung der Kosten eines ↗logischen Schaltkreises zur Auswertung einer ↗Booleschen Funktion.

Jede Boolesche Funktion $f : \{0,1\}^n \to \{0,1\}$ kann durch einen kombinatorischen logischen Schaltkreis über der ↗Bausteinbibliothek

$$\mathfrak{B}_{\leq 2} := \{f \mid f : \{0,1\}^n \to \{0,1\} \text{ mit } n \leq 2\}$$

berechnet werden, dessen Kosten gleich

$$\frac{2^n}{n} + o\left(\frac{2^n}{n}\right)$$

sind.

Der Beweis des Satzes ergibt sich daraus, daß die ↗Lupanow-Darstellung einer Booleschen Funktion die angegebenen Kosten hat, wenn

$$k = \lceil 3 \cdot \log n \rceil,$$
$$s = n - \lceil 5 \cdot \log n \rceil$$

gesetzt wird.

Lupanow-Darstellung, ein spezieller ↗Boolescher Ausdruck, der eine gegebene ↗Boolesche Funktion f beschreibt.

Um die Lupanowsche (k,s)-Darstellung einer Booleschen Funktion $f : \{0,1\}^n \to \{0,1\}$ mit $k \leq n$ und $s \leq 2^k$ zu erhalten, wird die ↗Funktionstafel von f als $(2^k \times 2^{n-k})$-Matrix dargestellt. Die Zeilen entsprechen dabei den 2^k möglichen Belegungen von $(x_1, \dots, x_k)$, und die Spalten den 2^{n-k} möglichen Belegungen von $(x_{k+1}, \dots, x_n)$. In der Matrix stehen die entsprechenden Funktionswerte.

Die Zeilen werden nun in $p = \lceil \frac{2^k}{s} \rceil$ Blöcke $A_1, \dots, A_p$ so eingeteilt, daß die ersten $p-1$ Blöcke genau s Zeilen und der letzte Block $t \leq s$ Zeilen enthält. Für die Booleschen Funktionen $f_i : \{0,1\}^n \to \{0,1\}$ mit $i \in \{1, \dots, p\}$, die für alle $\alpha = (\alpha_1, \dots, \alpha_n) \in \{0,1\}^n$ durch

$$f_i(\alpha) = \begin{cases} f(\alpha), & \text{falls } (\alpha_1, \dots, \alpha_k) \in A_i \\ 0, & \text{sonst} \end{cases}$$

definiert sind, gilt $f = f_1 \vee \dots \vee f_p$.

Die Booleschen Funktionen $f_1, \dots, f_p$ werden nun weiter zerlegt. Um die Boolesche Funktion f_i zu zerlegen, wird für jedes $w \in \{0,1\}^s$ (ist $i = p$, so für jedes $w \in \{0,1\}^t$) die Menge $B_{i,w}$ der Spalten betrachtet, die im Block A_i mit w übereinstimmen. Für die Booleschen Funktionen $f_{i,w} : \{0,1\}^n \to \{0,1\}$, die für alle $\alpha = (\alpha_1, \dots, \alpha_n) \in \{0,1\}^n$ durch

$$f_{i,w}(\alpha) = \begin{cases} f_i(\alpha), & \text{falls } (\alpha_{k+1}, \dots, \alpha_n) \in B_{i,w}, \\ 0, & \text{sonst} \end{cases}$$

definiert sind, gilt dann

$$f_i = \bigvee_{w \in \{0,1\}^s} f_{i,w} \text{ bzw. } f_p = \bigvee_{w \in \{0,1\}^t} f_{p,w}.$$

Jede Boolesche Funktion $f_{i,w}$ $(i \in \{1, \dots, t\})$ wird nun nochmals zerlegt. Diese Zerlegung ist sehr einfach, da $f_{i,w}$ eine sehr einfache Form hat: In allen Blöcken A_j mit $j \neq i$ ist $f_{i,w}$ gleich Null. Im Block A_i

hat die Funktionsmatrix höchstens zwei verschiedene Spalten, solche, die nur aus Nullen bestehen, und w-Spalten.

Die Gleichung $f_{i,w}(\alpha_1, \dots, \alpha_n) = 1$ gilt also genau dann, wenn es ein j mit $w_j = 1$ gibt, so daß $(\alpha_1, \dots, \alpha_k)$ die j-te Zeile von A_i ist und $(x_{k+1}, \dots, x_n) \in B_{i,w}$ gilt. Wenn $f_{i,w}^{(1)}$ und $f_{i,w}^{(2)}$ die erste bzw. die zweite Bedingung überprüft, so gilt für alle $\alpha = (\alpha_1, \dots, \alpha_n) \in \{0,1\}^n$

$$f_{i,w}(\alpha) = f_{i,w}^{(1)}(\alpha_1, \dots, \alpha_k) \wedge f_{i,w}^{(2)}(\alpha_{k+1}, \dots, \alpha_n).$$

Dies ergibt die sog. Lupanowsche (k, s)-Darstellung

$$f(\alpha) = \bigvee_{i=1}^{p} \bigvee_{w} f_{i,w}^{(1)}(\alpha_1, \dots, \alpha_k) \wedge f_{i,w}^{(2)}(\alpha_{k+1}, \dots, \alpha_n).$$

[1] Wegener, I.: The Complexity of Boolean Functions. B.G. Teubner Stuttgart and John Wiley & Sons Chichester, New York, Brisbane, Toronto, Singapore, 1987.

Lüroth-Problem, eine bisher (2000) ungelöste Fragestellung in der algebraischen Geometrie.

Eine ↗ algebraische Varietät X heißt unirational, wenn es eine rationale Abbildung $\mathbb{P}^n \mapsto X$ gibt, und rational, wenn es eine birationale Abbildung dieser Art gibt.

Das Lüroth-Problem besteht in der Frage, ob „unirational" äquivalent zu „rational" ist.

Nur für $d = \dim X \leq 2$ ist dies bekannt. Für $d \geq 3$ ist „rational" echt stärker als „unirational" (und beide Eigenschaften sind sehr schwer zu unterscheiden).

Lusin, Nikolai Nikolajewitsch, russischer Mathematiker, geb. 9.12.1883 Irkutsk, gest. 28.2.1950 Moskau.

Lusin studierte ab 1901 in Moskau und Paris, wo er Vorlesungen von Borel besuchte. 1910 ging er nach Göttingen und Paris. Er promovierte 1915 und wurde 1917 Professor an der Moskauer Universität. Ab 1930 arbeitete er am Steklow-Institut.

Lusin wandte sich besonders der Integrationstheorie zu. So bewies er 1912 den nach ihm benannten Satz, nach dem jede meßbare Funktion durch Änderung auf einer Menge beliebig kleinen Lebesgue-Maßes in eine stetige Funktion verwandelt werden kann. Damit im Zusammenhang führte er einen neuen Integralbegriff ein, der sich aber als wenig tragfähig erwies. Er untersuchte verstärkt den Denjoyschen Integralbegriff. Dabei spielte die Frage nach der Definierbarkeit bestimmter Typen von Mengen und Funktionen ohne Zuhilfenahme des Zermeloschen Auswahlaxioms eine große Rolle. Er beschäftigte sich mit den von Souslin eingeführten analytischen Mengen und mit projektiven Mengen.

Zu seinen Schülern zählten Alexandrow, Souslin, Menschow, Chintschin, Urysohn, Kolmogorow, Ljusternik und Schnirelmann.

Lusin, Satz von, lautet:

Es seien Ω und Ω' Hausdorffräume, wobei Ω' eine abzählbare Basis besitzt, μ ein σ-endliches Borel-reguläres Maß auf $\mathcal{B}(\Omega)$, und $f : \Omega \to \Omega'$ eine Abbildung.

Dann sind folgende Aussagen äquivalent:

(a) *Es gibt eine $(\mathcal{B}(\Omega) - \mathcal{B}(\Omega'))$-meßbare Abbildung $g : \Omega \to \Omega'$ mit $f = g$ fast überall bzgl. μ.*

(b) *Zu jedem offenen $O \subseteq \Omega$ mit $\mu(O) < \infty$ und zu jedem $\varepsilon > 0$ existiert eine kompakte Menge $K \subseteq O$ mit $\mu(O \setminus K) < \varepsilon$ so, daß f, eingeschränkt auf K, stetig ist bzgl. der Spurtopologie auf K.*

(c) *Zu jedem $A \in \mathcal{B}(\Omega)$ mit $\mu(A) < \infty$ und zu jedem $\varepsilon > 0$ existiert eine kompakte Menge $K \subseteq A$ mit $\mu(A \setminus K) < \varepsilon$ so, daß f, eingeschränkt auf K, stetig ist bzgl. der Spurtopologie auf K.*

(d) *Zu jeder kompakten Menge $K_1 \subseteq \Omega$ und zu jedem $\varepsilon > 0$ existiert eine kompakte Menge $K_2 \subseteq K_1$ mit $\mu(K_1 \setminus K_2) < \varepsilon$ so, daß f, eingeschränkt auf K_2, stetig ist bzgl. der Spurtopologie auf K_2.*

Lusin-Raum, ↗ Souslin-Raum.

LVQ, ↗ lernende Vektorquantisierung.

M, Abkürzung für „Mega", also 10^6.
In den Computerwissenschaften bezeichnet man damit meist die Größe M(ega)Byte, also

$$2^{20} = 1\,048\,576 \text{ Byte}.$$

MA, ↗ Martinsches Axiom.

Macaulay, spezialisiertes Computeralgebrasystem für Probleme der kommutativen Algebra. Das System wurde von D. Bayer (Rutgers University) und M. Stillman (Cornell University) entwickelt.

Macaulay-Duration, ↗ Duration.

MacDonald-Funktion, eine Lösung der komplexen Besselschen Differentialgleichung

$$z^2\frac{d^2y}{dz^2} + z\frac{dy}{dz} - (z^2 + \nu^2)y = 0\,, \qquad (1)$$

definiert durch

$$K_\nu(z) := \frac{\pi}{2}\frac{I_{-\nu}(z) - I_\nu(z)}{\sin \nu\pi} \quad \text{für } \nu \in \mathbb{C}\setminus\mathbb{Z}$$

$$\text{und} \quad K_n(z) := \lim_{\nu\to n} K_\nu(z) \quad \text{für } n \in \mathbb{Z}\,.$$

Hierbei ist I_ν die modifizierte Bessel-Funktion

$$I_\nu(z) := e^{-i\frac{\nu\pi}{2}} J_\nu(z\, e^{i\frac{\pi}{2}})$$

mit der ↗ Bessel-Funktion J_ν.

$\{K_\nu(z), I_\nu(z)\}$ bildet ein Fundamentalsystem der Gleichung (1).

Mach, Ernst, österreichischer Physiker, Sinnesphysiologe, Philosoph, geb. 18.2.1838 Chirlitz-Turas (bei Brünn, Mähren), gest. 19.2.1916 Vaterstetten (bei München).

Mach studierte Physik an der Wiener Universität, an der er 1860 promovierte und bis 1864 als Dozent wirkte. Ab 1864 lehrte er Mathematik und Physik an der Universität Graz. 1867 wurde er Direktor des Physikalischen Instituts der Universität Prag und kehrte 1895 als Professor der Philosophie an die Universität Wien zurück.

Mach forschte auf dem Gebiet der Physik, der Sinnesphysiologie und der Philosophie (Erkenntnistheorie). 1861 gelang ihm der experimentelle Nachweis des Doppler-Effektes. Er entwickelte daraus den Ansatz, diesen zur spektroskopischen Bestimmung der Relativgeschwindigkeiten von Fixsternen zu nutzen. Mit Untersuchungen zu schnell fliegenden Projektilen und fotografischen Momentaufnahmen von Überschallgeschossen wurde sein Ruf als Pionier der modernen Aerodynamik begründet. Als konsequenter Sensualist setzte er sich mit den metaphysischen Begriffen in der Physik (z. B. absoluter Raum, absolute Zeit, Atom) auseinander. Vor allem unterzog er die Newtonsche Physik und deren Konzepte vom absoluten Raum und der absoluten Zeit einer konsequenten Kritik, und wies auf die Grenzen einer mechanistischen Beschreibung physikalischer Phänomene hin. Er beeinflußte damit Einstein, der das sogenannte Machsche Prinzip, nach dem die Kräfte, die im Universum auf einen Körper einwirken, durch die Verteilung der Massen bestimmt werden, bei der Erarbeitung seiner ↗ Allgemeinen Relativitätstheorie direkt aufgriff.

Machin, Formel von, Bezeichnung für die Gleichung

$$\frac{\pi}{4} = 4\arctan\frac{1}{5} - \arctan\frac{1}{239}\,.$$

Mit der hieraus gewonnenen ↗ Arcustangensreihe für π hat 1706 John Machin 100 Dezimalstellen von ↗ π berechnet, und sie war die Grundlage zahlreicher Rekordberechnungen von Dezimalstellen von π sowohl von Hand als auch mit Computern. Die Formel ist hierfür besonders gut geeignet, weil die vom Argument $\frac{1}{5}$ kommenden Terme im Dezimalsystem gut handzuhaben sind, und weil die Reihe zum Argument $\frac{1}{239}$ sehr schnell konvergiert.

Mach-Kegel, die von einem sich mit Überschallgeschwindigkeit bewegenden Körper ausgehende kegelförmige Druckwelle.

Bezeichnet s die Schallgeschwindigkeit und v die Geschwindigkeit des Körpers im Medium ($v > s$), so heißt die Zahl

$$\alpha = \arcsin(\frac{s}{v})$$

Mach-Winkel; der Mach-Kegel hat den Öffnungswinkel 2α.

Den Wert

$$M = \frac{v}{s}$$

bezeichnet man als Mach-Zahl.

Mächtigkeit einer Fuzzy-Menge, ↗Kardinalität einer Fuzzy-Menge.

Mächtigkeit einer Menge, kleinste Ordinalzahl, die zu der Menge gleichmächtig ist (↗Kardinalzahlen und Ordinalzahlen).

Mächtigkeit von Mengen, ↗Mächtigkeit einer Menge.

Mach-Winkel, ↗Mach-Kegel.

Mach-Zahl, ↗Mach-Kegel.

Mackey, George Whitelaw, amerikanischer Mathematiker, geb. 1.2.1916 St. Louis, gest. 15.3.2006 Belmont (Mass.).

Mackey studierte bis 1938 an der Rice University in Houston. Danach weilte er an verschiedenen Universitäten in den USA. Er promovierte 1942 an der Harvard University in Cambridge (Massachusetts) und lehrte dort ab 1943 Mathematik.

Mackeys Hauptinteresse galt der nichtkommutativen harmonischen Analysis. Hier untersuchte er vor allem lokalkompakte Gruppen. Darüber hinaus befaßte er sich mit konvexen Räumen und Topologie (Mackeysche Topologie).

Mackey-Arens, Satz von, ↗ Mackeysche Topologie.

Mackey-Konvergenz, Konvergenzbegriff für Folgen eines ↗lokalkonvexen Raums (E, τ).

Eine Folge $(x_n) \subset E$ ist Mackey-konvergent gegen x, falls es positive Zahlen $\lambda_n \to \infty$ gibt mit $\lambda_n(x_n - x) \to 0$ bzgl. τ. In metrisierbaren lokalkonvexen Räumen sind konvergente Folgen Mackey-konvergent.

Mackeysche Topologie, spezielle Topologie für ein Dualsystem (E, F).

Die Mackeysche Topologie $\mu(E, F)$ auf E ist die Topologie der gleichmäßigen Konvergenz auf absolutkonvexen und in der schwachen Topologie $\sigma(F, E)$ (↗Dualsystem) kompakten Teilmengen $M \subset F$; sie wird von den Halbnormen

$$p_M(x) = \sup_{y \in M} |\langle x, y\rangle|,$$

M wie oben, erzeugt.

Der Satz von Mackey-Arens besagt, daß die Mackeysche Topologie die feinste Topologie τ auf E ist, so, daß $(E, \tau)' = F$ wird.

[1] Köthe, G.: Topologische lineare Räume I. Springer, 1960.

MacLane, Satz von, gibt eine algebraische Charakterisierung ↗planarer Graphen an.

Ein Graph G ist genau dann planar, wenn sein ↗Zyklenraum eine schlichte Basis besitzt.

Der Satz wurde 1937 von S. MacLane bewiesen. Dabei heißt eine Teilmenge K' des Zyklenraumes schlicht, wenn jede Kante des Graphen in höchstens zwei Mengen aus K' liegt.

Der Satz von MacLane läßt sich aus dem Satz von Kuratowski folgern.

Maclaurin, Colin, schottischer Mathematiker, geb. Februar 1698 Kilmodan (Argyllshire, Schottland), gest. 14.6.1746 Edinburgh.

Maclaurin wurde 1709 Student an der Universität Glasgow. 1717 beendete er sein Studium und ging als Professor für Mathematik an die Universität Aberdeen. Nach einer zweijährigen Europareise bekam er 1725 auf Empfehlung Newtons eine Stelle als Professor für Mathematik an der Universität Edinburgh.

Maclaurin befaßte sich mit Newtons Theorien und entwickelte viele Resultate dieser Arbeit weiter. Er leistete bedeutende Beiträge zur Geometrie der ebenen Kurven, zu Grenzwertbetrachtungen, zu Extremwertuntersuchungen, zu uneigentlichen Integralen und zu Kegelschnitten. Die Maclaurin-Reihe geht allerdings wohl eher auf Taylor zurück. Maclaurin entwickelte Formeln zur näherungsweisen Berechung bestimmter Integrale. Auf Arbeiten von Newton und Huygens aufbauend, entwickelte er die Theorie der Gleichgewichtsfiguren rotierender Flüssigkeiten weiter.

Maclaurin, Satz von, im Jahr 1742 von Colin Maclaurin angegebener Satz, der aus den höheren Ableitungen einer Funktion an einer Stelle Rückschlüsse auf das ↗lokale Wachstumsverhalten und das ↗lokale Krümmungsverhalten der Funktion an dieser Stelle erlaubt.

Ist $D \subset \mathbb{R}$, $f : D \to \mathbb{R}$, $n > 1$ und f n-mal differenzierbar an der inneren Stelle $a \in D$ mit

$$f'(a) = \ldots = f^{(n-1)}(a) = 0 \neq f^{(n)}(a),$$

so hat f bei ungeradem n an der Stelle a einen ↗Wendepunkt mit horizontaler Tangente und durchsetzt diese im Fall $f^{(n)}(a) > 0$ streng wachsend und im Fall $f^{(n)}(a) < 0$ streng fallend. Bei geradem n hat f im Fall $f^{(n)}(a) > 0$ ein strenges lo-

kales Minimum und im Fall $f^{(n)}(a) < 0$ ein strenges lokales Maximum an der Stelle a.

Dies läßt sich mit dem Satz von Taylor zeigen und war für den Fall $n = 2$ schon 1684 Gottfried Wilhelm Leibniz bekannt.

Die Voraussetzungen dieses Satzes sind jedoch nicht notwendig für die genannten Eigenschaften. So hat etwa die Funktion $f : \mathbb{R} \to \mathbb{R}$ mit

$$f(x) = \begin{cases} e^{-\frac{1}{x^2}} & , x \neq 0 \\ 0 & , x = 0 \end{cases}$$

an der Stelle 0 ein strenges lokales Minimum, obwohl sie dort beliebig oft differenzierbar ist mit $f^{(n)}(0) = 0$ für $n \in \mathbb{N}$.

Maclaurin-Reihe, eine ↗Taylor-Reihe um die Entwicklungsstelle 0, also eine Taylor-Reihe der Gestalt

$$\sum_{n=0}^{\infty} \frac{f^n(0)}{n!} x^n ,$$

wobei $D \subset \mathbb{R}$ ist und $f : D \to \mathbb{R}$ eine an der inneren Stelle $0 \in D$ ↗beliebig oft differenzierbare Funktion.

Macsyma, ein Allzwecksystem für Probleme der Computeralgebra.

Es ist eines der ältesten Systeme und wurde unter der Leitung von R. Bogen am MIT entwickelt. Mit Macsyma kann man sowohl numerisch als auch symbolisch rechnen.

magere Menge, ↗Bairesche Klassifikation.

magisches Quadrat, quadratisches Schema von natürlichen Zahlen, das folgenden Bedingungen genügt:

- Alle Einträge sind paarweise verschieden.
- Die Summe aller Spalten, Zeilen und Diagonalen ist gleich.

Das wohl bekannteste magische Quadrat findet sich in Albrecht Dürers Kupferstich „Melancholia", wo es der Künstler noch zusätzlich schaffte, in der unteren Zeile die Jahreszahl der Entstehung (1514) zu verstecken.

16	3	2	13
5	10	11	8
9	6	7	12
4	15	14	1

Das magische Quadrat aus Dürers „Melancholia"

Magnetfeld, vereinfacht ausgedrückt dasjenige Feld, das die Kraftwirkung auf Eisen in der Nähe von Magneten auslöst.

Bis Ende des 19. Jahrhunderts wurden die elektrische und die magnetische Wechselwirkung als verschieden angesehen. Spätestens seit Entwicklung der Speziellen Relativitätstheorie im Jahre 1905 ist jedoch klar, daß es sich hierbei nur um eine einzige Wechselwirkung, die elektromagnetische Wechselwirkung, handelt. Es gilt: Jeder $(3 + 1)$-Zerlegung der 4-dimensionalen Raum-Zeit in Raum und Zeit ist eine Zerlegung des elektromagnetischen Feldes in ein elektrisches und ein magnetisches Feld zugeordnet.

Solange die betrachteten Körper gegeneinander ruhen, ist die genannte Zerlegung im Ruhsystem dieser Körper vorzunehmen und damit eindeutig möglich. Praktisch ist das Magnetfeld bekannt als dasjenige Feld, das die Kraftwirkung auf Eisen in der Nähe von Magneten auslöst.

Wenn die vertikale Komponente des Magnetfeldes vernachlässigbar ist, kann man sich auf dessen Horizontalkomponenten beschränken, und das Feld ist durch Magnetfeldlinien charakterisierbar. Beispiel: Die Nadel im Kompaß richtet sich so aus, daß sie möglichst parallel zu den Magnetfeldlinien steht.

magnetische Dipole, ↗ magnetische Pole.

magnetische Pole, Elemente der Multipolentwicklung des Magnetfeldes. Der führende Term ist dabei der magnetische Dipol.

Mathematisch gesehen müßte der magnetische Monopol der führende Term sein, wie das bei der analogen Rechnung mit dem elektrischen Feld der Fall ist. Er tritt aber nicht auf, da bisher noch kein Teilchen gefunden wurde, das eine magnetische Ladung trägt. Jedoch läßt sich ein magnetischer Monopol wie folgt modellieren: Wenn man sich nur für das ↗Magnetfeld in der Nähe eines Endes eines sehr langen Stabmagneten interessiert, so ist die Annahme, daß dieses Ende einen magnetischen Monopol darstellt, eine gute Näherung.

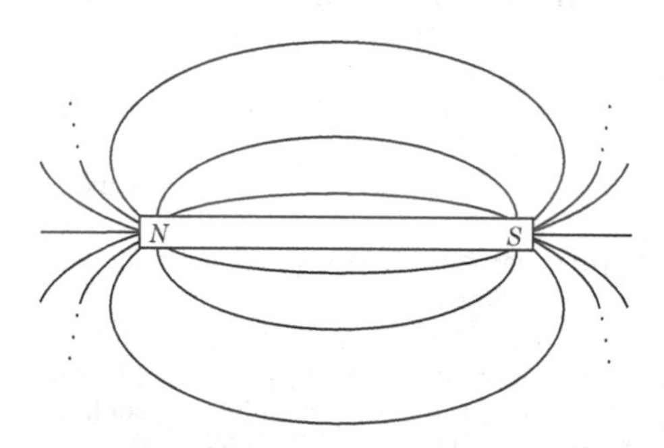

Magnetfeldlinien in der Nähe eines Stabmagneten

Magnetostatik, Spezialfall der Elektrodynamik, wenn die Materie ruht, siehe auch ↗Magnetfeld.

Abgesehen von der Tatsache, daß man keine einzelnen magnetischen Monopole kennt, sind die

Formeln der Magnetostatik mathematisch äquivalent zu den Formeln der Elektrostatik, so z. B. die Gültigkeit des ↗Coulomb-Gesetzes.

Magnus, Hans Heinrich Wilhelm, deutsch-amerikanischer Mathematiker, geb. 5.2.1905 Berlin, gest. 15.10.1990 New York.

Magnus besuchte 1925/26 die Tübinger Universität und bis 1929 die Universität in Frankfurt (Main). Er studierte hier bei Siegel, Hellinger und Dehn Mathematik und Physik. Nach der Promotion 1931 bei Dehn nahm er von 1933 bis 1939 eine Stelle als Privatdozent an der Frankfurter Universität an. Von 1939 bis 1944 war er an der Technischen Hochschule in Berlin-Charlottenburg (heute Technische Universität Berlin) und von 1946 bis 1949 an der Universität Göttingen tätig. Nach dem Tod Batemans ging Magnus 1948 an das California Institute of Technology, um mitzuhelfen, Batemans Manuskripte zu speziellen Funktionen zu veröffentlichen. 1950 wechselte er zum Courant-Institut für Mathematik an der New Yorker Universität und 1973 an das Polytechnic Institute of New York, wo er bis zu seiner Emeritierung 1978 arbeitete.

Magnus' Hauptarbeitsgebiet war die kombinatorische Gruppentheorie. Er untersuchte Darstellungen von Gruppen in Termen von Gruppenerzeugenden und Gruppenrelationen, und führte kanonische Beziehungen zwischen freien Lie-Algebren und sowohl freien Gruppen als auch freien assoziativen Algebren ein. Neben der Gruppentheorie beschäftigte er sich mit der mathematischen Physik, dem Elektromagnetismus und der Wellentheorie. Eines seiner wichtigsten Werke ist das 1966 zusammen mit A. Karrass und D. Solitar veröffentlichte Buch „Combinatorial group theory".

Mahalanobis-Abstand, ein in der ↗Clusteranalyse und ↗Diskriminanzanalyse verwendetes Maß für die statistische Unterscheidung zweier Objekte bzw. zweier Gruppen von Objekten (Klassen, Cluster, Kollektive), und zur Zuordnung eines Objekts zu einer von mehreren möglichen Gruppen.

I. Mahalanobis-Abstand zur Unterscheidung zweier Objekte: Seien $O_1, O_2, \ldots, O_n$ n Objekte, an denen jeweils p Merkmale gemessen wurden, und sei $\vec{x}_i = (x_{i1}, \ldots, x_{ip})$ der Vektor der gemessenen Merkmalswerte am Objekt O_i, $i = 1, \ldots, n$. Die Gesamtinformation an Daten ist in folgender Datenmatrix darstellbar:

Objekte \ Merkmale	X_1	X_2	$\ldots$	X_p
O_1	x_{11}	x_{12}	$\ldots$	x_{1p}
O_2	x_{21}	x_{22}	$\ldots$	x_{2p}
.	.	.	$\ldots$	.
O_n	x_{n1}	x_{n2}	$\ldots$	x_{np}

Seien weiterhin

$$\overline{x_{.k}} := \frac{1}{n}\sum_{i=1}^{n} x_{ik}$$

das arithmetische Mittel des Merkmals X_k und $S = (s_{kl})_{k,l=1,\ldots,p}$, wobei

$$s_{kl} := \frac{1}{n}\sum_{i=1}^{n}(x_{ik} - \overline{x_{.k}})(x_{il} - \overline{x_{.l}})$$

die empirische Kovarianz des Merkmals X_k mit dem Merkmal X_l ist. Sei S^{-1} die Inverse zu S. Der Mahalanobis-Abstand zwischen den Objekten O_i und O_j ist dann definiert durch

$$d_{ij} := (\vec{x}_i - \vec{x}_j)^T S^{-1} (\vec{x}_i - \vec{x}_j) =: \| \vec{x}_i - \vec{x}_j \|^2_{S^{-1}} \,.$$

II. Mahalanobis-Abstand zwischen Objektgruppen: In diesem Fall liegt für jede von $N, N \geq 2$, Objektgruppen $i = 1, \ldots, N$ folgende Datenmatrix vor:

Objekte	Merkmale 1	2	$\ldots$	p
G	1	x_{i11}	x_{i12}	$\ldots$	x_{i1p}
r	2	x_{i21}	x_{i22}	$\ldots$	x_{i2p}
u	.	.	.	$\ldots$	.
p	.	.	.	$\ldots$	.
p	.	.	.	$\ldots$	.
e	n_i	x_{in_i1}	x_{in_i2}	$\ldots$	x_{in_ip}
i					

Sei

$$\overline{\vec{x}_{i.}} := (\overline{x_{i.1}}, \ldots, \overline{x_{i.p}}) \text{ mit } \overline{x_{i.k}} := \frac{1}{n_i}\sum_{j=1}^{n_i} x_{ijk}$$

der Vektor der Merkmalsmittelwerte in der i-ten Gruppe und $S^* = (s_{kl})_{k,l=1,\ldots,p}$ die gemeinsame empirische Kovarianzmatrix, wobei die Komponenten s_{kl} die Schätzungen der Kovarianz zwischen Merkmal k und Merkmal l bzgl. aller Gruppen sind, also

$$s_{kl} := \frac{1}{n-N}\sum_{i=1}^{N}\sum_{j=1}^{n_i}(x_{ijk} - \overline{x_{i.k}})(x_{ijl} - \overline{x_{i.l}}) \qquad (1)$$

mit $n := \sum_{i=1}^{N} n_i$. Der Mahalanobis-Abstand zwischen den Gruppen i und j von Objekten ist dann definiert durch den normierten Abstand der Vektoren der Merkmalsmittelwerte in den beiden Gruppen:

$$\begin{aligned} D_{ij} &:= (\overline{\vec{x}_{i.}} - \overline{\vec{x}_{j.}})^T S^{-1} (\overline{\vec{x}_{i.}} - \overline{\vec{x}_{j.}}) \\ &= \| \overline{\vec{x}_{i.}} - \overline{\vec{x}_{j.}} \|^2_{S^{-1}} \,. \end{aligned}$$

III. Liegt ein unbekanntes Objekt mit dem Merkmalsvektor $\vec{z} = (z_1, \ldots, z_p)^T$ vor, so verwendet man als Kriterium für die Zuordnung des Objekts den Mahalanobis-Abstand zum Mittelwertvektor der jeweiligen Gruppe i:

$$(\vec{z} - \overline{\vec{x}_{i.}})^T S^{-1} (\vec{z} - \overline{\vec{x}_{i.}}) = \| \vec{z} - \overline{\vec{x}_{i.}} \|_{S^{-1}}^2 .$$

Das Objekt wird der Gruppe zugeordnet, bei der der Abstand am kleinsten ist.

[1] Hartung, J.; Elpelt, B.: Multivariate Statistik. Oldenbourg Verlag München/Wien, 1989.

[2] Krause, B.; Metzler, P.: Angewandte Statistik. Deutscher Verlag der Wissenschaften Berlin, 1983.

Mahâvirâ, indischer Mathematiker, lebte um 850.

Mahâvirâ lebte am Hof von Amoghavarṣa Nṛpatuṅga aus der Rāṣṭrakuṭa-Dynastie und war Anhänger des Jainismus.

Er verfaßte Werke zur Arithmetik, Geometrie und Algebra. Er verwendete negative Zahlen und als einer der ersten bei Bruchrechnungen das kleinste gemeinsame Vielfache der Nenner. Mahâvirâ verallgemeinerte Ergebnisse von ↗Āryabhaṭa I zur Summation arithmetischer Reihen. Daneben befaßte er sich mit der Berechnung des Flächeninhalts von Vierecken, glaubte aber, daß hierfür allein die Kenntnis der vier Seitenlängen ausreiche.

Mainardi-Codazzi, Gleichungen von, zwei Gleichungen, die die ↗Christoffelsymbole Γ_{jk}^i, die ↗metrischen Fundamentalgrößen E, F, G und die Ableitungen der ↗zweiten Fundamentalgrößen L, M, N einer regulären Fläche im $\mathbb{R}^3$ erfüllen.

Ist $\Phi(u_1, u_2)$ die Parameterdarstellung der Fläche, über die die Christoffelsymbole und die Fundamentalgrößen gegeben sind, so gilt

$$\frac{\partial L}{\partial u_2} - \frac{\partial M}{\partial u_1} = L\,\Gamma_{12}^1 + M\left(\Gamma_{12}^2 - \Gamma_{11}^1\right) - N\,\Gamma_{11}^2 ,$$

$$\frac{\partial M}{\partial u_2} - \frac{\partial N}{\partial u_1} = L\,\Gamma_{22}^1 + M\left(\Gamma_{22}^2 - \Gamma_{12}^2\right) - N\,\Gamma_{12}^2 .$$

Majorante einer Reihe, zu einer Reihe $\sum_{\nu=1}^{\infty} a_\nu$ eine Reihe $\sum_{\nu=1}^{\infty} b_\nu$, für die mit einem $N \in \mathbb{N}$

$$|a_\nu| \leq |b_\nu| \quad \text{für } \mathbb{N} \ni \nu \geq N$$

gilt, deren Glieder also „schließlich" die Glieder der gegebenen Reihe $\sum_{\nu=1}^{\infty} a_\nu$ betraglich majorisieren.

Umgekehrt heißt dann $\sum_{\nu=1}^{\infty} a_\nu$ Minorante zu $\sum_{\nu=1}^{\infty} b_\nu$. Zunächst ist hierbei an eine Reihe mit Gliedern in $\mathbb{R}$ gedacht. Aber die Betrachtung von Reihen mit Gliedern in $\mathbb{C}$ oder allgemeiner zumindest noch in einem normierten Vektorraum – wenn man nur den Betrag $|\ |$ durch die gegebene Norm $\|\ \|$ ersetzt – ist möglich.

Besitzt eine gegebene Reihe $\sum_{\nu=1}^{\infty} a_\nu$ eine absolut konvergente Majorante, so ist sie selbst absolut konvergent und damit (bei Gliedern aus $\mathbb{R}$ oder allgemeiner aus einem Banachraum) konvergent mit

$$\left|\sum_{\nu=1}^{\infty} a_\nu\right| \leq \sum_{\nu=1}^{\infty} |a_\nu| .$$

Oft herangezogene Majoranten sind – mit $a \in [0, \infty)$ und $r \in [0, 1)$ –

$$\sum_{\nu=0}^{\infty} a\, r^\nu \quad \text{und} \quad \sum_{\nu=1}^{\infty} a\, \frac{1}{\nu^2} .$$

Auf dem Vergleich mit der ersten Reihe beruhen ↗Wurzelkriterium und ↗Quotientenkriterium.

Majorantenkriterium, einfaches Vergleichskriterium für Reihen, das eine Aussage macht über (absolute) Konvergenz einer gegebenen Reihe $\sum_{\nu=1}^{\infty} a_\nu$:

Existiert zu ihr eine absolut konvergente Majorante (↗Majorante einer Reihe), so ist sie selbst absolut konvergent und damit konvergent. Dies gilt speziell für Reihen mit Gliedern in $\mathbb{R}$ oder $\mathbb{C}$, allgemeiner zumindest für Reihen mit Gliedern in einem Banachraum. Abzulesen ist dies wegen

$$\left|\sum_{\nu=n}^{n+k} a_\nu\right| \leq \sum_{\nu=n}^{n+k} |a_\nu| \leq \sum_{\nu=n}^{n+k} |b_\nu| \quad \text{für } n, k \in \mathbb{N}$$

unmittelbar aus dem ↗Cauchy-Konvergenzkriterium für Reihen.

„Andersherum" gelesen liefert das Majorantenkriterium das ↗Minorantenkriterium.

Beispiel: Für $\mathbb{N} \ni k > 2$ ist die Reihe $\sum_{\nu=1}^{\infty} \frac{1}{n^k}$ konvergent, denn $\sum_{\nu=1}^{\infty} \frac{1}{n^2}$ ist eine (absolut konvergente) Majorante.

Allgemeiner gilt das Weierstraßsche Majorantenkriterium:

Es sei $A \subset \mathbb{C}$ und (f_n) eine Folge von Funktionen $f_n : A \to \mathbb{C}$. Weiter existiere eine Folge (M_n) reeller Zahlen derart, daß die Reihe $\sum_{n=1}^{\infty} M_n$ konvergiert und $|f_n(z)| \leq M_n$ für alle $z \in A$ und alle $n \in \mathbb{N}$ gilt. Dann ist die Funktionenreihe $\sum_{n=1}^{\infty} f_n$ absolut und gleichmäßig konvergent auf A.

majorisierende Konvergenz, Satz von der, ↗Lebesgue, Satz von, über majorisierende Konvergenz.

Majoritätscode, besonders einfache Art der Codierung, die Fehler durch Vergleich mit Schwellwerten korrigiert. Ihre Codierer und Decodierer zeichnen sich durch hohe Geschwindigkeit bei großen Bitraten aus, allerdings sind ihre Korrekturraten selten optimal.

Einfache Vertreter einer solchen Codierung sind die mehrmalige Wiederholung, deren Informationsrate niedrig ist, und die Paritätsprüfung, die aber nur einen Einzelfehler bemerkt. Für beliebige $n = 2^m$ und r existiert ein binärer linearer (n, k)-Blockcode $\left(k = 1 + \binom{m}{1} + \ldots + \binom{m}{r}\right)$, dessen minimaler Hamming-Abstand 2^{m-r} beträgt (Reed-Muller-Codes). Die Generatormatrix G des Codes besteht aus $r+1$ Untermatrizen G_i mit jeweils n Zeilen $G = [G_0 G_1 \cdots G_r]$. Dabei besteht G_0 aus einer Spalte, deren Komponenten alle 1 sind, G_1 aus m Spalten, die alle verschiedenen m-Zeilenvektoren darstellen,

$$G_1 = \begin{pmatrix} 0 & 0 & \cdots & 0 \\ 0 & 0 & \cdots & 1 \\ \cdots & \cdots & \cdots & \cdots \\ 1 & 1 & \cdots & 1 \end{pmatrix},$$

und G_i aus allen verschiedenen komponentenweisen Produkten aus i Spaltenvektoren der Matrix G_1. Für $m = 3$, $n = 8$ und $r = 2$ erhält man $G = \big((1)(a_1)(a_2)(a_3)(a_1a_2)(a_1a_3)(a_2a_3)\big)$,

$$G = \begin{pmatrix} 1&0&0&0&0&0&0 \\ 1&0&0&1&0&0&0 \\ 1&0&1&0&0&0&0 \\ 1&0&1&1&0&0&1 \\ 1&1&0&0&0&0&0 \\ 1&1&0&1&0&1&0 \\ 1&1&1&0&1&0&0 \\ 1&1&1&1&1&1&1 \end{pmatrix}.$$

Durch Aufstellung von „Abstimmungsgleichungen" kann man rekursiv durch Mehrheitsbeschluß die Fehler in den zu den jeweiligen Untermatrizen G_i gehörigen Informationsbits korrigieren.

Majoritätscodes werden wegen der einfachen Decodierregeln gern verwendet. Sie können auch oft erfolgreich mehr Fehler korrigieren, als es der minimale Hamming-Abstand des Codes garantiert.

MAJORITY-Funktion, ↗Boolesche Funktion f, definiert durch

$$f : \{0, 1\}^n \to \{0, 1\}$$

$$f(\alpha_1, \ldots, \alpha_n) = 1 \iff \sum_{i=1}^{n} \alpha_i \geq \frac{n}{2}.$$

Makroparasiten, Parasiten (z. B. parasitische Würmer), die im jeweiligen Wirt in geringer Zahl vorkommen.

Die Modellierung der Parasitenpopulation im Wirt geschieht durch ↗Geburts- und Todesprozesse.

Malcev-Algebra, eine Algebra $(M, \times)$ über einem Körper $\mathbb{K}$, für welche die Multiplikation $\times$ antikommutativ ist (d. h. $a \times b = -b \times a$) und die Malcev-Identität

$$(a \times b) \times (a \times c) + a \times ((a \times b) \times c) -$$
$$a \times (a \times (b \times c)) + b \times (a \times (a \times c)) = 0$$

für alle $a, b, c \in M$ erfüllt ist.

Malcev-Algebren können als Verallgemeinerungen von Lie-Algebren angesehen werden. Jede Lie-Algebra ist eine Malcev-Algebra.

Mallat-Algorithmus, von S. Mallat 1989 eingeführtes Schema zur Berechnung der diskreten Wavelet-Transformation eines diskreten Signals bzw. der Synthese des Signals aus den Waveletkoeffizienten.

Sei

$$f(x) = \sum_{k \in \mathbb{Z}} a_{0,k} \cdot \phi(x-k), \ \phi \in V_0,$$

wobei V_0 der von den untereinander orthogonalen Translationen $\phi(x-k)$, $k \in \mathbb{Z}$, des Generators ϕ aufgespannte Grundraum einer Multiskalenzerlegung ist. Wegen der Orthogonalität der $\phi(\cdot - k)$ gilt $a_{0,k} = \langle f, \phi(\cdot - k)\rangle$. Die diskreten Waveletkoeffizienten sind als die Waveletkoeffizienten $d_{j,k} = \langle f, \psi_{j,k}\rangle$ von f definiert. Hierbei ist $\psi_{j,k} := 2^{\frac{j}{2}} \cdot \psi(2^j \cdot -k)$, und ψ ist ein Wavelet. Da $f \in V_0$ ist, gilt $d_{j,k} = 0$ für $j > 0$. Die schnelle Wavelettransformation zerlegt sukzessive jede Näherung $P_{V_j}f$ in eine gröbere Approximation $P_{V_{j-1}}f$ plus dem Waveletanteil $P_{W_{j-1}}f$. Umgekehrt wird $P_{V_j}f$ sukzessive aus $P_{V_{j-1}}f$ und $P_{W_{j-1}}f$ rekonstruiert. Da $\{\phi_{j,k} := 2^{\frac{j}{2}} \cdot \phi(2^j \cdot -k) | k \in \mathbb{Z}\}$ eine Orthonormalbasis von V_j ist, wird $P_{V_j}f$ durch $a_{j,k} = \langle f, \phi_{j,k}\rangle$ charakterisiert. Seien $\{h_k | k \in \mathbb{Z}\}$ die Folge der Koeffizienten in der Skalierungsgleichung und $\{g_k | k \in \mathbb{Z}\}$ die Waveletkoeffizienten von f. Dann gilt für die Zerlegung (Dekomposition)

$$a_{j-1,l} = \sum_{k \in \mathbb{Z}} h_{k-2l} \cdot a_{j,k},$$

$$d_{j-1,l} = \sum_{k \in \mathbb{Z}} g_{k-2l} \cdot a_{j,k},$$

und für die Synthese (Rekonstruktion)

$$a_{j,l} = \sum_{k \in \mathbb{Z}} h_{l-2k} \cdot a_{j-1,k} + \sum_{k \in \mathbb{Z}} g_{l-2k} \cdot d_{j-1,k}.$$

Der Aufwand für den Mallat-Algorithmus hängt linear von der Länge des Eingabesignals a_0 und der Länge der Filter $\{h_k\}$ und $\{g_k\}$ ab, er ist also schneller als die schnelle Fourier-Transformation.

Mallat-Algorithmus, periodisierter, eine spezielle Form des ↗Mallat-Algorithmus.

Der einfachste Weg, den Mallat-Algorithmus auf ein endliches Signal a_0 anzuwenden, ist es, die Periodisierung (periodische Fortsetzung) des Signals zu betrachten. Dies ist äquivalent dazu, eine Funktion bezüglich einer periodischen Waveletbasis zu zerlegen. Die Periodisierung einer Funktion $f \in L^2(\mathbb{R})$ über $[0, N]$ ist dabei durch

$$\tilde{f}(x) = \sum_{k=-\infty}^{\infty} f(x + k \cdot N)$$

definiert. Geht man von einer orthonormalen Waveletbasis des $L^2(\mathbb{R})$ aus, so bilden die dergestalt periodisierten Wavelets eine Orthonormalbasis des $L^2([0,N])$.

Malthusparameter, Begriff aus der ↗Mathematischen Biologie, im wesentlichen ein Synonym für ‚Fitneß'.

$\mathcal{M}$-analytische Menge, Begriff aus der Theorie der Mengensysteme, gest. 14.10.2010 Cambridge

Es sei Ω eine Menge, $\mathcal{M}$ ein Mengensystem in Ω mit $\emptyset \in \mathcal{M}$. Dann heißt eine Menge $A \subseteq \Omega$ $\mathcal{M}$-analytisch, wenn es einen kompakten metrisierbaren Raum Ω' mit $\mathcal{K}(\Omega')$ als der Menge der kompakten Untermengen von Ω', und eine Menge B aus dem Abschluß von $(\mathcal{K}(\Omega') \times \mathcal{M})$ bzgl. abzählbarer Vereinigung und abzählbarem Durchschnitt so gibt, daß A die Projektion von B auf Ω ist.

Ω ist $\mathcal{M}$-analytisch genau dann, falls Ω aus dem Abschluß von $\mathcal{M}$ bzgl. abzählbarer Vereinigung stammt. In der Definition kann Ω' ohne Einschränkung ersetzt werden durch $\overline{\mathbb{N}}^{\mathbb{N}}$ oder durch $\overline{\mathbb{R}}$ (jeweils mit der Kompaktifizierung der natürlichen Topologie auf $\mathbb{N}$ bzw. $\mathbb{R}$). Jede $\mathcal{M}$-analytische Menge ist der Kern eines ↗Souslin-Schemas.

Mandelbrot, Benoit, polnisch-französischer Mathematiker, geb. 20.11.1924 Warschau, gest 14.10.2010 Cambridge (Mass.).

Mandelbrots Familie emigrierte 1936 nach Frankreich. An der Pariser École Polytechnique studierte er von 1944 bis 1947 Ingenieurwesen. 1948 wechselte er an das California Institute of Technology in Pasadena, 1952 promovierte er in Paris über mathematische Linguistik. In der Folgezeit arbeitete er am Institute of Advanced Study in Princeton (1953/54) und am Poincaré-Institut in Paris (1954/55). 1955 ging er nach Genf, 1957 nach Lille und ab 1958 war er am IBM-Forschungsinstitut in Yorktown Heights tätig.

Das breite öffentliche Interesse an der fraktalen Geometrie geht wesentlich auf Mandelbrots Arbeiten zurück. Besonders sein Buch „The Fractal Geometry of Nature" von 1982 hob den ästhetischen Reiz von ↗Fraktalen hervor und zeigte, wie Fraktale sowohl in verschiedenen Gebieten der Mathematik als auch in vielen Bereichen der Natur vorkommen (↗Mandelbrot-Menge).

Mandelbrot-Menge, durch Iteration quadratischer Polynome wie folgt definierte Menge:

Für $c \in \mathbb{C}$ sei f_c das quadratische Polynom

$$f_c(z) := z^2 + c\,,$$

und f_c^n die n-te ↗iterierte Abbildung von f_c. Die Mandelbrot-Menge $\mathcal{M}$ ist die Menge aller $c \in \mathbb{C}$ derart, daß die Folge $(f_c^n(0))$ beschränkt ist. Sie spielt eine wichtige Rolle bei der ↗Iteration rationaler Funktionen, genauer bei der Iteration quadratischer Polynome f_c. Die Namensgebung stammt von Douady, da Mandelbrot (1980) die erste Computergraphik von $\mathcal{M}$ erzeugt hat. Aufgrund des Aussehens nennt man $\mathcal{M}$ auch „Apfelmännchen". Es zeigt sich, daß $\mathcal{M}$ eine sehr komplizierte Menge ist.

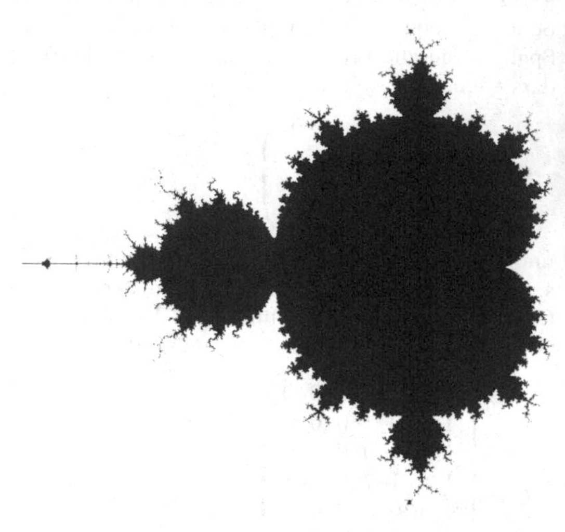

Mandelbrot-Menge, das „Apfelmännchen"

Die Definition der Menge $\mathcal{M}$ ist u. a. durch folgende Tatsache motiviert. Ist $c \in \mathcal{M}$, so ist die ↗Julia-Menge $\mathcal{J}_c$ von f_c zusammenhängend. Für $c \notin \mathcal{M}$ ist hingegen $\mathcal{J}_c$ total unzusammenhängend (eine Cantor-Menge), d. h. jede Zusammenhangskomponente von $\mathcal{J}_c$ besteht nur aus einem Punkt.

Zunächst werden einige elementare Eigenschaften von $\mathcal{M}$ zusammengestellt.

(1) Für $c \notin \mathcal{M}$ gilt $f_c^n(0) \to \infty$ $(n \to \infty)$.

(2) Es gilt

$$\mathcal{M} = \{\, c \in \mathbb{C} : |f_c^n(0)| \le 2 \text{ für alle } n \in \mathbb{N}_0 \,\}\,.$$

(3) Es ist $\mathcal{M}$ eine kompakte Menge und $|c| \le 2$ für alle $c \in \mathcal{M}$. Weiter ist $\mathcal{M}$ symmetrisch bezüglich der reellen Achse.

(4) Es ist $\mathcal{M} \cap \mathbb{R} = \left[-2, \frac{1}{4}\right]$. Weiter enthält $\mathcal{M}$ die ↗Kardioide

$$\mathcal{H}_0 := \{\, w \in \mathbb{C} : |1 - \sqrt{1-4w}\,| < 1 \,\}\,,$$

die man auch Hauptkardioide nennt. Man erhält $\mathcal{H}_0$ als Bild der offenen Kreisscheibe $B_{1/2}(0)$ unter der Abbildung

$$z \mapsto w = z - z^2 = \frac{1}{4} - \left(z - \frac{1}{2}\right)^2 .$$

(5) Es ist $G_{\mathcal{M}} := \widehat{\mathbb{C}} \setminus \mathcal{M}$ ein ↗Gebiet in $\widehat{\mathbb{C}}$.

(6) Jede Zusammenhangskomponente der Menge $\mathcal{M}^\circ$ der inneren Punkte von $\mathcal{M}$ ist ein einfach zusammenhängendes Gebiet.

Die Eigenschaft (2) kann dazu benutzt werden, eine grobe Computergraphik von $\mathcal{M}$ anzufertigen.

Jedem Pixel P entspricht eine komplexe Zahl $c = x+iy$ mit $x, y \in [-2, 2]$. Für ein festes $N \in \mathbb{N}$ (z. B. $N = 25$) berechnet man $f_c^n(0)$. Ist $|f_c^n(0)| > 2$ für ein $n \in \{1, \ldots, N\}$, so färbt man das Pixel P weiß, andernfalls schwarz.

Das Gebiet $G_{\mathcal{M}}$ hat große Ähnlichkeiten mit den ↗Böttcher-Gebieten $\mathcal{A}(\infty)$ von Polynomen. Es existiert nämlich die Greensche Funktion von $G_{\mathcal{M}}$ mit Pol an ∞, und diese ist gegeben durch

$$g_{G_{\mathcal{M}}}(w, \infty) = \lim_{n\to\infty} 2^{-n} \log |f_w^n(w)| .$$

Insbesondere gilt für die Kapazität der Mandelbrot-Menge $\operatorname{cap} \mathcal{M} = 1$.

Weiter haben Douady und Hubbard (1982) gezeigt, daß $G_{\mathcal{M}}$ ein einfach zusammenhängendes Gebiet in $\widehat{\mathbb{C}}$ ist. Dazu wird eine ↗konforme Abbildung ψ von $G_{\mathcal{M}}$ auf $\Delta := \{z \in \widehat{\mathbb{C}} : |z| > 1\}$ wie folgt konstruiert. Es sei $\mathcal{A}_w(\infty)$ das Böttcher-Gebiet zum superattraktiven Fixpunkt ∞ von f_w und ϕ_w die zugehörige Böttcher-Funktion. Dann ist $\psi(w) := \phi_w(w)$ die gesuchte konforme Abbildung. Insbesondere ist also $\mathcal{M}$ eine zusammenhängende Menge.

Von besonderem Interesse sind die sog. hyperbolischen Komponenten von $\mathcal{M}^\circ$. Dazu sei $\mathcal{H}(\mathcal{M})$ die Menge aller $c \in \mathbb{C}$ derart, daß f_c einen (super)attraktiven Zyklus besitzt. Dies ist eine offene Teilmenge von $\mathcal{M}^\circ$, und eine Zusammenhangskomponente von $\mathcal{H}(\mathcal{M})$ heißt hyperbolische Komponente von $\mathcal{M}^\circ$.

Nun sei $\mathcal{H}$ eine hyperbolische Komponente von $\mathcal{M}^\circ$. Dann besitzt f_c für jedes $c \in \mathcal{H}$ einen (super) attraktiven Zyklus mit fester Länge $p \in \mathbb{N}$, und f_c ist ein hyperbolisches Polynom. Bezeichnet $\lambda_{\mathcal{H}}(c)$ für $c \in \mathcal{H}$ den Multiplikator des zugehörigen Zyklus von f_c, so haben Douady und Hubbard (1984) gezeigt, daß $\lambda_{\mathcal{H}}$ eine konforme Abbildung von $\mathcal{H}$ auf $\mathbb{E} = \{z \in \mathbb{C} : |z| < 1\}$ liefert. Diese kann zu einem Homöomorphismus von $\overline{\mathcal{H}}$ auf $\overline{\mathbb{E}}$ fortgesetzt werden, und der Rand $\partial\mathcal{H}$ ist eine stückweise analytische ↗Jordan-Kurve. Weiter enthält $\mathcal{H}$ genau einen Punkt c_0 mit $\lambda_{\mathcal{H}}(c_0) = 0$, den man das Zentrum von $\mathcal{H}$ nennt. Die Funktion f_{c_0} besitzt dann einen superattraktiven Zyklus. Schließlich enthält $\partial\mathcal{H}$ genau einen Punkt c_1 mit $\lambda_{\mathcal{H}}(c_1) = 1$, den man die Wurzel von $\mathcal{H}$ nennt. Je zwei hyperbolische Komponenten von $\mathcal{M}^\circ$ haben höchstens einen Randpunkt gemeinsam. Jeder Punkt von $\partial\mathcal{M}$ ist ein Häufungspunkt von Zentren hyperbolischer Komponenten von $\mathcal{M}^\circ$. Hieraus folgt insbesondere, daß $\overline{\mathcal{M}^\circ} = \mathcal{M}$.

Ist $\mathcal{H}$ eine hyperbolische Komponente von $\mathcal{M}^\circ$, so ist $\partial\mathcal{H} \subset \partial\mathcal{M}$. Andererseits existieren Punkte $c \in \partial\mathcal{M}$, die nicht Randpunkte einer hyperbolischen Komponente von $\mathcal{M}^\circ$ sind. Solche Punkte sind z. B. die sog. Misiurewicz-Punkte. Diese haben die Eigenschaft, daß 0 ein strikt präperiodischer Punkt von f_c ist, d. h. es existieren $m, k \in \mathbb{N}$ mit $m > k$, $f_c^m(0) = f_c^k(0)$ und $f_c^n(0) \neq 0$ für alle $n \in \mathbb{N}$. Zum Beispiel sind $c = \pm i$ und $c = -2$ Misiurewicz-Punkte. Für jeden Misiurewicz-Punkt c ist der Orbit $O^+(0)$ unter f_c eine endliche Menge, und die Julia-Menge $\mathcal{J}_c$ ist ein ↗Dendrit. Für $c = -2$ ist $\mathcal{J}_c = [-2, 2]$. Die Misiurewicz-Punkte liegen dicht in $\partial\mathcal{M}$. Ist $c \in \mathbb{C}$ ein Punkt derart, daß der Orbit $O^+(0)$ unter f_c endlich ist, so ist c ein Zentrum einer hyperbolischen Komponente von $\mathcal{M}^\circ$ oder ein Misiurewicz-Punkt.

Die Hauptkardioide $\mathcal{H}_0$ ist eine hyperbolische Komponente von $\mathcal{M}$ mit Zentrum $c_0 = 0$ und Wurzel $c_1 = \frac{1}{4}$. Für jedes $c \in \mathcal{H}_0$ besitzt f_c einen (super)attraktiven Fixpunkt, und $\mathcal{H}_0$ ist die einzige hyperbolische Komponente von $\mathcal{M}^\circ$ mit dieser Eigenschaft. Man kann zeigen, daß die Julia-Menge $\mathcal{J}_c$ für jedes $c \in \mathcal{H}_0$ eine ↗quasikonforme Kurve ist. Eine weitere hyperbolische Komponente von $\mathcal{M}$ ist die offene Kreisscheibe $B_{1/4}(-1)$. Das Zentrum ist gegeben durch $c_0 = -1$ und die Wurzel durch $c_1 = -\frac{3}{4}$. Es ist $B_{1/4}(-1)$ die Menge derjenigen $c \in \mathbb{C}$ derart, daß f_c einen (super)attraktiven Zyklus der Länge 2 besitzt. Für Zyklen der Länge 3, 4 bzw. 5 existieren mehrere zugehörige hyperbolische Komponenten, nämlich 3, 6 bzw. 15.

Nun soll die Hauptkardioide $\mathcal{H}_0$ genauer betrachtet werden. Der zugehörige Multiplikator wird mit λ_0 bezeichnet. Es gilt $\lambda_0^{-1}(z) = \frac{z}{2} - \left(\frac{z}{2}\right)^2$. Hieraus erhält man für die Randkurve von $\mathcal{H}_0$ die Parameterdarstellung $\gamma_0(t) = \lambda_0^{-1}(e^{2\pi it})$, $t \in [0, 1)$. Ist $t = p/q$ rational mit teilerfremden Zahlen $p, q \in \mathbb{N}$, $q \geq 2$, so existiert eine hyperbolische Komponente $\mathcal{H}_{p/q}$ von $\mathcal{M}^\circ$ derart, daß $\overline{\mathcal{H}}_{p/q} \cap \overline{\mathcal{H}}_0 = \gamma_0(p/q)$. Der Punkt $\gamma_0(p/q)$ ist die Wurzel von $\mathcal{H}_{p/q}$. Bildlich gesprochen bedeutet dies, daß auf einer abzählbaren, dichten Menge des Randes von $\mathcal{H}_0$ weitere „Früchte" an dem „Hauptapfel" hängen. Zum Beispiel ist $W_{1/2} = B_{1/4}(-1)$. Für jedes $c \in \mathcal{H}_{p/q}$ besitzt f_c einen attraktiven Zyklus der Länge q. Während die Randkurve von $\mathcal{H}_0$ eine Spitze an der Wurzel $\frac{1}{4}$ hat, sind die Randkurven von $\mathcal{H}_{p/q}$ glatt.

Es bezeichne $\mathcal{M}_{p/q}^*$ diejenige Zusammenhangskomponente von $\mathcal{M} \setminus \overline{\mathcal{H}}_0$, die die Menge $\mathcal{H}_{p/q}$ enthält. Dann ist der Ast $\mathcal{M}_{p/q}$ von $\mathcal{M}$ zum Argument $t = p/q$ definiert durch

$$\mathcal{M}_{p/q} := \mathcal{M}_{p/q}^* \cup \{\gamma_0(p/q)\} .$$

Man kann zeigen, daß

$$\mathcal{M} = \overline{\mathcal{H}}_0 \cup \bigcup_{p/q} \mathcal{M}_{p/q} .$$

Anschaulich bedeutet dies, daß aus einer abzählbaren, dichten Menge des Randes von $\mathcal{H}_0$ „Äste" herauswachsen, die zusammen mit der Hauptkardioide die gesamte Mandelbrot-Menge ergeben.

Dieses Verfahren kann man unendlich oft fortsetzen, d. h. auf einer abzählbaren, dichten Menge des Randes von jedem $\mathcal{H}_{p/q}$ sitzen wieder weitere „Früchte" (hyperbolische Komponenten von $\mathcal{M}^\circ$) bzw. „Äste". Alle Randkurven der auf diese Weise entstehenden hyperbolischen Komponenten von $\mathcal{M}^\circ$ sind glatt. Es existieren jedoch auch hyperbolische Komponenten von $\mathcal{M}^\circ$, die nicht auf diese Art entstehen. Deren Randkurven besitzen jeweils eine Spitze an der Wurzel. Betrachtet man z. B. die offene Teilmenge W von $\mathcal{M}^\circ$ derart, daß f_c für $c \in W$ einen (super)attraktiven Zyklus der Länge 3 besitzt, so besteht diese aus drei hyperbolischen Komponenten W_1, W_2, W_3. Deren Zentren z_1, z_2, z_3 sind gegeben durch die Nullstellen der kubischen Gleichung $z^3 + 2z^2 + z + 1 = 0$. Man erhält $z_1 \approx -1,75488$ und $z_{2,3} \approx -0,12256 \pm 0.74486i$. Es gilt $W_2 = \mathcal{H}_{1/3}$ und $W_3 = \mathcal{H}_{2/3}$. Daher sind die Randkurven von W_2 und W_3 glatt, während die von W_1 eine Spitze an der Wurzel besitzt.

Abschließend wird noch auf zwei Vermutungen eingegangen, die bislang (2000) unbewiesen sind.

(V1) Es ist $\partial\mathcal{M}$ eine Kurve.

(V2) Es gilt $\mathcal{H}(\mathcal{M}) = \mathcal{M}^\circ$, d. h. jede Zusammenhangskomponente von $\mathcal{M}^\circ$ ist hyperbolisch.

Man kann zeigen: Falls (V1) richtig ist, so auch (V2). Äquivalent zu (V1) ist die Frage, ob die Umkehrabbildung ψ^{-1} der obigen konformen Abbildung ψ von $G_{\mathcal{M}}$ auf Δ stetig auf $\overline{\Delta}$ fortgesetzt werden kann. Hierzu liegen bisher nur Teilergebnisse vor. Der folgende Satz stammt von Douady und Hubbard (1984).

Für jede rationale Zahl $t = p/q \in (0, 1]$ mit teilerfremden Zahlen p, $q \in \mathbb{N}$ existiert der radiale Grenzwert

$$c_t := \lim_{r \to 1+} \psi^{-1}(re^{2\pi it}) \in \partial\mathcal{M}.$$

Weiter gilt:

(a) *Ist q gerade, so ist c_t ein Misiurewicz-Punkt.*

(b) *Ist q ungerade, so ist c_t die Wurzel einer hyperbolischen Komponente von $\mathcal{M}^\circ$.*

Die Menge $S_t := \{\, \psi^{-1}(re^{2\pi it}) : 1 < r < \infty \,\}$ nennt man auch einen externen Strahl von $\mathcal{M}$, und die Aussage des obigen Satzes drückt man dann wie folgt aus: Ist t rational, so landet der externe Strahl S_t auf $\partial\mathcal{M}$. Einige Beispiele für die Landepunkte c_t:

(a) $c_0 = c_1 = \frac{1}{4}$. Dies ist die Wurzel der Hauptkardioide $\mathcal{H}_0$.

(b) $c_{1/2} = -2$.

(c) $c_{1/3} = c_{2/3} = -\frac{3}{4}$. Dies ist die Wurzel der hyperbolischen Komponente $\mathcal{H}_{1/2} = B_{1/4}(-1)$.

(d) $c_{1/6} = i$, $c_{5/6} = -i$.

(e) $c_{1/7} = c_{2/7} = \gamma_0(1/3)$, $c_{5/7} = c_{6/7} = \gamma_0(2/3) = \overline{\gamma_0(1/3)}$. Dies sind die Wurzeln der hyperbolischen Komponenten $\mathcal{H}_{1/3}$ bzw. $\mathcal{H}_{2/3}$. Weiter ist $c_{3/7} = c_{4/7}$ die Wurzel der hyperbolischen Komponente W_1 mit Periode 3 und Zentrum $z_1 \approx -1,75488$.

Schließlich sei noch erwähnt, daß die ↗Hausdorff-Dimension von $\partial\mathcal{M}$ gleich 2 ist.

Mangasarian-Fromovitz-Bedingung, hinreichende Bedingung dafür, daß ein lokaler Minimalpunkt ein ↗Karush-Kuhn-Tucker-Punkt ist.

Es seien Funktionen $f, h_i, g_j \in C^k(\mathbb{R}^n, \mathbb{R})$ mit $k \geq 1$ gegeben, wobei I und J endliche Indexmengen seien. Weiter sei

$$M := \{x \in \mathbb{R}^n | h_i(x) = 0, i \in I; g_j(x) \geq 0, j \in J\}.$$

Ein Punkt $\bar{x}$ erfüllt die Mangasarian-Fromovitz-Bedingung (auch Mangasarian-Fromovitz-Constraint-Qualification MFCQ), wenn gilt:

i) Die Menge $\{Dh_i(\bar{x}), i \in I\}$ ist linear unabhängig, und

ii) es gibt ein $z \in \mathbb{R}^n$ mit $Dh_i(\bar{x}) \cdot z = 0$ für alle $i \in I$, sowie $Dg_j(\bar{x}) \cdot z > 0$ für alle $j \in J_0(\bar{x}) := \{k \in J | g_k(\bar{x}) = 0\}$.

Es folgt dann der Satz:

Seien die f, h_i, g_j und M wie oben und sei $\bar{x}$ ein lokaler Minimalpunkt von $f|_M$. Ist die Mangasarian-Fromovitz-Bedingung in $\bar{x}$ erfüllt, dann ist $\bar{x}$ ein Karush-Kuhn-Tucker-Punkt.

Die Mangasarian-Fromovitz-Bedingung verlangt eine Art positive lineare Unabhängigkeit: Mittels sogenannter Alternativsätze zur Lösung linearer Ungleichungssysteme (↗Farkas, Satz von) läßt sich zeigen, daß die Mangasarian-Fromovitz-Bedingung genau dann in $\bar{x}$ erfüllt ist, wenn aus der Gültigkeit der Gleichung

$$\sum_{i \in I} \lambda_i \cdot Dh_i(\bar{x}) + \sum_{j \in J_0(\bar{x})} \mu_j \cdot Dg_j(\bar{x}) = 0$$

mit $\lambda_i \in \mathbb{R}, \mu_j \geq 0$ schon stets $\lambda_i = 0$, $i \in I$, $\mu_j = 0$, $j \in J_0(\bar{x})$ folgt. Die Bedingung ist eine schwächere als die lineare Unabhängigkeitsbedingung. Für kompaktes M ist die Gültigkeit der MFCQ für alle $x \in M$ zur topologischen Stabilität von M äquivalent.

Mangoldtsche Funktion, ↗ Riemannsche ζ-Funktion.

Manin, Juri Iwanowitsch, russischer Mathematiker, geb. 16.2.1937 Simferopol.

Von 1953 bis 1958 studierte Manin in Moskau. 1960 promovierte er bei Schafarewitsch, 1963 habilitierte er sich. Ab 1961 war er am Steklow-Institut tätig, ab 1965 auch als Professor an der Moskauer Universität. Seit 1993 ist er Mitglied des Max-Planck-Instituts für Mathematik in Bonn.

Manins Hauptforschungsgebiet ist die algebraische Geometrie. Er bewies 1963 die Mordellsche Vermutung für den funktionalen Fall. Er verwendete Galois-Kohomologien (↗Galois-Theorie) zur Untersuchung der rationalen und arithmetischen Charakteristiken von algebraischen Varietäten. Durch den ↗Gauß-Manin-Zusammenhang wurde es möglich, Kohomologie-Klassen bezüglich ihrer Parameter zu differenzieren. Weiterhin befaßte er sich mit der Zahlentheorie, wie der Lösbarkeit von ↗diophantischen Gleichungen, der Verallgemeinerung des Lokal-Global-Prinzips von Minkowski-Hasse zum Brauer-Manin-Prinzip, dem ↗Lüroth-Problem, aber auch mit Differentialgleichungen und mathematischer Logik.

Mannigfaltigkeit, ein Hausdorffscher topologischer Raum M mit abzählbarer Basis, für welchen es ein $d \in \mathbb{N}$ so gibt, daß für jedes $m \in M$ eine offene Umgebung U von m und ein Homöomorphismus $\phi : U \longrightarrow U_\phi$ von U auf eine offene Teilmenge U_ϕ des $\mathbb{R}^d$ existiert.

Die Zahl d heißt dabei die Dimension der Mannigfaltigkeit, der Homöomorphismus ϕ eine Karte, und das System aller Karten der Atlas von M. Sind $\phi : U \longrightarrow U_\phi$ und $\psi : V \longrightarrow V_\psi$ Karten von M mit $U \cap V \neq \emptyset$, so nennt man die Abbildung $\psi \circ \phi^{-1}: U_\phi \longrightarrow V_\psi$ einen Kartenwechsel.

Anschaulich ist eine Mannigfaltigkeit also ein topologischer Raum, der lokal so aussieht wie der

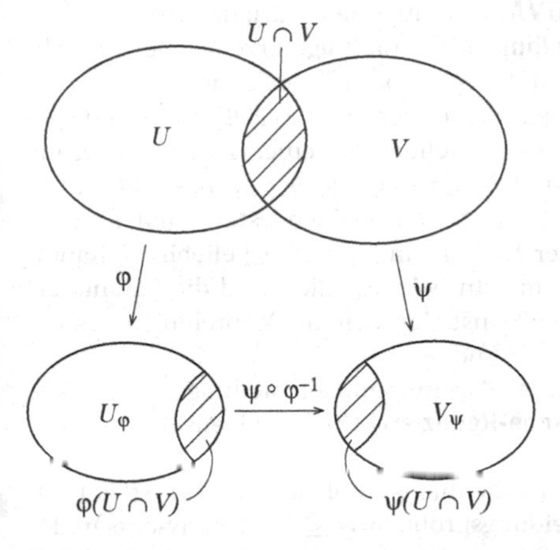

Kartenwechsel

$\mathbb{R}^d$, und der daher auch lokaleuklidisch genannt wird. Man muß damit rechnen, daß die Definition von Mannigfaltigkeiten von der hier gegebenen abweicht: Manche Autoren verzichten auf die Abzählbarkeit der Basis, andere verlangen Zusammenhang.

Mannigfaltigkeiten werden oft mit Zusatzstrukturen versehen. Die wichtigste ist die Differenzierbarkeit: Hier wird verlangt, daß Kartenwechsel Diffeomorphismen sind. Dies macht Sinn, da Kartenwechsel Abbildungen zwischen offenen Teilmengen des $\mathbb{R}^d$ sind. Verlangt man nur n-malige Differenzierbarkeit, spricht man von C^n-Mannigfaltigkeiten; sind Kartenwechsel analytische Funktionen, heißt die Mannigfaltigkeit analytisch.

Komplexe Mannigfaltigkeiten erhält man, wenn man in der Definition einer differenzierbaren Mannigfaltigkeit „$\mathbb{R}$" durch „$\mathbb{C}$" und „differenzierbar" durch „holomorph" ersetzt. Riemannsche Flächen sind zusammenhängende komplexe Mannigfaltigkeiten der komplexen Dimension 1, haben also Dimension 2 als Mannigfaltigkeiten über $\mathbb{R}$.

Eine Abbildung $f : M \longrightarrow N$ zwischen differenzierbaren Mannigfaltigkeiten M und N heißt differenzierbar, wenn gilt: Zu jedem $m \in M$ gibt es Karten (U, ϕ) auf M und (V, ψ) auf N mit $m \in U$, $f(m) \in V$ derart, daß die von f induzierte Abbildung $\psi \circ f \circ \phi^{-1}$ auf ihrem Definitionsbereich differenzierbar im Sinne der gewöhnlichen Analysis ist.

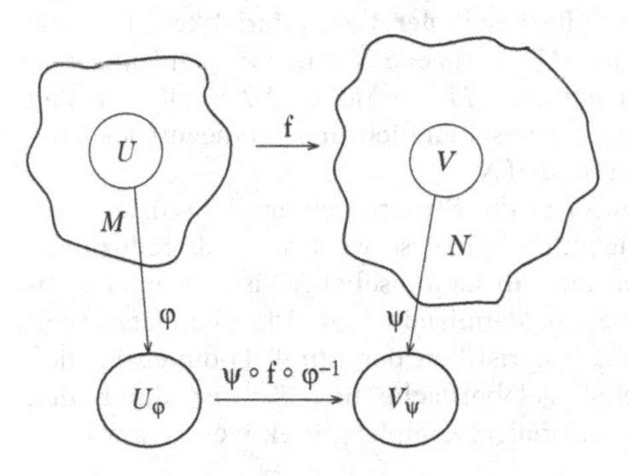

Differenzierbare Abbildungen zwischen Mannigfaltigkeiten

Wird eine Mannigfaltigkeit M durch zwei verschiedene Atlanten $\mathcal{A}$ und $\mathcal{B}$ zu einer differenzierbaren Mannigfaltigkeit gemacht, so heißen $\mathcal{A}$ und $\mathcal{B}$ äquivalent, wenn es einen Diffeomorphismus von $(M, \mathcal{A})$ auf $(M, \mathcal{B})$ gibt.

Differenzierbare Mannigfaltigkeiten mit einer positiv definiten Metrik nennt man Riemannsche Mannigfaltigkeiten; auf ihnen lassen sich Begriffe wie Länge, Winkel, Krümmung usw. definieren. Ist die Metrik nicht positiv definit, spricht man von pseudo-Riemannschen Mannigfaltigkeiten (↗Mannigfaltigkeit mit indefiniter Metrik); diese spielen für die Formulierung der allgemeinen Relativitätstheorie eine zentrale Rolle.

Typische Beispiele (differenzierbarer) Mannigfaltigkeiten sind der $\mathbb{R}^n$ selbst, offene Teilmengen des $\mathbb{R}^n$, die n-dimensionale Sphäre $S^n = \{x \in \mathbb{R}^{n+1}: ||x|| = 1\}$, oder der projektive Raum $\mathbb{P}^n\mathbb{R}$. Eine Verallgemeinerung des letzten Beispiels sind Graßmann-Mannigfaltigkeiten $G_{pq}\mathbb{R}$, deren Elemente p-dimensionale Untervektorräume von $\mathbb{R}^{p+q}$ sind.

Bei all diesen Beispielen sind strenggenommen natürlich noch die entsprechenden Atlanten anzugeben; im Beispiel der 2-Sphäre wird ein solcher Atlas von den beiden stereographischen Projektionen vom Nord- und Südpol aus geliefert.

Mannigfaltigkeit aller Kontaktelemente, die zu einer gegebenen differenzierbaren Mannigfaltigkeit M folgendermaßen konstruierte ↗Kontaktmannigfaltigkeit PT^*M: Man betrachte das ↗Kotangentialbündel T^*M von M, entferne den Nullschnitt M und bilde die Quotientenmannigfaltigkeit PT^*M (das projektivierte Kotangentialbündel) über die kanonischer Wirkung der multiplikativen Gruppe der nichtverschwindenden reellen Zahlen. Das ↗Hyperebenenfeld wird durch die Projektion des Kernbündels der ↗kanonischen 1-Form definiert.

PT^*M ist diffeomorph zur Menge aller ↗Kontaktelemente auf M oder zur Menge aller Unterräume der Kodimension 1 im Tangentialbündel von M. Die ↗Symplektifizierung von PT^*M ist $T^*M \setminus M$.

Mannigfaltigkeit der Charakteristiken, für eine beliebige ↗Hyperfläche N einer ↗symplektischen Mannigfaltigkeit M die Menge $N/\sim$ aller zu den ↗charakteristischen Richtungen tangentialen Integralkurven auf N.

Falls $N/\sim$ die Struktur einer differenzierbaren Mannigfaltigkeit hat, so wird $N/\sim$ als reduzierter Phasenraum in kanonischer Weise zu einer symplektischen Mannigfaltigkeit. Die Mannigfaltigkeit der Charakteristiken der $(2n+1)$-dimensionalen Einheitskugeloberfläche im $\mathbb{C}^{n+1}$ ist durch den n-dimensionalen komplexprojektiven Raum gegeben.

Mannigfaltigkeit der 1-Jets, das erste Jetbündel $J^1(M, \mathbb{R})$ aller C^∞-Abbildungen einer differenzierbaren Mannigfaltigkeit M in die Menge aller reellen Zahlen.

$J^1(M, \mathbb{R})$ ist als Mannigfaltigkeit diffeomorph zu $\mathbb{R} \times T^*M$ und trägt eine kanonische ↗Kontaktstruktur, gegeben durch $dt - \vartheta$, wobei ϑ die ↗kanonische 1-Form von T^*M bezeichnet. Die kanonische Projektion $J^1(M, \mathbb{R}) \to J^0(M, \mathbb{R}) = \mathbb{R} \times M$ ist ein ↗Legendre-Faserbündel über $\mathbb{R} \times M$.

Mannigfaltigkeit der Extremalen, Spezialfall der ↗Mannigfaltigkeit der Charakteristiken.

Hier ist die symplektische Mannigfaltigkeit M gegeben durch das ↗Kotangentialbündel T^*Q einer differenzierbaren Mannigfaltigkeit Q und die Untermannigfaltigkeit N durch eine reguläre ↗Energiehyperfläche einer ↗Hamilton-Funktion H auf M, die ein Variationsproblem beschreibt.

Ist Q Riemannsch und H die ↗kinetische Energiefunktion, so ist die Mannigfaltigkeit der Extremalen identisch mit der Menge aller Geodätischen auf Q.

Mannigfaltigkeit mit indefiniter Metrik, *pseudo-Riemannsche Mannigfaltigkeit*, eine mit einem ↗metrischen Fundamentaltensor g versehene Mannigfaltigkeit M^n derart daß die zu g gehörende metrische Fundamentalform $\langle X, Y\rangle = g(X, Y)$ indefinit ist.

Dann existieren in jedem Tangentialraum von M^n Vektoren $X \neq 0$ mit $g(X,X) < 0$. Ein Unterraum $U \subset T_x(M^n)$ des Tangentialraumes heißt negativ, wenn $g(X,X) < 0$ für alle $X \in U$ mit $X \neq 0$ gilt. Der Index von g in einem Punkt $x \in M^n$ ist die maximale Dimension k aller negativen Unterräume. Da g differenzierbar von den Punkten $x \in M^n$ abhängt, ist der Index k von g eine konstante natürliche Zahl $0 < k < n$, vorausgesetzt, daß M^n eine zusammenhängende Mannigfaltigkeit ist.

Mannigfaltigkeit von Rotationsellipsoiden, Teilmenge aller derjenigen positiven quadratischen Formen im $\mathbb{R}^n$ $(n \geq 3)$, die nach Diagonalisierung unter der Gruppe aller orthogonalen Transformationen mindestens zwei gleiche Eigenwerte haben.

Da jede positive quadratische Form A ein Ellipsoid $\{x \in \mathbb{R}^n | A(x,x) = 1\}$ definiert, bestimmen die obengenannten Formen Ellipsoide mit zwei gleichlangen Hauptachsen, die somit rotationssymmetrisch sind. Die obige Teilmenge besteht aus Untermannigfaltigkeiten der Kodimension mindestens 2 im Raum aller positiven quadratischen Formen so, daß ihr Komplement wegzusammenhängend ist. Dies führt dazu, daß eine parameterabhängige Erzeugung von Rotationsellipsoiden generisch mindestens zwei unabhängige Variablen benötigt.

MANOVA, ↗ multivariate Varianzanalyse.

Mantellinie, die geradlinige Erzeugende einer allgemeinen Zylinder- oder Kegelfläche.

Allgemeine Zylinder- oder Kegelflächen sind spezielle ↗Regelflächen mit einer Parametrisierung der Gestalt $\Phi(u,v) = \alpha(u) + v\,\vec{a}_0$ bzw. $\Phi(u,v) = P_0 + v\,\gamma(u)$, wobei $P_0 \in \mathbb{R}^3$ ein fester Punkt, $\vec{a}_0 \in \mathbb{R}^3$ ein fester Vektor, und α und γ beliebige ↗Raumkurven sind. In beiden Fällen sind die Parameterlinien $u = \text{const}$ Geraden, die Mantellinien des Kegels bzw. Zylinders.

Mantisse, ↗Gleitkommadarstellung.

many-one-Reduzierbarkeit, Eigenschaft eines ↗Entscheidungsproblems.

Ein Entscheidungsproblem $A \subseteq \mathbb{N}_0$ ist auf ein Entscheidungsproblem $B \subseteq \mathbb{N}_0$ (many-one-)reduzierbar, falls es eine ↗total berechenbare Funktion

$f : \mathbb{N}_0 \to \mathbb{N}_0$ gibt mit $f^{-1}(B) = A$. (Schreibweise: $A \leq_m B$).

Sofern $A \leq_m B$ gilt, so überträgt sich die Unentscheidbarkeit von A auf B. Die Bezeichnung „many-one" erklärt sich dadurch, daß die Funktion f (im Unterschied zur one-one-Reduzierbarkeit) nicht injektiv zu sein braucht.

Maple, ein Allzwecksystem für Probleme der Computeralgebra, das an den Universitäten sehr verbreitet ist. Es wurde zu Beginn der 80er Jahre an der Universität Waterloo (Kanada) entwickelt.

Mit Maple kann man numerisch und symbolisch rechnen. Maple hat umfangreiche Möglichkeiten der graphischen Darstellung. Es besitzt eine eigene Programmiersprache, in der auf der Grundlage der Maple-Funktionen eigene Programme entwickelt werden können.

MA(q)-Prozeß, ↗ Prozeß der gleitenden Mittel.

Marcinkiewicz, Interpolationssatz von, Aussage über die Stetigkeit von Operatoren auf L^p-Räumen.

Man sagt, ein Operator T von $L^p(\mu)$ nach $L^0(\nu)$ sei vom starken Typ (p, q), falls eine Konstante c mit

$$\|Tf\|_q \leq c\|f\|_p \quad \forall f \in L^p \tag{1}$$

existiert, und vom schwachen Typ (p, q), falls eine Konstante c mit

$$\sup_{\lambda \geq 0} \lambda\nu(\{\omega : |(Tf)(\omega)| \geq \lambda\})^{1/q} \leq c\|f\|_p \quad \forall f \in L^p \tag{2}$$

existiert. (1) ist äquivalent zur Stetigkeit des Operators von L^p nach L^q, während (2) zur Stetigkeit des Operators von L^p in den ↗ Lorentz-Raum $L^{q,\infty}$ äquivalent ist. Mit diesen Bezeichnungen gilt:

Seien $1 \leq p_0 \leq q_0 \leq \infty$, $1 \leq p_1 \leq q_1 \leq \infty$ und $q_0 \neq q_1$. Sei T ein Operator vom schwachen Typ (p_0, q_0) und schwachen Typ (p_1, q_1).

Ist $0 < \vartheta < 1$ und

$$1/p = (1-\vartheta)/p_0 + \vartheta/p_1$$

sowie

$$1/q = (1-\vartheta)/q_0 + \vartheta/q_1\,,$$

so ist T auch vom starken Typ (p, q).

Viele singuläre Integraloperatoren sind vom schwachen Typ $(1, 1)$, jedoch nicht vom starken Typ $(1, 1)$, und vom starken Typ $(2, 2)$, sodaß sie nach dem Interpolationssatz von Marcinkiewicz auch vom starken Typ (p, p) für $1 < p < 2$ sind.

In (1) und (2) sowie im Satz kann man statt linearer Operatoren auch quasilineare Operatorenzulassen; das sind Abbildungen, die lediglich

$$|T(f+g)| \leq c(|Tf| + |Tg|) \qquad |T(\lambda f)| = |\lambda|\,|Tf|$$

erfüllen. Beispiele hierfür sind viele Maximaloperatoren der harmonischen Analysis.

Marcinkiewicz, Satz von, Aussage in der Wahrscheinlichkeitstheorie, welche besagt, daß in charakteristischen Funktionen der Form

$$\phi(t) = \exp(Q(t))$$

mit einem Polynom Q der Grad von Q nicht größer als 2 sein kann. Folglich ist z. B. die Funktion e^{-t^4} keine charakteristische Funktion.

Marcinkiewicz-Zygmund, Ungleichung von, Verallgemeinerung der Ungleichung von Chinčin im folgenden Satz.

Es sei $(X_n)_{n\in\mathbb{N}}$ eine Folge unabhängiger integrierbarer Zufallsvariablen mit Werten in $\mathbb{R}$ und $E(X_n) = 0$ für alle $n \in \mathbb{N}$.

Dann gibt es für jedes $p \geq 1$ nicht von der Folge $(X_n)_{n\in\mathbb{N}}$ abhängende Konstanten A_p und B_p so, daß für alle $n \geq 1$

$$A_p \left\| \left(\sum_{i=1}^n X_i^2 \right)^{\frac{1}{2}} \right\|_p \leq \left\| \sum_{i=1}^n X_i \right\|_p \leq B_p \left\| \left(\sum_{i=1}^n X_i^2 \right)^{\frac{1}{2}} \right\|_p$$

gilt.

Marginalsummenverfahren, statistisches Glättungsverfahren mit Anwendungen in der Mathematik der Schadenversicherung, einfaches ↗ Ausgleichsverfahren.

Margulis, Grigorij Aleksandrowitsch, russischer Mathematiker, geb. 24.2.1946 Moskau.

Nach dem Schulbesuch in Moskau studierte Margulis 1962 bis 1967 an der dortigen Universität, ging nach der Promotion 1970 an das Institut für Informationsübertragung und war dort als wissenschaftlicher Mitarbeiter tätig, ab 1986 in leitender Position. 1979 durfte er erstmals die Sowjetunion verlassen und weilte drei Monate an der Universität Bonn. Zwischen 1988 und 1991 nahm er Gastaufenthalte am Max-Planck-Institut in Bonn, am IHES und am Collége de France in Paris, an der Harvard Universität in Cambridge (Mass.), und am Institute for Advanced Study in Princeton wahr. Seit 1991 ist er Professor an der Yale Universität in New Haven (Conn.).

Mit besonderem Erfolg widmete sich Margulis dem Studium disktreter Lie-Gruppen. Insbesondere konnte er die schon von Poincaré aufgeworfene Frage nach der Beschreibung aller diskreten Untergruppen Γ von endlichem Kovolumen in einer Lie-Gruppe G lösen.

Weitere Forschungen Margulis' betrafen die Ergodentheorie, die Kombinatorik, die Differentialgeometrie und die dynamischen Systeme. 1986 gelang ihm unter Heranziehung von Resultaten aus vielen Teilgebieten der Mathematik der Beweis der Oppenheimerschen Vermutung von 1929, daß die

Menge der Werte, die eine indefinite irrationale quadratische Form in drei oder mehr Veränderlichen in den ganzzahligen Punkten annimmt, dicht ist.

Margulis wurde mehrfach für seine mathematischen Leistungen ausgezeichnet. 1978 erhielt er die ↗ Fields-Medaille, konnte aber auf Betreiben der Sowjetregierung nicht zum Internationalen Mathematiker-Kongreß nach Helsinki reisen, um die Medaille persönlich in Empfang zu nehmen.

Marke, ↗ Petrinetz.

Markow, Andrej Andrejewitsch, russischer Mathematiker, geb. 14.6.1856 Rjasan, gest. 20.7.1922 Petrograd (St. Petersburg).

Bis 1878 studierte Markow an der Petersburger Universität unter anderem bei Tschebyschew, Solotarew und Korkin. Danach, 1884, promovierte er und erhielt im gleichen Jahr eine Professur.

Anfangs befaßte sich Markow mit Zahlentheorie, Analysis, Kettenbrüchen, Grenzwerten von Integralen und Approximationstheorie. Auf Anregung von Tschebyschew wendete er seine Ergebnisse auf die Wahrscheinlichkeitstheorie an. Er versuchte, möglichst allgemeine Grenzwertsätze für Verteilungen zu finden. Besonders bekannt ist Markow für seine Untersuchungen zu zufälligen Prozessen. Die von ihm entwickelte Theorie der Markow-Ketten wurde insbesondere von Wiener und Kolmogorow weiterentwickelt.

Markow-Algorithmus, von A.A. Markow 1951 vorgeschlagenes Modell eines abstrakten Algorithmusbegriffs, mit der Zielsetzung, das Konzept der „Berechenbarkeit" formal zu fassen (↗ Algorithmus, ↗ Berechnungstheorie, ↗ Churchsche These).

Ein Markow-Algorithmus ist eine spezielle Form eines ↗ Semi-Thue-Systems, welches durch zusätzliche Vorschriften zu einem ↗ deterministischen Verfahren gemacht wird. Hier werden die endlich vielen Operationen, welche geordnete Paare von Wörtern über einem Alphabet sind, in einer Reihenfolge angeordnet: $(x_1, y_1), (x_2, y_2), \ldots, (x_n, y_n)$. Darüberhinaus wird mindestens eine der Operationen als haltend erklärt. Ausgehend von dem Eingabewort als Startwort des Semi-Thue-Systems werden diese Operationen solcherart angewandt, daß immer nur die erste (gemäß der angegebenen Reihenfolge) anwendbare Ersetzungsoperation durchgeführt wird. Hierbei wird immer nur das am weitesten links vorkommende Teilwort x_i durch y_i ersetzt. Solcherart entsteht eine eindeutige deterministische Rechnung, die ggf. dadurch endet, daß eine haltende Regel angewandt wird.

Markow-Familie, *universeller Markow-Prozeß*, Verallgemeinerung des Begriffes des ↗ Markow-Prozesses.

Es sei $(\Omega, \mathfrak{A})$ ein meßbarer Raum, $(\mathfrak{A}_t)_{t\in[0,\infty)}$ eine Filtration in $\mathfrak{A}$ und $(X_t)_{t\in[0,\infty)}$ ein an $(\mathfrak{A}_t)_{t\in[0,\infty)}$ adaptierter stochastischer Prozeß mit Werten in $\mathbb{R}^n$. Weiterhin sei $(P^x)_{x\in\mathbb{R}^n}$ eine Familie von auf $\mathfrak{A}$ definierten Wahrscheinlichkeitsmaßen. Man nennt den Prozeß $(X_t)_{t\in[0,\infty)}$ zusammen mit der Familie $(P^x)_{x\in\mathbb{R}^n}$ eine n-dimensionale Markow-Familie und schreibt kurz $(\Omega, \mathfrak{A}, (P^x)_{x\in\mathbb{R}^n}, (X_t, \mathfrak{A}_t)_{t\geq 0})$, bzw. bei Verwendung der kanonischen Filtration $(\Omega, \mathfrak{A}, (P^x)_{x\in\mathbb{R}^n}, (X_t)_{t\geq 0})$, wenn die folgenden Bedingungen erfüllt sind:

(a) Für alle $A \in \mathfrak{A}$ ist die Abbildung

$$f_A : \mathbb{R}^n \ni x \to P^x(A) \in [0, 1]$$

bezüglich der Borelschen σ-Algebren $\mathfrak{B}(\mathbb{R}^n)$ und $\mathfrak{B}([0, 1])$ meßbar.

(b) Für alle $x \in \mathbb{R}^n$ gilt $P^x(X_0 = x) = 1$.

(c) Für alle $x \in \mathbb{R}^n$, alle $s, t \in \mathbb{R}_0^+$ und alle $B \in \mathfrak{B}(\mathbb{R}^n)$ gilt P^x-fast sicher

$$P^x(X_{s+t} \in B|\mathfrak{A}_s) = P^{X_s}(X_t \in B),$$

wobei die Abbildung auf der rechten Seite durch

$$\Omega \ni \omega \to P^{X_s(\omega)}(X_t \in B) \in [0, 1]$$

definiert ist.

Die Eigenschaft (c) wird als die schwache Markow-Eigenschaft bezeichnet. Für jedes $x \in \mathbb{R}^n$ ist dann $(X_t)_{t\in[0,\infty)}$ im üblichen Sinne ein der Filtration $(\mathfrak{A}_t)_{t\in[0,\infty)}$ adaptierter Markow-Prozeß auf dem Wahrscheinlichkeitsraum $(\Omega, \mathfrak{A}, P^x)$. Manche Autoren schwächen die Forderung der Meßbarkeit bezüglich der Borelschen σ-Algebren in (a) dahingehend ab, daß sie für jedes $A \in \mathfrak{A}$ lediglich die sogenannte universelle Meßbarkeit der Abbildung f_A verlangen. Damit ist gemeint, daß zu jedem Wahrscheinlichkeitsmaß μ auf $\mathfrak{B}(\mathbb{R}^n)$ eine Abbildung g_μ so existiert, daß

$$\mu(\{x \in \mathbb{R}^n : f_A(x) \neq g_\mu(x)\}) = 0$$

gilt. Die Markow-Familien stehen in einer engen Beziehung zu den normalen ↗ Markowschen Halbgruppen.

Markow-Halbgruppe, andere Bezeichnung für eine ↗Markowsche Halbgruppe.

Markow-Kakutani, Satz von, Fixpunktsatz über lokalkonvexe topologische Vektorräume.

Es seien V ein lokalkonvexer topologischer Vektorraum, $X \subseteq V$ eine kompakte und konvexe Teilmenge und $\{A_i \mid i \in I\}$ eine kommutierende Familie stetiger affiner Abbildungen $A_i : X \to X$.

Dann gibt es einen gemeinsamen Fixpunkt $x \in X$ für alle Abbildungen A_i.

Markow-Kern, *stochastischer Kern*, bei gegebenen meßbaren Räumen $(\Omega_1, \mathfrak{A}_1)$ und $(\Omega_2, \mathfrak{A}_2)$ jede Abbildung der Art

$$K : \Omega_1 \times \mathfrak{A}_2 \ni (\omega_1, A_2) \to K(\omega_1, A_2) \in [0, 1]$$

mit den Eigenschaften:

(i) Für jedes $A_2 \in \mathfrak{A}_2$ ist

$$K(\cdot, A_2) : \Omega_1 \ni \omega_1 \to K(\omega_1, A_2) \in [0, 1]$$

eine $\mathfrak{A}_1$-$\mathfrak{B}([0, 1])$-meßbare Abbildung, wobei $\mathfrak{B}([0, 1])$ die σ-Algebra der Borelschen Mengen des Intervalls $[0, 1]$ bezeichnet.

(ii) Für jedes $\omega_1 \in \Omega_1$ ist

$$K(\omega_1, \cdot) : \mathfrak{A}_2 \ni A_2 \to K(\omega_1, A_2) \in [0, 1]$$

ein Wahrscheinlichkeitsmaß auf $\mathfrak{A}_2$.

Man nennt K einen Markow-Kern von $(\Omega_1, \mathfrak{A}_1)$ nach $(\Omega_2, \mathfrak{A}_2)$ oder kurz von Ω_1 nach Ω_2. Im Falle der Gleichheit von $(\Omega_1, \mathfrak{A}_1)$ und $(\Omega_2, \mathfrak{A}_2)$ spricht man von K als einem Markow-Kern auf $(\Omega_1, \mathfrak{A}_1)$ bzw. Ω_1.

Ein Beispiel für einen Markow-Kern ist der ↗Einheitskern.

Markow-Kette, auf einem Wahrscheinlichkeitsraum $(\Omega, \mathfrak{A}, P)$ definierter ↗Markow-Prozeß $(X_t)_{t\in I}$ mit endlichem oder abzählbar unendlichem Zustandsraum S.

Dabei ist I zumeist die Menge $\mathbb{N}_0$ oder $\mathbb{R}_0^+$. Im ersten Fall spricht man von einer Markow-Kette mit diskreter, im zweiten Fall von einer Markow-Kette mit stetiger Zeit. Ist S endlich, so nennt man auch die Markow-Kette endlich. Die (elementare) Markow-Eigenschaft wird bei einer Markow-Kette mit diskreter Zeit in der Regel in der Form

$$\begin{aligned} P(X_{n+1} = i_{n+1} | X_0 = i_0, \ldots, X_n = i_n) \\ = P(X_{n+1} = i_{n+1} | X_n = i_n) \end{aligned}$$

für alle $n \in \mathbb{N}_0$ und alle $i_0, \ldots, i_{n+1} \in S$ mit $P(X_0 = i_0, \ldots, X_n = i_n) > 0$ angegeben. Die Verteilung von X_0 heißt die Start- oder Anfangsverteilung der Markow-Kette. Für $i, j \in S$ und $s, t \in I$ mit $s \leq t$ werden die bedingten Wahrscheinlichkeiten

$$p_{ij}(s, t) := P(X_t = j | X_s = i)$$

vom Zustand i zum Zeitpunkt s in den Zustand j zum Zeitpunkt t überzugehen, als Übergangswahrscheinlichkeiten bezeichnet und zur sogenannten Matrix der Übergangswahrscheinlichkeiten $P_{(s,t)} := (p_{ij}(s,t))_{i,j\in S}$ zusammengefaßt. Die Matrix $P_{(s,t)}$ ist eine stochastische Matrix. Streng genommen ist $p_{ij}(s, t)$ nur für $P(X_s = i) > 0$ definiert. Hier wie im folgenden kann man die mittels bedingter Wahrscheinlichkeiten definierten Größen aber beliebig konsistent festsetzen, falls die Wahrscheinlichkeit der Bedingung verschwindet. Es gelten die ↗Chapman-Kolmogorow-Gleichungen, die in Matrixform als

$$P_{(s,t)} = P_{(s,r)} P_{(r,t)}$$

für alle $s \leq r \leq t$ geschrieben werden können. Gilt für alle $s, t, u, v \in I$ mit $s \leq t$, $u \leq v$ und $t - s = v - u$ für beliebige $i, j \in S$ die Beziehung $p_{ij}(s, t) = p_{ij}(u, v)$, so heißt die Markow-Kette stationär oder zeitlich homogen. Anschaulich bedeutet diese Eigenschaft, daß die bedingte Wahrscheinlichkeit für den Übergang vom Zustand i zum Zeitpunkt s in den Zustand j zum Zeitpunkt t nur von der Differenz $t-s$, nicht aber von den konkreten Zeitpunkten abhängt.

Im folgenden beschränken wir uns auf zeitlich homogene Markow-Ketten $(X_t)_{t\in\mathbb{N}_0}$ mit diskreter Zeit. Die zeitliche Homogenität ist hier zu der Eigenschaft äquivalent, daß für alle $i, j \in S$ eine Zahl p_{ij} mit $P(X_{n+1} = j | X_n = i) = p_{ij}$ für alle $n \in \mathbb{N}_0$ existiert. Die durch $\mathrm{P} := (p_{ij})_{i,j\in S} = P_{(0,1)}$ definierte Matrix P heißt die Übergangsmatrix von $(X_t)_{t\in\mathbb{N}_0}$. Zusammen mit der Startverteilung bestimmt sie $(X_t)_{t\in\mathbb{N}_0}$ bis auf Äquivalenz eindeutig. Identifiziert man für jedes $n \in \mathbb{N}_0$ die Verteilung von X_n mit dem Zeilenvektor $\pi^{(n)} = (\pi_i^{(n)})_{i\in S}$, dessen Komponenten durch $\pi_i^{(n)} := P(X_n = i)$ definiert sind, so gilt $\pi^{(n)} = \pi^{(0)}\mathrm{P}^n$, wobei P^n das n-fache Produkt von P mit sich selbst bezeichnet. Diese Gleichung bleibt insbesondere für $n = 0$ richtig, wenn man P^0 als die Einheitsmatrix auffaßt. Weiter gilt $\mathrm{P}^n = (p_{i,j}^{(n)})_{i,j\in S}$, wobei die Übergangswahrscheinlichkeit für n Schritte $p_{i,j}^{(n)}$ durch $p_{i,j}^{(n)} := p_{ij}(0, n)$ definiert ist.

Ein Zustand j heißt von i erreichbar, in Zeichen $i \rightsquigarrow j$, falls ein $n \geq 0$ mit $p_{ij}^{(n)} > 0$ existiert. Gilt sowohl $i \rightsquigarrow j$ als auch $j \rightsquigarrow i$, so bezeichnet man i und j als verbundene oder kommunizierende Zustände und schreibt $i \leftrightsquigarrow j$. Die Relation $i \leftrightsquigarrow j$ ist eine Äquivalenzrelation. Ein Zustand i heißt wesentlich, wenn für jeden Zustand j mit $i \rightsquigarrow j$ auch $j \rightsquigarrow i$ gilt. Eine Menge $C \subseteq S$ heißt abgeschlossen, falls $p_{ij} = 0$ für alle $i \in C$ und $j \notin C$ gilt. Besteht eine abgeschlossene Menge C aus nur einem Zustand i, so nennt man i einen absorbierenden Zustand. $(X_t)_{t\in\mathbb{N}_0}$ heißt irreduzibel, falls S die einzige nicht-leere abgeschlossene Menge ist und reduzibel andernfalls. Die Kette ist genau dann irreduzibel, wenn alle Zustände aus S untereinander verbunden sind. Die Periode d_i eines Zustands i mit $i \rightsquigarrow i$ ist durch $\text{ggT}\{n : p_{ii}^{(n)} > 0\}$ definiert. Zustände mit Periode $d_i = 1$ heißen aperiodisch, solche mit $d_i \geq 2$ periodisch. Man nennt die Kette aperiodisch, wenn jeder Zustand aperiodisch ist, und periodisch mit Periode $d \geq 2$, wenn jeder Zustand $i \in S$ periodisch mit Periode $d_i = d$ ist. Weiterhin spielen beim Studium zeitlich homogener Markow-Ketten die Begriffe der Rekurrenz und Transienz eine wichtige Rolle.

Als Beispiel betrachten wir eine zeitlich homogene Markow-Kette $(X_t)_{t \in \mathbb{N}_0}$ mit Zustandsraum $S = \{1, 2, 3, 4\}$ und Übergangsmatrix

$$P = \begin{pmatrix} 0 & 1 & 0 & 0 \\ \frac{1}{2} & 0 & \frac{1}{2} & 0 \\ 0 & 0 & 0 & 1 \\ 0 & 0 & 1 & 0 \end{pmatrix}.$$

Da die Menge $\{3, 4\}$ abgeschlossen ist, handelt es sich hierbei um eine reduzible Kette. Jeder Zustand besitzt die Periode 2. Die Beziehungen zwischen den Zuständen lassen sich mit Hilfe gerichteter Graphen veranschaulichen. Die Abbildung zeigt den der Matrix P entsprechenden Graphen.

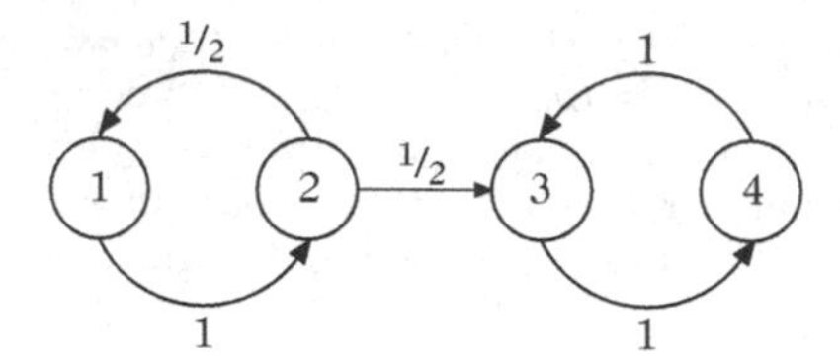

Gerichteter Graph zur Übergangsmatrix P

Markow-Prozeß, auf einem Wahrscheinlichkeitsraum $(\Omega, \mathfrak{A}, P)$ definierter, der Filtration $(\mathfrak{A}_t)_{t \in I}$ in $\mathfrak{A}$ adaptierter stochastischer Prozeß $(X_t)_{t \in I}$ mit Zustandsraum $\mathbb{R}^n$, welcher die Eigenschaft

$$P(X_t \in B | \mathfrak{A}_s) = P(X_t \in B | X_s) \quad P\text{-fast sicher}$$

für alle $s, t \in I$ mit $s < t$ und jede Borelsche Menge $B \in \mathfrak{B}(\mathbb{R}^n)$ besitzt. Dabei wird vorausgesetzt, daß die Parametermenge I mittels einer Relation $\leq$ total geordnet ist. In Anwendungen ist I in der Regel ein Intervall von $\mathbb{R}_0^+$ oder eine Teilmenge von $\mathbb{N}_0$, und $\leq$ die natürliche Ordnungsrelation der reellen Zahlen. Im ersten Fall spricht man von Markow-Prozessen mit stetiger und im zweiten Fall von Markow-Prozessen mit diskreter Zeit. Die einen Markow-Prozeß definierende Eigenschaft wird als elementare, einfache oder auch individuelle Markow-Eigenschaft (bezüglich der Filtration $(\mathfrak{A}_t)_{t \in I}$) bezeichnet. Ist $(\mathfrak{A}_t)_{t \in I}$ die kanonische Filtration, so ist die elementare Markow-Eigenschaft zu der Bedingung äquivalent, daß für beliebige $n \in \mathbb{N}$, $t_1, \dots, t_n, t \in I$ mit $t_1 < \dots < t_n < t$ und $B \in \mathfrak{B}(\mathbb{R}^n)$

$$P(X_t \in B | X_{t_1}, \dots, X_{t_n}) = P(X_t \in B | X_{t_n})$$

P-fast sicher gilt. Besitzt I ein kleinstes Element t_0, so nennt man die Verteilung der Zufallsvariable X_{t_0} die Anfangs- oder Startverteilung des Prozesses. Beispiele für Markow-Prozesse sind die ↗Brownsche Bewegung, der ↗Poisson-Prozeß sowie die ↗Markow-Ketten. Einige Autoren verwenden den Begriff Markow-Prozeß zur Bezeichnung von ↗Markow-Familien.

Interpretiert man den Prozeß $(X_t)_{t \in I}$ dahingehend, daß die Zufallsvariable X_t für jedes $t \in I$ die Position eines sich im Raum bewegenden Teilchens zum Zeitpunkt t angibt, so bedeutet die elementare Markow-Eigenschaft anschaulich, daß die zukünftige Position des Teilchens ausschließlich von seiner gegenwärtigen Position, nicht aber von den Positionen abhängt, an denen es sich in der Vergangenheit befand.

In Verallgemeinerung des Begriffes der eindimensionalen Diffusion wird ein Markow-Prozeß $(X_t)_{t \geq 0}$ mit Zustandsraum $\mathbb{R}^d$ und Übergangsfunktion $P(s, x; t, B)$ als Diffusion oder Diffusionsprozeß bezeichnet, wenn eine Abbildung $b : \mathbb{R}_0^+ \times \mathbb{R}^d \to \mathbb{R}^d$ und eine Abbildung $a : \mathbb{R}_0^+ \times \mathbb{R}^d \to \mathbb{R}^{d \times d}$ mit den folgenden Eigenschaften existieren:
Für jedes $x \in \mathbb{R}^d$ und jede beschränkte offene Umgebung U_x von x gilt

$$\lim_{h \downarrow 0} \frac{1}{h} \int_{\complement U_x} P(t, x; t + h, dy) = 0,$$

für $i = 1, \dots, d$ existieren die Grenzwerte

$$\lim_{h \downarrow 0} \frac{1}{h} \int_{U_x} (y^i - x^i) P(t, x; t + h, dy) = b^i(t, x),$$

und für $i, j = 1, \dots, d$ die Grenzwerte

$$\lim_{h \downarrow 0} \frac{1}{h} \int_{U_x} (y^i - x^i)(y^j - x^j) P(t, x; t + h, dy)$$
$$= a^{ij}(t, x).$$

Der Vektor $b(t, x)$ wird als Driftvektor der Diffusion und die Matrix $a(t, x)$ als Diffusions- oder Kovarianzmatrix bezeichnet.

Markowsche Halbgruppe, *Markow-Halbgruppe*, auch Halbgruppe der Übergangswahrscheinlichkeiten genannt, Familie $(P_t)_{t \geq 0}$ von Markow-Kernen auf einem meßbaren Raum $(E, \mathfrak{B})$ mit der Eigenschaft, daß für alle $s, t \in \mathbb{R}_0^+$ und beliebige $x \in E$, $B \in \mathfrak{B}$ die Chapman-Kolmogorow-Gleichungen

$$P_{s+t}(x, B) = \int P_t(y, B) P_s(x, dy)$$

oder kurz $P_{s+t} = P_s P_t$ gelten.

Ist speziell P_0 der Einheitskern, so heißt die Halbgruppe normal. Zwischen den normalen Markowschen Halbgruppen und den ↗Markow-Familien besteht ein enger Zusammenhang. Einerseits existiert zu jeder normalen Markowschen Halbgruppe $(P_t)_{t\geq 0}$ auf $(\mathbb{R}^n, \mathfrak{B}(\mathbb{R}^n))$ eine n-dimensionale Markow-Familie $(\Omega, \mathfrak{A}, (P^x)_{x\in\mathbb{R}^n}, (X_t)_{t\geq 0})$ so, daß für alle $t \in \mathbb{R}_0^+$, $x \in \mathbb{R}^n$ und $B \in \mathfrak{B}(\mathbb{R}^n)$ die Beziehung

$$P_t(x, B) = P^x(X_t \in B)$$

gilt. Ist andererseits $(\Omega, \mathfrak{A}, (P^x)_{x\in\mathbb{R}^n}, (X_t)_{t\geq 0})$ eine n-dimensionale Markow-Familie, so wird durch

$$P_t(x, B) := P^x(X_t \in B)$$

eine normale Markowsche Halbgruppe $(P_t)_{t\geq 0}$ auf $(\mathbb{R}^n, \mathfrak{B}(\mathbb{R}^n))$ definiert.

Eine Markowsche Halbgruppe induziert eine Familie (T_t) von linearen Operatoren auf dem Raum aller beschränkten meßbaren Funktionen gemäß

$$(T_t f)(x) = \int_E f(y) P_t(x, dy).$$

Die Chapman-Kolmogorow-Gleichungen sind dann zur Halbgruppeneigenschaft $T_{s+t} = T_s T_t$ äquivalent. Besonders wichtig sind Markowsche Halbgruppen, die zu ↗Feller-Dynkin-Halbgruppen von Operatoren führen.

Für jedes $x \in \mathbb{R}^n$ stimmen die endlichdimensionalen Verteilungen des Prozesses $(X_t)_{t\geq 0}$ auf $(\Omega, \mathfrak{A}, P^x)$ mit den endlichdimensionalen Verteilungen des aus der Halbgruppe $(P_t)_{t\geq 0}$ und P^x in kanonischer Weise konstruierten Prozesses überein, d. h. für beliebiges $n \in \mathbb{N}$ und $t_1, \ldots, t_n \in \mathbb{R}_0^+$ mit $t_1 < \ldots < t_n$ sowie $B \in \mathfrak{B}(\mathbb{R}^n)$ gilt

$$P^x_{(X_{t_1},\ldots,X_{t_n})}(B) = \int \ldots \int 1_B(y_1, \ldots, y_n) \\ P_{t_n - t_{n-1}}(y_{n-1}, dy_n) \ldots P_{t_1}(x, dy_1).$$

Aufgrund der obigen Beziehungen kann man den Wert $P_t(x, B)$ als die Wahrscheinlichkeit dafür interpretieren, daß sich ein zum Zeitpunkt Null in x startendes Teilchen zum Zeitpunkt t in B befindet. Man nennt die zu einer Markow-Familie gehörige normale Markowsche Halbgruppe daher auch die Halbgruppe der Übergangswahrscheinlichkeiten.

Ein Beispiel für eine normale Markowsche Halbgruppe $(P_t)_{t\geq 0}$ auf $(\mathbb{R}, \mathfrak{B}(\mathbb{R}))$ ist die durch

$$P_t(x, B) := \nu_t(B - x)$$

für alle $t \in \mathbb{R}_0^+$, $x \in \mathbb{R}$ und $B \in \mathfrak{B}(\mathbb{R})$ definierte Brownsche Halbgruppe, wobei $\nu_0 = \varepsilon_0$ das Dirac-Maß in 0 und ν_t für alle $t > 0$ eine Normalverteilung mit Erwartungswert $\mu = 0$ und Varianz $\sigma^2 = t$ bezeichnet.

Markowsche Ungleichung, im Kontext Wahrscheinlichkeitstheorie die Ungleichung

$$P(|X| \geq \varepsilon) \leq \frac{E(|X|^k)}{\varepsilon^k},$$

welche für beliebige reelle Zahlen $\varepsilon > 0$ und $k > 0$ sowie beliebige auf einem Wahrscheinlichkeitsraum $(\Omega, \mathfrak{A}, P)$ definierte reelle oder komplexwertige Zufallsvariablen X gilt, für die der Erwartungswert $E(|X|^k)$ existiert.

Markowsche Ungleichung für Polynome, Abschätzung für die Ableitung eines Polynoms durch die Funktionswerte des Polynoms.

Es sei p ein Polynom vom Grad n und M_p die ↗Maximumnorm von p auf einem reellen Intervall $[a, b]$. Dann gilt für alle $x \in [a, b]$ die Ungleichung

$$|p'(x)| \leq \frac{2M_p n^2}{b - a}.$$

Diese Abschätzung ist bestmöglich, da beispielsweise für das Tschebyschew-Polynom T_n gilt: $T_n'(1) = n^2$.

[1] Meinardus, G.: Approximation von Funktionen und ihre numerische Behandlung. Springer-Verlag Heidelberg, 1964.

Markowscher Erneuerungsprozeß, ein Erneuerungsprozeß mit Markoweigenschaft (↗Erneuerungstheorie).

Markowscher Prozeß, ältere Bezeichnungsweise für einen ↗Markow-Prozeß.

Markow-Verteilung, ↗Pólya-Verteilung.

Markow-Zeit, ↗Stoppzeit.

Marktspiel, ↗ klassisches Marktspiel.

Marsden-Weinstein-Reduktion, Phasenraumreduktion von ↗Hamiltonschen G-Räumen.

Martingal, auf einem Wahrscheinlichkeitsraum $(\Omega, \mathfrak{A}, P)$ definierter, der Filtration $(\mathfrak{A}_t)_{t\in T}$, $T \subseteq \mathbb{R}$, in $\mathfrak{A}$ adaptierter reellwertiger stochastischer Prozeß $(X_t)_{t\in T}$ mit den folgenden Eigenschaften:

(i) Für alle $t \in T$ gilt

$$E(|X_t|) < \infty.$$

(ii) Für alle $s, t \in T$ mit $s < t$ gilt P-fast sicher

$$E(X_t|\mathfrak{A}_s) = X_s,$$

d. h. die bedingte Erwartung von X_t bezüglich der σ-Algebra $\mathfrak{A}_s$ und X_s sind P-fast sicher gleich.

Die Eigenschaft (ii) wird als die Martingaleigenschaft bezeichnet. Der Prozeß $(X_t)_{t\in T}$ heißt ein Martingal bezüglich der Filtration $(\mathfrak{A}_t)_{t\in T}$. Handelt es sich bei $(\mathfrak{A}_t)_{t\in T}$ speziell um die kanonische Filtration, so nennt man $(X_t)_{t\in T}$, ohne Bezug auf die Filtration zu nehmen, auch einfach nur Martingal. In analoger Weise werden die Begriffe des Sub- bzw. des Supermartingals eingeführt. Dazu wird in (ii) lediglich das Symbol „=" bei der Definition des

Submartingals durch „≥" und bei der Definition des Supermartingals durch „≤" ersetzt.

Ein Martingal wird häufig als gerechtes, ein Submartingal als vorteilhaftes und ein Supermartingal als unvorteilhaftes Spiel interpretiert.

Martinsches Axiom, *MA*, von ZFC unabhängiges Axiom der ↗axiomatischen Mengenlehre, das besagt, daß es für jede Kardinalzahl $\kappa < 2^{\omega}$, jede nichtleere Partialordnung P, für welche die abzählbare Kettenbedingung gilt, und jede Menge $\mathcal{D}$ von dichten Teilmengen von P mit $\#\mathcal{D} \le \kappa$ einen Filter $F \subseteq P$ auf P gibt, der mit jeder Menge aus $\mathcal{D}$ einen nichtleeren Schnitt hat, d. h., so daß gilt, $D \cap F \ne \emptyset$ für alle $D \in \mathcal{D}$.

Siehe auch ↗Kardinalzahlen und Ordinalzahlen, ↗Ordnungsrelation.

Marty, Satz von, funktionentheoretische Aussage, die wie folgt lautet:

Es sei $G \subset \mathbb{C}$ ein ↗Gebiet und $\mathcal{F}$ eine Familie ↗meromorpher Funktionen in G.

Es ist $\mathcal{F}$ eine ↗normale Familie in G genau dann, wenn es zu jeder kompakten Menge $K \subset G$ eine Konstante $C = C(K) > 0$ gibt mit $f^{\#}(z) \le C$ für alle $z \in K$ und alle $f \in \mathcal{F}$. Dabei bezeichnet $f^{\#}$ die sphärische Ableitung von f.

Mascheronische Konstante, eine andere Bezeichnung für die ↗Eulersche Konstante γ.

Maschinenarithmetik, *Rechnerarithmetik*, Arithmetik für Maschinenzahlen.

Sei $(M, \times)$ eine algebraische Struktur. Für die auf einem Rechner darstellbare Teilmenge der verallgemeinerten Maschinenzahlen $N \subseteq M$ werden die arithmetischen Operationen $\otimes$ idealerweise mittels eines ↗Semimorphismus aus den in M definierten Operationen $\times$ hergeleitet. Für den Spezialfall der Gleitkommazahlen R gilt dann:

$$a \otimes b = \bigcirc(a \times b), \ \forall a, b \in R, \ \times \in \{+, -, \cdot, /\} \quad (1)$$

Dabei ist $\bigcirc$ eine monotone Rundung, beispielsweise die Rundung zur nächsten Maschinenzahl oder die Rundung durch Abschneiden (↗IEEE-Arithmetik).

Andere Beispiele für $(M, \times)$ sind die reellen $(n \times n)$-Matrizen oder reelle kompakte Intervalle (↗Intervallarithmetik). N bezeichnet in diesen Fällen die Gleitkommamatrizen bzw. die Maschinenintervalle (↗Maschinenintervallarithmetik). In der Praxis ist bei Matrizen (1) oft verletzt.

Maschinenbelegungsproblem, spezielle Klasse kombinatorischer Optimierungsprobleme.

Dabei geht es um die optimale Anordnung von Elementen in eine Reihenfolge, wobei einzelne Anordnungen unterschiedlich bewertet werden (oder auch verboten sind). Typisches Beispiel eines derartigen Problems ist die Verarbeitung von Produkten auf mehreren Maschinen. Jedes Produkt erfordert einen gewissen Aufwand (Zeit, Kosten etc.); ferner bestehen zwischen gewissen Produkten Präferenzen hinsichtlich der Reihenfolge ihrer Vearbeitung. Ziel ist die Aufstellung eines Plans, der angibt, in welcher Reihenfolge die Produkte verarbeitet werden müssen, um den Aufwand zu optimieren. Häufig verwendete Lösungsmethoden bei dieser Art von Problemen sind branch-and-bound Verfahren.

Maschinenintervallarithmetik, Regeln für das Rechnen mit Maschinenintervallen.

Sei $R \subseteq \mathbb{R}$ die Teilmenge der auf einem Rechner darstellbaren ↗Maschinenzahlen. Dann ist ein Maschinenintervall durch $\mathbf{a} = [\underline{a}, \overline{a}] = \{a \in \mathbb{R} \mid \underline{a} \le a \le \overline{a}, \ \underline{a} \in R, \overline{a} \in R\}$ definiert. Ein Maschinenintervall ist also keine (endliche) Teilmenge von Maschinenzahlen, sondern ein reelles, kontinuierliches Intervall, dessen Grenzen Maschinenzahlen sind. $\mathbb{I}R = \{[\underline{a}, \overline{a}] | \underline{a} \le \overline{a}, \ \underline{a} \in R, \overline{a} \in R\}$ bezeichnet die Menge der Maschinenintervalle über $\mathbb{R}$ bzgl. der Teilmenge R. Beim Übergang von Intervallen über $\mathbb{R}$ zu Maschinenintervallen sind die Grenzen nach außen zu runden, sodaß das resultierende Intervall das ursprüngliche enthält. Dieser Übergang wird durch die Funktion $\Diamond : \mathbb{IR} \to \mathbb{I}R$ beschrieben mit

$$\mathbf{a} \subseteq \Diamond\mathbf{a} = [\nabla\underline{a}, \Delta\overline{a}], \ \forall \mathbf{a} \in \mathbb{IR}.$$

Ist $\underline{a} < \min R$ oder $\overline{a} > \max R$, so ist $\Diamond$ nicht definiert. Dabei bezeichnen ∇ bzw. Δ eine nach unten bzw. oben gerichtete Rundung von $\mathbb{R}$ in die Maschinenzahlen R:

$$\nabla a \le a, \ \forall a \in \mathbb{R}, \ a \ge \min R,$$

$$\Delta a \ge a, \ \forall a \in \mathbb{R}, \ a \le \max R.$$

Idealerweise sind ∇ und Δ die z. B. in der ↗IEEE-Arithmetik geforderten monotonen, bestmöglichen Rundungen:

$$\nabla(a) = \max\{x \in R | x \le a\},$$

$$\Delta(a) = \min\{x \in R | x \ge a\}.$$

Es gelten die folgenden Verknüpfungsregeln (↗Intervallarithmetik):

$$[\underline{a}, \overline{a}] + [\underline{b}, \overline{b}] = [\nabla(\underline{a} + \underline{b}), \Delta(\overline{a} + \overline{b})]$$

$$[\underline{a}, \overline{a}] - [\underline{b}, \overline{b}] = [\nabla(\underline{a} - \overline{b}), \Delta(\overline{a} - \underline{b})]$$

$$[\underline{a}, \overline{a}] \cdot [\underline{b}, \overline{b}] = [\min(\nabla(\underline{a} \cdot \underline{b}), \nabla(\underline{a} \cdot \overline{b}), \nabla(\overline{a} \cdot \underline{b}), \nabla(\overline{a} \cdot \overline{b})), \max(\Delta(\underline{a} \cdot \underline{b}), \Delta(\underline{a} \cdot \overline{b}), \Delta(\overline{a} \cdot \underline{b}), \Delta(\overline{a} \cdot \overline{b}))]$$

$$[\underline{a}, \overline{a}] / [\underline{b}, \overline{b}] = [\min(\nabla(\underline{a}/\underline{b}), \nabla(\underline{a}/\overline{b}), \nabla(\overline{a}/\underline{b}), \nabla(\overline{a}/\overline{b})), \max(\Delta(\underline{a}/\underline{b}), \Delta(\underline{a}/\overline{b}), \Delta(\overline{a}/\underline{b}), \Delta(\overline{a}/\overline{b}))], \quad \text{falls } 0 \notin [\underline{b}, \overline{b}]$$

Wir geben hier auch die Varianten der Multiplikation und Division an, die mit weniger Gleitkomma-Operationen auskommen.

$$[\underline{a},\overline{a}]\cdot[\underline{b},\overline{b}] = \begin{cases} [\nabla(\underline{a}\cdot\underline{b}),\Delta(\overline{a}\cdot\overline{b})] & \underline{a}\geq 0,\underline{b}\geq 0 \\ [\nabla(\underline{a}\cdot\overline{b}),\Delta(\overline{a}\cdot\underline{b})] & \overline{a}\leq 0,\underline{b}\geq 0 \\ [\nabla(\underline{a}\cdot\overline{b}),\Delta(\overline{a}\cdot\overline{b})] & 0\in\mathbf{a},\underline{b}\geq 0 \\ [\nabla(\overline{a}\cdot\underline{b}),\Delta(\underline{a}\cdot\overline{b})] & \underline{a}\geq 0,\overline{b}\leq 0 \\ [\nabla(\overline{a}\cdot\overline{b}),\Delta(\underline{a}\cdot\underline{b})] & \overline{a}\leq 0,\overline{b}\leq 0 \\ [\nabla(\overline{a}\cdot\underline{b}),\Delta(\underline{a}\cdot\underline{b})] & 0\in\mathbf{a},\overline{b}\leq 0 \\ [\nabla(\overline{a}\cdot\underline{b}),\Delta(\overline{a}\cdot\overline{b})] & \overline{a}\geq 0,0\in\mathbf{b} \\ [\nabla(\underline{a}\cdot\overline{b}),\Delta(\underline{a}\cdot\underline{b})] & \overline{a}\leq 0,0\in\mathbf{b} \\ [\min\{\nabla(\underline{a}\cdot\overline{b}),\nabla(\overline{a}\cdot\underline{b})\}, & 0\in\mathbf{a},0\in\mathbf{b} \\ \max\{\Delta(\underline{a}\cdot\underline{b}),\Delta(\overline{a}\cdot\overline{b})\}] & \end{cases}$$

$$[\underline{a},\overline{a}]/[\underline{b},\overline{b}] = \begin{cases} [\nabla(\underline{a}/\overline{b}),\Delta(\overline{a}/\underline{b})] & \underline{a}\geq 0,\underline{b}>0 \\ [\nabla(\underline{a}/\underline{b}),\Delta(\overline{a}/\overline{b})] & \overline{a}\leq 0,\underline{b}>0 \\ [\nabla(\underline{a}/\underline{b}),\Delta(\overline{a}/\underline{b})] & 0\in\mathbf{a},\underline{b}>0 \\ [\nabla(\overline{a}/\overline{b}),\Delta(\underline{a}/\underline{b})] & \underline{a}\geq 0,\overline{b}<0 \\ [\nabla(\overline{a}/\underline{b}),\Delta(\underline{a}/\overline{b})] & \overline{a}\leq 0,\overline{b}<0 \\ [\nabla(\overline{a}/\overline{b}),\Delta(\underline{a}/\overline{b})] & 0\in\mathbf{a},\overline{b}<0 \end{cases}$$

Da die einzelnen Maschinenintervall-Operationen Obermengen der reellen Intervalle berechnen, gilt für die Maschinenintervall-Auswertung $\mathbf{f}_\diamond$ einer reellen Funktion f die ebenfalls als ↗Einschließungseigenschaft der Intervallrechnung bekannte Aussage

$$f(\mathbf{x}) = \{f(x)|x\in\mathbf{x}\}\subseteq\mathbf{f}(\mathbf{x})\subseteq\mathbf{f}_\diamond(\mathbf{x})\,.$$

Maschinenzahl, *Gleitkommazahl*, *Fließpunktzahl*, auf einem Rechner in einem ↗Gleitkommaformat darstellbare reelle Zahl.

Maske, im Kontext Wavelettheorie die Folge $\{h_k\}_{k\in\mathbb{Z}}$ der Koeffizienten in der Skalierungsgleichung

$$\phi(x) = \sqrt{2}\cdot\sum_{k=-\infty}^{\infty} h_k\cdot\phi(2x-k)$$

(↗Filter).

Maskengleichung, ↗ Skalierungsgleichung.

Maslov-Index, ganze Zahl, die einer geschlossenen C^∞-Kurve $\gamma : S^1 \to L$ in einer immergierten Lagrangeschen Untermannigfaltigkeit L des ↗Kotangentialbündels $\pi : T^*M \to M$ einer differenzierbaren Mannigfaltigkeit M in folgender Weise zugeordnet wird.

Mit Hilfe einer Riemannschen Metrik auf M wird das Tangentialbündel von T^*M zu einem komplexen Vektorbündel; über jedem Punkt l von L enthält der ↗symplektische Vektorraum $T_l(T^*M)$ sowohl den Tangentialraum T_lL als auch den Vertikalraum Ker $T_l\pi$ als ↗Lagrangesche Unterräume. Es gibt einen unitären Endomorphismus U_l von $T_l(T^*M)$, der den Vertikalraum auf den Tangentialraum T_lL abbildet. Das Quadrat der komplexen Determinante von U_l hängt nicht von der Wahl der U_l ab und definiert somit eine C^∞-Abbildung ϕ von L in den Einheitskreis. Die Windungszahl der Abbildung $\phi\circ\gamma : S^1 \to S^1$ ist unabhängig von der Riemannschen Metrik und wird als Maslov-Index von γ bezeichnet.

Maslov-Quantisierung, formal die Bedingung

$$\frac{2\lambda}{\pi}\oint p_i dq^i = l_k(\text{mod } 4) + O\left(\frac{1}{\lambda}\right)$$

mit $k = 1,\ldots,k_0$ und $i = 1,\ldots,n$.

$2n$ ist hier die Dimension des Phasenraumes mit den kanonischen Koordinaten (q^i,p_i). Mit Γ bezeichnen wir eine n-dimensionale Lagrange-Untermannigfaltigkeit im Phasenraum, k_0 ist die eindimensionale Betti-Zahl von Γ. Das Phasenintegral wird über den entsprechenden Basiszyklus genommen. λ sind die Elemente des Spektrums eines selbstadjungierten, positiv definiten, unbeschränkten Operators A auf einem Hilbert-Raum H.

Die Maslov-Quantisierung ergibt sich bei der Konstruktion des sogenannten kanonischen Maslov-Operators. Dieser bildet gewisse auf Γ definierte Funktionen mit Werten in H auf gewisse Funktionen über dem $\mathbb{R}^n$ mit Werten in H ab. Er wird zuerst lokal definiert. Damit der Operator von bestimmten Konstruktionselementen unabhängig wird, muß die Bedingung der Maslov-Quantisierung erfüllt sein. Mit Hilfe des kanonischen Maslov-Operators werden auch die asymptotischen ($h \to 0$) Ausdrücke für die Lösungen der Schrödinger-Gleichung konstruiert.

Für den zweidimensionalen Phasenraum mit $A = 1/h$, $k_0 = 1$ und $l_1 = 2$ lautet die Maslov-Quantisierung einfach

$$\oint pdq = 2\pi h(n+1/2) + O(h^2)\,.$$

[1] Maslov, V. P.; Fedoriuk, M. V.: Semi-Classical Approximations in Quantum Mechanics. Reidel Boston, 1981.

Maß, nicht negative und σ-additive ↗Mengenfunktion μ mit der Eigenschaft $\mu(\emptyset) = 0$.

Für weitere Informationen zu den gängigsten Maßen siehe ↗äußeres Maß, ↗Baire-Maß, ↗Baire-reguläres Maß, ↗Bildmaß, ↗Borel-Lebesgue Maß, ↗Borel-Maß, ↗Borel-reguläres Maß, ↗Haar-Maß, ↗Hausdorff-Maß, ↗inneres Maß, ↗Lebesgue-Borel-Maß, ↗lokal-endliches Maß, ↗Maß einer Menge, ↗Produkt-Maß, ↗σ-endliches Maß.

Maß der Fuzzineß, *Grad der Fuzzineß*, *Unschärfemaß*, *Unsicherheitsmaß*, Index zur Messung des Grades der Fuzzineß einer ↗Fuzzy-Menge.

Nach de Luca und Termini ist das Maß der Fuzzineß eine Abbildung $d : \mathfrak{P}(X) \longrightarrow [0, +\infty)$, die den folgenden Bedingungen genügt:

$$d(\widetilde{A}) = 0 \quad \Leftrightarrow \quad \widetilde{A} \text{ ist eine klassische Teilmenge von } X$$

$$d(\widetilde{A}) \text{ ist maximal} \quad \Leftrightarrow \quad \mu(x) = \tfrac{1}{2} \text{ für alle } x \in X$$

$$d(\widetilde{A}^*) \leq d(\widetilde{A}) \Leftrightarrow \begin{cases} \mu_{A^*}(x) \leq \mu_A(x) & \text{für } \mu_A(x) \leq \frac{1}{2} \\ \mu_{A^*}(x) \geq \mu_A(x) & \text{für } \mu_A(x) \geq \frac{1}{2} \end{cases}$$

d. h. $\widetilde{A}^*$ ist nicht so unscharf wie $\widetilde{A}$

$$d(\widetilde{A}^*) = d(\widetilde{A}) \quad \Leftrightarrow \quad \widetilde{A}^* \text{ ist genau so unscharf wie } \widetilde{A}$$

Für eine endliche Grundmenge X formulierte Loo die folgende allgemeine Formel für $d(\widetilde{A})$

$$d(\widetilde{A}) = F\left[\sum_{i=1}^{|X|} c_i \cdot f_i(\mu_A(x_i))\right].$$

Dabei ist F eine positive monoton steigende Funktion. Außerdem sind für alle i die Gewichtungsfaktoren $c_i > 0$, und die Funktionen $f_i : [0, \frac{1}{2}] \longrightarrow \mathbb{R}$ sind streng monoton steigend und erfüllen für alle $u \in [0, 1]$ die Bedingungen

$$f_i(0) = f_i(1) = 0 \quad \text{und} \quad f_i(u) = f_i(1-u).$$

Spezialfälle dieser allgemeinen Formel sind:

- Der *Fuzzineßindex* von Kaufmann, bei dem F die Identität ist, $c_i = 1$ und

  $f_i(u) = u \qquad$ für alle $u \in [0, 1]$.

- Die *Entropie* einer Fuzzy-Zahl nach de Luca und Termini, für die $c_i = 1$,

  $F(v) = kv \qquad$ mit $k > 0$,

  und

  $f_i(u) = -u \cdot \ln u - (1-u) \cdot \ln(1-u)$

  gewählt wird.

Als Maß für die Fuzzineß in einer überabzählbaren Menge X schlägt Knopfmacher die Formel

$$d(\widetilde{A}) = \frac{1}{P(X)} \int_X F(\mu_A(x))\, dP(x)$$

vor mit $F(u) = F(1-u)$ für alle $u \in [0,1]$ und $F(0) = F(1) = 0$. P ist ein in X definiertes Maß.

Ein vollkommen anderer Ansatz zur Messung der Fuzzineß einer Fuzzy-Menge ist der von Yager vorgeschlagene Index

$$\delta(\widetilde{A}) = \int_X |\mu_A(x) - \mu_{C(A)}(x)|\, dx,$$

mit dem die absolute Differenz zwischen einer Fuzzy-Menge und ihrer Komplementärmenge berechnet wird. Je fuzzier die Menge $\widetilde{A}$ ist, um so kleiner ist dieser Index. Läßt sich eine Menge $\widetilde{A}$ nicht mehr von ihrer Komplementärmenge $C(\widetilde{A})$ unterscheiden, d. h. gilt $\mu_A(x) = \mu_{C(A)}(x) = \frac{1}{2}$ für alle $x \in X$, so nimmt der Indexwert sein Minimum $\delta(\widetilde{A}) = 0$ an.

Maß einer Menge, verallgemeinert Begriffe wie etwa Länge, Flächeninhalt, Kurvenlänge, Oberflächeninhalt, Volumen, Anzahl, Masse, Ladung und Wahrscheinlichkeit.

Speziell für den $\mathbb{R}^n$ $(n \in \mathbb{N})$ ist es weitgehend Standard, die auf Henri Lebesgue (1875–1941) zurückgehende Maßtheorie zu betrachten: Das Lebesgue-Maß ist – mit der Menge $\mathbb{M}$ der Lebesgue-meßbaren Mengen (endlichen Maßes) – eine Abbildung $\mu : \mathbb{M} \longrightarrow [0, \infty)$, die abzählbar additiv ist, d. h. für Mengen aus $\mathbb{M}$ gilt:

$$\text{Aus } M = \biguplus_{\nu=1}^{\infty} M_\nu \text{ folgt } \mu(M) = \sum_{\nu=1}^{\infty} \mu(M_\nu).$$

Mit dem entsprechenden Integralbegriff kann das Maß einer meßbaren Menge $\mathfrak{G}$ durch

$$\mu(\mathfrak{G}) = \int_{\mathfrak{G}} dx$$

beschrieben werden. Die besondere Leistungsfähigkeit der Maß- und Integrationstheorie nach Lebesgue beruht u. a. auf den Konvergenzsätzen, die die Behandlung von Grenzübergängen (bei Mengen und Funktionen) wesentlich erleichtern.

Allgemeine Überlegungen zu Maßen werden in der ↗Maßtheorie bereitgestellt.

Maß mit Dichte, ein ↗Maß mit Zusatzeigenschaft.

Es sei $(\Omega, \mathcal{A}, \mu)$ ein ↗Maßraum, $f : \Omega \rightarrow \bar{\mathbb{R}}$ eine ↗meßbare Funktion und ν ein weiteres Maß auf $\mathcal{A}$. Falls $\mu(A) = \int 1_A f d\nu$ für alle $A \in \mathcal{A}$ ist, so heißt μ Maß mit Dichte f bzgl. ν (↗Radon-Nikodym, Satz von).

Masse eines Bereichs, die Größe

$$\int_{\mathfrak{G}} \varrho(\mathfrak{x})\, d\mathfrak{x}$$

für einen Bereich $\mathfrak{G} \subset \mathbb{R}^n$ $(n \in \mathbb{N})$ mit der Massendichte $\varrho : \mathfrak{G} \longrightarrow [0, \infty)$. Dabei seien $\mathfrak{G}$ und ϱ so, daß das Integral existiert, was natürlich von dem gewählten Integralbegriff (Riemann-Integral, uneigentliches Riemann-Integral oder Lebesgue-Integral) abhängt. In den wichtigen Fällen $n = 2$ und $n = 3$ notiert man meist

$$\int_{\mathfrak{G}} \varrho(x, y)\, d(x, y) \quad \text{bzw.} \quad \int_{\mathfrak{G}} \varrho(x, y, z)\, d(x, y, z).$$

Um einen Punkt $\mathfrak{x} \in \mathbb{R}^n$ betrachtet man ‚Würfel' W mit Volumen $v(W)$. Ist $m(W)$ die in W enthaltene Masse, und konvergiert der Quotient $\frac{m(W)}{v(W)}$

(„mittlere Masse") für $v(W) \longrightarrow 0$, so nennt man diesen Grenzwert $\varrho(\mathfrak{x})$ Massendichte an der Stelle $\mathfrak{x}$.

Masse-Energie-Äquivalenzrelation, die Beziehung $E = mc^2$, auch ↗Einsteinsche Formel genannt, zwischen Energie E und Masse m eines Körpers, in der c die Lichtgeschwindigkeit im Vakuum bezeichnet.

In der Relativitätstheorie wird die Abhängigkeit der Energie eines bewegten Körpers der Geschwindigkeit $\vec{v}$ und der bewegten Masse m durch die Gleichung

$$E = \frac{m_0 c^2}{\sqrt{1 - |\vec{v}|^2/c^2}} \tag{1}$$

beschrieben, wobei m_0 die Ruhmasse des Körpers ist. Aus der Taylorentwicklung des Nenners erhält man den für kleine Werte von $|\vec{v}|^2/c^2$ geltenden Näherungswert

$$E = m_0 c^2 + \frac{m_0 |\vec{v}|^2}{2}, \tag{2}$$

dessen zweiter Summand mit dem bekannten Ausdruck für die kinetische Energie der klassischen Physik übereinstimmt. Der erste Summand zeigt, daß einem ruhenden Körper die Energie $E_0 = m_0 c^2$ innewohnt, seine Ruhenergie.

Zu einem meßbaren physikalischen Phänomen wird die Abhängigkeit der Ruhmasse von der inneren Energie z. B. durch den ↗Massendefekt, der bei der Bindung von Protonen und Neutronen im Atomkern beobachtet wird. Die Summe der Ruhmassen der in einem Atomkern gebundenen Kernteilchen ist größer als die Ruhmasse des Kerns, da die Kernteilchen durch die Bindung innere Energie verlieren. Andererseits wird der Energiecharakter der Masse auch bei nuklearen Reaktionen und Umwandlungen von Elementarteilchen experimentell nachgewiesen, bei denen sich Ruhenergie der ursprünglichen Teilchen zum Teil oder ganz in kinetische Energie der entstehenden Teilchen umwandelt.

Aus Gleichung (1) folgt, daß E im Limes $|\vec{v}| \to c$ gegen ∞ strebt. Folglich ist die Lichtgeschwindigkeit ein Grenzwert, der von keinem materiellen Körper überschritten werden kann. Auch die Übertragung von Wechselwirkungen und Signalen von einem Ort zum anderen kann nicht schneller als mit Lichtgeschwindigkeit erfolgen. Die Existenz einer derartigen Grenzgeschwindigkeit ist mit den Gesetzen der klassischen Kinematik unverträglich und erfordert eine völlige Überarbeitung der grundlegenden Vorstellungen von Raum und Zeit. Aus demselben Grund dürfen lichtartige Teilchen wie Photonen, Neutrinos und Gravitonen, die sich mit Lichtgeschwindigkeit bewegen, keine Ruhmasse besitzen.

Bei Geschwindigkeiten in der Nähe der Lichtgeschwindigkeit wird die Masse als abhängig von der Geschwindigkeit angesehen. Man nennt die Größe $m_{\vec{v}} = m/\sqrt{1 - |\vec{v}|^2/c^2}$ die bewegte Masse, m im Gegensatz dazu die Ruhmasse, und erhält aus (1) die Gleichung $E = m_{\vec{v}} c^2$.

Massendefekt, relativistischer Effekt, der darin besteht, daß bei einer Kernreaktion die Summe der Ruhmassen der Endprodukte kleiner sein kann als die Summe der Ruhmassen der Ausgangsteilchen. Eine Erklärung findet man in den Ausführungen zur ↗Einsteinschen Formel, siehe auch ↗Masse-Energie-Äquivalenzrelation.

Massendichte, Kenngröße für das Verhältnis von Masse und Volumen eines Körpers, ↗Masse eines Bereichs.

Massenmatrix, spezielle Matrix, die aus dem Finite-Elemente-Ansatz einer parabolischen Differentialgleichung $u_t - \Delta u = f$ entsteht.

Sind die ϕ_k die Basisfunktionen des Finite-Elemente-Raums, so entsteht durch den Lösungsansatz

$$u(t) := \sum y_k(t)\phi_k$$

ein Differentialgleichungssystem für die y_k der Form

$$My_t + Ay = b.$$

Dabei ist A die sogenannte Steifigkeitsmatrix und $M = (M_{ij})$ die Massenmatrix, welche definiert ist durch

$$M_{ij} = \int \phi_i \phi_j dx.$$

Massenwirkungsgesetz, Modell zur Beschreibung von Interaktionen (z. B. $\dot{x} = kxy$), wenn keine Einsicht in die Natur dieser Interaktion besteht. Es ist beispielsweise die Grundlage der ↗Lotka-Volterra-Systeme.

Die Verwendung des Massenwirkungsgesetzes führt allerdings oft zu fehlerhafter Modellbildung (Verwechslung von Populationsgröße und -dichte).

maßerzeugende Funktion, eine rechtsseitig stetige isotone Funktion auf $\mathbb{R}^d$. Sie definiert eindeutig ein ↗Maß auf $\mathcal{B}(\mathbb{R}^d)$.

Maßraum, einer der Grundbegriffe der ↗Maßtheorie.

Es sei Ω eine Menge, $\mathcal{A}$ eine ↗σ-Algebra in Ω und μ ein ↗Maß auf $\mathcal{A}$. Dann heißt das Tripel $(\Omega, \mathcal{A}, \mu)$ Maßraum.

Maßtheorie, Teilgebiet der Mathematik, das sich mit der Erforschung von ↗Maßen, ↗Inhalten u. ä. befaßt.

Die Ergebnisse der Maßtheorie sind von fundamentalem Interesse für andere Teildisziplinen, wie etwa Integrationstheorie oder Wahrscheinlichkeitstheorie.

maßtreue Transformation, meßbare Abbildung T der Menge Ω eines Wahrscheinlichkeitsraumes $(\Omega, \mathfrak{A}, P)$ in sich mit der Eigenschaft $P(T^{-1}(A)) = P(A)$ für alle $A \in \mathfrak{A}$. Das Ereignis A und sein Urbild unter T besitzen also die gleiche Wahrscheinlichkeit.

Matching, Methode aus der Finanzmathematik zur Risikobegrenzung.

Das Matching stellt eine spezielle Form der ↗ Immunisierung von Kapitalanlage-Risiken dar. Mit Hilfe von Matchingverfahren wird entweder versucht, Zahlungsströme zwischen der Aktiv- und Passivseite zur Deckung zu bringen (Cash-Flow Matching), oder die Sensibilität eines Portfolios gegen Zinsschwankungen, die ↗ Duration, zu reduzieren.

Für eine andere Bedeutung des Begriffs Matching siehe ↗ Eckenüberdeckungszahl.

Materiegleichungen, ↗ Maxwell-Gleichungen.

Mathematica, ein Allzwecksystem für Probleme der Computeralgebra.

Mathematica ist das System, das zur Zeit am weitesten verbreitet ist. Es wurde in den 80er Jahren unter Leitung von S. Wolfram an der Universität von Illinois entwickelt.

Mit Mathematica kann man numerisch und symbolisch rechnen. Es gibt umfangreiche Möglichkeiten der graphischen Darstellung. Mathematica hat eine eigene Programmiersprache, in der eigene Bibliotheken entwickelt werden können.

Mathematik

Der Versuch, das Wesen der Mathematik im Rahmen eines Lexikon-Stichwortes zu definieren, ist von Anfang an zum Scheitern verurteilt. Ursprünglich als die „Kunst des Rechnens und Messens" bezeichnet, hat sich diese Wissenschaft im Laufe der Geschichte, insbesondere der letzten drei Jahrhunderte, so stark weiterentwickelt und aufgefächert, daß ihr eine wie auch immer geartete Kurzdefinition nicht gerecht wird; die insgesamt sechs Bände dieses Lexikons, angefüllt mit mathematischen Fachbegriffen, mögen Beleg dafür sein. Wir geben daher an dieser Stelle einen Abriß der mathematischen Entwicklung im Laufe der Menschheitsgeschichte, um damit zumindest einen Eindruck von der Vielfalt dieser Wissenschaft zu vermitteln.

Mathematik der Frühzeit.

Über die Ursprünge des menschlichen mathematischen Denkens kann man sehr wenig gesicherte Aussagen machen, da es naturgemäß dazu keine Quellen gibt. Es ist versucht worden, aus dem Verhalten von Kleinkindern und aus anthropologischen Studien „wenig zivilisierter Völker" Rückschlüsse auf das mathematische Verständnis des Menschen der Frühzeit zu ziehen. Als einigermaßen gesichert kann angesehen werden: Das Zahlenverständnis unserer Vorfahren kann als „Zahlengefühl" bezeichnet werden, d. h., man konnte kleine natürliche Mengen wahrnehmen. Die Fähigkeit, solche Mengen zu „begreifen" war an die konkrete Menge selbst gebunden, „zwei Augen" war etwas grundsätzlich anderes als etwa „zwei Hände".

Der fehlende Zahlenbegriff schloß nicht aus, entscheiden zu können, ob zwei (auch größere) Mengen identisch sind oder nicht. Der entscheidende Schritt hin zum mathematischen Verständnis war das „Zählen". Es scheint sich aus der Aneinanderreihung von zwei „Zahlwörtern" für die Einheit und für das Paar entwickelt zu haben. In der Frühphase des mathematischen Denkens ist man wohl nicht über „Vier" hinausgekommen. Der fehlende Zahlbegriff und die fehlenden Bezeichnungen für größere Zahlen verhinderten paradoxerweise durchaus nicht das „Zählen" größerer Mengen, ebenso wenig das „Rechnen". Man hat nur die zu zählende Menge mit einer Vergleichsmenge (Kieselsteine, Kerben in Holz oder Knochen usw.) zu vergleichen. Es wurden Quantitäten verglichen, wobei es letztlich nicht mehr auf die Qualität der verglichenen Gegenstände ankam. Das war der Ursprung des abstrakten Zahlenbegriffs. Daneben (oder danach) mußten Verfahren entwickelt werden, um auch größere Zahlen als Vier konkret bezeichnen zu können. Diese Bezeichnungen haben sich wohl aus dem Zählen mit den Fingern (z. B. 10 = „alle Finger") oder dem ganzen Körper (z. B. 14 = „rechte Seite des Halses", Neuguinea) entwickelt. Der ständige Gebrauch solcher konkreter Zahlwörter schliff ihre gegenständliche Bedeutung ab. Die Zahlwörter wurden Schritt für Schritt auf andere, schließlich auf alle Gegenstände übertragen. Damit wurde das Zahlwort zur Mengenbezeichnung. Um Zahlwörter behalten zu können, war eine symbolische Darstellung notwendig. Über konkrete Zahlzeichen (z. B. Kieselsteine) und mündliche Zahlzeichen (z. B. „vier" = die „Pfoten eines Tieres") kam man zu schriftlichen Zahlzeichen (Kerben, Bilder, „Ziffern"). Die Entwicklung der Zahlensysteme ist erst in historischer Zeit erfolgt.

Noch sehr viel verschwommener sind unsere Vorstellungen von der Entwicklung geometrischer Kenntnisse in der Frühzeit des Menschen. Man kannte in der Steinzeit einfachste Regeln für das Einhalten des rechten Winkels und das Erzeugen einer geraden Linie. Das Brennen und Bemalen von Töpferwaren, Flechtarbeiten, das Weben und später das Bearbeiten von Metallen, rituelle Malereien, Tänze förderten das Verständnis ebener und räumlicher Beziehungen. Felsmalereien weisen trotz ihrer teilweise hervorragenden künstlerischen Qualität auf die fehlenden Kenntnisse der Perspektive, Ornamente auf ein hochentwickeltes Verständnis für geometrische Muster hin.

Mathematik der Antike.
Unter Mathematik der Antike wird die Mathematik im Bereich der griechisch-hellenistischen Antike zwischen 600 v.Chr. und etwa 500 n.Chr. verstanden, die zur gleichen Zeit in anderen Kulturzentren stattfindenden Entwicklungen bleiben außerhalb der Betrachtungen.

Üblicherweise unterteilt man die Mathematik der Antike in mehrere Abschnitte, die je nach der jeweiligen Betrachtungsweise unterschiedlich ausfallen. Die erste Periode wird häufig nach der hervorstechenden Rolle der ionischen Naturphilosophie als die ionische bezeichnet. Sie reicht von Ende des 7. Jahrhunderts v.Chr. bis zur Mitte des 5. Jahrhunderts v.Chr. Am Anfang stand die im Rahmen der ionischen Naturphilosophie herausgebildete Frage nach dem „Warum“, dem letzten Grund für die beobachteten Erscheinungen, wobei bei der Beantwortung möglichst kein Rückgriff auf mystische Elemente erfolgte. Mathematische Kenntnisse waren noch völlig in die Philosophie integriert. Vertreter dieser ionischen Naturphilosophie, wie Thales von Milet, stellten diese Frage auch an mathematische Sachverhalte. Sie konstatierten einige mathematische Aussagen und formten erste Vorstellungen von Beweisen. Beweisen hatte dabei den elementaren Charakter des Aufzeigens, Verdeutlichens. Eine andere philosophische Richtung, die eleatische Philosophie, stimulierte die Herausbildung wichtiger Grundvorstellungen für eine strenge, systematische Darstellung einer Theorie. Speziell wurde klar festgelegt, was unter einem Postulat, Axiom und einer Definition zu verstehen ist. In der philosophischen Argumentationsweise entstand auch die Struktur des indirekten Beweises. Im Zusammenspiel dieser Ansätze formten die Griechen aus einem umfangreichen, vor allem aus dem Vorderen Orient übernommenen mathematischen Erfahrungswissen eine logisch-deduktiv dargelegte Wissenschaft. Die Mathematik erlangte damit eine derartige Selbständigkeit und Strukturiertheit, daß man von der Etablierung der Mathematik als Wissenschaft spricht.

Obwohl die Leistungen der Mathematiker aus dieser ersten Periode nur aus Sekundärquellen bekannt sind, lassen sich eine ganze Reihe von Resultaten recht genau zuordnen. Ein frühes Beispiel für eine streng aufgebaute Theorie war die Lehre von „gerade“ und „ungerade“, die in der Schule des Pythagoras entstand und einfache Gesetze über gerade und ungerade Zahlen enthielt. Sie gipfelte in dem Satz, daß eine Zahl der Form $2^n(1+2+2^2+\ldots+2^n)$ vollkommen ist. Ausgehend von philosophischen, teilweise noch mystischen Ansichten sahen die Pythagoreer in der Zahl das Wesen aller Dinge und gelangten auf dieser Basis zu beachtlichen mathematischen Ergebnissen. Sie definierten verschiedene Zahlen, wie gerade, ungerade, befreundete und vollkommenen Zahlen sowie Primzahlen und erkannten erste Eigenschaften. Im Rahmen ihrer Musiktheorie studierten sie mehrere Mittelbildungen, u. a. geometrisches, arithmetisches und harmonisches Mittel, und bauten eine Proportionenlehre für natürliche Zahlen auf. Die zweifellos von den Pythagoreern auch erzielten geometrischen Ergebnisse sind weniger gut belegt, doch spricht der nach Pythagoras benannte Lehrsatz, für den wohl einer der Pythagoreer auch einen Beweis lieferte, für die geometrischen Forschungen. Von den Geometern dieser Periode sei Hippokrates von Chios (2. Hälfte des 5. Jahrhunderts v. Chr. lebend) hervorgehoben, der als einer der ersten eine systematische Darstellung der Mathematik seiner Zeit in Lehrbuchform unter dem Titel „Elemente“ verfaßte. Berühmt wurde er durch die Bemühungen um die Lösung eines der klassischen Probleme des Altertums, der Quadratur des Kreises, die ihn auf die „Möndchen des Hippokrates“ und die Bestimmung des Flächeninhalts dieser krummlinig begrenzten Flächen führten.

Die drei klassischen Probleme des Altertums umfaßten neben der Verwandlung eines Kreises in ein flächengleiches Quadrat die Teilung eines Winkels in drei Teile und die Konstruktion eines Würfels mit dem zu einem vorgegebenen Würfel doppelten Volumen. Alle drei Probleme sollten nur mit Zirkel und Lineal gelöst werden. Erst nach über zwei Jahrtausenden intensiver Beschäftigung konnte die Unlösbarkeit der Probleme bewiesen werden. Von den Einzelresultaten sei Demokrits Berechnung des Volumens eines Kreiskegels mit Hilfe seiner atomistischen Vorstellungen genannt, wobei er mit der Zerlegung der Körper Grundideen der Integralrechnung andeutete.

Die zweite Phase, die zeitlich bis etwa 300 v.Chr. reicht, war vom Aufstreben des Stadtstaates Athen geprägt und wird deshalb teilweise als Athenische Periode bezeichnet. Die Mathematik war nach wie vor sehr eng mit der Philosophie verknüpft. Platon, der 386 v.Chr. in dem nach dem Heros Akademos benannten Hain eine Philosophenschule gegründet hatte, wählte die Mathematik als Muster für eine Wissenschaft. Durch die enge Kopplung an die Mathematik hat die Platonische Philosophie einen spürbaren Einfluß auf die Mathematikentwicklung ausgeübt, u. a. im Methodischen, in der Ablehnung von praktischen Anwendungen der Mathematik, der Beschränkung der Konstruktionsmittel auf Zirkel und Lineal bei der Lösung geometrischer Aufgaben und in der Interpretation des mathematischen Abstraktionsprozesses. Das wohl folgenreichste Resultat jener Zeit war die Entdeckung inkommensurabler Strecken im Rahmen der pythagoreischen Schule. Dies trifft sowohl für Seite und Diagonale des Quadrats als auch für Seite und Diagonale des Fünfecks zu. Diese Entdeckung erschütterte die Basis der pythagoreischen Lehre, daß alle Erscheinungen der Welt in ganzen Zahlen oder Verhältnissen von diesen ausdrückbar seien. Die Lösung dieses Dilemmas bestand in dem Übergang zu einer geometrischen Lösung der entsprechenden Probleme, die eigentlich algebraischer Art waren, und im Aufbau einer Proportionenlehre für inkommensurable Größen. Mit der Methode der Flächenanlegung fand man ein Verfahren, quadratische Gleichungen und Gleichungssysteme geometrisch zu lösen. In diesem Kontext gelang dann Theodoros von Kyrene der Nachweis, daß $\sqrt{2}$, $\sqrt{3}$, $\sqrt{5}, \ldots \sqrt{17}$ inkommensurabel sind, und Theaitetos schuf daran anknüpfend eine Klassifizierung der quadratischen Irrationalitäten. In arithmetischer Hinsicht war es Eudoxos von Knidos, der die Bewältigung der Inkommensurabilität mit Hilfe einer Erweiterung der Pythagoreischen Proportionenlehre auf diese neuen Größen lieferte. Obwohl die Größenlehre die irrationalen Zahlen einschloß, kam Eudoxos, wie auch andere griechische Mathematiker, nicht zum Begriff der irrationalen Zahl. Im Zusammenhang mit der Größenlehre entwickelte er das später als Exhaustionsmethode bezeichnete Verfahren, das ein sehr frühes recht leistungsfähiges Stück Infinitesimalmathematik darstellt. Zentrales Resultat der Methode war ein Satz, der die beliebig gute Annäherung an eine zu messende Größe konstatierte und dies konstruktiv nachwies. Die Basis dafür bildete der später häufig als Archimedisches Axiom bezeichnete Sachverhalt.

Die nächste, um 300 v.Chr. beginnende Periode stand im Zeichen des Hellenismus. In Alexandria, der von Alexander dem Großen nach der Eroberung Ägyptens 331 v.Chr. gegründeten Stadt, entstand mit dem Museion ein neues wissenschaftliches Zentrum der antiken Welt. Bereits in den Anfangsjahren wirkte dort mit Euklid einer der bedeutendsten Mathematiker der Antike. Mit den „Elementen" verfaßte er das erfolgreichste Mathematikbuch, das bisher geschrieben wurde (↗ „Elemente" des Euklid). Wenig später begann Archimedes, der wohl bedeutendste Naturwissenschaftler der Antike, der Mathematik seinen Stempel aufzudrücken. Mit der exakten Berechnung des Parabelsegments, bei der er erstmals eine unendliche geometrische Reihe summierte, gelang ihm ein wichtiger Beitrag zur Integralrechnung. Hervorzuheben ist dabei, daß er eine Methode formulierte, mit der er durch mechanisch-physikalische Überlegungen weitere Ergebnisse heuristisch herleiten und anschließend mathematisch exakt beweisen konnte. Die Resultate betrafen die Bestimmung von Volumina, Oberflächen oder Bogenlängen an Rotationsellipsoiden und -hyperboloiden bzw. an der nach ihm benannten Spirale. In der Arithmetik sprach er die unbegrenzte Fortsetzbarkeit der Zahlenreihe aus. In seinen physikalischen Forschungen legte er in der Hydrostatik und Statik erste Grundlagen der mathematischen Physik. Die Geometrie, vor allem die Kegelschnitte, war das Hauptforschungsgebiet von Archimedes' Zeitgenossen Apollonius von Perge. In der achtteiligen „Conica" formulierte er eine einheitliche Herleitung der Kegelschnitte durch ebene Schnitte an einem Kreiskegel und behandelte Brennpunkte, Asymptoten, Tangenten, und Normalen.

Auch in den nachfolgenden Jahrhunderten erzielten antike Mathematiker interessante geometrische Resultate, so Ptolemaios zur stereographischen Projektion und zum Parallelenpostulat, Heron zur Flächen- und Volumenberechnung, sowie Nikomedes mit der Konchoide und Diokles mit der Zissoide. Die Trigonometrie wurde in jener Periode durch Ptolemaios bereichert, der in seinem grundlegenden astronomischen Werk „Almagest" die ebene und sphärische Trigonometrie als Sehnenrechnung entwickelte. Zuvor hatten Hipparchos und Menelaos in Verbindung mit astronomischen Studien wichtige Elemente der Trigonometrie geschaffen. Gegen Ende der Periode erlebten auch Arithmetik und Algebra einen beachtlichen Fortschritt. Nikomachos stellte die Arithmetik als Zahlenlehre systematisch und unabhängig von der Geometrie dar, und Diophantos von Alexandria führte in einer 13-teiligen „Aritmetica" eine gewisse Symbolik in Form fester Abkürzungen für niedrige Potenzen der Unbekannten ein, und behandelte Gleichungen bis zum Grad vier sowie unbestimmte Gleichungen, die später nach ihm benannt wurden, aber noch nicht auf ganzzahlige Lösungen eingeschränkt waren.

Hatte die antike Mathematik zur Zeit Diophants ihren Höhepunkt bereits überschritten, so ging das Niveau in den folgenden Jahrhunderten deutlich zurück. Nur wenige erzielten noch neue Ergebnisse, wie etwa Pappos von Alexandria zur projektiven Geometrie. Meist beschränkte man sich auf Kommentare zu den klassischen Werken. Einige Historiker grenzen diese Periode als eine Phase des Niedergangs von der übrigen Entwicklung ab, zeitlich umfaßt sie das dritte bis fünfte Jahrhundert. Die Bewahrung und Tradierung der antiken Mathematik wurde dann ein Hauptverdienst der ↗ arabischen Mathematik.

Mathematik des Mittelalters.
Dieser Begriff soll hier verstanden werden als die Mathematik des lateinischen Mittelalter (die Entwicklung der Mathematik in Indien, in China, im Islam ist an anderer Stelle dargestellt).

Im Jahre 477 war mit der Absetzung des Kaisers Romulus Augustulus die Geschichte des weströmischen Reiches beendet. Man kann das als Beginn des Mittelalters ansehen. Seit 510 regierte Theoderich von Ravenna aus das Ostgotenreich. Auch in Ravenna lebte Boethius (475/480–524), der sich durch Übersetzungen von mathematischen Schriften des Nikomachos von Gerasa (um 100) und Teilen der „Elemente“ des Euklid Verdienste erwarb. Auch Cassiodorus (480/490–um 575) bezog sich in seinen Schriften vorwiegend auf Nikomachos. Die Werke des Cassiodorus retteten einfachste Teile antiker Mathematik (elementare Arithmetik, elementare Zahlentheorie, Beschreibung grundlegender geometrischer Figuren, Rechenvorschriften für das Vermessungswesen) in die Klosterschulen. Das Christentum stand der antiken Wissenschaft, der Wissenschaft überhaupt, skeptisch gegenüber: Wissenschaft und damit auch Mathematik könne kaum zur Erlösung beitragen, es sei denn, sie erhelle „dunkle“ Stellen der „Heiligen Schrift“ und helfe so der Theologie. Diese Auffassung wurde in den Klöstern Europas gepflegt, die im Verlaufe der Christianisierung seit dem 4. Jh. entstanden waren. Eine zentrale Rolle spielte in der „Klostermathematik“ die Osterrechnung – die Beziehung zwischen dem jüdischen Mondkalender und dem julianischen (römischen) Sonnenkalender, oder die Berechnung des ersten Frühlingsvollmondes (Beda Venerabilis (672/73–735)). Zur Durchführung der eigentlichen Rechnung benutzte Beda die Darstellung der Zahlen durch die Finger und einfachste astronomische Tatsachen. Über Beda hinaus ging erst Alkuin (um 735–804). Seit 796 leitete er ein Kloster in Tours. Für dessen Klosterschule verfaßte er(?) die älteste mathematische Aufgabensammlung in lateinischer Sprache. Es handelte sich dabei um „Denksportaufgaben“, die mathematisch auf lineare Gleichungen oder elementare geometrische Berechnungen führen. Auch eine Mondrechnung findet sich hier. Der Bezug der Aufgaben zum praktischen Leben war gering. Aus dem 9. Jh. kennt man fragmentarisch eine Handschrift über Vermessungsgeometrie, die Inhaltsberechnungen einfacher Körper enthält. Im 10. Jh.verfaßte Gerbert von Aurillac (vor 945–1003) Schriften zum Rechnen auf dem Abakus und zur ebenen Geometrie, die nur elementarste Grundbegriffe und Verfahren erläuterten. Franco von Lüttich (gest.1083) beschäftigte sich, auf Aristoteles bezugnehmend, mit der Quadratur des Kreises. Seine Arbeit enthielt Aussagen über irrationale Zahlen.

Seit dem 11. Jh. wurden wichtige Werke der griechischen und arabischen Mathematik im lateinischen Europa bekannt. Hauptgrund dafür scheint gewesen zu sein, daß es den Christen gelang, große Teile Spaniens von den Arabern zurückzuerobern. Dabei fielen ihnen deren Bibliotheken, die die gesamte arabische wissenschaftliche Literatur und damit auch die Wissenschaft der Griechen enhielten, in die Hände. Jetzt hatte man auch ein Interesse an diesen Schriften, denn eine neue Schicht von „Intellektuellen“ (Kaufleute, Handwerker, Mediziner, Juristen) in den sich schnell entwickelnden Städten mit ihren Schulen und Universitäten brauchte Fachwissen. Ebenfalls ab dem 11. Jh. entstanden in Spanien, besonders in Toledo, in Südfrankreich und Sizilien Übersetzungen arabischer, aber auch griechischer, mathematischer Schriften. Adelard von Bath (1070/80–um 1146) übersetzte um 1130 die „Elemente“ des Euklid vom Arabischen ins Lateinische und die astronomischen Tafeln des al-Hwarizmi, Gerard von Cremona (1114–1187) übersetzte u. a. Werke von Euklid, Archimedes, al-Hwarizmi, Aristoteles und Ptolemaios. Auf die Übersetzungen folgte die Phase der ersten selbständigen Aufarbeitung des antiken Wissens, allerdings immer noch auf bescheidenem Niveau. Leonardo von Pisa, Jordanus de Nemore (13. Jh.) und Johannes de Sacrobosco (gest. 1221) stehen für diese Phase. Bei ihnen fanden sich aber durchaus auch schon erste weiterführende mathematische Ideen (Leonardo: arithmetische Behandlung einer kubischen Gleichung, Nemore: Einführung von Buchstaben für Zahlen, Sacrobosco: isoperimetrische Betrachtungen). In der zweiten Hälfte des 13. Jhs. erreichte die Übersetzertätigkeit gleichzeitig Höhepunkt und ersten Abschluß. Wilhelm von Moerbeke (um 1215–vor 1286) übersetzte Werke von Archimedes, Heron, Ptolemaios; Campanus (gest. 1296) lieferte eine kommentierte Ausgabe der „Elemente“ des Euklid.

Zum Ende des 13. Jahrhunderts waren erhebliche Teile des klassischen Erbes der Mathematik, aber auch der Physik und Biologie, zugänglich geworden. Fast vollständig unbekannt waren immer noch die Werke des Apollonios (um 262–um 190 v.Chr.) und des Diophantos, des Pappos (um 320) und des Proklos (410–485). Das 14. Jh. brachte erste kritische Auseinandersetzungen mit den naturwissenschaftlichen Schriften der Griechen, insbesondere mit denen des Aristoteles. Dabei ging es nicht um eine grundsätzliche Neubewertung des überkommenen Wissens, sondern vorwiegend um Korrekturen in Einzelfragen. Träger dieser Wissenschaft waren Universitätsgelehrte und Geistliche. Im gesamten Mittelalter hatte das gemeine Volk keinerlei Gelegenheit, sich wissenschaftlich zu bilden. Auch die berufsmäßigen Rechenmeister waren am wissenschaftlichen Fortschritt damals nicht beteiligt. Die erwähnten Korrekturen bezogen sich auf das „Unendliche", die Gesetze der Bewegung und den Bau der Materie. Thomas Bradwardine (1290/1300–1349), Johannes Buridan (gest. nach 1358) und besonders Nicole Oresme (um 1320–1382) waren typische Repräsentanten dieser Geistesrichtung. Oresme drang dabei bis zu einer graphischen Darstellung von Quantitäten und Qualitäten, der Beschreibung „Krümmung einer Kurve", zur Summierung einer unendlichen geometrischen Reihe und zur Einführung positiv rationaler Exponenten vor. Gegen Ende des 14. Jahrhunderts begann diese spekulative, stark von theologischen Vorstellungen geprägte Mathematik zu stagnieren. Mehr der Praxis zugewandt waren die Erstellung astronomischer Tafeln (u. a. die ↗Alfonsinischen Tafeln), Schriften zur Architektur (u. a. „Bauhüttenbuch" von Villard de Honnecourt, um 1235) und zum Vermessungswesen. Über das Vermessungswesen sind seit dem 9. Jh. Schriften bekannt. Levi ben Gerson (1288–1344) führte den Jakobsstab ein. Eigentlich schon dem Geist der Renaissance verpflichtet waren das Werk des ↗Leonardo von Pisa ebenso wie das des Giotto (1266/67–1336). Leonardo schrieb nicht mehr für Theologen und Universitätsgelehrte, sondern für die Vertreter des aufkommenden Bürgertums. In Giottos Werk, das auch Anfänge der Zentralperspektive enhielt, werden „wirkliche Menschen", nicht „theologische Vorstellungen", dargestellt.

Mathematik der Renaissance.
Dies ist im wesentlichen die Mathematik des 15. und 16. Jahrhunderts, wenn auch die Anfänge der „Wiedergeburt" bis in das 13./14. Jh. zurückreichen.

Im 14./15. Jh. bildeten sich in Europa die Elemente des Frühkapitalismus heraus. Der Träger dieser Entwicklung, das Bürgertum, war einerseits an einer kritischen Übernahme der aus der Antike überlieferten Kenntnisse, andererseits an einer Nutzbarmachung von Wissenschaft für ökonomische Zwecke interessiert. In der Zeit der Renaissance ging man soweit wie möglich auf die griechischen Originalquellen zurück und machte die Werke der antiken Mathematiker in der Originalsprache, in einzelnen Fällen aber auch in den Landesprachen, zugänglich. Die Erfindung des Buchdrucks mit beweglichen Lettern förderte nachhaltig die Verbreitung des antiken mathematischen Wissens. So erschienen 1543 die erste italienische Euklid-Übersetzung, 1544 die erste griechische Ausgabe der Werke des Archimedes. Die Weiterentwicklung des aus Antike und Mittelalter überkommenen mathematischen Wissens ging in drei Hauptrichtungen voran.

1. Die Trigonometrie wurde zum geschlossenen System ausgebaut. In den „Fünf Büchern über alle Arten von Dreiecken" (geschrieben 1462–64, gedruckt 1533) faßte Regiomontanus(?) das gesamte in griechischen, islamischen und europäisch-mittelalterlichen Schriften verstreute Wissen zusammen und ergänzte es durch eigene Tafeln. Die folgenden Jahrhunderte brachten eigentlich nur Ausgestaltungen dieses Wissens. Erst Vieta (1540–1603) rechnete mit trigonometrischen Funktionen.

2. Ausbau der Rechenmethoden. Durch die gestiegenen mathematischen Anforderungen in Handel und Handwerk entwickelte sich ein selbständiges kaufmännisches Rechnen. Man mußte Währungen umrechnen, Maße sicher beherrschen, Zins- und Zinseszins feststellen, Buch führen. Diese Aufgaben wurden von Rechenmeistern bewältigt, die oft eigene Rechenschulen unterhielten und ihre Kenntnisse in „Rechenbüchlein" verbreiteten. Die Rechenmeister beherrschten und unterrichteten gleichermaßen das Rechnen auf dem Rechenbrett und das neue schriftliche Rechnen mit den indisch-arabischen Ziffern. Die Schwierigkeiten bei der Durchführung einer schriftlichen Rechnung waren damals enorm, und die neuen Verfahren setzten sich endgültig erst im 17. Jh. durch. Eine wesentliche Vereinfachung des Rechnens gelang mit der Einführung der Dezimalbrüche 1585 durch Simon Stevin (1548–1620). Allerdings waren diese im islamischen Kulturkreis schon lange vorher bekannt. Einen ebenso großen Fortschritt bildete die Bekanntmachung der Logarithmen durch J. Neper 1614 und J. Bürgi 1620.

3. Algebraisierung. Es erwies sich als unumgänglich, die ursprünglich rezeptartig vermittelten rechnerischen Verfahren theoretisch zu durchdringen und algorithmisch aufzuarbeiten. Bereits in der „Coß" (bekanntester Vertreter: A. Ries (1492–1559)) wurden feste Bezeichnungen für Variable, Potenzen der Variablen, Rechenoperationen verwendet, aber erst mit der äußerst einflußreichen „Arithmetica integra" (1544) von Michael Stifel (1487?–1567) begannen sich einheitliche Bezeichnungen durchzusetzen.

Um 1500 war in Italien ein „algebraischer Durchbruch" gelungen. S. del Ferro (1465–1526) entdeckte die Auflösung der kubischen Gleichung, veröffentlichte aber nichts darüber. N. Tartaglia (1499/1500–1557) gelang 1535 die erneute Entdeckung und G. Cardano (1501–1576) veröffentlichte 1545 die Lösung. In Cardanos „Ars magna ...“ findet man auch die erste Lösung der Gleichung vierten Grades durch L. Ferrari (1522–1569). Letzter bedeutender Algebraiker der Renaissance war F. Vieta. Er verwendete durchgängig eine feste algebraische Bezeichnungs- und Schreibweise und revolutionierte die algebraische „Umformtechnik“ (veröffentlicht 1631).

Zwei Gebiete, die etwas „abseits“ lagen, erlebten in der Renaissance einen großen Aufschwung. In der Kreismessung gelang Ludoph van Ceulen (1540–1610) die Berechnung von π auf 35 Dezimalen.

Seit Giotto (1267–1336) versuchten Maler und Architekten ein „reales Bild“ des Raumes zu ersinnen. Erst F. Brunelleschi (1377–1446) gelang es um 1400, die Zentralperspektive zu entwickeln. In Schriften von L.B. Alberti (1404–1472), P. della Francesca (um 1420–1492) und A. Dürer (1471–1528) wurde sie weiterentwickelt und meisterhaft dargestellt.

Mathematik in der Zeit der wissenschaftlichen Revolution (1600–1720).

Im Gegensatz zu allen anderen vorausgegeangenen Perioden der Entwicklungsgeschichte der Mathematik wird die Mathematik in der Zeit der wissenschaftlichen Revolution durch einen völligen Auffassungswandel von dem, was Mathematik sei und leisten kann, gekennzeichnet. Die vorausgangene Zeit war bestimmt durch eine große Zahl von erfolgreichen Mathematikern, die aber wenig grundsätzlich Neues schufen. Die Herausbildung der Infinitesimalrechnung ist das wichtigste Merkmal der Mathematik in der Zeit der wissenschaftlichen Revolution. Aber es gab weitere Aspekte, die die Mathematik dieser Zeit bestimmten, wenn sie auch mehr oder minder stark mit dem Infinitesimalkalkül in Verbindung stehen. Es entstand die Theorie der „unendlichen Reihen“. In der Anfangsphase dieser Theorie war man der Meinung, man müsse die Summe jeder unendlichen Zahlenreihe ermitteln können, Konvergenz und Divergenz waren „kein Thema“. Auf dieser Grundlage summierte Leibniz viele Reihen und zog anstandslos divergente Reihen als „Vergleichsreihen“ hinzu. Aus dem Quadraturproblem erwuchs die eigentliche (korrekte) Reihentheorie. John Wallis hatte das Quadraturproblem für $y = x^m$ (m reell) bis auf $m = -1$ im Jahre 1655 lösen können. Das Jahr 1668 brachte dann die entscheidenden Fortschritte. W. Brouncker (1620–1684) gelang es, eine Reihe für ln2 anzugeben, die er durch geometrische Quadratur eines Flächenstücks unterhalb der Hyperbel $xy = 1$ gewonnen hatte. J. Gregory (1637–1675) untersuchte die Quadratur von Kreis und Hyperbel und führte die Fachtermini „konvergent“ und „divergent“ ein. Im gleichen Jahr stellte N. Mercator (um 1619–1687) den allgemeinen Zusammenhang zwischen Hyperbelquadratur und Logarithmusfunktion her. Die „Logarithmotechnica“ von Mercator löste eine Art „Kettenreaktion“ aus, viele Entdeckungen über spezielle Reihen folgten.

Im Jahre 1669 hinterlegte Newton seine „De analysi per aequationes numero terminorum infinitas“ bei der Royal Society. Die Arbeit begründete eigentlich die selbständige Theorie der unendlichen Reihen, allerdings besaß auch Newton noch keine Konvergenztheorie. Er benutzte die Reihenlehre zum Bestimmen von Wurzeln und setzte sie für Quadraturen und Rektifikationen ein. Die Binomialreihe kannte er schon seit etwa 1665. Ab 1668/70 hatte Gregory die Kenntnis der (allgemeinen) „Taylor-Reihe“ und setzte diese Kenntnisse zur Bestimmung vieler spezieller Reihen ein. Ab 1675 kombinierte er Reihenlehre und die selbständig entwickelten Vorstellungen über Differentialgleichungen. Das gesamte 18. Jahrhundert über ist die Reihenlehre, auch auf dem Kontinent, ein beherrschendes Thema mathematischer Forschung geblieben. Euler, die Bernoullis, und viele andere bauten die formale Seite der Reihenlehre aus und setzten Reihen zur Lösung astronomischer und mechanischer Probleme ein.

Bereits Vieta hatte zwischen variablen und konstanten Größen unterschieden. Fermat und Descartes griffen diese Auffassung auf, aber erst Newtons „fließende Größen“ (Fluenten) und die Potenzreihenentwicklung schufen den ideellen Durchbruch zum Funktionsbegriff. Diesen begründete Leibniz seit 1673 unter maßgeblicher Beteiligung von Johann I Bernoulli (1694, 1718). Hauptsächlich durch Eulers „Introductio in analysin infinitorum“ (1748) wurde er mathematisches Allgemeingut, wobei allerdings offen blieb, ob die Eulerschen „analytischen Ausdrücke“ wirklich alle möglichen Funktionen beschrieben. 1690 stellte Jakob I Bernoulli das Problem der Kettenlinie, dem viele ähnliche Probleme folgten, die das Aufsuchen spezieller Funktionen zum Ziele hatten. Alle bedeutenden Mathematiker der Zeit beteiligten sich an solchen „Lösungswettbewerben“. Neben dem isoperimetrischen Problem brachten derartige Aufgaben die Anfänge der Variationsrechnung hervor.

Um 1600 trat in der Lehre von den Kegelschnitten eine entscheidende Wende ein. Wenn man vom Kreis absieht, waren Kegelschnitte seit der Antike „rein mathematische Gebilde“ gewesen. Seit der „Astronomia nova“ (1609) von J. Kepler war die Ellipse auch ein physikalisch-reales Gebilde, spätestens seit Galileis „Discorsi" (1638) war bekannt, daß beim Wurf „ohne allen Widerstand" die Wurfbahn eine Parabel ist. Himmelsmechanik und irdische Bewegungslehre verschafften den Kegelschnitten neue Aufmerksamkeit. Man versuchte, die antike Kegelschnittlehre des Apollonios zu rekonstruieren, und gab zusammenfassende Darstellungen der Lehre von den Kegelschnitten mit Einschluß der fragmentarisch überlieferten antiken Resultate (Gregorius a Santa Vincentio (1584–1667) um 1620).

Entscheidende Fortschritte auf diesem geometrischen Gebiet und weit darüber hinaus brachte aber erst das Jahr 1637: Descartes veröffentlichte seinen „Discours de la méthode". Die darin vorgeführte Anwendung seines rationalistischen Verfahrens auf die Geometrie, mit dem Ziel, diese für die Lösung algebraischer Probleme nutzbar zu machen, gehörte zu den Quellen der analytischen Geometrie. Descartes führte die „Gleichung" einer Kurve ein, benutzte eine Art Koordinatensystem und „rechnete" mit Strecken wie mit Zahlen. Er konnte algebraische Gleichungen durch geometrische Konstruktion lösen oder die Konstruktion des geometrischen Ortes bei vorgegebener Gleichung vornehmen. Er vermutete, daß es Gleichungen n-ten Grades mit n Lösungen gibt, bezog aber keine klare Stellung zu dem u. a. von Girard 1629 formulierten Fundamentalsatz der Algebra.

Möglicherweise sogar schon vor 1637 niedergeschrieben wurde die „Isagoge" von Fermat. In ihr sprach er das Grundprinzip der analytischen Geometrie aus: „Sobald in einer Schlußgleichung zwei unbekannte Größen auftreten, hat man einen Ort, und der Endpunkt der einen Größe beschreibt eine gerade oder krumme Linie...". Zur „Versinnlichung" dieses Zusammenhanges führte er Vorstufen „schiefwinkliger" Koordinaten ein. Fermats Untersuchungen lieferten auch den Satz: Kurven zweiter Ordnung stellen stets Kegelschnitte (körperliche Örter) dar, er glaubte aber fälschlicherweise, daß das Studium aller höheren Kurven auf das Studium der Kegelschnitte reduziert werden kann. Die weiteren Fortschritte der analytischen Geometrie wurden sehr mühsam errungen. Erst Newton gab 1676 eine Klassifikation der Kurven dritter Ordnung, führte das „cartesische Koordinatensystem" ein, und verwendete negative Koordinaten.

Seit der Antike sind Rechenhilfsmittel (Rechenbrett, Abakus) in Gebrauch gewesen. Mit dem 17. Jahrhundert setzte auch hier eine neue Entwicklung ein. Um 1600 konstruierte J. Neper seine Rechenstäbchen, um 1620 baute E. Gunter den ersten Rechenschieber. Für den Rechenschieber war die „Erfindung" der Logarithmen Voraussetzung (erste Veröffentlichungen J. Neper 1614, J. Bürgi 1620). In der Mitte des 17. Jahrhunderts war der Rechenstab voll durchgebildet. Wirkliche Rechenmaschinen bauten 1623/24 W. Schickard (1592–1635) und ab 1640 B. Pascal. Die Schickardsche Maschine konnte Addieren und Multiplizieren, die Pascalsche Addieren und Subtrahieren. Seine erste unvollkommene Vierspeziesmaschine führte Leibniz 1673 in London vor.

Für die Zeit der wissenschaftlichen Revolution war auch etwas Grundlegendes kennzeichnend: Wissenschaftler konnten jetzt in höchste Staatsämter aufsteigen, wobei die gesellschaftliche Emanzipation der Wissenschaft in England viel rascher voranging als auf dem Kontinent. Die Bedeutung der Universitäten nahm gleichzeitig stark ab, weil sie den Vertretern der neuen Naturwissenschaft und der neuen Mathematik oft keine Heimstatt boten. Insbesondere Praktiker der neuen Wissenschaft waren gezwungen, sich selbst zu organisieren um ihre Resultate austauschen zu können, auch gemeinsam arbeiten zu können. Es entstanden, oft mit Unterstützung des absolutistischen Staates, erste wissenschaftliche Gesellschaften (Akademien), so in Rom 1601, Florenz 1657, London 1662, Paris 1666, und Schweinfurt („Leopoldina") 1687). Die Akademien wurden nun zu den Zentren des Fortschritts in Mathematik und Naturwissenschaft.

Mathematik des 18. Jahrhunderts.

Die Mathematik des 18. Jahrhunderts ist geprägt durch den Aufschwung der Analysis und ist in diesem Sinne eine Zeit der Konsolidierung und des Ausbaus der in der wissenschaftlichen Revolution hervorgebrachten neuen Ideen. Zugleich etablierten sich die Akademien als Träger der wissenschaftlichen Entwicklung. Nach den Gründungen in Italien, London (1662) und Paris (1666) kamen mit Berlin (1700) und St. Petersburg (1724) zwei weitere bedeutende Akademien hinzu, die bald durch die in Schweden, Dänemark und Portugal sowie weitere in Italien und Deutschland ergänzt wurden. Mit den Berichten dieser Akademien erlebte auch das wissenschaftliche Zeitschriftenwesen einen deutlichen Aufschwung. Zu Anfang des Jahrhunderts dominierten in der Infinitesimalmathematik noch die geometrischen Methoden, doch zunehmend erkannte man die große Effektivität der analytischen Methoden. Zugleich wurden die Mathematiker immer vertrauter mit der Kraft der neuen Ideen der Infinitesimalrechnung und fanden ständig neue Anwendungsgebiete. Neue tiefgreifende Resultate wurden zu gewöhnlichen und partiellen Differentialgleichungen, zur Differentialgeometrie, zur Reihenlehre und zur Variationsrechnung erzielt. Der Gebrauch der infinitesimalen Methoden, speziell der Differentiale, war sehr freizügig, ohne eine exakte Begründung, obwohl sich viele Mathematiker der Schwächen in der Begründung dieser Methoden sehr wohl bewußt waren und sich auch um deren Beseitigung mühten. Doch die theoretische Absicherung der Methoden war nicht das Hauptziel der Gelehrten, sondern die Lösung der vielfältigen, vor allem mechanischen Probleme, ja, eine ganze Reihe von Wissenschaftlern sahen die Mathematik nur noch als Hilfswissenschaft der Physik. Die physikalische Korrektheit der abgeleiteten Folgerungen diente nicht selten als Rechtfertigung für das angewandte mathematische Verfahren. Die Grundfragen, wie die Konvergenz von Reihen, die Definition und der Gebrauch von Differentialen höherer Ordnung, die Existenz von Integralen, die Vertauschbarkeit von Differentiation und Integration blieben jedoch letztlich unbeantwortet.

Neben der Physik bildete die Astronomie ein zweites großes Anwendungsgebiet. In Verbindung mit der Newtonschen Gravitationstheorie eröffnete die Infinitesimalmathematik den Weg, ein großes Spektrum astronomischer Probleme mathematisch zu behandeln. Die Bahnen der Planeten und Kometen sowie die Bestimmung des Einflusses von Störungen auf diese Bahnen, das Drei-Körper-Problem, die Bewegung des Erdmondes und der Jupitermonde sowie die allgemein interessierende Frage nach der Stabilität des Sonnensystems waren einige Aufgaben, die der Bearbeitung harrten. Die Zahl der neuen Resultate auf dem Gebiet der Analysis war riesig. Bedeutende Beiträge lieferten u. a. die Bernoullis, Euler, Lagrange, d'Alembert, Clairaut und Laplace. Johann I Bernoulli benutze das Verfahren des integrierenden Faktors, Euler publizierte 1743 seinen Lösungsansatz $y = e^{kx}$ für homogene Differentialgleichungen n-ter Ordnung mit konstanten Koeffizienten, später auch eine Methode zur Lösung der inhomogenen Gleichungen, 1777 erschien dann die Methode der Variation der Konstanten von Lagrange. Als eine zentrale Gleichung erwies sich die später nach Laplace benannte Gleichung $\Delta u = 0$. Sie trat sowohl bei D. Bernoulli und Euler in den Untersuchungen zur Hydrodynamik auf, als auch bei Studien zur Gestalt der Erde und der gegenseitigen Anziehung von Körpern, die Clairaut bzw. Legendre und Laplace durchführten. In diesem Kontext fand Legendre die nach ihm benannten Polynome, und Laplace schuf erste Grundzüge der Potentialtheorie.

Ein weiteres wichtiges Problem war die Gleichung der schwingenden Saite und deren Lösung. Mit der aus experimentellen Erfahrungen gewonnenen Ansicht, daß die Lösung als Superposition eines Grundtons und einer Folge von Obertönen, also als trigonometrische Reihe, erhalten wird, löste D. Bernoulli eine langanhaltende, teils kontroverse Diskussion aus, die bis ins 19. Jahrhundert nachwirkte und u. a. in die Theorie der Fourier-Reihen einmündete. Ebenso heftig diskutiert wurde das 1744 von de Maupertuis aufgestellte Prinzip der kleinsten Aktion, nicht zuletzt wegen der engen Beziehungen des Prinzips zu Fragen innerhalb der Aufklärungsphilosophie. Nachdem zuvor schon viele Variationsprobleme als Einzelfälle behandelt worden waren, entwickelten Euler und Lagrange eine erste Methode, die eine systematische Darlegung der Theorie ermöglichte. Lagranges Anwendung der Variationsrechnung auf die Dynamik brachte den bekannten Formalismus und die später nach ihm benannten Gleichungen hervor. Der Aufschwung der Analysis wurde begleitet durch zahlreiche Lehrbücher, die eine systematische Darstellung der neuen Theorie präsentierten und die Durchbildung des Kalküls weiter voranbrachten. Herausragend waren dabei die Werke Eulers, der die Infinitesimalmathematik, die Differentialrechnung und die Integralrechnung jeweils in mehrbändigen Monographien erfaßte und dabei einen neuen Lehrbuchtyp schuf.

Die Algebra des 18. Jahrhunderts wurde noch im wesentlichen als Theorie der Gleichungen verstanden. Die Frage nach der Auflösbarkeit polynomialer Gleichungen in Radikalen stand im Mittelpunkt. Lagrange und Vandermonde eröffneten 1770 neue Gesichtspunkte, indem sie Funktionen der Wurzeln dieser Gleichungen und die von diesen Funktionen bei der Permutation der Wurzeln angenommenen Werte studierten. Am Ende des Jahrhunderts gab Ruffini dann einen ersten unvollständigen Beweis dafür, daß die allgemeine Gleichung fünften Grades nicht in Radikalen auflösbar ist. Ein weiteres Thema, der Fundamentalsatz der Algebra, erhielt entscheidende Impulse durch die Analysis, da das Resultat für die Partialbruchzerlegung im Rahmen der Integration rationaler Funktionen von grundsätzlicher Bedeutung war. Nach Beweisen von Euler und d'Alembert um die Jahrhundertmitte lieferte der junge Gauß 1797 eine erste den damaligen Exaktheitskriterien genügende Bestätigung des Fundamentalsatzes. Er griff dabei auf die komplexen Zahlen zurück, deren Gebrauch und deren Status im Zahlensystem und in der gesamten Mathematik ein ständiger Streitpunkt für die Mathematiker des 18. Jahrhunderts war. Das grundlegende Lehrbuch zur Algebra stammte wieder aus der Feder von Euler (1769, deutsch 1770), ohne daß er jedoch auf die neuen Tendenzen zur Gleichungstheorie eingehen konnte. Auch die lineare Algebra verzeichnete bemerkenswerte Fortschritte.

Die Zahlentheorie des 18. Jahrhunderts war noch eine Sammlung von einzelnen Problemen. Der Kleine Fermatsche Satz wurde von Euler (1736,

Verallgemeinerung 1760) und anderen Mathematikern bewiesen. Auch beim Beweis des Großen Fermatschen Satzes erzielte man Fortschritte, Euler bestätigte Fermats Vermutung für $n = 3$ und 4, Lagrange, Legendre und Gauß vervollständigten diese Ausführungen, schließlich führte Legendre den Nachweis für $n = 5$. Ein weiteres Themenfeld waren die verschiedenen Zerlegungen ganzer Zahlen in unterschiedliche Klassen ganzer Zahlen. So gelang Lagrange 1770 die Bestätigung von Fermats Behauptung, daß jede positive ganze Zahl die Summe von höchstens vier Quadraten ist. Dabei griff er auf wichtige Teilergebnisse zurück, die Euler in 40-jähriger Forschung zu diesem Problem erhalten hatte. E. Waring formulierte den Sachverhalt für die Darstellung durch Kuben und vermutete, daß jede positive ganze Zahl als Summe von höchstens r k-ten Potenzen ausgedrückt werden kann, wobei r von k abhängt. Auch die später nach Chr. Goldbach benannten Vermutungen, daß jede gerade Zahl (>2) Summe zweier Primzahlen und jede ungerade Zahl (>6) Summe dreier Primzahlen ist, entstammt jener Zeit, Goldbach äußerte sie 1742 in einem Brief an Euler. Bei einigen der genannten und mehreren anderen Problemen spielten Betrachtungen über Formen eine wichtige Rolle. Die wohl wichtigste zahlentheoretische Entdeckung des 18. Jahrhunderts war das quadratische Reziprozitätsgesetz, das unabhängig von Euler (1783, erste Formulierung 1744) und Legendre (1785) angegeben, aber nicht vollständig bewiesen wurde. Schließlich publizierte Legendre 1798 eine systematische lehrbuchmäßige Darstellung der Zahlentheorie.

Die Geometrie stand im 18. Jahrhundert über weite Strecken in enger Verbindung mit der Analysis. In der Anwendung der Analysis auf geometrische Fragen entstanden wichtige Studien, die die Grundlage der Differentialgeometrie bildeten. Clairaut, Lancret, Euler, de Gua de Malves u. a. erzielten interessante Resultate über ebene und räumliche Kurven. Euler, Meusnier und Monge schufen eine Theorie der Flächen im dreidimensionalen Raum, wobei wesentliche Anregungen aus der Herstellung von Karten kamen. Monge war es dann auch, der die geometrische Betrachtungsweise in die Analysis einführte. Mit der Theorie der Charakteristiken bereicherte er die Theorie der Differentialgleichungen und eröffnete die geometrische Interpretation analytischer Ideen. Bereits zuvor, in den 60er Jahren, hatte Monge die wichtigsten Ideen für ein konstruktives Verfahren zur Darstellung von Körpern in zwei Bildebenen gefunden. Aber erst 1798, als die militärische Geheimhaltung hinfällig geworden war, konnte er das neue Gebiet der darstellenden Geometrie in einem Lehrbuch präsentieren. Von den Vorarbeiten zur darstellenden Geometrie seien nur die von J.H. Lambert erwähnt, der 1759 die Darstellung räumlicher Körper mit Mitteln der projektiven Geometrie behandelte. Neben den verschiedenen Neuentwicklungen beschäftigte auch ein uraltes Thema die Geometer jener Zeit: Die Theorie der Parallellinien. Saccheri und Lambert konstruierten in ihrem Bemühen, das Euklidische Parallelenpostulat zu beweisen, erste Teile nichteuklidischer Geometrien, ohne diese als solche zu erkennen. Weitere „Beweise" lieferten Bertrand 1778 und Legendre ab 1794.

Abschließend sei noch auf Lamberts Beitrag zur Logik verwiesen. Ab 1753 hatte er sich Fragen der Logik gewidmet und baute 1764 in seinem Hauptwerk einen algebraischen logischen Kalkül auf.

Trotz der unbestrittenen Dominanz analytischer Forschungen erlebten auch die anderen Gebiete der Mathematik in der zweiten Hälfte des 18. Jahrhunderts einen deutlichen Aufschwung. Eine neue Denkweise hatte sich aber noch nicht herausgebildet, ja, unter dem Eindruck der erzielten Erfolge glaubten einige Mathematiker am Ende des Jahrhunderts, daß in der Mathematik die wichtigsten Probleme gelöst seien. Ihr Irrtum sollte sehr bald offenkundig werden.

Mathematik des 19. Jahrhunderts.
Die Mathematik des 19. Jahrhunderts ist gekennzeichnet durch eine bis dahin nicht gekannte Erweiterung und Spezialisierung der mathematischen Erkenntnisse sowie den Beginn eines grundlegenden Wandels, der bis weit ins 20. Jahrhundert hinein wirkte. Im Rahmen der Industriellen Revolution bildete sich in der ersten Hälfte des 19. Jahrhunderts ein qualitativ neues Verhältnis zwischen den Naturwissenschaften einschließlich der Mathematik und der materiellen Produktion heraus, das für die Mathematik eine Flut von neuen Anregungen und Anwendungsmöglichkeiten bereit hielt. Die Universitäten erlebten einen neuen Aufschwung und profilierten sich als Stätten der Lehre und Forschung. Neben dem Ausbau der Naturwissenschaften und Mathematik an den bestehenden Universitäten traten zahlreiche Neugründungen. Als völlig neue, den Bedürfnissen der Zeit entsprechende Einrichtungen entstanden die polytechnischen Schulen nach dem Vorbild der 1794 gegründeten Ecole Polytechnique in Paris, aus ihnen gingen später die Technischen Hochschulen hervor. Auch die Zahl der Mathematiker vergrößerte sich enorm, neben Frankreich, England und Deutschland als traditionelle Zentren der Forschung lieferten die Mathematiker Italiens und Rußlands bedeutende Beiträge. Am Ende des Jahrhunderts etablierten sich die USA als neue Forschungsnation, die sehr bald eine Spitzenposition auf vielen mathematischen Gebieten einnehmen

sollte. Das starke quantitative Wachstum und die Spezialisierung des mathematischen Wissens führten auch dazu, daß etwa ab den 70er Jahren die früher häufig anzutreffende Personalunion von Mathematiker, Physiker und Astronom verschwand, und die Mathematik nicht mehr in naiver Weise als Naturwissenschaft aufgefaßt und betrieben wurde. Auch hatte ein grundlegender Wandel im Wesen der Mathematik begonnen, der sich zunächst auf eine exaktere Fassung der Grundbegriffe und eine entsprechende Vorstellung von mathematischer Strenge und exakter Beweise konzentrierte. In diesem Prozeß entstanden präzise Definitionen der Grundbegriffe, wie irrationale Zahl, Stetigkeit, Ableitung, Grenzwert, Integral usw., sodaß man am Ende des Jahrhunderts glaubte, das Ziel, die Mathematik auf eine solide Basis zu stellen, erreicht zu haben. H. Poincaré sprach 1900 auf dem 2. Internationalen Mathematiker-Kongreß davon, daß jetzt eine absolute Strenge vorliege. Wichtige Beiträge in diesem Prozeß lieferten B. Bolzano, N.H. Abel, A. Cauchy, P. Dirichlet, und K. Weierstraß. In ihren Arbeiten klärten diese Gelehrten den Umfang der Begriffe, wie Stetigkeit, Differenzierbarkeit, Existenz höherer Ableitungen, Entwickelbarkeit in eine konvergente Potenzreihe, Integrierbarkeit u.ä. auf, und legten die zwischen diesen bestehenden Relationen dar. Der Funktionsbegriff fand in diesen Rahmen eine Neufassung und Präzisierung. Das Bemühen um eine bessere Begründung der Mathematik, speziell der Analysis, war verbunden mit dem Abwenden von geometrischen Anschauungsweisen und dem Bestreben, das Zahlsystem zur Grundlage der Betrachtungen zu machen, ein Prozeß, der auch als Arithmetisierung bezeichnet wurde, und den zunächst verschiedene Mathematiker als formalistische Übertreibung kritisierten. Der notwendige strenge Aufbau des Zahlsystems wurde in mehreren Schritten in Umkehrung der logischen Ordnung geleistet. Nachdem C.F. Gauß der von ihm selbst und einigen anderen Mathematikern entwickelten geometrischen Darstellung komplexer Zahlen durch seine Autorität zur allgemeinen Anerkennung verholfen hatte, gelang R.W. Hamilton 1833 eine arithmetische Interpretation als Zahlenpaare, wobei er zugleich die Aufmerksamkeit auf die Verknüpfungen der als abstrakte Elemente aufgefaßten Zahlen und deren Verknüpfungsregeln lenkte. Die exakte Einführung der irrationalen Zahlen wurde das Werk mehrerer Mathematiker, die unabhängig voneinander, teilweise analoge Theorien aufstellten, genannt seien C. Méray (1869), G. Cantor (1871), R. Dedekind (1872) und K. Weierstraß, der ab 1859 in Vorlesungen dazu vortrug. Abgeschlossen wurde diese Entwicklung durch R. Dedekind und G. Peano, die 1888 bzw. 1889 jeweils eine Theorie hierzu vorstellten, wobei Dedekinds Überlegungen auf die 70er Jahre zurückgingen. Abweichend von diesem genetischen Aufbau des Zahlsystems gab D. Hilbert 1899 eine axiomatische Einführung des Systems der reellen Zahlen. Bei all den Bemühungen um die Fundierung der Mathematik traten drei Aspekte hervor, die den Wandel der Disziplin charakterisieren: Die Herausbildung der Mengenlehre und das allmähliche Vordringen mengentheoretischer Begriffe und Methoden in große Teile der Mathematik, das Bewußtwerden von logischen Problemen bei der Entwicklung und dem Aufbau der Mathematik, sowie die mit der Konzentration auf diese Fragen verbundene Entstehung der mathematischen Logik und die Entwicklung der axiomatischen Methode. Diese Charakteristika bildeten sich in den letzten Jahrzehnten des 19. Jahrhunderts heraus und erfuhren im 20. Jahrhundert ihre volle Ausprägung.

Eine Konsequenz dieser Prozesse, die gleichsam als ein weiteres Merkmal des Wandels gelten kann, war die Tatsache, daß mit der Mengenlehre und der mathematischen Logik zwei Teildisziplinen der Mathematik entstanden, die neben einer Eigenentwicklung als eine wichtige Anwendung versuchten, das gemeinsame Wesen aller mathematischen Teildisziplinen aufzudecken. Die Mathematik wurde damit selbst zum Untersuchungsgegenstand, man grenzt diese Gebiete heute als metamathematische Disziplinen von den übrigen ab.

Da eine vollständige Übersicht über die Fülle der mathematischen Erkenntnisse im 19. Jahrhundert in diesem Rahmen nicht möglich ist, sollen nur einige wichtige Entwicklungen hervorgehoben werden. Die Mengenlehre, die vor allem das Begriffssystem für die neuen Vorstellungen von Strukturen und Methoden zu deren Konstruktion lieferte, wurde in den 70er Jahren von Cantor im regen Gedankenaustausch mit Dedekind geschaffen. Bereits in der ersten vierteiligen Zusammenfassung der Ergebnisse (1879–84) formulierte er das Kontinuumsproblem und stellte eine Theorie der transfiniten Kardinal- und Ordinalzahlen vor. 1895/97 gab er eine verbesserte Darstellung der Theorie und baute die transfinite Arithmetik auf.

In der mathematischen Logik, die letztlich das Wesen und die zulässigen Schlußweisen der deduktiven Methode erklärte, bestanden im 19. Jahrhundert zwei Aspekte, zu einem die Entwicklung formalisierter Sprachen, zum anderen die stärker auf die Verknüpfung der Symbole konzentrierte Algebra der Logik. Die „Algebraisierung der Logik“ wurde vor allem durch G. Boole ab 1847, C.S. Peirce ab 1870 und E. Schröder ab 1890 vorangebracht, während G. Frege und G. Peano mit der Schaffung formalisierter Sprachen grundlegende Beiträge lieferten.

Eine zentrale Position in der Mathematik des 19. Jahrhunderts nahm die Geometrie ein, viele blickten am Ende dieses Zeitabschnitts auf diesen als ein Jahrhundert der Geometrie zurück. Die Geometrie durchlief eine durchaus als revolutionär zu bezeichnende Entwicklung mit einem umfangreichen inhaltlichen und methodischen Erkenntniszuwachs sowie der Entstehung einer neuen inneren Struktur. Angeregt durch die darstellende Geometrie, aus deren dominierender Stellung an den polytechnischen Schulen eine hohe Wertschätzung für die Geometrie entsprang, erlebten die synthetischen Methoden eine spürbare Wiederbelebung. J.-V. Poncelet griff die Anregungen auf und legte 1822 eine zusammenfassende Behandlung der projektiven Geometrie vor. Der weitere Ausbau der Ideen erfolgte dann vor allem zusammen mit dem Mathematikerkreis um J.D. Gergonne und M. Chasles sowie den deutschsprachigen Mathematikern J.Steiner, J. Plücker, A.F. Möbius und K.G.Chr. von Staudt durch die Aufklärung des Dualitätsprinzips und die Vervollständigung des synthetischen Aufbaus. Von Staudt konstruierte in der „Geometrie der Lage“ (1847) und den nachfolgenden „Beiträgen“ (1856/58) eine metrikfreie Begründung der projektiven Geometrie, die F. Klein 1871 abrundete. Dabei spielte die von A. Cayley gegebene Zurückführung metrischer Eigenschaften auf projektive (1859) eine wichtige Rolle. Möbius und Plücker konzentrierten sich auf den Ausbau der algebraischen Methoden und fanden in der Einführung von homogenen bzw. Linien-Koordinaten (1827 bzw. 1828) geeignete Mittel, die letzterer u. a. sehr nutzbringend zum Studium algebraischer Kurven einsetzte und damit den Boden für die algebraische Geometrie bereitete. Die bedeutendste Errungenschaft der Geometrie des 19. Jahrhunderts war die Schaffung nichteuklidischer Geometrien. Nachdem sich Gauß, der etwa ab 1815 nach langem Ringen zu der Überzeugung gekommen war, daß die nichteuklidischen Geometrien richtig waren, nur vertraulich dazu äußerte, erzielten J. Bolyai und N. I. Lobatschewski in der zweiten Hälfte der 20er Jahre wichtige Grundeinsichten in diese Geometrien. Die Ausarbeitungen der beiden Gelehrten erschienen 1832 bzw. 1829/30 und 1835, fanden jedoch zunächst wenig Beachtung, lagen doch damit Geometrien vor, die mathematisch widerspruchsfrei waren, aber deren Verhältnisse mit der täglichen Raumerfahrung nicht übereinstimmten. Die mit diesen Arbeiten angezeigte Notwendigkeit, erkenntnistheoretisch zwischen Geometrie und Raum zu unterscheiden, vollendete dann B. Riemann 1854 (publiziert 1868) mit seinen weitreichenden Vorstellungen zu einer Theorie der Mannigfaltigkeiten in n Dimensionen in einem viel umfassenderen Rahmen. Riemann setzte damit den Ausgangspunkt für mehrere grundlegende neue Entwicklungen in der Geometrie. Die Anerkennung der nichteuklidischen Geometrie kam schließlich durch den Nachweis ihrer Widerspruchsfreiheit durch die Angabe von Modellen (Beltrami, 1869; Klein, 1871) voran. Weitere wichtige Fortschritte der Geometrie waren deren Klassifikation mit gruppentheoretischen Methoden durch Klein 1872 im „Erlanger Programm“ und die axiomatische Charakterisierung durch Hilbert 1899 in den „Grundlagen der Geometrie“. Die Beschäftigung mit den Grundlagen der Geometrie ist im Zusammenhang mit analogen Bestrebungen in anderen Teilen der Mathematik zu sehen. Die Studien wurden in den letzten Jahrzehneten des 19. Jahrhunderts von mehreren Gelehrten, u. a. M. Pasch, G. Peano und G. Veronese, vorangebracht und waren eng mit der Entwicklung der axiomatischen Methode verknüpft. Hilbert setzte in seiner Schrift die strukturtheoretische Auffassung erstmals konsequent in der Geometrie um.

Das herausragende Forschungsgebiet des 18. Jahrhunderts, die Analysis, nahm auch in den folgenden 100 Jahren einen zentralen Platz in der mathematischen Forschung ein. Neben den bereits erwähnten Bemühungen um die Sicherung der Grundlagen erfuhren die einzelnen Gebiete eine starke inhaltliche Bereicherung. Mit dem Aufschwung der Naturwissenschaften, speziell der Physik, ergaben sich zahlreiche neue mathematische Problemstellungen, die zu neuen Ergebnissen über gewöhnliche und partielle Differentialgleichungen, zur Potentialtheorie, zur Variationsrechnung etc. führten. Zugleich warf auch die innerlogische Entwicklung der einzelnen Gebiete immer wieder neue Fragen auf. Der Nachweis von Existenz und Eindeutigkeit der Lösung dieser Gleichungen, ein detailliertes Studium der Rand- und Anfangswertprobleme für partielle sowie der Singularitäten für gewöhnliche Differentialgleichungen und der Aufbau einer qualitativen Lösungstheorie für nichtlineare Gleichungen umreißen nur einige der vielfältigen Probleme. Die Wellengleichung, die homogene und inhomogene Potentialgleichung sowie die Wärmeleitungsgleichung, die sich als Prototypen von Gleichungen herauskristallisierten, erfuhren eine intensive Behandlung. Das hervorragende Ereignis der Analysisentwicklung war jedoch der systematische Aufbau einer Theorie der Funktionen komplexer Veränderlicher insbesondere durch Cauchy, Riemann, und Weierstraß. Die Betrachtung komplexer Veränderlicher offenbarte eine gegenüber der reellen Analysis völlig veränderte Situation, war also keine einfache Erweiterung der früheren Untersuchungen. Mit dem heute als Riemannsche Fläche bekannten Gebilde löste Riemann 1851 das grundlegende Problem der Mehrwertigkeit der komplexen Funktionen und machte viele weitergehende Forschungen erst möglich. Gleichzeitig eröffnete er überraschende Verbindungen zu anderen Gebieten der Mathematik. Einen anderen, auf Potenzreihen und dem Prozeß der analytischen Fortsetzung basierenden Aufbau der Funktionentheorie schuf Weierstraß um die Jahrhundertmitte und trug darüber in seinen Vorlesungen vor. Auf der Basis der von ihnen geschaffenen Zugänge erzielten Riemann und Weierstraß wichtige Einsichten in die von Abel und Jacobi begründete Theorie der doppeltperiodischen Funktionen.

Die Algebra verwandelte ihre Gestalt grundlegend und trug am Ende des Jahrhunderts erste Merkmale einer Strukturtheorie. Abel wies 1826 die allgemeine Gleichung fünften und höheren Grades als nicht in Radikalen auflösbar nach, und Galois legte mit den Grundzügen der später nach ihm benannten Theorie die Basis für die Aufklärung des Auflösungsproblems für Gleichungen n-ten Grades. Im Zuge der Bemühungen zahlreicher Mathematiker, die Ideen Galois' zu verstehen und präzise darzustellen, vollzog sich eine deutliche Hinwendung zu Strukturuntersuchungen. Nachdem A. Cayley bereits 1854 eine abstrakte Definition einer endlichen Gruppen gegeben hatte, wurde der abstrakte Gruppenbegriff in den 70er Jahren in verschiedenen Studien von Cayley, Cauchy, Dedekind, Jordan, Klein, Kronecker, Lie u. a. zur Algebra, Geometrie bzw. Zahlentheorie herauspräpariert und 1882/83 erstmals von W. von Dyck formuliert. Bei den Begriffen des Körpers und des hyperkomplexen Systems wurde der letzte Abstraktionsschritt erst nach der Jahrhundertwende vollzogen, doch waren auch hier große Fortschritte zu verzeichnen. Der Körperbegriff erfuhr als Zahl- bzw. Funktionenkörper vor allem durch Kronecker, Dedekind und H. Weber eine genaue Analyse, wobei zahlentheoretische Fragen, speziell das Studium algebraischer Zahlen, einen wichtigen Anreiz darstellten. Sehr anregend erwies sich auch das von K. Hensel 1897 publizierte Konzept der p-adischen Zahlen, das Ideen der Analysis, Algebra und Zahlentheorie vereinte. In der Theorie der hyperkomplexen Systeme, deren Entstehung stark durch die Betonung der Verknüpfungsregeln beim Operieren mit mathematischen Objekten stimuliert wurde, und die durch Hamiltons Quaternionen (1843) und Graßmanns „Ausdehnungslehre" erste markante Beispiele erhielt, gelangten B. Peirce, W. Killing, F.E. Molin und E. Cartan zu wichtigen Einsichten zur Klassifikation und Struktur der Algebren.

Ein weiteres Beispiel für die bedeutenden Anregungen, die im 19. Jahrhundert von der Zahlentheorie auf die Algebra wirken, ist der Idealbegriff. Ausgangspunkt war Kummers Bestreben, eine Arithmetik der Kreisteilungskörper zu entwickeln und dabei die eindeutige Zerlegung von Zahlen in Primelemente herzuleiten. Dies führte ihn zu seiner Theorie der idealen Zahlen (1847), aus der dann in den Händen von Dedekind (1871) und Kronecker (1882) auf ganz unterschiedlichen Wegen die Idealtheorie hervorging. Völlig unabhängig und unbeachtet schuf E.I. Solotarew (Zolotarew) eine analoge Theorie. Von den Fortschritten der linearen Algebra seien die Herausbildung des Vektorraum- und des Matrizenbegriffs hervorgehoben. Wichtige Elemente der Vektorrechnung formulierte Hamilton im Rahmen seiner Studien über Quaternionen, Graßmann kreierte eine sehr umfassende, aber lange unbeachtete Theorie der Vektorräume, und Peano formulierte einen axiomatischen Aufbau der Theorie. Die algebraische Theorie der Matrizen, die erst um die Jahrhundertmitte als eigenständiges symbolisches Element der Algebra auftraten, wurde wesentlich durch Cayley und Sylvester vorangebracht. Das Problem der Klassifikation der Matrizen bzw. der durch sie repräsentierten Transformationen wurde von C. Jordan (1870/71) und Weierstraß (1858/68) gelöst. Große Bedeutung erlangten die Matrizen an Ende des Jahrhunderts durch die Entstehung der Darstellungstheorie.

Als ein wichtiges Teilgebiet der Algebra etablierte sich die Invariantentheorie. Angeregt durch eine 1844 von Boole und Eisenstein unabhängig aufgeworfene Frage bei der Transformation von Formen wurde diese Idee sehr rasch aufgegriffen und fand ihren Niederschlag in zahllosen Arbeiten, u. a. von Cayley und Sylvester in England, Aronhold, Hesse, Clebsch und Gordan in Deutschland sowie Hermite und Jordan in Frankreich. Am leistungsfähigsten erwies sich die symbolische Methode von Aronhold-Clebsch, doch stieß auch sie schnell an ihre Grenzen. Das Grundproblem der Invariantentheorie, die Frage nach der Existenz eines endlichen Systems von Invarianten bzw. Kovarianten, entschied dann Hilbert 1890/93 mit einem völlig neuartigen Ansatz positiv. Dabei begründete er zugleich die Theorie der Polynomideale. Die Invariantentheorie trat dann für einige Zeit in den Hintergrund und fand erst in der zweiten Hälfte des 20. Jahrhunderts auf neuer Basis wieder stärkere Beachtung.

Die Entwicklung der Zahlentheorie wurde zunächst wesentlich durch die 1801 erschienen „Disquisitiones Arithmeticae" von Gauß geprägt. Er verlieh der Theorie eine neue Gestalt, formulierte viele Ergebnisse über Kongruenzen, über binäre quadratische Formen u. a. völlig neu und bereitete den Weg für weitere Untersuchungen. Daran anknüpfend studierten Jacobi und Eisenstein höhere Reziprozitätsgesetze, Dirichlet, Jacobi, Eisenstein und Kummer die Eigenschaften algebraischer Zahlen. Der nachfolgende Aufbau der Theorie algebraischer Zahlen durch Dedekind (1871/1894) und Kronecker (1882) war einer der großen Erfolge der Zahlentheorie. Zusammen mit den Bearbeitungen und Weiterentwicklungen dieser Theorie durch Weber und Hilbert am Ende des Jahrhunderts waren zugleich die Keime für die Klassenkörpertheorie und Teile der algebraischen Geometrie vorgezeichnet. Mit dem „Zahlbericht" (1897) verwandelte Hilbert die Theorie der algebraischen Zahlen „in ein großartiges Gebäude aus einem Guß". Eine fundamentale Neuerung war die Verwendung analytischer Methoden in der Zahlentheorie durch Dirichlet 1837. Ein zentrales Problem der analytischen Zahlentheorie wurden dann die Bemühungen um den Beweis des Primzahlsatzes und die in diesem Zusammenhang notwendigen Studien über die ζ-Funktion. Riemann erkannte 1859 in einer äußerst bedeutsamen Arbeit die Analyse der ζ-Funktion als Funktion der komplexen Variablen s als Schlüssel zum Verständnis der Beziehungen zwischen dieser Funktion und den Primzahlen und formulierte mehrere bemerkenswerte Vermutungen, darunter die noch heute offene Riemannsche Vermutung. Der Primzahlsatz wurde 1896 unabhängig voneinander von Hadamard und de la Vallée Poussin bewiesen.

Anknüpfend an die im 18. Jahrhundert vorgenommene Unterscheidung zwischen transzendenten und algebraischen Zahlen innerhalb der irrationalen Zahlen bildete die Sicherung der Existenz transzendenter Zahlen durch Liouvilles Nachweis, daß die sog. Liouvilleschen Zahlen transzendent sind (1844), ein weiteres folgenreiches Ergebnis der Zahlentheorie. Die Transzendenz von e bewies zum ersten Mal Hermite 1873, die von π Lindemann 1882, und Cantor zeigte 1874, daß „fast alle" Zahlen transzendent sind.

Die Mathematik des 19. Jahrhunderts, von der hier nur einige markante Entwicklungen erwähnt werden konnten, ging nahtlos in die Mathematik des 20. Jahrhunderts über. Entscheidende Zäsuren lagen entweder über ein Vierteljahrhundert zurück bzw. sollten erst nach etwa einem weiteren Vierteljahrhundert auftreten.

Mathematik im 20. Jahrhundert – 100 Jahre Mathematik

Sir Michael Atiyah

1. Einleitung

Das 20. Jahrhundert war eine Epoche außerordentlicher Entfaltung und Weiterentwicklung der Mathematik. Da sich in einem kurzen Artikel unmöglich auch nur die wichtigsten Leistungen aufzählen lassen, konzentriere ich mich auf einige erkennbare Schlüsselthemen. Ich klammere auch einige bedeutsame Gebiete aus, etwa den gesamten Bereich von der Logik bis zu der Computerwissenschaft, der von einem Experten gesondert dargelegt werden sollte; siehe hierzu beispielsweise ↗Numerische Mathematik, ↗Stringtheorie. Die Anwendungen – außer denen, die sich auf die Grundlagen der Physik beziehen – sollten ebenfalls nicht übergangen, aber an anderer Stelle gewürdigt werden.

2. Vom Lokalen zum Globalen

Mein erstes Thema läßt sich mit dem Schlagwort ‚Vom Lokalen zum Globalen' beschreiben: Eine Verlagerung des Schwerpunkts von lokalen Betrachtungen, aus denen sich die klassische Theorie (z. B. Potenzreihen) entwickelte, hin zur modernen globalen Sichtweise, die von der Topologie dominiert wird. In der Tat hat Henri Poincaré, einer der Pioniere der Topologie, vorausgesagt, daß sie der vorherrschende Forschungsbereich des 20. Jahrhunderts sein werde.

In der komplexen Analysis definierte Weierstraß analytische Funktionen durch konvergente Potenzreihen; Abel, Jacobi und ihre Nachfolger waren jedoch diejenigen, welche die Notwendigkeit einer globaleren geometrischen Herangehensweise sahen. Vergleichbar entwickelte sich die herkömmliche Vorstellung in der Theorie der Differentialgleichungen, explizite Lösungen zu finden, weiter in die modernere Theorie, in der die Lösungen implizit und eher durch ihr globales Verhalten definiert sind. Die Kenntnis ihrer Singularitäten ist dabei eingeschlossen.

Ebenso ging in der Differentialgeometrie die klassische Methode, die mit Hilfe expliziter lokaler Formeln für Krümmungen und verwandten Begriffsbildungen arbeitet, in das umfassendere topologische Rahmenkonzept ein.

All dies kann man auch in der theoretischen Physik beobachten, wo man zwischen einem lokalem Modell, das normalerweise durch grundlegende Differentialgleichungen (den „Gesetzen" der Physik) beschrieben wird, und dem makroskopischen Bild großen Maßstabs unterscheidet. Die Chaos- oder die Katastrophentheorie sind typische Beispiele für diese Entwicklungen.

Sogar in der Zahlentheorie ist ein ähnlicher Prozeß im Gange. Die lokale Theorie behandelt die durch einzelne Primzahlen gegebenen Stellen, wohingegen die globale versucht, alle Primzahlen zu verknüpfen. Zu diesem Zweck hat man in der Tat topologische Ideen mit großem Erfolg in der Zahlentheorie eingeführt.

3. Vergrößerung der Dimension

In der klassischen Mathematik lag zu Beginn die Betonung auf einer kleinen Anzahl von Variablen, oft nur einer. So verstand man ursprünglich unter Funktionentheorie die Theorie einer komplexen Variablen. Im 20. Jahrhundert kam der Übergang zu zwei und mehr Variablen, neue höherdimensionale Phänomene tauchten auf und wurden mit topologischen Methoden bearbeitet, wie im obigen Abschnitt angesprochen.

Die Geometrie nahm mit Kurven und Oberflächen ihren Anfang, im 20. Jahrhundert aber wurde die n-dimensionale Geometrie gang und gebe.

Man erhöhte nicht nur die Anzahl der unabhängigen Variablen, sondern auch die Anzahl der zu untersuchenden Funktionen. Es wurde selbstverständlich, Vektorfunktionen oder – allgemeiner – Tensorfelder zu erforschen.

Ein größerer Schritt war der Übergang in der Linearen Algebra und Matrizentheorie zum Hilbertraum und zur Operatortheorie, bei denen die Anzahl der Dimensionen unendlich ist. In gleicher Weise wurden Funktionen durch Funktionale ersetzt, also Funktionen auf dem unendlichdimensionalen Funktionenraum.

4. Vom Kommutativen zum Nichtkommutativen

Die nichtkommutative Algebra erschien zum ersten Mal im 19. Jahrhundert in den Arbeiten Hamiltons über die Quaternionen, Graßmanns über die äußeren Algebren, Cayleys über Matrizen und Galois' über die Gruppentheorie. Aber es blieb dem 20. Jahrhundert vorbehalten, diese Ideen zur vollen Blüte entwickelt zu sehen. Sie erstrecken sich inzwischen auf alle Bereiche der Mathematik, und aufgrund der Vertauschungsrelationen Heisenbergs haben sie eine unerwartete Anwendung in der Quantenphysik gefunden. Die Theorie der von Neumann-Algebren führt diese Beziehung sehr viel weiter, während in den letzten Jahren Alain Connes auch Ideen der Topologie und Differentialgeometrie in seine „nichtkommutative Geometrie" integriert hat.

5. Vom Linearen zum Nichtlinearen

Der Großteil der klassischen Mathematik war linear. Dies traf insbesondere auf die euklidische Geometrie mit ihren Geraden und Ebenen zu. Im 19. Jahrhundert wurden erste Schritte auf allgemeinere Geometrien hin unternommen (Bolyai, Lobatschewski, Gauß, Riemann); sie erfuhren durch die Einsteinsche Theorie der allgemeinen Relativität einigen Ansporn. Nichtlineare Phänomene lassen sich typischerweise am besten untersuchen, indem man die Topologie, wie in Abschnitt 2 beschrieben, einbezieht.

Das Soliton ist in der Theorie der Differentialgleichungen ein typisches nichtlineares Phänomen. Es taucht in vielen Problemen auf und hat in der zweiten Hälfte des 20. Jahrhunderts eine große Wirkung ausgeübt. Sein theoretischer Rahmen ist sehr umfassend, und seine praktischen Anwendungen sind bedeutsam, zum Beispiel auf Signale in Glasfasern.

In der Grundlagenphysik sind die fundamentalen Gleichungen Clerk Maxwells linear. Im 20. Jahrhundert jedoch tauchten ihre nichtlinearen (Matrix-)Pendants auf, die Yang-Mills-Gleichungen, die Kernkräfte kurzer Reichweite beschreiben. Die Nichtlinearität in den Yang-Mills-Gleichungen rührt unmittelbar von der Nichtkommutativität der Matrizen her – wodurch der Bezug dieses Abschnitts zum vorherigen hergestellt ist.

6. Homologietheorie

Aufgrund der oben beschriebenen Themen wird klar, daß die Topologie eine der zentralen vereinheitlichenden Entwicklungen des 20. Jahrhunderts ist (wie von Poincaré vorausgesagt). Deshalb entwickelten sich die grundlegenden Techniken der Topologie zu universellen Methoden. Deren erste ist die Homologietheorie. Im wesentlichen erzeugt sie lineare Invarianten in nichtlinearen Situationen. Sie begann mit der Einführung des Begriffs der Zyklen in topologischen Räumen, die dann Perioden von Integralen liefern, wie in dem Werk von Riemann. Hodge führte diese Ideen in den dreißiger Jahren entscheidend weiter.

Eine andere Quelle der Homologie ist Hilberts Syzygientheorie der Polynomgleichungen, die im wesentlichen das Studium der Ideale und der Beziehungen zwischen ihren Erzeugenden ist. In Verbindung mit der topologischen Theorie führte dies letztendlich zu einem der Höhepunkte in der Mathematik des 20. Jahrhunderts – der Theorie der Kohomologie von Garben. Sie begann mit Leray, wurde von Cartan, Serre, Grothendieck weiterentwickelt und reifte zu einem sehr einflußreichen Instrument in der algebraischen und analytischen Geometrie heran.

Hilberts Theorie war nur ein Beispiel von vielen rein algebraischen Zusammenhängen, in denen die Homologie bedeutsam wurde. So haben endliche Gruppen, Lie-Algebren ihre eigene Homologietheorie, und die algebraische Zahlentheorie ist heute vollständig von homologischen Konzepten durchdrungen.

7. K-Theorie

Ein weiteres Instrument, das der Homologietheorie im Geiste ähnlich ist, tauchte später auf. Dies ist die K-Theorie oder „stabile lineare Algebra“ – das Studium additiver Invarianten von Matrizen. Sie wurde von Grothendieck in seiner Arbeit über den Riemann-Roch-Satz in die algebraische Geometrie eingeführt. Von Atiyah und Hirzebruch wurde sie dann in einen rein topologischen Kontext überführt und entwickelte sich zu einen machtvollen neuen Instrument. Insbesondere spielte sie in der Atiyah-Singer-Indextheorie über elliptische Differentialoperatoren eine wichtige Rolle.

Weitere Verallgemeinerungen folgten danach. Milnor und Quillen entwickelten eine rein algebraische Theorie, und diese weist tiefliegende Verbindungen zur Zahlentheorie auf.

In der Funktionalanalysis entwickelte Kasparow eine fruchtbare Theorie für (nichtkommutative) C^*-Algebren, die einen natürlichen Platz in Connes' nichtkommutativer Geometrie gefunden hat.

Zu guter Letzt ist erst unlängst deutlich geworden, daß die K-Theorie eine wichtige Rolle in der Quantenfeldtheorie und der Stringtheorie spielt, ein Punkt, auf den Witten mit Nachdruck hinweist.

8. Lie-Gruppen

Ein weiterer vereinheitlichender Faktor, der die Mathematik des 20. Jahrhunderts mitbestimmte, war die Theorie der Lie-Gruppen. Auch sie entstand am Ende des 19. Jahrhunderts durch die Arbeiten von Lie und Klein. Heute durchdringt sie viele Bereiche. In der allgemeinen Topologie war die Arbeit von Borel und Hirzebruch sehr einflußreich, und die nichtkommutative harmonische Analysis auf Lie-Gruppen ist das Vermächtnis von Harish-Chandra. In der Zahlentheorie wurde das ehrgeizige Langlands-Programm im begrifflichen Rahmen der Lie-Gruppen formuliert. Die Verbindungen zur Physik sind ebenfalls wichtig, wie ich nun näher ausführen werde.

9. Einfluß der Physik

Während des gesamten 20. Jahrhunderts stellte die Physik einen zentralen Anreiz für die Entwicklung mathematischer Ideen dar. Hier lediglich einige Höhepunkte: Die *Hamiltonsche Mechanik* führte zum Studium der symplektischen Geometrie, ein Thema von großem aktuellen Interesse. Die *Maxwellschen Gleichungen* waren der primäre Anstoß für Hodges Theorie harmonischer Formen. Die *Allgemeine Relativitätstheorie* regte die Differentialgeometrie an. Die *Quantenmechanik* gab der Theorie des Hilbertraums und der Spektraltheorie Auftrieb. Die *Kristallographie* spielte in der endlichen Gruppentheorie eine Rolle. Die *Elementarteilchen* führten zum Studium von unendlichdimensionalen Darstellungen der Lie-Gruppen. Die *Quantenfeldtheorie* und die *Stringtheorie* haben in den letzten 25 Jahren zu einer Unmenge an neuen Konzepten und Ergebnissen in vielen Bereichen der Mathematik geführt. Diese umfassen die Knoteninvarianten von Vaughan Jones, die spektakulären Ergebnisse von Donaldson zu vierdimensionalen Mannigfaltigkeiten, die Spiegelsymmetrien (und Formeln zum Zählen von Kurven), die Quantengruppen, die Monstergruppe.

Auf formale Weise verwendet die Quantenfeldtheorie die Geometrie und Topologie von unterschiedlichen Funktionenräumen. Es wird eine Hauptaufgabe des 21. Jahrhunderts sein, ein besseres Verständnis für dieses gesamte Gebiet zu entwickeln.

(Übersetzung: Brigitte Post, unter Mitarbeit von Friedrich Hirzebruch)

Dieser Aufsatz geht auf eine Reihe von Vorträgen zurück, die der Verfasser im Millenium-Jahr in Trondheim, Leeds und Toronto gehalten hat.

Mathematische Biologie, *Biomathematik*, in Anlehnung an die Bezeichnung „Mathematische Physik“ u.ä. gebildeter Begriff, der in Verbindung mit der Theoretischen Biologie biologische Vorgänge mit mathematischen Modellen beschreibt und damit zu deren Verständnis beiträgt.

Die Modelle haben die Form von gewöhnlichen oder partiellen Differentialgleichungen, Volterraschen Integralgleichungen und Differenzendifferentialgleichungen, diskreten dynamischen Systemen, Geburts- und Todes-Prozessen, Verzweigungsprozessen, stochastischen Differentialgleichungen u. a.. Ein frühes Beispiel: Daniel Bernoulli 1760 zum Einfluß infektiöser Krankheiten auf die Demographie (Mortalität und Überlebensfunktion).

Maßgeblich für das Verständnis der Genetik und deren Einfluß auf die Evolution ist die Beschreibung von Selektion, Mutation, genetischem Drift (Neutralismus), Kopplung von Erbanlagen (crossing over) durch deterministische und stochastische Modelle (R.A. Fisher, Haldane, Wright, u. a.). Die Kombination von Vorstellungen der Populationsgenetik und der Spieltheorie lieferte die Theorie der evolutionär stabilen Strategien (ESS) und damit eine Begründung für die Koexistenz verschiedener im einzelnen nicht optimaler Verhaltens- oder Ökotypen.

Theoretische Ökologie und Populationsdynamik entwickelten sich gemeinsam mit der qualitativen Theorie gewöhnlicher Differentialgleichungen (Lotka, Volterra, Kolmogorow u. a.), den Erneuerungsgleichungen (Sharpe und Lotka, Volterra, Feller) sowie Systemen hyperbolischer partieller Differentialgleichungen (McKendrick). In solchen Modellen für nach dem Alter oder der Größe strukturierte Populationen wird die Entwicklung von Individuen durch die charakteristischen Differentialgleichungen der partiellen Differentialgleichungen beschrieben (Zellzyklus). Populationen in fragmentierten Habitats werden auch Metapopulationen genannt. Im Zusammenhang mit der Ökologie stehen die Biodiversitätsforschung und die Bioökonomie.

Eine wichtige Rolle spielen mathematische Modelle in der Epidemiologie im Sinne der Dynamik und Kontrolle infektiöser Krankheiten (grundlegende Modelle von Kermack und McKendrick, sog. Schwellentheorem; ein grundlegender Begriff ist die ↗Basisreproduktionszahl, s. a. ↗Immunologie).

Die Modelle der Neurobiologie beschreiben die Erregung von Nervenzellen, die Erzeugung von Folgen von Nervenimpulsen und deren Fortleitung längs Nervenfasern mit gewöhnlichen und partiellen Differentialgleichungen (Hodgkin, Huxley, Fitzhugh u. a.). Neuronale Netzwerke sollten ursprünglich Interaktionen von Nervenzellen beschreiben und haben sich sich jetzt zu einem eigenständigen Werkzeug der Modellbildung und Berechnung entwickelt (↗Neuronale Netze). Die Modellierung der Herzfunktion und des Blutkreislaufs erfordert Eingehen auf die physikalischen und physiologischen Grundlagen (↗Bio-Fluid-Dynamik).

Mathematische Modelle dienen dazu, die Entstehung zeitlicher und räumlicher Muster in biologischen Systemen zu verstehen. Zeitliche Muster werden erklärt durch Interaktionen, Rückkopplung, Verzögerungen (z. B. Juvenilstadien in der Populationsdynamik, verzögerter Transport in der Physiologie). Solche Muster sind Oszillationen und Schwingungen in chemischen (Reaktionskinetik, Belousow-Zhabotinsky-Reaktion), physiologischen (Biorhythmus) oder ökologischen Systemen (Räuber-Beute-Zyklus). Räumliche Muster werden durch das Zusammenwirken von Reaktionen und räumlicher Ausbreitung erklärt und modelliert durch Reaktionsdiffusionsgleichungen und entsprechende Transportgleichungen. Ausgehend von den Ideen von Turing und der Aktivator-Inhibitor-Dynamik hat sich ein Gebiet der biologischen Musterbildung und Morphogenese entwickelt (↗Lindenmayer-System).

In mehreren Gebieten der Mathematik haben biologische Fragestellungen, einfache mathematische Modelle und die biologische Interpretation der Gleichungen bzw. Prozesse (mit Begriffen wie Ausbreitung, Populationsfront, Wettbewerb, Infektion etc.) die Ausrichtung und Entwicklung mathematischer Forschung beeinflußt, z. B. steht die ↗logistische Gleichung am Beginn der Theorie der diskreten dynamischen Systeme bzw. Intervallabbildungen, die Frage nach der Stabilität laufender Fronten (R.A. Fisher, Kolmogorow-Petrowskij-Piskunow) leitete die qualitative Theorie der Reaktionsdiffusionsgleichungen ein, das Studium nichtlinearer Differentialgleichungen mit Verzögerungen begann mit der verzögerten logistischen Gleichung (↗Hutchinson-Gleichung), Modelle der Chemotaxis führten auf das Phänomen des blow up bei parabolischen Gleichungen. Die Frage nach der adäquaten Modellierung des Wettbewerbs zwischen biologischen Arten förderte die Theorie der kooperativen und kompetitiven Systeme. Die Theorie der stochastischen Prozesse wurde stark durch biologische Fragestellungen beinflußt (Galton-Watson-Prozeß und viele andere).

Die Molekularbiologie führt auf interessante Probleme bei der Analyse des Genoms und des Proteoms sowie der Phylogenie (z. B. beim Vergleich von DNA-Sequenzen, ↗Alignment), die nicht einem einzelnen Gebiet der Mathematik zugeordnet werden können, sondern Methoden der Kombinatorik, der Stochastik und der Algebra verwenden, und deren praktische Lösung auf jeden Fall den Einsatz von Rechnern erfordert. Diese Fragen werden auch von der ↗Bioinformatik behandelt.

mathematische Geräte, Geräte zur Durchführung von Rechenoperationen.

Man unterscheidet je nach Art der Darstellung und Verarbeitung der mathematischen Größen bzw. Daten mathematische Instrumente und mathematische Maschinen. Arbeiten die Geräte digital, spricht man von mathematischen Maschinen oder Digitalrechnern, wobei der Begriff Digitalrechner vor allem für elektronisch arbeitende Geräte benutzt wird. Arbeiten die Geräte analog, d. h. werden die Daten in Gestalt von Funktionsgraphen oder als physikalische Größen (z. B. als Längen, Drehwinkel oder elektrische Größen wie etwa Strom oder Spannung) eingegeben und verarbeitet, spricht man von mathematischen Instrumenten, Apparaten oder auch Analogrechnern. Zu den mathematischen Maschinen gehören mechanische und elektromechanische Maschinen, die z. B. auf dem Prinzip der Staffelwalze, des Sprossenrades, des Proportionalhebels oder der Schaltklinke beruhen. Die Stellenzahl bestimmt ihre Genauigkeit. Ihr Herstellungszeitraum endete zwischen 1970 und 1980.

Zu den mathematischen Instrumenten gehören z. B. Planimeter, Integriergeräte, harmonische Analysatoren, Zeichengeräte, oder Kurvenmesser. Es gibt Genauigkeitsuntersuchungen zu Gerätetypen sowie diesbezügliche Herstellerangaben. Größenordnungsmäßig liegt der relative Fehler bei 10^{-3}. Heute haben in den „entwickelten" Ländern die aus den Digitalrechnern hervorgegangenen Computer alle anderen mathematischen Geräte weitgehend verdrängt.

mathematische Linguistik, Studium linguistischer Probleme mit mathematischen Methoden.

Zur Fundierung syntaktischer wie semantischer Sachverhalte wurden u. a. Methoden und Strukturen aus Mengenlehre, mathematischer Logik, Relationen, Graphen- und Automatentheorie verwendet. Die Fragestellung der automatischen Sprachverarbeitung und -übersetzung wird in dem weitgehend eigenständigen Gebiet der Computerlinguistik behandelt.

mathematische Logik, Weiterentwicklung und Mathematisierung der traditionellen ↗Logik mit Hilfe mathematischer Kalküle.

Die moderne Entwicklung der Logik zu einer mathematischen Disziplin beginnt im 19. Jahrhundert. Auslösend für diese Entwicklung war die Ausweitung naturwissenschaftlichen Denkens und das dadurch verursachte schärfere Hervortreten unbewältigter Probleme in der Grundlagenforschung der Mathematik. Dabei zutagegekommene Widersprüche insbesondere in der Mengenlehre erforderten eine gründliche Analyse der verwendeten mathematischen Ausdrucksmittel und Methoden.

In der mathematischen Logik wird, wenn es erforderlich erscheint, die benutzte Sprache streng formalisiert. Dadurch sind grundlegende Begriffsbildungen in der Mathematik, wie „beweisbar, widerspruchsfrei, Vollständigkeit eines Axiomensystems, Unabhängigkeit von Aussagen, ..." überhaupt erst präzise formulierbar. Die in diesem Zusammenhang gewonnenen Erkenntnisse über die Rolle der Sprache waren nicht nur für die Fundierung der Mathematik von Bedeutung, sondern gleichermaßen förderlich für die Entwicklung „intelligenter" Maschinen. Erst eine gründliche Analyse des logischen Schließens erbrachte das notwendige Verständnis der Denkvorgänge, das für den Bau von leistungsfähigen Computern erforderlich ist.

Wesentliche Impulse bei der Entwicklung der Logik zu einer mathematischen Disziplin kamen aus der Mathematik selbst. Insbesondere die um die Jahrhundertwende 1900 in der Cantorschen Mengenlehre aufgetretenen Widersprüche lösten umfangreiche grundlagentheoretische Analysen innerhalb der Mathematik aus, die zu einer strengen Überprüfung der logischen und mathematischen Hilfsmittel führten. Hieraus entstanden verschiedenartige neue Ansätze für ↗logische Kalküle mit streng formalisierten Sprachen, möglichst schwachen logischen Voraussetzungen und präzise formulierten zulässigen Beweisregeln; siehe hierzu auch ↗Beweistheorie und ↗Logik.

Spätestens nachdem K.Gödel 1930 seinen Vollständigkeitssatz für die Prädikatenlogik veröffentlicht hatte (↗Gödelscher Vollständigkeitssatz), war gesichert, daß der Prädikatenkalkül als logisches System eine hervorragende Grundlage für Untersuchungen in der klassischen Mathematik darstellt. Sowohl das Prinzip der Zweiwertigkeit (↗klassische Logik), das die Grundlage für indirekte Beweise (↗Beweismethoden) bildet, als auch der Gebrauch beliebiger unendlicher – insbesondere auch überabzählbarer – Mengen als existierende mathematische Objekte lösten bei manchen Mathematikern Zweifel über die Korrektheit der klassischen Mathematik aus.

In der intuitionistischen Logik, die von L.E.G. Brower initiiert wurde, werden als existierende Objekte zunächst nur beliebig große natürliche Zahlen anerkannt (schon die Menge der natürlichen Zahlen ist nicht ad hoc existent). In dieser Theorie wird ein mathematisches Objekt nur dann als existent angesehen, wenn es sich mit finiten Mitteln aus den schon zuvor vorhandenen Objekten konstruieren oder sich seine Existenz beweisen läßt, wobei die Beweismittel gegenüber der klassischen Logik erheblich eingeschränkt sind. Indirekte Beweise z. B. werden damit ausgeschlossen.

Die in diesem eingeschränkten Rahmen entwickelte Mathematik wird auch konstruktive oder intuitionistische Mathematik genannt. Der wichtigste Beitrag des Intuitionismus zur Grundlagenforschung besteht vor allem in der strengen Abgrenzung der konstruktiven von der nicht-konstruktiven Mathematik, denn wirklich rechnen (d. h. Probleme algorithmisch zu lösen) kann man nur im Rahmen der konstruktiven Mathematik.

Wer das Prinzip der Zweiwertigkeit ablehnt, kommt zu einer anderen Art von Logik, in der es mehr als zwei Wahrheitswerte gibt. In diesem Zusammenhang sind die ↗Modallogik, die ↗mehrwertige Logik und die ↗Fuzzy-Logik entstanden.

Das Bestreben, den intuitiven Begriff der Berechenbarkeit zu präzisieren bzw. mathematisch exakt zu definieren, führte schließlich zum Begriff der rekursiven Funktionen, die aufgrund ihrer Definition offenbar im naiven Sinne berechenbar sind. Da so grundlegende Begriffe wie „berechenbar, entscheidbar, konstruierbar" eng mit dem Begriff der rekursiven Funktion verbunden sind und viele Probleme einer algorithmischen Lösung bedurften, entstand hieraus im Rahmen der mathematischen Logik eine neue Theorie, die sog. Rekursionstheorie. Sie befaßt sich im weitesten Sinne mit den Eigenschaften der rekursiven Funktionen. Obwohl vielfältige Anstrengungen unternommen worden sind, den Berechenbarkeitsbegriff vollständig zu charakterisieren, ist dies bisher nicht in vollem Umfang gelungen. Klar ist nur, daß alle rekursiven Funktionen berechenbar sind, die Umkehrung konnte nur hypothetisch angenommen werden. Die Churchsche (Hypo-)These, die heute allgemein anerkannt wird, besagt, daß die berechenbaren Funktionen genau die rekursiven sind. Unter dieser zwar unbewiesenen, aber doch sehr vernünftig erscheinenden Hypothese werden häufig weitere Untersuchungen angestellt.

Hilbert versuchte mit seinem Programm einer finiten Begründung der klassischen Mathematik einen anderen Weg bei der Überwindung der Grundlagenkrise zu gehen. Er setzte sich entschieden für die Beibehaltung der Cantorschen Ideen zur Mengenlehre, jedoch unter modifizierten Bedingungen, ein. Ihm schwebte eine umfassende Axiomatisierung der Geometrie, der Zahlentheorie, der Analysis, der Cantorschen Mengenlehre und weiterer grundlegender Teilgebiete der Mathematik vor. Aus dieser Grundidee, die gewisse Axiome an den Anfang stellt, die Beweismittel präzisiert und nur auf dieser Basis Schlußfolgerungen zuläßt, entstand eine neue Richtung in der mathematischen Logik, die ↗Beweistheorie. Das Hilbertsche Programm, die Mathematik in wesentlichen Teilen vollständig zu axiomatisieren, erwies sich mit dem Erscheinen der Gödelschen Resultate zur Unvollständigkeit der Arithmetik (↗Gödelscher Unvollständigkeitssatz) als nicht realistisch. Als Folgerung aus dem Unvollständigkeitssatz ergibt sich sofort die wichtige Erkenntnis: Ist L die Sprache der Arithmetik, $\mathbb{N} = \langle N, +, \cdot, <, 0, 1\rangle$ das Standardmodell der Arithmetik und T die Menge aller in $\mathbb{N}$ gültigen Aussagen aus L, dann ist T offenbar vollständig. Folglich ist T nicht rekursiv axiomatisierbar. Anders ausgedrückt: Ist Σ eine beliebige rekursive Teilmenge von T, dann gibt es stets eine Aussage φ in L so, daß weder φ noch $\neg\varphi$ aus Σ beweisbar sind. Jedes solche System ist also unvollständig, und damit ist schon eine so grundlegende Theorie wie die Arithmetik nicht axiomatisierbar. Analoge Überlegungen gelten erst recht für jedes axiomatische System der Mengenlehre, in dem die Arithmetik interpretierbar ist.

Die von Hilbert entwickelten Methoden der Beweistheorie leben aber fort und haben ihren festen Platz in der Mathematik. Ebenso gewann die axiomatische Methode an Einfluß. Die Mengenlehre z. B. wurde mit Erfolg axiomatisch begründet (↗axiomatische Mengenlehre). Die aus heutiger Sicht am besten geeignete Axiomatisierung geht auf Zermelo und Fraenkel zurück, so daß sie häufig ZF-Mengenlehre genannt wird. Mit Hilfe verschiedenartiger Mengen-Modelle wurden Abhängigkeits- und Unabhängigkeitsuntersuchungen vorgenommen. Die bekanntesten Resultate in diesem Zusammenhang sind die Ergebnisse von Gödel und P.J. Cohen zur Unabhängigkeit des Auswahlaxioms und der Kontinuumhypothese von den ZF-Axiomen.

Im Zuge der Axiomatisierung weiterer mathematischer Theorien und der Ausnutzung von Methoden und Ergebnissen der klassischen Prädikatenlogik zur Untersuchung von Klassen ↗algebraischer Strukturen entstand die ↗Modelltheorie, die manchmal auf die verkürzende Formel *Modelltheorie = Algebra + Logik* gebracht wird. Dies stimmte nur in der Anfangsphase der modelltheoretischen Entwicklung. Heute bearbeitet die Modelltheorie mit den Hilfsmitteln der mathematischen Logik Fragestellungen aus praktisch allen Teilgebieten der Mathematik. Beispiele hierfür sind sog. Nichtstandard-Modelle der Arithmetik und der Analysis. Für die Analysis hat sich hieraus ein neuer Zweig, die ↗Nichtstandard-Analysis, gebildet. Die Modelle sind nichtarchimedisch geordnete Körper, in denen es infinitesimale Elemente gibt, sodaß hiermit die Grundidee von Leibniz zur Begründung der Infinitesimalrechnung mit „unendlich kleinen Größen“ tatsächlich realisiert wurde. Die Modelle der Nichtstandard-Analysis enthalten die reellen Zahlen als Unterstruktur, und die Ergebnisse der klassischen Analysis erscheinen als Spezialfälle.

Obwohl der Prädikatenkalkül, bei dem nur Variablen für Elemente, nicht aber gleichzeitig für Elemente und für Mengen von Elementen quantifiziert werden dürfen, als hinreichende Basis für grundlagentheoretische Untersuchungen dient, können in derartigen Sprachen gewisse mathematische Sachverhalte nicht ausgedrückt werden, wie z. B. Isomorphie von Strukturen oder Endlichkeit bzw. Unendlichkeit von Mengen. Aus dem Bedürfnis, nicht nur sog. elementare Eigenschaften formulieren und untersuchen zu können, ergaben sich verschiedenartige Versuche, die Ausdrucksfähigkeit der ↗elementaren Sprachen zu erweitern, indem neue Ausdrucksmittel hinzugenommen wurden.

Läßt man nicht nur die Quantifizierung von Elementen (bzw. für Variablen von Elementen) zu, sondern auch die von Mengen oder Relationen und Funktionen, dann spricht man von Prädikatenkalkülen zweiter oder höherer Stufe, im Gegensatz zum üblichen Prädikatenkalkül, der auch „Prädikatenkalkül der ersten Stufe“ genannt wird.

Eine andere Erweiterung der elementaren Sprachen erhält man durch Hinzunahme neuartiger Quantoren, wie z. B.: „Es gibt höchstens endlich viele ...“, „es gibt unendlich viele ...“, „es gibt κ (viele) ...“, wobei κ eine fixierte unendliche Kardinalzahl ist, „es gibt gleich-viele Elemente ...“ (mit bestimmten in der Sprache ausdrückbaren Eigenschaften).

Die Benutzung von infinitären Sprachen (↗infinitäre Logik) bilden einen weiteren Versuch, die für manche Belange nicht hinreichende Ausdrucksfähigkeit der elementaren Sprachen zu umgehen. Für alle diese Fälle gilt aber, daß die verbesserten Ausdrucksmöglichkeiten „erkauft" werden müssen durch den Verlust leistungsfähiger Hilfsmittel, sodaß die Nachteile der erweiterten Sprachen gegenüber den elementaren dominieren und ihre Verwendung daher begrenzt blieb.

Insgesamt kann die mathematische Logik aus heutiger Sicht in vier große Teilgebiete untergliedert werden, die sich in starkem Maße gegenseitig befruchten und ineinandergreifen bzw. sich überlappen (die Reihenfolge stellt keine Wertung dar):

- Logik-Kalküle im weitesten Sinne.
- Modelltheorie.
- Axiomatische Mengenlehre.
- Rekursionstheorie.

Mathematische Physik, in der Mathematik angesiedelte Disziplin, die die mathematische Ausgestaltung von Modellen für physikalische Erscheinungen zum Gegenstand hat.

In der mathematischen Physik wird auf mathematische Strenge größten Wert gelegt. In diesem Sinne ist mathematische Physik Mathematik, die durch physikalische Erscheinungen inspiriert ist. Von Vertretern dieser Disziplin wird der Umgang mit Mathematik in der theoretischen Physik auch als heuristische Betrachtung bewertet.

Es geschieht häufig, daß die mathematische Behandlung eines physikalischen Problems zum Entstehen einer neuen mathematischen Disziplin führt. Erwähnt sei hier nur die Theorie der Distributionen.

Eine umfassende Vorstellung vom Gegenstand der mathematischen Physik liefert das berühmte Werk von Courant und Hilbert. (↗Physik).

[1] Courant, R.; Hilbert, D.: Methoden der Mathematischen Physik. Springer Verlag Berlin, 1931.

[2] Courant, R.; Hilbert, D.: Methods of Mathematical Physics. Interscience Publishers New York, 1953.

mathematische Programmierung, ↗ Optimierung.

mathematische Statistik, anwendungsorientiertes Teilgebiet der Mathematik, das in der Hauptsache auf der ↗Wahrscheinlichkeitsrechnung fußt.

Ziel der Statistik ist es, auf die Verteilung von Merkmalswerten in einer großen Menge von Objekten, der sogenannten Grundgesamtheit, auf der Basis nur einiger beobachteter Objekte, einer sogenannten ↗Stichprobe, mit möglichst geringer Irrtumswahrscheinlichkeit zu schließen. Die mathematische Statistik hat dabei die Aufgabe, aufgrund von Stichproben unbekannte Parameter der Grundgesamtheit zu schätzen (↗Schätztheorie), Hypothesen über die Grundgesamtheit zu testen (↗Testtheorie), den Grad und die Art des Zusammenhangs von Zufallserscheinungen zu ermitteln (↗Korrelationsanalyse, ↗Regressionsanalyse), sowie Modelle für zeitabhängige zufällige Merkmale zu liefern (↗Zeitreihenanalyse). Die Rechtfertigung für den Schluß von einer Stichprobe auf die Grundgesamtheit liefert der Hauptsatz der mathematischen Statistik (↗Gliwenko, Satz von).

Üblicherweise werden in der mathematischen Statistik die Gebiete deskriptive Statistik und schließende Statitik unterschieden. Während unter dem Begriff der deskriptiven Statistik alle statistischen Verfahren zusammengefaßt werden, die sich mit der Auswertung der Stichprobe befassen, umfaßt die schließende Statistik basierend auf der Wahrscheinlichkeitsrechnung alle Verfahren, mit denen Schlüsse von einer Stichprobe auf die Grundgesamtheit mit gewisser Irrtumswahrscheinlichkeit gezogen werden. Zur schließenden Statistik gehören auch Verfahren zur optimalen Bestimmung der Stichprobe, einschließlich der Stichprobenumfangsbestimmung. Die beiden Teilgebiete der Statistik werden zusammen mit der Wahrscheinlichkeitsrechnung und ihren Anwendungen auch unter dem Oberbegriff Stochastik zusammengefaßt.

Der Begriff Statistik stammt vom lateinischen Wort „status" (Zustand). Die ersten Anfänge der Statistik sind bereits vor und um den Beginn unserer Zeitrechnung zu finden. Jedoch erst im 18. Jahrhundert begann sie sich als selbständige wissenschaftliche Disziplin zu entwickeln, indem sie dazu diente, Merkmale zu beschreiben, die den Zustand eines Staates charakterisieren. So erfaßte man zum Beispiel systematisch die Verteilung des Lebensalters bei Volkszählungen, die Lebenserwartung, in sogenannten Sterbetafeln, die Anzahl von Schiffsunglücken zur Beurteilung des Risikos für Versicherungsgesellschaften oder die Verteilung von Intelligenzquotienten als Maßzahl der menschlichen Intelligenz. Erst im 20. Jahrhundert ging man von dieser ausschließlich beschreibenden Form von Beobachtungsdaten ab und begann mit Hilfe der modernen sich entwickelnden Wahrscheinlichkeitsrechnung Methoden zur Analyse von statistischen Daten und zur Prüfung von statistischen Hypothesen auszuarbeiten. Die Methoden der mathematischen Statistik wurden zu einem unentbehrlichen Hilfsmittel in allen empirischen Wissenschaften, wie der Soziologie, der Medizin, der Psychologie, aber auch in technischen, naturwissenschaftlichen und wirtschaftlichen Anwendungsfeldern.

mathematische Stichprobe, ↗Stichprobe.

Mathematisches Forschungsinstitut Oberwolfach, im September 1944 unter Leitung von

W. Süss (1895–1958) gegründetes, in Oberwolfach (Schwarzwald) gelegenes Institut.

Die Aktivitäten des Instituts entwickelten sich allmählich, in den Nachkriegsjahren beanspruchte die Sicherung der Existenz des Instituts fast die ganze Arbeit der Institutsleitung. Nach der Gründung der Gesellschaft für mathematische Forschung, 1959, verbesserte sich die finanzielle Situation wesentlich. Unter M. Barner (geb. 1921), der von 1963 bis 1994 das Institut führte, erfolgte unter maßgeblicher finanzieller Unterstützung der Stiftung Volkswagenwerk ein Neuaufbau und eine Erweiterung des Instituts, die 1989 abgeschlossen wurde. Das Institut hatte sich in diesen Jahren zu einem anerkannten internationalen Forschungszentrum entwickelt, in dem der Gedankenaustausch zu aktuellen Forschungsthemen im Vordergrund stand. Zu allen Gebieten der Mathematik finden Tagungen in Oberwolfach unter starker internationaler Beteiligung statt. Im gegenwärtig verfolgten Workshop-Programm werden entsprechend dem vom wissenschaftlichen Beirat des Instituts jährlichen beschlossenen Tagungsprogramm führende Vertreter der einzelnen Teilgebiete zu gemeinsamen Forschungsaktivitäten nach Oberwolfach eingeladen. Aus den auf diesen Veranstaltungen vorgetragenen Resultaten gingen zahlreiche wichtige Publikationen hervor. Seit 1995 finanziert die Volkswagen-Stiftung ein neues Programm „Research in Pairs", das Forscherpaaren (in Ausnahmefällen auch drei oder vier Forschern) für zwei bis dreizehn Wochen die Gelegenheit zu gemeinsamen Forschungen bietet. Außerdem können noch kleine einwöchige Arbeitstagungen abgehalten werden. Alle Forschungsaktivitäten werden durch sehr gute Unterbringungsbedingungen und eine vorzügliche Bibliothek unterstützt. Bei allen Veranstaltungen wird der Förderung junger Nachwuchswissenschaftler besondere Aufmerksamkeit geschenkt. Seit 1994 ist M. Kreck (geb. 1947) Direktor des Instituts. Die finanzielle Grundausstattung des Instituts wird durch das Land Baden-Württemberg gesichert.

mathematisches Modell des Kosmos, einer der Grundbegriffe der ↗Kosmologie, der Wissenschaft, deren Ziel die Beschreibung des Universums im Ganzen ist.

Die mathematische Form eines kosmologischen Modells hängt von der physikalischen Theorie ab, auf deren Grundlage die Bewegung von Materie beschrieben wird. Dementsprechend gibt es statische, relativistische und Newtonsche Modelle, Modelle mit veränderlicher Gravitationskonstante, u. a. Auch astronomische Systeme wie das Ptolemäische und das Kopernikanische werden als kosmologische Modelle angesehen

Sehr wichtig sind die Modelle der Allgemeinen Relativitätstheorie, die durch Lösungen der ↗Einsteinschen Feldgleichungen, in mathematischer Form durch 4-dimensionale Lorentz-Mannigfaltigkeiten (M, g), gegeben sind, wobei sich die topologische Struktur der Mannigfaltigkeit aus theoretischen Überlegungen ergibt.

Bei der Konstruktion solcher Modelle beginnt man im allgemeinen mit Festlegungen und Annahmen über den Symmetrietyp, d. h., man unterscheidet homogene isotrope, homogene anisotrope, und ähnliche kosmologische Modelle. Das erste statische, homogene isotrope Modell wurde von A. Einstein 1917 angegeben, A. A. Friedmann fand 1922 ein nichtstatisches, homogenes isotropes Modell, dessen ↗metrischer Fundamentaltensor in Polarkoordinaten r, φ, ϑ über das Bogenelement ds^2 durch die Gleichung

$$ds^2 = c^2dt^2 - \left(\frac{R(t)}{R_0}\right)^2 \left\{\frac{dr^2}{1 - kr^2/R_0^2} + r^2\left(d\vartheta^2 + \sin^2\vartheta\, d\varphi^2\right)\right\} \quad (1)$$

gegeben ist. Darin ist $R(t)$ – der Weltradius – eine Funktion der Zeit t, die sich aus den Einsteinsche Feldgleichungen ergibt. Sie hat für $k \leq 0$ eine und für $k > 0$ zwei Nullstellen. Da die Riemannsche Metrik (1) in Punkten $(t, r, \varphi, \vartheta)$ mit $R(t) = 0$ ausgeartet ist, entstehen an solchen Stellen Singularitäten (↗Kosmologie).

mathematisches Papier, auch Funktionspapier genannt, vorgedrucktes Papier in unterschiedlichen Größen, das vor allem in der ↗Nomographie zur Darstellung von Funktionen und funktionalen Zusammenhängen in ebenen und in kreisförmig angeordneten Koordinatensystemen benutzt wird. Die Skalierung der Achsen muß nicht linear sein.

Mathieu, Émile Léonard, französischer Mathematiker, geb. 15.5.1835 Metz, gest. 19.10.1890 Nancy.

Mathieu studierte von 1854 bis 1856 an der École Polytechnique in Paris. 1859 promovierte er an der Sorbonne, 1869 wurde er Professor für reine Mathematik in Besançon und 1873 in Nancy.

Mathieus Arbeiten setzten sich hauptsächlich mit Anwendungen der Analysis in der Mechanik und der Physik auseinander. So untersuchte er die Adhäsion von Flüssigkeitsschichten, die Dispersion von Licht und die Schwingungen von homogenen elliptischen Membranen. In diesen Zusammenhang betrachtete er die Mathieusche Differentialgleichung, deren Lösungen als ↗Mathieu-Funktionen bezeichnet werden.

Mathieu-Funktion, eine π- oder 2π-periodische Lösung der Mathieuschen Differentialgleichung in z

$$\frac{d^2w}{dz^2} + (\lambda - 2q\cos 2z)w = 0, \quad (1)$$

wobei λ und $q \neq 0$ zwei komplexe Parameter sind. Betrachtet man die Mathieusche Differentialgleichung als eine Differentialgleichung über $\mathbb{R}$, so ist sie ein Sonderfall der ↗Hillschen Differentialgleichung, also einer Differentialgleichung mit periodischen Koeffizienten. Diese Differentialgleichung ist in der Schwingungslehre von großer Bedeutung. Ausgehend von einem ↗Fundamentalsystem y_1, y_2 von (1), das den Bedingungen $y_1(0) = 1, y_1'(0) = 0$ und $y_2(0) = 0, y_2'(0) = 1$ genügt, erhält man mit dem Satz von Floquet Aussagen über die Periodizität der Lösungen und darüber, ob diese gerade oder ungerade sind.

Für die Schwingungslehre noch wichtiger sind die daraus folgenden Aussagen über die Stabilität, d. h. hier die Beschränktheit der Lösungen auf $\mathbb{R}$: Für $|y_1(\pi)| < 1$ sind alle Lösungen von (1) auf $\mathbb{R}$ beschränkt. Im Falle $|y_1(\pi)| > 1$ sind alle Lösungen unbeschränkt. Zusätzlich sind im Falle $y_1(\pi) = \pm 1$ und $y_1'(\pi) = y_2(\pi) = 0$ alle Lösungen beschränkt. In allen anderen Fällen treten sowohl unbeschränkte als auch beschränkte Lösungen auf.

Der Parameter λ wird Eigenwert genannt, da die Differentialgleichung durch Umstellung zum Eigenwertproblem

$$-\frac{d^2w}{dz^2} + 2q\cos 2z = \lambda w$$

wird. In dieser Form ist die Differentialgleichung insbesondere für die mathematische Physik von Interesse.

Substitutiert man z durch iz, so entsteht die modifizierte Mathieusche Differentialgleichung

$$\frac{d^2w}{dz^2} - (\lambda - 2q\cosh 2z)w = 0 \quad (q \neq 0).$$

Man kann viele Eigenschaften der Lösungen der modifizierten Mathieuschen Differentialgleichung durch eben diese Substitution auf die Lösungen der Mathieuschen Differentialgleichung zurückführen.

Bezeichnet man weiterhin $z = \cos t$, so entsteht die algebraische Mathieusche Differentialgleichung

$$(1 - t^2)y'' - ty' + (\lambda + 2q - 4qt^2)y = 0,$$

wobei $y(t) := w(\cos t)$.

Da die Mathieusche Differentialgleichung eine Differentialgleichung mit periodischen Koeffizienten ist, lassen sich, wie oben angedeutet, nach dem Satz von Floquet immer Lösungen der Gestalt

$$\mathrm{me}_\nu(z, q) = e^{i\nu z} P(z)$$

finden, wobei $P(z)$ eine π-periodische Funktion und ν eine von λ und q abhängige Konstante ist. Aus diesem Grunde bezeichnet man die Funktionen $\mathrm{me}_\nu(\cot, q)$ auch als „Floquet-Lösungen". Man beachte, daß ν nicht eindeutig ist, denn die Addition einer geraden Zahl zu ν entspricht lediglich der Multiplikation einer π-periodischen Funktion, die zu P geschlagen werden kann.

Wie man sofort erkennt, ist mit $\mathrm{me}_\nu(z, q)$ auch $\mathrm{me}_\nu(-z, q)$ eine Lösung zum charakteristischen Exponenten $-\nu$. Diese beiden Lösungen sind für nicht-ganzzahlige ν, und nur dann, linear unabhängig und spannen somit den gesamten Lösungsraum auf. Für gegebenes ν, q und λ ist dann $\mathrm{me}_\nu(\cdot, \lambda)$ bis auf einen konstanten Faktor eindeutig bestimmt, und es kann $\mathrm{me}_{-\nu}(z, q) = \mathrm{me}_\nu(-z, q)$ gewählt werden. Man normiert dann $\mathrm{me}_\nu(z, q)$ durch

$$\frac{1}{\pi}\int_0^\pi \mathrm{me}_\nu(z, q)\,\mathrm{me}_\nu(-z, q)\,dz = 1,$$

$$\mathrm{me}_\nu(z, 0) = e^{2\nu z}.$$

Hieraus baut man wiederum die geraden und ungeraden Lösungen ce_ν und se_ν auf:

$$\mathrm{ce}_\nu(z, q) := \frac{1}{2}(\mathrm{me}_\nu(z, q) + \mathrm{me}_{-\nu}(z, q))$$

$$\mathrm{se}_\nu(z, q) := \frac{1}{2i}(\mathrm{me}_\nu(z, q) - \mathrm{me}_{-\nu}(z, q))$$

Die entsprechenden Lösungen der modifizierten Mathieuschen Differentialgleichung erhalten einen Großbuchstaben:

$$\mathrm{Me}_\nu(z, q) := \mathrm{me}_\nu(-iz, q)$$

$$\mathrm{Ce}_\nu(z, q) := \mathrm{ce}_\nu(iz, q)$$

$$\mathrm{Se}_\nu(z, q) := -i\,\mathrm{se}_\nu(iz, q)$$

Für ganzzahliges ν existiert zumindest eine Floquet-Lösung, die dann entweder π- oder zumindest 2π-periodisch ist. Eine der beiden Funktionen ce_ν oder se_ν verschwindet in diesem Falle. Diese periodischen Lösungen spielen in der Theorie der Mathieuschen Differentialgleichung eine wichtige Rolle und werden deshalb als „Mathieufunktionen" oder auch als „Lösungen erster Art" bezeichnet. Die zweite, linear unabhängige Lösung ist in diesem Falle nie periodisch; sie heißen entsprechend „Lösungen zweiter Art", werden aber eher selten benötigt.

Weiterhin verwendet man zum Teil die sog. „Lösungen dritter Art", die so aus den Fundamentallösungen kombiniert werden, daß sie für $z \to i\infty$ oder $z \to -i\infty$ gegen Null gehen.

[1] Abramowitz, M.; Stegun, I.A.: Handbook of Mathematical Functions. Dover Publications, 1972.

[2] Erdélyi, A.: Higher transcendential functions, vol. 3. McGraw-Hill, 1953.

[3] Meixner, J.; Schäfke, F.W.: Mathieusche Funktionen und Sphäroidfunktionen. Springer Berlin/Heidelberg, 1954.

Mathieu-Operator, auf dem Hilbertschen Folgenraum $\ell^2(\mathbb{Z})$ definierter diskreter Operator.

Seien $A, \alpha, \nu \in \mathbb{R}$. Der für $f \in \ell^2(\mathbb{Z})$ durch $(M_{A,\alpha,\nu}f)(n) := f(n+1) + 2A\cos(2\pi n\alpha - \nu)f(n) + f(n-1)$ $(n \in \mathbb{Z})$ definierte Operator heißt (diskreter) Mathieu-Operator und ist als ↗Differenzenoperator das diskrete Analogon zum in der Mathieuschen Differentialgleichung (↗Mathieu-Funktion) auftretenden Differentialoperator.

Er spielt u. a. in der Festkörperphysik eine wichtige Rolle. Bezeichnet $\sigma(A, \alpha, \nu)$ das Spektrum von $M_{A,\alpha,\nu}$, so wird oft $S(A, \alpha) := \bigcup_{\nu\in\mathbb{R}} \sigma(A, \alpha, \nu)$ untersucht.

Das Diagramm, das das Spektrum $S(1, \alpha)$ des diskreten Mathieu-Operators darstellt, wird wegen seiner Ähnlichkeit mit einem Schmetterling nach dem Physiker Douglas R. Hofstadter auch Hofstadter-Schmetterling genannt. Hofstadter untersuchte als erster numerisch das Spektrum $S(1, \alpha)$ in Abhängigkeit vom Parameter α. Der Hofstadter-Schmetterling zeigt fraktale Eigenschaften; bisher ist die Vermutung von Mark Kac, daß für jedes irrationale α das Spektrum $S(1, \alpha)$ eine ↗Cantor-Menge ist, nicht bewiesen (sog. Ten Martini Problem).

Mathieusche Differentialgleichung, ↗Mathieu-Funktion.

Matrix, rechteckige Anordnung von Elementen einer Grundmenge G (meist eines Körpers oder eines Ringes) der Form

$$\begin{pmatrix} a_{11} & a_{12} & \cdots & a_{1n} \\ a_{21} & a_{22} & \cdots & a_{2n} \\ \vdots & & & \vdots \\ a_{m1} & a_{m2} & \cdots & a_{mn} \end{pmatrix}$$

(bzw.

$$\begin{pmatrix} a_{11} & a_{12} & \cdots & \cdots \\ a_{21} & a_{22} & \cdots & \cdots \\ \vdots & & & \vdots \\ \vdots & \vdots & \cdots & \ddots \end{pmatrix}$$

im unendlichen Fall); man spricht dann von einer Matrix über G.

Die a_{ij} heißen Elemente oder Komponenten der Matrix. Die m horizontalen n-Tupel $(a_{11}, a_{12}, \dots, a_{1n})$, ..., $(a_{m1}, a_{m2}, \dots, a_{mn})$ heißen Zeilen(vektoren) von A, die n senkrechten m-Tupel $\begin{pmatrix} a_{11} \\ a_{21} \\ \vdots \\ a_{m1} \end{pmatrix}, \dots, \begin{pmatrix} a_{1n} \\ a_{2n} \\ \vdots \\ a_{mn} \end{pmatrix}$ Spalten(vektoren) oder auch Kolonnen von A, entsprechend heißt m die Zeilenzahl von A und n die Spaltenzahl. Eine Matrix mit m Zeilen und n Spalten wird als $(m \times n)$-Matrix bezeichnet. Für eine $(m \times n)$-Matrix A mit Komponenten a_{ij} schreibt man auch $((a_{ij}))$ oder manchmal auch genauer $((a_{ij}))_{m,n}$; i heißt dabei Zeilenindex von A und j Spaltenindex.

Jedes Teilschema, das man durch Streichen von Zeilen und Spalten aus einer Matrix A erhält, heißt Untermatrix von A; beispielsweise ist eine Zeile eine Untermatrix, eine sogenannte Zeilenmatrix. Entsprechend wird eine Spalte als Spaltenmatrix bezeichnet.

Bezeichnet werden Matrizen meist mit großen lateinischen Buchstaben: $A, B, \dots, M, N, \dots$. Zwei Matrizen sind gleich, wenn sie vom gleichen Typ sind (d. h. wenn sie gleich viele Zeilen und Spalten haben) und elementweise übereinstimmen.

Ist G ein Körper, dann wird die oft mit $M(m{\times}n, G)$ bezeichnete Menge aller $(m \times n)$-Matrizen über G mit der elementweise definierten Matrizenaddition und der ebenfalls elementweise definierten Skalarmultiplikation zu einem ↗Vektorraum über G der Dimension $m \cdot n$.

$(m \times n)$-Matrizen über einem Körper $\mathbb{K}$ werden häufig dazu benutzt, lineare Abbildungen von einem n-dimensionalen $\mathbb{K}$-Vektorraum in einen m-dimensionalen $\mathbb{K}$-Vektorraum bezüglich fest gewählter Basen der Vektorräume zu repräsentieren: Sind V und U Vektorräume über $\mathbb{K}$ mit den Basen $B_1 := (v_1, \dots, v_n)$ und $B_2 := (u_1, \dots, u_m)$, und ist $f : V \to U$ linear, so heißt die Matrix $A = (a_{ij})$ mit $f(v_i) = a_{1i}u_1 + \dots + a_{mi}u_m (1 \le i \le n)$ Matrixdarstellung (oder Darstellungsmatrix) von f bzgl. der Basen B_1 und B_2 (in der i-ten Spalte von A stehen die Koordinaten des Bildes des i-ten Basisvektors von V bzgl B_2). Der Koordinatenvektor bzgl. B_2 des Bildes eines Koordinatenvektors $a = (a_1, \dots, a_n)$ eines Vektors $v \in V$ bzgl. B_1 ist dann gegeben durch $A\,a$.

Jede $(m{\times}n)$-Matrix repräsentiert in diesem Sinne bzgl. fest gewählter Basen genau eine lineare Abbildung; die $(m \times n)$-Matrizen über $\mathbb{K}$ entsprechen somit bzgl. fest gewählter Basen umkehrbar eindeutig den linearen Abbildungen eines n-dimensionalen $\mathbb{K}$-Vektorraumes in einen m-dimensionalen $\mathbb{K}$-Vektorraum.

Beschreiben die $(m{\times}n)$-Matrix A_1 und die $(n{\times}p)$-Matrix A_2 bzgl. fest gewählter Basen in V, U und W die linearen Abbildungen $f_1 : V \to U$ und $f_2 : U \to W$, so beschreibt die $(m \times p)$-Matrix

$$A := A_1A_2$$

die lineare Abbildung

$$f_2 \circ f_1 : V \to W$$

bzgl. der in V und W gewählten Basen. Zwei Matrizen A_1 und A_2 beschreiben genau dann die gleiche lineare Abbildung bzgl. geeigneter Basen, wenn reguläre Matrizen P und Q existieren mit

$$A_1 = PA_2Q.$$

Durch geeignete Wahl zweier Basen kann die eine lineare Abbildung repräsentierende Matrix evtl. sehr einfache Gestalt annehmen (↗Jordansche Normalform).

Ist $\beta : V \times V \to \mathbb{K}$ eine Bilinearform auf dem endlich-dimensionalen $\mathbb{K}$-Vektorraum V mit der Basis $B = (v_1, \ldots, v_n)$, so heißt die $(n \times n)$-Matrix

$$A := (\beta(v_i, v_j))$$

Matrixdarstellung der Bilinearform β bzgl. $(v_1, \ldots, v_n)$. Sind die Koordinatenvektoren der Vektoren u_1 und $u_2 \in V$ mit a bzw. b bezeichnet, so ist das Bild $\beta(u_1, u_2)$ gegeben durch

$$a^t A b\,.$$

Mit unendlichen Matrizen (Matrizen mit unendlich vielen Zeilen und/oder Spalten) lassen sich auch lineare Abbildungen zwischen unendlichdimensionalen Vektorräumen darstellen. Eine unendliche Matrix heißt zeilenfinit, falls sie in jeder Zeile nur endlich viele von Null verschiedene Einträge aufweist; im anderen Fall wird die Matrix als zeileninfinit bezeichnet. Entsprechend sind die Begriffe spaltenfinit und spalteninfinit zu verstehen. Eine (unendliche) Matrix, die in jeder Zeile und in jeder Spalte höchstens einen von Null verschiedenen Eintrag aufweist, wird auch als solitär bezeichnet.

Matrix der Übergangswahrscheinlichkeiten, ↗Markow-Kette.

matrix tree theorem, ↗ Matrix-Baum-Satz.

Matrix-Baum-Satz, *Matrix-Gerüst-Satz*, *matrix tree theorem*, eine Formel, die für einen markierten ↗Graphen die Anzahl seiner verschiedenen spannenden Bäume angibt.

Es sei $A = (a_{ij})$ die Adjazenzmatrix eines Graphen G mit der Eckenmenge $E(G) = \{x_1, x_2, \ldots, x_n\}$ und $d(x_i)$ der Grad der Ecke x_i für $i = 1, 2, \ldots, n$. Ersetzt man in $-A$ die Elemente $-a_{ii} = 0$ durch $d(x_i)$ für alle $1 \le i \le n$, so entsteht daraus die sogenannte Admittanzmatrix B von G. Streicht man in der Admittanzmatrix B die i-te Zeile sowie die i-te Spalte für ein $1 \le i \le n$, und bestimmt von dieser so entstandenen $((n-1) \times (n-1))$-Matrix B_i die Determinante, so erhält man die Anzahl der spannenden Bäume von G. Insbesondere ist $\det B_i$ unabhängig von i.

Dieser sogenannte Matrix-Baum-Satz findet sich der Idee nach bereits in einer Arbeit von G.R. Kirchhoff aus dem Jahre 1847. Ein klarer, auf dem Determinantensatz von Cauchy-Binet beruhender Beweis wurde 1954 von H. Trent gegeben. Als Spezialfall erhält man daraus, daß der vollständige Graph K_n genau n^{n-2} verschiedene spannende Bäume besitzt. Diese Anzahlformel wurde bereits 1889 von A. Cayley bewiesen.

Matrixdarstellung einer linearen Abbildung, ↗Matrix.

Matrixdarstellung eines Operators, Darstellung eines Operators zwischen Banachräumen durch eine unendliche Matrix.

Seien X und Y Banachräume mit Schauder-Basen (e_n) bzw. (f_n) und T ein stetiger linearer Operator. Die Koeffizientenfunktionale zur Basis (f_n) seien mit f_n' bezeichnet, d. h.

$$y = \sum_n f_n'(y) f_n$$

für alle $y \in Y$. Dann kann man T die unendliche Matrix $(a_{n,m})_{n,m=1,2,\ldots}$ mit den Einträgen

$$a_{n,m} = f_n'(Te_m) \qquad (1)$$

zuordnen. Im Fall von Hilberträumen und Orthonormalbasen wird (1) zu

$$a_{n,m} = \langle Te_m, f_n \rangle. \qquad (2)$$

Es gibt höchstens einen stetigen linearen Operator mit der Matrixdarstellung $(a_{n,m})$, aber nicht jede unendliche Matrix ist die Matrix eines stetigen Operators.

Matrix-Exponentialfunktion, Matrixfunktion, die die skalare Exponentialfunktion verallgemeinert.

Für quadratische Matrizen A ist die Matrix-Exponentialfunktion definiert durch

$$e^A = \exp(A) = I + \sum_{k=1}^{\infty} \frac{1}{k!} A^k,$$

wobei I die Einheitsmatrix ist. Diese Reihe konvergiert für jede quadratische reelle oder komplexe Matrix A.

Die Matrix-Exponentialfunktion erfüllt nicht mehr die Funktionalgleichung der Exponentialfunktion. Ist jedoch B eine weitere Matrix, die mit A vertauschbar ist, die also $AB = BA$ erfüllt, so gilt

$$e^{A+B} = e^A \cdot e^B.$$

Für eine invertierbare Matrix B gilt

$$e^{B^{-1}AB} = B^{-1} e^A B,$$

und für eine Diagonalmatrix

$$A = \operatorname{diag}(\lambda_1, \ldots, \lambda_n) := \begin{pmatrix} \lambda_1 & \cdots & 0 \\ \vdots & \ddots & \vdots \\ 0 & \cdots & \lambda_n \end{pmatrix}$$

schließlich

$$e^A = e^{\operatorname{diag}(\lambda_1, \ldots, \lambda_n)} = \operatorname{diag}(e^{\lambda_1}, \ldots, e^{\lambda_n}).$$

Man findet hier also in gewissem Sinne die „gewohnten" Gesetze für die Exponentialfunktion wieder, wobei man sich aber immer darüber klar sein muß, daß es sich hierbei um das Rechnen mit Matrizen handelt.

Man kann die Matrix-Exponentialfunktion anwenden, um bestimmte Systeme linearer Differentialgleichungen mit konstanten Koeffizienten zu lösen. Ist mit einer reellen $(n \times n)$-Matrix A das Anfangswertproblem

$$\mathbf{y}'(x) = A\mathbf{y}(x), \quad \mathbf{y}(x_0) = \mathbf{y}_0$$

mit $x_0 \in \mathbb{R}$ und $\mathbf{y}_0 \in \mathbb{R}^n$ gegeben, so läßt sich die Lösung hiervon angeben als

$$\mathbf{y}(x) = e^{(x-x_0)A}\,\mathbf{y}_0 .$$

Mit der Abbildung

$$\Phi : \mathbb{R}^n \times \mathbb{R} \to \mathbb{R}^n, \quad \Phi(\mathbf{y}_0, x) := e^{(x-x_0)A}\,\mathbf{y}_0$$

bildet dann $(\mathbb{R}^n, \mathbb{R}, \Phi)$ ein dynamisches System (Fluß), und man bezeichnet A als erzeugenden Operator dieses Flusses.

Matrixfunktion, eine Funktion, deren Argument eine ↗Matrix ist.

Die meistverbreitete Matrixfunktion ist die ↗Matrix-Exponentialfunktion.

Matrix-Gerüst-Satz, ↗ Matrix-Baum-Satz.

Matrixintervall, ↗Intervallmatrix.

Matrixinversion, Berechnung der eindeutig bestimmten ↗inversen Matrix A^{-1} einer regulären quadratischen Matrix A über dem Körper $\mathbb{K}$.

Eine Möglichkeit hierzu besteht darin, die $(n \times 2n)$-Matrix $A|I$ zu bilden (sind M und N zwei Matrizen gleicher Zeilenzahl, so bezeichnet $M|N$ die Matrix, die man durch Anfügen der Matrix N rechts an die Matrix M erhält; I bezeichnet die $(n \times n)$-Einheitsmatrix). Formt man nun die Matrix $A|I$ durch mehrere elementare Zeilenumformungen in eine Matrix der Form $I|B$ um (was im regulären Fall stets möglich ist), so ist B die inverse Matrix zu A, d. h. es gilt $AB = BA = I$.

Die Inverse einer regulären (2×2)-Matrix $A = (a_{ij})$ ist explizit gegeben durch

$$A^{-1} = \frac{1}{\det A}\begin{pmatrix} a_{22} & -a_{12} \\ -a_{21} & a_{11} \end{pmatrix}.$$

Allgemeiner ist die Inverse einer regulären $(n{\times}n)$-Matrix $A = (a_{ij})$ gegeben durch

$$A^{-1} = \frac{1}{\det A}A' ;$$

dabei bezeichnet A' die zu A komplementäre Matrix $((b_{ij}))$ mit

$$b_{ij} = (-1)^{i+j}\det A_{ji}$$

(A_{ji} bezeichnet die $(n-1 \times n-1)$-Untermatrix von A, die man durch Streichen der j-ten Zeile und der i-ten Spalte erhält).

Zur numerischen Berechnung der Inversen einer Matrix A existieren eine Reihe von Verfahren; sie kann beispielsweise mittels des ↗Gauß-Jordan-Verfahrens durchgeführt werden.

Matrixkalkül, Darstellung der Theorie der ↗linearen Abbildungen zwischen endlich-dimensionalen $\mathbb{K}$-Vektorräumen mittels Matrizen über $\mathbb{K}$.

Einer linearen Abbildung von einem n-dimensionalen Vektorraum in einen m-dimensionalen Vektorraum entspricht dabei nach Wahl zweier Basen (↗Basis eines Vektorraumes) in den Vektorräumen eindeutig eine $(m \times n)$-Matrix über $\mathbb{K}$, einem ↗Endomorphismus eine quadratische Matrix, und der Identität die ↗Einheitsmatrix. ↗Isomorphismen werden durch reguläre Matrizen dargestellt, die Inverse eines Isomorphismus durch die entsprechende inverse Matrix.

Ebenso entspricht auch einer ↗Bilinearform auf einem n-dimensionalen Vektorraum nach Wahl einer Basis eine $(n \times n)$-Matrix.

Matrixkondition, charakteristische Größe, die man einer quadratischen Matrix A zuordnet, und die etwas über die numerische ↗Kondition eines darauf basierenden linearen Gleichungssystems der Form $Ax = b$ mit rechter Seite b und gesuchter Lösung x aussagt. Die Matrixkondition ist definiert als $\kappa(A) := ||A|| \cdot ||A^{-1}||$, wobei $||\cdot||$ eine Matrixnorm und A^{-1} die Inverse von A bezeichnet. Für Matrizen ohne Inverse wird die Matrixkondition auf ∞ gesetzt. Siehe auch ↗Konditionszahl.

Matrixnorm, *Matrizennorm*, eine Norm auf dem $\mathbb{K}$-Vektorraum $M(m \times n, \mathbb{K})$ aller $(m \times n)$-Matrizen über dem Körper $\mathbb{K}$ ($\mathbb{K}$ gleich $\mathbb{R}$ oder $\mathbb{C}$).

Alle Matrixnormen auf $M(m \times n, \mathbb{K})$ sind äquivalent; Konvergenz einer Matrizenfolge bzgl. irgend einer gegebenen Matrixnorm ist gleichbedeutend mit elementweiser Konvergenz.

Die gebräuchlichste Norm auf $M(n \times n, \mathbb{R})$ ist bezüglich einer gegebenen Norm $\|\cdot\|$ auf $\mathbb{R}^n$ gegeben durch:

$$\|A\|_l := \sup_{\|x\|=1} \|Ax\| = \sup_{\|x\|\le 1} \|Ax\| = \sup_{x\neq 0} \frac{\|Ax\|}{\|x\|};$$

man nennt diese Norm meist Abbildungsnorm oder Grenznorm.

Erfüllt eine Matrixnorm die Relation

$$\|AB\| \le \|A\|\,\|B\|,$$

so nennt man sie submultiplikativ. Beispielsweise ist die Grenznorm submultiplikativ, jedoch ist nicht jede Matrixnorm submultiplikativ.

$M(n \times n, \mathbb{K})$ bildet zusammen mit der Matrizenmultiplikation $(A_1, A_2) \mapsto A_1A_2$ eine assoziative $\mathbb{K}$-Algebra. Eine Matrixnorm macht $M(n \times n, \mathbb{K})$ zu einer Banachalgebra, d. h. zu einer Algebra, die als normierter Raum vollständig ist.

Die Grenznorm ist die kleinste aller mit einer gegebenen Vektornorm verträglichen Matrixnormen. Dabei heißt eine auf dem Vektorraum Matrixnorm $\|\cdot\|$ verträglich mit der Norm $\|\cdot\|_n$ auf $\mathbb{K}^n$, falls für alle $x \in \mathbb{K}^n$ und alle $A \in M(m \times n, \mathbb{K})$ gilt:

$$\|Ax\| \leq \|A\| \, \|x\|_n .$$

Mit einer submultiplikativen Matrixnorm $\|\cdot\|$ läßt sich der Spektralradius $\varrho(A)$ einer Matrix A berechnen durch

$$\varrho(A) = \lim_{n\to\infty} \|A^n\|^{\frac{1}{n}} .$$

Matrixspiel, endliches Zwei-Personen-Nullsummenspiel.

Dabei sind die Gewinne bzw. Verluste, die die beiden Spieler $\mathcal{S}$ und $\mathcal{T}$ bei einem potentiellen Zug machen, in Form der sogenannten Auszahlungsmatrix $A = (a_{ij}) \in \mathbb{R}^{m\times n}$ gegeben. Wählt $\mathcal{S}$ als „Zeilenspieler" eine Zeile i sowie $\mathcal{T}$ als „Spaltenspieler" eine Spalte j, so stellt a_{ij} den Erlös dar, den $\mathcal{S}$ von $\mathcal{T}$ erhält (oder an $\mathcal{T}$ zahlen muß, sofern $a_{ij} \leq 0$ ist). Das Auffinden optimaler Strategien bei Matrixspielen kann mittels Methoden der linearen Optimierung geschehen. Dazu formuliert man das Spiel als lineares Optimierungsproblem um, indem man zunächst über eine Verschiebung des Spielwerts v alle Einträge von A (und auch v) positiv macht. Dann betrachtet man das Problem max v unter den Nebenbedingungen $a_1 \cdot x \geq v, \dots, a_m \cdot x \geq v$ (a_i = $i$te Zeile von A), $x \geq 0, v \geq 0$.

Matrixtransformation, *Matrizentransformation*, Überführung einer $(n\times n)$-Matrix A durch eine Operation der Form

$$A \mapsto R^{-1}AR \qquad (1)$$

mit einer regulären Matrix R in eine neue Gestalt.

Beschreibt die $(n \times n)$-Matrix A einen ↗Endomorphismus des n-dimensionalen Vektorraumes V bzgl. einer fest gewählten Basis in V, so entspricht einer Transformation der Form (1) mit regulärem R der Übergang zu einer neuen Basis in V.

Im Falle einer symmetrischen (reellen) Matrix S besitzt die Matrixtransformation die spezielle Gestalt

$$S \mapsto T := R^tSR$$

(R^t bezeichnet die zu R transponierte Matrix).

Die Matrix T ist dann selbst wieder symmetrisch. Will man in der quadratischen Form

$$x^tSx$$

($x = (x_1, \dots, x_n)^t \in \mathbb{R}^n$) „neue Variablen" einführen, d. h. x durch Ry mit regulärem R und $y = (y_1, \dots, y_n)^t$ ersetzen, so erhält man eine neue quadratische Form

$$y^t(R^tSR)y ,$$

was manchmal als Transformation der Variablen bezeichnet wird.

Matrizenaddition, ↗Addition von Matrizen.

Matrizenähnlichkeit, oft mit $\approx$ bezeichnete Äquivalenzrelation auf der Menge aller $(n \times n)$-Matrizen über $\mathbb{K}$ mit $A_1 \approx A_2$ genau dann, falls eine reguläre $(n \times n)$-Matrix R existiert, so daß

$$A_1 = RA_2R^{-1} .$$

Zwei Matrizen, die denselben ↗Endomorphismus $f : V \to V$ des endlich-dimensionalen Vektorraumes V bezüglich zweier Basen (↗Basis eines Vektorraumes) von V repräsentieren, sind ähnlich zueinander, liegen also in derselben Äquivalenzklasse bzgl. $\approx$. Umgekehrt repräsentieren zueinander ähnliche Matrizen bzgl. geeigneter Basen denselben Endomorphismus.

Zueinander ähnliche Matrizen haben die gleiche Spur, die gleiche Determinante, das gleiche charakteristische Polynom und die gleichen Eigenwerte. Ähnliche Matrizen sind auch äquivalent (↗Matrizenäquivalenz), die Umkehrung ist i. allg. aber falsch. Das Problem der Aufstellung einer „möglichst einfachen" Normalform in jeder Äquivalenzklasse aller zueinander ähnlichen Matrizen wird befriedigend durch die ↗Jordansche Normalform gelöst.

Ist A vermöge der Matrix P ähnlich zu der Diagonalmatrix $D = \mathrm{diag}(d_1, \dots, d_n)$ ($D = P^{-1}AP$), d. h. ist A ↗diagonalisierbar, so kann mit A besonders einfach gerechnet werden; für jedes Polynom f gilt dann:

$$\begin{aligned} f(A) &= Pf(D)P^{-1} \\ &= P \cdot \mathrm{diag}(f(d_1), \dots, f(d_n)) \cdot P^{-1} . \end{aligned}$$

Sind alle Diagonalelemente d_i nicht negativ, so gilt mit der Matrix $B = P \cdot \mathrm{diag}(\sqrt{d_1}, \dots, \sqrt{d_n}) \cdot P^{-1}$:

$$A = B^2 ,$$

d. h. B ist eine „Wurzel" von A.

Entsprechend heißen zwei Endomorphismen φ_1 und φ_2 auf einem endlich-dimensionalen Vektorraum V ähnlich zueinander, falls ein Automorphismus φ auf V existiert so, daß gilt:

$$\varphi_2 = \varphi \circ \varphi_1 \circ \varphi^{-1} .$$

Matrizenäquivalenz, meist mit $\sim$ bezeichnete Äquivalenzrelation auf der Menge aller $(n \times m)$-Matrizen über $\mathbb{K}$ mit $A_1 \sim A_2$ genau dann, falls eine reguläre $(n \times n)$-Matrix R und eine reguläre $(m \times m)$-Matrix S existieren mit

$$A_1 = RA_2S.$$

Zwei Matrizen sind genau dann äquivalent zueinander, d. h. liegen in der selben Äquivalenzklasse bzgl. $\sim$, wenn sie gleichen Rang haben.

Es gibt also genau $\min\{m, n\} + 1$ Äquivalenzklassen. Diese werden dann jeweils durch eine Matrix I_r $(0 \leq r \leq \min\{n, m\})$ repräsentiert; eine Matrix vom Rang r liegt in der Klasse $[I_r]$, Hierbei bezeichnet $I_r = (i_{ij})$ die $(n \times m)$-Matrix, deren erste r Elemente $i_{11}, \dots, i_{rr}$ auf der Hauptdiagonalen gleich 1 sind und deren restlichen Elemente alle gleich 0 sind.

Matrizeninversion, ↗Matrixinversion.

Matrizenkongruenz, oft mit $\sim$ bezeichnete Äquivalenzrelation auf der Menge aller reellen $(n \times n)$-Matrizen mit $A \sim B$ genau dann, wenn eine reguläre Matrix P existiert mit

$$B = P^t AP$$

(P^t bezeichnet die zu P ↗transponierte Matrix); A und B werden dann als kongruent zueinander bezeichnet. Kongruente Matrizen sind auch äquivalent (↗Matrizenäquivalenz) und haben folglich gleichen Rang. Jede symmetrische reelle Matrix A ist zu einer Diagonalmatrix D kongruent; die Anzahl p der positiven Elemente und die Anzahl n der negativen Elemente auf der Hauptdiagonalen von D sind dabei eindeutig durch A bestimmt.

Je zwei Matrixdarstellungen einer ↗Bilinearform $\beta : V \times V \to \mathbb{R}$ auf einem endlich-dimensionalen reellen Vektorraum V bzgl. zweier Basen B_1 und B_2 von V sind kongruent.

Matrizenmechanik, eine der mathematisch äquivalenten Formulierungen der Quantenmechanik, die von Heisenberg 1925 entdeckt wurde.

Dabei spielte das ↗Korrespondenzprinzip eine wichtige Rolle: Es gestattet, Größen, die die Bahn eines Teilchens charakterisieren, mit Größen, die für Strahlung charakteristisch sind, in Beziehung zu setzen. Beispielsweise kann eine eindimensionale periodische Bewegung $q(t)$ durch eine Fourier-Reihe $\sum_{\tau=-\infty}^{+\infty} q_\tau e^{i\tau\omega t}$ dargestellt werden. Andererseits kann man die Frequenzbedingung für die Strahlung einer Frequenz ω_{ik} beim Übergang aus einem Zustand mit der Energie E_i in den Zustand mit der Energie E_k in der Form

$$\frac{1}{\omega_{ik}} = \frac{2\pi h}{E_i - E_k} = \frac{1}{2\pi(i-k)} \frac{I_i - I_k}{E_i - E_k}$$

schreiben, wobei I_c das Wirkungsintegral für den Zustand mit der Quantenzahl c ist. Für $h \to 0$ kann der Differenzenquotient durch den Differentialquotienten $\frac{dI}{dE}$ ersetzt werden, für den sich $\frac{2\pi}{\omega}$ ergibt, sodaß in der betrachteten Näherung $\omega_{ik} = (i-k)\omega$ gilt. Entsprechend kann man für die Koeffizienten in der Fourier-Reihe $q_\tau = q_{i-k} = q_{ik}$ mit $\tau = i - k$ schreiben.

Diese Beziehungen werden aber nicht mehr dort gelten, wo man berücksichtigen muß, daß die Plancksche Konstante doch wesentlich von Null verschieden ist. In der Quantenmechanik ersetzt man also $q(t)$ durch den Satz unendlich vieler Größen $q_{ik}(t)$.

Matrizenmultiplikation, ↗Multiplikation von Matrizen.

Matrizennorm, ↗Matrixnorm.

Matrizentransformation, ↗Matrixtransformation.

Matroid, eine Abstraktion des Begriffs einer Matrix im kombinatorischen Sinne.

Es sei V eine endliche Menge. Ein Matroid ist ein Tupel $(V, \mathcal{S})$, wobei $\mathcal{S}$ ein System von Teilmengen von V, genannt die unabhängigen Teilmengen, mit folgender Eigenschaft bezeichnet:

- Die leere Menge ist unabhängig.
- Jede Teilmenge einer unabhängigen Menge ist unabhängig.
- Sind S_1 und $S_2 \in \mathcal{S}$ mit $|S_1| = |S_2|+1$, so existiert ein $s \in S_1 \setminus S_2$ mit $S_2 \cup \{s\} \in \mathcal{S}$.

Maximalbedingung, wird durch eine ↗Halbordnung $(V, \leq)$ erfüllt, wenn für jedes beliebige Element $v_0 \in V$ jede ↗Teilkette $\{v_0, v_1, v_2, \dots\}$ mit $v_{i-1} < v_i$ für alle i endlich ist.

maximale Dilatation, ↗ quasikonforme Abbildung,

maximale gewichtete Korrespondenz, eine Korrespondenz maximaler Bewertung in einem ↗bewerteten Graphen G.

Offenbar enthält eine solche Korrespondenz keine Kanten negativer Bewertung. Daher kann man sich bei diesem Problem auf Bewertungen $\varrho : K(G) \to \mathbb{R}$ mit $\varrho(k) \geq 0$ zurückziehen. Auch unter dieser Voraussetzung muß aber eine maximale gewichtete Korrespondenz keineswegs eine Korrespondenz maximaler Mächtigkeit sein. Dies kann man aber dadurch erreichen, daß man G durch Hinzufügen fehlender Kanten k mit der Bewertung $\varrho(k) = 0$ zu einem vollständigen Graphen erweitert. Es sind polynomiale Algorithmen bekannt, die in einem bewerteten vollständigen Graphen maximale gewichtete Korrespondenzen liefern. Für den Spezialfall, daß G eine konstante Bewertung besitzt oder G ein bewerteter ↗bipartiter Graph ist, siehe ↗Edmonds, Algorithmus von, oder ↗Ungarischer Algorithmus.

maximale Kette, ↗Teilkette M einer ↗Halbordnung V, für die es keine Teilkette von V gibt, die M als echte Teilmenge enthält.

maximale komplexe Struktur, Begriff in der Theorie der komplexen Räume.

Man sagt, daß die Struktur eines komplexen Raumes X maximal ist (oder daß X maximal ist), wenn gilt

$$_X\mathcal{O} = {_X\widetilde{\mathcal{O}}} \cap {_X\mathcal{C}}.$$

Dabei sei $_X\mathcal{O}$ die Strukturgarbe von X, $_X\mathcal{C}$ die Garbe der stetigen Funktionen auf X und $_X\widetilde{\mathcal{O}}$ die Garbe der schwach holomorphen Funktionen auf X. (Eine abgeschlossene Menge $A \subset X$ heißt (analytisch) dünn, wenn für jede offene Menge $U \subset X$ die Einschränkungsabbildung $\mathcal{O}(U) \to \mathcal{O}(U \backslash A)$ injektiv ist. Eine schwach holomorphe Funktion auf $U \subset X$ ist eine holomorphe Funktion $f : U \backslash A \to \mathbb{C}$, die außerhalb einer dünnen analytischen Menge $A \subset U$ definiert und lokal beschränkt auf A ist. Den $\mathcal{O}(U)$-Modul der schwach holomorphen Funktionen auf U bezeichnet man mit $\widetilde{\mathcal{O}}(U)$.) Insbesondere sind ↗normale komplexe Räume maximal.

maximale Korrespondenz, ↗ Eckenüberdeckungszahl.

maximale Primidealkette, eine Primidealkette $\wp_0 \subsetneqq \wp_1 \subsetneqq \cdots \subsetneqq \wp_k$, die nicht durch Einfügen von Primidealen verlängert werden kann.

So ist zum Beispiel im Polynomring $\mathbb{K}[x_1, \dots, x_n]$ über einem Körper $\mathbb{K}$ die Kette $(0) \subsetneqq (x_1) \subsetneqq (x_1, x_2) \subsetneqq \cdots \subsetneqq (x_1, \dots, x_n)$ eine maximale Primidealkette.

maximale Torus-Unteralgebra, zu einer ↗Lie-Algebra gehörige Unteralgebra $U(1)^k$ mit maximalem Wert k.

Die maximale Torus-Unteralgebra ist also diejenige Unteralgebra, die die Topologie des Torus hat und dabei von größtmöglicher Dimension ist.

maximaler Fluß, ↗ Netzwerkfluß.

maximaler komplexer Raum, ↗ maximale komplexe Struktur.

maximaler Teilwürfel, ↗Würfeldarstellung einer Booleschen Funktion.

maximales Element, Element einer halbgeordneten Menge, zu dem es kein größeres Element gibt.

Es seien M eine Menge, $\leq$ eine Halbordnung auf M und A eine Teilmenge von M. Dann heißt ein Element $m \in A$ ein maximales Element von A, falls es kein $a \in A$ gibt mit $m \leq a$ und $m \neq a$ (↗Ordnungsrelation).

Inhalt des zum Auswahlaxiom äquivalenten Zornschen Lemmas ist die Aussage, daß jede induktiv geordnete Menge mindestens ein maximales Element besitzt.

maximales Element eines Verbandes, ↗Verband mit Einselement.

maximales Ideal, ↗Maximalideal.

maximales lineares Funktional, bei der Dualisierung des Approximationsproblems auftretende lineare Abbildung nach $\mathbb{R}$.

Es sei $(H, \|.\|)$ ein normierter Raum und G ein (eventuell unendlich-dimensionaler) Teilraum von H. Weiter sei

$$d(f, G) = \inf\{\|f - g\| : g \in G\}$$

die Minimalabweichung (↗beste Approximation) von G zu $f \in H$. Der Dualraum von H besteht aus den linearen Funktionalen $\lambda : H \mapsto \mathbb{R}$. Mit dem Satz von Hahn-Banach kann man nachweisen, daß für jedes lineare Funktional λ mit den Eigenschaften

$$\lambda(g) = 0, \; g \in G,$$

$$\text{und} \quad \|\lambda\| = \sup\{|\lambda(h)| : h \in H, \; \|h\| = 1\} \leq 1$$

stets $|\lambda(f)| \leq d(f, G)$ gilt. Ein solches lineares Funktional λ heißt nun maximales lineares Funktional für f, falls

$$|\lambda(f)| = d(f, G)$$

erfüllt ist. Damit stellt die Konstruktion eines maximalen linearen Funktionals das duale Problem zum Bestimmen einer besten Approximation in G dar.

Maximale lineare Funktionale sind im allgemeinen nicht eindeutig festgelegt. Dies gilt selbst in jenen Fällen, in denen eine eindeutige beste Approximation $g_f \in G$ an f existiert. Ist H jedoch ein Hilbertraum mit Skalarprodukt $(.,.) : H \times H \mapsto \mathbb{R}$, so wird im Fall $f \notin G$, durch

$$\lambda_f(h) = \frac{(f - g_f, h)}{\|f - g_f\|}, \; h \in H,$$

ein maximales lineares Funktional bis auf einen konstanten Faktor vom Betrag 1 eindeutig festgelegt. Diese Situation liegt beispielsweise bei der ↗L_2-Approximation vor.

Maximalgrad, ↗ Graph.

Maximalideal, *maximales Ideal*, Ideal I im Ring R, $I \subsetneqq R$, das in keinem anderen Ideal echt enthalten ist.

Im Ring $\mathbb{Z}$ sind die durch die Primzahlen erzeugten Ideale Maximalideale. Im Polynomring $\mathbb{K}[x_1, \dots, x_n]$ über einem Körper $\mathbb{K}$ sind zum Beispiel die Ideale $(x_1 - a_1, \dots, x_n - a_n), a_1, \dots, a_n \in K$, Maximalideale. Ein Ideal I im kommutativen Ring R ist ein Maximalideal genau dann, wenn der ↗Faktorring R/I ein Körper ist.

Maximalisierung, ↗ Maximalisierungssatz.

Maximalisierungssatz, Satz in der Theorie der komplexen Räume.

i) Ist $X = (X, \mathcal{O})$ ein reduzierter komplexer Raum, dann ist $\widetilde{X} := (X, \widetilde{\mathcal{O}} \cap {_X\mathcal{C}})$ ein komplexer Raum mit maximaler Struktur.

ii) Ist $f : X \to Y$ eine holomorphe Abbildung, dann ist auch $\widetilde{f} = f : \widetilde{X} \to \widetilde{Y}$ eine holomorphe Abbildung.

Man nennt $\widetilde{X}$ die Maximalisierung oder schwache Normalisierung (↗Normalisierung) von X. Dabei sei $_X\mathcal{C}$ die Garbe der stetigen Funktionen auf X und

${}_X\widetilde{\mathcal{O}}$ die Garbe der schwach holomorphen Funktionen auf X.

Maximalitätsprinzip, zum ↗Auswahlaxiom äquivalenter Satz:

Sei $\mathcal{A}$ eine Menge von Mengen mit der Inklusion „$\subseteq$" als Ordnungsrelation. Weiterhin gebe es zu jeder Teilmenge $\mathcal{N}$ von $\mathcal{A}$, auf der die Inklusion konnex ist, ein Element $A \in \mathcal{A}$, das alle Elemente von $\mathcal{N}$ als Teilmengen enthält. Dann enthält $\mathcal{A}$ ein $\subseteq$-maximales Element, das heißt ein Element, das in keinem anderen Element von $\mathcal{A}$ echt enthalten ist.

Maximallösung einer Differentialungleichung, Lösung $y_{max}(x)$ eines Anfangswertproblems für eine ↗ Differentialungleichung so, daß für jede Lösung $y(\cdot)$ des Problems gilt: $y_{max}(x) \geqq y(x)$.

Maximalordnung, ↗Ordnung in einem algebraischen Zahlkörper.

Maximalprinzip der Entropie, die Behauptung, daß die Entropie S eines thermodynamischen Systems, dessen äußere Parameter a_i und Energie U gegeben sind, im Gleichgewicht maximal ist.

Außerhalb des Gleichgewichts hängt die Entropie S neben U und a_i auch von den inneren Parametern ξ_j ab. Notwendige und hinreichende Bedingung für das Maximum der Entropie unter den angegebenen Bedingungen (adiabatische Isolation) ist also

$$\left(\frac{\partial S}{\partial \xi_j}\right)_{U,a_i} = 0 ,$$

$$(d^2S)_{U,a_i} = \sum_{k,l} \frac{\partial^2 S}{\partial \xi_k \xi_l} d\xi^k \xi^l < 0 .$$

Gelegentlich wird in die Bedingungen für ein Gleichgewicht der Fall eingeschlossen, daß das zweite Differential der Entropie auch negativ sein und ein Minimum vorliegen kann (Extremalprinzip der Entropie).

Maximalschadenprinzip, ↗ Prämienkalkulationsprinzipien.

Maximal-Ungleichung, ↗Doobsche Maximal-Ungleichung.

Maximum, ↗Extremum.

Maximum von Landré, bezeichnet den maximalen ↗ Selbstbehalt, der bei einem Bestand von Versicherungen für ein neu zu zeichnendes ↗ Risiko akzeptiert werden kann, ohne die relative λ-Stabilität des Bestandes zu verkleinern.

Dabei wird die relative λ-Stabilität folgendermaßen definiert: X_i, $i = 1, \cdots, n$, seien die Zufallsvariablen, die die einzelnen Risiken des Versicherungsbestandes repräsentieren (↗ Individuelles Modell der Risikotheorie), $S := \sum_{i=1}^n X_i$ die Gesamtschadensumme, R die vorhandene Reserve und P die Prämieneinnahme. Ein Bestand heißt λ-stabil, wenn

$$E(R+P-S) \geq \lambda\sqrt{VAR(S)} .$$

Gilt jetzt $E(R + P - S) = \lambda_1\sqrt{VAR(S)}$, so heißt $Q(\lambda) := \frac{\lambda_1}{\lambda}$ die relative λ-Stabilität des Bestandes. Das Maximum von Landré beträgt dann

$$\frac{2\lambda_1\sqrt{VAR(S)}E(p_1 - x_1)}{\lambda_1{}^2 VAR(x_1) - E(p_1 - x_1)^2} ,$$

falls p_1 die Prämie für das neu zu zeichnende Risiko und x_1 die Zufallsvariable des neuen Risikos bezeichnen, jeweils normiert auf die Summe 1.

Maximum von Laurent, bezeichnet den maximalen ↗ Selbstbehalt, der bei einem Bestand von Versicherungen für ein neu zu zeichnendes ↗ Risiko akzeptiert werden kann, ohne die absolute λ-Stabilität des Bestandes zu verkleinern.

Dabei wird die absolute λ-Stabilität folgendermaßen definiert: X_i, $i = 1, \cdots, n$, seien die Zufallsvariablen, die die einzelnen Risiken des Versicherungsbestandes repräsentieren (↗ individuelles Modell der Risikotheorie), $S := \sum_{i=1}^n X_i$ die Gesamtschadensumme, R die vorhandene Reserve und P die Prämieneinnahme. Dann heißt

$$A(\lambda) := E(R+P-S) - \lambda\sqrt{VAR(S)}$$

die absolute λ-Stabilität des Bestandes. Das Maximum von Laurent beträgt dann

$$\frac{2\lambda\sqrt{VAR(S)}E(p_1 - x_1)}{\lambda^2 VAR(x_1) - E(p_1 - x_1)^2} ,$$

falls p_1 die Prämie für das neu zu zeichnende Risiko und x_1 die Zufallsvariable des neuen Risikos bezeichnen, jeweils normiert auf die Summe 1.

Maximum-Likelihood-Methode, *Likelihood-Methode*, eine von R.A.Fisher entwickelte Methode zur Konstruktion von ↗Punktschätzungen für Verteilungsparameter.

Sei X eine Zufallsgröße, deren Wahrscheinlichkeitsverteilung bis auf k unbekannte reelle Parameter $\gamma_1, \dots, \gamma_k$ bekannt ist. Gesucht sind Punktschätzungen für die Paramter $\gamma_1, \dots, \gamma_k$. Grundlage der Maximum-Likelihood-Methode bildet die sogenannte Likelihood-Funktion. Ist $x_1, \dots, x_n$ eine konkrete Stichprobe von X, und X eine diskrete bzw. stetige Zufallsgröße mit den Einzelwahrscheinlichkeiten $P(X = x_i; \gamma_1, \dots, \gamma_k)$, $i = 1, \dots, k$, bzw. der Dichtefunktion $f_X(x; \gamma_1, \dots, \gamma_k)$, dann wird die Funktion

$$L(x_1, \dots, x_n; \gamma_1, \dots, \gamma_k) = \prod_{i=1}^n P(X = x_i; \gamma_1, \dots, \gamma_k) \quad (1)$$

bzw.

$$L(x_1, \dots, x_n; \gamma_1, \dots, \gamma_k) = \prod_{i=1}^n f(x_i; \gamma_1, \dots, \gamma_k) \quad (2)$$

als Likelihood-Funktion bezeichnet. Die Likelihood-Funktion $L(x_1, \ldots, x_n; \gamma_1, \ldots, \gamma_k)$ ist für jede konkrete Stichprobe eine Funktion der unbekannten Parameter $\gamma_1, \ldots, \gamma_k$. Das Prinzip der Maximum-Likelihood-Methode besteht darin, als Punktschätzwert $\hat{\gamma}_i$ für γ_i, $i = 1, \ldots, k$, denjenigen Wert zu ermitteln, für den die Likelihood-Funktion ein Maximum annimmt. Im diskreten Fall heißt das zum Beispiel, unter allen möglichen Punktschätzwerten denjenigen auszuwählen, für den das Ereignis $X_1 = x_1, \ldots, X_n = x_n$ die größte Wahrscheinlichkeit besitzt. Die Lösung $\hat{\gamma}_i$, $i = 1, \ldots, k$, des Extremwertproblems

$$\sup_{(\gamma_1,\ldots,\gamma_k)\in\mathbb{R}^k} L(x_1, \ldots, x_n; \gamma_1, \ldots, \gamma_k) \quad (3)$$

heißt Maximum-Likelihood-Schätzung oder kurz Likelihood-Schätzung für γ_i, $i = 1, \ldots, k$. Unter der Voraussetzung der Differenzierbarkeit der Likelihood-Funktion ermittelt man die Maximum-Likelihood-Schätzungen mit Hilfe der notwendigen Bedingung für ein relatives Maximum:

$$\frac{\partial L}{\partial \gamma_i} = 0, \quad i = 1, \ldots, k\,. \quad (4)$$

Oft ist es günstiger, den natürlichen Logarithmus der Likelihoodfunktion zu bilden und von den Gleichungen

$$\frac{\partial \ln L}{\partial \gamma_i} = 0, \quad i = 1, \ldots, k \quad (5)$$

anstelle von (4) auszugehen. Die Gleichungen (4) bzw. (5) werden als Maximum-Likelihood-Gleichungen bezeichnet. Die Maximum-Likelihood-Methode liefert unter bestimmten Bedingungen konsistente, wenigstens asymptotisch erwartungstreue und asymptotisch effiziente Punktschätzungen für $\gamma_1, \ldots, \gamma_k$. Darüber hinaus ist eine Maximum-Likelihood-Schätzung eine hinreichende Schätzfunktion (↗ suffiziente Statistik). Die Maximum-Likelihood-Methode steht in engem Zusammenhang mit der ↗ Methode der kleinsten Quadrate.

Maximum-Likelihood-Quotienten-Test, ↗ Likelihood-Quotiententest.

Maximum-Likelihood-Schätzung, *Likelihood-Schätzung*, ↗ Maximum-Likelihood-Methode.

Maximum-Minimum-Prinzip, ↗ Courantsches Maximum-Minimum-Prinzip.

Maximumnorm, *Maximumsnorm*, *Tschebyschew-Norm*, eine Standardnorm auf Räumen stetiger Funktionen.

Es seien B eine kompakter Raum und $C(B)$ die Menge aller auf B definierten reell- oder komplexwertigen stetigen Funktionen. Dann ist die Maximumnorm $\|.\|_\infty : C(B) \mapsto \mathbb{R}$, durch

$$\|f\|_\infty = \max\{|f(t)| : t \in B\}$$

definiert. Man zeigt leicht, daß $\|.\|_\infty$ die drei Eigenschaften einer ↗ Norm erfüllt.

Maximumprinzip, funktionentheoretische Aussage, die wie folgt lautet:

Es sei $G \subset \mathbb{C}$ ein ↗ Gebiet, f eine in G ↗ holomorphe Funktion, und $|f|$ besitze an $z_0 \in G$ ein lokales Maximum, d. h. es gibt eine Umgebung $U \subset G$ von z_0 mit $|f(z)| \le |f(z_0)|$ für alle $z \in U$. Dann ist f konstant in G.

Deutet man die reelle Zahl $|f(z)|$ als Höhe im Punkt z senkrecht zur z-Ebene, so erhält man über $G \subset \mathbb{C} = \mathbb{R}^2$ eine Fläche im $\mathbb{R}^3$, die man auch die „analytische Landschaft" von f nennt. Das Maximumprinzip bedeutet dann anschaulich, daß es in der analytischen Landschaft einer holomorphen Funktion keine echten Gipfel gibt.

Eine Variante des Maximumprinzips für beschränkte Gebiete lautet:

Es sei $G \subset \mathbb{C}$ ein beschränktes Gebiet und f eine auf $\overline{G}$ stetige und in G holomorphe Funktion. Dann nimmt die Funktion $|f|$ ihr Maximum auf dem Rand an, d. h. es gilt

$$\max_{z\in\overline{G}} |f(z)| = \max_{z\in\partial G} |f(z)|\,.$$

Maximumprinzip für subharmonische Funktionen, ↗ subharmonische Funktion.

Maximumsnorm, ↗ Maximumnorm.

Max-Planck-Institut (MPI) für Mathematik Bonn, im Jahre 1982 gegründetes Forschungsinstitut.

Der eigentlichen Gründung vorausgegangen waren die seit 1957 von F. Hirzebruch organisierten Arbeitstagungen und der seit 1969 von ihm geleitete Sonderforschungsbereich „Theoretische Mathematik". Mit der Einrichtung des MPI für Mathematik konnte Hirzebruch seine jahrzehntelangen Bemühungen, in Deutschland eine dem Institut des Hautes Etudes Scientifiques bei Paris bzw. dem Institute for Advanced Study in Princeton vergleichbare Forschungsstätte zu schaffen, mit Erfolg krönen. Bis 1995 leitete Hirzebruch das MPI und baute es zu einem weltweit anerkannten Institut aus. Seitdem besteht die Leitung aus G. Faltings, G. Harder, Y. Manin und D.R. Zagier, von denen jeder abwechselnd jeweils für ein Jahr als geschäftsführender Direktor fungiert. Im Institut arbeiten ungefähr 80 Besucher, etwa die Hälfte davon sind junge Mathematiker, die erst wenige Jahre zuvor ihre Promotion abgeschlossen haben. Die Dauer eines Forschungsaufenthalts am Institut beträgt gewöhnlich ein Jahr. Außerdem werden für bekannte Mathematikerpersönlichkeiten dreijährige Gastaufenthalte vergeben. Wichtigstes Ziel des Instituts ist es, den dort tätigen Mathematikern günstige Arbeitsbedingungen zu bieten und effektiv für die Schaffung und Verbreitung neuer mathematischer Ideen zu wirken.

Maxterm, vollständige ↗Boolesche Klausel aus $\mathfrak{A}_n$ (↗Boolescher Ausdruck) der Form

$$x_1^{\varepsilon_1} \vee \cdots \vee x_n^{\varepsilon_n}.$$

Ist $f(\varepsilon_1, \ldots, \varepsilon_n) = 0$ für eine Boolesche Funktion $f : D \to \{0, 1\}$ mit $D \subseteq \{0, 1\}^n$, so nennt man

$$x_1^{1-\varepsilon_1} \vee \cdots \vee x_n^{1-\varepsilon_n}$$

Maxterm der Booleschen Funktion f.

Maxwell, James Clerk, britischer Physiker, geb. 13.6.1831 Edinburgh, gest. 5.11.1879 Cambridge.

Maxwells Eltern waren angesehene Land- und Gutsbesitzer mit einer langen Familientradition. Sein Vater, ein ausgebildeter Jurist, interessierte sich besonders für praktische technische Probleme. Nach dem Schulbesuch in Edinburgh studierte Maxwell ab 1847 an der dortigen Universität und ging 1850 an die Universität Cambridge, wo er 1854 sein Studium mit dem mathematischen Examen am Trinity College als einer der Preisträger abschloß. Er war zunächst am Trinity College tätig, dann ab 1856 als Professor für Naturphilosophie am Marshall College in Aberdeen und ab 1860 als Professor für Physik und Astronomie am Kings College in London. 1865 kehrte er zu seiner Familie nach Glenlair (Kirkcudbrightshire) zurück, wirkte aber noch in der Prüfungskommission der Universität Cambridge, an die er 1871 auf Drängen von Freunden als erster Professor für Experimentalphysik zurückkehrte und das später berühmte Cavendish-Laboratorium einrichtete. Nach kurzer Krankheit starb er 1879 an Darmkrebs.

Maxwell war sehr vielseitig tätig und trat schon als Student mit ersten Arbeiten zur geometrischen Optik hervor. Er gehört zu den bedeutendsten theoretischen Physikern des 19. Jahrhunderts und trug wesentlich sowohl zur Vollendung der klassischen Physik als auch zur Vorbereitung der modernen Physik bei. Wichtige experimentelle und theoretische Beiträge leistete er zum Farbensehen, zur Theorie der Saturnringe, zur geometrischen Optik, zur Steuer- und Regelungstheorie, zur Elastizitätstheorie und zum Aufbau der „Fischaugen". Dies alles wird aber überragt durch seine revolutionierenden Erkenntnisse zur Elektrodynamik und zur kinetischen Gastheorie.

Der Aufbau einer elektromagnetischen Feld- und Lichttheorie, mit der er sich ab 1855 beschäftigte, war sein Lebenswerk. Ausgehend von Faradays qualitativer Theorie der Kraftlinien entwickelte er in mehreren Schritten eine mathematische Theorie des elektrischen und des magnetischen Feldes und formulierte unter Rückgriff auf das Vektorpotential und die Integralsätze von Green, Gauß und Stokes die Feldgleichungen, später als Maxwell-Gleichungen bezeichnet. Er ergänzte diese durch die Materialgleichungen und hatte damit den Zusammenhang zwischen Stromdichte, elektrischer und magnetischer Feldstärke, sowie elektrischer Verschiebung und magnetischer Induktion erfaßt. Er leitete daraus die Wellendifferentialgleichung und eine Charakterisierung des Lichtes als elektromagnetische Welle ab und gab die Maxwellsche Relation zwischen den elektromagnetischen Stoffkonstanten und dem optischen Brechungsindex an. Die Bestätigung ersterer Aussage durch Hertz in den Arbeiten 1886 bis 1888 war ein Meilenstein bei der Anerkennung der Maxwellschen Theorie. In der zweibändigen Monographie „A Treatise on Electricity and Magnetism" hatte Maxwell 1873 eine umfassende Darstellung seiner Ideen gegeben. Die Maxwellsche Theorie lieferte wichtige Anregungen für weitere mathematische und physikalische Forschungen (Vektor- und Tensorrechnungen bzw. Relativitätstheorie).

In der kinetischen Gastheorie wandte er erstmals eine statistische Funktion zur Beschreibung eines physikalischen Prozesses an. Ausgehend von Arbeiten Clausius' und wahrscheinlichkeitstheoretischen Resultaten Laplaces leitete er 1860 eine Formel für die Geschwindigkeitsverteilung der Teilchen eines Gases ab, die den Geschwindigkeiten der Teilchen deren relative Häufigkeiten zuordnet. Bis zu seinem Tod hat Maxwell sich weiter experimentell und theoretisch mit diesen Fragen beschäftigt und sich insbesondere ab 1868 mit Boltzmanns Arbeiten zur kinetischen Gastheorie auseinandergesetzt.

Maxwell-Boltzmann-Statistik, klassische Statistik für ideale Gase, die auch eine angenäherte Beschreibung von Gasen mit schwacher Wechselwirkung liefert.

Wenn das einzelne Teilchen f Freiheitsgrade hat, ist der Phasenraum (μ-Raum genannt) $2f$-dimensional. Seine kanonischen Koordinaten sind q^i, p_i, $i = 1, \ldots, f$, (↗Gibbsscher Formalismus für Systeme mit starker Wechselwirkung). Besteht das

Gas aus einzelnen Atomen, dann ist $f = 3$. Für ein Gas, dessen Teilchen aus zwei starr miteinander verbundenen Atomen bestehen, ist $f = 5$.

Der Phasenraum wird in der Maxwell-Boltzmann-Statistik in Zellen der Größe h^f aufgeteilt. Dabei kann h eine beliebig kleine Zahl sein. In der Quantenstatistik ist h beispielsweise das Plancksche Wirkungsquantum. Es wird angenommen, daß alle Zellen gleichwertig sind und eine beliebige Zahl von Teilchen aufnehmen können.

Ein Makrozustand des Systems ist ein solcher Zustand, der durch makroskopische Größen wie etwa Temperatur oder Druck bestimmt ist. Eine Verteilung der Teilchen des Gases auf die Phasenraumzellen wird Mikrozustand genannt. Ein Makrozustand wird i. allg. durch mehrere Mikrozustände realisiert. Ihre Anzahl w heißt thermodynamische Wahrscheinlichkeit. Nach Boltzmann ist die Entropie des Gases durch $S = k \ln w$ (k die Boltzmann-Konstante) gegeben.

Bei der Abzählung der Mikrozustände wird angenommen, daß man gleiche Teilchen unterscheiden kann (anders in der ↗Bose-Einstein-Statistik und ↗Fermi-Dirac-Statistik). Außerdem wird vorausgesetzt, daß die Gesamtzahl der Teilchen N wie auch die Gesamtenergie E konstant sind. Das ↗Maximalprinzip der Entropie zusammen mit den beiden genannten Nebenbedingungen liefert dann für die Verteilung N_i auf die Zellen i mit der Energie ε_i den Ausdruck $\frac{N}{Z}e^{-\varepsilon_i/kT}$, wobei $Z := \sum_i e^{-\varepsilon_i/kT}$ die Zustandssumme und T die Gleichgewichtstemperatur sind. Die Summation über die Phasenraumzellen wird auch in der klassischen Statistik durch eine Integration ersetzt, weil dort h als beliebig klein angenommen werden kann. Berücksichtigt man bei der Abzählung der Mikrozustände die Ununterscheidbarkeit gleicher Teilchen, spricht man von der korrigierten Maxwell-Boltzmann-Statistik.

Maxwell-Gleichungen, *Maxwellsche Gleichungen*, Grundgleichungen der elektromagnetischen Wechselwirkung.

Die homogene Maxwell-Gleichung ergibt sich, wenn keine Ladungen berücksichtigt werden, die inhomogene Maxwell-Gleichung ist dagegen mit Einschluß der Ladungsverteilung ϱ zu schreiben. Im Spezialfall von zwei ruhenden Punktladungen ergibt sich als Kraftgesetz das ↗Coulomb-Gesetz.

Die Maxwell-Gleichungen sind relativistisch invariant, d. h., bei Anwendung einer Lorentz-Transformation behalten sie ihre Gestalt bei. Deshalb ist mathematisch gesehen die 4-dimensionale Schreibweise die sachgemäße Form. Da jedoch praktisch meistens eine (3 + 1)-Zerlegung der Raum-Zeit vorgenommen wird, ist es auch sinnvoll und üblich, die 3-dimensionale Schreibweise der Maxwell-Gleichungen zu verwenden. Wir geben hier beide Formen an, dabei durchlaufen die Indizes i, j die Werte $0, 1, 2, 3$, und die Koordinate x^0 ist gleich der Zeit t. Die Koordinaten x^α sind die drei Raum-Koordinaten; entsprechend nehmen die griechischen Indizes die Werte $1, 2, 3$ an.

Vierdimensional: Die Minkowskische Raum-Zeit der Speziellen Relativitätstheorie wird mit der ↗Minkowski-Metrik η_{ij} ausgestattet. Die elektromagnetische Wechselwirkung breitet sich in Form von Wellen aus, und die zu elektromagnetischen Wellen gehörigen Teilchen sind die Photonen, also die Bestandteile des Lichts. Das Photon hat den Spin 1, deshalb wird ihm mathematisch ein Vektor zugeordnet; dieser wird mit A_i bezeichnet und heißt Potential des elektromagnetischen Feldes. Die Komponenten des Feldstärketensors F_{ij} werden dann durch die Gleichung

$$F_{ij} = A_{i,j} - A_{j,i}$$

definiert. Dabei bezeichnet „ , j" die partielle Ableitung nach der Koordinate x^j. Wegen der Vertauschbarkeit der partiellen Ableitungen gilt: Addiert man zu A_i den Gradienten eines Skalars Φ, also $A_i \longrightarrow A_i + \Phi_{,i}$, ändert sich der Tensor F_{ij} nicht. Praktisch heißt das, daß man diesen Skalar Φ beliebig wählen kann. Dies ist gerade die Eigenschaft der Eichinvarianz in der ↗Eichfeldtheorie. Der Lagrangian der zugehörigen Theorie wird dann mit dem Quadrat des Feldstärketensors, also mit $F_{ij}F^{ij}$, gebildet. Hier wird, wie stets bei solchen Ausdrücken mit doppelt vorkommenden Indizes, die ↗Einsteinsche Summenkonvention angewendet. Die Vorzeichen- und Maßeinheitskonventionen sind in der Literatur nicht einheitlich, wir folgen hier [1]: Der Lagrangian Λ ist definiert durch

$$\Lambda = -\frac{1}{16\pi} F_{ij}F^{ij} .$$

Das Heben und Senken von Indizes geschieht mittels der Minkowski-Metrik, z. B. ist $A^i = \eta^{ij}A_j$. Durch Variation dieses Lagrangians nach dem Vektor A_i erhält man den Energie-Impuls-Tensor T_{ij} aus

$$T_{ij} = \frac{1}{4\pi}\left(\frac{1}{4}\eta_{ij}F_{kl}F^{kl} - F_{ik}F_j{}^k\right) \qquad (1)$$

Die Energie-Impuls-Erhaltung ist durch die Materiegleichungen $T^{ij}_{\ \ ;j} = 0$ ausgedrückt, und die homogene Maxwellsche Gleichung hat die Form

$$F_{ij,k} + F_{jk,i} + F_{ki,j} = 0 .$$

Die Konforminvarianz des elektromagnetischen Feldes ist eng verknüpft mit der Spurfreiheit seines Energie-Impuls-Tensors, nämlich der aus (1) direkt folgenden Identität $\eta^{ij}T_{ij} = 0$.

Die inhomogene Maxwell-Gleichung lautet

$$F^{ik}{}_{,k} = -4\pi j^i ,$$

dabei ist $j^i = \varrho dx^i/dt$ die Stromdichte, ϱ die Ladungsverteilung und dx^i/dt die Vierergeschwindigkeit. Aus der Divergenz dieser Gleichung erhält man direkt die Kontinuitätsgleichung $j^i_{,i} = 0$.

Dreidimensional: Die drei Komponenten $F_{0\alpha}$ des Feldstärketensors bilden den Vektor **E** der elektrischen Feldstärke, und die drei Komponenten F_{32}, F_{13}, F_{21} bilden den Vektor **H** der magnetischen Feldstärke. Dann lautet die erste Gruppe der Maxwellgleichungen

$$\mathrm{rot}\mathbf{E} = -\mathbf{H}_{,0}\,, \quad \mathrm{div}\mathbf{H} = 0\,.$$

Wenn wir noch die drei räumlichen Komponenten von j^i mit **j** bezeichen, lautet die zweite Gruppe

$$\mathrm{rot}\mathbf{H} = \mathbf{E}_{,0} + 4\pi\mathbf{j}\,, \quad \mathrm{div}\mathbf{E} = 4\pi\varrho\,.$$

Die Größe $\mathbf{E}_{,0}/(4\pi)$ heißt Verschiebungsstrom, was durch das Auftreten des Ausdrucks $\mathbf{E}_{,0}+4\pi\mathbf{j}$ in obiger Gleichung motiviert ist. Die Kontinuitätsgleichung lautet hier

$$\mathrm{div}\mathbf{j} + \varrho_{,0} = 0\,.$$

Maxwellsche Gleichungen, ↗Maxwell-Gleichungen.

Maxwellscher Dämon, von Maxwell erdachtes „Wesen", um einen scheinbaren Konflikt zwischen dem zweiten Hauptsatz der Thermodynamik (↗Hauptsätze der Thermodynamik) und der statistischen Thermodynamik offenkundig zu machen.

Maxwell meinte, daß der zweite Hauptsatz sicher für makroskopische Körper im ganzen gültig sei, seine Gültigkeit auf molekularer Ebene sei aber nicht sicher. Um dies zu zeigen, betrachtete er einen Zylinder, der mit einem Gas von einheitlicher Temperatur gefüllt ist. Eine Trennwand soll nun den Zylinder in zwei Teile A und B spalten. Außerdem habe die Trennwand ein kleines Loch. Der Maxwellsche Dämon sei nun in der Lage, die Geschwindigkeit der einzelnen Moleküle festzustellen. Er läßt alle Moleküle von B nach A durch das Loch, deren Geschwindigkeit größer als ein gewisser Wert ist, alle Moleküle dürfen durch das Loch von A nach B, deren Geschwindigkeit kleiner ist. Dadurch wird in den Teilen A und B eine unterschiedliche Temperatur erzeugt, ohne Arbeit zu leisten, was im Widerspruch zum zweiten Hauptsatz steht.

Der Maxwellsche Dämon ist ein Beispiel dafür, wie die Erweiterung von Kenntnis den Wert der Entropie senken kann.

Szilard hat 1929 gezeigt, daß man zu keinem Widerspruch kommt, wenn man versucht, den Maxwellschen Dämon als thermodynamisches System zu „realisieren".

Maxwellscher Spannungstensor, der räumliche Anteil $T_{\alpha\beta}$ des Energie-Impuls-Tensors T_{ij} des elektromagnetischen Feldes (↗Maxwell-Gleichungen).

Mayer, Johann Tobias, deutscher Mathematiker und Physiker, geb. 5.5.1752 Göttingen, gest. 30.11.1830 Göttingen.

Der Sohn des Mathematikers und Physikers Tobias Mayer (1723–1762) studierte in seiner Heimatstadt erst Medizin, dann ab 1770 Mathematik bei Lichtenberg und Kästner. Nach der Promotion 1773 war er in Göttingen Privatdozent, dann 1780–86 Professor für Mathematik und Physik in Altdorf, 1786–99 in gleicher Stellung in Erlangen und danach Professor der Physik in Göttingen.

Im Mittelpunkt von Mayers Forschungen standen physikalische Fragen. Er beschäftigte sich mit der barometrischen Höhenmessung (1786), der Optik der Atmosphäre, mit elektrischen und magnetischen Erscheinungen. Er glaubte an die Existenz eines besonderen Wärmestoffs, wandte sich gegen die Phlogistontheorie und verteidigte die Oxidationstheorie von A.-L. Lavoisier. Viel bedeutender als seine Forschungsergebnisse waren Mayers Lehrbücher. Er schrieb „Anfangsgründe der Naturlehre zum Behuf der Vorlesungen über die Experimental-Physik" (1801), das „Lehrbuch über die physische Astronomie, Theorie der Erde und Meteorologie" (1803) und „Gründlicher und ausführlicher Unterricht zur praktischen Geometrie" (1778-1808). Der vierte Teil des letzteren blieb bis 1872 die maßgebliche Darstellung der Kartographie.

Mit seinem Werk „Vollständiger Lehrbegriff der höhern Analysis" (1818) schuf Mayer eines der bedeutendsten mathematischen Lehrwerke.

Mazur, Stanislaw, polnischer Mathematiker, geb. 1.1.1905 Lemberg (Lwów), gest. 5.11.1981 Warschau.

Nach Studien in Lwów und Paris promovierte Mazur 1932 in seiner Heimatstadt und habilitierte sich dort 1935. 1939 erhielt er den Lehrstuhl für Geometrie. Nach dem Krieg arbeitete er zunächst an der Universität Lódź, später am mathematischen Institut in Warschau.

Zusammen mit Orlicz setzte Mazur die funktionalanalytische Tradition von Banach und Steinhaus fort. Viele Resultate aus Banachs Monographien erarbeitete dieser gemeinsam mit Mazur. Mazur gilt als einer der ersten Mathematiker, die geometrische Methoden in die Funktionalanalysis einführten (↗Banach-Mazur-Abstand).

Mazur, Satz von, Aussage über die abgeschlossene konvexe Hülle kompakter Mengen in Banachräumen:

Ist A eine kompakte Teilmenge eines Banachraums, so ist der Abschluß der konvexen Hülle von A ebenfalls kompakt.

Mazur, Struktursatz von, besagt, daß jede assoziative, reelle und endlichdimensionale Divisionsalgebra entweder zu $\mathbb{R}$, $\mathbb{C}$, oder zu $\mathbb{H}$ (der ↗Hamiltonschen Quaternionenalgebra) isomorph ist.

McCullough-Pitts-Modell, eines der frühesten Modelle für ein biologisch relevantes ↗neuronales Netz.

McMillan, Satz von, asymptotische Charakterisierung der typischen Trajektorien in Wahrscheinlichkeitsräumen der Form $(\Omega_n, \mathfrak{P}(\Omega_n), P_n)$, wobei Ω_n für alle $n \in \mathbb{N}$ das n-fache kartesische Produkt der Menge $\{1, \dots, r\}$, $r \in \mathbb{N}$, und P_n das durch die Festsetzung

$$P_n(\{\omega_n\}) = p_1^{\nu_1(\omega_n)} \cdot \dots \cdot p_r^{\nu_r(\omega_n)}$$

für alle $\omega_n \in \Omega_n$ eindeutig bestimmte Wahrscheinlichkeitsmaß auf der Potenzmenge $\mathfrak{P}(\Omega_n)$ bezeichnet. Hier ist $p_1, \dots, p_r \in (0, 1]$, $\sum_{i=1}^r p_i = 1$. Der Wert $\nu_i(\omega_n)$ gibt dabei für $i = 1, \dots, r$ an, wie oft die Zahl i als Komponente von ω_n auftritt. Die Elemente der für $n \in \mathbb{N}$ und $\varepsilon > 0$ durch

$$C(n, \varepsilon) = \bigcap_{i=1}^{r} \left\{ \omega_n \in \Omega_n : \left| \frac{\nu_i(\omega_n)}{n} - p_i \right| < \varepsilon \right\}$$

definierten Menge $C(n, \varepsilon)$ werden als typische Trajektorien bezeichnet. Der folgende Satz von McMillan zeigt, daß die Wahrscheinlichkeit für das Eintreten einer typischen Trajektorie mit wachsendem n gegen Eins strebt und gibt mit Hilfe der Entropie

$$H = -\sum_{i=1}^{r} p_i \ln p_i$$

Abschätzungen für die Anzahl der typischen Trajektorien sowie ihrer Einretenswahrscheinlichkeiten an.

Es sei $0 < \varepsilon < 1$. Dann existiert ein von $p_1, \dots, p_r$ und ε abhängendes n_0 so, daß für alle $n > n_0$ gilt

(a) $\lim_{n \to \infty} P_n(C(n, \varepsilon_1)) = 1$,

(b) $e^{n(H-\varepsilon)} \le |C(n, \varepsilon_1)| \le e^{n(H+\varepsilon)}$,

(c) $e^{-n(H+\varepsilon)} \le P_n(\{\omega_n\}) \le e^{-n(H-\varepsilon)}$ *für alle* $\omega_n \in C(n, \varepsilon_1)$.

Dabei wurde $\varepsilon_1 = \min\left(\varepsilon, \varepsilon/(-2\sum_{i=1}^r \ln p_i)\right)$ gesetzt.

McMullen, Curtis, englischer Mathematiker, geb. 21.5.1958.

McMullen studierte in Williamstown, Cambridge (England) sowie in Paris. 1985 promovierte er in Harvard. Danach arbeitete er als Dozent und Assistent an verschiedenen Universitäten, bevor er 1990 Professor an der University of California in Berkeley wurde.

1998 erhielt McMullen die ↗Fields-Medaille für seine Arbeiten auf den Gebieten der Geometrie und der komplexen Dynamik. Er bewies die Nichtexistenz eines universellen Algorithmus zur Lösung von Differentialgleichungen vom Grad größer als drei und zeigte, wie die ↗Mandelbrot-Menge eines ↗dynamischen Systems zur Charakterisierung des hyperbolischen Charakters dieses Systems verwendet werden kann.

MDS-Code (maximum distance separable code), ein linearer $[n, n-r]$-Code mit Minimalabstand $r+1$. Ein MDS-Code erreicht also die ↗Singleton-Schranke.

MDS-Codes stehen in engem Zusammenhang mit ↗Bögen in projektiven Räumen, denn die Menge der Spalten einer Kontrollmatrix eines linearen Codes ist (interpretiert als homogene Koordinaten) genau dann ein Bogen, wenn der Code ein MDS-Code ist.

Mealy-Automat, ↗endlicher Automat.

mean time before failure, *MTBF*, Begriff aus der ↗Zuverlässigkeitstheorie.

Sei die zufällige Lebensdauer eines Systems oder Systemelements als stetige Zufallsgröße $T \ge 0$ mit der Verteilungsfunktion $F(t)$ modelliert, und sei $f(t) = \frac{dF(t)}{dt}$ die Verteilungsdichte von T. Dann ist der Erwartungswert T_o der fehlerfreien Arbeitszeit T gegeben durch

$$T_o = E(T) = \int_0^\infty t f(t) dt.$$

Für T_o wird auch der Begriff MTBF (mean time before failure) verwendet.

Die Größe

$$R(t) = 1 - F(t) = P(T \ge t)$$

wird Überlebenswahrscheinlichkeit oder Zuverlässigkeitsfunktion genannt. Unter der Voraussetzung, daß die auftretenden Integrale konvergieren, ergibt sich für T_o durch partielle Integration

$$T_o = \int_0^\infty R(t)dt$$

(siehe auch ↗Ausfallrate).

mechanisches System mit Symmetrien, nach S. Smale so benannter Spezialfall eines ↗dynamischen Systems mit Symmetrien auf dem ↗Kotangentialbündel einer Riemannschen Mannigfaltigkeit Q, wobei die ↗Hamilton-Funktion des Systems durch die Summe der ↗kinetischen Energiefunktion K und einer Potentialfunktion V gegeben ist, die Hamiltonsche Operation einer Lie-Gruppe G durch den ↗Kotangentiallift einer beliebigen gegebenen G-Operation auf Q entsteht (K und V jeweils G-invariant), und man die kanonische ↗Impulsabbildung benutzt.

Median einer Verteilung, Lageparameter der Verteilung einer Zufallsvariablen.

Ist X eine auf dem Wahrscheinlichkeitsraum $(\Omega, \mathfrak{A}, P)$ definierte reelle Zufallsvariable, so wird jede Zahl $m \in \mathbb{R}$ mit der Eigenschaft

$$P(X \le m) \ge \tfrac{1}{2} \quad \text{und} \quad P(X \ge m) \ge \tfrac{1}{2}$$

als Median der Verteilung von X bzw. als Median von X bezeichnet. Häufig findet man auch die äquivalente Definition des Medians einer Verteilungsfunktion. Als solcher wird jede Zahl $m \in \mathbb{R}$ bezeichnet, für die die Verteilungsfunktion F_X die Ungleichungen

$$\lim_{x \uparrow m} F_X(x) \ \le\ \tfrac{1}{2}\, 0 \le\ F_X(m)$$

erfüllt. Existiert ein Intervall $[a, b]$ mit $P(X \le a) = P(X \ge b) = \frac{1}{2}$, so ist der Median durch die genannten Bedingungen nicht eindeutig bestimmt, vielmehr ist dann jede Zahl $m \in [a, b]$ ein Median. Diese Situation tritt in der Regel im Zusammenhang mit diskreten Zufallsvariablen auf. In allen anderen Fällen, insbesondere wenn die Verteilungsfunktion F_X streng monoton wächst, tritt dieses Eindeutigkeitsproblem nicht auf. Ist X symmetrisch um eine Zahl c verteilt, d. h. gilt für alle $x \in \mathbb{R}$ die Beziehung $P(X \ge x + c) = P(X \le -x + c)$, so ist c ein Median. Bezitzt X darüber hinaus einen endlichen Erwartungswert, so gilt $E(X) = c$. Wie die Abbildung veranschaulicht, beschreibt der Median die typische Lage einer Verteilung häufig besser als der Erwartungswert, da er den Wertebereich von X in zwei bezüglich der Verteilung von X annähernd gleich große Bereiche einteilt.

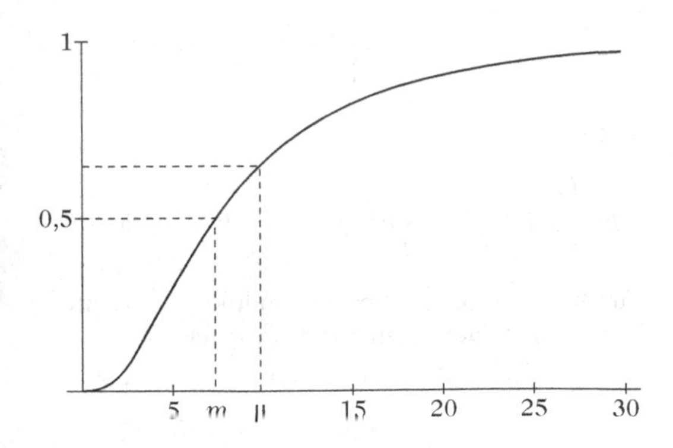

Verteilungsfunktion einer schiefen Verteilung mit Erwartungswert μ und Median m.

Mediante, zahlentheoretischer Begriff.

Sind $\frac{a}{b}$ und $\frac{c}{d}$ zwei Brüche, so nennt man Bruch $\frac{a+c}{b+d}$ die Mediante der beiden Ausgangsbrüche. Sind a, b, c, d positive Zahlen, und ist $\frac{a}{b} < \frac{c}{d}$, so hat man

$$\frac{a}{b} < \frac{a+c}{b+d} < \frac{c}{d};$$

dies erklärt die Bezeichnung „Mediante".

Beginnt man mit den Brüchen $\frac{0}{1}$ und $\frac{1}{1}$ und fügt wie in dem Schema

$\frac{0}{1}$ $\qquad\qquad\qquad\qquad$ $\frac{1}{1}$

$\frac{1}{2}$

$\frac{1}{3}$ $\qquad$ $\frac{2}{3}$

$\frac{1}{4}$ $\qquad\qquad$ $\frac{3}{4}$

$\frac{1}{5}$ $\qquad$ $\frac{2}{5}$ $\quad$ $\frac{3}{5}$ $\qquad$ $\frac{4}{5}$

von Zeile zu Zeile diejenigen Medianten ein, deren Nenner die Zeilennummer nicht übersteigt, so erhält man die ↗Farey-Folgen.

Mega, 1950 von Hugo Steinhaus in der ↗Polygonschreibweise als ② angegebene, unvorstellbar große natürliche Zahl. Es gilt:

② = [2] = [△2] = [△2^2]

= [4^4] = [256] = △256

Dies steht für die Zahl 256 in 256 geschachtelten Dreiecken. Setzt man $a_0 = 256$ und $a_{n+1} = a_n^{a_n}$ für $n \ge 0$, so gilt ② $= a_{256}$. Das ↗Megiston ist allerdings noch viel größer als das Mega.

Megiston, 1950 von Hugo Steinhaus in der ↗Polygonschreibweise als ⑩ angegebene, unvorstellbar große natürliche Zahl. Das Megiston ist viel größer als das schon riesige ↗Mega, aber klein gegenüber der Zahl ↗Moser.

Mehler-Fock-Transformation, eine ↗Integral-Transformation, definiert durch

$$(M_{\nu}f)(x) := \int_0^\infty P_{\nu-1/2}(x)f(t)\,dt \quad (x \in [1,\infty)),$$

wobei P_ν die ↗Legendre-Funktionen erster Art bezeichnet.

mehrdeutige Funktion, eine Abbildung, bei der zu einem Urbild mehrere Bilder gehören können.

Es seien M und N Mengen. Dann heißt eine Teilmenge $F \subset M \times N$ eine mehrdeutige Funktion aus M in N. Ist $x \in M$, so versteht man unter $F(x)$ die Menge

$$\{y \in N \mid (x,y) \in F\}.$$

Anstelle von $(x,y) \in F$ kann man dann auch $y \in F(x)$ schreiben.

mehrdeutige Grammatik, ↗ Grammatik.

mehrdimensionale Multiskalenanalyse, die natürliche Verallgemeinerung der ↗Multiskalenanalyse.

Die mehrdimensionale Multiskalenanalyse des $L^2(\mathbb{R}^n)$ besteht aus einer aufsteigenden Folge abgeschlossener Unterräume $\{V_j\}_{j\in\mathbb{Z}}$ des $L^2(\mathbb{R}^n)$ mit

$$\overline{\bigcup_{j=-\infty}^{\infty} V_j} = L^2(\mathbb{R}^n) \quad \text{und} \quad \bigcap_{j=-\infty}^{\infty} V_j = \{0\}.$$

Der Grundraum V_0 wird ähnlich wie im eindimensionalen Fall von einer Skalierungsfunktion $\phi \in L^2(\mathbb{R}^n)$ erzeugt, wobei $\{\phi(\cdot - k) | k \in \mathbb{Z}^n\}$ eine Riesz-Basis von V_0 bildet. Im Unterschied zur eindimensionalen Multiskalenanalyse werden Translationen $k \in \mathbb{Z}^n$ vorgenommen, und der Übergang von V_j nach V_{j+1} wird mit Hilfe der sogenannten Dilatationsmatrix A beschrieben, d. h. $f \in V_j \Leftrightarrow f(A\cdot) \in V_{j+1}$. Die Dilatationsmatrix soll in jede Richtung eine Streckung bewirken, also sind die Eigenwerte von A betragsmäßig größer als 1. Weiterhin soll A nur ganzzahlige Einträge besitzen, was mit $\forall x \in \mathbb{Z}^n: A \cdot x \in \mathbb{Z}^n$ gleichbedeutend ist.

mehrdimensionale Normalverteilung, ↗multivariate Normalverteilung.

mehrdimensionale Wavelets, Funktionen, die das orthogonale Komplement W_0 von V_0 in V_1 aufspannen, wobei V_0 der Grundraum einer ↗mehrdimensionalen Multiskalenanalyse ist.

Ein einfacher Weg, eine orthonormale Basis für $L^2(\mathbb{R}^n)$ zu konstruieren ist, mit einer orthonormalen Basis des $L^2(\mathbb{R})$ zu beginnen und dann Tensorprodukte der eindimensionalen Funktionen zu betrachten. Im Fall $n = 2$ (dies stellt keine wesentliche Einschränkung hinsichtlich der Methoden für beliebige n dar) startet man mit einem orthogonalen eindimensionalen Wavelet ψ und einer orthogonalen eindimensionalen Skalierungsfunktion ϕ. Man betrachtet dann das Tensorprodukt $\phi(x)\phi(y)$ in V_0 und erzeugt mit der Dilatationsmatrix $A = \begin{pmatrix} 2 & 0 \\ 0 & 2 \end{pmatrix}$ eine Multiskalenanalyse des $L^2(\mathbb{R}^2)$. Zur Erzeugung des Komplementraums W_0 werden $|\det(A)| - 1$ (in diesem Fall also 3) Wavelets benötigt. Diese werden aus den Grundfunktionen $\phi(x)\psi(y)$, $\psi(x)\phi(y)$, $\psi(x)\psi(y)$ wie im eindimensionalen Fall durch Translation und Skalierung erzeugt. Die so erzeugten Wavelets und Skalierungsfunktionen nennt man separabel.

Zur Erzeugung zweidimensionaler Nicht-Tensorproduktwavelets werden von der Diagonalmatrix A verschiedene Dilatationsmatrizen verwendet. Beispielsweise ist die Rotationsmatrix $M = \begin{pmatrix} 1 & -1 \\ 1 & 1 \end{pmatrix}$ eine geeignete Wahl für eine Skalierungsmatrix. Die Verallgemeinerung der Haar-Funktion führt in diesem Fall auf die Indikatorfunktion einer fraktalen Menge, den sogenannten "twin dragon". Wegen $|\det(M)| = 2$ ist hier nur ein Wavelet ($1 = |\det(M)| - 1$) nötig, um den Komplementraum zu erzeugen.

mehrdimensionales Integral, ein wesentliches Werkzeug der mehrdimensionalen Analysis.

Es sei ein (relativ) einfacher Zugang dazu skizziert: Für ein beliebiges beschränktes Intervall mit den Endpunkten a und b $(-\infty < a \le b < \infty)$ notieren wir hier $|a,b|$, also

$$|a,b| \in \{[a,b],\ [a,b),\ (a,b],\ (a,b)\}.$$

Damit seien das Intervallsystem

$$\mathbb{I} := \{|a,b| : -\infty < a \le b < \infty\}$$

und die Intervall-Länge

$$\mu : \mathbb{I} \ni |a,b| \longmapsto b - a \in [0,\infty)$$

gebildet.

Für $n \in \mathbb{N}$ werden – in Verallgemeinerung der Intervalle ($n = 1$), Rechtecke ($n = 2$) und 3-dimensionalen Quader ($n = 3$) –

$$\mathbb{I}_n := \left\{ \prod_{\nu=1}^{n} A_\nu \;\middle|\; A_\nu \in \mathbb{I} \right\}$$

und

$$\mu_n\left(\prod_{\nu=1}^{n} A_\nu\right) := \prod_{\nu=1}^{n} \mu(A_\nu) = (b_1 - a_1)\cdots(b_n - a_n)$$

(für $A_\nu = |a_\nu, b_\nu|$), also das Produkt der „Kantenlängen", gebildet. Man hat dann zunächst:

$\mu_n : \mathbb{I}_n \to [0,\infty)$ ist Inhalt (Produkt-Inhalt), d. h., für $k \in \mathbb{N}$ und $P_0, \dots, P_k \in \mathbb{I}_n$ folgt aus $P_0 = \biguplus_{\kappa=1}^{k} P_\kappa$ stets $\mu_n(P_0) = \sum_{\kappa=1}^{k} \mu_n(P_\kappa)$.

Für $A \subset \mathbb{R}^n$ bezeichne $\chi_A(x)$ die charakteristische Funktion von A (↗charakteristische Funktion einer Menge). Dann liefert die lineare Hülle von $\{\chi_A \,|\, A \in \mathbb{I}_n\}$ gerade

$$\mathfrak{E}_n := \left\{ \sum_{\kappa=1}^{k} \alpha_\kappa \chi_{A_\kappa} \,\middle|\, \alpha_\kappa \in \mathbb{R}, A_\kappa \in \mathbb{I}_n \,;\ k \in \mathbb{N} \right\},$$

den Unterraum einfacher Funktionen (Treppenfunktionen) des $\mathbb{R}$-Vektorraums $\mathfrak{F}_n := \mathfrak{F}(\mathbb{R}^n, \mathbb{R})$ aller reellwertigen Funktionen auf $\mathbb{R}^n$.

Durch

$$i_n\left(\sum_{\kappa=1}^{k} \alpha_\kappa \chi_{A_\kappa} \right) := \sum_{\kappa=1}^{k} \alpha_\kappa \, \mu_n(A_\kappa)$$

ist dann das elementare Integral

$$i_n : \mathfrak{E}_n \to \mathbb{R} \quad \textit{linear}$$

gegeben. (Hier ist zunächst nachzuweisen, daß i_n wohldefiniert, also unabhängig von der speziellen Darstellung einer einfachen Funktion, ist.) Man erhält recht einfach die Eigenschaften:

a) $\mathfrak{E}_n \ni h \geq 0 \implies i_n(h) \geq 0$.

a') i_n *ist isoton.*

b) $\mathfrak{E}_n \ni h \implies |h| \in \mathfrak{E}_n \wedge |i_n(h)| \leq i_n(|h|)$.

c) $\mathfrak{E}_n \ni h, k \implies h \vee k,\ h \wedge k \in \mathfrak{E}_n,\ h \cdot k \in \mathfrak{E}_n$.

Für $f \in \mathfrak{F}_n$ sei – mit $\inf \emptyset := \infty$ –

$$\|f\| := \inf \{ i_n(h) \mid \mathfrak{E}_n \ni h \geq |f| \}.$$

$\|\ \| : \mathfrak{F}_n \to [0, \infty]$ ist dann eine ↗Integralnorm, d. h. $\|0\| = 0$ und

$|f| \leq |f_1| + \cdots + |f_k| \implies \|f\| \leq \|f_1\| + \cdots + \|f_k\|$ (endlich subadditiv).

Zusätzlich hat man hier

$\|\alpha f\| = |\alpha| \, \|f\| \quad (\alpha \in \mathbb{R} \setminus \{0\})$ und

$|i_n(h)| \leq i_n(|h|) = \|h\|$ für $h \in \mathfrak{E}_n$.

Das Prinzip der ↗Integralfortsetzung (stetige Fortsetzung) liefert für

$$\mathfrak{I}_n := \left\{ f \in \mathfrak{F}_n \,|\, \exists (h_k) \in \mathfrak{E}_n^{\mathbb{N}} \ \|h_k - f\| \to 0 \ (k \to \infty) \right\}.$$

$\mathfrak{I}_n$ ist Unterraum von $\mathfrak{F}_n$ mit $\mathfrak{E}_n \subset \mathfrak{I}_n$; es existiert eindeutig $\overline{i_n} : \mathfrak{I}_n \to \mathbb{R}$ linear mit

$\overline{i_n}(h) = i_n(h)\ (h \in \mathfrak{E}_n)$ und $|\overline{i_n}(f)| \leq \|f\| \ (f \in \mathfrak{I}_n)$.

Die Funktionen aus $\mathfrak{I}_n$ heißen Riemann-integrierbar und $\overline{i_n}$ Riemann-Integral. Statt $\overline{i_n}(f)$ notiert man meist wieder $i_n(f)$ oder auch

$$\underbrace{\int \cdots \int}_{n\text{-mal}} f(\xi_1, \ldots, \xi_n) \, d(\xi_1, \ldots, \xi_n) . \tag{1}$$

Es handelt sich hier i. allg. *nicht* um Hintereinanderausführung eindimensionaler Integrationen. (Für den Zusammenhang vergleiche man ↗Mehrfachintegral und ↗iterierte Integration. Zur praktischen Berechnung solcher Integrale ↗Normalbereiche. Daneben ist insbesondere auch der Transformationssatz für das Riemann-Integral auf dem $\mathbb{R}^n$ (und entprechend für das Lebesgue-Integral) hilfreich.)

Die obigen Eigenschaften (a) bis (c) gelten entsprechend für $\mathfrak{I}_n$ und $\overline{i_n}$. Zusätzlich hat man:

$$f \in \mathfrak{I}_n \implies \|f\| = \overline{i_n}(|f|) \ (< \infty).$$

Mit abgeänderten Integralnormen erhält man in gleicher Weise das mehrdimensionale uneigentliche Riemann-Integral und das Lebesgue-Integral.

[1] Hoffmann, D.; Schäfke, F.-W.: Integrale. B.I.-Wissenschaftsverlag Mannheim Berlin, 1992.

[2] Kaballo, W.: Einführung in die Analysis III. Spektrum Akademischer Verlag, 1999.

Mehrelektronenatom, Atom, dessen komplexe Struktur der Emissions- bzw. Absorptionsspektren durch die elektrische Wechselwirkung von mehreren Elektronen mit dem Kern, der elektromagnetischen Wechselwirkung der Elektronen untereinander, und die verschiedenen Möglichkeiten der Kopplung von Bahn- und Eigendrehimpuls (Spin) erklärt werden können.

Gegenüber dem Einelektronenatom hat das Mehrelektronenatom weniger Symmetrie. Dadurch werden Entartungen (die Energieniveaus hängen von weniger Parametern als möglich ab) aufgehoben, und die Energieniveaus werden aufgespalten. Das wiederum ermöglicht eine größere Zahl von Übergängen für die Elektronen. Die Elektronen in den inneren Schalen schirmen den positiv geladenen Atomkern gegenüber den äußeren Elektronen ab. Der Atomkern mit den inneren Elektronenschalen wird Atomrumpf genannt. In ihn können äußere Elektronen mehr oder weniger stark eindringen, in Abhängigkeit von der Stärke der Exzentrizität der Elektronenzustände. In solchen Fällen spielen auch relativistische Effekte eine Rolle.

Um Elektronen aus niederenergetischen Zuständen (Atomrumpf) in solche mit hoher Energie zu bringen sind Energien nötig, wie sie für Röntgenstrahlen charakteristisch sind. Bei niedrigen Anregungsenergien werden aber im wesentlichen nur Leuchtelektronen auf ein höheres Energieniveau gebracht.

Schon lange vor der Entdeckung der „neueren" Quantenmechanik in der zweiten Hälfte der 20er Jahre konnten die experimentellen Befunde in Formeln gefaßt werden. Die Wellenlänge λ einer Strahlung hängt mit Charakteristika der Atome über Ausdruck

$$\lambda^{-1} = R \left(\frac{(Z - \sigma_n)^2}{n^2} - \frac{(Z - \sigma_m)^2}{m^2} \right)$$

zusammen, wobei Z die Ladung des Atomkerns ist. σ_n und σ_m sind ein Maß für die Abschirmung des Kerns in den durch die ganzen Zahlen n und m charakterisierten Zuständen. Schließlich ist R die Rydberg-Konstante, im wesentlichen gegeben durch Masse und Ladung eines Elektrons und Naturkonstanten.

mehrfach kantenzusammenhängender Graph, ↗ k-fach kantenzusammenhängender Graph.

mehrfach zusammenhängender Graph, ↗ k-fach zusammenhängender Graph.

mehrfache Nullstelle eines Polynoms, eine Nullstelle α eines Polynoms $f(X)$, für das das nach Abspaltung des Linearfaktors $(X-\alpha)$ erhaltene Restpolynom immer noch α als Nullstelle hat.

Die Vielfachheit der Nullstelle α wird gegeben durch die Anzahl möglicher sukzessiver Abspaltungen des Linearfaktors $(X-\alpha)$. Für Polynome über einem Körper der Charakteristik Null (z. B. den rationalen, reellen oder komplexen Zahlen) liegt eine mehrfache Nullstelle α genau dann vor, wenn α sowohl Nullstelle des Polynoms f als auch seiner Ableitung f' ist ($f' \not\equiv 0$).

mehrfaches Integral, ↗ Mehrfachintegral.

Mehrfachintegral, *mehrfaches Integral*, ein Ausdruck – eventuell auch mit Integrationsgrenzen – der Gestalt

$$\underbrace{\int \cdots \int}_{n\text{-mal}} f(x_1, \ldots, x_n)\, dx_n \cdots dx_1$$

für $2 \leq n \in \mathbb{N}$.

Zunächst ist bei festem x_1 bis x_{n-1} das ‚innere' Integral (bezüglich x_n) zu berechnen, dann, falls $n \geq 3$, die resultierende – von x_1 bis x_{n-1} abhängige – Funktion bei festem x_1 bis x_{n-2} bezüglich x_{n-1} usw. und schließlich die resultierende – nur noch von x_1 abhängige – Funktion bezüglich x_1 zu integrieren.

Im Spezialfall $n = 2$ spricht man von einem ↗ Doppelintegral und notiert meist

$$\int \left(\int f(x, y)\, dy \right) dx\,.$$

Im Spezialfall $n = 3$ erhält man ein Dreifachintegral, das man meist in der Weise

$$\int \left(\int \left(\int f(x, y, z)\, dz \right) dy \right) dx$$

notiert.

Von manchen Autoren wird der Begriff Mehrfachintegral auch in anderer Bedeutung verwendet, nämlich im Sinne mehrdimensionaler Integration (↗ mehrdimensionales Integral). Die Verbindung zwischen diesen – zunächst streng zu unterscheidenden – Ausdrücken stellt der Satz über ↗ iterierte Integration her: Ein mehrdimensionales Integral kann unter geeigneten Voraussetzungen durch Hintereinanderausführung einfacher Integrationen (iterierte Integration), also als Mehrfachintegral, berechnet werden.

Aussagen über Vertauschbarkeit der Reihenfolge der Integrationen – unter geeigneten Voraussetzungen für spezielle Integralbegriffe – liefern u. a. die Sätze von Fubini (↗ Fubini, Satz von) und Fichtenholz (↗ Fichtenholz, Satz von).

Mehrfachschießverfahren, ↗ Mehrzielmethode.

Mehrgitterverfahren

W. Hackbusch

Die Lösung linearer Gleichungssysteme ist ein Grundproblem einer Vielzahl von Anwendungen. Bei Anwendungen mit physikalischen Hintergrund (z. B. Kontinuums- oder Strömungsmechanik) treten Gleichungssysteme als Diskretisierung partieller Differentialgleichungen auf. Ihre Dimension ist im wesentlichen nur durch den zur Verfügung stehenden Speicherplatz noch oben beschränkt. Zur Zeit steht die Lösung von bis zu Millionen von Gleichungen an. Hierzu können nur Verfahren verwendet werden, deren Aufwand proportional zur Dimension des Gleichungssystems steigt. Seit man Computer einsetzt, versucht man, effizientere Lösungsverfahren zu konstruieren. Mehrgitterverfahren waren die ersten, die dieses Ziel für eine große Klasse von Problemen erreichten.

Die Mehrgittermethode enthält Komponenten, die problemabhängig gewählt werden müssen. Es handelt sich also eher um eine Lösungsstrategie als um einen feststehenden Algorithmus.

1 Die Mehrgitterhierarchie

Das Mehrgitterverfahren ist eine Iteration zur Lösung linearer oder nichtlinearer Gleichungen, die als Diskretisierung partieller Differentialgleichungen (vornehmlich von elliptischem Typ) entstehen. Der Diskretisierungshintergrund ist entscheidend, da er zu einer Hierarchie von diskreten Gleichungen führt. Ein Randwertproblem (Differentialgleichung samt Randbedingung) sei notiert als

$$Lu = f. \tag{1}$$

Im einfachsten Fall kann zur Diskretisierung ein Differenzenverfahren mit der Gitterweite h verwendet werden. Die diskrete Gleichung lautet

$$L_h u_h = f_h. \tag{2}$$

Sei $h_0, h_1 = h_0/2, \ldots, h_\ell = h_0/2^\ell, \ldots$ eine Folge von Schrittweiten, die für die maximale Stufenzahl $\ell = \ell_{\max}$ die Schrittweite $h = h_{\ell_{\max}}$ aus (2) ergebe. Dann ist (2) die feinste Diskretisierung in der *Diskretisierungshierarchie*

$$L_0 u_0 = f_0, \ldots, L_\ell u_\ell = f_\ell, \ldots \tag{3}$$

für $\ell = 0, \ldots, \ell_{\max}$, wobei L_ℓ die Abkürzung für L_{h_ℓ} ist (analog u_ℓ, f_ℓ).

Im Fall einer FE-Diskretisierung ("FE-" kürzt "Finite-Element-" ab) wird diese durch einen FE-Raum V beschrieben, der z. B. aus stückweise linearen Elementen über Dreiecken einer Triangulation $\mathcal{T}$ bestehen kann. Falls diese Triangulation das letzte Element in einer Folge $\mathcal{T}_0$, $\mathcal{T}_1, \ldots$, $\mathcal{T}_\ell, \ldots$, $\mathcal{T}_{\ell_{\max}}$ ist, wobei $\mathcal{T}_{\ell+1}$ jeweils durch eine Verfeinerung der Triangulation $\mathcal{T}_\ell$ entsteht, so gilt für die zugehörigen FE-Räume die Inklusion

$$V_0 \subset \cdots \subset V_{\ell-1} \subset V_\ell \subset \cdots \subset V_{\ell_{\max}} = V.$$

Der größte FE-Raum $V_{\ell_{\max}}$ stimmt mit dem obigen Raum V überein, für den die FE-Diskretisierung gelöst werden soll. Jeder Raum V_ℓ führt zu einer Diskretisierung $L_\ell u_\ell = f_\ell$ in der Hierarchie (3).

Mehrgitterverfahren lösen das Gleichungssystem $L_{\ell_{\max}} u_{\ell_{\max}} = f_{\ell_{\max}}$, wobei sie von den *Grobgittermatrizen* L_ℓ $(0 \leq \ell < \ell_{\max})$ Gebrauch machen. Die geschachtelte Iteration (siehe unten) löst sogar alle Gleichungen in (3).

2 Was leisten Mehrgitterverfahren?

Ziel aller schnellen Iterationsverfahren ist es, ein Gleichungssystem mit n Gleichungen und Unbekannten mit einem (Zeit- bzw. Rechen-)Aufwand proportional zu n zu lösen. Da ein Iterationsschritt mit einer schwachbesetzen Matrix n Operationen kostet, muß die gewünschte Genauigkeit mit einer festen Anzahl von Iterationsschritten erreichbar sein. Dies bedeutet, daß die Konvergenzgeschwindigkeit nicht nur < 1, sondern auch unabhängig von n (d. h. unabhängig vom Diskretisierungsparameter h_ℓ bzw. der Dimension von V_ℓ) sein muß.

Diese optimale Konvergenz kann ein Mehrgitterverfahren in sehr allgemeinen Fällen erreichen. "Allgemein" heißt hier, daß keine speziellen algebraischen Eigenschaften der Matrix L_ℓ, insbesondere weder Symmetrie noch positive Definitheit, vorliegen müssen.

3 Struktur der Mehrgitteriteration

3.1 Glättungsiterationen

Übliche klassische Iterationsverfahren wie das Jacobi- oder das Gauß-Seidel-Verfahren oder die einfache Richardson-Iteration

$$\mathcal{S}_h : (u_h, f_h) \mapsto u_h - \frac{1}{\|L_h\|}(L_h u_h - f_h) \tag{4}$$

wirken als *Glättungsiteration*, d. h. sie reduzieren die oszillierenden Fehleranteile wesentlich besser als die glatten. Im symmetrisch positiv definiten Fall ist $\|L_h\| = \lambda_n$ der größte Eigenwert. Die (oszillierenden) Eigenvektoren von L_h zu Eigenwerten in $[\lambda_n/2, \lambda_n]$ werden durch (4) um den Faktor $0 \leq 1 - \omega\lambda_\nu \leq 1/2$ reduziert. Wenn (4) nur langsam konvergiert, liegt es an den Fehlerkomponenten von $u_h - u_h^{exakt}$, die zu den niedrigen Eigenwerten gehören.

Wenige Schritte einer Glättungsiteration liefern eine Näherung $\tilde{u}_h$, deren Fehler $\tilde{u}_h - u_h^{exakt}$ "glatt" ist und damit im Gitter der gröberen Schrittweite H repräsentiert werden kann.

3.2 Zweigitterverfahren

Das Zweigitterverfahren, obwohl nicht für die praktische Anwendung geeignet, ist der wesentliche Schritt zur Konstruktion und der Analyse des Mehrgitterverfahrens. Es werden nur die Stufen ℓ und $\ell - 1$ betrachtet, die der feinen Schrittweite h und der groben Schrittweite H (z. B. $H = 2h$) entsprechen. Die zugehörigen Matrizen aus (3) seien L_h und L_H.

Zuerst wird aus dem Startwert u_h mit wenigen Glättungsschritten $\tilde{u}_h$ erzeugt. Die Zahl der Glättungsschritte ist oft 2 oder 3. Der *Defekt*

$$d_h := L_h \tilde{u}_h - f_h$$

wird berechnet. Offenbar ist $L_h \delta u_h = d_h$ die Gleichung für die *exakte Korrektur*: $u_h := \tilde{u}_h - \delta u_h$ erfüllt

$$L_h u_h = L_h \tilde{u}_h - L_h \delta u_h = d_h + f_h - d_h = f_h\,.$$

Natürlich ist die direkte Lösung von $L_h \delta u_h = d_h$ ebenso schwierig wie diejenige von $L_h u_h = f_h$. Da die Korrektur δu_h aber gleichzeitig der *Fehler* $\tilde{u}_h - u_h^{exakt}$ und daher glatt ist, kann $L_h \delta u_h = d_h$ näherungsweise im groben Gitter gelöst werden. Im Zweigitterfall wird

$$L_H v_H = r d_h \tag{5}$$

direkt gelöst, wobei die *Restriktion* r eine geeignete lineare Abbildung vom Gitter der Schrittweite h in das gröbere Gitter H darstellt. Im eindimensionalen äquidistanten Fall mit $H = 2h$ ist

$$(rd_h)(x) := \frac{1}{4}d_h(x - h) + \frac{1}{2}d_h(x) + \frac{1}{4}d_h(x + h)$$

für alle $x = 2\nu h$ $(\nu \in \mathbb{Z})$ eine kanonische Wahl.

Anschließend wird die Lösung v_H von (5) mittels einer *Prolongation* p (Interpolation) vom H-Gitter in das feinere h-Gitter transportiert. Im eindimensionalen Fall übernimmt man die Werte $v_H(2\nu h)$ und interpoliert dazwischen linear: $(pv_H)(x) := \frac{1}{2}v_H(x-h) + \frac{1}{2}v_H(x+h)$ für alle $x = (2\nu+1)h$ ($\nu \in \mathbb{Z}$). Da pv_H ein Ersatz für δu_h ist und $u_h^{exakt} = \tilde{u}_h - \delta u_h$ gilt, wird

$$u_h^{neu} = \tilde{u}_h - pv_H$$

als neuer Iterationswert definiert. Oft ist p die adjungierte Abbildung zu r.

In algorithmischer Schreibweise lautet das Zweigitterverfahren der Stufe ℓ ($h_\ell = h,\ h_{\ell-1} = H$):

function $ZGM(\ell, u, f)$: Gitterfunktion;
begin for $i := 1$ to ν do $u := \mathcal{S}_\ell(u,f)$; (vgl. (4))
$d := L_\ell u - f$; (Defektberechnung)
$d := rd$; (Restriktion auf Stufe $\ell - 1$)
$v := L_{\ell-1}^{-1} d$; (exakte Lsg. der Grobgittergl.)
$u = u - pv$; (Grobgitterkorrektur)
$ZGM := u$ (neue Iterierte)
end;

Die Abbildungen $\mathcal{S}_\ell$, r und p sind im allgemeinen problemabhängig.

3.3 Mehrgitterverfahren

Im Zweigitterverfahren *ZGM* wird die Grobgittergleichung noch exakt gelöst. Im Mehrgitterfall ersetzt man die exakte Lösung durch Annäherung mittels γ Iterationen einer Zweigittermethode auf den Stufen $\ell-1$ und $\ell-2$. Gleiches geschieht auf der Stufe $\ell-2$, bis man auf der Stufe 0 (gröbstes Gitter, d. h. kleinste Anzahl von Gleichungen) exakt löst. Es entsteht der folgende rekursive Algorithmus:

function $MGM(\ell, u, f)$: Gitterfunktion;
if $\ell = 0$ then $u := L_0^{-1} f$ else
begin for $i := 1$ to ν do $u := \mathcal{S}_\ell(u,f)$;
$d := r(L_\ell u - f)$; (Defektrestriktion)
$v := 0$; (Startwert für Korrektur)
for $i := 1$ to γ do $v := MGM(\ell - 1, v, d)$;
$u = u - pv$; (Grobgitterkorrektur)
$MGM := u$ (neue Iterierte)
end;

Gängige Werte für γ sind $\gamma = 1$ (sogenannter V-Zyklus) und $\gamma = 2$ (W-Zyklus). Obwohl bei $\gamma = 2$ eine Iteration auf der Stufe ℓ zu *zwei* Iterationen auf Stufe $\ell - 1$, *vier* Iterationen auf Stufe $\ell - 2$ usw. führt, nimmt der Rechenaufwand ab (im zweidimensionalen Fall und $h_{\ell-1} = 2h_\ell$ viertelt sich jeweils der Rechenaufwand für die Durchführung von $\mathcal{S}_h$, r und p.)

Der oben angegebene Algorithmus verwendet nur eine *Vor*glättung. Möglich ist auch die reine Nachglättung, d. h. $u := \mathcal{S}_\ell(u,f)$ nach der Grobgitterkorrektur $u = u - pv$ oder eine symmetrische Vor- und Nachglättung.

3.4 Geschachtelte Iteration

Bei einer diskretisierten Differentialgleichung ist es unnötig, solange zu iterieren, bis die letzte Dezimalstelle fixiert ist. Es reicht, wenn der Iterationsfehler $u_\ell - u_\ell^{exakt}$ die Größenordnung des ohnehin unvermeidlichen Diskretisierungsfehlers hat. Die Schwierigkeit bei diesem Abbruchkriterium ist, daß man oft den Diskretisierungsfehler nicht genau genug kennt. Hier bietet die geschachtelte Iteration eine elegante Lösung. Auch ohne Kenntnis des Diskretisierungsfehler liefert der Algorithmus eine Approximation der richtigen Güte.

$u_0 := L_0^{-1} f_0$; (Lösung auf gröbstem Gitter)
for $\ell := 1$ to $\ell_{\max}$ do
begin $u_\ell := p\,u_{\ell-1}$; (Startwert auf Stufe ℓ)
for $i := 1$ to m do $u_\ell := MGM(\ell, u_\ell, f_\ell)$
end;

Der entscheidende Punkt ist, daß der Startwert bereits einen Fehler in der Größenordnung des Diskretisierungsfehlers $u_\ell^{exakt} - pu_{\ell-1}^{exakt}$ besitzt. Als Iterationsanzahl reicht oft $m = 1$ aus! Im Prinzip kann die Mehrgitteriteration *MGM* durch jede andere ersetzt werden, wenn die Konvergenzrate nur unabhängig von der Dimension (d. h. von ℓ) ist.

Die geschachtelte Iteration liefert Resultate für alle Stufen $\ell := 1, \ldots, \ell_{\max}$. Trotzdem ist der Rechenaufwand für $\ell < \ell_{\max}$ nur ein Bruchteil des ohnehin auftretenden Aufwandes für $\ell_{\max}$.

4 Beispiel

Einfachstes Testbeispiel ist die Poisson-Gleichung

$$-\Delta u := -u_{xx} - u_{yy} = f \quad in\ \Omega = (0,1) \times (0,1)$$

diskretisiert durch den 5-Punkt-Differenzenstern $-\Delta_h u := 4u(x,y) - u(x-h,y) - u(x+h,y) - u(x,y-h) - u(x,y+h)$ oder durch die FE-Methode mit stückweise linearen Funktionen auf einer regelmäßigen Triangulierung. Beide Verfahren führen bis auf einen Faktor zur gleichen Matrix in $L_h u_h = f_h$. Am Rand des Quadrates Ω werden Dirichlet-Werte vorgeschrieben. f_h und die Randwerte seien so gewählt, daß sich $u_h(x,y) = x^2 + y^2$ als diskrete Lösung von $L_h u_h = f_h$ ergibt. Da L_h positiv definit ist, kann die gröbstmögliche Schrittweite $h_0 := 1/2$ als Schrittweite der Stufe $\ell = 0$ gewählt werden. Die weiteren Gitterweiten sind daher $h_\ell = 2^{-1-\ell}$. Die folgende Tabelle zeigt den Iterationsfehler $e_m := \|u_\ell^{(m)} - u_\ell^{exakt}\|_\infty$ nach m Mehrgitteriterationsschritten (Start mit $u_\ell^{(0)} = 0$, W-Zyklus, 2 Vorglättungsschritte mit den Gauß-Seidel-Verfahren) auf der Stufe $\ell = 7$ (entspricht $h_\ell = 1/256$ und 65025 Unbekannten).

m	e_m	Quot.	m	e_m	Quot.
0	1.984E-0	–	5	3.102E-06	0.0594
1	3.038E-1	0.1531	6	1.884E-07	0.0607
2	1.605E-2	0.0528	7	1.166E-08	0.0619
3	9.017E-4	0.0562	8	7.713E-10	0.0662
4	5.219E-5	0.0579	9	5.218E-11	0.0677

Die letzte Spalte zeigt die Fehlerverbesserung, die der Konvergenzrate 0.067 entspricht. Ähnliche Raten ergeben sich für andere Schrittweiten. Die obigen Resultate werden nur zur Demonstration der Konvergenzgeschwindigkeit mit $u_\ell^{(0)} = 0$ gestartet. Billiger ist die geschachtelte Iteration.

5 Nichtlineare Gleichungen

Die Kombination des Newton-Verfahrens mit dem oben beschriebenen Mehrgitterverfahren für das entstehende lineare System ist eine naheliegende Möglichkeit. Die Berechnung der Funktionalmatrix läßt sich aber sogar vermeiden, wenn man das nichtlineare System $\mathcal{L}(u) = f$ mit dem *nichtlinearen Mehrgitterverfahren* löst. Sei

$$\mathcal{L}_\ell(u_\ell) = f_\ell \qquad \text{für } \ell = 0, \ldots, \ell_{\max}$$

die Hierarchie der diskreten Probleme. Die geschachtelte Iteration bestimmt neben den Näherungen $\tilde{u}_\ell$ auch deren Defekt $\tilde{f}_\ell := \mathcal{L}_\ell(\tilde{u}_\ell)$:

löse $\mathcal{L}_0(\tilde{u}_0) = f_0$ approximativ; (zB mit Newton)
for $\ell := 1$ to $\ell_{\max}$ do
begin $\tilde{f}_{\ell-1} := \mathcal{L}_{\ell-1}(\tilde{u}_{\ell-1})$; (Defekt von $\tilde{u}_{\ell-1}$)
$\tilde{u}_\ell := p\,\tilde{u}_{\ell-1}$; (Startwert auf Stufe ℓ)
for $i := 1$ to m do $\tilde{u}_\ell := NMGM(\ell, \tilde{u}_\ell, f_\ell)$
end;

Die nachfolgend definierte Iteration *NMGM* verwendet $\tilde{u}_{\ell-1}, \tilde{f}_{\ell-1}$ als Bezugspunkt der Stufe $\ell - 1$.
function $NMGM(\ell, u, f)$: Gitterfunktion;
if $\ell = 0$ then "löse $\mathcal{L}_0(u) = f$ approximativ"
else begin for $i := 1$ to ν do $u := \mathcal{S}_\ell(u, f)$;
$d := r(\mathcal{L}_\ell(u_\ell) - f_\ell)$; (Defektrestriktion)
$\varepsilon := \varepsilon(d)$; (kleiner positiver Faktor)
$\delta := \tilde{f}_{\ell-1} - \varepsilon * d$;
$v := \tilde{u}_{\ell-1}$; (Startwert für Korrektur)
for $i := 1$ to γ do $v := NMGM(\ell - 1, v, \delta)$;
$u = u + p(v - \tilde{u}_{\ell-1})/\varepsilon$; (Grobgitterkorrektur)
$NMGM := u$ (neue Iterierte)
end;

Dabei ist $\mathcal{S}_\ell(u, f)$ eine nichtlineare Glättungsiteration für $\mathcal{L}_\ell(u_\ell) = f_\ell$. Das Analogon von (4) lautet

$$\mathcal{S}_\ell(u_\ell, f_\ell) = u_h - (\mathcal{L}_\ell(u_\ell) - f_\ell)/\,\|L_\ell\|\,,$$

wobei $L_\ell(u_\ell) = \partial\mathcal{L}_\ell(u_\ell)/\partial u_\ell$. Der Faktor $\varepsilon(d)$ kann z. B. als $\sigma/\,\|d\|$ mit kleinem σ gewählt werden.

Wenn $L_\ell(u_\ell)$ Lipschitz-stetig ist und weitere technische Bedingungen erfüllt sind, läßt sich zeigen, daß die Iteration *NMGM* asymptotisch mit der Geschwindigkeit konvergiert, mit der die lineare Iteration *MGM* konvergiert, wenn sie auf das linearisierte Problem mit den Matrizen $L_\ell := \partial\mathcal{L}_\ell(u_\ell^{exakt})/\partial u_\ell$ angewandt wird. Es sind auch andere Festsetzungen von $\tilde{u}_{\ell-1}, \tilde{f}_{\ell-1}, \varepsilon$ (wie im FAS-Verfahren) möglich (vgl. [1,§9]).

6 Eigenwertprobleme

Das kontinuierliche Eigenwertproblem zum Differentialoperator L aus (1) lautet $Lu = \lambda u$, wobei u homogene Randbedingungen erfülle. Die Hierarchie diskreter Eigenwertaufgaben ist

$$L_\ell u_\ell = \lambda u_\ell \quad \text{für } \ell = 0, \ldots, \ell_{\max}$$

(evtl. statt λI auch mit der Massematrix in λM_ℓ). Wieder basiert das Zweigitterverfahren auf einer Glättung und einer Grobgitterkorrektur mit Hilfe des Defektes $d_\ell = L_\ell u_\ell - \lambda u_\ell$, nur ist die Interpretation von d_ℓ als rechte Seite für die Bestimmung der Korrektur δu_ℓ aus $(L_\ell - \lambda I)\delta u_\ell = d_\ell$ problematisch, da $L_\ell - \lambda I$ für den Eigenwert λ singulär ist. Trotzdem ist $(L_\ell - \lambda I)\delta u_\ell = d_\ell$ lösbar, da die rechte Seite d_ℓ im Bildraum liegt. Die Unbestimmtheit von δu_ℓ ist harmlos, da sie gerade im Eigenraum liegt. Für die restringierte Ersatzgleichung $(L_{\ell-1} - \lambda I)v_{\ell-1} = rd_{\ell-1}$ gilt diese Aussage nur näherungsweise, deshalb sind geeignete Projektionen erforderlich. Falls L_ℓ nicht symmetrisch ist, können die Rechts- und Linkseigenvektoren simultan berechnet werden. In der Kombination mit dem Ritz-Verfahren kann eine Gruppe von Eigenpaaren gemeinsam behandelt werden (vgl. [1,§12]).

7 Lösung von Integralgleichungen

Fredholmsche Integralgleichungen zweiter Art haben die Gestalt $\lambda u = Ku + f$ $(\lambda \neq 0)$ mit dem Integraloperator

$$(Ku)(x) := \int_D k(x,y)u(y)dy \quad \text{für } x \in D,$$

wobei der Kern k und die Inhomogenität f gegeben sind.

Die Picard-Iteration $u \mapsto u^{neu} := \frac{1}{\lambda}(Ku - f)$ konvergiert nur für $|\lambda| > \varrho(K)$, hat aber in vielen wichtigen Anwendungsfällen eine glättende Wirkung: Nichtglatte Funktionen e werden in nur einem Schritt in ein glattes $\frac{1}{\lambda}Ke$ abgebildet. Dies ermöglicht die folgende *Mehrgitteriteration zweiter Art*, wobei von der Hierarchie $\lambda u_\ell = K_\ell u_\ell + f_\ell$ diskreter Gleichungen ausgegangen wird.

function $MGM(\ell, u, f)$: Gitterfunktion;
if $\ell = 0$ then $u := (\lambda I - K_0)^{-1} f$ else
begin $u := \frac{1}{\lambda}(K_\ell * u + f)$; (Picard-Iteration)
$d := r(\lambda u_\ell - K_\ell u - f_\ell)$; (Defektrestriktion)
$v := 0$; (Startwert für Korrektur)
for $i := 1$ to 2 do $v := MGM(\ell - 1, v, d)$;
$u = u - pv$; (Grobgitterkorrektur)
$MGM := u$ (neue Iterierte)
end; {vgl. [1,§16]}

Wegen der starken Glättung zeigt diese Iteration Konvergenzraten $O(h_\ell^\alpha)$ mit $\alpha > 0$, die bei steigender Dimension (fallender Schrittweite h_ℓ) immer schneller werden.

Der Operator K muß kein Integraloperator mit bekanntem Kern k sein. Die obige Iteration hat die gleichen Eigenschaften für die Fixpunktgleichung $\lambda u = Ku + f$, solange K entsprechende glättende Wirkung besitzt.

Die nichtlineare Fixpunktgleichung $\lambda u = \mathcal{K}(u)$ läßt sich mit dem Analogon des nichtlinearen Verfahrens aus Abschnitt 5 lösen.

8 Abschließende Bemerkungen

Es gibt eine reiche Literatur zur Mehrgitterbehandlung von Problemen, die von weiteren kritischen Parametern abhängen und mit speziellen Glättungen oder speziellen Grobgittern behandelt werden.

Verschiedene Mehrgittervarianten können (z. B. für positiv definite L_ℓ) auch im Rahmen der Teilraum-Iterationen diskutiert werden. In diesem Falle sind die obigen Algorithmen die *multiplikativen* Entsprechungen der additiven Teilraum-Iterationen. Letztere haben deutlich andere Eigenschaften, was die Rolle der Glättung betrifft.

Mehrgitterverfahren lassen sich parallelisieren.

Im Falle lokaler (adaptiver) Gitterverfeinerungen läßt sich der Algorithmus anpassen.

Das erste Zweigitterverfahren wurde 1960 von Brakhage für Integralgleichungen beschrieben. Weiteres zur Geschichte der Mehrgitterverfahren findet sich in der Monographie [1] aus dem Jahr 1985. Der Band [3] zur ersten Mehrgitterkonferenz von 1981 enthält einen allgemeinen Einführungsteil. Die Monographie [4] geht auf strömungsdynamische Probleme ein. In [2] ist den Mehrgitterverfahren ein umfangreiches Kapitel gewidmet.

Literatur

[1] W. Hackbusch: Multi-Grid Methods and Applications. SCM 4. Springer-Verlag Berlin, 1985.

[2] W. Hackbusch: Iterative Lösung großer schwachbesetzter Gleichungssysteme, 2. Auflage. Teubner Stuttgart, 1993.

[3] W. Hackbusch und U. Trottenberg (Hrsg.): *Multigrid Methods*. Lecture Notes in Mathematics 960. Springer-Verlag Berlin, 1982.

[4] P. Wesseling: An Introduction to Multigrid Methods. Wiley Chichester, 1991.

Mehrphasenspiel, ein Spiel, das nicht nur aus einer gleichzeitig ausgeführten Aktion aller Spieler, sondern aus mehreren Runden solcher Aktionen besteht.

Mehrphasenspiele unterscheiden sich u. a. dadurch, welche Informationen die Spieler in einer Phase k über diejenigen Aktionen haben, die jeder Spieler in den vergangenen Phasen $i < k$ des Spiels gewählt hat. Sind alle diese Aktionen bekannt, so spricht man von vollständiger Information. Die nächste Aktion wird dann simultan von allen Spielern ausgeführt. Die Gleichzeitigkeit wird i. allg. modelliert, indem kein Spieler die k-te Aktion eines anderen Spielers kennt, bevor er seine k-te Aktion ausführt.

Durchaus möglich ist in diesem Rahmen auch die Modellierung von Spielen, in denen abwechselnd gezogen wird (indem man gewissen Spielern in gewissen Phasen eine Aktion „nichts tun" erlaubt).

Mehrschichtennetz, (engl. *Multi-Layer-Network*), bezeichnet im Kontext ↗Neuronale Netze die genauere Klassifizierung gewisser Netze in Abhängigkeit von ihrer speziellen topologischen Struktur, wobei i. allg. keine ein- oder ausgangslosen Netze betrachtet werden.

Im einfachsten Fall besteht ein Mehrschichtennetz aus zwei Schichten, nämlich der Eingabeschicht bestehend aus den Eingabe-Neuronen (kein Eingabe-Neuron ist gleichzeitig Ausgabe-Neuron) und der Ausgabeschicht bestehend aus den Ausgabe-Neuronen (kein Ausgabe-Neuron ist gleichzeitig Eingabe-Neuron). Beispiele für Netze dieses Typs sind der ↗lineare Assoziierer oder das ↗Perceptron. Gibt es in dem Netz außer den oben beschriebenen Neuronen auch noch sogenannte verborgene Neuronen, also Neuronen, die weder Ein- noch Ausgabe-Neuronen sind, und existieren ferner keine verbindenden Vektoren zwischen Ein- und Ausgabe-Neuronen, dann bezeichnet man das Netz in einer ersten groben Klassifizierung als dreischichtiges Netz (Eingabeschicht, verborgene Schicht, Ausgabeschicht). Netze dieses Typs sind z. B. die mit der ↗Backpropagation-Lernregel oder mit der ↗hyperbolischen Lernregel trainierten dreischichtigen Feed-Forward-Netze (vgl. Abbildung).

In einigen Fällen kann man dann noch in Abhängigkeit von der konkreten Netztopologie die verbor-

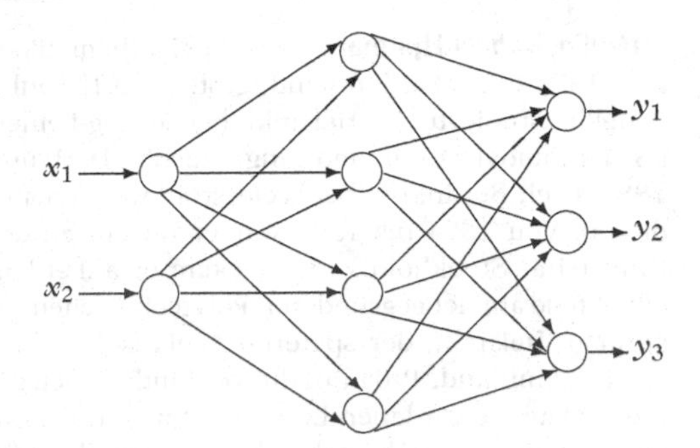

Struktur eines dreischichtigen Feed-Forward-Netzes

gene Schicht in weitere Schichten zerlegen, indem man verborgene Neuronen mit ähnlichen topologischen und funktionalen Eigenschaften als logisch zusammenhängend interpretiert, und kommt so zu mehrschichtigen Netzen im engeren Sinne. Dies ist z.B. dann der Fall, wenn die Menge $\tilde{X}$ der Knoten des neuronalen Netzes als Vereinigung einer Menge paarweise disjunkter nichtleerer Teilmengen $\emptyset \neq \tilde{X}_i \subset \tilde{X}$, $1 \leq i \leq p$, dargestellt werden kann,

$$\tilde{X} = \bigcup_{i=1}^{p} \tilde{X}_i \ \text{ mit } \ \tilde{X}_i \cap \tilde{X}_j = \emptyset \ \text{ für } \ i \neq j \, ,$$

und es jeweils lediglich verbindende Vektoren zwischen den Knoten aus $\tilde{X}_i$ und $\tilde{X}_{i+1}$, $1 \leq i < p$, gibt. Hier spricht man dann von einem p-schichtigen Netz im engeren Sinne.

Mehrschrittverfahren, Vorgehensweise zur näherungsweisen (numerischen) Berechnung der Lösung von Anfangswertproblemen gewöhnlicher Differentialgleichungen der Form $y' = f(x,y)$, $y(x_0) = y_0$.

Dabei werden mit einer Unterteilung des Definitionsgebiets in (meist) äquidistante Stellen $x_i = x_0 + ih$, $i = 1, 2, \ldots$, Näherungen y_i von $y(x_i)$ berechnet. Im Gegensatz zu ↗ Einschrittverfahren werden in den verwendeten Approximationsformeln an der Stelle x_i nicht nur die Werte von x_{i-1}, sondern auch Werte weiter zurückliegender Stellen verwendet. Ein allgemeines (lineares) m-Schrittverfahren läßt sich beschreiben in der Form

$$\sum_{j=0}^{m} a_j y_{s+j} = h \sum_{j=0}^{m} b_j f(x_{s+j}, y_{s+j})$$

mit $s = i-m$, $i \geq m$, und festen Koeffizienten a_j und b_j, für die $a_0^2 + b_0^2 \neq 0$ gelten muß. Üblicherweise ist $a_m = 1$ normiert. Das Mehrschrittverfahren heißt *explizit*, falls $b_m = 0$, andernfalls heißt es *implizit*. Beispiel für ein explizites Mehrschrittverfahren ist die ↗ Adams-Bashforth-Methode, für ein implizites Verfahren die ↗ Adams-Moulton-Methode.

Um ein Mehrschrittverfahren anwenden zu können, benötigt man neben dem Startwert y_0 auch Näherungen für $y_1, \ldots, y_{m-1}$, welche man z.B. durch ein Einschrittverfahren ermitteln kann.

Der lokale Diskretisierungsfehler d_i eines Mehrschrittverfahrens an der Stelle x_i wird definiert als die Größe

$$d_i := \sum_{j=0}^{m} \left[a_j y_{s+j} - h b_j f(x_{s+j}, y(x_{s+j})) \right].$$

Ein Mehrschrittverfahren hat die Verfahrensordnung p, falls $d_i = O(h^{p+1})$. Es heißt *konsistent*, wenn die Verfahrensordnung mindestens gleich 1 ist. Ordnet man dem Mehrschrittverfahren die beiden charakteristischen Polynome

$$\psi(z) = \sum_{j=0}^{m} a_j z^j \ \text{ und } \ \phi(z) = \sum_{j=0}^{m} b_j z^j$$

zu, so ist die Konsistenz äquivalent mit den Bedingungen $\psi(1) = 0$ und $\psi'(1) - \phi(1) = 0$.

Konsistenz ist noch nicht hinreichend für die Konvergenz des Verfahrens für $h \to 0$. Vielmehr muß es auch noch *(null)stabil* sein, was besagt, daß die Wurzeln ξ von ψ betragsmäßig ≤ 1 sein müssen, wobei „=“ nicht für mehrfache Wurzeln erfüllt sein darf. Ein Mehrschrittverfahren ist demnach genau dann konvergent, wenn es konsistent und nullstabil ist.

mehrwertige Logik, Teilgebiet der ↗ Logik, in dem logische Verknüpfungen von Ausdrücken unter der Voraussetzung untersucht werden, daß sie mehr als zwei Wahrheitswerte annehmen können, d.h., daß das Prinzip der Zweiwertigkeit (↗ klassische Logik) verletzt ist.

Neben der Menge W der (endlich oder unendlich vielen) Wahrheitswerte wird eine nichtleere Teilmenge W^* von W betrachtet, die aus den sog. ausgezeichneten Wahrheitswerten besteht, welche die Rolle von „wahr“ in der klassischen Logik übernehmen. Besteht W aus k Elementen, dann ist die entsprechende Logik k-wertig. Ist $k = 3$, dann kommt zu „wahr“ und „falsch“ noch ein dritter Wahrheitswert hinzu, der z.B. als „möglich, wahrscheinlich, unbestimmt, nicht definiert, unbekannt (ob wahr oder falsch)“ interpretiert werden kann (↗ Modallogik). Ist W das abgeschlossene Intervall $[0, 1]$, so lassen sich die Elemente aus W als Wahrscheinlichkeiten interpretieren; man spricht dann von einer Wahrscheinlichkeitslogik, die häufig Grundlage für die ↗ Fuzzy-Logik ist.

Mehrzielmethode, *Mehrfachschießverfahren*, Verfahren zur näherungsweisen Lösung von Randwertaufgaben gewöhnlicher Differentialgleichungen in Verallgemeinerung des ↗ Schießverfahrens.

Ist das Randwertproblem gegeben in der Form

$$y' = f(x,y), \ \ r(y(a), y(b)) = 0,$$

dann versucht die Mehrzielmethode die Werte $\hat{s}_k := y(x_k)$ an mehreren fest vorgegebenen Stellen

$$a = x_1 < x_2 < \cdots < x_m = b$$

gleichzeitig iterativ zu berechnen.

Seien dazu $y(x; x_k, s_k)$ die Lösungen der Anfangswertprobleme

$$y' = f(x, y),\ y(x_k) = s_k.$$

Ziel ist es, die s_k so zu bestimmen, daß die stückweise aus den $y(x; x_k, s_k)$ gebildete Funktion

$$\begin{aligned} y(x) &:= y(x; x_k, s_k) \text{ für } x \in [x_k, x_{k+1}), \\ &\quad k = 1, \ldots, m-1, \\ y(b) &:= s_m \end{aligned}$$

stetig ist und obige Randbedingung erfüllt. y ist dann eine Lösung des gesuchten Randwertproblems.

Aus der Stetigkeitsforderung ergeben sich die Bedingungen

$$\begin{aligned} &y(x_{k+1}; x_k, s_k) = s_{k+1},\ k = 1, \ldots, m-1, \\ &r(s_1, s_m) = 0 \end{aligned}$$

an die s_k, welche als nichtlineares Gleichungssystem iterativ gelöst werden können. Dabei werden die Werte $y(x_{k+1}; x_k, s_k)$ mittels eines Verfahrens für Anfangswertaufgaben (z. B. einem ↗Einschrittverfahren) ebenfalls iterativ ermittelt. Das gleiche gilt für eventuell benötigte Ableitungen in der Jacobi-Matrix, falls das ↗Newtonverfahren für die Berechnung der s_k eingesetzt wird.

Die Mehrzielmethode kann man ohne Probleme auch auf Systeme von Differentialgleichungen übertragen. Läßt man $m \to \infty$ streben, so konvergiert die Mehrzielmethode gegen ein allgemeines Newtonverfahren für Randwertaufgaben, welches auch als Quasilinearisierung bekannt ist.

[1] Stoer, J.; Bulirsch, R.: Einführung in die Numerische Mathematik II. Springer Verlag, Berlin, 1978.

Meijer-Bessel-Transformation, eine ↗Integral-Transformation, definiert durch

$$(M_\nu f)(x) := \sqrt{\frac{2}{\pi}} \int_0^\infty K_\nu(xt)\sqrt{xt} f(t)\, dt,$$

wobei K_ν die ↗MacDonald-Funktionen bezeichnet. Für $\nu = \pm 1/2$ geht die Meijer-Bessel-Transformation in die ↗Laplace-Transformation über.

Meijer-Transformation, eine ↗Integral-Transformation, definiert durch

$$(M_{\mu,\nu} f)(x) := \int_0^\infty e^{-xt/2}(xt)^{-\mu-1/2} W_{\mu+1/2,\nu}(xt) f(t) dt,$$

wobei $W_{\mu,\nu}$ die ↗Whittaker-Funktionen bezeichnet. Für $\mu = \pm\nu$ geht die Meijer-Transformation in die ↗Laplace-Transformation über.

Mellin, Robert Hjalmar, finnischer Mathematiker, geb. 1854 Liminka, Finnland, gest. 1933 Helsinki.

Mellin studierte in Helsinki bei Mittag-Leffler. 1881 promovierte er und ging danach, 1881 und 1882, nach Berlin, um bei Weierstraß weiterzustudieren. Von 1884 bis 1891 war er Dozent an der Universität Stockholm. 1884 bekam er außerdem eine Stelle am neugegründeten Polytechnischen Institut in Helsinki, der späteren Technischen Universität Finnland. 1901 überließ er Lindelöf den gerade vakant gewordenen Lehrstuhl für Mathematik an der Universität Helsinki. Er selbst wurde 1908 der erste Professor für Mathematik an der Technischen Universität Finnland.

Mellins Arbeiten wurden beeinflußt von Mittag-Leffler und Weierstraß. Er studierte Integraltransformationen (↗Mellin-Transformation) und wandte diese Resultate auf die Untersuchung der ↗Eulerschen Γ-Funktion und anderer zahlentheoretischer Funktionen an.

Mellin setzte sich stark für die Unabhängigkeit Finnlands ein. So gehörte er 1908 zu den Gründern der Finnischen Akademie der Wissenschaften.

Mellin-Transformation, die durch

$$M(f)(s) := \int_0^\infty f(t)\, t^s \, \frac{dt}{t}$$

gegebene Integral-Transformation für eine auf der positiven Halbachse $\mathbb{R}^+$ definierte Funktion f. Man findet diese Defintion gelegendlich auch mit einem Vorfaktor $1/\Gamma(s)$, wobei Γ die ↗Eulersche Γ-Funktion bezeichnet.

Die Mellin-Transformation geht aus der ↗Fourier-Transformation durch die Substitution $t = e^{-x}$ hervor:

$$M(f)(ik) = \sqrt{2\pi}\,(\widehat{f \circ 1/\exp})(k).$$

Ist für ein $k > 0$ die Funktion $t^{k-1}f(t) \in L^1(0,\infty)$, und ist $f'(t) \in L^1_{\text{loc}}$ in einer Umgebung von t_0, d. h. ist dort die Variation von f beschränkt, so ist die Rücktransformation gegeben durch

$$\frac{f(t_0+0)+f(t_0-0)}{2} = \frac{1}{2\pi i}\lim_{\lambda\to\infty}\int_{\sigma-i\lambda}^{\sigma+i\lambda} M(f)(s)\,t_0^{-s}\,ds\,,$$

wobei $\sigma \geq k$ beliebig.

Die Parsevalsche Gleichung für die Mellin-Transformation nimmt die folgende Form an:

$$\int_0^\infty x^{2k}\left|f(t)\right|^2\,\frac{dx}{x} = \frac{1}{2\pi}\int_{-\infty}^{+\infty}\left|M(f)(k+iy)\right|^2\,dy,$$

falls $f(t)t^{k-1/2} \in L^2(0,\infty)$.

Wie der folgende Satz zeigt, kann man die Mellin-Transformierte als ein kontinuierliches Analogon der Taylor-Reihe verstehen:

Die Funktion f besitze für kleine $0 < t < t_0$ eine asymptotische Entwicklung der Form

$$f(t) = \sum_{k\geq -n}^{N}\sum_{j=0}^{J(k)} f_{k,j}t^k\ln^j t + O(t^N)$$

mit $f_{k,J(k)} \neq 0$, $j \in \mathbb{N}$, $k \in \mathbb{Q}$. f hat also Pole der Ordnung $k \leq n$, die jedoch auch von gebrochener Ordnung sein dürfen, sowie logarithmische Pole bis zu einer beliebigen endlichen Ordnung $J(k)$. Ferner falle f für große t exponentiell ab, d. h.

$$\left|f(t)\right| \leq Ce^{-t\lambda} \quad \textit{für } t \geq t_0$$

und t_0, λ, C geeignet.

Dann konvergiert die Mellin-Transformierte für $\text{Re}(s) > n$ *absolut gegen eine ↗holomorphe Funktion, und es existiert eine eindeutige meromorphe Fortsetzung von $M(f)$ auf ganz $\mathbb{C}$, die auch mit $M(f)$ bezeichnet werde. Man erhält:*

1. *Für* $\text{Re}(s) > -N$ *besitzt $M(f)$ an der Stelle $s = -k$ einen Pol der Ordung $J(k)+1$.*
2. *$M(f)(s)/\Gamma(s)$ besitzt um $s = 0$ die ↗Laurent-Entwicklung*

$$\frac{M(f)(s)}{\Gamma(s)} = \sum_{j=0}^{J(0)} f_{0,j}\frac{(-1)^j j!}{s^j} + O(s)$$

Insbesondere hat $M(f)/\Gamma$ um $s = 0$ einen Pol der Ordnung $J(0)$.

3. *Treten in der asymptotischen Entwicklung von f keine Logarithmen auf, so ist $M(f)(s)/\Gamma(s)$ bei $s = 0$ regulär.*

[1] Zygmund, A.: Trigonometric Series. Cambridge Univ. Press, 1968.

Membran, offene Teilmenge U im $\mathbb{R}^2$, die diffeomorph zur offenen Kreisscheibe ist, von einer konvexen Kurve C berandet wird, und auf der man folgende partielle Differentialgleichung für eine reellwertige C^∞-Funktion u auf U betrachtet:

$$\kappa^2 u + \Delta u = 0\,.$$

Hier ist Δ der Laplace-Operator $\partial^2/\partial x^2 + \partial^2/\partial y^2$, und an u werden geeignete Randbedingungen gestellt, etwa $u(c) = 0\ \forall c \in C$.

Physikalisch gesehen beschreibt u die transversale kleine Auslenkung einer in die Kurve C eingespannten Membran. Man kann obige Gleichung auch allgemeiner auf einer kompakten berandeten Riemannschen Mannigfaltigkeit (M,g) betrachten, auf der somit das Spektrum des Laplace-Operators Δ, der durch g definiert wird, untersucht wird (↗Trommel).

Membrantransport, Begriff aus der (mathematischen) Biologie.

Membranen grenzen in Organismen Kompartimente gegeneinander ab. Die Zellmembran ist selektiv durchlässig für Ionen und Moleküle. Schon passiver Transport (z. B. kompetitive Diffusion) erfordert mathematische Analyse, beim aktiven Transport treten komplizierte Mechanismen auf (↗Nervenimpuls).

Menelaos von Alexandria, griechischer Mathematiker, geb. um 70 Alexandria, gest. um 130 ?.

Menelaos unternahm astronomische Beobachtungen. Er schrieb Bücher über sphärische Trigonometrie und deren Anwendungen in der Astronomie, über Gewichte und Körper und über Geometrie. Nur das Buch „Sphaerica" ist erhalten geblieben. Er baute darin die sphärische Geometrie auf, formulierte und bewies sämtliche Kongruenzsätze für sphärische Dreiecke und gab astronomische Anwendungen an. Im Unterschied zu Euklid vermied er bei seinen Beweisen die indirekte Methode, sondern gab direkte Beweise an. Weiterhin zeigte Menelaos, daß für eine Dreieckstransversale das Produkt der Verhältnisse, in denen die Dreiecksseiten zerlegt werden, stets gleich ist (Satz von Menelaos, heute bekannt als Satz von Ceva [↗Ceva, Satz von]).

Menge, ↗ axiomatische Mengenlehre, ↗ naive Mengenlehre.

Menge der natürlichen Zahlen im von Neumannschen Sinn, die Menge $\mathbb{N}_0 := \{0,1,2,\dots\}$, wobei $0 := \emptyset$, $1 := 0\cup\{0\}$, $2 := 1\cup\{1\}$ usw. (↗Kardinalzahlen und Ordinalzahlen).

Menge der natürlichen Zahlen im Zermeloschen Sinn, die Menge $\mathbb{N}_{0,Z} := \{0_Z, 1_Z, 2_Z, \dots\}$, wobei $0_Z := \emptyset$, $1_Z := \{0_Z\}$, $2_Z := \{1_Z\}$ usw. (↗Kardinalzahlen und Ordinalzahlen).

Menge erster Kategorie, ↗ Bairesches Kategorieprinzip.

Menge lokal endlicher Länge, ↗Jordan-Dedekind-Bedingung.

Menge vom eindimensionalen Maß Null, oder (eindimensionale) Nullmenge, Teilmenge M von $\mathbb{R}$, deren Lebesgue-Maß Null ist, d. h. für die zu jedem $\varepsilon > 0$ offene Intervalle A_ν $(\nu \in \mathbb{N})$ existieren mit

$$M \subset \bigcup_{\nu=1}^{\infty} A_\nu \quad \text{und} \quad \sum_{\nu=1}^{\infty} \mu(A_\nu) < \varepsilon ,$$

wobei μ die Intervall-Länge bezeichnet.

Für den Umgang mit solchen Nullmengen sind die folgenden elementaren Eigenschaften wichtig: Teilmengen von Nullmengen sind Nullmengen. Allgemeiner: Jede Menge, die sich durch höchstens abzählbar viele Nullmengen überdecken läßt, ist selbst Nullmenge. Mit einpunktigen Mengen sind so auch alle höchstens abzählbaren Mengen Nullmengen. Ein Standardbeispiel für eine überabzählbare Nullmenge ist die ↗Cantor-Menge.

Über Nullmengen läßt sich die Riemann-Integrierbarkeit einer Funktion wie folgt beschreiben:

Eine Funktion $f : [a, b] \longrightarrow \mathbb{R}$ ist genau dann Riemann-integrierbar, wenn sie beschränkt und fast überall stetig ist, d. h. die Menge der Unstetigkeitspunkte von f eine Nullmenge (im Lebesgueschen Sinne) ist.

Durch Nullmengen wird in einem präzisierten Sinne ein Kleinheitsbegriff eingeführt. Daneben kennt man auch ‚magere' Mengen als kleine Mengen. Es handelt sich aber um Kleinheitsbegriffe durchaus verschiedener Art: $\mathbb{R}$ ist als Vereinigung einer mageren und einer Nullmenge darstellbar.

Bei diesem Stichwort geht man meist – wie auch hier – implizit davon aus, daß man über Nullmengen im Lebesgue-Sinne spricht. Natürlich können auf $\mathbb{R}$ auch andere Inhalte und Maße betrachtet werden, was in der Regel dann zu anderen Nullmengen führt.

Menge vom Maß Null, Begriff aus Analysis und Maßtheorie.

Es sei Ω eine Menge, $\mathcal{M} \subseteq \mathcal{P}(\Omega)$ ein Mengensystem auf Ω mit $\emptyset \in \mathcal{M}$ und μ ein ↗Maß auf $\mathcal{M}$. Dann heißt $A \subseteq \Omega$ eine Menge vom Maß Null, wenn es zu jedem $\varepsilon > 0$ eine Folge $(M_n | n \in \mathbb{N}) \subseteq \mathcal{M}$ gibt, die A überdeckt und für die $\sum_{n\in\mathbb{N}} \mu(M_n) < \varepsilon$ gilt. $A \subseteq \Omega$ heißt Menge vom vollen Maß, wenn $\Omega \setminus A$ Menge vom Maß Null ist.

Menge vom vollen Maß, ↗ Menge vom Maß Null.

Menge zweiter Kategorie, ↗ Bairesches Kategorieprinzip.

Mengenalgebra, spezieller ↗Mengenring.

Gelegentlich verwendet man den Begriff Mengenalgebra auch für dasjenige Teilgebiet der ↗Mengenlehre, das sich mit ↗Verknüpfungsoperationen für Mengen beschäftigt.

Mengendiagramm, ↗ naive Mengenlehre.

Mengendurchschnitt, ↗ Verknüpfungsoperationen für Mengen.

Mengenfunktion, Verallgemeinerung des üblichen Funktionsbegriffs.

Es sei Ω eine Menge und $\mathcal{M} \subseteq \mathcal{P}(\Omega)$ eine Teilmenge der Potenzmenge $\mathcal{P}(\Omega)$ von Ω. Dann heißt die Abbildung $\mu : \mathcal{M} \to \bar{\mathbb{R}}$, die von den Werten $+\infty$ oder $-\infty$ höchstens einen annimmt, Mengenfunktion auf $\mathcal{M}$. Die Mengenfunktion μ heißt

- absolut stetig bzgl. eines signierten Maßes ν auf $\mathcal{M}$ oder ν-stetig, geschrieben als $\mu \ll \nu$, wenn $\emptyset \in \mathcal{M}$ ist, und wenn aus $\nu(M) = 0$ für ein $M \in \mathcal{M}$ $\mu(M) = 0$ folgt,
- additiv, falls $\mu(M_1 \cup M_2) = \mu(M_1) + (M_2)$ ist für alle disjunkten $(M_1, M_2) \subseteq \mathcal{M}$ mit $M_1 \cup M_2 \in \mathcal{M}$,
- antiton oder monoton fallend, falls $\mu(M_1) \geq \mu(M_2)$ für alle $(M_1, M_2) \subseteq \mathcal{M}$ mit $M_1 \subseteq M_2$, endlich, falls $|\mu(M)| < \infty$ ist für alle $M \in \mathcal{M}$,
- endlich-additiv, falls für alle $n \in \mathbb{N}$ $\mu(\bigcup_{i=1}^n M_i) = \sum_{i=1}^n \mu(M_i)$ ist für alle paarweise disjunkten $(M_1, ..., M_n) \subseteq \mathcal{M}$ mit $\bigcup_{i=1}^n M_i \in \mathcal{M}$,
- endlich-subadditiv, falls für alle $n \in \mathbb{N}$ $\mu(\bigcup_{i=1}^n M_i) \leq \sum_{i=1}^n \mu(A_i)$ ist für alle $(M_1, ..., M_n) \subseteq \mathcal{M}$ mit $\bigcup_{i=1}^n M_i \in \mathcal{M}$,
- endlich-superadditiv, falls für alle $n \in \mathbb{N}$ $\mu(\bigcup_{i=1}^n M_i) \geq \sum_{i=1}^n \mu(A_i)$ ist für alle disjunkten $(M_1, ..., M_n) \subseteq \mathcal{M}$ mit $\bigcup_{i=1}^n M_i \in \mathcal{M}$.
- Inhalt auf $\mathcal{M}$, falls $\emptyset \in \mathcal{M}$, μ nicht negativ und additiv ist mit $\mu(\emptyset) = 0$,
- invariant bzgl. einer Transformation T auf Ω, falls $T^{-1}(M) \in \mathcal{M}$ für alle $M \in \mathcal{M}$ und für das ↗Bildmaß $(T\mu)$ gilt: $(T\mu)(A) = \mu(A)$ für alle $A \in \mathcal{M}$,
- isoton oder monoton steigend, falls $\mu(M_1) \leq \mu(M_2)$ für alle $(M_1, M_2) \subseteq \mathcal{M}$ mit $M_1 \subseteq M_2$,
- Maß auf $\mathcal{M}$, falls $\emptyset \in \mathcal{M}$, μ nichtnegativ und σ-additiv ist mit $\mu(\emptyset) = 0$,
- modular, falls $\mu(M_1 \cup M_2) + \mu(M_1 \cap M_2) = \mu(M_1) + \mu(M_2)$ ist für alle $(M_1, M_2) \subseteq \mathcal{M}$ mit $M_1 \cup M_2 \in \mathcal{M}$ und $M_1 \cap M_2 \in \mathcal{M}$,
- Null-stetig, wenn $\emptyset \in \mathcal{M}$ ist, und wenn für jede antitone Folge $(M_i | i \in \mathbb{N}) \subseteq \mathcal{M}$ mit $\bigcap_{n\in\mathbb{N}} M_i = \emptyset$ und $|\mu(M_i)| < \infty$ für alle $i \in \mathbb{N}$ gilt: $\lim_{i\to\infty} \mu(M_i) = 0$,
- regulär von außen bzgl. eines Mengensystems $\mathcal{N} \subseteq \mathcal{M}$, falls $\mu(M) = \inf\{\mu(N) | N \in \mathcal{N}, N \supseteq M\}$ ist für alle $M \in \mathcal{M}$,
- regulär von innen bzgl. eines Mengensystems $\mathcal{N} \subseteq \mathcal{M}$, falls $\mu(M) = \sup\{\mu(N) | N \in \mathcal{N}, N \subseteq M\}$ ist für alle $M \in \mathcal{M}$,
- signiertes Maß auf $\mathcal{M}$, falls $\emptyset \in \mathcal{M}$ und μ σ-additiv ist mit $\mu(\emptyset) = 0$,
- singulär oder orthogonal zu einem signierten Maß ν (ν-singulär), meist geschrieben als $\mu \angle \nu$, wenn $\emptyset \in \mathcal{M}$ ist und wenn ein $N \in \mathcal{M}$ existiert mit $\nu(N) = 0$ und $\mu(M) = \nu(M \cap N)$ für alle $M \in \mathcal{M}$ mit $M \cap N \in \mathcal{M}$,

- stetig von oben bzgl. $M \in \mathcal{M}$, wenn für jede antitone Folge $(M_i|i \in \mathbb{N}) \subseteq \mathcal{M}$ mit $\bigcap_{i\in\mathbb{N}} M_i = M$ und $|\mu(M_i)| < \infty$ für alle $i \in \mathbb{N}$ gilt: $\mu(M) = \lim_{i\to\infty} \mu(M_i)$,
- stetig von unten bzgl. $M \in \mathcal{M}$, wenn für jede isotone Folge $(M_i|i \in \mathbb{N}) \subseteq \mathcal{M}$ mit $\bigcap_{i\in\mathbb{N}} M_i = M$ gilt: $\mu(M) = \lim_{i\to\infty} \mu(M_i)$,
- subadditiv, falls $\mu(M_1 \cup M_2) \leq \mu(M_1) + \mu(M_2)$ ist für alle $(M_1, M_2) \subseteq \mathcal{M}$ mit $M_1 \cup M_2 \in \mathcal{M}$,
- subtraktiv, falls $\mu(M_i \backslash M_2) = \mu(M_1) - \mu(M_2)$ ist für alle $(M_1, M_2) \subseteq \mathcal{M}$ mit $M_1 \supseteq M_2$ und $M_1 \backslash M_2 \in \mathcal{M}$,
- superadditiv, falls $\mu(M_1 \cup M_2) \geq \mu(M_1) + \mu(M_2)$ ist für alle disjunkten $(M_1, M_2) \subseteq \mathcal{M}$ mit $M_1 \cup M_2 \in \mathcal{M}$,
- σ-additiv, falls $\mu(\bigcup_{i\in\mathbb{N}} M_i) = \sum_{i\in\mathbb{N}} \mu(A_i)$ ist für alle paarweise disjunkten $(M_i|i \in \mathbb{N}) \subseteq \mathcal{M}$ mit $\bigcup_{i\in\mathbb{N}} M_i \in \mathcal{M}$,
- σ-endlich, falls für alle $M \in \mathcal{M}$ eine Folge $(M_i|i \in \mathbb{N}) \subseteq \mathcal{M}$ existiert mit $M \subseteq \bigcup_{i\in\mathbb{N}} M_i$ und $|\mu(M_i)| < \infty$ für alle $i \in \mathbb{N}$,
- σ-subadditiv, falls $\mu(\bigcup_{i\in\mathbb{N}} M_i) \leq \sum_{i\in\mathbb{N}} \mu(M_i)$ ist für alle $(M_i|i \in \mathbb{N}) \subseteq \mathcal{M}$ mit $\bigcup_{i\in\mathbb{N}} M_i \in \mathcal{M}$,
- σ-superadditiv, falls $\mu(\bigcup_{i\in\mathbb{N}} M_i) \geq \sum_{i\in\mathbb{N}} \mu(M_i)$ ist für alle paarweise disjunkten $(M_i|i \in \mathbb{N}) \subseteq \mathcal{M}$ mit $\bigcup_{i\in\mathbb{N}} M_i \in \mathcal{M}$.

Die Mengenfunktion $\mu^+ : \mathcal{M} \to \overline{\mathbb{R}}_+$, definiert durch

$$\mu^+(M) := \sup\{\mu(A)|A \in \mathcal{M} \text{ und } A \subseteq M\},$$

heißt obere Variation der Mengenfunktion μ, $\mu^- : \mathcal{M} \to \overline{\mathbb{R}}_+$, definiert durch

$$\mu^-(M) = -\inf\{\mu(A)|A \in \mathcal{M} \text{ und } A \subseteq M\},$$

die untere Variation von μ, $|\mu| := \mu^+ + \mu^-$ die Variation von μ und

$$||\mu|| := \sup\{|\mu|(M)|M \in \mathcal{M}\}$$

die totale Variation von $\mathcal{M}$. Ist μ ein signiertes Maß und $\mathcal{M}$ ↗σ-Algebra, so ist $\mu = \mu^+ - \mu^-$ die ↗Jordan-Zerlegung von μ.

Anstelle von Inhalt wird häufig auch von additivem Maß gesprochen. Es werden auch häufig Inhalte und Maße nur auf Mengenringen definiert, oder die Bezeichnung vom Definitionsbereich abhängig gemacht.

Ist eine σ-additive Mengenfunktion μ auf $\mathcal{M}$ mit $\emptyset \in \mathcal{M}$ nicht identisch $+\infty$ oder $-\infty$, so ist sie ein signiertes Maß, ebenso ist eine nicht negative, endlich additive Mengenfunktion M auf $\mathcal{M}$ mit $\emptyset \in \mathcal{M}$ ein Inhalt, falls sie nicht identisch $+\infty$ oder $-\infty$ ist. Gilt $\emptyset \in \mathcal{M}$ und $\mu(\emptyset) = 0$, so folgt aus der σ-Additivität von μ die endliche Additivität und daraus die Additivität. Ist die Mengenfunktion μ isoton und $\emptyset \in \mathcal{M}$ mit $\mu(\emptyset) = 0$, so ist μ nicht-negativ. Eine additive Mengenfunktion μ auf einem ↗Mengenring $\mathcal{M}$ ist subtraktiv, falls die Differenz überall definiert ist. Auf einem Mengenring $\mathcal{M}$ ist ein Inhalt subadditiv und σ-superadditiv, und ein Maß σ-subadditiv und σ-superadditiv.

Mengenhalbalgebra, gelegentlich auch als Halbalgebra bezeichnet, ↗Mengenhalbring.

Mengenhalbring, *Halbring*, Mengensystem mit bestimmten Eigenschaften.

Es sei Ω eine Menge, $\mathcal{P}(\Omega)$ die Potenzmenge von Ω und $\mathcal{H} \subseteq \mathcal{P}(\Omega)$ eine Untermenge der Potenzmenge über Ω. Dann heißt $\mathcal{H}$ Halbring in Ω, falls gilt:

(a) Mit $H_1 \in \mathcal{H}$ und $H_2 \in \mathcal{H}$ ist $H_1 \cap H_2 \in \mathcal{H}$.
(b) Mit $H_1 \in \mathcal{H}$ und $H_2 \in \mathcal{H}$ mit $H_2 \subseteq H_1$ existiert ein $k \in \mathbb{N}$ und $\{N_1, ..., N_k\} \subseteq \mathcal{H}$ so, daß

$$H_1 \backslash H_2 = \bigcup_{n=1}^{k} N_n.$$

Gilt zusätzlich noch
(c) $\Omega \in \mathcal{H}$,
so heißt $\mathcal{H}$ Mengenhalbalgebra bzw. Halbalgebra auf Ω.

Mengenkörper, ein ↗Mengenring, der mit je zwei seiner Elemente auch stets ihre Differenz enthält.

Mengenlehre, Teilgebiet der Mathematik, das zusammen mit der ↗mathematischen Logik die Grundlage der gesamten Mathematik darstellt. Die in der ↗naiven Mengenlehre auftretenden Antinomien versucht man durch eine axiomatische Präzisierung in der ↗axiomatischen Mengenlehre zu vermeiden.

Mengenpartition, Zerlegung einer Menge mittels einer ↗Äquivalenzrelation.

Ist R eine Äquivalenzrelation auf der Menge M, so induziert R eine eindeutige Zerlegung von M in paarweise disjunkte Untermengen M_i, die Äquivalenzklassen, so, daß $\cup_i M_i = M$ und $M_i \cap M_j = \emptyset$ für alle $i \neq j$. Jede solche Zerlegung von M heißt eine Mengenpartition von M, und die Äquivalenzklassen M_i sind die Blöcke der Mengenpartition. Mengenpartitionen und Äquivalenzrelationen von M entsprechen einander bijektiv.

Mengenring, gelegentlich auch als *Ring* (im Sinne der Maßtheorie) bezeichnet, Mengensystem mit bestimmten Eigenschaften.

Es sei Ω eine Menge, $\mathcal{P}(\Omega)$ die Potenzmenge von Ω und $\mathcal{R} \subseteq \mathcal{P}(\Omega)$ eine Untermenge der Potenzmenge über Ω. Dann heißt $\mathcal{R}$ Mengenring auf Ω, falls gilt:

(a) Mit $R_1 \in \mathcal{R}$ und $R_2 \in \mathcal{R}$ ist $R_1 \cap R_2 \in \mathcal{R}$.
(b) Mit $R_1 \in \mathcal{R}$ und $R_2 \in \mathcal{R}$ mit $R_2 \subseteq R_1$ ist $R_1 \backslash R_2 \in \mathcal{R}$.
(c) Für $R_1 \in \mathcal{R}$ und $R_2 \in \mathcal{R}$ mit $R_1 \cap R_2 = \emptyset$ existiert ein $R \in \mathcal{R}$ mit $R_1 \cup R_2 \subseteq R$ (endliche Additivität).

Gilt anstelle von (c)
(c') $\Omega \in \mathcal{R}$,

so wird $\mathcal{R}$ Mengenalgebra oder Algebra genannt. Bzgl. der symmetrischen Differenz Δ als Addition und des Schnittes $\cap$ als Multiplikation ist ein Mengenring ein Ring im Sinne des Algebra.

Man kann einen Mengenring auch kurz als ↗ Teilverband eines ↗ Teilmengenverbandes charakterisieren.

Mengensystem, Menge von Mengen, ↗ axiomatische Mengenlehre, ↗ naive Mengenlehre.

mengentheoretisch vollständiger Durchschnitt, Nullstellenmenge $V = V(I) = \{x \in \mathbb{K}^n : f(x) = 0$ für alle $f \in I\} \subseteq \mathbb{K}^n$ der Dimension k (d. h. k ist die Dimension von $\mathbb{K}[x_1, \ldots, x_n]/I$) so, daß I durch $n - k$ Polynome erzeugt werden kann.

Dabei ist $\mathbb{K}$ ein algebraisch abgeschlossener Körper und I ein Ideal im Polynomring $\mathbb{K}[x_1, \ldots, x_n]$. Wenn I gleich seinem Radikal ist, ist V ein vollständiger Durchschnitt. Wenn wir zum Beispiel die Koordinatenachsen V im $\mathbb{K}^3$ betrachten, dann ist $V = V(I)$ mit

$$I = (xy, xz, yz) \subseteq \mathbb{K}[x, y, z] .$$

I ist gleich seinem Radikal, I kann nicht durch zwei Elemente erzeugt werden. Die Dimension von V ist 1. Damit ist V kein vollständiger Durchschnitt. Andererseits ist $V = V(J)$ mit $J = (xy, zy + zx)$, das Radikal von J ist I. Damit ist V mengentheoretisch vollständiger Durchschnitt.

mengentheoretische Arithmetik, Axiomensystem der ↗ axiomatischen Mengenlehre, das man erhält, wenn man in ZF das Unendlichkeitsaxiom durch seine Negation ersetzt.

mengentheoretische Differenz, Begriff aus der Mengenlehre.

Sind A und B Mengen, so besteht ihre mengentheoretische Differenz aus allen Elementen von A, die nicht in B liegen: $A \setminus B := \{a \in A : a \notin B\}$ (↗ Verknüpfungsoperationen für Mengen).

mengentheoretische Formel, ↗ axiomatische Mengenlehre.

mengentheoretische Modelltheorie, Grenzgebiet zwischen ↗ Modelltheorie und ↗ Mengenlehre, bei dem tiefergehende Resultate aus der Mengenlehre für modelltheoretische Untersuchungen herangezogen werden.

mengentheoretische Summe, Begriff aus der Mengenlehre, identisch mit der mengentheoretischen Vereinigung: Für Mengen M und N definiert man die mengentheoretische Summe $M + N$ als die Menge, welche sowohl alle Elemente aus M als auch alle Elemente aus N enthält, d. h.,

$$M + N := M \cup N := \{x : x \in M \vee x \in N\}$$

(↗ Verknüpfungsoperationen für Mengen).

mengentheoretisches Produkt, Begriff aus der Mengenlehre, identisch mit dem mengentheoretischen Durchschnitt: Für Mengen M und N definiert man das mengentheoretische Produkt $M \cdot N$ als die Menge, welche alle Elemente enthält, die sowohl in M als auch in N enthalten sind, d. h.,

$$M \cdot N := M \cap N := \{x : x \in M \wedge x \in N\}$$

(↗ Verknüpfungsoperationen für Mengen).

mengenwertige Funktion, bildet von einer Menge $\mathfrak{R}$ in die Potenzmenge $\mathbb{P}(\mathfrak{S})$ einer Menge $\mathfrak{S}$ ab, also eine Abbildung

$$f : \mathfrak{R} \to \mathbb{P}(\mathfrak{S}) .$$

Jedem Punkt $x \in \mathfrak{R}$ wird also eine Teilmenge $f(x)$ von $\mathfrak{S}$ zugeordnet. Eine Auswahl (engl.: selection) φ von f ist eine Abbildung $\varphi : \mathfrak{R} \to \mathfrak{S}$ mit $\varphi(x) \in f(x)$ für alle $x \in \mathfrak{R}$.

Für mengenwertige Abbildungen können – unter geeigneten Voraussetzungen – beispielsweise Begriffe wie ‚halbstetig', ‚stetig' und ‚meßbar' definiert werden. (↗ Mengenfunktion).

Menger, Satz von, ↗ k-fach bogenzusammenhängender Digraph, ↗ k-fach kantenzusammenhängender Graph, ↗ k-fach stark zusammenhängender Digraph, ↗ k-fach-zusammenhängender Graph.

Menger-Schwamm, eine fraktale Menge, die durch die in der Abbildung skizzierte Konstruktion entsteht.

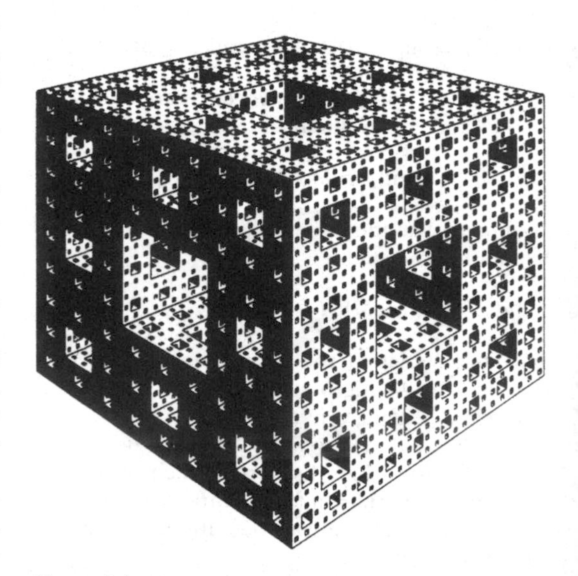

Menger-Schwamm

Der Menger-Schwamm M ist eine ↗ selbstähnliche Menge mit gleicher ↗ Hausdorff- und ↗ Kapazitätsdimension: $\dim_H M = \dim_{Kap} M = \frac{\log 20}{\log 3}$. Durch die analoge Konstruktion im Zweidimensionalen erhält man den ↗ Sierpiński-Teppich.

Mengoli-Reihe, ↗ Logarithmusfunktion.

Méray, Hugues Charles Robert, französischer Mathematiker, geb. 12.11.1835 Chalon-sur-Saône, gest. 2.2.1911 Dijon.

Méray promovierte 1858 an der Pariser École Normale Superieure. Danach arbeitete er von 1857 bis 1867 als Gymnasiallehrer in St. Quentin und ab 1867 als Professor an der Universität Dijon.

Im Jahre 1869, aber unbeeinflußt von Weierstraß oder Dedekind, publizierte Méray als erster eine arithmetische Theorie der irrationalen Zahlen. Er folgte dabei hauptsächlich Lagranges früheren Arbeiten, bewies aber die Aussagen, die Langrange nur vermutete. 1872 begründete er parallel zu Weierstraß eine Theorie der komplexen Funktionen auf der Basis der Potenzreihen.

Mercator, Gerardus, *Kremer, Gerhard*, flandrischer Geograph, geb. 5.3.1512 Rupelmonde, Belgien, gest. 2.12.1594 Duisburg.

Ab 1530 studierte Mercator an der Universität Löwen (Lovain) Philosophie und Theologie und unternahm ab 1532 einige Reisen, die in ihm das Interesse an Geographie weckten. So kehrte er nach Löwen zurück, um nun Mathematik und Geographie zu studieren. 1552 ging er als Kartograph nach Duisburg. Hier wurde er 1564 „Hofkosmograph" des Herzogs Wilhelm von Cleve.

Mercator wurde berühmt durch seine Globen und Landkarten. Schon in seiner Studienzeit konstruierte er gemeinsam mit Myrica und Frisius Erdgloben und Himmelsgloben. 1537 entstand Mercators erste Landkarte von Palästina. Es folgten Weltkarten, Karten von Flandern und von Europa. 1569 veröffentlichte er eine vor allem für Seefahrer gedachte Weltkarte in einer neuen Projektion, der Mercator-Projektion. Diese Projektion zeichnet sich durch ihre Winkeltreue aus. Auf Mercator geht der Begriff des Atlanten für eine Sammlung von Karten zurück. Der von ihm 1578 herausgegebene Atlas „Tabulae geographicae C. Ptolemei ad mentem autoris restitutae et emendatae" enthielt unter anderem eine überarbeitete Version der Karte des Ptolemaios, sowie Karten von Frankreich, Deutschland und den Niederlanden.

Mercator-Entwurf, *Mercator-Projektion*, ein winkeltreuer ↗Kartennetzentwurf der Erdoberfläche.

Ist $R \approx 6370$ km der Erdradius, $\vartheta = u^1/R$ der Polabstand, $\varphi = u_2$ der Azimut auf der Erdoberfläche (↗geographische Breite), und sind (x, y) kartesische Koordinaten der Ebene, so ist die den Entwurf beschreibende Abbildung durch

$$x = Ru_2, \quad y = R \log \cot\left(\frac{u_1}{2R}\right)$$

gegeben. Das Bild der gesamten Erdoberfläche ist dann ein Streifen der Breite $2\pi R$. Längen- und Breitenkreise werden in Parallelen zu den Koordinatenachsen abgebildet.

Da der Mercator-Entwurf eine ↗konforme Abbildung ist, werden die ↗Kugelloxodromen der Erde auf Geraden abgebildet. Aus dieser Eigenschaft erklärt sich die Bedeutung des Mercator-Entwurfs für die Seefahrt. Der Weg eines Schiffes bei konstantem Kurs, d. h. bei konstantem Winkel zu den Längenkreisen, kann auf einer Seekarte mit dem Lineal gezeichnet werden.

Mercator-Funktion, die für $x \in (-\frac{\pi}{2}, \frac{\pi}{2})$ durch

$$m(x) = \ln \tan\left(\frac{x}{2} + \frac{\pi}{4}\right) = \ln \sqrt{\frac{1 + \sin x}{1 - \sin x}}$$

erklärte Funktion $m : (-\frac{\pi}{2}, \frac{\pi}{2}) \to \mathbb{R}$ mit der Ableitung $m'(x) = \frac{1}{\cos x}$. Die Mercator-Funktion erhielt ihren Namen, weil sie, obwohl erst 1645 von Henry Bond angegeben, eine Rolle u. a. bei der Konstruktion der 1569 von Mercator entwickelten Seekarte spielt.

Mercator-Projektion, ↗Mercator-Entwurf.

Mercator-Reihe, ↗Logarithmusfunktion.

Mercer, Satz von, lautet:

Vorgelegt sei ein selbstadjungiertes volldefinites Eigenwertproblem (für eine Differentialgleichung), das nicht den Eigenwert Null besitze. Sei $(\lambda_1, \lambda_2, \ldots)$ die streng monoton wachsende Folge der Eigenwerte und $(u_1, u_2, \ldots)$ eine korrespondierende Orthonormalfolge von Eigenfunktionen.

Dann besitzt die Greensche Funktion Γ die für alle $x, t \in [a, b]$ absolut und gleichmäßig konvergente Entwicklung

$$\Gamma(x, t) = -\sum_{n=1}^{\infty} \frac{u_n(x)u_n(t)}{\lambda_n}.$$

Mergelyan, Satz von, lautet:

Es sei $K \subset \mathbb{C}$ eine kompakte Menge, $K^c := \mathbb{C} \setminus K$ zusammenhängend, und es bezeichne K° die Menge der inneren Punkte von K. Weiter sei $f : K \to \mathbb{C}$ eine auf K stetige und in K° ↗holomorphe Funktion.

Dann existiert zu jedem $\varepsilon > 0$ ein Polynom P derart, daß $|f(z) - P(z)| < \varepsilon$ für alle $z \in K$. Insbesondere existiert eine Folge (P_n) von Polynomen, die auf K gleichmäßig gegen f konvergiert.

Die Voraussetzungen dieses Satzes können nicht abgeschwächt werden. Ist nämlich $K \subset \mathbb{C}$ eine beliebige kompakte Menge und (P_n) eine Folge von Polynomen, die auf K gleichmäßig gegen eine Grenzfunktion f konvergiert, so ist f stetig auf K und holomorph in K°. Außerdem kann dann f zu einer auf $\widehat{K}$ stetigen und in $\widehat{K}^\circ$ holomorphen Funktion fortgesetzt werden. Dabei bezeichnet $\widehat{K}$ die sog. polynom-konvexe Hülle von K. Diese entsteht durch Vereinigung von K mit allen beschränkten Zusammenhangskomponenten von K^c. Es ist $\widehat{K}$ die kleinste kompakte Menge derart, daß $K \subset \widehat{K}$ und $\widehat{K}^c$ zusammenhängend ist.

Die Aussage des Satzes gilt natürlich auch, falls K° leer ist. In diesem Fall ist die Voraussetzung der Holomorphie von f in K° automatisch erfüllt. Im Spezialfall $K = [-1, +1]$ ergibt sich der Weierstraßsche Approximationssatz.

Der Satz von Mergelyan ist einer der zentralen Sätze über ↗Polynomapproximation holomorpher Funktionen. Eine interessante Folgerung lautet:

Es existiert eine feste in $\mathbb{E} = \{z \in \mathbb{C} : |z| < 1\}$ *konvergente Potenzreihe* $\sum_{k=0}^{\infty} a_k z^k$ *mit Partialsummen* $s_n(z) = \sum_{k=0}^{n} a_k z^k$ *mit folgender Eigenschaft: Zu jeder kompakten Menge* $K \subset \mathbb{C}$ *mit* $K \cap \overline{\mathbb{E}} = \emptyset$ *und zusammenhängendem* K^c, *und zu jeder auf* K *stetigen und in* K° *holomorphen Funktion* f *existiert eine Indexfolge* (n_k) *derart, daß die Folge* (s_{n_k}) *auf* K *gleichmäßig gegen* f *konvergiert.*

Eine Potenzreihe mit dieser Eigenschaft nennt man auch universelle Potenzreihe.

Mergesort, ↗Sortieren durch Mischen.

Meridian, spezieller ↗Großkreis auf der Kugel.

Schneidet man eine Ebene mit einer Kugel, so erhält man einen Großkreis, falls die Schnittebene durch den Mittelpunkt geht, und ansonsten einen Kleinkreis. Entsprechend den geographischen Begriffen bezeichnet man einen bestimmten Großkreis als Äquator, die Senkrechte auf dem Äquator durch den Mittelpunkt der Kugel als Achse, und die Schnittpunkte der Achse mit der Kugel als Nord- und Südpol. Dann heißen die Großkreise durch die Pole Meridiane oder auch Längenkreise.

meromorphe Fortsetzung, ↗meromorphe Funktion.

meromorphe Funktion, eine in einer offenen Menge $D \subset \mathbb{C}$ (der Fall allgemeinerer Bereiche wird weiter unten behandelt) definierte Funktion $f : D \to \widehat{\mathbb{C}}$ mit folgenden Eigenschaften:

(a) Die Menge $P(f) := \{z \in D : f(z) = \infty\}$ ist diskret in D.

(b) Es ist f eine in $D \setminus P(f)$ ↗holomorphe Funktion.

(c) Jeder Punkt $z_0 \in P(f)$ ist eine ↗Polstelle von f.

Man nennt dann $P(f)$ die Polstellenmenge von f. Sie hat keinen Häufungspunkt in D und ist daher entweder leer (d. h. f ist holomorph in D), endlich oder abzählbar unendlich. Ist z_0 eine Polstelle von f, so setzt man $f(z_0) := \infty$. Versieht man $\widehat{\mathbb{C}}$ mit der chordalen Metrik (↗Kompaktifizierung von $\mathbb{C}$), so kann man f als stetige Funktion in D mit Werten in $\widehat{\mathbb{C}}$ auffassen.

Jede rationale Funktion

$$f(z) = \frac{P(z)}{Q(z)} = \frac{a_n z^n + \cdots + a_1 z + a_0}{b_m z^m + \cdots + b_1 z + b_0}$$

mit teilerfremden Polynomen P und Q (wobei m, $n \in \mathbb{N}_0$, $a_n \neq 0$, $b_m \neq 0$) ist eine in $\mathbb{C}$ meromorphe Funktion mit endlicher Polstellenmenge $P(f)$. Diese stimmt mit der Nullstellenmenge des Nennerpolynoms Q überein.

Ein typisches Beispiel einer in $\mathbb{C}$ meromorphen Funktion mit unendlicher Polstellenmenge ist

$$f(z) = \cot \pi z = \frac{\cos \pi z}{\sin \pi z}.$$

Hier gilt $P(f) = \mathbb{Z}$. Meromorphe Funktionen in $\mathbb{C}$, die nicht rational sind, nennt man auch meromorph transzendent. Die Menge aller in D meromorphen Funktionen bezeichnet man mit $\mathcal{M}(D)$. Siehe hierzu auch ↗Algebra der meromorphen Funktionen.

Ist f eine in einem ↗Gebiet $G \subset \mathbb{C}$ meromorphe Funktion und $f \not\equiv 0$, so wird die Ordnungsfunktion $o(f, \cdot) : G \to \mathbb{Z}$ von f wie folgt definiert. Für jedes $z_0 \in G$ besitzt f in einer Umgebung von z_0 eine ↗Laurent-Entwicklung

$$f(z) = \sum_{n=m}^{\infty} a_n (z - z_0)^n$$

mit $a_n \in \mathbb{C}$, $a_m \neq 0$ und $m \in \mathbb{Z}$. Diese eindeutig bestimmte Zahl m heißt die Ordnung von f im Punkt z_0 und wird mit $o(f, z_0)$ bezeichnet. Folgende Aussagen sind offensichtlich:

- Es ist f holomorph in einer Umgebung von z_0 genau dann, wenn $o(f, z_0) \geq 0$.
- Falls $o(f, z_0) < 0$, so ist z_0 eine Polstelle von f mit der ↗Polstellenordnung
  $m = -o(f, z_0)$.

Weiter gelten für $f, g \in \mathcal{M}(G)$ folgende Rechenregeln:

- $o(fg, z_0) = o(f, z_0) + o(g, z_0)$ (Produktregel),
- $o(f+g, z_0) \geq \min\{o(f, z_0), o(g, z_0)\}$, wobei Gleichheit sicher dann gilt, wenn $o(f, z_0) \neq o(g, z_0)$.

In Verallgemeinerung dieses univariaten Begriffs findet man auch folgende Definitionen: Sei X eine beliebige komplexe Mannigfaltigkeit. Unter einer meromorphen Funktion auf X versteht man ein Paar (A, f) mit den folgenden Eigenschaften:

1) A ist eine Teilmenge von X.

2) f ist eine holomorphe Funktion auf $X \setminus A$.

3) Zu jedem Punkt $x_0 \in A$ gibt es eine Umgebung $U(x_0) \subset X$ und holomorphe Funktionen g, h auf U so, daß gilt:

a) $A \cap U = \{x \in U \mid h(x) = 0\}$.

b) Die Keime $g_{x_0}, h_{x_0} \in \mathcal{O}_{x_0}$ sind teilerfremd.

c) Es ist $f(x) = \frac{g(x)}{h(x)}$ für jedes $x \in U - A$.

Ist (A, f) eine holomorphe Funktion auf X, so folgt sofort aus der Definition, daß A leer oder eine 1-kodimensionale analytische Menge ist. A ist die Polstellenmenge der meromorphen Funktion (A, f).

Sei $Y \subset X$ *eine offene dichte Teilmenge und* f *eine holomorphe Funktion auf* Y. *Zu jedem Punkt* $x_0 \in X \setminus Y$ *gebe es eine Umgebung* $U(x_0) \subset X$ *und holomorphe Funktionen* g, h *auf* U, *so daß gilt:*

g_{x_0} und h_{x_0} sind teilerfremd, und für jedes $x \in Y$ ist $g(x) = f(x) \cdot h(x)$.

Schließlich sei A die Menge aller Punkte $x_0 \in X \setminus Y$, für die gilt: Zu jeder reellen Zahl $r > 0$ und jeder Umgebung $V(x_0) \subset X$ gibt es ein $x \in V \cap Y$ mit $|f(x)| > r$.

Dann gibt es eine eindeutig bestimmte holomorphe Fortsetzung $\widehat{f}$ von f nach $X \setminus A$ so, daß $(A, \widehat{f})$ eine meromorphe Funktion ist.

Diesen Satz kann man heranziehen, um Summe und Produkt von meromorphen Funktionen auf Mannigfaltigkeiten zu definieren. Ist X zusammenhängend, so bilden die meromorphen Funktionen auf X einen Körper. Jede holomorphe Funktion f auf X kann man als meromorphe Funktion $(\emptyset, f)$ auffassen.

Mersenne, Marin, französischer Mathematiker, geb. 8.9.1588 Soultière bei Bourg d'Oizé, gest. 1.9.1648 Paris.

1604 bis 1909 wurde Mersenne am Jesuitenkolleg in La Flèche zusammen mit Descartes ausgebildet. Von 1609 bis 1611 studierte er Theologie an der Sorbonne. 1611 wurde er Mönch und gehörte ab 1619 in Paris zum Konvent.

Mersenne hatte durch seine umfangreiche Korrespondenz Kontakt mit vielen Gelehrten seiner Zeit, unter anderem mit Fermat, Pascal, Gassendi, Roberval und Beaugrand. 1626 veröffentlichte er Arbeiten zur Mathematik, Mechanik, Optik und Akustik. 1644 versuchte er, eine Formel für Primzahlen zu finden. Das Ergebnis war eine Liste derjenigen Primzahlen m bis 257, für die $2^m - 1$ ebenfalls eine Primzahl ist. Wie sich später jedoch herausstellte, enthielt diese Liste einige „falsche" Primzahlen, und es fehlten einige wirkliche Primzahlen. Daneben befaßte sich Mersenne auch mit den Arbeiten von Descartes und Galileo.

Mersenne-Zahlen, die Zahlen

$$M_m = 2^m - 1,$$

wobei m eine natürliche Zahl ist.

Die Motivation zur Betrachtung dieser Zahlen stammt ursprünglich aus dem mindestens auf Pythagoras zurückgehenden Interesse an ↗vollkommenen Zahlen (eine natürliche Zahl heißt vollkommen, wenn sie gleich der Summe ihrer echten Teiler ist):

Für eine gerade natürliche Zahl n sind äquivalent:

(i) $n = 2^m(2^m - 1)$ für eine ganze Zahl $m \geq 2$, und $2^m - 1$ ist eine Primzahl.

(ii) n ist eine vollkommene Zahl.

Einen Beweis der Implikation (i) $\Rightarrow$ (ii) findet man in den „Elementen" von Euklid, während die Implikation (ii) $\Rightarrow$ (i) erst 1747 von Euler bewiesen wurde. Danach ist das Problem des Auffindens gerader vollkommener Zahlen äquivalent zum Auffinden Mersennescher Primzahlen

$$p = M_m = 2^m - 1.$$

Man zeigt recht schnell:

Ist m zusammengesetzt, so auch $2^m - 1$.

Damit ist M_m höchstens dann eine Mersennesche Primzahl, wenn m bereits eine Primzahl ist. Andererseits ist für viele Primzahlen p die Mersenne-Zahl M_p zusammengesetzt. Ein allgemeines Kriterium stammt von Euler:

Sei $p \equiv 3 \bmod 4$ eine Primzahl. Dann gilt: $q := 2p + 1$ ist genau dann ein Teiler von M_p, wenn q eine Primzahl ist.

Es wurden zahlreiche Tests entwickelt, um bei einer gegebenen Primzahl p zu entscheiden, ob M_p wieder eine Primzahl ist, z. B.:

Sei $(S_k)_{k \geq 0}$ induktiv definiert durch $S_0 = 4$ und $S_{k+1} = S_k^2 - 2$. Dann gilt:

$$M_n \text{ ist prim} \quad \Leftrightarrow \quad M_n \mid S_{n-2}.$$

Auf der Suche nach immer größeren Mersenneschen Primzahlen entstand seit dem 16. Jahrhundert eine Liste von „Primzahlrekorden"; seit 1978 wird fast jedes Jahr eine noch größere Mersennesche Primzahl gefunden. 1968 benutzte die Post in Urbana (Illinois, USA) einen Poststempel mit dem Aufdruck „$2^{11213} - 1$ is prime".

Wie nicht anders zu erwarten, gibt es bei den Mersenne-Zahlen noch zahlreiche offene Probleme; noch unbeantwortet sind etwa die folgenden naheliegenden Fragen:

1. Gibt es unendlich viele Mersennesche Primzahlen?
2. Gibt es unendlich viele zusammengesetzte Mersenne-Zahlen?
3. Ist jede Mersenne-Zahl quadratfrei?

Eine auf den ersten Blick seltsame Vermutung stammt von Bateman, Selfridge, und Wagstaff:

Sei $p \geq 3$ eine Primzahl, dann sind äquivalent:

1. M_p ist eine Primzahl.

2. Die folgenden Aussagen sind entweder beide wahr oder beide falsch:

(a) $(2^p + 1)/3$ ist eine Primzahl,

(b) p hat die Form $2^k \pm 1$ oder $4^k \pm 3$ (für ein $k \geq 0$).

Mertens, Formel von, ↗Mertens, Satz von, über Primzahlverteilung.

Mertens, Franz Carl Joseph, Mathematiker, geb. 20.3.1840 Września bei Poznań, Polen, gest. 5.3.1927 Wien.

Mertens promovierte 1864 in Berlin bei Kronecker und Kummer. Ab 1865 war er Professor an der Universität Krakau (Krakow). 1884 ging er an das Polytechnikum in Graz und 1894 an die Universität Wien.

Mertens' Hauptarbeitsgebiet war die Zahlentheorie. Er befaßte sich mit der Vorzeichenbestimmung von ↗Gaußschen Summen, der Irreduzibilität der Kreisteilungsgleichung und Primzahlverteilung. Weiterhin zeigte er die Konvergenz von ↗Cauchy-Produkten konvergenter Reihen.

Mertens, Satz von, über das Cauchy-Produkt, macht die folgende Aussage über die Konvergenz der Cauchy-Produktreihe (↗Cauchy-Produkt): Sind $\sum_{\nu=0}^{\infty} a_\nu$ und $\sum_{\nu=0}^{\infty} b_\nu$ konvergente Reihen reeller oder komplexer Zahlen, und ist eine der beiden sogar absolut konvergent, dann konvergiert die durch

$$c_n := \sum_{\nu=0}^{n} a_\nu \, b_{n-\nu}$$

definierte Cauchy-Produktreihe, und es gilt

$$\sum_{n=0}^{\infty} c_n = \left(\sum_{\nu=0}^{\infty} a_\nu\right)\left(\sum_{\nu=0}^{\infty} b_\nu\right).$$

Dieser Satz von Mertens gehört zu den Überlegungen zur ↗Multiplikation von Reihen.

Mertens, Satz von, über Primzahlverteilung, ein „Hilfssatz" in einer 1874 publizierten Arbeit von Mertens:

Für $x \geq 2$ gilt

$$\sum_{p \leq x} \frac{\log p}{p} = \log x + R(x);$$

die Summe erstreckt sich hierbei über alle Primzahlen $p \leq x$, und für den Restterm gilt

$$-1 - \log 4 < R(x) < \log 4 \qquad \textit{für alle } x \geq 2.$$

Dieser Satz von Mertens erlaubt es, einige interessante Resultate über die Asymptotik gewisser zahlentheoretischer Funktionen zu beweisen, z. B.:

Es gibt eine reelle Konstante B_1 derart, daß für $x \geq 2$ gilt:

$$\sum_{p \leq x} \frac{1}{p} = \log\log x + B_1 + R(x);$$

hierbei ist wieder die Summe über alle Primzahlen $p \leq x$ zu erstrecken, und der Restterm erfüllt die Ungleichung

$$|R(x)| < \frac{2(1+\log 4)}{\log x} \qquad \textit{für alle } x \geq 2.$$

Die Konstante B_1 läßt sich berechnen als

$$B_1 = \gamma + \sum_{p} \left(\log\left(1 - \frac{1}{p}\right) + \frac{1}{p}\right) \approx 0.261497,$$

wobei γ die Euler-Mascheronische Konstante bezeichnet, und die Summe über alle Primzahlen zu erstrecken ist.

Damit löste Mertens ein Problem, mit dem sich zuvor schon Legendre und Tschebyschew beschäftigt hatten, nämlich die Existenz des Grenzwerts

$$\lim_{x\to\infty}\left(\sum_{p \leq x} \frac{1}{p} - \log\log x\right).$$

Das folgende Resultat wird heute meist als Formel von Mertens bezeichnet:

Für $x \geq 2$ gilt:

$$\prod_{p \leq x}\left(1 - \frac{1}{p}\right) = \frac{e^{-\gamma}}{\log x}\left(1 + O\left(\frac{1}{\log x}\right)\right);$$

hierbei ist das Produkt über alle Primzahlen $p \leq x$ zu erstrecken, und γ bezeichnet die Euler-Mascheronische Konstante.

Mertenssche Vermutung, die – falsche – Vermutung, daß die Ungleichung

$$|M(x)| < \sqrt{x} \qquad \text{für reelle } x > 1 \tag{1}$$

richtig wäre, wobei

$$M(x) = \sum_{n \leq x, \mu \in \mathbb{N}} \mu(n)$$

die summatorische Funktion der ↗Möbius-Funktion μ bezeichnet.

Die Mertenssche Vermutung geht eigentlich auf Stieltjes zurück, der in einem auf den 11. Juli 1885 datierten Brief an Hermite schreibt (in der Notation von Stieltjes ist $f = \mu$ die Möbius-Funktion und $g = M$ deren summatorische Funktion):

„Or, je trouve que dans la somme

$$g(n) = f(1) + f(2) + \cdots + f(n)$$

les termes ± 1 se compensent assez bien pour que $g(n)/n^{1/2}$ reste toujours compris entre deux limites fixes, quelque grand soit n (probablement on peut prendre pour ces limites $+1$ et -1)."

Stieltjes schloß (ganz korrekt) aus dieser Aussage, daß die ↗Riemannsche Vermutung richtig sei. Allerdings blieb er einen Beweis seiner Behauptung über die Funktion $g = M$ schuldig.

Mertens publizierte 1897 eine Arbeit, in der man folgende Passage findet (er schreibt $\sigma(n)$ anstelle von $M(n)$):

„In der am Schlusse dieses Aufsatzes beigefügten Tafel findet man die Werthe von $\sigma(n)$ von $n = 1$ bis $n = 10\,000$ berechnet, und es ergibt sich aus derselben die merkwürdige Thatsache, dass der absolute Werth von $\sigma(n)$ – im Spielraum der Tafel mit Ausnahme des Werthes $n = 1$ – immer unter $n^{1/2}$ liegt. Leider begegnet der allgemeine Beweis dieser Eigenschaft beinahe unübersteiglichen Schwierigkeiten."

Erste Zweifel an der Richtigkeit der Mertensschen Vermutung traten auf, als Ingham in einer 1942 publizierten Arbeit zeigte, daß man prinzipiell die Ungleichung (1) auch ohne aufwendige Berechnung von Funktionswerten $M(x)$ für große x widerlegen kann.

Die Mertenssche Vermutung (1) wurde 1985 von Odlyzko und te Riele widerlegt. 1987 zeigte Pintz, basierend auf Arbeiten von te Riele, daß

$$\max_{1\leq x\leq x_0} \frac{|M(x)|}{\sqrt{x}} > 1$$

für $x_0 = \exp(3.21 \times 10^{64})$. Aufgrund der bisherigen Resultate vermuten manche Autoren

$$\limsup_{x\to\infty} \frac{|M(x)|}{\sqrt{x}} = \infty,$$

ganz im Gegensatz zur Mertensschen Vermutung (1).

Wie schon Stieltjes richtig bemerkte, impliziert die Ungleichung (1) die Riemannsche Vermutung. Mittlerweile kann man zeigen, daß die folgende abgeschwächte Form (A) der Mertensschen Vermutung zur Riemannschen Vermutung äquivalent ist:
(A) Für jedes $\varepsilon > 0$ ist

$$\limsup_{x\to\infty} \left(|M(x)| \cdot x^{-\frac{1}{2}-\varepsilon} \right) < \infty.$$

Mertins, Satz von, *erster Einschließungssatz*, ↗ Einschließungssätze.

Mesonen, Elementarteilchen mit ganzzahligem Spin, sie gehören also zu den Bosonen. Da sie der starken Wechselwirkung unterliegen, handelt es sich dabei stets um Hadronen.

Alle Mesonen sind instabil, die bekanntesten sind das Pion (π-Meson) und das Kaon, während das μ-Meson (Müon) kein Meson ist. Der Name bezieht sich darauf, daß die Ruhmasse zwischen der des Elektrons und der des Protons liegt.

meßbare Abbildung, spezielle Abbildung zwischen Meßräumen.

Es seien $(\Omega_1, \mathcal{A}_1)$ und $(\Omega_2, \mathcal{A}_2)$ zwei ↗ Meßräume. Dann heißt eine Abbildung $f : \Omega_1 \to \Omega_2$ meßbar oder $(\mathcal{A}_1 - \mathcal{A}_2)$-meßbar, falls $f^{-1}(A_2) \in \mathcal{A}_1$ für alle $A_2 \in \mathcal{A}_2$.

meßbare Funktion, eine ↗ meßbare Abbildung mit Bildraum $\mathbb{R}^d$ bzw. $\overline{\mathbb{R}}^d$.

Es sei $(\Omega, \mathcal{A}, \mu)$ ein ↗ Maßraum. Eine Funktion $f : \Omega \to \overline{\mathbb{R}}$ heißt lokal meßbar, falls $f|_A$ meßbar ist für alle $A \in \mathcal{A}$ mit $\mu(A) < \infty$.

meßbare Kardinalzahl, ↗ Kardinalzahlen und Ordinalzahlen.

meßbare Menge, Element einer ↗ σ-Algebra.

meßbare Menge bezüglich eines äußeren Maßes, spezielle meßbare Menge.

Es sei $\bar{\mu}$ ↗ äußeres Maß auf der Potenzmenge $\mathcal{P}(\Omega)$ von Ω. Dann heißen die Elemente der σ-Algebra $\mathcal{A}^* := \{A \in \mathcal{P}(\Omega) | \bar{\mu}(Q) \geq \bar{\mu}(Q \cap A) + \bar{\mu}(Q \setminus A)$ für alle $Q \in \mathcal{P}(\Omega)\}$ die meßbaren Mengen bzgl. des äußeren Maßes $\bar{\mu}$ (↗ Caratheodory, Satz von, über Fortsetzung von Maßen).

meßbare Menge bezüglich eines Maßes, Element aus der σ-Algebra des bzgl. des Maßes μ vollständigen Maßraumes.

Meßprozeß in der Quantenmechanik, dort als bis heute vermutlich nicht gelöstes Grundproblem anzusehen.

Betrachten wir ein System mit einer Observablen, die nur zweier Werte fähig ist. Das System werde so präpariert, daß die Wahrscheinlichkeit, einen der Werte zu messen, 1/2 beträgt.

Zur wirklichen Messung wird das System kurzzeitig mit einer makroskopischen Apparatur gekoppelt. Die Apparatur werde auch als quantenmechanisches System betrachtet. Nach der Wechselwirkung von System und Apparatur ist die Wellenfunktion des Gesamtsystems kein Produkt von zwei Wellenfunktionen, von denen die eine das System und die andere den Zustand des Apparates beschreiben könnte. Wäre dies der Fall, dann könnte man bei entsprechender Struktur der Wellenfunktion für den Apparat daraus den Meßwert bestimmen. Anstelle dessen haben wir eine Wellenfunktion, die die Wahrscheinlichkeit dafür angibt, daß das Gesamtsystem in einem von zwei Zuständen gefunden wird.

Ein drastisches Beispiel für diese Situation ist Schrödingers Katze: In diesem Fall ist der Apparat ein Kasten, in dem sich eine Katze und eine tödliche Waffe befindet. Der Meßwert „1" löse die Waffe nicht aus und mit der Katze geschähe nichts. Der Meßwert „2" löse die Waffe aus und bedeute den Tod der Katze. Da das System so vorbereitet ist, daß es sich nicht in einen Eigenzustand der Observablen befindet, kann nach der Kopplung mit dem Kasten samt Inhalt (betrachtet als quantenmechanisches System) nur gesagt werden, mit welcher Wahrscheinlichkeit das Ereignis *Wert „1" und Katze lebendig* und mit welcher Wahrscheinlichkeit das Ereignis *Wert „2" und Katze tot* gemessen werden. Das ist aber nicht das, was man unter einer Messung versteht: Sie sollte ein eindeutiges Ergebnis haben.

Nach der ↗ Kopenhagener Interpretation der Quantenmechanik ist der Ausweg aus dieser Situation die Behauptung, daß der Meßprozeß als Wechselwirkung des quantenphysikalischen Systems mit einem (der klassischen Physik gehorchenden) Apparat keiner Beschreibung zugänglich ist. Als Ergebnis des Meßprozesses ist das System mit einer sogenannten reduzierten Wellenfunktion zu beschreiben, die eine Eigenfunktion zu einem Eigenwert (Meßwert) der Observablen ist.

Die Kritiker dieser Auffassung sagen dagegen, daß, wenn die Quantenmechanik den Anspruch erhebt, eine fundamentale Theorie zu sein, sie die

Beschreibung des Apparats im Rahmen der Quantenmechanik zulassen muß.

Eine der diskutierten Möglichkeiten zur Lösung des Problems ist die „Many-World-Interpretation“ der Quantenmechanik. Nach dieser Interpretation teilt sich die Welt wirklich bei jeder Messung in eine Anzahl neuer Welten, die durch die Zahl der Summanden in der Wellenfunktion für das Gesamtsystem gegeben ist. Für jede Welt liegt dann ein bestimmtes Meßergebnis vor, weil angenommen wird, daß die entstandenen Welten keine Informationen austauschen können, also nichts von einander wissen.

[1] Rae, R.: Quantum physics: Illusion or reality?. Cambridge University Press, 1988.

Meßraum, ein Tupel $(\Omega, \mathcal{A})$, wobei Ω eine Menge und $\mathcal{A}$ eine ↗σ-Algebra in Ω ist.

Messungen in der Fläche, anschauliche Grundlage der Krümmungstheorie von Flächen.

Gemeint ist das Bestimmen von Abständen von Punkten der Fläche in bezug auf deren ↗innere Metrik, sowie von Flächeninhalten und Winkeln. Die Abweichung der Winkelsumme vom Standardwert 180° in einem geodätischen Dreieck steht z. B. im Zusammenhang mit der ↗Gaußschen Krümmung. Aus dem Verhältnis des Flächeninhalts einer Kreisscheibe $\mathcal{K}_r(x)$ vom Radius r um einen Punkt x der Fläche zum Standardwert $2\pi r^2$ läßt sich die ↗mittlere Krümmung der Fläche im Punkt x errechnen.

Metamathematik, vermutlich von David Hilbert geprägter Begriff, der eine konstruktive Theorie bezeichnet, welche die gesamte Mathematik selbst zum Untersuchungsgegenstand hat.

Metamorphosen von Fronten, ↗Strahlensysteme.

Metamorphosen von Kaustiken, ↗Strahlensysteme.

Metapopulation, Population, die sich aus Einzelpopulationen zusammensetzt, zwischen denen relativ geringer Austausch stattfindet.

Metatheorie, ↗ axiomatische Mengenlehre.

Methode der Charakteristiken, ↗Charakteristikenverfahren.

Methode der kleinsten Quadrate, Verfahren zur Lösung eines überbestimmten Systems von N Gleichungen zur Bestimmung von n Unbekannten $x_1, x_2, \dots, x_n$ aus N beobachteten Meßwerten

$$g_i(x_1, x_2, \dots, x_n) = \ell_i \quad i = 1, 2, \dots, N, \quad n < N.$$

Typischerweise kann ein solches überbestimmtes Gleichungssystem nicht exakt gelöst werden. Stattdessen versucht man bei der Methode der kleinsten Quadrate, eine Lösung $x_1, x_2, \dots, x_n$ so zu bestimmen, daß die Summe der Quadrate der in den einzelnen Gleichungen auftretenden Abweichungen

$$r_i = \ell_i - g_i(x_1, x_2, \dots, x_n)$$

minimal ist. Mit anderen Worten: Mit $r = (r_1, r_2, \dots, r_N)^T \in \mathbb{R}^N$ minimiere

$$F(x) = r^T r = \sum_{i=1}^{N} (\ell_i - g_i(x_1, x_2, \dots, x_n))^2.$$

Die notwendige Bedingungen zur Minimierung der Funktion F sind dann gerade

$$\frac{\partial F(x)}{\partial x_i} = 0\,, \quad i = 1, \dots, n,$$

d. h., der Gradient von F muß verschwinden.

Sind die Funktionen g_i nichtlinear in den x_j, so ergibt sich ein System von n nichtlinearen Gleichungen, welches nur schwer zu lösen ist. Man verwendet hier dann häufig die ↗Gauß-Newton-Methode zur Lösung. Sind die Funktionen g_i hingegen linear in den x_j,

$$g_i(x_1, x_2, \dots, x_n) = \sum_{k=1}^{n} a_{ik} x_k$$

(wobei die a_{ik} Skalare oder Funktionen sein können), so erhält man mit $A = (a_{ik})_{i=1,\dots,N}^{k=1,\dots,n}$ und $\ell = (\ell_1, \ell_2, \dots, \ell_N)^T \in \mathbb{R}^N$

$$F(x) = x^T A^T A x + 2\ell^T A x + \ell^T \ell$$

und als notwendige Bedingung für ein Minimum von F die Normalgleichungen

$$A^T A x + A^T \ell = 0.$$

Da $A^T A$ eine symmetrische Matrix ist, kann die Normalgleichung mittels des ↗Cholesky-Verfahrens gelöst werden. Bei der Lösung der Normalgleichung können numerische Probleme auftreten, wenn die Konditionszahl der Matrix $A^T A$ sehr groß ist. Die Lösung x hat dann relativ große Fehler. Zudem sind Rundungsfehler bereits bei der Berechnung von $A^T A$ und $A^T \ell$ unvermeidlich.

Numerisch besser ist es, das zu $\min r^T r$ äquivalente Ausgleichsproblem

$$\min_{x \in \mathbb{R}^n} ||\ell - Ax||_2^2$$

zu betrachten und dieses mittels der ↗QR-Zerlegung von A zu lösen. Berechnet man die QR-Zerlegung von $A = QR$, so gilt

$$||\ell - Ax||_2^2 = ||Q^T \ell - Rx||_2^2,$$

da Q eine orthogonale Matrix ist. Hat A vollen Spaltenrang, d. h. Rang$(A) = n$, dann hat $R \in \mathbb{R}^{N \times n}$ die Form

$$\begin{pmatrix} \widehat{R} \\ 0 \end{pmatrix} \begin{matrix} \}n \\ \}N-n \end{matrix}$$

mit einer oberen Dreiecksmatrix $\widehat{R} \in \mathbb{R}^{n \times n}$. Setzt man

$$Q^T\ell = \begin{pmatrix} b \\ c \end{pmatrix}, \ b \in \mathbb{R}^n, c \in \mathbb{R}^{N-n},$$

dann folgt

$$||\ell - Ax||_2^2 = ||b - \widehat{R}x||_2^2 + ||c||_2^2.$$

Dieser Ausdruck wird minimal für $x \in \mathbb{R}^n$ mit $\widehat{R}x = b$. Dieses x läßt sch leicht durch ↗ Rückwärtseinsetzen gewinnen.

Hat A nicht vollen Spaltenrang, d. h. Rang$(A) = r < n$, dann existieren unendlich viele Lösungen des Ausgleichsproblems $\min_x ||\ell - Ax||_2^2$. In diesem Fall wählt man i. allg. unter allen minimierenden Lösungen x diejenige mit kleinster 2-Norm als Lösung des Ausgleichsproblems. Zur Berechnung verwendet man die Singulärwertzerlegung $A = U\Sigma V^T$, wobei $U \in \mathbb{R}^{N\times N}$ und $V \in \mathbb{R}^{n\times n}$ orthogonale Matrizen, und Σ eine Diagonalmatrix der Form

$$\Sigma = \left(\begin{array}{ccc|c} \sigma_1 & & & \\ & \ddots & & \\ & & \sigma_r & \\ \hline & & & 0 \end{array}\right) \in \mathbb{R}^{N\times n}$$

ist. Schreibt man $U = (u_1, \dots, u_N), u_j \in \mathbb{R}^N$ und $V = (v_1, \dots, v_n), v_j \in \mathbb{R}^n$, dann minimiert

$$x = \sum_{i=1}^{r} \frac{u_i^T\ell}{\sigma_i} v_i$$

gerade $||\ell - Ax||_2^2$ und hat die kleinste 2-Norm aller minimierenden Lösungen.

Die Methode der kleinsten Quadrate geht auf Gauß zurück und fand zunächst vorwiegend in der Ausgleichsrechnung Verwendung. Die Grundaufgabe der Ausgleichsrechnung besteht darin, an N Punkte (x_i, y_i), $i = 1, \dots, n$, der Ebene eine Funktion $f(x; \vec{\gamma})$, $x \in \mathbb{R}^1$, die bis auf k unbekannte Parameter $\vec{\gamma} = (\gamma_1, \dots, \gamma_k) \in \mathbb{R}^k$, $k < n$, vollständig gegeben ist, möglichst gut durch geeignete Wahl der Parameter $\vec{\gamma}$ anzupassen. Die Methode fand Einzug in die mathematische Statistik, als R.A.Fisher die ↗ Maximum-Likelihood-Methode eingeführt und ihren Zusammenhang zur Methode der kleinsten Quadrate hergestellt hat. Sie wird hier vor allem in der ↗ Regressionsanalyse zur Konstruktion von ↗ Punktschätzungen für die Parameter der Ausgleichsfunktion, die in der Regressionsanalyse als Regressionsfunktion bezeichnet wird, angewendet.

Methode der konjugierten Gradienten, ↗ konjugiertes Gradientenverfahren.

Methode der projizierten Gradienten, ein bestimmtes Abstiegsverfahren, das speziell für Optimierungsprobleme mit linearen Nebenbedingungen geeignet ist.

Man betrachte $\min f(x)$ unter den Nebenbedingungen $h_i(x) = 0, i \in I$ und $g_j(x) \geq 0, j \in J$ mit affin linearen Funktionen h_i, g_j und endlichen Indexmengen I, J. Von einem zulässigen Punkt x aus (der etwa durch Anwendung eines linearen Programmierungsverfahrens ermittelt werden kann) konstruiert man eine Abstiegsrichtung nach folgender Idee. Sei A die Matrix mit Zeilen $Dh_i(x)$ und $Dg_j(x)$ für $j \in J_0(x)$ (d. h. die aktiven Indizes). A habe vollen Rang. Wählt man eine Richtung $d \in \mathbb{R}^n$ mit $A \cdot d = 0$, so ist d sicher zulässig. Daher sucht man ein d im Kern von A mit $\|d\| = 1$, das $\text{grad}f(x) \cdot d$ minimiert. Unter obigen Annahmen leistet dies gerade die normierte Projektion des negativen Gradienten $-\text{grad}f(x)$ auf den Kern von A. Diese ist durch

$$\text{proj}(f, x) := -(Id - A^T \cdot (A \cdot A^T)^{-1} \cdot A) \cdot \text{grad}\, f(x)$$

gegeben. Sofern dieser Vektor nicht verschwindet, setzt man

$$d := \frac{\text{proj}(f, x)}{\|\text{proj}(f, x)\|}.$$

Dann berechnet man die maximale Schrittweite $t > 0$ von x aus in Richtung d so, daß der neue Punkt $x + t \cdot d$ zulässig bleibt. Danach fährt man analog fort.

Probleme treten auf, wenn die Projektion den Nullvektor ergibt. Wichtig ist dann der Vektor

$$p := -(A \cdot A^T)^{-1} \cdot A \cdot \text{grad}f(x).$$

Ist $p \geq 0$, so erfüllt x die ↗ Karush-Kuhn-Tucker-Bedingung und ist (unter den bekannten Voraussetzungen) ein lokaler Minimalpunkt. Hat p dagegen negative Komponenten, so muß eine andere Abstiegsrichtung gewählt werden. Dies kann derart geschehen, daß eine in x aktive Ungleichung, die zu einer negativen Komponente in p führt, gestrichen wird.

Auch für nichtlineare Nebenbedingungen läßt sich ein ähnliches Verfahren entwerfen. Dann werden allerdings einzelne Aspekte wesentlich komplizierter, wie etwa der Umstand, daß die konstruierte Abstiegsrichtung i. allg. aus dem Zulässigkeitsbereich hinausführt. In diesem Fall muß eine Projektion in die zulässige Menge zurück durchgeführt werden.

Methode der stationären Phase, Methode zur Berechnung des asymptotischen Verhaltens von Integralen der Form $\int_\Omega e^{i\omega f(k)} u(k) dk$ für $\omega \to +\infty$, wobei ω ein positiver Parameter ist.

Das Integrationsgebiet Ω ist beschränkt in $\mathbb{R}^n$, f (die Phase) ist eine reell- und u eine komplexwertige Funktion auf $\mathbb{R}^n$. Das asymptotische Verhalten des Integrals hängt davon ab, zu welchen Funktionenräumen f und u gehören.

Da der Exponent unter dem Integral schnell variiert, werden sich die einzelnen Oszillationen i. a. gegenseitig auslöschen. Das ist dort nicht so, wo die Phase stationär ist, wo also die Ableitung von f verschwindet. Durch diese Beiträge wird das Integral für divergierendes ω angenähert.

Methode des doppelten Produktes, Methode zur Berechnung der vollständigen Summe einer vollständig spezifizierten ↗ Booleschen Funktion f.

Eingabe des Verfahrens ist ein ↗ Boolesches Polynom von f. Das Verfahren besteht aus fünf Schritten:

(1) Vereinfache das Boolesche Polynom durch Anwenden der Regeln $l \wedge l = l$, $l \wedge \bar{l} = 0$, $l \wedge 1 = l$, $l \wedge 0 = 0$ für alle Booleschen Literale l (↗ Boolesche Algebra) und durch anschließendem Entfernen der 0-Summanden und der ↗ Booleschen Monome, für die es eine echte Verkürzung im Booleschen Polynom gibt.

(2) Ersetze formal $\wedge$ durch $\vee$ und 0 durch 1 und umgekehrt.

(3) Multipliziere den entstandenen Booleschen Ausdruck aus und vereinfache wie schon unter (1) beschrieben.

(4) Ersetze formal $\wedge$ durch $\vee$ und 0 durch 1 und umgekehrt.

(5) Multipliziere den entstandenen Booleschen Ausdruck aus und vereinfache wie schon unter (1) beschrieben.

Methode des gleitenden Buckels, Beweisverfahren, um z. B. die gleichmäßige Beschränktheit einer Funktionenklasse zu zeigen.

Diese Methode verläuft in etwa nach folgendem Schema: Gegeben sei eine Klasse $\mathcal{F}$ gewisser Funktionen auf einer Menge X, für die stets

$$\sup_{f \in \mathcal{F}} |f(x)| =: K_x < \infty$$

ausfällt; man möchte unter Zusatzannahmen $\sup_x K_x < \infty$ zeigen. Wäre das falsch, gäbe es stets x_n und f_n mit $|f_n(x_n)| > n$. Die Zusatzannahmen gestatten dann häufig die Auswahl einer Teilfolge (n_k), so daß $|f_{n_k}(x_{n_k})|$ stets sehr viel größer ist als $|f_{n_k}(x_{n_j})|$ – in diesem Sinn bilden die f_{n_k} gleitende Buckel. Dann versucht man, einen Punkt x zu konstruieren, für den $(f_{n_k}(x))$ unbeschränkt ist im Widerspruch zur Annahme.

Mit der Methode des gleitenden Buckels zeigte Lebesgue die Existenz einer stetigen 2π-periodischen Funktion, deren Fourier-Reihe bei 0 divergiert, und Hahn führte so den ersten Beweis des Prinzips der gleichmäßigen Beschränktheit in der Funktionalanalysis. Häufig tritt in modernen Darstellungen der ↗ Bairesche Kategoriensatz als Beweisprinzip an die Stelle der Methode des gleitenden Buckels.

Methode des iterierten Konsensus, Methode zur Berechnung der ↗ vollständigen Summe einer vollständig spezifizierten ↗ Booleschen Funktion f.

Eingabe des Verfahrens ist ein ↗ Boolesches Polynom von f. Das Verfahren beruht auf dem folgenden Satz:

Ein Boolesches Polynom p einer Booleschen Funktion f ist genau dann die vollständige Summe von f, wenn

(a) kein ↗ Boolesches Monom von p von einem anderen Booleschen Monom von p überdeckt (↗ Überdeckung einer Booleschen Funktion) wird, und

(b) der Konsensus (↗ Konsensus-Regel) von je zwei Monomen q und r von p von wenigstens einem Booleschen Monom von p überdeckt wird, sofern der Konsensus von q und r überhaupt definiert ist.

Methode des steilsten Abstiegs, ↗ Gradientenverfahren.

Methode des unendlichen Abstiegs, ↗ Deszendenzmethode.

Metrik, ↗ metrischer Raum.

metrische Fundamentalgrößen, die Koeffizienten E, F, G der ↗ ersten Gaußschen Fundamentalform einer regulären Fläche, allgemeiner auch die Koeffizienten g_{ij} des ↗ metrischen Fundamentaltensors einer n-dimensionalen ↗ Riemannschen Mannigfaltigkeit.

metrische Variable, ↗ Skalentypen.

metrischer Fundamentaltensor, gelegentlich auch metrischer Tensor genannt, ein zweifach kovariantes symmetrisches Tensorfeld g auf einer n-dimensionalen differenzierbaren Mannigfaltigkeit M^n.

Der metrische Fundamentaltensor definiert in jedem Tangentialraum $T_x(M^n)$ eine Bilinearform $\langle X, Y\rangle = g_x(X, Y)$, die das Bogenelement oder die metrische Fundamentalform von g genannt wird ($x \in M^n, X, Y \in T_x(M^n)$). Sind $Z_1, \dots, Z_n$ linear unabhängige differenzierbare Vektorfelder auf einer offenen Menge $\mathcal{U} \subset M^n$, so besitzt jedes andere differenzierbare Vektorfeld eine eindeutig bestimmte Darstellung als Linearkombination der Z_i, und die metrische Fundamentalform wird durch die symmetrische Matrix $g_{ij}(x) = g(Z_i, Z_j)$ bestimmt. Es gilt dann für $X = \sum_{i=1}^n \xi^i Z_i$ und $Y = \sum_{i=1}^n \eta^j Z_j$:

$$\langle X, Y\rangle = \sum_{i,j=1}^{n} g_{ij}\xi^i\eta^j .$$

In einem lokalen Koordinatensystem $(x_1 \dots, x_n)$ auf M^n kann man für Z_i die Tangentialvektoren $\partial_i = \partial/\partial x_i$ an die Koordinatenlinien wählen. Dann hat die metrische Fundamentalform die Darstellung

$$ds^2 = \sum_{i,j=1}^{n} g_{ij} dx^i dx^j$$

und wird in dieser Form als Bogenelement, d. h. als Quadrat des Differentials der Bogenlänge der differenzierbaren Kurven in M^n angesehen.

Man unterscheidet ausgeartete und nicht ausgeartete metrische Fundamentaltensoren, je nachdem, ob die Determinate $\det(g_{ij}) = 0$ ist oder $\neq 0$. Ein nicht ausgearteter metrischer Fundamentaltensor heißt Riemannsche Metrik. Riemannsche Metriken unterteilt man in positiv definite und indefinite, je nachdem ob $\langle X, X\rangle > 0$ für alle Vektoren $X \neq 0$ gilt, oder ob dieser Ausdruck auch negative Werte annehmen kann.

metrischer Raum, eine Menge M, die mit einer Metrik versehen ist.

Dabei heißt eine Abbildung $d : M \times M \to \mathbb{R}$ eine Metrik, wenn die folgenden Bedingungen erfüllt sind.

(1) $d(x,y) = 0 \Leftrightarrow x = y$;
(2) $d(y,x) = d(y,x)$ für alle $x, y \in M$ (Symmetrie);
(3) $d(x,z) \leq d(x,y) + d(y,z)$ für alle $x, y, z \in M$ (Dreiecksungleichung).

Man bezeichnet $d(x,y)$ als den Abstand der Punkte x und y. Ohne Kenntnisse über die konkrete analytische Gestalt der Abbildung d lassen sich schon aus diesen drei Axiomen Folgerungen ziehen. So gelten zum Beispiel

(4) $|d(x,y) - d(y,z)| \leq d(x,z)$;
(5) $|d(x,y) - d(a,b)| \leq d(x,a) + d(y,b)$.

Da es bei der Definition einer Metrik nur auf die Gültigkeit der Axiome (1) bis (3) ankommt, kann man eine Menge auch mit verschiedenen Metriken versehen. Setzt man beispielsweise $M = \mathbb{R}^n$ und gilt $x = (x_1, ..., x_n), y = (y_1, ..., y_n)$, so sind die Abbildungen

$$d_1(x,y) = \sqrt{(x_1 - y_1)^2 + \cdots + (x_n - y_n)^2}\,,$$

$$d_2(x,y) = \max_{i=1,\ldots,n} |x_i - y_i|$$

und

$$d_3(x,y) = |x_1 - y_1| + \cdots + |x_n - y_n|$$

Metriken auf M.

Mit Hilfe der bezüglich der Metrik d offenen Kugeln kann man auf einem metrischen Raum eine Topologie einführen. Für $x_0 \in M$ und den Radius $r > 0$ definiert man dabei die offene Kugel

$$B_r(x_0) = \{x \in M \mid d(x, x_0) < r\}\,.$$

Eine Menge $U \subseteq M$ heißt dann offen bezüglich der metrischen Topologie, wenn es zu jedem $x \in U$ ein $r > 0$ so gibt, daß $B_r(x) \subseteq U$ ist. Damit wird der metrische Raum zu einem topologischen Hausdorffraum. Es kann dabei vorkommen, daß verschiedene Metriken die gleiche Topologie induzieren; so führen beispielsweise die angegebenen Metriken d_1, d_2 und d_3 zur gleichen Topologie auf $\mathbb{R}^n$.

Da sich jeder metrische Raum als topologischer Raum auffassen läßt, kann man die üblichen topologischen Begriffe wie Konvergenz, Häufungspunkt, Kompaktheit oder Stetigkeit (↗Folgenstetigkeit) auch auf metrische Räume übertragen. Die Situation ist allerdings insofern einfacher als in allgemeinen topologischen Räumen, als jeder Punkt $x \in M$ die abzählbare Umgebungsbasis $\{B_{1/n}(x) \mid n \in \mathbb{N}\}$ besitzt und daher im Gegensatz zu allgemeinen topologischen Räumen die meisten topologischen Begriffe in metrischen Räumen mit Hilfe von Folgen definiert werden können.

metrischer Tensor, in der Riemannschen Geometrie und in der Relativitätstheorie Bezeichnung für das Quadrat des Wegelements zur Bestimmung von Abständen, in gewissem Sinne eine Verallgemeinerung des Satzes von Pythagoras.

Für weitere Information siehe ↗metrischer Fundamentaltensor.

metrischer Zusammenhang, Spezialfall eines Zusammenhangs auf einer differenzierbaren Mannigfaltigkeit, der dadurch ausgezeichnet ist, daß der ↗metrische Tensor kovariant konstant ist.

metrisches äußeres Maß, spezielles ↗äußeres Maß.

Es sei (Ω, d) ein metrischer Raum mit Metrik d, $d(A,B) := \inf\{d(x,y) | x \in A, y \in B\}$, und $\bar{\mu}$ ein äußeres Maß auf $\mathcal{P}(\Omega)$. $\bar{\mu}$ heißt metrisches äußeres Maß auf $\mathcal{P}(\Omega)$, wenn für alle $A, B \in \mathcal{P}(\Omega)$ mit $A \neq \emptyset, B \neq \emptyset$ und $d(A,B) > 0$ gilt

$$\bar{\mu}(A \cup B) = \bar{\mu}(A) + \bar{\mu}(B)\,.$$

Ein äußeres Maß $\bar{\mu}$ auf $\mathcal{P}(\Omega)$ ist nun genau dann ein metrisches äußeres Maß, falls die Borelsche-σ-Algebra $\mathcal{B}(\Omega)$ Untermenge der σ-Algebra $\mathcal{A}^* := \{A \in \mathcal{P}(\Omega) | \bar{\mu}(Q) \geq \bar{\mu}(Q \cap A) + \bar{\mu}(Q \backslash A)$ für alle $Q \in \mathcal{P}(\Omega)\}$ ist.

Die Einschränkung des metrischen äußeren Maßes $\bar{\mu}$ auf die σ-Algebra der $\bar{\mu}$-meßbaren Mengen heißt metrisches Maß.

Metrisierbarkeit eines Raumes, Eigenschaft eines topologischen Raumes.

Ein topologischer Raum T mit der Topologie τ heißt metrisierbar, wenn es eine Metrik (↗metrischer Raum) d auf T gibt, so daß die von d erzeugte Topologie mit der gegebenen Topologie τ übereinstimmt. Den Spezialfall separabler metrisierbarer Räume charakterisiert der Metrisationssatz von Urysohn.

Ein topologischer Raum T ist genau dann separabel und metrisierbar, wenn er regulär ist und eine abzählbare Basis besitzt.

Dabei nennt man einen topologischen Raum separabel, wenn er eine abzählbare dichte Teilmenge enthält.

Den allgemeinen Fall beschreibt der Metrisationssatz von Bing, Nagata und Smirnow:

Ein topologischer Raum T ist genau dann metrisierbar, wenn er regulär ist und eine σ-lokalendliche Basis $\mathfrak{B}$ besitzt, das heißt: $\mathfrak{B} = \bigcup_{n\in\mathbb{N}} \mathfrak{B}_n$ und zu jedem $x \in T$ und $n \in \mathbb{N}$ gibt es eine Umgebung U von x mit der Eigenschaft, daß $U \cap B \neq \emptyset$ für höchstens endlich viele $B \in \mathfrak{B}_n$ gilt.

Meusnier, Satz von, gibt eine Beschreibung des geometrischen Ortes der ↗Krümmungsmittelpunkte aller Flächenkurven mit gemeinsamer Tangente.

Es sei $\mathcal{F} \subset \mathbb{R}^3$ eine Fläche, $P \in \mathcal{F}$ ein Punkt, $\mathfrak{v} \in T_P(\mathcal{F})$ ein Tangentialvektor, N die von P, $\mathfrak{v}$ und dem Normalenvektor $\mathfrak{u}$ von $\mathcal{F}$ aufgespannte Ebene und $\kappa_n(\mathfrak{v})$ die ↗Normalkrümmung von $\mathcal{F}$ in Richtung von $\mathfrak{v}$. Dann gilt:

Die Krümmungmittelpunkte aller durch den Punkt P gehenden Flächenkurven auf $\mathcal{F}$, deren Tangentenvektor in P dieselbe Richtung wie $\mathfrak{v}$ hat, liegen in der gemeinsamen Normalebene N auf einem Kreis vom Durchmesser $1/|\kappa_n(\mathfrak{v})|$, der $\mathcal{F}$ im Punkt P berührt.

Für die ↗Schmiegkreise dieser Kurven gilt:

Die Schmiegkreise aller durch den Punkt P gehenden Flächenkurven auf $\mathcal{F}$, deren Tangentenvektor in P gleich $\mathfrak{v}$ ist, bilden eine Kugel, die Meusnier-Kugel von $\mathcal{F}$ zum Tangentialvektor $\mathfrak{v}$.

Meusnier-Kugel, die Vereinigung aller ↗Schmiegkreise der Flächenkurven durch einen festen Flächenpunkt mit gemeinsamer fester Tangente (↗Meusnier, Satz von).

mexikanischer Hut, ein Beispiel für ein beliebig oft differenzierbares Wavelet ψ.

Es berechnet sich (bis auf Normierung) als die zweite Ableitung der Gaußverteilung $e^{-\frac{x^2}{2}}$. Normierung bzgl. der L^2-Norm und $\psi(0) > 0$ ergeben

$$\psi(x) = \frac{2}{3}\pi^{\frac{1}{4}}(1-x^2)e^{-\frac{x^2}{2}}.$$

Stellt man sich eine Rotation des Graphen der Funktion um seine Symmetrieachse vor, so ergibt sich eine Figur, die einem mexikanischen Hut („Sombrero") gleicht. Das Wavelet ψ hat keinen kompakten Träger, fällt aber exponentiell ab.

Meyer, Friedrich Wilhelm Franz, deutscher Mathematiker, geb. 2.9.1856 Magdeburg, gest. 11.4. 1934 Königsberg (Kaliningrad).

Meyer studierte in Leipzig, München und Berlin unter anderem bei Kummer, Weierstraß und Kronecker. Er promovierte 1878 in München, habilitierte sich 1880 in Tübingen und ging danach zunächst an die Bergakademie Clausthal, dann, ab 1897, an die Universität Königsberg.

Meyer befaßte sich mit algebraischer Geometrie, algebraischen Kurven und Differentialgeometrie. Er verfaßte 1892 eine umfangreiche Überblicksdarstellung über Formen- und Invariantentheorie. Zusammen mit Weber und Klein begründete er die „Encyclopädie der Mathematischen Wissenschaften", die zwischen 1900 und 1930 in zwanzig Bänden erschien.

Meyer-Wavelet, von dem französischen Mathematiker Yves Meyer 1986 eingeführtes Wavelet.

Das Meyer-Wavelet ist durch seine Fouriertransformierte wie folgt definiert: $\hat{\psi}(\xi) =$

$$\begin{cases} (2\pi)^{-\frac{1}{2}}e^{\frac{i\xi}{2}}\sin(\frac{\pi}{2}v(\frac{3}{2\pi}|\xi|-1)), & \frac{2\pi}{3} \le |\xi| \le \frac{4\pi}{3} \\ (2\pi)^{-\frac{1}{2}}e^{\frac{i\xi}{2}}\cos(\frac{\pi}{2}v(\frac{3}{4\pi}|\xi|-1)), & \frac{4\pi}{3} \le |\xi| \le \frac{8\pi}{3} \\ 0 & , \text{sonst.} \end{cases}$$

Dabei ist v eine glatte Funktion mit

$$v(x) = \begin{cases} 0 & x \le 0 \\ 1 & x \ge 1 \end{cases}$$

und $v(x) + v(1-x) = 1$. Die Regularität von $\hat{\psi}$ ist dieselbe wie diejenige von v. Die Familie $\psi_{j,k} = 2^{\frac{j}{2}}\psi(2^j \cdot -k), j, k \in \mathbb{Z}$, bildet eine orthonormale Waveletbasis des $L^2(\mathbb{R})$.

[1] Meyer,Y.: Ondelettes et Opérateurs I. Hermann, Paris, 1990.

Meyniel, Satz von, ↗ Hamiltonscher Digraph.

Michael, Auswahlsatz von, Satz über stetige Selektionen mengenwertiger Abbildungen:

Es sei Ω ein parakompakter topologischer Raum und X ein Banachraum. Ferner sei F eine Abbildung von Ω in die Menge der nicht leeren, konvexen, abgeschlossenen Teilmengen von X, die halbstetig von unten ist.

Dann existiert eine stetige Auswahlfunktion (Selektion) für F, also eine stetige Funktion $f : \Omega \to X$ mit $f(\omega) \in F(\omega)$ für alle $\omega \in \Omega$.

Michaelis-Menten-System, gewöhnliches ↗Differentialgleichungssystem zur Beschreibung einer Substrat-Enzym-Reaktion.

Die Produktion eines Produktes P aus einem Substrat S werde von einem Enzym E katalysiert. Dabei laufen zwei chemische Reaktionen nebeneinander ab. Substrat und Enzym reagieren zu einem Komplex C, und der Komplex zerfällt zum Produkt und dem ursprünglichen Enzym:

$$S + E \rightleftarrows C \qquad (1)$$
$$C \to P + E. \qquad (2)$$

Die zeitliche Veränderung der Konzentrationen (sie werden jeweils mit Kleinbuchstaben gekennzeichnet: p, s, e, c) aller beteiligten Stoffe wird durch folgendes Differentialgleichungssystem (DGL-System) beschrieben, wobei die Geschwindigkeiten durch die sog. Ratenkonstanten $k_1, k_2, k_{-1} \in \mathbb{R}$ gegeben sind:

$$\dot{s} = -k_1 es + k_1 c \qquad (3)$$
$$\dot{e} = -k_1 es + k_{-1} c + k_2 c \qquad (4)$$
$$\dot{c} = k_1 es - k_{-1} c - k_2 c \qquad (5)$$
$$\dot{p} = k_2 c \qquad (6)$$

Nach Berücksichtigung von $\dot{e} + \dot{c} = 0$ (s. (4), (5)) erhält man unter Berücksichtigung der Anfangsbedingungen $c_0 := c(0) = 0$ und $e_0 := e(0) \in \mathbb{R}$ $e = e_0 - c$. Damit läßt sich das DGL-System reduzieren auf:

$$\dot{s} = -k_1 s(e_0 - c) + k_1 c \qquad (7)$$
$$\dot{c} = k_1 s(e_0 - c) - (k_{-1} + k_2) c \qquad (8)$$

Die maximale Konzentration des Komplexes wird erreicht bei $\dot{c} = 0$, woraus $s(e_0 - c) = k_M c$ folgt mit der sog. Michaelis-Menten-Konstanten

$$k_M := \frac{k_{-1} + k_2}{k_1}.$$

Die Reaktionsgeschwindigkeit $\dot{p}$ ist durch die Anfangsbedingung

$$\dot{p}(0) = k_2 \frac{s_0 e_0}{k_M + s_0}$$

gegeben. Dies ist die Michaelis-Menten-Gleichung. Sie gibt die Abhängigkeit der Reaktionsgeschwindigkeit zur Zeit 0 in Abhängigkeit von der Anfangs-Konzentration s_0 des Substrates an.

mikrolokale Analysis, die Untersuchung von Eigenschaften von Funktionen, Distributionen und Operatoren im „mikrolokalen Bereich".

Dies bedeutet, daß diese Objekte vermöge Methoden der Fourier-Analysis im Phasenraum aufgelöst werden, also als Objekte der Variablen x und ξ des Kotangentialbündels einer Mannigfaltigkeit X aufgefaßt werden. Aufgrund der Unschärferelation ist diese Untersuchung jedoch nur modulo regulärer, d. h. glatter, Funktionen, Operatoren usw. möglich; dennoch erhält man in vielen Fällen Aussagen über interessante Eigenschaften dieser Objekte. In der Physik finden Methoden der mikrolokalen Analysis Anwendung in der Semiklassik, bei der z. B. der Übergang von quantenmechanischen zu klassischen Systemen studiert wird.

[1] Kashwara, M.: Systems of Microdifferential Equations. Birkhäuser, 1983.

[2] Sato, M., Kawai, T., Kashiwara, M.: Microfunctions and pseudodifferential equations. Sprinter Lecture Notes in Mathematics, 1973.

Milchmädchenrechnung, eine Überlegung oder „Berechnung", deren Grundlage bereits während ihrer Durchführung nichtig ist.

In der Erzählung „Das Milchmädchen und der Milchtopf" von La Fontaine bringt die Titelfigur einen Topf voll Milch zum Markt und überlegt dabei, was sie mit dem Verkaufserlös alles erreichen könnte: Mit dem Geld für die Milch würde sie ein Huhn kaufen, für dessen Eier sie soviel Geld bekäme, daß sie dafür ein Schwein kaufen könnte, das sie wiederum gegen eine Kuh weggeben würde, usw. Darüber gerät sie ins Stolpern, und die Milch ist dahin.

Milliarde, in Europa Bezeichnung für die Zahl

$$10^9 = 1.000.000.000.$$

In Nordamerika, insbesondere den USA, sowie in Teilen der ehemaligen UdSSR wird hierfür die Bezeichnung ↗Billion verwendet.

Millimeterpapier, vorgedrucktes ↗mathematisches Papier, dessen orthogonal aufeinanderstehende Koordinatenachsen als lineare Funktionsleitern ausgebildet sind, und das im Abstand von jeweils einem Millimeter achsenparallele Geraden aufweist. Durch diese Geraden entsteht ein Netz von Quadraten mit einem Millimeter Kantenlänge, was früher zur genäherten Flächenberechnung durch Auszählen benutzt worden ist. Zur besseren Ablesbarkeit sind aller 10 mm stärkere Geraden und dazwischen jeweils bei 5 mm etwas hervorgehobene Geraden gezogen. Siehe auch ↗Nomographie.

Million, Bezeichnung für die Zahl

$$10^6 = 1.000.000.$$

Milloux, Satz von, funktionentheoretische Aussage, die wie folgt lautet:

Es sei f eine in $\mathbb{E} = \{z \in \mathbb{C} : |z| < 1\}$ ↗holomorphe Funktion und $|f(z)| \le 1$ für alle $z \in \mathbb{E}$. Weiter gebe es einen Weg $\gamma : [0,1] \to \overline{\mathbb{E}}$ mit $\gamma(0) = 0$, $\gamma(1) \in \partial\mathbb{E}$ und $\gamma(t) \in \mathbb{E}$ für $t \in [0,1)$ sowie eine Konstante $\delta \in (0,1)$ derart, daß $|f(\zeta)| \le \delta$ für alle $\zeta \in \gamma$. Dann gilt

$$|f(z)| \le \delta^{(1-|z|)/(2\pi)}$$

für alle $z \in \mathbb{E}$.

Milman, David Pinchusowitsch, ukrainisch-israelischer Mathematiker, geb. 1.1.1913 Chichelnik, Ukraine, gest. 12.7.1982 Tel Aviv.

Ab 1931 studierte Milman an der Universität Odessa Mathematik. Hier promovierte er 1934, arbeitete bei Krein als Assistent und habilitierte sich 1939. Von 1939 bis 1945 war er Dozent am Polytechnischen Institut, von 1945 bis 1974 Professor an der Universität Odessa und ab 1974 Professor an der Universität in Tel Aviv.

Milmans Hauptarbeitsgebiet war die Funktionalanalysis. Hier untersuchte er hinreichende und notwendige Bedingungen für die Reflexivität von Banachräumen und lieferte wichtige Beiträge zur Geometrie dieser Räume. 1940 bewies er zusammen mit Krein den Satz von Krein-Milman über kompakte konvexe Mengen. Weiterhin beschäftigte sich Milman mit der Existenz von Normen in topologischen Ringen, der Fortsetzung von Funktionalen und der Differenz von Teilräumen (↗Banach-Mazur-Abstand).

Milman-Pettis, Satz von, ↗ gleichmäßig konvexer Raum.

Milman-Rutman, Satz von, Aussage über die Stabilität von Basen.

Es seien E ein Banachraum, $(e_i)_{i=0}^{\infty}$ eine ↗Schauder-Basis in E, und $(y_i)_{i=0}^{\infty}$ eine Folge von Koordinatenfunktionen.

Dann ist jedes System von Vektoren $(u_i)_{i=0}^{\infty}$, das der Bedingung

$$\sum_{i=0}^{\infty} ||y_i|| \cdot ||e_i - u_i|| < 1$$

genügt, eine Schauder-Basis in E.

Milnor, John Willard, Mathematiker, geb. 20.2. 1931 Orange (NJ.).

Nach dem Abschluß des Studiums an der Universität von Princeton (1951) promovierte Milnor dort 1954. Bereits ein Jahr zuvor hatte er eine Mitarbeiterstelle an der Universität Princeton erhalten, 1960 wurde er zum Professor berufen und zwei Jahre später auf den Henry Putnam Lehrstuhl für Mathematik. Nach Gastprofessuren an der Universität von Kalifornien in Berkeley (1959/60) bzw. in Los Angeles (1967/68) und am Massachusetts Institute of Technology in Cambridge (1968/70) lehrte er als Professor in Princeton am Institute for Advanced Study. 1989 übernahm er dann die Leitung des neugegründeten Instituts für mathematische Wissenschaften an der New York State University.

Milnor erzielte grundlegende Einsichten zur Struktur mehrdimensionaler Mannigfaltigkeiten und hat die Entwicklung der Topologie in der zweiten Hälfte des 20. Jahrhunderts wesentlich mitbestimmt. Schon als Student publizierte er eine erste mathematische Arbeit zur Totalkrümmung von Knoten. 1956 bewies er unter Rückgriff auf den Hirzebruchschen Signatursatz das überraschende Resultat, daß es glatte Mannigfaltigkeiten gibt, die homöomorph, aber nicht diffeomorph zur 7-dimensionalen Sphäre sind. Er gab insgesamt 28 derartige Mannigfaltigkeiten, sog. exotische Sphären, an. Mit diesem Resultat setzte Milnor völlig neue Akzente in der Klassifikation von Mannigfaltigkeiten, mußte doch künftig zwischen der topologischen und der differentialtopologischen Klassifikation unterschieden werden. Der Differentialtopologie eröffnete sich damit ein neues Forschungsfeld. Die weiteren Forschungen Milnors betrafen u. a. die algebraische K-Theorie, die Differentialgeometrie und die algebraische Topologie. So gab er obere und untere Schranken für die Anzahl der verschiedenen Worte bei vorgegebener Länge in einer endlich erzeugten Untergruppe der Fundamentalgruppe an, untersuchte die Struktur von Hopf-Algebren sowie Steenrod-Algebren. 1961 widerlegte Milnor die sogenannte Hauptvermutung der kombinatorischen Topologie, indem er zwei Komplexe konstruierte, die homöomorph, aber kombinatorisch verschieden waren. In den 70er Jahren wandte er sein Interesse der Computergraphik und den dynamischen Systemen zu. Während über hyperbolische Systeme bereits eine ganze Reihe von Ergebnissen bekannt war, lagen die bei zahlreichen Anwendungen in den Naturwissenschaften vorkommenden nicht hyperbolischen Systeme noch weitgehend im Dunkeln. Milnor begann mit der Erforschung von nicht hyperbolischen Systemen niedriger Dimension und zeigte zusammen mit W.Thurston (geb. 1946), daß schon im eindimensionalen Fall eine Fülle interessanter Effekte auftreten, die zu weiteren Forschungen Anlaß gaben. Anfang der 80er Jahre ergänzte er diese Betrachtungen durch das Studium holomorpher Abbildungen, wobei er an die Vorarbeiten von P. Fatou und G. Julia anknüpfte. 1989 legte er eine dynamische Klassifikation von polynomialen Automorphismen von C^2 vor und wies diese Automorphismen im nichttrivialen Fall als Komposition von Hénon- Abbildungen nach. Ein Jahr später schuf er wichtige Grundlagen für das geometrische Studium von Julia-Mengen höheren Grades.

Milnor entfaltete auch eine rege Herausgebertätigkeit, 1962 bis 1979 war er an der Edition der „Annals of Mathematics" beteiligt. Seine Leistungen wurden durch zahlreiche Auszeichnungen anerkannt, insbesondere 1962 durch die Verleihung der ↗Fields-Medaille.

Milnorfaserung, ↗ Monodromiedarstellung.

Milnorzahl, für eine isolierte Singularität (X, x), die n-dimensional vollständiger Durchschnitt ist, gegeben durch

$$\mu = \dim\left(\Omega^n_{X_{0,x}}/d\Omega^{n-1}_{X_{0,x}}\right).$$

Für Hyperflächensingularitäten $(X, 0) \subset (\mathbb{C}^{n+1}, 0)$ mit der Gleichung $f = 0$ ist

$$\mu = \dim \mathcal{O}_{\mathbb{C}^{n+1},0}/\left(\frac{\partial f}{\partial x_1}, \ldots, \frac{\partial f}{\partial x_{n+1}}\right).$$

minimal model-Programm, Begriff aus der algebraischen Geometrie.

Jeder endlich erzeugte Erweiterungskörper R eines algebraisch abgeschlossenen Grundkörpers k besitzt ein projektives Modell. Gegenstand des minimal model-Programms ist die Frage nach ausgezeichneten Modellen. Dabei hat man den klassischen Fall der Dimension Eins und Zwei vor Augen; beispielsweise gibt es im Falle von Flächen V ausgezeichnete glatte Modelle V mit folgender Eigenschaft: Entweder ist V isomorph zur projektiven Ebene, oder es gibt eine lokal triviale Faserung (in der Zariskitopologie) $V \longrightarrow B$ über einer glatten projektiven ↗algebraischen Kurve mit projektiven Geraden als Fasern, oder V ist minimal in dem Sinne, daß für jedes glatte projektive Modell V' ein birationaler k-Morphismus $V' \longrightarrow V$ auf V existiert.

Das minimal model-Programm ist das höherdimensionale Analogon dieses Sachverhalts. Im Falle von Flächen unterscheidet sich der letzte Fall (minimales Modell) von den anderen glatten projektiven Modellen durch die Tatsache, daß die kanonische Klasse auf jeder algebraischen Kurve in V einen nicht-negativen Grad hat. Im höherdimensionalen Fall ist dies der Ausgangspunkt, den Begriff „minimales Modell" zu definieren, wobei es sich als notwendig und zweckmäßig erweist, die Forderung nach Glattheit des Modells abzuschwächen, um gewissen Konstruktionen (Kontraktionen eines sogenannten extremalen Strahls) durchführen zu können.

Unter dem Gesichtspunkt, welche Singularitäten man erlauben sollte, um solche Konstruktionen durchführen zu können, hat sich der Begriff *terminale Singularitäten* als zweckmäßig erwiesen. Man sagt, eine ↗algebraische Varietät V hat höchstens terminale Singularitäten, wenn gilt:

(1) V ist normal und $\mathbb{Q}$-Cartier.

(2) Wenn $\widetilde{V} \xrightarrow{\sigma} V$ eine Auflösung von Singularitäten ist, und $E_i \subset \widetilde{V}$ die Primdivisoren sind, die unter σ kontrahiert werden, so gilt in Pic $(\widetilde{V}) \otimes \mathbb{Q}$ für die kanonischen Klassen

$$K_{\widetilde{V}} = \sigma^* K_V \otimes \mathcal{O}_{\widetilde{V}}\left(\sum \mu_i V_i\right)$$

mit $\mu_i > 0$.

Es genügt, daß dies für eine Auflösung $\widetilde{V} \to V$ gilt, dann ist es auch für jede andere Auflösung erfüllt.

Eine normale und eigentliche algebraische Varietät heißt minimal, wenn sie höchstens terminale Singularitäten hat, und wenn die kanonische Klasse $K_V \in$ Pic $(V) \otimes \mathbb{Q}$ auf jeder abgeschlossenen algebraischen Kurve $C \subset V$ einen nicht-negativen Grad hat. Man nennt in diesem Fall die kanonische Klasse nef (= numerisch effektiv).

Wenn K_V nicht nef ist, so gibt es also Kurven $C \subset V$, auf denen K_V einen negativen Grad hat. Eine wichtige Auskunft über solche Kurven geben der sogenannte Kegelsatz und der Kontraktionssatz, deren Formulierung hier aber zu weit führen würde.

Das minimal model-Programm ist nun eine Folge von birationalen Morphismen folgender Art:

Schritt (0): Man wähle ein $\mathbb{Q}$-faktorielles projektives Modell $V = V_0$ mit höchstens terminalen Singularitäten eines algebraischen Funktionenkörpers. Wenn K_V nef, ist die Folge beendet, andernfalls gehe man zu Schritt (1).

Schritt (1): Wenn V_i schon definiert und K_{V_i} nicht nef ist, so wähle man einen sogenannten extremalen Strahl und die zugehörige Kontraktion φ : $V_i \longrightarrow W$. Wenn dieses φ divisoriell ist, sei $V_{i+1} = W$, man gehe zu Schritt (0) und starte erneut. (Man hat zu zeigen, daß V_{i+1} wieder $\mathbb{Q}$-faktoriell ist und höchstens terminale Singularitäten hat.) Wenn φ eine kleine Kontraktion ist, so sei $V_{i+1} \longrightarrow W$ der Flip von $V_i \longrightarrow W$ (↗Flips und Flops); man gehe zu Schritt (0) und starte erneut.

Schritt (2): Nach endlich vielen Schritten erwartet man, daß man entweder ein minimales Modell V_* erhält, oder eine Faserung $V_* \longrightarrow W$ (Kontraktion vom Fasertyp).

Erwartet wird, daß man über V_* genauere Einsicht hat in die geometrische Struktur von V_*, einerseits im Falle minimaler Modelle durch das Studium der plurikanonischen Faserung (↗Kodaira-Dimension), andererseits im Falle von Kontraktionen vom Fasertyp $V_* \longrightarrow W$ durch das Studium dieser Faserung.

Erfolgreich in vollem Umfang ist das Programm bisher im Falle der Dimension ≤ 3 durchgeführt.

Minimalabweichung, Kenngröße einer ↗ besten Approximation.

Ist R ein normierter Raum, V eine Teilmenge von R, und $v^* \in V$ eine beste Approximation von $f \in R$, so heißt die Zahl $\|v^* - f\|$ Minimalabweichung von f bezüglich V.

Minimalbedingung, wird von einer ↗Halbordnung $(V, \leq)$ erfüllt, wenn für jedes beliebige Element $v_0 \in V$ jede ↗Teilkette $\{v_0, v_1, v_2, \ldots\}$ mit $v_i < v_{i-1}$ für alle i endlich ist.

Minimaldarstellung, Darstellung $a = p_1 \vee \cdots \vee p_n$ eines Elements a eines Verbandes L mittels der irreduziblen Elemente $p_i, i = 1, \ldots, n$ des Verbandes L, falls gilt

$$a > p_1 \vee \cdots \vee p_{i-1} \vee p_{i+1} \vee \cdots \vee p_n$$

für alle $i = 1, \ldots, n$.

minimale Menge, nichtleere Teilmenge $A \subset M$ für ein ↗ topologisches dynamisches System (M, G, Φ), die abgeschlossene und ↗ invarianteMenge ist und keine echte nichtleere Teilmenge mit diesen Eigenschaften enthält. Ist der gesamte Phasenraum M selbst minimal, so heißt das topologische dynamische System minimal.

Das topologische dynamische System ist genau dann minimal, wenn für jedes $m \in M$ sein ↗ Orbit $\mathcal{O}(m)$ dicht in M liegt. Ist $\emptyset \neq A \subset M$ kompakt, so sind äquivalent:

1. A ist minimal.
2. Für jedes $x \in A$ ist sein Orbit $\mathcal{O}(x)$ dicht in A, d. h. $\overline{\mathcal{O}(x)} = A$.
3. Für jedes $x \in A$ ist sein Vorwärts-Orbit $\mathcal{O}^+(x)$ dicht in A, d. h. $\overline{\mathcal{O}^+(x)} = A$.
4. Für jedes $x \in A$ ist sein Rückwärts-Orbit $\mathcal{O}^-(x)$ dicht in A, d. h. $\overline{\mathcal{O}^-(x)} = A$.
5. Für jedes $x \in A$ ist seine ω-Limesmenge (↗ ω-Limespunkt) $\omega(x) = A$.
6. Für jedes $x \in A$ ist seine α-Limesmenge (↗ α-Limespunkt) $\alpha(x) = A$.

minimaler Automat, von unerreichbaren Zuständen und äquivalenten Zuständen freier deterministischer oder nichtdeterministischer ↗ Automat.

Dabei ist ein Zustand z unerreichbar, wenn es keine Eingabe gibt, durch die der Automat aus einem Anfangszustand in z überführt wird. Zwei Zustände sind äquivalent, wenn jede Eingabe bei z zur gleichen Ausgabe führt wie bei z', und jede Eingabe z in einen Endzustand überführt genau dann, wenn sie z' in einen Endzustand überführt. Zu jedem Automaten gibt es einen äquivalenten minimalen Automat, der im endlichen deterministischen Fall durch Weglassen unerreichbarer und Verschmelzen äquivalenter Zustände effizient konstruiert werden kann. Zu einem deterministischen endlichen Automaten gibt es einen bis auf Isomorphie eindeutigen minimalen Automaten, dessen Zustandszahl (bei ausgabefreien Automaten) gerade der Zahl der Äquivalenzklassen der ↗ Nerode-Äquivalenz entspricht.

Die Minimierung von Automaten erlangt durch die vielfältige Verwendung von Automaten in der Informatik besondere Bedeutung.

minimaler erzeugender Baum, ↗ spannender Baum.

minimaler erzeugender Wald, ↗ spannender Baum.

minimaler Schnitt, ↗ Netzwerkfluß.

minimaler spannender Wald, ↗ spannender Baum.

minimales Element, Element einer halbgeordneten Menge, zu dem es kein kleineres Element gibt.

Es seien M eine Menge, $\leq$ eine Halbordnung auf M und A eine Teilmenge von M. Dann heißt ein Element $m \in A$ ein minimales Element von A, falls es kein $a \in A$ gibt mit $m \geq a$ und $m \neq a$ (↗ Ordnungsrelation).

minimales Element eines Verbandes, ↗ Verband mit Nullelement.

minimales Erzeugendensystem, ein ↗ Erzeugendensystem E eines Vektorraums V so, daß keine echte Teilmenge von E bereits V erzeugt.

E ist in diesem Fall eine Basis von V.

minimales Ideal, Ideal eines Ringes, das außer dem Nullideal kein Unterideal mehr besitzt.

minimales Komplement, minimales Element der Menge der Komplemente eines Elements eines Verbandes.

minimales Primoberideal, zu einem Ideal I im Ring R ein Primideal P in R, das I enthält und minimal mit dieser Eigenschaft ist, d. h. für ein Primideal Q in R mit $I \subset Q \subset P$ folgt $P = Q$.

So ist zum Beispiel für das Ideal $I = (x^2, xy) = (x) \cap (x^2, y)$ das Ideal (x) ein minimales Primoberideal, das Ideal (x, y) aber nicht.

Minimalfläche, eine Fläche $\mathcal{M} \subset \mathbb{R}^3$, deren ↗ mittlere Krümmung h gleich Null ist.

Minimalflächen sind Lösungen des ↗ Plateauschen Problems im Kleinen. Das bedeutet, daß für jede geschlossene, in einer genügend kleinen Kugel liegende Flächenkurve $\mathcal{K} \subset \mathcal{M}$, die aus $\mathcal{M}$ ein zur Kreisscheibe homöomorphes Flächenstück $\mathcal{M}_0 \subset \mathcal{M}$ ausschneidet (d. h. $\mathcal{K}$ ist die Randkurve von $\mathcal{M}_0$), die Fläche $\mathcal{M}_0$ unter allen anderen Flächen, die $\mathcal{K}$ gleichfalls als Randkurve besitzen, den kleinsten Flächeninhalt hat.

Die Bestimmung aller Minimalflächen des $\mathbb{R}^3$ ist zunächst das Problem, alle Lösungen der partiellen Differentialgleichung zweiter Ordnung für die Komponenten einer Parameterdarstellung $\Phi(u, v)$ zu bestimmen, die sich aus dem Nullsetzen von h ergibt. Schränkt man sich jedoch auf ↗ konforme Parameterdarstellungen ein, so wird diese Differentialgleichung zur Laplacegleichung und man erhält:

Jede Minimalfläche $\mathcal{M} \subset \mathbb{R}^3$ in konformer Parametrisierung $\Phi(u, v) = \mathrm{Re}(Z(u + iv)$ läßt sich als Realteil einer komplexen isotropen Kurve $Z(z)$ in $\mathbb{C}^3$ darstellen, d. h. es gilt $\Phi(u, v) = \mathrm{Re}(Z(u + iv)$ für alle $z = u + iv \in \mathbb{C}$.

Dabei versteht man unter einer komplexen Kurve das komplexe Analogon einer parametrisierten Kurve im $\mathbb{R}^3$, d. h., eine holomorphe Abbildung $Z : \mathcal{U} \to \mathbb{C}^3$ einer offenen Teilmenge $\mathcal{U} \subset \mathbb{C}$. Z heißt isotrop oder minimal, wenn der komplexe Tangentialvektor $Z'(z) = dZ(z)/dz$ für alle $z \in \mathcal{U}$ die komplexe Länge Null hat, d. h., wenn $Z_1'^2(z) + Z_2'^2(z) + Z_3'^2(z) = 0$ für die Ableitungen der drei Komponenten Z_1, Z_2, Z_3 von Z gilt. Im Gegensatz zum Körper $\mathbb{R}$ der reellen Zahlen hat in $\mathbb{C}$ die Gleichung $z_1^2 + z_2^2 + z_3^2 = 0$ eine zweiparametrige Schar von Lösungen, die man z. B. durch $z_1 = s\,(1 - t^2)$, $z_2 = i\,s\,(1 + t^2)$ und $z_3 = 2\,s\,t$ mit den beiden Parametern $s, t \in \mathbb{C}$ beschreiben kann. Sind $f(z)$ und $g(z)$ zwei beliebige meromorphe Funktionen, und setzt man $s = f(z)$ und $t = g(z)$, so erhält man eine isotrope Kurve $Z(z) = (Z_1(z), Z_2(z), Z_3(z))$ indem man

$$\begin{aligned} Z_1'(z) &= f(z)\,(1 - g(z)^2)\,, \\ Z_2'(z) &= i f(z)\,(1 + g(z)^2)\,, \\ Z_3'(z) &= 2 f(z) g(z) \end{aligned}$$

setzt und integriert. Diese Abbildung $(f(z), g(z)) \rightarrow Z(z)$, die jedem Paar meromorpher Funktionen eine minimale Kurve zuordnet, heißt Weierstraßsche Darstellungsformel.

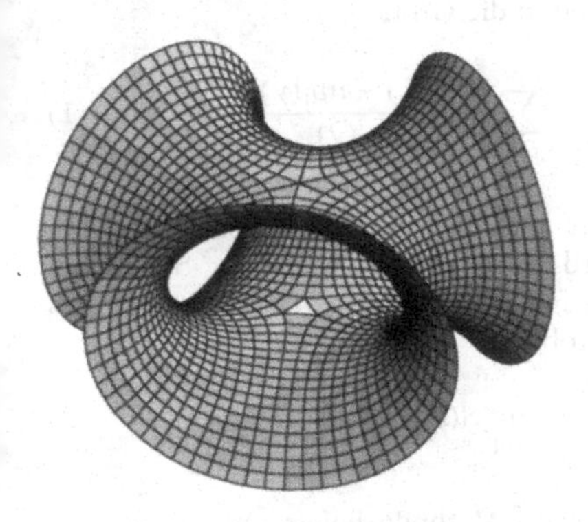

Das Trinoid ist die mathematische Beschreibung einer Seifenlamelle, die sich an drei Kreisen ausbildet.

Die einfachsten Minimalflächen sind die Ebene, das ↗Katenoid und die ↗Wendelfläche. Als Beispiel einer komplizierteren Minimalfläche, die Ähnlichkeit mit drei im Winkel von je 120° regelmäßig angeordneten halben Katenoiden hat, zeigt die Abbildung eine Darstellung des Trinoids, dessen zugehörige isotrope Kurve durch

$$\begin{aligned} Z_1(z) &= \frac{1}{9} \log\left(\frac{1+t+t^2}{(1-t)^2}\right) + \frac{t}{6\,(1+t+t^2)}, \\ Z_2(z) &= \frac{2i}{\sqrt{27}} \arctan\left(\frac{1+2t}{\sqrt{3}}\right) - \frac{i\left(t+t^2\right)}{6\,(t^3-1)}, \\ Z_3(z) &= \frac{1}{3\,(1-t^3)} \end{aligned}$$

mit $t = t(z) = \tanh^{2/3}\left((3+3i)z/4\right)$ gegeben ist.

Die Definition der Minimalfläche wird zum Begriff der k-dimensionalen minimalen Untermannigfaltigkeit $\widetilde{N}^k \subset M^n$ einer beliebigen ↗Riemannschen Mannigfaltigkeit M^n verallgemeinert, indem man an die Stelle des Flächeninhalts das k-dimensionale Volumen der Riemannschen Untermannigfaltigkeit $\widetilde{N}^k$ und an die Stelle der mittleren Krümmung eine andere Invariante, den Vektor der mittleren Krümmung von $\widetilde{N}^k$, setzt.

[1] Jost, J.: Differentialgeometrie und Minimalflächen. Springer Verlag, Berlin-Heidelberg-New York, 1994.

[2] Nitsche, J. C. C.: Vorlesungen über Minimalflächen. Grundlehren der mathematischen Wissenschaften 199, Springer Verlag, Berlin-New York, 1975.

Minimalgrad, ↗ Graph, ↗ gerichteter Graph.

Minimalitätsprinzip, zum ↗Auswahlaxiom äquivalenter Satz:

Sei $\mathcal{A}$ eine Menge von Mengen mit der Inklusion „$\subseteq$“ als Ordnungsrelation. Weiterhin gebe es zu jeder Teilmenge $\mathcal{N}$ von $\mathcal{A}$, auf der die Inklusion konnex ist, ein Element $A \in \mathcal{A}$, das in allen Elementen von $\mathcal{N}$ als Teilmenge enthalten ist. Dann enthält $\mathcal{A}$ ein $\subseteq$-minimales Element, das heißt ein Element, in welchem kein anderes Element von $\mathcal{A}$ echt enthalten ist.

Minimallösung einer Differentialungleichung, Lösung $y_{min}(x)$ eines Anfangswertproblems für eine ↗ Differentialungleichung so, daß für jede Lösung $y(\cdot)$ des Problems gilt: $y_{min}(x) \leqq y(x)$.

Minimalperiode, die kleinstmögliche Periode, beispielsweise einer ↗periodischen Funktion, siehe auch ↗ periodischer Orbit, ↗ periodische Lösung einer Differentialgleichung.

Minimalpolynom einer Booleschen Funktion, ↗Boolesches Polynom p einer vollständigen Erweiterung einer Booleschen Funktion $f : D \rightarrow \{0, 1\}$ mit $D \subseteq \{0, 1\}^n$ mit der Eigenschaft, daß es kein Boolesches Polynom q einer vollständigen Erweiterung von f gibt, das kleinere Kosten als p hat.

Minimalpolynom einer Matrix, das zu einer quadratischen ↗Matrix A über $\mathbb{K}$ eindeutig bestimmte normierte Polynom m kleinsten Grades aus dem Polynomring $\mathbb{K}(t)$ mit der Eigenschaft

$$m(A) = 0\,.$$

0 bezeichnet hierbei die Nullmatrix.

Das Minimalpolynom einer Matrix A teilt jedes Polynom aus $\mathbb{K}(t)$, das A als Nullstelle hat; insbesondere ist das Minimalpolynom ein Teiler des charakteristischen Polynoms von A, und beide haben die gleichen unzerlegbaren Faktoren.

Eine Matrix über $\mathbb{K}$ ist genau dann diagonalisierbar, wenn ihr Minimalpolynom in paarweise verschiedene Linearfaktoren zerfällt. Die Minimalpolynome zweier zueinander ähnlicher Matrizen stimmen überein. Die Dimension des Vektorraumes $K[A]$ ist gleich dem Grad d des Minimalpolynoms m von A; eine Basis von $K[A]$ ist gegeben durch: $E, A, A^2, \ldots, A^{d-1}$.

Das Minimalpolynom eines Endomorphismus $\varphi : V \rightarrow V$ ist eindeutig definiert als das Minimalpolynom einer φ repräsentierenden Matrix.

Minimalpolynom eines Elementes über einem Körper, normiertes Polynom kleinsten Grades, das ein algebraisches Element annihiliert.

Das Minimalpolynom ist also ein normiertes Polynom

$$P(x) = x^n + a_{n-1}x^{n-1} + \cdots + a_0$$

mit $P(\alpha) = 0$ und der Eigenschaft, daß es kein Polynom kleineren Grades als n gibt, das α als Nullstelle besitzt.

Dabei ist α das gegebene Element aus einem Erweiterungskörper des gegebenen Körpers $\mathbb{K}$ und $a_0, \dots, a_{n-1} \in \mathbb{K}$. So ist zum Beispiel für das Element $\sqrt{2}$ über dem Körper $\mathbb{Q}$ der rationalen Zahlen $x^2 - 2$ das Minimalpolynom.

Minimax-Problem, für eine Funktion $f : X \times Y \to \mathbb{R}, X \subseteq \mathbb{R}^n, Y \subseteq \mathbb{R}^m$ ein Problem der folgenden Form:

Bestimme $\min_x \max_y f(x, y)$ (bzw. $\max_x \min_y f(x, y)$).

Für konvexe Mengen gilt der folgende Satz:

Seien $X \subseteq \mathbb{R}^n, Y \subseteq \mathbb{R}^m$ konvex, kompakt und nicht leer. Sei $f : X \times Y \to \mathbb{R}$ eine Funktion, für die gilt:

i) für jedes $x_0 \in X$ ist die Abbildung $y \to f(x_0, y)$ konkav und oberhalb halbstetig auf Y;

ii) für jedes $y_0 \in Y$ ist die Abbildung $x \to f(x, y_0)$ konvex und unterhalb halbstetig auf X.

Dann existieren die obigen Extremwerte und sind gleich.

Minimax-Theorem, Satz über Minimal- bzw. Maximaleigenschaften von Sattelpunkten.

Ist $X \subseteq \mathbb{R}^n$, $U \subseteq \mathbb{R}^m$ und $f : X \times U \to \mathbb{R}$ eine Funktion, dann heißt ein Punkt $(x_0, u_0) \in X \times U$ ein Sattelpunkt von f, falls für alle (x, u) gilt:

$$f(x_0, u) \leq f(x_0, u_0) \leq f(x, u_0)\,.$$

Es gilt dann der folgende Satz.

Es seien $X \subseteq \mathbb{R}^n$ und $U \subseteq \mathbb{R}^m$ konvex und kompakt und $f : X \times U \to \mathbb{R}$ eine bezüglich $x \in X$ konvexe und bezüglich $u \in U$ konkave stetige Funktion. Ist dann (x_0, u_0) ein Sattelpunkt von f, so hat f in diesem Sattelpunkt ein Minimum bezüglich x und ein Maximum bezüglich u. Weiterhin gilt:

$$\max_{u \in U} \min_{x \in X} f(x, u) = \min_{x \in X} \max_{u \in U} f(x, u) = f(x_0, u_0).$$

Minimaxverfahren, Methode zur Konstruktion von Minimaxschätzungen auf der Basis der Minimax-Entscheidungsfunktion (↗ Entscheidungstheorie).

Minimaxschätzung, Punktschätzung für einen Verteilungsparameter auf der Basis der Minimax-Entscheidungsfunktion (↗ Entscheidungstheorie).

Minimum, ↗ Extremum.

Minimum-χ^2-Methode, Methode zur Konstruktion von ↗ Punktschätzungen.

Sei X eine Zufallsgröße, deren Wahrscheinlichkeitsverteilung P_γ bis auf einen unbekannten Parameter $\gamma \in \Gamma \subseteq \mathbb{R}^k$ bekannt ist. Der Parameter γ ist mit der Minimum-χ^2-Methode zu schätzen. Dazu zerlegt man den Wertebereich von X in k disjunkte Klassen $K_1, \dots, K_r$. Es sei nun $\vec{X}_n = (X_1, \dots, X_n)$ eine mathematische ↗ Stichprobe vom Umfang n von X, d. h., die Zufallsgrößen X_i sind stochastisch unabhängig voneinander und identisch wie X verteilt. Die Größe $H_n(K_j)$ sei die absolute Klassenhäufigkeit der Klasse K_j, d. h., die Anzahl der Stichprobendaten X_i, $i = 1, \dots, n$, die in die Klasse K_i fallen, und es sei $\vec{H}_n = (H_n(K_1), \dots, H_n(K_r))$. Demgegenüber ist $np_j(\gamma)$ mit $p_j(\gamma) = P_\gamma(X \in K_j)$ die bei Vorliegen der Verteilung P_γ erwartete absolute Klassenhäufigkeit der Klasse K_j. Man bildet mit diesen Häufigkeiten die Größe

$$S(\vec{H}_n, \gamma) = \sum_{j=1}^{r} \frac{(H_n(K_j) - np_j(\gamma))^2}{np_j(\gamma)}\,, \tag{1}$$

die mitunter auch als χ^2-Abstandsfunktion bezeichnet wird. Unter einer Minimum-χ^2-Schätzung $\hat{\gamma}_n = T(\vec{X}_n)$ für γ versteht man eine Lösung des Minimum-Problems

$$S(\vec{H}_n, \hat{\gamma}_n) = \inf_{\gamma \in \Gamma} S(\vec{H}_n, \gamma)\,. \tag{2}$$

Die Minimum-χ^2-Methode liefert unter bestimmten Regularitätsbedingungen konsistente, asymptotisch normalverteilte und asymptotisch effektive Punktschätzungen für γ. Eine Folge konsistenter Minimum-χ^2-Schätzungen $(\hat{\gamma}_n)_n$ ist in dem Sinne asymptotisch äquivalent zu einer Folge konsistenter ↗ Maximum-Likelihood-Schätzungen $(\hat{\gamma}_n^*)_n$, daß die Differenz $\sqrt{n}(\hat{\gamma}_n - \hat{\gamma}_n^*)$ für $n \to \infty$ in Wahrscheinlichkeit gegen 0 konvergiert. Darüber hinaus besitzt die Zufallsgröße $S(\vec{H}_n, \hat{\gamma}_n)$ eine asymptotische χ^2-Verteilung mit $r + k - 1$ Freiheitsgraden.

[1] Witting, H.; Nölle, G.: Angewandte Mathematische Statistik. B.G.Teubner Verlagsgesellschaft Stuttgart Leipzig, 1970.

Minimum-Maximum-Prinzip, ↗ Courantsches Minimum-Maximum-Prinzip.

Minimumprinzip, lautet:

Es sei $G \subset \mathbb{C}$ ein ↗ Gebiet, f eine in G ↗ holomorphe Funktion und $|f|$ besitze an $z_0 \in G$ ein lokales Minimum, d. h. es gibt eine Umgebung $U \subset G$ von z_0 mit $|f(z)| \geq |f(z_0)|$ für alle $z \in U$. Dann ist $f(z_0) = 0$ oder f konstant in G.

Eine Variante des Minimumprinzips für beschränkte Gebiete lautet:

Es sei $G \subset \mathbb{C}$ ein beschränktes Gebiet und f eine auf $\overline{G}$ stetige und in G holomorphe Funktion. Dann *besitzt f mindestens eine Nullstelle in G oder die Funktion $|f|$ nimmt ihr Minimum auf dem Rand an, d. h. es gilt*

$$\min_{z\in\overline{G}} |f(z)| = \min_{z\in\partial G} |f(z)|\,.$$

Minimumsuche längs einer Geraden, tritt in zahlreichen Optimierungsalgorithmen als Teilproblem auf.

Häufig versucht man dabei, den Wert einer Zielfunktion f von einem Punkt x aus zu verringern (Minimierungsproblem). Dazu wählen viele Verfahren eine Abstiegsrichtung d, entlang der die Funktionswerte von f – zumindest lokal – kleiner werden. Man miminiert dann f entlang der Geraden $x+t\cdot d$ mit $t > 0$. Bei Problemen mit Nebenbedingungen muß zusätzlich der Punkt $x+t\cdot d$ zulässig bleiben.

Minkowski, Gitterpunktsatz von, ↗Minkowskischer Gitterpunktsatz.

Minkowski, Hermann, Mathematiker, geb. 22.6. 1864 Alexoten (Aleksoty, bei Kaunas), gest. 12.1.1909 Göttingen.

Als Achtjähriger kehrte Minkowski mit seinen deutschen Eltern nach Deutschland zurück und besuchte in Königsberg das Gymnasium, das er bereits im Alter von 15 Jahren abschloß. Danach studierte er 1880 bis 84 in Königsberg und Berlin. In dieser Zeit begann seine lebenslange Freundschaft mit D. Hilbert und A. Hurwitz. Nach der Promotion 1885 an der Universität Königsberg habilitierte er sich 1887 an der Universität Bonn und wurde dort 1892 a. o. Professor. 1894 kehrte er nach Königsberg zurück, wo er ein Jahr später ein Ordinariat erhielt. 1896 nahm er einen Ruf an das Züricher Polytechnikum an und lehrte schließlich ab 1902 auf einem auf Betreiben Hilberts neu geschaffenen Lehrstuhl an der Göttinger Universität.

Bereits als Schüler beschäftigte sich Minkowski mit höherer Analysis sowie Zahlentheorie und führte erste Untersuchungen durch. 1883 erhielt er für seine Bearbeitung der Preisaufgabe der Pariser Akademie zusammen mit H.J. Smith (1826–1883) den Grand Prix. In seiner Arbeit hatte Minkowski selbständig eine umfassende Arithmetik quadratischer Formen entwickelt und speziell die Darstellbarkeit natürlicher Zahlen als Summe von fünf Quadraten studiert. Die Forschungen zur Theorie der quadratischen Formen beliebig vieler Variabler setzte er sein Leben lang erfolgreich fort. So gelang es ihm etwa 1905 die Reduktion von positiv definiten n-ären Formen mit reellen Koeffizienten zu vollenden, ein Problem, zum dem seit Hermite viele Mathematiker Beiträge geliefert hatten. Verschiedene Aussagen enthielten implizit bereits das erst von Hasse in voller Allgemeinheit bewiesene Lokal-Global-Prinzip für quadratische Formen. In engem Zusammenhang mit den Studien über Formen standen Minkowskis Arbeiten über zentralsymmetrische konvexe Punktmengen. Er entdeckte viele Eigenschaften dieser Mengen und baute eine eigenständige Geometrie der Polyeder und konvexen Körper auf. Seine Forschungen reichten u. a. bis zum Problem der dichtesten Packungen im Raum, der Abstandsdefinition durch einen symmetrischen konvexen Körper und zu einigen, heute nach Minkowski benannten Varianten der nichteuklidischen Geometrie. Die Anwendung dieser Ergebnisse über konvexe Mengen in der Zahlentheorie führte zu neuen geometrischen Methoden, die sich speziell in den Untersuchungen über Formen, der Arithmetik der endlichen Zahlkörper und der Approximation algebraischer Zahlen durch rationale als äußerst fruchtbringend erwiesen. Viele Resultate faßte er 1896 in dem Buch „Geometrie der Zahlen" zusammen. Das Buch war Minkowskis Beitrag zu dem „Bericht über die neueren Entwicklungen der Zahlentheorie", um dessen Abfassung er und Hilbert von der Deutschen Mathematiker-Vereinigung 1893 gebeten worden waren.

Ein weiteres großes Interessengebiet Minkowskis war die mathematische Physik, in der er mit seinen geometrischen Ideen ebenfalls markante Spuren hinterließ. Er beschäftigte sich mit Hydrodynamik sowie der Kapillaritätstheorie, und schuf die Basis für die mathematischen Studien zur Relativitätstheorie, indem er zeigte, daß zur Behandlung des von Einstein und Lorentz formulierten Relativitätsprinzips ein vierdimensionaler Raum, das Raum-Zeit-Kontinuum, erforderlich ist. Er stellte die indefinite metrische Fundamentalform dieses Raumes auf und beschrieb die Kinematik der speziellen Relativitätstheorie in dieser Geometrie.

Minkowski-Dimension, manchmal verwendete Bezeichnung für ↗Kapazitätsdimension.

Minkowski-Ebene, eine Inzidenzstruktur $(\mathcal{P},\mathcal{B},I)$ mit $\mathcal{B} = \mathcal{K} \cup \mathcal{L}_1 \cup \mathcal{L}_2$ (die Elemente von $\mathcal{K}$ heißen

Kreise, die Elemente von $\mathcal{L}_1 \cup \mathcal{L}_2$ werden Erzeugende genannt), die folgende Axiome erfüllt:

- Die Mengen $\mathcal{L}_1, \mathcal{L}_2$ sind Partitionen von $\mathcal{P}$. Ein Element von $\mathcal{L}_1$ und ein Element von $\mathcal{L}_2$ schneiden sich in genau einem Punkt.
- Durch je drei verschiedene Punkte, die nicht auf einer Erzeugenden liegen, geht genau ein Kreis.
- Jeder Kreis schneidet jede Erzeugende in genau einem Punkt.
- Sind A, B zwei Punkte, die nicht auf einer gemeinsamen Erzeugenden liegen, und ist K ein Kreis durch A, der B nicht enthält, so gibt es genau einen Kreis durch A und B, der mit K nur den Punkt A gemeinsam hat (Berühraxiom).
- Es gibt mindestens zwei Kreise, und jeder Kreis enthält mindestens drei Punkte.

Klassisches Beispiel ist die ↗Miquelsche Ebene, ein Überbegriff die ↗Benz-Ebene.

Siehe auch ↗Minkowski-Geometrie.

Minkowski-Funktional, spezielles Funktional auf reellen Vektorräumen.

Es seien V ein reeller Vektorraum und $M \subseteq V$ eine absorbierende Menge (↗absorbierende Menge eines Vektorraums). Dann heißt die Abbildung $p : V \to \mathbb{R}$, definiert durch

$$p_M(x) = \inf(\alpha > 0 \mid x \in \alpha M)$$

das Minkowski-Funktional der Menge M.

Das Minkowski-Funktional p_U einer konvexen Nullumgebung U eines normierten Raumes V ist ein sublineares Funktional. Man verwendet Minkowski-Funktionale beim Beweis von Trennungssätzen.

Minkowski-Geometrie

H. Gollek

Der Begriff Minkowski-Geometrie bezeichnet zum einen

(1) die Geometrie des ↗Minkowski-Raumes M^4, sowie zum anderen

(2) die Geometrie eines normierten Vektorraumes endlicher Dimension, in dem die Rolle der Einheitssphäre von einem in bezug auf den Ursprung zentralsymmetrischen konvexen Körper übernommen wird.

Den 4-dimensionalen, mit einer Metrik g der Signatur $(1, 3)$ versehenen pseudoeuklidischen Raum hat H. Minkowski 1908 als geometrisches Modell der speziellen Relativitätstheorie vorgeschlagen. Punkte von $\mathfrak{v} = (t, x, y, z) \in M^4$ repräsentieren *Ereignisse*, die durch den Zeitpunkt, d. h., die erste Koordinate t, und den Ort ihres Eintretens, d. h., durch die übrigen drei Koordinaten x, y, z, charakterisiert sind. Ist $\Delta\mathfrak{x} = \mathfrak{x}_2 - \mathfrak{x}_1 = (\Delta t, \Delta x, \Delta y, \Delta z)$ der Verbindungsvektor der Ereignisse $\mathfrak{x}_1$ und $\mathfrak{x}_2$, so ist die Größe

$$|\Delta\mathfrak{x}|^2 = g\,(\Delta\mathfrak{x}, \Delta\mathfrak{x}) = -c^2\,\Delta t^2 + \Delta x^2 + \Delta y^2 + \Delta z^2$$

ihr relativistisches Abstandsquadrat, das in Analogie zum Quadrat des Euklidischen Abstands definiert wird, aber abweichende Eigenschaften besitzt. Es kann z. B. negative Werte annehmen. Die vom Nullvektor verschiedenen Vektoren $\Delta\mathfrak{x} \in M^4$ werden nach dem Vorzeichen der Zahl $g\,(\Delta\mathfrak{x}, \Delta\mathfrak{x})$ in

↗raumartige: $\Delta x^2 + \Delta y^2 + \Delta z^2 > c^2\,\Delta t^2$,
↗zeitartige: $\Delta x^2 + \Delta y^2 + \Delta z^2 < c^2\,\Delta t^2$,
↗lichtartige: $\Delta x^2 + \Delta y^2 + \Delta z^2 = c^2\,\Delta t^2$,

unterteilt.

Verzichtet man auf eine Raumkoordinate, etwa die Δz-Koordinate, so hat man es mit einem dreidimensionalen Minkowski-Raum zu tun und gelangt zu einer anschaulichen Vorstellung: Die Menge $\mathcal{Z}$ der zeitartigen Vektoren erscheint im $(\Delta t, \Delta x, \Delta y)$-Raum als Menge aller Punkte, die die Ungleichung $\Delta t^2 > \left(\Delta x^2 + \Delta y^2\right)/c^2$ erfüllen. $\mathcal{Z}$ ist somit das 4-dimensionale Analogon eines konvexen Vollkegels. Seine Randfläche besteht aus allen lichtartigen Vektoren. Diese bilden den *Lichtkegel* $\mathcal{Z}$ des Minkowski-Raumes.

$\mathcal{Z}$ ist die Vereinigung zweier disjunkter Halbkegel $\mathcal{Z}^+$ und $\mathcal{Z}^-$, die die *Zeitorientierungen* von (M^4, g) sind. Zwei Vektoren $\mathfrak{v}, \mathfrak{w} \in \mathcal{Z}$ gehören genau dann zur gleichen Zeitorientierung, wenn $g(\mathfrak{v}, \mathfrak{w}) < 0$ ist.

Sehr viel inhaltsreicher wird die Geometrie des Minkowski-Raumes durch die zusätzliche Betrachtung physikalischer Phänomene. Unter einem *Inertialsystem* versteht man in der klassischen Mechanik und in der speziellen Relativitätstheorie ein Bezugssystem, in der das erste Newtonsche Axiom gilt, d. h., ein Inertialsystem ist eine sich gleichmäßig bewegende Basis des zugrundeliegenden Vektorraums. Der Begriff des Inertialsystems ist eine Idealisierung, jedoch existieren für eine große Klasse physikalischer Phänomene Bezugssysteme, die dem idealen Inertialsystem sehr nahe kommen. Jedes andere Bezugssystem, das sich in bezug auf ein Inertialsystem beschleunigungsfrei bewegt, ist ebenfalls ein Inertialsystem.

Je zwei Inertialsysteme bestimmen eine affine Abbildung, die das eine in das andere überführt. Die Inertialsysteme der klassischen Mechanik sind durch *Galileische Transformationen*, die der speziellen Relativitätstheorie durch *Lorentztransformationen* miteinander verbunden. Alle diese Transformationen bilden eine Gruppe. Eine Galileische Transformation ist durch

$$t' = t,\ x' = x - V_x t,\ y' = y - V_y t,\ z' = z - V_z t \quad (1)$$

gegeben, worin (x, y, z, t) und (x', y', z', t') die Koordinaten in bezug auf die beiden Bezugssysteme $\mathcal{B}$ bzw. $\mathcal{B}'$ und $\vec{V} = (V_x, V_y, V_z)$ der Geschwindigkeitsvektor ihrer Bewegung relativ zueinander ist.

Bewegt sich hingegen $\mathcal{B}'$ in der speziellen Relativitätstheorie in Richtung der x-Achse mit der Geschwindigkeit V_x, so hat die zugehörige Lorentztransformation die Gestalt

$$t' = \frac{t - V_x x/c^2}{\sqrt{1 - \frac{V_x^2}{c^2}}},\ x' = \frac{x - V_x t}{\sqrt{1 - \frac{V_x^2}{c^2}}},\ \begin{array}{l} y' = y, \\ z' = z. \end{array} \quad (2)$$

Dabei wird vorausgesetzt, daß die Ursprungspunkte von $\mathcal{B}$ und $\mathcal{B}'$ zum Zeitpunkt $t = 0$ gleich sind, und die Uhr von $\mathcal{B}'$ zu diesem Zeitpunkt die Zeit $t' = 0$ anzeigt.

Setzt man zur Abkürzung $f = 1/\sqrt{1 - \frac{V_x^2}{c^2}}$, so kann die Transformation (2) auch durch die Matrix

$$L = \begin{pmatrix} f & \frac{-f V_x}{c^2} & 0 & 0 \\ -f V_x & f & 0 & 0 \\ 0 & 0 & 1 & 0 \\ 0 & 0 & 0 & 1 \end{pmatrix}$$

dargestellt werden. Aus dieser Form ist direkt ersichtlich, daß L eine Isometrie von M^4 in bezug auf die Metrik g ist, denn es gilt $L^\top g L = g$, wenn man g als Diagonalmatrix mit den Diagonalelementen $-c^2, 1, 1, 1$ ansieht. Führt man noch die Größe $\psi = \operatorname{arsinh}\left(V_x/\sqrt{c^2 - V_x^2}\right)$ ein, so gilt

$$L = \begin{pmatrix} \cosh\psi & 1/c \sinh\psi & 0 & 0 \\ c \sinh\psi & \cosh\psi & 0 & 0 \\ 0 & 0 & 1 & 0 \\ 0 & 0 & 0 & 1 \end{pmatrix}.$$

In ähnlicher Weise sind die Matrizen der Lorentztransformationen aufgebaut, die den Bezugssystemen entsprechen, welche sich parallel zur y-Achse oder z-Achse bewegen. Die gesamte Lorentzgruppe wird von diesen und den orthogonalen Transformationen des $\mathbb{R}^3$ erzeugt.

Das *relativistische Additionsgesetz der Geschwindigkeiten* ergibt sich aus der Formel (2) für die Lorentztransformation wie folgt: Bewegt sich ein Teilchen in $\mathcal{B}$ mit der Geschwindigkeit v in Richtung der x-Achse, dann hat dasselbe Teilchen in $\mathcal{B}'$ die Geschwindigkeit

$$v' = \frac{v - V}{1 - \frac{vV}{c^2}}.$$

Setzt man hier $v = c$, so ergibt sich auch $v' = c$. Dieses Additionsgesetz ist demnach mit dem Prinzip der Konstanz der Lichtgeschwindigkeit verträglich.

Andere gravierende Abweichungen von der klassischen Mechanik, die sich aus (2) ergeben, sind die Relativierung des Begriffs der *Gleichzeitigkeit*, die *Zeitdilatation* und die *Verkürzung* des bewegten Objekts in seiner Bewegungsrichtung.

Sind A und B zwei Ereignisse mit den Koordinaten (x_A, y_A, z_A, t_A) bzw. (x_B, y_B, z_B, t_B) im System $\mathcal{B}$, so ist die Gleichzeitigkeit von A und B durch die Gleichung $t_A = t_B$ erklärt. Die obige Formel der Lorentztransformation ergibt aber für deren Zeitpunkte t'_A, t'_B im System $\mathcal{B}'$ die Differenz

$$t'_A - t'_B = (x_A - x_B)\,\frac{V^2}{c^2}\sqrt{1 - \frac{V^2}{c^2}},$$

die nur für $V = 0$ oder $x_A = x_B$ verschwindet.

Zeigt eine Uhr, die sich im System $\mathcal{B}$ am Punkt mit den Koordinaten $(0, 0, 0)$ befindet, die Zeit t an, so zeigt die Uhr von $\mathcal{B}'$ in dem Moment, in dem Sie sich am selben Punkt befindet, die Zeit

$$t' = \frac{t}{\sqrt{1 - \frac{V^2}{c^2}}}$$

an. Das ist der Effekt der Zeitdilatation, demzufolge aus der Perspektive eines Beobachters in $\mathcal{B}'$ die Zeit in $\mathcal{B}$ langsamer läuft. Schließlich verkürzt sich ein Körper, der sich in $\mathcal{B}$ in Ruhe befindet, bei Messung seiner Länge im System $\mathcal{B}'$ um den Faktor $\sqrt{1 - \frac{V^2}{c^2}}$.

Literatur

[1] Minkowski, H.: Das Relativitätsprinzip. Jahresber. d. Deutschen Mathematikervereinigung, 1915.

Minkowski-Hasse, Satz von, ↗Lokal-Global-Prinzip der Zahlentheorie.

Minkowski-Metrik, der metrische Tensor η_{ij} der Speziellen Relativitätstheorie.

Die Minkowski-Metrik ist invariant gegenüber Lorentz-Transformationen (↗Lorentz-Invarianz), deshalb spielt sie in der Speziellen Relativitätstheorie eine große Rolle. Siehe auch ↗Minkowski-Geometrie.

Minkowski-Raum, ein mit einer Metrik g der Signatur $(1, 3)$ versehener 4-dimensionaler Vektorraum M^4 über dem Körper der reellen Zahlen.

Das bedeutet, daß es in M^4 eine Basis gibt derart, daß in den zugehörigen Koordinaten das Skalarprodukt zweier Vektoren $\mathfrak{x}_1 = (t_1, x_1, y_1, z_1)$ und $\mathfrak{x}_2 = (t_2, x_2, y_2, z_2)$ durch

$$g(\mathfrak{x}_1, \mathfrak{x}_2) = -c^2 t_1 t_2 + x_1 x_2 + y_1 y_2 + z_1 z_2$$

gegeben ist. Die Größe c kann willkürlich gewählt werden, muß aber positives Vorzeichen haben und steht in Anwendungen zumeist für die Lichtgeschwindigkeit.

Minkowskischer Diskriminantensatz, untere Abschätzung für die Diskriminante eines algebraischen Zahlkörpers.

Sei K ein algebraischer Zahlkörper vom Grad n (über $\mathbb{Q}$) mit der Diskriminante d_K, und bezeichne r_2 die Anzahl der Paare komplex-konjugierter Isomorphismen von $K \subset \mathbb{C}$. Dann gilt die Ungleichung

$$|d_K| \geq \left(\frac{\pi}{4}\right)^{2r_2} \frac{n^{2n}}{(n!)^2} \geq \left(\frac{\pi}{4}\right)^{n} \frac{n^{2n}}{(n!)^2}.$$

Insbesondere ist $|d_K| > 1$ für $n > 1$.

Minkowskischer Gitterpunktsatz, *Minkowski-Theorem*, Aussage über Gitterpunkte in konvexen Mengen C im n-dimensionalen euklidischen Raum $\mathbb{R}^n$, die bzgl. des Ursprungs $0 \in \mathbb{R}^n$ (punkt-)symmetrisch sind, d. h.

$$x \in C \iff -x \in C.$$

Sind $a_1, \dots, a_n \in \mathbb{R}^n$ linear unabhängig, so nennt man die Menge der ganzen Linearkombinationen

$$\Lambda = \left\{ \sum_{j=1}^{n} z_j a_j : z_j \in \mathbb{Z} \right\}$$

ein Gitter im euklidischen Raum $\mathbb{R}^n$; die Punkte $x \in \Lambda$ nennt man Gitterpunkte, und das halboffene Parallelotop

$$F_\Lambda = \left\{ \sum_{j=1}^{n} t_j a_j : 0 \leq t_j < 1 \right\}$$

heißt auch Fundamentalmasche des Gitters Λ.

Seien $\Lambda \subset \mathbb{R}^n$ ein Gitter, $\Delta := \mathrm{vol}(F_\Lambda)$ das Volumen der Fundamentalmasche von Λ und $C \subset \mathbb{R}^n$ eine bzgl. 0 symmetrische konvexe Menge. Ist $\mathrm{vol}(C) > 2^n \Delta$, dann enthält C mindestens einen von 0 verschiedenen Gitterpunkt.

Das einfachste Gitter ist die Menge $\Lambda = \mathbb{Z}^n$ der Punkte mit ganzzahligen Koordinaten. Darauf angewandt, ergibt der Minkowskische Gitterpunktsatz die Aussage:

Jede bzgl. des Ursprungs symmetrische konvexe Menge $C \subset \mathbb{R}^n$ mit Volumen $> 2^n$ enthält mindestens drei verschiedene Punkte mit ganzzahligen Koordinaten.

Minkowski-Theorem, ↗Minkowskischer Gitterpunktsatz.

Minkowski-Ungleichung, die Dreiecksungleichung in $L^p(\mu)$, $p > 1$ (↗Funktionenräume): Für $f, g \in L^p(\mu)$ gilt

$$\|f + g\|_{L^p} \leq \|f\|_{L^p} + \|g\|_{L^p}.$$

(Für $p = 1$ oder $p = \infty$ ist diese Ungleichung trivial, und für $p < 1$ ist sie falsch.)

Minor, Unterdeterminante einer $(n \times n)$-Determinante.

Es sei

$$A = \begin{pmatrix} a_{11} & a_{12} & \cdots & a_{1n} \\ a_{21} & a_{22} & \cdots & a_{2n} \\ \vdots & \vdots & & \vdots \\ a_{n1} & a_{n2} & \cdots & a_{nn} \end{pmatrix}$$

eine $(n \times n)$-Matrix. Wählt man für $1 \leq p \leq n$ Indizes $1 \leq i_1 < i_2 < \dots < i_p \leq n$ und $1 \leq j_1 < j_2 < \dots < j_p \leq n$, so nennt man die Determinante

$$\det \begin{pmatrix} a_{i_1 j_1} & a_{i_1 j_2} & \cdots & a_{i_1 j_p} \\ a_{i_2 j_1} & a_{i_2 j_2} & \cdots & a_{i_2 j_p} \\ \vdots & \vdots & & \vdots \\ a_{i_p j_1} & a_{i_p j_2} & \cdots & a_{i_p j_p} \end{pmatrix}$$

einen Minor p-ter Ordnung der Matrix A. Gilt zusätzlich noch $i_k = j_k$ für $k = 1, \dots, p$, so spricht man von Hauptminoren der Matrix A.

Minor eines Graphen, ein ↗Graph, der aus einem ↗Teilgraphen eines gegebenen Graphen durch sukzessive Kontraktionen von Kanten entsteht.

Eine Eigenschaft von Graphen nennt man minoren-monoton, falls mit einem Graphen auch alle seine Minoren diese Eigenschaft besitzen. Die Eigenschaft, ein ↗planarer Graph zu sein, ist beispielsweise minoren-monoton.

Minorante einer Reihe, ↗Majorante einer Reihe.

Minorantenkriterium, einfaches Vergleichskriterium für Reihen, das die Divergenz von $\sum_{\nu=1}^{\infty} |b_\nu|$ einer Reihe $\sum_{\nu=1}^{\infty} b_\nu$ aufzeigt, zu der es eine Minorante gibt, die nicht absolut konvergiert, d. h. eine Reihe $\sum_{\nu=1}^{\infty} a_\nu$, für die mit einem $N \in \mathbb{N}$

$$|a_\nu| \leq |b_\nu| \quad \text{für } \mathbb{N} \ni \nu \geq N$$

und $\sum_{\nu=1}^{\infty} |a_\nu| = \infty$ gelten.

Das Minorantenkriterium ist nur eine andere Lesart des ↗Majorantenkriteriums. Hierbei ist zunächst an Reihen mit Gliedern in $\mathbb{R}$ gedacht. Das Kriterium gilt aber allgemeiner unverändert zumindest noch für Reihen mit Gliedern in einem normierten Vektorraum – wenn man nur den Betrag $|\ |$ durch die gegebene Norm $\|\ \|$ ersetzt.

Beispiel: Die Reihe $\sum_{\nu=1}^{\infty} \frac{1}{\sqrt{n}}$ ist divergent, denn $\sum_{\nu=1}^{\infty} \frac{1}{n}$ ist eine divergente Minorante.

Minsky-Papert-Kritik, bezeichnet im Kontext ↗Neuronale Netze die von Marvin Minsky und Seymour Papert gegen Ende der sechziger Jahre u. a. in ihrem Buch „Perceptrons" [1] veröffentlichte systematische Analyse der prinzipiellen Leistungsfähigkeit und funktionalen Beschränktheit insbesondere zweischichtiger neuronaler Feed-Forward-Netze.

Die Publikation dieser kritischen Untersuchungen hatte nachhaltige Folgen für die wissenschaftliche Auseinandersetzung mit neuronalen Netzen schlechthin und führte dazu, daß viele Wissenschaftler ihre Forschungsarbeit auf dem Gebiet der neuronalen Netze einstellten.

Zur Illustration der negativen Resultate, die von Minsky und Papert angeführt wurden, formulieren wir den folgenden, leicht zu verifizierenden Satz.

Es gibt kein zweischichtiges neuronales Feed-Forward-Netz mit zwei reinen fanout Eingabe-Neuronen und einem Ausgabe-Neuron mit Ridge-Typ-Aktivierung und monoton wachsender sigmoidaler Transferfunktion $T : \mathbb{R} \to \mathbb{R}$, welches das XOR-Problem,

$$\begin{aligned} x^{(1)} &= (0,0), & y^{(1)} &= 0, \\ x^{(2)} &= (1,0), & y^{(2)} &= 1, \\ x^{(3)} &= (0,1), & y^{(3)} &= 1, \\ x^{(4)} &= (1,1), & y^{(4)} &= 0, \end{aligned}$$

löst, d. h., es gibt keine Gewichte $w_{11}, w_{21} \in \mathbb{R}$ und keinen Schwellwert $\Theta_1 \in \mathbb{R}$, so daß gilt

$$T(w_{11}x_1^{(s)} + w_{21}x_2^{(s)} - \Theta_1) = y^{(s)}, \quad 1 \le s \le 4.$$

[1] Minsky,M.; Papert, S.: Perceptrons. MIT Press, Cambridge, Massachusetts 1969.

Minterm, vollständiges ↗Boolesches Monom aus $\mathfrak{A}_n$ (↗Boolescher Ausdruck) der Form

$$x_1^{\varepsilon_1} \wedge \cdots \wedge x_n^{\varepsilon_n}.$$

Ist $f(\varepsilon_1, \ldots, \varepsilon_n) = 1$ für eine Boolesche Funktion $f : D \to \{0,1\}$ mit $D \subseteq \{0,1\}^n$, so nennt man

$$x_1^{\varepsilon_1} \wedge \cdots \wedge x_n^{\varepsilon_n}$$

Minterm der Booleschen Funktion f.

Minuend, die Größe, von der bei einer Subtraktion der Subtrahend subtrahiert wird, also die Größe x im Ausdruck $x - y$.

Minuszeichen, das Formelzeichen „−", das entweder als Rechenzeichen bei der Subtraktion oder als Vorzeichen einer negativen Zahl auftritt.

Miquelsche Ebene, eine klassische ↗Benz-Ebene.

Sei $\mathcal{P}$ ein dreidimensionaler ↗projektiver Raum, und sei $\mathcal{Q}$ eine ↗elliptische Quadrik, ein Kegel ohne Spitze, oder eine ↗hyperbolische Quadrik von $\mathcal{P}$. Sei $\mathcal{P}$ die Menge der Punkte von $\mathcal{Q}$, und sei $\mathcal{B}$ die Menge der Schnitte von Ebenen mit $\mathcal{Q}$, die mehr als einen Punkt enthalten. Dann ist die Inzidenzstruktur $(\mathcal{P}, \mathcal{B}, I)$ eine Miquelsche Ebene. Diese ist eine Möbius-Ebene, Laguerre-Ebene oder Minkowski-Ebene, je nachdem ob $\mathcal{Q}$ eine elliptische Quadrik, ein Kegel oder eine hyperbolische Quadrik ist.

Miranda, Nullstellensatz von, lautet:

Ist $f = (f_i) : D \subseteq \mathbb{R}^n \to \mathbb{R}^n$ stetig auf dem ↗Intervallvektor $\mathbf{b} = ([\underline{b}_i, \overline{b}_i]) \subseteq D$, und gilt für jedes $i \in \{1, \ldots, n\}$ eine der beiden Eigenschaften
1) $f_i(x) \le 0$ für alle $x \in \mathbf{b}$ mit $x_i = \underline{b}_i$ und $f_i(x) \ge 0$ für alle $x \in \mathbf{b}$ mit $x_i = \overline{b}_i$,
2) $f_i(x) \ge 0$ für alle $x \in \mathbf{b}$ mit $x_i = \underline{b}_i$ und $f_i(x) \le 0$ für alle $x \in \mathbf{b}$ mit $x_i = \overline{b}_i$,
dann besitzt f in $\mathbf{b}$ mindestens eine Nullstelle.

Der Satz ist äquivalent zum Brouwerschen Fixpunktsatz. Im Fall $n = 1$ geht er in den Nullstellensatz von Bolzano über, der die Basis des Bisektionsverfahrens zur Einschließung einer Nullstelle von f bildet.

Mischen von Verteilungsfunktionen, Darstellung einer unbekannten (komplizierten) Verteilungsfunktion als gewichtete Summe bekannter (einfacher) Verteilungsfunktionen.

Häufig treten bei der Modellierung stochastischer Größen Verteilungsfunktionen auf, die keiner bekannten Verteilungsfunktion entsprechen. Diese versucht man dann durch eine sogenannte Mischung von bekannten Verteilungsfunktionen darzustellen bzw. zu approximieren.

Unter einer (diskreten) Mischung von Verteilungsfunktionen $F_1(x), F_2(x), \ldots$ mit den Gewichten

$$a_1, a_2, \ldots, > 0, \quad \sum_k a_k = 1, \qquad (1)$$

versteht man die Linearkombination

$$F(x) = \sum_k a_k F_k(x).$$

Wegen (1) ist $(a_k)_k$ eine diskrete Wahrscheinlichkeitsverteilung, und somit ist $F(x)$ ebenfalls eine Verteilungsfunktion. Der Begriff der Mischung wird auf nicht abzählbare Mengen von Verteilungen wie folgt erweitert: Ist$(G(x,t))$ eine vom Parameter t abhängige Familie von Verteilungsfunktionen und $H(t)$ eine beliebige Verteilungsfunktion, so heißt die durch

$$F(x) = \int_{-\infty}^{\infty} G(x,t)dH(t)$$

gebildete Verteilungsfunktion $F(x)$ (stetige) Mischung der Verteilungsfunktionen $G(x,t)$ mit der Gewichtsverteilung $H(t)$.

Eine besondere Rolle in der stochastischen Theorie und Praxis spielen Mischungen von ↗Erlang-Verteilungen. Eine Mischung

$$F(x) = \sum_{i=1}^{n} a_i E_{k_i,\lambda_i}(x)$$

von Erlangverteilungen $E_{k_i,\lambda_i}(x)$ der Ordnung k_i mit dem Parameter λ_i heißt Hypererlangverteilung vom Grade n. Es läßt sich zeigen, daß sich beliebige Verteilungsfunktionen nichtnegativer Zufallsgrößen, die gewisse schwache Stetigkeitsbedingungen erfüllen, durch eine spezielle Hypererlangverteilung approximieren lassen; der entsprechende Satz wird als Approximationssatz bezeichnet:

Für jede Verteilungsfunktion $F_X(x)$ einer nichtnegativen Zufallsgröße X gilt für alle $x \in \mathbb{R}$, in denen $F_X(x)$ stetig ist,

$$F(x) = \lim_{\lambda\to\infty} F_\lambda(x)$$

mit

$$F_\lambda(x) = F_X(0) + \sum_{k=1}^{\infty}\left[F_X\left(\frac{k}{\lambda}\right) - F_X\left(\frac{k-1}{\lambda}\right)\right] E_{k,\lambda}(x),$$

wobei $E_{k,\lambda}(x)$ eine Erlangverteilung der Ordnung k mit dem Parameter λ ist.

Im Sinne der schwachen Konvergenz von Verteilungsfunktionen gilt also $F_\lambda(x) \to_{\lambda\to\infty} F_X(x)$, wobei $F_\lambda(x)$ spezielle Hypererlangverteilungen sind, deren Mischungsgewichte a_k durch Werte der zu approximierenden Verteilungsfunktion gegeben sind.

Die Mischung von Erlangverteilungen und der Approximationssatz spielen eine große Rolle in der Bedienungstheorie (↗Warteschlangentheorie) und der ↗Zuverlässigkeitstheorie bei der Modellierung von zufälligen Warte-, Ausfall-, Reparatur- und Bedienzeiten. (Siehe auch ↗Erlangsche Phasenmethode, ↗Mischverteilung).

mischende Transformation, auf einem Wahrscheinlichkeitsraum $(\Omega, \mathfrak{A}, P)$ definierte maßtreue Transformation T mit der Eigenschaft

$$\lim_{n\to\infty} P(A \cap T^{-n}(B)) = P(A)P(B)$$

für alle $A, B \in \mathfrak{A}$. Dabei bezeichnet $T^{-n}(B)$ das Urbild von B unter der n-fachen Komposition T^n von T mit sich selbst.

Mischung, ↗Mischverteilung.

Mischverteilung, *Mischung*, in der Regel auf der σ-Algebra $\mathfrak{B}(\mathbb{R})$ der Borelschen Mengen von $\mathbb{R}$ definiertes Wahrscheinlichkeitsmaß Q, das eine Darstellung der Form

$$Q(B) = int_{\mathbb{R}}\kappa(x, B)\mu(dx)$$

für alle $B \in \mathfrak{B}(\mathbb{R})$ mit einem Markow-Kern κ von $(\mathbb{R}, \mathfrak{B}(\mathbb{R}))$ nach $(\mathbb{R}, \mathfrak{B}(\mathbb{R}))$ und einem auf $\mathfrak{B}(\mathbb{R})$ definierten Wahrscheinlichkeitsmaß μ besitzt.

Im allgemeinen faßt man Q und μ als die Verteilungen P_X und P_Y von zwei auf einem Wahrscheinlichkeitsraum $(\Omega, \mathfrak{A}, P)$ definierten reellen Zufallsvariablen X und Y und k als die bedingte Verteilung $(y, B) \to P(X \in B|Y = y)$ von X gegeben Y auf. Besitzt die bedingte Verteilung von X gegeben $Y = y$, d. h. die Abbildung $B \to P(X \in B|Y = y)$, für jedes y eine bedingte Dichte $f_{X|Y=y}$ bezüglich des Lebesgue-Maßes λ bzw. des Zählmaßes α, so besitzt P_X die Dichte

$$f_X(x) = \int_{\mathbb{R}} f_{X|Y=y}(x)P_Y(dy)$$

bezüglich λ bzw. α. Im Falle, daß X und Y beide diskret sind, vereinfacht sich dieser Ausdruck zu

$$f_X(x) = \sum_{y:P(Y=y)>0} P(X = x|Y = y)P(Y = y),$$

und im Falle, daß eine gemeinsamen Dichte von X und Y bezüglich des zweidimensionalen Lebesgue-Maßes existiert, zu

$$f_X(x) = \int_{\mathbb{R}} f_{X|Y=y}(x) f_Y(y)\lambda(dy),$$

wobei f_Y die Dichte von P_Y bezüglich λ bezeichnet. Die Abbildung zeigt f_X für eine Situation, in der P_Y durch $P_Y(\{0\}) = 0,3$ und $P_Y(\{3\}) = 0,7$ gegeben sind, sowie $f_{X|Y=y}$ für $y \in \{0, 3\}$ die Dichte einer Normalverteilung mit Erwartungswert $\mu_y = y$ und Varianz $\sigma^2 = 1$ ist.

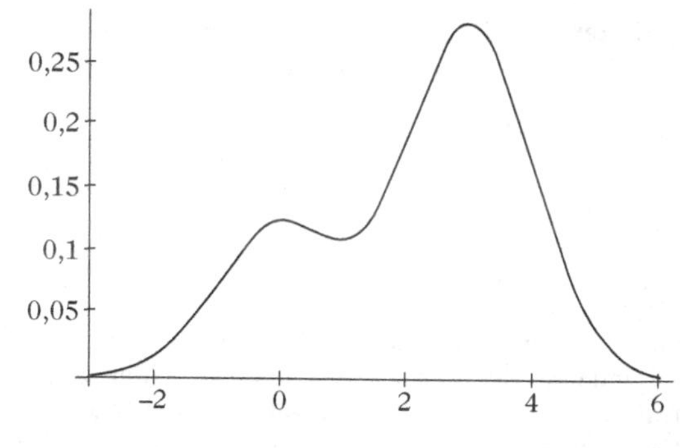

Dichte einer Mischverteilung

In Anwendungen, wie z. B. der Epidemiologie, werden Mischverteilungen häufig zur Modellierung nicht beobachtbarer Heterogenität verwendet. Dabei wird Y als latente, nicht beobachtbare Variable aufgefaßt, welche die Zugehörigkeit zu bestimmten

Subgruppen einer interessierenden Population angibt. Die Verteilung der beobachtbaren Variable X in der durch die Realisierung y von Y gekennzeichneten Subgruppe ist die bedingte Verteilung von X gegeben $Y = y$. Man nimmt nun an, daß diese Verteilung für jedes y zu einer bestimmten Verteilungsfamilie gehört, z. B. Poisson-Verteilung zum Parameter y. Um eine Mischverteilung an unabhängige Realisierungen $x_1, \dots, x_n$ von X anzupassen, stellt man die Log-Likelihood-Funktion

$$l(P_Y) = \sum_{i=1}^{n} \ln f_X(x_i)$$

auf, welche bei gegebenen $x_1, \dots, x_n$ nur von der unbekannten Verteilung P_Y abhängt, und versucht eine Verteilung $\hat{P}_Y$ innerhalb einer bestimmten parametrischen oder nichtparametrischen Klasse von Verteilungen zu bestimmen, die diese Funktion maximiert. Siehe auch ↗Mischen von Verteilungsfunktionen.

Misiurewicz-Punkt, ↗Mandelbrot-Menge.

Mitscherlichsches Gesetz, Beispiel einer linearen Differentialgleichung erster Ordnung, die den landwirtschaftlichen Ertrag pro Anbaufläche in Abhängigkeit von der pro Fläche erfolgten Düngung beschreibt. Mit Konstanten $k, E_m > 0$ gilt demnach für den Ertrag $E(x)$ in Abhängigkeit von der erfolgten Düngung x:

$$\frac{dE}{dx}(x) = k \cdot (E_m - E(x))$$

E_m hat die Bedeutung eines maximalen Ertrages pro Anbaufläche, der nicht überschritten werden kann. Es handelt sich um ein typisches Wachstumsgesetz mit Sättigung. Mit dem Anfangswert $E_0 = E(0)$ (Ertrag ohne Düngung) ergibt sich als Lösung:

$$E(x) = \left(1 - \frac{E_m - e_0}{E_m} \cdot e^{-k \cdot x}\right) \cdot E_m .$$

Mittag-Leffler, Magnus Gösta, schwedischer Mathematiker, geb. 16.3.1846 Stockholm, gest. 7.7. 1927 Stockholm.

Nach dem Studium an der Universität in Uppsala promovierte Mittag-Leffler 1872 ebendort. Im folgenden Jahr ging er auf eine Studienreise nach Paris, Göttingen und Berlin, wo er unter anderem Hermite und Weierstraß traf. Diese Begegnungen beeinflußten Mittag-Lefflers Schaffen ganz entscheidend. 1877 wurde er an die Universität in Helsinki berufen, 1881 wechselte er an die Universität Stockholm.

Mittag-Leffler leistete bedeutende Beiträge zu vielen Gebieten der Mathematik, insbesondere der Analysis, der analytischen Geometrie, der Wahrscheinlichkeitsrechnung und der Funktionentheorie.

Neben seinen mathematischen Arbeiten sind auch seine wissenschaftsorganisatorischen Leistungen herausragend. 1882 gründete er die Zeitschrift „Acta Mathematica", deren Herausgeber er 45 Jahre lang war. 1886 war er Präsident der Universität Stockholm. Darüber hinaus beschäftigte er sich auch mit Mathematikgeschichte und publizierte zu Leben und Werk Weierstraß'.

Mittag-Leffler erhielt viele Auszeichnungen und war Ehrenmitglied vieler mathematischer Gesellschaften. 1916 übertrugen Mittag-Leffler und seine Frau ihr gesamtes Vermögen einschließlich ihrer Villa der Königlichen Schwedischen Akademie. Dieses Vermögen bildete den Grundstock für das ↗Mittag-Leffler-Institut.

Mittag-Leffler, Satz von, funktionentheoretische Aussage, die wie folgt lautet:

Es sei $D \subset \mathbb{C}$ eine offene Menge, $\varphi = (a_n, d_n)$ eine ↗Hauptteil-Verteilung in D und T' die Menge der Häufungspunkte von $\{a_1, a_2, a_3, \dots\}$ in $\mathbb{C}$. Dann existiert zu φ eine ↗Mittag-Leffler-Reihe in $\mathbb{C} \setminus T'$.

Ist speziell $D = \mathbb{C}$, so ist $T' = \emptyset$, und für die Funktionen g_n kann man das Taylor-Polynom P_{n,m_n} zu q_n vom Grad m_n um 0 wählen, wobei m_n geeignet zu bestimmen ist. Falls man $m_n = m$ für alle $n \in \mathbb{N}$ wählen kann, so nennt man die zugehörige Mittag-Leffler-Reihe mit dem kleinsten solchen m die kanonische Reihe zur Hauptteil-Verteilung (a_n, q_n) in $\mathbb{C}$.

Aus dem Satz von Mittag-Leffler lassen sich wichtige Folgerungen ableiten.

Existenzsatz: *Es sei $D \subset \mathbb{C}$ eine offene Menge. Dann ist jede Hauptteil-Verteilung in D mit Träger T die Hauptteil-Verteilung einer in $D \setminus T$ ↗holomorphen Funktion. Jede endliche Hauptteil-Verteilung ist die Hauptteil-Verteilung einer in D ↗meromorphen Funktion.*

Satz über die Partialbruchzerlegung meromorpher Funktionen: *Es sei $D \subset \mathbb{C}$ eine offene Menge und f eine in D meromorphe Funktion. Dann ist*

f in D durch eine Partialbruchreihe darstellbar, d. h. durch eine in D ↗normal konvergente Reihe $\sum_{n=1}^{\infty} h_n$, wobei jedes h_n eine in D meromorphe Funktion mit genau einer ↗Polstelle in D ist.

Mittag-Leffler-Funktion, ist definiert durch

$$E_\alpha(z) := \sum_{n=0}^{\infty} \frac{z^n}{\Gamma(1+n\alpha)}, \quad z \in \mathbb{C},$$

wobei $\alpha > 0$ ist und Γ die ↗Eulersche Γ-Funktion bezeichnet. Es ist E_α eine ↗ganz transzendente Funktion der Ordnung $\varrho(E_\alpha) = \frac{1}{\alpha}$. Speziell gilt

$$E_1(z) = e^z$$

und

$$E_2(z) = \cosh\sqrt{z} = \tfrac{1}{2}\left(e^{\sqrt{z}} + e^{-\sqrt{z}}\right).$$

Für $0 < \alpha < 2$ ist E_α im Winkelraum

$$W_\alpha = \left\{ z \in \mathbb{C} : \frac{\alpha}{2}\pi < \arg z < \left(2 - \frac{\alpha}{2}\right)\pi \right\}$$

beschränkt, aber in keinem größeren Winkelraum.

Mittag-Leffler-Institut, im Jahre 1916 von G. Mittag-Leffler und seiner finnischen Frau Signe gegründetes Institut.

Mittag-Leffler, der auch als Geschäftsmann sehr erfolgreich war, gründete an seinem 70. Geburtstag zusammen mit seiner Frau eine Stiftung zur Förderung von Forschungen in der reinen Mathematik und stellte dafür seine Villa in Djursholm und seine umfangreiche Bibliothek zur Verfügung. Die Stiftungsgelder sollten zum Erhalt der großen Bibliothek und zur Unterstützung des Institutsbetriebs, insbesondere zur Finanzierung von Forschungsaufenthalten im Institut, genutzt werden. Als Modell für den Institutsaufbau galt dem Ehepaar Mittag-Leffler das Pariser Institut „Louis Pasteur".

1919 wurde das Institut in die Schwedische Akademie der Wissenschaften eingegliedert. Die Wirtschafts- und Finanzkrisen nach dem Ersten Weltkrieg vernichteten einen großen Teil des Stiftungsvermögens, sodaß die Pläne der Mittag-Lefflers lange Zeit nicht realisiert werden konnten. Auch nach dem Zweiten Weltkrieg beschränkten sich die Aktivitäten vor allem auf den Erhalt der Bibliothek und die Herausgabe der Zeitschrift „Acta Mathematica". Erst ab 1969 nahm das Institut einen beachtlichen Aufschwung. Unterstützt durch Schweden, Dänemark, Norwegen und Finnland, sowie durch mehrere private Stiftungen und Unternehmen, erhielt das Institut genügend Mittel, um die nötigen Umbauten vornehmen und Forschungsaufenthalte für Wissenschaftler finanzieren zu können. Im meist jährlichen Rhythmus wird die Arbeit des Instituts auf ein Thema konzentriert, zu dem gezielt führende Gelehrte und Nachwuchswissenschaftler eingeladen werden. Hauptziel ist die Förderung des Gedankenaustauschs zu dem behandelten Themenkomplex und die Anregung zu gemeinsamer wissenschaftlicher Forschung. Das Mittag-Leffler-Institut ist eine kleine, aber effektiv arbeitende Forschungseinrichtung. Es verfügt über eine vorzügliche Bibliothek, die speziell durch den Schriftentausch mit den von Institut herausgegebenen Zeitschriften „Acta Mathematica" und „Arkiv før matematik" ständig erweitert wird.

Mittag-Leffler-Reihe, Begriff aus der Funktionentheorie.

Es sei $D \subset \mathbb{C}$ eine offene Menge und φ eine ↗Hauptteil-Verteilung in D, wobei der Träger T von φ eine abzählbar unendliche Menge sei. Die Elemente von T werden in einer Folge (a_n) angeordnet, wobei jeder Punkt von T genau einmal in der Folge (a_n) vorkommt. Weiter sei $q_n = \varphi(a_n)$, d. h. q_n ist eine in $\mathbb{C} \setminus \{a_n\}$ konvergente ↗Laurent-Reihe der Form

$$q_n(z) = \sum_{k=1}^{\infty} \frac{c_{nk}}{(z - a_n)^k}.$$

Eine Mittag-Leffler-Reihe zur Hauptteilverteilung $\varphi = (a_n, q_n)$ ist eine Funktionenreihe der Gestalt

$$f = \sum_{n=1}^{\infty} (q_n - g_n)$$

mit folgenden Eigenschaften:

- Jede Funktion g_n ist ↗holomorph in D.
- Die Reihe ist in $D \setminus \{a_1, a_2, a_3, \dots\}$ normal konvergent.

Die Funktionen g_n heißen konvergenzerzeugende Summanden.

Ist f eine Mittag-Leffler-Reihe zur Hauptteil-Verteilung (a_n, q_n) in D, so ist f holomorph in $D \setminus \{a_1, a_2, a_3, \dots\}$, und für die Hauptteil-Verteilung $H(f)$ von f gilt $H(f) = (a_n, q_n)$. Falls (a_n, q_n) eine endliche Hauptteil-Verteilung ist, d. h. jedes q_n besteht nur aus endlich vielen Summanden, so ist f eine in D ↗meromorphe Funktion, deren Polstellenmenge mit $\{a_1, a_2, a_3, \dots\}$ übereinstimmt. Für jeden Punkt a_n ist q_n der Hauptteil der Laurent-Reihe von f mit Entwicklungspunkt a_n.

Mittag-Leffler-Stern, Begriff aus der Funktionentheorie.

Der Mittag-Leffler-Stern S_f eines ↗analytischen Funktionselements (f, D) mit $0 \in D$ ist die Menge aller $a \in \mathbb{C}$ derart, daß (f, D) eine ↗analytische Fortsetzung entlang des Weges $\gamma_a \colon [0, 1] \to \mathbb{C}$ mit $\gamma_a(t) := at$ besitzt. Diejenigen Randpunkte $\zeta \in \mathbb{C}$ von S_f mit $t\zeta \in S_f$ für alle $t \in [0, 1)$ nennt man auch die Ecken von S_f.

Es ist S_f ein ↗Sterngebiet bezüglich 0, und es existiert eine in S_f holomorphe Funktion F mit $F(z) = f(z)$ für alle $z \in D \cap S_f$. Weiter ist S_f das größte Sterngebiet bezüglich 0 mit dieser Eigenschaft.

Ist z. B. $f(z) = \frac{1}{1-z}$ und $D = \mathbb{C} \setminus \{1\}$, so ist $S_f = \mathbb{C} \setminus [1, \infty)$, und der Punkt 1 ist die einzige Ecke von S_f.

Mittel, zu einer totalen Ordnung $(M, <)$ eine Funktion $f : M^n \to M$ (genauer: Familie $(f_n)_{n \in \mathbb{N}}$ von Funktionen $f_n : M^n \to M$), die in einem zu präzisierenden Sinn einen ‚Durchschnitt' von je n Elementen aus M bildet. Von einem Mittel fordert man *Symmetrie*, d. h.

$$f(x_1, \dots, x_n) = f(x_{\sigma(1)}, \dots, x_{\sigma(n)})$$

für $x_1, \dots, x_n \in M$ und jede Permutation σ von $\{1, \dots, n\}$, sowie *Mittelung*, d. h.

$$\begin{aligned} \min(x_1, \dots, x_n) &\le f(x_1, \dots, x_n) \\ &\le \max(x_1, \dots, x_n) \end{aligned}$$

für $x_1, \dots, x_n \in M$, woraus $f(a, \dots, a) = a$ folgt für $a \in M$. Ist M ein geordneter Vektorraum, fordert man auch *Homogenität*, d. h.

$$f(\alpha x_1, \dots, \alpha x_n) = \alpha f(x_1, \dots, x_n)$$

für $\alpha > 0$. Gibt es auf M eine Topologie, so wird die Stetigkeit von f verlangt. Beispiele für Mittel sind die Minimum- und die Maximumfunktion und auf $(0, \infty)$ die ↗Mittel t-ter Ordnung.

Mittel t-ter Ordnung, für $t \in \mathbb{R} \setminus \{0\}$ die durch

$$M_t(x_1, \dots, x_n) := \left(\frac{1}{n} \left(x_1^t + \dots + x_n^t \right) \right)^{\frac{1}{t}}$$

zu n positiven reellen Zahlen $x_1, \dots, x_n$ definierte positive reelle Zahl. Es gilt

$$\begin{aligned} M_t(x_1, \dots, x_n) &\to \min\{x_1, \dots, x_n\} \quad (t \to -\infty), \\ M_t(x_1, \dots, x_n) &\to \sqrt[n]{x_1 \cdot \dots \cdot x_n} \quad (t \to 0), \\ M_t(x_1, \dots, x_n) &\to \max\{x_1, \dots, x_n\} \quad (t \to \infty), \end{aligned}$$

daher definiert man

$$\begin{aligned} M_{-\infty}(x_1, \dots, x_n) &:= \min\{x_1, \dots, x_n\}, \\ M_0(x_1, \dots, x_n) &:= \sqrt[n]{x_1 \cdot \dots \cdot x_n}, \\ M_\infty(x_1, \dots, x_n) &:= \max\{x_1, \dots, x_n\}. \end{aligned}$$

M_{-1} ist gerade das ↗harmonische Mittel, M_0 das ↗geometrische Mittel, M_1 das ↗arithmetische Mittel und M_2 das ↗quadratische Mittel. Mit Hilfe der allgemeinen ↗Konvexitätsungleichung erhält man die Ungleichung für die Mittel t-ter Ordnung,

$$M_t(x_1, \dots, x_n) \le M_u(x_1, \dots, x_n)$$

für $-\infty \le t \le u \le \infty$, und aus dieser die ↗Ungleichungen für Mittelwerte. Allgemeiner kann man für $t \in \mathbb{R} \setminus \{0\}$ und $\alpha_1, \dots, \alpha_n \in (0, 1]$ mit der Summe 1 das (mit den Gewichten $\alpha_1, \dots, \alpha_n$) gewichtete Mittel t-ter Ordnung definieren durch

$$M_t^{\alpha_1, \dots, \alpha_n}(x_1, \dots, x_n) := \left(\alpha_1 x_1^t + \dots + \alpha_n x_n^t \right)^{\frac{1}{t}}$$

und entsprechend wie oben auch die gewichteten Mittel der Ordnungen $-\infty, 0, \infty$. Auch für die gewichteten Mittel t-ter Ordnung gilt

$$M_t^{\alpha_1, \dots, \alpha_n}(x_1, \dots, x_n) \le M_u^{\alpha_1, \dots, \alpha_n}(x_1, \dots, x_n)$$

für $-\infty \le t \le u \le \infty$.

Mittelpunkt, in verschiedenen Teilbereichen der Mathematik unterschiedlich interpretierter Begriff. Man vergleiche hierzu die nachfolgenden Stichworteinträge.

Mittelpunkt einer Intervallmatrix, zu einer reellen $(m \times n)$-Intervallmatrix $\mathbf{A} = (\mathbf{a}_{ij})$ die Matrix

$$m(\mathbf{A}) = (m(\mathbf{a}_{ij})) \in \mathbb{R}^{m \times n}.$$

Mittelpunkt einer Strecke, derjenige Punkt auf einer Strecke, der von den beiden Endpunkten den gleichen Abstand hat.

Mittelpunkt eines Intervalls, zu einem reellen Intervall $\mathbf{a} = [\underline{a}, \overline{a}]$) der Punkt

$$m(\mathbf{a}) = (\underline{a} + \overline{a})/2.$$

Mittelpunkt eines Intervallvektors, zu einem reellen ↗Intervallvektor $\mathbf{x} = (\mathbf{x}_i)$ der Vektor

$$m(\mathbf{x}) = (m(\mathbf{x}_i)) \in \mathbb{R}^n.$$

Mittelpunkt eines Kreises, derjenige Punkt, der von allen Punkten der Kreislinie den gleichen Abstand hat.

mittelpunktkonvexe Funktion, *Jensen-konvexe Funktion*, auf einer konvexen Teilmenge X eines Vektorraums V definierte Funktion $f : X \to \mathbb{R}$ mit der Eigenschaft

$$f\left(\frac{x+y}{2}\right) \le \frac{f(x) + f(y)}{2}$$

für alle $x, y \in X$. Johan Ludvig William Valdemar Jensen untersuchte um 1905 mittelpunktkonvexe Funktionen im Fall $V = \mathbb{R}$ und zeigte, daß für jede mittelpunktkonvexe Funktion f

$$f\left(\frac{x_1 + \dots + x_n}{n}\right) \le \frac{f(x_1) + \dots + f(x_n)}{n}$$

gilt für $n \in \mathbb{N}$ und $x_1, \dots, x_n \in X$, daß jede nach oben beschränkte mittelpunktkonvexe Funktion im Inneren ihres Definitionsbereichs stetig und jede stetige mittelpunktkonvexe Funktion konvex ist.

Mittelpunkt-Radius-Darstellung, Charakterisierung eines Intervalls, Intervallvektors oder einer Intervallmatrix durch Mittelpunkt und Radius.

Diese Darstellung hat auf dem Rechner bei entsprechender Definition der Arithmetik oft Geschwindigkeitsvorteile, liefert aber bedingt durch Rundungsfehler etwas gröbere Schranken.

Mittelpunktsregel, modifizierte, *Gragg, Methode von*, spezielles ↗Mehrschrittverfahren zur Ermittlung einer genäherten Lösung des Anfangswertproblems $y' = f(x, y)$, $y(x_0) = y_0$ an der Stelle $\bar{x} = x_0 + H$, $H > 0$.

Nach Vorgabe einer natürlichen Zahl $n > 0$ berechnet man mit $h := H/n$ und $x_j := x_0 + jh$, $j = 1, \dots, n$, die Näherung $S(\bar{x}, h)$ von $y(\bar{x})$ gemäß

$$\begin{aligned} \eta_0 &:= y_0 \\ \eta_1 &:= \eta_0 + hf(x_0, \eta_0) \\ \eta_{j+1} &:= \eta_{j-1} + 2hf(x_j, \eta_j),\ j = 1, \dots, n-1 \\ S(\bar{x}, h) &:= \frac{1}{2}[\eta_n + \eta_{n-1} + hf(x_n, \eta_n)]. \end{aligned}$$

Die modifizierte Mittelpunktsregel wird hauptsächlich zur Konstruktion von ↗Extrapolationsverfahren für Anfangswertprobleme eingesetzt. Für die Folge (n_i) der zu wählenden n nimmt man die Werte $\{2, 4, 6\}$ und danach $n_i := 2n_{i-2}$ für $i \geq 3$.

Mittelsenkrechte, Gerade m, die auf einer Strecke $\overline{AB}$ senkrecht steht und diese halbiert, also durch den Mittelpunkt von $\overline{AB}$ verläuft.

Um die Mittelsenkrechte einer Strecke $\overline{AB}$ zu konstruieren, werden um beide Endpunkte dieser Strecke Kreise mit gleich langen Radien, die länger sind als die halbe Länge der Strecke $\overline{AB}$, gezeichnet. Diese beiden Kreise haben zwei Schnittpunkte, deren Verbindungsgerade m die Mittelsenkrechte der Strecke $\overline{AB}$ ist.

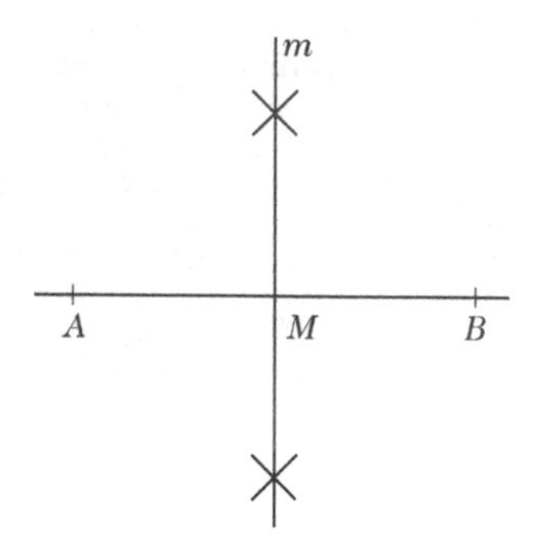

Konstruktion der Mittelsenkrechten

Die Konstruktionsvorschrift für die Mittelsenkrechte kann auch angewendet werden, um den Mittelpunkt M einer gegebenen Strecke zu bestimmen, welcher sich als Schnittpunkt der Strecke mit der Mittelsenkrechten ergibt.

In jedem beliebigen Dreieck ABC schneiden sich die Mittelsenkrechten (auch Dreieckstransversalen genannt) der drei Dreieckseiten in einem Punkt, dem Mittelpunkt des ↗Umkreises.

Mittelwert auf Gruppen, Verallgemeinerung des üblichen Mittelwertbegriffs.

Eine Gruppe, die einen Mittelwert zuläßt, heißt eine ↗amenable Gruppe.

Mittelwerteigenschaft harmonischer Funktionen, ↗harmonische Funktion.

Mittelwerteigenschaft holomorpher Funktionen, die durch Formel (1) im folgenden Satz zum Ausdruck kommende Eigenschaft:

Es sei $G \subset \mathbb{C}$ ein ↗Gebiet, f eine in G ↗holomorphe Funktion und $\overline{B_r(z_0)} \subset G$ eine abgeschlossene Kreisscheibe mit Mittelpunkt $z_0 \in G$ und Radius $r > 0$.

Dann gilt die Mittelwertgleichung

$$f(z_0) = \frac{1}{2\pi} \int_0^{2\pi} f(z_0 + re^{it})\, dt. \tag{1}$$

Mittelwertform, in der ↗Intervallrechnung Darstellung der Form $f(y) + \mathbf{f}'(\mathbf{x})(\mathbf{x} - y)$ für eine in $\mathbf{x}$ differenzierbare Funktion $f(x)$, deren Ableitung eine Intervallauswertung besitzt. Dabei bezeichnet $\mathbf{x}$ für Funktionen mehrerer Variablen einen ↗Intervallvektor, und $y \in \mathbf{x}$ ist fest gewählt.

Die Mittelwertform läßt sich wie die Steigungsform zur Einschließung des Wertebereichs verwenden (↗Einschließungseigenschaft).

Es gilt $f(\mathbf{x}) \subseteq f(y) + \mathbf{f}'(\mathbf{x})(\mathbf{x} - y)$.
Mit dem ↗Hausdorff-Abstand q und dem Durchmesser d gilt ferner

$$q(f(\mathbf{x}), f(y) + \mathbf{f}'(\mathbf{x})(\mathbf{x} - y)) \leq \gamma(d(\mathbf{x}))^2.$$

Mittelwertgleichung, ↗ Mittelwerteigenschaft holomorpher Funktionen,

mittelwertperiodische Funktion, Verallgemeinerung des Begriffs der periodischen Funktion.

Es sei E der Raum aller auf $\mathbb{R}^n$ definierten unendlich oft differenzierbaren Funktionen und E' der zugehörige Dualraum.

Eine Funktion $f \in E$ heißt mittelwertperiodisch, wenn es eine Distribution (verallgemeinerte Funktion) $\mu \in E'$ gibt so, daß für die Faltung von f und μ gilt

$$f * \mu \equiv 0.$$

Mittelwertprinzip der Versicherungsmathematik, ↗ Prämienkalkulationsprinzipien.

Mittelwertsatz der Differentialrechnung, besagt, daß es zu $-\infty < a < b < \infty$ und einer stetigen Funktion $f : [a, b] \to \mathbb{R}$, die im Inneren (a, b) differenzierbar ist, ein $c \in (a, b)$ gibt mit

$$f'(c) = \frac{f(b) - f(a)}{b - a}.$$

Anders gesagt: Es gibt ein $t \in (0,1)$ so, daß mit $h := b - a$ gilt:

$$f(a+h) = f(a) + f'(a+th)h\,. \qquad (1)$$

Die Voraussetzungen an f können dabei noch abgeschwächt werden, es genügt ↗uneigentliche Differenzierbarkeit in (a,b).

Der Mittelwertsatz wurde 1797 von Joseph Louis Lagrange angegeben, doch seine geometrische Bedeutung, daß es nämlich im Inneren des Intervalls eine Stelle gibt, an der die Tangente an f parallel zur Sekante von f zwischen a und b ist, war schon 1635 Francesco Bonaventura Cavalieri bekannt.

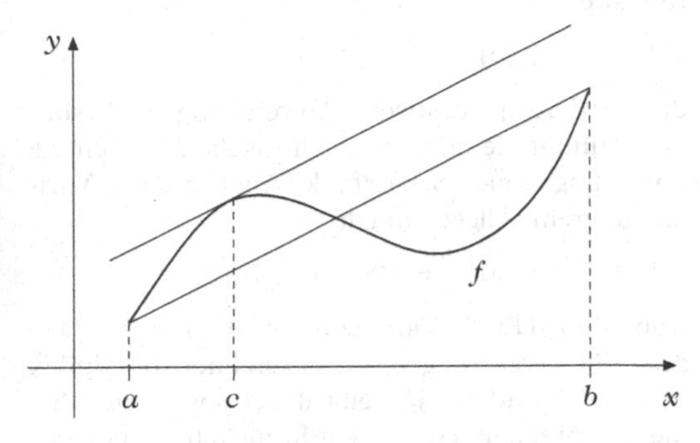

Mittelwertsatz der Differentialrechnung

Der Mittelwertsatz wird seiner Wichtigkeit und seiner zahlreichen Anwendungen wegen auch als *Fundamentalsatz der Differentialrechnung* bezeichnet. Mit seiner Hilfe kann man aus der Ableitung einer Funktion lokale Aussagen über die Funktion selbst gewinnen. Mit ihm lassen sich z. B. der ↗Eindeutigkeitssatz der Differentialrechnung und der ↗Zwischenwertsatz für Ableitungen zeigen, und er ist häufig nützlich für Fehlerabschätzungen.

Der Mittelwertsatz ist äquivalent zum Satz von Rolle, d. h. jeder der beiden Sätze läßt sich mit Hilfe des anderen beweisen.

Eine Verallgemeinerung des Mittelwertsatzes von 1829 von Augustin-Louis Cauchy lautet: Sind die Funktionen $f, g : [a,b] \to \mathbb{R}$ stetig und in (a,b) differenzierbar, so gibt es ein $c \in (a,b)$ mit

$$f'(c)(g(b) - g(a)) = g'(c)(f(b) - f(a))\,.$$

Hat g' in (a,b) keine Nullstelle, so gilt $g(a) \neq g(b)$, d. h. man hat für ein solches c

$$\frac{f'(c)}{g'(c)} = \frac{f(b) - f(a)}{g(b) - g(a)}\,.$$

Der gewöhnliche Mittelwertsatz ergibt sich als der Spezialfall $g(x) = x$.

Der Mittelwertsatz überträgt sich leicht auf differenzierbare Funktionen $f : D \to \mathbb{R}$, wobei $D \subset \mathbb{R}^n$ offen sei: Sind $a, b \in D$, und liegt die Verbindungsstrecke $[a,b]$ in D, dann gibt es ein $t \in (0,1)$ so, daß (1) gilt mit $h := b - a$. Dies kann man etwa mittels einer Parametrisierung der Strecke $[a,b]$ zeigen.

Mittelwertsätze der Integralrechnung, Aussagen über Mittelwerteigenschaften des Integrals. Man kennt i.w. zwei Mittelwertsätze der Integralrechnung:

Erster Mittelwertsatz der Integralrechnung: *Ist eine (reellwertige) Funktion f über einem Intervall $[a,b]$ (für $a, b \in \mathbb{R}$ mit $a < b$) Riemann-integrierbar, so gibt es eine reelle Zahl μ (Mittelwert von f) mit*

$$\inf\{f(x) \mid x \in [a,b]\} \le \mu \le \sup\{f(x) \mid x \in [a,b]\}$$

und

$$\int_a^b f(x)\,dx = \mu(b-a)\,.$$

Ist f stetig, so gilt $\mu = f(\xi)$ mit einem geeigneten $\xi \in [a,b]$.

Dieser Satz kann einfach erweitert werden zu:

Sind die (reellwertigen) Funktionen f und g über $[a,b]$ Riemann-integrierbar, und hat zudem g konstantes Vorzeichen, so gibt es eine reelle Zahl μ (Mittelwert von f) mit

$$\inf\{f(x) \mid x \in [a,b]\} \le \mu \le \sup\{f(x) \mid x \in [a,b]\}$$

und

$$\int_a^b f(x)g(x)\,dx = \mu \int_a^b g(x)\,dx\,.$$

Ist f stetig, so gilt $\mu = f(\xi)$ mit einem geeigneten $\xi \in [a,b]$.

Insbesondere dieser erweiterte Mittelwertsatz ist hilfreich für die Abschätzung von Integralen.

Statt des Intervalls $[a,b]$ kann (für $n \in \mathbb{N}$) ein geeigneter Bereich im $\mathbb{R}^n$ zugelassen werden. Auch können über das Lebesgue-Integral allgemeinere Funktionen betrachtet werden. Für den Zusatz geht man dann von einem zusammenhängenden Definitionsbereich aus.

Zweiter Mittelwertsatz der Integralrechnung: *Es seien f und g auf $[a,b]$ definierte (reellwertige) Funktionen. Ist f monoton und g stetig, so gibt es ein $\eta \in [a,b]$ mit*

$$\int_a^b f(x)g(x)\,dx = f(a)\int_a^\eta g(x)\,dx + f(b)\int_\eta^b g(x)\,dx\,.$$

Mittelwertungleichung, Ungleichung (1) im folgenden Satz:

Es sei $G \subset \mathbb{C}$ ein ↗Gebiet, f eine in G ↗holomorphe Funktion und $\overline{B_r(z_0)} \subset G$ eine abgeschlossene

Kreisscheibe mit Mittelpunkt $z_0 \in G$ und Radius $r > 0$. Dann gilt

$$|f(z_0)| \leq \max_{|z|=r} |f(z)| . \qquad (1)$$

mittlere Auszahlung, ist der Wert $x^T \cdot A \cdot y$ bei Verwendung gemischter Strategien $x \in M^m$ und $y \in M^n$ in einem Matrixspiel $S \times T$ mit Auszahlungsmatrix $A \in \mathbb{R}^{m \times n}$.

mittlere Krümmung, die differentielle Invariante $h = (k_1 + k_2)/2$ einer regulären Fläche $\mathcal{F} \subset \mathbb{R}^3$, wobei k_1 und k_2 die beiden ↗Hauptkrümmungen von $\mathcal{F}$ sind.

Somit ist $2h$ gleich der Spur der ↗Weingartenabbildung von $\mathcal{F}$. Ist $\Phi(u, v)$ eine auf einer offenen Menge $U \subset \mathbb{R}^2$ definierte Parameterdarstellung von $\mathcal{F}$, und sind E, F, G die Koeffizienten der ersten und L, M, N die der zweiten Gaußschen Fundamentalform, so wird h in den Koordinaten u und v als Funktion der Punkte von $\mathcal{F}$ durch

$$h = \frac{LG - 2MF + NE}{2\,(EG - F^2)} \qquad (1)$$

ausgedrückt. Zwei wichtige Spezialfälle dieser Formel:

(a) Hat Φ die Gestalt $\Phi(u, v) = (u, v, z(u, v))^\top$ mit einer differenzierbaren Funktion $z(u, v)$, deren partielle Ableitungen nach u und v wir mit z_u und z_v bezeichnen, so gilt

$$2h = \frac{\partial}{\partial u}\left(\frac{z_u}{\sqrt{1 + z_u^2 + z_v^2}}\right) + \frac{\partial}{\partial v}\left(\frac{z_v}{\sqrt{1 + z_u^2 + z_v^2}}\right).$$

(b) Ist Φ eine ↗konforme Parameterdarstellung, d. h., gilt $E(u, v) = G(u, v)$ und $F(u, v) = 0$, so vereinfacht sich die Formel (1) zu $h = (L + N)/2E$.

Bezeichnet $\mathfrak{n} = \Phi_u \times \Phi_v / ||\Phi_u \times \Phi_v||$ den Einheitsnormalenvektor von $\mathcal{F}$, so besteht die folgende Beziehung zwischen $\mathfrak{n}$, h, E und dem Laplaceoperator von $\Delta\Phi$:

$$\Delta\Phi = \frac{\partial^2\Phi}{\partial u^2} + \frac{\partial^2\Phi}{\partial v^2} = 2Eh\,\mathfrak{n}.$$

Diese Gleichung zeigt, daß die Komponenten einer konformen Parameterdarstellung einer ↗Minimalfläche harmonische Funktionen sind.

Eine elementargeometrische Erklärung der mittleren Krümmung ist folgende: Betrachtet man einen Punkt $x \in \mathcal{F}$ und die Vollkugel $K_r(x) = \{y \in \mathbb{R}^3; ||x - y|| \leq r\}$ um x vom Radius r, so ist für kleine Werte von r der Flächeninhalt des Teiles $K_r(x) \cap \mathcal{F}$ von $\mathcal{F}$ eine Funktion der Gestalt $\tau_x(r)\, r^2$, wobei die Werte der Funktion $\tau_x(r)$ für $r \to 0$ gegen 2π streben; es gilt:

Die mittlere Krümmung $h(x)$ von $\mathcal{F}$ im Punkt x ist gleich dem Grenzwert

$$h(x) = \frac{1}{\pi} \lim_{r \to 0} \frac{2\pi - \tau_x(r)}{r}.$$

In Analogie zum Vorgehen bei Flächen im $\mathbb{R}^3$ wird die mittlere Krümmung auch für $(n-1)$-dimensionale Riemannsche Untermannigfaltigkeiten $N^{n-1} \subset M^n$ einer Riemannschen Mannigfaltigkeit M^n als Quotient der Spur der Weingartenabbildung von N^{n-1} und der Dimension $n - 1$ definiert.

mittlere quadratische Abweichung, auch mittlerer quadratischer Fehler genannt, Maß zur Beurteilung der Güte von Schätzfunktionen.

Sind $X_1, \ldots, X_n$ reelle Zufallsvariablen, deren gemeinsame Verteilung zu einer Familie $\mathcal{P} = \{P_\vartheta : \vartheta \in \Theta \subseteq \mathbb{R}^d\}$ von Wahrscheinlichkeitsmaßen gehört, und ist $T : \mathbb{R}^n \to \mathbb{R}$ eine Schätzfunktion für die Abbildung $g : \Theta \to \mathbb{R}$, so heißt der Erwartungswert

$$E_\vartheta((T - g(\vartheta))^2)$$

die mittlere quadratische Abweichung. Insbesondere stimmt die mittlere quadratische Abweichung erwartungstreuer Schätzfunktionen mit der Varianz überein. Allgemein gilt

$$E_\vartheta((T - g(\vartheta))^2) = Var_\vartheta(T) + b(\vartheta, T)^2,$$

wobei $Var_\vartheta(T)$ die Varianz und $b(\vartheta, T) := E_\vartheta(T) - g(\vartheta)$ die Verzerrung von T bezeichnet. Der Index ϑ in $E_\vartheta(\cdot)$ und $Var_\vartheta(\cdot)$ gibt dabei jeweils an, daß die entsprechenden Größen bezüglich P_ϑ berechnet werden.

Als Funktion von ϑ und T aufgefaßt, ist die mittlere quadratische Abweichung eine spezielle Risikofunktion. Die Präzisierung dessen, wie unter Verwendung der mittleren quadratischen Abweichung die Güte von Schätzfunktionen beurteilt werden kann, führt u. a. auf die Begriffe der Effizienz und Wirksamkeit von Schätzfunktionen.

mittleres Erdellipsoid, angenäherte Beschreibung der wahren Gestalt der Erde durch das Rotationsellipsoid mit der parametrischen Gleichung

$$\Phi(\varphi, \vartheta) = (A \sin\vartheta \cos\varphi, A \sin\vartheta \sin\varphi, B \cos\vartheta) .$$

Die Halbachsen haben die Werte $A \approx 6405.217$ km und $B \approx 6383.741$ km. Dann liegen die Abweichungen der Form dieses Ellipsoids zum ↗Geoid, das die wahre Form der Erde beschreibt, in allen Punkten weit unterhalb 0.1 km.

***M*-Matrix**, reelle quadratische Matrix mit spezieller Struktur.

Eine reelle $(n \times n)$-Matrix $A = (a_{ij})$ heißt M-Matrix, wenn sie die folgenden drei Eigenschaften hat: $a_{ij} \leq 0$ für $i \neq j$, A ist regulär, $A^{-1} \geq 0$. Dabei ist '≥ 0' (wie unten auch '> 0') komponentenweise zu verstehen.

Für M-Matrizen gibt es mehr als 50 äquivalente Charakterisierungen. U.a. gilt der folgende Satz:

Eine reelle $(n \times n)$-Matrix $A = (a_{ij})$ mit $a_{ij} \leq 0$ für $i \neq j$ ist genau dann eine M-Matrix, wenn sie eine der beiden folgenden Eigenschaften besitzt:

a) Es gibt einen Vektor $x > 0$ mit $Ax > 0$.
b) Es gibt eine reelle Zahl s und eine $(n \times n)$-Matrix B mit $A = sI - B$, $B \geq 0$ und $s > \varrho(B)$, wobei $\varrho(B)$ den Spektralradius von B bezeichnet.

M-Matrizen spielen eine Rolle bei Konvergenzfragen iterativer Verfahren zur Lösung linearer Gleichungssysteme.

***m*-Menge**, gelegentlich benutzte Bezeichnung für eine Menge mit m Elementen.

Möbius, August Ferdinand, deutscher Mathematiker und Astronom, geb. 17.11.1790 Schulpforta, gest. 26.9.1868 Leipzig.

Möbius studiert an der Universität Leipzig Mathematik, Physik und Astronomie, unter anderem bei Mollweide. 1813 unternahm er Studienreisen nach Göttingen zu Gauß und nach Halle zu Pfaff. 1815 promovierte er. Durch Vermittlung von Mollweide bekam er 1816 eine Stelle als außerordentlicher Professor für Astronomie und höhere Mathematik an der Universität Leipzig. Gleichzeitig erhielt er eine Stelle als Observator an der Sternwarte Leipzig. 1820 wurde er Direktor der Leipziger Sternwarte, aber erst 1844 ordentlicher Professor für Astronomie und Mechanik.

Möbius' wichtigste Arbeit „Der barycentrische Calkül" erschien 1827 und befaßte sich mit der analytischen Geometrie. Es wurde zu einem klassischen Lehrbuch und faßte viele seine Resultate zur projektiven und affinen Geometrie zusammen. In dem Buch führte er homogene Koordinaten ein und diskutierte projektive Transformationen (↗Möbius-Transformation). Er war einer der ersten, die geometrische Objekte anhand der sie erhaltenden affinen Transformationen studierte.

Neben diesen axiomatisch-geometrischen Untersuchungen wandte sich Möbius auch topologischen Fragen zu und entwickelte hierfür viele neue Methoden. Im Zusammenhang mit der Geometrie von Polyedern untersuchte er 1858 als Beispiel für eine einseitige Fläche das ↗Möbius-Band, wenn auch die Erstentdeckung dieser Fläche wohl auf Listing zurückgeht. Weitere wichtige Arbeiten Möbius' betreffen die Möbius-Funktion der Zahlentheorie. Er schrieb außerdem Lehrbücher zur Astronomie („Die Elemente der Mechanik des Himmels").

Möbius-Band, spezielle geschlossene Fläche im Raum.

Man kann ein Möbius-Band herstellen, indem man Anfangs- und Endstelle eines geradlinigen schmalen Streifens Papier so verklebt, daß die Vorderseite der Anfangsstelle mit der Rückseite der Endstelle verbunden wird. Man erhält dadurch eine einseitige Fläche, das heißt, eine Fläche, bei der man von einer Seite auf die andere ohne Überschreitung des Randes gelangen kann.

Ein anderes, exakteres, Modell ergibt sich durch eine parametrische Beschreibung als Regelfläche, deren Basiskurve der Einheitskreis S^1 der xy-Ebene ist: Man betrachte die Gerade $\mathcal{G} = \{(x, y, z); x = 1, y = 0\}$ der xz-Ebene $\mathcal{E}$ und lasse $\mathcal{E}$ um die z-Achse rotieren, wobei G mitgeführt wird und gleichzeitig mit halber Winkelgeschwindigkeit rotiert. Dann beschreibt G eine Fläche von der topologischen Gestalt eines Möbius-Bandes, deren Parametergleichung

$$\begin{pmatrix} x \\ y \\ z \end{pmatrix} = \begin{pmatrix} \cos(u) \\ \sin(u) \\ 0 \end{pmatrix} + v \begin{pmatrix} \cos(u/2)\cos(u) \\ \cos(u/2)\sin(u) \\ \sin(u/2) \end{pmatrix}$$

lautet. Die ↗Gaußsche Krümmung g dieser Fläche ist die Funktion

$$g = \frac{-4}{\left(4 + 3v^2 + 8v\cos(u/2) + 2v^2\cos(u)\right)^2}.$$

Da das Papiermodell des Möbius-Bandes auf die Ebene abwickelbar ist und somit verschwindende Gaußsche Krümmung hat, kann sie nach dem ↗theorema egregium zu diesem nicht isometrisch sein.

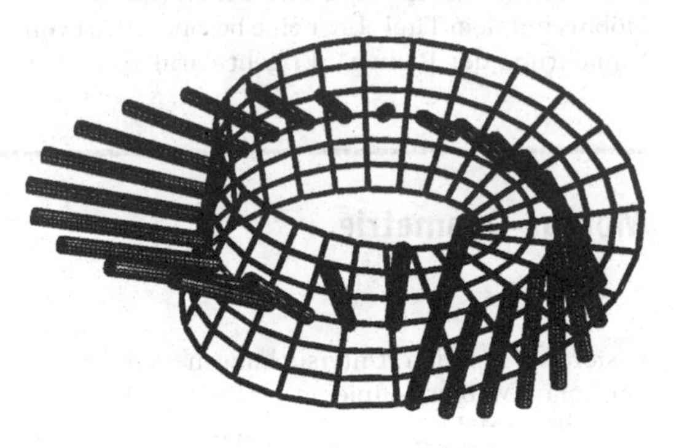

Drahtmodell eines Möbius-Bandes mit entlang der Mittellinie umlaufenden Normalen.

Mathematisch betrachtet ist das Möbius-Band also ein Spezialfall einer nichtorientierbaren Fläche, das heißt, einer Fläche, auf der es eine Jordan-Kurve gibt, längs der man das topologische Bild eines Kreises so verschieben kann, daß es mit umgekehrter Orientierung an seinen Ausgangspunkt zurückkehrt. Eine beliebige Fläche ist genau dann nichtorientierbar, wenn sie einen zum Möbius-Band homöomorphen Unterraum enthält.

Möbiusebene, *inversive Ebene*, eine ↗Inzidenzstruktur $(\mathcal{P}, \mathcal{K}, I)$ aus Punkten und Kreisen, die die folgenden Axiome erfüllt:

- Durch je drei verschiedene Punkte geht genau ein Kreis.
- Sind A, B zwei Punkte und ist K ein Kreis durch A, der B nicht enthält, so gibt es genau einen Kreis durch A und B, der mit K nur den Punkt A gemeinsam hat (Berühraxiom).
- Es gibt mindestens zwei Kreise, und jeder Kreis enthält mindestens drei Punkte.

Das klassische Beispiel einer Möbiusebene erhält man aus der euklidischen Ebene: Sei $\mathcal{P}$ die Menge der Punkte der euklidischen Ebene, ergänzt um einen „unendlichen Punkt". Sei $\mathcal{K}$ die Menge der Kreise und Geraden der euklidischen Ebene. Die Inzidenz sei wie in der euklidischen Ebene definiert, wobei der unendliche Punkt mit allen Geraden inzident sei. Dann ist $(\mathcal{P}, \mathcal{K}, I)$ eine Möbiusebene.

Ein allgemeineres Beispiel ist die ↗Miquelsche Ebene, ein Überbegriff die ↗Benz-Ebene

Siehe auch ↗Möbius-Geometrie.

Möbius-Funktion, die zahlentheoretische Funktion $\mu : \mathbb{N} \to \{-1, 0, 1\}$, definiert durch

$$\mu(n) := \begin{cases} 1 & \text{falls } n = 1, \\ (-1)^{\omega(n)} & \text{falls } n > 1 \text{ quadratfrei ist}, \\ 0 & \text{sonst;} \end{cases}$$

hierbei bezeichnet $\omega(n)$ die Anzahl der Primfaktoren von n.

Die Motivation zur Betrachtung dieser Funktion findet sich in einem 1832 erschienen Aufsatz von Möbius mit dem Titel „Über eine besondere Art von Umkehrung der Reihen". Er geht darin von einer Funktion aus, die sich als Potenzreihe darstellen läßt:

$$f(x) = a_1x + a_2x^2 + a_3x^3 + \dots \qquad (a_1 \neq 0),$$

und setzt sich das Ziel, die Umkehrung in der Form

$$x = b_1f(x) + b_2f(x^2) + b_3f(x^3) + \dots$$

mit geeigneten Koeffizienten b_n zu schreiben. Die b_n sind dann durch die Gleichungen $a_1b_1 = 1$ und

$$\sum_{k\ell=m} a_kb_\ell = 0 \qquad \text{für } m \geq 2$$

festgelegt, wobei die Summe über alle Zahlenpaare $k, \ell \in \mathbb{N}$ mit der Eigenchaft $k\ell = m$ zu erstrecken ist. Sind z. B. b_1, b_2, b_3 bereits definiert, so ist b_6 durch

$$a_1b_6 + a_2b_3 + a_3b_2 + a_6b_1 = 0$$

wegen $a_1 \neq 0$ eindeutig bestimmt. Möbius wendet dieses Verfahren auf die Funktion

$$f(x) = x + x^2 + x^3 + \dots = \frac{x}{1-x}$$

an und beschreibt die resultierende Reihe

$$\begin{aligned} x &= f(x) - f(x^2) - f(x^3) - \dots \\ &= \frac{x}{1-x} - \frac{x^2}{1-x^2} - \frac{x^3}{1-x^3} - \dots, \end{aligned} \qquad [1.]$$

die er bis zum Glied $f(x^{13})$ entwickelt, auf folgende Weise:

„In der Reihe [1.], deren allgemeines Glied $\frac{x^m}{1-x^m}$ und deren Summe $= x$ ist, herrscht demnach das Gesetz, daß für $m = 1$ und für jedes m, welches das Product aus einer geraden Anzahl von einander verschiedener Primzahlen ist, der Coëfficient des Gliedes $= 1$ ist, daß jedes Glied, dessen m eine Primzahl selbst, oder ein Product aus einer ungeraden Menge sich nicht gleicher Primzahlen ist, den Coëfficient -1 hat, und daß endlich alle Glieder wegfallen, deren Exponenten Quadrate oder höhere Potenzen von Primzahlen zu Factoren haben."

Möbius-Geometrie

U. May

Basierend auf den Untersuchungen von August Ferdinand Möbius definieren wir für $n \geq 2$ die Gruppe $\mathcal{M}(n)$ der Möbius-Transformationen der n-dimensionalen Sphäre $\mathbf{S}^n$ – oder kurz die Möbius-Gruppe – als Menge derjenigen Diffeomorphismen von $\mathbf{S}^n$, die Hypersphären wieder in Hypersphären überführen. Die Gruppenoperation ist dabei durch die Verknüpfung von Abbildungen gegeben. Im Sinne des ↗Erlanger Programms beschreibt die Möbius-Geometrie die Wirkung der Möbius-Gruppe über $\mathbf{S}^n$.

Wir betrachten nun die Sphäre

$$\mathbf{S}^n = \{x \in \mathbb{R}^{n+1} \mid x = 1\}.$$

Halten wir auf dem umgebenden $\mathbb{R}^{n+1}$ die Standardmetrik fest, so induziert diese eine Metrik und damit eine konforme Struktur auf $\mathbf{S}^n$. Die sicherlich wichtigste strukturelle Beobachtung im Kontext der Möbius-Gruppe ist die Tatsache, daß für alle $n \geq 2$ die Möbius-Gruppe mit der Gruppe $\mathcal{C}(\mathbf{S}^n)$ der konformen Diffeomorphismen von $\mathbf{S}^n$ zusammenfällt und zur globalen Definition einer Abbildung $\phi \in \mathcal{M}(n)$ deren Kenntnis auf einer offenen, zusammenhängen Teilmenge $U \subseteq \mathbf{S}^n$ genügt. Interessant ist, daß die Begründung dieser Festellungen von der Dimension n abhängt.

Betrachten wir zunächst den Fall $n \geq 3$. Aus der Untermannigfaltigkeitentheorie der Riemannschen Geometrie wissen wir, daß im $\mathbb{R}^n$ die offenen Teilmengen von Hypersphären und Hyperebenen die einzigen total umbilischen Hyperflächen sind. Da die Eigenschaft einer Hyperfläche, nur aus ↗ umbilischen Punkten zu bestehen, aber eine konforme Invariante ist, ist die konforme Gruppe $\mathcal{C}(\mathbf{S}^n)$ in der Möbiusgruppe $\mathcal{M}(n)$ enthalten. Andererseits können wir für $\mathbf{S}^n$, so wie für jede konform flache Mannigfaltigkeit, in der Umgebung eines gewählten Punktes $x \in \mathbf{S}^n$ einen Atlas finden, in dessen lokalen Koordinaten das Differential $d\phi \mid_x$ eines gegebenen Diffeomorphismus $\phi \in \mathcal{M}(n)$, $\phi(x) = x$ Diagonalgestalt hat. Da $d\phi \mid_x$ so wie ϕ selbst Hypersphären erhalten muß, ergibt sich die Gleichheit der Eigenwerte von $d\phi \mid_x$, $d\phi \mid_x$ ist eine Homothetie und damit ϕ ein konformer Diffeomorphismus.

Zum Beweis der zweiten Feststellung verweisen wir auf das Liouville-Theorem. Danach existiert für einen auf offenen, zusammenhängenden Teilmengen $U, V \subset \mathbf{S}^n, n \geq 3$ definierten konformen Diffeomorphismus $\phi : U \longrightarrow V$ stets eine wohldefinierte Fortsetzung $\hat{\phi} : \mathbf{S}^n \longrightarrow \mathbf{S}^n, \phi \in \mathcal{M}(n)$.

Im speziellen Fall $n = 2$ fallen die Gruppe $\mathcal{C}(\mathbf{S}^2)$ der global definierten konformen Diffeomorphismen von $\mathbf{S}^2$ und die Möbius-Gruppe $\mathcal{M}(n)$ derjenigen Diffeomorphismen von $\mathbf{S}^2$, die Kreise wieder in Kreise überführen, ebenfalls zusammen. Eine auf einer offenen, zusammenhängenden Umgebung $U \subset S^2$ definierte konforme Abbildung kann aber durchaus verschiedene (holomorphe oder antiholomorphe) Fortsetzungen auf der entsprechenden Riemannschen Fläche haben, aber nur diejenigen Fortsetzungen, die sich global auf $\mathbf{S}^2$ fortsetzen lassen, erhalten auch Kreise.

Wir bemerken an dieser Stelle, daß in Verallgemeinerung der klassischen Begriffsbildungen für konform flache Mannigfaltigkeiten der Begriff einer Möbiusstruktur erklärt werden kann. Ist nämlich $\mathbf{M}$ eine konform flache Mannigfaltigkeit und $\mathcal{A}$ ein zulässiger Atlas aus lokal konformen Diffeomorphismen in den $\mathbb{R}^n$, so können wir durch stereographische Projektion diese Abbildungen in $\mathbf{S}^n$ verlängern. Eine Möbius-Struktur ist dann ein maximaler Atlas solcher lokaler Diffeomorphismen, für die die entsprechenden Koordinatentransformationen nach stereographischer Projektion Möbius-Transformationen entsprechender offener Mengen in $\mathbf{S}^n$ sind. Eine differenzierbare Mannigfaltigkeit mit einer Möbius-Struktur wird auch Möbius-Mannigfaltigkeit genannt.

Für die Wirkung der Möbius-Gruppe über $\mathbf{S}^n$ lassen sich verschiedene Modelle einführen. Exemplarisch wollen wir hier ein bereits im vorigen Jahrhundert eingeführtes und von Wilhem Blaschke im ersten Drittel des 20. Jahrhunderts ausführlich beschriebenes Modell betrachten. Der entscheidende Vorteil dieser Modellbildung liegt in der Einbettung der Diffeomorphismengruppe $\mathcal{M}(n)$ in gut beschreibbare Gruppen linearer Abbildungen. Sei dazu im $\mathbb{R}^{n+2}$ mit Standardkoordinaten

$$\mathbf{J}^{n+1} = \{x \in \mathbb{R}^{n+2} \mid \langle x, x\rangle_M = 0\},$$

wobei $\langle\, .,.\rangle_M$ durch

$$\langle x, y\rangle_M = -x_0 y_0 + x_1 y_1 + \ldots + x_{n+1} y_{n+1}$$

definiert sein soll. Wir setzen $\mathbf{S}^n = \mathbf{J}^{n+1}/\!\sim$, dabei soll $x \sim y$ genau dann gelten, wenn $x = \lambda y$ für ein $\lambda \in \mathbb{R}, \lambda \neq 0$ erfüllt ist. Durch stereographische Projektion kann ein Diffeomorphismus zu der oben beschriebenen Standardeinbettung von $\mathbf{S}^n$ in den $\mathbb{R}^{n+1}$ konstruiert werden. In dieser Situation ist eine Hypersphäre von $\mathbf{S}^n$ wohldefiniert durch die Projektion der Schnittmenge eines $(n+1)$-dimensionalen Unterraumes U des $\mathbb{R}^{n+2}$ entlang $\sim$, wobei

$$U = \left\{ x \in \mathbb{R}^{n+2} \;\middle|\; \begin{matrix} \exists y \in \mathbb{R}^{n+2}: \\ \langle y, y\rangle_M = 1 \; und \langle x, y\rangle_M = 0 \end{matrix} \right\},$$

und wir können die homogenen Koordinaten des von y erzeugten eindimensionalen Unterraums des $\mathbb{R}^{n+2}$ zur Beschreibung der so definierten Hypersphäre nutzen. Ein Diffeomorphismus ϕ von S^n ist in diesem Modell genau dann eine Möbiustransformation, wenn er durch einen Automorphismus des $\mathbb{R}^{n+2}$ erzeugt wird, der die Menge dieser, die Hypersphären erzeugenden $(n+1)$-dimensionalen Unterräume respektiert, es ergibt sich in diesem Modell eine Realisierung der Möbius-Gruppe innerhalb der Invarianzgruppe $\mathbf{O}(1, n+1)$ der Bilinearform $\langle\, ,\, \rangle_M$ auf dem $\mathbb{R}^{n+2}$. Wir bemerken, daß in den klassischen Arbeiten hier vor allem in der Dimension $n = 2$ gearbeitet wird, die Koordinaten, die sich aus dieser Modellbildung ergeben, werden dort mitunter als tetrazyklische Koordinaten bezeichnet.

Für $n = 2$ können wir die Möbius-Geometrie in einem weiteren Modell betrachten, das sich aus einem – ebenfalls schon klassisch untersuchten – funktionentheoretischen Kontext ergibt. Sei dazu $\hat{\mathbb{C}} = \mathbb{C} \cup \{\infty\}$ die komplexe Ebene vereinigt mit dem unendlich fernen Punkt. Die oben bereits benutzte stereographische Projektion liefert eine bijektive Abbildung der Standardeinbettung von $\mathbf{S}^2$ auf $\hat{\mathbb{C}}$. Die Kreise der Sphäre werden dabei auf die Kreise und Geraden der komplexen Ebene abgebildet, wir betrachten die Geraden hier ebenfalls als Kreise. Die Gruppe

$$\mathbf{SL}(2, \mathbb{C}) = \left\{ \begin{pmatrix} a & c \\ b & d \end{pmatrix} \mid \begin{array}{c} a, b, c, d \in \mathbb{C}, \\ ad - bc = 1 \end{array} \right\}$$

wirkt auf $\mathbb{C} \setminus z_0, cz_0 + d = 0$ durch

$$\begin{pmatrix} a & c \\ b & d \end{pmatrix} z = \frac{az + b}{cz + d}.$$

Jede solche Abbildung erhält Kreise in der komplexen Ebene, daher gibt es, wie oben ausgeführt, genau eine auf ganz $\mathbf{S}^2$ definierte ↗Möbius-Transformation, deren Einschränkung auf $\mathbb{C} \setminus \{z_0\}$ durch obenstehende Wirkung definiert ist und für die darüber hinaus z_0 auf ∞ abgebildet wird. Der Nichteffektivitätskern dieser Wirkung ist $\{\pm I\}$, dies liefert $\mathcal{M}(2) \cong \mathbf{SL}(2, \mathbb{C})/\{\pm I\}$. Dieses Modell der Möbius-Geometrie ist auch die Grundlage der hyperbolischen Geometrie der Ebene sowie der weit entwickelten Theorie der Fuchsschen Gruppen, hier ergibt sich eine wichtige Verbindung zur Theorie der Riemannschen Flächen.

Zu den wichtigsten Eigenschaften der Möbius-Gruppe zählt ihre endliche Erzeugbarkeit aus elementar definierbaren Spiegelungen an Hypersphären, den Inversionen. Wir können diese Inversionen einführen, indem wir $\mathbf{S}^n$ stereographisch in den $\mathbb{R}^n$ projizieren und dort die Inversion ϕ an der Sphäre $S(a, r)$ um $a \in \mathbb{R}^n$ mit dem Radius $r \in \mathbb{R}, r > 0$, definiert durch

$$S(a, r) = \{x \in R^n \mid \ \| x - a \| = r\},$$

durch

$$\phi(x) = a + \left(\frac{r}{\| x - a \|} \right)^2 (x - a), \ x \in \mathbb{R}^n$$

bestimmen. Auf der Grundlage dieser Eigenschaft wurde die Möbius-Geometrie in der Vergangenheit auch immer wieder als Inversionsgeometrie bezeichnet.

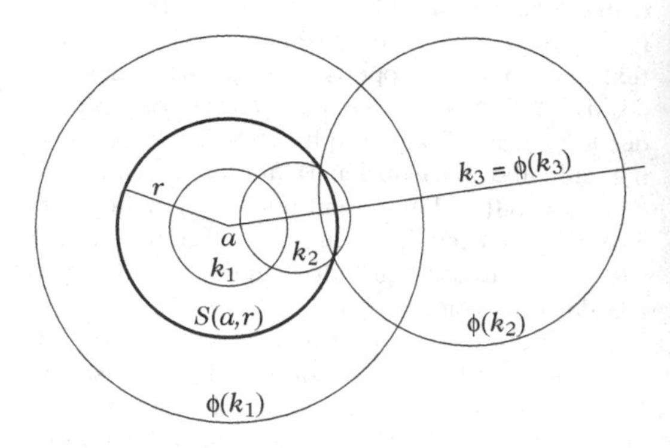

Inversion am Kreis

Den Intentionen des Erlanger Programms folgend wurde in der ersten Hälfte des 20. Jahrhunderts vor allem die Invariantentheorie der Wirkung der Möbius-Gruppe über $\mathbf{S}^2$ und $\mathbf{S}^3$ entwickelt. Dabei wird hier vor allem die durch $\mathcal{M}(n)$ induzierte Wirkung auf den Hypersphären in den Vordergrund gestellt. Nach dem Aufbau von Invarianten endlicher Mengen von Hypersphären werden von Blaschke dann Invariantensysteme für einparametrige Scharen von Hypersphären entwickelt. Diese Systeme entsprechen den Frenet-Formeln der Kurventheorie in der Riemannschen Geometrie des $\mathbb{R}^n$. In moderneren Untersuchungen spielt die Möbius-Geometrie vor allem durch die oben bereits angesprochenen Verbindungen zur Theorie der Riemannschen Flächen oder zur Untermannigfaltigkeitentheorie im Rahmen der Riemannschen und konformen Geometrie eine wichtige Rolle.

Literatur

[1] Blaschke,W.: Vorlesungen über Differentialgeometrie III. Verlag von Julius Springer Berlin, 1929.

[2] Beardon,A.F.: The Geometry of Discrete Groups. Springer Verlag New York, 1983.

[3] Kulkarni,R.S.; Pinkall,U.: Conformal Geometry. Friedr. Vieweg & Sohn Braunschweig, 1988.

Möbius-Gruppe, ↗Möbius-Geometrie.

Möbiussche Umkehrformeln, Formeln zur „Umkehrung" gewisser Summendarstellungen von (insbesondere zahlentheoretischen) Funktionen mit Hilfe der ↗Möbius-Funktion μ.

Die Möbiusschen Umkehrformeln beruhen auf der Gleichung

$$\sum_{d|n} \mu(d) = \begin{cases} 1 & \text{für } n = 1, \\ 0 & \text{für } n > 1, \end{cases} \tag{1}$$

wobei sich die Summe über alle Teiler von n (einschließlich $d = 1$ und $d = n$) erstreckt.

Folgerungen von Gleichung (1) sind die sogenannte „Erste Möbiussche Umkehrformel“:

Seien $f, F : \mathbb{N} \to \mathbb{C}$ zahlentheoretische Funktionen, dann sind äquivalent:

$$F(n) = \sum_{d|n} f(d) \quad \text{für alle } n \geq 1, \quad (A_1)$$

$$f(n) = \sum_{d|n} \mu\left(\frac{n}{d}\right) F(d) \quad \text{für alle } n \geq 1, \quad (B_1)$$

und die sogenannte „Zweite Möbiussche Umkehrformel“:

Seien $g, G : [1, \infty) \to \mathbb{C}$ Funktionen, dann sind äquivalent:

$$G(x) = \sum_{n \leq x} g\left(\frac{x}{n}\right) \quad \text{für alle } x \geq 1, \quad (A_2)$$

$$g(x) = \sum_{n \leq x} \mu(n) G\left(\frac{x}{n}\right) \quad \text{für alle } x \geq 1; \quad (B_2)$$

hierbei ist die Summe jeweils über alle natürlichen Zahlen $n \leq x$ zu erstrecken.

Eine ursprünglichere Variante Möbiusscher Umkehrformeln ist die folgende Äquivalenz, die immer dann gültig ist, wenn die Reihen $\sum f(x^n)$ und $\sum g(x^n)$ absolut konvergieren:

$$f(x) = \sum_{n=1}^{\infty} g(x^n) \iff g(x) = \sum_{n=1}^{\infty} \mu(n) f(x^n).$$

Riemann benutzte in der Arbeit, in der er die Riemannsche Vermutung beschreibt, die folgende Variante:

$$F(x) = \sum_{n=1}^{\infty} \frac{1}{n} f(x^{1/n})$$

$$\iff f(x) = \sum_{n=1}^{\infty} \frac{\mu(n)}{n} F(x^{1/n}).$$

Möbius-Transformation, eine Abbildung $T : \widehat{\mathbb{C}} \to \widehat{\mathbb{C}}$ der Form

$$T(z) = \frac{az + b}{cz + d},$$

wobei $a, b, c, d \in \mathbb{C}$ und $ad - bc \neq 0$. Dabei wird gesetzt $T(\infty) = \frac{a}{c}$ und $T\left(-\frac{d}{c}\right) = \infty$, sofern $c \neq 0$, und für $c = 0$ ist $T(\infty) = \infty$. Manche Autoren nennen T auch eine lineare Transformation, wobei dies nicht mit einer linearen Abbildung im Sinne der Linearen Algebra zu verwechseln ist. Ist speziell $T(z) = z + b$ bzw. $T(z) = az$ $(a \neq 0)$ bzw. $T(z) = e^{i\vartheta} z$ bzw. $T(z) = \frac{1}{z}$, so heißt T eine Translation (oder Verschiebung) bzw. Dilatation (oder Drehstreckung) bzw. Rotation (oder Drehung) bzw. Inversion (oder Stürzung).

Jede Möbius-Transformation T ist eine bijektive ↗meromorphe Funktion von $\widehat{\mathbb{C}}$ auf sich. Die Umkehrfunktion T^{-1} von T wird gegeben durch

$$T^{-1}(z) = \frac{dz + b}{-cz + a}.$$

Sind S und T Möbius-Transformationen, so auch $S \circ T$. Daher ist die Menge $\mathcal{M}$ aller Möbius-Transformationen eine Gruppe bezüglich der Komposition $\circ$ von Abbildungen. Jede Möbius-Transformation kann als Komposition von Translationen, Dilatationen und einer Inversion dargestellt werden.

Bezeichnet $GL(2, \mathbb{C})$ die Gruppe aller invertierbaren (2×2)-Matrizen komplexer Zahlen, so wird jeder Matrix

$$A = \begin{pmatrix} a & b \\ c & d \end{pmatrix} \in GL(2, \mathbb{C})$$

durch

$$T_A(z) = \frac{az + b}{cz + d}$$

eine Möbius-Transformation zugeordnet. Die hierdurch definierte Abbildung $\phi : GL(2, \mathbb{C}) \to \mathcal{M}$ ist ein Gruppenepimorphismus, d. h. für $A, B \in GL(2, \mathbb{C})$ gilt $T_{AB} = T_A \circ T_B$, und ϕ ist surjektiv. Es gilt $T_A = T_B$ genau dann, wenn ein $\alpha \in \mathbb{C}^* = \mathbb{C} \setminus \{0\}$ existiert mit $A = \alpha B$. Ist $SL(2, \mathbb{C})$ die Gruppe aller Matrizen $A \in GL(2, \mathbb{C})$ mit $\det A = 1$, so liefert die eingeschränkte Abbildung $\phi : SL(2, \mathbb{C}) \to \mathcal{M}$ ebenfalls einen Gruppenepimorphismus, dessen Kern aus den beiden Matrizen $\pm I$ besteht, wobei I die Einheitsmatrix bezeichnet.

Eine wichtige Rolle spielen die Fixpunkte einer Möbius-Transformation T. Ist $T(z) \not\equiv z$, so besitzt T einen oder zwei Fixpunkte in $\widehat{\mathbb{C}}$. Die Möbius-Transformationen werden nach ihrem Verhalten in den Fixpunkten eingeteilt. Dazu sei

$$T(z) = \frac{az + b}{cz + d}$$

mit $ad - bc = 1$. Besitzt T genau einen Fixpunkt z_0, so heißt T parabolisch. Ist $z_0 = \infty$, so hat T die Form $T(z) = z + \beta$ mit einem $\beta \in \mathbb{C}^*$. Für $z_0 \neq \infty$ setzt man

$$g(z) := \frac{1}{z - z_0}.$$

Dann hat die Möbius-Transformation $S = g \circ T \circ g^{-1}$ den Fixpunkt ∞.

Nun besitze T genau zwei Fixpunkte z_1 und z_2. Ist $z_1 = 0$ und $z_2 = \infty$, so hat T die Form $T(z) = kz$ mit einem $k \in \mathbb{C}^* \setminus \{1\}$. Andernfalls wählt man eine Möbius-Transformation g mit $g(z_1) = 0$ und $g(z_2) = \infty$, zum Beispiel

$$g(z) := \frac{z - z_1}{z - z_2}, \quad \text{falls } z_1, z_2 \in \mathbb{C},$$

$$g(z) := z - z_1, \quad \text{falls } z_1 \in \mathbb{C},\ z_2 = \infty.$$

Dann hat $S = g \circ T \circ g^{-1}$ die Fixpunkte 0, ∞ und ist daher von der Form $S(z) = kz$. Man nennt T

- elliptisch, falls $|k| = 1$,
- hyperbolisch, falls $k > 0$,
- loxodromisch in allen anderen Fällen.

Ist $T \in \mathcal{M}$ und sind z_1, z_2, $z_3 \in \widehat{\mathbb{C}}$ drei verschiedene Punkte, so ist T durch die Bildpunkte $w_1 = T(z_1)$, $w_2 = T(z_2)$, $w_3 = T(z_3)$ eindeutig bestimmt. Im Spezialfall $w_1 = 1$, $w_2 = 0$, $w_3 = \infty$ wird T gegeben durch

$$T(z) = \frac{z - z_2}{z - z_3} : \frac{z_1 - z_2}{z_1 - z_3}, \quad \text{falls } z_1, z_2, z_3 \in \mathbb{C},$$

$$T(z) = \frac{z - z_2}{z - z_3}, \quad \text{falls } z_1 = \infty,$$

$$T(z) = \frac{z_1 - z_3}{z - z_3}, \quad \text{falls } z_2 = \infty,$$

$$T(z) = \frac{z - z_2}{z_1 - z_2}, \quad \text{falls } z_3 = \infty.$$

Man nennt dann die komplexe Zahl

$$\mathrm{Dv}\,(z, z_1, z_2, z_3) := T(z)$$

das Doppelverhältnis der Punkte z, z_1, z_2, z_3. Eine wichtige Eigenschaft des Doppelverhältnisses ist die Invarianz unter einer Möbius-Transformation M, d. h. es gilt

$$\mathrm{Dv}\,(M(z), M(z_1), M(z_2), M(z_3)) = \mathrm{Dv}\,(z, z_1, z_2, z_3).$$

Mit Hilfe des Doppelverhältnisses läßt sich leicht zeigen, daß zu je drei verschiedenen Punkten z_1, z_2, $z_3 \in \widehat{\mathbb{C}}$ und w_1, w_2, $w_3 \in \widehat{\mathbb{C}}$ stets genau eine Möbius-Transformation M mit $w_1 = M(z_1)$, $w_2 = M(z_2)$, $w_3 = M(z_3)$ existiert. Setzt man nämlich $T(z) := \mathrm{Dv}\,(z, z_1, z_2, z_3)$ und $S(z) := \mathrm{Dv}\,(z, w_1, w_2, w_3)$, so hat $M := S^{-1} \circ T$ die gewünschten Eigenschaften.

Eine wichtige Eigenschaft von Möbius-Transformationen ist die ↗Kreisverwandtschaft. Diese erhält man aus der Tatsache, daß das Doppelverhältnis $\mathrm{Dv}\,(z_1, z_2, z_3, z_4)$ vier verschiedener Punkte z_1, z_2, z_3, $z_4 \in \widehat{\mathbb{C}}$ genau dann reell ist, wenn z_1, z_2, z_3, z_4 auf einer Kreislinie in $\widehat{\mathbb{C}}$ liegen. Sind Γ und Γ' Kreislinien in $\widehat{\mathbb{C}}$, so existiert stets eine Möbius-Transformation T mit $T(\Gamma) = \Gamma'$. Dabei kann T noch so gewählt werden, daß drei vorgegebene Punkte auf Γ auf drei vorgegebene Punkte auf Γ' abgebildet werden. Unter dieser Zusatzforderung ist dann T eindeutig bestimmt.

Es sei Γ eine Kreislinie in $\widehat{\mathbb{C}}$, und es seien z_1, z_2, $z_3 \in \Gamma$ drei verschiedene Punkte. Die Punkte z, $z^* \in \widehat{\mathbb{C}}$ heißen symmetrisch bezüglich Γ, falls

$$\mathrm{Dv}\,(z^*, z_1, z_2, z_3) = \overline{\mathrm{Dv}\,(z, z_1, z_2, z_3)}.$$

Man nennt z^* auch Spiegelpunkt von z bezüglich Γ. Die Definition ist unabhängig von der Wahl der Punkte z_1, z_2, $z_3 \in \Gamma$. Diese Symmetrieeigenschaft hat folgende geometrische Bedeutung. Ist Γ eine Gerade in $\mathbb{C}$, so haben z und z^* den gleichen Abstand zu Γ und liegen in verschiedenen Halbebenen von $\mathbb{C} \setminus \Gamma$. Außerdem steht die Verbindungsstrecke von z und z^* senkrecht auf Γ. Falls Γ eine Kreislinie in $\mathbb{C}$ mit Mittelpunkt $a \in \mathbb{C}$ und Radius $r > 0$ ist, so liegen z, z^* auf demselben Strahl von a nach ∞, und zwar in verschiedenen Zusammenhangskomponenten von $\widehat{\mathbb{C}} \setminus \Gamma$. Für die Abstände zu a gilt

$$|z - a||z^* - a| = r^2.$$

Insbesondere ist $a^* = \infty$. Damit gilt folgendes Symmetrieprinzip. Sind Γ_1, Γ_2 Kreislinien in $\widehat{\mathbb{C}}$, T eine Möbius-Transformation mit $T(\Gamma_1) = \Gamma_2$ und z, z^* symmetrisch bezüglich Γ_1, so sind $T(z)$, $T(z^*)$ symmetrisch bezüglich Γ_2.

Eine Orientierung einer Kreislinie Γ in $\widehat{\mathbb{C}}$ ist ein geordnetes Tripel (z_1, z_2, z_3) von verschiedenen Punkten z_1, z_2, $z_3 \in \Gamma$. Dann wird die rechte Seite von Γ durch

$$\Gamma^+ := \{ z \in \widehat{\mathbb{C}} : \mathrm{Im}\,(\mathrm{Dv}\,(z, z_1, z_2, z_3)) > 0 \}$$

und die linke Seite von Γ durch

$$\Gamma^- := \{ z \in \widehat{\mathbb{C}} : \mathrm{Im}\,(\mathrm{Dv}\,(z, z_1, z_2, z_3)) < 0 \}$$

definiert. Ist zum Beispiel Γ die reelle Achse und eine Orientierung von Γ gegeben durch $(1, 0, \infty)$ (d. h. die reelle Achse wird sozusagen von rechts nach links durchlaufen), so ist $\Gamma^+ = \{ z \in \mathbb{C} : \mathrm{Im}\, z > 0 \}$ und $\Gamma^- = \{ z \in \mathbb{C} : \mathrm{Im}\, z < 0 \}$. Damit gilt folgendes Orientierungsprinzip. Sind Γ_1, Γ_2 Kreislinien in $\widehat{\mathbb{C}}$ und T eine Möbius-Transformation mit $T(\Gamma_1) = \Gamma_2$ so bildet T die rechte bzw. linke Seite von Γ_1 bezüglich einer Orientierung (z_1, z_2, z_3) auf die rechte bzw. linke Seite von Γ_2 bezüglich der Orientierung $(T(z_1), T(z_2), T(z_3))$ ab.

Für weitere Information zu diesem Themenkreis vergleiche auch ↗Möbius-Geometrie.

Modalität eines Punktes, für einen Punkt $x \in X$ unter der Operation einer (algebraischen) Gruppe G auf der (algebraischen) Varietät X die kleinste Zahl m so, daß eine genügend kleine Umgebung von x durch eine endliche Anzahl von m-Parameterfamilien von Orbits überdeckt werden kann.

Punkte der Modalität 0 heißen einfach. Die Modalität eines Keims einer holomorphen Abbildung

$f : (\mathbb{C}^n, 0) \to \mathbb{C}$ mit kritischem Punkt in 0 erhält man als Spezialfall, in dem X der Raum der k-Jets ist, falls f k-bestimmt ist, und G die Automorphismengruppe von $\mathbb{C}^n$, die den Nullpunkt fixiert. Die einfachen Keime holomorpher Funktionen $f : (\mathbb{C}^n, 0) \to \mathbb{C}$ wurden von V.I. Arnold klassifiziert und sind in folgender Liste angegeben: ·

$$A_k : x_1^{k+1} + x_2^2 + \cdots + x_n^2, \quad k \geq 1;$$

$$D_k : x_1^2 x_2 + x_2^{k-1} + x_3^2 + \cdots + x_n^2, \quad k \geq 4;$$

$$E_6 : x_1^3 + x_2^4 + x_3^2 + \cdots + x_n^2;$$

$$E_7 : x_1^3 + x_1 x_2^3 + x_3^2 + \cdots + x_n^2;$$

$$E_8 : x_1^3 + x_2^5 + x_3^2 + \cdots + x_n^2.$$

Modallogik, Zweig der ↗Logik, der mit Hilfe ↗logischer Kalküle die Grundmodalitäten „möglich, notwendig, unmöglich, nicht notwendig" und durch deren Zusammensetzung entstehende kompliziertere Modalitäten untersucht und präzisiert, und dabei Beziehungen zu den klassischen Aussageverknüpfungen „nicht, und, oder, wenn–so, genau dann–wenn" (evtl. auch zu den Quantoren „es gibt ein, für jedes") herstellt.

Zu den Grundzeichen des ↗Aussagen- bzw. des ↗Prädikatenkalküls kommen die beiden weiteren Funktoren ◇ und □ für die Modalitäten „möglich" und „notwendig" hinzu.

Beispiele für Axiome im Rahmen der Modallogik sind:

$\Box\varphi \leftrightarrow \neg\Diamond\neg\varphi$ (φ ist notwendig $\Leftrightarrow$ es ist nicht möglich, daß φ nicht gilt).

$\Diamond\varphi \leftrightarrow \neg\Box\neg\varphi$ (φ ist möglich $\Leftrightarrow$ es ist nicht notwendig, daß φ nicht gilt).

Modell, allgemein das Ergebnis einer ↗Modellierung, vgl. dort.

Speziell versteht man unter einem Modell auch eine ↗algebraische Struktur $\mathcal{A}$ mit einer Signatur σ, die durch eine ↗elementare Sprache L der gleichen Signatur festgelegt wird, und in der eine zuvor fixierte Ausdrucksmenge Σ aus L gültig ist (im Zeichen $\mathcal{A} \models \Sigma$). Hierfür sagt man auch: $\mathcal{A}$ ist ein Modell von Σ.

Modell der Mengenlehre, ↗ axiomatische Mengenlehre.

Modell eines Axiomensystems, Klasse **M** so, daß für alle Axiome ϕ des Axiomensystems die ↗Relativierung von ϕ bezüglich **M** gilt (↗axiomatische Mengenlehre).

Modelle der Zeitreihenanalyse, Begriff aus der mathematischen Statistik.

Die ↗Zeitreihenanalyse beruht in ihrer mathematischen Durchführung darauf, Zeitreihen als Realisierung geeigneter stochastischer Prozesse aufzufassen. Man unterscheidet hierbei verschiedene Modelle und spricht von einem autoregressiven Modell der gleitenden Mittel (autoregressive moving average model, abgekürzt ARMA), wenn die Zeitreihe als Realisierung eines ↗autoregressiven Prozesses der gleitenden Mittel aufgefaßt wird. Analog betrachtet man autoregressive Modelle (AR-Modelle) bzw. Modelle der gleitenden Mittel (MA-Modelle), wenn ein autoregressiver Prozeß bzw. ↗Prozeß der gleitenden Mittel als Grundlage des Modells dient. Ein autoregressives integriertes Modell der gleitenden Mittel (ARIMA-Modell) liegt vor, wenn die beobachtete Zeitreihe $X(1), \ldots, X(n)$ nach ein- oder mehrmaliger Anwendung des Differenzenoperators (d. h., man geht von $(X(t), t = 1, \ldots, n)$ über zu der Zeitreihe $(\Delta X(t), t = 2, \ldots, n)$ mit $\Delta X(t) = X(t) - X(t-1)$ oder zu $(\Delta^d X(t), t = d+1, \ldots, n)$) als ARMA-Modell dargestellt wird. Die Differenzenbildung dient dabei der Eliminierung eines polynomialen Trends. In ähnlicher Weise kann durch ein- oder mehrmalige Anwendung des Operators Δ_s mit $\Delta_s = X(t) = X(t) - X(t-s)$ eine periodische Schwankung mit der Periode s eleminiert werden. Wird der so gebildeten Zeitreihe ein ARMA- oder ARIMA-Modell zugrundegelegt, so spricht man von einem Saisonmodell nach Box und Jenkins. In der Zeitreihenanalyse werden noch eine Reihe weiterer Modelle betrachtet, wie zum Beispiel ARMA-Modelle mit sogenannten exogenen Variablen (ARMAX-Modelle), exponentielle ARMA-Modelle (EARMA), AR-Modelle mit zufälligen Koeffizienten ([1]), bilineare Zeitreihenmodelle ([2]) und Threshold-Modelle ([3]).

[1] Nicholls, D.F.,Quinn,B.G.: Random Coefficient Autoregressive Models: An Introduction. Springer-Verlag, New York, Heidelberg, Berlin, 1982.

[2] Rao, T.S., Gabr,M.M: An Introduction to Bispectral Analysis and Bilinear Time Series Models. Springer-Verlag, New York, Heidelberg, Berlin, Tokyo, 1984.

[3] Tong,H.: Threshold-Models in Non-linear Time Series Analysis. Springer-Verlag, New York, Heidelberg, Berlin, Tokyo, 1983.

Modellierung, hier als *mathematische Modellierung* oder *Mathematisierung eines Problems* verstanden, durch Abstraktion geschaffene mathematische Beschreibung einer Fragestellung, etwa aus Naturwissenschaften, Technik, Medizin, Wirtschafts- und Sozialwissenschaften.

Gesucht ist jeweils eine Darstellung, die nur die als wichtig angesehenen Eigenschaften eines Vorbildes in einem überschaubaren und mathematisch beherrschbaren geeigneten Modell wiedergibt. Ein solches Modell kann ein leistungsfähiges Werkzeug zum Verständnis der „Welt" sein und zu Vorhersagen und zur Kontrolle dienen.

Es handelt sich also um eine vereinfachende, schematisierende und idealisierende Darstellung eines Objektes oder Objektbereiches, in der Beziehungen und Funktionen der Elemente der Objekte – unter speziell vorgegebenen Gesichtspunkten – deutlich herauskristallisiert und hinreichend gut beschrieben werden. Das Ziel ist die Lieferung von Informationen über das Original, insbesondere bei Fragestellungen, bei denen die Durchführung am Original nicht oder kaum möglich oder zu aufwendig ist. Bei der Lösung des resultierenden mathematischen Problems ist oft intensiver Rechnereinsatz erforderlich und dabei dann auch der numerisch geschulte Mathematiker oder auch der Informatiker gefragt.

Die Übertragung der aus der Modellierung gewonnenen Ergebnisse auf die Wirklichkeit (Rückinterpretation) erfordert stets sorgfältige und kritische Überprüfung (Begrenztheit des Gültigkeitsbereiches). Da sind die analytischen Fähigkeiten von Mathematikern – in intensiver Zusammenarbeit mit den jeweiligen Anwendern – besonders gefragt.

Die Richtigkeit des jeweiligen Modells muß zunächst aber auch in der Theorie überprüft werden. Die resultierenden Aufgaben sollten lösbar (Existenz) und die Lösung – in vielen Fällen – eindeutig sein. Die Lösung(en) sollte(n) dabei bei den meisten Fragestellungen in ‚stetiger' Weise von den Eingabedaten abhängen. (Kleine Änderungen bei der Eingabe sollten nur kleine Änderungen beim Resultat bewirken.) Die theoretischen Folgerungen müssen dann empirisch überprüft werden. Sie bestätigen im günstigen Fall das Modell oder widerlegen es, was eine bessere Modellierung und damit einen Neuansatz erfordert.

Es seien exemplarisch typische Beispiele aus verschiedenen Problemfeldern aufgelistet:

- Operations-Research-Modelle (Mathematische Behandlung sozial- und wirtschaftswissenschaftlicher Vorgänge)
- Mathematisch-physikalische Modelle
- Entwicklungen in der Medizintechnik (Z. B. Computertomographie)
- Entwurf und Design
- Digitalisierung von Sprache und Musik
- Sichere Nachrichtenübermittlung
- Optimale Steuerung (Z. B. Verkehrsfluß, Produktionsabläufe, Fertigungsprozesse, biologische Schädlingsbekämpfung, Treibstoffzufuhr, Raketensteuerung, ...)
- Simulation (Z. B. Crashtests in der Fahrzeugindustrie)
- Vorhersagen (Z. B. Wahlergebnisse, Trends, Betriebssicherheit einer Fabrik oder eines Fahrzeugs)
- Modelle zur Visualisierung (Innerhalb der Mathematik z. B. Riemannsche Zahlenkugel bei komplexen Zahlen)

Modellierungen können empirische Untersuchungen ergänzen oder teilweise ersetzen und so Geld, Zeit und andere Ressourcen einsparen.

modelltheoretische Algebra, Grenzgebiet zwischen ↗Modelltheorie und Algebra, das sich vor allem dem Studium von Klassen algebraischer Strukturen (z. B. Gruppen, Ringe, Körper, Moduln) mit bestimmten Eigenschaften widmet, wobei vielfältige Methoden und Ergebnisse der ↗mathematischen Logik Verwendung finden.

modelltheoretisches Forcing, hilfreiche Methode zur Konstruktion von ↗Modellen mit besonderen Eigenschaften.

Es sei L eine abzählbare ↗elementare Sprache, C eine abzählbar-unendliche Menge von Individuenzeichen, die sämtlich nicht in L vorkommen, und $L(C)$ die Sprache, die aus L durch Hinzunahme der Individuenzeichen aus C entsteht. Weiterhin sei T eine in L formulierte konsistente Theorie (↗konsistente Formelmenge, ↗elementare Sprache). Jede endliche Menge von atomaren und verneinten atomaren Aussagen aus $L(C)$ heißt Bedingung für T. Bedingungen werden mit p, q bezeichnet, φ und ψ seien Aussagen aus $L(C)$. Zwischen Bedingungen und Aussagen wird induktiv (über die Kompliziertheit von Aussagen) die Forcing-Relation $\Vdash$ bezüglich T wie folgt definiert:

1. Ist φ atomar, so gilt: $p \Vdash \varphi \Leftrightarrow \varphi \in p$.
2. $p \Vdash \neg\varphi \Leftrightarrow$ es gibt keine Bedingung $q \supseteq p$ mit $q \Vdash \varphi$.
3. $p \Vdash \varphi \vee \psi \Leftrightarrow p \Vdash \varphi$ oder $p \Vdash \psi$.
4. $p \Vdash \exists x\varphi(x) \Leftrightarrow$ es gibt ein $c \in C$, so daß $p \Vdash \varphi(c)$.

(Die restlichen Konnektoren $\wedge, \rightarrow, \leftrightarrow$ und der Quantor $\forall$ sind mit Hilfe von $\neg, \vee$ und $\exists$ ausdrückbar.)

Eine Menge G von Bedingungen heißt generische Menge für T, falls jede endliche Teilmenge von G eine Bedingung für T ist, und für jede Aussage φ aus $L(C)$ eine endliche Teilmenge $p \subseteq G$ existiert, so daß entweder $p \Vdash \varphi$ oder $p \Vdash \neg\varphi$. Damit läßt sich das grundlegende Resultat für generische Modelle formulieren:

Ist G eine generische Menge für T, dann gibt es (bis auf Isomorphie) genau eine ↗algebraische Struktur $\mathcal{A}(G)$ für $L(C)$ mit der Trägermenge A so, daß gilt:

1. Für jedes $a \in A$ enthält C einen Namen c (↗elementare Sprache).

2. Für jede Aussage φ aus $L(C)$ gilt

$$\mathcal{A}(G) \models \varphi \Leftrightarrow G \Vdash \varphi$$

(d. h., $\mathcal{A}(G)$ ist ein Modell für genau die Aussagen, die durch G „erzwungen" werden).

Modelltheorie

H. Wolter

Die Modelltheorie bezeichnet ein Grenzgebiet zwischen ↗mathematischer Logik und universeller Algebra bzw. allgemeiner Strukturtheorie, wo insbesondere die Beziehungen zwischen (problemorientierten) formalen Sprachen und den sie interpretierenden (↗Interpretation) Strukturen studiert werden.

Aufgrund der „gut handhabbaren" Eigenschaften der elementaren ↗Prädikatenlogik, bei der nur Elemente, nicht aber gleichzeitig Elemente und Mengen von Elementen quantifiziert werden dürfen, untersucht die Modelltheorie vorwiegend solche Probleme, die sich in ↗elementaren Sprachen formulieren lassen. Sie benutzt jedoch dort, wo es hilfreich erscheint, auch erweiterte Sprachen (↗mathematische Logik). Insbesondere geht es in der Modelltheorie um Fragen nach den möglichen ↗Modellen formalisierter Theorien (↗elementare Sprache) oder um Klassen von Strukturen mit bestimmten Eigenschaften, die sich als Modellklassen solcher Theorien charakterisieren lassen. Es werden u. a. Methoden und Verfahren entwickelt, mit denen sich aus vorhandenen Modellen neue Modelle konstruieren oder ihre Existenz beweisen lassen.

Die Modelltheorie befaßt sich prinzipiell mit den gleichen Fragestellungen wie andere Teilgebiete der Mathematik (insbesondere Algebra), jedoch mit der Einschränkung, daß sich die aufgeworfenen Probleme in einer geeigneten formalen Sprache formulieren lassen, und daß zur Lösung der Probleme Hilfsmittel und Methoden der mathematischen Logik hilfreich erscheinen.

Bei sog. nicht-elementaren Sprachen, die ebenfalls für modelltheoretische Untersuchungen herangezogen werden, kommen zu den Ausdrucksmitteln der elementaren Sprache weitere hinzu, sodaß die Ausdrucksfähigkeit der Sprache erhöht wird. Die Verbesserung der Ausdrucksfähigkeit wird jedoch „erkauft" mit dem Verlust wichtiger modelltheoretischer Hilfsmittel (wie z. B. Kompaktheitssatz), die für erweiterte Sprachen im allgemeinen nicht mehr zur Verfügung stehen.

Im wesentlichen gibt es drei Methoden, die Ausdrucksfähigkeit der elementaren Sprachen zu erhöhen. Erstens können unendlich lange Zeichenreihen als Ausdrücke zugelassen sein, man erhält auf diese Weise infinitäre Sprachen (↗infinitäre Logik). Des weiteren kann neben der Quantifizierung von Elementen auch die von Mengen, Relationen und Funktionen zugelassen sein. Dies führt zu Logiken höherer Stufe (↗Prädikatenlogik höherer Stufe). Schließlich können zu den üblichen Grundzeichen noch weitere Quantoren hinzugenommen werden, wie z. B. „es gibt unendlich viele, es gibt höchstens endlich viele, es gibt überabzählbar viele" (↗mathematische Logik).

Da erweiterte Sprachen aufgrund ihrer relativ schwerfälligen Handhabung nur geringen Einfluß auf die allgemeine Entwicklung der Modelltheorie ausübten, beschränken wir uns jetzt auf elementare Sprachen (auch Sprachen erster Stufe oder erster Ordnung genannt), woraus sich auch die Bezeichnung *elementare Modelltheorie* oder *Modelltheorie erster Stufe* oder *erster Ordnung* ableitet.

In einer elementaren Sprache L sind die *Ausdrücke* oder *L-Formeln* über einem *Alphabet* gebildet, das aus den folgenden *Grundzeichen* besteht.

1. *Individuenvariablen*: $x_1, x_2, x_3, \ldots,$
2. *Funktionszeichen*: $f_1, f_2, f_3, \ldots,$
3. *Relationszeichen*: $R_1, R_2, R_3, \ldots,$
4. *Individuenzeichen*: $c_1, c_2, c_3, \ldots,$
5. *logische Zeichen*: $\neg, \wedge, \vee, \rightarrow, \leftrightarrow, \exists, \forall, =,$
6. *technische Zeichen*: (,).

Die Menge der Individuenvariablen ist stets abzählbar, von den Funktions-, Relations- und Individuenzeichen können in L beliebig viele (endlich viele, abzählbar oder auch überabzählbar viele) vorkommen. Aus diesen Grundzeichen werden durch Aneinanderreihung endliche Zeichenreihen gebildet. Nur bestimmte Zeichenreihen sind sinnvoll, sie werden induktiv als Menge der Terme bzw. der Ausdrücke von L ausgesondert. Elementare Sprachen sind geeignet, Aussagen über ↗algebraische Strukturen zu machen. Dies setzt voraus, daß die Sprache Namen für die Objekte der Struktur enthält. Ist $\mathcal{A} = \langle A, F^A, R^R, C^A \rangle$ eine algebraische Struktur, dann enthält eine für $\mathcal{A}$ geeignete elementare Sprache für jede Funktion $f_i^A \in F^A$ ein Funktionszeichen f_i (f_i ist ein Name für die Funktion f_i^A), für jede Relation $R_i^A \in R^A$ ein Relationszeichen R_i und für jedes Element $c_i^A \in C^A$ ein Individuenzeichen oder *Konstantensymbol* c_i. Funktions- und Relationszeichen sind mit den gleichen Stellenzahlen versehen wie die entsprechenden Objekte (Funktionen bzw. Relationen), die durch sie bezeichnet werden.

Das Tripel $\sigma = (F_\sigma, R_\sigma, C_\sigma)$, bestehend aus den Familien F_σ bzw. R_σ aller Stellenzahlen der Funktions- bzw. Relationszeichen und der Anzahl C_σ aller Individuenzeichen von L, heißt *Signatur* von $\mathcal{A}$. Stimmt die Signatur einer gegebenen algebraischen Struktur $\mathcal{A}$ mit der der elementaren Sprache L überein, dann ist die Sprache geeignet, um Aussagen über die Struktur zu formulieren. Werden den Funktions-, Relations- und Individuenzeichen entsprechende Funktionen, Relationen bzw. Elemente aus C^A zugeordnet, dann ist die Sprache in der Struktur *interpretiert* (oder $\mathcal{A}$ ist eine ↗ Interpretation von L). Verschiedene elementare Sprachen unterscheiden sich höchstens in den Funktions-, Relations- und Individuenzeichen, die häufig die *nichtlogischen Zeichen* genannt werden. Die Individuenvariablen variieren immer über dem Individuenbereich von $\mathcal{A}$, die Gleichheit wird in der Regel zu den logischen Zeichen gezählt, da sie stets als Identität aufgefaßt wird und damit in jeder Struktur vorhanden ist. *Terme* (oder ↗ L-Terme) werden wie folgt induktiv definiert:

1. Alle Individuenvariablen und Individuenzeichen sind Terme.
2. Ist f ein n-stelliges Funktionszeichen und sind $t_1, \dots, t_n$ Terme, dann ist $f(t_1, \dots, t_n)$ ein Term.
3. Keine weiteren Zeichenreihen sind Terme.

Beispiele für Terme sind $(x+y)\cdot z$, $a\cdot x^2+b\cdot x+c$. Mit Hilfe der Terme werden *Ausdrücke* (oder ↗ L-Formeln) induktiv definiert:

1. Ist R ein n-stelliges Relationszeichen und sind $t_1, \dots, t_n$ Terme, dann ist $R(t_1, \dots, t_n)$ ein Ausdruck; weiterhin sind Termgleichungen der Gestalt $t_1 = t_2$ Ausdrücke. (Zeichenreihen dieser Art sind als Ausdrücke nicht weiter zerlegbar, sie heißen daher *atomare* oder *prädikative Ausdrücke* oder ↗ Atomformeln).
2. Sind φ und ψ Ausdrücke, dann sind auch $\neg\varphi$, $\varphi \wedge \psi$, $\varphi \vee \psi$, $\varphi \rightarrow \psi$, $\varphi \leftrightarrow \psi$ Ausdrücke.
3. Ist φ ein Ausdruck, in dem die Zeichenreihen $\exists x$ oder $\forall x$ nicht vorkommen, dann sind auch $\exists x\varphi$ und $\forall x\varphi$ Ausdrücke.
4. Keine weiteren Zeichenreihen sind Ausdrücke.

Elementare Sprachen sind dadurch charakterisiert, daß sie Quantifizierungen nur für Elemente und nicht zugleich für beliebige Teilmengen von Elementen zulassen. Zur Quantifizierung von Elementen und Mengen benutzt man *Sprachen zweiter Stufe*.

Aussagen sind spezielle Ausdrücke, die keine ↗ freien Variablen enthalten. Über die Kompliziertheit eines Ausdrucks wird das *freie Auftreten* einer Variablen induktiv definiert. Die Individuenvariable x *kommt* in dem Ausdruck φ genau dann *frei vor*, wenn

1. φ atomar ist und x in φ vorkommt, oder
2. φ die Gestalt $\neg\psi$ besitzt und x in ψ frei vorkommt, oder
3. φ die Gestalt $\psi \wedge \chi$, $\psi \vee \chi$, $\psi \rightarrow \chi$ oder $\psi \leftrightarrow \chi$ besitzt und x in ψ oder χ frei vorkommt, oder
4. φ die Gestalt $\exists y\psi$ oder $\forall y\psi$ besitzt, und x in ψ frei vorkommt und x, y verschiedene Individuenvariablen sind.

In dem Ausdruck $\exists x(x > 0 \wedge x+y = z)$ kommen z. B. die Variablen y, z frei vor, und x ist durch den Quantor $\exists$ gebunden. Das freie Vorkommen von x in φ wird durch $\varphi(x)$ gekennzeichnet.

Die Gültigkeit einer Aussage φ aus einer Sprache L in einer Struktur $\mathcal{A}$ gleicher Signatur wird wiederum induktiv definiert. Dazu wird L durch Hinzunahme neuer Individuenzeichen zu $L(\mathcal{A})$ erweitert, und zwar wird für jedes Element a der Trägermenge von $\mathcal{A}$ ein Zeichen $\underline{a}$ zu L hinzugenommen ($\underline{a}$ ist ein Name für das Element a). Ein Element darf auch zwei Namen tragen, wenn es für a in L schon einen Namen gab. Die Gültigkeit von φ in der Struktur $\mathcal{A}$ wird gekennzeichnet durch $\mathcal{A} \models \varphi$. Damit definiert man:

1. Ist φ eine atomare Aussage, dann ist $\mathcal{A} \models \varphi$ schon durch die Interpretation definiert.
2. $\mathcal{A} \models \neg\varphi \iff \varphi$ gilt nicht in $\mathcal{A}$,
   $\mathcal{A} \models \varphi \wedge \psi \iff \mathcal{A} \models \varphi$ und $\mathcal{A} \models \varphi$,
   $\mathcal{A} \models \varphi \vee \psi \iff \mathcal{A} \models \varphi$ oder $\mathcal{A} \models \varphi$,
   $\mathcal{A} \models \varphi \rightarrow \psi \iff$ wenn $\mathcal{A} \models \varphi$, so $\mathcal{A} \models \varphi$,
   $\mathcal{A} \models \varphi \leftrightarrow \psi \iff \mathcal{A} \models \varphi$ genau dann, wenn $\mathcal{A} \models \varphi$.
3. $\mathcal{A} \models \exists x\varphi(x) \iff$ es gibt ein Element a in $\mathcal{A}$, so daß $\mathcal{A} \models \varphi(\underline{a})$,
   $\mathcal{A} \models \forall x\varphi(x) \iff$ für alle Elemente a in $\mathcal{A}$ ist $\mathcal{A} \models \varphi(\underline{a})$.

Damit sind die Konnektoren $\neg, \wedge, \vee, \rightarrow, \leftrightarrow$ und die Quantoren $\exists, \forall$ der Reihe nach als *Negation, Konjunktion, Alternative, Implikation, Äquivalenz, Existenzquantor* und *Allquantor* interpretiert. Ein Ausdruck $\varphi(x_1, \dots, x_n)$ ist in $\mathcal{A}$ *gültig*, wenn $\mathcal{A} \models \varphi(\underline{a}_1, \dots, \underline{a}_n)$ für alle Elemente $a_1, \dots, a_n$ in $\mathcal{A}$ zutrifft, d. h., wenn die Aussage $\forall x_1 \dots \forall x_n \varphi(x_1, \dots, x_n)$ in $\mathcal{A}$ gilt. Eine Menge T von Ausdrücken oder Aussagen aus L, die deduktiv abgeschlossen ist (↗ deduktiver Abschluß), heißt *elementare Theorie*. Ist z. B. Σ die Menge der Körperaxiome, formuliert in der Sprache L der Körper, dann ist $T = \{\varphi : \Sigma \models \varphi\}$ die elementare Theorie der Körper.

Ist T eine in L formulierte Theorie und $\mathcal{A}$ eine Struktur für L, d. h., $\mathcal{A}$ und L besitzen die gleiche Signatur, dann ist $\mathcal{A}$ ein *Modell* von T, falls alle Aussagen oder Ausdrücke aus T in $\mathcal{A}$ gültig sind (im Zeichen $\mathcal{A} \models T$).

Einige typische Beispiele für klassische Theoreme der Modelltheorie sind:

- Der Satz von Löwenheim-Skolem (↗ Löwenheim-Skolem, Satz von).
- Der ↗ Kompaktheitssatz der Modelltheorie.
- Das Modellexistenztheorem:
  Jede konsistente Theorie T besitzt ein Modell.
- Das Theorem zur Kategorizität in überabzählbaren Mächtigkeiten.
  Dazu sei T eine Theorie und κ eine unendliche Kardinalzahl. T heißt *κ-kategorisch*, falls T bis auf Isomorphie genau ein Modell der Mächtigkeit

κ besitzt. Beispielsweise ist die Theorie der dichten linearen Ordnungen ohne erstes und letztes Element $\aleph_0$-kategorisch, da die rationalen Zahlen mit ihrer üblichen Ordnung (bis auf Isomorphie) das einzige Modell darstellen. Weiterhin ist die Theorie der algebraisch abgeschlossenen Körper der Charakteristik null $2^{\aleph_0}$-kategorisch; die komplexen Zahlen bilden hierfür das repräsentative Modell. Das Theorem dazu lautet nun:
Eine Theorie T ist genau dann κ-kategorisch für ein überabzählbares κ, wenn T λ-kategorisch ist für alle überabzählbaren λ.

- Charakterisierung der Vollständigkeit elementarer Theorien.
  Eine elementare Theorie T heißt *vollständig*, wenn aus T (allein mit formalen Beweisregeln) für jede Aussage φ der zugrundeliegenden Sprache genau eine der beiden Aussagen φ oder $\neg\varphi$ herleitbar ist. Der entsprechende Satz lautet dann:
  T ist genau dann vollständig, wenn je zwei Modelle von T ↗elementar äquivalent sind.

Tiefergehende Resultate, bei denen die Leistungsfähigkeit der Modelltheorie voll zum Tragen kommt, sind durch die folgenden Beispiele gegeben:

- Ein einfacher und neuartiger modelltheoretischer Beweis für das 17. Hilbertsche Problem:
  Ist K ein reell abgeschlossener Körper und p ein Polynom aus $K[x_1, \ldots, x_n]$ so, daß $p(a_1, \ldots, a_n) \geq 0$ für jedes $a_1, \ldots, a_n \in K$, so existieren rationale Funktionen $r_1, \ldots, r_m \in K(x_1, \ldots, x_n)$ mit der Eigenschaft $p = r_1^2 + \cdots + r_m^2$.
- Das Baldwin-Lachlan-Theorem:
  Ist T eine abzählbare Theorie und ist T $\aleph_1$-kategorisch, dann besitzt T genau ein Modell der Mächtigkeit $\aleph_0$, oder abzählbar unendlich viele mit dieser Mächtigkeit.
  Die Theorie der algebraisch abgeschlossenen Körper der Charakteristik Null ist ein Beispiel dafür, daß T unendlich viele nicht isomorphe abzählbare Modelle besitzt.
- Das ↗Keisler-Shelah-Isomorphietheorem.
- Das ↗Ax-Kochen-Isomorphietheorem.

Ein leistungsfähiges Instrument zur Behandlung modelltheoretischer Probleme ist durch sog. *Ultraprodukte* gegeben. Da sie nicht nur in der Modelltheorie von Bedeutung sind, soll auf sie hier eingegangen werden. Es sei L eine elementare Sprache, I eine nicht-leere Indexmenge und $\{\mathcal{A}_i : i \in I\}$ eine Menge von L-Strukturen. Eine Teilmenge $\mathcal{U}$ der Potenzmenge von I heißt *Ultrafilter*, wenn die folgenden Bedingungen erfüllt sind:

1. Wenn $X, Y \in \mathcal{U}$, so $X \cap Y \in \mathcal{U}$.
2. Wenn $X \in \mathcal{U}$ und $X \subseteq Y \subseteq I$, so $Y \in \mathcal{U}$.
3. Für jede Teilmenge $X \subseteq I$ ist entweder $X \in \mathcal{U}$ oder $I - X \in \mathcal{U}$.

Ist A_i die Trägermenge der Struktur $\mathcal{A}_i$, dann ist das *kartesische Produkt* $A = \prod_{i \in I} A_i$ (:= Menge aller Auswahlfunktionen $g : \{A_i : i \in I\} \to \bigcup_{i \in I} A_i$ mit $g(A_i) \in A_i$) die Trägermenge des *direkten Produkts* $\mathcal{A} = \prod_{i \in I} \mathcal{A}_i$ oder kurz $\mathcal{A} = \prod \mathcal{A}_i$, deren Operationen und Relationen wie folgt definiert sind:

Sind f und R n-stellige Funktions- bzw. Relationszeichen in L und $f^{\mathcal{A}_i}$ bzw. $R^{\mathcal{A}_i}$ die entsprechenden Interpretationen in $\mathcal{A}_i$, und ist $\overline{a} := (a_1, \ldots, a_n)$ mit $\overline{a}(i) = (a_1(i), \ldots, a_n(i))$, dann definiert man:

$$f^{\mathcal{A}}(\overline{a}) = b \Leftrightarrow f^{\mathcal{A}_i}(\overline{a}(i)) = b(i) \quad \text{und}$$
$$R^{\mathcal{A}}(\overline{a}) \Leftrightarrow R^{\mathcal{A}_i}(\overline{a}(i))$$

für alle $a_1, \ldots, a_n, b \in A$ und alle $i \in I$.

In dem kartesischen Produkt A wird bezüglich des Ultrafilters $\mathcal{U}$ eine Äquivalenzrelation $\sim$ eingeführt, so daß für alle $a, b \in A$ gilt:

$$a \sim b \Leftrightarrow \{i \in I : a(i) = b(i)\} \in \mathcal{U}\,.$$

Die Menge der entsprechenden Äquivalenzklassen sei $A/\mathcal{U}$, die Elemente aus $A/\mathcal{U}$ werden mit $a/\mathcal{U}$ bezeichnet und $\overline{a}/\mathcal{U}$ sei das Tupel $(a_1/\mathcal{U}, \ldots, a_n/\mathcal{U})$. Aus $A/\mathcal{U}$ entsteht eine L-Struktur $\mathcal{A}/\mathcal{U} = \prod \mathcal{A}_i/\mathcal{U}$, indem man festlegt, daß

$$f^{\mathcal{A}/\mathcal{U}}(\overline{a}/\mathcal{U}) = b/\mathcal{U} \Leftrightarrow$$
$$\{i \in I : f^{\mathcal{A}_i}(\overline{a}(i)) = b(i)\} \in \mathcal{U} \quad \text{und}$$
$$R^{\mathcal{A}/\mathcal{U}}(\overline{a}/\mathcal{U}) \Leftrightarrow \{i \in I : R^{\mathcal{A}_i}(\overline{a}(i))\} \in \mathcal{U}.$$

Die so definierte Struktur $\prod \mathcal{A}_i/\mathcal{U}$ heißt *Ultraprodukt* der $\mathcal{A}_i$ bezüglich des Ultrafilters $\mathcal{U}$. Sind alle Strukturen $\mathcal{A}_i$ untereinander gleich, dann nennt man das Ultraprodukt auch *Ultrapotenz*. Ultraprodukte und Ultrapotenzen verdanken ihre Bedeutung dem folgenden Satz von Los:

Sei $\{\mathcal{A}_i : i \in I\}$ eine Familie von L-Strukturen und $\mathcal{U}$ ein Ultrafilter über I. Für alle Ausdrücke $\varphi(x_1, \ldots, x_n)$ und alle Elemente $a_1, \ldots, a_n \in \prod \mathcal{A}_i$ gilt dann:

$$\prod \mathcal{A}_i/\mathcal{U} \models \varphi(a_1/\mathcal{U}, \ldots, a_n/\mathcal{U})$$
$$\Leftrightarrow \{i \in I : \mathcal{A}_i \models \varphi(a_1(i), \ldots, a_n(i))\} \in \mathcal{U}\,.$$

Sind alle $\mathcal{A}_i$ zueinander elementar äquivalent, dann ist $\prod \mathcal{A}_i/\mathcal{U} \equiv \mathcal{A}_j$ für jedes $j \in I$.

Ultrapotenzen eignen sich hervorragend zur Konstruktion sog. *Nichtstandard-Modelle*. Ist z. B. $\mathbb{N} = \langle N, +, \cdot, <, 0, 1\rangle$ das Standardmodell für die Arithmetik (:= die Menge der natürlichen Zahlen mit den üblichen Operationen und der Kleiner-Relation), besteht die Indexmenge I ebenfalls aus der Menge der natürlichen Zahlen, und ist $\mathcal{U}$ ein Ultrafilter über I, der kein Hauptfilter ist, der also nicht von einer Menge erzeugt wird, dann ist die Ultrapotenz $\mathbb{N}^* := \prod_{i\in N} \mathbb{N}/\mathcal{U}$ nicht archimedisch geordnet und damit nicht isomorph zu $\mathbb{N}$, jedoch sind $\mathbb{N}^*$ und $\mathbb{N}$ elementar äquivalent. Um elementare Eigenschaften für $\mathbb{N}$ zu studieren, können die entsprechenden Eigenschaften an dem völlig anders gestalteten Nichtstandard-Modell untersucht und mittels der elementaren Äquivalenz auf $\mathbb{N}$ übertragen werden.

Völlig analog lassen sich auch Nichtstandard-Modelle für andere Theorien, etwa für die Analysis, gewinnen. Hieraus ist ein völlig neuer Zweig der Analysis, die ↗Nichtstandard-Analysis, entstanden.

Literatur

[1] Baldwin, J.T.: Fundamentals of Stability Theory, Perspectives in Math. Logic. Springer-Verlag New York, 1988.

[2] Barwise, J.: Handbook of Mathematical Logic, Vol. 90. North-Holland Amsterdam/New York/Oxford, 1977.

[3] Bell, J.L.; Slomson, A.B.: Models and Ultraproducts. An Introduction. North-Holland Amsterdam/London, 1969.

[4] Chang, C.C.; Keisler, H.J.: Model Theory. Studies in Logic and the Foundations of Mathematics, Vol. 73. North-Holland Amsterdam, 1973.

[5] Cherlin, G.: Model-Theoretic Algebra. Lecture Notes in Mathematics 521, Springer Berlin, 1976.

[6] Prest, M.: Model Theory and Modules. London Math. Lecture Notes series 130, Cambridge University Press, 1988.

[7] Shoenfield, J.R.: Mathematical Logic. Addison Wesley Reading (Massachusetts), 1967.

Modelltheorie erster Ordnung, ↗Modelltheorie.

Modelltheorie zweiter Ordnung, eine Variante der ↗Modelltheorie, bei der als Sprache der Prädikatenkalkül zweiter Stufe (↗Prädikatenlogik höherer Stufe) benutzt wird. Wichtige Hilfsmittel der elementaren Logik, wie der ↗Kompaktheitssatz der Modelltheorie, das Modellexistenztheorem (↗Modelltheorie) und andere Sätze gelten für die Prädikatenlogik der zweiten Stufe nicht mehr. Daher stehen leistungsfähige Methoden zur Konstruktion oder zum Nachweis der Existenz gewisser Modelle nicht mehr zur Verfügung, wodurch der Einfluß der Modelltheorie zweiter Ordnung auf die Gesamtentwicklung der Modelltheorie bescheiden blieb.

Modellvollständigkeit, nützliche Eigenschaft gewisser elementarer Theorien (↗elementare Sprache, ↗Modelltheorie), die modelltheoretische Untersuchungen erleichtert.

Im folgenden sei L eine elementare Sprache, T eine in L formulierte Theorie, und $\mathcal{A}, \mathcal{B}$ seien Modelle von T. T ist modellvollständig, wenn die Theorie $T \cup D(\mathcal{A})$ für jedes $\mathcal{A} \models T$ vollständig ist, wobei $D(\mathcal{A})$ das Diagramm von $\mathcal{A}$ (:= Menge der in $\mathcal{A}$ gültigen atomaren und negierten atomaren Aussagen aus $L(C)$) bezeichnet.

Ist $\mathcal{A}$ eine Unterstruktur von $\mathcal{B}$ (im Zeichen $\mathcal{A} \subseteq \mathcal{B}$), und gilt für jede Existenzaussage φ aus $L(\mathcal{A})$ stets: „Wenn $\mathcal{B} \models \varphi$, so $\mathcal{A} \models \varphi$," dann heißt $\mathcal{A}$ existentielle Unterstruktur von $\mathcal{B}$ (im Zeichen $\mathcal{A} \subseteq_e \mathcal{B}$). Sind z. B. $\mathcal{A}$, $\mathcal{B}$ Körper, und beschreibt φ eine Polynomgleichung mit Koeffizienten aus $\mathcal{A}$, die in $\mathcal{B}$ eine Lösung besitzt, dann muß die Lösung schon in dem Unterkörper $\mathcal{A}$ liegen, falls $\mathcal{A}$ in $\mathcal{B}$ existentiell abgeschlossen ist (algebraisch abgeschlossene Körper sind z. B. in Oberkörpern stets existentiell abgeschlossen).

Für modellvollständige Theorien gilt die sehr nützliche Eigenschaft:

Wenn $\mathcal{A}, \mathcal{B} \models T$ und $\mathcal{A} \subseteq \mathcal{B}$, so ist $\mathcal{A}$ eine elementare Unterstruktur von $\mathcal{B}$ (↗elementare Erweiterung einer L-Struktur).

Das folgende Robinsonsche Kriterium für die Modellvollständigkeit erlaubt es, schon bekannte algebraische Eigenschaften von Strukturen für den Nachweis der Modellvollständigkeit auszunutzen:

Gilt für beliebige Modelle $\mathcal{A}, \mathcal{B}$ von T: „Wenn $\mathcal{A} \subseteq \mathcal{B}$, so $\mathcal{A} \subseteq_e \mathcal{B}$", dann ist T modellvollständig.

Mit Hilfe der Modellvollständigkeit läßt sich häufig die (wünschenswerte Eigenschaft der) Vollständigkeit einer Theorie nachweisen. „Vollständig" und „modellvollständig" sind voneinander unabhängig, denn es gibt Theorien, die modellvollständig, aber nicht vollständig sind, und umgekehrt. Besitzt eine modellvollständige Theorie jedoch ein Primmodell (ein Modell von T, das in jedem anderen Modell der Theorie isomorph enthalten ist), dann ist T vollständig. Die Theorie der reell abgeschlossenen Körper ist z. B. modellvollständig und besitzt ein Primmodell (den Körper der reell algebraischen Zahlen), folglich ist sie auch vollständig. Die Theorie der algebraisch abgeschlossenen Körper ist ebenfalls modellvollständig, aber nicht vollständig. Fixiert man jeweils die Charakteristik, so erhält man unendlich viele vollständige Theorien.

Zwei Theorien T_1, T_2 sind zueinander äquivalent, wenn jeder Ausdruck von T_1 aus T_2 folgt und umgekehrt. Modellvollständige Theorien erweisen sich als äquivalent zu sog. $\forall\exists$-Theorien, die nur aus Aussagen der Gestalt

$$\forall x_1 \ldots \forall x_n \exists y_1 \ldots \exists y_m \varphi(x_1, \ldots, x_n, y_1, \ldots, y_m)$$

bestehen, wobei $\varphi(x_1, \ldots, x_n, y_1, \ldots, y_m)$ quantorenfrei ist. Modellvollständige Theorien lassen sich also stets, wie die meisten Axiomensysteme in der Mathematik, durch $\forall\exists$-Aussagen beschreiben.

moderates Maß, spezielles Maß.

Es sei Ω ein Hausdorffraum, $B(\Omega)$ die ↗Borel-σ-Algebra in Ω und μ ein ↗lokal-endliches Maß auf $B(\Omega)$. Dann heißt μ moderates Maß, falls Ω die Vereinigung einer Folge von offenen Mengen endlichen Maßes ist. Jedes moderate Maß ist auch σ-endliches Maß, und jedes lokal endliche Maß auf einem Hausdorffraum mit abzählbarer Basis ist moderat. Ist μ moderates Maß und jedes offene $A \in \mathcal{A}$ mit $\mu(A) < \infty$ von innen regulär, so ist μ regulär. Insbesondere ist also jedes moderate ↗Radon-Maß regulär.

Modifikation, wichtiger Begriff in der Theorie der komplexen Mannigfaltigkeiten, der u. a. dazu verwendet werden kann, Übergänge zwischen verschiedenen Abschlüssen des $\mathbb{C}^n$ zu beschreiben.

X und Y seien zusammenhängende n-dimensionale komplexe Mannigfaltigkeiten, $M \subset X$ und $N \subset Y$ seien echte abgeschlossene Teilmengen, $\pi : X - M \to Y - N$ sei eine biholomorhe Abbildung. Dann heißt (X, M, π, N, Y) eine Modifikation.

Beispielsweise ist $\left(\mathbb{P}^n, \mathbb{P}^{n-1}, id_{\mathbb{C}^n}, \overline{\mathbb{C}}^n - \mathbb{C}^n, \overline{\mathbb{C}}^n\right)$ eine Modifikation.

Ist $\varphi : X \to Y$ eine holomorphe Abbildung zwischen zusammenhängenden komplexen Mannigfaltigkeiten, $\dim X = n$ und $\dim Y = m$, dann heißt

$$E(\varphi) := \left\{x \in X : \dim_x \left(\varphi^{-1}(\varphi(x))\right) > n - m\right\}$$

die Entartungsmenge (exzeptionelle Menge) von φ. Ist $\dim X = \dim Y$, so ist, wie sich zeigen läßt, $E(\varphi) = \{x \in X : x$ ist nicht isolierter Punkt von $\varphi^{-1}(\varphi(x))\}$.

Es gelten die beiden folgenden Sätze:

Ist $\varphi : X \to Y$ eine holomorphe Abbildung zwischen zusammenhängenden komplexen Mannigfaltigkeiten, so ist $E(\varphi)$ eine analytische Teilmenge von X.

Projektionssatz: *Ist $\varphi : X \to Y$ eine eigentliche holomorphe Abbildung zwischen komplexen Mannigfaltigkeiten und $M \subset X$ eine analytische Teilmenge, so ist auch $\varphi(M) \subset Y$ analytisch.*

Eine Modifikation (X, M, π, N, Y) heißt eigentlich, wenn sich π zu einer eigentlichen holomorphen Abbildung $\widehat{\pi} : X \to Y$ so fortsetzen läßt, daß $M = E(\widehat{\pi})$ ist.

Ist (X, M, π, N, Y) eine eigentliche Modifikation, $\widehat{\pi} : X \to Y$ eine Fortsetzung im obigen Sinne, dann sind M und N analytische Mengen, und es gilt $\widehat{\pi}(M) = N$.

Der wichtigste Spezialfall einer eigentlichen Modifikation ist der Hopfsche σ-Prozeß:

Sei $G \subset \mathbb{C}^n$ ein Gebiet mit $0 \in G$, $\pi : \mathbb{C}^n - \{0\} \to \mathbb{P}^{n-1}$ die natürliche Projektion. Dann ist

$$X := \left\{(\zeta, x) \in (G - \{0\}) \times \mathbb{P}^{n-1} : x = \pi(\zeta)\right\} \cup \left(\{0\} \times \mathbb{P}^{n-1}\right)$$

eine singularitätenfreie analytische Menge der Kodimension $(n-1)$ in $G \times \mathbb{P}^{n-1}$, also eine n-dimensionale komplexe Mannigfaltigkeit. Sei $\varphi : X \to G$ die von der Produktprojektion $pr_1 : G \times \mathbb{P}^{n-1} \to G$ induzierte holomorphe Abbildung, $\psi := \varphi \mid \left(X - (\{0\} \times \mathbb{P}^{n-1})\right)$. Dann ist

$$\left(X, \{0\} \times \mathbb{P}^{n-1}, \psi, \{0\}, G\right)$$

*eine eigentliche Modifikation, die man als den σ-*Prozeß *bezeichnet.*

Anschaulich kann man den $\mathbb{P}^{n-1}$ als Menge aller Richtungen im $\mathbb{C}^n$ auffassen. Beim σ-Prozeß werden diese Richtungen im folgenden Sinne auseinandergezogen: Nähert man sich in $G - \{0\}$ aus der Richtung $x_0 \in \mathbb{P}^{n-1}$ dem Nullpunkt, etwa auf einem Weg w, so nähert man sich auf dem hochgelifteten Weg $\psi^{-1} \circ w$ in $X - \mathbb{P}^{n-1}$ gerade dem Punkt $(0, x_0)$.

Der σ-Prozeß ist invariant gegenüber biholomorphen Abbildungen, er läßt sich daher auch auf komplexen Mannigfaltigkeiten durchführen.

Modifikationen stochastischer Prozesse, *Versionen stochastischer Prozesse*, bestimmte Art des Zusammenhangs zweier stochastischer Prozesse.

Sind $(X_t)_{t \in T}$ und $(Y_t)_{t \in T}$ zwei auf einem Wahrscheinlichkeitsraum $(\Omega, \mathfrak{A}, P)$ definierte stochastische Prozesse mit dem gleichen Zustandsraum, so heißt jeder der beiden Prozesse eine Modifikation oder Version des anderen, falls für alle $t \in T$ die Beziehung $P(X_t = Y_t) = 1$ gilt. Die Eigenschaft eines Prozesses $(Y_t)_{t \in T}$, Modifikation eines Prozesses $(X_t)_{t \in T}$ zu sein, kann so interpretiert werden, daß $(Y_t)_{t \in T}$ aus $(X_t)_{t \in T}$ entsteht, indem man für jedes $t \in T$ die Zufallsvariable X_t auf einer von t abhängenden P-Nullmenge so abändert, daß sich Y_t ergibt. Zwei Modifikationen $(X_t)_{t \in T}$ und $(Y_t)_{t \in T}$ besitzen die gleichen endlichdimensionalen Verteilungen, d. h. sie sind äquivalent. Die Umkehrung gilt i. allg. aber nicht. Weiterhin gilt für zwei Modifikationen i. allg. auch nicht, daß sie nicht ununterscheidbar sind.

Modifikationen werden häufig dazu verwendet, um von einem Prozeß $(X_t)_{t \in T}$ zu einem Prozeß $(Y_t)_{t \in T}$ überzugehen, dessen Pfade bestimmte Eigenschaften besitzen. Besonders wichtig sind in diesem Zusammenhang sogenannte stetig modifizierbare Prozesse, d. h. solche, für die eine Modifikation existiert, deren Pfade alle stetig sind.

modifizierte Bessel-Funktionen, die wie folgt durch die gewöhnlichen ↗Bessel-Funktionen definierten Funktionen

$$I_\nu(z) := \begin{cases} e^{-i\pi\nu/2} J_\nu(z e^{i\pi/2}) & (\arg z \in (-\pi, \frac{\pi}{2}]) \\ e^{3i\pi\nu/2} J_\nu(z e^{-3\pi/2}) & (\arg z \in (\frac{\pi}{2}, \pi]) \end{cases}$$

$$K_\nu(z) := \begin{cases} \frac{\pi i}{2} e^{\pi i \nu/2} H_\nu^{(1)}(z e^{i\pi/2}) \ (\arg z \in (-\pi, \frac{\pi}{2}]) \\ -\frac{\pi i}{2} e^{-\pi i \nu/2} H_\nu^{(2)}(z e^{-i\pi/2}) \ (\arg z \in (\frac{\pi}{2}, \pi]) \end{cases}$$

Alle diese Funktionen sind Lösungen der Differentialgleichung

$$z^2 \frac{d^2 w}{dz^2} + z \frac{dw}{dz} - (z^2 + \nu^2) w = 0,$$

die mit der Besselschen Differentialgleichung verwandt ist. Insbesondere bilden I_ν und K_ν ein Paar linear unabhängiger Lösungen dieser Differentialgleichung für alle $\nu \in \mathbb{C}$; I_ν und $I_{-\nu}$ sind für $\nu \notin \mathbb{Z}$ ebenfalls linear unabhängig. I_ν und K_ν sind für reelle $\nu > 1$ und reelle z selbst reell.

Die Funktionen K_ν und I_ν sind auf der entlang der negativen reellen Achse aufgeschnittenen komplexen Zahlenebene wohldefinierte holomorphe Funktionen mit einem möglichen Verzweigungspunkt am Ursprung, und für festes $z \neq 0$ ganze Funktionen in ν. Ist $\nu \in \mathbb{Z}$, so ist I_ν sogar eine ganze Funktion in z. Für $\mathrm{Re}\,\nu \geq 0$ bleibt I_ν für beschränktes $\arg z$ selbst beschränkt. K_ν geht im Sektor $|\arg z| < \pi/2$ für $|z| \to \infty$ gegen Null.

Um den Verzweiungspunkt herum müssen diese Funktionen wie folgt analytisch fortgesetzt werden:

$$\begin{aligned} I_\nu(z e^{im\pi}) &= e^{im\nu\pi} I_\nu(z) \quad (m \in \mathbb{Z}) \\ K_\nu(z e^{im\pi}) &= e^{-im\nu\pi} K_\nu(z) - \\ &\quad - \pi i \frac{\sin m\nu\pi}{\sin \nu\pi} I_\nu(z) \quad (m \in \mathbb{Z}) \end{aligned}$$

Weitere Relationen zwischen den modifizierten Bessel-Funktionen und den gewöhnlichen Bessel-Funktionen sind

$$Y_\nu(z e^{i\pi/2}) = e^{i\pi(\nu+1)/2} I_\nu(z) - \frac{2}{\pi} e^{-i\pi\nu/2} K_\nu(z),$$

sowie zwischen den modifizierten Bessel-Funktionen

$$K_\nu(z) = \frac{\pi}{2} \frac{I_{-\nu}(z) - I_\nu(z)}{\sin \pi\nu}.$$

Hierbei ist dieser Ausdruck für $\nu \in \mathbb{Z}$ wieder durch seinen Grenzwert zu ersetzen.

Die meisten Eigenschaften der modifizierten Bessel-Funktionen lassen sich leicht aus der Definition und den Eigenschaften der gewöhnlichen Bessel-Funktionen ableiten. Mitunter wird für $\nu \in \mathbb{Z}$ die modifizierte Bessel-Funktion I_ν auch durch folgende Integraldarstellung definiert:

$$I_\nu(z) = \frac{1}{\pi} \int_0^\pi e^{z \cos \vartheta} \cos(\nu\vartheta)\, d\vartheta.$$

[1] Abramowitz, M.; Stegun, I.A.: Handbook of Mathematical Functions. Dover Publications, 1972.

[2] Olver, F.W.J.: Asymptotics and Special Functions. Academic Press, 1974.

modifizierte Mathieusche Differentialgleichung, ↗ Mathieu-Funktion.

modifizierte sphärische Bessel-Funktion, die wie folgt durch die ↗ modifizierten Bessel-Funktionen definierten Funktionen

$$\begin{aligned} i_n(z) &:= \sqrt{\frac{\pi}{2z}} I_{n+1/2}(z), \\ i_{-n}(z) &:= \sqrt{\frac{\pi}{2z}} I_{-n-1/2}(z), \\ k_n(z) &:= \sqrt{\frac{\pi}{2z}} K_{n+1/2}(z) \end{aligned}$$

(modifizierte sphärische Bessel-Funktion der ersten, zweiten und dritten Art, jeweils $n \in \mathbb{Z}$).

Man kann diese Funktionen auch leicht in den ↗ sphärischen Bessel-Funktionen ausdrücken und erhält dann

$$i_n(z) = \begin{cases} e^{-in\pi/2} j_n(z e^{i\pi/2}) \\ \quad (\arg z \in (-\pi, \frac{\pi}{2}]) \\ e^{3ni\pi/2} j_n(z e^{-3\pi i/2}) \\ \quad (\arg z \in (\frac{\pi}{2}, \pi]) \end{cases}$$

$$i_{-n}(z) = \begin{cases} e^{3(n+1)i\pi/2} y_n(z e^{i\pi/2}) \\ \quad (\arg z \in (-\pi, \frac{\pi}{2}]) \\ e^{-(n+1)i\pi/2} y_n(z e^{-3\pi i/2}) \\ \quad (\arg z \in (\frac{\pi}{2}, \pi]) \end{cases}$$

$$k_n(z) := \frac{\pi}{2}(-1)^{n+1} \sqrt{\frac{\pi}{2z}} \left(I_{n+1/2}(z) - I_{-n-1/2}(z) \right)$$

Die Paare i_n, i_{-n} sowie i_n, k_n bilden für jedes $n \in \mathbb{Z}$ jeweils ein Paar linear unabhängiger Lösungen der Differentialgleichung

$$z^2 \frac{d^2 w}{dz^2} + 2z \frac{dw}{dz} - \left(z^2 + n(n+1)\right) w = 0.$$

Die meisten Eigenschaften von i_n und k_n leitet man aus den Eigenschaften der modifizierten Bessel-Funktionen ab.

[1] Abramowitz, M.; Stegun, I.A.: Handbook of Mathematical Functions. Dover Publications, 1972.

modifizierte Struve-Funktion, die durch die gewöhnliche ↗ Struve-Funktion H_ν definierte Funktion

$$\mathrm{L}_\nu(z) := -ie^{-i\pi\nu/2} \mathrm{H}_\nu(iz).$$

Für $\mathrm{Re}\,\nu > 1/2$ erhält man auch die folgende Integraldarstellung:

$$\mathrm{L}_\nu(z) = \frac{2(z/2)^\nu}{\pi^{1/2}\Gamma(\nu+1/2)} \int_0^{\pi/2} \sinh(z \cos\vartheta) \sin^{2\nu}\vartheta\, d\vartheta.$$

Modul, Verallgemeinerung des Begriffes Vektorraum über einem Körper auf Ringe.

Sei R ein (kommutativer) Ring mit 1. Ein R–Modul M ist eine Menge M zusammen mit zwei Operationen:

1. Eine Addition $+ : M \times M \to M, x, y \in M \mapsto x+y \in M$.
2. Eine skalare Multiplikation $\cdot : R \times M \to M$, $x \in M, a \in R \mapsto a \cdot x = ax \in M$.

Diese Operationen haben die folgenden Eigenschaften:

- M ist bezüglich $+$ eine ↗abelsche Gruppe, und
- $a(x+y) = ax + ay$,
  $(ab)x = a(bx)$,
  $(a+b)x = ax + bx$, sowie
  $1 \cdot x = x$
  gilt für alle $x, y \in M$ und $a, b \in R$.

Wenn R ein Körper ist, dann ist ein R-Modul ein R-Vektorraum. Wenn $R = \mathbb{Z}$ der Ring der ganzen Zahlen ist, dann ist ein $\mathbb{Z}$-Modul eine abelsche Gruppe.

Den Begriff des R-Moduls gibt es auch für nicht kommutative Ringe, die Definition ist analog. Man unterscheidet Rechts-R-Moduln, Links-R-Moduln und zweiseite Moduln, je nachdem, ob die Operation $\cdot$ von rechts, links oder beiden Seiten gegeben ist.

Ein Untermodul N des Moduls M ist eine nichtleere Teilmenge N von M, die bezüglich der auf M definierten Operationen selbst ein Modul ist.

Modul einer Kurvenfamilie, wie folgt definierte Kenngröße einer Familie von Kurven:

Es sei $B \subset \mathbb{C}$ eine Borel-Menge (z. B. eine offene Menge). Eine Kurvenfamilie Γ in B ist eine Menge von Kurven (Wegen) in B. Weiter heißt eine Borel-meßbare Funktion $\varrho : B \to [0, \infty)$ zulässig für Γ, falls

$$\int_\gamma \varrho(z)\,|dz| \geq 1 \qquad (1)$$

für alle $\gamma \in \Gamma$. Der Modul von Γ ist dann gegeben durch

$$\operatorname{mod} \Gamma = \inf_\varrho \iint_B (\varrho(z))^2\, dxdy\,, \qquad (2)$$

wobei das Infimum über alle für Γ zulässigen Funktionen ϱ genommen wird. Es kann vorkommen, daß $\operatorname{mod}\Gamma = 0$ oder $\operatorname{mod}\Gamma = \infty$. Die Größe $(\operatorname{mod}\Gamma)^{-1}$ nennt man auch die extremale Länge von Γ.

Ist speziell $B = G$ ein ↗Gebiet und ϱ eine ↗konforme Metrik in G, so bedeutet (1), daß $L_\varrho(\gamma) \geq 1$, wobei $L_\varrho(\gamma)$ die Länge von γ bezüglich ϱ bezeichnet. Dabei ist $L_\varrho(\gamma) = \infty$ erlaubt. Das Integral in (2) kann als Flächeninhalt von G bezüglich ϱ interpretiert werden.

Beispiel 1. Für $a, b > 0$ sei B das Rechteck

$$B = \{z \in \mathbb{C} : 0 < \operatorname{Re} z < a,\ 0 < \operatorname{Im} z < b\}$$

und Γ die Familie aller Kurven in B, die die beiden horizontalen Seiten von B miteinander verbinden. Dann gilt $\operatorname{mod}\Gamma = \frac{a}{b}$. Siehe hierzu auch ↗Modul eines Vierecks.

Beispiel 2. Es sei $0 < r < s < \infty$ und B der Kreisring

$$B = \{z \in \mathbb{C} : r < |z| < s\}.$$

Weiter sei Γ die Familie aller geschlossenen Kurven in B, die die innere Randkomponente von B umlaufen und Γ' die Familie aller Kurven in B, die die beiden Randkomponenten von B miteinander verbinden. Dann gilt

$$\operatorname{mod}\Gamma = \frac{1}{2\pi}\log\frac{s}{r} \quad \text{und} \quad \operatorname{mod}\Gamma' = \frac{1}{\operatorname{mod}\Gamma}\,.$$

Für $r = 0$ ist $\operatorname{mod}\Gamma = \infty$ und $\operatorname{mod}\Gamma' = 0$. Siehe hierzu auch ↗Modul eines Ringgebietes.

Eine wichtige Eigenschaft des Moduls ist die konforme Invarianz. Dazu sei $G \subset \mathbb{C}$ ein Gebiet, Γ eine Kurvenfamilie in G und f eine ↗konforme Abbildung von G auf ein Gebiet H. Für $\gamma \in \Gamma$ bezeichne $f(\gamma)$ die Bildkurve von γ. Ist $f(\Gamma)$ die Familie aller Bildkurven $f(\gamma)$, so gilt $\operatorname{mod} f(\Gamma) = \operatorname{mod}\Gamma$.

Einige weitere Eigenschaften des Moduls:

(a) Sind Γ, Γ' Kurvenfamilien in einer Borel-Menge $B \subset \mathbb{C}$ mit $\Gamma \subset \Gamma'$ oder derart, daß es zu jedem $\gamma \in \Gamma$ ein $\gamma' \in \Gamma'$ gibt mit $\gamma' \subset \gamma$, so gilt $\operatorname{mod}\Gamma \leq \operatorname{mod}\Gamma'$. Sind $\Gamma_1, \Gamma_2, \Gamma_3, \ldots$ Kurvenfamilien in B, so gilt

$$\operatorname{mod}\Big(\bigcup_k \Gamma_k\Big) \leq \sum_k \operatorname{mod}\Gamma_k\,.$$

(b) Es seien $B_1, B_2, B_3, \ldots$, paarweise disjunkte Borel-Mengen und B eine Borel-Menge mit $\bigcup_k B_k \subset B$. Für jedes k sei Γ_k eine Kurvenfamilie in B_k. Ist Γ eine Kurvenfamilie in B mit $\bigcup_k \Gamma_k \subset \Gamma$, so gilt

$$\sum_k \operatorname{mod}\Gamma_k \leq \operatorname{mod}\Gamma\,.$$

Ist Γ eine Kurvenfamilie in B derart, daß es zu jedem $\gamma \in \Gamma$ ein $\gamma_k \in \Gamma_k$ gibt mit $\gamma_k \subset \gamma$, so gilt

$$\frac{1}{\operatorname{mod}\Gamma} \geq \sum_k \frac{1}{\operatorname{mod}\Gamma_k}\,.$$

(c) Es sei $G \subset \mathbb{C}$ ein bezüglich $\mathbb{R}$ symmetrisches Gebiet, d. h. $z \in G$ genau dann, wenn $\bar{z} \in G$. Weiter seien $G^+ := \{z \in G : \operatorname{Im} z > 0\}$, $G^- := \{z \in G : \operatorname{Im} z < 0\}$, $A^+ \subset \{z \in \partial G : \operatorname{Im} z > 0\}$ und $A^- := \{z \in \mathbb{C} : \bar{z} \in A^+\}$. Ist Γ die Familie aller Kurven in G, die A^- mit A^+ verbinden, und sind $\Gamma^\pm$ die Familien von Kurven in $G^\pm$, die $\mathbb{R}$ mit $A^\pm$ verbinden, so gilt

$$\operatorname{mod}\Gamma^+ = \operatorname{mod}\Gamma^- = 2\operatorname{mod}\Gamma\,.$$

Der Modul einer Kurvenfamilie spielt eine wichtige Rolle in der Theorie der ↗konformen Abbildungen.

Modul eines Ringgebietes, wie folgt definierte Kenngröße eines Ringgebietes:

Es sei $G \subset \mathbb{C}$ ein zweifach zusammenhängendes ↗Gebiet, und der Rand ∂G bestehe aus genau zwei Zusammenhangskomponenten, die nicht punktförmig sind. Ein solches Gebiet nennt man Ringgebiet. Dann existiert eine ↗konforme Abbildung f von G auf einen Kreisring

$$A_r = \{z \in \mathbb{C} : 1 < |z| < r\}.$$

Dabei ist die Zahl $r \in (1, \infty)$ eindeutig bestimmt. Sie heißt der Modul von G und wird mit $\operatorname{mod} G$ bezeichnet.

Manche Autoren definieren den Modul von G auch durch $\frac{1}{2\pi} \log r$ und nennen diese Zahl den logarithmischen Modul (siehe hierzu ↗Modul einer Kurvenfamilie).

Eine wichtige Eigenschaft des Moduls ist die konforme Invarianz, d. h. sind G und H Ringgebiete obiger Art, so existiert eine konforme Abbildung von G auf H genau dann, wenn $\operatorname{mod} G = \operatorname{mod} H$. Außerdem erfüllt der Modul folgende Monotoniebedingung. Sind G und H Ringgebiete obiger Art, $G \subset H$ und trennt G die beiden Randkomponenten von H (d. h. sie liegen in verschiedenen Zusammenhangskomponenten von $\mathbb{C} \setminus G$, so gilt $\operatorname{mod} G \leq \operatorname{mod} H$.

Falls ein zweifach zusammenhängendes Gebiet $G \subset \mathbb{C}$ genau eine nichtpunktförmige Randkomponente besitzt, so existiert eine konforme Abbildung f von G auf den ausgearteten Kreisring

$$A_\infty = \{z \in \mathbb{C} : 1 < |z| < \infty\}.$$

Man setzt dann $\operatorname{mod} G = \infty$.

Daneben gibt es noch den trivialen Fall, daß ∂G nur aus einem Punkt $z_0 \in \mathbb{C}$ besteht. Dann wird G durch $f(z) = z - z_0$ konform auf $\mathbb{C} \setminus \{0\}$ abgebildet.

Modul eines Vierecks, wie folgt definierte Kenngröße eines Vierecks in $\mathbb{C}$:

Es sei $Q \subset \mathbb{C}$ ein Jordan-Gebiet, d. h. Q ist ein ↗Gebiet und ∂Q eine ↗Jordan-Kurve. Auf ∂Q seien vier verschiedene Punkte a, b, c, d in positiver Orientierung gegeben. Dann nennt man $\mathbf{Q} = (Q; a, b, c, d)$ ein Viereck. Es existiert eine ↗konforme Abbildung f von Q auf ein Rechteck

$$R = \{z \in \mathbb{C} : 0 < \operatorname{Re} z < m,\ 0 < \operatorname{Im} z < 1\}$$

derart, daß $f(a) = m$, $f(b) = m + i$, $f(c) = i$ und $f(d) = 0$. Dabei ist die Zahl $m \in (0, \infty)$ eindeutig bestimmt. Sie heißt der Modul des Vierecks $\mathbf{Q}$ und wird mit $m(\mathbf{Q}) = m(Q; a, b, c, d)$ bezeichnet. Hierbei ist zu beachten, daß f zunächst nur in Q definiert ist, aber (da ∂Q und ∂R Jordan-Kurven sind) zu einem Homömorphismus von $\overline{Q}$ auf $\overline{R}$ fortgesetzt werden kann. Manche Autoren nennen die Zahl $\frac{1}{m}$ den Modul von $\mathbf{Q}$. Siehe hierzu auch das Stichwort ↗Modul einer Kurvenfamilie.

Eine wichtige Eigenschaft des Moduls ist die konforme Invarianz. Sind $(Q_1; a_1, b_1, c_1, d_1)$ und $(Q_2; a_2, b_2, c_2, d_2)$ Vierecke, so existiert eine konforme Abbildung f von Q_1 auf Q_2 derart, daß $f(a_1) = a_2$, $f(b_1) = b_2$, $f(c_1) = c_2$, $f(d_1) = d_2$ genau dann, wenn $m(Q_1; a_1, b_1, c_1, d_1) = m(Q_2; a_2, b_2, c_2, d_2)$.

Der Modul eines Vierecks hat physikalische Bedeutung, sofern ∂Q eine glatte Kurve ist. Dazu sei Q eine dünne metallische Platte vom spezifischen Widerstand 1. Die Seiten (a, b) bzw. (c, d) werden auf einem Spannungspotential 1 bzw. 0 gehalten, während die Seiten (b, c) und (d, a) isoliert sind. Dann ist der Gesamtstrom, der durch die Platte fließt, gegeben durch das Linienintegral

$$I = \int_a^b \frac{\partial \phi}{\partial n}\, ds\,,$$

wobei $\frac{\partial}{\partial n}$ die Ableitung in Richtung der äußeren Normalen bezeichnet und ϕ die Lösung des gemischten Randwertproblems

$$\begin{aligned} \Delta\phi &= 0 && \text{in } Q\,,\\ \phi &= 1 && \text{auf } (a, b)\,,\\ \phi &= 0 && \text{auf } (c, d)\,,\\ \frac{\partial \phi}{\partial n} &= 0 && \text{auf } (b, c) \cup (d, a) \end{aligned}$$

ist. Dabei bezeichnet $\Delta = \frac{\partial^2}{dx^2} + \frac{\partial^2}{dy^2}$ den Laplace-Operator. Zur Lösung dieses Problems bestimmt man die konforme Abbildung f von Q auf das obige Rechteck R. Bezeichnet g die Umkehrabbildung von f, so erfüllt das transformierte Potential $\psi(w) := \phi(g(w))$, $w \in R$ das Randwertproblem

$$\begin{aligned} 2\Delta\psi &= 0 && \text{in } R\,,\\ \psi &= 1 && \text{auf } (m, m+i)\,,\\ \psi &= 0 && \text{auf } (0, i)\,,\\ \frac{\partial \psi}{\partial n} &= 0 && \text{auf } (0, m) \cup (i, m+i)\,. \end{aligned}$$

Offensichtlich gilt $\psi(w) = \frac{1}{m} \operatorname{Re} w$, $w \in R$, und man erhält $I = \frac{1}{m}$. Ersetzt man das konstante Potential 1 auf (a, b) durch U, so gilt $U = mI$, und daher kann m als Widerstand der Platte zwischen den Elektroden (a, b) und (c, d) aufgefaßt werden.

Im folgenden werden weitere Eigenschaften des Moduls eines Vierecks zusammengestellt.

(a) Es gilt $m(Q; c, d, a, b) = m(Q; a, b, c, d)$.

(b) Es gilt $m(Q; b, c, d, a) = (m(Q; a, b, c, d))^{-1}$. Das Viereck $(Q; b, c, d, a)$ nennt man das zu $(Q; a, b, c, d)$ reziproke Viereck.

(c) Ein Viereck $(Q; a, b, c, d)$ heißt symmetrisch, falls Q symmetrisch zur Geraden Λ durch a und c ist und falls die Punkte b und d symmetrisch bezüglich Λ sind. Für den Modul solcher Vierecke gilt $m = 1$.

(d) Das Viereck $(Q; a', b, c, d)$ entstehe aus $(Q; a, b, c, d)$, indem man den Punkt a entlang ∂Q in Richtung d in den Punkt a' verschiebt. Dann gilt $m(Q; a, b, c, d) > m(Q; a', b, c, d)$.

(e) Es seien $(Q; a, b, c, d)$ und $(Q'; a, b, c, d)$ Vierecke mit $Q \subset Q'$ und $(b, c) \cup (d, a) \subset \partial Q \cap \partial Q'$. Dann gilt $m(Q; a, b, c, d) < m(Q'; a, b, c, d)$.

(f) Es sei Q ein Jordan-Gebiet und a, b, c, d, e, $f \in \partial Q$ sechs verschiedene Punkte. Weiter sei Γ ein Querschnitt in Q von c nach f, d. h. Γ ist ein ↗Jordan-Bogen in Q, der die Punkte c und f verbindet. Dadurch wird Q in zwei disjunkte Jordan-Gebiete Q_1 und Q_2 mit $\Gamma = \partial Q_1 \cap \partial Q_2$ zerlegt. Dann gilt $m(Q; a, b, d, e) \geq m(Q_1; f, c, d, e) + m(Q_2; a, b, c, f)$.

Schließlich noch zwei Beispiele:

Beispiel 1. Für $w \in \mathbb{C}$ mit $|w| = 1$ und $\operatorname{Im} w > 0$ sei $\mathbf{P} = (P; 1, 1 + w, w, 0)$. Dann ist $\mathbf{P}$ ein rhombusartiges Viereck und symmetrisch bezüglich der Geraden durch 0 und $1 + w$. Also gilt $m(\mathbf{P}) = 1$.

Beispiel 2. Es sei L das L-förmige Gebiet mit den Ecken 0, i, $-1 + i$, $-1 - i$, $1 - i$ und 1 und $\mathbf{L} = (L; 1 - i, 1, -1 + i, -1 - i)$. Dann ist $m(\mathbf{L}) = \sqrt{3}$.

modulare Funktion, ↗Modulfunktion.

modulare Gleichung, folgende Gleichung in einem Verband L mit Nullelement:

$$r(x \vee y) + r(x \wedge y) = r(x) + r(y), \qquad (1)$$

wobei r eine Rangfunktion für L ist.

Für ein Verband L sind die folgende Bedingungen äquivalent:

a) L ist modular.

b) L ist halbmodular nach oben und unten.

Besitzt L ein Nullelement, so ist die folgende Bedingung äquivalent zu a) und b):

c) L besitzt eine Rangfunktion r, welche für alle $x, y \in L$ die modulare Gleichung (1) erfüllt.

modulare Gruppe, eine additiv geschriebene abelsche Gruppe.

modulare Lie-Algebra, eine Lie-Algebra über einem Körper der Charakteristik $p > 0$.

Es treten auch Typen von Lie-Algebren auf, die über den reellen bzw. komplexen Zahlen nicht existieren.

modulare Mengenfunktion, ↗Mengenfunktion.

modularer Verband, ein ↗Verband $(V, \leq)$, in dem für alle Elemente $a, b, c \in V$ mit $a \leq c$ die Gleichung

$$\sup(a, \inf(b, c)) = \inf(\sup(a, b), c)$$

gilt.

Jeder ↗distributive Verband ist modular.

modulares Element, Element x eines ↗halbmodularen Verbandes L, das mit jedem Element $y \in L$ ein ↗modulares Paar bildet.

In diesem Fall schreibt man xL.

modulares Paar, Elementepaar x, y eines ↗halbmodularen Verbandes L, falls

$$r_I(x \wedge y) + r_I(x \vee y) = r_I(x) + r_I(y)$$

in jedem Intervall I mit $x, y \in I$ gilt, wobei r_I eine Rangfunktion des Intervalls I ist.

In diesem Fall schreibt man $(x, y)L$.

modulares Rechnen, Rechnen modulo einer Zahl, meistens einer Primzahl oder der Potenz einer Primzahl (↗Kongruenz modulo m).

Man kann diese Texhnik etwa benutzen, um mit Hilfe des ↗Chinesischen Restsatzes Rechnungen mit großen Zahlen effizienter zu gestalten.

Modulationsoperator, auf $L^2(\mathbb{R}^2)$ definierter Operator E^b, wobei

$$(E^b \varrho)(x) = e^{ix^T b} \varrho(x)$$

für $b, x \in \mathbb{R}^2$ und $\varrho \in L^2(\mathbb{R}^2)$.

Modulform, automorphe Form zu einer Modulgruppe.

Es sei Γ eine Modulgruppe. Dann heißt jede automorphe Form zu Γ eine Modulform. Man unterscheidet dabei zwischen elliptischen Modulformen, Hilbertschen Modulformen und Modulformen m-ten Grades.

Modulfunktion, gelegentlich auch modulare Funktion genannt, eine in der oberen Halbebene $\mathcal{H} = \{z \in \mathbb{C} : \operatorname{Im} z > 0\}$ ↗meromorphe Funktion f derart, daß eine Untergruppe $\mathcal{G}$ der ↗Modulgruppe Γ existiert mit $f(M(z)) = f(z)$ für alle $z \in \mathcal{H}$ und alle $M \in \mathcal{G}$.

Offensichtlich ist jede konstante Funktion eine Modulfunktion. Es ist nicht ganz einfach, eine nichtkonstante Modulfunktion zu konstruieren. Dies wird im folgenden an einem der wichtigsten Beispiele demonstriert. Man startet mit dem ↗Gebiet

$$\Delta_0 := \left\{ z \in \mathcal{H} : 0 < \operatorname{Re} z < 1,\ |z - \tfrac{1}{2}| > \tfrac{1}{2} \right\}.$$

Dies ist ein sog. Kreisbogendreieck mit den Ecken 0, 1 und ∞. Dieses Dreieck wird an seinen drei Seiten gespiegelt, wodurch die Kreisbogendreiecke Δ_{11}, Δ_{12} und Δ_{13} entstehen. Nun wird jedes dieser Dreiecke an den beiden Seiten, die nicht auch Seiten von Δ_0 sind, gespiegelt. Hierdurch entstehen sechs weitere Dreiecke. So fährt man fort. Vereinigt man alle entstehenden Dreiecke und nimmt noch deren Seiten ohne die Punkte auf der reellen Achse hinzu, so erhält man die gesamte obere Halbebene $\mathcal{H}$. Insgesamt entsteht also eine „Pflasterung" von $\mathcal{H}$, die man auch Modulnetz nennt.

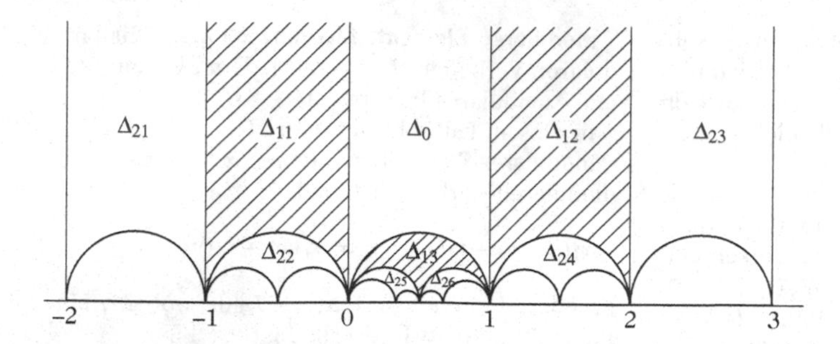

Modulnetz

Zur Konstruktion einer Modulfunktion wählt man nun eine ↗konforme Abbildung f_0 von Δ_0 auf $\mathcal{H}$. Diese läßt sich zu einem Homöomorphismus von $\overline{\Delta}_0$ auf $\overline{\mathcal{H}}$ fortsetzen. Wählt man f_0 noch so, daß $f_0(\infty) = 0$, $f_0(0) = 1$ und $f_0(1) = \infty$, so ist f_0 eindeutig festgelegt. Mit Hilfe des ↗Schwarzschen Spiegelungsprinzips kann f_0 zu einer in dem Gebiet $(\overline{\Delta}_0\setminus\{0,1\})\cup\Delta_{11}\cup\Delta_{12}\cup\Delta_{13}$ holomorphen Funktion f_1 fortgesetzt werden. Durch f_1 wird jedes der Dreiecke Δ_{11}, Δ_{12}, Δ_{13} konform auf die untere Halbebene $\{z \in \mathbb{C} : \operatorname{Im} z < 0\}$ abgebildet. Durch sukzessive weitere Spiegelung wie oben beschrieben wird schließlich f_0 zu einer eindeutig bestimmten in $\mathcal{H}$ holomorphen Funktion λ fortgesetzt. Bezeichnet Γ_0 die von den Matrizen

$$\begin{pmatrix}1 & 0\\ 2 & 1\end{pmatrix} \quad \text{und} \quad \begin{pmatrix}1 & 2\\ 0 & 1\end{pmatrix}$$

erzeugte Untergruppe von Γ, so kann man zeigen, daß λ eine Modulfunktion bezüglich Γ_0 ist. Die Gruppe Γ_0 besteht aus allen Möbius-Transformationen

$$M(z) = \frac{az+b}{cz+d}$$

in Γ derart, daß a, d ungerade und b, c gerade ganze Zahlen sind.

Ähnlich wie bei der vollen Modulgruppe existiert auch ein Fundamentalbereich von Γ_0. Dieser wird gegeben durch die Menge

$$\mathcal{F}_0 = \Delta_0 \cup \left\{ z \in \mathcal{H} : -1 \le \operatorname{Re} z \le 0,\ |z+\tfrac{1}{2}| \ge \tfrac{1}{2} \right\}.$$

Dann gilt

$$\mathcal{H} = \bigcup_{M\in\Gamma_0} M(\mathcal{F}_0)$$

und $M(\mathcal{F}_0) \cap N(\mathcal{F}_0) = \emptyset$ für alle $M, N \in \Gamma_0$ mit $M \neq N$. Weiter ist die Menge $\{M(0) : M \in \Gamma_0\}$ dicht in $\mathbb{R}$.

Man nennt λ auch die Modulfunktion. Weitere wichtige Eigenschaften von λ sind:

- Es gilt $\lambda'(z) \neq 0$ für alle $z \in \mathcal{H}$.
- Es gilt $\lambda(\mathcal{H}) = \mathbb{C}_{0,1} := \mathbb{C} \setminus \{0,1\}$.
- Es ist $\mathcal{H}$ das ↗Holomorphiegebiet von λ.
- Es ist $\lambda : \mathcal{H} \to \mathbb{C}_{0,1}$ eine Überlagerungsabbildung, d. h. zu jedem $w_0 \in \mathbb{C}_{0,1}$ gibt es eine offene Umgebung $U \subset \mathbb{C}_{0,1}$ von w_0 derart, daß jede Zusammenhangskomponente des Urbilds $\lambda^{-1}(U) \subset \mathcal{H}$ durch λ konform auf U abgebildet wird.

Mit Hilfe der Modulfunktion λ kann ein sehr eleganter Beweis des großen Satzes von Picard geführt werden.

Mit dem oben beschriebenen Spiegelungsverfahren kann man ebenfalls Modulfunktionen bezüglich der vollen Modulgruppe Γ konstruieren. Hierdurch erhält man z. B. die sog. J-Funktion mit folgenden Eigenschaften:

- Es ist J eine in $\mathcal{H}$ holomorphe Funktion mit $J(\mathcal{H}) = \mathbb{C}$.
- Das Kreisbogendreieck
  $$\Delta' := \left\{ z \in \mathcal{H} : -\tfrac{1}{2} < \operatorname{Re} z < 0,\ |z| > 1 \right\}$$
  wird durch J konform auf $\mathcal{H}$ abgebildet.
- Es gilt $J(\infty) = \infty$, $J(\varrho) = 0$ und $J(i) = 1$, wobei ϱ derjenige Randpunkt von Δ' mit $\operatorname{Re}\varrho = -\frac{1}{2}$ und $|\varrho| = 1$ ist.

Die J-Funktion ist über die Gleichung

$$J = \frac{4}{27}\,\frac{(\lambda^2-\lambda+1)^3}{\lambda^2(\lambda-1)^2}$$

mit der Modulfunktion λ verknüpft.

Eine weitere wichtige Modulfunktion bezüglich Γ ist die j-Funktion. Für sie gilt

$$j(z) = 27(1 - J(z)), \quad z \in \mathcal{H}.$$

Durch j wird das Kreisbogendreieck

$$\Delta := \left\{ z \in \mathcal{H} : 0 < \operatorname{Re} z < \tfrac{1}{2},\ |z| > 1 \right\}$$

konform auf $\mathcal{H}$ abgebildet, und es gilt $j(\infty) = \infty$, $j(i) = 0$ und $j(-\varrho^2) = 27$. Offensichtlich ist die Menge aller Modulfunktionen bezüglich der vollen Modulgruppe Γ ein Körper, den man mit $K(\Gamma)$ bezeichnet, und der den Körper $\mathbb{C}$ der komplexen Zahlen als Unterkörper enthält. Genauer gilt $K(\Gamma) = \mathbb{C}(j)$, d. h. zu jeder Modulfunktion $f \in K(\Gamma)$ existiert eine rationale Funktion R mit $f = R \circ j$.

Die Theorie der Modulfunktionen kann in gewissem Sinne als Erweiterung der Theorie der ↗elliptischen Funktionen aufgefaßt werden, wobei die Rolle des Periodenparallelogramms von dem Modulnetz übernommen wird. Die oben behandelten Modulfunktionen können auch mit Hilfe der ↗Weierstraßschen $\wp$-Funktion definiert werden.

Modulfunktor, ein zu einem ↗Modulproblem gehöriger ↗Funktor.

Modulgruppe, die Gruppe Γ aller ↗Möbius-Transformationen der Form

$$M(z) = \frac{az+b}{cz+d},$$

mit $a, b, c, d \in \mathbb{Z}$ und $ad - bc = 1$. Es ist Γ eine Gruppe bezüglich der Komposition $\circ$ von Abbildungen. Bezeichnet $SL(2, \mathbb{Z})$ die Gruppe aller (2×2)-Matrizen

$$A = \begin{pmatrix} a & b \\ c & d \end{pmatrix}$$

mit $a, b, c, d \in \mathbb{Z}$ und $\det A = 1$, so wird jeder Matrix $A \in SL(2, \mathbb{Z})$ durch

$$M_A(z) = \frac{az+b}{cz+d}$$

ein Element $M_A \in \Gamma$ zugeordnet. Die hierdurch definierte Abbildung $\phi: SL(2, \mathbb{Z}) \to \Gamma$ ist ein Gruppenepimorphismus, dessen Kern aus den beiden Matrizen $\pm E$ besteht, wobei E die Einheitsmatrix bezeichnet. Man kann zeigen, daß Γ bereits von den beiden Matrizen

$$S := \begin{pmatrix} 0 & -1 \\ 1 & 0 \end{pmatrix} \quad \text{und} \quad T := \begin{pmatrix} 1 & 1 \\ 0 & 1 \end{pmatrix}$$

erzeugt wird. Ein $M \in \Gamma$ heißt Modultransformation und liefert eine ↗konforme Abbildung der oberen Halbebene $\mathcal{H} = \{z \in \mathbb{C} : \operatorname{Im} z > 0\}$ auf sich.

Die Modulgruppe spielt eine wichtige Rolle in der Theorie der ↗elliptischen Funktionen, und man nennt sie daher auch elliptische Modulgruppe. Dazu sei

$$L = \mathbb{Z}\omega_1 + \mathbb{Z}\omega_2 = \{m\omega_1 + n\omega_2 : m, n \in \mathbb{Z}\}$$

ein Periodengitter. Das Paar (ω_1, ω_2) nennt man eine Basis von L. Ist (ω_1', ω_2') eine weitere Basis von L, so existiert eine Matrix $A \in SL(2, \mathbb{Z})$ mit

$$\begin{pmatrix} \omega_2' \\ \omega_1' \end{pmatrix} = A \begin{pmatrix} \omega_2 \\ \omega_1 \end{pmatrix}.$$

Ist $\tau = \omega_2/\omega_1$ und $\tau' = \omega_2'/\omega_1'$, so gilt $\tau' = M_A(\tau)$. Man kann zeigen, daß es zu jedem Periodengitter L stets eine Basis (ω_1, ω_2) gibt derart, daß das Verhältnis $\tau = \omega_2/\omega_1$ folgende Eigenschaften hat:

(i) $\operatorname{Im} \tau > 0$,

(ii) $-\frac{1}{2} < \operatorname{Re} \tau \leq \frac{1}{2}$,

(iii) $|\tau| \geq 1$, und

(iv) $\operatorname{Re} \tau \geq 0$, falls $|\tau| = 1$.

Das Verhältnis τ ist hierdurch eindeutig bestimmt, und es existieren zwei, vier oder sechs zugehörige Basen. Die Menge $\mathcal{F}$ aller $\tau \in \mathbb{C}$, die die Bedingungen (i), (ii), (iii) und (iv) erfüllen, heißt der Fundamentalbereich der Modulgruppe Γ oder auch Modulfigur.

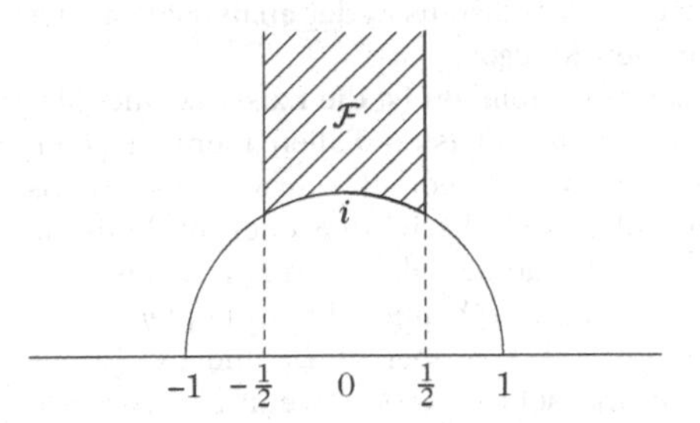

Fundamentalbereich der Modulgruppe

Anders ausgedrückt lautet obige Aussage: Zu jedem $\tau \in \mathcal{H}$ gibt es ein $M \in \Gamma$ mit $M(\tau) \in \mathcal{F}$. Hieraus folgt

$$\mathcal{H} = \bigcup_{M \in \Gamma} M(\mathcal{F}).$$

Weiter kann man zeigen, daß diese „Pflasterung" der oberen Halbebene „überlappungsfrei" ist, d. h. für alle $M, N \in \Gamma$ mit $M \neq N$ gilt

$$M(\mathcal{F}) \cap N(\mathcal{F}) = \emptyset.$$

Untergruppen der Modulgruppe spielen eine Rolle bei der Untersuchung von ↗Modulfunktionen.

modulo, ↗Kongruenz modulo m.

Modulprobleme, Typus von Klassifikationsproblem, bei denen in der algebraischen Geometrie die Menge der (bis auf Isomorphie) zu klassifizierenden Objekte als Punkte eines Schemas, algebraischen Raumes oder analytischen Raumes dargestellt werden sollen. Diese Konstruktion soll nach Möglichkeit mit Familien der zu konstruierenden Objekte verträglich sein.

Ausgangspunkt war die Feststellung von Riemann (1857), daß auf einer geschlossenen orientierten Fläche vom Geschlecht $g \geq 2$ die möglichen konformen Strukturen bis auf Diffeomorphie von $3g-3$ komplexen Parametern abhängen, für welche er den Namen „Moduli" vorschlug. Diese Feststellung hat im Laufe der Zeit verschiedene Präzisierungen im analytischen oder im algebraischen Kontext erfahren.

Allgemeiner kann man fragen, wieviele komplexe Strukturen bis auf Diffeomorphie auf einer geschlossenen orientierten differenzierbaren Mannigfaltigkeit existieren, und ob diese in sinnvoller

Weise durch einen komplexen Raum oder eine algebraische Varietät $\mathfrak{M}$ parametrisiert werden können (↗Modulraum). Unter „sinnvoll“ soll z. B. folgendes zu verstehen sein: Hat man einen glatten eigentlichen Morphismus $X \xrightarrow{\pi} S$ komplexer Räume (oder algebraischer Schemata) so, daß alle Fasern $X_s = \pi^{-1}(s)$ von π orientierungserhaltend diffeomorph zur gegebenen Mannigfaltigkeit sind, so ist die induzierte mengentheoretische Abbildung von S nach $\mathfrak{M}$ ein Morphismus in der analytischen oder algebraischen Kategorie.

In dieser Allgemeinheit ist die Existenz eines Modulraumes in den meisten Fällen nicht möglich. Für die algebraische Geometrie erweist es sich als sinnvoll, polarisierte Varietäten oder algebraische Schemata zu betrachten, d. h. Paare (X, L) aus einer projektiven Varietät X und einem amplen Geradenbündel L auf X, wobei (X, L) und (X', L') als äquivalent angesehen werden, wenn es einen Isomorphismus $\varphi : X \longrightarrow X'$ gibt, so daß $\varphi^*(L')$ numerisch äquivalent zu L ist. Bei den Riemannschen Flächen vom Geschlecht $g \geq 2$ ist eine solche Polarisierung auf natürliche Weise durch das kanonische Bündel gegeben. Im Interesse einer geometrisch zu verstehenden Kompaktifizierung von $\mathfrak{M}$ ist es weiterhin sinnvoll, auf die Forderung nach Glattheit von X zu verzichten. An die Stelle glatter eigentlicher Morphismen $X \xrightarrow{\pi} S$ tritt dann die Forderung nach flachen eigentlichen Morphismen.

Das allgemeine Modulproblem lautet nun: Gegeben sei ein gefasertes Gruppoid $\mathcal{F} \longrightarrow \mathcal{S}$, gibt es einen ↗groben Modulraum?

Falls dies der Fall ist, kann man verschiedene Verschärfungen dieser Frage untersuchen, insbesondere:

Existenz einer universellen Familie: Gibt es ein Objekt $(X \longrightarrow \mathfrak{M}, \mathcal{L}) = \xi$ (oder im abstrakten Kontext: Ein Objekt ξ in $\mathcal{F}$ mit $a(\xi) = \mathfrak{M}$), so daß der zugehörige Morphismus $j_\xi : \mathfrak{M} \longrightarrow \mathfrak{M}$ die identische Abbildung ist?

Fines Modulproblem: Gibt es ein Endobjekt ξ_0 in $\mathcal{F}$, d. h. ein Objekt, so daß zu jedem Objekt ξ in $\mathcal{F}$ genau ein Morphismus $\varphi : \xi \longrightarrow \xi_0$ existiert? (Dann ist $\mathfrak{M} = a(\xi_0)$ ein grober Modulraum.)

Beispiele für grobe Modulräume sind etwa:

(1) ↗Elliptische Kurven. Der Modulraum ist $\mathbb{A}^1$ (über $R = \mathbb{Z}$), und die Invariante ist

$$j = 12^3 \frac{4a^3}{4a^3 + 27b^2}$$

(↗j-Funktion), wenn die Kurve durch die Gleichung

$$y^2 = x^3 + ax + b$$

gegeben ist; in Charakteristik 2 oder 3 ist dies nicht möglich, man kann aber auch dafür einen expliziten Ausdruck angeben.

(2) Eine unmittelbare Verallgemeinerung dieses Beispiels sind hauptpolarisierte ↗abelsche Varietäten der Dimension g. Auch in diesem Fall existiert ein grober Modulraum $\mathcal{A}_g$.

(3) Für Kurven vom Geschlecht $g \geq 2$ existiert ein grobes Modulschema $\mathfrak{M}_g$. Indem man sogenannte stabile Kurven einbezieht, erhält man eine Kompaktifizierung $\overline{\mathfrak{M}}_g$.

Modulraum, klassifizierender Raum zu einem ↗Modulproblem.

Eine allgemeine Methode, in der lokalen algebraischen Geometrie Modulräume zu konstruieren, ist die folgende.

Man sucht sich in der Menge der zu klassifizierenden Objekte das „schlechteste“ heraus und berechnet dessen ↗verselle Deformation. In der Regel sind in dieser Deformation (als Fasern) alle Objekte repräsentiert, die klassifiziert werden sollen.

Die verselle Deformation $X \longrightarrow T$ wird meistens triviale Unterfamilien enthalten. Diese werden durch die Integralmannigfaltigkeiten des Kerns der Kodaira–Spencer-Abbildung von $X \longrightarrow T$ gegeben. Diese Integralmannigfaltigkeiten können oft als Orbits der Wirkung einer algebraischen Gruppe G (meist eine auflösbare Gruppe) interpretiert werden, sodaß der Modulraum der Quotient T/G ist. Dieser Quotient existiert in der Regel nicht als algebraische Varietät. Durch Fixieren weiterer Invarianten, die insbesondere bewirken, daß die Orbitdimension konstant ist, erhalten wir eine Stratifizierung $T = \cup T_\alpha$. Der geometrische Quotient T_α/G existiert, und die Menge der T_α/G ist eine Lösung für das Modulproblem.

Ein Beispiel: Es sollen alle ebenen Kurvensingularitäten mit Halbgruppe $\Gamma = \langle 5, 6 \rangle$ klassifiziert werden. Die „schlechteste“ Singularität ist die durch $x^5 + y^6 = 0$ definierte Kurve. Die verselle Deformation mit konstanter Halbgruppe Γ ist definiert durch

$$F = x^5 + y^6 + t_1 x^2 y^4 + t_2 x^3 y^3 + t_3 x^3 y^4 .$$

Der Kern der Kodaira–Spencer-Abbildung wird durch die Vektorfelder $2t_1 \frac{\partial}{\partial t_1} + 3t_2 \frac{\partial}{\partial t_2} + 8t_3 \frac{\partial}{\partial t_3}, t_2 \frac{\partial}{\partial t_3}$ und $t_1 \frac{\partial}{\partial t_3}$ erzeugt. Zu dieser Lie–Algebra gehört die algebraische Gruppe

$$G = \left\{ \begin{pmatrix} a^2 & 0 & 0 \\ 0 & a^3 & 0 \\ b & c & a^8 \end{pmatrix} \mid a, b, c \in \mathbb{C}, a \neq 0 \right\} ,$$

die linear auf dem Parameterraum der Deformation operiert.

Für die Punkte des $\mathbb{C}^3$ gibt es drei möglich Orbitdimensionen:
Orbitdimension 2, falls $t_1 \neq 0$ oder $t_2 \neq 0$,
Orbitdimension 1, falls $t_1 = t_2 = 0$ und $t_3 \neq 0$,
Orbitdimension 0, falls $t_1 = t_2 = t_3 = 0$.

Wenn wir auf diesen drei Mengen den Quotienten nach der Wirkung von G bilden, erhalten wir $\mathbb{P}^1$, und in den anderen beiden Fällen jeweils einen Punkt. Die Orbitdimensionen hängen mit einer Invariante der Singularität, der Tjurina-Zahl, zusammen. Wir erhalten somit: Der Modulraum aller ebenen Kurvensingularitäten mit Halbgruppe $\Gamma = \langle 5, 6 \rangle$ und Tjurina-Zahl 18 ist $\mathbb{P}^1$, wobei für $(t_1 : t_2) \in \mathbb{P}^1$ die zugeordnete Singularität durch $x^5 + y^6 + t_1 x^2 y^4 + t_2 x^3 y^3$ definiert ist. Die Modulräume mit Tjurina-Zahl 19 bzw. 20 sind jeweils ein Punkt und entsprechen den Singularitäten, definiert durch $x^5 + y^6 + x^3 y^4 = 0$ bzw. $x^5 + y^6 = 0$.

In ähnlicher Weise kann man Modulräume von Moduln über lokalen Ringen von Singularitäten konstruieren, indem man für einen entsprechenden Modul die verselle Deformation und die entsprechende Kodaira-Spencer-Abbildung berechnet.

Für glatte algebraische Kurven existieren Modulräume des entsprechenden Modulproblems und werden wie folgt konstruiert.

Mit Hilfe der sogenannten 3-kanonischen Einbettung kann jede glatte algebraische Kurve über $\mathbb{C}$ vom Geschlecht g in den $\mathbb{P}^{5g-6}$ eingebettet werden. Sie hat das Hilbert-Polynom $h(x) = (6g-6)x + (1-g)$. Im Hilbert-Schema $\mathrm{Hilb}^{h(x)}_{\mathbb{P}^{5g-6}}$ aller glatten Untervarietäten von $\mathbb{P}^{5g-6}$ mit Hilbert-Polynom $h(x)$ bilden diese Kurven einen Unterraum H, auf dem die Gruppe $PGL(5g-6)$ operiert. Der Quotient $\mathfrak{M}_g = H/PGL(5g-6)$ existiert und ist eine quasiprojektive Varietät, der grobe Modulraum aller glatten algebraischen Kurven vom Geschlecht g.

modus ponens, andere Bezeichnung für die ↗Abtrennungsregel.

Möglichkeitsmaß, *Possibility-Maß*, ein spezielles ↗Plausibilitätsmaß und damit ein spezielles ↗Fuzzy-Maß.

Eine auf einer σ-Algebra f über dem Stichprobenraum Ω definierte Funktion $\Pi : f \longrightarrow [0, 1]$ heißt Möglichkeitsmaß auf f, wenn gilt:

$$\Pi(\emptyset) = 0\ ,\quad \Pi(\Omega) = 1\ ,$$

$$A_1, A_2, \cdots \in f \;\Rightarrow\; \Pi\left(\bigcup_i A_i\right) = \sup_i \Pi(A_i)\ .$$

Ist Ω eine endliche Menge, so läßt sich die letzte Bedingung abschwächen zu

$$A, B \subseteq \Omega \text{ und } A \cap B = \emptyset$$
$$\Rightarrow\quad \Pi(A \cup B) = \max(\Pi(A), \Pi(B)).$$

Ein Plausibilitätsmaß stellt dann ein Möglichkeitsmaß dar, wenn die Brennpunkte der zugehörigen Basiswahrscheinlichkeitsfunktionen Teilmengen voneinander sind, d. h. $F_1 \subseteq F_2 \subseteq \ldots \subseteq F_m$.

Die hier betrachtete *epistemische Möglichkeit* darf nicht verwechselt werden mit der *physikalischen Möglichkeit*. Während letztere eine objektive, allgemein überprüfbare Eigenschaft ausdrückt, besteht erstere aus einer subjektiven Beurteilung der Möglichkeit, daß sich ein Ereignis realisiert.

Ein einfacher Weg, ein Möglichkeitsmaß auf einem Mengensystem f über Ω zu definieren, basiert auf der Possibility-Verteilung $\pi(x)$ auf Ω. Durch die Gleichung

$$\Pi(A) = \sup_{x \in A} \pi(x) \qquad \text{für alle } A \in f$$

wird ein Möglichkeitsmaß auf f erzeugt. Dabei heißt eine Funktion $\pi : \Omega \longrightarrow [0, 1]$ Possibility-Verteilung auf dem Stichprobenraum Ω, wenn es durch

$$\sup_{x \in X} \pi(x) = 1$$

normiert ist.

Eine Possibility-Verteilung $\pi(x)$ auf Ω ist formal mathematisch genauso definiert wie eine (normalisierte) ↗Zugehörigkeitsfunktion $\mu_A(x)$ einer unscharfen Menge $\widetilde{A} = \{(x, \mu_A(x)) \mid x \in X\}$, obwohl beide Begriffe auf unterschiedlichen Konzepten basieren. Eine Fuzzymenge $\widetilde{A}$ kann interpretiert werden als ein vager Wert, der einer Variablen zugeordnet wird. Dagegen gibt das Möglichkeitsmaß $\Pi(A)$ eine Aussage über die Möglichkeit, daß sich ein Element der klassischen Menge A realisiert.

Im Gegensatz zu den Wahrscheinlichkeitswerten, die auf dem Intervall $[0, 1]$ metrisch skaliert sein müssen, reicht für Möglichkeitswerte eine ordinale Skalierung aus.

Vom üblichen Sprachgebrauch her ist die Möglichkeit eine schwächere Bewertung als die Wahrscheinlichkeit. Was wahrscheinlich ist, muß auch möglich sein. Die Umkehrung dieser Aussage ist nicht immer richtig. Ein unmögliches Ereignis ist aber auch immer unwahrscheinlich. Man kann daher die Wahrscheinlichkeitswerte als untere Grenze für die entsprechenden Möglichkeitswerte ansehen:

$$\Pi(A) \geq P(A) \qquad \text{für alle } A \in f.$$

Moishezon-Raum, kompakter komplexer Raum X mit Transzendenzgrad $a(X) = \dim X$.

Für einen irreduziblen kompakten komplexen Raum X bezeichnet man den Transzendenzgrad der Körpererweiterung $\mathcal{M}(X) : \mathbb{C}$ als algebraische Dimension $a(X)$ von X. ($\mathcal{M}(X)$ bezeichne den Körper der meromorphen Funktionen auf X.) Nach dem Weierstraß-Siegel-Thimm-Theorem gilt $a(X) \leq \dim X$.

Ist X projektiv-algebraisch, dann ist jede meromorphe Funktion auf X rational, und es folgt $a(X) = \dim X$.

Allgemeiner nennt man einen kompakten komplexen Raum einen Moishezon-Raum, wenn gilt: $a(X) = \dim X$. Für Kurven und nichtsinguläre Flächen stimmen die Klassen der Moishezon-Räume und projektiv-algebraischen Räume überein (Kurven sind immer projektiv-algebraisch). Es gibt hingegen normale Fächen und dreidimensionale Mannigfaltigkeiten, die Moishezon-Räume sind, aber nicht projektiv-algebraisch. Moishezon-Mannigfaltigkeiten, die Kählersch sind, sind projektiv-algebraisch.

Jeder reduzierte irreduzible Moishezon-Raum ist bimeromorph äquivalent zu einer projektiven ↗algebraischen Varietät über $\mathbb{C}$.

[1] Hartshorne, R.: Algebraic Geometry. Springer-Verlag New York Heidelberg Berlin, 1977.

Moivre, Abraham, ↗de Moivre, Abraham.

Moivre-Laplace, Satz von, ein Spezialfall des ↗Zentralen Grenzwertsatzes, siehe ↗de Moivre-Laplace, Grenzwertsatz von.

Moivresche Formel, ↗de Moivresche Formel.

Molloy-Reed, Satz von, ↗ Totalfärbung.

Mollweide, Karl Brandan, deutscher Mathematiker und Astronom, geb. 3.2.1774 Wolfenbüttel, gest. 10.3.1825 Leipzig.

Mollweide studierte in Halle und wurde dort 1800 Lehrer für Mathematik und Physik. 1812 wurde er Professor für Astronomie an der Sternwarte Leipzig, 1814 übernahm er eine Professur für Mathematik an der Universität Leipzig.

Mollweides Hauptinteresse galt den mathematischen Problemen der Astronomie. Er entwickelte Formeln zur Längenbestimmung, ermittelte den Sonnenäquator und befaßte sich mit der geographischen Ortsbestimmung. In der Mathematik beschäftigte er sich als einer der ersten ernsthaft mit magischen Quadraten. Er wiederentdeckte 1808 die schon von Newton 1707 gefundenen Mollweideschen Formeln:

$$\begin{aligned}(a+b)\sin(\gamma/2) &= c\cos[(\alpha-\beta)/2],\\(a-b)\cos(\gamma/2) &= c\sin[(\alpha-\beta)/2].\end{aligned}$$

Bekannt ist Mollweide aber besonders durch die von ihm gefundene inhaltstreue Kartenprojektion.

Mollweidescher Entwurf, ein flächentreuer ↗Kartennetzentwurf, erstellt von Karl Brandan Mollweide im Jahr 1805.

Führt man auf der Erdoberfläche durch den Azimut φ und den Polabstand ϑ Polarkoordinaten ein (↗geographische Breite), so bildet der Mollweidesche Entwurf den Punkt mit den geographischen Koordinaten (φ, ϑ) auf den Punkt der Ebene mit den kartesischen Koordinaten

$$x = \frac{2\sqrt{2}R}{\pi}\varphi\cos t, \quad y = \sqrt{2}R\sin t$$

ab, wobei $R \approx 6370\,\text{km}$ der Erdradius ist, und die Hilfsgröße t als Lösung der Gleichung

$$\pi\cos\vartheta = 2t + \sin(2t)$$

zu bestimmen ist.

Momente einer Zufallsvariablen, die Erwartungswerte $E(X^r)$, $r \in \mathbb{R}_0^+$, einer auf dem Wahrscheinlichkeitsraum $(\Omega, \mathfrak{A}, P)$ definierten reellen Zufallsvariablen, sofern diese existieren.

Genauer bezeichnet man $E(X^r)$ als r-tes Moment bzw. Moment der Ordnung r von X. Auch die Bezeichnung Anfangsmoment r-ter Ordnung ist gebräuchlich. Der Erwartungswert $E(|X|^r)$, $r \in \mathbb{R}_0^+$, heißt das absolute r-te Moment bzw. das absolute Moment der Ordnung r von X. Weiterhin bezeichnet man für $a \in \mathbb{R}$ den Erwartungswert $E((X-a)^r)$ als das in a zentrierte r-te Moment von X, und $E(|X-a|^r)$ als das in a zentrierte absolute r-te Moment von X. Gilt speziell $a = E(X)$, so werden die in a zentrierten Momente häufig kurz Zentralmomente oder zentrale Momente genannt. Das zweite zentrale Moment ist die Varianz. Existiert das absolute Moment der Ordnung r, so existiert für alle $0 < s < r$ wegen $|X|^s \leq 1 + |X|^r$ auch das absolute Moment der Ordnung s. Einige Autoren verzichten auf die explizite Unterscheidung zwischen nichtzentrierten und zentrierten Momenten und definieren die Momente bzw. absoluten Momente bezüglich $a \in \mathbb{R}$ direkt durch $E((X-a)^r)$ bzw. durch $E(|X-a|^r)$. Für $r \in \mathbb{N}_0$ nennt man die Momente gewöhnlich. Zwischen den gewöhnlichen nichtzentrierten und den gewöhnlichen im Erwartungswert zentrierten Momenten besteht der Zusammenhang

$$\mu_n = \sum_{k=0}^{n}(-1)^{n-k}\binom{n}{k}v_k v_1^{n-k},$$

wobei für $k, n \in \mathbb{N}_0$ abkürzend $v_k = E(X^k)$ und $\mu_n = E((X-E(X))^n)$ gesetzt wurde. Die Momente einer Zufallsvariable X sind wie auch die ↗Kumulanten wichtige zahlenmäßige Charakteristika der Verteilung von X.

Momente eines Maßes, die für ein nicht notwendigerweise endliches, auf der σ-Algebra $\mathfrak{B}(\mathbb{R})$ der Borelschen Mengen von $\mathbb{R}$ definiertes Maß μ und $k \in \mathbb{N}_0$ durch

$$M_k = \int_{\mathbb{R}} x^k \mu(dx)$$

definierten Größen, sofern die Abbildung $x \to x^k$ μ-integrierbar ist. Man nennt M_k das (gewöhnliche) k-te Moment oder Moment der Ordnung k von μ. Allgemeiner definiert man für ein nicht notwendig endliches Maß μ auf der σ-Algebra $\mathfrak{B}(\mathbb{R}^p)$ der Borelschen Mengen des $\mathbb{R}^p$ und $k_1, \ldots, k_p \in \mathbb{N}_0$, falls die Abbildung

$$\mathbb{R}^p \ni x = (x_1, \ldots, x_p) \to x_1^{k_1} \cdot \ldots \cdot x_p^{k_p} \in \mathbb{R}$$

μ-integrierbar ist, das zu $k_1, \ldots, k_p$ gehörige gemischte Moment $M_{k_1,\ldots,k_p}$ durch

$$M_{k_1,\ldots,k_p} = \int_{\mathbb{R}^p} x_1^{k_1} \cdot \ldots \cdot x_p^{k_p} \mu(dx),$$

und bezeichnet die Summe $k_1 + \cdots + k_p$ als seine Ordnung. Allerdings ist die Terminologie in diesem Zusammenhang nicht vollkommen einheitlich. So wird $M_{k_1,\ldots,k_p}$ auch als gemischtes Moment der Ordnung $(k_1, \ldots, k_p)$ bezeichnet. Aus der Existenz von M_k folgt die Existenz von M_l für alle $0 \leq l < k$. Die entsprechende Aussage für gemischte Momente, nach der die Existenz von $M_{k_1,\ldots,k_p}$ die Existenz aller Momente $M_{l_1,\ldots,l_p}$ mit $0 \leq l_j \leq k_j$ und $j = 1, \ldots, p$ implizieren würde, gilt nicht.

Momentengleichungen der Boltzmann-Gleichung, aus der ↗Boltzmann-Gleichung dadurch abgeleitete Gleichungen, daß die Gleichung mit Potenzen von Geschwindigkeitskomponenten oder dem Betragsquadrat der Geschwindigkeit der Teilchen multipliziert und dann über den Geschwindigkeitsraum integriert wird.

f sei die Verteilungsfunktion und A eine Funktion der Geschwindigkeit $\mathfrak{v}$, n die Dichte, m die Masse der Teilchen und $\mathfrak{K}$ die auf sie wirkende Kraft. Per Definition ist $\bar{A} = \frac{1}{n} \int fA d\mathfrak{v}$. Aus der Boltzmann-Gleichung erhält man die Transportgleichung

$$\frac{\partial n\bar{A}}{\partial t} + \frac{\partial n\overline{A\mathfrak{v}}}{\partial \mathfrak{r}} - n\frac{\overline{\partial A\mathfrak{K}/m}}{\partial \mathfrak{v}} = J[A]$$

für A. $J[A]$ nennt man das Stoßmoment von A. Indem man wie oben beschrieben über A verfügt, erhält man die Momentengleichungen. Für $A = 1$ ergeben sich die Kontinuitätsgleichung, für $A = \mathfrak{v}$ die Eulerschen Gleichungen der Hydrodynamik, und für $A = \mathfrak{v}^2$ der Energiesatz der Hydrodynamik. Diese speziellen Ansätze für A heißen Stoßinvarianten; ihre Stoßmomente verschwinden.

Momentenmethode, statistisches Verfahren zur Konstruktion von ↗Punktschätzungen.

Sei X eine Zufallsgröße, deren Verteilungsfunktion F von $k \geq 1$ unbekannten Parametern γ_i, $i = 1, \ldots, k$, abhängt. Für die unbekannten Parameter wird eine Punktschätzung gesucht. Es wird angenommen, daß die ↗Momente von X, hier bezeichnet mit $M_j := E(X^j)$, mindestens bis zur k-ten Ordnung existieren, das heißt, daß gilt:

$$|\, M_j \,| < \infty \text{ für } j = 1, \ldots, k.$$

Da die Verteilungsfunktion F von X von den unbekannten Parametern $\gamma_i, i = 1, \ldots, k$ abhängt, hängen auch die Momente M_j von X von diesen Parametern über eine funktionale Beziehung

$$M_j = g_j(\gamma_1, \ldots, \gamma_k)\,, \quad j = 1, \ldots, k \qquad (1)$$

ab. Falls diese Gleichungen eindeutig nach $\gamma_1, \ldots, \gamma_k$ auflösbar sind, erhält man aus (1) die Lösungen γ_j als Funktion der k Momente:

$$\gamma_j = h_j(M_1, \ldots, M_k)\,, \quad j = 1, \ldots, k. \qquad (2)$$

Bei der Momentenmethode geht man von einer mathematischen ↗Stichprobe $(X_1, \ldots, X_n)$ von X aus und ersetzt im Gleichungssystem (2) die Momente M_j durch die entsprechenden ↗empirischen Momente

$$m_j := \frac{1}{n} \sum_{l=1}^{n} (X_l)^j.$$

Die so entstehenden Schätzungen $\hat{\gamma}_j$:

$$\hat{\gamma}_j = h_j(m_1, \ldots, m_k)\,, \quad j = 1, \ldots, k \qquad (3)$$

werden als Punktschätzfunktionen nach der Momentenmethode, kurz als Momentenschätzfunktionen für $\gamma_j, j = 1, \ldots, k$, bezeichnet.

Aufgrund Ihrer Einfachheit wird die Momentenmethode häufig der ↗Maximum-Likelihood-Methode zur Konstruktion von Punktschätzungen vorgezogen. Allerdings sind die Eigenschaften der mit der Momentenmethode ermittelten Punktschätzungen nicht generell bekannt. Sie liefert aber für einige spezielle Verteilungen Schätzungen, die identisch mit den Maximum-Likelihood- Schätzungen sind und folglich die gleichen Eigenschaften besitzen.

Bei Anwendungen in der Schadenversicherung wird beispielsweise versucht, empirische Beobachtungen (Schadendaten) durch zweiparametrige Verteilungen mit einer Dichtefunktion $p(\mu, \alpha)(x)$ zu beschreiben: Ist ein Satz $\{r_j\}_{j=1,\ldots,n}$ von Realisierungen der Zufallsgröße X gegeben, dann berechnen sich nach der Momentenmethode die Schätzer $\hat{\mu}$ und $\hat{\alpha}$ für die Verteilungsparameter als Lösungen der Gleichungen

$$\int x p(\hat{\mu}, \hat{\alpha})(x) dx = \frac{1}{n} \sum_{j=1}^{n} r_j$$

und

$$\int x^2 p(\hat{\mu}, \hat{\alpha})(x) dx = \frac{1}{n} \sum_{j=1}^{n} (r_j)^2.$$

Die Momentenmethode wird auch modifiziert angewendet. Anstelle von (1) geht man von der funktionalen Abhängigkeit der Parameter von den zentralen Momenten $M_1^z, \ldots, M_k^z$ aus und stellt die Parameter in Abhängigkeit dieser zentralen Momente dar:

$$\gamma_j = h_j(M_1^z, \ldots, M_k^z)\,, \quad j = 1, \ldots, k. \qquad (4)$$

Ersetzt man in (4) die zentralen Momente durch erwartungstreue und konsistente Schätzfunktionen, so ergeben sich für einige spezielle Verteilungen erwartungstreue und konsistente Momentenschätzungen für die Parameter $\gamma_j, j = 1, ..., k$.

Beispiel. Die Parameter $\gamma_1 = \mu$ und $\gamma_2 = \sigma^2$ einer $N(\mu, \sigma^2)$-verteilten Zufallsgröße X sind zu schätzen. Unter Verwendung der Beziehungen

$$\begin{aligned} \gamma_1 &= EX &&= M_1 \\ \gamma_2 &= Var(X) &&= E(X^2) - (EX)^2 \\ & &&= M_2 - (M_1)^2 \end{aligned}$$

ergeben sich nach (3) folgende Momentenschätzungen $\hat{\mu}$ und $\hat{\sigma^2}$ für μ und σ^2:

$$\begin{aligned} \hat{\gamma_1} &= \hat{\mu} &&= \tfrac{1}{n}\sum_{i=1}^n X_i := \overline{X} \\ \hat{\gamma_2} &= \hat{\sigma^2} &&= \tfrac{1}{n}\sum_{i=1}^n X_i^2 - (\overline{X})^2 \\ & &&= \tfrac{1}{n}\sum_{i=1}^n (X_i - \overline{X})^2 =: S_*^2 . \end{aligned}$$

Diese beiden Schätzungen sind identisch mit den Maximum-Likelihood-Schätzungen und damit konsistent und asymptotisch normalverteilt. Während das arithmetische Mittel $\overline{X}$ eine erwartungstreue Schätzfunktion für μ ist, ist die Schätzfunktion S_*^2 nur asymptotisch erwartungstreu für σ^2. Man kann leicht zeigen, daß gilt

$$E(S_*^2) = \frac{n-1}{n}\sigma^2 .$$

Eine erwartungstreue Schätzung für σ^2 erhalten wir folglich durch die Verwendung der sogenannten ↗empirischen Streuung

$$S^2 = \frac{n}{n-1}S_*^2 = \frac{1}{n-1}\sum_{i=1}^n (X_i - \overline{X})^2$$

anstelle von S_*^2.

Momentenproblem, die Frage, ob zu einer vorgegebenen Folge reeller Zahlen ein Wahrscheinlichkeitsmaß existiert, dessen gewöhnliche Momente die Folgenglieder sind, und ob dieses Wahrscheinlichkeitsmaß eindeutig bestimmt ist.

Im Falle der Eindeutigkeit des Wahrscheinlichkeitsmaßes spricht man von einem bestimmten, sonst von einem unbestimmten Momentenproblem. Man unterscheidet u. a. das sogenannte Hausdorffsche, das Hamburgersche und das Stieltjessche Momentenproblem.

Es sei $(c_n)_{n\in\mathbb{N}_0}$ eine Folge reeller Zahlen mit $c_0 = 1$. Das Hausdorffsche Momentenproblem besteht darin zu entscheiden, ob ein Wahrscheinlichkeitsmaß auf der σ-Algebra $\mathcal{B}([0,1])$ der Borelschen Mengen von $[0, 1]$ mit

$$c_n = \int\limits_{[0,1]} x^n P(dx)$$

für alle $n \in \mathbb{N}_0$ existiert. Es handelt sich hier um ein bestimmtes Momentenproblem. Notwendig und hinreichend für die Existenz von P ist die Bedingung, daß die durch

$$\Delta^k c_n = \sum_{i=0}^k (-1)^i \binom{k}{i} c_{n+i}$$

definierten Größen $\Delta^k c_n$ für alle $k, n \in \mathbb{N}_0$ nicht negativ sind.

Beim Hamburgerschen Momentenproblem wird ein Wahrscheinlichkeitsmaß P auf der σ-Algebra $\mathcal{B}(\mathbb{R})$ der Borelschen Mengen von $\mathbb{R}$ mit

$$c_n = \int\limits_{\mathbb{R}} x^n P(dx)$$

für alle $n \in \mathbb{N}_0$ gesucht. Notwendig für die Existenz von P ist die Nichtnegativität der Hankel-Determinanten

$$\Delta_n = |(c_{i+j})_{i,j=0}^n|$$

für alle $n \in \mathbb{N}_0$. Hinreichend für die Existenz von P ist z. B. die Bedingung $\Delta_n > 0$ für alle $n \in \mathbb{N}_0$.

Beim Stieltjesschen Momentenproblem werden Wahrscheinlichkeitsmaße auf der σ-Algebra $\mathcal{B}(\mathbb{R}_0^+)$ der Borelschen Mengen von $\mathbb{R}_0^+$ betrachtet. Notwendig für die Existenz von P ist hier neben $\Delta_n \geq 0$ noch

$$\Delta_n^{(1)} = |(c_{i+j+1})_{i,j=0}^n| \geq 0$$

für alle $n \in \mathbb{N}_0$. Eine hinreichende Bedingung für die Existenz von P ist z. B. $\Delta_n > 0$ und $\Delta_n^{(1)} > 0$ für alle $n \in \mathbb{N}_0$. Hinreichende Bedingungen für die Eindeutigkeit von P beim Hamburgerschen bzw. Stieltjesschen Momentenproblem gibt das Kriterium von Carleman (↗Carleman, Kriterium von) an.

momenterzeugende Funktion, ↗erzeugende Funktion.

Monade, ↗ Nichtstandard-Analysis, ↗ Nichtstandard-Topologie.

Möndchen des Hippokrates, mondsichelförmige geometrische Figuren, die von Hippokrates von Chios im Zusammenhang mit seinen Untersuchungen zur Quadratur des Kreises eingeführt wurden.

Monge, Gaspard, französischer Mathematiker und Militäringenieur, geb. 10.5.1746 Beaune (Frankreich), gest. 28.7.1818 Paris.

Monge begann 1764 ein Studium an der Militäringenieurschule in Mézières. Hier wurde er 1765 Repetitor und 1768 zunächst Professor für Mathematik, 1771 auch für Physik. 1780 erhielt er einen Ruf als Professor für Hydraulik nach Paris, 1783 nahm er eine Stelle als Examinator für Marineschüler an. Als begeisterter Anhänger der Französischen Revolution übernahm er ab 1789 verschiedene hohe Staatsämter, war unter anderem Mitglied des Wohlfahrtskomitees und kurzzeitig Minister für Marine und Kolonien. Nach der Restauration 1816 wurde er aus allen Ämtern und Würden entlassen und starb bald darauf verarmt und in geistiger Umnachtung.

Monge befaßte sich unter anderem mit dem Bau von Festungen. Dabei entwickelte er viele Methoden der darstellenden Geometrie, wie z. B. die Zweitafelprojektion und die Zentralperspektive. Um räumliche Aufgaben mittels Koordinaten zu lösen, entwickelte er die Anfänge der Differentialgeometrie, sodaß er als Begründer dieser Methode gilt.

Monge leistete auch wichtige Beiträge zur Reform des Bildungswesens in Frankreich. 1793 initiierte er die Gründung der École Centrale des Travaux Publics, der späteren École Polytechnique.

Mongré, Paul, für einige seiner philosophischen Essays von Felix Hausdorff benutztes Pseudonym.

Monodromie, Begriff aus der algebraischen Geometrie.

Eine Garbe F auf einem Raum S (von Mengen, Gruppen, o.ä.) heißt konstant, wenn es eine Menge, Gruppe, o.ä. M so gibt, daß F isomorph zur Garbe $U \mapsto \mathcal{C}^0(U, M)$ ist (dabei ist M mit der diskreten Topologie versehen). Eine Garbe F heißt lokal konstant, wenn jeder Punkt von S eine Umgebung U besitzt, so daß $F|U$ konstante Garbe ist.

Wenn $\widetilde{S}$ einfach zusammenhängend ist, so ist jede lokal konstante Garbe auf $\widetilde{S}$ konstant. Hieraus erhält man einen Homomorphismus $T : \pi_1(S, s) \longrightarrow \text{Aut}(F_{S_0})$, die Monodromie.

Siehe auch ↗Monodromiedarstellung.

Monodromie-Abbildung, ↗Poincaré-Abbildung.

Monodromiedarstellung, fundamentaler Begriff in der Theorie der Singularitäten.

Sei Y eine analytische Varietät der Dimension $n + k$, reindimensional, in einer offenen Menge $U \subset \mathbb{C}^N$. Weiter sei $O \in Y$ und $F = (F_1, ..., F_k) : U \to \mathbb{C}^k$ eine holomorphe Abbildung mit $F(O) = 0$. Es sei $f_i := F_i \,|_Y$ und $f := F \,|_Y$, und O sei der einzige singuläre Punkt von $X := f^{-1}(0)$. (Oft ist $Y = U$ und $k = 1$).

Sei jetzt $r : U \to [0, \infty)$ eine reell-analytische Funktion, die O in X definiert. Es sei $\varepsilon > 0$ so gewählt, daß

$$X_{r \le \varepsilon} := \{x \in X \mid r(x) \le \varepsilon\}$$

kompakt ist, und $r\,|_{X_{0<r\le\varepsilon}}$ keine kritischen Punkte besitzt ($X_{r<\varepsilon}$, $X_{r=\varepsilon}$, $X_{0<r<\varepsilon}$ etc. seien analog zu $X_{r\le\varepsilon}$ definiert). Dann existiert eine offene Umgebung S von O in $\mathbb{C}^k$ so, daß

$$f : Y_{r=\varepsilon} \cap f^{-1}(S) \to S$$

submersiv ist. Ohne Beschränkung der Allgemeinheit sei S zusammenziehbar. Es gelten die folgenden Notationen:

$$\mathfrak{X} := f^{-1}(S)_{r<\varepsilon}, \ \overline{\mathfrak{X}} := f^{-1}(S)_{r\le\varepsilon}, \\ \partial\overline{\mathfrak{X}} := f^{-1}(S)_{r=\varepsilon},$$

wobei $\mathfrak{X}$ offen in $f^{-1}(S)$ ist, und $\overline{\mathfrak{X}}$ bzw. $\partial\overline{\mathfrak{X}}$ der Abschluß bzw. der Rand in $f^{-1}(S)$ sind. Weiter sei C_f die Menge der kritischen Punkte von f. Für $s \in S$ setzt man

$$X_s := \mathfrak{X} \cap f^{-1}(s), \ \overline{X}_s := \overline{\mathfrak{X}} \cap f^{-1}(s), \\ \partial\overline{X}_s := \partial\overline{\mathfrak{X}} \cap f^{-1}(s).$$

Ebenso sei für eine Menge $A \subset S$

$$X_A := \mathfrak{X} \cap f^{-1}(A) \quad \text{und} \quad \overline{X}_A := \overline{\mathfrak{X}} \cap f^{-1}(A).$$

$D_f := f(C_f)$ heißt die Diskriminante von f. $f : \mathfrak{X} \to S$ heißt ein guter Repräsentant, $f : \overline{\mathfrak{X}} \to S$ heißt ein guter eigentlicher Repräsentant. Zudem sei $\mathfrak{X}_{\text{sing}}$ die Menge der singulären Punkte von $\mathfrak{X}$ und $\mathfrak{X}_{\text{reg}} := \mathfrak{X} - \mathfrak{X}_{\text{sing}}$. Natürlich ist $\mathfrak{X}_{\text{sing}} \subset C_f$.

Die Fasern X_s (bzw. $\overline{X}_s$) für $s \in S - D_f$ heißen (kompakte) Milnorfasern von f.

$$f : (\overline{\mathfrak{X}}_{S-D_f}, \partial\overline{\mathfrak{X}}_{S-D_f}) \to S - D_f$$

heißt die Milnorfaserung von f. Wie schon der Umgebungsrand $X_{r=\varepsilon}$ nicht von r abhängt, sind die Milnorfasern für verschiedene gute Repräsentanten f diffeomorph.

Es sei $f : \overline{\mathfrak{X}} \to S$ ein guter eigentlicher Repräsentant. Die Milnorfaserung $f : (\overline{\mathfrak{X}}_{S-D_f}, \partial\overline{\mathfrak{X}}_{S-D_f}) \to S - D_f$ soll nun genauer untersucht werden. Dieses Faserbündelpaar ist auf $\partial\overline{\mathfrak{X}}_{S-D_f}$ trivial und auf $\overline{\mathfrak{X}}_{S-D_f}$ lokal trivial. Damit existieren

i) eine Trivialisierung $\sigma : \partial\mathfrak{X}_{S-D_f} \to S - D_f \times \partial\overline{X}_{s_0}$, wobei $\overline{X}_{s_0}$ eine feste Faser über $s_0 \in S - D_f$ ist, und

ii) für jedes $s \in S - D_f$ eine Umgebung V_s in $S - D_f$ und eine Trivialisierung

$$u_s : \overline{\mathfrak{X}}_{V_s} \to V_s \times \overline{X}_s,$$

die mit σ verträglich ist, d. h.

$$i \circ u_s \,|_{\partial \overline{\mathfrak{X}}_{V_s}} = \sigma \,|_{\partial \overline{\mathfrak{X}}_{S-D_f}},$$

wobei i die von σ induzierte Abbildung $i : \partial\overline{X}_s \to \partial\overline{X}_{s_0}$ ist.

Es sei nun s^* ein fester Punkt in $S - D_f$. Man betrachtet einen stetigen Weg $\gamma : [0,1] \to S - D_f$ mit $\gamma(0) = \gamma(1) = s^*$. Da $[0,1]$ kompakt ist, existiert eine Teilung $0 = t_0 < t_1 < \ldots < t_M = 1$ von $[0,1]$ so, daß $\gamma([t_k, t_{k+1}]) \subset V_{s(k)}$ für ein $s(k) \in S - D_f$, $k = 0, \ldots, M-1$.

Mit Hilfe der Trivialisierungen i) und ii) induziert damit γ einen Diffeomorphismus

$$h_t : (\overline{X}_{s^*}, \partial\overline{X}_{s^*}) \to (\overline{X}_{\gamma(t)}, \partial\overline{X}_{\gamma(t)}),$$

$t \in [0,1]$, mit $\sigma \circ h_t \,|_{\partial\overline{X}_{s^*}} = \sigma \,|_{\partial\overline{X}_{\gamma(t)}}$ und $h_0 = \mathbf{1}$. Insbesondere ist $h_1 \,|_{\partial\overline{X}_{s^*}} = \mathbf{1}$. Im Sinne der Topologie ist damit h_1 eine geometrische Monodromie. Es gilt: Die relative Isotopieklasse von $h_1 : (\overline{X}_{s^*}, \partial\overline{X}_{s^*}) \to (\overline{X}_{s^*}, \partial\overline{X}_{s^*})$ hängt nur ab von der Homotopieklasse $[\gamma]$ von γ in $\pi_1(S - D_f, s^*)$.

Man nennt daher h_1 (bzw. seine relative Isotopieklasse) die C^∞-Monodromie von f entlang von γ.

Bezeichnet man weiter die Gruppe der relativen Isotopieklassen von C^∞-Diffeomorphismen von $(\overline{X}_{s^*}, \partial\overline{X}_{s^*})$ mit $Iso^\infty(\overline{X}_{s^*}, \partial\overline{X}_{s^*})$, so erhält man einen Gruppenhomomorphismus

$$\begin{aligned} \varrho_{\text{diff}} : \pi_1(S - D_f, s^*) &\to Iso^\infty(\overline{X}_{s^*}, \partial\overline{X}_{s^*}) \\ [\gamma] &\mapsto [h_1]. \end{aligned}$$

Man nennt ϱ_{diff} die C^∞-Monodromiedarstellung von $\pi_1(S - D_f, s^*)$.

Weiter induziert h_1 einen Gruppenisomorphismus $h_{1_*} : H_*(\overline{X}_{s^*}, \partial\overline{X}_{s^*}) \to H_*(\overline{X}_{s^*}, \partial\overline{X}_{s^*})$ (Die Koeffizienten der Homologie seien ganze Zahlen). So enthält man entsprechend Homomorphismen

$$\begin{aligned} &\pi_1(S_f - D_f, s^*) \to Aut\,(H_1(\overline{X}_s, \partial\overline{X}_{s^*})) \text{ und} \\ &\pi_1(S_f - D_f, s^*) \to Aut\,(H_1(X_{s^*})). \end{aligned}$$

Diese nennt man die algebraische Monodromiedarstellung von $\pi_1(S_p - D_p, s^*)$.

Siehe auch ↗Monodromie.

Monodromiesatz, im engeren Sinne eine funktionentheoretische Aussage, die wie folgt lautet:

Es sei (f, D) ein ↗analytisches Funktionselement und $G \subset \mathbb{C}$ ein ↗Gebiet derart, daß $D \subset G$ und (f, D) längs jeden Weges $\gamma : [0,1] \to G$ mit $\gamma(0) \in D$ eine ↗analytische Fortsetzung besitzt. Weiter seien $a \in D$, $b \in G$ und $\gamma_0, \gamma_1 : [0,1] \to G$ Wege in G mit $\gamma_0(0) = \gamma_1(0) = a$ und $\gamma_0(1) = \gamma_1(1) = b$. Die analytischen Fortsetzungen von (f, D) längs γ_0 bzw. γ_1 seien mit (f_0, D_0) und (f_1, D_1) bezeichnet.

Sind γ_0 und γ_1 FEP-homotop (siehe ↗homotope Wege), so gilt $f_0(z) = f_1(z)$ für alle $z \in D_0 \cap D_1$. Insbesondere gilt $f_0(b) = f_1(b)$.

Eine spezielle Version des Monodromiesatzes für einfach zusammenhängende Gebiete lautet:

Es sei (f, D) ein analytisches Funktionselement und $G \subset \mathbb{C}$ ein einfach zusammenhängendes Gebiet derart, daß $D \subset G$ und (f, D) längs jeden Weges $\gamma : [0,1] \to G$ mit $\gamma(0) \in D$ eine analytische Fortsetzung besitzt. Dann existiert genau eine in G holomorphe Funktion F derart, daß $F(z) = f(z)$ für alle $z \in D$.

Man kennt auch stark abstrahierte Fassungen des Monodromiesatzes; hierfür sind einige Vorbereitungen nötig. Seien X und S glatte projektive ↗algebraische Varietäten über $\mathbb{C}$ und $X \xrightarrow{\pi} S$ ein surjektiver Morphismus mit zusammenhängenden Fasern gleicher Dimension.

Der kritische Ort von π ist ein Divisor $D = \sum D_j$, und es sei vorausgesetzt, daß D nur ↗normale Kreuzungen hat. Sei $S^0 = S - D$, $X^0 = \pi^{-1}(S_0)$, $\pi^0 : X^0(\mathbb{C}) \to S^0(\mathbb{C})$ die von π induzierte Abbildung, $X^0 = X^0(\mathbb{C})$, und $S^0 = S^0(\mathbb{C})$ mit der analytischen Topologie versehen.

Sei $s_0 \in S^0$, und sei für jedes D_j $\gamma_j(t)$ ein genügend kleiner geschlossener Weg in S^0 um die Komponente D_j mit $\gamma_j(0) = \gamma_j(1) = s_0$, $[\gamma_j]$ sei eine Homotopie-Klasse. Ist schließlich $\mathbb{C}_{X^0}$ die zu $\mathbb{C}$ gehörige konstante Garbe auf X^0, dann ist für jedes n das höhere direkte Bild $R^n\pi_*(\mathbb{C}_{X^0})$ lokal konstant (mit Halmen $H^n(X_s, \mathbb{C})$, X_s Faser in $s \in S^0$). Schließlich sei $T : \pi_1(S^0, s_0) \to \operatorname{Aut} H^n(X_{s_0}, \mathbb{C})$, $T_j = T([\gamma_j])$ (Picard-Lefschetz-Transformation).

Der Monodromiesatz besagt nun in dieser Situation, daß für eine geeignete ganze Zahl $m > 0$

$$\left(T_j^m - Id\right)^{d+1} = 0$$

gilt ($d = \dim X_S$). Mit anderen Worten: Die Eigenwerte der Picard-Lefschetz-Transformation sind Einheitswurzeln, und die Jordanblöcke in der Jordanschen Normalform haben höchstens die Länge $d + 1$.

monoidale Transformation, Operation des Aufblasens eines einzelnen singulären Punktes.

Bei der Auflösung von einfachen zweidimensionalen Hyperflächensingularitäten werden die singulären Punkte aufgeblasen, um dann eine glatte Mannigfaltigkeit zu erhalten. (Die umgekehrte Operation bezeichnet man als Niederblasen.)

Sei X eine analytische Varietät mit isolierter Singularität in Null. Eine Auflösung von $(X, 0)$ ist eine eigentliche (d. h. Urbilder kompakter Mengen sind kompakt) holomorphe Abbildung $\pi : M \to X$, wobei gilt:

i) M ist eine glatte analytische Mannigfaltigkeit,
ii) $\pi : M - \pi^{-1}(0) \to X - \{0\}$ ist biholomorph,
iii) $\pi^{-1}(0)$ ist eine echte Untervarietät von M der Kodimension 1.

Man nennt $E := \pi^{-1}(0)$ den exzeptionellen Divisor. Nach Hironaka gibt es stets solche Auflösungen. Oft hat man die Situation, daß X eine analytische Untervarietät von Y ist. Eine Auflösung $\pi : M \to Y$ nennt man eine eingebettete Auflösung von X, wenn die strikte Transformierte $\pi^{-1}(X - \{0\})$ eine glatte analytische Mannigfaltigkeit ist.

Es soll nun konkret ein Prozeß angegeben werden, der zu einer eingebetteten Auflösung der Kurvensingularitäten in $\mathbb{C}^2$ führt. Die Singularität der Kurve X sei im Punkt Null.

1. Schritt. Aufblasen von 0 in $\mathbb{C}^2$:

Es sei $\mathbb{P}_1$ der Raum der Geraden in $\mathbb{C}^2$, die durch den Nullpunkt gehen. Sei

$$M := \{(p, l) \in \mathbb{C}^2 \times \mathbb{P}_1 / p \in l\}$$

und $\pi : M \to \mathbb{C}^2$, $(p, l) \mapsto p$. Damit dies eine Auflösung von $(\mathbb{C}^2, 0)$ ist, müssen die Punkte i)–iii) gezeigt werden.

Es gilt $\pi^{-1}(0) = \mathbb{P}_1$, und $M - \pi^{-1}(0) \to \mathbb{C}^2 - \{0\}$ ist nach dem Satz über implizite Funktionen biholomorph. Ferner zeigt man, daß M eine analytische Mannigfaltigkeit ist, die durch zwei Karten in $\mathbb{C}^2$ überdeckt wird. Es kann aber noch nicht garantiert werden, daß das strikte Urbild von $X \subset \mathbb{C}^2$ glatt ist. Dieses Manko wird durch iteratives Aufblasen behoben:

2. Schritt. Aufblasen eines Punktes p in M:

Man wählt eine Koordinatenumgebung V von p in M. Die zugehörige Karte sei $\psi : U \subset \mathbb{C}^2 \to V$ mit $\psi(0) = p$. Wie in Schritt 1 bläst man 0 in U auf und erhält eine Mannigfaltigkeit $\widetilde{U}$:

$$\pi : \widetilde{U} \to U.$$

$\widetilde{\pi} := \psi \circ \pi : \widetilde{U} \to V$ mit $\widetilde{\pi}\,|_{\widetilde{U} - \widetilde{\pi}^{-1}(p)}$ ist biholomorph.

Die neue Mannigfaltigkeit $\widetilde{M}$ entsteht nun aus der Verklebung von $M - \{p\}$ und $\widetilde{U}$. Diese Konstruktion ist unabhängig von der Wahl der Koordinaten von M, also hat man den Punkt p in M aufgeblasen. Es gilt der folgende Satz:

Durch iteriertes Aufblasen (wie in Schritt 1 und Schritt 2 beschrieben) in singulären Punkten des strikten Urbildes (bzw. von Punkten, in denen das strikte Urbild nicht transversal zur exzeptionellen Menge ist) erhält man für jede isolierte Kurvensingularität $(X, 0) \in (\mathbb{C}^2, 0)$ eine holomorphe Abbildung $\pi : M_X \to \mathbb{C}^2$ so, daß

$$\pi : M_X - \pi^{-1}(0) \to \mathbb{C}^2 - \{0\}$$

biholomorph und $\pi^{-1}(X)$ ein Divisor mit transversalen Kreuzungen ist.

Das strikte Urbild von X ist damit glatt, also liefert das Verfahren eine Auflösung von X. Siehe hierzu auch ↗Aufblasung.

[1] Bättig, D., Knörrer, H.: Singularitäten. Birkhäuser Verlag Basel Boston Berlin, 1991.

Monom, Polynom mit nur einem von Null verschiedenen Koeffizienten.

Ist $k \in \mathbb{N}_0$, so bezeichnet man das Polynom $p(x) = x^k$ als (univariates) Monom. Im multivariaten Fall sind Monome gerade die Polynome der Gestalt $x_{i_1}^{k_1} \dots x_{i_r}^{k_r}$ mit $k_1 + \dots + k_r \le k$.

Monombasis, die Basis des linearen Raumes von Polynomen vom Grad $\le k$ in Variablen x_i mit Koeffizienten aus einem Körper K, die aus den ↗Monomen vom Grad $\le k$ besteht.

Für eine Variable x ergibt sich die Menge $\{1, x, x^2, \dots, x^k\}$.

Monomenordnung, eine totale Ordnung $<$ der Halbgruppe M der Monome eines Polynomenringes $\mathbb{K}[x_1, \dots, x_n]$, die mit der Halbgruppenstruktur verträglich ist: $m, m', m'' \in M$ und $m' < m''$ impliziert $mm' < mm''$.

Beispiele für eine Monomenordnung sind die lexikographische Ordnung ($x_1^{\alpha_1} \dots x_n^{\alpha_n} < x_1^{\beta_1} \dots x_n^{\beta_n}$, wenn es ein i gibt mit $\alpha_j = \beta_j$ für $j < i$ und $\alpha_i < \beta_i$) und die gradlexikographische Ordnung ($x_1^{\alpha_1} \dots x_n^{\alpha_n} < x_1^{\beta_1} \dots x_n^{\beta_n}$, wenn

$$\sum_{i=1}^{n} \alpha_i < \sum_{i=1}^{n} \beta_i \quad \text{oder} \quad \sum_{i=1}^{n} \alpha_i = \sum_{i=1}^{n} \beta_i$$

und $x_1^{\alpha_1} \dots x_n^{\alpha_n} < x_1^{\beta_1} \dots x_n^{\beta_n}$ bezüglich der lexikographischen Ordnung).

Die Monomenordnung ist eine Wohlordnung genau dann, wenn $1 = x_1^0 \dots x_n^0$ das kleinste Monom ist. Oft wird die Bedingung, daß eine Monomenordnung eine Wohlordnung ist, in die Definition mit aufgenommen. Dem soll hier dadurch Rechnung getragen werden, daß wir von Monomenordnungen in diesem Sinne reden, und von lokalen Monomenordnungen, wenn sie nicht notwendig Wohlordnungen sind.

Ein Beispiel für eine lokale Monomenordnung ist die lokale gradlexikographische Ordnung ($x_1^{\alpha_1} \dots x_n^{\alpha_n} < x_1^{\beta_1} \dots x_n^{\beta_n}$, wenn

$$\sum_{i=1}^{n} \alpha_i > \sum_{i=1}^{n} \beta_i \quad \text{oder} \quad \sum_{i=1}^{n} \alpha_i = \sum_{i=1}^{n} \beta_i$$

und $x_1^{\alpha_1} \dots x_n^{\alpha_n} < x_1^{\beta_1} \dots x_n^{\beta_n}$ bezüglich der lexikographischen Ordnung).

Monomorphismus, ↗lineare Abbildung $\varphi : V \to W$ eines ↗Vektorraumes V auf einen Vektorraum W, die injektiv ist.

In Verallgemeinerung dieses Begriffs ist ein (kategorieller) Monomorphismus ein Morphismus $f : X \to Y$ in einer Kategorie $\mathcal{C}$, falls für beliebige Morphismen $g_1, g_2 : U \to X$ gilt: Aus $f \circ g_1 = f \circ g_2$ folgt $g_1 = g_2$. Dies bedeutet, daß f linksskürzbar ist.

monoton fallende Boolesche Funktion, vollständig spezifizierte ↗Boolesche Funktion $f : \{0, 1\}^n \to$

$\{0,1\}$ mit der Eigenschaft, daß für alle $\alpha = (\alpha_1, \ldots, \alpha_n)$, $\beta = (\beta_1, \ldots, \beta_n) \in \{0,1\}^n$

$$\alpha \leq \beta \Rightarrow f(\alpha) \geq f(\beta)$$

gilt. Hierbei gilt $\alpha \leq \beta$ genau dann, wenn $\alpha_i \leq \beta_i$ für alle $i \in \{1, \ldots, n\}$ gilt. Eine vollständig spezifizierte Boolesche Funktion $f : \{0,1\}^n \to \{0,1\}$ heißt monoton fallende Boolesche Funktion in einer Variablen x_i $(1 \leq i \leq n)$, falls für alle $(\alpha_1, \ldots, \alpha_n) \in \{0,1\}^n$

$$f(\alpha_1, \ldots \alpha_{i-1}, \alpha_i, \alpha_{i+1}, \ldots \alpha_n) \\ \leq f(\alpha_1, \ldots \alpha_{i-1}, 0, \alpha_{i+1}, \ldots, \alpha_n)$$

gilt.

monoton fallende Folge, ↗Monotonie von Folgen.

monoton fallende Funktion, ↗Monotonie von Funktionen.

monoton steigende Boolesche Funktion, vollständig spezifizierte ↗Boolesche Funktion $f : \{0,1\}^n \to \{0,1\}$ mit der Eigenschaft, daß für alle $\alpha = (\alpha_1, \ldots, \alpha_n)$, $\beta = (\beta_1, \ldots, \beta_n) \in \{0,1\}^n$

$$\alpha \leq \beta \Rightarrow f(\alpha) \leq f(\beta)$$

gilt. Hierbei gilt $\alpha \leq \beta$ genau dann, wenn $\alpha_i \leq \beta_i$ für alle $i \in \{1, \ldots, n\}$ gilt. Eine vollständig spezifizierte Boolesche Funktion $f : \{0,1\}^n \to \{0,1\}$ heißt monoton steigende Boolesche Funktion in einer Variablen x_i $(1 \leq i \leq n)$, falls für alle $(\alpha_1, \ldots, \alpha_n) \in \{0,1\}^n$

$$f(\alpha_1, \ldots \alpha_{i-1}, \alpha_i, \alpha_{i+1}, \ldots, \alpha_n) \\ \leq f(\alpha_1, \ldots \alpha_{i-1}, 1, \alpha_{i+1}, \ldots, \alpha_n)$$

gilt.

monoton wachsende Folge, ↗Monotonie von Folgen.

monoton wachsende Funktion, ↗Monotonie von Funktionen.

monotone Boolesche Funktion, vollständig spezifizierte ↗Boolesche Funktion $f : \{0,1\}^n \to \{0,1\}$, die in jeder ihrer Variablen monoton fallend (↗monoton fallende Boolesche Funktion) oder monoton steigend (↗monoton steigende Boolesche Funktion) ist. Eine vollständig spezifizierte Boolesche Funktion f ist eine monotone Boolesche Funktion in einer Variable x_i, falls f entweder monoton fallend oder monoton steigend in x_i ist.

Die Primimplikanten einer monotonen Booleschen Funktion f sind leicht berechenbar. Ist ein ↗Boolesches Polynom von f gegeben, so erhält man die ↗vollständige Summe von f, indem alle positiven ↗Booleschen Literale der Variablen gestrichen werden, in denen f monoton fallend ist, und alle negativen Booleschen Literale der Variablen, in denen f monoton steigend ist. Das Minimalpolynom einer monotonen Booleschen Funktion f ist eindeutig bestimmt und durch die vollständige Summe von f gegeben.

monotone Darstellung, ↗Boolesches Polynom aus $\mathfrak{A}_n$, das keine Variable x_i $(1 \leq i \leq n)$ sowohl als positives ↗Boolesches Literal als auch als negatives Boolesches Literal enthält.

Die durch eine monotone Darstellung dargestellte ↗Boolesche Funktion ist eine ↗monotone Boolesche Funktion. Zu jeder monotonen Booleschen Funktion gibt es sowohl Boolesche Polynome, die monotone Darstellungen sind, als auch Boolesche Polynome, die keine monotonen Darstellungen sind.

monotone Erweiterung eines Mengensystems, kleinstes ein gegebenes ↗monotones Mengensystem umfassendes monotones Mengensystem.

Ist $\mathcal{K} \subseteq \mathcal{P}(\Omega)$ ein Mengensystem in Ω, so ist der Durchschnitt aller monotonen Mengensysteme in Ω, die $\mathcal{K}$ umfassen, wieder ein monotones Mengensystem in Ω, das $\mathcal{K}$ umfaßt. Es wird die monotone Erweiterung des Mengensystems $\mathcal{K}$ genannt.

monotone Grammatik, ↗ Grammatik.

monotone Konvergenz, Satz von der, ↗Levi, Satz von.

monotones Mengensystem, nicht-leeres Mengensystem $\mathcal{M} \subseteq \mathcal{P}(\Omega)$ in Ω mit der Eigenschaft, daß für jede isotone bzw. antitone Folge $(M_n | n \in \mathbb{N}) \subseteq \mathcal{M}$ auch $\bigcup_{n\in\mathbb{N}} M_n$ bzw. $\bigcap_{n\in\mathbb{N}} M_n$ in $\mathcal{M}$ liegt.

monotones Wort, Wortdarstellung einer Abbildung der Ordnung $\mathbb{N}_n := \{1 < 2 < \cdots < n\}$.

Eine Abbildung $f : (N, \leq_N) \to (R, \leq_R)$, wobei $(N, \leq_N)$ und $(R, \leq_R)$ beliebige Ordnungen sind, heißt monotone Abbildung, falls gilt:

$$a \leq_N b \implies f(a) \leq_R f(b)\cdot$$

für alle $a, b \in N$. Eine monotone Abbildung $f : \mathbb{N}_n \to (R, \leq)$ ist eindeutig durch das Wort $f(1)f(2)\cdots f(n)$ mit $f(1) \leq f(2) \leq \cdots \leq f(n)$ dargestellt. Das Wort $f(1)f(2)\cdots f(n)$ heißt monotones Wort.

Monotonie von Folgen, gleichförmiges Wachstumsverhalten von Folgen.

Eine Folge (x_n) von Elementen einer Halbordnung $(M, \leq)$ heißt

- *monoton wachsend* oder *isoton* genau dann, wenn $x_n \leq x_{n+1}$ für alle $n \in \mathbb{N}$,
- *monoton fallend* oder *antiton* genau dann, wenn $x_n \geq x_{n+1}$ für alle $n \in \mathbb{N}$,
- *streng monoton wachsend* oder *streng isoton* genau dann, wenn $x_n < x_{n+1}$ für alle $n \in \mathbb{N}$,
- *streng monoton fallend* oder *streng antiton* genau dann, wenn $x_n > x_{n+1}$ für alle $n \in \mathbb{N}$.

Eine Folge $x = (x_n)$ von Elementen von M ist eine Funktion $x : \mathbb{N} \to M$. In diesem Sinn stimmen die obigen Definitionen mit denen der ↗Monotonie von Funktionen überein.

Gelegentlich sagt man auch „(streng) monoton steigend“ anstelle von „(streng) monoton wachsend“.

Monotonie von Funktionen, gleichförmiges Wachstumsverhalten von Funktionen. Eine Funktion $f : D \to M$ von einer Halbordnung $(D, \leq)$ in eine Halbordnung $(M, \leq)$ heißt

- *monoton wachsend* oder *isoton* genau dann, wenn $f(x) \leq f(y)$ für alle $x, y \in D$ mit $x < y$,
- *monoton fallend* oder *antiton* genau dann, wenn $f(x) \geq f(y)$ für alle $x, y \in D$ mit $x < y$,
- *streng monoton wachsend* oder *streng isoton* genau dann, wenn $f(x) < f(y)$ für alle $x, y \in D$ mit $x < y$,
- *streng monoton fallend* oder *streng antiton* genau dann, wenn $f(x) > f(y)$ für alle $x, y \in D$ mit $x > y$.

Gelegentlich sagt man auch „(streng) monoton steigend“ anstelle von „(streng) monoton wachsend“.

Ist $D \subset \mathbb{R}$ und $f : D \to \mathbb{R}$, und bezeichnet Q_f den ↗Differenzenquotienten zu f, so ist f genau dann isoton bzw. antiton bzw. streng isoton bzw. streng antiton, wenn $Q_f \geq 0$ bzw. $Q_f \leq 0$ bzw. $Q_f > 0$ bzw. $Q_f < 0$ gilt. Falls Q_f sowohl positive als auch negative Werte annimmt, ist f also nicht monoton.

Es sei $I \subset \mathbb{R}$ ein Intervall. Ist $f : I \to \mathbb{R}$ injektiv und stetig, so ist f monoton. Es sei I offen und $f : I \to \mathbb{R}$ differenzierbar. Dann ist f genau dann isoton bzw. antiton, wenn $f' \geq 0$ bzw. $f' \leq 0$ gilt (Monotoniekriterium). Hat man $f' > 0$ bzw. $f' < 0$, so ist f streng isoton bzw. streng antiton, doch gilt die Umkehrung hiervon nicht, wie das Beispiel $f(x) = x^3$ zeigt.

Eine Funktion muß in keinem Teilintervall ihres Definitionsbereichs monoton sein, wie etwa die ↗Dirichletsche Sprungfunktion zeigt. Für eine an der Stelle a differenzierbare Funktion f folgt zwar etwa aus $f'(a) > 0$, daß f an der Stelle a streng wächst (↗lokales Wachstumsverhalten), d. h. daß es ein $\varepsilon > 0$ so gibt, daß $f(x) < f(a)$ für $x \in (a - \varepsilon, a)$ gilt und $f(a) < f(x)$ für $x \in (a, a + \varepsilon)$, doch auch dann muß f in keiner Umgebung von a monoton sein. Beispielsweise ist die in Abbildung 1 gezeigte Funktion $f : \mathbb{R} \to \mathbb{R}$ mit

$$f(x) = \begin{cases} x & , \ x \in \mathbb{Q} \\ x + x^2 & , \ x \in \mathbb{R} \setminus \mathbb{Q} \end{cases}$$

differenzierbar an der Stelle 0 mit $f'(0) = 1$, doch in keiner Umgebung von 0 monoton (und in $\mathbb{R} \setminus \{0\}$ nicht einmal stetig).

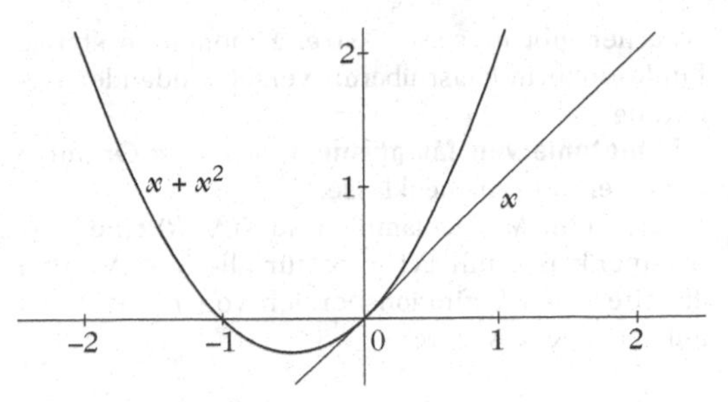

Monotonie von Funktionen: Abbildung 1

Selbst die Bedingung $f'(a) \neq 0$ und die Differenzierbarkeit in einer ganzen Umgebung von a ist nicht hinreichend für die Monotonie in einer Umgebung von a, wie man etwa an $f : \mathbb{R} \to \mathbb{R}$ mit

$$f(x) = \begin{cases} x\left(1 + 2x \sin \frac{1}{x}\right) & , \ x \neq 0 \\ 0 & , \ x = 0 \end{cases}$$

sieht (Abbildung 2). f ist differenzierbar mit $f'(0) = 1$, aber in keiner Umgebung von 0 monoton.

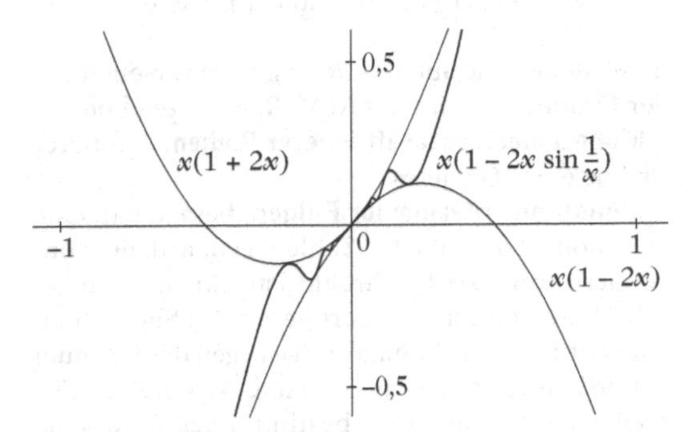

Monotonie von Funktionen: Abbildung 2

Andererseits gibt es stetige monotone Funktionen, die nur an isolierten Stellen nicht differenzierbar sind (nicht einmal einseitig). So ist z. B. die Funktion $f : \mathbb{R} \to \mathbb{R}$ mit

$$f(x) = \begin{cases} x\left(1 + \frac{1}{3} \sin \ln x^2\right) & , \ x \neq 0 \\ 0 & , \ x = 0 \end{cases}$$

streng isoton, stetig und in $\mathbb{R} \setminus \{0\}$ differenzierbar, jedoch nicht einmal einseitig differenzierbar an der Stelle 0, weil es in jeder (auch einseitigen) Umgebung von 0 Stellen $x \neq 0$ mit $Q_f(0, x) = \frac{2}{3}$ und Stellen $x \neq 0$ mit $Q_f(0, x) = \frac{4}{3}$ gibt (Abbildung 3).

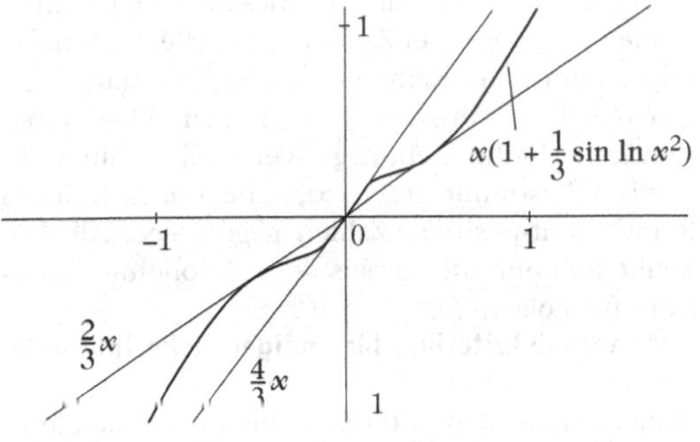

Monotonie von Funktionen: Abbildung 3

Ferner gibt es sogar ↗streng monotone stetige Funktionen mit fast überall verschwindender Ableitung.

Monotonie von Morphismen, spezielle Ordnung auf einer Morphismenklasse.

Sei $\mathcal{N}$ eine Mengenfamilie und $K(\mathcal{N}, R)$ eine Morphismenklasse mit $|N| < \infty$ für alle $N \in \mathcal{N}$. Man erweitert den Definitionsbereich von $f \in K(\mathcal{N}, R)$ auf ganz $\cup_{N \in \mathcal{N}} N$ durch

$$f(a) = \tilde{0} \Longleftrightarrow a \notin \mathrm{Def}(f),$$

und bezeichnet diese neue Funktion mit $\tilde{f}$. Die Ordnung $\leq$, definiert durch

$$f \leq g \Longleftrightarrow \tilde{f}(a) \leq \tilde{g}(a) \text{ für alle } a \in \cup_{N \in \mathcal{N}} N,$$

heißt Monotonie auf $K(\mathcal{N}, R)$. $K(\mathcal{N}, R)$ versehen mit der Ordnung $<$ wird mit $K(\mathcal{N}, R, <)$ bezeichnet.

Monotonieeigenschaft innerer Radien, ↗ innerer Radius eines Gebietes.

Monotoniekriterium für Folgen, besagt, daß eine monotone Folge reeller Zahlen genau dann konvergiert, wenn sie beschränkt ist. Eine isotone beschränkte Folge konvergiert gegen das Supremum, eine antitone beschränkte Folge gegen das Infimum der Folgenwerte. Eine isotone unbeschränkte Folge reeller Zahlen divergiert bestimmt gegen ∞, eine antitone unbeschränkte Folge reeller Zahlen gegen $-\infty$.

Monotoniekriterium für Funktionen, besagt, daß für eine monotone beschränkte Funktion $f : D \to \mathbb{R}$ auf einer nach oben unbeschränkten Menge $D \subset \mathbb{R}$ der Grenzwert $\lim_{x \to \infty} f(x)$ existiert.

Dies ergibt sich unmittelbar aus dem ↗Monotoniekriterium für Folgen und der Beschreibung des ↗Grenzwerts einer Funktion über die Grenzwerte von Folgen von Funktionswerten. Entsprechende Aussagen gelten bei nach unten unbeschränktem D für $\lim_{x \to -\infty} f(x)$ und für Häufungspunkte a von D für $\lim_{x \to a} f(x)$.

Monotoniekriterium für Reihen, besagt, daß eine Reihe reeller Zahlen, die alle nicht-negativ oder alle nicht-positiv sind, genau dann konvergiert, wenn die Folge ihrer Teilsummen beschränkt ist. Eine Reihe nicht-negativer Zahlen konvergiert gegen das Supremum, eine Reihe nicht-positiver Zahlen gegen das Infimum ihrer Teilsummen. Eine unbeschränkte Reihe nicht-negativer reeller Zahlen divergiert bestimmt gegen ∞, eine unbeschränkte Reihe nicht-positiver Zahlen gegen $-\infty$. All dies ergibt sich unmittelbar aus dem ↗Monotoniekriterium für Folgen.

Monotoniekriterium für uneigentliche Integrale, gelegentlich verwendete Bezeichnung für folgenden einfachen Sachverhalt: Ist für ein $a \in \mathbb{R}$ eine Funktion $f : [a, \infty) \to [0, \infty)$ für jedes $T \in (a, \infty)$ über $[a, T]$ Riemann-integrierbar, so existiert

$$\int_a^\infty f(x)\, dx$$

(als uneigentliches Riemann-Integral) genau dann, wenn mit einem geeigneten $M > 0$

$$\int_a^T f(x)\, dx \leq M \text{ für alle } T > a$$

gilt. Dies folgt unmittelbar aus der Monotonie von $\int_a^T f(x)\, dx$ bezüglich T. Das Kriterium gilt – mutatis mutandis – auch für andere Typen von uneigentlichen Integralen.

Monotoniesatz, funktionentheoretische Aussage, die wie folgt lautet:

Es seien G und $\widehat{G}$ einfach zusammenhängende Gebiete mit $\widehat{G} \subset G$, $a \in \widehat{G}$, und $\varrho(G, a)$ bzw. $\varrho(\widehat{G}, a)$ der ↗Abbildungsradius von G bzw. $\widehat{G}$ bezüglich a. Dann gilt

$$\varrho(\widehat{G}, a) \leq \varrho(G, a).$$

Monte-Carlo-Methode, *Monte-Carlo-Simulation*, Verfahren zur numerischen Lösung verschiedener mathematischer Probleme nichtstochastischen Charakters unter Benuzung von Zufallszahlen bzw. ↗Pseudozufallszahlen, allgemeiner auch Bezeichnung für eine Simulation, d. h. rechnerisch-experimentelles Nachspielen realer zufallsbehafteter Vorgänge.

Die Monte-Carlo-Methode im erstgenannten Sinne wird u. a. zur näherungsweisen Berechnung von Integralen, Lösung partieller und gewöhnlicher Differentialgleichungen sowie algebraischer Gleichungssysteme, zum Finden lokaler Extremwerte einer Funktion und zur Invertierung von Matrizen angewendet. Besonders vorteilhaft gegenüber klassischen Verfahren der praktischen Mathematik ist der Einsatz der Monte-Carlo-Methode, wenn es sich um hochdimensionale Probleme handelt. Das Prinzip der Methode ist begründet durch die ↗Gesetze der großen Zahlen. Darüber hinaus erlaubt der aus der Statistik bekannte ↗Zentrale Grenzwertsatz zu vorgegebener geforderter Genauigkeit der Lösung und zu vorgegebener statistischer Sicherheit die notwendige Anzahl zufälliger Experimente zu bestimmen. Zur Erläuterung betrachten wir das folgende einfache Beispiel: Es soll das Integral

$$F = \int_a^b f(x)dx$$

einer auf $[a, b]$ beschränkten und positiven Funktion berechnet werden. Die Monte-Carlo-Methode kann man hier auf verschiedene Weisen anwenden.

a) Ein brauchbares stochastisches Modell besteht z. B. in der Interpretation der Zahl F als geometrische Wahrscheinlichkeit ($F = P(A)$) des Ereignisses A, daß ein zufällig auf das Rechteck $[a, b] \times [0, h]$ geworfener Punkt unterhalb des Graphen von f, also in der in der Abbildung markierten Fläche, zu liegen kommt.

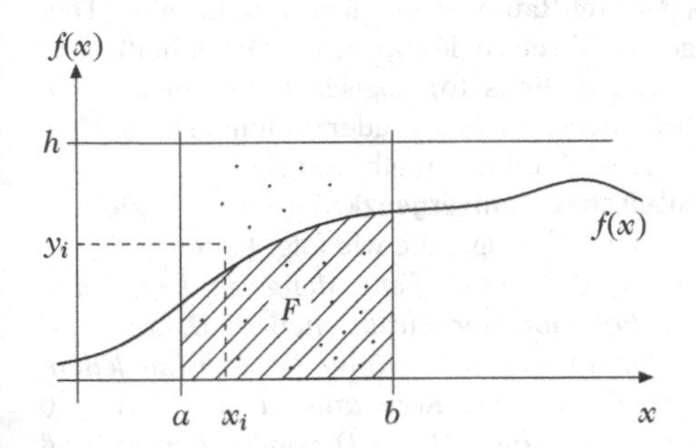

Berechnung eines Integrals mit der Monte-Carlo-Methode

Man erzeugt nun mit Hilfe von Pseudozufallszahlengeneratoren n Paare (x_i, y_i), $i = 1, \ldots, n$, von Punkten, wobei x_i gleichmäßig auf $[a, b]$ und y_i gleichmäßig auf $[0, h]$ verteilte Zufallszahlen sind. Die auf der Basis dieser Punkte festgestellte relative Häufigkeit $h_n(A)$ des Ereignisses A (A ist eingetreten, falls $y_i \leq f(x_i)$) liefert eine brauchbare Schätzung für F.

b) Bei einer zweiten Methode interpretiert man F als den mit $(b - a)$ multiplizierten Erwartungswert $F = (b - a)Ef(X)$ einer Zufallsgröße X, die gleichmäßig auf $[a, b]$ verteilt ist. Eine Schätzung für F erhält man dann durch $\hat{F} = (b - a)\bar{f}$, wobei $\bar{f}$ das arithmetische Mittel von f

$$\bar{f} = \frac{\sum_{i=1}^{n} f(x_i)}{n}$$

auf der Basis von n gleichmäßig auf $[a, b]$ verteilten Zufallszahlen x_i ist.

Es läßt sich zeigen, daß die zweite Methode Schätzfunktionen mit geringerer Varianz liefert. Eine weitere Varianzreduktion erhält man, indem man im zweiten Modell andere Verteilungen für X verwendet, wobei deren optimale Wahl allerdings von f abhängt.

Ein historisch erstes Beispiel für die Anwendung der Monte-Carlo-Methode ist die näherungsweise Ermittlung der Zahl π mit Hilfe des ↗Buffonschen Nadelproblems.

Unter der Monte-Carlo-Simulation versteht man auch das rechnerisch-experimentelle Nachspielen realer zufallsbehafteter Vorgänge. Solche Vorgänge werden in der Mathematik durch stochastische Modelle beschrieben. Die Monte-Carlo-Simulation wird dann verwendet, wenn theoretische Berechnungen sehr aufwendig sind, z. B. bei Untersuchungen in der ↗Warteschlangentheorie. Bei der Monte-Carlo-Simulation werden Realisierungen aller im Modell eingeschlossenen Zufallsgrößen durch Pseudozufallszahlengeneratoren erzeugt und die entsprechenden gesuchten Leistungskenngrößen geschätzt. Zur Durchführung von Simulationen insbesondere von Bedienungssystemen auf dem Computer wurde eine Vielzahl von Simulationssprachen geschaffen, wie z. B. GPSS oder AWSIM. Diese enthalten spezifische Sprachbestandteile zur Beschreibung der Elemente des zu simulierenden Systems, zu deren Generierung und Auslöschung, zur Erzeugung von Zufallszahlen, zur Zeitablaufsteuerung, zur statistischen Parameterschätzung, zur Animation der Abläufe u. a.m., wodurch die Programmierung einer Simulation komplexer Systeme erleichtert wird.

Der Name der Methode geht auf die in Monte-Carlo durchgeführten Glücksspiele zurück und wurde 1949 von N. Metropolis und S. Ulam erstmals verwendet. Die Monte-Carlo-Methode kam aber erst durch die Entwicklung der modernen Computertechnik im 20. Jahrhundert zu ihrer eigentlichen Entfaltung.

[1] Hengartner, W.; Theodorescu, R.: Einführung in die Monte-Carlo-Methode. Deutscher Verlag der Wissenschaften, Berlin, 1978.

[2] Kramer, U.; Neculau, M.: Simulationstechnik. Carl Hanser Verlag München Wien, 1998.

[3] Rubinstein, R.Y.: Simulation and the Monte-Carlo method. Wiley, New York, 1981.

Monte-Carlo-Simulation, ↗ Monte-Carlo-Methode.

Montel, Paul Antoine Aristide, französischer Mathematiker, geb. 29.4.1876 Nizza, gest. 22.1.1975 Paris.

Montel studierte von 1894 bis 1897 an der École Normale Supèrieure in Paris. 1907 promovierte er und war ab 1911 an der Universität Paris tätig. Zwischen 1913 und 1933 war er auch Professor an der École Normale Supèrieure des Beaux Arts in Paris.

Montels Hauptforschungsgebiet war die Funktionentheorie und insbesondere die Theorie der Funktionenfolgen. Er führte den Begriff der normalen Familie holomorpher Funktionen ein. Weiterhin studierte er konforme Abbildungen und Approximationen holomorpher Funktionen durch Polynome.

Montel, Satz von, funktionentheoretische Aussage, die wie folgt lautet:

Es sei $D \subset \mathbb{C}$ eine offene Menge und $\mathcal{F}$ eine Familie von in D ↗holomorphen Funktionen. Dann sind folgende beiden Aussagen äquivalent:

(a) *Es ist $\mathcal{F}$ eine ↗normale Familie in D.*

(b) *Es ist $\mathcal{F}$ lokal gleichmäßig beschränkt in D, d. h. zu jedem $z_0 \in D$ gibt es eine Konstante $M = M(z_0) \geq 0$ und eine Umgebung $U \subset D$ von z_0 derart, daß $|f(z)| \leq M$ für alle $z \in U$ und alle $f \in \mathcal{F}$.*

Eine wesentlich schärfere Version ist der sog. große Satz von Montel, der auch Montelsches Normalitätskriterium genannt wird.

Es seien $G \subset \mathbb{C}$ ein ↗Gebiet und $a, b, c \in \widehat{\mathbb{C}}$ drei verschiedene Punkte. Ist $\mathcal{F}$ eine Familie von in G ↗meromorphen Funktionen derart, daß $f(G) \subset \widehat{\mathbb{C}} \setminus \{a, b, c\}$ für alle $f \in \mathcal{F}$, so ist $\mathcal{F}$ eine in G normale Familie im erweiterten Sinne.

Ist $\mathcal{F}$ eine Familie holomorpher Funktionen, so nimmt kein $f \in \mathcal{F}$ den Wert ∞ an, und man erhält sofort folgendes Kriterium.

Es seien $G \subset \mathbb{C}$ ein Gebiet und $a, b \in \mathbb{C}$ zwei verschiedene Punkte. Ist $\mathcal{F}$ eine Familie von in G holomorphen Funktionen derart, daß $f(G) \subset \mathbb{C} \setminus \{a, b\}$ für alle $f \in \mathcal{F}$, so ist $\mathcal{F}$ eine in G normale Familie im erweiterten Sinne.

Eine weitere Verschärfung des Montelschen Normalitätskriteriums liefert der Satz von Montel-Carathéodory. Dabei bezeichnet χ die chordale Metrik auf $\widehat{\mathbb{C}}$ (↗Kompaktifizierung von $\mathbb{C}$).

Es sei $G \subset \mathbb{C}$ ein Gebiet und δ eine positive Konstante. Weiter sei $\mathcal{F}$ eine Familie von in G meromorphen Funktionen derart, daß zu jedem $f \in \mathcal{F}$ drei verschiedene Punkte a_f, b_f, $c_f \in \widehat{\mathbb{C}}$ existieren mit $f(G) \subset \widehat{\mathbb{C}} \setminus \{a_f, b_f, c_f\}$ und

$$\min\{\chi(a_f, b_f), \chi(a_f, c_f), \chi(b_f, c_f)\} \geq \delta .$$

Dann ist $\mathcal{F}$ eine in G normale Familie im erweiterten Sinne.

Montel-Raum, spezieller lokalkonvexer Raum.

Ein lokalkonvexer toplologischer Vektorraum V heißt Montel-Raum, wenn jede beschränkte Teilmenge von V relativ kompakt ist. Dabei heißt eine Teilmenge A eines topologischen Vektorraums V beschränkt, wenn es zu jeder Nullumgebung U in V eine reelle Zahl $\lambda > 0$ gibt mit $B \subseteq \lambda U$.

Montelsches Konvergenzkriterium, funktionentheoretische Aussage, die wie folgt lautet:

Es sei $D \subset \mathbb{C}$ eine offene Menge und (f_n) eine Folge ↗holomorpher Funktionen in D, die in D lokal gleichmäßig beschränkt ist, d. h. zu jedem $z_0 \in D$ gibt es eine Konstante $M = M(z_0) \geq 0$ und eine Umgebung $U \subset D$ von z_0 derart, daß $|f_n(z)| \leq M$ für alle $z \in U$ und alle $n \in \mathbb{N}$. Weiter besitze jede in D kompakt konvergente Teilfolge von (f_n) die gleiche Grenzfunktion f. Dann ist (f_n) in D kompakt konvergent gegen f.

Die Voraussetzung, daß die Folge (f_n) lokal gleichmäßig beschränkt in D ist, sichert nach dem Satz von Montel (↗Montel, Satz von), daß es überhaupt kompakt konvergente Teilfolgen von (f_n) gibt.

Printed in the United States
By Bookmasters